案例赏析

使用“红眼工具”修复红眼 151 页
视频：视频\第 7 章\使用“红眼工具”修复红眼 .mp4

置入嵌入对象 43 页
视频：视频\第 3 章\置入嵌入对象 .mp4

“历史记录”填充凸显图像效果 114 页
视频：视频\第 5 章\“历史记录”填充凸显图像效果 .mp4

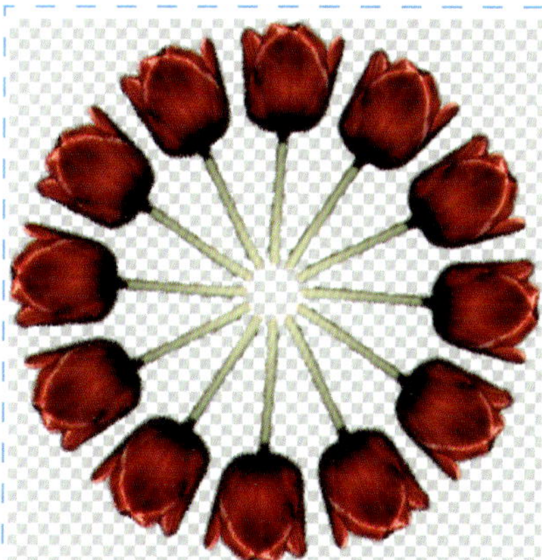

使用“再次”命令制作图像 57 页
视频：视频\第 3 章\使用“再次”命令制作图像 .mp4

使用 Camera Raw 滤镜调色 414 页
视频：视频\第 18 章\使用 Camera Raw 滤镜调色 .mp4

案例赏析

合成悠闲的夏日午后 86页
视频：视频\第4章\合成悠闲的夏日午后.mp4

使用图像堆栈调亮人物肤色
234页
视频：视频\第10章\使用图像 堆栈调亮人物肤色.mp4

打造照片怀旧效果
283页
视频：视频\第12章\打造照片怀旧效果.mp4

建立曲线调整图层提亮图像
192页
视频：视频\第9章\建立曲线调整图层提亮图像.mp4

打造美丽霓虹灯光照效果 80页
视频：视频\第4章\打造美丽霓虹灯光照效果.mp4

为人物打造简易妆容 83页
视频：视频\第4章\为人物打造简易妆容.mp4

案例赏析

自动拼接全景照片　　346 页

视频：视频 \ 第 15 章 \ 自动拼接全景照片 .mp4

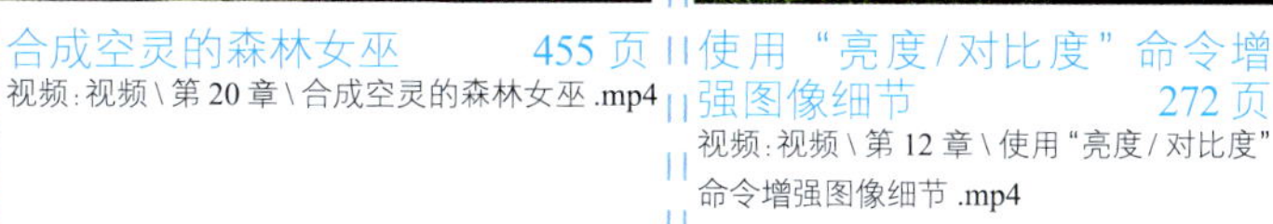

合成空灵的森林女巫　　455 页

视频：视频 \ 第 20 章 \ 合成空灵的森林女巫 .mp4

使用“亮度 / 对比度”命令增强图像细节　　272 页

视频：视频 \ 第 12 章 \ 使用“亮度 / 对比度”命令增强图像细节 .mp4

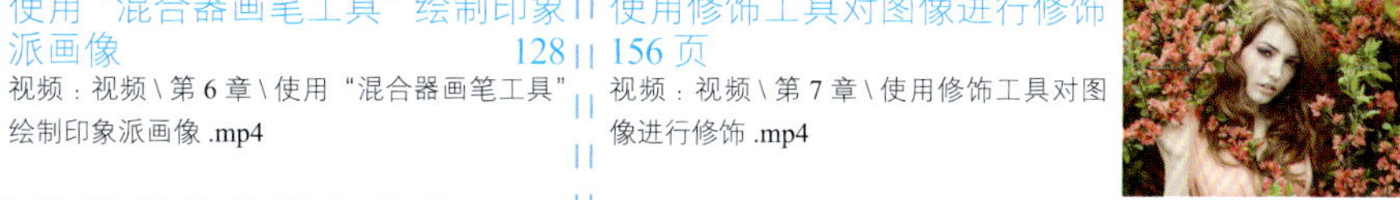

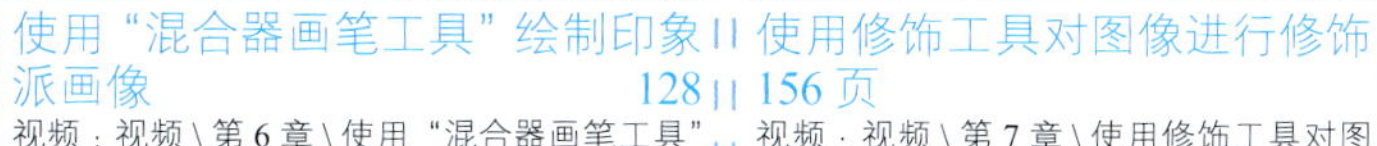

使用“混合器画笔工具”绘制印象派画像　　128

视频：视频 \ 第 6 章 \ 使用“混合器画笔工具”绘制印象派画像 .mp4

使用修饰工具对图像进行修饰　156 页

视频：视频 \ 第 7 章 \ 使用修饰工具对图像进行修饰 .mp4

案例赏析

为图像填充图案制作抽丝效果 191 页
视频：视频\第 9 章\为图像填充图案制作抽丝效果 .mp4

使用“污点修复画笔工具”去除脸部黑点 147 页
视频：视频\第 7 章\使用“污点修复画笔工具”去除脸部黑点 .mp4

输出路径 173 页
视频：视频\第 8 章\输出路径 .mp4

使用“贴入”命令创建通道 288 页
视频：视频\第 13 章\使用“贴 入”命令创建通道 .mp4

制作皮革牛仔帽图标 466 页
视频：视频\第 21 章\制作皮革牛仔帽图标 .mp4

使用“油漆桶工具”为图片填充颜色 115 页
视频：视频\第 5 章\使用“油漆桶工具”为图片填充颜色 .mp4

案例赏析

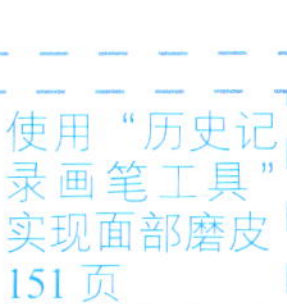

打造梦幻蓝色婚纱照 453 页

视频：视频\第 20 章\打造梦幻蓝色婚纱照 .mp4

使用“画笔工具”改变人物唇彩 132 页

视频：视频\第 6 章\使用“画笔工具”改变人物唇彩 .mp4

使用“渐隐”命令实现逼真皮肤修图 161 页

视频：视频\第 7 章\使用“渐隐”实现逼真皮肤修图 .mp4

使用剪贴蒙版制作镜中人 252 页

视频：视频\第 11 章\使用剪贴蒙版制作镜中人 .mp4

使用“历史记录画笔工具”实现面部磨皮 151 页

视频：视频\第 7 章\使用“历史记录画笔工具”实现面部磨皮 .mp4

描边路径绘制浪漫心形 177 页

视频：视频\第 8 章\描边路径绘制浪漫心形 .mp4

使用画笔工具和渐变填充创建图层蒙版 242 页

视频：视频\第 11 章\使用画笔工具和渐变填充创建图层蒙版 .mp4

制作金属质感立体字 368 页

视频：视频\第 16 章\制作金属质感立体字 .mp4

案例赏析

自定义图案绘制图像　145 页

视频：视频\第 7 章\自定义图案绘制图像 .mp4

创建调整图层蒙版　245 页

视频：视频\第 11 章\创建调整图层蒙版 .mp4

抠出半透明图像　301 页

视频：视频\第 13 章\抠出半透明图像 .mp4

使用“修补工具”去除人物脸部细纹　149 页

视频：视频\第 7 章\使用“修补工具”去除人物脸部细纹 .mp4

应用预设动作制作四分颜色　331 页

视频：视频\第 15 章\应用预设动作制作四分颜色 .mp4

再次记录动作　337 页

视频：视频\第 15 章\再次记录动作 .mp4

动作的修改　335 页

视频：视频\第 15 章\动作的修改 .mp4

利用图层样式制作水滴效果　240 页

视频：视频\第 10 章\利用图层样式制作水滴效果 .mp4

改变图像色调　302 页

视频：视频\第 13 章\改变图像色调 .mp4

为图片填充边框　112 页

视频：视频\第 5 章\为图片填充边框 .mp4

案例赏析

裁剪透视图像
51 页
视频：视频\第 3 章\裁剪透视图像 .mp4

置入链接的智能对象　43 页
视频：视频\第 3 章\置入链接的智能对象 .mp4

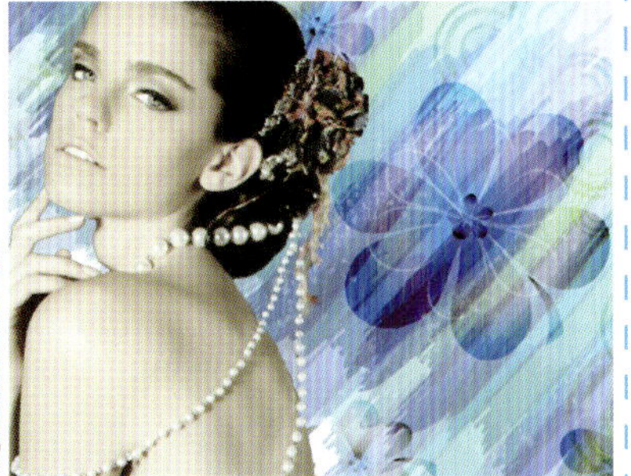

利用操控变形改变大象的鼻子
61 页
视频：视频\第 3 章\利用操控变形改变大象的鼻子 .mp4

透视变换制作灯箱　58 页
视频：视频\第 3 章\透视变换制作灯箱 .mp4

使用“置换”滤镜制作褶皱图像
426 页
视频：视频\第 18 章\使用“置换”滤镜制作褶皱图像 .mp4

为图像添加边框　70 页
视频：视频\第 4 章\为图像添加边框 .mp4

打造青春活泼的照片　313 页
视频：视频\第 14 章\打造青春活泼的照片 .mp4

使用“点状化”滤镜制作大雪图像效果
431 页
视频：视频\第 18 章\使用“点状化”滤镜制作大雪图像效果 .MP4

案例赏析

合成高飞的鸿鹄 75页
视频：视频\第4章\合成高飞的鸿鹄.mp4

制作有趣的光影文字 321页
视频：视频\第14章\制作有趣的光影文字.mp4

导入图像序列制作光影效果 401页
视频：视频\第17章\导入图像序列制作光影效果.mp4

使用“混合颜色带”添加云朵 215页
视频：视频\第10章\使用“混合颜色带”添加云朵.mp4

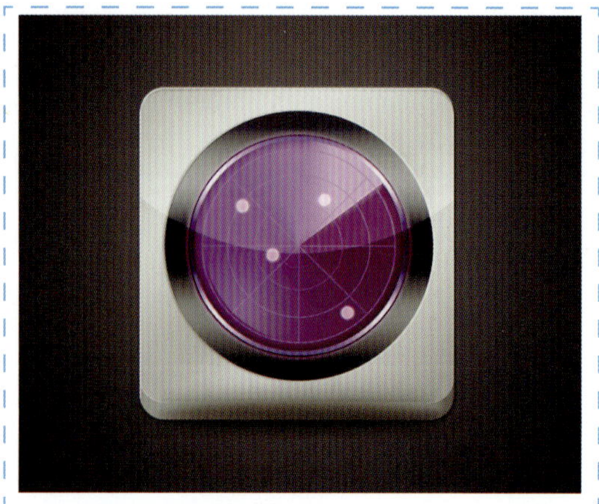

制作金属质感图标 462页
视频：视频\第21章\制作金属质感图标.mp4

案例赏析

调整图像影调 257 页

视频：视频\第 11 章\调整图像影调 .mp4

使用“内容感知移动工具”更改人物位置 150 页

视频：视频\第 7 章\使用“内容感知移动工具”更改人物位置 .mp4

替换局部图像 255 页

视频：视频\第 11 章\替换局部图像 .mp4

使用“色域警告”命令校验颜色 104 页

视频：视频\第 5 章\使用“色域警告”命令校验颜色 .mp4

使用“修复画笔工具”去除皮肤黑痣 148 页

视频：视频\第 7 章\使用“修复画笔工具”去除皮肤黑痣 .mp4

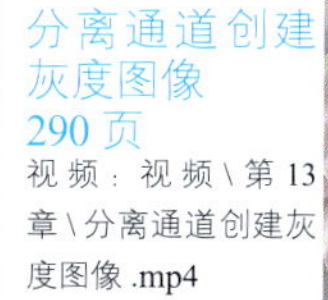

分离通道创建灰度图像 290 页

视频：视频\第 13 章\分离通道创建灰度图像 .mp4

创意合成童话公主 259 页

视频：视频\第 11 章\创意合成童话公主 .mp4

对图像进行润色 157 页

视频：视频\第 7 章\对图像进行润色 .mp4

案例赏析

设计制作店庆宣传页 185 页 视频：视频 \ 第 8 章 \ 设计制作店庆宣传页 .mp4

使用选区创建图层蒙版 245 页
视频：视频 \ 第 11 章 \ 使用选区创建图层蒙版 .mp4

利用透视变形改变大楼透视 62 页
视频：视频 \ 第 3 章 \ 利用透视变形改变大楼透视 .mp4

使用“修补工具”复制图像 163 页
视频：视频 \ 第 7 章 \ 使用“修补工具”复制图像 .mp4

无变形调整照片尺寸 63 页
视频：视频 \ 第 3 章 \ 无变形调整照片尺寸 .mp4

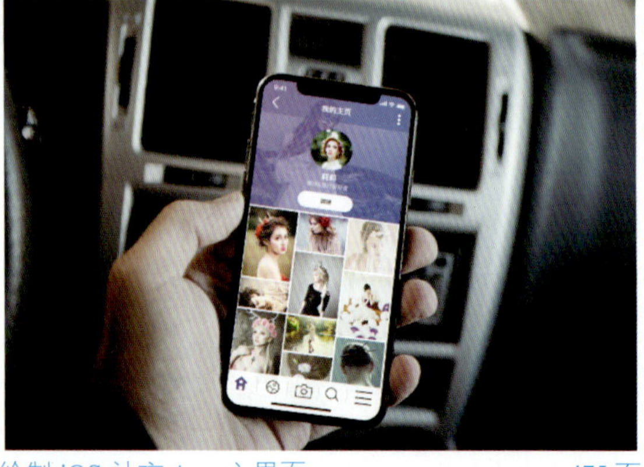

绘制 iOS 社交 App 主界面 475 页
视频：视频 \ 第 22 章 \ 绘制 iOS 社交 App 主界面 .mp4

案例赏析

创建 3D 明信片　360 页

视频：视频 \ 第 16 章 \ 创建 3D 明信片 .mp4

为图像替换颜色　126 页

视频：视频 \ 第 6 章 \ 为图像替换颜色 .mp4

制作 PDF 演示文稿　342 页

视频：视频 \ 第 15 章 \ 制作 PDF 演示文稿 .mp4

使用“场景模糊”滤镜制作景深摄影效果　420 页

视频：视频 \ 第 18 章 \ 使用“场景模糊”滤镜制作景深摄影效果 .mp4

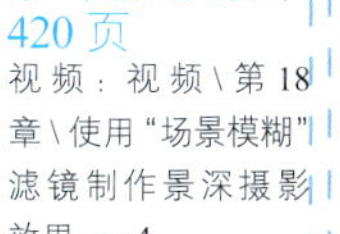

使用“合并到 HDR Pro”命令渲染图像　345 页

视频：视频 \ 第 15 章 \ 使用“合并到 HDR Pro”命令渲染图像 .mp4

制作楼盘海报　448 页

视频：视频 \ 第 19 章 \ 制作楼盘海报 .mp4

裁剪拉直图像　51 页

视频：视频 \ 第 3 章 \ 裁剪拉直图像 .mp4

读者服务

读者在阅读本书的过程中如果遇到问题，可以关注"有艺"公众号，通过公众号与我们取得联系。此外，通过关注"有艺"公众号，您还可以获取更多的新书资讯、书单推荐、优惠活动等相关信息。

扫一扫关注"有艺"

扫码观看全书视频

资源下载方法：关注"有艺"公众号，在"有艺学堂"的"资源下载"中获取下载链接，如果遇到无法下载的情况，可以通过以下三种方式与我们取得联系。

1. 关注"有艺"公众号，通过"读者反馈"功能提交相关信息；
2. 请发邮件至 art@phei.com.cn，邮件标题命名方式：资源下载 + 书名；
3. 读者服务热线：（010）88254161~88254167 转 1897。

投稿、团购合作：请发邮件至 art@phei.com.cn。

赠送资源

实用的图案文件（资源包\资料\图案）——制作背景必不可少

图案的导入可以参阅 144 页“7.1.2　图案图章工具”的内容，了解导入图案的方法

赠送资源

实用处理阳光照射动作（资源包\资料\动作）——快速神奇的操作

动作的导入可以参阅 334 页“15.1.4　存储与载入动作”的内容，了解导入动作的方法

赠送资源

斑斑點點

斑斑點點 斑斑點點

斑斑點點 斑斑點點

提供经典样式文件（资源包\资料\样式）——快速神奇的操作

样式的导入可以参阅 226 页“10.4.5 导入样式库”的内容，了解导入样式的方法

资源包内容

全书所有应用案例都配有视频教程，共 222 个近 400 分钟（资源包\视频）

全书包括了 195 个应用案例、19 个举一反三案例和 8 个商用应用案例。通过学习，读者可以全面掌握 Photoshop CC 2020 的基本操作

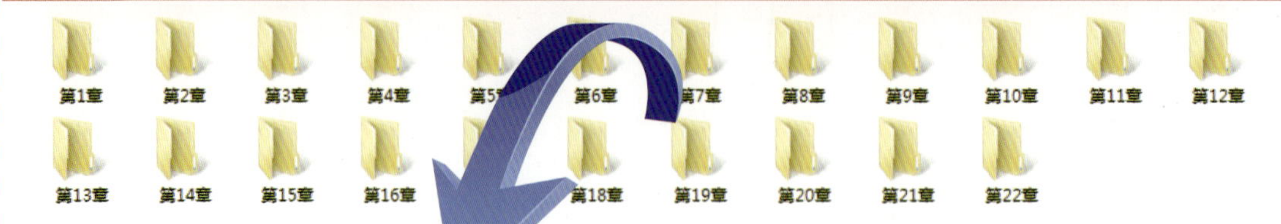

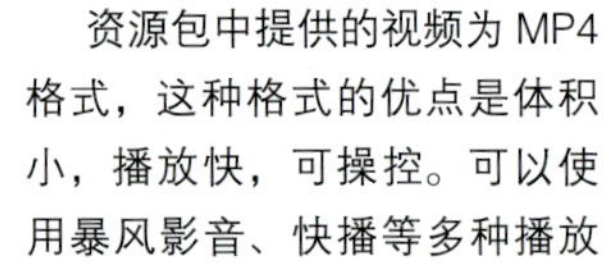

资源包中提供的视频为 MP4 格式，这种格式的优点是体积小，播放快，可操控。可以使用暴风影音、快播等多种播放器进行播放。

中文版

张晓景 编著

Photoshop CC 2020 完全自学一本通

電子工業出版社
Publishing House of Electronics Industry
北京·BEIJING

内容简介

本书从实用的角度出发，全面、系统地讲解了Photoshop CC 2020的各项功能和使用方法。书中内容涵盖了Photoshop CC 2020的大部分工具及其重要功能，并将多个精彩实例贯穿于讲解过程中，操作一目了然，语言通俗易懂，使读者很容易达到自学成才的目的。

本书可作为自学参考书，适合平面设计人员、动画制作人员、网页设计人员、UI设计人员、大中专院校学生及图像处理爱好者等参考阅读。

图书在版编目（CIP）数据

中文版Photoshop CC 2020完全自学一本通 / 张晓景编著. -- 北京：电子工业出版社, 2021.3

ISBN 978-7-121-40337-8

Ⅰ. ①中… Ⅱ. ①张… Ⅲ. ①图像处理软件－教材Ⅳ. ①TP391.413

中国版本图书馆CIP数据核字(2020)第269437号

责任编辑：陈晓婕

印　　刷：中国电影出版社印刷厂

装　　订：三河市良远印装有限公司

出版发行：电子工业出版社

北京市海淀区万寿路173信箱　邮编：100036

开　　本：787×1092　1/16　印张：30.75　字数：914.4千字

版　　次：2021年3月第1版

印　　次：2021年3月第1次印刷

定　　价：99.80元

凡所购买电子工业出版社图书有缺损问题，请向购买书店调换。若书店售缺，请与本社发行部联系，联系及邮购电话：（010）88254888，88258888。

质量投诉请发邮件至zlts@phei.com.cn，盗版侵权举报请发邮件至dbqq@phei.com.cn。

本书咨询联系方式：（010）88254161~88254167转1897。

前言

Photoshop CC 2020是Adobe公司推出的一款专业图像编辑软件。与之前的Photoshop 版本相比，增加了许多新的功能，提高了软件的易用性。其非凡的绘画效果、强大的智能选区技术、能彻底变换图像区域的操控变形工具，以及内容识别填充和修复技术，更是让人在不经意间创作出神奇的效果。无论是在国内还是国外，它都是一款备受瞩目的图像处理软件。

本书章节及内容安排

本书从实用的角度出发，全面、系统地讲解了Photoshop CC 2020的各项功能和使用方法，书中内容涵盖了Photoshop CC 2020的全部工具及其重要功能，并运用多个精彩实例贯穿于整个讲解过程，操作一目了然，语言通俗易懂，适合读者自学。

本书共分为22章，各章的主要内容如下：

- 第1章，讲解学习Photoshop 相关的入门知识，包括Photoshop的行业应用、安装和启动、新增功能介绍及操作界面的介绍等。
- 第2章，讲解Photoshop的优化和设置方法，主要介绍了通过设置首选项优化Photoshop操作的方法，同时讲解了辅助工具、对齐和预设管理器的应用。
- 第3章，从软件的基本操作入手，介绍了Photoshop 的一些基本操作，如新建、打开、存储文件，置入文件，修改图像大小，修改画布大小，变换图像，还原与恢复等操作。
- 第4章，主要针对选区的用途、选区的操作和编辑方法进行介绍，并对创建选区、存储选区和载入选区的方法进行详细讲解。
- 第5章，系统地对颜色的相关知识，以及Photoshop中图像的各种颜色模式之间的转换关系进行讲解，包括各画笔对话框的操作方法等。
- 第6章，介绍绘图工具与画笔的操作方法，包括混合器画笔工具、画笔的基本样式、“画笔设置”面板、特殊笔刷和笔尖等。
- 第7章，对修饰与润色图像的工具进行详细介绍，通过内容识别填充这一强大功能，可以轻松地对图像进行修饰操作。
- 第8章，主要讲解如何在Photoshop中绘制、编辑及输出路径，系统地介绍了各种矢量工具与路径的使用方法和基本操作。
- 第9章，主要讲解图层的创建、图层的编辑，以及如何使用图层组等应用技巧。
- 第10章，主要讲解如何设置图层的混合效果，系统地对多种图层样式、填充和调整图层、图层的混合模式及智能对象进行介绍。
- 第11章，从介绍蒙版的基本概念着手，再到蒙版的分类、创建方法，以及蒙版在设计中的应用，让读者循序渐进地领会蒙版的强大功能。
- 第12章，系统地对Photoshop中各种基本的调色命令进行介绍，从如何查看图像的色彩开始，逐一讲解“调整”命令子菜单中各命令的功能。
- 第13章，主要向读者介绍通道的相关基础知识和创建通道的几种方法，并且通过多个实例向读者讲解通道在图像处理和设计方面的应用和技巧。
- 第14章，主要学习Photoshop中文本处理方面的知识，包括文字的输入和编辑的方法，讲解了字符和段落属性，以及样式的使用。
- 第15章，主要讲解动作的基本功能、动作的建立和使用、批处理命令，以及如何使用自动化处理命令提升处理图像的效果及工作效率。
- 第16章，针对Photoshop中的3D功能进行详细介绍，包括如何创建并综合应用3D图层，如何在3D面板中设置模型的网格、材质和光源等。
- 第17章，主要讲解如何利用“切片工具”创建切片，利用“存储为Web所用格式”命令设置并输出Web

图像，以及如何在Photoshop中制作GIF动画、简单编辑视频等。

- 第18章，主要介绍Photoshop中滤镜的使用方法和技巧，包括特殊滤镜、内置滤镜和第三方滤镜，同时针对新增滤镜进行了重点讲解。
- 第19章，主要讲解图像的分析、打印与输出操作。
- 第20章，通过3个案例学习使用Photoshop处理数码照片的方法和技巧。
- 第21章，通过3个案例学习Photoshop在按钮与图标设计中的应用。
- 第22章，通过2个案例熟悉Photoshop 在界面设计中的应用。

本书特点

- 结构编排合理，内容全面，特别是针对新增功能部分，都以特殊的方式进行标注，方便读者查找。
- 实例丰富，图文并茂，每一章节中都为读者提供了专家的精彩分析，并提供了一个举一反三的案例，供读者测验学习成果。
- 配套资源包中提供了书中实例源文件、素材和相关的视频教程。

手机扫一扫观看全书视频

本书版式结构说明

本书采用丰富多彩的讲解方式，以便读者可以快速理解并掌握要点。读者可以通过“应用案例”“提示”“参数”“专家支招”和“举一反三”等栏目进行学习，简要介绍如下。

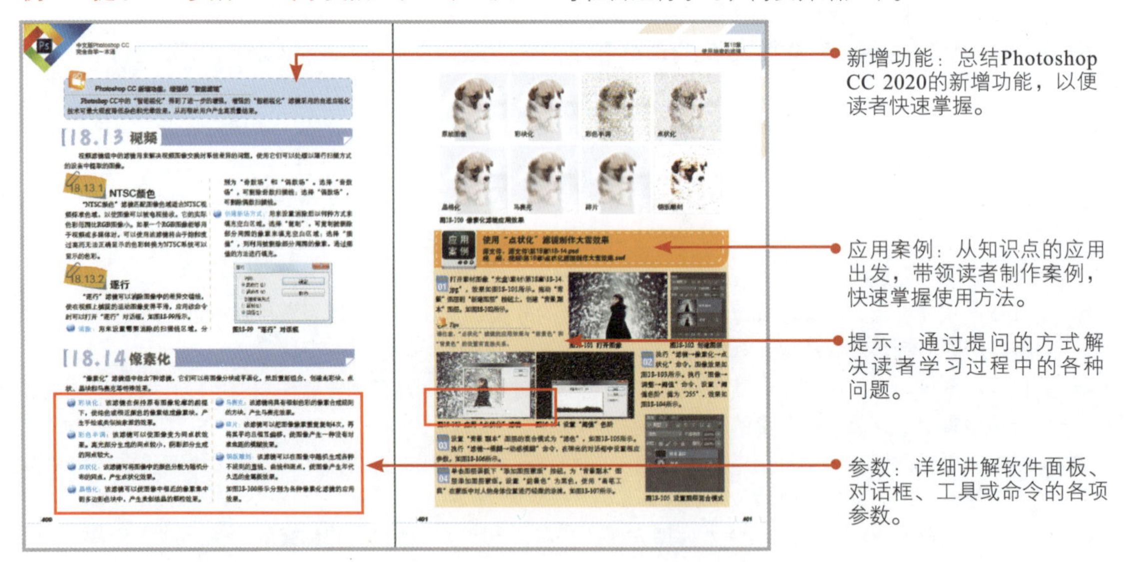

新增功能：总结Photoshop CC 2020的新增功能，以便读者快速掌握。
应用案例：从知识点的应用出发，带领读者制作案例，快速掌握使用方法。
提示：通过提问的方式解决读者学习过程中的各种问题。
参数：详细讲解软件面板、对话框、工具或命令的各项参数。

关于本书作者

由于时间仓促，书中难免存在错误和疏漏之处，希望广大读者批评、指正，我们一定会全力改进，并在今后的工作中加强和提高。

编 著 者

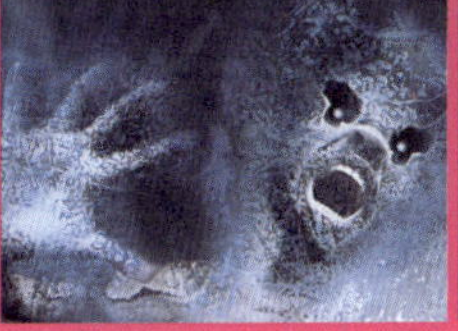

目录

第1章 熟悉Photoshop CC 2020

本章主要对Photoshop的应用领域以及Photoshop CC 2020软件的安装与卸载、界面的组成和如何查看图像等进行讲解，帮助读者快速了解Photoshop的历史、功能及应用。

本章学习重点

第 1 页
Photoshop 的行业应用

第 4 页
位图图像

第 4 页
矢量图像

第 15 页
旋转视图工具

1.1 关于Adobe Photoshop

Adobe公司成立于1982年，总部位于美国加州圣何塞市，产品涉及图形设计、图像制作、数码摄影、网页设计和电子文档等诸多领域。Adobe公司的产品除了众所周知的Photoshop外，还包括多媒体动画制作软件Animate（Flash）、专业排版软件InDesign、电子文档软件Acrobat、插画大师Illustrator及影视编辑软件Premiere等。

Adobe Photoshop是一款图像编辑软件，主要用于处理位图图像，可以完成图像格式和模式的转换，能够对图像的色彩进行调整，最新版本的Photoshop甚至可以完成3D对象的贴图绘制和视频的优化编辑。目前，Photoshop的最新版本为Adobe Photoshop CC 2020。

1.2 Photoshop的行业应用

Photoshop作为一款图像处理软件，应用非常广泛，平面广告设计、数码照片处理和网页设计等领域，都与Photoshop有着密切联系，在各行各业中发挥着不可替代的重要作用。

1.2.1 平面广告设计

平面设计是Photoshop应用最广的领域之一，无论是用户正在阅读的图书封面，还是大街上看到的招贴、海报，这些具有丰富图像的平面印刷品，基本上都需要用Photoshop软件对图像进行处理，如图1-1所示。

图1-1 平面设计中的应用

1.2.2 数码照片

由于数码相机的普及，数码拍摄成为当今的主流拍摄方式，越来越多的人开始尝试使用Photoshop处理一些效果不满意的数码照片。

Photoshop作为强大的图像处理软件，可以完成从照片的扫描输入、校色、图像修正到分色输出等一系列专业化的工作。不论是照片的色彩与色调的调整，还是图像创造性合成，在Photoshop中都可以找到最佳的解决方法，如图1-2所示。

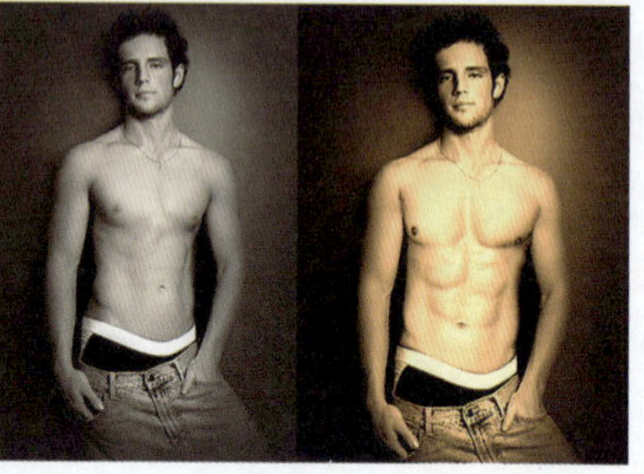

图1-2 数码照片

插画设计

插画已成为最具时代特色的视觉表达艺术之一。由于Photoshop具有良好的绘画与调色功能，许多插画设计制作者往往使用铅笔绘制草稿，然后用Photoshop填色的方法来绘制插画，如图1-3所示。

图1-3 插画设计

效果图后期调整

在制作建筑效果图包括许多三维场景时，常常需要在Photoshop中添加并调整人物与配景（包括场景的颜色），这样不仅节省了渲染时间，也增强了画面美感。图1-4所示为通过Photoshop处理后的三维效果图。

图1-4 效果图后期调整

1.2.5 UI设计

软件UI设计逐渐受到越来越多的企业及开发者的重视，绝大多数UI设计师选择使用Photoshop完成软件UI的设计制作。使用Photoshop的渐变、图层样式和滤镜等功能，可以制作出各种真实的质感和特效，如图1-5所示。

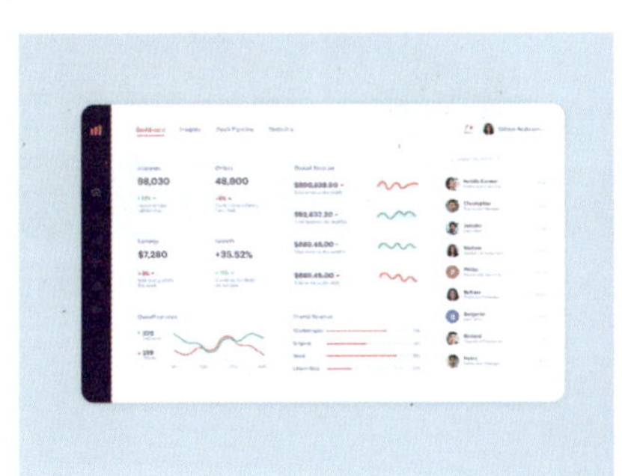

图1-5 软件UI设计

Photoshop在网页UI设计中也发挥着重要作用，无论是PC端网页还是移动端App网页，都可以通过Photoshop软件设计制作，如图1-6所示。在Photoshop中制作设计的页面。不仅可以被网页制作软件使用，还可以使用Photoshop输出为网页和动画。

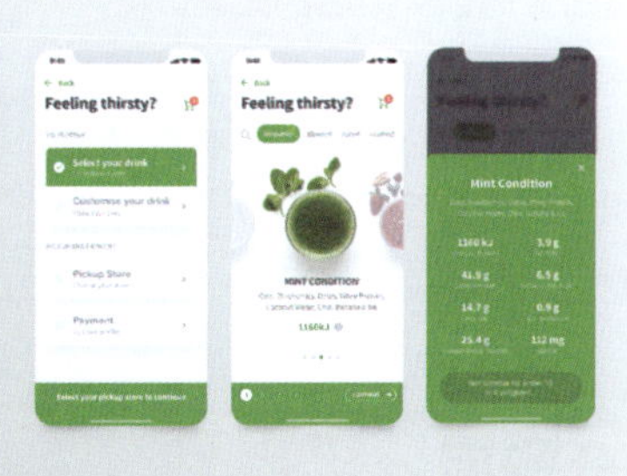

图1-6 网页UI设计

1.2.6 视频剪辑

Photoshop可以利用“时间轴”面板轻松完成视频的导入、剪辑、编辑和输出操作。同时可以为视频添加字幕和音频，丰富视频效果。配合强大的Project Cloak插件，甚至可以完成专业级的视频操作，如图1-7所示。

图1-7 视频剪辑

1.3 数字化图像基础

计算机的数字化图像分为位图和矢量图两种类型。这两种类型各有优缺点，应用领域也各有不同。处理位图的软件最著名的就是Photoshop。处理矢量图的软件有两种，一种是图形绘制软件，如Illustrator；另一种是排版软件，如CorelDRAW。Adobe公司开发的Animate软件也是一款矢量软件。

1.3.1 位图图像

位图也称点阵图，它由许多的点组成，这些点被称为像素。位图图像可以表现丰富的色彩变化并产生逼真的效果，很容易在不同软件之间交换使用。但它在保存图像时需要记录每一个像素的色彩信息，所以占用的存储空间较大，在进行旋转或缩放时会产生锯齿效果。图1-8所示为位图图像及其图像局部放大后观察到的锯齿效果。

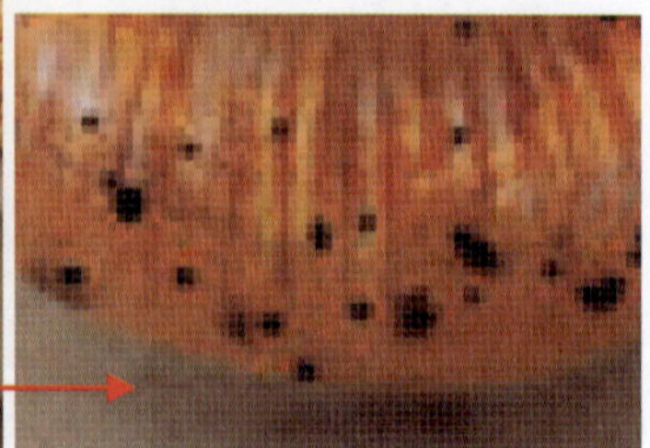

图1-8 位图图像及其放大效果

1.3.2 矢量图像

矢量图通过数学的向量方式来进行计算，使用这种方式记录的文件所占用的存储空间很小。由于它与分辨率无关，所以在进行旋转、缩放等操作时，可以保持对象光滑无锯齿。图1-9所示为矢量图及其图像局部放大后的效果。

矢量图的缺点是图像色彩变化较少，颜色过渡不自然，并且绘制出来的图像也不是很逼真。但其具有体积小、任意缩放的特点，因此被广泛应用在动画制作和广告设计领域。

图1-9 矢量图及其放大效果

1.3.3 分辨率

图像的清晰度与其本身的分辨率有直接关系。分辨率是指单位尺寸内图像中像素点的多少，像素点个数越多分辨率越高，相反则越低。同理，分辨率越高的图片，图像越细致，质量越高；分辨率越低的图片质量越低。图1-10所示为设置同一图像分辨率分别为72像素和300像素时的效果。

a) 分辨率为72dpi

b) 分辨率为300dpi

图1-10 不同分辨率下的图像效果

不同行业对图像分辨率的要求也不尽相同。例如，用于在显示器上显示的图像分辨率只需达到72dpi即可；如果要将图像用打印机打印出来，分辨率最低也要达到150dpi。

Tips

显示分辨率是显示器在显示图像时的分辨率，分辨率是用点来衡量的。显示分辨率的数值是指整个显示器所有可视面积上水平像素和垂直像素的数量。

不同分辨率的图像应用于不同的行业中，表1-1中列出了相应行业对分辨率的要求。

表1-1 不同行业对分辨率的要求

行业	分辨率(dpi)	行业	分辨率(dpi)
喷绘	40以上	普通印刷	250以上
报纸、杂志	120～150	数码照片	150以上
网页	72	高级印刷	600以上

1.4 Photoshop CC 2020的安装与启动

在使用Photoshop CC 2020之前先要安装该软件。安装（或卸载）前应关闭系统中当前运行的Adobe相关程序，安装过程并不复杂，用户只需根据提示信息进行操作即可。

应用案例

1.4.1 安装Photoshop CC 2020

源文件：无　　**视 频：视频\第1章\安装Photoshop CC 2020.mp4**

STEP 01 打开浏览器，在地址栏中输入www.adobe.com/cn，打开Adobe官网，官网首页效果如图1-11所示。在页面顶部选择“支持与下载”→“下载和安装”命令，如图1-12所示。

图1-11 Adobe官网首页

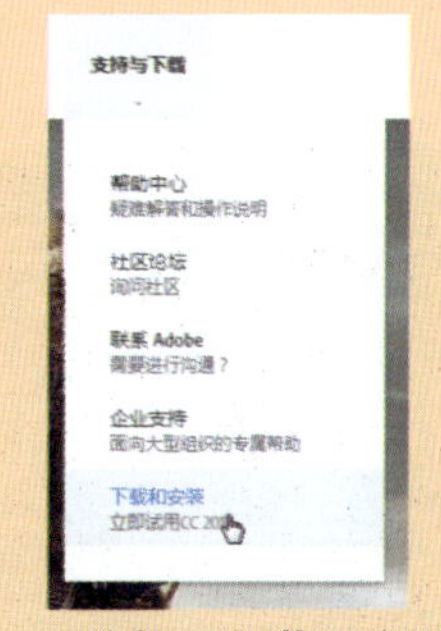

图1-12 选择“下载和安装”命令

STEP 02 在打开的页面中选择Creative Cloud选项，如图1-13所示。下载Creative_Cloud.exe文件并安装。完成安装后，在桌面上或“开始”菜单中找到Adobe Creative Cloud 图标，启动Adobe云端，如图1-14所示。

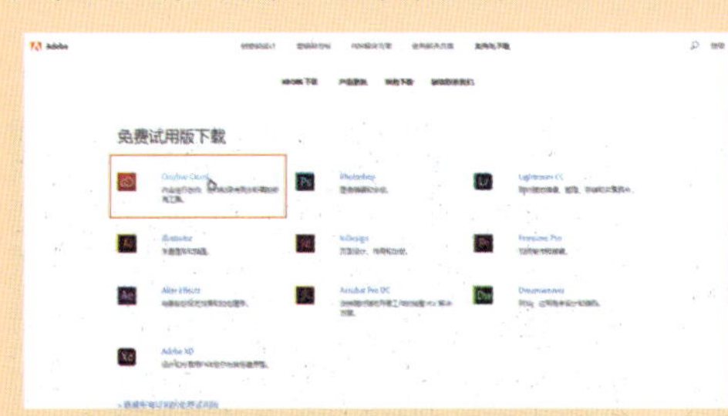

图1-13 选择Creative Cloud选项

图1-14 启动云端效果

STEP 03 单击Photoshop选项页面的“试用”按钮，稍等片刻即可完成Photoshop CC 2020的安装，如图1-15所示。用户可以在“开始”菜单中找到安装完成的Adobe Photoshop 2020启动程序，如图1-16所示。

图1-15 安装完成　　图1-16 “开始”菜单中的Photoshop启动程序

 Tips

如果用户有产品序列号，可以在“欢迎第一次启动 Adobe Creative Cloud 时，系统会要求用户输入 Adobe ID 和密码。Adobe ID 是 Adobe 公司提供给用户的 Adobe 账号，使用 Adobe ID 可以登录 Adobe 网站论坛、Adobe 资源中心以及可以对软件进行更新等。新用户可以通过注册，获得一个 Adobe ID。”界面中选择“安装”选项进行安装。试用版本和正式版本在功能上没有区别，但只能试用 7 天，7 天后需要输入序列号才能继续使用。

1.4.2 使用Adobe Creative Cloud Cleaner

如果用户没有采用正确的方式卸载Photoshop CC 2020软件，再次安装软件时会提示无法安装该软件。用户可以登录Adobe官网下载Adobe Creative Cloud Cleaner工具，清除错误即可再次安装。此工具可以删除产品预发布安装的安装记录，并且不影响产品早期版本的安装。

下载Adobe Creative Cloud Cleaner Tool后双击启动工具，如图1-17所示。按键盘上的【E】键，再按【Enter】键，界面如图1-18所示。

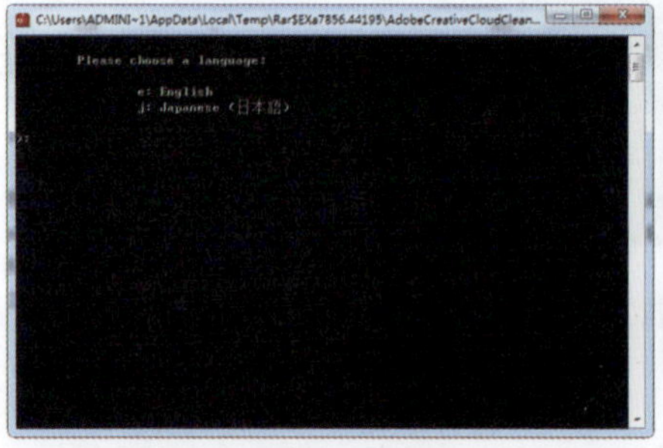

图1-17 启动工具界面

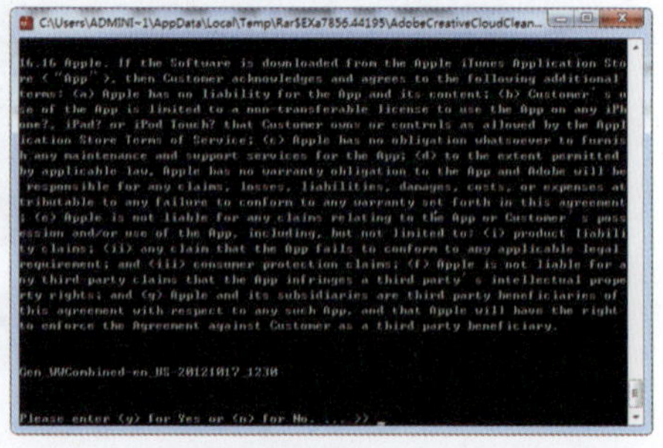

图1-18 确定语言

按键盘上的【Y】键，再按【Enter】键，进入如图1-19所示的界面。按【1】键，再按【Enter】键，进入如图1-20所示的界面。

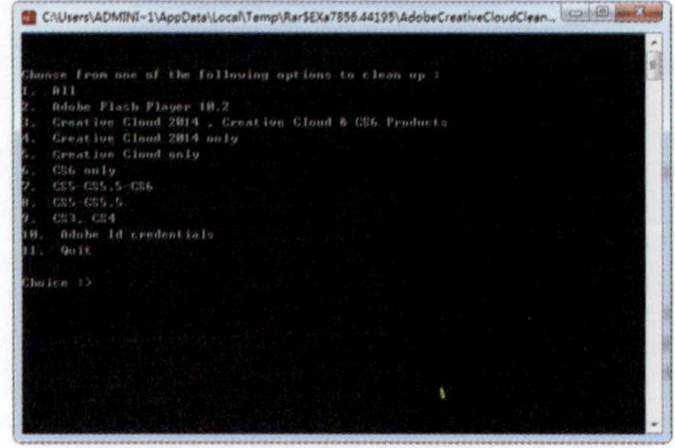

图1-19 选择清除版本

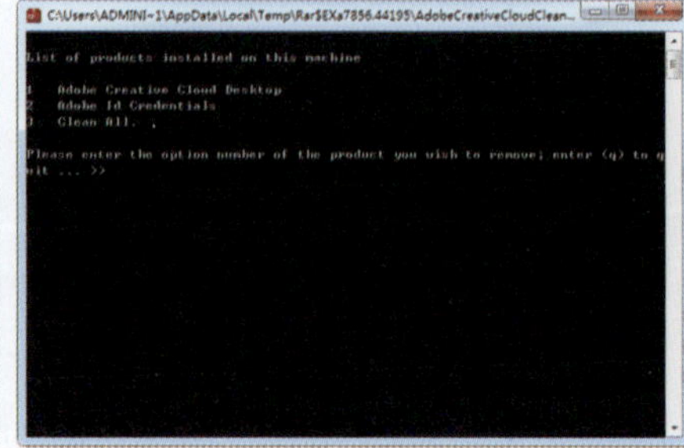

图1-20 选择清除内容

按【3】键，再按【Enter】键。按【Y】键，再按【Enter】键。稍等片刻即可完成清理操作，如图1-21所示。然后，重新安装该软件即可。

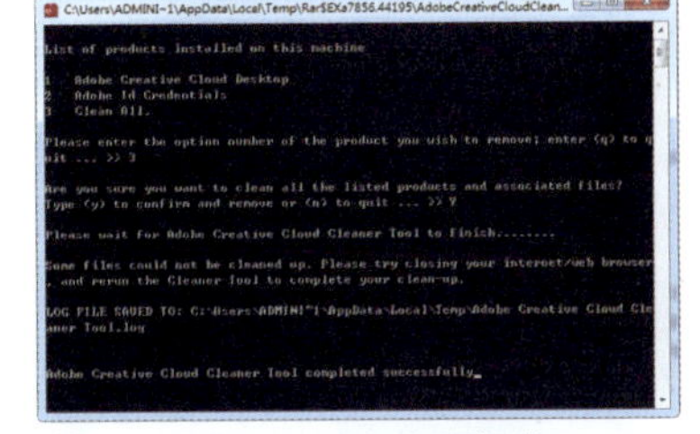

图1-21 完成清理操作

1.4.3 启动Photoshop CC 2020

Photoshop CC 2020安装完成后，双击该软件的快捷方式（或在“开始”菜单中找到该软件），进入启动界面，如图1-22所示。读取完成后，即可进入到该软件中，如图1-23所示。

图1-22 Photoshop CC 2020启动界面

图1-23 Photoshop CC 2020软件界面

1.5 Photoshop CC 2020的操作界面

与之前的版本相比，Photoshop CC 2020的工作界面进行了许多改进，图像处理区域更加开阔，文档的切换也变得更加快捷，工作环境更加方便。

启动Photoshop CC 2020后，出现如图1-24所示的工作界面，其中包含文档窗口、菜单栏、工具箱、选项栏及面板等。

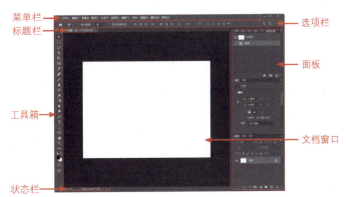

图1-24 Photoshop CC 2020工作界面

1.5.1 菜单栏

Photoshop CC 2020中共包括11个主菜单，如图1-25所示。Photoshop中几乎所有的命令都按照类别排列在这些菜单中，包含不同的功能和命令，它们是Photoshop中重要的组成部分。

Ps 文件(F) 编辑(E) 图像(I) 图层(L) 文字(Y) 选择(S) 滤镜(T) 3D(D) 视图(V) 窗口(W) 帮助(H)

图1-25 菜单栏

- **使用菜单**：单击一个菜单名称即可打开该菜单。在菜单中使用分割线区分不同功能的命令，带有黑色三角标记的命令表示还包含扩展菜单，如图1-26所示。

图1-26 打开菜单命令

- **执行菜单中的命令**：选择菜单中的一个命令即可执行该命令。
- **快捷键执行命令**：如果命令后面带有快捷键，如图1-27所示，则按对应的快捷键即可快速执行该命令。有些命令后面只提供了字母，可先按住【Alt】键，再按主菜单中的字母键，打开该菜单，然后再按命令后面的字母。

图1-27 命令后面带快捷键

- **使用右键快捷菜单**：在文档窗口空白处或任意一个对象上单击鼠标右键，可以显示快捷菜单；在面板上单击鼠标右键，也可以显示快捷菜单，如图1-28所示。

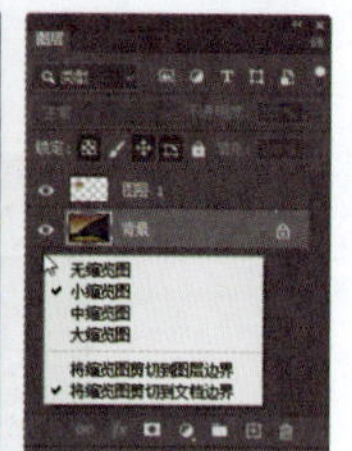

图1-28 使用右键快捷菜单

Tips 为什么菜单中有些菜单是灰色的?

菜单中的很多命令只有在特定的情况下才能使用。如果某一个菜单命令显示为灰色，则表示该命令在当前状态下不可用。例如，对于 CMYK 模式下的图片，很多滤镜命令是不可使用的。

如果某一命令名称后带有…符号，表示执行该命令后，将弹出相应的设置对话框。

1.5.2 工具选项栏

选项栏用于设置工具选项。根据所选工具的不同，选项栏中的内容也不同。例如，选择“矩形选框工具”时，其选项栏如图1-29所示；选择“渐变工具”时，其选项栏如图1-30所示。

图1-29 “矩形选框工具”的选项栏

图1-30 “渐变工具”的选项栏

1.5.3 工具箱

Photoshop CC 2020的工具箱默认位于工作区的左侧，包含了所有用于创建和编辑图像的工具。单击工具箱顶部的双箭头，可以切换工具箱的显示方式，分为单排显示和双排显示，如图1-31所示。

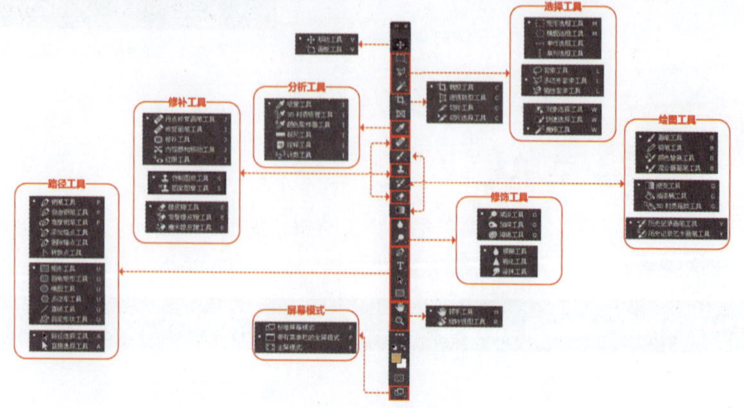

图1-31 工具箱

Photoshop CC 2020工具箱中提供了67种工具，其中包含了用于创建和编辑图像、图稿、页面元素等工具。由于工具过多，因此一些工具被隐藏起来，工具箱中只显示部分工具，并且按类区分。

- **移动工具箱**：启动Photoshop时，工具箱默认在左侧显示，将光标放在工具箱顶部双箭头下方按住鼠标左键并拖动，即可放在窗口任意位置，如图1-32所示。

图1-32 移动工具箱

- **选择工具**：单击工具箱中的某个工具按钮，即可选择该工具。右下角有三角形图标的工具，表示是一个工具组。在该工具按钮上按住鼠标左键不动（当工具组显示后即可松开左键），或者单击鼠标右键，然后选择显示的工具即可，如图1-33所示。

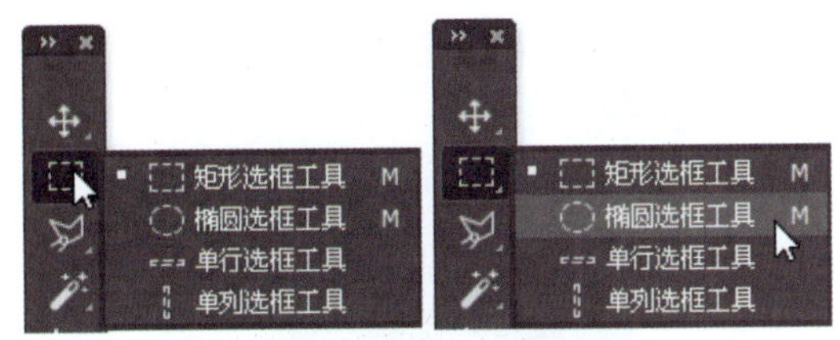

图1-33 选择工具

Tips 如何快速选择工具？

将光标停留在工具图标上稍等片刻，即可显示关于该工具的名称及快捷键的提示。通过按快捷键可以快速选择该工具。按【Shift+ 工具快捷键】组合键，可以依次选择隐藏的按钮。按住【Alt】键的同时在有隐藏工具的按钮上单击，也可以依次选择隐藏的按钮。

1.5.4 面板

面板是用于设置颜色、工具参数和执行编辑命令。Photoshop CC 2020中包含了32个面板，在“窗口”菜单中可以选择需要的面板将其打开，如图1-34所示。默认情况下，面板以选项卡的形式成组出现，显示在窗口的右侧，如图1-35所示。可根据需要打开、关闭或自由组合面板。

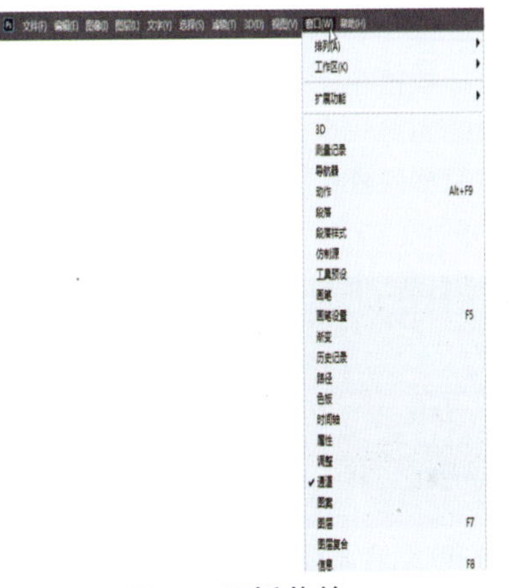

图1-34 面板菜单

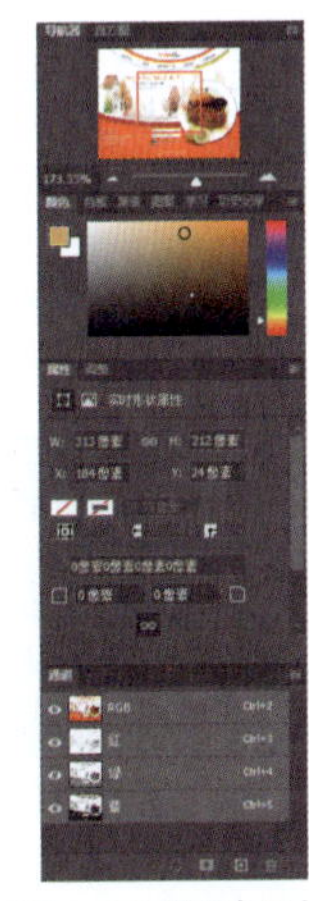

图1-35 排列面板

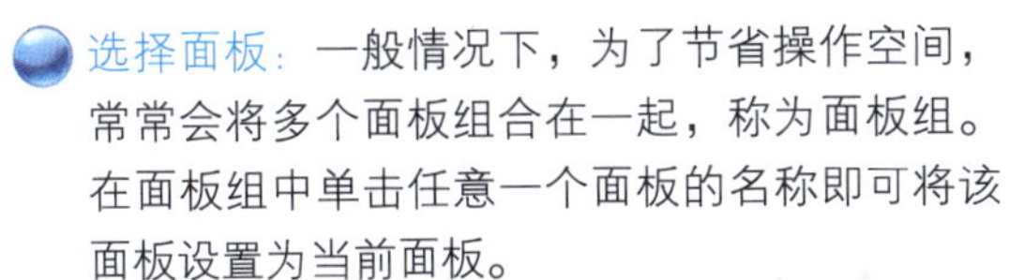

- **选择面板**：一般情况下，为了节省操作空间，常常会将多个面板组合在一起，称为面板组。在面板组中单击任意一个面板的名称即可将该面板设置为当前面板。

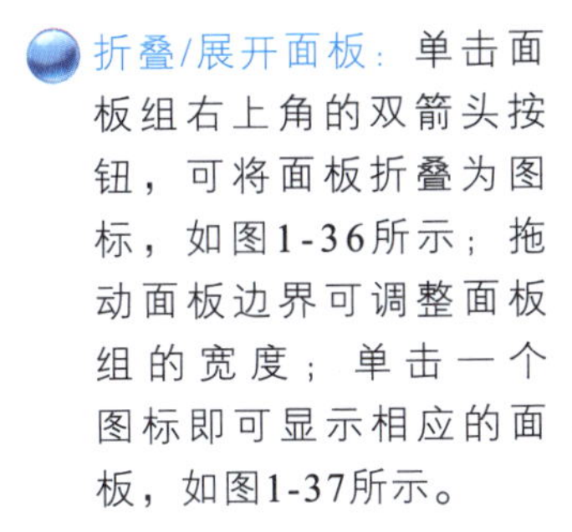

- **折叠/展开面板**：单击面板组右上角的双箭头按钮，可将面板折叠为图标，如图1-36所示；拖动面板边界可调整面板组的宽度；单击一个图标即可显示相应的面板，如图1-37所示。

图1-36 折叠面板组

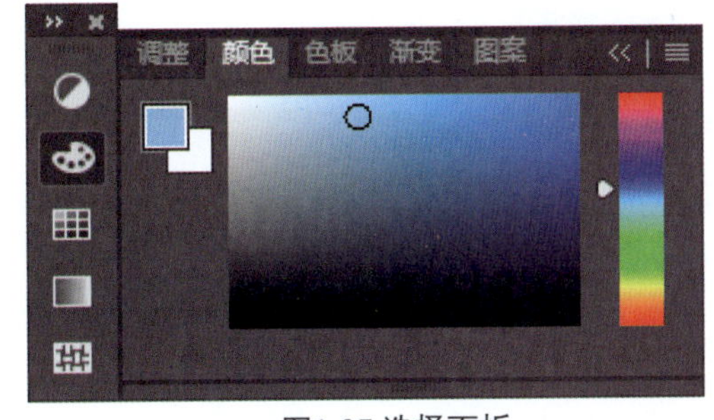

图1-37 选择面板

- **调整面板的大小**：如果面板右下角有如图1-38所示的标记，拖动该图标即可调整面板大小，如图1-39所示。

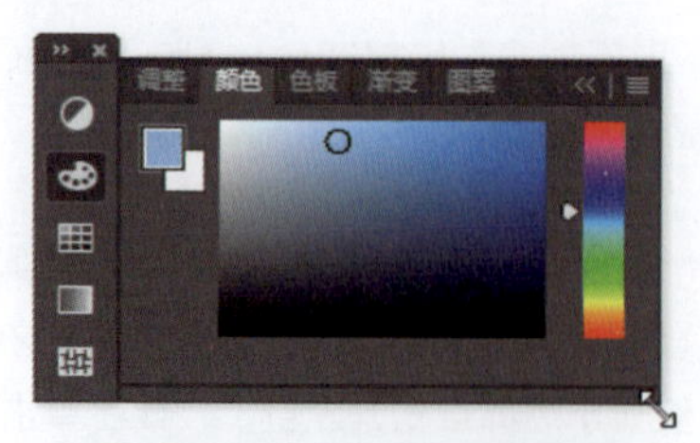

图1-38 面板上的标记

图1-39 调整面板大小

- 移动面板：将光标放置在面板名称上，按住鼠标左键将其拖至空白处，即可将该面板从面板组中分离出来，成为浮动面板，拖动浮动面板的名称，可将其放置在任意位置。
- 组合面板：将鼠标放置在一个面板名称上，按住鼠标左键并拖动到另一个面板的名称位置，当出现蓝色横条时松开鼠标，可将其与目标面板组合，如图1-40所示。

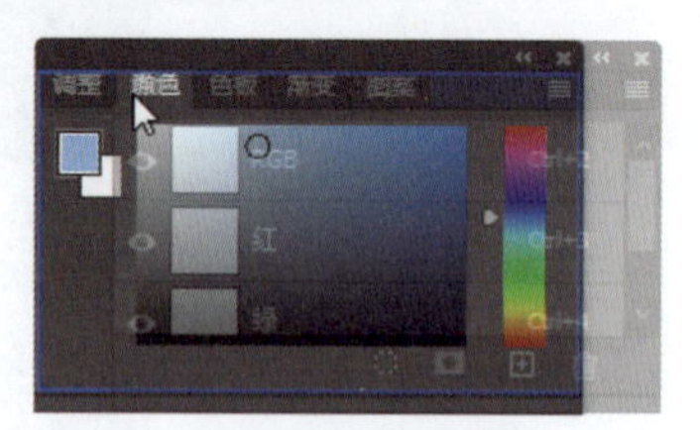

图1-40 组合面板

- 链接面板：将光标放置在面板名称上，按住鼠标左键将其拖至另一个面板下方，当两个面板的连接处显示为蓝色时放开鼠标，可以将两个面板链接，如图1-41所示。

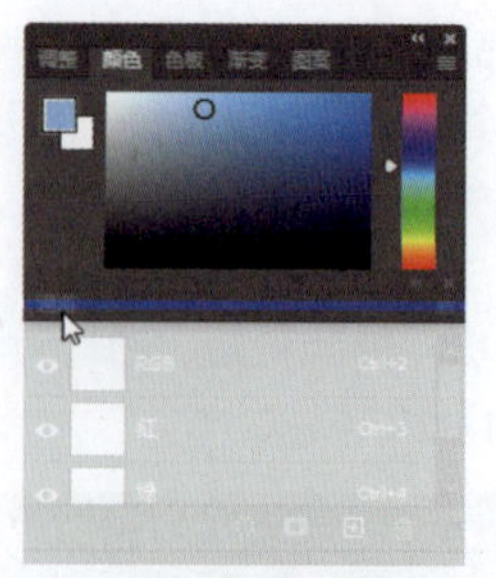

图1-41 链接面板

- 打开面板菜单：单击面板右上角的按钮，可以打开面板菜单，如图1-42所示，面板菜单中包含了当前面板的各种命令。

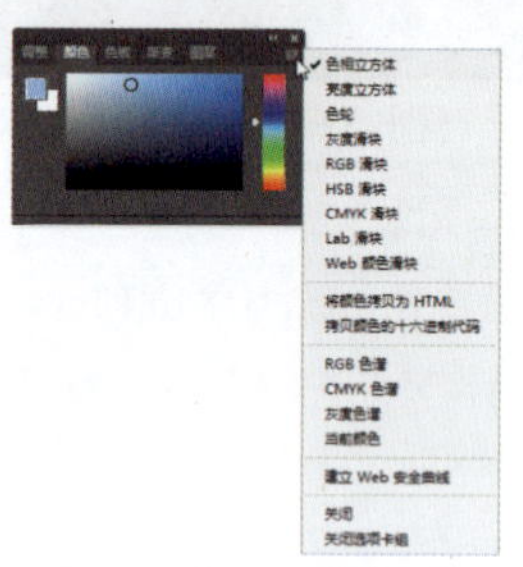

图1-42 打开面板菜单

- 关闭面板：在某一个面板的名称上单击鼠标右键，在弹出的快捷菜单中选择“关闭”命令，即可关闭该面板，如图1-43所示。选择“关闭选项卡组”命令，即可关闭该面板组。对于浮动面板，单击右上角的“关闭”按钮，即可将其关闭。

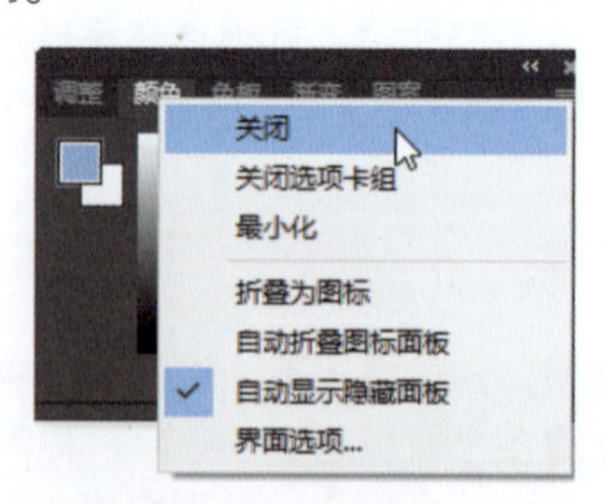

图1-43 关闭面板

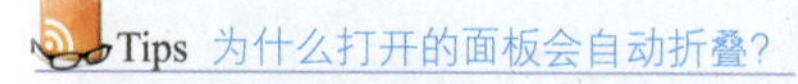

Tips 为什么打开的面板会自动折叠？

选择“编辑”→“首选项”→“工作区”命令。在弹出的对话框中选择或取消选择“自动折叠图标面板”复选框，则下次启动 Photoshop 时就会自动折叠或取消折叠。面板自动折叠对一些能够熟练操作 Photoshop 的用户来说，是一种很方便的设置。

1.5.5 图像文档窗口

在Photoshop中每打开一个图像，便会创建一个文档窗口，当同时打开多个图像时，文档窗口就会以选项卡的形式显示，如图1-44所示。

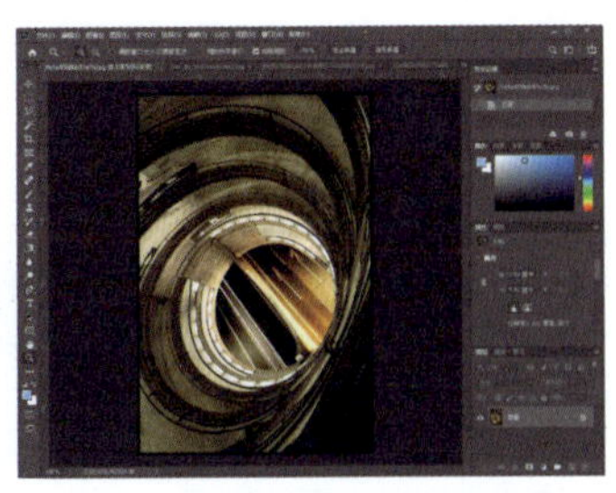

图1-44 选项卡形式显示图像

Tips 如何在多个文档间快速切换？

除了单击选择文档外，也可以使用快捷键来选择文档，按【Ctrl+Tab】组合键可以按顺序切换窗口；按【Ctrl+Shift+Tab】组合键可以按相反的顺序切换窗口。

Tips

当图像数量较多、标题栏中不能显示所有文档时，可以单击标题栏右侧的双箭头按钮»，在打开的菜单中选择需要的文档。

- 选择文档：单击选项卡上任一个文档的名称，即可将该文档设置为当前操作窗口，如图1-45所示。
- 调整文档名称顺序：按住鼠标左键并拖动文档的标题栏，可以调整它在选项卡中的顺序，如图1-46所示。

图1-45 选择文档　图1-46 调整文档名称顺序

- 拖动文档名称：选择一个文档的标题栏，按住鼠标左键从选项卡中拖出，该文档便可成为任意移动位置的浮动窗口，如图1-47所示。将鼠标放置在浮动窗口的标题栏上，按住鼠标左键并拖动至工具选项栏下，当出现蓝框时松开鼠标，该窗口就会放置在选项卡中，如图1-48所示。

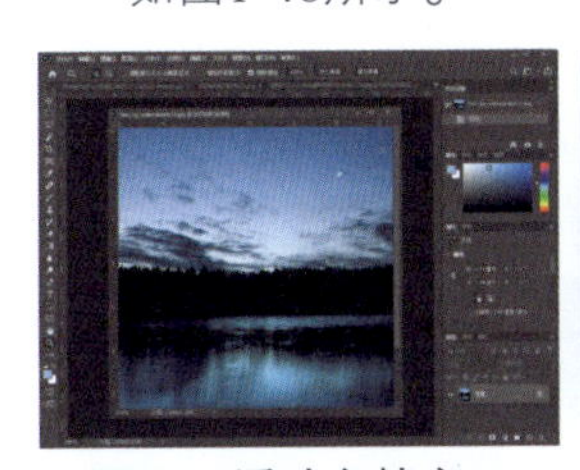

图1-47 浮动文档窗口

图1-48 拖动文档的标题栏

- 调整窗口大小：拖动窗口的一角，可以调整该窗口的大小，如图1-49所示。
- 合并窗口：当有多个悬浮窗口要还原到原来位置时，用户可以在标题栏处单击鼠标右键，在弹出的快捷菜单中选择"全部合并到此处"命令，即可将所有悬浮窗口合并到原来的位置，如图1-50所示。
- 关闭文档：单击标题栏右侧的"关闭"按钮，即可关闭该文档。如果要关闭所有文档，在标题栏上单击鼠标右键（标题栏任意位置），在弹出的快捷菜单中选择"关闭全部"命令即可，如图1-51所示。

图1-49 调整窗口大小

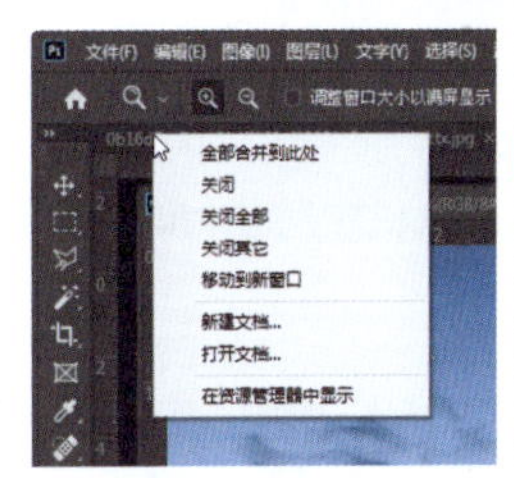

图1-50 合并窗口

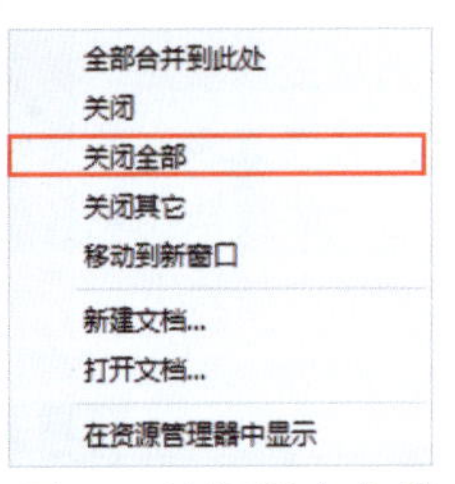

图1-51 关闭所有文档

Tips 如何同时关闭所有已打开的文档？

按住【Shift】键的同时单击文档右上角的"关闭"按钮，即可一次性关闭所有Photoshop文档。

1.5.6 状态栏

状态栏位于文档的底部，它可以显示文档的缩放比例、文档大小和当前使用的工具等信息，如图1-52所示。

在文档信息区域上按住鼠标左键，可以显示图像的宽度、高度和通道等信息，如图1-53所示；在文档信息区域上按住【Ctrl】键并按住鼠标左键，可显示图像的拼贴宽度等信息，如图1-54所示。

图1-52文档窗口

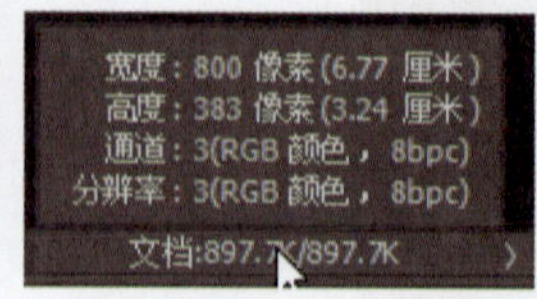

图1-53显示文档信息

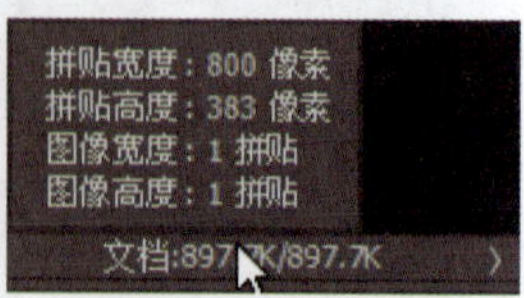

图1-54显示拼贴

单击状态栏中的按钮，打开如图1-55所示的菜单，其中包含12种选项，各选项的功能如下：

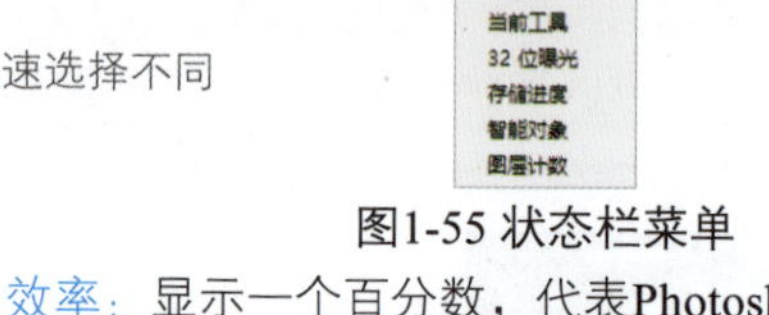

图1-55 状态栏菜单

Tips 如何快速修改文档的背景颜色？

在文档窗口的空白处单击鼠标右键，在弹出的快捷菜单中可以快速选择不同的背景颜色。

- 文档大小：显示有关文档的数据大小信息。选择该选项后，状态栏中会出现两组数字，其中左边的数字显示拼合图层并存储文件后的大小；右边的数字显示当前文档全部的内容大小，其中包含图层、通道和路径等所有Photoshop特有的图像数据。
- 文档配置文件：显示文档所使用的颜色配置文件名称。
- 文档尺寸：显示文档的尺寸。
- 测量比例：显示文档的比例。
- 暂存盘大小：显示当前文档虚拟内存的大小。选择该选项后，状态栏会出现两组数字，左边的数字代表当前文档文件所占用的内存空间；右边的数字代表当前计算机中可供Photoshop使用的内存大小。
- 效率：显示一个百分数，代表Photoshop执行工作的效率。如果这个百分数经常低于60%，说明硬件系统可能已经无法满足工作需要。
- 计时：显示一个时间数值，代表执行上一次操作所需要的时间。
- 当前工具：显示当前选中的工具的名称。
- 32位曝光：用于调整预览图像，以便在计算机显示器上查看32位/通道高动态范围（HDR）图像的选项。只有当文档窗口显示HDR 图像时，该选项才可用。
- 存储进度：显示当前文档的存储进度。
- 智能对象：显示当前文档中智能对象的使用情况。
- 图层计数：显示当前文档的图层数量。

1.6 图像的查看

刚开始使用Photoshop编辑图像时，常会需要执行一些如放大/缩小图像、移动图像等操作，以便更好地观察处理效果。Photoshop提供了缩放工具、抓手工具、“导航器”面板和多种操作命令来为查看图像服务。

1.6.1 屏幕模式

Photoshop根据不同用户的不同制作需求，提供了不同的屏幕显示模式。单击工具箱底部的“更改屏幕模式”按钮，可以选择3种不同的显示模式，如图1-56所示。

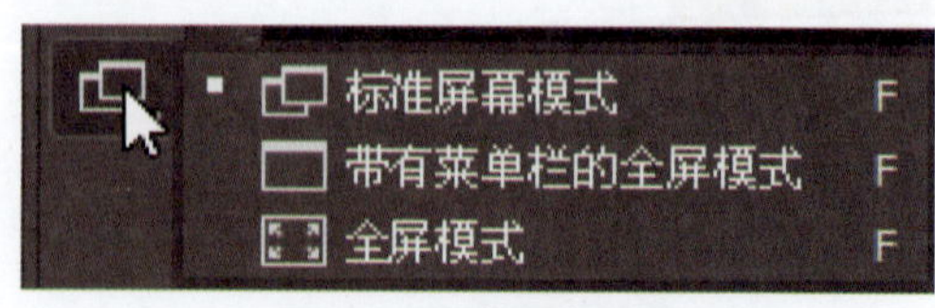

图1-56 更改屏幕模式

- 标准屏幕模式：默认状态下的屏幕模式，可显示菜单栏、标题栏、滚动条和其他屏幕元素，如图1-57所示。
- 带有菜单栏的全屏模式：显示有菜单栏和50% 灰色背景、无标题栏和滚动条的全屏窗口，如图1-58所示。
- 全屏模式：又称专家模式，只显示黑色背景的全屏窗口，不显示标题栏、菜单栏和滚动条，如图1-59所示。

图1-57 标准屏幕模式

图1-58 带有菜单栏的全屏模式

图1-59 全屏模式

Tips

按【F】键可以在 3 种模式之间快速切换。在全屏模式下可以通过按【F】键或【Esc】键退出全屏模式。按【Tab】键可以隐藏/显示工具箱、面板和选项栏。按【Shift+Tab】组合键可以隐藏/显示面板。

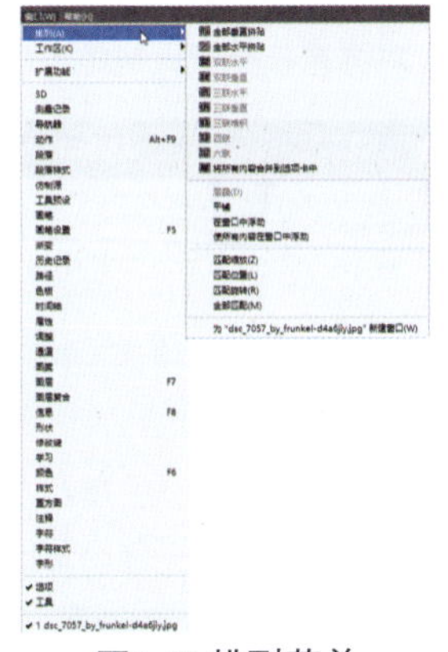
图1-60 排列菜单

1.6.2 在多窗口中查看图像

如果在Photoshop中同时打开了多张图像，为了更好地观察比较，可以选择“窗口”→“排列”命令，然后选择菜单命令来控制各个文档在窗口中的排列方式，如图1-60所示。

- 文档排列方案：打开多个图像文件之后，选择“窗口”→“排列”命令，在子菜单中可选择文档的排列方式，包括全部垂直拼贴、全部水平拼贴、双联水平和双联垂直等10种排列方案，如图1-61所示。
- 排列命令：Photoshop还提供其他几种方式来查看文档，如图1-62所示。

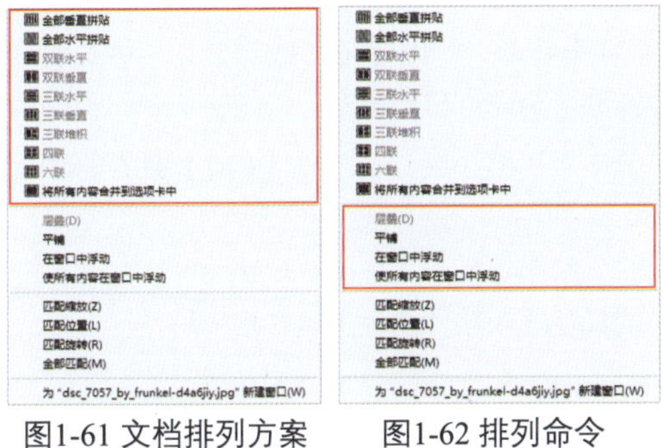

图1-61 文档排列方案　图1-62 排列命令

- 层叠：从屏幕的左上角到右下角以一层一层的方式堆叠文档。要想使用该功能，当前的文档都必须为浮动状态。
- 平铺：按照文档的数量在窗口中平铺显示，图片的大小会根据文档的多少自动调整。
- 在窗口中浮动：图像自由浮动在窗口上，并可以随意拖动标题栏移动位置。
- 使所有内容在窗口中浮动：使所有文档都浮动在窗口上，并能随意拖动。
- 匹配缩放：将所有窗口的大小都匹配到与当前窗口相同的缩放比例。
- 匹配位置：将所有窗口中图像的显示位置都匹配到与当前窗口相同。
- 匹配旋转：将所有窗口中画布的旋转角度都匹配到与当前窗口相同，如图1-63所示。

图1-63 匹配旋转

- 全部匹配：将所有窗口的缩放比例、图像显示位置、画布旋转角度均与当前窗口匹配。
- 为“文件名”新建窗口：为当前文档新建一个窗口，新窗口的名称会显示在“窗口”菜单底部。

1.6.3 缩放工具

Photoshop提供了一个“缩放工具”用于对图像进行放大或缩小。单击工具箱中的“缩放工具”按钮，即可对图像执行放大或缩小的操作。“缩放工具”的选项栏如图1-64所示。

图1-64 “缩放工具”选项栏

- 主页：单击该按钮将返回Photoshop CC 2020的欢迎界面。
- 放大/缩小：在窗口中单击放大按钮可放大窗口；单击缩小按钮可缩小窗口。
- 调整窗口大小以满屏显示：选择该复选框在缩放图像的同时自动调整窗口的大小。
- 缩放所有窗口：选择该复选框，可同时缩放所有打开的图像窗口。
- 细微缩放：选择该复选框后，在画面中单击并拖动鼠标，将以平滑的方式快速放大或缩小窗口；取消选择该复选框，在画面中单击并拖动鼠标，将出现一个矩形选框，松开鼠标后，矩形选框中的图像会放大至整个窗口。
- 适合屏幕：可在窗口中最大化显示完整图像。
- 填充屏幕：将以当前图像填充整个屏幕大小 。

Tips

按住【Alt】键的同时使用“缩放工具”，可以在放大和缩小间任意切换。按快捷键【Ctrl++】和【Ctrl+ −】放大或缩小窗口。

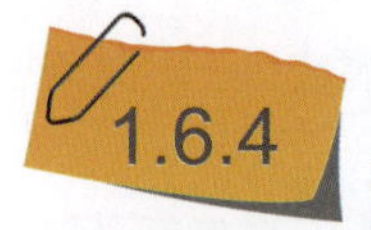

1.6.4 抓手工具

在编辑图像的过程中，如果图像较大，不能在画布中完全显示，可以使用“抓手工具”移动画布，以查看图像的不同区域。选择该工具后，在画布中单击并拖动鼠标即可移动画布。

按住【Alt】键的同时，使用“抓手工具”在窗口中单击可以缩小窗口；按住【Ctrl】键的同时，使用“抓手工具”在窗口中单击可以放大窗口。

如果同时打开了多个图像文件，可以选择“抓手工具”选项栏中的“滚动所有窗口”复选框，移动画布的操作将作用于所有不能完整显示的图像。选项栏中的其他选项和“缩放工具”相同。

Tips 在绘制过程中如何快速使用抓手工具移动图像?

在使用 Photoshop 中的任何工具操作时，按住空格键不放，即可快速切换到“抓手工具”对图像执行移动操作。

1.6.5 旋转视图工具

使用“旋转视图工具”可在不破坏原图像的前提下旋转画布，从而可以从不同的角度观察图像，如图1-65所示。如果想要恢复图像的原始角度，只需双击“旋转视图工具”即可。

图1-65 使用旋转视图工具

“旋转视图工具”选项栏如图1-66所示。在Photoshop中直接绘制图像时，此功能更加实用。

旋转角度：90° 复位视图 旋转所有窗口

图1-66 “旋转视图工具”选项栏

- 旋转角度：通过输入数值，可以准确地控制视图旋转的角度。输入数值为－180°～180°之间的整数。
- 复位视图：单击该按钮，将恢复为最初视图，也就是旋转角度为0°。
- 旋转所有窗口：如果当前文档中同时开启了多个窗口，选择该复选框，则旋转视图时会影响所有窗口。

1.6.6 “导航器”面板

对于图像的缩放操作，除了使用以上方法，还可以使用“导航器”面板。在“导航器”面板中既可以缩放图像，也可以移动画布。在需要按照一定的缩放比例工作时，如果画布中无法完整显示图像，可通过该面板查看图像。

选择“视图”→“导航器”命令，即可打开“导航器”面板，如图1-67所示。

图1-67 “导航器”面板

- 通过按钮缩放图像：单击“放大”按钮可以放大窗口的显示比例，单击“缩小”按钮可以缩小窗口的显示比例。
- 通过滑块缩放图像：拖动滑块可放大或缩小窗口的显示比例。
- 通过数值缩放图像：缩放文本框中显示了窗口的显示比例，在文本框中输入数值可以改变显示比例。
- 移动画布：当窗口中不能显示完整的图像时，将光标移至“导航器”面板的代理预览区域，光标会变为小手状，单击并拖动鼠标可以移动画布，代理预览区域内的图像会位于文档窗口的中心。

Tips

在“导航器”面板菜单中选择“面板选项”命令，可在弹出的对话框中修改代理预览区域矩形框的颜色。

1.7 预设工作区

Photoshop的应用领域非常广泛，不同的行业对Photoshop中各项功能的使用频率也不同。针对这一特点，Photoshop提供了几种常用的预设工作区，以供用户选择。

1.7.1 选择预设工作区

选择“窗口”→“工作区”命令，打开如图1-68所示的下拉菜单，用户可以根据工作的内容选择不同的工作区。恰当的工作区能够让用户更方便地使用Photoshop的各种功能，有效提高工作效率。

用户也可以单击选项栏右侧的“选择工作区”图标，在打开的下拉菜单中快速选择需要的工作区，如图1-69所示。

图1-68 工作区命令　　图1-69 选择工作区

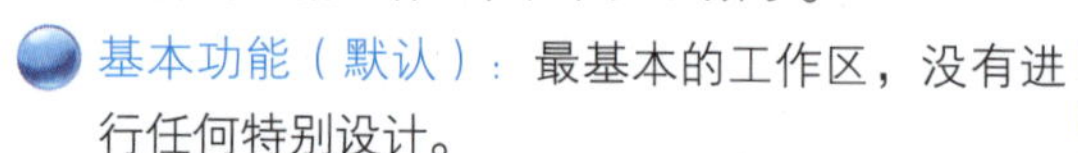

- 基本功能（默认）：最基本的工作区，没有进行任何特别设计。
- 3D：界面显示3D功能，为从事三维制作人员服务，着重突出3D面板。
- 图形和Web：以绘制图形和网页制作为主的工作区，着重突出“属性”面板。
- 动感：以制作动画为主的工作区，着重突出“时间轴”面板。
- 绘画：为专业从事绘图工作人员服务的一种工作区，着重突出“画笔”面板。
- 摄影：为摄影行业提供的一种工作区，着重突出“调整”面板。

用户可以通过选择“窗口”→“工作区”→“复位基本功能”命令，将杂乱的工作区恢复为默认的基本功能工作区。

用户可以通过选择“窗口”→“工作区”→“新建工作区”命令，将当前工作区保存为一个新的工作区。

用户可以通过选择“窗口”→“工作区”→“删除工作区”命令，删除一些不常使用的工作区。

应用案例

1.7.2 自定义操作快捷键

源文件：无　　视　频：视频\第1章\自定义操作快捷键.mp4

STEP 01 选择“窗口”→“工作区”→“键盘快捷键和菜单”命令，弹出“键盘快捷键和菜单”对话框，选择“键盘快捷键”选项卡，如图1-70所示。

STEP 02 在“应用程序菜单命令”列表框中选择“选择”→“修改”→“羽化”选项，如图1-71所示。

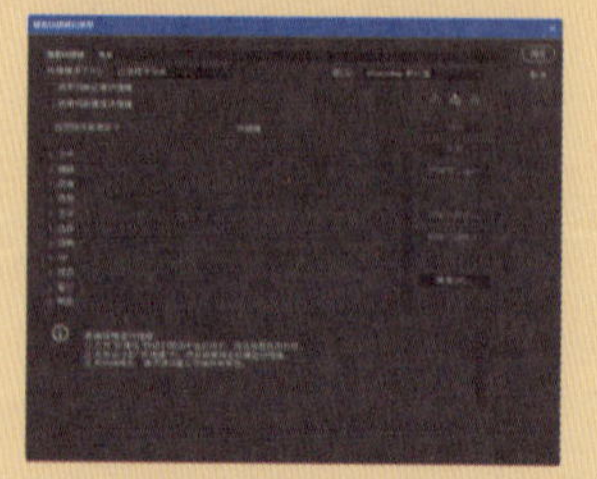

图1-70 “键盘快捷键和菜单”对话框

图1-71 选择“羽化”选项

STEP 03 可以看到当前快捷键为【Shift+6】，单击“删除快捷键”按钮，将该快捷键删除，如图1-72所示。按【Ctrl+Shift+D】组合键，系统提示冲突，如图1-73所示。

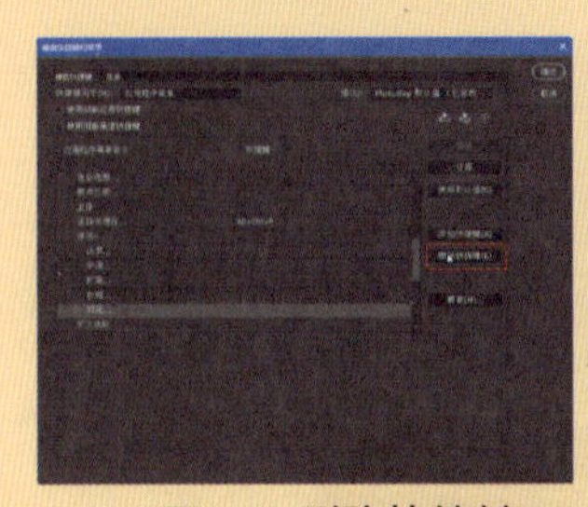

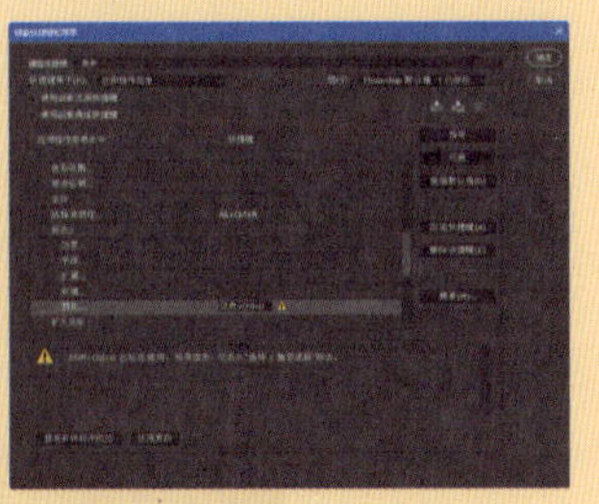

图1-72 删除快捷键　　图1-73 快捷键冲突

STEP 04 单击“接受并转到冲突处”按钮，完成对“羽化”命令快捷键的设置。可以对“重新选择”命令设置新的快捷键，也可以不再设置。单击“确定”按钮，完成快捷键的自定义，如图1-74所示。

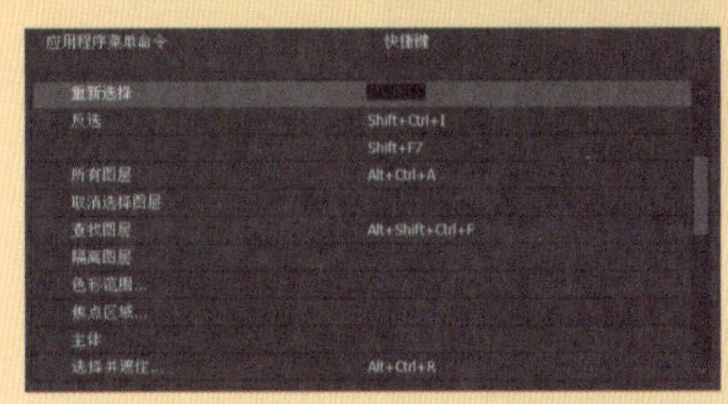

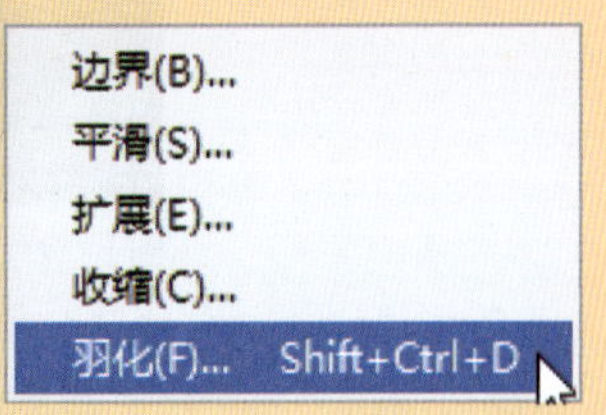

图1-74 完成快捷键的自定义

1.8 扩展功能

Photoshop CC 2020为用户提供了很多具有辅助功能的软件，最为常见的是Adobe Color Themes和Mini Bridge。用户可以自己选择安装不同的扩展功能。

1.8.1 关于Adobe Color Themes面板

选择“窗口”→“扩展功能”→Adobe Color Themes命令，即可打开Adobe Color Themes面板，如图1-75所示。它是访问由在线设计人员社区所创建的颜色组、主题的入口。

图1-75 Adobe Color Themes面板

用户可以在Create选项卡下创建自己的配色方案，如图1-76所示。可以在Explore选项卡下浏览并使用其他用户创建的配色方案，如图1-77所示。可以在MY Themes选项卡下保存自己创建的配色方案，除了可以供个人多次使用外，也可以分享给其他用户使用，如图1-78所示。

图1-76 创建配色方案　图1-77 浏览配色方案　图1-78 保存配色方式

Tips

保存主题时，不能使用中文名称。目前 Adobe Color Themes 只支持英文和数字名称。

1.8.2 插件应用商店

选择“窗口”→“扩展功能”→“插件应用商店”命令，即可打开“插件应用商店”面板，如图1-79所示。

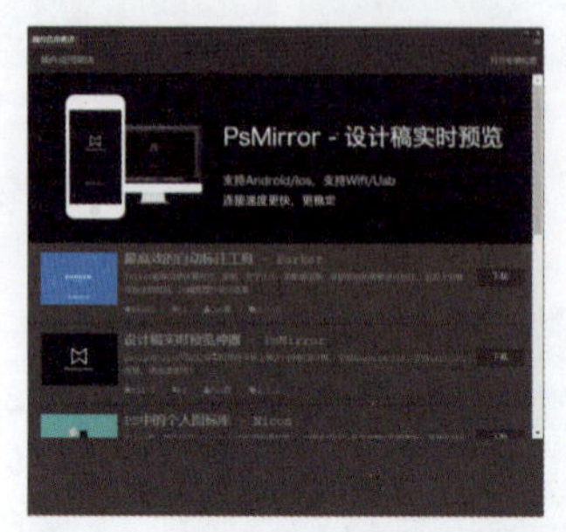

图1-79 “插件应用商店”面板

单击该面板右上角的“打开安装位置”按钮，即可打开Photoshop插件的安装位置，如图1-80所示。单击插件后面的“下载”按钮，即可打开该插件的下载页面，如图1-81所示。

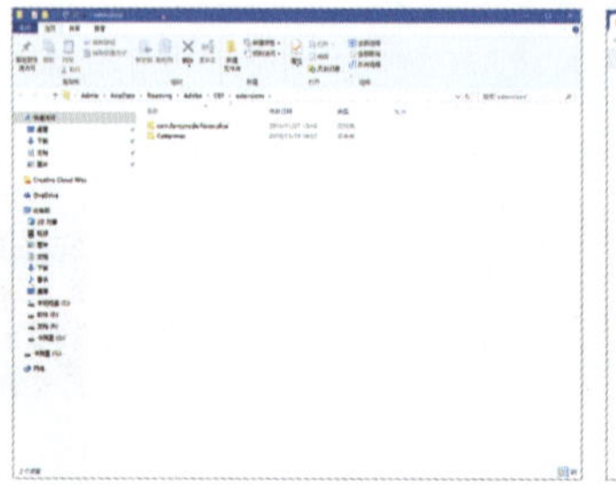

图1-80 打开插件安装位置

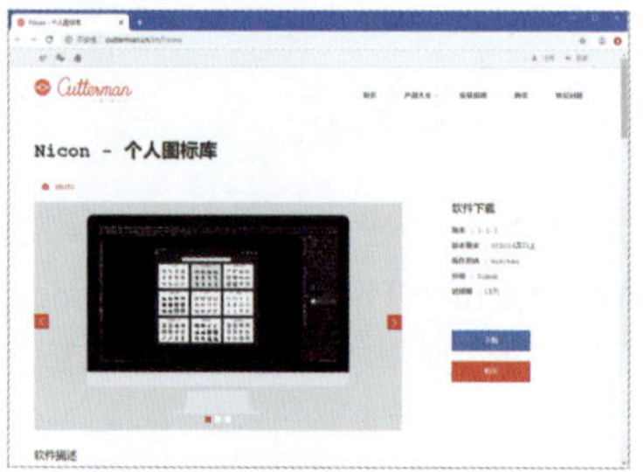

图1-81 打开插件的下载页面

Tips 关于 Adobe Exchange 面板

该面板用于下载扩展程序、动作文件、脚本、模板及其他可扩展 Adobe 应用程序功能的项目。这些项目由 Adobe 及社区成员创作，其中大多数项目免费提供，有时也会找到由个别开发人员提供的商业版本动作文件及扩展程序的试用版。用户还可以创建并上传自己的文件，供社区分享。

1.9 Adobe帮助资源

在学习Photoshop软件时，可以通过“帮助”菜单中的命令获得Adobe提供的各种Photoshop帮助资源和技术支持，如图1-82所示。

图1-82 “帮助”菜单

- 主页：选择该命令，将立即在浏览器中打开Adobe官方网站首页。
- Photoshop帮助：选择该命令可以联机到Adobe网站帮助社区查看帮助文件，既可以在线查看，也可以下载到本地使用。Adobe公司的所有帮助文件都是PDF格式，下载后用户需要使用Adobe Reader等软件才能阅读。
- Photoshop教程：Photoshop支持中心是一个服务社区，社区内提供了大量视频教程的链接地址。单击链接地址，可以在线观看由Adobe专家录制的各种Photoshop功能演示视频。
- 关于Photoshop：选择该命令，会打开Photoshop的启动画面。画面中显示了Photoshop研发小组成员的名单，以及一些其他与Photoshop有关的信息。
- 关于增效工具：在子菜单中列出了各项增效工具的版权信息。
- 系统信息：选择该命令，将弹出“系统信息”对话框可以查看当前操作系统的各种信息，如显卡、内存，以及Photoshop版本、占用系统的内存和安装的序列号等。
- 管理我的账户：选择该命令，将进入个人账户页面。在该页面中，用户可以查看个人资料、“我的计划”和常见任务等内容。
- 注销：选择该命令，可将当前登录账户注销。注销后，将停用此设备上的所有Adobe应用程序。此应用程序和任何其他打开的Adobe应用程序可能要求退出。此操作不会卸载任何应用程序。
- 更新：选择该命令，可以从Adobe公司的官方网站上下载最新的Photoshop更新程序。

1.10 专家支招

在开始学习Photoshop的各项功能前，首先要了解Photoshop的功能和应用范围，然后根据个人的需求，有目的地学习，才能事半功倍。

1.10.1 Photoshop的同类软件

在位图处理软件中，Photoshop的地位毋庸置疑，但是在不同的领域中也有很多优秀的同类软件。Adobe Illustrator是矢量绘图排版软件，与Photoshop配合使用可以完成很多精美的杂志排版和插画绘制。此外，Corel公司的CorelDRAW集图像处理和版式排版于一身，也是很优秀的处理软件。

1.10.2 如何获得Adobe Photoshop CC 2020软件

Adobe公司在其官方网站（www.adobe.com）上提供了全套的Adobe CC 2020软件试用版的下载，用户可以登录网站选择下载。试用版只允许用户使用7天，7天后需要付费购买才能继续正常使用。

1.11 总结扩展

Photoshop是一款图像编辑软件，主要用于处理位图图像，广泛应用于图片、照片效果的制作，并能对在其他软件中制作的图片进行后期效果加工。通过学习该软件，可以使读者轻松地成为一名出色的设计师。

1.11.1 本章小结

本章主要讲解了Photoshop CC 2020的应用领域与软件的安装、界面的组成和基本操作等知识。通过本章的学习，读者需要对Photoshop CC 2020有一个基本的了解，为以后的学习打下基础。

1.11.2 举一反三——卸载Photoshop CC 2020

源 文 件:	无
视频文件:	视频\第1章\卸载Photoshop CC 2020.mp4
难易程度:	★☆☆☆☆
学习时间:	5分钟

(1) (2) (3) (4)

1. 打开Creative Cloud Desktop界面。
2. 单击Photoshop选项后面的“更多操作”按钮，选择“卸载”选项。
3. 弹出“Photoshop首选项”对话框，单击“删除”按钮。
4. 显示卸载进度，稍等片刻即可完成卸载操作。

读书笔记

第2章 Photoshop CC 2020的优化与辅助功能

本章主要对Photoshop CC 2020系统设置与优化进行介绍。通过学习本章知识，读者应该能够优化个人的Photoshop工作环境，并可以根据系统提示解决一些常见的问题。同时还要了解常用的辅助工具和额外内容，并能应用到实际操作中。

本章学习重点

第 27 页
透明度与色域设置

第 30 页
使用标尺辅助定位

第 31 页
使用参考线辅助定位

第 32 页
使用智能参考线

2.1 Photoshop CC 2020的系统优化

为了更好地使用Photoshop，首先需要了解一些软件本身的设置和优化功能。Photoshop的所有设置优化命令都保存在“首选项”对话框中。

选择“编辑”→“首选项”命令，如图2-1所示。在子菜单中选择相应的命令可以在弹出的“首选项”对话框中优化Photoshop的界面、工作区、工具、历史记录、文件处理、导出、性能、暂存盘、光标、透明度与色域、单位与标尺、参考线、网格和切片、增效工具、文字、3D和技术预览选项，如图2-2所示。

图2-1 执行菜单命令

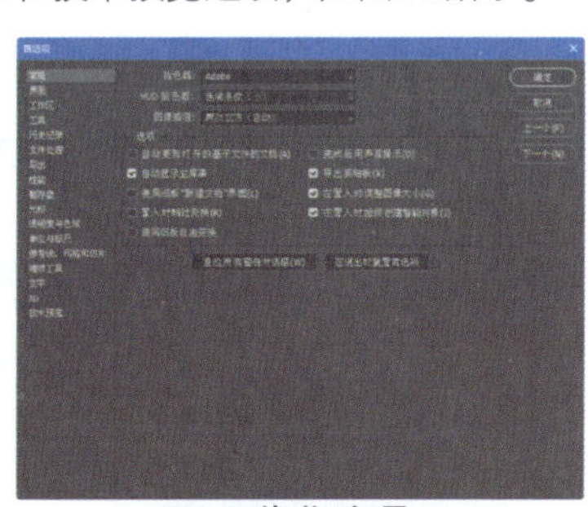

图2-2 优化选项

2.1.1 常规设置

选择“编辑”→“首选项”→“常规”命令，弹出“首选项”对话框，如图2-3所示。在对话框的左侧显示了首选项的项目，右侧显示当前项目的设置内容。

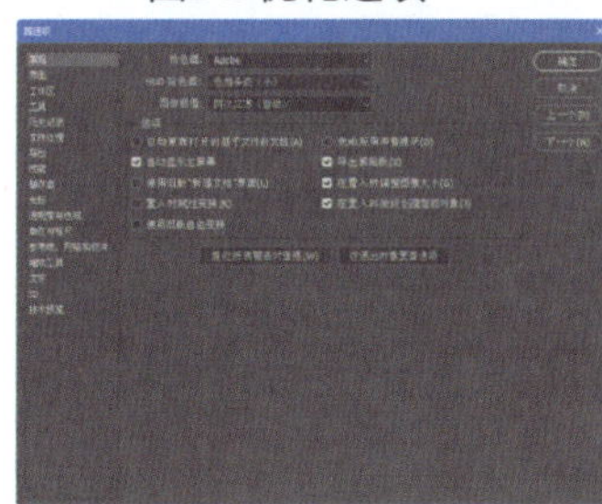

图2-3 “常规”首选项

- 拾色器：可以选择使用Adobe拾色器或Windows拾色器。Adobe拾色器可根据4种颜色模型从整个色谱和PANTONE等颜色匹配系统中选择颜色，如图2-4所示；Windows拾色器仅涉及基本的颜色，只允许根据两种色彩模式选择需要的颜色，如图2-5所示。

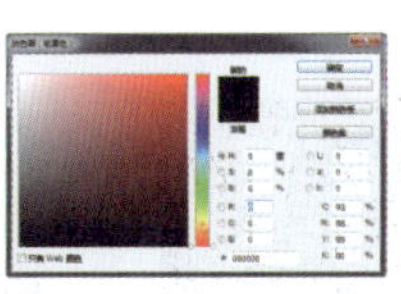

图2-4 Adobe拾色器

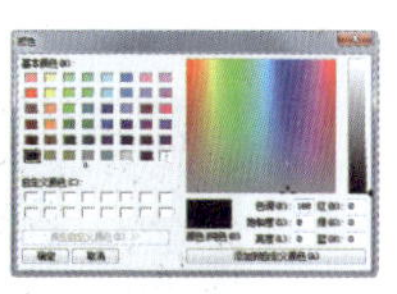

图2-5 Windows拾色器

- HUD拾色器：根据需要选择不同的HUD拾色器。包括色相条纹（小）、（中）、（大），色相轮（小）、（中）、（大）等选项，色相轮有7种样式可供选择。使用HUD拾色器需要启动OPENGL，色相轮和色相条纹效果如图2-6所示。

图2-6 HUD拾色器

- 图像插值：在改变图像的大小时（这一过程称为重新取样），Photoshop会遵循一定的图像插值方法来增加或删除像素。在下拉列表框中选择“邻近”选项，表示以一种低精度的方法生成像素，速度快，但容易产生锯齿，在对图像进行扭曲或缩放时或在某个选区上执行多次操作时，这种效果会变得非常明显；选择“两次线性”选项，表示以一种通过平均周围像素颜色值的方法来生成像素，可生成中等品质的图像；选择“两次立方”选项，表示以一种将周围像素值分析作为依据的方法生成像素，速度慢，但精度高。
- 自动更新打开的基于文件的文档：当前打开的智能对象文件被其他程序修改并保存后，将在Photoshop中自动更新。
- 完成后用声音提示：执行完成操作时，程序会发出提示音。
- 自动显示主屏幕：选择该复选框，在启动Photoshop时将自动显示主页面；取消选择该复选框，启动Photoshop时将不再显示主页面。
- 导出剪贴板：在退出Photoshop时，复制到剪贴板中的内容仍然保留，可以被其他程序应用。
- 使用旧版“新建文档”界面：选择该复选框，将使用旧版的“新建”对话框新建文档，如图2-7所示。

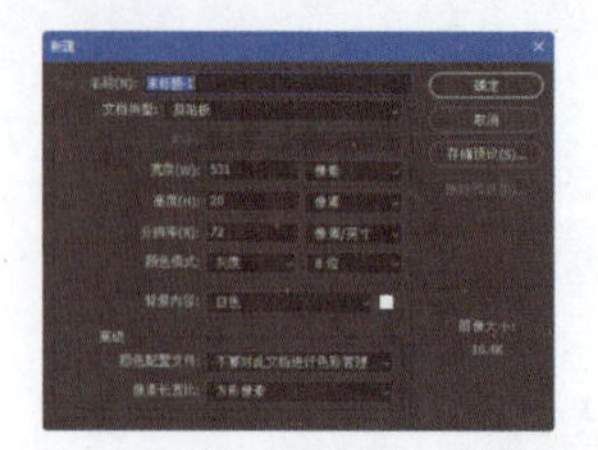

图2-7 旧版“新建”对话框

- 在置入时调整图像大小：选择该复选框，在置入图像过程中，将自动调整图像的大小以适配目标区域。
- 置入时跳过变换：选择该复选框，置入的对象将不显示变换框。
- 在置入时始终创建智能对象：选择该复选框，将把所有置入对象转换为智能对象。
- 使用旧版自由变换：选择该复选框，将使用按住【Shift】键等比例变换的旧版的自由变换方式。

单击“复位所有警告对话框”按钮，将重现所有通过“不再显示”隐藏的警告对话框；单击“在退出时重置首选项”按钮，将在退出Photoshop时重置所有首选项。

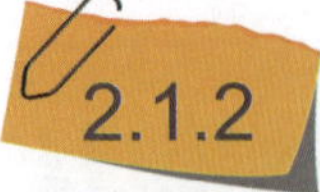

2.1.2 界面设置

选择“编辑”→“首选项”→“界面”命令（或者在“首选项”对话框的左侧列表框中直接选择“界面”选项），即可弹出“界面”首选项相关设置对话框，如图2-8所示。

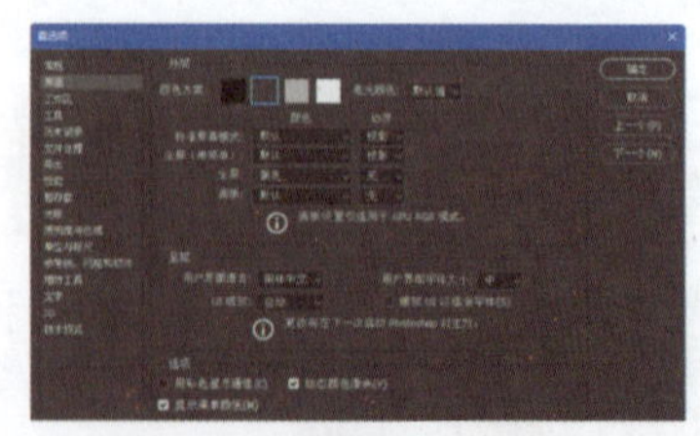

图2-8 “界面”首选项

- 颜色方案：Photoshop CC 2020新增了对软件界面外观的设置，默认提供了4种颜色方案和两种高光颜色。图2-9所示为选择不同颜色方案的效果。

图2-9 不同配色方案效果

- 标准屏幕模式：设置标准屏幕模式下屏幕的颜色和边界效果。屏幕颜色共有“黑色”“深灰色”“中灰”和“浅灰”4种固定颜色供选择，也可以自定颜色。边界共有直线、投影和无3种选项，如图2-10所示。

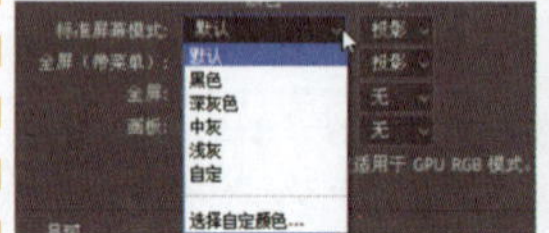
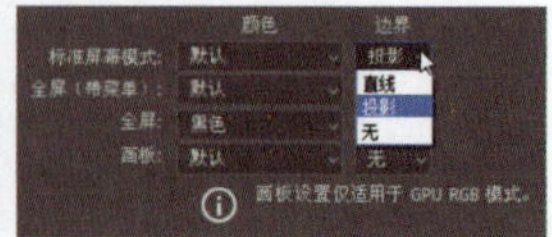

图2-10 设置屏幕和边界颜色

- 全屏（带菜单）：与标准屏幕模式相同，设置全屏（带菜单）模式下的屏幕颜色和边界颜色。
- 全屏：与标准屏幕模式相同，设置全屏模式下的屏幕颜色和边界颜色。
- 画板：设置画板的屏幕颜色和边界颜色。仅适用于GPU RGB模式。
- 呈现：该选项组中包含“用户界面语言”“用户界面字体大小”“UI缩放”和“缩放UI以适合字体”4个选项。用户可根据需求选择适合自己设备分辨率的参数。该选项组中的更改不会立即生效，将在下一次启动Photoshop时生效。
- 选项：该选项组中包含“用彩色显示通道”“动态颜色滑块”和“显示菜单颜色”3个选项。
  - 用彩色显示通道：默认情况下，RGB、CMYK和Lab图像的各个通道以灰度显示。选择该复选框，可以用相应的颜色显示颜色通道。
  - 动态颜色滑块：设置在移动“颜色”面板中的滑块时，颜色是否随着滑块的移动而发生改变。
  - 显示菜单颜色：选择该复选框，将显示菜单背景色。

2.1.3 工作区设置

选择“编辑”→“首选项”→“工作区”命令（或者在“首选项”对话框的左侧列表框中直接选择“工作区”选项），即可弹出“工作区”首选项相关设置对话框，如图2-11所示。

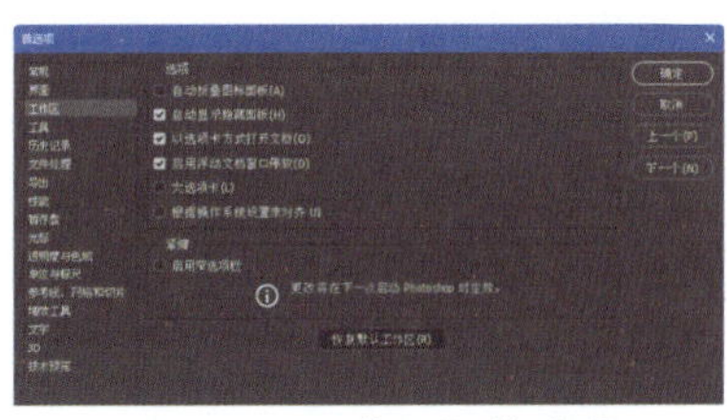

图2-11 “工作区”首选项

- 自动折叠图标面板：选择该复选框，当单击应用程序中的任何其他位置时，将自动折叠打开的图标面板。
- 自动显示隐藏面板：选择该复选框，鼠标滑过时将显示隐藏的面板。
- 以选项卡方式打开文档：选择该复选框，打开多个文件时，“文档”窗口将以选项卡方式显示。
- 启用浮动文档窗口停放：选择该复选框，允许在拖动浮动文档窗口时将其作为选项卡停放在其他窗口中。
- 大选项卡：选择该复选框，可以增加工作区选项卡的高度。
- 根据操作系统设置来对齐UI：选择该复选框，可以根据操作系统设置对齐UI（如各种菜单）。适用于Windows 10或更高版本。
- 启用窄选项栏：选择该复选框，将为较小的显示器启用窄选项栏。

单击“恢复默认工作区”按钮，所有已删除的默认工作区内容将重新出现。

2.1.4 工具设置

选择“编辑”→“首选项”→“工具”命令（或者在“首选项”对话框的左侧列表框中直接选择“工具”选项），即可弹出“工具”首选项相关设置对话框，如图2-12所示。

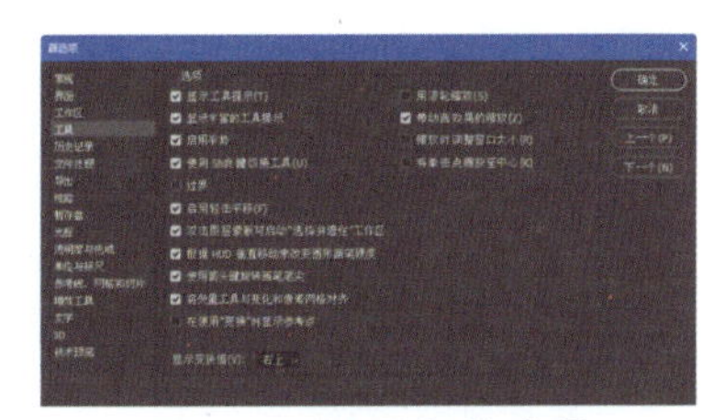

图2-12 “工具”首选项

- 显示工具提示：选择该复选框，当鼠标指针移动到某一工具时，将显示工具提示。选择该复选框后的工具提示效果如图2-13所示。

图2-13 显示工具提示

- 启用手势：选择该复选框，将启用触控手势。
- 启用Shift键切换工具：选择该复选框，确定在编组工具切换时，是否需要按住键盘上的【Shift】键。
- 显示丰富的工具提示：选择该复选框，将以视频形式显示更多的工具提示。选择该复选框后的工具提示效果如图2-14所示。

图2-14 显示丰富的工具提示

- 过界：选择该复选框，将允许滚动操作越过正常的界面。
- 启用轻击平移：选择该复选框，使用“抓手工具”轻击时，将继续滚动文档。
- 双击图层蒙版可启用“选择并遮住”工作区：选择该复选框，将双击“图层”面板中的“图层蒙版”后，将打开“选择并遮住”工作区。
- 根据HUD垂直移动来改变圆形画笔硬度：选择该复选框，在使用画笔的情况下，垂直移动HUD时，圆形画笔的硬度或不透明度会发生变化。
- 使用箭头键旋转画笔笔尖：选择该复选框，可以使用箭头键增大或减小画笔笔尖角度。
- 将矢量工具与变化和像素网格对齐：选择该复选框，矢量工具和变换将自动使形状和像素网格对齐。
- 在使用“变换”时显示参考点：选择该复选框，在使用“变换工具”时将显示旋转参考点。
- 用滚轮缩放：选择该复选框，缩放或滚动将作为默认的滚轮动作。
- 带动画效果的缩放：选择该复选框，缩放时将带动画效果。
- 缩放时调整窗口大小：选择该复选框，在缩放时将调整文档窗口大小。
- 将单击点缩放至中心：选择该复选框，将使视图在所单击位置居中。
- 显示变换值：用户可以在右侧的下拉列表框中选择不同的参数，确定是否在光标附件显示上下文变换值，以及在何处显示。

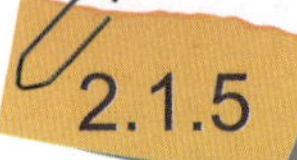

2.1.5 历史记录设置

选择“编辑”→“首选项”→“历史记录”命令（或者在“首选项”对话框的左侧列表框中直接选择“工具”选项），即可弹出“历史记录”首选项相关设置对话框，如图2-15所示。

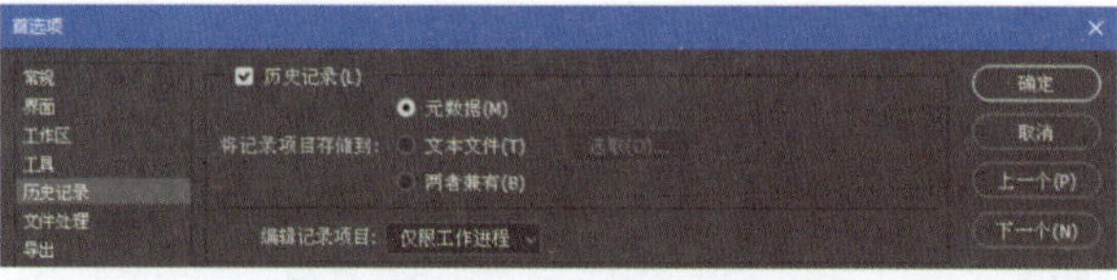

图2-15 “历史记录”首选项

选择“历史记录”复选框，将存储历史记录信息。用户可以选择将历史记录信息保存为“元数据”“文本文件”或“两者兼有”。

- 元数据：选中该单选按钮，将历史记录信息存储到文件元数据。
- 文本文件：选中该单选按钮，将弹出“另存为”对话框，用户可将历史记录信息存储为一个指定位置的TXT文件，如图2-16所示。单击“选取”按钮，可以重新修改文件的名称和存储位置。
- 两者兼有：选中该单选按钮，将信息同时存储到文件元数据和文本文件。
- 编辑记录项目：用户可以在右侧的下拉列表框中选择编辑历史记录的项目，如图2-17所示。

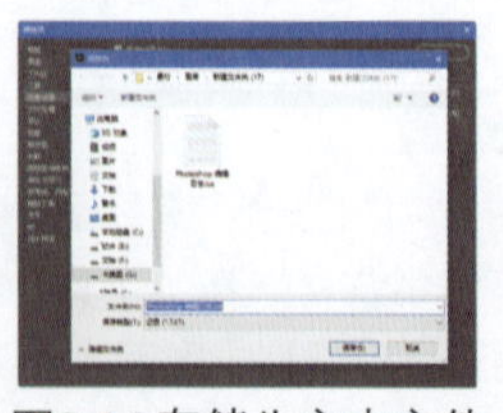

图2-16 存储为文本文件

图2-17 编辑记录项目

Tips

元数据又称中介数据，为描述数据的数据，主要是描述数据属性的信息，用来支持如指示存储位置、历史数据、资源查找和文件记录等功能。元数据是一种电子式目录，为了达到编制目录的目的，必须描述并收藏数据的内容或特色，达到协助数据检索的目的。

2.1.6 文件处理设置

选择“编辑”→“首选项”→“文件处理”命令（或者在“首选项”对话框的左侧列表框中直接选

择“文件处理”选项），即可弹出“文件处理”首选项相关设置对话框，如图2-18所示。

- 图像预览：设置存储图像时是否保存图像的缩略图。选择“总不存储”或“总是存储”选项，保存时在弹出的“保存”对话框中，“缩览图”选项不可选。选择“存储时询问”选项，保存时在弹出的“保存”对话框中，“缩览图”选项可选。
- 文件扩展名：在保存文件时，可将文件的扩展名设置为“使用大写”或“使用小写”。
- 存储至原始文件夹：确认“存储为”选项的默认文件夹。
- 后台存储：在后台存储时允许操作继续。
- 自动存储恢复信息的间隔：以设置的时间间隔自动存档，确保源文件不受影响。
- Camera Raw首选项：单击该按钮，可在弹出的对话框中设置Camera Raw首选项，如图2-19所示。

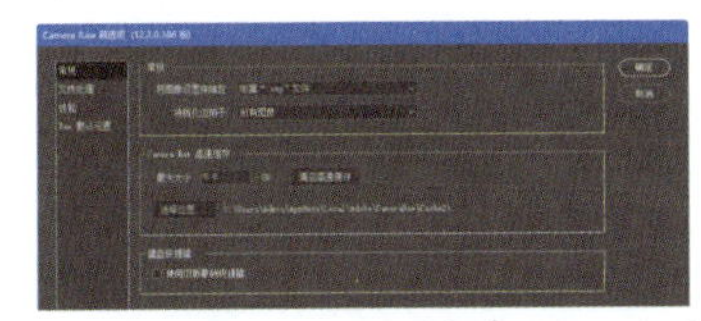

图2-19 “Camera Raw首选项”对话框

- 对支持的原始数据文件优先使用Adobe Camera Raw：在打开支持原始数据的文件时，优先使用Adobe Camera Raw处理。相机原始数据文件包含来自数码相机图像传感器且未经处理的压缩的灰度图片数据，以及有关如何捕捉图像的信息。Camera Raw软件可以解释相机原始数据文件，该软件使用有关相机的信息及图像元数据来构建和处理彩色图像。

- 使用Adobe Camera Raw将文档从32位转换到16/8位：将32位文档转换为16位或8位文档时，使用Adobe Camera Raw进行HDR色调调整。

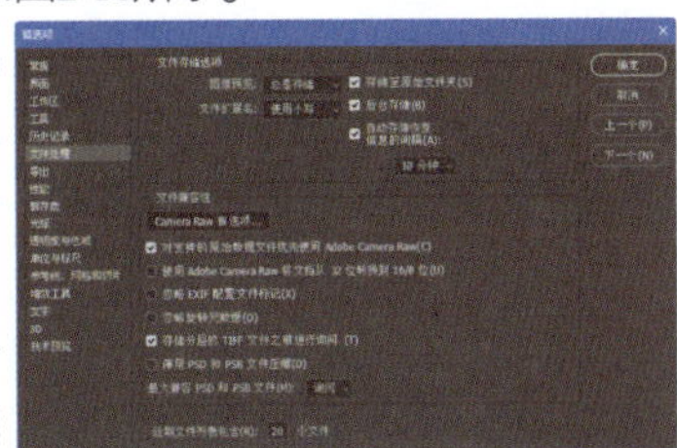

图2-18 “文件处理”首选项

- 忽略EXIF配置文件标记：保存文件时忽略关于图像色彩空间的EXIF配置文件标记。
- 忽略旋转元数据：打开图像时忽略图像旋转元数据。
- 存储分层的TIFF文件之前进行询问：保存分层的文件时，如果存储为TIFF格式，会弹出询问对话框。
- 停用PSD和PSB文件压缩：停止对PSD和PSB文件的压缩。压缩的文件要比未压缩的文件小1/3或更多，但存储速度会更快。
- 最大兼容PSD和PSB文件：设置存储PSD和PSB文件时，是否提高文件的兼容性。选择“总是”选项，可在文件中存储一个带图层图像的复合版本，其他应用程序便能够读取该文件；选择“询问”选项，存储时会询问是否要获得最大兼容性；选择“总不”选项，可在未获得最大兼容性的情况下存储文档。
- 近期文件列表包含：设置“文件”→“最近打开文件”下拉菜单中能够保存的文件数量，默认显示20个文件。

Tips

Adobe Camera Raw 是一款编辑 RAW 格式文件编辑的强大工具。RAW 是单反数码相机所生成的 RAW 格式文件。安装 Camera Raw 插件后能在 Photoshop 中打开并编辑 RAW 格式文件。

2.1.7 导出设置

选择“编辑”→“首选项”→“导出”命令（或者在“首选项”对话框的左侧列表框中直接选择“导出”选项），即可弹出“导出”首选项相关设置对话框，如图2-20所示。

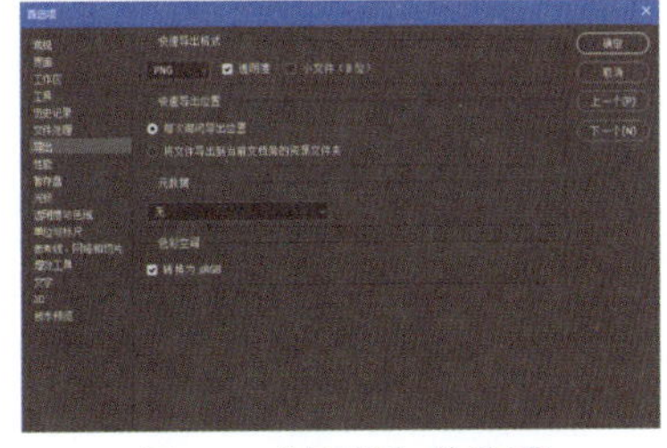

图2-20 “导出”首选项

- 快速导出格式：用户可以在左侧的下拉列表框中选择快速导出的图像格式，选择PNG选项，可以设置透明度和小文件（8位）；选择JPG选项，可以设置图像品质。
- 快速导出位置：选择“每次询问导出位置”选项，在快速导出图像时，将会询问导出位置；

选择“将文件导出到当前文档旁的资源文件夹”选项，在快速导出图像时，将会自动将图像保存到当前文档旁的一个文件夹内。

- 快速导出元数据：用户可以在下拉列表框中选择快速导出元数据为无或版权和联系信息。
- 快速导出色彩空间：选择该复选框，选择快速导出为PNG、GIF或JPG格式时，图像色彩空间将会自动转换为sRGB。
- 导出为位置：用户选择“文件”→“导出”→“导出为”命令时，如果选择“将资源导出到当前文档的位置”选项，则图像将会导出到当前文档的位置；如果选择“将资源导出到上一个指定的位置”选项，则图像将会导出到上一个指定的位置。

Tips

由于大部分浏览器和显示屏的默认配置都是 sRGB，所以如果快速导出的图像将用于因特网或显示屏显示，可将 RGB 转换为 sRGB。

2.1.8 性能设置

选择“编辑”→“首选项”→“性能”命令（或者在“首选项”对话框的左侧列表框中直接选择“性能”选项），即可弹出“性能”首选项相关设置对话框，如图2-21所示。

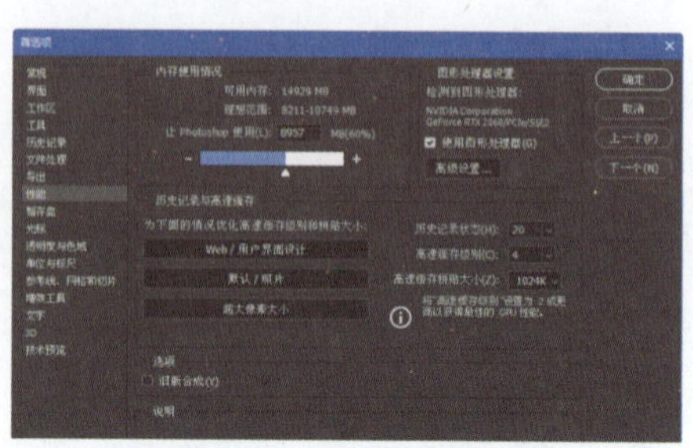

图2-21 “性能”首选项

- 内存使用情况：显示计算机内存的使用情况，可拖动滑块或在“让Photoshop使用”文本框中输入数值，调整分配给Photoshop的内存量。修改后，需要重新启动Photoshop软件才能生效。
- 图像处理器设置：显示计算机的显卡，以及是否有OpenGL。选择“使用图形处理器”复选框，在处理大型（如3D文件）或复杂图像时可加速视频处理过程。
- 历史记录与高速缓存：用于设置面板中可以保留的历史记录的数量及高速缓存的级别，保存较多的历史记录也会占用更多的内存。Photoshop CC 2020提供了Web/用户界面设计、默认/照片和超大像素大小3种优化方式。
- 旧版合成：选择该复选框，将恢复到旧的Photoshop合成引擎。

2.1.9 暂存盘设置

选择“编辑”→“首选项”→“暂存盘”命令（或者在“首选项”对话框的左侧列表框中直接选择“暂存盘”选项），即可弹出“暂存盘”首选项相关设置对话框，如图2-22所示。

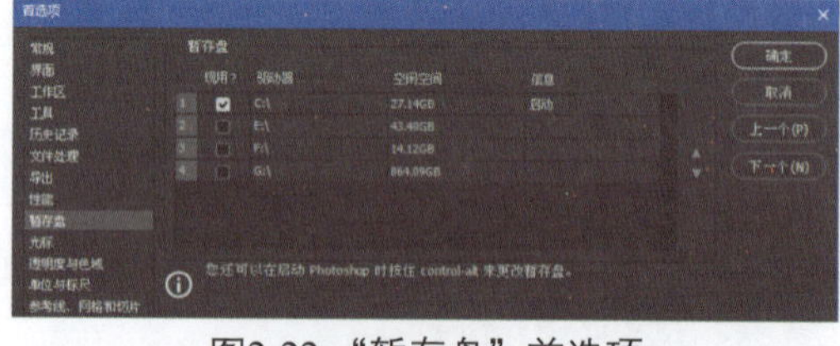

图2-22 “暂存盘”首选项

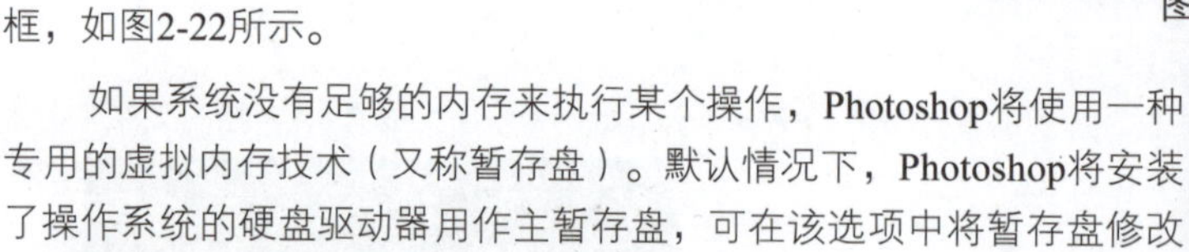

如果系统没有足够的内存来执行某个操作，Photoshop将使用一种专用的虚拟内存技术（又称暂存盘）。默认情况下，Photoshop将安装了操作系统的硬盘驱动器用作主暂存盘，可在该选项中将暂存盘修改到其他驱动器上。

用户可以在启动Photoshop时按【Ctrl+Alt】组合键，在弹出的“暂存盘首选项”对话框中快速设置暂存盘，如图2-23所示。为了使Photoshop具有更好的设计环境，包含暂存盘的驱动器应定期进行碎片整理。

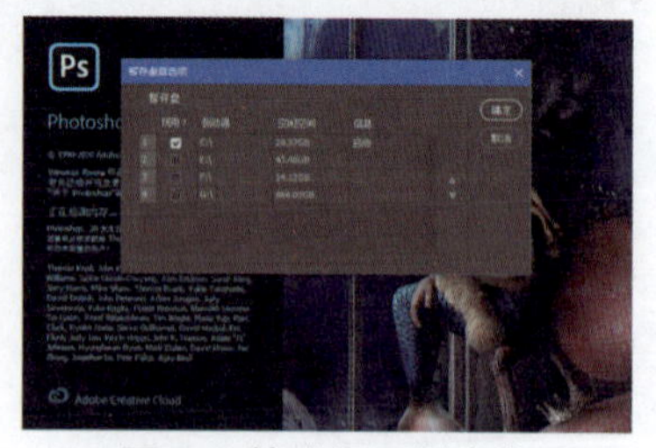

图2-23 快速设置暂存盘

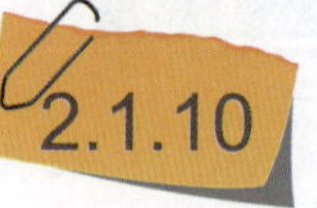

2.1.10 光标设置

选择“编辑”→“首选项”→“光标”命令（或者在“首选项”对话框的左侧列表框中直接选择“光标”选项），即可弹出“光标”首选项相关设置对话框，如图2-24所示。

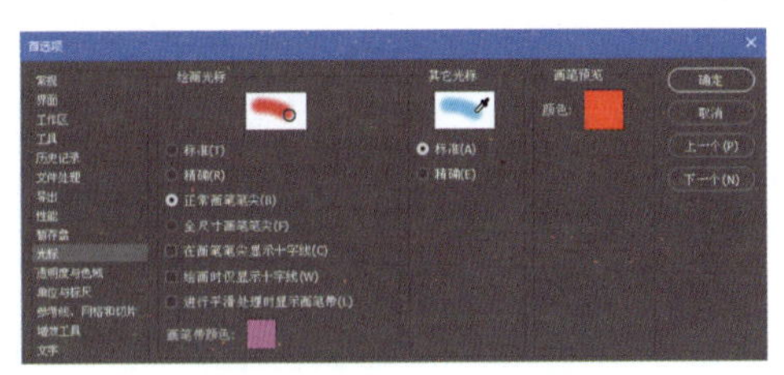

图2-24 “光标”首选项

- 绘画光标：用于设置使用绘图工具时，光标在画中的显示状态，以及光标中心是否显示十字线。
- 画笔带颜色：设置描边到光标位置之间连接线使用的颜色。
- 其他光标：用于设置使用其他工具时，光标在画面中的显示状态。
- 画笔预设：用于设置画笔编辑预览的颜色。

Tips 如何快速地切换绘画光标?

在使用工具进行操作的过程中，可以通过按键盘上的【Caps Lock】键使绘画光标在“精确”和“全尺寸”状态之间快速切换。

2.1.11 透明度与色域设置

选择“编辑”→“首选项”→“透明度与色域”命令（或者在“首选项”对话框的左侧列表框中直接选择“透明度与色域”选项），即可弹出“透明度与色域”首选项相关设置对话框，如图2-25所示。

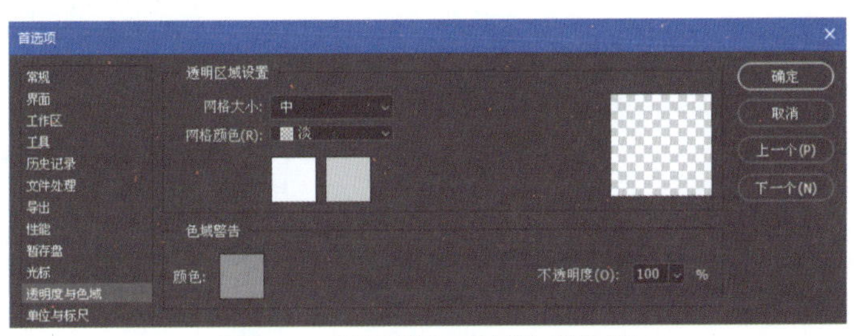

图2-25 “透明度与色域”首选项

- 网格大小：当图像背景为透明区域时，会显示为棋盘格状，如图2-26所示。在“网格大小”下拉列表框中可以设置棋盘格的大小，效果如图2-27所示。

图2-26 透明区域　　图2-27 设置网格大小

- 网格颜色：在下拉列表框中可以设置棋盘格的颜色，如图2-28所示。

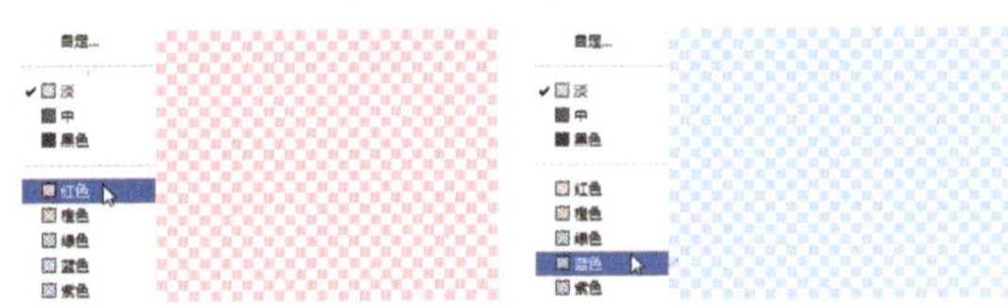

图2-28 设置网格颜色

- 色域警告：选择“视图”→“色域警告”命令时，图像中的溢色会显示为灰色。可在该选项中选择其他颜色来代表溢色，并调整溢色的不透明度，如图2-29所示。

a) 灰色表示溢色

b) 红色表示溢色

图2-29 色域警告

Tips

溢色是不能被准确打印出来的颜色，常常针对的是非CMYK类型的图片。如果图片本身是CMYK模式，则不存在溢色的情况。

2.1.12 单位与标尺设置

选择“编辑”→“首选项”→“单位与标尺”命令（或者在“首选项”对话框的左侧列表框中直接选择“单位与标尺”选项），即可弹出“单位与标尺”首选项相关设置对话框，如图2-30所示。

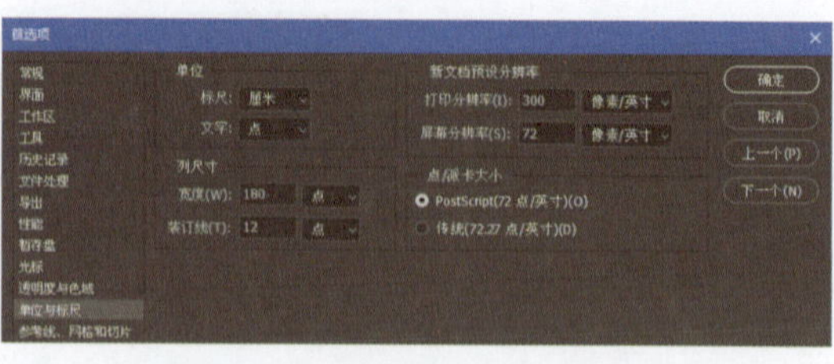
图2-30 “单位与标尺”首选项

- 单位：可设置标尺的单位和文字的单位。
- 列尺寸：如果将图像导入到排版软件（InDesign）中，并用于打印和装订时，可在该选项设置“宽度”和“装订线”的尺寸，用列来指定图像的宽度，使图像正好占据特定数量的列。
- 新文档预设分辨率：用来设置新建文档时预设的打印分辨率和屏幕分辨率。
- 点/派卡大小：设置如何定义每英寸的点数。
  - PostScript（72/英寸）：设置一个兼容的单位大小，以便打印到PostScript设备。
  - 传统（72.27点/英寸）：使用72.27点/英寸（打印中传统使用的点数）。

2.1.13 参考线、网格和切片设置

选择“编辑”→“首选项”→“参考线、网格和切片”命令（或者在“首选项”对话框的左侧列表框中直接选择“参考线、网格和切片”选项），即可弹出“参考线、网格和切片”首选项相关设置对话框，如图2-31所示。

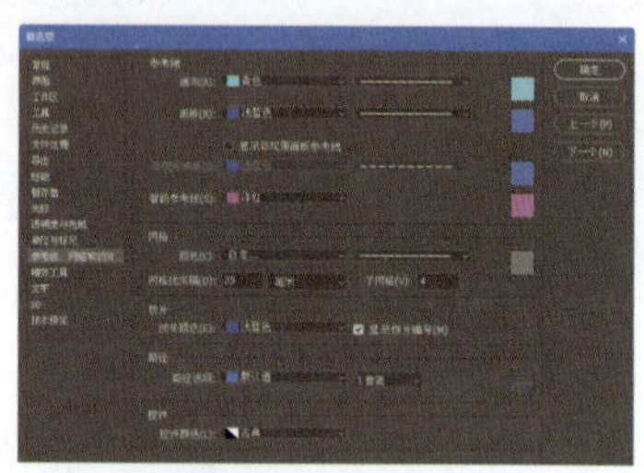
图2-31 “参考线、网格和切片”首选项

- 参考线：用来设置参考线的颜色和样式，包括直线和虚线两种样式。
- 智能参考线：用来设置智能参考线的颜色。
- 网格：可设置网格的颜色和样式。在“网格线间隔”文本框中可以输入网格间距的值。在“子网格”文本框中输入一个值，则可基于该值重新细分网格。
- 切片：用来设置切片边框的颜色。选择“显示切片编号”复选框，可以显示切片的编号，如图2-32所示。

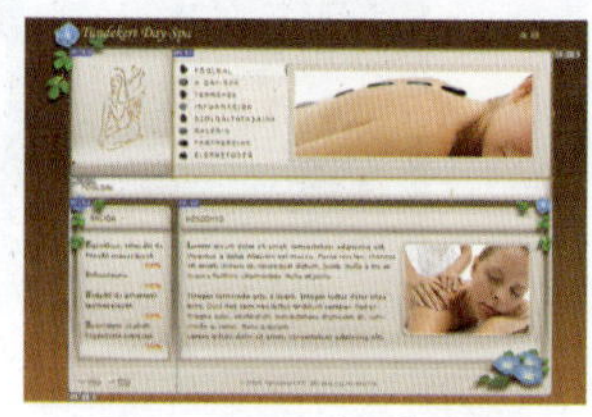
图2-32 显示切片编号

- 路径：用来设置路径的颜色和粗细。
- 控件：用来设置控件的颜色。

2.1.14 增效工具设置

选择“编辑”→“首选项”→“增效工具”命令（或者在“首选项”对话框的左侧列表框中直接选择“增效工具”选项），即可弹出“增效工具”首选项相关设置对话框，如图2-33所示。

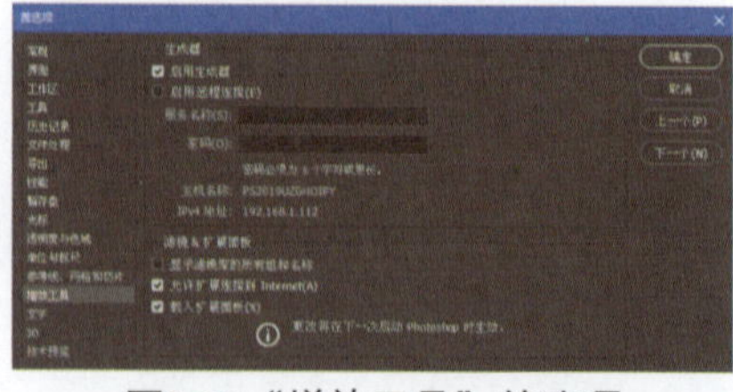
图2-33 “增效工具”首选项

- 启用生成器：选择该复选框，将启用生成器增效工具。
- 启用远程连接：选择该复选框，将启用远程连接。用户需要创建一个6位字符以上的密码。
- 显示滤镜库的所有组和名称：选择该复选框，将在“滤镜库”对话框中显示所有滤镜组和名称。
- 允许扩展连接到Internet：选择该复选框，表示允许Photoshop扩展面板连接到Internet获取新内容及更新程序。
- 载入扩展面板：选择该复选框，启动软件时可载入已安装的扩展面板。取消选择“窗口”→“扩展功能”命令时则不能被选择。

2.1.15 文字设置

选择“编辑”→“首选项”→“文字”命令（或者在“首选项”对话框的左侧列表框中直接选择“文字”选项），即可弹出“文字”首选项相关设置对话框，如图2-34所示。

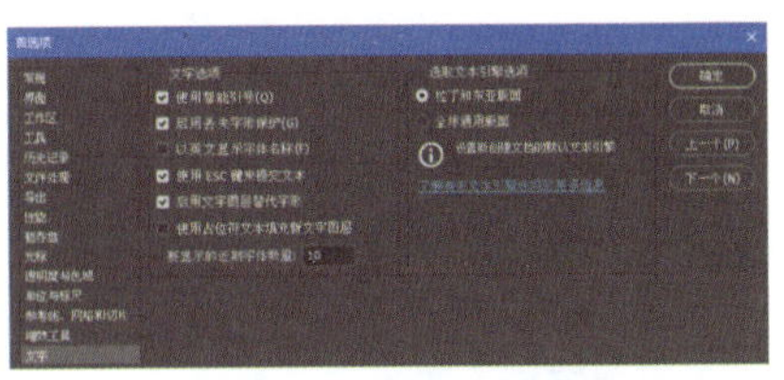
图2-34 “文字”首选项

- 使用智能引号：智能引号也称为印刷引号，它会与字体的曲线混淆。选择该复选框后，输入文本时可使用弯曲的引号替代直引号。
- 启用丢失字形保护：选择该复选框后，如果文档使用了系统未安装的字体，在打开文档时会出现提示，提示Photoshop中缺少哪些字体，可以使用可用的匹配字体替换缺少的字体。
- 以英文显示字体名称：选择该复选框后，在“字符”面板和文字工具选项栏的字体下拉列表框中以英文显示亚洲字体的名称，如图2-35所示，取消选择该复选框后，则以中文显示，如图2-36所示。
- 使用ESC键来提交文本：选择该复选框，将使用【Esc】键提交文字更改。
- 启用文字图层替换字形：选择该复选框，将显示“文字图层替代字形”下拉列表框。
- 使用占位符文本填充新文字图层：选择该复选框，在创建新文本图层时将添加Lorem Ipsum占位符文本。
- 要显示的近期字体数量：在文本框中输入最近要显示的字体数量。
- 拉丁和东亚版面：选中该单选按钮，可以选择新的文本引擎。支持欧洲和高级东亚语言功能。
- 全球通版面：选中该单选按钮，将支持大部分书写系统。

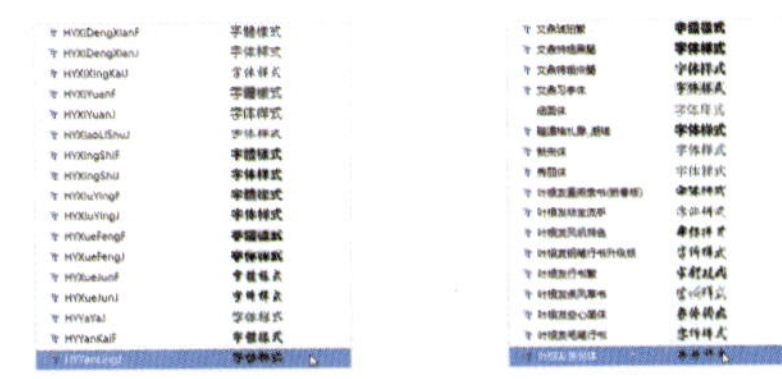
图2-35 显示英文字体 图2-36 显示中文字体

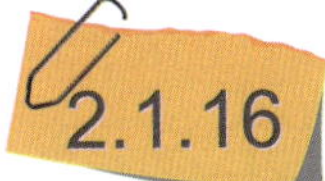

2.1.16 3D设置

选择“编辑”→“首选项”→“3D”命令（或者在“首选项”对话框的左侧列表框中直接选择3D选项），即可弹出3D首选项相关设置对话框，如图2-37所示。

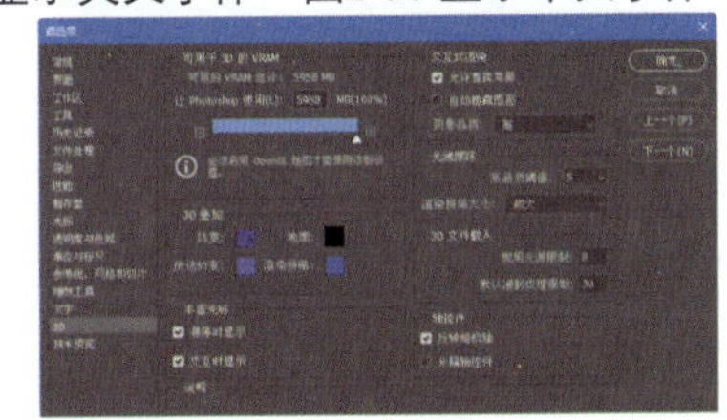
图2-37 3D首选项

- 可用于3D的VRAM：Photoshop 3D Forge（3D引擎）可以使用的显存（VRAM）量。分配较大的VRAM值可以使用Photoshop快速制作3D交互。
- 3D叠加：在该选项组中可以设置各种参考线的颜色，以便在进行3D操作时高亮显示可用的3D常见组件。
- 丰富光标：呈现与光标和对象相关的实时信息。
  - 悬停时显示：将鼠标悬停在3D对象上方可呈现带有相关信息的丰富光标，如图2-38所示。
  - 交互时显示：与3D对象的鼠标交互可呈现带有相关信息的丰富光标，如图2-39所示。
- 交互式渲染：在该选项组中可以设置进行3D对象交互（鼠标事件）时Photoshop渲染选项的首选项。
  - 允许直接写屏：利用显卡的显存直接在屏幕上绘制像素，从而获得更快的3D交互。
  - 自动隐藏图层：自动隐藏除当前正在与之交互的3D图层以外的所有图层，以提供最高的交互速度。
- 光线跟踪：当3D场景面板中的“品质”菜单设置为“光线跟踪最终效果”时，定义光线跟踪渲染的图像品质阈值。

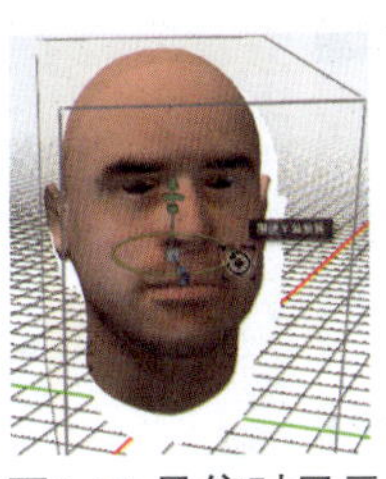
图2-38 悬停时显示

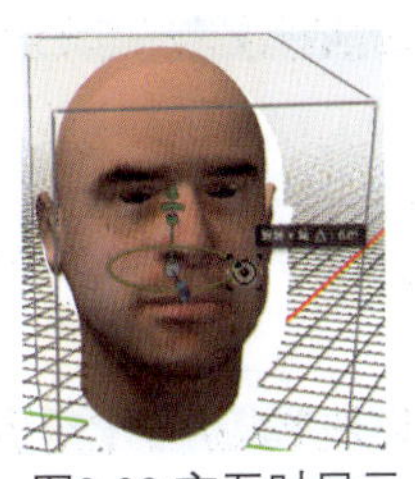
图2-39 交互时显示

- 3D文件载入：在该选项组中可以设置3D文件载入时的行为。在“现用光影限制”文本框中输入数值，设置现有光源的初始设置。在“默认漫射纹理限制”文本框中输入数值，设置漫射纹理不存在时，Photoshop将在材质上自动生成的漫射纹理的最大数量。
- 轴控件：指定轴交互和显示模式。
- 反转相机轴：翻转相机和视图的轴坐标系统。
- 分隔轴控件：将合并的轴分割为单独的轴工具，如移动轴、旋转轴和缩放轴。取消选择此复选框可反转到合并的轴。

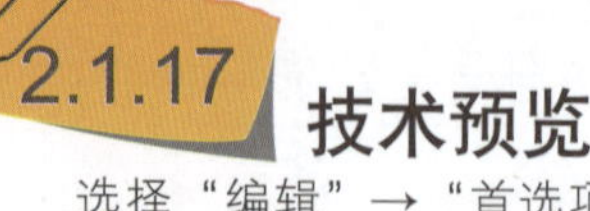

2.1.17 技术预览

选择“编辑”→“首选项”→“技术预览”命令（或者在“首选项”对话框的左侧列表框中直接选择“技术预览”选项），即可弹出“技术预览”首选项相关设置对话框，如图2-40所示。

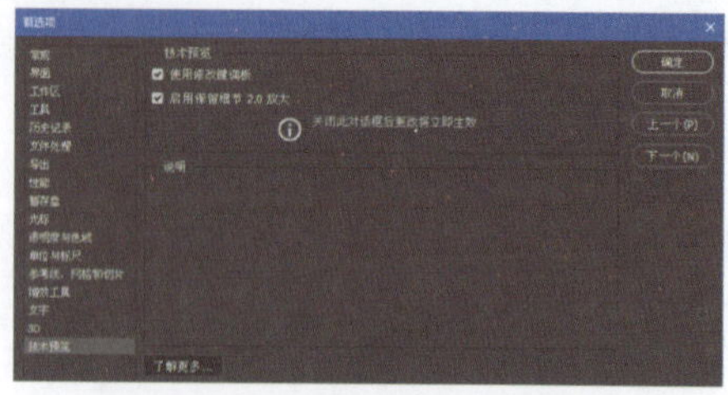

图2-40 “技术预览”首选项

- 使用修改键调板：选择该复选框，即可使用修改键调板。它是一个新工具栏，通过该工具栏可以快速访问Windows触控设备上的常用键盘修改键。选择“窗口”→“修改键”命令，即可启用修改键调板。
- 启用保留细节2.0放大：选择该复选框，将通过人工智能辅助放大技术放大图像。选择“图像”→“图像大小”命令，在弹出的对话框的“重新采样”下拉列表框中选择“保留细节2.0”选项，即可使用此功能。

2.2 图像编辑的辅助功能

Photoshop提供了很多编辑图像的辅助功能，如标尺、参考线和网格等。这些辅助功能不能编辑图像，但能够帮助用户更好地完成选择、定位或编辑图像。

2.2.1 标尺

Photoshop中的标尺可以帮助用户确定图像或元素的位置，起到辅助定位的作用。选择“视图”→“标尺”命令或按【Ctrl+R】组合键，即可在窗口的顶部和左侧显示标尺。下面通过一个案例来了解标尺。

应用案例　使用标尺辅助定位

源文件：无　　视　频：视频\第2章\使用标尺辅助定位.mp4

STEP 01 选择“文件”→“打开”命令，打开素材图像“素材\第2章\2-2-1.jpg”，如图2-41所示。选择“视图”→“标尺”命令，打开标尺，如图2-42所示。此时移动鼠标光标，标尺内将显示光标的精确位置。

STEP 02 将光标移动到窗口左上角位置，如图2-43所示。按住鼠标左键并向下拖动，调整标尺的原点位置，也就是（0，0）位置，如图2-44所示，可以清楚地看到图像的高度和宽度。

图2-41 打开素材图像

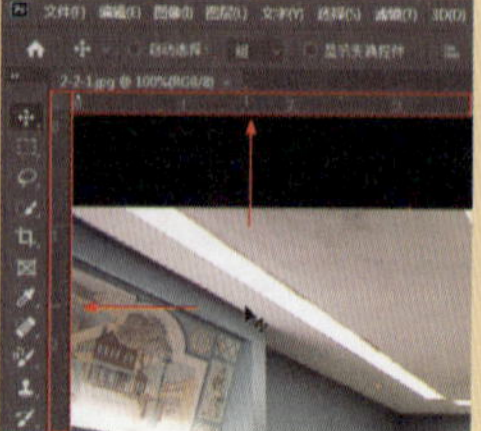

图2-42 打开标尺

图2-43 拖动原点位置

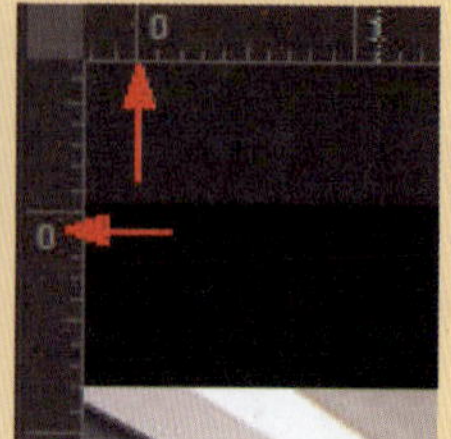

图2-44 调整后的原点位置

STEP 03 在窗口左上角标尺位置双击，可以将原点位置恢复到原始位置，也就是屏幕的左上角位置。按住空格键，暂时切换到抓手工具，移动图像的位置与左上角对齐，如图2-45所示，也能清楚地读取图像的属性。

图2-45 抓手工具辅助定位

Tips

在定位原点的过程中，按住【Shift】键，可以使标尺原点对齐标尺刻度。

Tips 如何更改标尺的单位？

根据不同的需求，常常需要选择不同的测量单位。在标尺上单击鼠标右键，弹出测量单位快捷菜单，选择任意单位，即可完成标尺单位的转换。

2.2.2 参考线

显示标尺后，可以将鼠标光标移动到标尺上，向下或向右拖动鼠标创建参考线，实现更为精确的定位。下面通过一个案例来理解参考线的作用。

应用案例 使用参考线辅助定位

源文件：源文件\第2章\2-2-2.psd　视 频：视频\第2章\使用参考线辅助定位.mp4

STEP 01 选择“文件”→“新建”命令，新建一个Photoshop文档，如图2-46所示。按【Ctrl+R】组合键显示标尺，将鼠标光标移动到顶部标尺上，按住鼠标左键并向下拖动，如图2-47所示。

图2-46 新建文档 　图2-47 拖出横向辅助线

STEP 02 以同样的方式，将光标移动到纵向标尺上，拖出纵向辅助线，如图2-48所示。以同样的方法拖出另外两条辅助线，如图2-49所示。

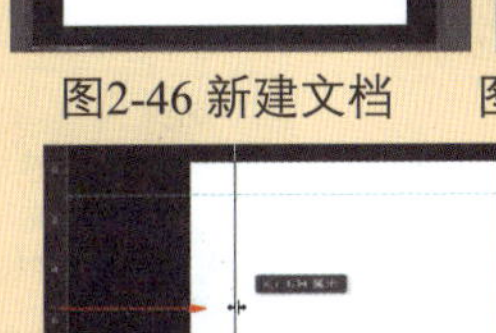

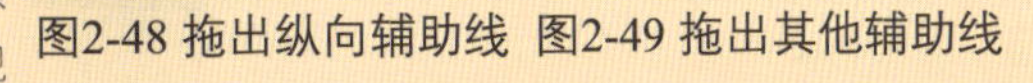

图2-48 拖出纵向辅助线　图2-49 拖出其他辅助线

Tips

可以使用“移动工具”随意移动参考线的位置。当确定好所有参考线位置时，选择“视图”→“锁定参考线”命令可锁定参考线，以防止错误移动。需要取消该命令时再次选择“视图”→“锁定参考线”命令即可。

STEP 03 选择“文件”→“置入”命令，将素材图像“第2章\素材\2-2-2.jpg”置入，如图2-50所示。拖动图像四周的控制点，调整大小，调整效果如图2-51所示。

STEP 04 在图像上双击，确定图像置入，如图2-52所示。选择“视图”→“清除参考线”命令，将参考线清除，效果如图2-53所示。

图2-50 置入图像

图2-51 调整大小

图2-52 确定图像置入

图2-53 清除参考线

Tips 如何创建精确的参考线?

选择“视图”→“新建参考线”命令，弹出“新建参考线”对话框。在此对话框中可以精确地设置每条参考线的位置和取向，从而创建精确的参考线。

2.2.3 智能参考线

智能参考线是一种智能化参考线，它仅在需要时出现。使用“移动工具”进行移动操作时，通过智能参考线可以对齐形状、切片和选区。选择“视图”→“显示”→“智能参考线”命令，即可启用智能参考线。

应用案例 使用智能参考线

源文件：源文件\第2章\2-2-3.psd　　视　频：视频\第2章\使用智能参考线.mp4

STEP 01 选择“文件”→“打开”命令，打开素材图像“素材\第2章\2-2-3.psd”，如图2-54所示。选择“视图”→“显示”→“智能参考线”命令，如图2-55所示。

图2-54 打开素材图像

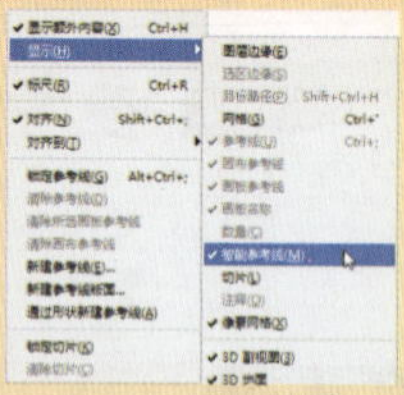

图2-55 显示智能参考线

STEP 02 单击工具箱中的“移动工具”按钮，在最后一个图标上单击并向上拖曳，智能参考线效果如图2-56所示。调整后的效果如图2-57所示。

图2-56 显示智能参考线

图2-57 调整效果

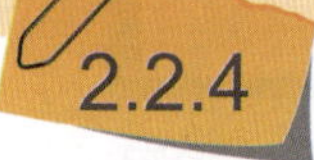

2.2.4 网格

网格可以起到一个对准线的作用，可以把画布平均分成若干块同样大小的区块，有利于制图时进行对齐。选择“视图”→“显示”→“网格”命令，可以显示网格，如图2-58所示。

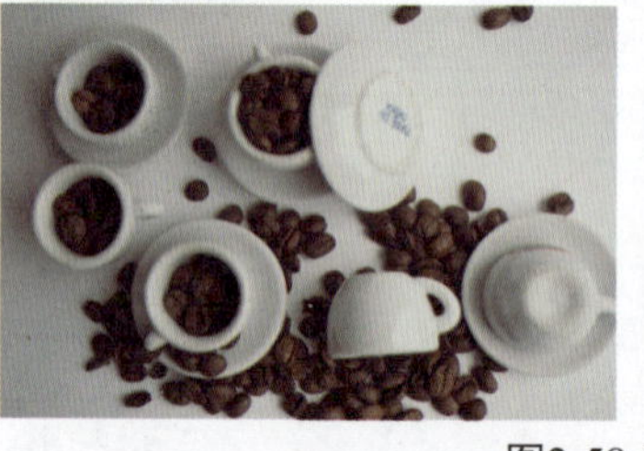

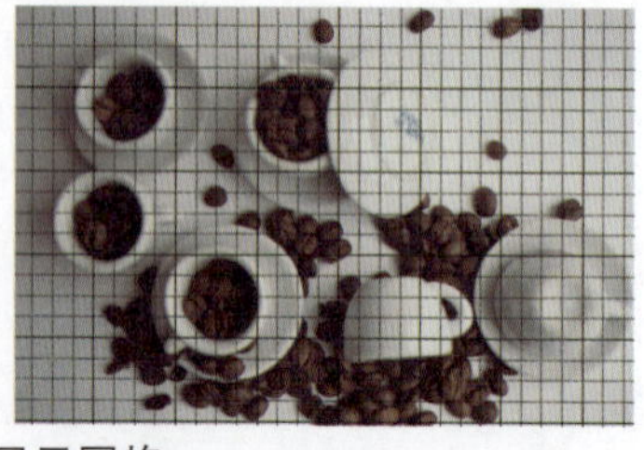

图2-58 显示网格

Tips

网格的颜色、样式、网格线间隔和子网格的数量都可以在“首选项”对话框的“参考线、网格和切片”选项中进行设置。请参考 2.1.13 节内容。

2.2.5 使用注释

使用“注释工具”可以在图像的任何位置添加文本注释，标记一些制作信息或其他有用的信息。

图2-59 添加注释

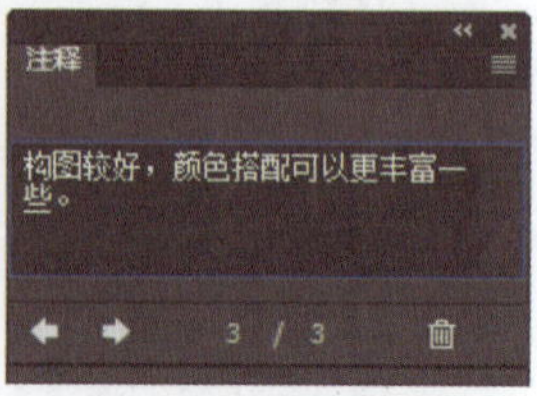

图2-60 输入注释内容

单击工具箱中的“注释工具”按钮，在图像需要注释的位置单击，如图2-59所示。在打开的“注释”面板中输入注释内容，即可完成注释的添加，如图2-60所示。

选择想要删除的注释，单击鼠标右键，在弹出的快捷菜单中选择“删除注释”命令即可。也可以直接按【Delete】键将选中的注释删除。

在Photoshop中选择“文件”→“导入”→“注释”命令，如图2-61所示，在弹出的“载入”对话框中可以将PDF文件中的注释内容直接导入到图像中，如图2-62所示。

图2-61 选择“注释”命令

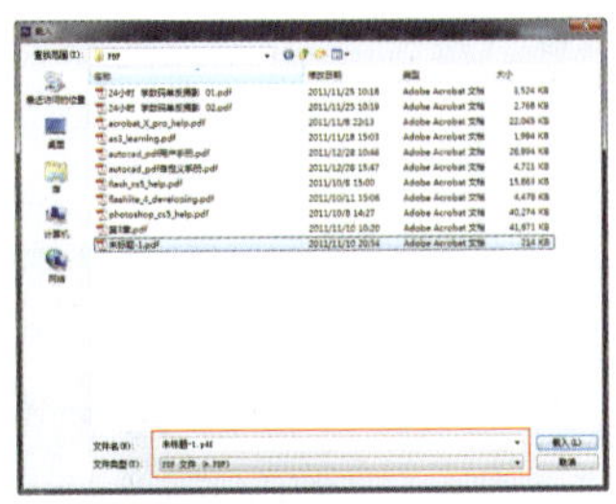
图2-62 “载入”对话框

2.3 “对齐”命令

Photoshop中提供了很多辅助功能帮助用户工作。用户在操作过程中，可以使用“对齐”命令精确对齐参考线、网格、图层、切片和文档边界，以便获得更为精确的操作。

选择“视图”→“对齐”命令，使其处于选中状态，如图2-63所示。然后选择“视图”→“对齐到”命令，在打开的子菜单中选择需要对齐的对象，如图2-64所示。

图2-63 选择“对齐”命令

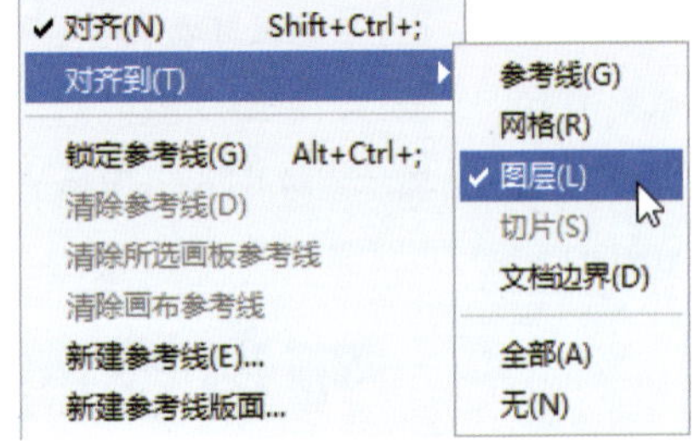

图2-64 选择对齐对象

- 参考线：使操作对象与参考线对齐。
- 网格：使操作对象与网格对齐。要使用该功能，网格必须为显示状态。
- 图层：使操作对象与图层中的对象对齐。
- 切片：使操作对象与切片边界对齐。要使用该功能，图像中必须创建了切片。
- 文档边界：使操作对象与文档的边缘对齐。
- 全部：选择全部“对齐到”命令。
- 无：取消选择所有“对齐到”命令。

2.4 显示和隐藏额外内容

Photoshop中有很多不会被打印的内容，如参考线、网格、目标路径、选区边缘、切片、文本边界、文本基线和文本选区等。

根据工作的需求，要显示或隐藏这些对象，可以选择“视图”→“显示额外内容”命令或按【Ctlr+H】组合键，使其处于选中状态，如图2-65所示。然后选择“视图”→“显示”命令，选择需要显示的对象，如图2-66所示。再选择一次，则隐藏该对象。

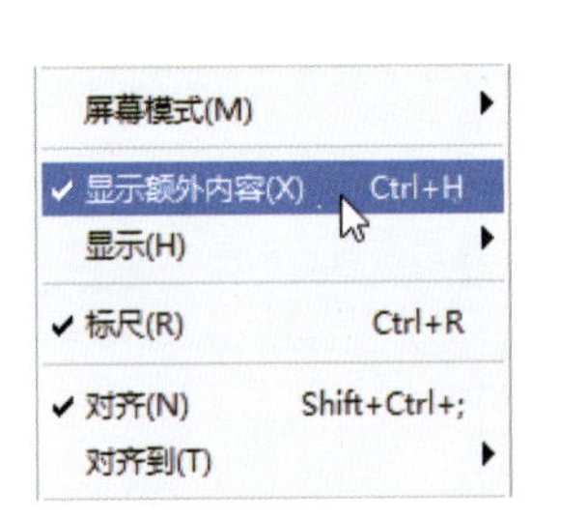

图2-65 执行命令

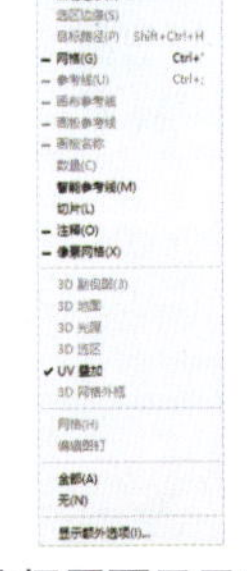
图2-66 选择需要显示的对象

- 图层边缘：显示或隐藏图层内容的边缘。
- 选区边缘：显示或隐藏选区的边框。
- 目标路径：显示或隐藏路径。
- 网格：显示或隐藏网格。
- 参考线：显示或隐藏参考线。
- 画布参考线：显示或隐藏画布中的参考线。
- 画板参考线：显示或隐藏画板中的参考线。
- 画板名称：显示或隐藏画板名称。
- 数量：显示或隐藏计数数目。
- 智能参考线：显示或隐藏智能参考线。
- 切片：显示或隐藏切片的定界框。
- 注释：显示或隐藏创建的注释。

- 像素网格：将文档放大到最大时，像素之间会用网格划分，如图2-67所示。取消选择该命令的效果如图2-68所示。

图2-67 显示像素网格

图2-68 取消像素网格

- 3D副视图：显示或隐藏3D副视图。
- 3D地面：显示或隐藏3D地面。
- 3D光源：显示或隐藏3D光源。
- 3D选区：显示或隐藏3D选区。
- UV叠加：显示或隐藏贴图UV叠加。
- 3D网格外框：显示或隐藏3D网格外框。
- 网格：显示或隐藏3D对象上的网格。
- 编辑图钉：在使用“场景模糊”“光圈模糊”和“倾斜偏移”滤镜时，可以选择显示或不显示图钉。
- 全部：显示以上所以可以显示的选项。
- 无：隐藏以上所有选项。
- 显示额外选项：选择该命令，会弹出“显示额外选项”对话框，如图2-69所示。在其中可以设置同时显示或隐藏多个项目。

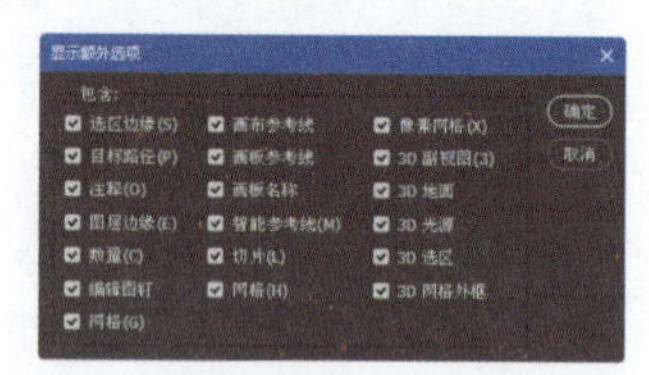
图2-69 “显示额外选项”对话框

2.5 预设管理器

Photoshop是一个开放度极高的软件，允许第三方为其提供各种设计资源，如笔刷库、样式库、渐变库和形状库等。除了在相应的功能区对这些资源进行导入外，还可以直接使用“预设管理器”管理、存储和载入这些资源。

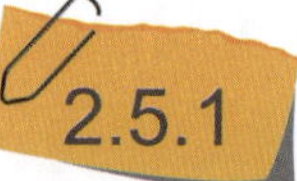

2.5.1 预设管理器

选择“编辑”→“预设”→“预设管理器”命令，弹出“预设管理器”对话框，在“预设类型”下拉列表框中选择“工具”选项，如图2-70所示。单击对话框右侧的“载入”按钮，弹出“载入”对话框即可将外部预设内容载入，如图2-71所示。

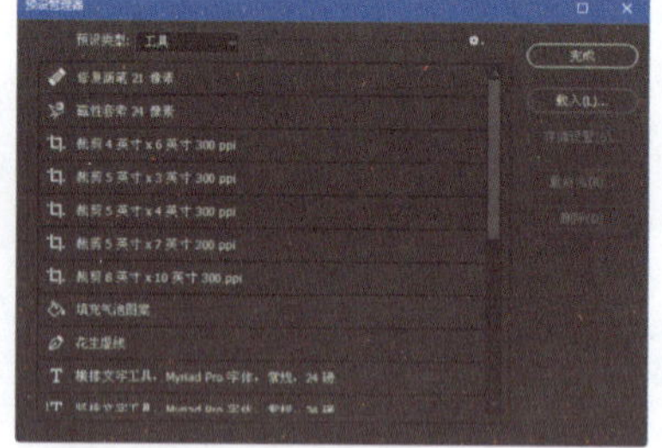
图2-70 “预设管理器”对话框

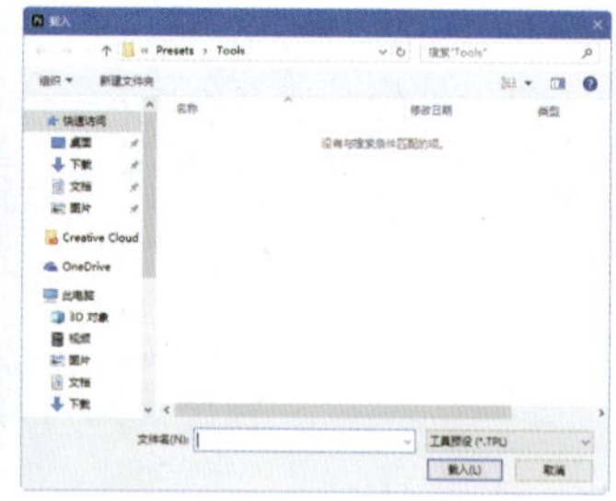
图2-71 “载入”对话框

Tips

用户可以将自己常用的操作存储为预设文件，通过“预设管理器”对话框将预设载入到不同的设备中使用，从而做到资源共享。

2.5.2 Adobe PDF预设

在Photoshop中制作的文档输出为PDF格式时，常常会有不同的用途，有时是为了印刷，有时是为了在网上浏览。所以，单一的PDF设置无法满足用户的多样需求。

Photoshop允许用户创建并保存属于自己的预设，以便在Photoshop或Adobe Creative Suite的任何软件产品中重复使用。

选择“编辑”→“Adobe PDF预设”命令，弹出“Adobe PDF预设”对话框，如图2-72所示。可以在“预设”列表框中选择适合自己的预设，如图2-73所示。

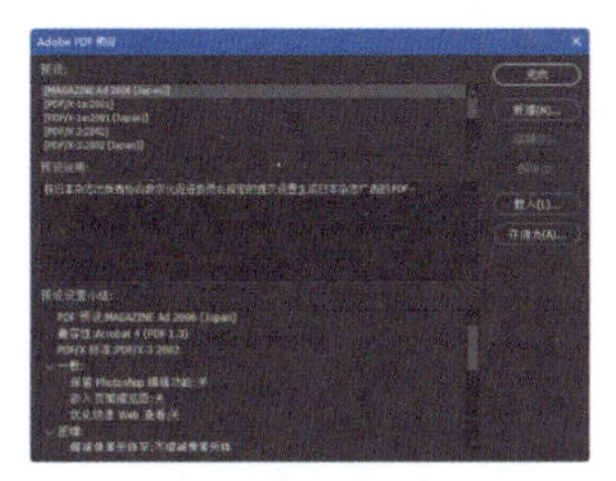
图2-72 “Adobe PDF预设”对话框

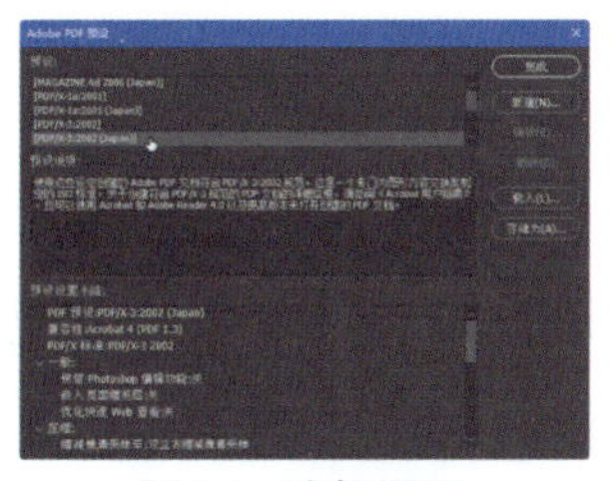
图2-73 选择预设

如果用户需要自定义预设，可以单击“新建”按钮，在弹出的“新建PDF预设”对话框中重新指定各项参数。

2.5.3 迁移、导出/导入预设

选择“编辑”→“预设”→“迁移预设”命令，可以将低版本软件中用户设置完成的预设文件迁移到新版本软件中，方便用户使用个人熟悉的设置操作Photoshop软件。

选择“编辑”→“预设”→“导出/导入预设”命令，可以将用户设置完成的预设文件导出，然后再通过“导入”命令导入到另一台设备上。使用这种方法可以方便用户在不同的计算机设备上使用自己熟悉的预设。图2-74所示为“导出/导入预设”对话框。

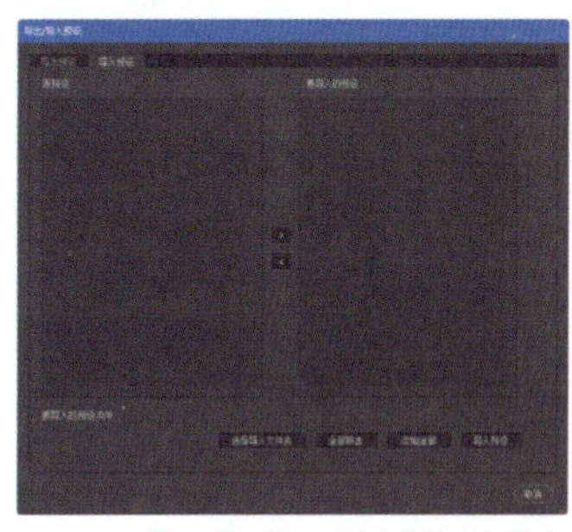
图2-74 “导出/导入预设”对话框

Tips

使用“迁移预设”和“导出/导入预设”功能可以方便用户无论在哪个版本下，都能使用熟悉的操作方法进行工作。例如，每个人的工作习惯各不相同，可以把相关的文件导出并导入到另外一台计算机中。

2.6 插件管理器

在Adobe公司的系列产品中，很多软件都能够使用外部插件。为了方便管理这些插件，Adobe推出了一款专门针对插件管理的软件——Adobe Extension Manager。

随着Photoshop CC 2020的发布，该软件也升级为Adobe Extension Manager CC。用户可在Adobe Creative Cloud中安装该软件，如图2-75所示。单击“打开”按钮，Adobe Extension Manager CC软件界面如图2-76所示。

图2-75 Adobe Creative Cloud界面

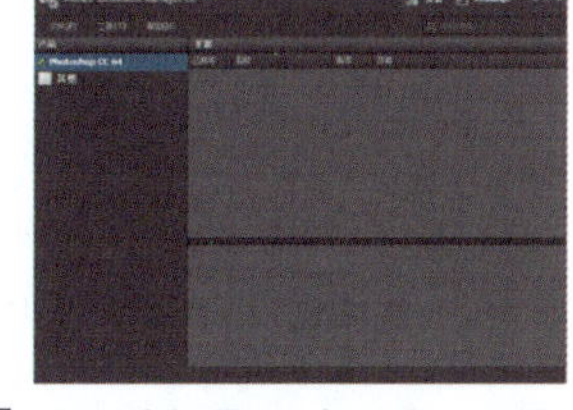
图2-76 Adobe Extension Manager CC界面

2.7 专家支招

开始使用Phtosohop处理图像之前，首先要熟悉软件的操作设置和各种优化操作，只有这样才能在以后的操作中方便、快捷地使用该软件。

2.7.1 提高Photoshop的工作效率

Photoshop在运行时会占用大量的系统资源。在使用Photoshop时，尽量不要打开其他占用资源较多的

程序。同时在“暂存盘”首选项界面中为Photoshop指定较高的内存占有率，将“暂存盘”指定给除C盘以外的其他所有盘符。另外，定期清理历史记录也是一个很好的习惯。

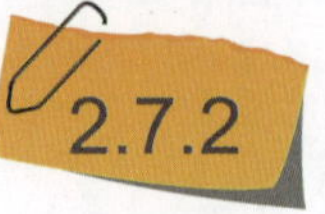

2.7.2 快速转换辅助线的类型

当创建了一条垂直辅助线后，按住【Alt】键并单击它，可将其快速转换为水平辅助线。同理，按住【Alt】键并单击水平辅助线，也可以快速地将其转换为垂直辅助线。

2.8 总结扩展

本章针对优化Photoshop CC 2020的工作环境进行了详细介绍。使用“首选项”子菜单中的各项命令可以对Photoshop中的各项内容进行优化设置，包括软件内存、暂存盘、辅助线、网格和单位等。通过设置各项参数，用户可以对Photoshop的各项功能有一个更深的理解，并对未来的实际操作产生深刻影响。

2.8.1 本章小结

本章讲解了Photoshop CC 2020的首选项设置和各种辅助功能的使用。通过本章的学习，读者需要了解使用辅助功能的方法和技巧，同时还要掌握如何通过设置首选项中的各项参数来获得更好的操作环境。

2.8.2 举一反三——使用辅助线定义图像出血

案例文件：	源文件\第2章\2-8-2.psd
视频文件：	视频\第2章\使用辅助线定义图像出血.mp4
难易程度：	★☆☆☆☆
学习时间：	7分钟

（1）

（2）

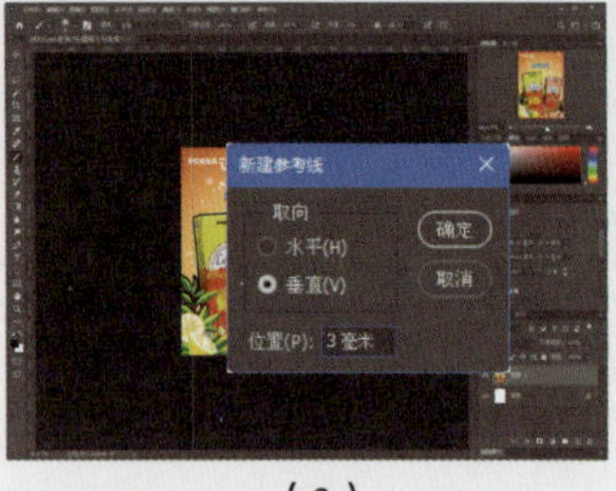

（3）

（4）

1. 打开素材图像“素材\第2章\28201.psd”。
2. 选择“窗口”→“标尺”命令，将标尺显示出来。
3. 选择“窗口”→“新建参考线”命令，在弹出的对话框中设置参考线参数。
4. 以同样的方法制作其他3条参考线。

第3章 Photoshop CC 2020的基本操作

要真正掌握和使用一个图像处理软件，首先要对该软件有所了解，然后从基本的操作开始进行学习，这样才能深入地掌握该软件。本章将介绍Photoshop CC 2020的一些基本操作，如新建、打开、存储文件、修改图像大小、修改画布大小、还原与恢复等操作。

本章学习重点

第 43 页
置入嵌入对象

第 46 页
修改图像的尺寸

第 51 页
剪裁透视图像

第 60 页
利用“变形”命令制作飘逸长裙

3.1 主页

主页是Photoshop启动后首先展示给用户的界面，如图3-1所示。用户可以在主页中完成新建文件、打开文件、查看新增功能和最近使用项等操作。选择左侧的“学习”选项，将进入官方指定的教程界面，如图3-2所示。

图3-1 主页界面

图3-2 学习界面

用户在使用Photoshop操作时，可以随时通过单击进行选项栏最左侧的主页图标，返回主页界面，如图3-3所示。此时主页界面左上角显示为一个Ps图标，单击该图标，即可返回当前操作界面，如图3-4所示。

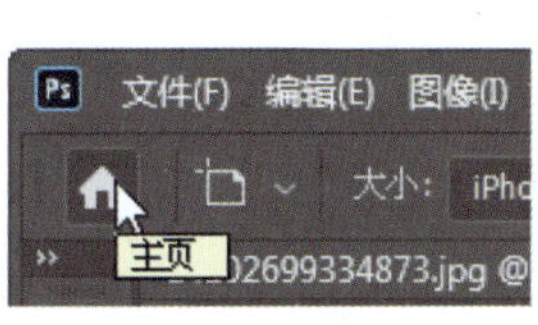

图3-3 返回主页

图3-4 返回当前操作界面

3.2 新建文件

在开始绘画之前，首先要准备好画纸。同理，在使用Photoshop设计作品之前，也应先新建画布。

启动Photoshop CC 2020软件，选择“文件”→“新建”命令或按【Ctrl+N】组合键，弹出“新建文档”对话框，如图3-5所示。

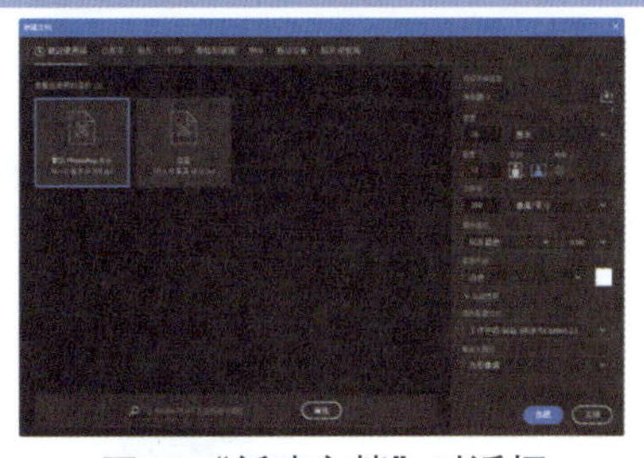

图3-5 “新建文档”对话框

“新建文档”对话框分为左右两部分，左侧为方便用户操作提供的最近使用项和不同行业的模板文件，右侧为预设详细信息。使用Photohsop提供的预设功能很容易创建常用尺寸的文件，减少不必要的麻烦，提高工作效率。

- 最近使用项：该选项卡下展示了用户最近使用的文件列表。默认展示20个文件。用户可以在“文件处理”首选项中修改展示的文件数量。
- 已保存：该选项卡下展示了用户存储的预设文件列表。

- 照片：该选项卡下展示了数码照片处理常用的模板文件列表。
- 打印：该选项卡下展示了平面广告和印刷常用的模板文件列表。
- 图稿和插图：该选项卡下展示了绘制插图和插画的常用模板文件列表。
- Web：该选项卡下展示了网页设计行业常用的模板文件列表。
- 移动设备：该选项卡下展示了移动UI设计常用的模板文件列表。
- 胶片和视频：该选项卡下展示了视频剪辑常用的模板文件列表。
- 预设详细信息：用户可以在该选项下对新建文档参数进行详细设置。
- 名称：用于输入新文件名的名称。若不输入，则以默认名“未标题-1”为名；如连续新建多个，则文件名依次为“未标题-2”“未标题-3”等。
- 存储预设：参数设置完成后，单击该按钮，在“保存文档预设”文本框中输入预设的名称后，单击“保存预设”按钮，即完成了预设的存储。存储后的预设将显示在“已保存”选项下。
- 宽度/高度：用于设定图像的宽度和高度，可在其文本框中输入具体数值。但要注意，在设定前需要确定文件尺寸的单位，即在其后面的下拉列表框中选择“单位”“像素”“英寸”“厘米”“毫米”“点”或“派卡”。
- 方向：单击按钮，用户可以将文档设置为纵向或横向。
- 画板：选择该复选框，新建文档将以画板的形式出现。
- 分辨率：用于设定图像的分辨率。在设定分辨率时，需要设定分辨率的单位包括“像素/英寸”和“像素/厘米”两种。两种单位在不打印的前提下，没有明显区别。通常使用的单位为“像素/英寸”。
- 颜色模式：用于设定图像的色彩模式，共有位图、灰度、RGB颜色、CMYK颜色和Lab颜色5种颜色模式。在右侧的下拉列表框中可以选择色彩模式的位数，有8 bit、16 bit和32 bit共3种选项供用户选择。
- 背景内容：该下拉列表框用于设定新图像的背景层颜色，从中可以选择“白色”“黑色”“背景色”“透明”和“自定义”5种选项。
- 高级选项：在该选项下可以对颜色配置文件和像素长宽比进行设置。
- 颜色配置文件：用于设定当前图像文件要使用的色彩配置文件。具体内容将在后面章节中学习。
- 像素长宽比：用于设定图像的长宽比。此选项在图像输出到电视屏幕时有用。

Tips 新建文件时，如何选择文件的位深数?

位深数表示颜色的最大数量。位深数越大，则颜色数越多。其中，1 位的模式只能用于位图模式的图像；32 位的模式只能用于 RGB 模式的图像；8 位和 16 位的模式可以用于除位图模式之外的任何一种色彩模式。通常情况下，使用 8 位模式即可。

用户使用Web和移动设备模板新建的文件，将使用画板作为工作区域；使用其他模板新建的文件，将使用画布作为工作区，如图3-6所示。

图3-6 新建的画布文档和画板文档

Tips 画布与画板的区别。

除了在操作方法上略有不同以外，一个文档中只能存在一个画布，但却可以同时存在多个画板，且每个画板都是独立存在的，可以进行不同的编辑操作。

应用案例 新建一个iOS系统UI文档

源文件：无　　视　频：视频\第3章\新建一个iOS系统UI文档.mp4

STEP 01 选择“文件”→“新建”命令，弹出“新建文档”对话框，如图3-7所示。选择“移动设备”选项卡，单击下方模板文件列表中的iPhone 8/7/6文件，如图3-8所示。

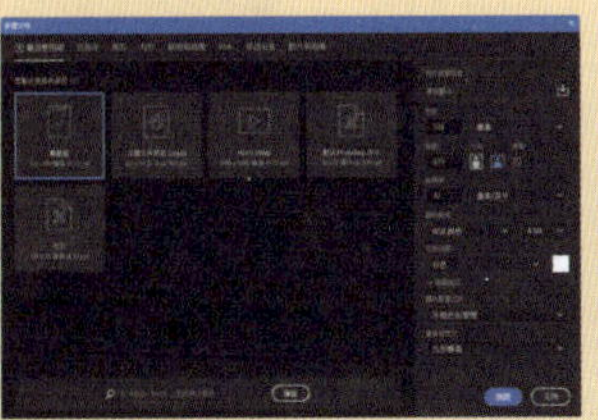

图3-7 “新建文档”对话框

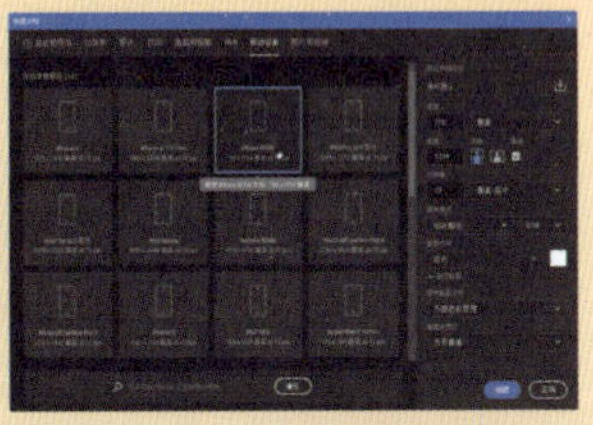

图3-8 选择模板文件

Tips
用户如果想使用旧版的“新建”对话框，可以在“常规”首选项中选择“使用旧版‘新建文档’界面”复选框。

STEP 02 在右侧顶部文本框中设置文档名称为“iOS系统UI”，如图3-9所示。单击“创建”按钮，完成移动设备文件的创建，如图3-10示。

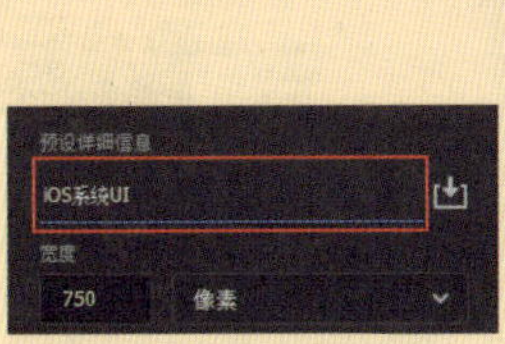

图3-9 修改文档名称

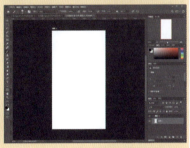

图3-10 新建移动设备文件

Tips
移动设备的显示屏幕尺寸差别较大，为了获得最好的显示效果。在设计时通常采用中间的尺寸作为设计标准。设计完成后，通过向上或向下的适配工作，使UI能够正确显示在大多数设备上。

3.3 打开文件

通过执行“打开”命令，Photoshop可以将外部多种格式的图像文件打开，进行编辑处理。也可以将未完成的Photoshop文件打开，继续进行各种操作处理。

3.3.1 常规的打开方法

启动Photoshop后，用户可以通过单击主页左侧的“打开”按钮、选择“文件”→“打开”命令或按【Ctrl+O】组合键，弹出“打开”对话框，如图3-11所示。在“打开”对话框中，选择要打开的文件，单击“打开”按钮或直接双击要打开的文件，即可将文件打开，如图3-12所示。

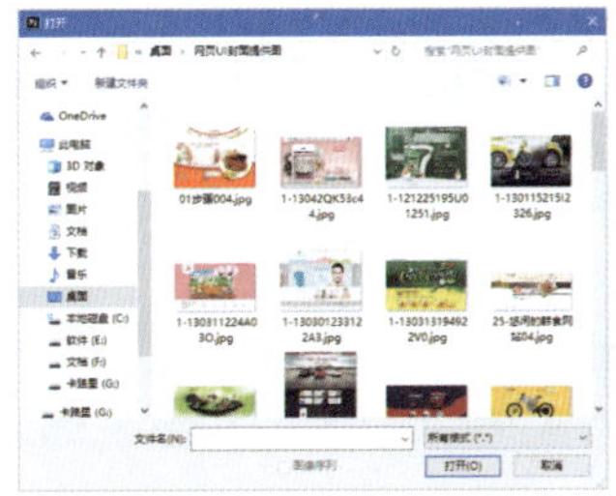

图3-11 “打开”对话框

图3-12 打开文件

Tips 如何同时打开多个文件？
要打开连续的文件，可以单击第1个文件，然后按住【Shift】键，再单击需要同时选中的最后一个文件，单击“打开”按钮即可。要打开不连续的文件，按住【Ctrl】键，再依次单击要打开的不连续文件，单击“打开”按钮即可。

3.3.2 用“在Bridge中浏览”命令打开文件

选择“文件”→“在Bridge中浏览”命令，即可启动Bridge，在Bridge中双击想要打开的文件，即可在Photoshop中将其打开，如图3-13所示。

3.3.3 用“打开为”命令打开文件

在不同的操作系统间传递文件时偶尔会出现无法打开文件的情况，常常是由于文件的格式与实际格式不匹配，或者文件缺少扩展名造成的。

图3-13 在Bridge中浏览并打开

出现无法打开文件的情况时，可以选择“文件”→“打开为”命令，在弹出的“打开”对话框中选择一个被错误地保存为PNG格式的JPG文件，在“打开为”下拉列表框中为它指定正确的格式，打开效果如图3-14所示。

图3-14 使用“打开为”命令打开图像

Tips

在 Photoshop 中打开文件的数量是有限的。打开文件的数量取决于计算机所拥有的内存和磁盘空间的大小。内存和磁盘空间越大，能打开的文件数量也就越多。此外，与图片的大小也有密切关系。

Tips

如果使用“打开为”命令还不能打开图像，则该图形的格式可能与文件的实际格式不匹配，可多尝试几次。也有可能是图像文件已经损坏。

3.3.4 打开最近打开过的文件

当在Photoshop中进行了保存文件或打开文件操作时，在“文件”→“最近打开文件”子菜单中就会显示出以前编辑过的20个图像文件，如图3-15所示。

利用“最近打开文件”子菜单中的文件列表，可以快速打开最近使用过的文件。选择“清除最近的文件列表”命令，可以将该目录清除。

图3-15 打开最近打开过的文件

3.3.5 打开为智能对象

智能对象是一个嵌入到当前文档中的文件，它可以保留文件的原始数据。

选择“文件”→“打开为智能对象”命令，在弹出的“打开为智能对象”对话框中选择一个要打开的文件，单击“打开”按钮，即可将文件打开为智能对象。智能对象图层缩览图右下角有一个特殊的标志，如图3-16所示。

图3-16 智能对象图层

3.4 存储文件

无论是新文件的创建，还是打开以前的文件进行编辑，在操作完成之后通常都要将其保存，以便使用或再次编辑。

3.4.1 “存储”命令

打开一个文件，编辑完成后，选择“文件”→“存储”命令或按【Ctrl+S】组合键，将图像保存，图像会保存为原来文件的格式。如果是新建一个文件，执行“存储”命令后，则会弹出“存储为”对话框。

Tips 如何判断图像是否存储完毕?

保存一些质量较高、尺寸较大的文件时，Photoshop 会在软件界面底部显示存储的进度，以便用户随时查看进度。

3.4.2 “存储为”命令

如果想要将文件保存为其他图像格式，或者保存在其他位置，可以选择“文件”→“存储为”命令，弹出“另存为”对话框，如图3-17所示。输入新的文件名，选择存储格式后，单击“保存”按钮，即可完成文件的存储操作。

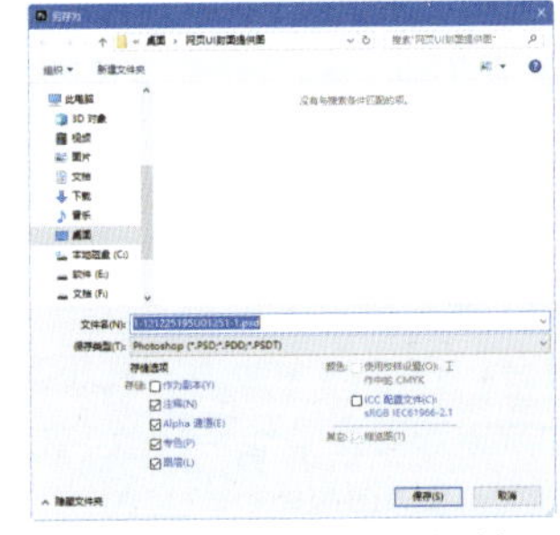

图3-17 “另存为”对话框

Tips

用户可以在“文件处理”首选项下设置 Photoshop 自动保存的时间。这样可以避免发生由于忘记保存而造成数据丢失的情况。

3.4.3 图像的存储格式

Photoshop CC 2020支持多种文件格式，如TIF、GIF、JPEG等。文件格式决定了图像数据的存储方式，以及文件是否与一些应用程序兼容。使用“存储”或“存储为”命令保存文件时，可以在弹出的对话框中选择文件的保存格式，如图3-18所示。不同格式图片的显示图标如图3-19所示。

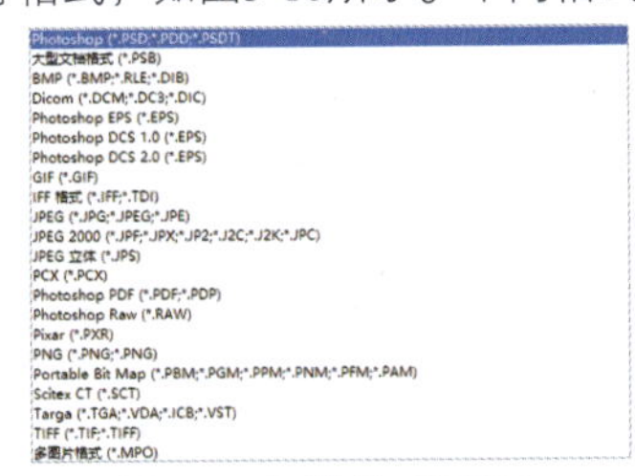

图3-18 存储格式列表

图3-19 图片不同的图标

- PSD格式：PSD格式是Photoshop软件默认的文件格式。但PSD格式所包含的图像数据信息较多，因此比其他格式的图像文件要大得多。由于PSD格式保留文件的所有数据信息，因而修改起来比较方便。
- PSB格式：PSB格式可以支持最高达到300 000像素的超大图像文件，它可保持图像中的通道、图层样式和滤镜效果不变。PSB格式的文件只能在Photoshop中打开。
- BMP格式：BMP格式是DOS和Windows兼容的标准Windows图像格式，主要用来存储位图文件。BMP格式可以处理24位颜色的图像，支持RGB模式、位图模式、灰度模式和索引模式，但不能保存Alpha通道。它的文件尺寸较大。

- GIF格式：GIF格式是基于在网络上传输图像而创建的文件格式。它支持透明背景和动画，被广泛应用于因特网的HTML网页文档中。GIF格式压缩效果较好，但只支持8位的图像文件。
- DCM格式：DCM格式定义了数据集来保存信息对象定义，数据集又由多个数据元素组成。通常用来保存医学图像，如超声波和扫描图像等。
- EPS格式：EPS格式是为了在打印机上输出图像而开发的一种文件格式，几乎所有的图形、图表和页面排版程序都支持该模式。EPS格式可以同时包含矢量图形和位图图像，支持RGB、CMYK、位图、双色调、灰度、索引和Lab模式，但不支持Alpha通道。它的最大优点是可以在排版软件中以低分辨率预览，而在打印时以高分辨率输出，做到工作效率与图像输出质量两不误。
- IFF格式：IFF格式是一种文件交换格式，多用于Amiga平台，在这种平台上它几乎可以存储各种类型的数据。而在其他平台上，IFF文件格式多用于存储图像和声音文件。
- JPEG格式：JPEG格式的图像通常用于图像预览。该格式的最大特点就是文件比较小，是目前所有格式中压缩率最高的格式。但是JPEG格式在压缩保存时会以失真方式丢掉一些数据，因而保存后的图像与原图有所差别，没有原图像的质量好。印刷品最好不要用这种格式存储。
- PCX格式：PCX格式适合保存索引和线画稿模式的图像，支持24位、256色的图像，并且支持PLE压缩。由于RLE是一种无损压缩方法，所以图像的颜色深度值越大，图像的尺寸减少就越小。PCX格式支持RGB模式、索引模式、灰度模式和位图模式，但它只有一个颜色通道。
- PDF格式：PDF格式是由Adobe公司推出的主要用于网上出版的文件格式，可包含矢量图形、位图图像及多页信息，并支持超链接。由于具有良好的信息保存功能和传输能力，PDF格式已成为网络传输的重要文件格式。
- RAW格式：RAW格式支持具有Alpha通道的CMYK、RGB和灰度模式，以及无Alpha通道的多通道模式、Lab模式、索引模式和双色调模式。
- PXR格式：PXR格式支持灰度图像和RGB彩色图像。可在Photoshop中打开一幅由PIXAR工作站创建的* .pxr图像，也可以用*.pxr格式来存储图像文件，以便输送到工作站上。
- PNG格式：PNG格式具备GIF格式支持透明度及JPEG格式的色彩范围广的特点，并且可包含所有的Alpha通道，采用无损压缩方式，不会损坏图像的质量。
- SCT格式：Scitex连续色调（CT）格式用于Scitex计算机上的高端图像处理。与Scitex联系，获得将以ScitexCT格式存储的文件传输到Scitex系统的实用程序。ScitexCT格式支持CMYK、RGB和灰度图像，但不支持Alpha通道。
- TGA格式：TGA格式支持一个单独Alpha通道的32位RGB文件、无Alpha通道的索引模式、灰度模式、16位和24位RGB文件。
- TIFF格式：TIFF格式可以在许多图像软件和平台之间转换，是一种灵活的位图图像格式。TIFF格式支持RGB、CMYK、Lab、索引、位图和灰度模式，并且在RGB、CMYK和灰度模式中还支持使用通道、图层和路径的功能。

Tips 哪种图片格式支持透底效果?

在广告制作、动画制作或视频编辑时，常常需要使用透底的图像。在众多图片格式中，只有 PNG、GIF、TIFF 和 TGA 格式支持透底。

3.5 置入文件

在Photoshop中，可以将照片、图像或矢量格式的文件作为智能对象置入到文档中，对其进行编辑。Photoshop CC 2020为用户提供了“置入嵌入对象”和“置入链接的智能对象”两种置入方法。接下来通过案例来学习在Photoshop中置入文件的方法。

应用案例

置入嵌入对象

源文件：源文件\第3章\3-5-1.psd　　视 频：视频\第3章\置入EPS文件.mp4

STEP 01 选择“文件”→“打开”命令，打开素材图像“素材\第3章\3-5-1.jpg”文件打开，如图3-20所示。选择“文件”→“置入嵌入的对象”命令，弹出“置入嵌入对象”对话框，选择“素材\第3章\3-5-2.eps”文件，如图3-21所示。

图3-20 打开素材图像

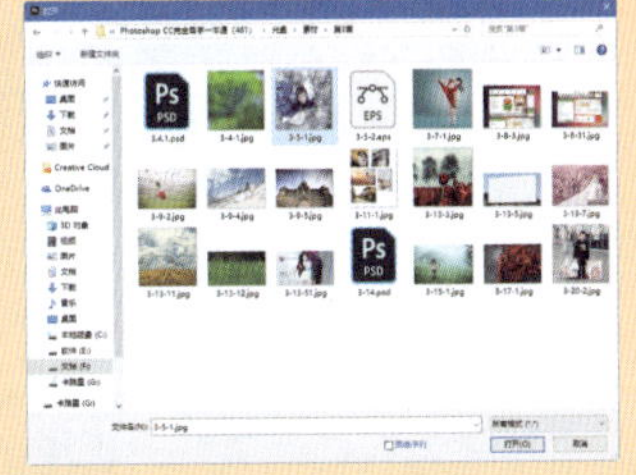
图3-21 “置入嵌入对象”对话框

STEP 02 单击“置入”按钮，置入效果如图3-22所示，单击选项栏上的“提交变化”按钮或按【Enter】键，完成对象的置入，置入效果如图3-23所示。

图3-22 置入图像

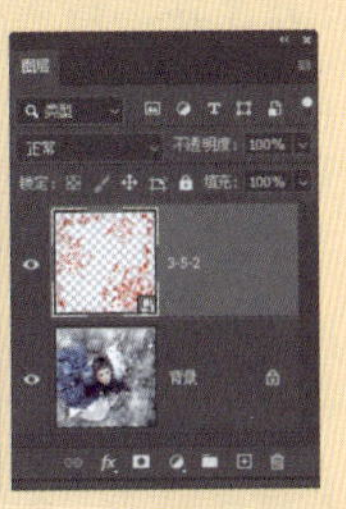
图3-23 完成置入效果

STEP 03 双击“3-5-2”图层缩览图，即可在Illustrator软件中打开该对象，如图3-24所示。删除多余的图形后保存文件，Photoshop中的图像效果同时更新，如图3-25所示。

图3-24 编辑对象

图3-25 更新对象效果

应用案例

置入链接的智能对象

源文件：源文件\第3章\3-5-2.psd　　视 频：视频\第3章\置入链接的智能对象.mp4

STEP 01 打开素材图像“素材\第3章\3-5-2.psd”，如图3-26所示，选择“文件”→“置入链接的智能对象”命令，弹出“置入链接的对象”对话框，选择“素材\第3章\3-5-3.ai”文件，如图3-27所示。

STEP 02 选中需要置入的文件后单击“置入”按钮，弹出“打开为智能对象”对话框，如图3-28所示。单击“确定”按钮，置入效果如图3-29所示。

图3-26 打开素材图像

图3-27 置入文件

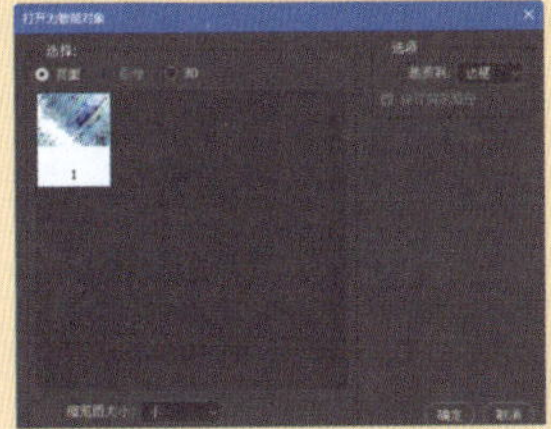
图3-28 “打开为智能对象”对话框

图3-29 置入效果

STEP 03 拖动图像四周的控制点以调整大小，按【Enter】键确认置入，效果如图3-30所示。拖动图层“3-5-3”到“图层1”下方，效果如图3-31所示。

图3-30 确定置入

图3-31 置入效果

“打开为智能对象”对话框的“裁剪到”下拉列表框中包含多个选项，每个选项的具体含义如下：

- 边框：用于去除多余的空白。
- 媒体框：裁剪到页面的原始大小。
- 裁剪框：裁剪到PDF文件的剪切区域（裁切线区域）。
- 出血框：裁剪到PDF文件中指定的区域。
- 裁切框：裁剪到为得到预期的最终页面尺寸而指定的区域。
- 作品框：裁剪到PDF文件中指定的区域，用于将PDF数据设置于其他应用程序中。

Tips

AI格式是Adobe Illustrator软件特有的图形格式，将AI文件置入到Photoshop中，可以保留图层、蒙版、透明度、复合形状、切片、图像映射及可编辑的类型。

置入的对象将与文件保存在一起，不受外界操作的影响；链接的文件不与文件保存在一起，链接文件如果出现移动或丢失，Photoshop中的链接文件将不能正常显示，图层缩览图右下角将显示一个红色的问号，如图3-32所示。

图3-32 链接文件移动或丢失

3.6 导入文件

在Photoshop中可以编辑视频帧、注释和WIA内容。新建或打开文件后，选择“文件”→“导入”子菜单中的命令，即可完成导入操作。Photoshop CC 2020中可以导入变量数据组、视频、注释和WIA支持4种文件类型，如图3-33所示。

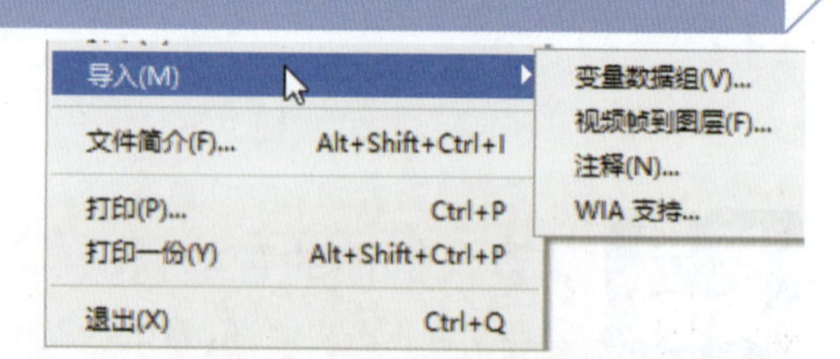

图3-33 “导入”子菜单

- 导入变量数据组：可将定义后的变量数据组导入。
- 视频帧到图层：可将视频文件导入到“图层”面板中。
- 注释：可将PDF文件中的注释文件导入。
- WIA支持：通过WIA支持设备获取图像，如扫描仪、数码相机等。

3.7 导出文件

为了不同的使用目的，可以通过选择“文件”→“导出”子菜单中的命令，将文件导出为不同文件类型，如图3-34所示。

图3-34 “导出”子菜单

Tips

各种导出命令的具体使用方法将在本书后面相关章节中讲解，读者可参看相关的章节进行学习。

- 快速导出为PNG：快速将文件导出为PNG格式的图像。
- 导出为：可以在弹出的“导出为”对话框中设置参数，导出不同倍率的图片素材。主要服务于移动UI设计。
- 导出首选项：将当前软件的首选项导出。
- 存储为Web所用格式（旧版）：在弹出的“Web所用格式”对话框中优化图片或动画素材并输出。主要服务于传统PC端网页设计。
- 导出为Aero：将文件导出为能在Adobe Aero中打开的PSD文件。
- 画板至文件：将选中画板导出为不同格式的文件。
- 将画板导出到PDF：将文件中的所有画板导出为PDF文件。
- 将图层复合导出到PDF：将文件中的图层复合导出为PDF文件。
- 图层复合导出到文件：将文件中的图层复合导出为不同格式的文件。
- 颜色查找表：将文件的颜色信息导出为各种格式的颜色查找表，导出的文件可以在Photohsop、After Effects、SpeedGrade，以及其他图像或视频编辑程序中应用。
- 数据组作为文件：将定义好的数据组文件导出。
- Zoomify：将图像上传到Web服务器，生成一个照片页面，供用户浏览。
- 路径到Illustrator：将文件中的工作路径导出为AI格式。
- 渲染视频：将当前视频渲染输出。

3.8 关闭文件

完成文件的编辑后，需要关闭文件以结束当前操作。关闭文件的方法有以下几种：

- 关闭文件：选择“文件”→“关闭”命令或按【Ctrl+W】组合键，或单击文档窗口右上角的“关闭”按钮，即可关闭当前文件。
- 关闭全部文件：如果在Photoshop中同时打开了多个文件，选择“文件”→“关闭全部”命令或按【Alt+Ctrl+W】组合键，或按住【Shift】键的同时单击文档窗口右上角的“关闭”按钮，即可关闭全部文件。
- 关闭其他：如果在Photoshop中同时打开了多个文件，选择“文件”→“关闭其他”命令或按【Alt+Ctl+P】组合键，即可关闭除当前文件外的其他文件。
- 退出：选择“文件”→“退出”命令或按【Ctrl+Q】组合键，或单击Photoshop窗口右上角的“关闭”按钮，即可退出Photoshop。

在任一文件标题栏上单击鼠标右键，弹出如图3-35所示的快捷菜单。在该菜单中可以完成关闭、关闭全部、关闭其他、移动到新窗口、新建文档、打开文档和在资源管理器中显示等操作。

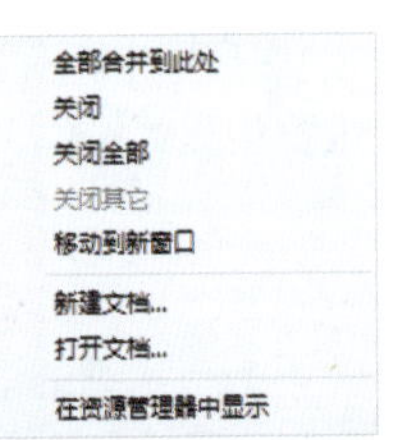

图3-35 文件标题栏快捷菜单

3.9 添加版权信息

在完成的作品中可以添加一些文件简介，说明文件的创作者、创作说明等信息，既能增加文件说明，又能起到保护版权的作用。

选择“文件”→“文件简介”命令，弹出以当前文件名命名的对话框，该对话框中显示当前图像的版权信息。用户也可以在该对话框中输入文档标题、作者、作者头衔和关键字等信息，进一步完善图片的版权信息，如图3-36所示。

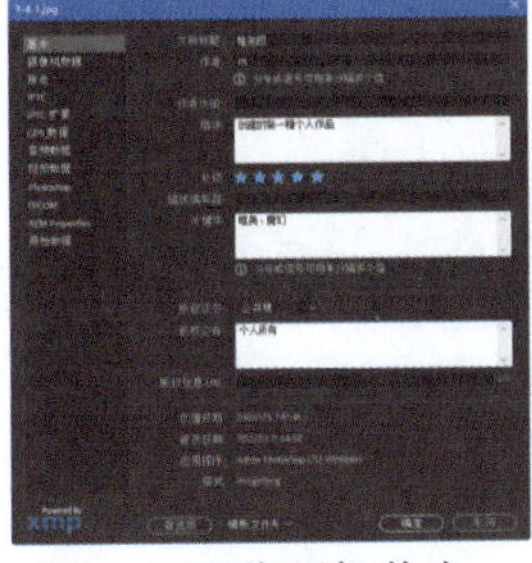
图3-36 图像版权信息

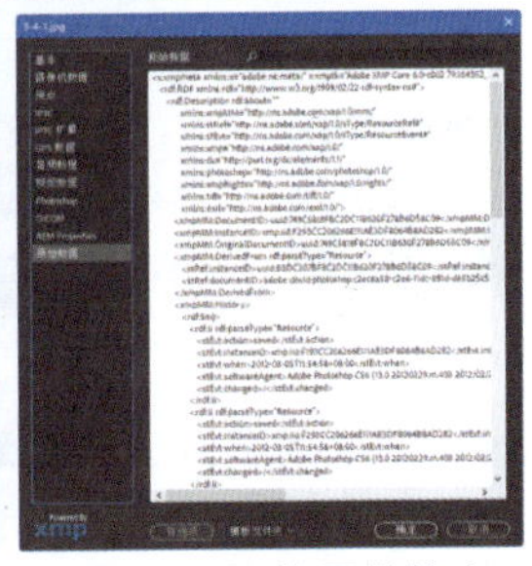
图3-37 图像原始信息

除了可以输入“基本”信息外，还可以查看摄像机数据、原点、IPTC、IPTC扩展、GPS数据、音频数据、视频数据、Photoshop、DICOM、AEM Properties和原始数据信息。图像原始数据信息如图3-37所示。

3.10 修改图像大小

图像质量的好坏与图像的分辨率、尺寸有直接关系。使用“图像大小”命令可以调整图像的像素大小、打印尺寸和分辨率。

3.10.1 “图像大小”对话框

选择“图像”→“图像大小”命令，弹出“图像大小”对话框，如图3-38所示。

图3-38 “图像大小”对话框

- 图像大小：显示图像当前的印刷尺寸。
- 尺寸：显示图像当前的像素尺寸。单击下拉按钮，可以在下拉列表框中选择使用不同的单位显示尺寸。
- 调整为：单击右侧的下拉按钮，在打开的下拉列表框中选择设置好的预设大小。
- 宽度/高度：用户可以直接在其中一个文本框中输入相应的数值，以更改图像的尺寸。
- 分辨率：用户可以直接在文本框中输入相应的数值，以更改图像的分辨率。
- 重新采样：选择该复选框，当图像大小发生变化时，将对图像进行重新采样。Photoshop为用户提供了8种重新采样的样式。
- 自动：根据实际的操作，Photoshop自动选择差值方式。
- 保留细节（扩大）：主要是减少图像的杂色，如果图像不是很精细的话基本看不出来，不过减少杂色会让图像变得更加细腻。
- 保留细节2.0：在调整图像大小时保留重要的细节和纹理，并且不会产生任何扭曲。还可以保留更加硬化的边缘细节。
- 两次立方（较平滑）（扩大）：一种基于两次立方插值且旨在产生更平滑效果的有效图像放大方法。
- 两次立方（较锐利）（缩减）：一种基于两次立方插值且具有增强锐化效果的有效图像减小方法。此方法在重新取样后的图像中保留细节。如果使用“两次立方（较锐利）”会使图像中某些区域的锐化程度过高，请尝试使用“两次立方”。
- 两次立方（平滑渐变）：一种将周围像素值分析作为依据的方法，速度较慢，但精度较高。“两次立方”使用更复杂的计算，产生的色调渐变比“邻近”或“两次线性”更为平滑。
- 邻近（硬边缘）：一种速度快但精度低的图像像素模拟方法。该方法用于包含未消除锯齿边缘的插图，以保留硬边缘并生成较小的文件。但是，该方法可能产生锯齿状效果，在对图像进行扭曲或缩放时或在某个选区上执行多次操作时，这种效果会变得非常明显。
- 两次线性：通过平均周围像素颜色值来添加像素的方法。该方法可生成中等品质的图像。

应用案例

修改图像的尺寸

源文件：第3章\光盘\源文件\3-10-2.jpg　　视　频：视频\第3章\修改图像的尺寸.mp4

STEP 01 打开素材图像“素材\第3章\3-9-1.jpg”，如图3-39所示。选择“图像”→“图像大小”命令，弹出“图像大小”对话框，如图3-40所示。

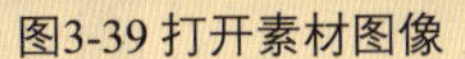
图3-39 打开素材图像

图3-40 “图像大小”对话框

STEP 02 取消选择“重新采样”复选框，修改文档的“宽度”和“高度”值为50%，可以观察到图像变小了，分辨率变大，但文档体积没有改变，如图3-41所示，单击“确定”按钮。

STEP 03 再次打开“图像大小”对话框，选择“重新采样”复选框，修改文档的“宽度”和“高度”值为50%，可以看到图像变小、分辨率不变，文档体积变小，如图3-42所示。

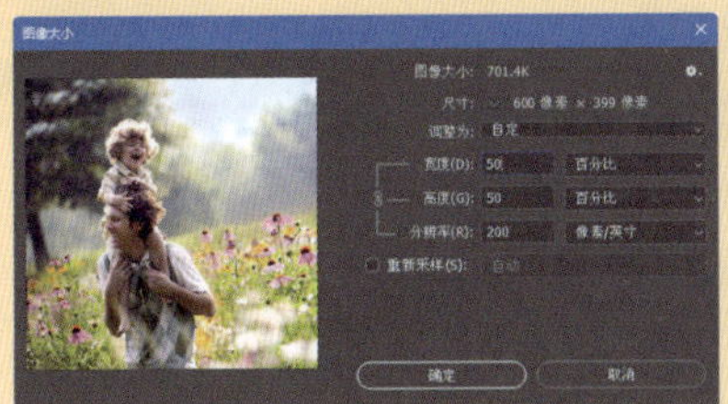
图3-41 未选择“重定采样”复选框

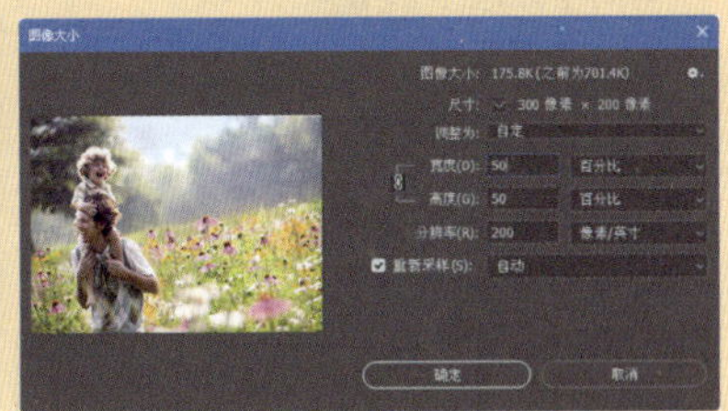
图3-42 选择“重定采样”复选框

3.11 修改画布大小

画布是指整个文档的工作区域，也就是图像的显示区域。在处理图像时，可以根据需要增加或者减少画布，还可以旋转画布。

3.11.1 修改画布大小

在Photoshop中，通过选择“图像”→“画布大小”命令，弹出“画布大小”对话框，如图3-43所示，在其中可以修改画布的大小。当增加画布大小时，可在图像周围添加空白区域；当减少画布大小时，则裁剪图像。

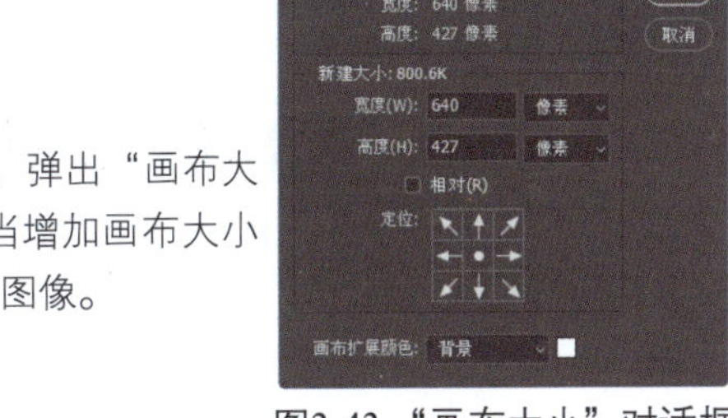

图3-43 “画布大小”对话框

- **当前大小**：显示图像宽度和高度的实际尺寸，以及文件的实际大小。
- **新建大小**：可以在“宽度”和“高度”文本框中输入画布的尺寸，在其后面的下拉列表框中选择单位。当输入的数值大于原图像尺寸时，画布变大；反之，画布减小。输入尺寸后，该选项右侧会显示修改后的文档大小。
- **相对**：选择该复选框，“宽度”和“高度”选项中的数值将代表实际增加或减少的区域的大小，而不再代表整个文档的大小。输入正值表示增加画布，输入负值则表示减小画布。
- **定位**：单击不同的方格，可以指示当前图像在新画布上的位置。设置了定位方向后增加画布的图像效果如图3-44所示。

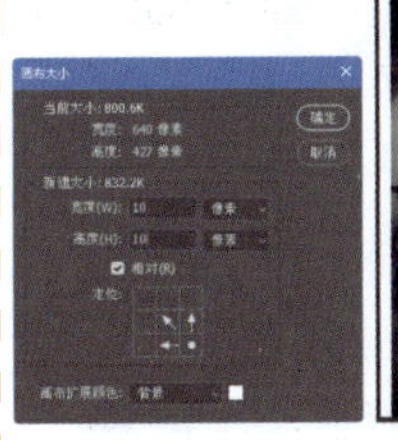

图3-44 区域定位

画布扩展颜色： 在该下拉列表框中可以选择填充新画布的颜色。如果图像的背景是透明的，则"画布扩展颜色"选项将不可用。因此，添加的画布也将是透明的。

3.11.2 显示全部

实际操作中，当将一个大图拖入到一个小图中时，大图中的一些内容就会在小图画布的外面，显示不出来，如图3-45所示。选择"图像"→"显示全部"命令，Photoshop通过检测图像中像素的位置，自动扩大画布，显示全部内容，如图3-46所示。

图3-45 未全部显示图像

图3-46 全部显示图像效果

应用案例 拼合网站截图

源文件：源文件\第3章\3-11-2.psd　　视　频：视频\第3章\拼合网站截图.mp4

STEP 01 打开素材图像"素材\第3章\3-11-1.jpg"，如图3-47所示。用同样的方法打开素材图像"3-11-2.jpg"，如图3-48所示。

图3-47 打开素材图像1

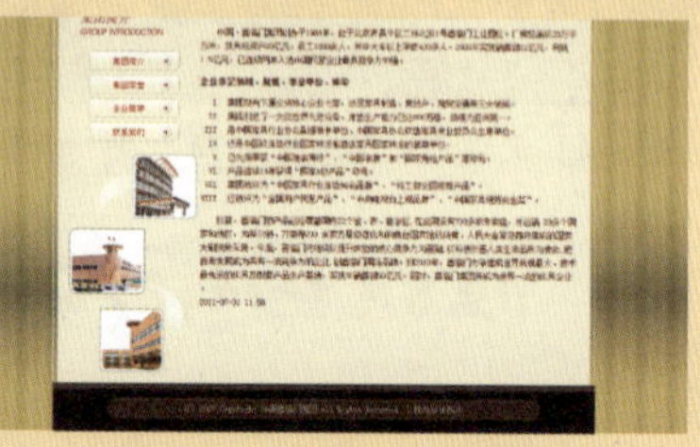

图3-48 打开素材图像2

STEP 02 使用"移动工具"将"3-11-2.jpg"文件拖入"3-11-2.jpg"文件中，效果如图3-49所示。选择"图像"→"显示全部"命令，效果如图3-50所示。

图3-49 拖入图像

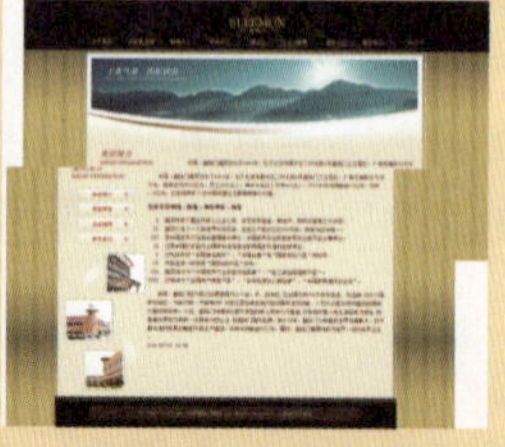

图3-50 显示全部

STEP 03 使用"移动工具"调整图像位置，对齐页面，效果如图3-51所示。使用"裁剪工具"裁剪页面，效果如图3-52所示。

图3-51 对齐页面

图3-52 裁剪页面

3.11.3 旋转画布

在Photoshop中，不仅可以对画布大小进行调整，还可以对画布进行旋转。通过选择“图像”→“图像旋转”子菜单中的命令，即可对画布进行旋转或翻转，如图3-53所示。图3-54所示为执行了“水平翻转画布”命令后的效果。

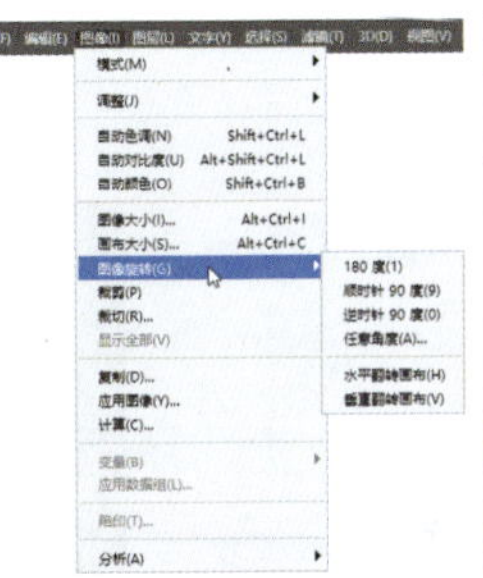

图3-53 “图像旋转”子菜单

图3-54 水平翻转画布效果

选择“图像”→“图像旋转”→“任意角度”命令，弹出“旋转画布”对话框，如图3-55所示，输入画布的旋转角度，即可按照指定的角度精确旋转画布，如图3-56所示。

图3-55 “旋转画布”对话框

图3-56 旋转画布效果

Tips “图像旋转”和“变换命令”的区别是什么?

“图像旋转”子菜单中的命令针对的是整个画布，而“变换”子菜单中的命令针对的是单个对象，也就是图层中的图像。

3.12 裁剪图像

裁剪图像的主要目的是调整图像的大小，以便获得更好的构图，删除不需要的内容。使用“裁剪工具”、“裁剪”命令或“裁切”命令都可以裁剪图像。

3.12.1 裁剪工具

单击工具箱中的“裁剪工具”按钮，图像周围将显示裁剪标记，如图3-57所示。拖动上下裁剪标记，即可完成裁剪操作，如图3-58所示。

“裁剪工具”的选项栏如图3-59所示。

图3-57 使用裁剪工具

图3-58 裁剪效果

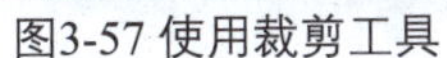

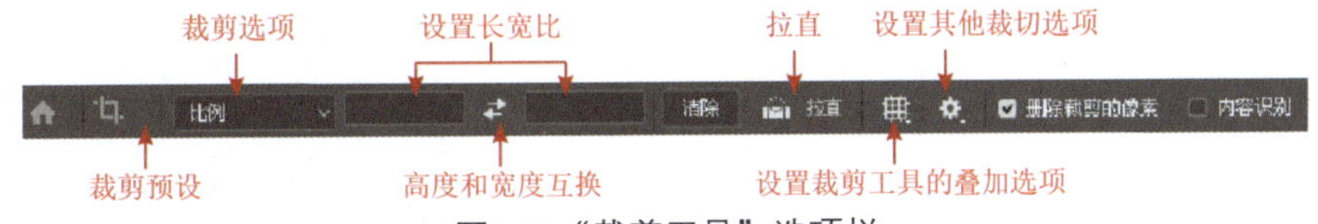

图3-59 “裁剪工具”选项栏

- 裁剪预设：单击该下拉按钮，即可打开裁剪预设面板，如图3-60所示。
- 裁剪选项：单击该下拉按钮，可以选择预设的裁剪长宽比，如图3-61所示。
- 设置长宽比：在文本框中输入数值，设置裁剪图像的长宽比；单击“高度和宽度互换”按钮，将会交换两个文本框中的数值；单击“清除”按钮，将删除文本框中的数值。

- 拉直：通过在图像上画一条直线来修改图像的垂直方向。

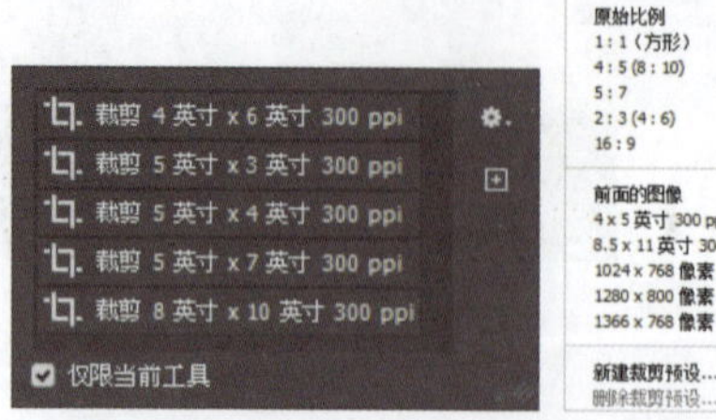

图3-60 裁剪预设面板　图3-61 裁剪选项

- 设置裁剪工具的叠加选项：设置裁剪辅助线为叠加选项，以便获得更好的裁剪效果，共包含6种裁剪辅助线，如图3-62所示。

三等分
网格
对角
✓三角形
黄金比例
金色螺线

图3-62 裁剪工具辅助线

- 三等分：三分法构图是黄金分割的简化，其基本目的就是避免对称式构图。这种画面构图表现鲜明，构图简练。图3-63中任意两条线的交点就是视觉的兴趣点，这些兴趣点就是放置主题的最佳位置。这种构图适宜多形态平行焦点的主体。

- 网格：裁剪网格会在裁剪框内显示出很多具有水平线和垂直线的方形小网格，以帮助对齐照片，通常用于纠正地平线倾斜的照片，如图3-64所示。

图3-63 三等分裁剪辅助线　图3-64 网格裁剪辅助线

- 对角：也称为斜井字线。其实也是利用黄金分割法的一种构图方法，与三分法类似。利用倾斜的4条线将视觉中心引向任意两条线相交的交点，即视觉兴趣区域所在点。可以利用裁切框很好地进行对角线构图，如图3-65所示。

- 三角形：以3个视觉中心为景物的主要位置，有时是以三点成面几何构成来安排景物，形成一个稳定的三角形，如图3-66所示。这种三角形可以是正三角形也可以是斜三角形或倒三角形，其中斜三角形较为常用，也较为灵活。三角形构图具有安定、均衡且不失灵活的特点。

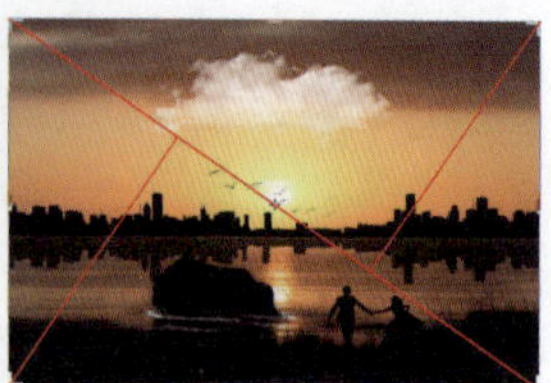

图3-65 对角裁剪辅助线　图3-66 三角形裁剪辅助线

- 黄金比例：黄金分割法是摄影构图中的经典法则，当使用"黄金分割法"对画面进行裁剪构图时，画面的兴趣中心应该位于或靠近两条线的交点。此方法在拍摄人物时运用得较多，Photoshop会自动根据照片的横竖幅调整网格的横竖，如图3-67所示。

- 金色螺线：这种网格被称为"黄金螺旋线"，通过在螺旋线周围安排对象，引导观察者的视线走向画面的兴趣中心，如图3-68所示。图像的主体作为起点，就是黄金螺旋线绕得最紧的那一端。这种类型的构图通过那条无形的螺旋线条，会吸引住观察者的视线，创造出一个更为对称的视觉线条和一个全面引人注目的视觉体验。

图3-67 黄金分割裁剪辅助线 图3-68 金色螺线裁剪辅助线

- 设置其他裁切选项：在此选项中可以设置裁剪的相关选项，如图3-69所示。

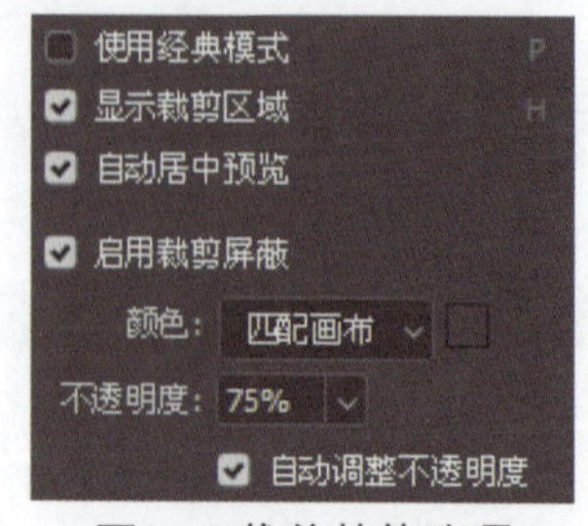

图3-69 裁剪其他选项

- 内容识别：选择该复选框，使用裁剪工具裁剪图像时，超过原图像范围的位置将自动采用内容识别填充的方式填充。

Tips 如何使裁剪框不自动移动?

要想在执行裁剪操作时，裁剪框不随操作自动移动，只需要在“裁剪工具”选项栏的“其他选项”下拉列表框中取消选择“自动居中预览”复选框即可。

应用案例

裁剪拉直图像

源文件：源文件\第3章\3-12-1.jpg　　视　频：视频\第3章\裁剪拉直图像.mp4

STEP 01 打开素材图像“素材\第3章\3-11-4.jpg”，如图3-70所示。单击“裁剪工具”按钮，再单击选项栏中的“拉直”按钮，选择“内容识别”复选框，沿照片中的地平线拉出一条直线，如图3-71所示。

图3-70 打开素材图像

图3-71 拉直线条

STEP 02 松开鼠标左键，拉直效果如图3-72所示。单击选项栏中的“提交”按钮，完成图像的拉直操作，效果如图3-73所示。

图3-72 拉直效果

图3-73 裁剪效果

3.12.2 透视裁剪工具

使用“透视裁剪工具”裁剪图像，可以旋转或者扭曲裁剪定界框。裁剪后，可对图像应用透视变换。“透视裁剪工具”的选项栏如图3-74所示。

W:　H:　分辨率:　像素/英寸　前面的图像　清除　显示网格

图3-74 “透视裁剪工具”选项栏

- W/H：可以输入宽度和高度的数值，裁剪后图像的尺寸由所输入的数值决定，与裁剪区域的大小没有关系。
- 分辨率：输入裁剪后图像的分辨率。裁剪后的图像将以此数值作为图形的分辨率。
- 前面的图像：单击该按钮，即可在W、H和“分辨率”文本框中显示当前图像的尺寸和分辨率。如果同时打开了两个文件，单击该按钮则会显示另一张图像的尺寸和分辨率。
- 显示网格：选择该复选框，将显示裁剪区域内的网格。

应用案例

裁剪透视图像

源文件：源文件\第3章\3-12-2.jpg　　视　频：视频\第3章\裁剪透视图像.mp4

STEP 01 打开素材图像“素材\第3章\3-12-5.jpg”，如图3-75所示。单击“透视裁剪工具”按钮，在图像的右下角单击并沿着透视角度创建如图3-76所示的线条。

图3-75 打开素材图像　　图3-76 创建裁剪框

STEP 02 在图像顶端单击，沿图像水平向左拖动鼠标，在如图3-77所示位置单击。用同样的方式，移动到图像左下角并单击，裁剪效果如图3-78所示。

图3-77 调整控制点　　图3-78 调整控制点

STEP 03 调整裁剪区域的控制点，以便获得更好的裁剪效果。调整完成后，单击“提交当前裁剪操作”按钮，完成裁剪，效果如图3-79所示。

图3-79 透视裁剪效果

Tips 如果使用三等分法则获得好的构图效果?

裁切照片时可以套用三等分定律，即想象相机观景窗被线条平均分割成“垂直”和“水平”各三份，相当于是一个九宫格，将拍摄对象放在这些线条交会的其中一个点上，这样裁切出来的照片会有主题，既赏心悦目又具有活力。

3.12.3 “裁剪”命令

除了使用裁剪工具对图像进行裁剪外，Photoshop还提供了“裁剪”命令方便用户对图像进行裁剪操作。

创建选区或裁剪范围，如图3-80所示。选择“图像”→“裁剪”命令，如图3-81所示，即可完成对图像的裁剪操作，效果如图3-82所示。

图3-80 创建选区

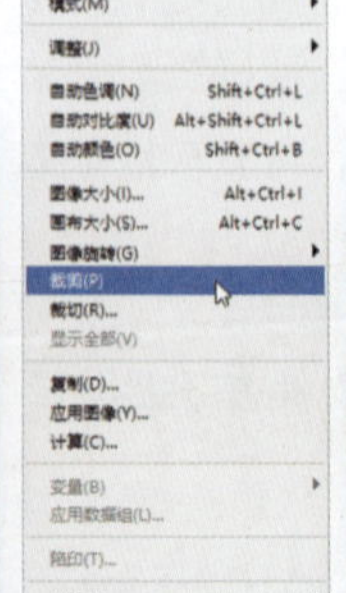

图3-81 选择“裁剪”命令

图3-82 裁剪效果

3.12.4 “裁切”命令

Photoshop 还提供了一种特殊的裁剪方法，即裁剪图像空白边缘。当图像四周出现空白内容时可以直接将其去除，而不必使用“裁剪工具”选取裁剪范围后才能裁剪。

选择“图像”→“裁切”命令，弹出“裁切”对话框，如图3-83所示。

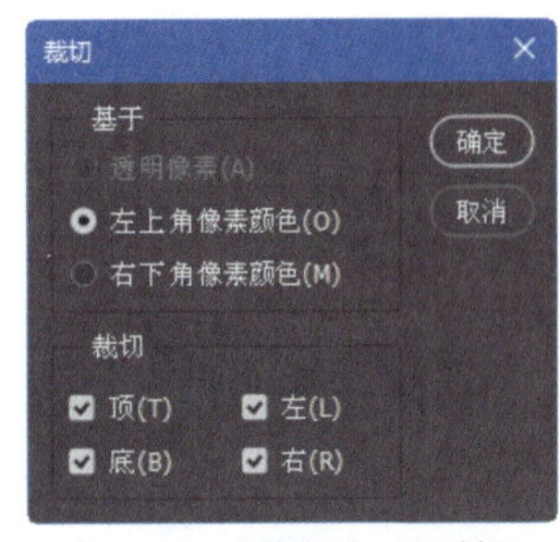

图3-83 “裁切”对话框

- 透明像素：选中该单选按钮，则以图像中有透明像素的位置为基准进行裁剪（该选项只有在图像中没有“背景”图层时有效），如图3-84所示。

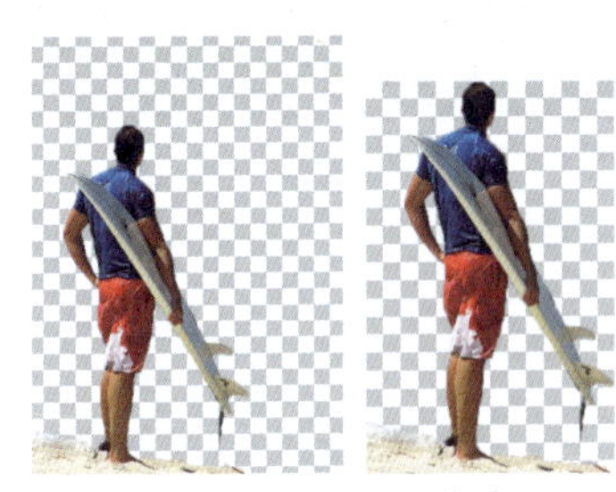

图3-84 裁剪透明像素

- 左上角像素颜色：选中该单选按钮，则以图像左上角位置为基准进行裁剪；
- 右下角像素颜色：选中该单选按钮，则以图像右下角位置为基准进行裁剪。
- 裁切：在该选项组中选择裁剪的区域，确定是在图像的“顶”“左”“底”还是“右”。如果选择所有复选框，则裁剪四周空白边缘，如图3-85所示。

图3-85 设置裁切区域

3.13 裁剪并拉直照片

Photoshop提供了一种非常有用的裁剪方法——裁剪并拉直照片。在日常生活中，使用扫描仪一次扫入多张照片时多采用这种裁剪方法。使用该命令可以将一张扫描了多张照片的图像裁剪成单独的照片。

应用案例　裁剪扫描图像

源文件：无　　视　频：视频\第3章\裁剪扫描图像.mp4

STEP 01 打开素材图像“素材\第3章\3-14.jpg”，如图3-86所示。选择“文件”→“自动”→“裁剪并拉直照片”命令，如图3-87所示。

STEP 02 稍等片刻，Photoshop就完成了裁剪工作，如图3-88所示，将每张图像裁剪为单独的图像，选择“文件”→“存储”命令，将每张照片保存，即可完成操作。

图3-86 打开素材图像

图3-87选择“裁剪并拉直照片”命令

图3-88 裁剪效果

为了获得最佳结果，要扫描的图像之间应保持 1/8 英寸的间距，而且背景（通常是扫描仪的台面）应该是没有什么杂色的均匀颜色。“裁剪并拉直照片”命令最适用于外形轮廓比较清晰的图像。如果使用该命令无法正确处理图像，则使用“裁剪工具”。

3.14 图像的复制与粘贴

“复制”和“粘贴”操作，对于计算机用户来说应该是再熟悉不过的操作了。在Photoshop中除了可以执行最基本的复制、粘贴操作外，还可以实现一些该软件特有的操作。

复制文档

在Photoshop中，可以轻松地进行复制图像。选择“图像”→“复制”命令，弹出“复制图像”对话框，如图3-89所示。单击“确定”按钮，即可完成图像的复制。选择“仅复制合并的图层”复选框，则所复制的图像将自动合并可视图层，删除不可视图层。

图3-89 “复制图像”对话框

Tips

当图像以浮动的方式显示在 Photoshop 窗口中时，在图像文件名的位置单击鼠标右键，在弹出的快捷菜单中选择“复制”命令，也可以完成图像的复制操作。

拷贝和粘贴

使用选择工具选中需要拷贝的图像，然后选择“编辑”→“拷贝”命令或按【Ctrl+C】组合键，将图像复制到剪贴板上，完成拷贝操作，如图3-90所示。

图3-90 拷贝操作

选择想要粘贴对象的图像，选择“编辑”→“粘贴”命令或按【Ctrl+V】组合键，即可完成粘贴操作，如图3-91所示。

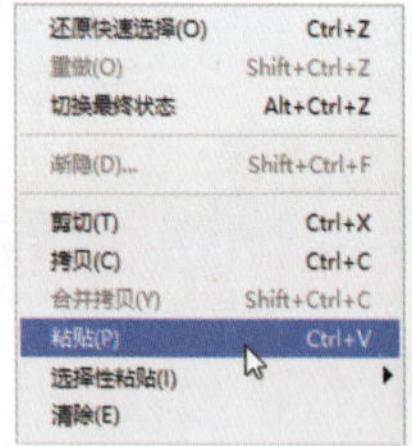

图3-91 粘贴操作

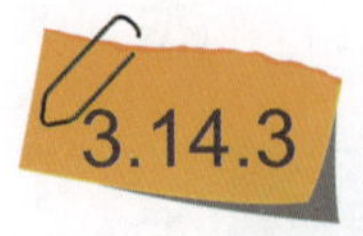

合并拷贝和选择性粘贴

Photoshop文件中通常包含很多图层，选择“编辑”→“合并拷贝”命令，即可将文件中所有可见图层的内容复制到剪贴板上。选择“文件”→“粘贴”命令，即可将合并的图像粘贴到新图层中。

选择“编辑”→“选择性粘贴”命令，在子菜单中可以选择不同的粘贴命令，如图3-92所示。

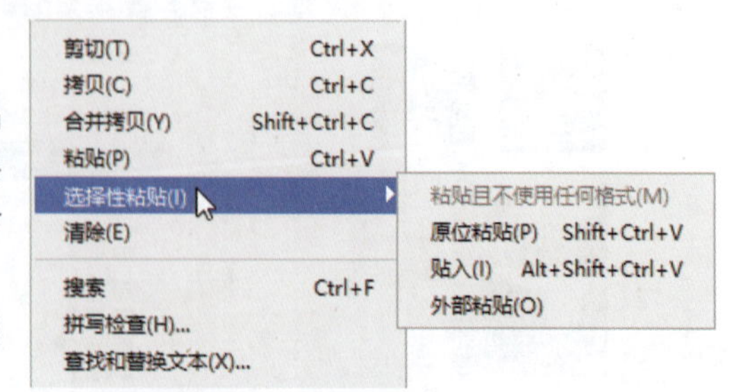

图3-92 “选择性粘贴”子菜单

- 粘贴且不使用任何格式：当拷贝的对象为应用了样式的文本时，选择该粘贴命令将只会粘贴原始文字属性。
- 贴入：使用该命令的前提条件是图像中已经创建了选区。选择该命令可将图像粘贴到选区内，如图3-93所示。

图3-93 贴入内容

- 原位粘贴：选择该命令，可以将图像粘贴到拷贝对象的原始位置。
- 外部粘贴：创建选区后，可以选择该命令。粘贴图像将出现在选区外部，如图3-94所示。

图3-94 外部粘贴

3.14.4 剪切和清除图像

执行“拷贝”命令只是将原图像中选中的区域复制到剪贴板中，并不会对原图产生影响。实际生活中会有一种情况，希望在拷贝选中的对象时，将其从原图中删除。这种情况下，可以选择“编辑”→“剪切”命令，剪切效果如图3-95所示。

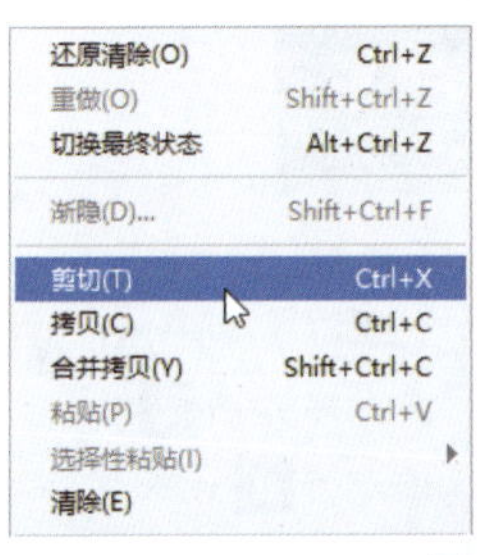

图3-95 剪切图像

如果要直接删除选区中对象，可以选择“编辑”→“清除”命令，将选区中的对象删除。如果清除的对象是“背景”图层上的内容，选择“清除”命令后，则被清除区域将以背景色显示，如图3-96所示。

图3-96 清除背景上的对象

3.15 变换图像

将图像复制到新的位置后，可以通过“变换”和“变形”命令对图像进行旋转、缩放、变形和扭曲等各种操作。

3.15.1 移动图像

使用工具箱中的“移动工具”可以轻松地移动图像图层或者选区中的对象。“移动工具”的选项栏如图3-97所示。

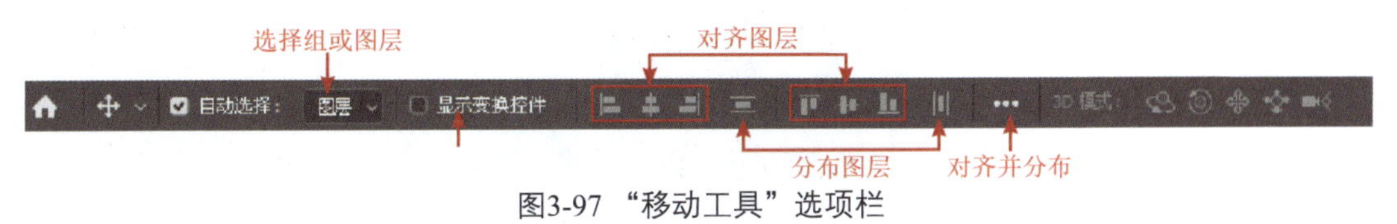

图3-97 “移动工具”选项栏

- **自动选择**：当图像中包含多个图层或组时，选择该复选框，移动鼠标到任何对象上并单击，即可快速选中该对象。
- **选择组或图层**：在使用自动选择时，可以选择将要选择的是图层还是组。
- **显示变换控件**：选择该复选框，选择任意一个图层时，就会在图层内容的周围显示定界框，如图3-98所示。通过拖动控制点完成对图像的各种操作。

图3-98 显示变换控件

- **对齐图层**：当文档中包含两个或以上的图层时，可以使用对齐图层按钮。包括左对齐、垂直居中对齐、右对齐、顶对齐、水平居中对齐、底对齐共6种对齐方式。
- **分布图层**：当文档中包含3个或3个以上的图层时，单击相应的按钮可以使所选图层中的对象按照规则分布。包括垂直分布和水平分布两个最常用的分布方式。
- **对齐并分布**：单击该按钮，将打开如图3-99所示的面板，用户可以在该面板中完成更多对齐分布的操作。可以在“对齐”下拉列表框中选择对齐参考是“选区”还是“画布”。

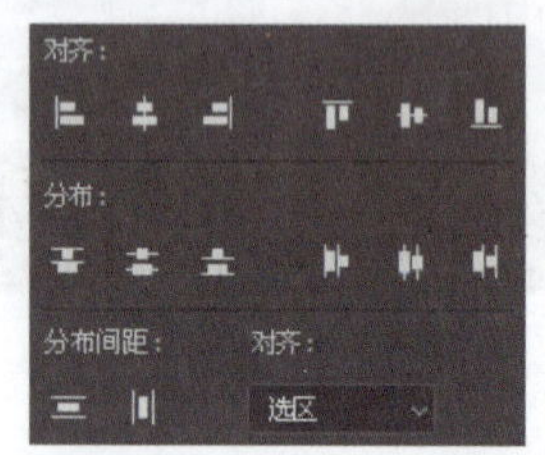

图3-99 更多对齐分布操作

- **3D模式**：该模式只有在进行3D操作时才能使用。具体操作将在本书第16章中进行详细介绍。

Tips

移动图层上或选区中的对象时，可以通过按键盘上的方向键实现精确移动，按一次移动一个像素。按住【Shift】键的同时按方向键可以一次移动10个像素。

应用案例 在不同文档间移动图像

源文件：源文件\第3章\3-15-1.psd　视　频：视频\第3章\在不同文档间移动图像.mp4

STEP 01 打开素材图像“素材\第3章\3-16-11.jpg、3-16-12.jpg”，效果如图3-100所示。

图3-100 打开素材

STEP 02 使用“移动工具”在青草图像上单击并拖动，将光标移动到“3-16-11.jpg”的标题栏上，如图3-101所示。这时“3-16-11.jpg”文件会自动打开，移动光标到文件内部并松开鼠标左键，效果如图3-102所示。

图3-101 拖动文件

图3-102 拖入内部

STEP 03 选择“编辑”→“自由变换”命令，调整图像大小如图3-103所示。为该图层添加蒙版，使用“画笔工具”在蒙版上涂抹黑色，图像效果如图3-104所示。

图3-103 调整图像大小

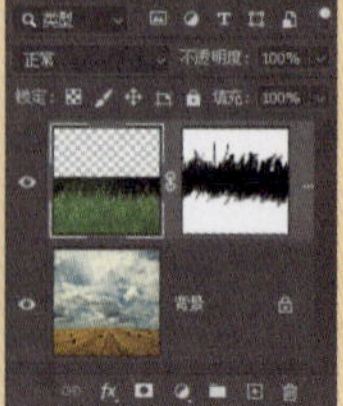

图3-104 添加蒙版合成效果

3.15.2 变换图像

在图像的编辑过程中，经常要对图像进行变换操作。在Photoshop中，选择“编辑”→“变换”命令，其子菜单中包含各种变换命令。执行这些命令可以对图像进行缩放、旋转、斜切、翻转和自由变换等操作，如图3-105所示。

执行这些命令时，当前对象上会显示定界框、中心点和控制点，如图3-106所示。定界框四周的小方块是控制点，拖动控制点可以进行变换操作。中心点位于对象的中心，用于定义对象的变换中心，拖动它就可以移动对象的位置。

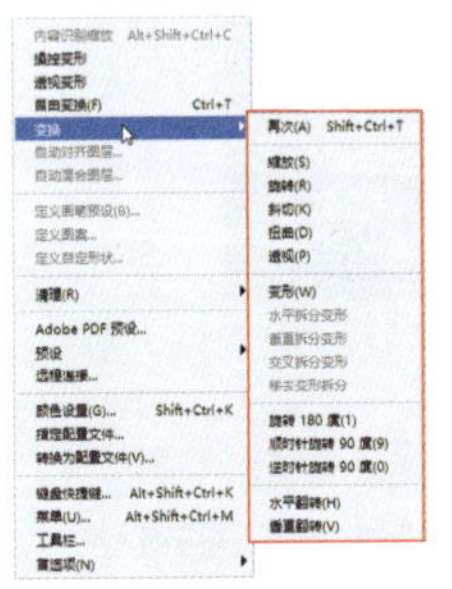

图3-105 “变换”子菜单

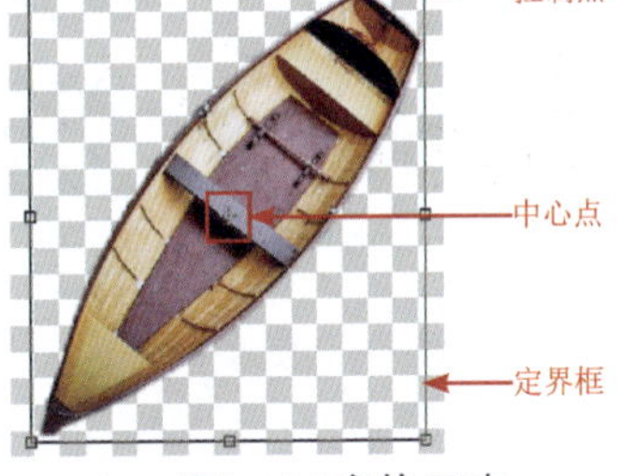

图3-106 变换元素

3.15.3 缩放和旋转图像

选择“编辑”→“变换”子菜单中的“缩放”或“旋转”命令，拖动调整图像四周的定界框，实现缩放和旋转图像的操作，“变换”命令的选项栏如图3-107所示。

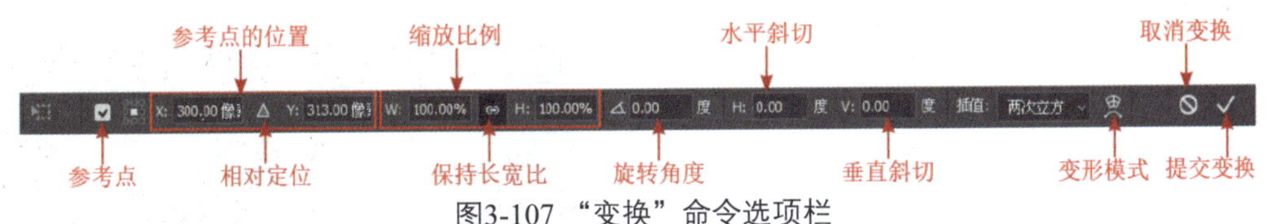

图3-107 “变换”命令选项栏

- 参考点：选择该复选框，将显示变化参考点。参考点相当于变换的中心点。一个图像只有一个，并且可以通过单击更改参考点的位置。
- 参考点的位置：通过在两个文本框中输入数值来精确定位参考点的位置。
- 相对定位：单击该按钮，可以指定相对于当前参考点位置的新参考点位置。
- 缩放比例：通过修改两个文本框的百分比可以更改图像的缩放比例。
- 保持长宽比：单击该按钮，将保证图像在缩放时宽度和高度等比例缩放。
- 旋转角度：可以在文本框中精确地输入数值，实现精确旋转。
- 水平斜切：设置水平斜切的精确数值。
- 垂直斜切：设置垂直斜切的精确数值。
- 插值：选择不同的插值方法。其参数和“图像大小”对话框中的插值方式相同。
- 变形模式：单击该按钮，将切换到变形模式，如图3-108所示。

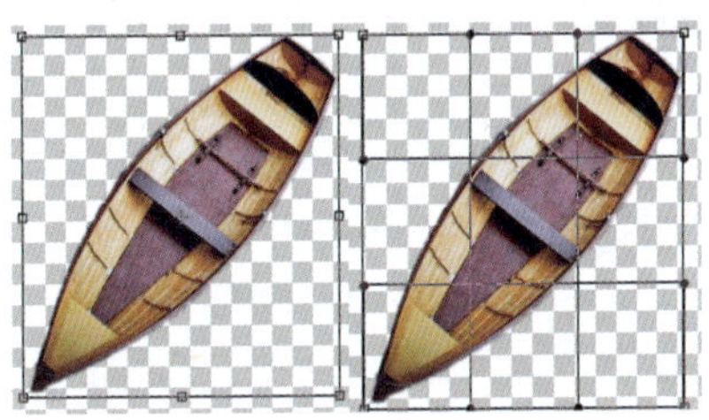

图3-108 变换模式和变形模式

- 取消变换：单击该按钮取消变换操作。
- 提交变换：单击该按钮确定变换操作。

应用案例

使用“再次”命令制作图像

源文件：源文件\第3章\3-15-3.psd　视 频：视频\第3章\使用“再次”命令制作图像.mp4

STEP 01 打开素材图像“素材\第3章\3-15-3.jpg”，如图3-109所示。使用“快速选择工具”将红色郁金香选中，并选择“图层”→“新建”→“通过拷贝的图层”命令，效果如图3-110所示。

STEP 02 在“图层”面板中，单击“背景”图层前的眼睛图标将其关闭。使用“移动工具”调整图像到如图3-111所示的位置。选择“编辑”→“自由变换”命令，调整图像大小，并将图像的中心点拖动到画布中心位置，如图3-112所示。

图3-109 打开素材图像

图3-110 通过拷贝的图层

图3-111 调整图像大小和位置

图3-112 自由变换图像

STEP 03 在选项栏的“旋转角度”文本框中输入旋转角度为30°，单击“提交变换”按钮，旋转效果如图3-113所示。按住【Alt】键的同时多次选择“编辑”→“变换”→“再次”命令，效果如图3-114所示效果。

图3-113 旋转图像

图3-114 图像效果

3.15.4 斜切与扭曲图像

在“变换”子拉菜单中选择“斜切”和“扭曲”命令，可以对图像进行斜切和扭曲操作，如图3-115所示。

使用“变换”子拉菜单中的“透视”命令，再配合“扭曲”命令，可以制作出有趣的图像效果。

a) 斜切图像

b)扭曲图像

图3-115 “倾斜”与“扭曲”对象

应用案例 透视变换制作灯箱

源文件：源文件\第3章\3-15-4.psd　　视　频：视频\第3章\透视变换制作灯箱.mp4

STEP 01 打开素材图像“素材\第3章\3-15-4.jpg”和“3-15-5.jpg”，如图3-116所示。

STEP 02 使用“移动工具”将人物图像拖入到灯箱图像中。选择“编辑”→“自由变换”命令，调整图像大小，如图3-117所示。选择“编辑”→“变换”→“透视”命令，拖动控制点，效果如图3-118所示。

图3-116 打开素材图像

图3-117 调整大小

图3-118 透视调整

图3-119 扭曲图像

图3-120 变换效果

STEP 03 选择“编辑”→“自由变换”命令，继续调整图像大小。选择“编辑”→“变换”→“扭曲”命令，调整图像控制点，以适应灯箱大小，效果如图3-119所示。单击“提交变换”按钮，完成操作，效果如图3-120所示。

Tips

在执行“变换”命令时，最好不要单击“提交变换”按钮。等到所有的变换操作都完成后再单击该按钮，这样可以避免变换框轮廓发生变换。

3.15.5 变换选区内的图像

如果想要对图像中的部分内容进行变换操作，可以先使用选择工具创建选区，然后再执行“变换”命令，对选区内的图像进行各种变换操作。

使用“快速选择工具”将图像中的玫瑰花选中，如图3-121所示，选择“编辑”→“变换”子菜单的相应命令。此时的变换操作将只对选区中的对象起作用，如图3-122所示。

如果变换选区内的图像在“背景”图层上，缩小或移动图像的区域将使用背景色显示，如图3-123所示。

图3-121 创建选区

图3-122 自由变换对象

图3-123 背景色显示缩小范围

3.15.6 “变形”命令

“变形”命令允许用户拖动控制点以变换图像的形状、路径等，也可以使用选项栏的“变形”下拉列表框中的形状进行变形。“变形”下拉列表框中的形状也是可延展的，可拖动它们的控制点。

选择“编辑”→“变换”→“变形”命令，可以对图像进行变形操作。“变形”选项栏如图3-124所示。

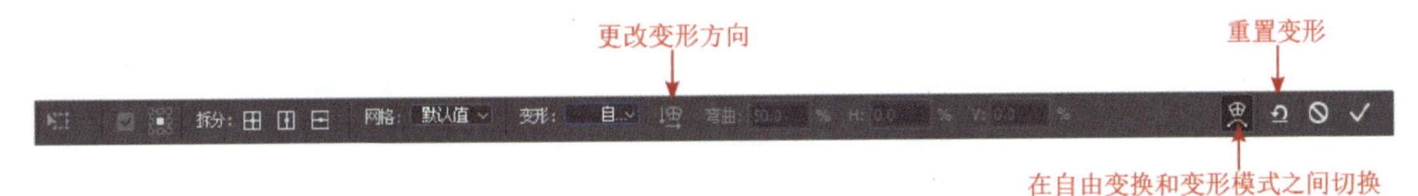

图3-124 “变形”选项栏

- 拆分：该选项共包含交叉拆分变形、水平拆分变形和垂直拆分变形3种拆分方式，如图3-125所示。用户可以根据需要选择不同的方式拆分网格，以获得更准确的变形效果。

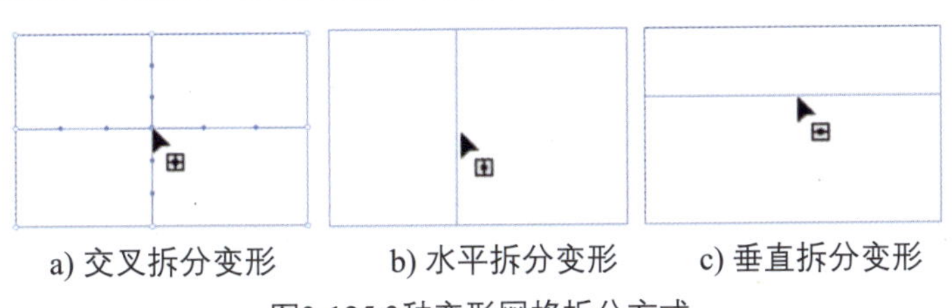

a) 交叉拆分变形　b) 水平拆分变形　c) 垂直拆分变形

图3-125 3种变形网格拆分方式

- 网格：用户可以在该下拉列表框中选择预设的拆分网格方案和自定义拆分网格。
- 变形：Photoshop共提供了除自定义外的15个变形样式，分别是扇形、下弧、上弧、拱形、凸起、贝壳、花冠、旗帜、波浪、鱼形、增加、鱼眼、膨胀、挤压和扭转。选择某一个样式，即可实现一种特定的变形。
- 更改变形方向：此按钮只有在选择使用了“变形”样式后才能使用，单击该按钮可以更改变形操作的方向。
- 弯曲：选择一个样式后，可以通过输入数值更改变形的弯曲度。
- H/V：通过输入数值更改变形的水平和垂直扭曲。
- 在自由变换和变形模式之间切换：单击该按钮，将退出变形模式，返回变换模式。
- 重置变形：单击该按钮，将删除所有变形设置，将图像恢复到未执行变形操作时的状态。

应用案例

利用“变形”命令制作飘逸长裙

源文件：源文件\第3章\3-15-6.psd 视 频：视频\第3章\利用“变形”命令制作飘逸长裙.mp4

STEP 01 打开素材图像“第3章\素材\3-15-6.jpg”，如图3-126所示。单击工具箱中的“快速选择工具”按钮，将人物的头纱选中，如图3-127所示。

图3-126 打开素材图像

图3-127 选中头纱

STEP 02 选择“图层”→“新建图层”→“通过拷贝的图层”命令，将选区对象拷贝到新图层中，如图3-128所示。选择“编辑”→“自由变换”命令，单击选项栏中的“变形”按钮，在“网格”下拉列表框中选择“3×3”选项，图像效果如图3-129所示。

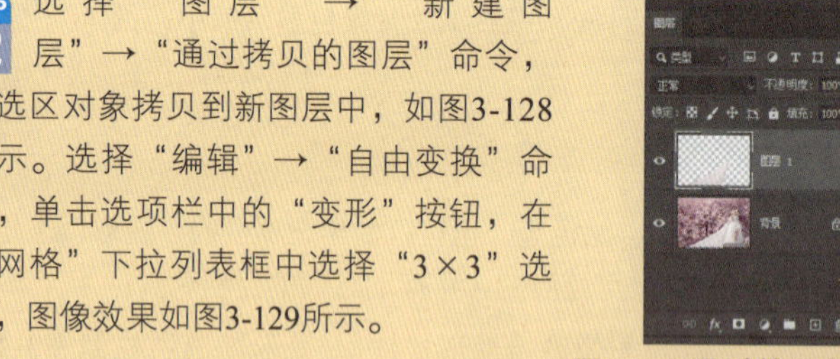

图3-128 通过拷贝的图层

图3-129 变形效果

STEP 03 拖动变形框调整头纱，效果如图3-130所示。单击选项栏中的“提交变换”按钮，图像变形效果如图3-131所示。

图3-130 调整变形框

图3-131 变形效果

3.16 操控变形

选择“编辑”→“操控变形”命令，可以对图像进行更丰富的变形操作。使用该命令可以精确地将任何图像元素重新定位或变形，如将伸直的木棒制作出艺术变形，如图3-132所示。

Tips

选择一个图钉，单击鼠标右键，在弹出的快捷菜单中选择“删除图钉”命令，可以将其删除；也可以在按住【Alt】键的同时单击图钉，完成删除操作；按住【Delete】键并单击也可以将其删除。

“操控变形”命令不能应用到“背景”图层上。所以要想使用“操控变形”命令，可以双击“背景”图层将其转换为“图层0”，或者在一个独立图层中使用该命令。“操控变形”选项栏如图3-133所示。

图3-132 操控变形效果

图3-133 “操控变形”选项栏

- 模式：有3种模式供选择，分别是正常、刚性和扭曲。
  - 正常：变形效果准确，过度柔和。
  - 刚性：变形效果精确，缺少柔和过度。
  - 扭曲：可以在变形时创建透视效果。
- 密度：有3种类型供选择，分别是正常、较少点和较多点。
  - 正常：网格数量适度。
  - 较少点：网格点较少，变形效果生硬。
  - 较多点：网格点较多，变形效果柔和。
- 扩展：输入数值可以控制变形效果的衰减范围。设置较大数值则变形效果边缘平滑，设置较小数值则变形边缘生硬。
- 显示网格：选择该复选框则显示网格，取消选择该复选框则不显示网格。
- 图钉深度：当图钉重叠时，可以通过单击按钮调整图钉的顺序，以实现更好的变形效果。
- 旋转：选择“自动”选项，在拖动图钉时，可以自动对图像内容进行旋转处理；选择“固定”选项，则可以在文本框中输入准确的旋转角度。

应用案例 利用操控变形改变大象的鼻子

源文件：源文件\第3章\3-16.psd　视　频：视频\第3章\利用操控变形改变大象的鼻子.mp4

STEP 01 打开素材图像“素材\第3章\3-16.psd”，如图3-134所示。选择“图层1”图层，选择“编辑”→“操控变形”命令，效果如图3-135所示。

图3-134 打开素材图像

图3-135 执行“操控变形”命令

STEP 02 在如图3-136所示的位置单击，添加图钉。用同样的方法继续在网格上添加图钉，效果如图3-137所示。

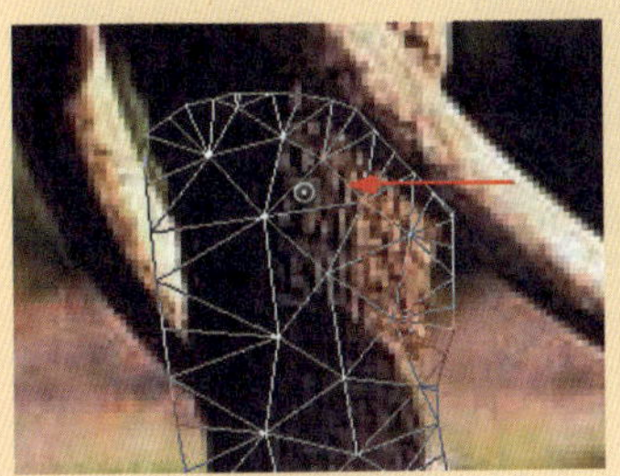

图3-136 添加图钉

图3-137 继续添加其他图钉

STEP 03 拖动底部的图钉，调整效果如图3-138所示。继续调整每个图钉，单击“提交变换”按钮，完成后的效果如图3-139所示。

图3-138 调整图钉位置

图3-139 变形效果

3.17 透视变形

选择“编辑”→“透视变形”命令，可以调整图像的透视效果，从而达到调整角度、创建广角效果和快速匹配透视效果等目的。“透视变形”选项栏如图3-140所示。

版面 变形

图3-140 “透视变形”选项栏

应用案例 利用透视变形改变大楼透视

源文件：源文件\第3章\3-17.psd 视 频：视频\第3章\利用透视变形改变大楼透视.mp4

STEP 01 打开素材图像“素材\第3章\3-17.jpg”，如图3-141所示。选择“编辑”→“透视变形”命令，在画布中拖动鼠标创建如图3-142所示的网格。

图3-141 打开素材图像

图3-142 创建透视网格

STEP 02 拖动网格顶点调整网格轮廓，如图3-143所示。继续创建透视网格并调整顶点，效果如图3-144所示。

图3-143 调整网格轮廓

图3-144 创建并调整透视网格

STEP 03 单击选项栏中的“变形”按钮，拖动调整网格顶点，图像效果如图3-145所示。单击“提交透视变形”按钮，使用“裁剪工具”裁剪图像边缘，完成图像透视变形，效果如图3-146所示。

图3-145 调整透视网格

图3-146 透视变形效果

3.18 内容识别缩放

选择“编辑”→“变化”子菜单的相应命令虽然可以实现对图像的各种变形操作，但是如果操作的时候没有保证宽高成比例，图像将出现严重变形，如图3-147所示。

选择“编辑”→“内容识别缩放”命令，单击选项栏中的“保护肤色”按钮，再对图像执行变换操作，可以看到人物不再受该操作的影响，如图3-148所示。

图3-147 变换图像

图3-148 内容识别比例变换图像

应用案例 无变形调整照片尺寸

源文件：源文件\第3章\3-18.psd　　视　频：视频\第3章\无变形调整照片尺寸.mp4

STEP 01 打开素材图像“素材\第3章\3-18-1.jpg”，如图3-149所示。使用“快速选择工具”将人物选中，如图3-150所示。

图3-149 打开素材图像

图3-150 创建选区

STEP 02 选择“选择”→“存储选区”命令，弹出“存储选区”对话框，将选区保存，如图3-151所示。选择“窗口”→“图层”命令，在打开的“图层”面板中双击“背景”图层，将其转换为“图层0”，如图3-152所示。

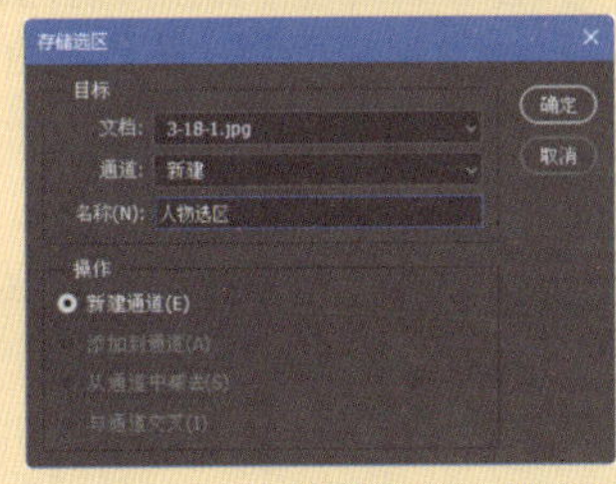

图3-151 “存储选区”对话框

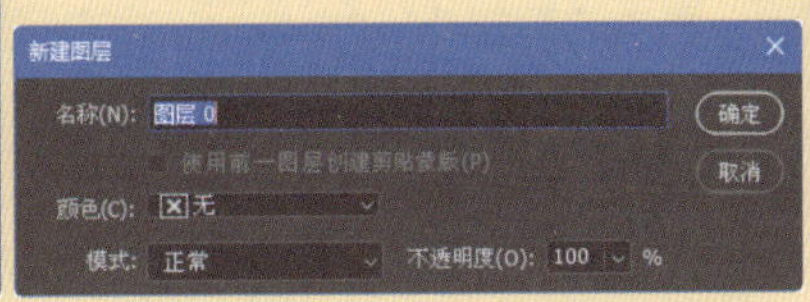

图3-152 转换图层

STEP 03 选择"选择"→"取消选择"命令，将选区取消。选择"编辑"→"内容识别缩放"命令，在选项栏的"保护"下拉列表框中选择刚才保存的选区，如图3-153所示。拖动控制点调整图片的宽度，效果如图3-154所示。

图3-153 选择保存的选区

图3-154 完成后的效果

3.19 还原与恢复操作

在编辑图像的过程中，通常会出现操作失误或对操作效果不满意的情况，这时可以使用"还原"命令，将图像还原到操作前的状态。如果已经执行了多个操作步骤，可以使用"恢复"命令直接将图像恢复到最近保存的图像状态。

3.19.1 还原与重做

选择"编辑"→"还原"命令或按【Ctrl+Z】组合键，可以将图像还原到上一步状态中。连续执行该命令，将逐步撤销操作。

当执行一次"还原"命令后，"还原"命令就会变成"重做"命令。执行"重做"命令或按【Shift+Ctrl+Z】组合键，则会使图像恢复到执行"还原"命令前的状态。连续执行该命令，将逐步还原操作。

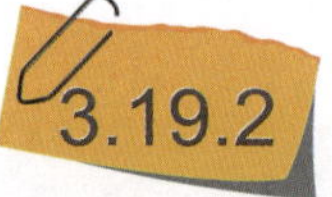

3.19.2 恢复文件

在编辑图像的过程中，只要没有保存图像，都可以将图像恢复至打开时的状态。选择"文件"→"恢复"命令或按【F12】键，即可完成文件的恢复。

Tips

如果在编辑过程中已对图像进行了保存，则执行"恢复"命令后，将恢复图像至上一次保存时的状态，将未经保存的编辑数据丢弃。在Photoshop中，执行"恢复"命令的操作会被记录到"历史记录"面板中，所以，用户能够取消恢复操作，还原到恢复前的步骤。

3.19.3 自动存储恢复信息的间隔

选择"编辑"→"首选项"→"文件处理"命令，在弹出的对话框中选择"自动存储恢复信息的间隔"复选框，并在下方的下拉列表框中选择存储间隔时间，如图3-155所示。

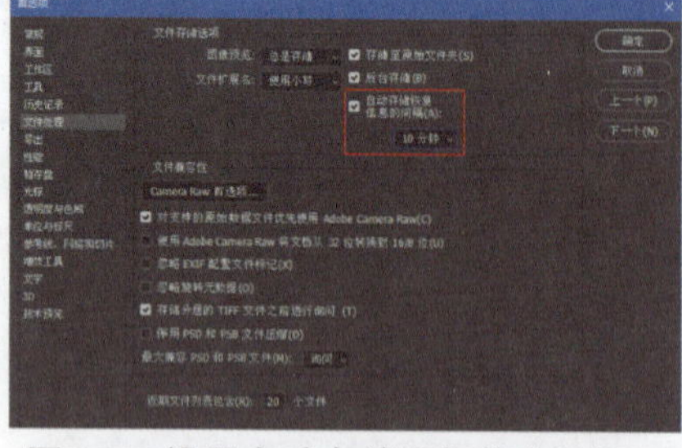
图3-155 设置自动存储恢复信息的间隔

设置完成后，Photoshop会按照设定的时间自动保存文件为备份副本文件，对原始文件没有影响。当系统出现错误中断文件编辑时，再次启动软件，Photoshop会自动恢复最后一次自动保存的文件。

3.20 "历史记录"面板

Photoshop提供了一个"历史记录"面板，用来记录用户的各项操作。选择"窗口"→"历史记录"命令，即可打开"历史记录"面板，如图3-156所示。

通过使用“历史记录”面板，用户可以将操作恢复到操作过程中的某一步，也可以再次返回当前操作状态，还可以通过该面板创建快照或新文件。

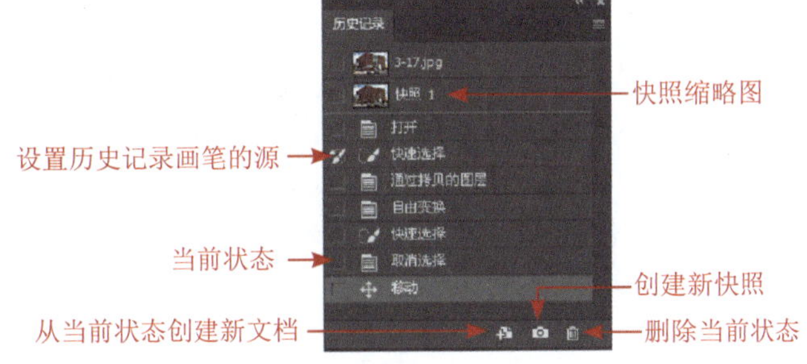

图3-156 “历史记录”面板

- 设置历史记录画笔的源：使用历史记录画笔时，该图标所在的位置将作为历史画笔的源图像。
- 快照缩略图：被记录为快照的当前图像的状态。
- 当前状态：将图像恢复到该命令的编辑状态。
- 从当前状态创建新文档：按照当前操作步骤中图像的状态创建一个新文件。
- 创建新快照：在当前图像的状态下创建一个快照。
- 删除当前状态：选择一个操作步骤后，单击该按钮，可将该步骤及后面的操作删除。

应用案例 使用“历史记录”面板

源文件：源文件\第3章\3-20-1.psd　视　频：视频\第3章\使用“历史记录”面板.mp4

STEP 01 打开素材图像“素材\第3章\3-20-1.jpg”，如图3-157所示。“裁剪工具”按钮，拖动裁剪框裁剪图像，效果如图3-158所示。

图3-157 打开素材图像

图3-158 裁剪图像

STEP 02 单击“提交裁剪”按钮，完成图像裁剪，此时的“历史记录”面板如图3-159所示。选择“图像”→“调整”→“色相/饱和度”命令，在弹出的对话框中设置各项参数，如图3-160所示。单击“确定”按钮，图像调色效果如图3-161所示。

STEP 03 单击“历史记录”面板下部的“创建新快照”按钮，新建一个快照，如图3-162所示。选择“历史记录”面板中的“裁剪”命令，观察图像效果回到了未调色前，同时“历史记录”面板中“色相”/饱和度”选项变为灰色，如图3-163所示。

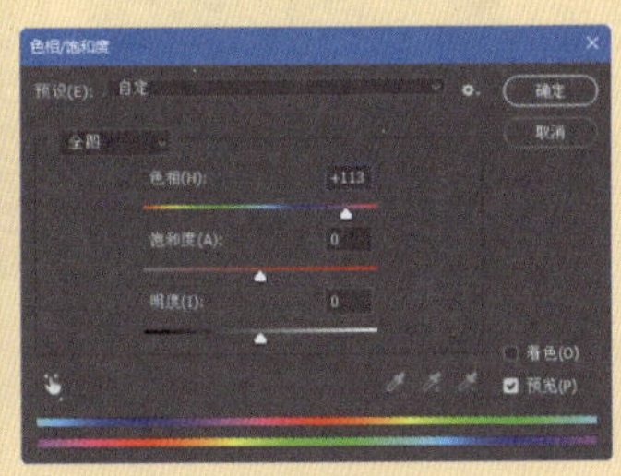

图3-159 “历史记录”面板 图3-160 “色相/饱和度”对话框 图3-161 图像调色效果

STEP 04 选择“3-20-1.jpg”图层，图像返回最初效果，如图3-164所示。选择“快照 1”图层，图像返回新建快照时的效果，如图3-165所示。

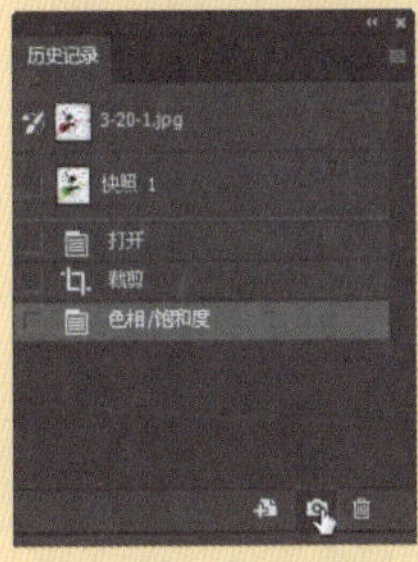

图3-162 创建快照

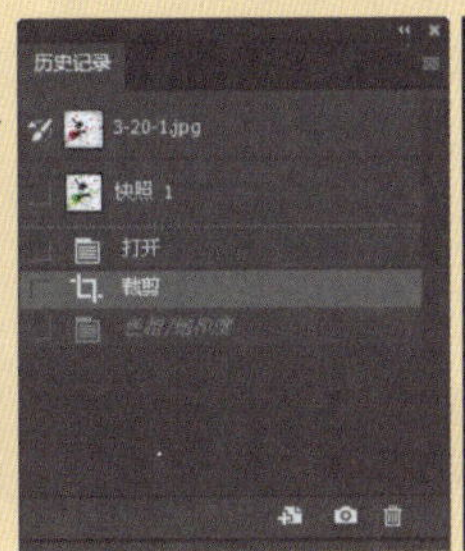

图3-163 返回“裁剪”命令图像效果

图3-164 返回最初效果　　图3-165 返回快照效果

删除快照

选择“历史记录”面板中的一个快照，单击面板底部的“删除”按钮，即可将其删除。也可以直接将快照拖动到“删除”按钮上将其删除，如图3-166所示。

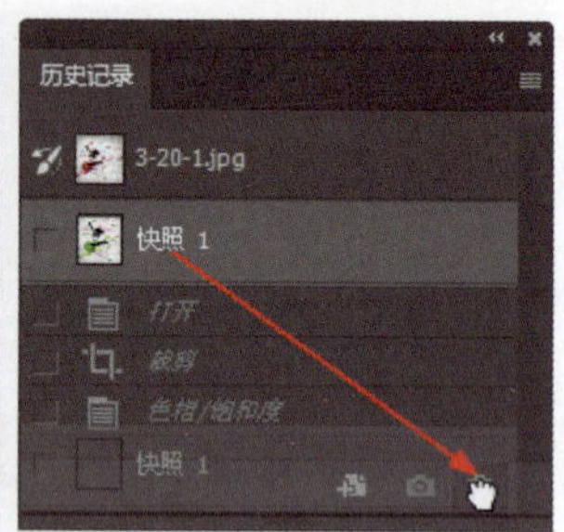

图3-166 删除快照

Tips

快照不随文档一起保存，当关闭文档后，快照会被删除。

创建非线性历史记录

“历史记录”面板中的所有命令都是以线性状态保存的。当选择其一个步骤时，该步骤以下的操作将全部变暗，如图3-167所示。当执行新的操作后，变暗的操作将全部被取代。

选择面板菜单中的“历史记录选项”命令，弹出“历史记录选项”对话框中，选择“允许非线性历史记录”复选框，如图3-168所示。单击“确定”按钮，则选中步骤以下的操作将不再变暗，“历史记录”面板如图3-169所示。

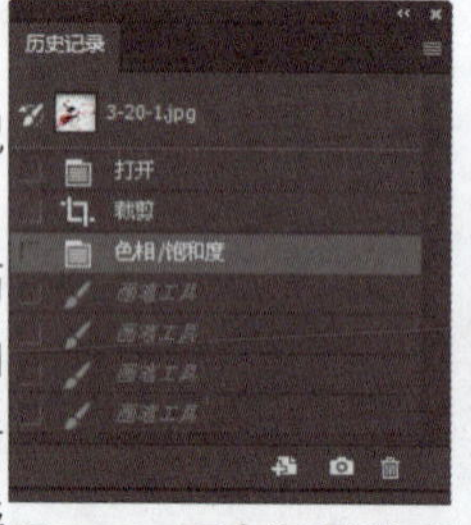

图3-167 历史记录选项

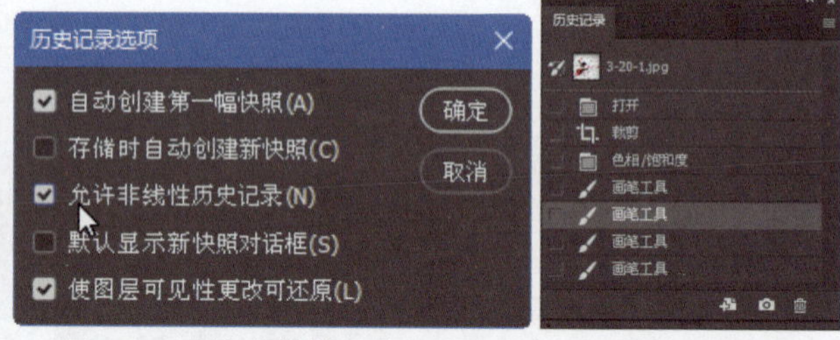

图3-168 允许非线性历史记录　　图3-169 非线性历史记录

“历史记录选项”对话框中其他选项的含义如下：

- 自动创建第一幅快照：当打开图像时，将图像的初始状态自动创建快照。
- 存储时自动创建新快照：在编辑过程中，每一次保存文件，就会自动创建一个快照。
- 默认显示新快照对话框：无论使用何种方式创建快照，都弹出新建快照对话框，强制用户输入快照名称。
- 使图层可见性更改可还原：保持对图层可见性的更改。

3.21 优化操作

为了保证编辑操作的顺利进行，Photoshop需要大量的临时文件来保存制作时的中间步骤，这样会占用大量的内存或硬盘空间。选择“编辑”→“清理”子菜单中的命令，可以对操作环境进行优化，如图3-170所示。

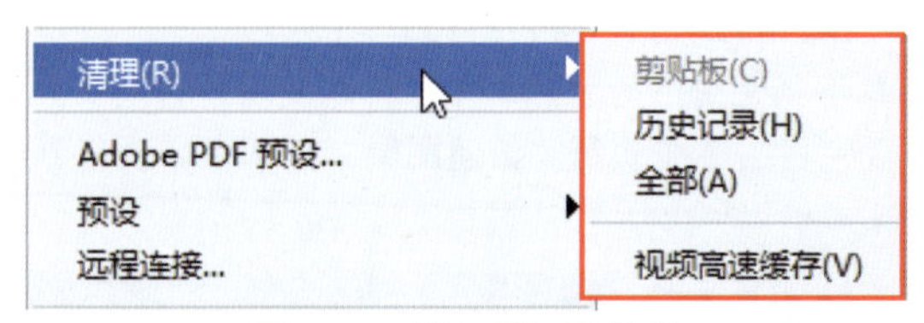

图3-170 “清理”子菜单

3.21.1 清理内存

选择“编辑”→“清理”→“历史记录”或“全部”命令，即可将当前文档的历史记录清除。这些操作针对的是Photoshop中的所有文档。如果只想清理当前文档，可以选择“历史记录”面板菜单中的“清除历史记录”命令，如图3-171所示。

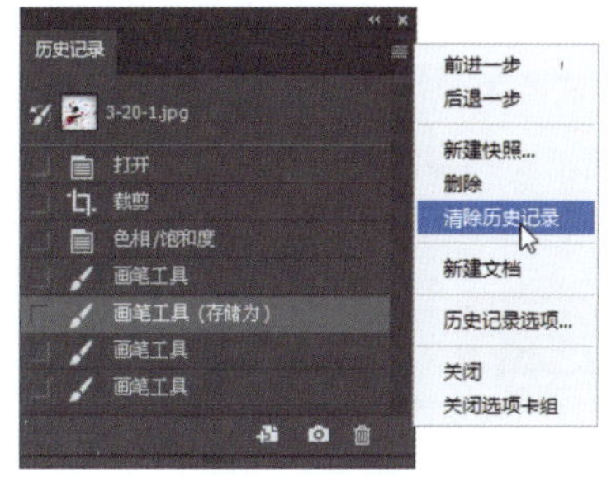

图3-171 选择“清除”历史记录命令

3.21.2 优化暂存盘

在处理一些质量高、体积大的文件时，如果内存不够，Photoshop会使用一种虚拟内存的方法，使用硬盘来扩展内存。当硬盘空间也被占满后，就会提示“暂存盘”已满，可以通过设置新的暂存盘来满足制作。

通过选择“编辑”→“首选项”→“性能”命令，可以设置Photoshop使用的内存大小，如图3-172所示。通过选择“编辑”→“首选项”→“暂存盘”命令，可以选择新的暂存盘位置，如图3-173所示。

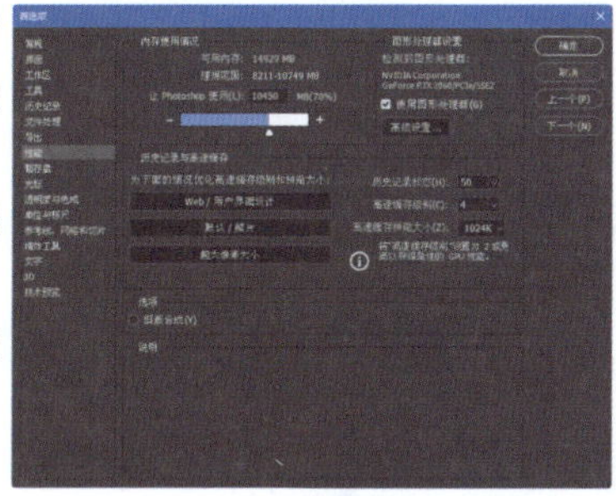

图3-172 优化内存

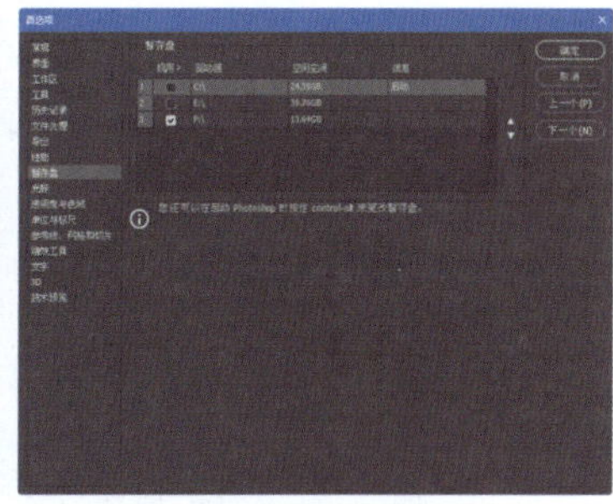

图3-173 选择暂存盘

3.22 专家支招

掌握Photoshop软件的基本操作非常重要，这是学习高级操作技巧的前提，对提高工作效率有着深远影响。

3.22.1 操作中灵活使用快捷键

Photoshop的很多基本操作都可以通过快捷键完成。例如，要选择“编辑”→“自由变换”命令，可在按住【Alt】键的同时单击画布的其他位置，即可确定图像的中心点位置，既方便又快捷，如图3-174所示。因此，在执行各种操作时，可以多使用快捷键来快速提高制作效率。

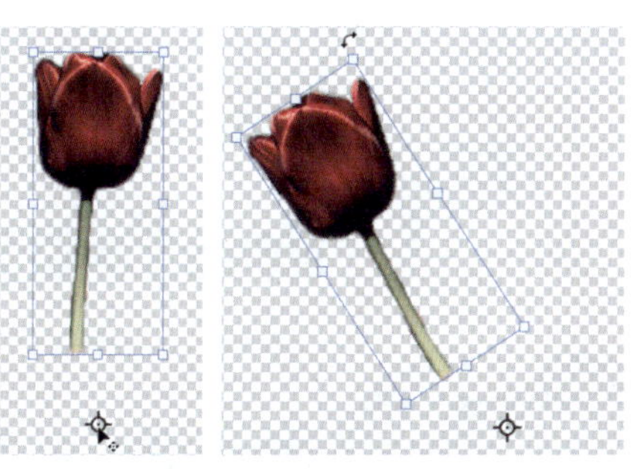

图3-174 使用快捷键

3.22.2 如何减少复制操作占用的内存

在执行复制操作时，尽量不要使用“拷贝”命令，可以使用“移动工具”将一幅图像拖入另一幅图像中；也可以在“图层”面板中将图层拖动到“新建图层”按钮上实现复制操作；还可以通过选择“图像”→“复制”命令进行复制。

3.23 总结扩展

要想熟练使用Photoshop进行各种操作，首先要掌握基本操作方法。只有熟练使用了基本操作的各种工具，才能为进行更多丰富的操作打下基础。

任何一种操作都不是独立存在的，在使用Photoshop处理图像时，要灵活运用多种工具，综合运用、配合使用才能达到想要的效果。

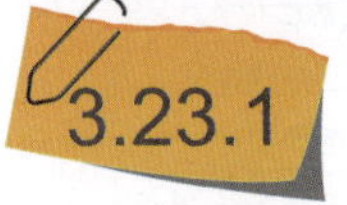

3.23.1 本章小结

本章主要讲解了Photoshop CC 2020的基本操作方法，先从文件基本操作入手，再介绍图像的一些基本操作，如查看图像、修改图像大小和裁剪图像等。通过本章的学习，读者需要了解新建、打开和存储图像等基本操作，掌握该软件的基本操作方法和技巧。

3.23.2 举一反三——制作标准证件照

案例文件：	源文件\第3章\3-23-2.psd
视频文件：	视频\第3章\制作标准证件照.mp4
难易程度：	★★☆☆☆
学习时间：	15分钟

（1）

（2）

（3）

（4）

1. 使用“矩形选框工具”创建260像素×350像素的选区。并按【Ctrl+J】组合键，将其复制到新图层中。
2. 使用“磁性套索工具”将人物选区部分减去，为背景填充红色。然后将选框复制粘贴到新建文档中。
3. 调整图像大小。按【Ctrl+A】组合键选中全部图像，选择“编辑”→“定义图案”命令，将图像定义为图案。
4. 新建空白文档，选择“编辑”→“填充”命令，填充定义图案。

第4章 创建选区实现抠图

调整图像包括调整整体和局部两种，而局部调整图像需要首先创建选区，因此选区是Photoshop中一个非常重要的功能。它可以帮助用户对图像进行局部操作，而不影响其他部分的像素。本章主要针对选区的用途、选区的操作和编辑方法进行介绍，并对创建选区、存储选区和载入选区的方法进行详细讲解。

本章学习重点

第 70 页
为图像添加边框

第 78 页
替换风景照片中的天空

第 86 页
合成悠闲的夏日午后

第 87 页
为花朵添加露珠

4.1 创建规则选区

在Photoshop中，规则形状是指矩形和椭圆这两种图形，以及这两种图形派生出来的正方形和正圆形。规则形状的选区需要使用选框工具创建。选框工具是Photoshop中最基本、最常用的创建选区工具，共有4种，分别是“矩形选框工具”、“椭圆选框工具”、“单行选框工具”和“单列选框工具”。选框工具在工具箱中的位置如图4-1所示。

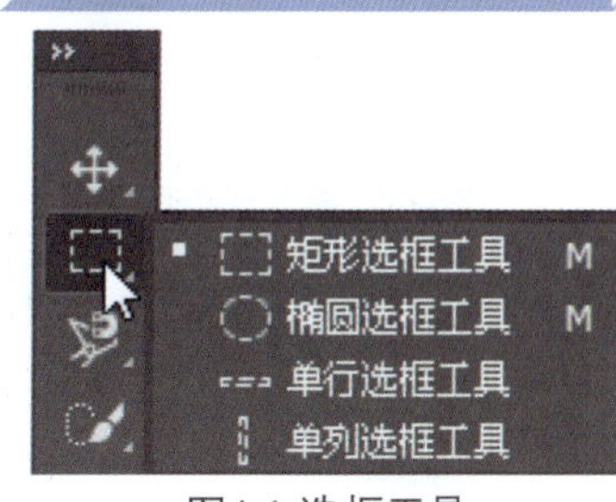

图4-1 选框工具

4.1.1 矩形选框工具

使用“矩形选框工具”在画布上单击并拖动鼠标即可创建矩形选区。“矩形选框工具”的选项栏如图4-2所示。

图4-2 “矩形选框工具”选项栏

- 选区运算按钮组：用于设置选区运算的方法，共有“新选区”、“添加到选区”、“从选区减去”和“与选区相交”4种，分别用来控制选区的相加或者相减，或是将两个选区的交叉部分变为选区。
- 羽化：用来设置选区羽化的值，取值范围为0~250像素。羽化值越大，羽化的范围就越大；羽化值越小，创建的选区越精确。
- 消除锯齿：该复选框在“矩形选框工具”选项栏中为不可用状态。
- 样式：用来设置选区的创建方法，共有下列3种。
  - 正常：可通过拖动鼠标创建任意大小的选区，工具栏中的“样式”默认为“正常”。
  - 固定比例：可在右侧的“宽度”和“高度”文本框中输入数值，创建固定比例的选区。
  - 固定大小：可在“宽度”和“高度”文本框中输入选区的宽度和高度。
- “高度与宽度互换”按钮：单击该按钮可切换“宽度”与“高度”文本框中的值。该按钮只在样式为“固定比例”与“固定大小”时才起作用。

- 选择并遮住：单击该按钮将弹出“选择并遮住”对话框，在其中可对选区进行进一步调整。关于该功能的使用，将在本章的4.4.7节详细介绍。

Tips

在选项栏中的选框工具图标上单击鼠标右键，在弹出的快捷菜单中可以选择“复位工具”和“复位所有工具”命令，以执行相应的操作

使用“矩形选框工具”可以在图像中创建矩形或正方形选区，从而实现对图像的局部调整。下面将介绍使用“矩形选框工具”配合“边界”命令为图像添加边框的具体操作方法。

应用案例

为图像添加边框

源文件：源文件\第4章\4-1-1.psd　　视　频：视频\第4章\为图像添加边框.mp4

STEP 01 选择“文件”→“打开”命令，打开素材图像“素材\第4章\41101.jpg”，如图4-3所示。选择“图像”→“画布大小”命令，在弹出的“画布大小”对话框中进行相应设置，如图4-4所示。

STEP 02 单击“确定”按钮，使用“矩形选框工具”在图像中单击并拖动鼠标，创建如图4-5所示的选区。选择“选择”→“修改”→“边界”命令，在弹出的“边界选区”对话框中设置“宽度”为8像素，如图4-6所示。

图4-3 打开素材图像

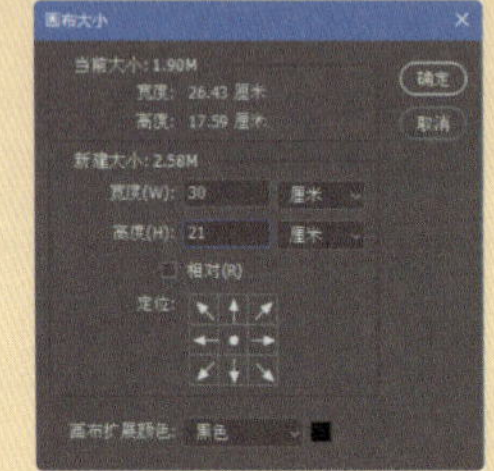

图4-4 “画布大小”对话框

图4-5 创建选区

STEP 03 单击“确定”按钮，即可看到边界效果如图4-7所示。单击“图层”面板底部的“创建新图层”按钮，新建“图层1”图层，如图4-8所示。

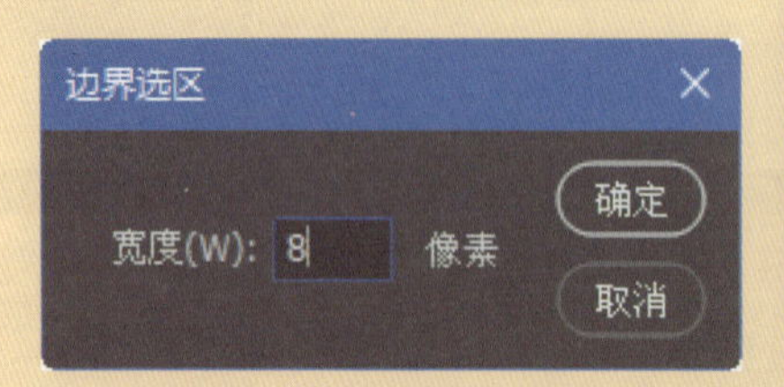

图4-6 “边界选区”对话框

图4-7 边界效果

图4-8 新建图层

STEP 04 单击工具箱下方的“设置前景色”按钮，在弹出的“拾色器（前景色）”对话框中设置前景色，如图4-9所示。按【Alt+Delete】组合键为选区填充“前景色”，按【Ctrl+D】组合键取消选区，效果如图4-10所示。

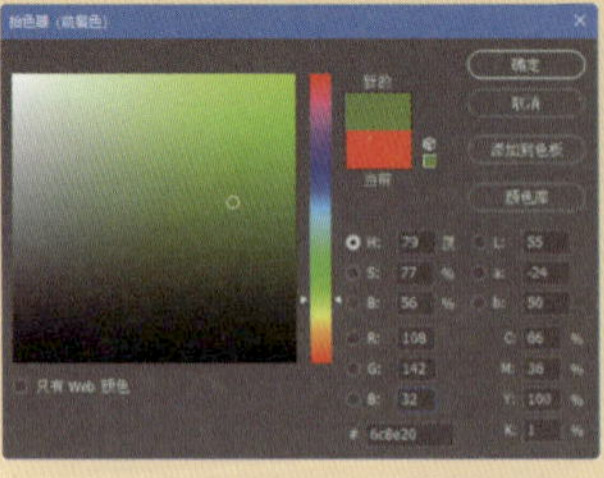

图4-9 设置“前景色”

图4-10 填充前景色

4.1.2 椭圆选框工具

“椭圆选框工具”与“矩形选框工具”的使用方法基本相同，唯一的区别在于该工具选项栏中的“消除锯齿”复选框为可用状态，如图4-11所示。

图4-11 椭圆选框工具选项栏

像素是位图图像最小的元素，并且为正方形，在创建圆形、多边形等形状的选区时容易产生锯齿。选择“消除锯齿”复选框后，Photoshop会在选区边缘1像素范围内添加与图像相近的颜色，使选区看上去更加光滑。由于只有边缘像素发生了变化，因此不会丢失细节，消除锯齿前后的对比效果如图4-12所示。

图4-12 消除锯齿前与消除锯齿后的对比效果

4.1.3 单行/单列选框工具

“单行选框工具”与“单列选框工具”只能创建1px（像素）高或1px宽的选区，只需要选择相应的工具在画布中单击即可创建选区，如图4-13所示。

图4-13 创建单行/单列选区

应用案例 制作底纹图案

源文件：源文件\第4章\4-1-3.psd　　视 频：视频\第4章\制作底纹图案.mp4

STEP 01 选择“文件”→“新建”命令，在弹出的“新建文档”对话框中设置各项参数，如图4-14所示。单击“创建”按钮。使用“单行选框工具”在画布中单击创建如图4-15所示的选区。

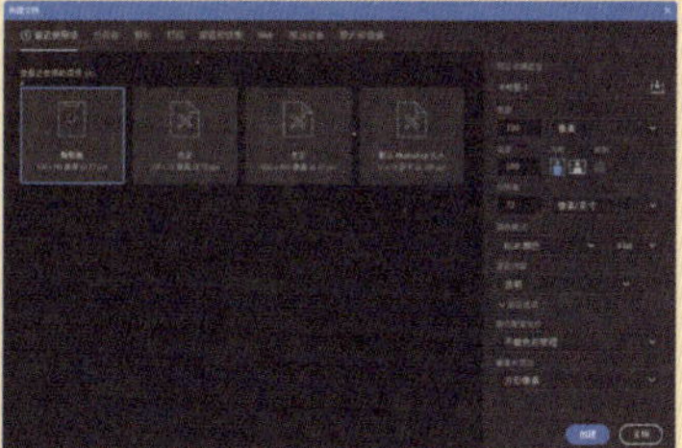

图4-14 新建文档　　图4-15 创建单行选区

STEP 02 选择“编辑”→“填充”命令，在弹出的“填充”对话框中设置参数，如图4-16所示，单击“确定”按钮。选择“选区”→“修改”→“扩展”命令，在弹出的“扩展选区”对话框中设置参数，如图4-17所示。

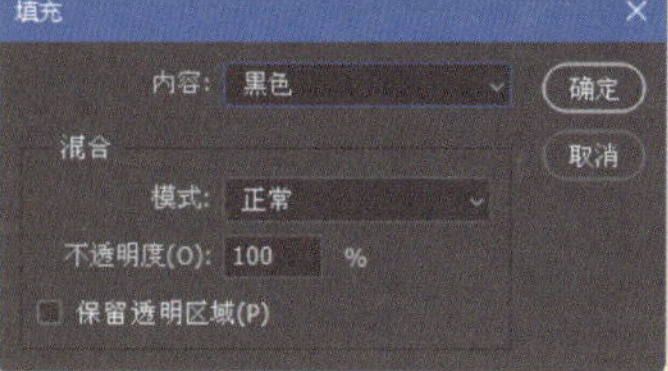

图4-16 设置“填充”对话框

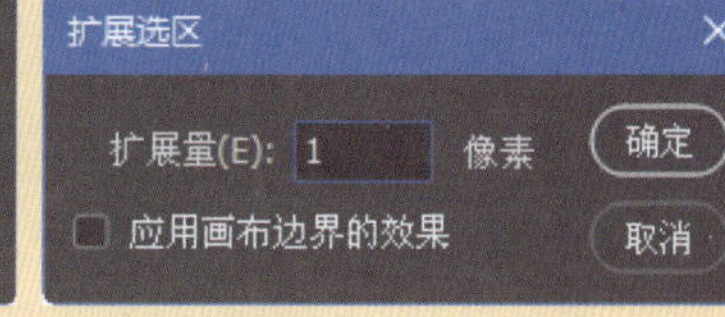

图4-17 设置“扩展选区”对话框

STEP 03 单击“确定”按钮，选区效果如图4-18所示。选择“编辑”→“定义图案”命令，在弹出的“图案名称”对话框中设置参数，如图4-19所示。单击“确定”按钮，完成图案的定义。

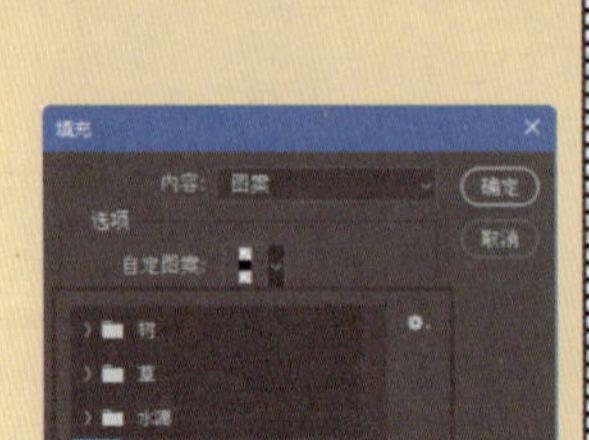

图4-18 扩展选区效果　　图4-19 定义图案

STEP 04 按【Delete】键删除所选内容。按【Ctrl+D】组合键取消选区。选择“编辑”→“填充”命令，在弹出的“填充”对话框中设置参数，如图4-20所示选区。单击“确定”按钮，填充效果如图4-21所示。

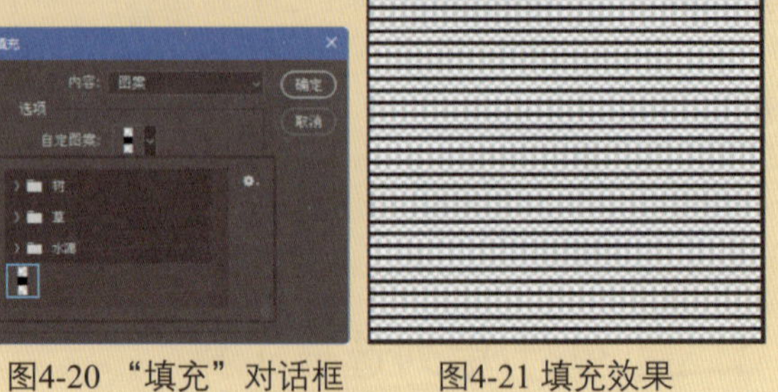

图4-20 “填充”对话框　　图4-21 填充效果

Tips 单行/单列工具有什么用途?

单行/单列选框工具在实际工作中并不会经常用到，一般用来制作表格、页面边线或辅助线等效果。

4.2 创建不规则选区

不规则形状选区可以通过6种工具创建，分别是“套索工具”、“多边形套索工具”、“磁性套索工具”、“魔棒工具”、“快速选择工具”和“对象选择工具”，这6种工具按类型分别放置在两个工具组内，如图4-22和图4-23所示。

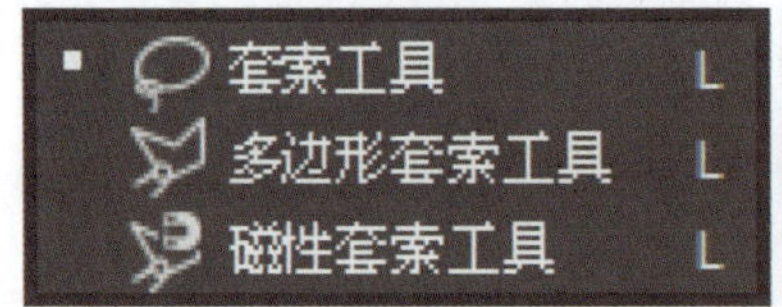

图4-22 套索工具组

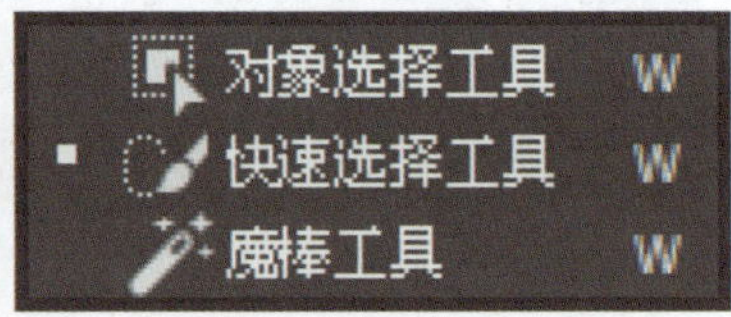

图4-23 魔棒工具组

4.2.1 套索工具

“套索工具”比创建规则形状选区的工具自由度更高，它可以创建任何形状的选区。

选择“文件”→“打开”命令，打开一张素材图像。单击工具箱中的“套索工具”按钮，在画布中单击并拖动鼠标，如图4-24所示。释放鼠标即可完成选区的创建，如图4-25所示。

图4-24 单击并拖动鼠标

图4-25 创建选区

Tips

在使用“套索工具”绘制选区时，如果在释放鼠标时起点与终点没有重合，系统会在起点与终点之间自动创建一条直线，使选区闭合。

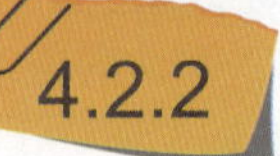

4.2.2 多边形套索工具

“多边形套索工具”适合创建一些由直线构成的多边形选区。

选择“文件”→“打开”命令，打开一张素材图像。单击工具箱中的“多边形套索工具”按钮，在画布中不同的点多次单击创建出折线，如图4-26所示。在画布中其他位置继续单击，最后将鼠标移至起点位置单击，完成选区的创建，如图4-27所示。

图4-26 创建折线

图4-27 创建选区

使用“多边形套索工具”创建选区，可以通过在起点位置单击完成选区的创建，也可以在创建选区的过程中双击，即可在双击点与起点间生成一条直线将选区闭合。

Tips

在使用“多边形套索工具”创建选区时，按住【Shift】键可以绘制以水平、垂直或45°角为增量的选区边线；按住【Ctrl】键的同时并单击相当于双击操作；按住【Alt】键的同时单击并拖动鼠标可切换为“套索工具”。

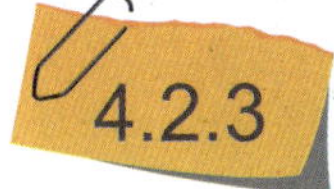

4.2.3 磁性套索工具

单击工具箱中的“磁性套索工具”按钮，在画布中单击并拖动鼠标沿图像边缘移动，Photoshop会在光标经过处放置锚点来连接选区，如图4-28所示。将光标移至起点处，单击即可闭合选区，如图4-29所示。

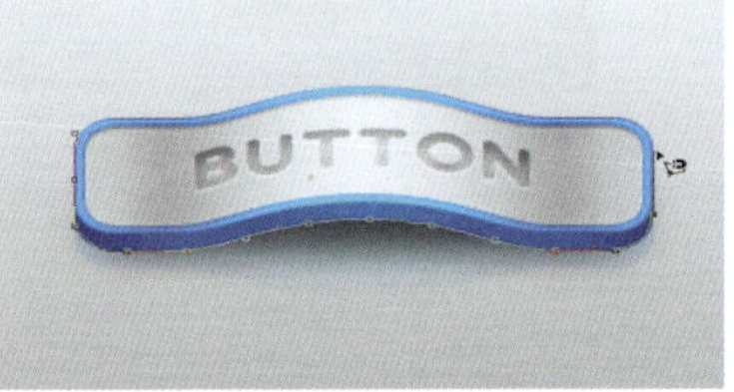

图4-28 单击并拖动鼠标

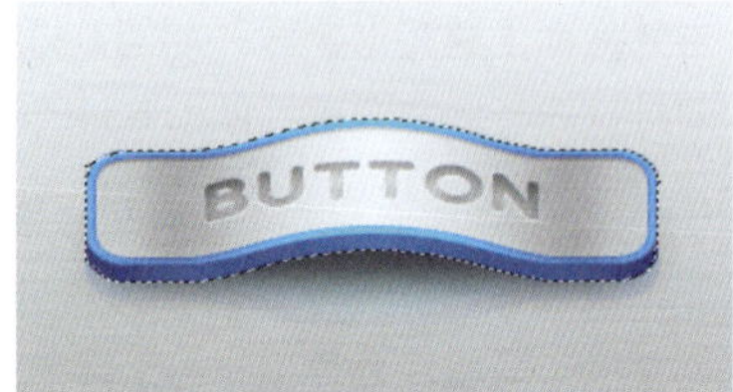

图4-29 创建选区

Tips “磁性套索工具”创建选区时如何添加、删除锚点？

在使用“磁性套索工具”创建选区时，为了使选区更加精确，可以在绘制选区过程中单击添加锚点，也可以按【Delete】键将多余的锚点依次删除。

“磁性套索工具”具有自动识别绘制对象边缘的功能。如果对象的边缘较为清晰，并且与背景色对比明显，使用该工具可以轻松选择对象的边缘。“磁性套索工具”的选项栏如图4-30所示。

图4-30 “磁性套索工具”选项栏

- 宽度：该值决定了以光标中心为基准，其周围有多少个像素能够被“磁性套索工具”检测到。如果对象的边缘比较清晰，可以设置较大的宽度值；如果边缘不是特别清晰，则需要设置一个较小的宽度值。图4-31所示为宽度值分别为100px与1px时选区的创建结果。
- 对比度：用来设置工具感应图像边缘的灵敏度。较高的数值检测对比鲜明的边缘；较低的数值则检测对比不鲜明的边缘。如果图像的边缘清晰，可将该值设置得高一些；如果边缘不是特别清晰，则设置得低一些。

图4-31 宽度为100px和宽度为1px选区的对比

- 频率：使用“磁性套索工具”创建选区时会生

成许多锚点，“频率”值决定了这些锚点的数量。该值越高，生成的锚点越多，捕捉到的边缘越准确。但是过多的锚点会造成选区的边缘不够光滑，在设置“频率”参数时要参考选择区域的大小及样式。图4-32所示为分别设置频率为10与100时生成选区的对比效果。

- 使用绘图板压力以更改钢笔宽度：如果计算机配置有数位板和压感笔，单击该按钮，Photoshop会根据压感笔的压力自动调整工具的检测范围，增大压力将减小边缘宽度。

图4-32 频率为10和频率为100选区的对比

Tips 如何使用“磁性套索工具”？

“磁性套索工具”常被用来抠图或者创建较为精确的选区调整图像。如果一张图像中主体边缘较为清晰，使用“磁性套索工具”创建选区通常会比较容易。

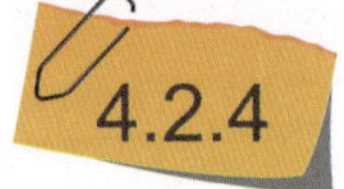

4.2.4 对象选择工具

单击工具箱中的“对象选择工具”按钮，在画布中想要选中的对象位置单击并拖动创建矩形选区，如图4-33所示。即可快速将对象选中，如图4-34所示。

图4-33 创建矩形选区

图4-34 选中对象

“对象选择工具”可简化在图像中选择单个对象或对象的某个部分的过程。只需在对象周围绘制矩形区域或套索，对象选择工具就会自动选择已定义区域内的对象。该工具对于选择轮廓清晰的对象效果非常好。“对象选择工具”的选项栏如图4-35所示。

图4-35 “对象选择工具”选项栏

- 模式：用户可以选择使用“矩形”或“套索”模式完成对象的选择。相对“矩形”模式，“套索”模式更加自由、方便。
- 对所有图层取样：选择该复选框，将针对文件中的所有图层创建选区。
- 增强边缘：选择该复选框，将减少创建选区边界的粗糙度和块效应。
- 减去对象：当要减去当前对象选区内不需要的区域时，它会分析哪些属于对象的一部分，然后减去不属于对象的那部分。框选稍大点的范围，会产生较好的删减结果。默认情况下，该复选框为选中状态。
- 选择主体：单击该按钮，将快速选中画面中的主体部分。

Tips

在选择画面主体时，如果先使用“选择主体”命令，再辅助使用对象选择工具，则可以快速完善选区，大大提高选择效率。

4.2.5 魔棒工具

“魔棒工具”可以用来选取图像中色彩相近的区域。选择“魔棒工具”后，在选项栏中会显示出该工具的相关选项，如图4-36所示。

图4-36 “魔棒工具”选项栏

- **取样大小**：用于设置取样的最大像素数目，单击“取样点”下拉按钮，在打开的下拉列表框中有7个选项供用户选用。
- **容差**：用来设置魔棒工具可选取颜色的范围，该值较低时，只选择与单击点像素相似的少数颜色；该值越高，包含的颜色程度就越广，因此，选择的范围就越大。即使在图像的同一位置单击，设置不同的容差值所选择的区域也不一样，如图4-37所示。

图4-37 容差为32与容差为100的对比效果

- **连续**：选择该复选框后，只选择颜色连接的区域，如图4-38所示；取消选择该复选框时，可选择与单击点颜色相近的所有区域，包括没有连接的区域，如图4-39所示。

图4-38 选择“连续”复选框　图4-39 不选择“连续”复选框

> **Tips** 实用的增减选区的方法。
>
> 使用“魔棒工具”在图像中创建选区后，由于受该工具特性的限制，常常会有部分边缘像素不能被完全选择，此时配合“套索工具”或其他工具再次添加选区，就可以轻松地选择需要的图像了。

4.2.6 快速选择工具

“快速选择工具”能够利用可调整的圆形画笔快速创建选区，在拖动鼠标时，选区会向外扩展并自动查找和跟随图像中定义的边缘。“快速选择工具”的选项栏如图4-40所示。

选区运算按钮　画笔预设　设置画笔角度

0°　对所有图层取样　增强边缘　选择主体　选择并遮住...

图4-40 “快速选择工具”选项栏

- **画笔预设**：单击该图标后面的下拉按钮，打开如图4-41所示的面板。用户可以在其中更改画笔的属性。

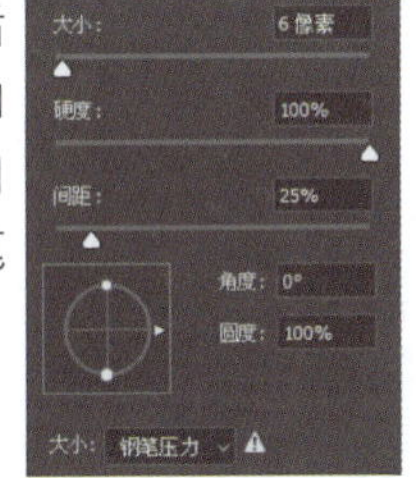

图4-41 画笔预设对话框

- **设置画笔角度**：用户可以在文本框中输入数值，设置画笔的角度。
- **选区运算按钮**：按下“新选区”按钮，可创建一个新的选区；按下“添加到选区”按钮，可在原有选区的基础上添加选区；按下“从选区减去”按钮，可在原有选区的基础上减去当前创建的选区。
- **对所有图层取样**：选择该复选框，可基于所有图层创建一个选区。
- **增强边缘**：选择该复选框，将减少选区边界的粗糙度和块效应。

应用案例　合成高飞的鸿鹄

源文件：源文件\第4章\4-2-6.psd　**视　频：视频\第4章\合成高飞的鸿鹄.mp4**

STEP 01 选择“文件”→“打开”命令，打开素材图像“素材\第4章\42401.jpg”，如图4-42所示。单击“快速选择工具”按钮，在选项栏中单击“添加到选区”按钮，使其处于按下状态。在画布中沿着鸿鹄的边缘拖动鼠标创建选区，如图4-43所示。

STEP 02 继续在图像中拖动鼠标，将鸿鹄完整、精确地选取出来，如图4-44所示。打开素材图像“素材\第4章\42402.jpg”，效果如图4-45所示。

图4-42 打开素材图像

图4-43 创建选区

图4-44 创建选区

STEP 03 使用“移动工具”将鸿鹄拖入到打开的背景中，并按【Ctrl+T】组合键将其适当旋转，如图4-46所示。打开“图层”面板，将“图层1”的“不透明度”更改为90%，如图4-47所示。

图4-45 打开素材图像

图4-46 拖入素材

图4-47 更改图层“不透明度”

STEP 04 单击“图层”面板下方的“创建新的填充或调整图层”按钮，在打开的下拉列表中选择“色相/饱和度”命令，如图4-48所示。在打开的“属性”面板中分别选择“全图”和“红色”选项并设置参数值，如图4-49所示。

STEP 05 调整后的图像效果如图4-50所示。“图层”面板中将自动生成“色相/饱和度1”调整图层，如图4-51所示。

图4-48 新建调整图层

图4-49 “属性”面板

图4-50 图像效果

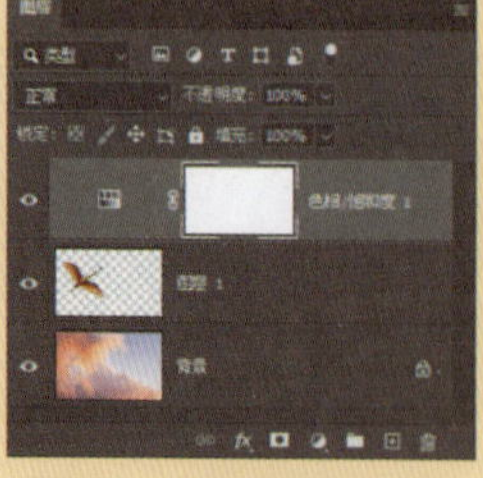
图4-51 “图层”面板

Tips “快速选择工具”的适用范围。
“快速选择工具”可以将需要的内容（如人物、物品等）从图像背景中抠出，所以对图像的清晰度要求较高，在处理使用纯色作为背景的图像或背景比较简单的图像时效果比较好。如果需要处理的图像背景过于复杂，使用该工具则有可能达不到预先设定的效果。

Tips 如何快速添加、减去选区？
如果在选择选区过程中有漏选的地方，可按住【Shift】键并单击，将其添加到选区中；如果有多选的地方，可按住【Alt】键并单击，将其从选区中减去。

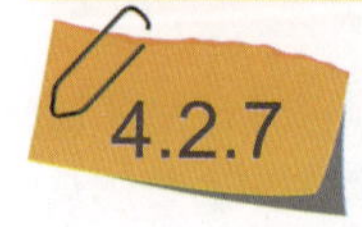

4.2.7 文字蒙版工具

使用“横排文字蒙版工具”或“直排文字蒙版工具”，可以轻松地创建一个文字形状的选区。

文字选区显示在当前图层上，可以像任何其他选区一样进行移动、拷贝、填充或描边，如图4-52所示。

使用文字蒙版工具在画布上单击，此时画布将被半透明的红色覆盖，如图4-53所示，输入文字，单击选项栏中的“提交”按钮，即完成选区的创建。

图4-52 创建选区

图4-53 使用文字蒙版

Tips

为获得最佳效果，需要在普通的图层上创建文字选框，而不是在文字图层上创建。如果要填充或描边文字选区边界，则需要在新的空白图层上创建选区。

4.2.8 钢笔工具

使用“钢笔工具”可以沿着图像创建精准的工作路径，如图4-54所示。然后再将工作路径转换为选区，如图4-55所示。“钢笔工具”是一种操作难度较大的抠图工具，关于它的使用将在本书第8章中进行详细介绍。

图4-54 创建工作路径

图4-55 转换为选区

4.2.9 通道

通道是Photoshop的核心内容，使用通道可以存储或创建选区。关于通道的使用将在本书第13章中进行详细介绍。

4.3 其他创建选区的方法

除了前面讲到的创建选区的方法外，还可以通过色彩范围、快速蒙版等方法创建选区，这些多样的创建选区的方法共同构成了Photoshop强大的选区创建功能。

4.3.1 全选与反选

“全选”命令通常在复制图像时使用。选择“选择”→“全部”命令，如图4-56所示。或按【Ctrl+A】组合键，即可选择当前图层文档边界内的全部图像，如图4-57所示。

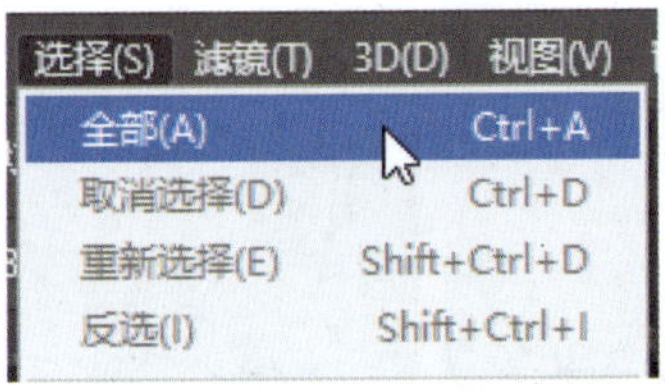

图4-56 执行“全部”命令

图4-57 全选图像

创建选区后，选择“选择”→“反选”命令，或按【Shift+Ctrl+I】组合键，即可将选择区域与未选择区域交换，即反向选区，也称翻转选区或反选等，该命令在实际应用中使用非常频繁。

4.3.2 取消选择与重新选择

创建选区后，选择“选择”→“取消选择”命令，或按【Ctrl+D】组合键，可以取消选择；如果要恢复被取消的选区，可选择“选择”→“重新选择”命令，或按【Shift+Ctrl+D】组合键。

4.3.3 焦点区域

选择“选择”→“焦点区域”命令，弹出“焦点区域”对话框，如图4-58所示。通过设置对话框中的参数，可以轻松地选择位于焦点中的图像区域。

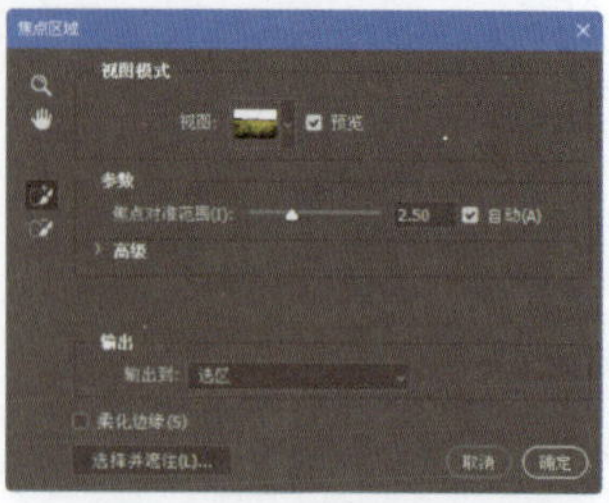

图4-58 “焦点区域”对话框

- 视图：单击右侧的下拉按钮，可打开下拉列表框，其中包含“闪烁虚线”“叠加”“黑底”“白底”“黑白”“图层”和“显示图层”7种模式，如图4-59所示。用户可以根据图像选择适合观察效果的视图模式。按【F】键循环切换视图，按【X】键暂时停用所有视图。图4-60所示为“叠加”视图的显示效果。

图4-59 视图模式

图4-60 “叠加”视图效果

- 焦点对准范围：通过拖动滑块或在文本框中输入数值，扩大或缩小选区。如果将滑块移动到最左侧，则会选择整个图像；如果将滑块移动到最右侧，则只选择图像中位于焦点内的部分。
- 图像杂色级别：通过拖动滑块或在文本框中输入数值，在含杂色的图像中选定过多背景时增加或减少图像杂色级别。
- 输出到：用户可以选择将所获得的选区输出为“选区”“图层蒙版”“新建图层”“新建带有图层蒙版的图层”“新建文档”和“新建带有图层蒙版的文档”。
- 柔化边缘：选择该复选框，创建的选区将自动带有羽化效果。
- 选择并遮住：单击该按钮，将打开“属性”面板。各项参数的含义将与本章4.4.7节介绍。

应用案例 替换风景照片中的天空

源文件：源文件\第4章\4-3-3.psd　　视　频：视频\第4章\替换风景照片中的天空.mp4

STEP 01 选择“文件”→“打开”命令，打开“素材\第4章\43301.jpg”素材图像，如图4-61所示。选择“选择”→“焦点区域”命令，在弹出的“焦点区域”对话框中设置“视图”模式为“图层”，如图4-62所示。

图4-61 打开素材图像

图4-62 设置参数

STEP 02 选择“柔化边缘”复选框，单击“确定”按钮，创建如图4-63所示的选区。打开素材图像“素材\第4章\43302.jpg”，选择“选择”→“全部”命令，如图4-64所示。

图4-63 创建选区

图4-64 打开并全选图像

STEP 03 选择“编辑”→“拷贝”命令，返回43301.jpg文件，选择“编辑”→“选择性粘贴”→“外部粘贴”命令，如图4-65所示。使用“移动工具”调整天空的位置，图像效果如图4-66所示。

粘贴且不使用任何格式(M)
原位粘贴(P) Shift+Ctrl+V
贴入(I) Alt+Shift+Ctrl+V
外部粘贴(O)

图4-65 选择“外部粘贴”命令

图4-66 图像效果

4.3.4 主体

选择“选择”→“主体”命令，将快速选中画面中的主体部分。选择该命令所得到的效果与单击选项栏中的“选择主体”按钮效果一致。

4.3.5 色彩范围

“色彩范围”命令用来选择整个图像内指定的颜色或颜色子集。如果在图像中创建了选区，则该命令只作用于选区内的图像。与“魔棒工具”的选择原理相似，但该命令提供了更多设置选项。

选择“文件”→“打开”命令，打开一副图像，选择“选择”→“色彩范围”命令，弹出“色彩范围”对话框，如图4-67所示。

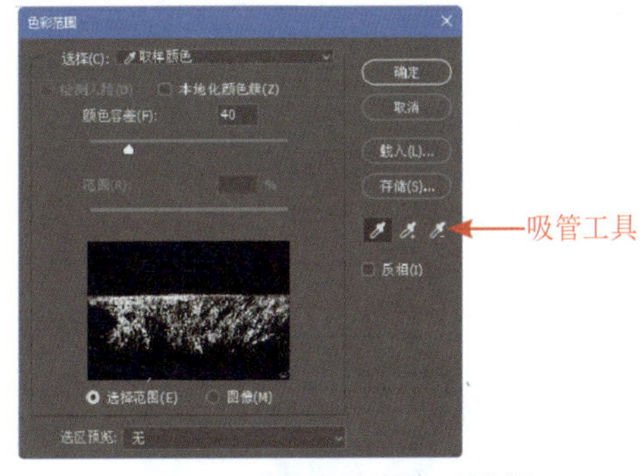

图4-67 “色彩范围”对话框

- 吸管工具：用于定义图像中选择的颜色。使用“吸管工具”在图像中单击，可以将图像中单击点颜色定义为选择的颜色。如果要添加颜色，可单击“添加到取样”按钮，然后在预览区或图像上单击；如果要减去颜色，可单击“从取样中减去”按钮，然后在预览区或图像上单击。
- 选择：用来设置选区的创建方式。选择“取样颜色”选项时，可将光标放在图像上单击，对颜色进行取样；选择“红色”选项表示以图像中的红色创建选区，也可以指定其他颜色创建选区；选择“高光”选项表示以图像中的高光创建选区。
- 本地化颜色簇/范围：选择“本地化颜色簇”复选框可以连续选择颜色。使用“范围”滑块可以控制要包含在蒙版中的颜色与取样点的最大和最小距离。
- 检测人脸：选择该复选框，可启用人脸检测，以进行更准确的肤色选择，如图4-68所示。

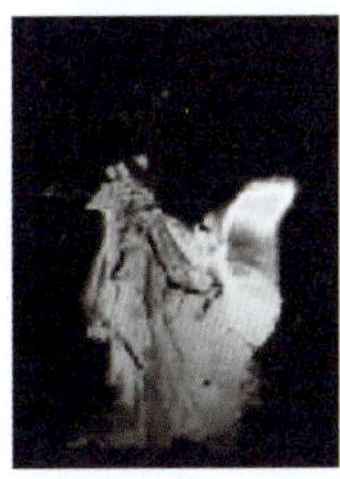

图4-68 未选择和选择“检测人脸”复选框效果对比

- 颜色容差：用来控制颜色的选择范围。该值越大，包含的颜色范围越广。容差值为40和100时所包含的颜色范围如图4-69所示。

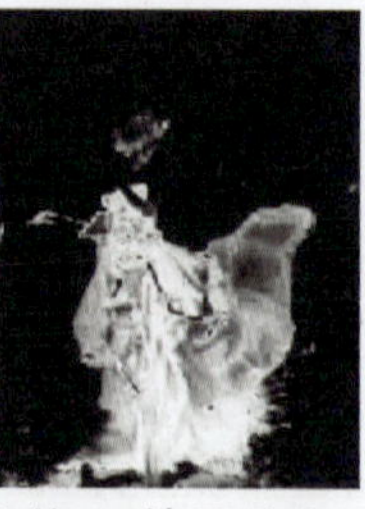

图4-69 容差40和容差100效果对比

- 选择范围/图像：用来指定对话框预览区域中的显示内容。选中“选择范围”单选按钮时，预览区域图像中的白色代表被选择的区域，黑色代表未选择的区域，灰色代表被部分选择的区域；选中“图像”单选按钮时，预览区显示彩色图像。

- 选区预览：用来设置在文档窗口中预览选区的方式，下拉列表框中包含“无”“灰度”“白色杂边”“黑色杂边”和“快速蒙版”5个选项。图4-70所示为不同预览模式下的选区效果。

a) 黑色杂边　b) 白色杂边　c) 快速蒙版

图4-70 不同的选区预览方式

- 反相：选择该复选框可反转选区。

Tips “选择范围/图像”的用法。

如果要使用“吸管工具”在预览区域单击定义颜色，选中“图像”单选按钮，更方便预览视图；如果要预览颜色选区范围，则可以选中“选择范围”单选按钮。需要注意的是，在预览区域中单击选取颜色的操作无法按【Ctrl+Alt+Z】组合键返回，而直接在图像中选取颜色的操作可以一步步返回。

应用案例　打造美丽霓虹灯光照效果

源文件：源文件\第4章\4-3-5.psd　视　频：视频\第4章\打造美丽霓虹灯光照效果.mp4

STEP 01 打开素材图像“素材\第4章\43101.jpg”，按【Ctrl+J】组合键复制“背景”图层，如图4-71所示。选择“选择”→“色彩范围”命令，在弹出的“色彩范围”对话框中进行相应的设置，如图4-72所示。

STEP 02 设置完成后单击“确定”按钮，得到如图4-73所示的选区。按【Ctrl+U】组合键，在弹出的“色相/饱和度”对话框中进行相应设置，如图4-74所示。单击“确定”按钮，完成图像色相和饱和度的调整。

图4-71 打开素材图像并复制图层

图4-72 “色彩范围”对话框

图4-73 选区效果

STEP 03 按【Ctrl+D】组合键取消选择。选择“滤镜”→“锐化”→“USM锐化”命令，在弹出的“USM锐化”对话框中设置各项参数，如图4-75所示。单击“确定”按钮，图像效果如图4-76所示。

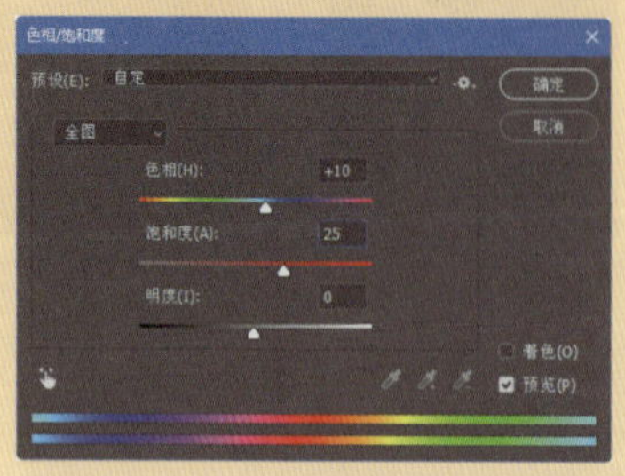

图4-74 “色相/饱和度”对话框

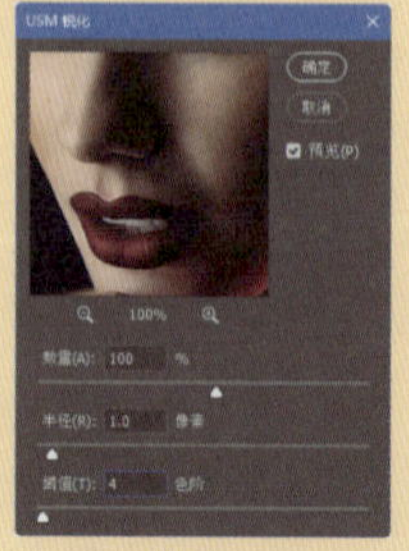

图4-75 “USM锐化”对话框

图4-76 图像效果

4.3.6 快速蒙版

快速蒙版是一种临时蒙版，使用快速蒙版不会修改图像，只建立图像的选区。它可以在不使用通道的情况下快速地将选区范围转换为蒙版，然后在快速蒙版编辑模式下进行编辑。当转换为标准编辑模式时，未被蒙版遮住的部分变成选区范围。

快速蒙版可以用来创建选区，通常用于处理无法通过常规选区工具直接创建的选区或使用其他工具创建选区后遗漏的无法创建的区域。快速蒙版也称为临时蒙版，它并不是一个选区，当退出快速蒙版模式后，不被保护的区域即变为一个选区。将选区作为蒙版编辑时几乎可以使用所有的Photoshop工具或滤镜来修改蒙版。

按【Q】键或单击工具箱中的“以快速蒙版模式编辑”按钮即可进入快速蒙版编辑状态，再使用“画笔工具”在图像中进行涂抹，如图4-77所示。再次按【Q】键将退出快速蒙版状态，此时图像中未被涂抹的区域就会转为选区，将选区内的图像删除后的效果如图4-78所示。

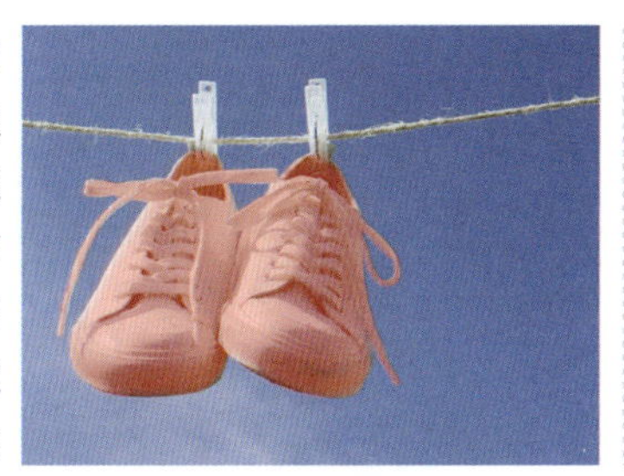

图4-77 涂抹图像

图4-78 创建选区并删除

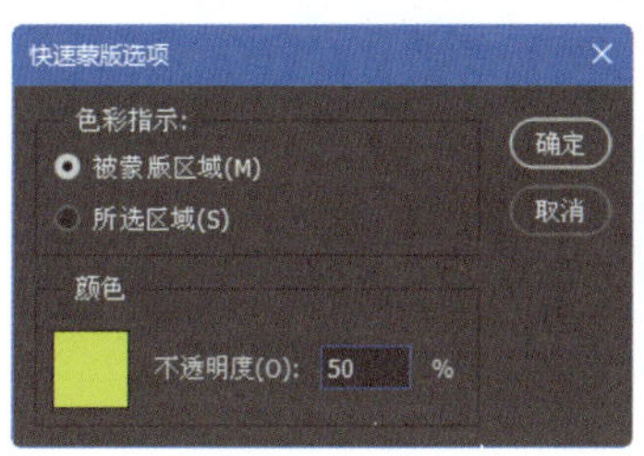

图4-79“快速蒙版选项”对话框

图4-80 蒙版效果

如果想调整快速蒙版区域的颜色，可以双击工具箱中的“以快速蒙版编辑模式”按钮，在弹出的“快速蒙版选项”对话框中更改快速蒙版的“颜色”与“不透明度”，还可以设置是将“被蒙版区域”填充颜色还是将“所选区域”填充颜色，如图4-79所示。设置完成后单击“确定”按钮，即可以指定的颜色显示蒙版效果，如图4-80所示。

Tips

除了单击工具箱中的“以快速蒙版模式编辑”按钮和按【Q】键可以进入快速蒙版模式编辑外，还可以通过选择“选择”→“在快速蒙版模式下编辑”命令进入快速蒙版模式。

4.4 修改选区

选区的修改方式包括移动选区、边界选区、扩展选区、平滑选区、收缩选区、羽化选区、反向、扩大选取和选取相似等操作，这些命令只对选区起作用。

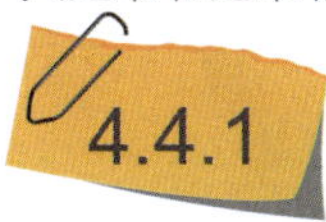

4.4.1 移动选区

打开一副素材图像，使用“椭圆选框工具”创建选区，确认选项栏中的选区运算方式为“新选区”。将光标放置到选区中，当光标变为▷状时，如图4-81所示，按住鼠标左键并拖动即可移动选区，如图4-82所示。

图4-81 将光标放置于选区中

图4-82 移动选区

Tips

如果只想移动选区的位置，必须使用各种选框工具才能完成。使用“移动工具”移动选区将同时移动选区内的像素。

4.4.2 为选区创建边界

“边界”命令可以将选区的边界沿当前选区范围向内部和外部进行扩展，形成一个新的选区。

创建选区，填充效果如图4-83所示。选择“选择”→“修改”→“边界”命令，在弹出的“边界选区”对话框中设置“宽度”为5像素，单击“确定”按钮，填充效果如图4-84所示。

图4-83 创建选区

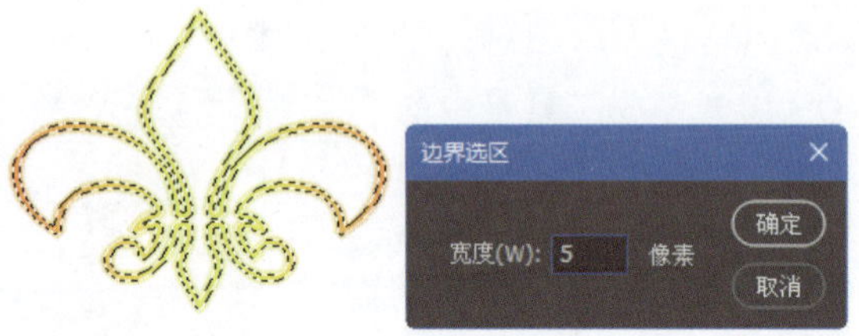

图4-84 边界效果

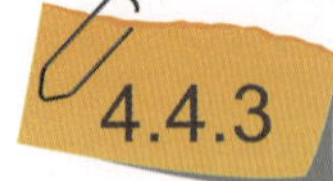

4.4.3 平滑选区

若要对选区进行平滑操作，可以选择“选择”→“修改”→“平滑”命令，弹出“平滑选区”对话框，适当设置参数值，如图4-85所示。设置完成后单击“确定”按钮，选区效果如图4-86所示。

图4-85 “平滑选区”对话框

图4-86 平滑选区

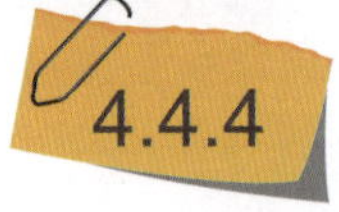

4.4.4 扩展/收缩选区

若要对选区范围进行扩展或收缩，先在文档中创建选区，如图4-87所示。选择“选择”→“修改”→“扩展”或“收缩”命令，弹出“扩展选区”（或“收缩选区”）对话框，设置“扩展量”（或“收缩量”）参数，如图4-88所示。单击“确定”按钮，即可扩展（或收缩）选区，如图4-89所示。

图4-87 创建选区

图4-88 “扩展选区”对话框

图4-89 扩展选区效果

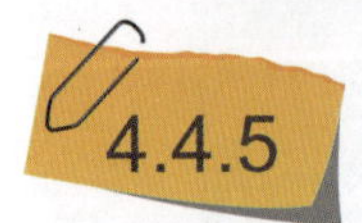

4.4.5 羽化选区

若要使选区边缘柔化，先在文档中创建选区，如图4-90所示。选择“选择”→“修改”→“羽化”命令，弹出“羽化选区”对话框，适当设置“羽化半径”值，如图4-91所示，羽化效果如图4-92所示。

图4-90 创建选区

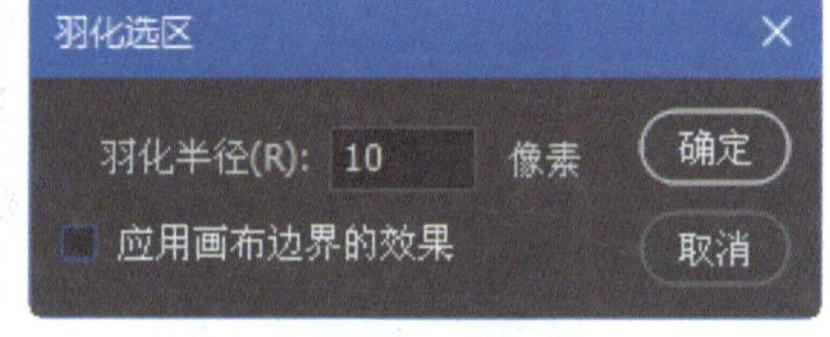

图4-91 “羽化选区”对话框

图4-92 羽化效果

Tips 快捷的羽化选区方式。

除了执行“羽化”命令羽化选区外，在很多创建选区的工具选项栏中都有“羽化”选项。如果使用熟练，用户可以在创建选区时就直接将其羽化，这样可以提高工作效率。

“羽化选区”对话框中包含一个“应用画布边界的效果”选项，当选区位于画布中间时，此选项没有任何作用。当选区靠近画布边界时，选择该复选框，边界一侧的选区将出现明显的羽化效果。

如果创建的选区半径小于羽化半径，例如，选区羽化值为100像素，而创建的选区只有80像素，则会弹出“警告”对话框，如图4-93所示。单击“确定”按钮后，虽然在画布中无法看到选区，但它仍然存在。

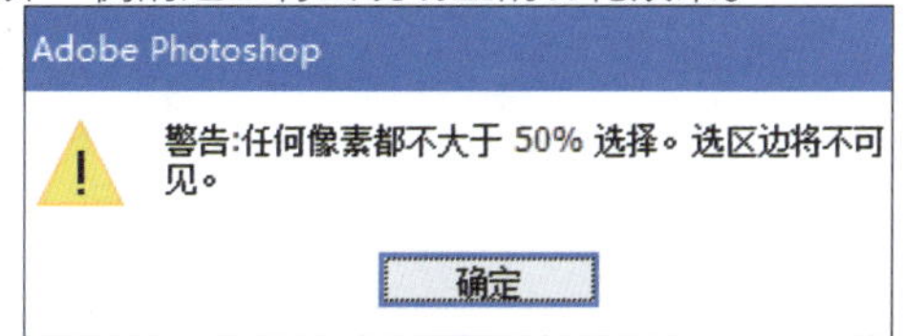

图4-93 “警告”对话框

应用案例 为人物打造简易妆容

源文件：源文件\第4章\4-4-5.psd　　视　频：视频\第4章\为人物打造简易妆容.mp4

STEP 01 选择“文件”→“打开”命令，打开素材图像“素材\第4章\45601.jpg”，并按【Ctrl+J】组合键复制“背景”图层，如图4-94所示。使用“钢笔工具”沿着人物唇部创建路径，如图4-95所示。

图4-94 复制图层

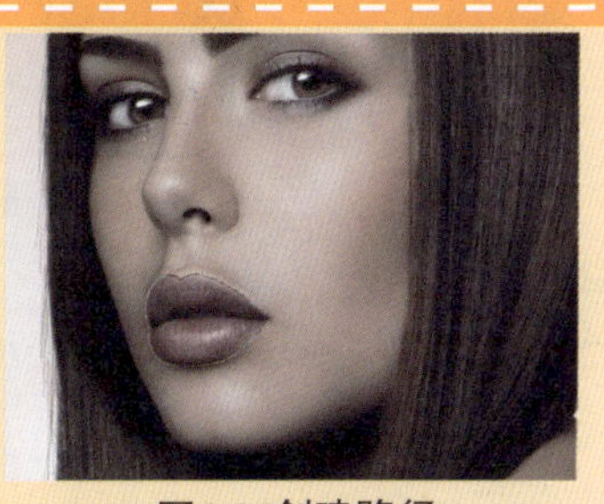
图4-95创建路径

STEP 02 单击鼠标右键，在弹出的快捷菜单中选择“建立选区”命令，弹出“建立选区”对话框，设置“羽化半径”值为5像素，如图4-96所示。单击“确定”按钮，按【Ctrl+U】组合键，在弹出的“色相/饱和度”对话框中提高图像的饱和度，如图4-97所示。

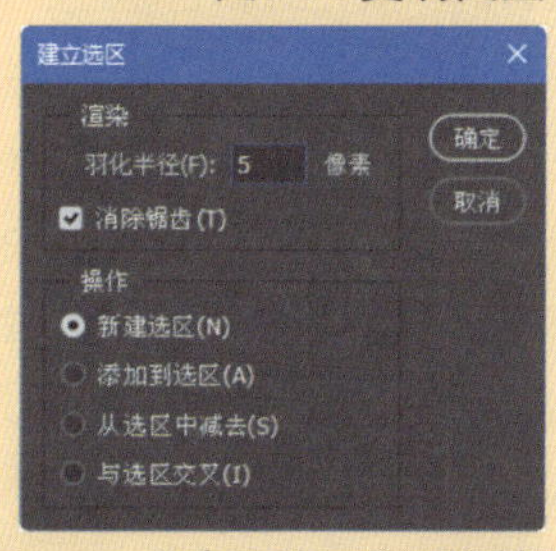

图4-96 “建立选区”对话框

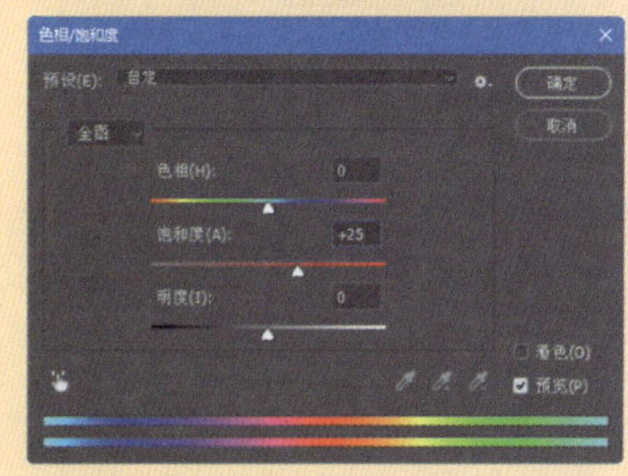
图4-97 “色相/饱和度”对话框

图4-98 图像效果

图4-99 创建选区

STEP 03 单击“确定”按钮，图像效果如图4-98所示。按【Ctrl+D】组合键取消选区。设置选项栏上的“羽化”值为20像素，使用“套索工具”在人物眼周创建选区，如图4-99所示。

STEP 04 单击工具箱中的“渐变工具”按钮，单击选项栏上的渐变预览条，打开“渐变编辑器”面板，设置各项参数如图4-100所示。在“图层”面板中新建“图层2”图层，拖曳填充渐变色，效果如图4-101所示。

STEP 05 取消选区，按【Ctrl+I】组合键反相图像，效果如图4-102所示。在“图层”面板中设置该图层的“混合模式”为“柔光”，“不透明度”为50%，如图4-103所示。

STEP 06 使用“橡皮擦工具”擦除多余的部分，如图4-104所示。用相同的方法完成另一只眼睛眼影的制作，按【Ctrl+Shift+Alt+E】组合键盖印图层，图像效果如图4-105所示。

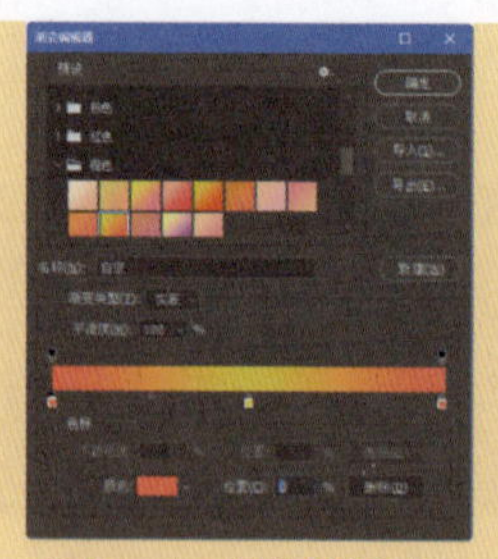
图4-100 设置渐变色

图4-101 填充渐变

图4-102 反相图像

图4-103 “图层”面板

图4-104 擦除图像

图4-105 制作另一边眼影并盖印图层

4.4.6 扩大选取与选取相似

“扩大选取”与“选取相似”命令都是用来扩展当前选区的，执行这两个命令时，Photoshop会基于“魔棒工具”选项栏中的容差值来决定选区的扩展范围，容差值越高，选区扩展的范围就越大。

- 扩大选取：选择“选择”→“扩大选取”命令时，Photoshop会查找并选择与当前选区中的像素色调相近的像素，从而扩大选择区域。执行该命令只扩大到与选区相连接的区域。
- 选取相似：选择“选择”→“选取相似”命令时，Photoshop会查找并选择与当前选区中的像素色调相近的像素，从而扩大选择区域。该命令可以查找整个图像，包括与原选区不相邻的像素。

单击工具箱中的“魔棒工具”按钮，在选项栏中设置“容差”值为50，在图像中单击创建选区，如图4-106所示。选择“选择”→“扩大选取”命令，效果如图4-107所示。选择“选择”→“选取相似”命令，效果如图4-108所示。

图4-106 创建选区

图4-107 扩大选取效果

图4-108 选取相似效果

4.4.7 选择并遮住

使用Photoshop抠图时，遇到类似毛发和树丛等不规则边缘图像时，由于无法完全准确地建立选区，抠完后的图像会残留背景中的杂色（这种杂色统称为白边）。通过使用“选择并遮住”功能，可以很好地解决此类问题，提高选区边缘的品质。

打开素材图像并在图像中创建人物选区，选择“选择”→“选择并遮住”命令或单击任意选框工具选项栏中的“选择并遮住”按钮，界面右侧将打开“属性”面板，左侧将打开工具箱，如图4-109所示。

图4-109 “属性”面板和工具箱

- 视图：用来设置当前创建的选区在画布中的显示模式，文字左侧显示为当前视图的显示模式，单击该模式，在打开的下拉列表框中共有7种模式可供用户选择。用户可以通过设置“不透明度”数值，控制选区的显示效果。
- 显示边缘：选择该复选框，将会显示调整区域的范围。
- 显示原稿：选择该复选框，将显示原始选区。
- 高品质预览：选择该复选框，将以原图像品质预览调整效果。选择该复选框有可能影响操作的更新速度。
- 半径：使用各种调整工具在画布中进行涂抹时，可以通过设置“半径”数值调整边缘区域的大小。
- 智能半径：可以配合“半径”选项使用，会自动检测选区边缘的像素，对选区边缘进行智能细化。
- 平滑：可对选区边缘比较生硬的区域进行平滑处理。
- 羽化：对选区边缘进行羽化处理。
- 对比度：用于增加对比度，可以使选区内的图像显示更加清晰。
- 移动边缘：可以将当前选区范围向内侧或向外侧以百分比的方式进行扩大或缩进。
- 清除选区：单击该按钮，将删除现有选区。
- 反相：单击该按钮，将蒙版的颜色反相。
- 净化颜色：可以控制选区边缘进行细化处理后区域的颜色范围。
- 数量：用来控制净化颜色的数值，该数值的范围为0~100%，默认为50%。
- 输出到：可以选择对选区边缘进行细化处理后的输出方式，默认输出方式为“选区”。除此之外，还有“图层蒙版”“新建图层”“新建带有图层蒙版的图层”“新建文档”和“新建带有图层蒙版的文档”5种输出方式。
- 记住设置：记住当前的设置，在下次进行调整边缘操作时可以按照当前已设置的属性进行设置。

工具箱中包含“快速选择工具”“调整边缘画笔工具”“画笔工具”“对象选择工具”“套索工具”“多边形套索工具”“抓手工具”和“缩放工具”8种工具，如图4-110所示。

图4-110 工具箱

- 快速选择工具：使用该工具单击或单击并拖动要选择的区域时，会根据颜色和纹理相似性进行快速选择。单击选项栏中的“选择主体”按钮，即可自动选择图像中最突出的主体。
- 调整边缘画笔工具：使用该工具可以精确调整发生边缘调整的边框区域。
- 画笔工具：使用该工具可按照两种简便的方式微调选区。在添加模式下，绘制想要选择的区域；在减去模式下，绘制不想选择的区域。
- 对象选择工具：使用该工具可以在定义的区域内查找并自动选择对象。
- 套索工具：使用该工具可以创建精确的选区。

- 多边形套索工具：使用该工具可以绘制直线或自由选区。
- 抓手工具：使用该工具可以拖动图像画布。
- 缩放工具：使用该工具可以放大或缩小照片。

Tips

用户可以单击选项栏中的“减去”或“添加”按钮，设置右侧的画笔大小，添加或删减调整区域。

应用案例 合成悠闲的夏日午后

源文件：源文件\第4章\4-4-7.psd　　视　频：视频\第4章\合成悠闲的夏日午后.mp4

STEP 01 选择“文件”→“打开”命令，打开素材图像“素材\第4章\43301.jpg”，使用“快速选择工具”沿着人物边缘创建选区，如图4-111所示。

STEP 02 选择“选择”→“选择并遮住”命令，在打开的“属性”面板中设置“视图”为“黑底”，设置“不透明度”为100%，如图4-112所示。

图4-111 创建选区

图4-112 “黑底”视图

STEP 03 选择“属性”面板中的“智能半径”复选框，使用“调整边缘画笔工具”在图像中人物头发边缘涂抹，如图4-113所示。涂抹完成后设置“全局调整”各项参数的值如图4-114所示。

STEP 04 单击“确定”按钮，得到如图4-115所示的选区效果。打开背景素材“素材\第4章\43302.jpg”，如图4-116所示。

图4-113 涂抹发丝

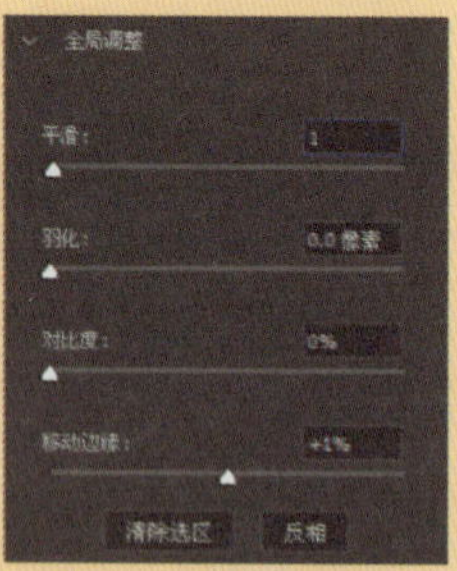

图4-114 调整边缘

图4-115 选区效果

图4-116 打开图像

STEP 05 使用“移动工具”将抠出的人物拖入到打开的背景素材中，并调整其位置和大小，如图4-117所示。使用“套索工具”在人物头顶创建选区，并选择“编辑”→“变换”→“变形”命令，对选区中的图像进行变形，如图4-118所示。

图4-117 拖入素材

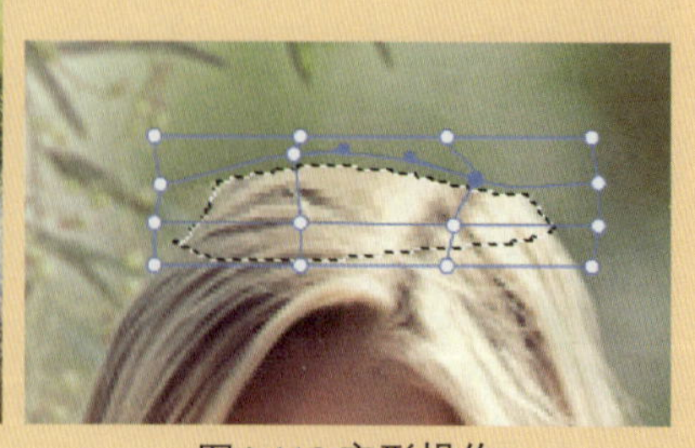

图4-118 变形操作

STEP 06 单击“图层”面板底部的“创建新的填充和调整图层”按钮，新建“亮度/对比度”调整图层。在打开的“属性”面板中设置参数值，单击“此调整影响下面的图层”按钮，如图4-119所示。图像效果如图4-120所示。

STEP 07 按【Shift+Alt+Ctrl+E】组合键，盖印可见图层，得到“图层 2”图层。选择“滤镜”→“渲染”→“镜头光晕”命令，在弹出的“镜头光晕”对话框中设置参数值，如图4-121所示。单击“确定”按钮，图像效果如图4-122所示。

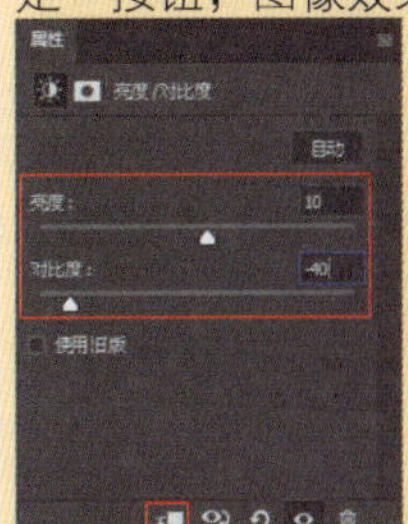
图4-119 “属性”面板

图4-120 图像效果

图4-121 “镜头光晕”对话框

图4-122 图像效果

STEP 08 选择“滤镜”→“锐化”→“USM锐化”命令，在弹出的“USM锐化”对话框中设置参数值，如图4-123所示。单击“确定”按钮，图像效果如图4-124所示。

图4-123 “USM锐化”对话框

图4-124 图像效果

Tips

在“镜头光晕”对话框中为图像添加光晕时，需要在对话框的小预览图中单击并拖动鼠标定义光晕的位置，然后再设置光晕的亮度等参数值。

4.5 编辑选区

在图像中创建选区时，有时需要对选区进行编辑和调整，如进行缩小、放大和旋转等操作。另外，为选区描边和隐藏/显示选区也属于编辑选区的范畴，这些操作能够帮助用户更加灵活地使用选区。

4.5.1 变换选区

选择“选择”→“变换选区”命令，可以像自由变换图像一样对选区进行缩放、旋转等变形操作，该命令只针对选区，对选区中的图像没有任何影响。

执行“变换选区”命令后，将在选区四周出现变换框，它的操作方式与变换图像相同，此处不再赘述。

为花朵添加露珠

源文件：源文件\第4章\4-5-1.psd　　视　频：视频\第4章\为花朵添加露珠.mp4

STEP 01 选择“文件”→“打开”命令，打开素材图像“素材\第4章\46101.jpg”，并按【Ctrl+J】组合键复制“背景”图层，如图4-125所示。选择“图像”→“自动色调”命令，图像效果如图4-126所示。

图4-125 复制图层

图4-126 自动色调

STEP 02 在选项栏中设置“羽化”值为2像素，使用“椭圆选框工具”在图像中创建如图4-127所示的选区。选择“选择”→“变换选区”命令，对选区进行精确调整，使其完全契合露珠的轮廓，如图4-128所示。

图4-127 创建选区

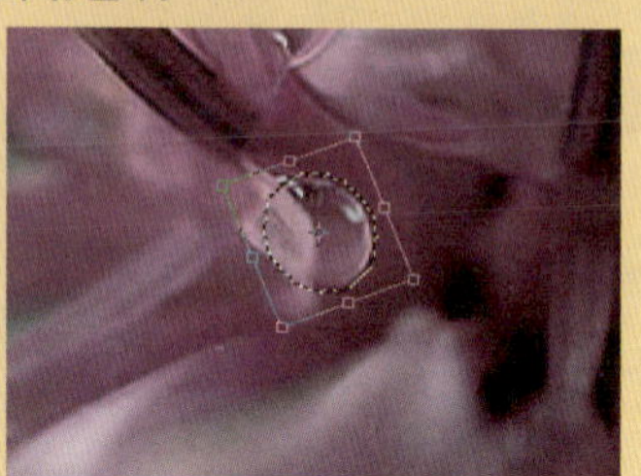

图4-128 变换选区

STEP 03 按【Ctrl+J】组合键复制选区内的图像，并将其调整到合适位置与大小，如图4-129所示。使用“橡皮擦工具”擦除多余的部分，如图4-130所示。

图4-129 变换图像

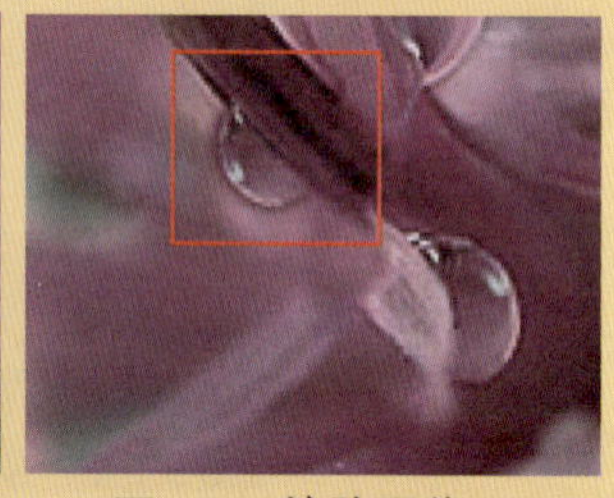

图4-130 擦除图像

STEP 04 用相同的方法选取其他的露珠并多次复制调整位置和大小，如图4-131所示。在“图层”面板中选中“图层2”及其全部副本图层，选择“图层”→“图层编组”命令，将图层编组，如图4-132所示。

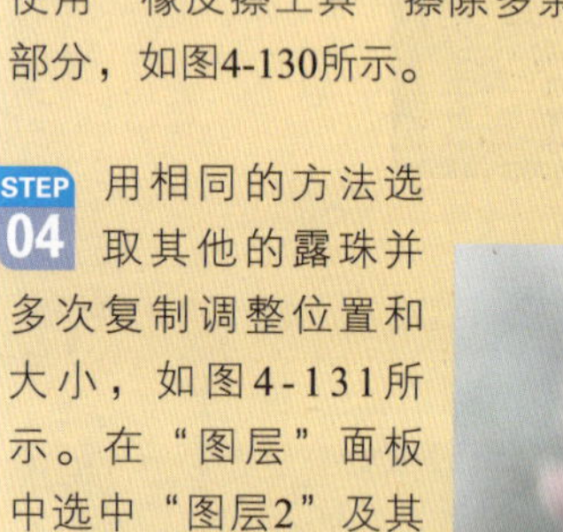

图4-131 复制其他露珠

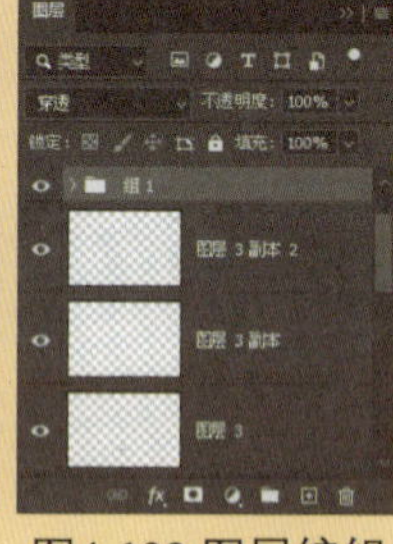

图4-132 图层编组

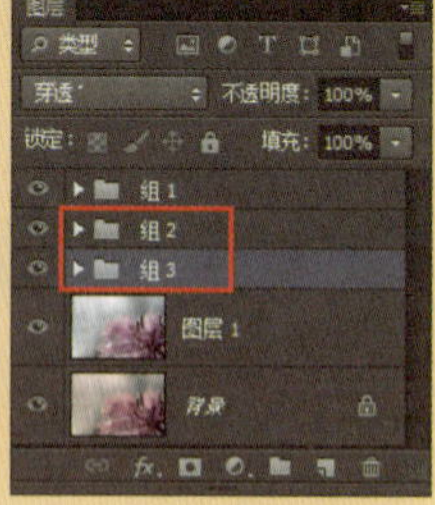

图4-133 图层编组

STEP 05 用相同方法将其他露珠图层分别编组，如图4-133所示。按【Shift+Alt+Ctrl+E】组合键盖印图层，按【Ctrl+B】组合键，在弹出的“色彩平衡”对话框中设置参数，如图4-134所示。

STEP 06 选择“滤镜”→“锐化”→“USM锐化”命令，在弹出的“USM锐化”对话框中设置各项参数，如图4-135所示。单击“确定”按钮，图像效果如图4-136所示。

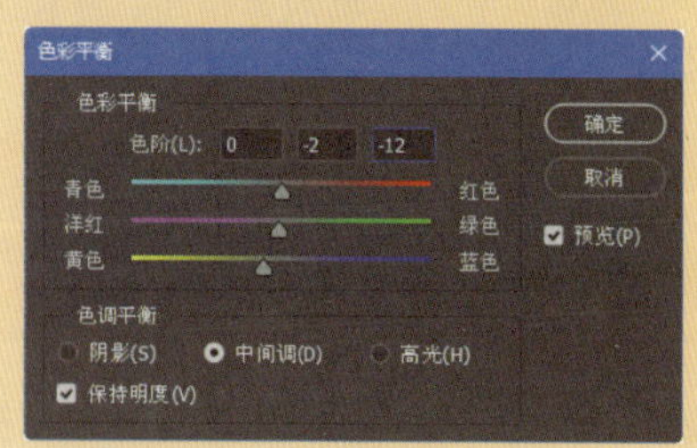

图4-134 “色彩平衡”对话框

图4-135 “USM锐化”对话框

图4-136 图像效果

在复制并调整露珠时，不同露珠的颜色、亮度和形状过于相似会显得很不自然，用户可以在变换图像时执行“扭曲”或“变形”操作，对露珠的外形做较大幅度的调整。另外，还可以根据画面整体感觉使用“色阶”命令调整露珠亮度，或更改图层的“不透明度”。

4.5.2 为选区描边

打开一副素材图像，在图像中创建一个选区。选择“编辑”→“描边”命令，弹出“描边”对话框，适当设置描边的“宽度”和“位置”参数，如图4-137所示。单击“确定”按钮，得到选区描边效果，如图4-138所示。

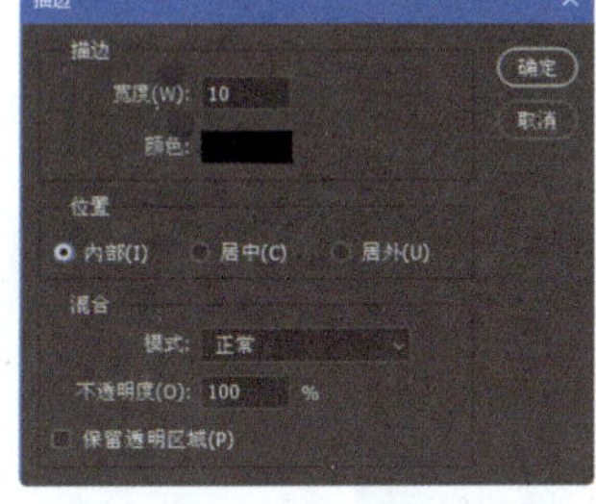

图4-137 “描边”对话框

图4-138 描边效果

- 宽度：用于设置描边的宽度。设置的数值越大，描边越粗。
- 颜色：用于设置描边的颜色。用户可以单击颜色块，在弹出的“拾色器（描边颜色）”对话框中选取描边颜色。
- 位置：用于指定描边的位置是在当前选区的内部、居中还是居外。
- 模式：用于设置描边颜色与图像中其他颜色的混合模式，与图层“混合模式”类似。图4-138所示的描边模式为“正常”，图4-139所示为“叠加”模式的描边效果。
- 不透明度：设置描边的不透明度。

图4-139 “叠加”模式

- 保留透明区域：如果当前图层中含有透明区域，选择该复选框后，当描边的范围与透明区域重合时，重合的部分将保留透明效果。换而言之，如果在新建的透明图层中描边，并选择“保留透明区域”复选框，则完全没有效果。

如果文档中含有透明区域，那么在“描边”对话框中选择“保留透明区域”复选框后，不会将描边效果应用到透明区域。如果在新建的透明图层中描边，并选择“保留透明区域”复选框，则完全没有效果。

4.5.3 隐藏和显示选区

选择“视图”→“显示额外内容”命令，或按【Ctrl+H】组合键，可以将图像中的选区隐藏。如果想再次显示选区，只需重新选择“视图”→“显示额外内容”命令或按【Ctrl+H】组合键即可。

隐藏选区后虽然选区在图像中不可见，但是依然起作用，此后进行的操作同样针对的至只是选区内的图像。

操作时隐藏选区是为了避免选区的蚂蚁线妨碍视线，从而影响调整效果，所以隐藏选区一般都是临时的，操作完成后就会马上重新显示选区。

4.6 存储和载入选区

在Photoshop中，选区与图层、通道、路径和蒙版之间的关系非常密切，除了前面所讲的创建和编辑选区的方法外，Photoshop还提供了存储选区的命令。

存储选区就是将现有选区永久保存下来以便随时调用，载入选区就是将存储的选区调出来重新使用。

4.6.1 使用命令存储选区

将现有的选区保存起来，方便以后随时使用，可有效提高工作效率。存储选区的方法有很多种，使用“存储选区”命令是常用的存储方法之一。

在文档中创建选区后，如图4-140所示，选择“选择”→“存储选区”命令，弹出“存储选区”对话框，如图4-141所示。可以在此对话框中设置选区的名称和存储方式等属性，单击“确定”按钮，即可将选区存储为新的通道，如图4-142所示。

图4-140 创建选区

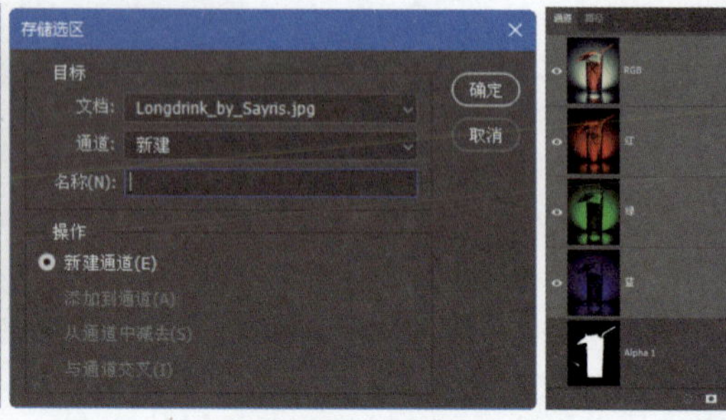

图4-141 “存储选区”对话框　图4-142 存储选区

- 文档：在下拉列表框中可以选择保存选区的目标文件。默认情况下选区保存在当前文档中，也可选择将其保存在一个新建的文档中。
- 通道：用于指定选区保存的通道，可以选择将选区保存到一个新建的通道中，或保存到其他已经存在的通道中。
- 名称：用来指定选区的名称。如果不指定名称，系统会以Alpha1、Alpha2、Alpha3…的方式依次命名。
- 新建通道：可以将当前选区存储在新通道中。
- 添加到通道：将选区添加到目标通道的现有选区中。
- 从通道中减去：从目标通道内的现有选区中减去当前的选区。
- 与通道交叉：从当前选区和目标通道中的现有选区交叉的区域中存储一个选区。

Tips 通道中选区的表现方式。

通道最大的作用就是用来保存选区，包括图像中原有的颜色通道，也可以视其为各种颜色的选区。通道中的白色代表选择区域，黑色代表非选择区域，而不同程度的灰色则代表不同透明程度的半透明区域或羽化区域。

4.6.2 使用通道保存选区

使用“存储选区”命令存储选区，会将选区存储在“通道”面板中。除了这种保存选区的方法外，用户还可以通过“通道”面板直接存储选区。

在图像中创建选区，如图4-143所示，单击“通道”面板中的“将选区存储为通道”按钮，即可在“通道”面板中新建一个名为Alpha 1的通道，如图4-144所示。

“将选区存储为通道”属于“存储选区”命令的简化，它不弹出任何对话框，而是直接以默认方式和名称存储选区。

图4-143 创建选区

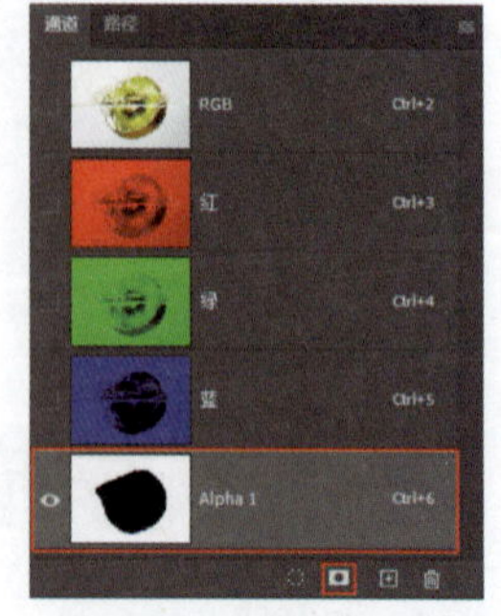

图4-144 “通道”面板

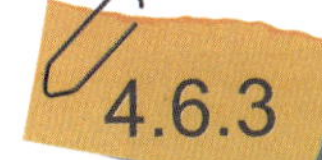

4.6.3 使用路径保存选区

在Photoshop中，选区和路径可以互相转换，也就是说任意选区都可以转换为路径，任意路径也可以转换为选区。使用路径存储的选区在转换时会出现形状的损失，尤其对于具有羽化效果的选区，在转换为路径后将无法记录羽化信息。

在文档中创建选区，单击“路径”面板下方的“从选区生成工作路径”按钮 ◇，即可将选区转换为路径，如图4-145所示。

双击生成的“工作路径”，弹出“存储路径”对话框，单击“确定”按钮，即可将路径存储，如图4-146所示。

图4-145 选区转换为路径

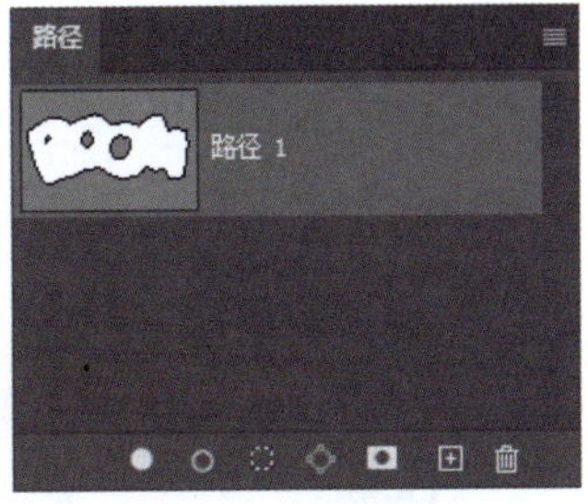

图4-146 存储路径

Tips 使用图层保存选区。

使用图层保存选区，就是将现有选区在“图层”面板上新建图层并填充颜色，或将选区内的图像进行复制，然后再以通道载入该图层选区的方式调用选区。严格来说，这种方法并不属于保存选区的操作，但是通过这种方法确实可以获得选区。

4.6.4 使用命令载入选区

存储选区后，如果需要将选区载入到图像中，可选择“选择”→“载入选区”命令，弹出“载入选区”对话框，如图4-147所示。选择存储的通道，单击“确定”按钮，即可载入选区。

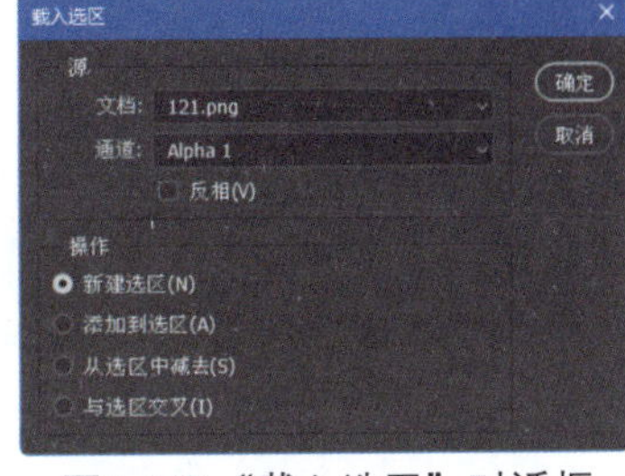

图4-147 “载入选区”对话框

- 文档：用来选择包含选区的目标文件。
- 通道：用来选择包含选区的通道。
- 反相：将载入的选区反相。
- 新建选区：用载入的选区替换当前选区。
- 添加到选区：将载入的选区添加到当前选区中。
- 从选区中减去：从当前选区中减去载入的选区。
- 与选区交叉：可以得到载入的选区与当前的选区交叉的区域。

4.6.5 将通道作为选区载入

选择需要载入的通道，单击“将通道作为选区载入”按钮，即可载入选区，“通道”面板如图4-148所示。载入的选区如图4-149所示。

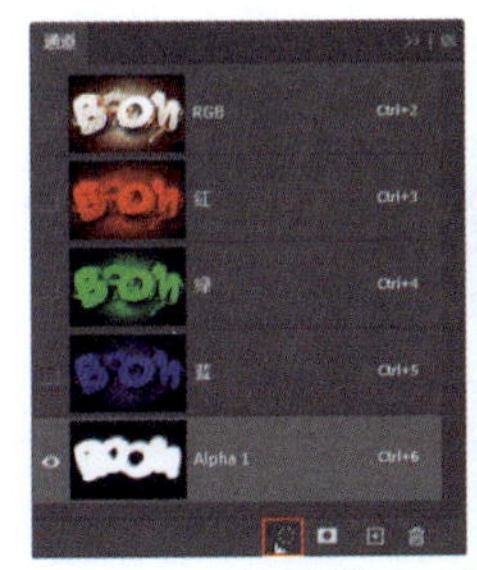

图4-148 “通道”面板

图4-149 载入选区

4.6.6 将路径载入选区

将路径载入选区有以下3种方法：

- 选择“窗口”→“路径”命令，打开“路径”面板，选中“路径”面板中的路径，按【Ctrl+Enter】组合键即可将当前路径转为选区。
- 在“路径”面板中选择需要载入的路径，单击面板下方的“将路径作为选区载入”按钮，即可将选区载入，如图4-150所示。

图4-150 “路径”面板

- 按住【Ctrl】键的同时单击“路径”面板中需要载入的路径缩览图，也可以将路径作为选区载入。

应用案例

存储选区制作霓虹灯字体

源文件：源文件\第4章\4-6-6.psd　视 频：视频\第4章\存储选区制作霓虹灯字体.mp4

STEP 01 打开素材图像“素材\第4章\47601.jpg”，如图4-151所示。在“字符”面板中设置各项参数后，使用“横排文字蒙版工具”输入如图4-152所示的文字，单击“提交当前所有编辑”按钮，完成选区创建。

图4-151 打开素材图像

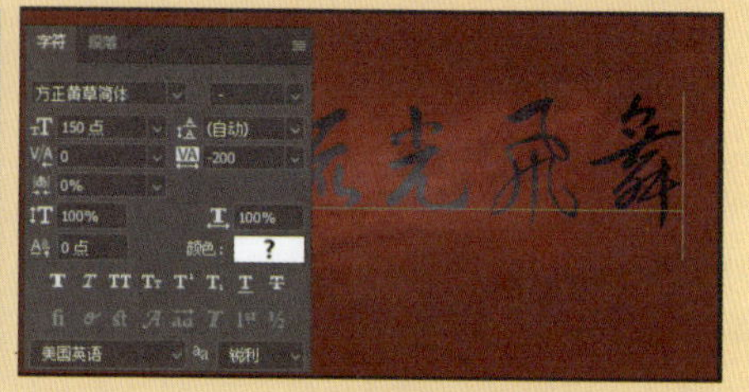
图4-152 输入文字选区

STEP 02 选择“选择”→“存储选区”命令，在弹出的对话框中设置选区的“名称”为“文字”，如图4-153所示。单击“确定”按钮。选择“选择”→“修改”→“羽化”命令，在弹出的对话框中设置“羽化半径”为10像素，单击“确定”按钮，羽化效果如图4-154所示。

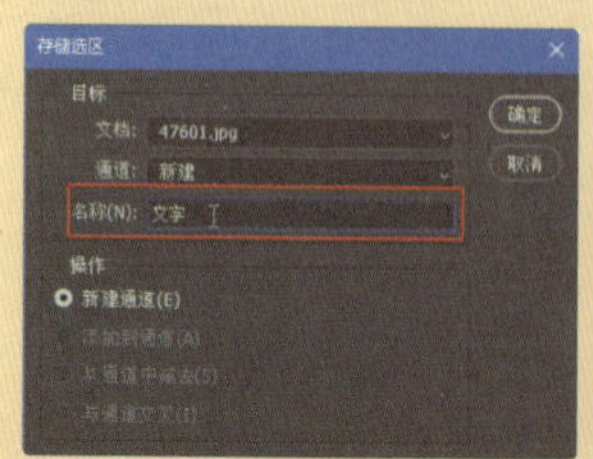

图4-153 “存储选区”对话框

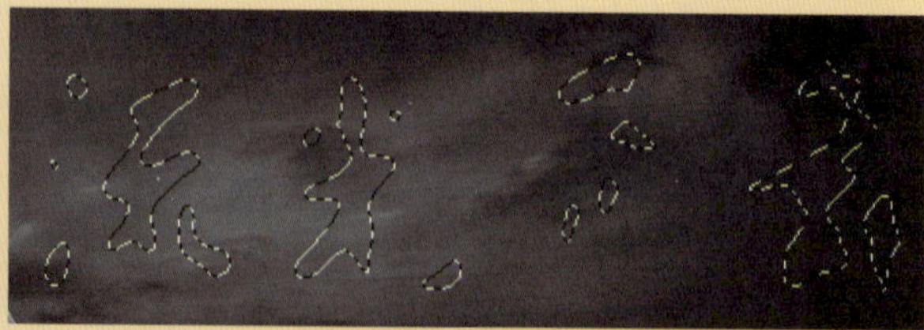
图4-154 羽化选区

STEP 03 选择“编辑”→“描边”命令，在弹出的“描边”对话框中设置各项参数，如图4-155所示。单击“确定”按钮，描边效果如图4-156所示。

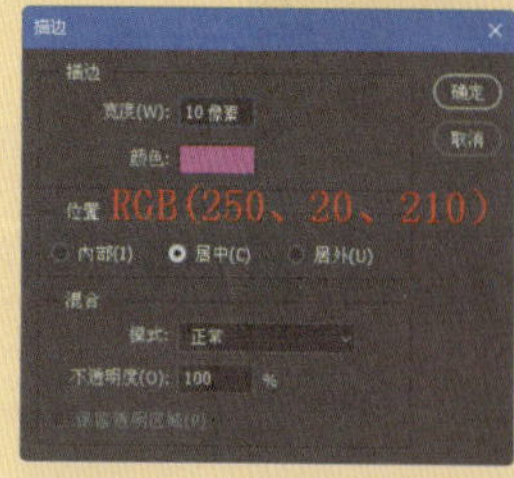

图4-155 “描边”对话框

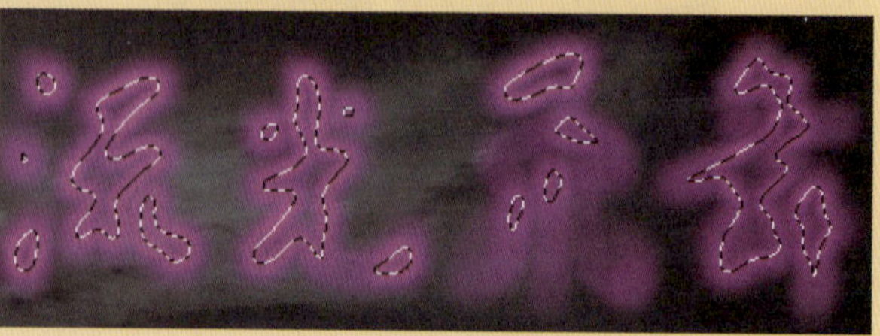
图4-156 描边效果

STEP 04 选择"选择"→"取消选择"命令，将选区取消。选择"选择"→"载入选区"命令，弹出"载入选区"对话框，选择载入"文字"选区，如图4-157所示。

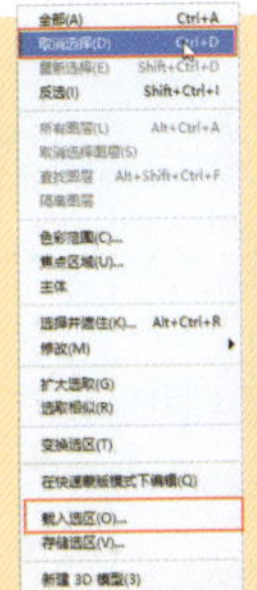

图4-157 载入选区

STEP 05 选择"编辑"→"描边"命令，在弹出的"描边"对话框中设置各项参数，如图4-158所示。单击"确定"按钮并取消选择区域，图像效果如图4-159所示。

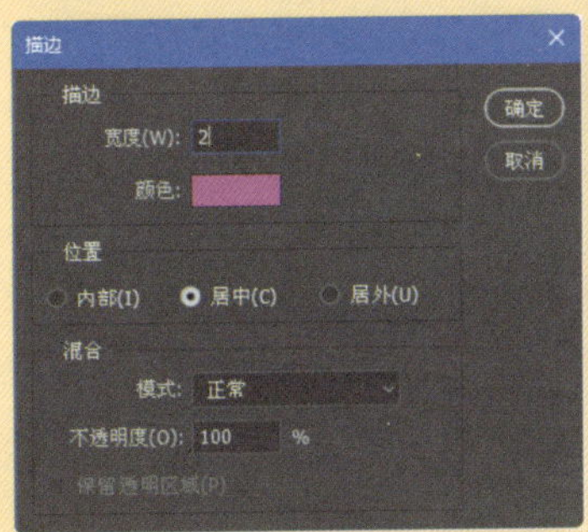

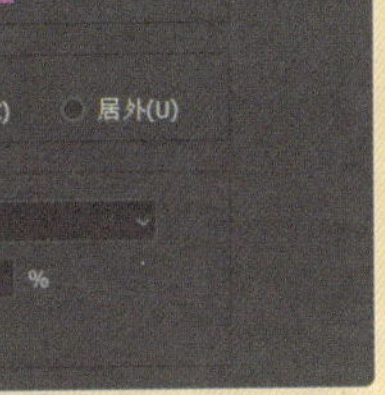

图4-158 "描边"对话框

图4-159 图像效果

4.6.7 将图层载入选区

"图层"面板中所有类型的图层都可以载入选区，如普通图层、形状图层或蒙版等。

载入图层选区的方法与通过路径载入选区的方法相同，按住【Ctrl】键的同时单击"图层"面板中需要载入选区的图层缩览图，即可载入该图层选区。

4.7 新建3D模型

在Photoshop CC 2020中，可以将选区直接转换为3D模型。在画布中创建选区后，选择"选择"→"新建3D模型"命令，如图4-160所示。即可将选区转换为3D模型，效果如图4-161所示。

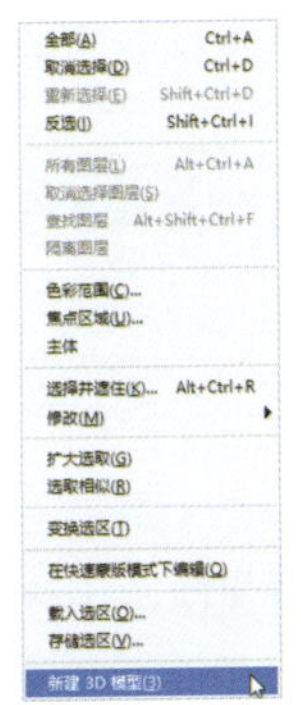

图4-160 执行菜单命令

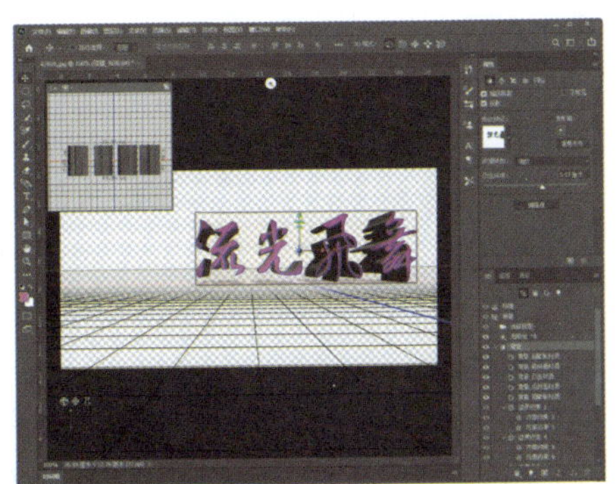

图4-161 将选区转换为3D模型

关于3D功能的相关内容，将在本书的第16章中详细介绍。

4.8 专家支招

图像处理从根本上讲就是对图像全局和局部像素进行控制和调整的过程，而局部调整图像的本质就是选区的创建和使用。

选区的创建和载入方法随着个人操作需要和使用习惯的不同而不同，用户完全可以只掌握其中的1~2种方法即可满足基本操作需求。其中，将图层载入选区是功能性强且使用频率比较高的操作。

4.8.1 将图层载入选区的常用方法

将图层载入选区在调色和合成操作中较为常见。例如，在调色时，如果只想针对人物皮肤进行调整而不影响图像中其他区域的像素，只需要涂抹出一个选区（蒙版）即可，之后的调整全部都可以直接调入这个蒙版的选区，如图4-162~图4-164所示。

图4-162 原始图像

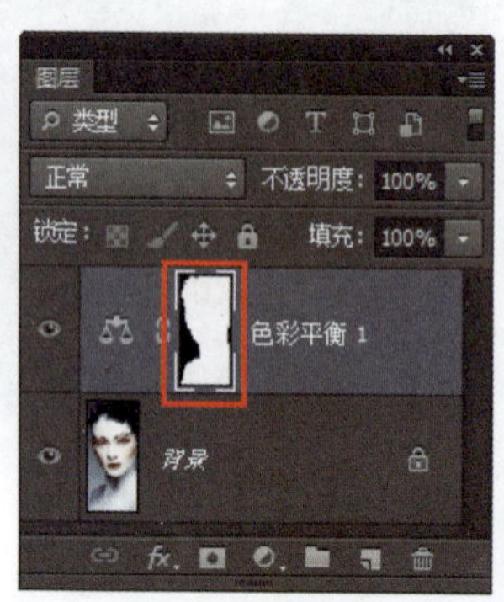

图4-163 定义蒙版

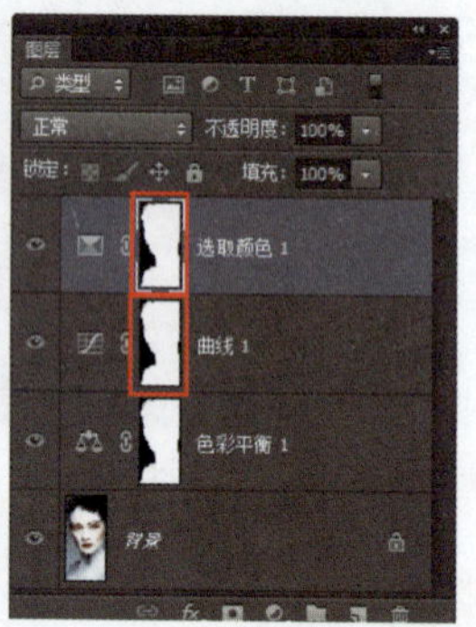

图4-164 多次载入蒙版选区

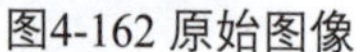

4.8.2 平滑选区和羽化选区的区别

平滑选区只能使选区轮廓变得圆滑，只影响选区的范围，而不会影响选区的透明度。羽化选区在改变选区轮廓的同时，还可以使选区边缘变淡，并出现逐渐透明的效果。

4.9 总结扩展

选区是设计者在使用Photoshop软件时首先要学习的基础功能，也是最重要的功能之一，是在Photoshop中实现其他效果的基础。可以说，选区操作的熟练程度是衡量一个设计者使用Photoshop软件处理图像水平的重要指标。

选区在Photoshop中的重要性毋庸置疑，使用选区不仅可以帮助设计者精准选择图像中的每一个区域，还可以控制这些区域中图像的效果。

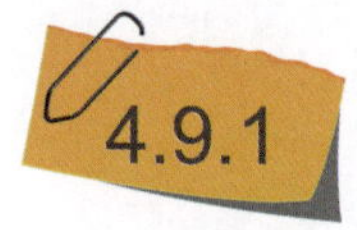

4.9.1 本章小结

本章对选区的创建及修改方法进行了详细讲解，从使用工具箱中的相关工具创建选区，再到使用相应菜单命令对选区进行修改及编辑都有详细介绍。选区是Photoshop中一个非常重要的工具，无论是复制图像、修改图像还是制作特效，都离不开选区。通过学习本章知识，读者需要掌握选区的创建及使用方式，并能在实际应用中熟练使用。

4.9.2 举一反三——制作美食新品宣传广告

案例文件：	光盘\源文件\第4章\4-9-2.psd
视频文件：	光盘\视频\第4章\制作美食新品宣传广告.mp4
难易程度：	★☆☆☆☆
学习时间：	15分钟

（1）

（2）

（3）

（4）

1. 新建文档，拖入素材至合适的位置。
2. 使用“矩形选框工具”创建多个选区并调整亮度，丰富背景效果。
3. 使用“圆角矩形工具”绘制图形，根据前面的制作方法绘制矩形，并拖入素材。
4. 使用“文字工具”在图像中输入相应的文字内容。

读书笔记

第5章 颜色的选择及应用

使用Photoshop处理图像的主要目的是为了制作出丰富的图像效果，所以仅有好的形状和图像效果是不够的。颜色模式的运用也非常重要，只有把形状和颜色结合在一起才能构成优秀的作品。颜色是图像中最本质的信息，所以在绘图之前要选择适当的颜色，这样才能制作出效果丰富的图像。

本章学习重点

第 104 页
使用“色域警告”校验颜色

第 112 页
为图片填充边框

第114页
“历史记录”填充凸显图像效果

第115页
使用“油漆桶工具”为图片填充颜色

5.1 颜色的基本概念

颜色是通过眼、脑和人们的生活经验所产生的一种对光的视觉效应。人们对颜色的感觉不仅仅由光的物理性质决定，而且往往会受到周围颜色的影响。颜色是图像绘制的基础，好的色彩搭配则是一副好作品的基础，所以掌握颜色使用的原理和操作非常重要。

5.1.1 色彩属性

色彩通常包括色相、饱和度和明度三大属性。

- 色相：是指色彩颜色。通常情况下，色相是由颜色名称标识的，如红、橙、黄等都是一种色相。
- 饱和度：是指颜色的强度或纯度。将一个彩色图像的饱和度降低为0，就会变成一个灰色的图像；增强饱和度就会增加其彩度。
- 明度：是指在各种图像色彩模式下，图形原色的明暗度。明度的调整就是明暗度的调整，明度的范围是0~255，共包括256种色调。例如，灰度模式就是将白色到黑色之间连续划分为256种色调，即由白到灰，再由灰到黑。

5.1.2 色彩模式

在Photoshop中，颜色模式决定了用来显示和打印Photoshop文档的色彩模式。Photoshop的颜色模式以建立好的描述和重现色彩的模式为基础。常见的颜色模式有RGB、CMYK和Lab。此外，Photoshop中还包括特别颜色输出的模式，如索引颜色和双色调。

不同的颜色模式所定义的颜色范围不同，其通道数目和文件大小也不同，所以它的应用方法也就各不相同。

- RGB模式：Photoshop中最为常用的一种颜色模式。这种模式可以节省内存和存储空间。在RGB模式下，用户能够方便地使用Photoshop中的所有命令和滤镜。图5-1所示为RGB颜色模式的图像。

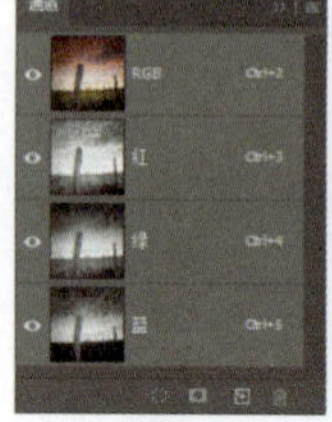

图5-1 RGB颜色模式图像

Tips RGB 颜色模式的应用原理?

RGB 模式由红、绿和蓝 3 种原色组合而成，每一种原色都可以表现出 256 种不同浓度的色调，3 种原色混合起来就可以生成 1 670 万种颜色，也就是常说的真彩色。大部分真彩色能够被肉眼看到，因此，RGB 颜色模式一般用于图像处理。

- CMYK模式：是一种印刷模式，这种模式会占用较多的磁盘空间和内存。此外，在这种模式下，有很多滤镜功能都不能使用。

理论上，将CMYK模式中的三原色，即青色、洋红色和黄色混合在一起可生成黑色。但实际上等量的C、M、Y三原色相混合并不能产生完美的黑色和灰色，因此加入了黑色。一张白纸进入印刷机后要被印4次，先被印上图像中青色的部分，再被印上洋红色、黄色和黑色部分，顺序如图5-3所示。

- 索引颜色模式：专业的网络图像颜色模式。在该颜色模式下，可生成最多包含256种颜色的8位图像文件，容易出现颜色失真。由于索引颜色模式有很多限制，所以只有灰度模式和RGB模式的图像才可以被转化为索引颜色模式。

编辑图像时有很大的不便。图5-2所示为CMYK颜色模式的图像。

图5-2 CMYK颜色模式图像

图5-3 CMYK颜色模式图像的印刷顺序

Tips 索引颜色模式的应用原理。

如果图像中的颜色超出色彩表中的颜色范围，Photoshop 会自动选取色彩表中最相近的颜色或使用已有的颜色模拟该种颜色。索引颜色模式可以减小文件大小，同时保持图像在视觉上的品质不变。

Tips 多图层图像使用索引颜色模式时需要注意什么?

如果为多图层图像，转换为索引颜色模式时，所有可见图层将被拼合，所有隐藏图层将被扔掉。

- 双色调模式：它不是一个单独的颜色模式，共包括4种不同的颜色模式：单色调、双色调、三色调和四色调。将图像转换为双色调模式前需要先将其转换为灰度模式。图5-4所示为双色调颜色模式的图像。

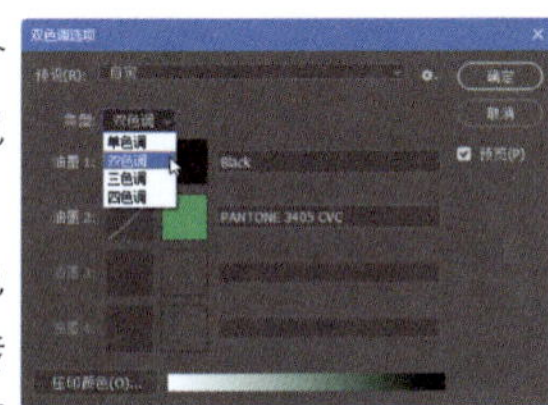

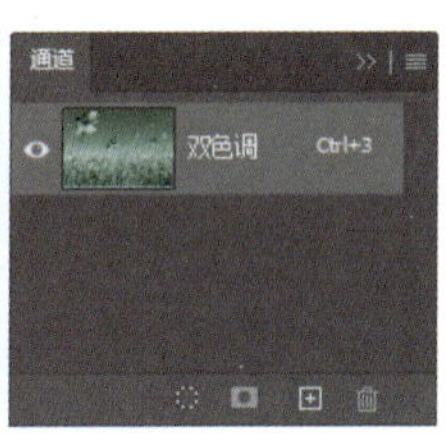

图5-4 双色调颜色模式图像

Tips

因为多色调效果可以让图像更具设计感，所以版面的编排设计有时会采用双色调的颜色模式。双色调颜色模式的应用原理就是扔掉图像中多余冗杂的色彩，使简化后的图像更引人注目。

- Lab模式：Lab模式中的数值描述了正常视力的人能够看到的所有颜色。在Lab模式中，L代表亮度分量；a代表了由绿色到红色的光谱变化；b代表由蓝色到黄色的光谱变化。图5-5所示为Lab模式的图像。

Tips 如何生成完全饱和的颜色?

要生成完全饱和的颜色，需要按降序指定油墨。颜色最深的位于顶部，颜色最浅的位于底部。

图5-5 Lab颜色模式图像

 Tips Lab 颜色模式的优势有哪些?

Lab 颜色模式是一种基于生理特征的颜色模型，它的使用与设备无关。设计师为了避免色彩损失，可以使用 Lab 模式编辑图像，再转换为 CMYK 颜色模式打印和输出。该模式也是 Photoshop 进行颜色模式转换时使用的中间模式。

- 位图模式：该模式只有黑色和白色两种颜色。因此，在这种模式下只能制作黑、白两种颜色的图像。将彩色图像转换成黑白图像时，必须先将其转换成灰度模式的图像，然后再转换成位图模式的图像。

Tips 位图颜色模式的优势有哪些?

彩色图像转换为位图模式后，色相和饱和度信息都会被删除，只保留亮度信息。即位图颜色模式只表现纯黑和纯白两种色彩。该模式适合制作黑白艺术图像或用于创作单色图形，只有灰度模式和双色调模式的图像才能够转换为位图模式图像。

- 灰度模式：能够表现出256种色调，利用256种色调可以表现出颜色过渡自然的黑白图像。

灰度模式的图像可以直接转换成黑白图像和RGB模式图像。同样，黑白图像和彩色图像也可以直接转换成灰度图像。图5-6所示为灰度颜色模式的图像。

图5-6 灰度颜色模式图像

- 多通道模式：该模式在每个通道中使用256灰度级。多通道图像对特殊的打印非常有用，例如，转换成双色调模式用于以Scitex CT格式打印。

用户可以按照以下准则将图像转换成多通道模式。

- 将一个以上通道合成的任何图像转换为多通道模式图像，原有通道将被转换为专色通道。
- 将彩色图像转换为多通道，新的灰度信息基于每个通道中像素的颜色值。
- 将CMYK图像转换为多通道，可以创建青色、洋红、黄色和黑色专色通道。
- 将RGB图像转换为多通道，可以创建青色、洋红和黄色专色通道。
- 从RGB、CMYK或Lab图像中删除一个通道，会自动将图像转换为多通道模式。

5.2 图像色彩模式的转换

在Photoshop中，可以自由转换图像的各种颜色模式。但是由于不同的颜色模式所包含的色彩范围不同，并且它们的特性存在差异，因而在转换时或多或少会丢失一些数据。此外，颜色模式与输出信息也息息相关。因此，在进行模式转换之前，就应该考虑到这些问题，尽量做到按照需求，适当、谨慎地处理图像颜色模式，避免产生不必要的损失，以获得高效率、高品质的图像。

在选择使用颜色模式时，通常要考虑以下几个问题：

- 图像输出和输入方式：若以印刷形式输出，则必须使用CMYK模式存储图像；若是在荧光屏上显示，则以RGB或索引颜色模式输出较多。输入方式通常使用RGB模式，因为该模式有较广的颜色范围和操作空间。
- 编辑功能：在选择模式时，需要考虑到在Photoshop中能够使用的功能。例如，CMYK模式的图像不能使用某些滤镜；位图模式的图像不能使用自由旋转、图层功能等。因此，在编辑时可以选择RGB模式来操作，完成编辑后再转换为其他模式进行保存。
- 颜色范围：不同模式下的颜色范围不同，所以编辑时可以选择颜色范围较广的RGB和Lab模式。
- 文件占用的内存和磁盘空间：不同模式保存的文件大小是不一样的。索引颜色模式的文件大小大约是RGB模式文件的1/3，而CMYK模式的文件又比RGB模式的文件大得多。为了提高工作效率，可以选择文件较小的模式。

5.2.1 RGB和CMYK模式之间的转换

要将图像转换为RGB和CMYK模式，只需选择“图像”→“模式”→“RGB颜色”命令和“图像”→“模式”→“CMYK颜色”命令即可。当一个图像在RGB和CMYK模式间经过多次转换后，会产生很大的数据损失。因此，应尽量减少转换次数或制作备份后再进行转换；或者在RGB模式下选择“视图”→“校样设置”→“工作中的CMYK”命令，查看在CMYK模式下图像的真实效果。

5.2.2 RGB模式和灰度模式之间的转换

在Photoshop中，只有灰度模式的图像才能转换为位图模式，要将其他模式的图像转换为位图模式，必须先将其转换成灰度模式。

应用案例 将RGB模式转换为灰度模式

源文件：无　　视　频：视频\第5章\将RGB模式转换为灰度模式.mp4

STEP 01 选择“文件”→“打开”命令，打开素材图像“素材\第5章\52201.jpg”，如图5-7所示。选择“图像”→“模式”→“灰度”命令，如图5-8所示。

图5-7 打开素材图像

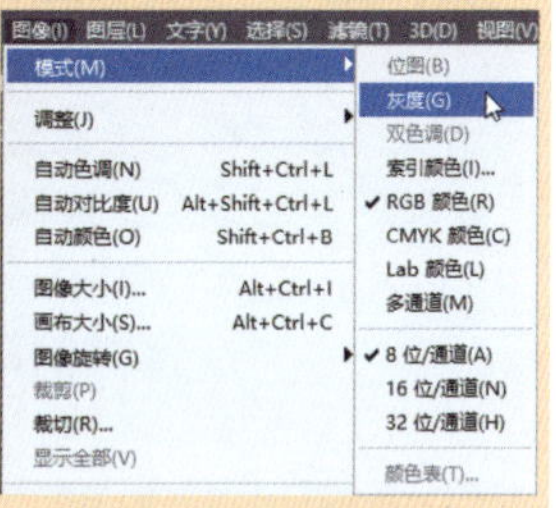

图5-8 选择“灰度”命令

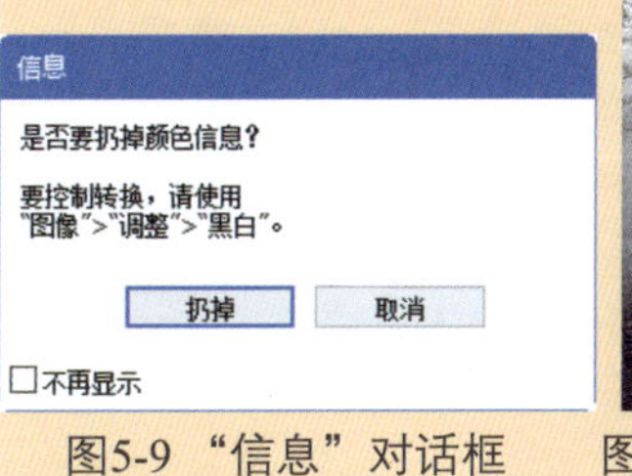

图5-9 “信息”对话框

图5-10 “灰度”图像效果

STEP 02 弹出“信息”对话框，如图5-9所示，单击“扔掉”按钮，即可将位图模式转换为灰度模式，效果如图5-10所示。

5.2.3 位图模式和灰度模式之间的转换

位图模式的图像是一种只有黑、白两种色调的图像。因此，转换成位图模式后的图像不具有256种色调，转换时会将中间色调的像素按指定的转换方式转换成黑白的像素。

在Photoshop中选择“图像”→“模式”→“位图”命令，弹出“位图”对话框，如图5-11所示。

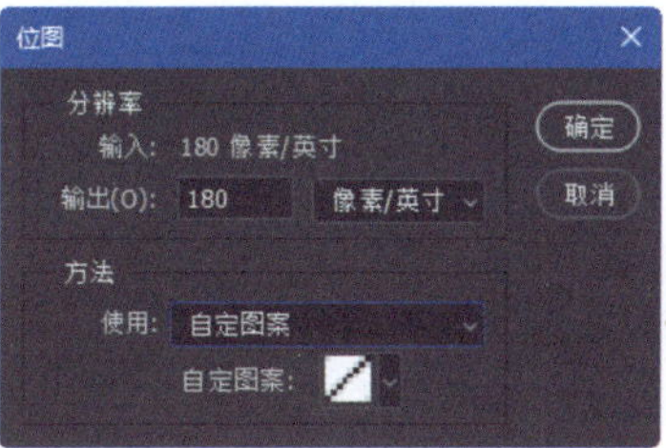

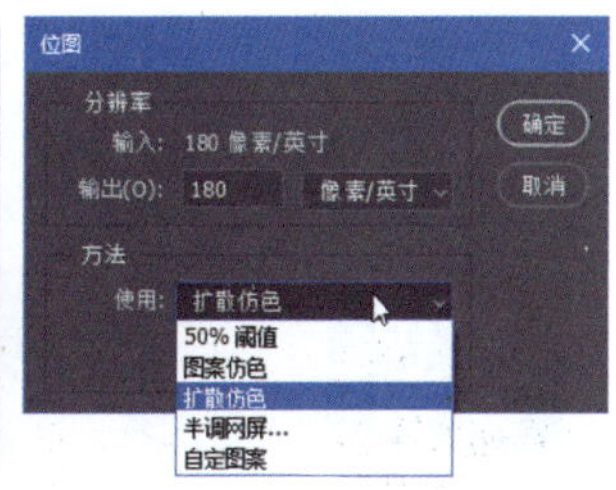

图5-11 “位图”对话框

- **分辨率**：用于设定图像的分辨率。“输入”选项中显示原图的分辨率。“输出”选项可设定转换后图像的分辨率。
- **方法**：用来设定转换为位图模式的方式，有以下5种方式。
  - **50%阈值**：将灰度值大于128的像素变成白色，灰度值小于128的像素变成黑色，得到一个高对比度的黑白图像。
  - **图案仿色**：通过将灰度级组织到黑白网点的几何配置来转换图像。
  - **扩散仿色**：通过使用从图像左上角像素开始的误差扩散过程来转换图像。如果像素明度高于中灰色阶128，变为白色；反之变为黑色。由于原来的像素不是纯白或纯黑，就不可避免地会产生误差。这种误差传递给周围像素并在整个图像中扩散，从而形成颗粒状、胶片似的纹理。

- 半调网屏：选择此选项转换时，单击“确定”按钮会弹出“半调网屏”对话框。其中“频率”文本框用于设置每寸或每厘米有多少条网屏线；“角度”文本框用于设置网屏的方向；“形状”下拉列表框用于选取网屏形状，有6种形状可供选择，分别为圆形、菱形、椭圆形、直线、方形和十字形。
- 自定图案：通过自定义半调网屏，模拟打印灰度图像的效果。这种方式允许将挂网纹理应用于图像，如木质颗粒。

应用案例

将灰度模式转换为位图模式

源文件：无　　视　频：视频\第5章\将灰度模式转换为位图模式.mp4

STEP 01 选择“文件”→“打开”命令，打开素材图像“素材\第5章\52202.jpg”，如图5-12所示。选择“图像”→“模式”→“位图”命令，弹出“位图”对话框，设置转换位图图像的方式和转换后的分辨率大小等参数，如图5-13所示。

图5-12 打开素材图像

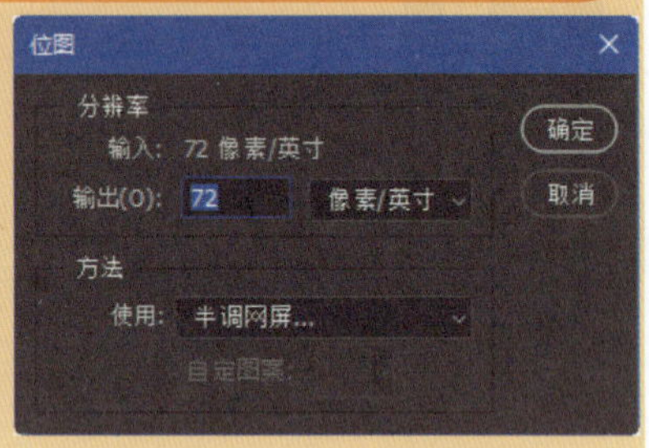

图5-13 “位图”对话框

STEP 02 单击“确定”按钮，弹出“半调网屏”对话框，设置“半调网屏”参数，如图5-14所示。设置完成后，单击“确定”按钮，即可将灰度模式图像转换为半调网屏方式下的位图模式图像，如图5-15所示。

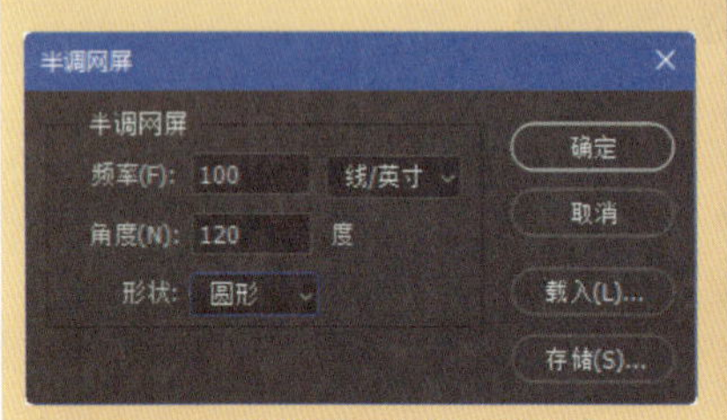

图5-14 “半调网屏”对话框

图5-15 图像效果

5.2.4 灰度模式和双色调模式之间的转换

在将图像转换为双色调模式之前，首先需要转换成灰度模式，因为只有灰度模式的图像才符合双色调模式的要求。下面通过实例讲解双色调模式的运用。

应用案例

将灰度模式转换为双色调模式

源文件：源文件\第5章\5-2-4.psd　视　频：视频\第5章\将灰度模式转换为双色调模式.mp4

STEP 01 选择“文件”→“打开”命令，打开素材图像“素材\第5章\52301.jpg”，如图5-16所示。选择“图像”→“模式”→“灰度”命令，在弹出的“信息”对话框中单击“扔掉”按钮，将图像去色，效果如图5-17所示。

图5-16 打开素材图像

图5-17 图像效果

STEP 02 选择“图像”→“模式”→“双色调”命令，弹出“双色调选项”对话框，如图5-18所示。在“类型”下拉列表框中选择“双色调”选项，如图5-19所示。

STEP 03 单击“油墨1”后面的曲线框，弹出“双色调曲线”对话框，可以在其中进行双色调曲线的相关设置，如图5-20所示。单击曲线框后面的颜色框，可弹出“拾色器”对话框，可在其中选择颜色，如图5-21所示。

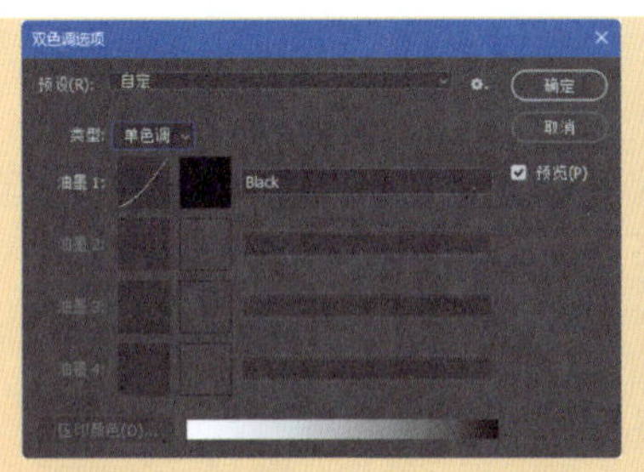

图5-18 “双色调选项”对话框

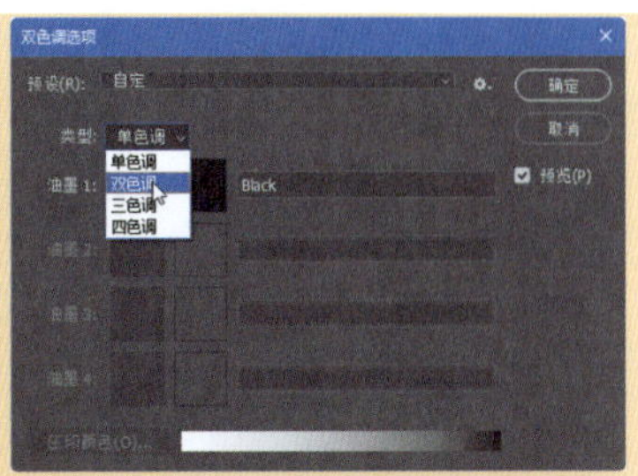

图5-19 选择类型

STEP 04 单击“油墨2”后面的曲线框，弹出“双色调曲线”对话框，进行双色调曲线的相关设置，如图5-22所示。单击曲线框后面的颜色框，可弹出“拾色器（墨水/颜色）”对话框，可在其中选择颜色，如图5-23所示。

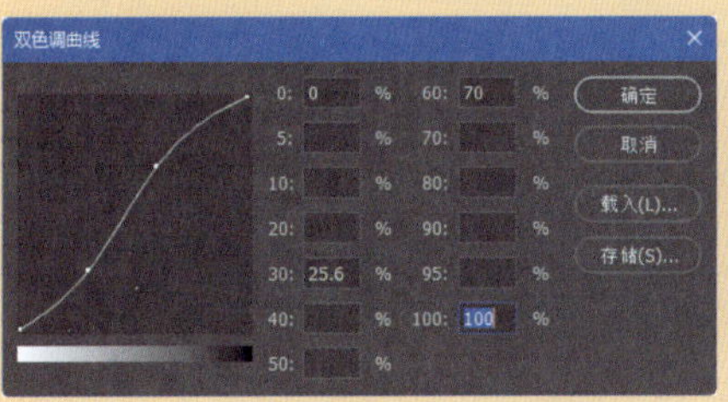

图5-20 “双色调曲线”对话框

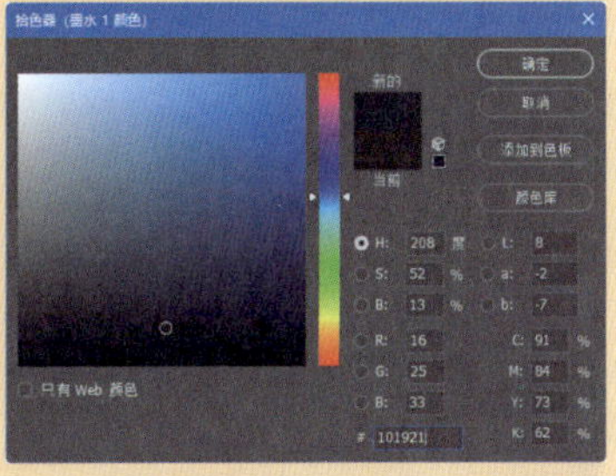

图5-21 “拾色器（墨水/颜色）”对话框

STEP 05 完成“拾色器”对话框的设置后，单击“确定”按钮，返回“双色调选项”对话框中，如图5-24所示。单击“确定”按钮，完成“双色调选项”对话框的设置，最终效果如图5-25所示。

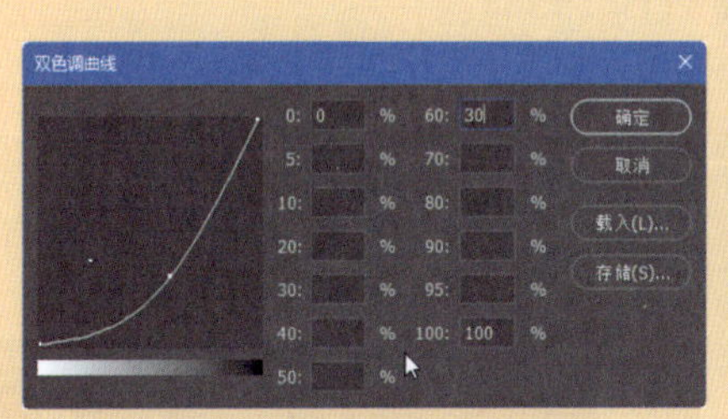

图5-22 “双色调曲线”对话框

图5-23 “颜色库”对话框

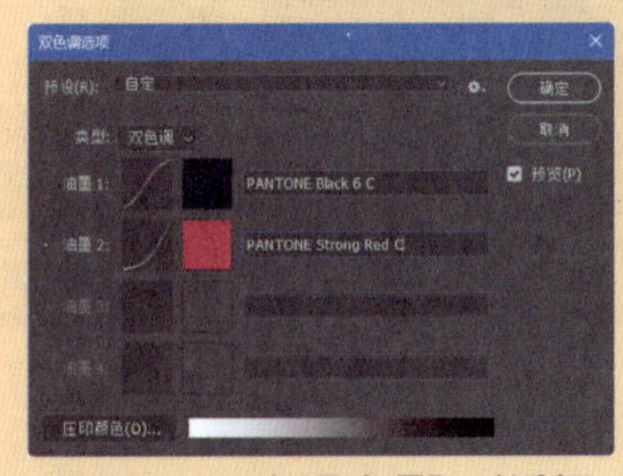

图5-24 “双色调选项”对话框

图5-25 最终效果

5.2.5 索引颜色模式转换

索引颜色模式是一种特殊的模式。这种模式的图像在网页图像中应用得比较广泛。例如，GIF格式的图像其实就是一个索引颜色模式的图像。当图像从某一种模式转换为索引颜色模式时，会删除图像中的部分颜色，而仅保留256色。

打开一幅素材图像，选择“图像”→“模式”→“索引颜色”命令，弹出“索引颜色”对话框，如图5-26所示，在该对话框中可以对各项参数进行设置。

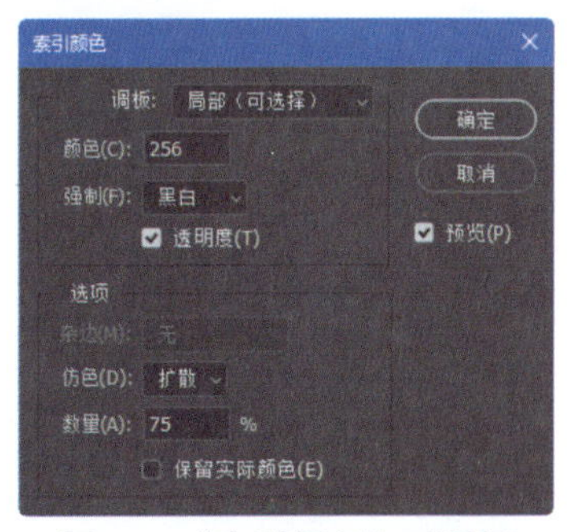

图5-26 “索引颜色”对话框

下面对“索引颜色”对话框中的各个选项进行讲解。

- 调板：用于选择转换图像的颜色表，“调板”下拉列表框中的选项可对实际、系统（Mac OS）、系统（Windows）、Web、平均、局部（可感知）、局部（可选择）、局部（随样性）、全部（可感知）、全部（可选择）、全部（随样性）、自定和上一个参数进行设置。
- 颜色：用于设定颜色数目的多少，取值范围为2~256像素之间的整数。
- 强制：在该下拉列表框中包含黑白、三原色、Web和自定4个选项。选择其中某个选项，以使强制颜色表中能包含相应的颜色。
  - 黑白：该选项将在颜色表中增加纯黑和纯白的颜色。
  - 三原色：该选项将在颜色表中增加红色、绿色、蓝色、青色、洋红色、黄色、黑色和白色。
  - Web：该选项将在颜色表中增加216种Web安全色。
  - 自定：该选项将让用户自行定义要增加的颜色。
- 透明度：若选择此复选框，可以在转换时保护透明区域。
- 杂边：在该下拉列表框中可以选择一种颜色，用于填充透明区域或透明区域边缘。
- 仿色：仿色选项会将可用颜色像素混合来模拟丢失颜色。其下拉列表框中包括以下几个选项。
  - 无：选中此选项后，Photoshop将不会采取不妨仿色，而只是把颜色表中与图像所要求的最接近的颜色加到图像中。这样往往会造成图像色彩的分离效果。
  - 扩散：采用误差扩散方式来模拟缺少的颜色，产生结构较松散的颜色。
  - 图案：使用类似半色调的几何图案，规则地加入近似色彩来模拟颜色表中没有的颜色。
  - 杂点：如果要将图像分割后应用于网页，选择该选项可以减少分割图像接缝处的锐利度。
- 数量：当选择仿色为扩散方式时，在此可指定扩散数量。
- 保留实际颜色：如果选择此复选框，可以防止所选调色板中已有的颜色被仿色。该复选框只有设置“仿色”为“扩散”时才有效。

当一个RGB图像转换成索引颜色模式后，“图像”→“模式”→“颜色表”命令会被激活，选择该命令可以弹出“颜色表”对话框，如图5-27所示。在其中可编辑或保存图像颜色，或者通过选择和安装其他的颜色表来改进图像颜色。在“颜色表”下拉列表框中有6种默认的颜色表可提供选择，如图5-28所示。

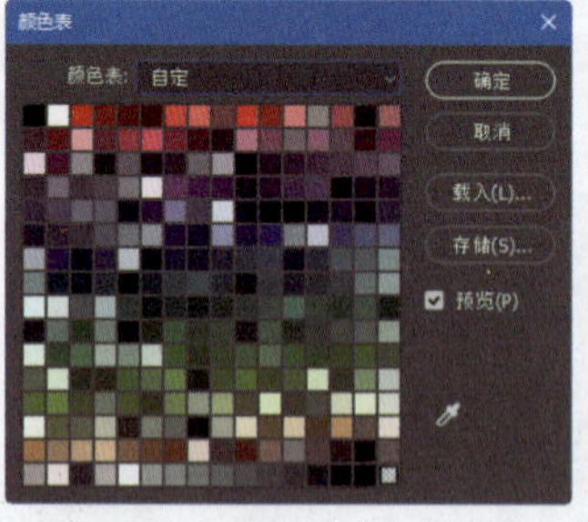

图5-27 “颜色表”对话框

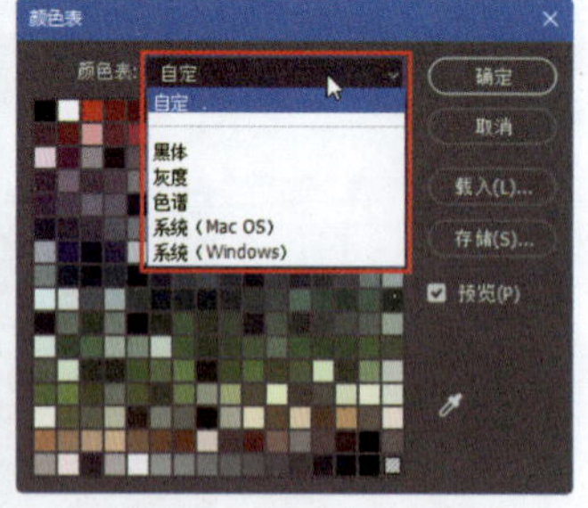

图5-28 默认颜色表

- 自定：显示当前图像的颜色表，即自定义颜色表。
- 黑体：当一个黑色物体被加热后，会由于温度的不断升高而产生从黑到红到橙到黄，最后到白的颜色。
- 灰度：从黑到白的256个灰度色调组成的颜色表。
- 色谱：基于自然光谱，即红、橙、黄、绿、青、蓝、紫建立的颜色表。
- 系统（Mac OS）：苹果公司提供的系统颜色表。
- 系统（Windows）：微软公司提供的系统颜色表。

Tips 操作技巧。

按住【Ctrl】键并单击颜色表中的方格，可以删除当前指定的颜色。按住【Alt】键并单击颜色表中的方格，可以将所选颜色指定为透明色。按住【Alt】键后，对话框中的“取消”按钮变为“复位”按钮，单击该按钮可以重新设置表格颜色。如果单击“存储”或“载入”按钮则可以弹出对话框，分别用于存储或安装颜色表。

Tips

单击“颜色表”对话框中的颜色方格，将会弹出“选择颜色”对话框，在其中可以编辑颜色表中的颜色。

5.2.6 Lab模式转换

Lab模式是颜色范围最广的一种颜色模式，它可以涵盖RGB和CMYK模式的颜色范围。同时，它是一种独立的模式，无论在什么设备中都能够使用并输出图像。因此，从其他模式转换为Lab模式时不会产生失真。若要将图像转换为Lab模式，只需选择“图像”→“模式”→“Lab颜色”命令即可，如图5-29所示。

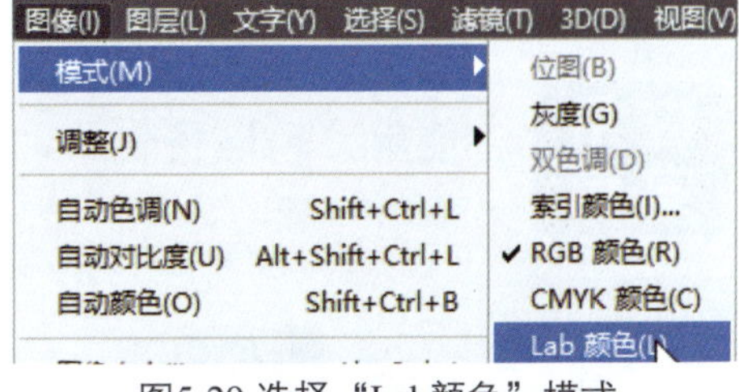

图5-29 选择“Lab颜色”模式

5.2.7 16位/通道模式

16位/通道模式的位深度为16位，每个通道可支持65 000种颜色，在16位模式下工作可以得到更精确的显示和编辑结果。想要转换成16位/通道模式，只需选择“图像”→“模式”→“16位/通道”命令即可，如图5-30所示。

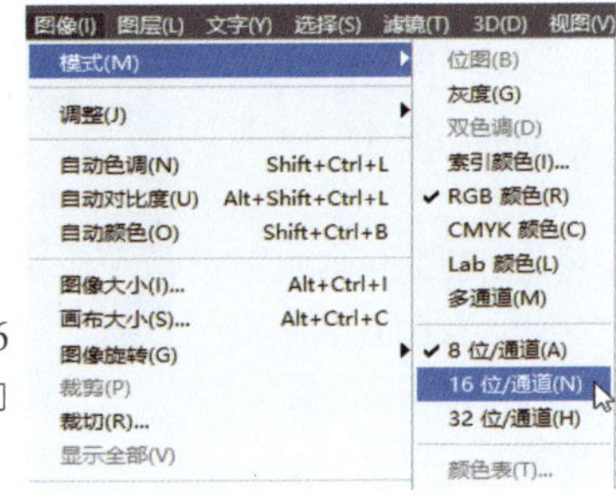

图5-30 选择“16位/通道”模式

Tips 16 位 / 通道与 8 位 / 通道之间的转换

在 16 位 / 通道图像中，Photoshop 只支持某些工具，如选框、套索、裁切、度量、缩放、抓手、钢笔、吸管、颜色取样器、修补和橡皮图章工具，同样也只支持某些命令，如羽化、修改、色调、自动色调、曲线、直方图、色相/饱和度、色彩平衡、色调均化、反相、通道混合器、图像大小、变换选取范围和旋转画布等。因此，为了方便操作，最好转换到 8 位 / 通道模式下工作，完成后再转换为 16 位 / 通道模式。

5.3 色域和溢色

由于色彩范围不同，导致计算机屏幕和印刷品两者之间的显示颜色存在一定的差异。简单来说，计算机上的显色原理是电子流冲击屏幕上的发光体使之发光来合成颜色，而印刷品的显色是通过油墨合成的。

5.3.1 色域

色域是指颜色系统可以显示或打印的颜色范围。RGB颜色模式的色域要远远超过CMYK颜色模式，所以当RGB图像转换为CMYK模式后，图像的颜色信息会损失一部分。这也是在屏幕上设置好的颜色与打印出来的颜色有差别的原因。

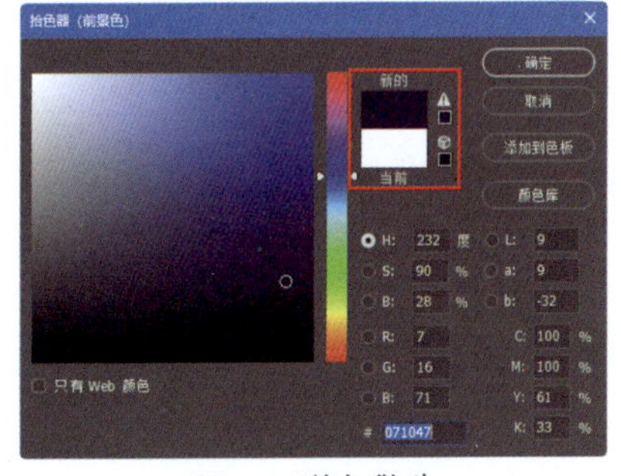

图5-31 溢色警告

5.3.2 溢色

由于RGB模式的色域比CMYK模式的色域广，导致在显示器上看到的颜色有可能打印不出来，那些不能被打印出来的颜色就被称为“溢色”。

在使用“拾色器”对话框或“颜色”面板设置颜色时，如果用户选择的颜色出现溢色，Photoshop将自动给出警告，如图5-31所示。用户可以选择下面颜色块中与当前颜色最为接近的可以打印的颜色来替代溢色。

5.3.3 色域警告

实际工作中，用Photoshop设计出的图像常用于印刷。由于RGB模式和CMYK模式的色域不同，所以有的印刷品会出现色彩偏差。为了保证图像在转换成CMYK模式时不会出现溢色，Photoshop为用户提供一个“色域警告”命令，用于检查RGB模式的图像是否出现溢色。

应用案例　使用“色域警告”命令校验颜色

源文件：无　　视频：视频\第5章\使用“色域警告”命令校验颜色.mp4

STEP 01 选择“文件”→“打开”命令，打开素材图像“素材\第5章\53301.jpg”，如图5-32所示。

STEP 02 选择“视图”→“色域警告”命令，画布中图像出现的灰色便是溢色区域，如图5-33所示。再次选择该命令即可关闭色域警告。

图5-32 打开素材图像

图5-33 溢色警告

5.3.4 校样设置

用户设计制作图片时会使用RGB颜色模式，打印输出图时会使用CMYK颜色模式。Photoshop中的“校样设置”和“校样颜色”命令可以帮助用户快速查看RGB模式图像在CMYK模式下的颜色。

用户可以直接在计算机屏幕上使用“校样设置”命令来对图像进行电子校样。也就是说，用户可以通过预览图像来查看图像在不同输出设备上的颜色外观。选择“视图”→“校样设置”命令，可以看到12种电子校样预设，如图5-34所示。

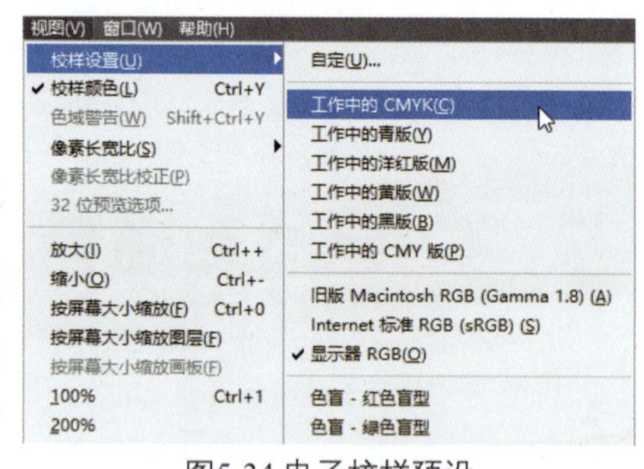

图5-34 电子校样预设

- **自定**：为特定输出条件创建一个校样设置。
- **工作中的CMYK**：根据“颜色设置”对话框中的定义，使用当前CMYK工作区域创建颜色的电子校样。
- **工作中的青版/洋红版/黄版/黑版/CMY版**：使用当前CMYK工作区域创建特定CMYK油墨颜色的电子校样。
- **旧版Macintosh RGB**：创建并模拟 Mac OS 10.5及以下版本的电子校样颜色。
- **Internet标准RGB**：创建并模拟Windows、Mac OS 10.6和正在更新版本的电子校样颜色。
- **显示器RGB**：使用当前显示器配置文件作为校样配置文件，创建RGB颜色的电子校样。
- **色盲**：创建色盲障碍人士可以看到的电子校样颜色。“红色盲”和“绿色盲”这两种电子校样模拟了最常见的色盲颜色。

选择“视图”→“校样颜色”命令，可以打开或关闭电子校样的显示效果。当电子校样打开时，“校样颜色”命令前面会出现“√”标记，如图5-35所示，表明工作区域中的图像文件为校样颜色状态。电子校样预设或配置文件的名称则出现在文档窗口顶部的文件名称旁边，如图5-36所示。

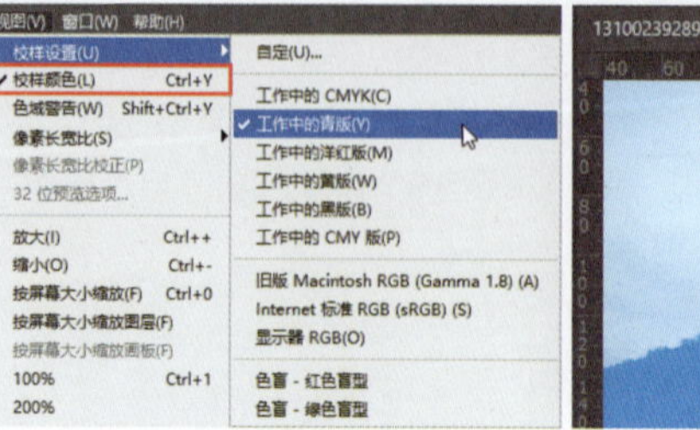

图5-35 选中标记

图5-36 校样预设名称

Tips

如果用户在校样颜色时，想要工作区域以彩色显示，可以选择“编辑”→“首选项”→“界面”命令，在弹出的“首选项”对话框中选择“用彩色显示通道”复选框。但是此命令会使 Photoshop 的运行速度变慢，用户需要合理使用该命令。

5.4 选择颜色

在绘制一幅精美的作品时，首先需要掌握工具的使用方法和颜色的选择方法，其中颜色的选择更是绘图的关键所在。Photoshop中提供了各种绘图工具，这就不可避免地要对颜色进行选择设置。

5.4.1 了解前景色和背景色

前景色和背景色在Photoshop中有多种定义方法。默认情况下，前景色和背景色分别为黑色和白色，如图5-37所示。前景色决定了使用绘画工具绘制图像及使用文字工具创建文字时的颜色；背景色则决定了背景图像区域为透明时所显示的颜色，以及增加画布的颜色。

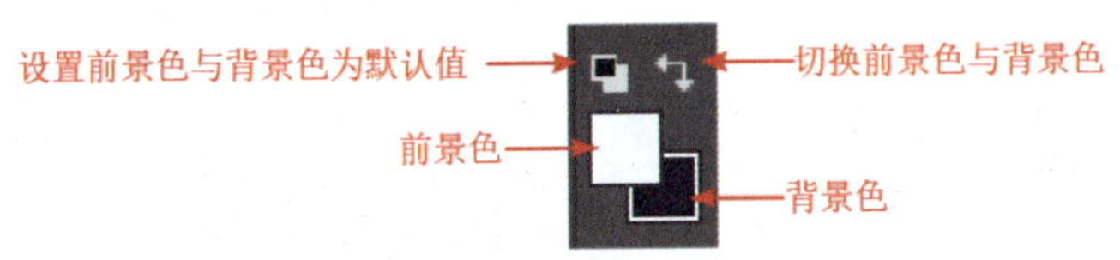

图5-37 工具箱中的前景色和背景色

- 设置前景色与背景色为默认值：单击该按钮，或按【D】键，可以将前景色和背景色恢复为默认的黑色前景色和白色背景色。
- 前景色/背景色：单击相应的色块，可在弹出的“拾色器”对话框中设置需要的前景色或背景色。
- 切换前景色与背景色：单击该按钮，或按【X】键，可以交换当前的前景色与背景色的颜色。

5.4.2 “信息”面板

“信息”面板可以显示光标当前位置的颜色值、文档状态和当前工具的使用提示等信息。如果进行了变换、创建选区和调整颜色等操作，“信息”面板中也会显示与当前操作有关的各种信息。

选择“窗口”→“信息”命令，打开“信息”面板。默认情况下，“信息”面板如图5-38所示。

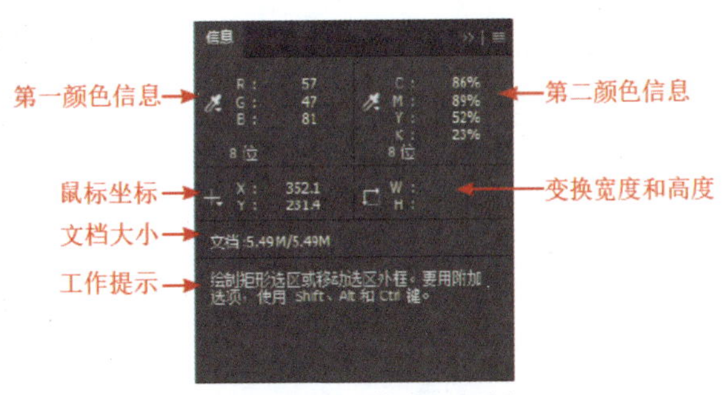

图5-38 “信息”面板

应用案例

熟悉“信息”面板在调节图像时的数值信息提示

源文件：无　视频：视频\第5章\熟悉“信息”面板在调节图像时的数值信息提示.mp4

STEP 01 选择“文件”→“打开”命令，打开素材图像“素材\第5章\54201.jpg”。将光标放在图像上，如图5-39所示，“信息”面板中会显示光标当前位置的精确坐标和颜色值，如图5-40所示。

STEP 02 使用选框工具创建选区时，如图5-41所示，“信息”面板会随着鼠标的拖动而实时显示选框的宽度（W）和高度（H），如图5-42所示。

图5-39 打开图像素材

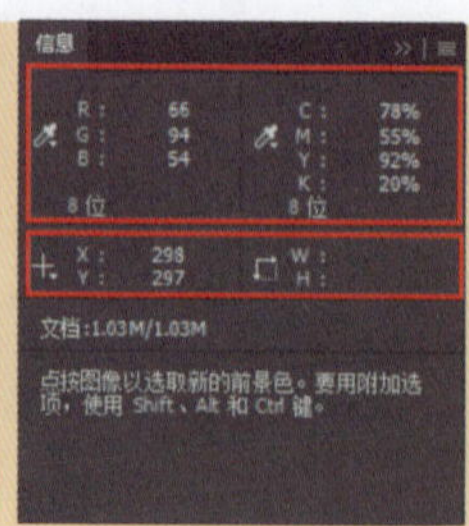

图5-40 “信息”面板

图5-41 创建选区

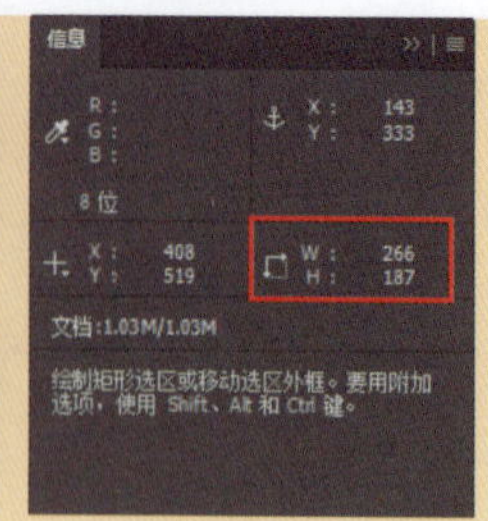

图5-42 “信息”面板

Tips

在显示 CMYK 值时，如果光标所在位置或颜色取样点下的颜色超出了可打印的 CMYK 色域，则 CMYK 值旁边会出现一个感叹号。

STEP 03 在使用“裁剪工具”或“缩放工具”时，会显示定界框的宽度（W）和高度（H），如果对裁剪框进行了旋转，还会显示裁剪选框的旋转角度（A），如图5-43所示。

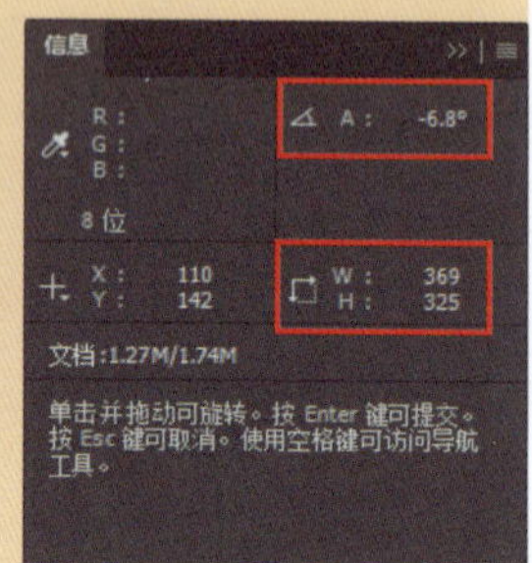

图5-43 图像效果和“信息”面板

STEP 04 在使用“直线工具”“钢笔工具”和“渐变工具”或移动选区时，会随着鼠标的移动显示开始位置的*X*和*Y*坐标，*X*的变化（Δ*X*）、*Y*的变化（Δ*Y*），以及角度（*A*）和距离。图5-44所示为使用直线工具绘制直线路径时“信息”面板上显示的信息。

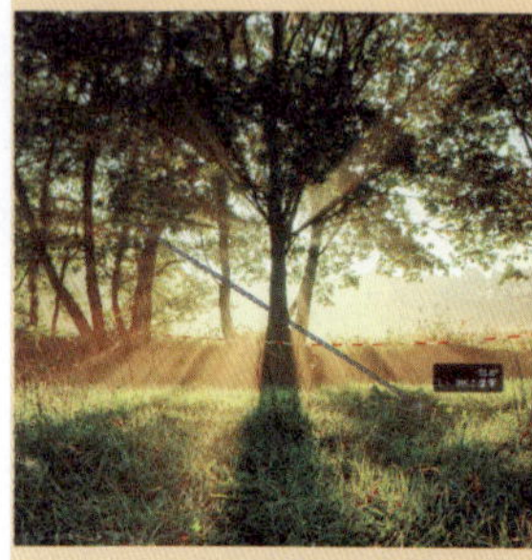

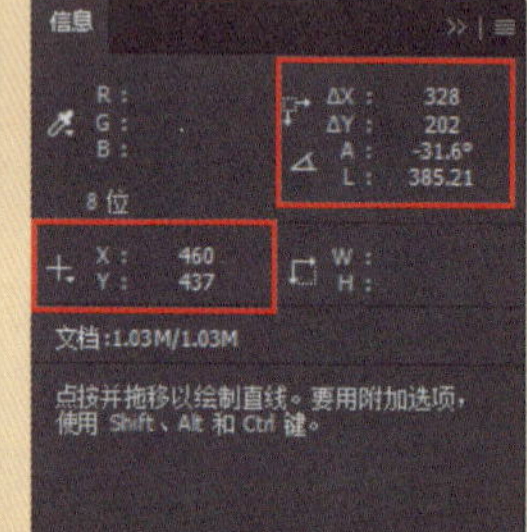

图5-44 图像效果和“信息”面板

STEP 05 在执行二维变换命令（如“缩放”和“旋转”）时，会显示宽度（W）和高度（H）的百分比变化、旋转角度（A），以及水平切线（H）或垂直切线（V）的角度。图5-45所示为缩放选区内的图像时“信息”面板上显示的信息。

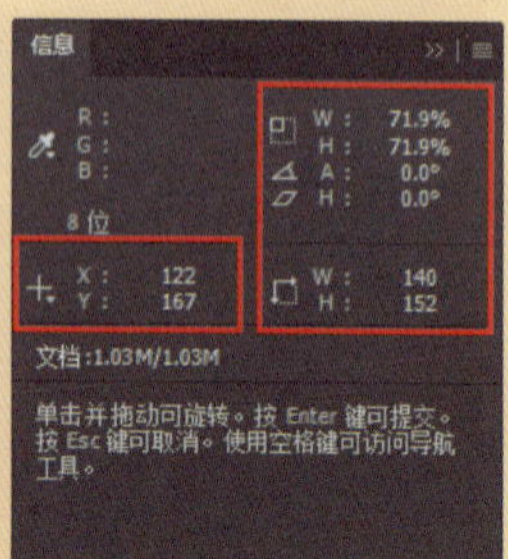

图5-45 图像效果和“信息”面板

STEP 06 “信息”面板中可显示文档大小、文档配置文件、文档尺寸、暂存盘大小、效率、计时及当前工具等，显示的内容取决于在“信息面板选项”对话框中设置的显示内容。

STEP 07 如果启用了“显示工具提示”功能，则可以显示当前选择的工具的提示信息。

Tips

将光标放在“信息”面板中的吸管图标和鼠标坐标上并单击，可在打开的下拉列表框中更改读数选项和单位，如图 5-46 所示。

单击“信息”面板右上角的菜单按钮，在打开的面板菜单中选择“面板选项”命令，弹出“信息面板选项”对话框，如图5-47所示。

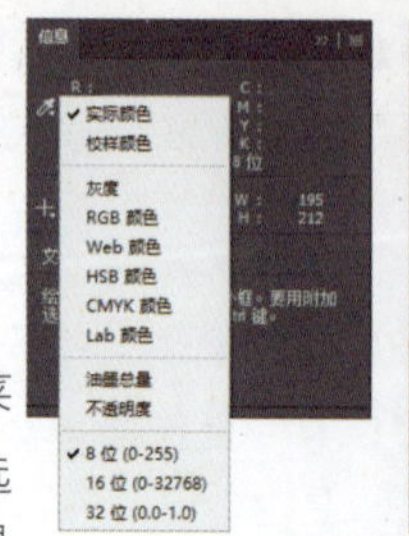

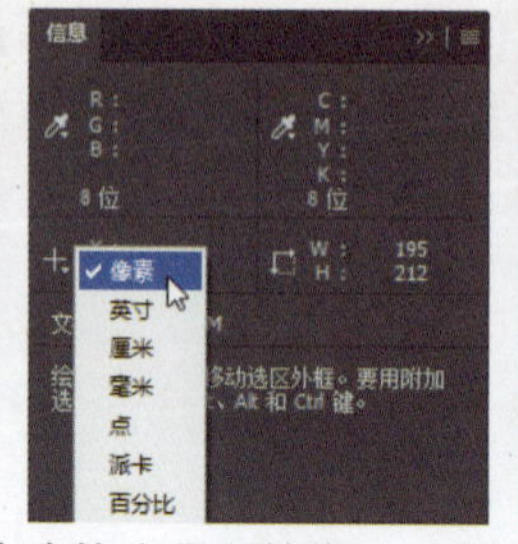

图5-46 更改读数选项和单位

图5-47 “信息面板选项”对话框

- 第一颜色信息：在该选项的下拉列表框中可以设置面板中第一个吸管显示的颜色信息。选择“实际颜色”选项，可以显示图像当前颜色模式下的值；选择“校样颜色”选项，可显示图像的输出颜色空间值；选择“灰度”“RGB”和“CMYK”等颜色模式，可显示相应颜色模式下的颜色值；选择“油墨总量”选项，可显示指针当前位置的所有（CMYK）油墨的总百分比；选择“不透明度”选项，可显示当前图层的不透明度，该选项不适用于背景。
- 第二颜色信息：用来设置面板中第二个吸管显示的颜色信息。
- 鼠标坐标：用来设置鼠标光标位置的测量单位。
- 状态信息：可设置面板中“状态信息”处的显示内容。
- 显示工具提示：选择该复选框，可在面板底部显示当前选择的工具的提示信息。

5.4.3 颜色取样器工具

“颜色取样器工具”可以在图像上放置取样点，每一个取样点的颜色值都会显示在“信息”面板中。通过设置取样点，可以在调整图像的过程中观察颜色值的变化情况。

应用案例 使用“颜色取样器工具”吸取颜色

源文件：无　　视频：视频\第5章\使用“颜色取样器工具”吸取颜色.mp4

STEP 01 选择“文件”→“打开”命令，打开素材图像“素材\第5章\121101.jpg”。单击工具箱中的“颜色取样器工具”按钮，在图像上需要取样的位置单击，即可建立取样点，如图5-48所示。在建立取样点时，会自动打开“信息”面板，显示取样的颜色值，如图5-49所示。

图5-48 在图像上取样

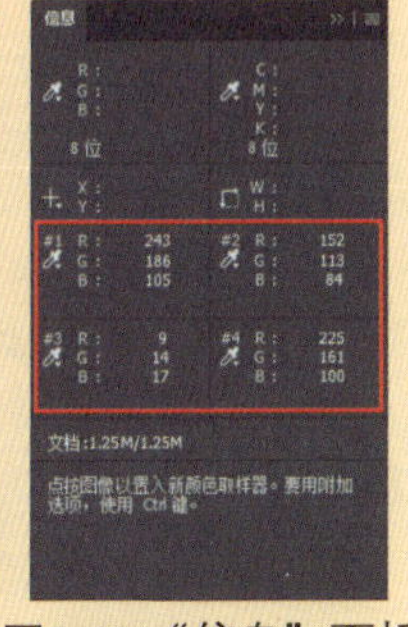

图5-49 “信息”面板

Tips

一个图像最多可以放置10个取样点。

STEP 02 选择“图像”→“调整”→“色相/饱和度”命令，在弹出的“色相/饱和度”对话框中设置参数，如图5-50所示。“信息”面板中的颜色值会变为两组数字，斜杠前面的数值代表了调整前的颜色值，斜杠后面的数值代表了调整后的颜色值，如图5-51所示。

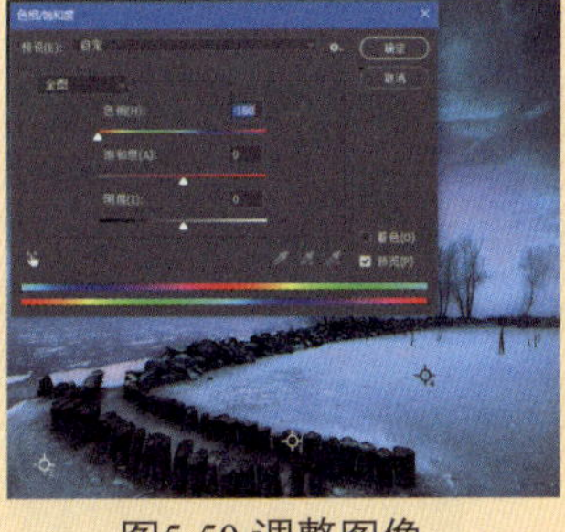

图5-50 调整图像

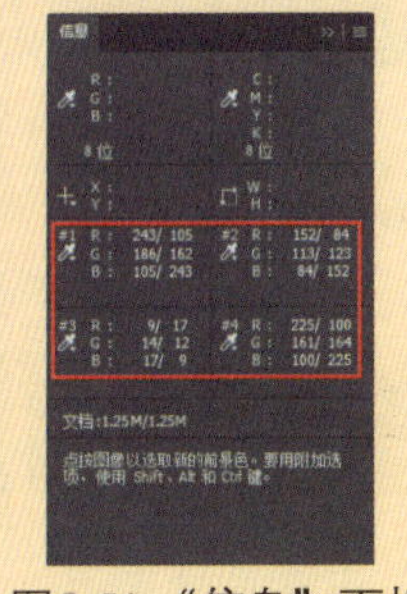

图5-51 “信息”面板

Tips

如果要在调整对话框处于打开状态时删除颜色取样点，可按住【Alt+Shift】组合键单击取样点。

STEP 03 单击并拖动取样点，可以移动取样点的位置，“信息”面板中的颜色值也会随之改变；按住【Alt】键的同时单击颜色取样点，可将其删除；如果要删除所有颜色取样点，可单击工具选项栏中的“清除全部”按钮。

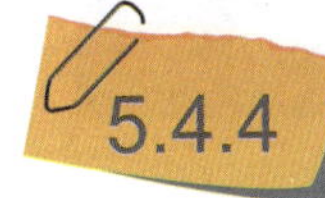

5.4.4 “拾色器”对话框

在工具箱中单击“前景色”或“背景色”图标，弹出“拾色器”对话框，如图5-52所示。用户可以在该对话框的色域中选择需要的颜色，也可以直接输入颜色值来获得准确的颜色。

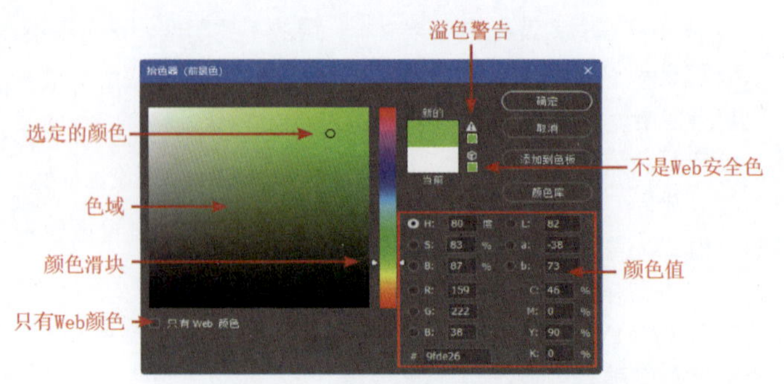

图5-52 “拾色器”对话框

- 色域：此区域是可选择的颜色范围。
- 选定的颜色：在色域中单击，可为前景色或背景色选取颜色。
- 颜色滑块：单击并拖动滑块，可以调整颜色范围。
- 颜色值：可在文本框中直接输入数值来精确设置颜色。

Tips 设置颜色的 5 种方式。

HSB 所显示的是色调、饱和度和亮度数值；Lab 主要由照度、从红色至绿色的范围和从黄色至蓝色的范围组成；RGB 按照 0~255 的数值显示当前的颜色，主要有红色、绿色和蓝色数值；CMYK 按照百分比显示当前被选的颜色，有青色、洋红、黄色和黑色数值。在 # 文本框中可输入十六进制值，十六进制值通过定义颜色中 R、G 和 B 的分量来选取颜色。

- 不是Web安全色：出现该图标，表示当前颜色不能在网上正确显示。单击图标下面的小色块，可将颜色替换为最接近的Web安全颜色。
- 溢色警告：如果当前选择的颜色是不可打印的颜色，则会出现该警告标志。
- 添加到色板：单击该按钮，可以将当前所设置的颜色添加到“色板”面板中。
- 颜色库：单击该按钮，可以弹出“颜色库”对话框，如图5-53所示。

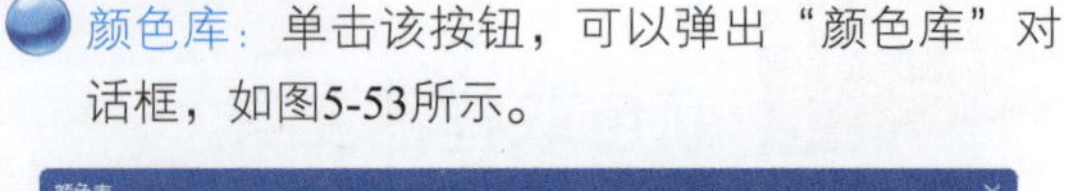

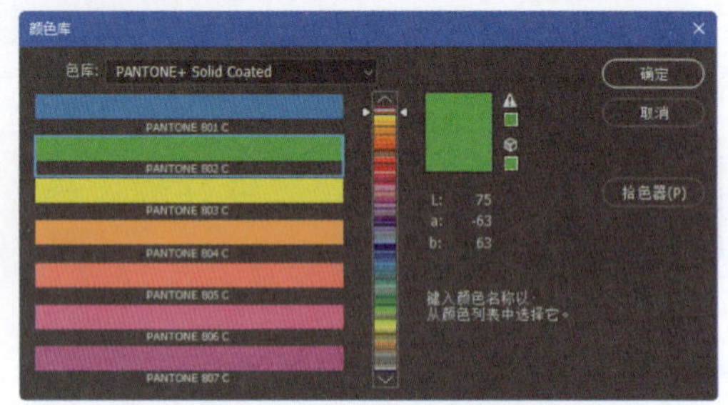

图5-53 “颜色库”对话框

- 只有Web颜色：选择该复选框后，此时选取的任何颜色都是Web安全颜色，如图5-54所示。

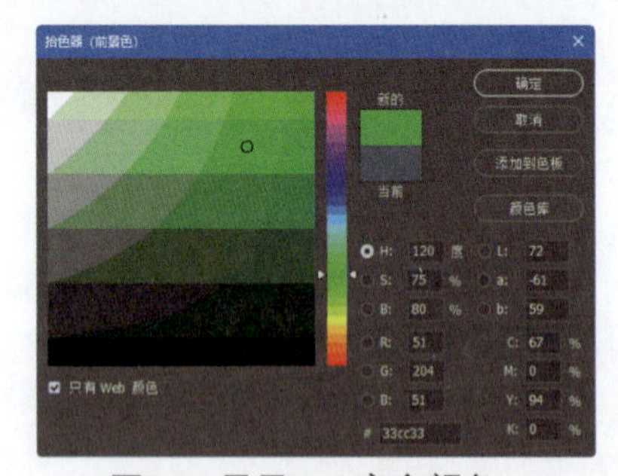

图5-54 显示Web安全颜色

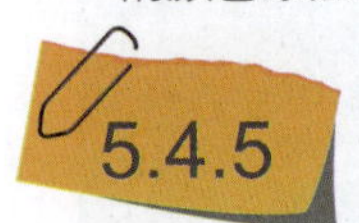

5.4.5 “颜色库”对话框

在“拾色器”对话框中单击“颜色库”按钮，如图5-55所示。可弹出“颜色库”对话框。要在该对话框中选择颜色，应当先打开“色库”下拉列表框，选择一种色彩型号和厂牌，如图5-56所示。

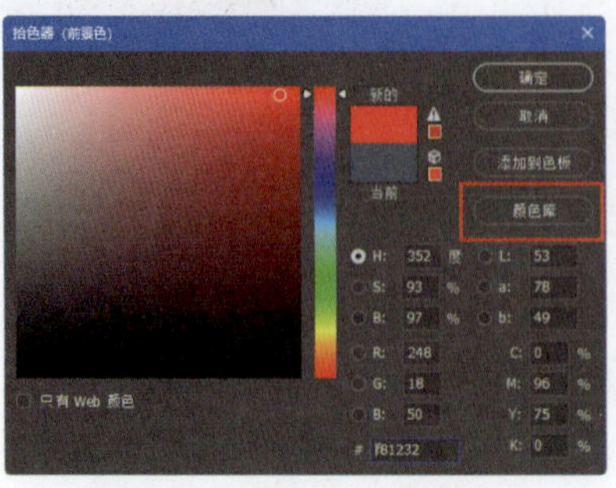

图5-55 “拾色器”对话框

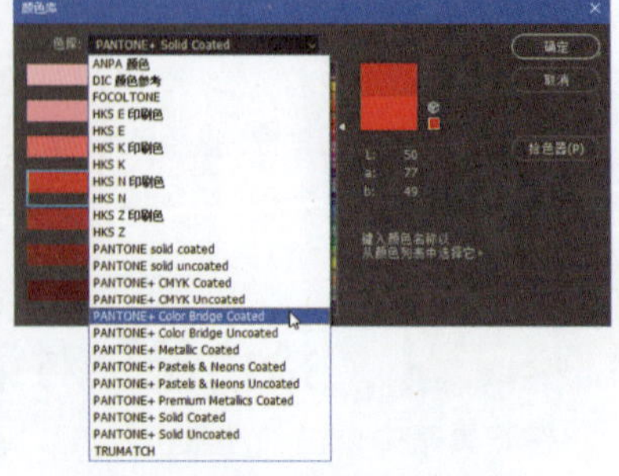

图5-56 选择色彩型号和厂牌

按住鼠标左键并拖动滑杆上的小三角滑块，可以指定所需颜色的大致范围，如图5-57所示。接着在对话框左边选择所需要的颜色，如图5-58所示，最后单击“确定”按钮。

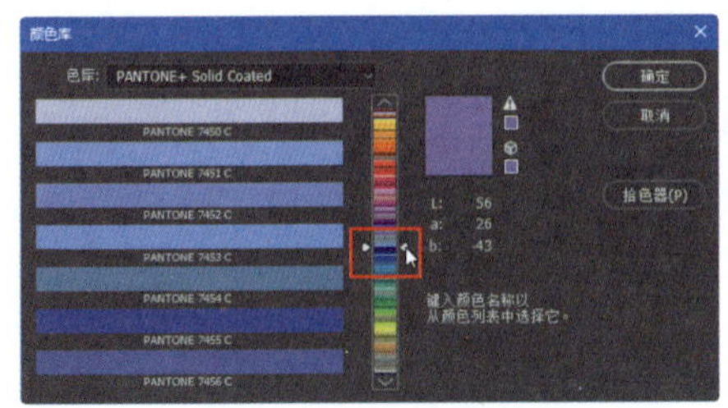

图5-57 指定颜色范围

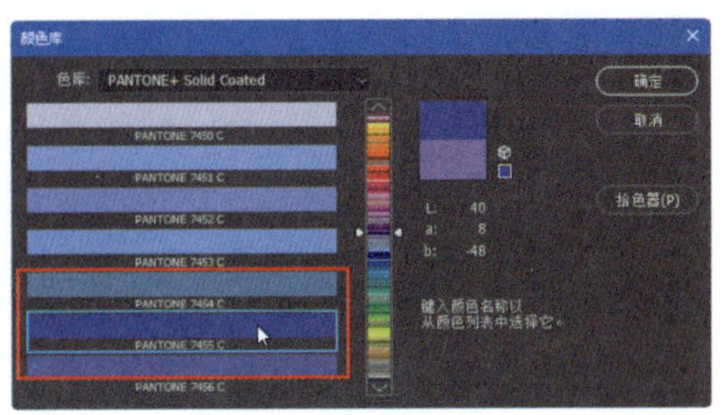

图5-58 选择颜色

5.4.6 “吸管工具”选取颜色

使用“吸管工具”可以吸取指定位置图像的“像素”颜色。当需要选择某种颜色时，如果要求不是太高，就可以用“吸管工具”完成。

在使用“吸管工具”时，可以在选项栏中设置其参数，以便更准确地选取颜色。该工具的选项栏为用户提供了“取样大小”“样本”和“显示取样环”3个选项，如图5-59所示。

图5-59 “吸管工具”选项栏

- 取样大小：用来设置吸管颜色的范围。默认状态下，选取的是“取样点”，即单个像素的颜色。
- 样本：可选择“当前图层”和“所有图层”两个选项。选择“当前图层”选项表示只在当前图层上进行取样；选择“所有图层”表示在所有图像上进行取样。
- 显示取样环：选择该复选框后，使用“吸管工具”取样时光标周围会出现取样环，如图5-60所示。

图5-60 显示取样环

Tips

单击“吸管工具”按钮后，在画布中单击鼠标右键，在弹出的快捷菜单中可以切换参数，此切换工具参数选项的方法也适用于其他工具。

5.4.7 “颜色”面板

使用“颜色”面板选择颜色，如同在“拾色器”对话框中选色一样轻松，并且可以选择不同的颜色模式进行选色。

选择“窗口”→“颜色”命令，即可打开“颜色”面板。在默认情况下，“颜色”面板提供的是色相立方体的颜色模式。如果想使用其他模式进行选色，单击“颜色”面板右上角的面板菜单按钮，在打开的下拉菜单中可以选择不同的颜色模式即可，如图5-61所示。

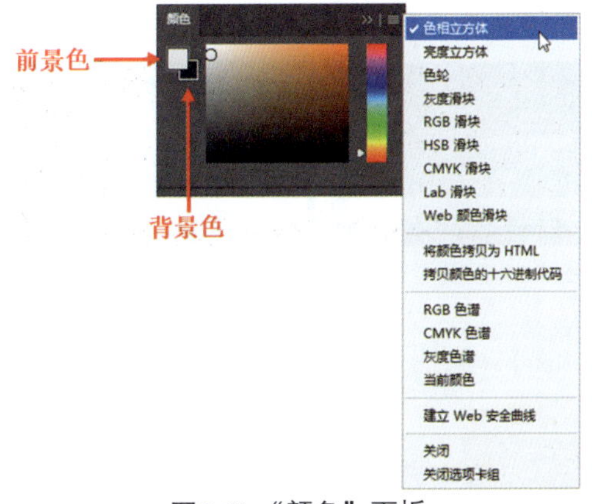

图5-61 “颜色”面板

在“颜色”面板中，单击前景色或背景色色块将其选中，色块边框变为黑色时表示当前色块为选中状态。使用不同模式选色时，其选色方法也不同，具体讲解如下：

- 色相立方体：选择此项后，“颜色”面板显示如图5-62所示。用户将在面板中以颜色色相为选择标准，拖动滑块即可改变所选颜色的色相。
- 亮度立方体：选择此选项后，颜色面板显示如图5-63所示。用户将在面板中以颜色亮度为选择标准，拖动滑块即可改变所选颜色的亮度。
- 色轮：选择此选项后，面板中显示H（色相）、S（饱和度）和B（亮度）3个滑块及色轮，如图5-64所示。拖动色轮上的滑块可以改变颜色的色相，拖动色轮内部三角形上的滑块还可以改变颜色的饱和度和亮度。

图5-62 色相立方体

图5-63 亮度立方体

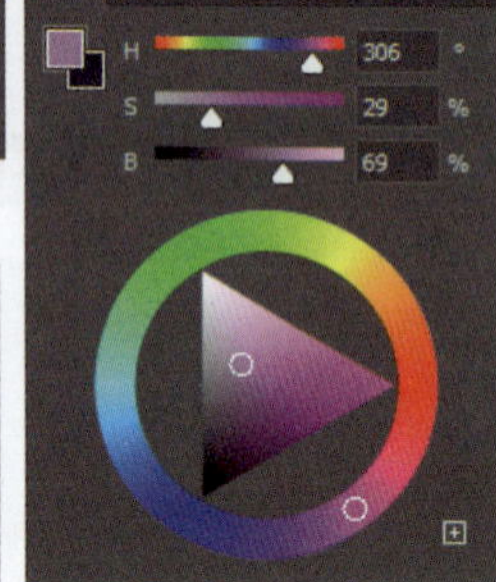

图5-64 色轮

- 灰度滑块：选择此选项后，“颜色”面板中只显示一个K（黑色）滑块，只能选择从白到黑的256种颜色，如图5-65所示。
- RGB滑块：选择此选项后，“颜色”面板中显示R（红色）、G（绿色）和B（蓝色）3个滑块，如图5-66所示，三者的范围都在0~255之间。拖动这3个滑块即可通过改变R、G和B的不同色调来选色。

图5-65 灰度滑块

图5-66 RGB滑块

- HSB滑块：选择此选项后，“颜色”面板中显示共H、S和B 3个滑块，如图5-67所示。通过拖动这3个滑块可以分别设定H、S和B的值。
- CMYK滑块：选择此选项后，“颜色”面板中显示C（青色）、M（洋红色）、Y（黄色）和K（黑色）4个滑块，如图5-68所示。其使用方法与RGB滑块相同。

图5-67 HSB滑块

图5-68 CMYK滑块

- Lab滑块：选择此选项后，“颜色”面板中显示L、a和b滑块，如图5-69所示。L用于调整亮度；a用于调整由绿到红的色谱变化；b用于调整由黄到蓝的色谱变化。
- Web颜色滑块：选择此选项后，“颜色”面板中显示R、G和B滑块，如图5-70所示。与RGB滑块不同的是，该选项主要用来选择Web上使用的颜色。其每个滑块上分为6个颜色段，所以总共只能调配出216种颜色，即6×6×6＝216。

图5-69 Lab滑块

图5-70 Web颜色滑块

“颜色”面板右侧或底部有一根颜色条，用来显示某种颜色模式的色谱。使用颜色条也可以选择颜色，将鼠标指针移至颜色条内，光标会变成吸管形状，单击即可选择颜色。

Tips

在色谱颜色条上选择颜色，当“前景色”为选中状态时，单击“前景色”按钮即可打开“拾色器（前景色）”对话框，双击“背景色”按钮也可打开“拾色器（背景色）”对话框。

Tips

按住【Shift】键并单击色谱颜色条，可以快速切换色谱显示模式。

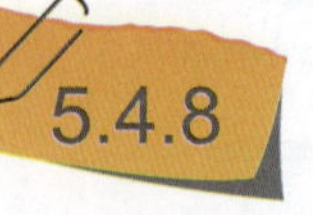

5.4.8 “色板”面板

“色板”面板可存储用户经常使用的颜色，也可以在其中添加和删除预设颜色，或者为不同的项目显示不同的颜色库。

选择“窗口”→“色板”命令，打开“色板”面板，如图5-71所示。移动鼠标指针至面板的色板方格中，此时指针变成吸管形状，单击即可选择当前指定的颜色。还可以在“色板”面板中加入一些常用的颜色，或者将一些不常用的颜色删除，以及保存和导入色板。

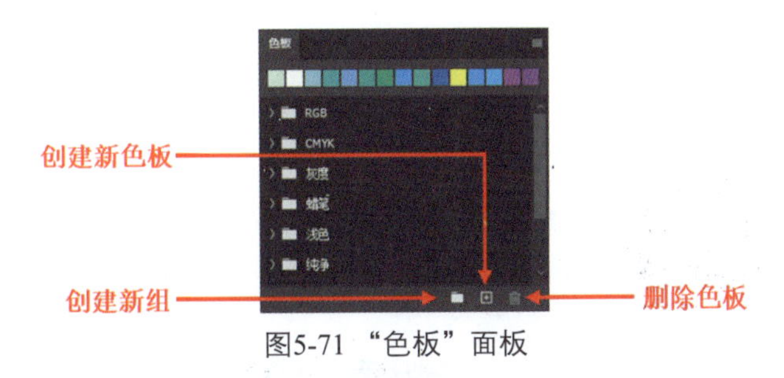

图5-71 “色板”面板

使用“吸管工具”在图像中任意位置单击，即可将当前位置颜色添加到“色板”面板中的临时色板区，如图5-72所示。单击面板底部的“创建新色板”按钮，在弹出的“色板名称”对话框中设置色板名称，单击“确定”按钮，即可将色板添加到选中的色板组中。

Tips

临时色板区的数量显示为固定模式，当某个色板被挤出临时色板区后，此色板将不复存在。但是用户可以通过为当前的临时色板新建名称而存储色板。同时用户存储图像文件时，临时色板区也将被保存。

在“色板”面板中，单击“创建新组”按钮，在弹出的“组名称”对话框中设置组名称，单击“确定”按钮，即可创建一个色板组。选中一个或多个色板按住鼠标左键不放，可将其拖动到色板组中。将任意色板从“色板”面板中拖曳到画布或图层上，即可应用该色板。

如果要在“色板”面板中删除色板，选中要删除的色板，将其拖曳到“删除色板”按钮上即可删除该色板，如图5-73所示。

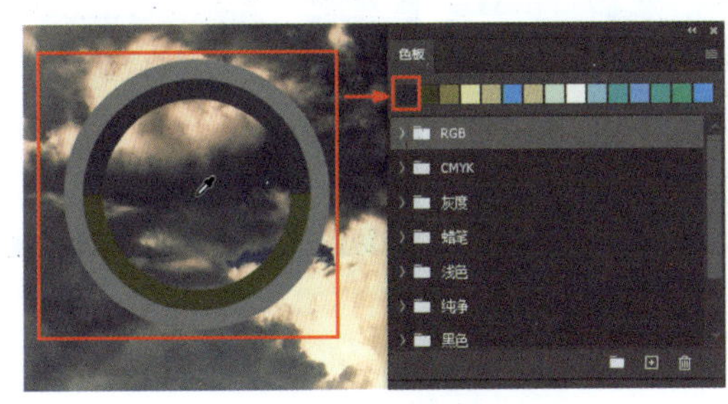

图5-72 添加色板

图5-73 删除色板

Tips

如果要将色板恢复到默认状态，可在打开的“色板”面板菜单中选择“恢复默认色板”命令，系统会提示是否恢复，单击“确定”按钮，即可恢复到默认色板状态。

5.5 填充颜色

用户可以通过使用“填充”命令完成填充颜色的操作，也可以使用“油漆桶工具”和“渐变工具”完成颜色填充操作，这些方法操作起来都非常方便快捷。

5.5.1 “填充”命令

选择“编辑”→“填充”命令，弹出“填充”对话框，如图5-74所示。用户可以在“内容”下拉列表框中选择不同的方式填充图像，如图5-75所示。

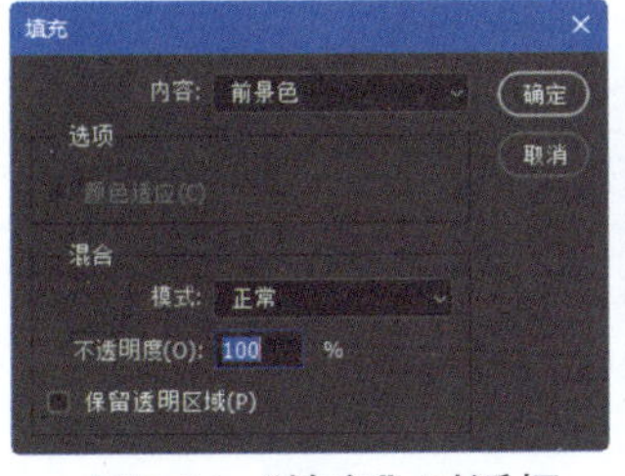

图5-74 “填充”对话框

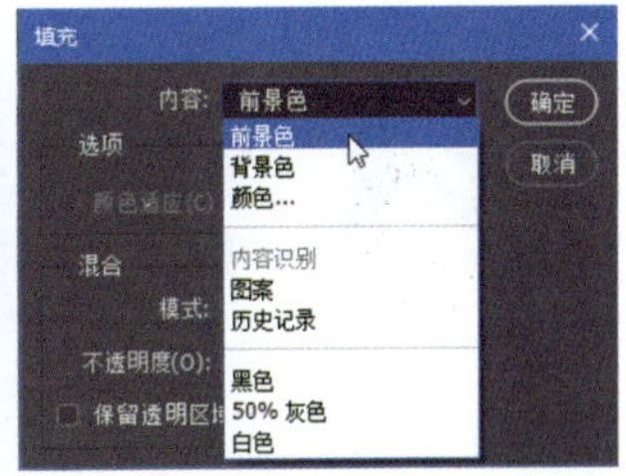

图5-75 “内容”下拉列表框

Tips

按【Shift+F5】组合键可以直接打开“填充”对话框。创建选区，选择“背景”图层，按【Delete】键或【Backspace】键即可快速打开“填充”对话框。

应用案例

为图片填充边框

源文件：源文件\第5章\5-5-1. psd　　视频：视频\第5章\为图片填充边框.mp4

STEP 01 选择“文件”→“打开”命令，打开素材图像“素材\第5章\55101.jpg”，如图5-76所示，单击工具箱中的“矩形选框工具”按钮，在画布中绘制矩形选区，按【Shift+Ctrl+I】组合键反选选区，效果如图5-77所示。

图5-76 打开素材图像

图5-77 反选选区

STEP 02 选择“编辑”→“填充”命令，弹出“填充”对话框，在其中进行相关设置，如图5-78所示。单击“确定”按钮，即可将黑色填充到选区内。按【Ctrl+D】组合键取消选区，效果如图5-79所示。

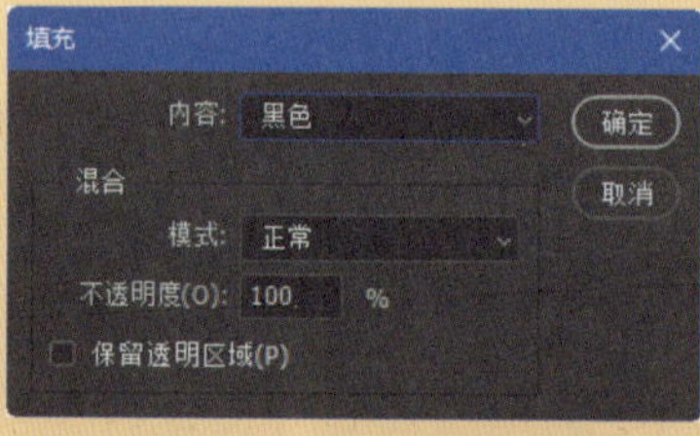

图5-78 “填充”对话框

图5-79 填充效果

Tips

除了选择“编辑”→“填充”命令外，用户还可以按【Alt+Delete】组合键为选区或对象填充前景色。

5.5.2 “内容识别”填充

“内容识别”填充的原理是使用选区附近的相似图像内容填充选区。为了获得更好的填充效果，可以将创建的选区略微扩展到要复制的区域中。

“内容识别”填充会随机合成相似的图像内容。如果不喜欢原来的效果，可以选择“编辑”→“还原”命令后，再应用其他的内容识别填充。

应用案例

使用“内容识别”去除图像中的人物

源文件：源文件\第5章\5-5-2.psd　视频：视频\第5章\使用“内容识别”去除图像中的人物.mp4

STEP 01 选择“文件”→“打开”命令，打开素材图像“素材\第5章\55202.jpg”，如图5-80所示。使用“套索工具”沿人物轮廓创建选区，如图5-81所示。

图5-80 打开素材图像

图5-81 创建选区

STEP 02 选择“编辑”→“填充”命令，在弹出的“填充”对话框中选择“内容识别”选项，如图5-82所示。单击“确定”按钮，选择“选择”→“取消选择”命令，图像的填充效果如图5-83所示。

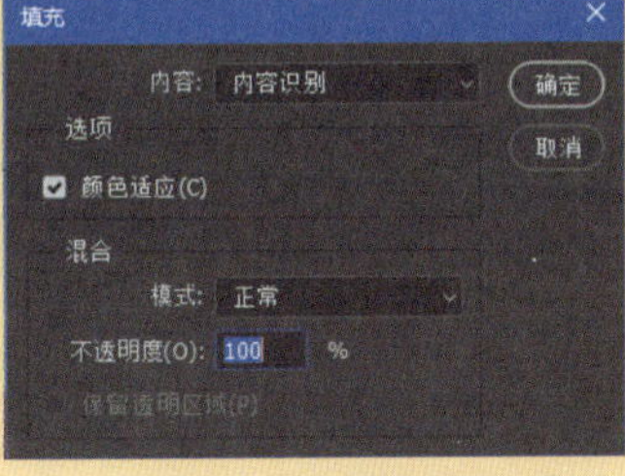

图5-82 选择“内容识别”选项

图5-83 填充效果

5.5.3 “图案”填充

在“填充”对话框中，还可以选择使用“图案”填充，如图5-84所示。单击“自定图案”旁边的下拉按钮，在打开的面板中选择一种图案，如图5-85所示。

可以单击面板右上角的面板菜单按钮，在打开的下拉菜单中选择“导入图案”命令，载入其他图案。

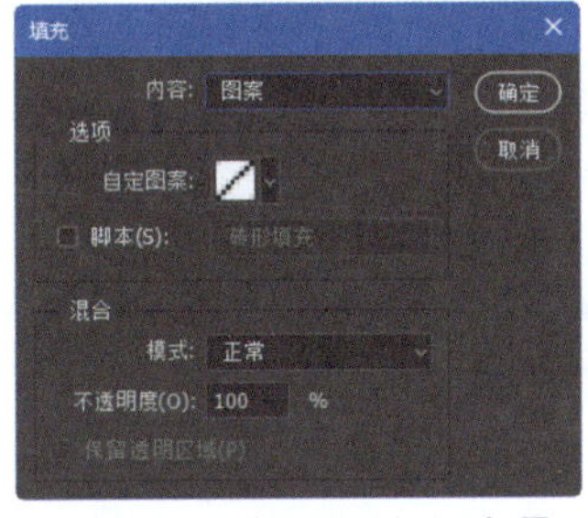

图5-84 选择“图案”选项

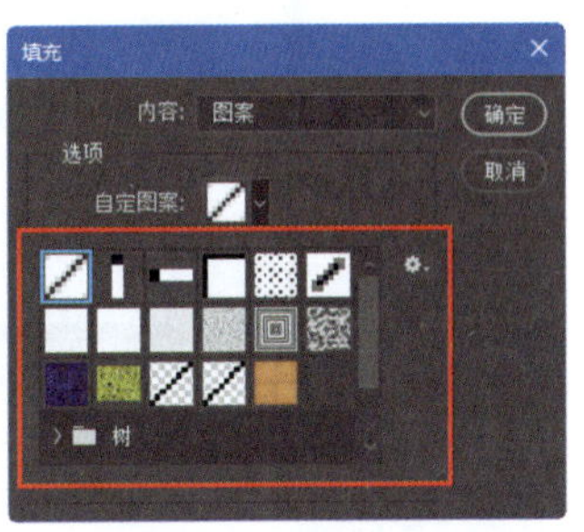

图5-85 选择填充图案

Tips

关于图案的定义请参看“7.1.2 图案图章工具”章节。

Tips “图案”填充选项中的“脚本图案”。

针对“图案”填充，选择“脚本”复选框，用户可以使用砖形填充、十字线织物、沿路径置入、随机填充、螺线和对称填充等脚本图案填充对象。

应用案例 “随机填充”图案制作丰富背景

源文件：源文件\第5章\5-5-3.psd 视频：视频\第5章\“随机填充”图案制作丰富背景.mp4

STEP 01 选择“文件”→“新建”命令，在弹出的“新建文档”对话框中设置参数，如图5-86所示。使用“矩形选框工具”创建选区，如图5-87所示。

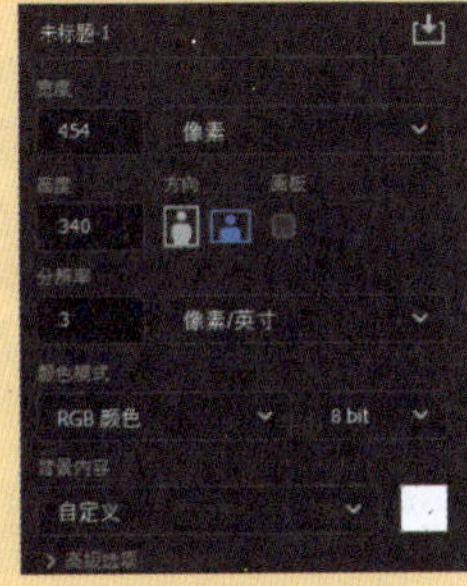

图5-86 新建文档

图5-87 创建选区

STEP 02 单击工具箱中的“渐变工具”按钮，单击选项栏左侧的渐变预览条，在弹出的“渐变编辑器”对话框中设置渐变颜色，如图5-88所示。使用“渐变工具”为选区填充渐变效果，如图5-89所示。

图5-88 设置渐变颜色　图5-89 填充渐变

STEP 03 选择“编辑”→“定义图案”命令，在弹出的对话框中将图形定义为图案，如图5-90所示。按【Ctlr+D】组合键取消选区。选择“编辑”→“填充”命令，选择刚刚定义的图案进行填充，选择“脚本”复选框，并选择“随机填充”选项，如图5-91所示。

图5-90 定义图案

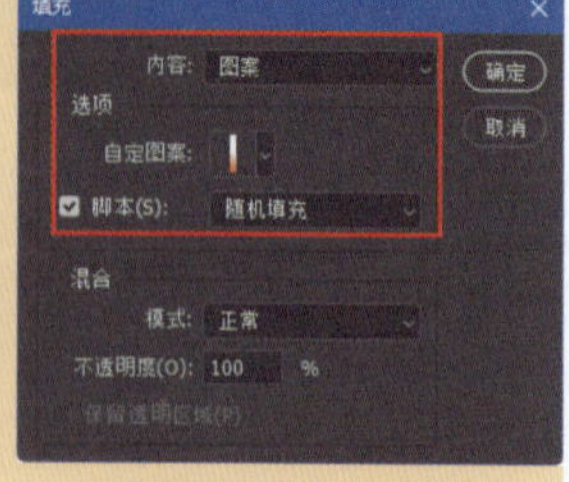

图5-91 填充图案

STEP 04 单击“确定”按钮，弹出“随机填充”对话框，设置相关参数如图5-92所示。单击“确定”按钮，填充效果如图5-93所示。

图5-92 设置参数

图5-93 随机填充效果

5.5.4 “历史记录”填充

在“填充”对话框中，用户还可以选择使用“历史记录”选项完成填充操作。使用“历史记录”填充的效果是将所选区域恢复为源状态或“历史记录”面板中设置的快照。

Tips

关于快照的创建请参看 3.20 节“‘历史记录’面板”。

应用案例　“历史记录”填充凸显图像效果

源文件：源文件\第5章\5-5-4. psd　视频：视频\第5章\“历史记录”填充凸显图像效果.mp4

STEP 01 选择“文件”→“打开”命令，打开素材图像“素材\第5章\55401.jpg”，如图5-94所示。打开“历史记录”面板，单击面板底部的“创建新快照”按钮，新建快照，如图5-95所示。

图5-94 打开素材图像

图5-95 创建快照

STEP 02 选择“图像”→“调整”→“色相/饱和度”命令，在弹出的“色相/饱和度”对话框中设置各项参数，如图5-96所示。单击“确定”按钮，图像效果如图5-97所示。

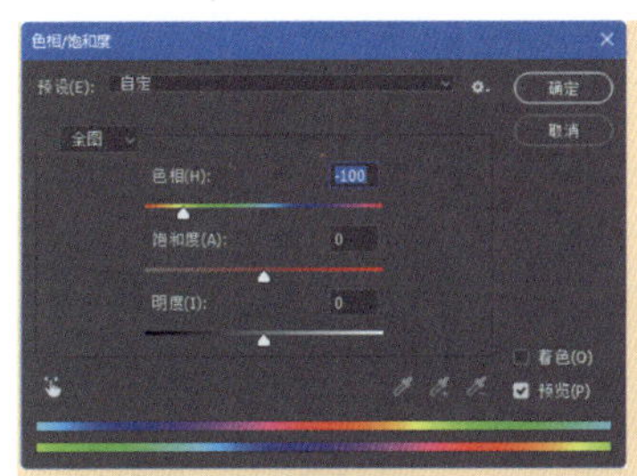

图5-96 设置参数

图5-97 调色效果

STEP 03 使用“多边形套索工具”创建选区，如图5-98所示。选择“编辑”→“填充”命令，在弹出的“填充”对话框中设置“内容”为“历史记录”，单击“确定”按钮，按【Ctrl+D】组合键取消选区，图像效果如图5-99所示。

图5-98 创建选区

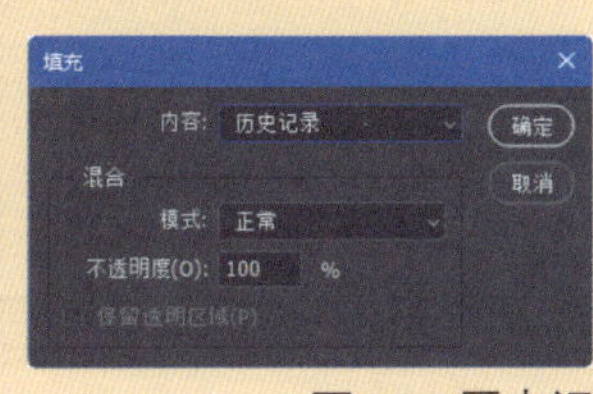

图5-99 历史记录填充效果

5.5.5 油漆桶工具

使用“油漆桶工具”，可以在选区、路径和图层内的区域填充指定的颜色和图案。在图像有选区的情况下，使用“油漆桶工具”填充的区域为所选的区域。如果在图像中没有创建选区，使用此工具则会填充与光标单击处像素相似或相邻像素的区域。单击工具箱中的“油漆桶工具”按钮，其选项栏如图5-100所示。

图5-100 “油漆桶工具”选项栏

- 设置填充区域的源：单击该按钮可以在打开的下拉列表框中选择填充内容，包括“前景”和“图案”两个选项。
- 模式：用来设置填充内容的混合模式。
- 不透明度：用来设置填充内容的不透明度。
- 容差：用来定义必须填充像素颜色的相似程度。低容差会填充容差值范围内与单击点像素非常相似的像素，高容差则填充更大范围内的像素。

应用案例

使用“油漆桶工具”为图片填充颜色

源文件：源文件\第5章\5-5-5.psd 视频：视频\第5章\使用“油漆桶工具”为图片填充颜色.mp4

STEP 01 选择“文件”→“打开”命令，打开素材图像“素材\第5章\55201.jpg”，如图5-101所示。单击工具箱中的“油漆桶工具”按钮，在选项栏中设置“容差”值为20，如图5-102所示。

图5-101 打开素材图像

前景 模式: 叠加 不透明度: 20% 容差: 20

图5-102 “油漆桶工具”选项栏

STEP 02 在工具箱中设置“前景色”为RGB（247、152、17），打开“图层”面板，在面板底部单击“创建新图层”按钮，如图5-103所示。在画布中单击为画布填充颜色，图像效果如图5-104所示。

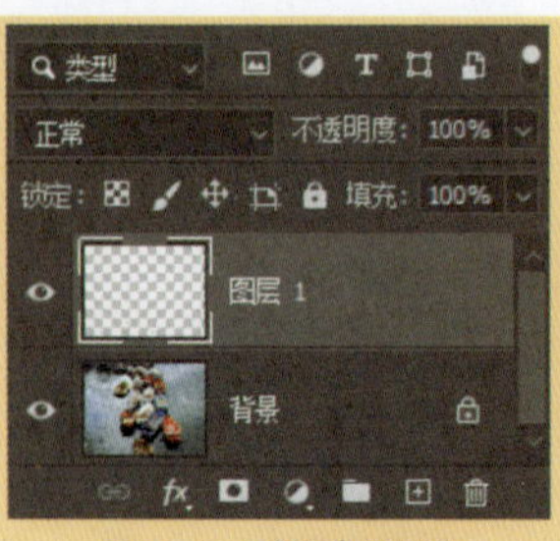

图5-103 新建图层

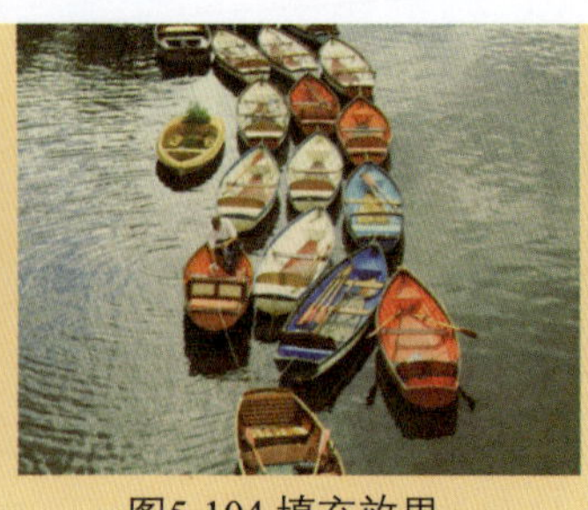
图5-104 填充效果

5.5.6 渐变工具

使用“渐变工具”可以创建多种颜色间的逐渐混合，实质上就是在图像中或图像的某一区域中填入一种具有多种颜色过渡的混合色。这个混合色可以是从前景色到背景色的过渡，也可以是前景色与透明背景间的相互过渡，或者是其他颜色间的相互过渡。单击工具箱中的“渐变工具”按钮，其选项栏如图5-105所示。

图5-105 “渐变工具”选项栏

下面对“渐变工具”选项栏中的各项参数进行讲解。

- 渐变预览条：此预览条中显示渐变色预览效果。
- 渐变类型：有5种渐变类型可供选择，分别为“线性渐变”“径向渐变”“角度渐变”“对称渐变”和“菱形渐变”。不同渐变类型的不同效果如图5-106所示。用户可选择需要的渐变类型，以得到不同的渐变效果。

线性渐变

径向渐变

角度渐变

对称渐变

菱形渐变

图5-106 不同渐变类型的不同效果

- 模式：在该下拉列表框中可选择渐变填充的混合模式。
- 不透明度：在该下拉列表框中可设置渐变的不透明度。
- 反向：选择此复选框，填充后的渐变颜色刚好与用户设置的渐变颜色相反。
- 仿色：选择此复选框，可以用递色法来表现中间色调，使渐变效果更加平衡。
- 透明区域：选择此复选框，将打开透明蒙版功能，使渐变填充时可以应用透明设置。

使用“渐变工具”填充渐变效果的操作很简单，但是要想获得较好的渐变效果，则与用户所选择的渐变工具和渐变颜色样式有直接关系。所以，自定义一个渐变颜色是创建渐变效果的关键。

在选项栏中的“渐变预览条”上单击，弹出“渐变编辑器”对话框，如图5-107所示。

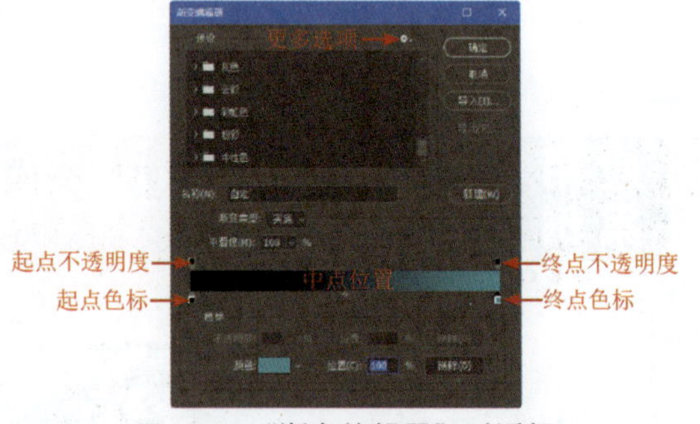

图5-107 “渐变编辑器”对话框

- 新建：单击该按钮，可将当前渐变色加入到预设渐变选取器中。
- 导入：可以载入外部编辑好的渐变颜色。
- 导出：可以将编辑好的渐变颜色进行存储，方便下次使用。
- 名称：可以输入渐变颜色的名称。
- 起点色标/终点色标：单击可选中色标，拖动可移动色标位置。单击下方的“颜色”色块，可在弹出的“拾色器”对话框中选取色标颜色。

如果想给渐变颜色指定多种颜色，可以在渐变颜色条下方单击，此时在渐变颜色条下方会多出一个渐变色标，如图5-108所示。然后为这个渐变色标指定一种颜色即可。

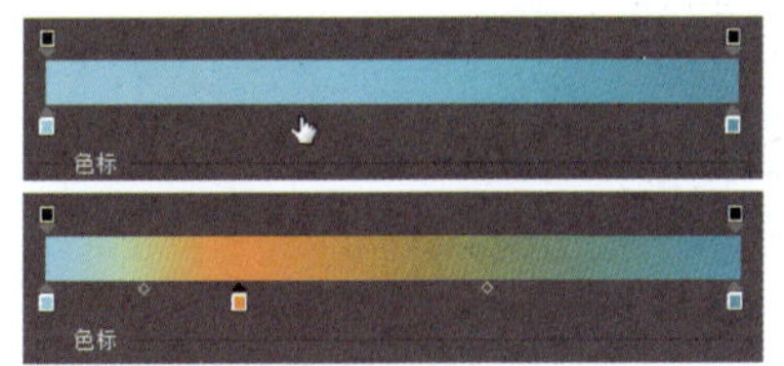

图5-108 创建渐变色标

Tips

在渐变颜色条上选择一个渐变色标，然后在渐变颜色条下方单击，则可以使新增的颜色色标与当前所选渐变色标的颜色相同。

- 中点位置：用于调整两种颜色之间的中点位置，拖动可改变两种颜色之间的中点。

Tips

要删除新增的渐变色标，可以在选中渐变色标后，单击“位置”文本框右侧的“删除”按钮，或者将渐变色标拖出渐变颜色条均可。

- 起点不透明度/终点不透明度：单击可选中不透明度色标，拖动可移动位置，在渐变条上方单击可添加不透明度色标。选中某个不透明度色标，在下方的“不透明度”文本框中可设置色标的不透明度。

应用案例

载入外部渐变制作按钮

源文件：源文件\第5章\5-5-6.psd　　视频：视频\第5章\载入外部渐变制作按钮.mp4

STEP 01 新建一个500像素×500像素的文档。单击工具箱中的“渐变工具”按钮，单击“渐变预览条”，弹出“渐变编辑器”对话框。单击“导入”按钮，在弹出的对话框中载入外部渐变样式“BUTTONS.grd”，如图5-109所示。

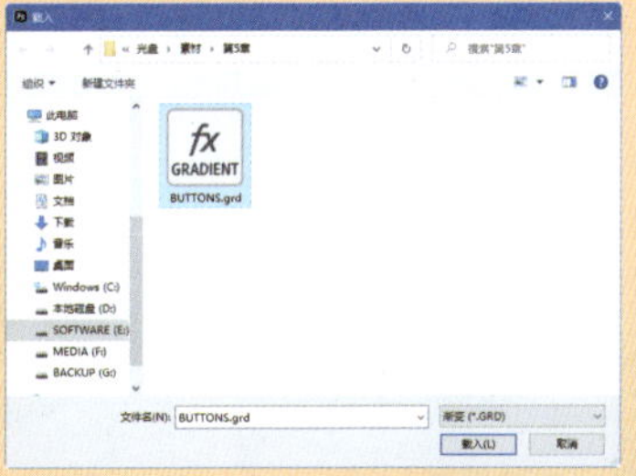

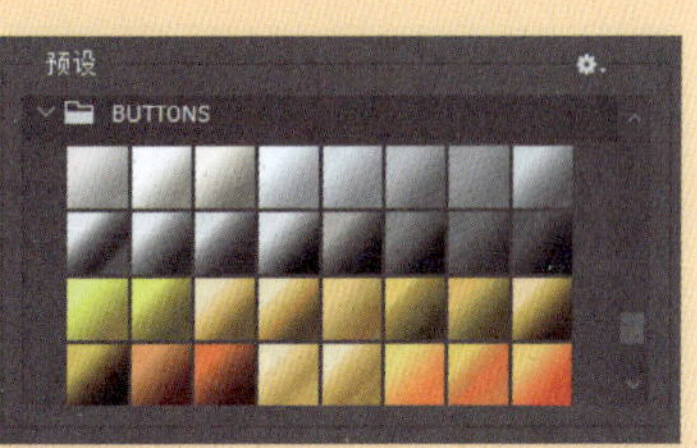

图5-109 载入渐变样式

STEP 02 选择“Silver Bells”渐变样式，如图5-110所示。单击“确定”按钮在“背景”图层中沿对角线拖动鼠标在画布中填充径向渐变颜色，如图5-111所示。

STEP 03 新建一个图层，使用“椭圆选框工具”创建圆形选区。使用“Silver ball”渐变色为选区填充线性渐变效果，如图5-112所示。

STEP 04 选择“选择”→“修改”→“收缩”命令，收缩5像素。新建一个图层，使用相同的方法为选区填充渐变颜色。取消选区后的图像效果如图5-113所示。

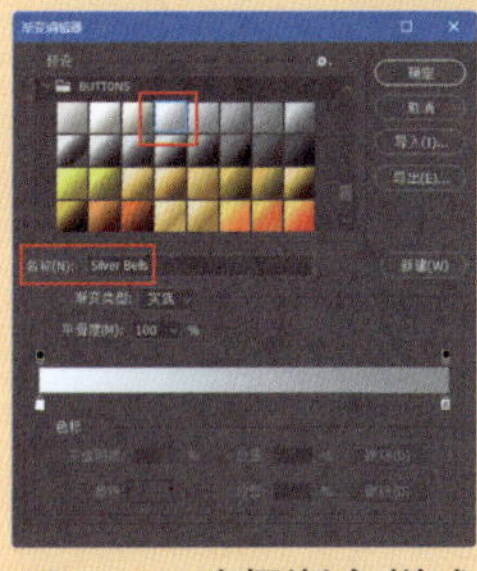

图5-110 选择渐变样式

图5-111 填充效果

图5-112 填充渐变

5-113 图像效果

STEP 05 打开“图层”面板，单击面板底部的“创建新的填充或调整图层”按钮，在打开的下拉列表框中选择“色阶”选项，设置参数如图5-114所示。选择“图层”→“创建剪贴蒙版”命令，使其调整效果只对“图层2”起作用，并不影响全图效果，如图5-115所示。

STEP 06 新建“图层3”图层，选择“多边形工具”，将工具模式定义为“路径”，边数为3，按住【Shift】键的同时绘制等边三角形，如图5-116所示。按【Ctrl+Enter】组合键将路径转换成选区，使用“油漆桶工具”为选区填充白色。选择“选择”→“修改”→“收缩”命令，收缩15像素，按【Delete】键将选区内的颜色删除，取消选区，效果如图5-117所示。

图5-114 调整色阶

图5-115 图像效果

STEP 07 按住【Ctrl】键的同时，单击“图层3”图层的缩览图，创建图层选区并新建“图层4”图层，使用“silver dime – round”的渐变样式为选区填充线性渐变颜色，并对其添加图层样式，如图5-118所示。完成后的图像效果如图5-119所示。

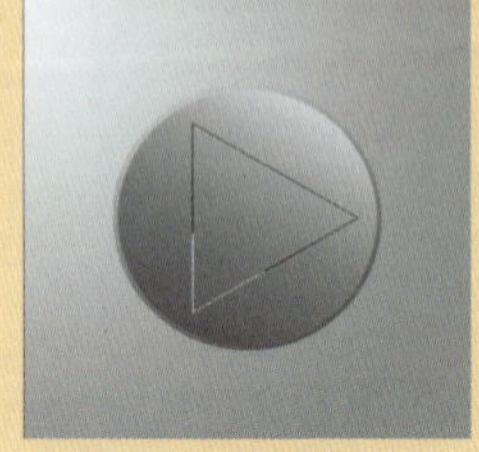
图5-116 绘制路径

图5-117 图像效果

STEP 08 使用“魔棒工具”，选中内侧三角，如图5-120所示。新建一个图层，为其填充RGB（0、216、255）颜色，使其有发亮效果，最终制作完成的按钮效果如图5-121所示。

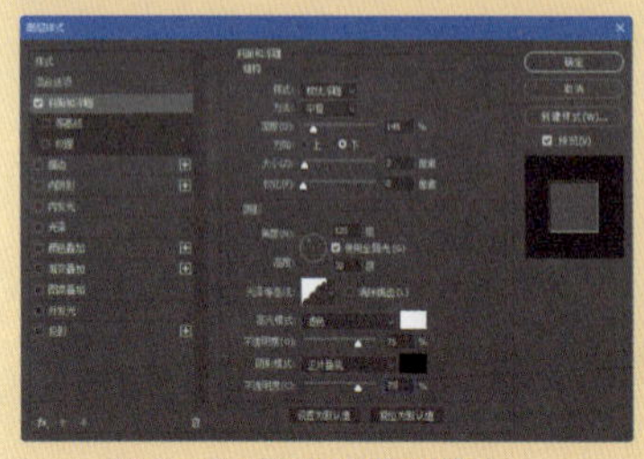
图5-118 添加图层样式

图5-119 图像效果

图5-120 选择选区

图5-121 最终效果

5.6 色彩管理

使用Photoshop调整的色彩，以及用看图软件浏览图片或在网络上看到的图片色彩有时会出现差异，这是由于Photoshop的色彩空间与其他环境的色彩空间不一致而导致的，通过色彩管理可以避免出现以上情况。

5.6.1 色彩设置

由于用户日常生活中使用的设备都有各自的色域，在不同设备之间传递文档时，颜色在外观上会发生改变。

Photoshop提供了色彩管理系统，该系统基于ICC颜色配置文件来转换颜色。ICC配置文件是一个用于描述设备如何产生色彩的文件，其格式由国际色彩联盟规定。利用该文件，Photoshop就能在每台设备上显示一致的颜色。

要在Photoshop中启用该管理选项，可以选择“编辑”→“颜色设置”命令，弹出“颜色设置”对话框，如图5-122所示。

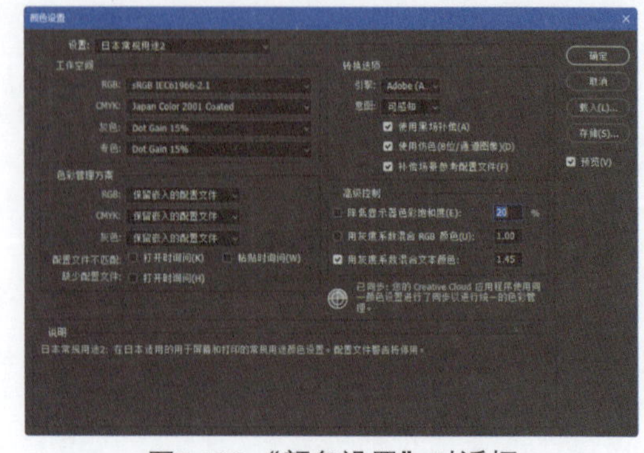
图5-122 “颜色设置”对话框

- 设置：在下拉列表框中可以选择一个颜色设置，所选的设置决定了应用程序使用的颜色空间，用嵌入的配置文件打开和导入文件时的情况，以及色彩管理系统转换颜色的方式。
- 工作空间：用来为每个色彩模型指定工作空间配置文件（色彩配置文件定义颜色的数值如何对应其视觉外观）。
- 色彩管理方案：指定如何管理特定的颜色模型中的颜色。它处理颜色配置文件的读取和嵌入，嵌入颜色配置文件和工作区的不匹配，还处理从一个文件到另一个文档间的颜色移动。
- 转换选项：帮助用户在控制文档转换色彩空间时，应用程序如何处理文档中的颜色。
- 使用黑场补偿：保留图像中的阴影细节，方法是通过模拟输出设备的完整动态范围。
- 使用仿色：控制在色彩空间之间转换8位/通道的图像时是否仿色。
- 补偿场景参考配置文件：从场景转换到输出配置文件时，比较视频对比度。此选项反映了After Effects的默认色彩管理。

Tips

当用户的色彩管理知识很丰富并对自己所做的更改非常自信时，建议用户更改这些选项。否则，对大多数用户来说，默认的 Adobe（ACE）引擎即可满足所有转换需求。

- 高级控制：使用此选项组中的复选框，优化图像的一些颜色设置问题。
- 降低显示器色彩饱和度：显示器是否按指定的色量降低色彩饱和度。
- 用灰度系数混合RGB颜色：可以控制RGB颜色混合在一起而生成的复合数据。
- 说明：将光标放在选项上，可以显示相关说明。

5.6.2 指定配置文件

打开图像后，单击窗口底部状态菜单中的三角按钮，在打开的菜单中选择“文档配置文件”命令，在状态栏中就会显示该图像所使用的配置文件。如果出现“未标记的RGB”则说明该图像没有正确显示，如图5-123所示。

此时可以选择“编辑”→“指定配置文件”命令，在弹出的对话框中选择一个配置文件，如图5-124所示。使图像显示为最佳效果。

图5-123 图像信息

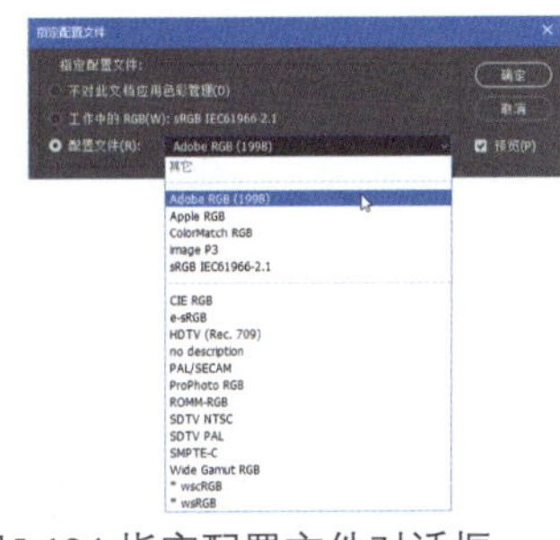
图5-124 指定配置文件对话框

- 不对此文档应用色彩管理：从文档中删除现有配置文件，颜色外观由应用程序工作空间的配置文件确定。
- 工作中的RGB：给文档指定工作空间配置文件。
- 配置文件：可以选择一个配置文件。应用程序为文档指定了新的配置文件，而不将颜色转换到配置文件空间，这可能大大改变图像在显示器上的显示颜色。

Tips

为 Web 准备图像时，建议使用 sRGB，因为它定义了用于查看 Web 上图像的标准显示器的色彩空间，sRGB 也是大多数家用相机的默认色彩空间。准备打印文档时，建议使用 Adobe RGB，因为 Adobe RGB 的色域包括了一些无法使用 sRGB 定义的可以打印的颜色，并且大多数专业相机也都将 Adobe RGB 用作默认色彩空间。

5.6.3 转换为配置文件

如果要将以某种色彩空间保存的图像调整为另外一种色彩空间，可以选择“编辑”→“转换为配置文件”命令，弹出“转换为配置文件”对话框，如图5-125所示。在“目标空间”选项组的“配置文件”下拉列表框中选择所需的色彩空间，然后单击“确定”按钮即可转换。

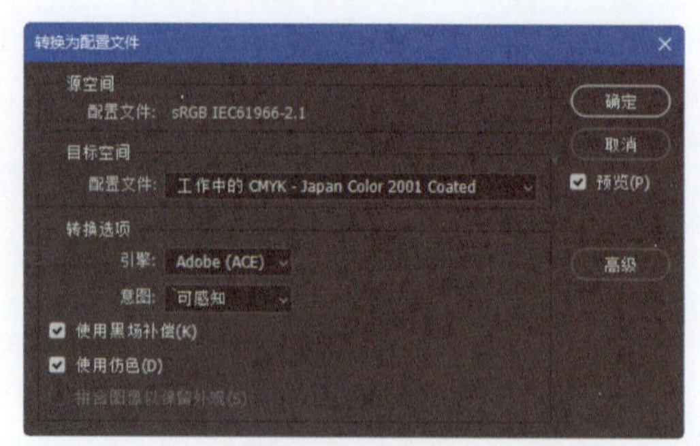

图5-125 “转换为配置文件”对话框

5.7 专家支招

色彩的应用并不是想象的那么容易，在显示器中，网页的色彩会随着显示器环境的变化而变化，在网页这个特殊环境里，色彩的使用就更加困难。即使使用了非常合理、非常漂亮的配色方案，但是如果每个人浏览时看到的效果都各不相同，那么你的配色方案的意愿就不能够非常好地传达给浏览者。

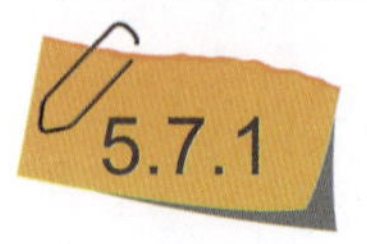

5.7.1 了解网页安全色

要解决网页上的配色安全问题，可以在设计网页时使用网页安全色设置页面。“网页安全色”是在不同硬件环境、不同操作系统和不同浏览器中都能够正常显示的色彩集合。在设计网页时尽量使用网页安全色，这样才不会让浏览者看到的效果与设计时相差太多，否则浏览者看到的网页可能会出现很严重的偏色问题。

网页安全色是当红色（Red）、绿色（Green）、蓝色（Blue）的颜色数字信号值（DAC Count）为0、51、102、153、204、255时构成的颜色组合，共有216种颜色（其中彩色为210种，非彩色为6种）。

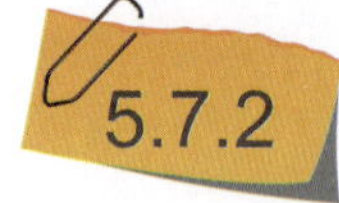

5.7.2 印刷中色彩的选择

在平面设计中，由于用途不同，选择的色彩模式也不相同。一般情况下，平面设计主要用于印刷品，在设计制作CMYK印刷品时，只凭显示器屏幕的颜色和直觉来做决定是绝对行不通的，一定要先翻阅“色表”，再选择颜色。

虽然当今的图像设计都是使用计算机设计制作，但是在制作成印刷品之前，只凭借屏幕所显示的图像，并不能正确地掌握印刷出来的成品颜色。除了专用的CMYK色表外，还有一种“专色”，在预先调好颜色油墨时，利用专色专用的色表当成样本确认颜色。

5.7.3 正确保存和使用GIF格式的图像

用户在制作网页中的图片素材时，为了实现图片的动态效果，常常会将图片保存为GIF格式。如果制作的图片将来要作为背景图平铺，为了保证制作时可以在Dreamweaver中正确显示，要在“GIF存储选项”对话框的“强制”下拉列表框中选择Web选项，如图5-126所示。如果选择“黑白”选项，则图像在Dreamweaver中作为背景平铺时将不能正常显示。

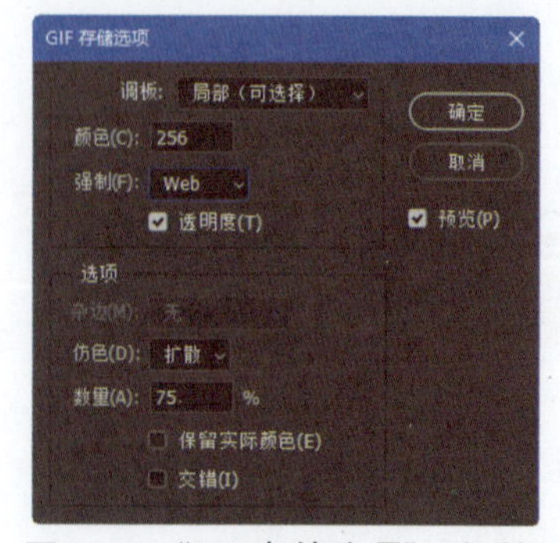

图5-126 “GIF存储选项”对话框

5.8 总结扩展

颜色是通过眼、脑和生活经验所产生的一种对光的视觉效应。人们对颜色的感觉不仅仅由光的物理性质所决定，比如人们对颜色的感觉往往受到周围颜色的影响。有时人们也将物质产生不同颜色的物理特性直接称为颜色。

颜色是利用Photoshop处理图像时非常重要的一项技术指标，是图像中最本质的信息，所以在绘图之前要先选择适当的颜色，这样才能制作出效果丰富的图像。

5.8.1 本章小结

本章系统地介绍了Photoshop中图像的各种颜色模式之间的转换关系，并对相应的对话框进行了详细讲解。通过学习本章知识，读者应该对颜色相关的知识有一定的掌握，并且在制作过程中运用得游刃有余。

5.8.2 举一反三——制作宽带上网海报

案例文件:	源文件\第5章\5-8-2.psd
视频文件:	视频\第5章\制作宽带上网海报.mp4
难易程度:	★★★☆☆
学习时间:	15分钟

(1)

(2)

(3)

(4)

1. 新建文档，拖入相应的背景素材，添加剪切蒙版。
2. 拖入相应的素材，注意素材之间的叠放顺序，添加素材阴影效果，然后输入文字。
3. 使用“钢笔工具”绘制路径，对画笔进行设置，创建新动作，制作出立体文字形状。
4. 拖入相应素材并进行组合，添加“曲线”调整图层，输入其他文字。

第6章 绘制图像

Photoshop提供了多种绘画工具，其中包括“画笔工具”“铅笔工具”“颜色替换工具”和“混合器画笔工具”等，不同的绘画工具结合“画笔”面板，可以绘制出不同的图像效果。本章将对这些内容进行重点讲解。

本章学习重点

第 126 页
为图像替换颜色

第 129 页
自定义画笔笔触

第132页
使用“画笔工具”改变人物唇彩

第139页
为图像添加繁星光晕效果

6.1 基本绘画工具

Photoshop中提供了形式多样的绘画工具，包括“画笔工具”、“铅笔工具”、“颜色替换工具”和“混合器画笔工具”，如图6-1所示。使用这些绘画工具可以使图像更加丰富多彩。

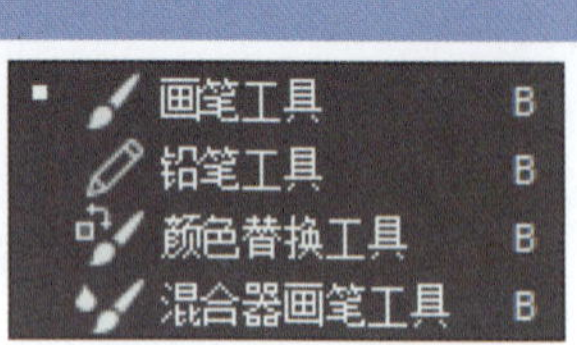

图6-1 绘画工具

虽然Photoshop提供的绘画工具各不相同，但是每种绘画工具的操作步骤基本上是相似的，在使用绘画工具时都需要经过以下几个步骤。

- 选取绘画工具的颜色。
- 在选项栏的“画笔预设”选取器中选择合适的画笔。
- 在选项栏中设置工具的相关参数，如不透明度和模式等。
- 在画布中拖动鼠标绘制图像。当然，此操作会因所选工具的不同而存在一定的差异。

6.1.1 画笔工具

在Photoshop中，“画笔工具”的应用比较广泛，使用它既可以绘制出比较柔和的线条，就像使用毛笔画出的线条一样；也可以绘制出比较坚硬的线条，就像使用碳素笔画出的线条一样。

“画笔工具”不仅可以绘制图像，还可以修改蒙版和通道。单击工具箱中的“画笔工具”按钮，选项栏中会出现相应的选项，如图6-2所示。

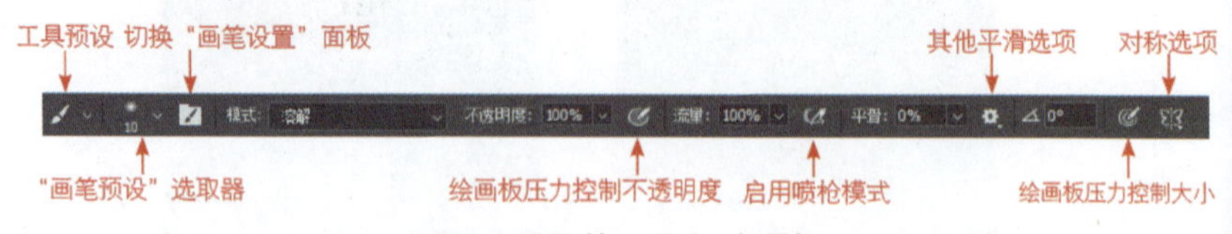

图6-2 “画笔工具”选项栏

- 工具预设：单击“画笔”右侧的下拉按钮，可以打开“工具预设”面板，如图6-3所示。工具预设是选定该工具的现成版本，单击“工具预设”面板右上角的“工具预设菜单”按钮，可以打开工具预设菜单，如图6-4所示。通过该菜单中的命令，可以执行“新建工具预设”和“载入工具预设”等操作。

图6-3 “工具预设”面板

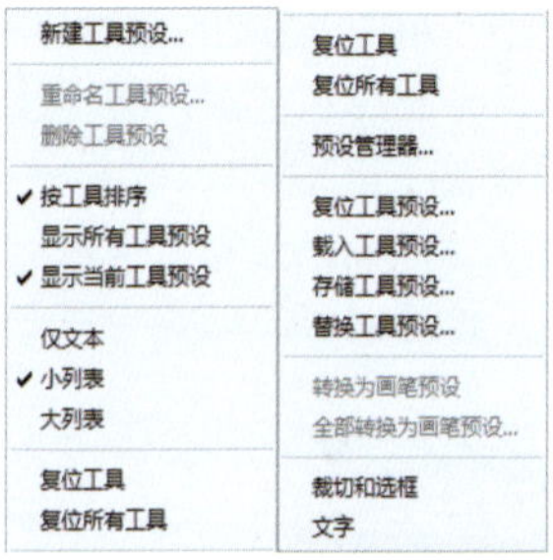

新建工具预设...
重命名工具预设...
删除工具预设
✔按工具排序
显示所有工具预设
✔显示当前工具预设
仅文本
✔小列表
大列表
复位工具
复位所有工具
复位工具
复位所有工具
预设管理器...
复位工具预设...
载入工具预设...
存储工具预设...
替换工具预设...
转换为画笔预设
全部转换为画笔预设...
裁切和选框
文字

图6-4 “工具预设”菜单

- “画笔预设”选取器：单击“笔触大小”右侧的下拉按钮，在打开的“画笔预设”选取器中可以选择画笔笔尖，设置画笔的大小和硬度，如图6-5所示。

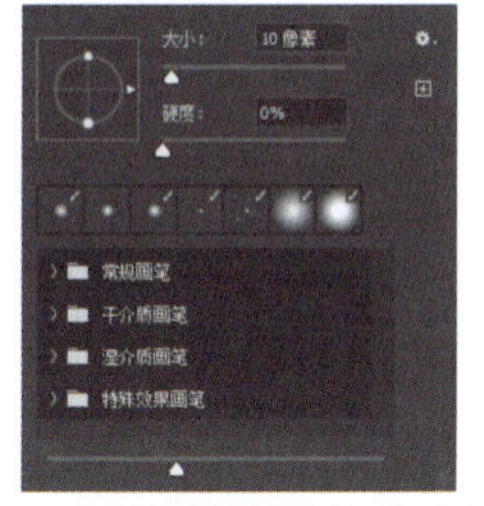

图6-5 “画笔预设”选取器

- 切换“画笔设置”面板：单击该按钮，可以打开“画笔设置”面板。在其中可以对画笔进行多种样式的设置。关于“画笔设置”面板，将在后面的内容中讲解。
- 模式：该选项用来设置画笔的绘画模式。在下拉列表框中可以选择画笔笔迹颜色与下面像素的混合模式。“正常”模式下的效果与“差值”模式下的效果如图6-6所示。

a)正常模式

b)差值模式

图6-6 不同模式下的图像效果对比

- 不透明度：用来设置画笔的不透明度。该值越小，线条的透明度越高。当不透明度为30%和100%时，图像效果如图6-7所示。

a) 不透明度为30%

b) 不透明度为100%

图6-7 不同透明度的图像效果对比

- 流量：用来设置将光标移动到某个区域上方时应用颜色的速率。当流量值分别为50%和100%时，图像效果如图6-8所示。

a) 流量为50%

b) 流量为100%

图6-8 不同流量值图像效果对比

- 启用喷枪模式：单击该按钮，即可启用喷枪功能。将渐变色调应用于图像，同时模拟传统的喷枪技术，Photoshop会根据单击程度确定画笔线条的填充数量。

未启用喷枪功能时，单击一次便填充一次，效果如图6-9所示；当启用喷枪功能后，单击按住鼠标左键不放，则可以持续填充，效果如图6-10所示。

图6-9 未启用喷枪效果

图6-10 启用喷枪效果

- 平滑：在文本框中输入数值，或者单击下拉按钮拖动滑块，调整平滑参数。
- 其他平滑选项：单击此按钮，打开下拉列表框，如图6-11所示。用户可以根据自己的需要进行相关设置。
  - 拉绳模式：选择此复选框，仅在绳线拉紧时绘画。在平滑半径之内移动光标不会留下任何标记。
  - 描边补齐：选择此复选框，当用户暂停绘制描边时，Photoshop会自动补齐描边。
  - 补齐描边末端：选择此复选框，绘画过程中Photoshop会完成用户上一绘画位置到松开鼠标所在点的描边绘制。
  - 调整缩放：通过调整平滑，防止绘制时抖动描边。在放大文档时减小平滑；在缩小文档时增加平滑。

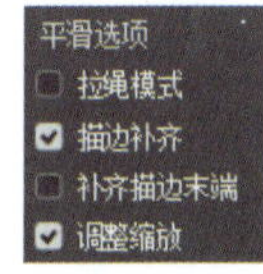

图6-11 其他平滑选项

- “绘画板压力控制不透明度”按钮和“绘画板压力控制大小”按钮：只有连接绘画板之后这两个按钮才会起作用。当按下按钮后，选项栏中的参数设置将不会影响绘画的质量。

Tips

使用“画笔工具”时，在英文状态下，按【[】键可减小画笔的直径，按【]】键可增加画笔的直径；对于实边圆、柔边圆和书法画笔，按【Shift+[】组合键可减小画笔的硬度，按【Shift+]】组合键则可增加画笔的硬度。

按键盘中的数字键可以调整工具的不透明度。例如，按【1】键时，不透明度为10%；按【5】键时，不透明度为50%；按【75】键时，不透明度为75%；按【0】键时，不透明度为100%。

- 对称选项：单击此按钮，从打开的下拉列表框中任意选择圆形、径向、螺旋线和曼陀罗等预设对称类型。用户可以定义一个或多个对称轴，根据对称轴来绘制完全对称的画笔描边图案效果，如图6-12所示。

图6-12 不同“对称选项”的图像效果

Tips 如何绘制直线条？

使用“画笔工具”时，在画布中单击，然后按住【Shift】键单击画面中任意一点，两点之间会以直线连接。按住【Shift】键还可以绘制水平、垂直或以45° 角为增量的直线。

用户可以使用“画笔工具”“混合器画笔工具”“铅笔工具”和“橡皮擦工具”绘制对称图像，在工具箱中选中前面介绍的任意一种工具，单击选项栏中的“对称选项”按钮，打开“对称选项”下拉列表框，如图6-13所示。

在其中选择任一选项，画布中就会出现与之对应的对称轴和初始的对称范围，用户可以按住鼠标左键不放，同时拖动定界框对其进行放大、缩小和旋转等操作，如图6-14所示。

调整完对称范围后，单击选项栏中的“提交变换”按钮，确认变换后的对称范围，如图6-15所示。接下来，用户就可以在画布中完成对称图像的绘制。

图6-13 下拉列表框

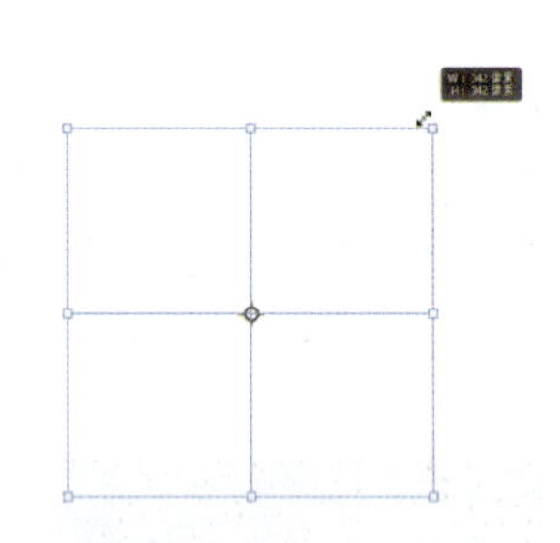

图6-14 调整对称范围

图6-15 确认操作

应用案例 使用“画笔工具”绘制对称图像

源文件：源文件\第6章\6-1-1.psd 视频：视频\第6章\使用“画笔工具”绘制对称图像.mp4

STEP 01 新建一个500像素×500像素的文档，单击工具箱中的“画笔工具”按钮，单击选项栏中的“画笔预设”选取器按钮，设置参数，如图6-16所示。

STEP 02 设置选项栏中的“平滑”值为100%，单击“其他平滑选项”按钮，打开“平滑选项”面板，设置各项参数，如图6-17所示。

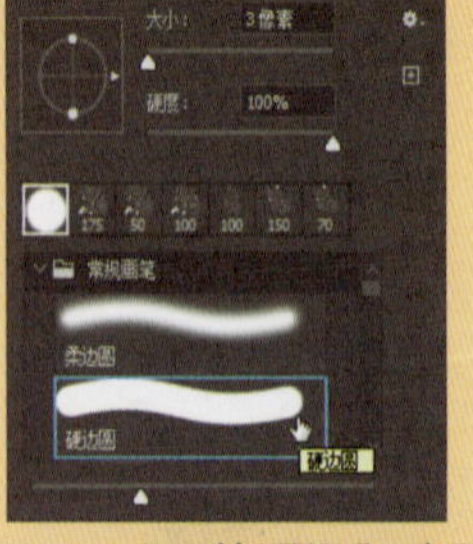

图6-16 “画笔预设”选取器

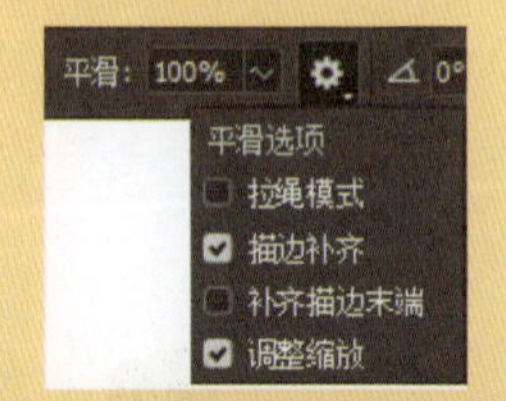

图6-17 “平滑选项”面板

STEP 03 单击选项栏中的“对称选项”按钮，在打开的下拉列表框中选择“曼陀罗”选项，在弹出的“曼陀罗对称”对话框中设置“段计数”为6，如图6-18所示。

STEP 04 单击“确定”按钮，调整对称范围使其充满画布。单击选项栏中的“提交变换”按钮或按【Enter】键，确认变换，如图6-19所示。

STEP 05 设置“前景色”为黑色，使用“画笔工具”在画布中单击并拖动鼠标绘制图像，如图6-20所示。继续使用“画笔工具”在画布中连续单击并拖动鼠标完成图像的绘制，效果如图6-21所示。

图6-18 设置对称段计数

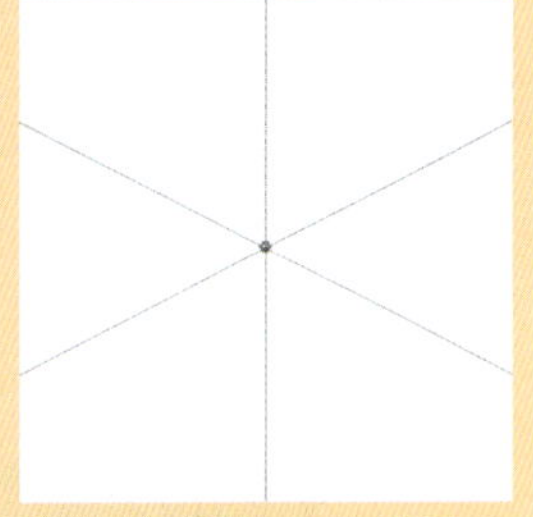
图6-19 调整对称范围

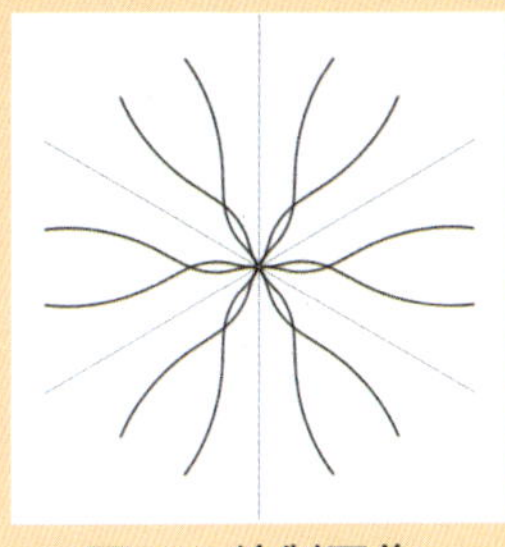
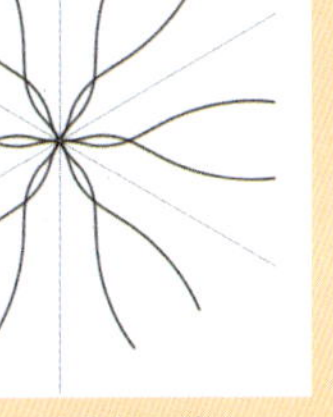
图6-20 绘制图像

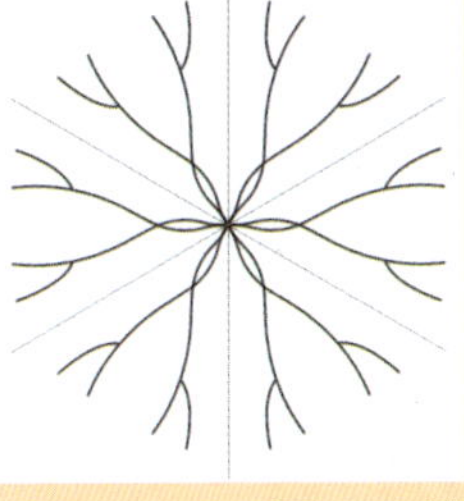

图6-21 最终效果

Tips 如何使用“变换对称”？

用户使用“画笔工具”绘制对称图像时，不仅可以选择前面介绍的10种对称类型，同时还可以使用路径自定义对称类型。由于自定义对称类型需要使用形状工具来完成，所以自定义对称类型的方法将在本书第8章进行详细讲解。

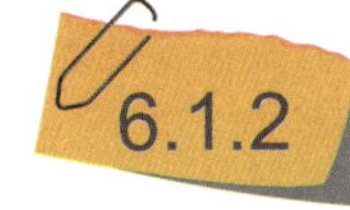

6.1.2 铅笔工具

“铅笔工具”可以创建硬边的画线。单击工具箱中的“铅笔工具”按扭，其选项栏如图6-22所示。与“画笔工具”选项栏的不同之处在于，它增加了“自动抹除”复选框。

图6-22 “铅笔工具”选项栏

- 自动抹除：选择该复选框后，在窗口中单击并拖动鼠标，可将该区域涂抹成前景色。如果再次将光标放在刚刚抹除的区域上进行涂抹，该区域将被涂抹成背景色，如图6-23所示。

图6-23选择“自动抹除”复选框后的图像效果

在实际工作中，铅笔工具常常用来绘制像素图。由于这种图像色彩鲜艳、个性鲜明且文件大小又很小，使它被广泛应用到因特网上。图6-24所示就是使用“铅笔工具”绘制的像素图。

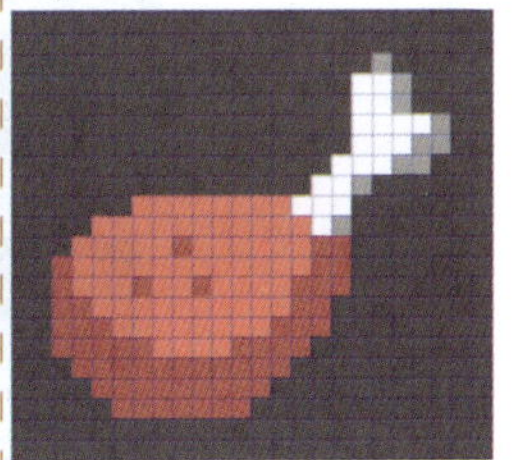

图6-24 像素图

Tips

“铅笔工具”与“画笔工具”的区别在于，使用“画笔工具”既可以绘制柔边效果的线条，又可以绘制硬边效果的线条；而“铅笔工具”则只能绘制硬边效果的线条。

6.1.3 颜色替换工具

使用颜色替换工具，可以用前景色替换图像中的颜色。单击工具箱中的“颜色替换工具”按扭，选项栏中会出现相应的选项，如图6-25所示。

图6-25 “颜色替换工具”选项栏

- 模式：用来设置替换的颜色属性，包括“色相”“饱和度”“颜色”和“明度”选项，如图6-26所示。默认情况下为“颜色”选项，用户需要时，也可以替换为“色相”“饱和度”或“明度”等选项。

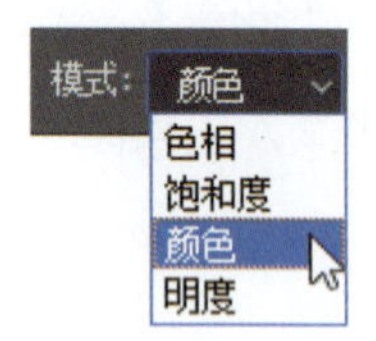

图6-26 “模式”下拉列表框

- 取样：用来设置颜色取样的方式。按下“连续”按钮，拖动鼠标时可连续对颜色取样；按下“一次”按钮，可替换包含第一次单击的颜色区域中的目标颜色；按下“背景色板”按钮，只替换包含当前背景色的区域。
- 限制：选择“不连续”选项，表示替换出现在光标下任何位置的样本颜色；选择“连续”选项，表示替换与光标下的颜色邻近的颜色；选择“查找边缘”选项，表示替换包含样本颜色的连接区域，同时更好地保留形状边缘的锐化程度。
- 容差：用来设置工具的容差。该工具可替换单击点像素容差范围内的颜色，该值越大，可替换的颜色范围越广。
- 消除锯齿：选择该复选框，可以为校正区域定义平滑的边缘，从而消除锯齿。

“颜色替换工具”在替换图像中的局部颜色方面非常方便实用。在替换颜色时应注意，光标不要碰到要替换颜色的图像以外的范围，否则也将替换成其他颜色。下面通过一个实例向读者介绍“颜色替换工具”的应用方法。

应用案例

为图像替换颜色

源文件：源文件\第6章\6-1-3.psd　　视频：视频\第6章\为图像替换颜色.mp4

STEP 01 打开素材图像“素材\第6章\61301.jpg”，如图6-27所示。按【Ctrl+J】组合键复制“背景”图层，得到“图层1”图层，如图6-28所示。

图6-27 打开素材图像

图6-28 复制图层

STEP 02 单击工具箱中的“替换颜色工具”按钮，设置“前景色”为RGB（60，19，13），在图像中避开人物进行涂抹，效果如图6-29所示。按【Ctrl+J】组合键复制“图层1”图层，得到“图层1 拷贝”图层，如图6-30所示。

图6-29 图像效果

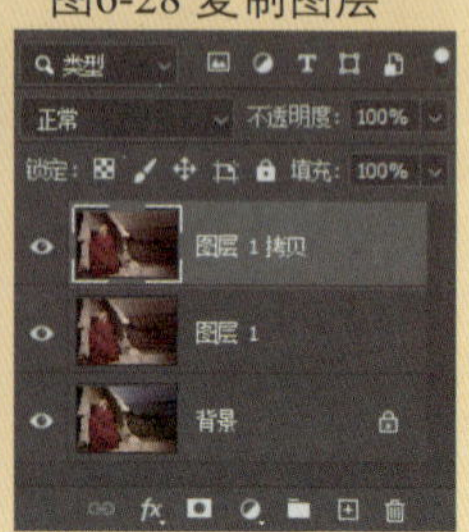

图6-30 “图层”面板

STEP 03 设置“前景色”为RGB（144，0，255），将“背景色”设置为人物裙子的颜色RGB（140，1，38）。单击选项栏中的“取样：背景色板”按钮，如图6-31所示。在图像中人物裙子位置进行涂抹，最终效果如图6-32所示。

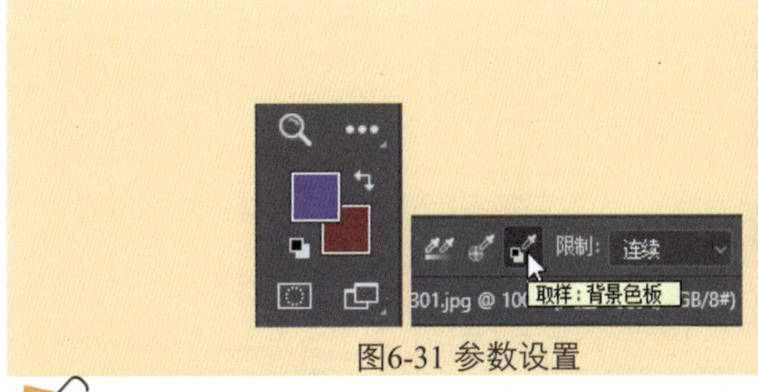

图6-31 参数设置

图6-32 图像效果

6.1.4 混合器画笔工具

使用“混合器画笔工具”可以在一个混色器画笔笔尖上定义多个颜色，以逼真的混色进行绘画。或者使用干的混色器画笔混合照片颜色，可以将它转化为一幅美丽的图画。单击工具箱中的“混合器画笔工具”按钮，“混合器画笔工具”选项栏如图6-33所示。

图6-33 “混合器画笔工具”选项栏

- 当前画笔载入：在该下拉列表框中选择相应的选项，可以对载入的画笔进行相应的设置，如图6-34所示。

载入画笔
清理画笔
✔ 只载入纯色

图6-34 “当前画笔载入”下拉列表框

- 自动载入：每次描边后载入画笔。
- 清理：每次描边后清理画笔。
- 有用的混合画笔组合：设置画笔的属性，在该下拉列表框中提供了多个预设的混合画笔设置，如图6-35所示。选择其中任意一个选项，在绘画区域涂抹即可混合颜色，如图6-36所示。

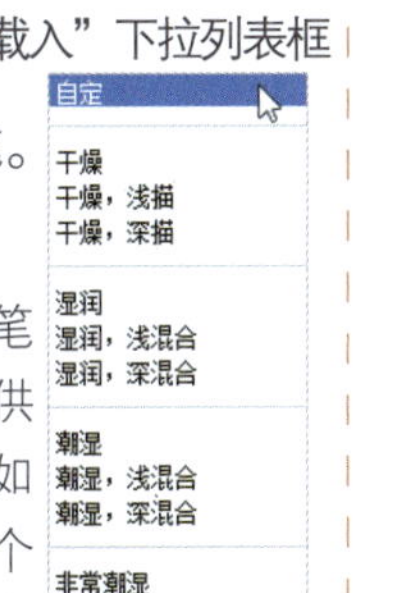

图6-35 下拉列表框

a) 干燥，浅描

b) 湿润，浅混合

图6-36 颜色混合效果

- 潮湿：设置从画布中摄取的油彩量。图6-37所示为不同“潮湿”值的图像效果。
- 载入：设置画笔上的油彩量。
- 混合：设置描边的颜色混合比。图6-38所示为不同“混合”值的图像效果。

a) “潮湿”值为10%

b) “潮湿”值为80%

图6-37 不同潮湿值的图像效果

a) “混合”值为10%

b) “混合”值为100%

图6-38 不同“混合”值的图像效果

Tips

当设置“潮湿”值为100%，“载入”值为0%时，绘画时将以画布中的颜色为主进行绘画操作；当设置“潮湿”值为0%，“载入”值为100%时，绘画时将以前景色为主进行绘画操作。

应用案例

使用“混合器画笔工具”绘制印象派画像

源文件：源文件\第6章\6-1-4.psd 视频：视频\第6章\使用“混合器画笔工具”绘制印象派画像.mp4

STEP 01 打开素材图像“素材\第6章\61501.jpg”，如图6-39所示。按【Ctrl+J】组合键复制“背景”图层，得到“图层1”图层，如图6-40所示。

STEP 02 单击工具箱中的“混合器画笔工具”按钮，在“画笔预设”选取器中选择合适的笔刷，如图6-41所示，“选项栏”设置如图6-42所示。

图6-39 打开素材图像

图6-40 “图层”面板

STEP 03 在图像中随着云彩的走向进行涂抹，如图6-43所示。使用相同的方法，根据绘制图像的需要随时调整笔尖的大小，最终效果如图6-44所示。

自定 潮湿：100% 载入：1% 混合：100% 流量：100%

图6-42 “混合器画笔工具”选项栏

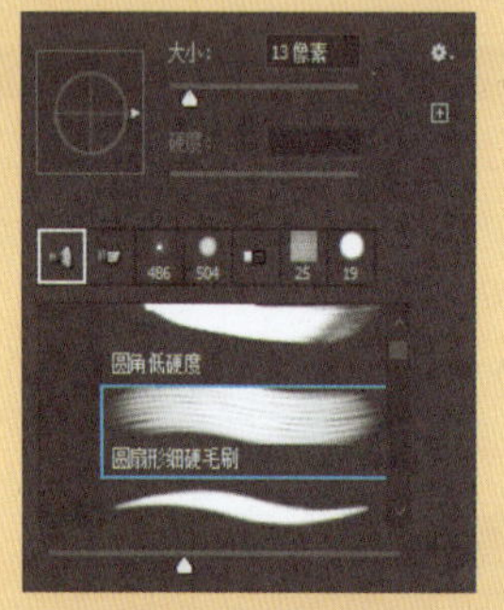

图6-41 设置笔刷

图6-43 涂抹图像

图6-44 图像效果

6.2 设置画笔的基本样式

用户在使用“画笔工具”绘制图像时，可以对画笔的基本样式进行相应的设置，如使用预设画笔工具。除此之外，用户还可以根据自己的需要自定义画笔笔触。

6.2.1 预设画笔工具

单击工具箱中的“画笔工具”按钮，在选项栏中单击“笔触大小”右侧的下拉按钮，可以打开“画笔预设”选取器面板，如图6-45所示。在“画笔预设”选项器面板中，用户可以选择不同形状的画笔。

Photoshop提供了多种类型的画笔，为了方便用户选取画笔，可以单击“画笔预设”选取器面板右上方的菜单按钮，在打开的下拉菜单中选择相应的命令，如图6-46所示。

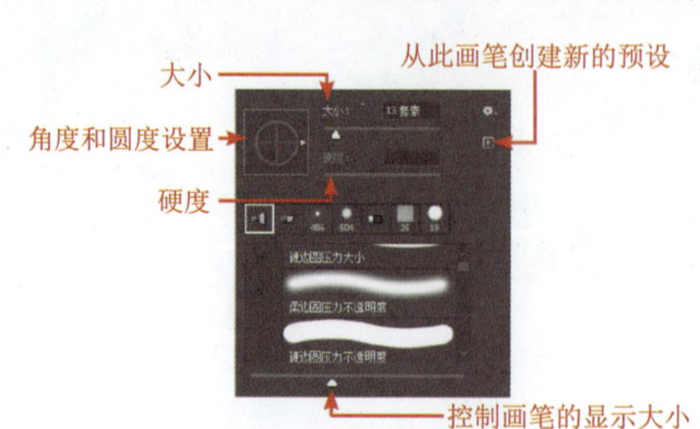

图6-45 “画笔预设”选取器面板

图6-46 面板菜单

- 大小：用来设置画笔的笔触大小。可以直接拖动滑块，也可以在文本框中输入数值。
- 角度和圆度设置：用来设置画笔的笔触角度和圆度。
- 硬度：用来设置画笔的硬度大小。可以直接拖动滑块，也可以在文本框中输入数值。
- 从此画笔创建新的预设：单击该按钮，弹出“新建画笔”对话框，如图6-47所示。可在其中为画笔命名，单击“确定”按钮，将当前画笔保存为一个新的预设画笔。

图6-47 “新建画笔”对话框

- 恢复默认画笔：当进行了添加或者删除画笔的操作以后，若想使面板恢复为显示默认的画笔状态，可执行该命令。
- 导入画笔：可以使用“导入画笔”命令将保存的画笔载入。执行该命令后，弹出“载入”对话框，如图6-48所示。在其中选择一个画笔库，单击“确定”按钮即可将其载入。
- 导出选中画笔：可以将面板中的画笔保存为一个画笔库，在弹出的“另存为”对话框中，可以选择存储位置，如图6-49所示。

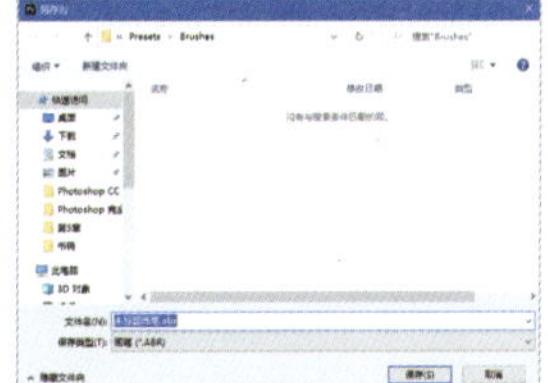

图6-48 “载入”对话框　图6-49 “另存为”对话框

- 获取更多画笔：选择该命令后，会自动跳转到的Adobe官网，页面内容为Kyle画笔的下载与详情介绍。
- 旧版画笔：选择该命令后，“画笔预设”选取器面板下方将会添加一组名为“旧版画笔”的画笔组。

Tips 如何删除预设画笔？

第一种方法，按住【Alt】键并单击“画笔预设”选取器中要删除的画笔，即可将其删除。第二种方法，选择要删除的画笔，单击鼠标右键，在弹出的快捷菜单中选择“删除画笔”命令，即可删除画笔。

6.2.2 自定义画笔笔触

当用户自定义特殊画笔时，只能定义画笔的形状，不能定义画笔颜色。因为使用画笔绘画时，颜色都是由前景色的颜色决定的。下面将通过实例的方式向用户讲解如何自定义可控制颜色的画笔笔触。

应用案例

自定义画笔笔触

源文件：源文件\第6章\6-2-2.psd　　视频：视频\第6章\自定义画笔笔触.mp4

STEP 01 打开素材图像“素材\第6章\62201.jpg”，如图6-50所示。单击工具箱中的“快速选择工具”按扭，在选项栏中选择“添加到选区”选项，连续选中画布中的图像创建选区，如图6-51所示。

图6-50 打开素材图像

图6-51 创建选区

STEP 02 按【Ctrl+J】组合键复制图层，得到“图层1”图层，隐藏“背景”图层，此时的“图层”面板如图6-52所示，图像效果如图6-53所示。

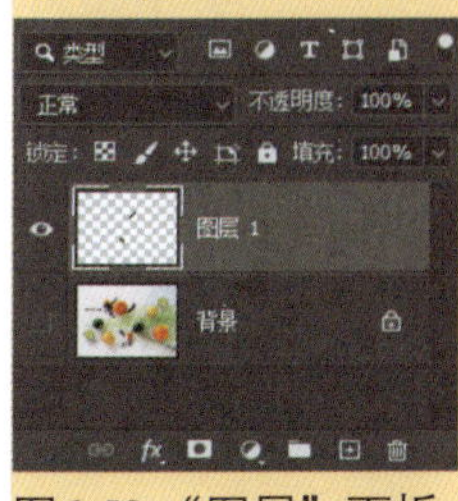

图6-52 “图层”面板

图6-53 图像效果

STEP 03 选择“编辑”→“定义画笔预设”命令，在弹出的“画笔名称”对话框中输入预设画笔的名称，如图6-54所示。单击“确定”按钮，创建的画笔将添加在“画笔预设”选取器面板的末端，如图6-55所示。

STEP 04 单击“图层”面板底部的“创建新图层”按钮，新建“图层2”图层，如图6-56所示。单击“画笔工具”按钮，在“画笔预设”选取器中选择刚刚创建的画笔，设置“前景色”为RGB（53、68、47），在画布中绘制图像，效果如图6-57所示。

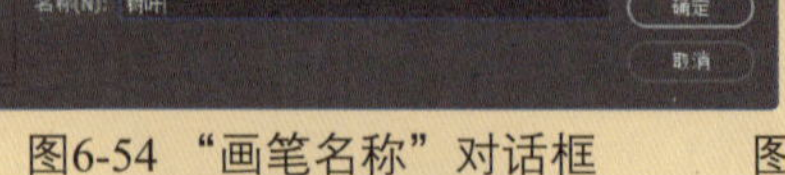

图6-54 “画笔名称”对话框　　图6-55 “画笔预设”选取器

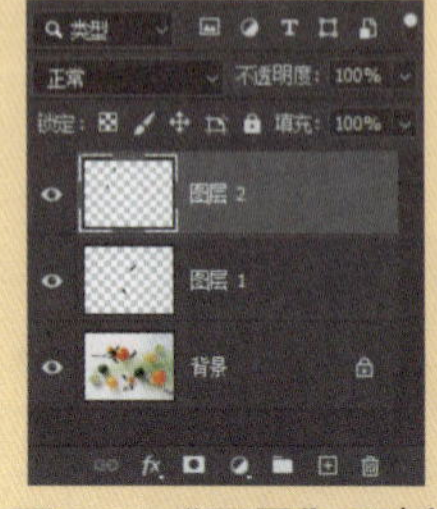
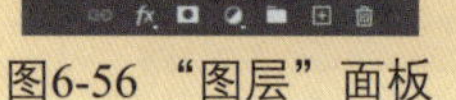

图6-56 “图层”面板

图6-57 图像效果

6.2.3 设置混合模式

混合模式是Photoshop中一项非常重要的功能。简单地说，混合模式是将当前一个像素的颜色与它正下方的每个像素的颜色相混合，以便生成一个新的颜色。要理解和掌握Photoshop 中的混合模式，首先要理解基色、混合色和结果色这3个基本概念。

- 基色：图像中的原始颜色。
- 混合色：绘画或编辑工具使用的颜色。
- 结果色：应用混合模式后最终的颜色。

根据混合模式的用途，可以将Photoshop中的混合模式大致分为3类，分别为“颜色混合模式”“图层混合模式”和“通道混合模式”。下面将详细讲解“颜色混合模式”。

颜色混合模式是将当前绘画或编辑工具应用的颜色与图像的原始颜色进行混合，从而产生一种结果颜色。通过“画笔工具”或“铅笔工具”选项栏中的“模式”下拉列表框，如图6-58所示，用户可以根据需要选择合适的颜色混合模式，然后使用画笔进行绘制。

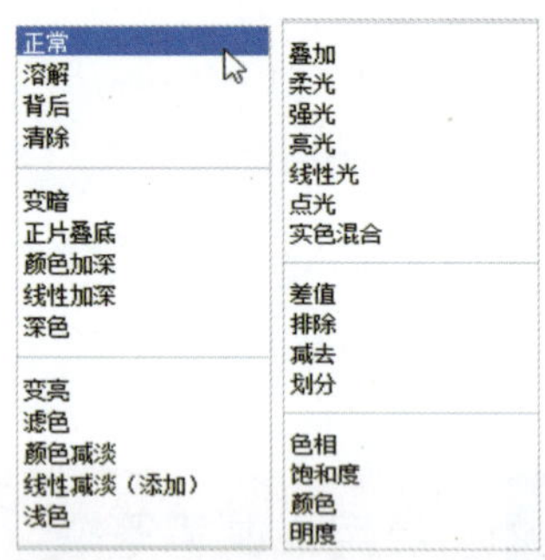

图6-58 “模式”下拉列表框

- 正常：该混合模式是Photoshop中的默认模式。选择该模式后，绘制出来的颜色会盖住原有的底色，如图6-59所示。
- 溶解：结果色由基色或混合色的像素随机替换，用于半透明的较大画笔时效果较好，如图6-60所示。
- 背后：此模式只限于为当前图层的透明区域中添加颜色。
- 清除：在使用此模式时必须先取消“锁定透明区域”的图层。编辑区域中的图像是否完全被清除取决于选项中“不透明度”的设置。
- 变暗：查看每个通道中的颜色信息，并选择基色或混合色中较暗的颜色作为结果色，较亮的像素将被较暗的像素取代，而较暗的像素不变，如图6-61所示。

图6-59 正常

图6-60 溶解

图6-61 变暗

- 正片叠底：选择此模式时，可以查看每个通道中的颜色信息，并将基色与混合色相乘，结果色总是较暗的颜色，如图6-62所示。
- 颜色加深：查看每个通道中的颜色信息，并通过增加对比度使基色变暗，以反映混合色。与白色混合后不产生变化，如图6-63所示。

- 线性加深：查看每个通道中的颜色信息，并通过减小亮度使基色变暗，以反映混合色。与白色混合后不产生变化，如图6-64所示。

图6-62 正片叠底 图6-63 颜色加深 图6-64 线性加深

- 深色：比较混合色和基色的所有通道值的总和，并显示值较小的颜色，不会生成第三种颜色。
- 变亮：与变暗模式相反，查看每个通道中的颜色信息，并选择基色或混合色中较亮的颜色作为结果色。
- 滤色：查看每个通道的颜色信息，并将混合色的互补色与基色（原始图像）进行正片叠底。结果色总是较亮的颜色，如图6-65所示。
- 颜色减淡：查看每个通道中的颜色信息，使基色变亮以反映绘制的颜色。用黑色绘制时不改变图像色彩，如图6-66所示。
- 线性减淡（添加）：查看每个通道中的颜色信息，并通过增加亮度使基色变亮以反映混合色。与黑色混合不发生变化，如图6-67所示。

图6-65 滤色 图6-66 颜色减淡 图6-67 线性减淡（添加）

- 浅色：与深色模式相反，比较混合色和基色的所有通道值的总和并显示值较大的颜色。
- 叠加：对颜色进行正片叠底或过滤，具体取决于基色。图案或颜色在现有像素上叠加，同时保留基色（原图像）的明暗对比，如图6-68所示。
- 柔光：使颜色变暗或变亮，具体取决于混合色，与发散的聚光灯照在图像上的效果相似。
- 强光：对颜色进行正片叠底或过滤，具体取决于混合色。
- 亮光：通过增减对比度来加深或减淡颜色，具体取决于混合色。
- 线性光：通过增加或减淡对比度来减淡或加深颜色，具体取决于混合色，如图6-69所示。
- 点光：根据混合色的明暗度来替换颜色。
- 实色混合：将混合色的红色、绿色和蓝色通道值添加到基色的RGB值，如图6-70所示。

图6-68 叠加 图6-69 线性光 图6-70 实色混合

- 差值：将混合色与基色的亮度值互减，取值时以亮度较高的颜色减去亮度较低的颜色。混合色为白色可使基色反相，与黑色混合则不产生变化，如图6-71所示。
- 排除：创建一种与差值相似，但对比度较低的效果。与白色混合会使基色值反相，与黑色混合不发生变化，如图6-72所示。
- 减去：当前图层与下面图层中的图像色彩进行相减，将相减的结果呈现出来。在8位和16位的图像中，如果相减的色彩结果为负值，则颜色值为0，如图6-73所示。

图6-71 差值 图6-72 排除 图6-73 减去

- 划分：将上一图层的图像色彩以下一图层的颜色为基准进行划分所产生的效果，如图6-74所示。
- 色相：用基色的明度和饱和度以及混合色的色相创建结果颜色。
- 饱和度：混合后的色相及明度与基色相同，而饱和度与绘制的颜色相同。在无饱和度和灰色的区域上用此模式绘画不会产生变化。
- 颜色：用基色的明度以及混合色的色相和饱和度创建结果颜色，如图6-75所示。
- 明度：此模式与“颜色”模式为相反效果。用基色的色相和饱和度以及混合色的明度创建结果色，如图6-76所示。

图6-74 划分 图6-75 颜色 图6-76 明度

应用案例

使用“画笔工具”改变人物唇彩

源文件：源文件\第6章\6-2-3. psd　　视频：视频\第6章\使用“画笔工具”改变人物唇彩.mp4

STEP 01 打开素材图像“素材\第6章\62301.jpg”，如图6-77所示。按【Ctrl+J】组合键复制图层，得到“图层1”图层。使用“快速选择工具”在画布中人物的嘴唇位置创建选区，如图6-78所示。

图6-77 打开素材图像

图6-78 复制图层并创建选区

STEP 02 单击工具箱中的“画笔工具”按钮，设置“前景色”为RGB（255，0，0），设置选项栏中的参数，如图6-79所示。在画布中的选区内进行涂抹，取消选区后的图像效果如图6-80所示。

图6-79 选项栏设置

图6-80 图像效果

6.3 “画笔设置”面板

“画笔工具”具有强大的绘画功能，如果用户想使用“画笔工具”绘制出美观的图像，可以通过在“画笔设置”面板中对画笔进行相应设置，从而绘制出称心如意的图像。

6.3.1 “画笔设置”面板简介

在“画笔设置”面板中提供了许多预设的画笔，通过在“画笔设置”面板中对各参数进行设置，可以修改现在的画笔并能设置出更多新的画笔形式。

在Photoshop中，“画笔设置”面板具有重要的作用，它不仅可以设置绘画工具的具体绘画效果，还可以设置修饰工具的笔尖种类、大小和硬度。通过“画笔设置”面板可以设置出用户需要的各种画笔。

选择“窗口”→“画笔设置”命令，或者按【F5】键，或者单击“画笔工具”选项栏中的切换“画笔面板”按钮，都可以打开“画笔设置”面板，如图6-81所示。

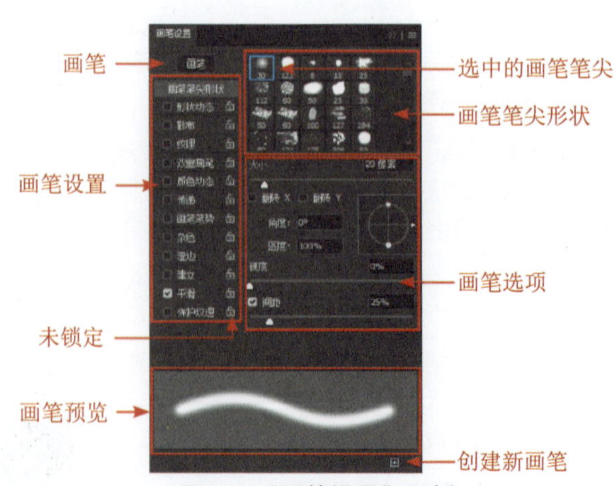

图6-81 “画笔设置”面板

- 画笔：单击该按钮，可以打开“画笔”面板，如图6-82所示。该面板中的画笔预设与“画笔设置”面板中的“画笔笔尖形状”保持一致，当通过“画笔预设”选取器面板单击替换当前画笔预设时，“画笔”面板中的“画笔笔尖形状”也会发生相应的变化，如图6-83所示。

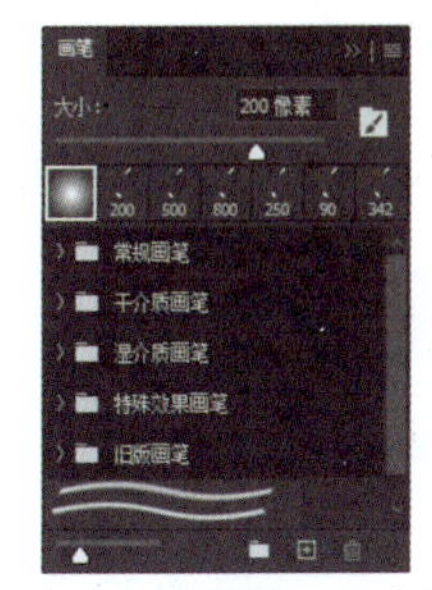

图6-82 “画笔”面板

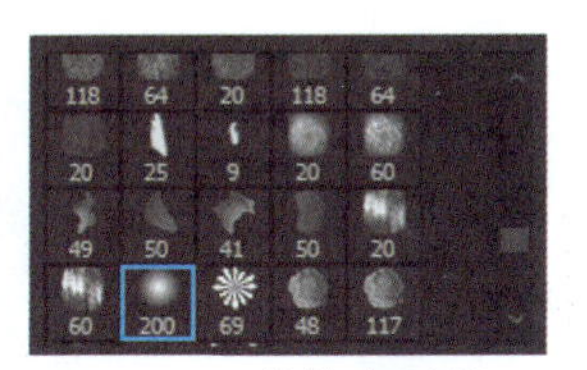
图6-83 画笔笔尖形状

- 画笔设置：选择“画笔设置”中的选项，面板中会显示该选项的详细内容，通过设置可以改变画笔的大小和形状。
- 未锁定：显示未锁定图标🔓时，表示当前画笔的笔尖形状属性为未锁定状态。单击该图标可将其锁定。
- 选中的画笔笔尖：当前选择的画笔笔尖四周会有蓝色边框显示。
- 画笔笔尖形状：显示了Photoshop提供的预设画笔笔尖。选择一个笔尖后，可在“画笔预览”选项中预览该笔尖的形状。
- 画笔选项：用来调整画笔的具体参数。
- 画笔预览：可预览当前设置的画笔效果。
- 创建新画笔：如果对某个预设的画笔进行了调整，单击该按钮，可通过弹出的“画笔名称”对话框将其保存为一个新的预设画笔。

6.3.2 设置画笔基本参数

每种工具都有一组属于它自身的选项参数，同样“画笔工具”也是如此。选择“窗口”→“画笔设置”命令，打开“画笔设置”面板。可以看到在面板中默认的“画笔笔尖形状”的各参数选项，在这里可以设置画笔的直径、硬度、间距，以及角度和圆度等选项，如图6-84所示。

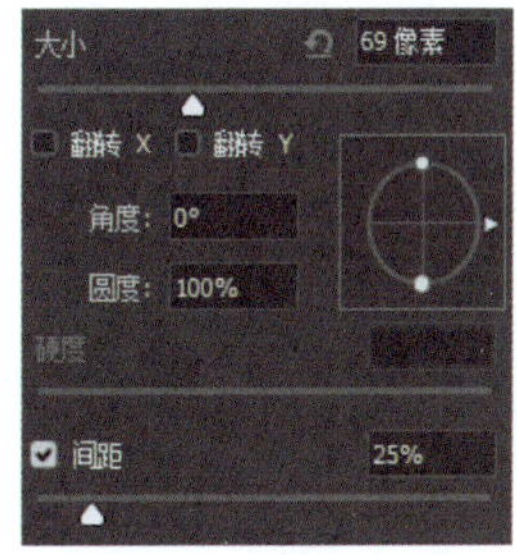

图6-84 “画笔”面板

- 大小：用来设置画笔直径大小。可以在文本框中输入数值，也可以拖动滑块进行调整，数值范围在1～2500像素之间。直径不同，绘制的效果也不相同，如图6-85所示。

a) 30像素

b) 300像素

图6-85 不同大小的画笔效果

- 翻转X/翻转Y：用来设置画笔笔尖在x轴或y轴上的方向，如图6-86所示。

原图

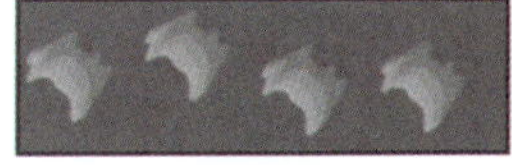
a) 翻转x

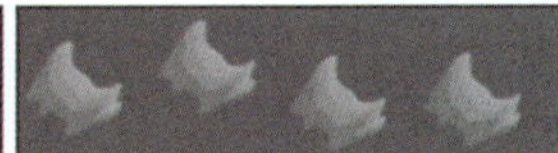
b) 翻转y

图6-86 不同翻转的画笔效果

- 角度：用来设置画笔的旋转角度。可以在该文本框中输入−180～180之间的数值，也可以用鼠标拖动右侧框中的箭头进行调整，如图6-87所示。

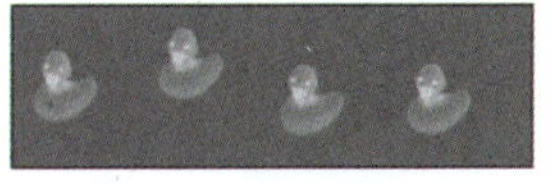
a) 角度为0

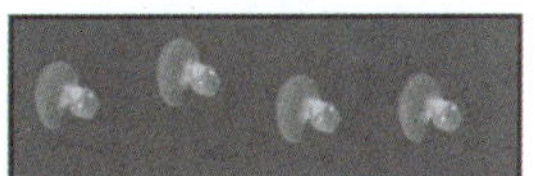
b) 角度为−124

图6-87 不同角度的画笔效果

- 圆度：用来设置画笔长轴和短轴的比例。可以在该文本框中输入0%～100%之间的数值，也可以用鼠标拖动右侧框中的箭头进行调整。当数值小于100时，可以将画笔压扁，如图6-88所示。

a) 圆度为100%

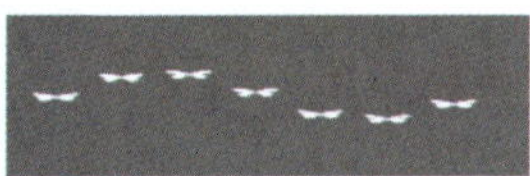
b) 圆度为20%

图6-88 不同圆度的画笔效果

- 硬度：用来设置画笔的硬度。该值越小，画笔的边缘越柔和，如图6-89所示。

a) 硬度为0%　　b) 硬度为100%

图6-89 不同硬度的画笔效果

间距：用来设置画笔笔迹之间的距离。该值越大，画笔笔迹之间的间距就越大，如图6-90所示。

a) 间距为25%　　b) 间距为100%

图6-90 不同间距的画笔效果

应用案例 使用“画笔工具”绘制虚线

源文件：源文件\第6章\6-3-2.psd　　视频：视频\第6章\使用“画笔工具”绘制虚线.mp4

STEP 01 打开素材图像“素材\第6章\63201.jpg”，如图6-91所示。按【Ctrl+J】组合键复制图层，得到“图层1”图层，如图6-92所示。

STEP 02 单击工具箱中的“画笔工具”按钮，打开“画笔预设”选取器，单击右上角的面板菜单按钮，在打开的下拉菜单中选择“旧版画笔”命令，如图 6-93所示。在弹出的提示框中单击“确认”按钮，如图6-94所示。

图6-91 打开素材图像

图6-92 “图层”面板

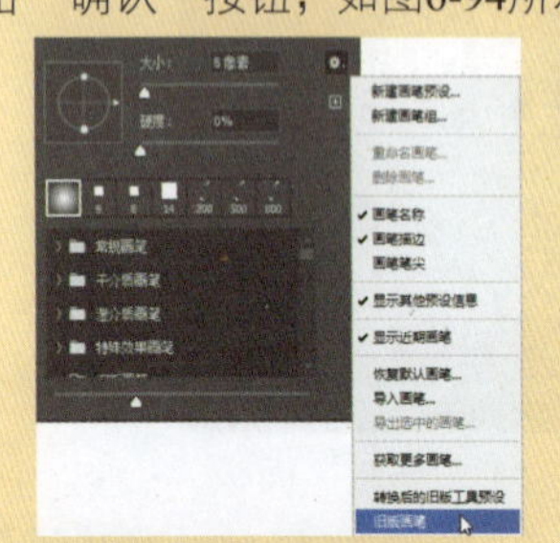

图6-93 面板菜单

STEP 03 在“画笔预设”选取器中选择合适的画笔，如图6-95所示。按【F5】键打开“画笔设置”面板并进行相应的设置，如图6-96所示。

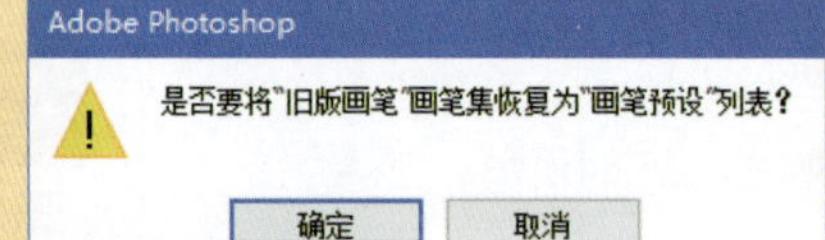

图6-94 “Adobe Photoshop”提示框

STEP 04 按住【Shift】键在图像中单击并拖动鼠标绘制虚线，如图6-97所示。使用相同的方法绘制其他虚线，效果如图6-98所示。

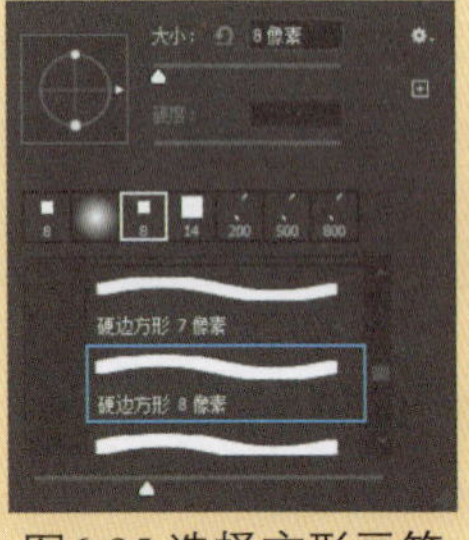

图6-95 选择方形画笔

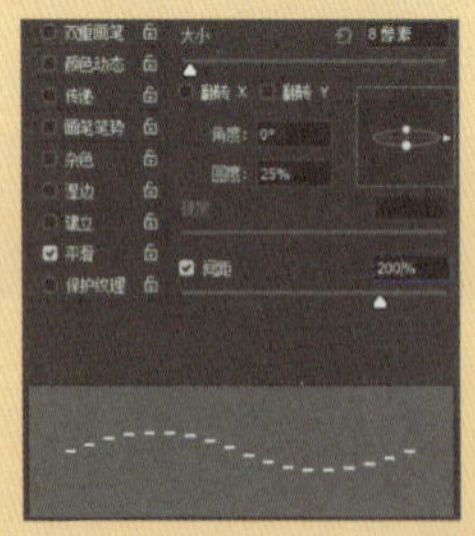

图6-96 “画笔设置”面板

图6-97 绘制虚线

图6-98 图像效果

6.3.3 形状动态

“形状动态”可以调整画笔的大小抖动、角度抖动和圆度抖动等特性。在“画笔设置”面板中选择“形状动态”复选框，在“画笔设置”面板的右侧将显示相关设置的内容，如图6-99所示。设置“形状动态”前后的效果如图6-100所示。

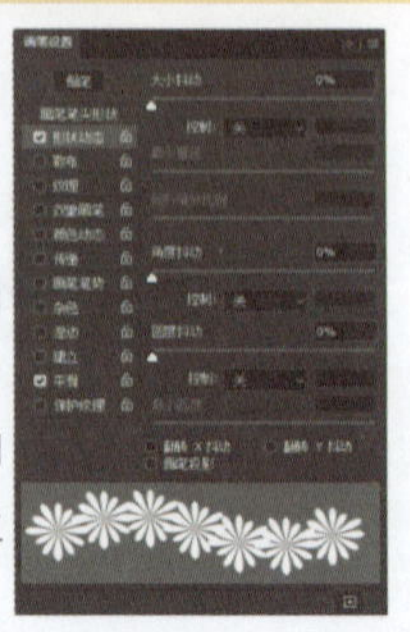

图6-99 选择“形状动态”复选框

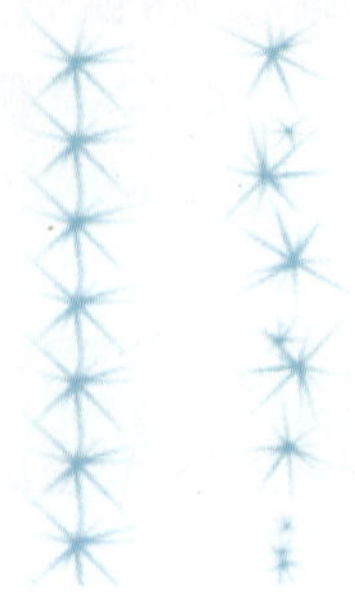

图6-100 设置“形状动态”前后的效果对比

- **大小抖动**：用来设置画笔笔迹大小的改变方式。该值越大，变化效果越明显，如图6-101所示。

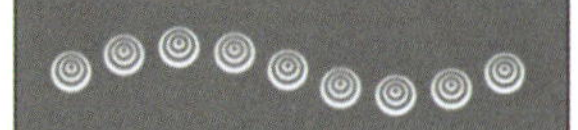

a) 大小抖动为0%

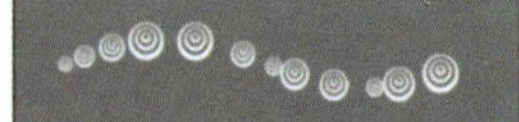

b) 大小抖动为61%

图6-101 不同抖动大小的画笔效果

在“大小抖动”的“控制”下拉列表框中，可以选择画笔笔迹大小的变化方式，包括“关”“渐隐”“Dial”“钢笔压力”“钢笔斜度”和“光笔轮”6个选项，如图6-102所示。

图6-102 “控制”下拉列表框

- **关**：表示不控制画笔笔迹的大小变化。
- **渐隐**：选择该选项，可按照指定数量的步长在初始直径和最小直径之间渐隐画笔笔迹的大小。通过适当减弱步数，可产生笔触逐渐淡出的效果，如图6-103所示。

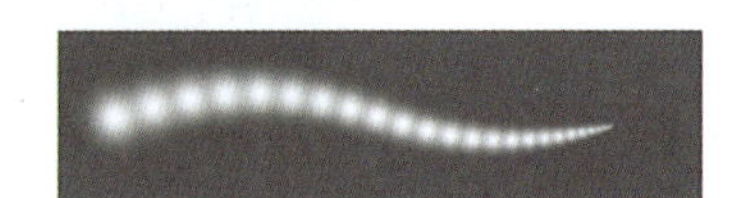

图6-103 步长为25的画笔渐隐效果

- **Dial**：选择该选项，可控制“画笔工具”的笔触大小、流量和透明度等参数。但是此选项必须配合surface dial（用于创作流程的工具）一起使用。
- **钢笔压力/钢笔斜度/光笔轮**：如果计算机连接着绘画板，可依据钢笔的压力、斜度、拇指轮位置或钢笔的旋转来改变初始直径和最小直径之间的画笔笔迹大小。

- **最小直径**：可设置画笔笔迹缩放的最小百分比，数值越大，变化越小。如图6-104所示。

a) 最小直径为0%

b) 最小直径为100%

图6-104 不同最小直径的画笔效果

- **角度抖动**：用来设置画笔笔迹角度的变化效果。该值越大，变化效果越明显，如图6-105所示。

a) 角度抖动为0%

b) 角度抖动为100%

图6-105 不同角度抖动的画笔效果

在“角度抖动”的“控制”下拉列表框中，可以选择画笔笔迹角度的变化方式，包括“关”“渐隐”“Dial”“钢笔压力”“钢笔斜度”“光笔轮”“旋转”“初始方向”和“方向”9个选项，如图6-106所示。

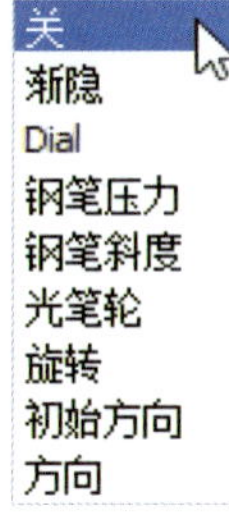

图6-106 “控制”下拉列表框

- **圆度抖动**：用来设置画笔笔迹的圆度在描边中的变化方式。该值越大，变化效果越明显，如图6-107所示。

a) 圆度抖动为0%

b) 圆度抖动为100%

图6-107 不同圆度抖动的画笔效果

- **最小圆度**：当设置“圆度抖动”选项后，通过该选项可设置画笔笔迹的最小圆度。
- **翻转X抖动/翻转Y抖动**：用来设置画笔的笔尖在其*x*轴或*y*轴上的方向。
- **画笔投影**：用来为画笔添加投影效果。

Tips

在“圆度抖动”的“控制”下拉列表框中，可以选择画笔笔迹圆度的变化方式，包括“关”“渐隐”“Dial”“钢笔压力”“钢笔斜度”“光笔轮”和“旋转”7个选项。

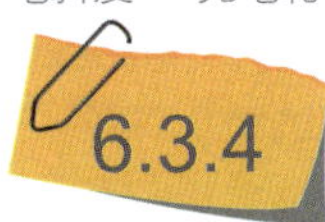

6.3.4 散布

“散布”可以用来设置画笔笔迹散布的数量和位置。在“画笔设置”面板中选择“散布”复选框，显示相关设置内容，如图6-108所示。使用“散布”前后的效果如图6-109所示。

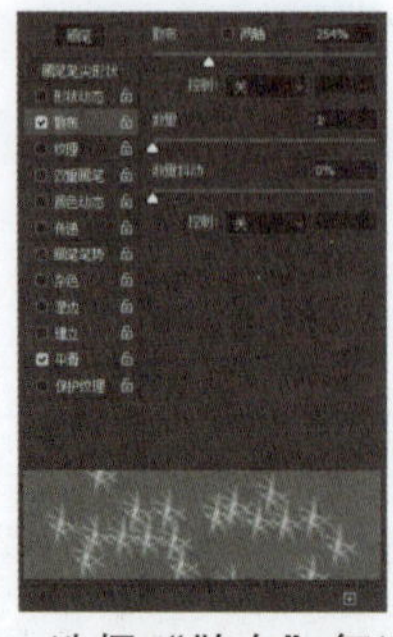

图6-108 选择"散布"复选框

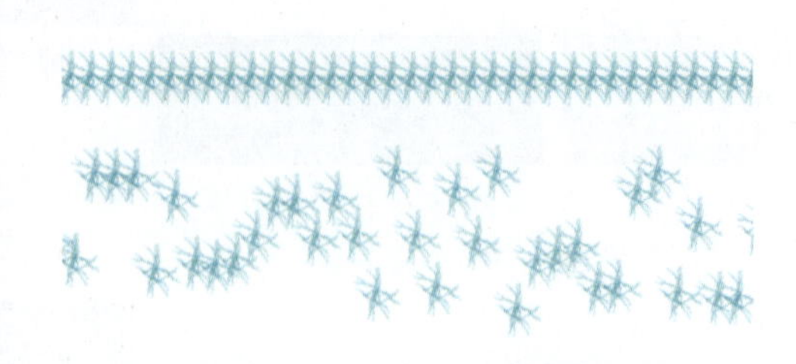

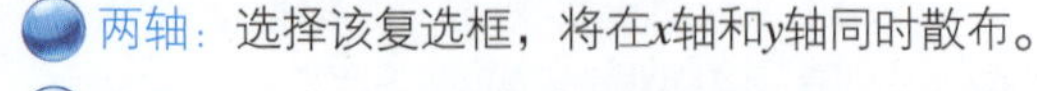

图6-109 使用"散布"前后的效果对比

- 散布：用来设置画笔笔迹的散布程度。该值越大，画笔笔迹的散布程度越大，如图6-110所示。

a) 散布为127%

b) 散布为771%

图6-110 不同散布的画笔效果

- 两轴：选择该复选框，将在x轴和y轴同时散布。
- 数量：用来设置在每个间距间隔应用的画笔笔迹数量。该值增大时可重复画笔笔迹。
- 数量抖动：用来设置画笔笔迹的数量如何针对各种间距间隔而变化。

6.3.5 纹理

"纹理"用来设置画笔的纹理效果，调整前景色可以改变纹理的颜色。在"画笔设置"面板中选择"纹理"复选框，会显示相关设置内容，如图6-111所示。使用"纹理"前后的效果如图6-112所示。

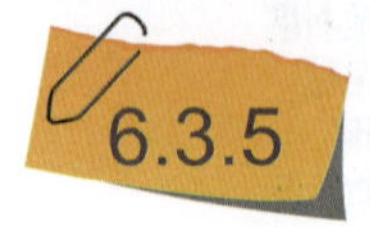

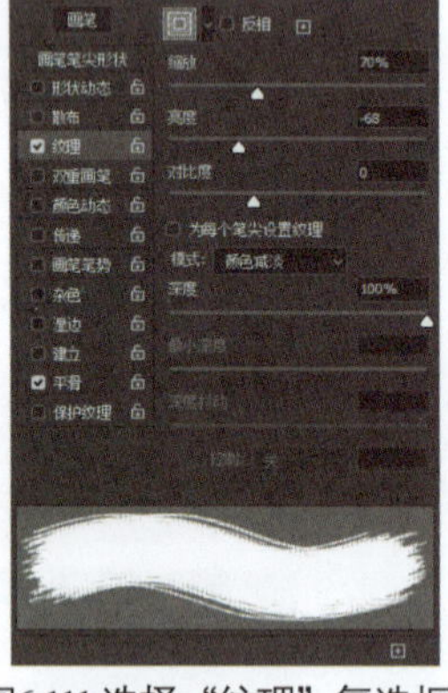

图6-111 选择"纹理"复选框

图6-112 使用"纹理"前（上）后（下）的效果

- 反相：选择"反相"复选框，可以基于图案中的色调反转纹理中的亮点和暗点，图案中的最亮区域是纹理中的暗点。单击"图案"右侧的下拉按钮，可以在打开的"图案"拾色器中选择一个图案，将其设为纹理，如图6-113所示。

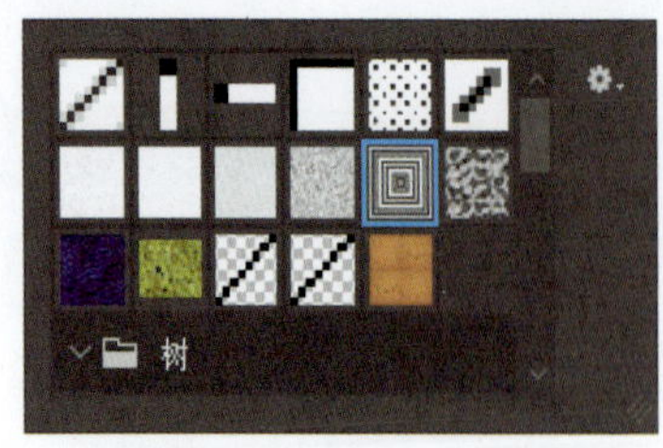

图6-113 "图案"拾色器

- 缩放：用来设置纹理的缩放。
- 亮度：用来设置纹理的亮度。
- 对比度：用来设置纹理的对比度。
- 为每个笔尖设置纹理：选择该复选框，绘画时将单独渲染每个笔尖。只有选择该复选框，才能使用"深度抖动"选项。
- 模式：用来设置画笔和图案的混合模式。
- 深度：用来设置油彩渗入纹理中的深度。当"深度"为0%时，纹理中的所有点都接收相同数量的油彩，从而隐藏图案；当"深度"为100%时，纹理中的暗点不接收任何油彩。
- 最小深度：当将"控制"设置为"渐隐""Dial""钢笔压力""钢笔斜度""光笔轮"和"旋转"，并且选择"为每个笔尖设置纹理"复选框时，油彩可渗入的最小深度。只有选择"为每个笔尖设置纹理"复选框后，该选项才可用。
- 深度抖动：用来设置纹理抖动的最大百分比。

6.3.6 双重画笔

使用“双重画笔”时，首先要在“画笔笔尖形状”选项中设置主要笔尖，然后再选择“双重画笔”复选框，选择另一个画笔笔尖，这样方可使用。“双重画笔”选项如图6-114所示。使用“双重画笔”的图像效果如图6-115所示。

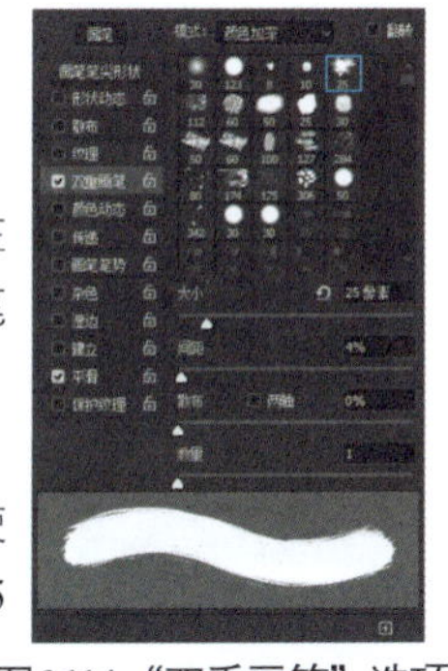

图6-114 “双重画笔”选项

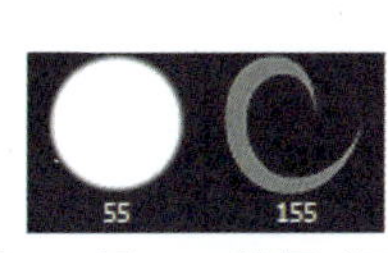

图6-115 使用“双重画笔”的图像效果

- 模式：用来设置主要画笔和双重画笔之间的混合方式。
- 翻转：选择该复选框，将启用随机画笔翻转效果。
- 大小：用来设置笔尖的大小。
- 间距：用来设置描边中双笔尖笔迹之间的距离。
- 散布：用来设置描边中双笔尖画笔笔迹的分布样式。选择“两轴”复选框，双笔尖画笔笔迹按径向分布。取消选择“两轴”复选框时，双笔尖画笔笔迹垂直于描边路径分布。
- 数量：用来设置在每个间距间隔应用的双笔尖画笔笔迹的数量。

6.3.7 颜色动态

“颜色动态”决定了不透明度抖动、流动抖动和油彩颜色的变化方式。在“画笔设置”面板中选择“颜色动态”复选框，会显示相关设置的内容，如图6-116所示。使用“颜色动态”的图像效果如图6-117所示。

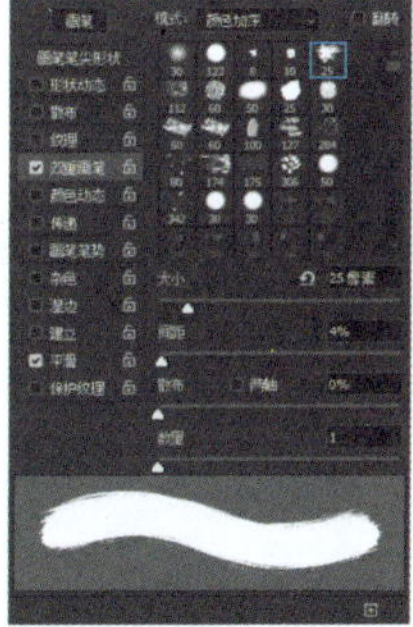

图6-116 选择“颜色动态”复选框

图6-117 使用“颜色动态”的图像效果

- 前景/背景抖动：可以设置前景色和背景色之间的油彩变化方式。该值越大，变化后的颜色越接近背景色；该值越小，变化后的颜色越接近前景色，如图6-118所示。

100%

图6-118 不同数值的显示效果1

- 色相抖动：可以设置描边中油彩色相可以改变的变化范围。该值越大，色相变化越丰富；该值越小，色相越接近前景色，如图6-119所示。

100%

图6-119 不同数值的显示效果2

- 饱和度抖动：可以设置画笔笔迹颜色饱和度的变化范围。该值越大，色彩的饱和度越高；该值越小，色彩的饱和度越接近前景色，如图6-120所示。

50%　100%

图6-120 不同数值的显示效果3

- 亮度抖动：可以设置描边中油彩亮度可以改变的变化范围。该值越大，颜色的亮度值越大；该值越小，亮度越接近前景色，如图6-121所示。

图6-121 不同数值的显示效果4

- 纯度：用来设置笔迹颜色的饱和度。当该值为－100%时，将会完全去色；当该值为100%时，颜色将会完全饱和，如图6-122所示。

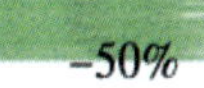

50%

图6-122 不同数值的显示效果5

6.3.8 传递

"传递"用来设置画笔笔迹的不透明度和流量变化等。在"画笔设置"面板中选择"传递"复选框，会显示相关设置内容，如图6-123所示。使用"传递"前后的图像效果如图6-124所示。

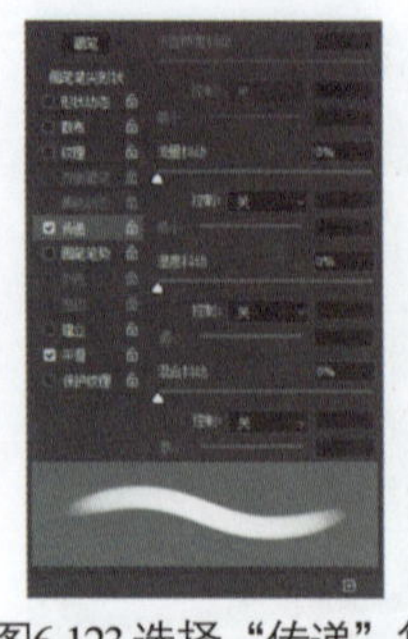

图6-123 选择"传递"复选框

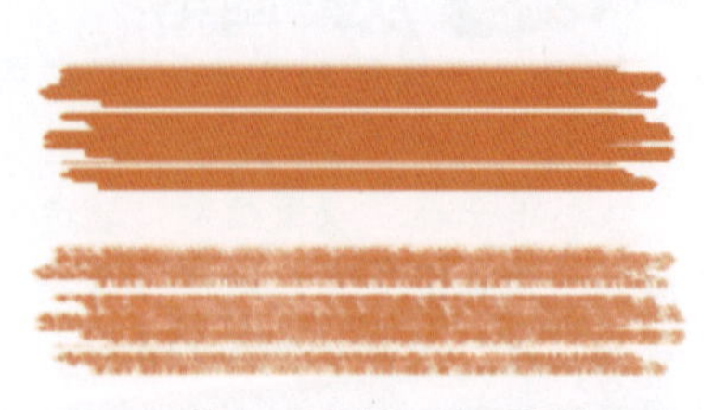

图6-124 使用"传递"前后的效果对比

- 不透明度抖动：用来设置画笔描边中油彩不透明的变化程度。
- 流量抖动：用来设置画笔笔迹中油彩流量的变化程度。
- 湿度抖动/混合抖动：只有选择了"混合器画笔工具"之后，这两种抖动方式才能应用。

6.3.9 画笔笔势

"画笔笔势"用来控制画笔笔触随鼠标走势改变而改变的效果。在"画笔设置"面板中选择"画笔笔势"复选框，会显示相关设置内容，如图6-125所示。使用画笔笔势前后的图像效果如图6-126所示。

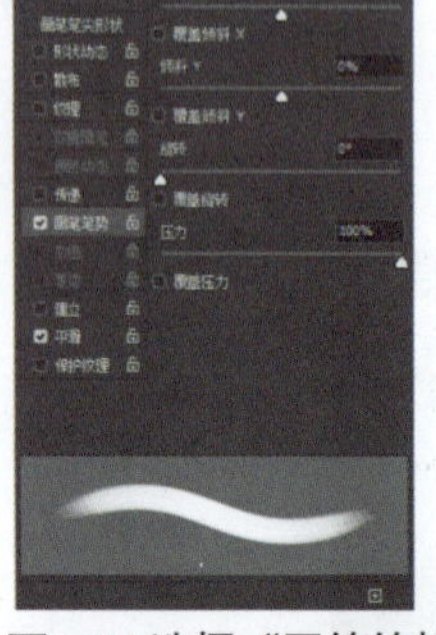

图6-125 选择"画笔笔势"复选框

图6-126 使用"画笔笔势"前后效果对比

- 倾斜X：用来设置默认画笔光笔X笔势。该值越大，效果越明显。
- 覆盖倾斜X：选择该复选框，将覆盖光笔倾斜X数据。
- 倾斜Y：用来设置默认画笔光笔Y笔势。该值越大，效果越明显。
- 覆盖倾斜Y：选择该复选框，将覆盖光笔倾斜Y数据。

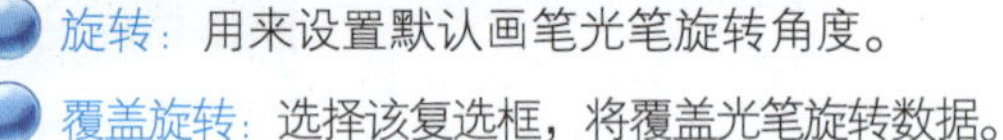

- 旋转：用来设置默认画笔光笔旋转角度。
- 覆盖旋转：选择该复选框，将覆盖光笔旋转数据。
- 压力：用来设置默认画笔光笔压力。
- 覆盖压力：选择该复选框，将覆盖光笔压力数据。

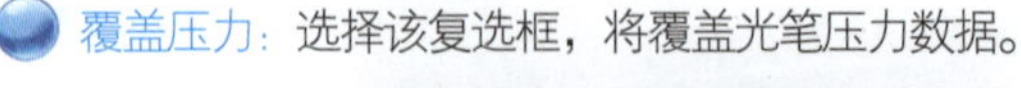

Tips

"画笔笔势"选项对特殊的笔尖形状具有很明显的效果，如"毛刷笔尖""铅笔笔尖"和"喷枪笔尖"；而对于"圆形笔尖"和"图像样本笔尖"效果不太明显。

6.3.10 其他选项

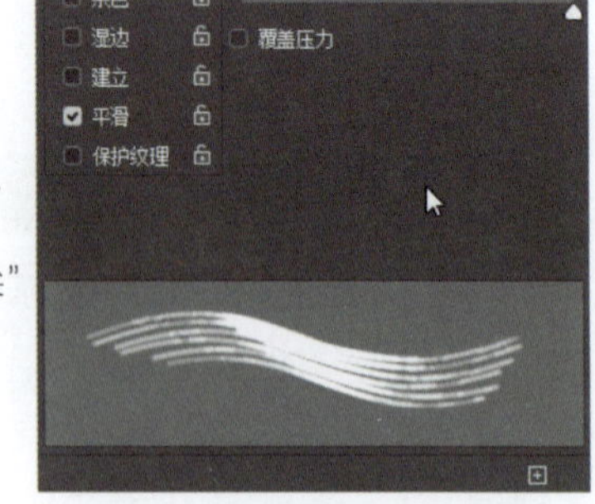

图6-127 其他复选框选项

在"画笔设置"面板中还有一系列复选框选项，如图6-127所示。

- 杂色：用来为个别画笔笔尖增加额外的随机性。当应用柔角画笔笔尖（包含灰度值的画笔笔尖）时，此选项最有效。
- 湿边：可以沿画笔描边的边缘增大油彩量，创建水彩效果。
- 平滑：在画笔描边中生成更平滑的曲线。
- 建立：与选项栏中的"喷枪"选项相对应。将渐变色调应用于图像，同时模拟传统的喷枪技术，Photoshop会根据鼠标左键的按下时间确定画笔线条的填充数量。选择该复选框或者单击选项栏中的“喷枪”按钮，都可以启用喷枪功能。

- 保护纹理：将相同图案和缩放比例应用于具有纹理的所有画笔预设。选择该复选框后，在使用多个纹理画笔笔尖绘画时，可以模拟出一致的画布纹理。

应用案例

为图像添加繁星光晕效果

源文件：源文件\第6章\6-3-10.psd　　视频：视频\第6章\为图像添加繁星光晕效果.mp4

STEP 01 打开素材图像“素材\第6章\631001.jpg”，如图6-128所示。按【Ctrl+J】组合键复制图层，得到“图层1”图层，如图6-129所示。

图6-128 打开素材图像

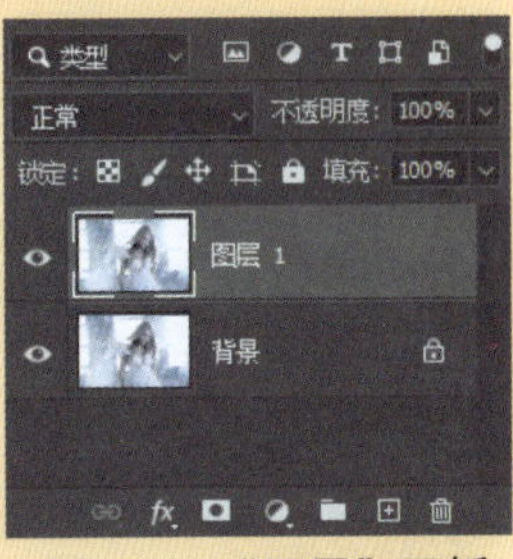
图6-129 “图层”面板

STEP 02 单击工具箱中的“画笔工具”按钮，按【F5】键打开“画笔设置”面板，在该面板中选择软笔刷，如图6-130所示。选择“形状动态”复选框并进行相应的设置，如图6-131所示。

STEP 03 选择“散布”复选框并进行相应的设置，如图6-132所示。适当放大画笔笔尖大小，涂抹绘制图像，效果如图6-133所示。

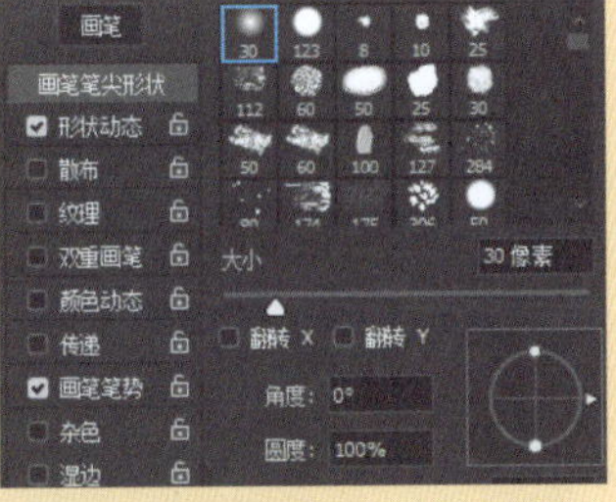
图6-130 “画笔设置”面板

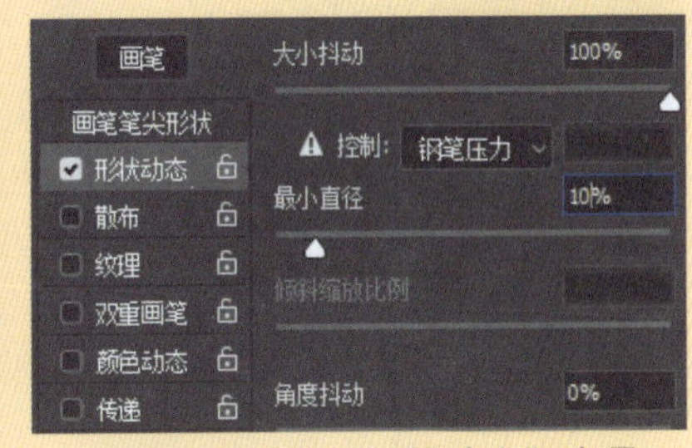
图6-131 设置“形状动态”选项

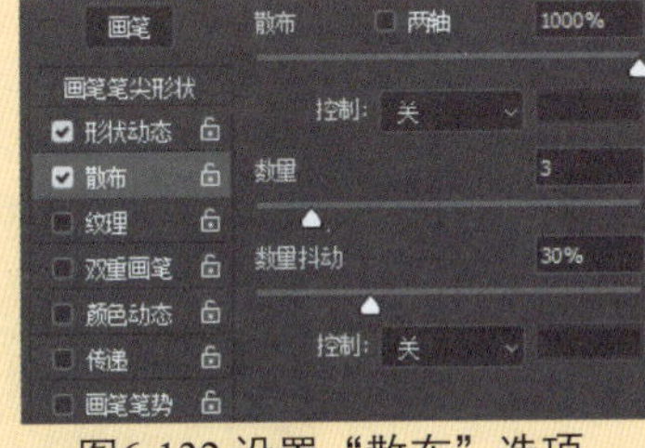
图6-132 设置“散布”选项

图6-133 图像

6.4 特殊笔刷笔尖形态

在Photoshop中，除了标准的“圆形笔尖”和“图像样本笔尖”等笔尖，还有几类特殊的笔尖，如“硬毛刷笔尖”“侵蚀笔尖”和“喷枪笔尖”等。

6.4.1 硬笔刷笔尖

单击工具箱中的“画笔工具”按钮，选择“窗口”→“画笔设置”命令，打开“画笔设置”面板。在该面板中选择任意一个硬毛刷笔尖，在“画笔设置”面板的下方将显示其各项参数，如图6-134所示。

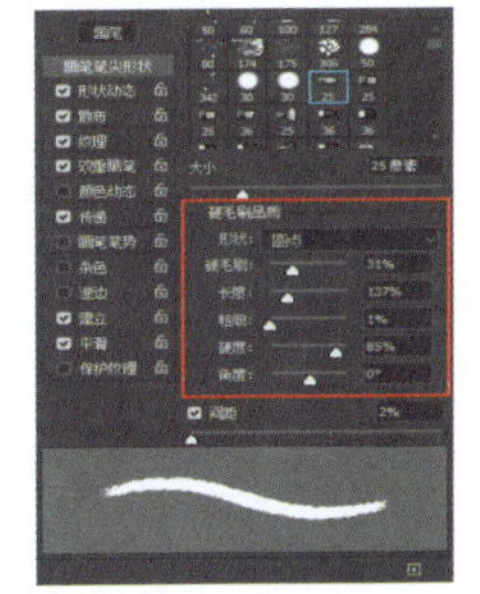
图6-134 “画笔设置”面板

- 形状：用来设置硬毛刷的笔尖形状。在该下拉列表框中有10种笔尖形状可供选择，如图6-135所示。

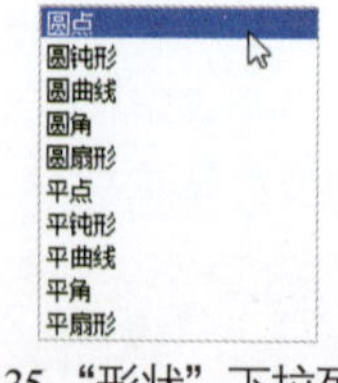

图6-135 “形状”下拉列表框

- 硬毛刷：用来设置硬毛刷浓度。该值越大，浓度越高，绘制的线条也就越粗。图6-136所示为不同浓度的硬毛刷显示效果。

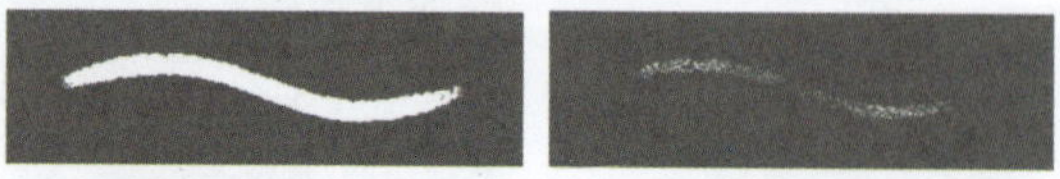

a) 硬毛刷为100%

b) 硬毛刷为14%

图6-136 不同浓度的“硬毛刷”显示效果

- 长度：用来设置硬毛刷的长度。
- 粗细：用来设置硬毛刷的粗细。
- 硬度：用来设置硬毛刷的硬度，控制毛刷灵活度。硬度值越小，画笔越容易变形，如图6-137所示。

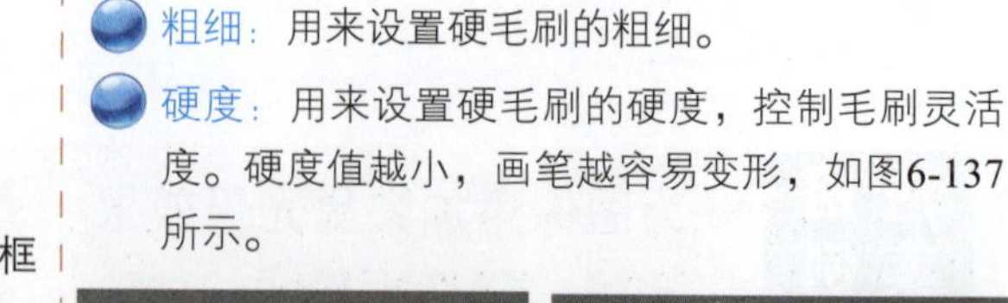

a) 硬度为100%

b) 硬度为1%

图6-137 不同的“硬度”效果对比

- 角度：用来设置画笔笔尖角度。

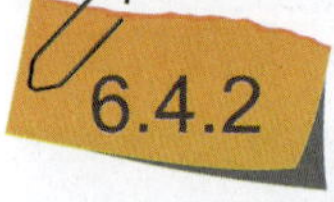

6.4.2 侵蚀笔尖

单击工具箱中的“画笔工具”按钮，选择“窗口”→“画笔设置”命令，打开“画笔设置”面板。在该面板中选择任意一个侵蚀笔尖，在“画笔设置”面板的下方将显示其各项参数，如图6-138所示。

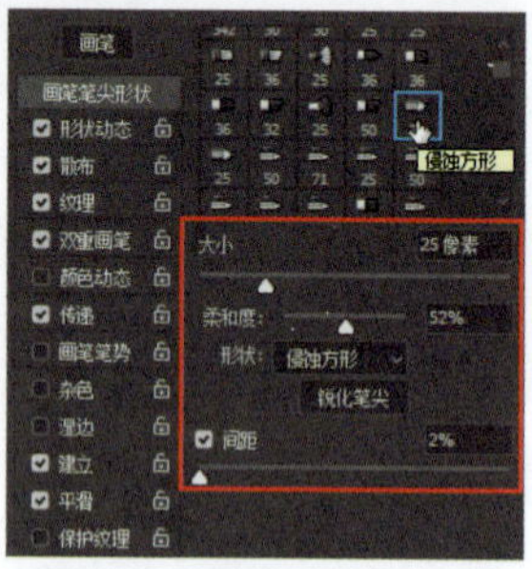

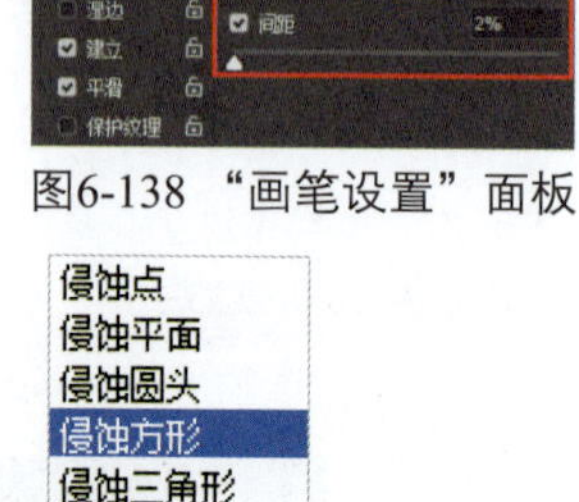

图6-138 “画笔设置”面板

- 柔和度：用来设置侵蚀笔尖的柔和度。该值越大，笔尖越柔和。
- 形状：用来设置侵蚀笔尖的形状。在该下拉列表框中有6种选项可供选择，如图6-139所示。
- 锐化笔尖：单击该按钮可锐化侵蚀笔尖。

侵蚀点
侵蚀平面
侵蚀圆头
侵蚀方形
侵蚀三角形
自定

图6-139 “形状”下拉列表框

6.4.3 喷枪笔尖

单击工具箱中的“画笔工具”按钮，选择“窗口”→“画笔设置”命令，打开“画笔设置”面板。在该面板中选择任意一个喷枪笔尖，在“画笔设置”面板的下方将显示其各项参数，如图6-140所示。

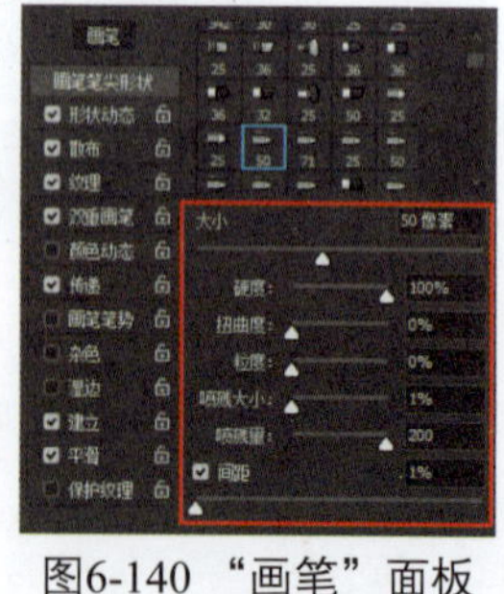

图6-140 “画笔”面板

- 硬度：用来设置喷枪笔尖的硬度。该值越小，笔尖越柔和，如图6-141所示。

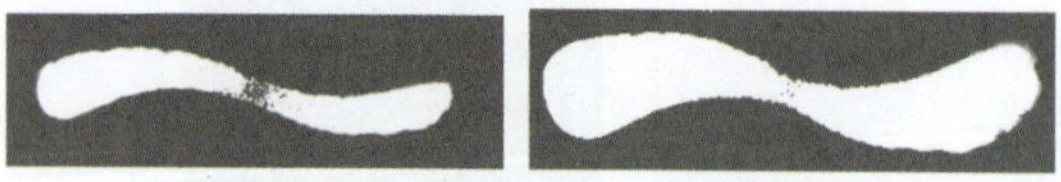

a) 硬度为1%

b) 硬度为100%

图6-141 不同硬度的画笔效果

- 扭曲度：用来设置喷枪的扭曲度。
- 粒度：用来设置喷枪笔尖的粒度。该值越大，喷枪粒子越多，如图6-142所示。

a) 粒度为0%

b) 粒度为100%

图6-142 不同粒度的画笔效果

- 喷溅大小：用来设置喷枪的喷溅大小。该值越大，喷枪粒子越大，如图6-143所示。

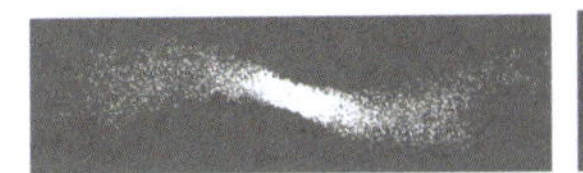
a) 喷溅大小为1%

b) 喷溅大小为100%

图6-143 不同喷溅大小的画笔效果

 喷溅量：用来设置喷枪的喷溅量。该值越大，喷枪粒子越多，如图6-144所示。

a) 喷溅量为1%

b) 喷溅量为200%

图6-144 不同喷溅量的画笔效果

6.5 专家支招

除了在Photoshop中直接使用画笔工具绘制图形，还可以将画笔工具与其他工具配合使用，从而绘制出有趣的图形效果。

6.5.1 用画笔工具描边路径

用户可以为已经创建好的路径使用“描边路径”功能，将设置了参数的画笔笔刷沿路径描边，从而得到丰富的绘制效果，如图6-145所示。关于路径描边功能，将在第8章中进行学习。

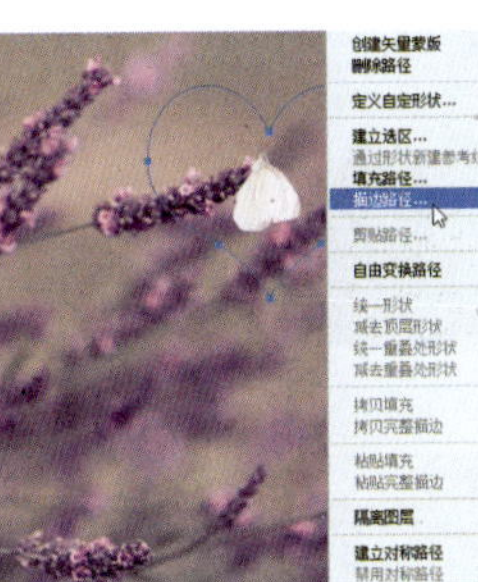

图6-145 画笔描边路径效果

6.5.2 如何保存常用的画笔

在实际工作中，常常会使用类似或者相同的画笔。例如，在婚纱影楼里修图时，常常会使用睫毛、羽毛和翅膀这样的画笔。将自己常用的画笔收集在一起，使用“导出选中的画笔”命令保存为一个画笔组文件，如图6-146所示，就可以随时随地使用自己习惯的画笔工作了，如图6-147所示。

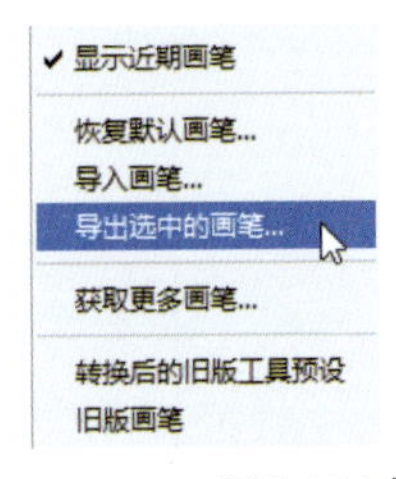

图6-146 导出画笔

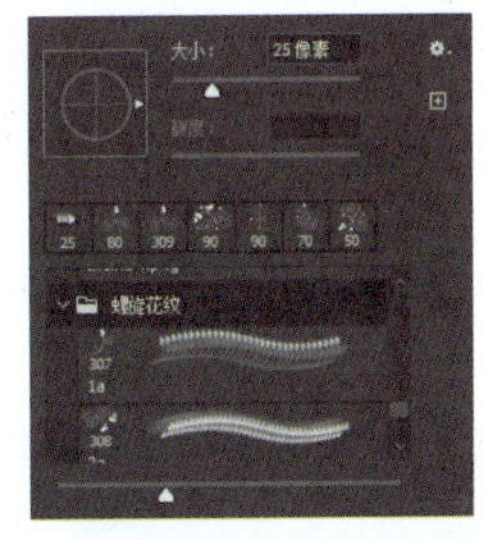

图6-147 使用自定义画笔组

6.6 总结扩展

通过本章的学习，读者不仅要了解绘制图像的方法，还要学会灵活运用，能够通过改变画笔笔尖的形状、大小和画笔选项，绘制出精美、富有创造力的图像。

6.6.1 本章小结

本章主要学习了绘制图像的操作方法，包括“画笔工具”“铅笔工具”“颜色替换工具”和“混合器画笔工具”的相关内容，并讲解了如何应用“画笔设置”面板。通过学习，希望读者认真掌握并绘制出理想的图像。

6.6.2 举一反三——制作浪漫相册

案例文件：	源文件\第6章\6-6-2.psd
视频文件：	视频\第6章\制作浪漫相册.mp4
难易程度：	★★★☆☆
学习时间：	25分钟

（1）

（2）

（3）

（4）

1. 新建文档，填充径向渐变，将人物素材拖至合适的位置。
2. 用相同的方法，将其他相应的素材拖入画布中至合适位置，调整图层的“不透明度”，为戒指图像制作投影效果，添加“外发光”图层样式。
3. 使用“钢笔工具”绘制路径，在“图层”面板上设置合适的“画笔笔尖”“形状动态”及“散布”。在“路径”面板中对路径进行描边，并添加“外发光”图层样式。
4. 使用“文字工具”在图像中输入相应的文字内容。

第7章 图像的修饰与润色

日常工作中，经常要对图像进行修饰与润色，Photoshop中提供了一些修饰、润色图像的工具，利用这些工具可以轻松地对图像进行修饰操作。熟练掌握这些工具能够快速地对图像进行修复、润色处理，从而提高工作效率。

本章学习重点

第 145 页
自定义图案绘制图像

第 147 页
使用“污点修复画笔工具”去除脸部黑点

第 149 页
使用“修补工具”去除人物脸部细纹

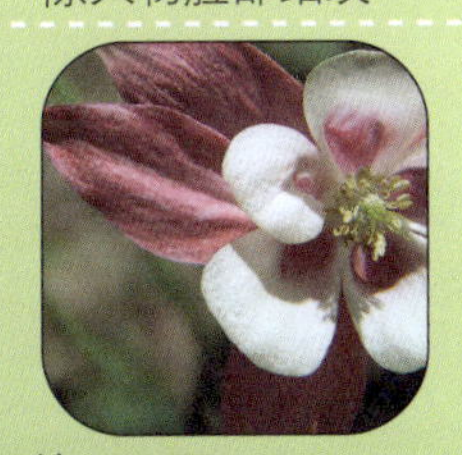

第 160 页
使用“魔术橡皮擦工具”擦除图像背景

7.1 复制图像

复制图像的方法有很多，除了使用常见的“复制”命令外，还可以利用“仿制图章工具”和“图案图章工具”对图像进行复制。

7.1.1 仿制图章工具

“仿制图章工具”可以将图像中的像素复制到其他图像或同一图像的其他部分，可在同一图像的不同图层间进行复制，对于复制图像或覆盖图像中的缺陷十分重要。

“仿制图章工具”选项栏如图7-1所示，在该选项栏中用户可以设置“样本”和“对齐”等属性。

切换仿制源面板

图7-1 “仿制图章工具”选项栏

- 切换仿制源面板：单击该按钮，可以打开“仿制源”面板。
- 对齐：选择该复选框，将对像素进行连续取样。在仿制过程中，取样点随仿制位置的移动而变化。取消选择该复选框，则在仿制过程中始终以一个取样点为起始点。
- 样本：如果要从当前图层及其下方可见图层取样，可以选择“当前和下方图层”选项；如果仅从当前图层取样，请选择“当前图层”选项；如果要从所有可见图层取样，请选择“所有图层”选项。

Tips

“仿制图章工具”选项栏中的“模式”“不透明度”“流量”“喷枪”等选项与“画笔工具”的使用方法相同，这里就不再赘述。

应用案例 使用“仿制图章工具”去除风景照片中的人物

源文件：源文件\第7章\7-1-1.psd

视 频：视频\第7章\使用“仿制图章工具”去除风景照片中的人物.mp4

STEP 01 打开素材图像“素材\第7章\72101.jpg”，如图7-2所示。按【Ctrl+J】组合键复制图层，得到“图层1”图层，如图7-3所示。

STEP 02 单击工具箱中的“仿制图章工具”按钮，在选项栏中选择合适的软笔刷，如图7-4所示。按住【Alt】键在人物左边的图像中单击取样，如图7-5所示。

STEP 03 在人物的下半部分进行涂抹，图像效果如图7-6所示。适当缩小“仿制图章工具”笔尖的大小，在人物头部附近按住【Alt】键并单击取样，如图7-7所示。

图7-2 打开素材图像

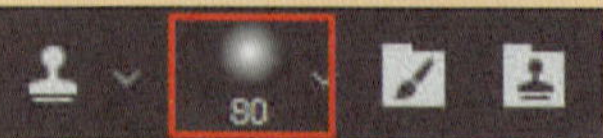

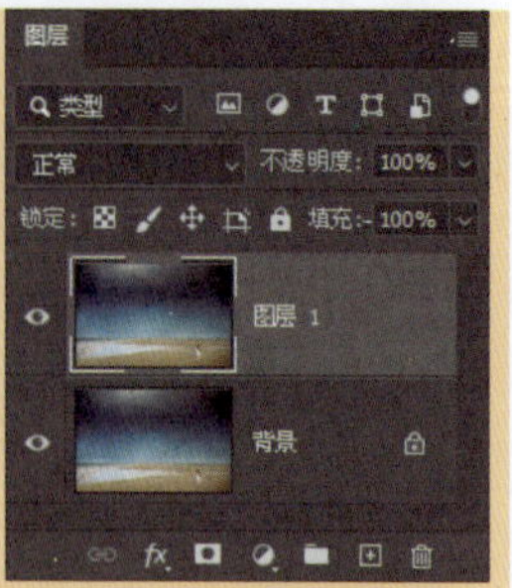

图7-4 设置工具样式

图7-3 “图层”面板

图7-5 单击取样

图7-6 涂抹人物下半部分

图7-7 单击取样

STEP 04 在人物头部位置涂抹，图像效果如图7-8所示。使用相同的方法擦除人物剩余的部分，图像效果如图7-9所示。

Tips

在使用“仿制图章工具”对图像进行取样修复时，要随着修复位置的变化而改变取样位置，一般为临近取样。

图7-8 涂抹人物头部

图7-9 图像效果

Tips 巧妙结合取样标记修复图像。

使用“仿制图章工具”对图像取样后，在图像的其他位置涂抹，取样点会出现“十字线”标记，即为取样位置标记。“十字线”标记随着涂抹的位置变化而变化。不过，该标记与鼠标涂抹位置的距离始终不变，观看“十字线”标记位置的图像，就可以知道将要涂抹出什么样的图像内容。

7.1.2 图案图章工具

“图案图章工具”可以利用Photoshop提供的图案或自定义的图案进行绘画。“图案图章工具”选项栏如图7-10所示，在该选项栏中用户可以设置“图案”“对齐”和“印象派效果”等属性。

图案

图7-10 “图案图章工具”选项栏

- 图案：单击该图案右侧的下拉按钮，可打开“图案”拾色器，可以选择使用一种图案，如图7-11所示。

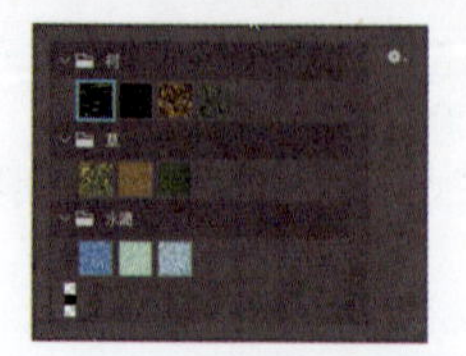

图7-11 “图案”拾色器

- 对齐：选择该复选框，可以保持填充图案与原始起点的连续性，即使再多次单击，也可以连接填充，如图7-12所示。取消选择该复选框，则每次单击都将重新开始填充图案，如图7-13所示。

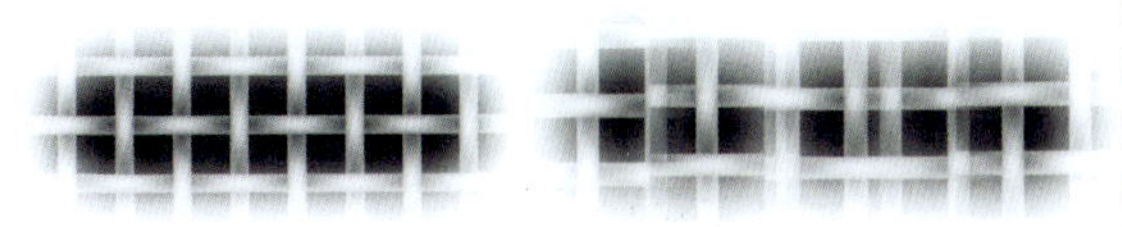

图7-12 对齐填充效果　　图7-13 未对齐填充效果

● 印象派效果：选择该复选框，可以为图案添加模糊，模拟出印象派效果，如图7-14所示。取消选择该复选框，绘制出的图案将清晰可见，如图7-15所示。

图7-14 填充效果　　图7-15 填充效果

应用案例 自定义图案绘制图像

源文件：源文件\第7章\7-1-2.psd　　视频：视频\第7章\自定义图案绘制图像.mp4

STEP 01 打开素材图像“第7章\素材\72201.jpg”，如图7-16所示。使用“魔棒工具”单击图像中的花瓣，创建如图7-17所示的选区。

STEP 02 按【Ctrl+J】组合键复制选区内容，得到“图层1”图层，如图7-18所示。隐藏“背景”图层，并使用“矩形选框工具”在绘图区域创建选区，如图7-19所示。

图7-16 打开素材图像

图7-17 创建选区

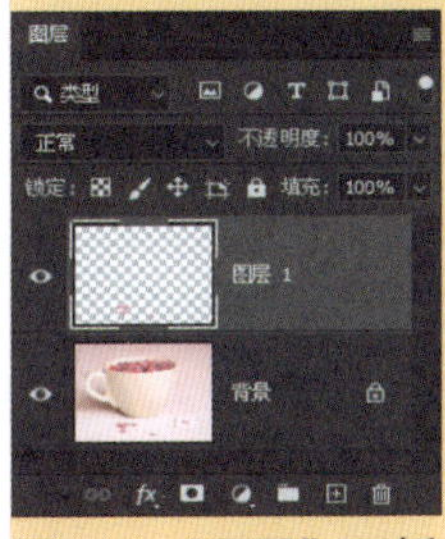

图7-18 “图层”面板

图7-19 图像效果

STEP 03 选择“编辑”→“定义图案”命令，在弹出的“图案名称”对话框中为图案命名，如图7-20所示。按【Ctrl+D】组合键取消选区，隐藏“图层1”图层，显示“背景”图层，效果如图7-21所示。

图7-20 “图案名称”对话框

Tips

在创建自定义图案选区时，只能创建矩形选区，而且不能对选区进行羽化操作。

STEP 04 单击工具箱中的“图案图章工具”按钮，在选项栏的“图案”拾色器中选择刚刚创建的自定义图案，如图7-22所示。随机调整笔刷大小，在图像中从不同的方向进行涂抹，效果如图7-23所示。

图7-21 图像效果

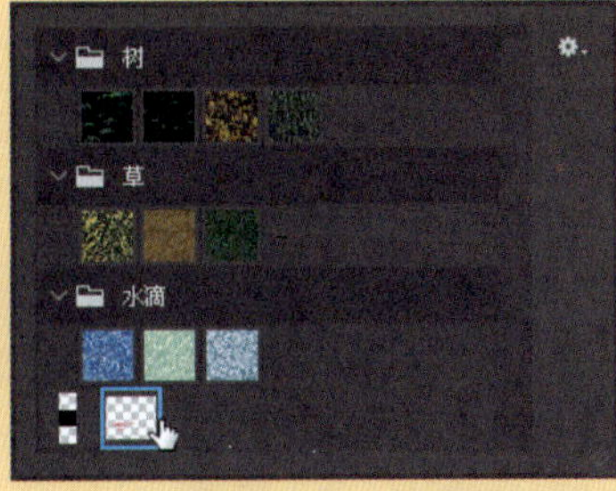

图7-22 “图案”拾色器

图7-23 图像效果

Tips 为什么创建自定义图案后不能在图像中绘制图案？

当使用“魔棒工具”创建选区并且复制内容后，创建的“图层 1”图层将成为当前图层。而创建自定义图案后，隐藏了该图层，在隐藏图层中不能进行任何绘图操作。此时，需要选中“背景”图层，使“背景”图层成为当前图层，即可在图像中绘制图案（关于“图层”的更多知识，将在第 9 章中详细讲解）。

7.2 “仿制源”面板

无论是“仿制图章工具”还是“修复画笔工具”，都可以通过“仿制源”面板来设置。选择“窗口”→“仿制源”命令，打开“仿制源”面板，如图7-24所示。

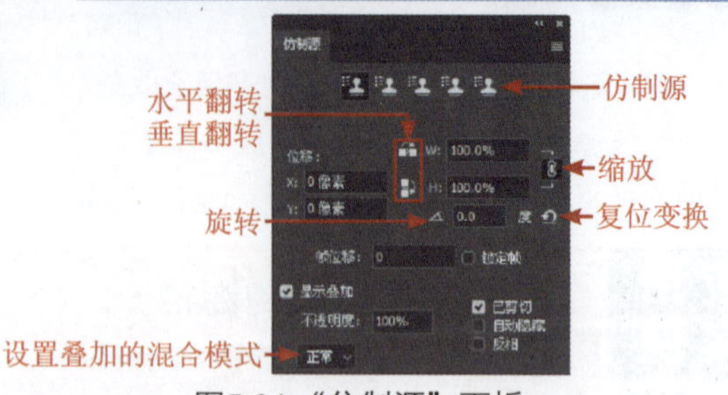

图7-24 “仿制源”面板

- “仿制源”按钮：在使用“仿制图章工具”和“修复画笔工具”时，按住【Alt】键在图像上单击，可以设置取样点。单击不同的“仿制源”按钮，可以设置不同的取样点，最多可以设置5个。“仿制源”面板会存储样本源，直至关闭文档。
- 位移：指定X（水平位移）和Y（垂直位移）的数值，可以在相对于取样点的精确位置进行绘制。
- 水平翻转：单击该按钮，可水平翻转仿制源，如图7-25所示。

图7-25 图像效果

- 垂直翻转：单击该按钮，可垂直翻转仿制源。
- 缩放：输入W（水平缩放比例）和H（垂直缩放比例）的数值，可缩放仿制源。
- 旋转：在该文本框中输入旋转角度，可以旋转仿制源。
- 复位变换：单击该按钮，可以将样本源复位到其初始的大小和方向。
- 帧位移/锁定帧：在“帧位移”文本框中输入帧数，可以使用与初始取样的帧相关的特定帧进行绘制。输入正值时，要使用的帧在初始取样的帧之后；输入负值时，要使用的帧在初始取样的帧之前。如果选择“锁定帧”复选框，则总是使用初始取样的相同帧进行绘制。
- 显示叠加：选择该复选框并指定叠加选项，可以在使用“仿制图章工具”和“修复画笔工具”时，更好地查看叠加及下面的图像。
- 不透明度：用来设置叠加图像的不透明度。
- 已剪切：选择该复选框，可将叠加剪切到画笔大小。
- 自动隐藏：选择该复选框，可在应用绘画描边时隐藏叠加。
- 反相：选择该复选框，可反相叠加中的颜色。
- 设置叠加的混合模式：用户可以在该下拉列表框中设置叠加的混合模式，共有“正常”“变暗”“变亮”和“差值”4种模式。

7.3 修复图像

Photoshop提供了多个用于处理图像的修复工具，包括“污点修复画笔工具”、“修复画笔工具”、“修补工具”、“内容感知移动工具”和“红眼工具”等，使用这些工具可以快速修复图像中的污点和瑕疵。

7.3.1 污点修复画笔工具

“污点修复画笔工具”可以快速去除图像中的污点、划痕和其他不理想的部分。它可以使用图像或图案中的样本像素进行绘画，并将样本像素的纹理、光照、透明度和阴影与所修复的像素相匹配，还可以自动从所修饰区域的周围取样。

“污点修复画笔工具”选项栏如图7-26所示。

图7-26 “污点修复画笔工具”选项栏

- 模式：用来设置修复图像时使用的混合模式。除“正常”“正片叠底”和“滤色”等模式外，该工具还包含一个“替换”模式，选择“替换”模式时，可以保留画笔描边的边缘处的杂色、胶片颗粒和纹理。
- 类型：用来设置修复的方法。
- 单击“内容识别”按钮，当对图像的某一区域进行覆盖填充时，由软件自动分析周围图像的特点，将图像进行拼接组合后填充在该区域并进行融合，从而达到快速无缝的拼接效果，如图7-27所示。
- 单击“创建纹理”按钮，可以使用选区中的所有像素创建一个用于修复该区域的纹理，如果纹理不起作用，可尝试再次拖过区域。
- 单击“近似匹配”按钮，可以使用选区边缘周围的像素来查找要用作选定区域修补的图像区域。
- 对所有图层取样：选择该复选框，可以从所有可见图层中对数据进行取样；取消选择该复选框，则只从当前图层中取样。

图7-27 使用“内容识别”效果

应用案例 使用“污点修复画笔工具”去除脸部黑点

源文件：源文件\第7章\7-3-1. psd

视　频：视频\第7章\使用“污点修复画笔工具”去除脸部黑点.mp4

STEP 01 打开素材图像“素材\第7章\73101.jpg”，如图7-28所示。按【Ctrl+J】组合键复制“背景”图层，得到“图层1”图层，如图7-29所示。

STEP 02 单击工具箱中的“污点修复画笔工具”按钮，在选项栏中选择合适的软笔刷，在图像中人物脸颊上的黑点处单击去除污点，如图7-30所示。使用相同的方法去除其他黑点，效果如图7-31所示。

图7-28 打开素材图像

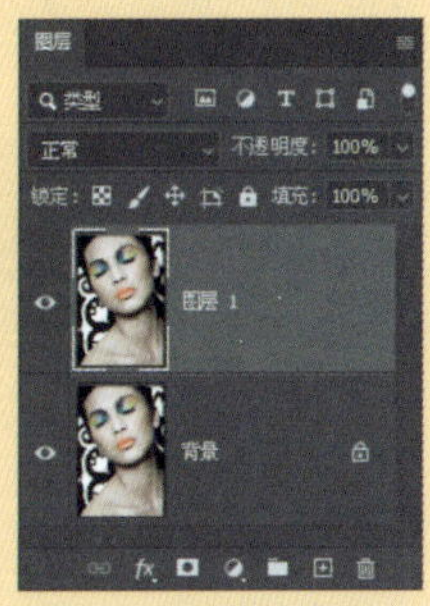

图7-29 “图层”面板

图7-30 单击去除污点

图7-31 图像效果

7.3.2 修复画笔工具

“修复画笔工具”与“仿制图章工具”类似，也可以利用图像或图案中的样本像素来修复图像。但该工具可以从被修饰区域的周围取样，使用图像或图案中的样本像素进行绘画，并将样本的纹理、光照、透明度和阴影等与所修复的像素匹配，从而去除照片中的污点和划痕，修复后的效果不会产生人工修复的痕迹。“修复画笔工具”选项栏如图7-32所示。

图7-32 “修复画笔工具”选项栏

- 源：选择“取样”选项，可以从图像的像素上取样，选择“图案”选项，可以选择一个图案作为取样点。
- 使用旧版：选择该复选框，将使用旧版“修复画笔”算法（Photoshp CC 2014及更早版本）。
- 样本：用来设置从指定的图层中进行数据取样。如果要从当前图层及其下方的可见图层中取样，选择“当前和下方图层”选项；如果仅从当前图层中取样，选择“当前图层”选项；如果要从所有可见图层中取样，选择“所有图层”选项。
- 扩散：可在右侧文本框中输入数值调整扩散的程度。

Tips

“修复画笔工具”选项栏中的其他选项与“仿制图章工具”选项栏中相应的选项用法相同，在这里就不再做过多讲解。

应用案例

使用“修复画笔工具”去除皮肤黑痣

源文件：源文件\第7章\7-3-2.psd

视　频：视频\第7章\使用“修复画笔工具”去除皮肤黑痣.mp4

STEP 01 打开素材图像“素材\第7章\73201.jpg”，如图7-33所示。按【Ctrl+J】组合键复制“背景”图层，得到“图层1”图层，如图7-34所示。

图7-33 打开素材图像  图7-34 “图层”面板  图7-35 单击取样

STEP 02 单击工具箱中的“修复画笔工具”按钮，在选项栏中选择合适的软笔刷，按住【Alt】键在人物皮肤黑痣附近单击取样，如图7-35所示。

STEP 03 在附近的黑痣上单击去除污点，效果如图7-36所示。使用相同的方法，去除皮肤其他地方的黑痣，效果如图7-37所示。

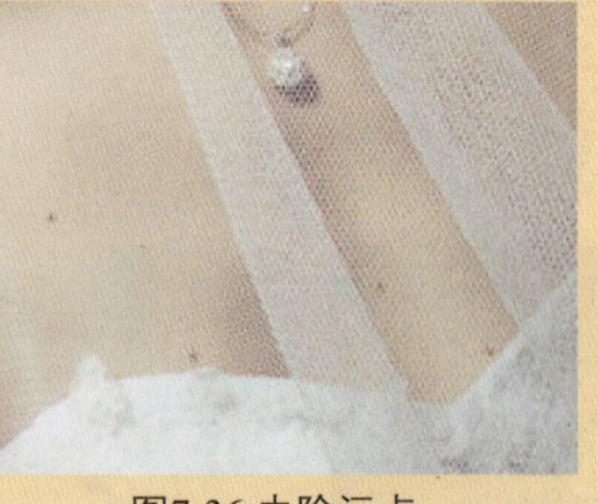

图7-36 去除污点

图7-37 图像效果

7.3.3 修补工具

“修补工具”可以用其他区域或图案中的像素来修复选中的区域。与“修复画笔工具”一样，“修补工具”会将样本像素的纹理、光照和阴影与源像素进行匹配。但“修补工具”需要选区来定位修补范围，这是它的特别之处。

“修补工具”选项栏的“修补”下拉列表框中包含“正常”和“内容识别”两个选项。当选择“正常”选项时，将显示“源”“目标”和“透明”等选项，如图7-38所示。

图7-38 “修补工具”选项栏

- **源：** 选择该选项时，将选区拖动到要修补的区域松开鼠标后，该区域的图像会修补原来的选项。
- **目标：** 选择该选项时，将选区拖动到其他区域时，可以将原区域内的图像复制到该区域。
- **透明：** 选择“透明”复选框，可以使修补的图像与原图像产生透明的叠加效果。

当在“修补”下拉列表框中选择“内容识别”选项时，将显示“结构”和“颜色”等选项，如图7-39所示。

图7-39 “修补工具”选项栏

- **结构：** 可在文本框中输入1~7的内某个值，以指定修补的近似程度。如果输入7，则修补内容将严格遵循现有图像的图案；如果输入1，则修补内容将不必严格遵循现有图像的图案。
- **颜色：** 可在文本框中输入0~10内的某个值，以指定希望Photoshop在多大程度上对修补内容应用算法颜色混合。如果输入0，将禁用颜色混合；如果输入10，则将应用最大颜色混合。

应用案例

使用“修补工具”去除人物脸部细纹

源文件：源文件\第7章\7-3-3. psd

视 频：视频\第7章\使用“修补工具”去除人物脸部细纹.mp4

STEP 01 打开素材图像“素材\第7章\73301. jpg”，如图7-40所示。按【Ctrl+J】组合键复制“背景”图层，得到“图层1”图层，如图7-41所示。

STEP 02 单击工具箱中的“修补工具”按钮，在图像中人物眼角的细纹部分单击并拖动鼠标创建选区，如图7-42所示。当光标出现黑色箭头时，按住鼠标左键拖动选区到附近没有细纹的部分，如图7-43所示。

图7-40 打开素材图像

图7-41 “图层”面板

STEP 03 松开鼠标左键，按【Ctrl+D】组合键取消选区，图像效果如图7-44所示。使用相同的方法，修补其他有细纹的部分，效果如图7-45所示。

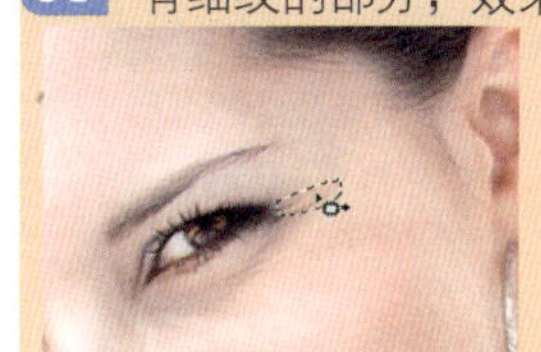

图7-42 创建选区

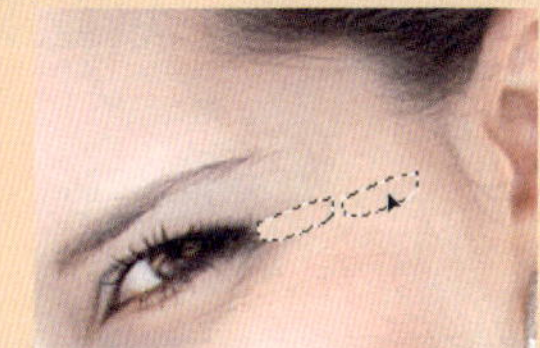

图7-43 移动选区

图7-44 图像效果

图7-45 修补其他部分

7.3.4 内容感知移动工具

使用“内容感知移动工具”可以将图像中的对象移动到图像的其他位置，并在对象原来的位置自动填充附近的图像。单击工具箱中的“内容感知移动工具”按钮，选项栏如图7-46所示。

图7-46 “内容感知移动工具”选项栏

- **模式：** 用来设置移动选区内对象的方式，在该下拉列表框中包括“移动”和“扩展”两个选项。
- **移动：** 选择“移动”选项时，选区内的对象将移动到鼠标指定的位置，对象原来的位置将自动填充附近的图像，如图7-47所示。

图7-47 原图和移动模式移动后图像对比

- 选择“扩展”选项时，选区内的对象将移动到鼠标指定的位置，而原来位置上的对象不会发生变化，如图7-48所示。

图7-48 原图和扩展模式移动图像对比

- 投影时变换：选择该复选框，将允许旋转和缩放选区。

应用案例

使用“内容感知移动工具”更改人物位置

源文件：源文件\第7章\7-3-4. psd

视 频：视频\第7章\使用“内容感知移动工具”更改人物位置.mp4

STEP 01 打开素材图像“素材\第7章\73401.jpg”，如图7-49所示。按【Ctrl+J】组合键复制“背景”图层，得到“图层1”图层，如图7-50所示。

STEP 02 单击工具箱中的“内容感知移动工具”按钮，在图像中人物周围按下鼠标左键并拖动创建选区，如图7-51所示。松开鼠标左键，拖动选区内的对象到图像的中间部位，按【Ctrl+D】组合键取消选区，图像效果如图7-52所示。

图7-49 打开素材图像

图7-50 “图层”面板

图7-51 创建选区

STEP 03 使用“仿制图章工具”修复人物原来位置不自然的部位，效果如图7-53所示。使用相同的方法，修复人物与背景不自然的部位，效果如图7-54所示。

图7-52 移动选区

图7-53 修复图像

图7-54 图像效果

7.3.5 红眼工具

在光线较暗的环境下，使用数码相机拍摄人物会出现红眼现象。这是由于闪光灯闪光时使人眼的瞳孔瞬时放大，视网膜上的血管被反射到底片上，从而产生红眼现象。

利用Photoshop中的“红眼工具”，只需在眼睛上单击一次即可修正红眼。使用该工具时还可以调整瞳孔大小和变暗量。“红眼工具”选项栏如图7-55所示。

图7-55 “红眼工具”选项栏

- 瞳孔大小：用来设置瞳孔的大小，数值越大，修复的范围就越大。
- 变暗量：用来设置变暗程度，数值越大，修复的效果颜色越深。

应用案例

使用“红眼工具”修复红眼

源文件：源文件\第7章\7-3-5. psd　　视频：视频\第7章\使用“红眼工具”修复红眼.mp4

STEP 01 打开素材图像“素材\第7章\素材\73501.jpg”，如图7-56所示。按【Ctrl+J】组合键复制背景图层，得到“图层1”图层，如图7-57所示。

STEP 02 在选项栏中设置“瞳孔大小”为50%，“变暗量”为10%。在人物眼睛上单击，即可将人物的红眼去除，如图7-58所示。使用相同的方法将另一只眼睛的红眼去除，完成后的效果如图7-59所示。

图7-56 打开素材图像

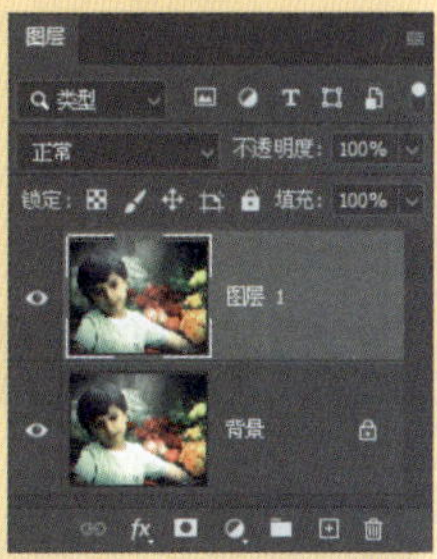

图7-57 “图层”面板

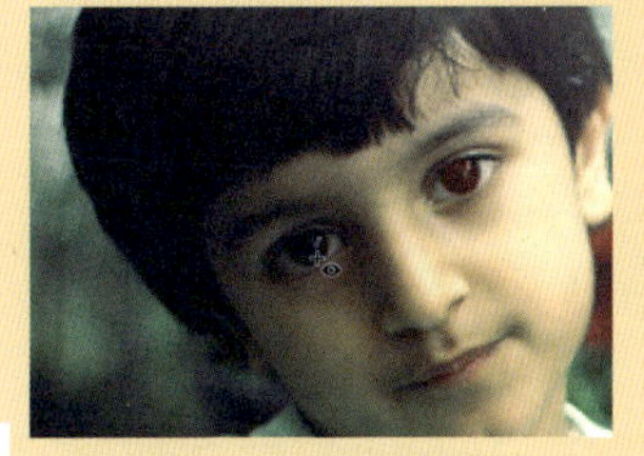

图7-58 去除红眼效果

图7-59 图像效果

7.3.6 历史记录画笔工具

“历史记录画笔工具”可以将图像还原到编辑过程中的某一步骤状态，或者将部分图像恢复原样。该工具需要配合“历史记录”面板使用。“历史记录画笔工具”选项栏如图7-60所示。

图7-60 “历史记录画笔工具”选项栏

应用案例

使用“历史记录画笔工具”实现面部磨皮

源文件：源文件\第7章\7-3-6. psd
视　频：视频\第7章\使用“历史记录画笔工具”实现面部磨皮.mp4

STEP 01 打开素材图像“素材\第7章\73601.jpg”，如图7-61所示。按【Ctrl+J】组合键复制“背景”图层，得到“图层1”图层，如图7-62所示。

STEP 02 单击工具箱中的“模糊工具”按钮，在图像中人物的面部位置涂抹，效果如图7-63所示。单击工具箱中的“历史记录画笔工具”按钮，选择“窗口”→“历史记录”命令，打开“历史记录”面板，在“通过拷贝的图层”历史记录前单击将其指定为绘画源，如图7-64所示。

图7-61 打开素材图像

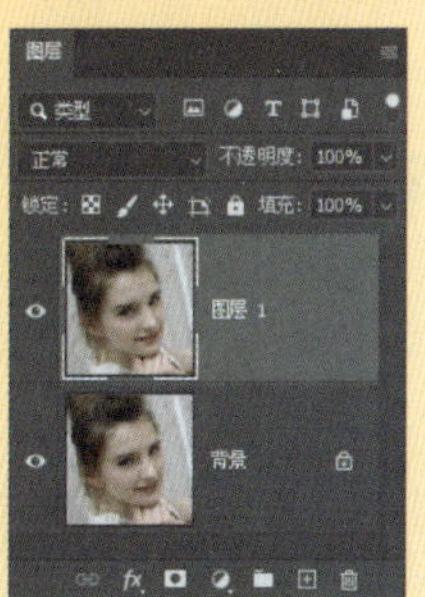

图7-62 “图层”面板

STEP 03 设置合适的画笔大小，在图像中的眼睛、眉毛和嘴巴位置进行涂抹，恢复到图像的初始状态，如图7-65所示。

图7-63 涂抹图像效果

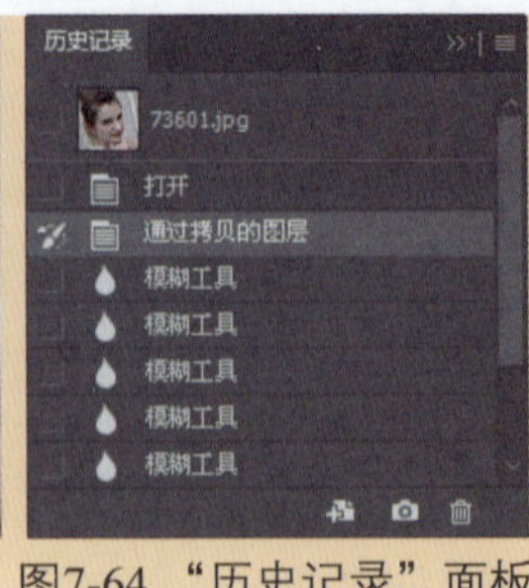

图7-64 “历史记录”面板

图7-65 图像效果

7.3.7 历史记录艺术画笔工具

“历史记录艺术画笔工具”使用指定的历史记录或快照中的源数据，以风格化描边进行绘画。通过使用不同的绘画样式、大小和容差选项，可以用不同的色彩和艺术风格模拟绘画的纹理。“历史记录艺术画笔工具”选项栏如图7-66所示。

图7-66 “历史记录艺术画笔工具”选项栏

- 样式：用来设置绘画描边的形状。在该下拉列表框中有10个选项可供选择，如图7-67所示。
- 区域：用来设置绘画描边所覆盖的区域。该值越大，覆盖的区域越大，描边的数量也越多。
- 容差：用来限定可应用绘画描边的区域。低容差值可用于在图像中的任何地方绘制无数条描边；高容差值会将绘画描边限定在与源状态或快照中的颜色明显不同的区域。

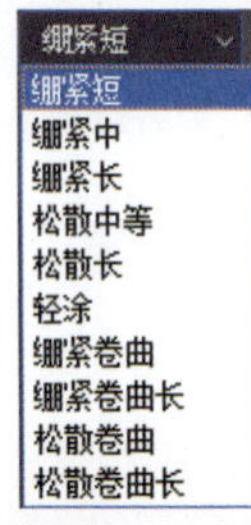

图7-67 “样式”下拉列表框

应用案例 使用“历史记录艺术画笔工具”制作艺术图像

源文件：源文件\第7章\7-3-7. psd

视　频：视频\第7章\使用“历史记录艺术画笔工具”制作艺术图像.mp4

STEP 01 打开素材图像“素材\第7章\73701.jpg”，如图7-68所示。单击“图层”面板上的“创建新图层”按钮，新建“图层1”图层，如图7-69所示。

图7-68 打开素材图像

图7-69 “图层”面板

STEP 02 设置“前景色”为黑色，按【Alt+Delete】组合键为“图层1”填充黑色，如图7-70所示。选择“窗口”→“历史记录”命令，打开“历史记录”面板，确认历史记录源为原始图像，如图7-71所示。

STEP 03 单击工具箱中的“历史记录艺术画笔工具”按钮，在图像上涂抹，将背景显示出来，如图7-72所示。反复在图像上涂抹，效果如图7-73所示。

Tips

所设置的画笔笔触大小将决定涂抹出来的图像的清晰度。这里设置的是一个小直径的画笔笔触，读者也可以尝试使用较大直径的画笔笔触进行涂抹，对比一下效果。

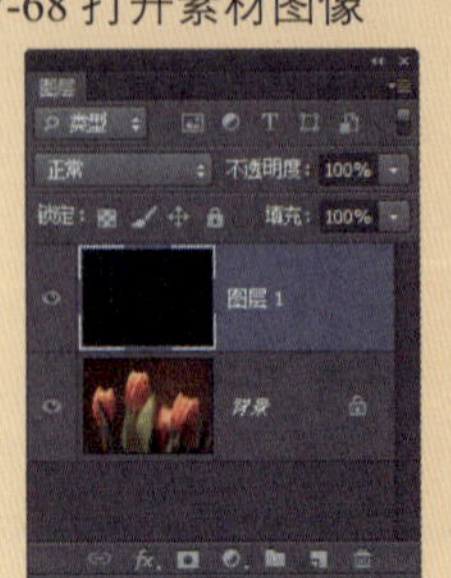

图7-70 “图层”面板

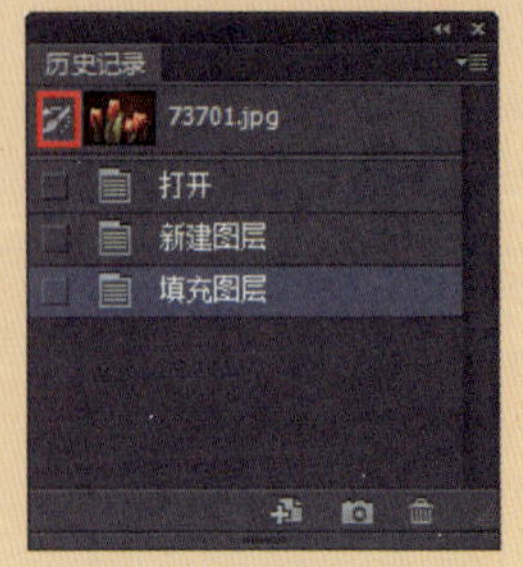

图7-71 “历史记录”面板

图7-72 显示背景

图7-73 最终效果

7.4 内容识别填充

内容识别填充，可以为用户提供交互式编辑体验，从而达到无缝填充效果。用户可以利用内容识别技术来填充图像中选定部分的取样区域，获取更改的实时全分辨率预览，以及将结果输出到新图层的选项。

使用选框工具将需要填充的区域选中，选择“编辑”→“内容识别填充”命令，Photoshop CC 2020将启动“内容识别填充”工作区，如图7-74所示。

图7-74 “内容识别填充”工作区

在“内容识别填充”工作区中，文档窗口会将默认取样区域显示为图像上叠加的蒙版。用户可以使用左侧的工具对取样区域和填充区域的初始选择进行修改。工作区左侧的工具箱中包含“取样画笔工具”“套索工具”“多边形套索工具”“抓手工具”和“缩放工具”，如图7-75所示。这些工具的使用方法与Photoshop中的相应工具相同。

在右侧的“内容识别填充”面板中，用户可以指定取样区域选项、填充设置和输出设置，以在图像中得到所需的填充结果，如图7-76所示。在进行更改时，预览面板将显示输出的实时全分辨率预览。

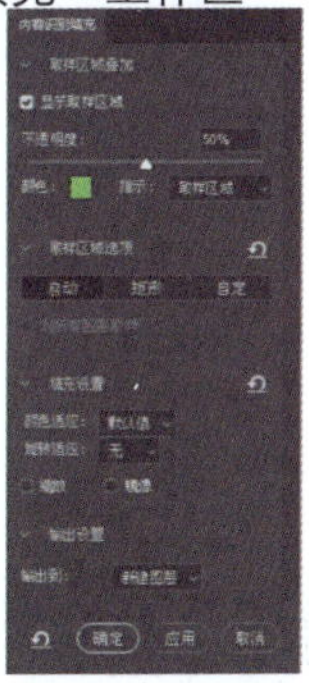

图7-75 工具箱中的工具

图7-76 内容识别填充面板

- 显示取样区域：选择该复选框，可将取样区域或已排除区域显示为文档窗口中图像的叠加。
- 不透明度：设置文档窗口中所显示叠加的不透明度。
- 颜色：为文档窗口中所显示的叠加指定颜色。
- 指示：显示取样或已排除区域中的叠加。
- 自动：选择此选项可使用类似于填充区域周围的内容，如图7-77所示。
- 矩形：选择此选项可使用填充区域周围的矩形区域，如图7-78所示。
- 自定：选择此选项可手动定义取样区域。使用“取样画笔工具”添加到取样区域，如图7-79所示。

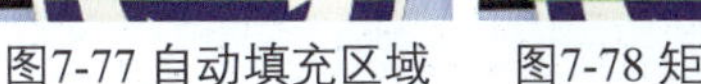

图7-77 自动填充区域

图7-78 矩形填充区域

图7-79 自定填充区域

- 对所有图层取样：选择该复选框，可从文档的所有可见图层对源像素进行取样。
- 重置取样区域：单击该按钮，将取样区域恢复到默认状态。

- **颜色适应**：允许调整对比度和亮度以取得更好的匹配度。此设置用于填充包含渐变颜色或纹理变化的内容。
- **旋转适应**：允许旋转内容以取得更好的匹配度。此设置用于填充包含旋转或弯曲图案的内容。
- **缩放**：选择该复选框，可允许调整内容大小以取得更好的匹配度。此选项非常适合填充包含具有不同大小或透视的重复图案的内容。
- **镜像**：选择该复选框，可允许水平翻转内容以取得更好的匹配度。此选项用于水平对称的图像。
- **重置到默认填充设置**：单击该按钮，将填充设置恢复到默认数值。
- **输出到**：将“内容识别填充”应用于当前图层、新图层或复制图层。

应用案例　使用“内容识别填充”去除图像中的人物

源文件：源文件\第7章\7-4. psd
视　频：视频\第7章\使用“内容识别填充”去除图像中的人物.mp4

STEP 01 打开素材图像“素材\第7章\78201.jpg”，如图7-80所示。使用“快速选择工具”将图像中的人物选中，如图7-81所示。

图7-80 打开素材图像

图7-81 创建选区

STEP 02 选择“选择”→“修改”→“扩展”命令，在弹出的“扩展选区”对话框中设置“扩展量”为5像素，如图7-82所示。选区效果如图7-83所示。

STEP 03 选择“编辑”→“内容识别填充”命令，进入内容识别填充工作区，如图7-84所示。在“内容识别填充”面板中，选择“自定”取样，如图7-85所示。

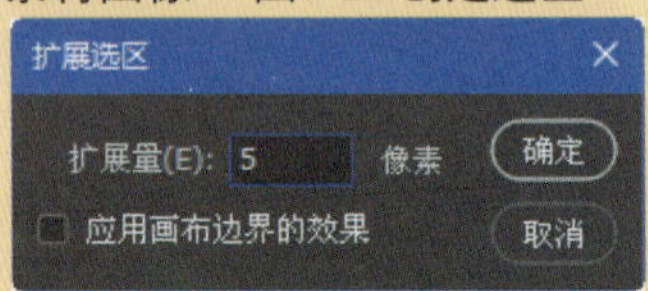

图7-82 “扩展选区”对话框

STEP 04 使用“套索工具”对选区进行调整，使用“取样画笔工具”在选区左侧绘制，如图7-86所示。继续使用“取样画笔工具”在选区右侧绘制，如图7-87所示。

图7-83 选区效果

图7-84 “内容识别填充”工作区

图7-85 自定取样

图7-86 左侧取样

图7-87 右侧取样

STEP 05 分别选择“缩放”和“镜像”复选框，如图7-88所示。单击“确定”按钮，按【Ctrl+D】组合键取消选区，图像效果如图7-89所示。

图7-88 选择“缩放”和“镜像”复选框　　图7-89 图像效果

7.5 修饰图像

除了使用修改工具外，用户还可以使用“模糊工具”、“锐化工具”和“涂抹工具”修饰图像的局部细节。

7.5.1 模糊工具

“模糊工具”的操作非常简单，只需在有杂点或折痕的地方按住鼠标左键并拖曳涂抹即可。单击工具箱中的“模糊工具”按钮，其选项栏如图7-90所示。

图7-90 “模糊工具”选项栏

“模糊工具”可以柔化图像的边缘，减少图像的细节。该工具经常被用于修正扫描图像，因为扫描图像中很容易出现一些杂点或折痕，如果使用“模糊工具”稍加修饰，就可以使杂点与周围像素融合在一起，看上去比较平顺。

7.5.2 锐化工具

“锐化工具”可以增强图像中相邻像素之间的对比，提高图像的清晰度。单击工具箱中的“锐化工具”按钮，其选项栏如图7-91所示。

图7-91 “锐化工具”选项栏

使用“锐化工具”在图像模糊的地方按住鼠标左键并拖曳涂抹即可完成锐化操作。选择选项栏中的“保护细节”复选框，可以在锐化的过程中更好地保护图像的细节。

Tips 如何在“模糊工具”与“锐化工具”之间进行快速转换？

使用“模糊工具”时，按住【Alt】键可以临时切换到“锐化工具”的使用状态，松开【Alt】键则返回“模糊工具”的使用状态。使用同样的方法，可将“锐化工具”临时转换为“模糊工具”。

7.5.3 涂抹工具

“涂抹工具”可以拾取单击点的颜色，并沿拖移的方向展开这种颜色，模拟出类似于手指拖过湿油漆时的效果。

单击工具箱中的“涂抹工具”按钮，其选项栏如图7-92所示。选择“手指绘画”复选框，可以在涂抹时添加前景色；取消选择该复选框，则使用每个描边起点处光标所在位置的颜色进行涂抹。

13 模式：正常 强度：50% 0° 对所有图层取样 手指绘画

图7-92 “涂抹工具”选项栏

应用案例

使用修饰工具对图像进行修饰

源文件：源文件\第7章\7-5-3. psd

视　频：视频\第7章\使用修饰工具对图像进行修饰.mp4

STEP 01 打开素材图像“素材\第7章\74301.jpg”，如图7-93所示。按【Ctrl+J】组合键复制“背景”图层，得到“图层1”图层，如图7-94所示。

STEP 02 使用“模糊工具”在图像中右侧的花朵位置涂抹，模糊效果如图7-95所示。使用“锐化工具”在图像中人物面部和头发位置涂抹，锐化效果如图7-96所示。

图7-93 打开素材图像

图7-94 “图层”面板

图7-95 模糊图像效果

STEP 03 单击工具箱中的“画笔工具”按钮，设置“前景色”为RGB（247，136，145），在图像左侧的花朵部分单击两次，效果如图7-97所示。继续使用“模糊工具”和“锐化工具”在人物服装位置涂抹，图像最终效果如图7-98所示。

图7-96 锐化图像效果

图7-97 “画笔工具”绘制效果

图7-98 图像效果

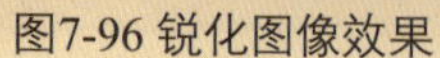

Tips

“模糊工具”和“锐化工具”适合处理小范围内的图像细节，要适当使用这两种工具。反复使用“模糊工具”进行涂抹，图像会变得模糊不清；反复使用“锐化工具”进行涂抹，则会造成图像失真。

7.6 润色图像

“减淡工具”、“加深工具”和“海绵工具”可用于润饰图像，利用这些工具可以改善图像的色调及色彩的饱和度，使图像看起来更加平衡饱满。

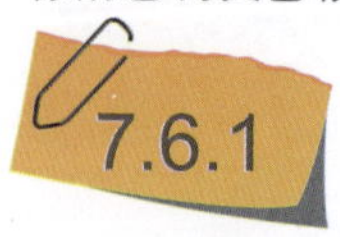

7.6.1 减淡工具

“减淡工具”可以提高图像特定区域的曝光度，使图像变亮。单击工具箱中的“减淡工具”按钮，其选项栏如图7-99所示。

图7-99 “减淡工具”选项栏

- 范围：可以选择不同的色调进行修改。在该下拉列表框中包括“阴影”“中间调”和“高光”3个选项。
- 选择“阴影”选项，可处理图像的暗色调。
- 选择“中间调”选项，可处理图像的中间调，即灰色的中间范围色调。
- 选择“高光”选项，可处理图像的亮部色调。
- 曝光度：为减淡工具指定曝光。该值越高，效果越明显。
- 喷枪：单击该按钮，可为画笔开启喷枪功能。
- 保护色调：选择该复选框，可以保护图像的色调不受影响。

7.6.2 加深工具

“加深工具”可以降低图像特定区域的曝光度，使图像变暗。单击工具箱中的“加深工具”按钮，其选项栏如图7-100所示，各选项与“减淡工具”的使用方法一致，这里就不再赘述。

图7-100 “加深工具”选项栏

Tips

“减淡工具”和“加深工具”的功能与“亮度/对比度”命令中的“亮度”功能基本相同，不同的是“亮度/对比度”命令是对整个图像的亮度进行控制，而“减淡工具”和“加深工具”可根据用户的需要对指定的图像区域进行亮度控制（关于“亮度/对比度”命令的使用将在第12章中详细讲解）。

7.6.3 海绵工具

使用“海绵工具”能够非常精确地增加或减少图像的饱和度。在灰度模式图像中，“海绵工具”通过远离灰阶或靠近中间灰色来增加或降低对比度。单击工具箱中的“海绵工具”按钮，其选项栏如图7-101所示。

图7-101 “海绵工具”选项栏

- 模式：可选择更改色彩方式。在该下拉列表框中包括“去色”和“加色”两个选项。
- 选择“去色”选项，可降低图像的饱和度；
- 选择“加色”选项，可增加图像的饱和度。
- 流量：可以为海绵工具指定流量。该值越高，工具的强度越大，效果越明显。
- 自然饱和度：选择该复选框，可以在增加饱和度时，防止颜色过度饱和而出现溢色。

对图像进行润色

源文件：源文件\第7章\7-6-3.psd　　视频：视频\第7章\对图像进行润色.mp4

STEP 01 打开素材图像“第7章\素材\75301.jpg”，如图7-102所示。按【Ctrl+J】组合键复制“背景”图层，得到“图层1”图层，如图7-103所示。

STEP 02 单击工具箱中的“减淡工具”按钮，在图像的中间位置进行涂抹，效果如图7-104所示。单击“工具箱”中的“加深工具”按钮，在图像的边缘部分进行涂抹，效果如图7-105所示。

STEP 03 单击工具箱中的“海绵工具”按钮，在选项栏中选择“加色”模式，在图像人物身上的树叶位置进行涂抹，效果如图7-106所示。

图7-102 打开素材图像

图7-103 “图层”面板

图7-104 减淡中间位置

图7-105 加深图像四周

STEP 04 在选项栏中选择“去色”模式，在图像背景位置涂抹，图像最终效果如图7-107所示。

图7-106 加色图像效果

图7-107 去色图像效果

7.7 擦除图像

擦除图像是图像处理过程中必不可少的一个步骤，Photoshop中提供了3种类型的擦除工具，分别是“橡皮擦工具”、“背景橡皮擦工具”和“魔术橡皮擦工具”。

7.7.1 橡皮擦工具

“橡皮擦工具”用于擦除图像颜色，如果在“背景”图层或锁定了透明区域的图像中使用该工具，被擦除的部分会显示为背景色；处理其他图层时，可擦除涂抹区域的任何像素。“橡皮擦工具”选项栏如图7-108所示。

模式：画笔　不透明度：100%　流量：100%　平滑：0%　0°　抹到历史记录

图7-108 “橡皮擦工具”选项栏

- 模式：用来设置橡皮擦的种类。在该下拉列表框中包括“画笔”“铅笔”和“块”3个选项。
- 选择“画笔”选项，可创建柔边擦除效果。
- 选择“铅笔”选项，可创建硬边擦除效果。

- 选择“块”选项，则擦除的效果为块状。
- 不透明度：用来设置工具的擦除强度。100%的不透明度可以完全擦除像素，较低的不透明度将部分擦除像素。将“模式”设置为“块”选项时，不能使用“不透明度”选项。
- 流量：用来控制工具的涂抹速度。
- 抹到历史记录：选择该复选框，在“历史记录”面板中选择一个状态或快照，在擦除时可以将图像恢复为指定状态（此功能与“历史记录画笔工具”的作用相同，“历史记录画笔工具”已在本章的7.3.6节中为读者讲解过）。
- 设置绘画的对称选项：该功能的使用与“画笔工具”中的对称选项相同。本书在6.1.1节中已为读者讲解过，此处就不再赘述。

应用案例

巧妙运用“橡皮擦工具”擦除图像中的文字

源文件：源文件\第7章\7-7-1.psd

视　频：视频\第7章\巧妙运用“橡皮擦工具”擦除图像中的文字.mp4

STEP 01 选择“文件”→“打开”命令，打开素材图像“光盘\第7章\素材\76101.jpg”，如图7-109所示。

STEP 02 设置“背景色”为RGB（252，251，231），单击工具箱中的“橡皮擦工具”按钮，在图像中的文字部分进行涂抹，擦除效果如图7-110所示。

图7-109 打开素材图像

图7-110 橡皮擦擦除效果

7.7.2 背景橡皮擦工具

“背景橡皮擦工具”是一种智能橡皮擦，它具有自动识别对象边缘的功能，可采集画笔中心的色样，并删除在画笔内出现的这种颜色，使擦除区域成为透明区域。“背景橡皮擦工具”选项栏如图7-111所示。

取样

图7-111 “背景橡皮擦工具”选项栏

- 取样：用来设置取样方式。
- 按下“取样：连续”按钮后，在拖动鼠标时可连续对颜色取样。如果光标中心的十字线碰触到需要保留的对象，也会将其擦除。
- 按下“取样：一次”按钮后，只擦除包含第一次单击点颜色的区域。
- 按下“取样：背景色板”按钮后，只擦除包含背景色的区域。
- 限制：用来设置擦除时的限制模式。在该下拉列表框中包括“不连续”“连续”和“查找边缘”3个选项。
- 选择“不连续”选项，可擦除出现在光标下任何位置的样本颜色。
- 选择“连续”选项，只擦除包含样本颜色并且互相连接的区域。
- 选择“查找边缘”选项，可擦除包含样本颜色的连接区域，同时更好地保留形状边缘的锐化程度。
- 容差：用来设置颜色的容差范围。数值越大，能够被擦除的颜色范围就越大；数值越小，则只能擦除与样本颜色非常相似的颜色范围。
- 保护前景色：选择该复选框，可以防止擦除与当前工具箱中前景色相匹配的颜色。也就是说，如果图像中的颜色与工具箱中的前景色相同，那么擦除时这种颜色将受到保护，不会被擦除。

应用案例

使用“背景橡皮擦工具”擦除图像背景

源文件：源文件\第7章\7-7-2. psd

视 频：视频\第7章\使用“背景橡皮擦工具”擦除图像背景.mp4

STEP 01 打开素材图像“素材\第7章\76201. jpg”，如图7-112所示。单击工具箱中的“背景橡皮擦工具”按钮，在选项栏中设置“容差”值为30，将光标移动到花朵周围，按住鼠标左键并拖动即可擦除背景，如图7-113所示。

STEP 02 继续使用相同方法将花朵的背景擦除，效果如图7-114所示。

图7-112 打开素材图像

图7-113 擦除背景

Tips

为了避免误擦到需要保留的区域，操作时尽量不要让光标的十字线碰到需要保留的区域。擦除过程中适当调整笔触的大小和硬度，可以获得更好的擦除效果。

当花朵完全与周围的背景隔离后，用户可以使用“橡皮擦工具”快速擦除剩下的部分，在擦除图像时可灵活使用多个工具，不必局限于一种。

图7-114 擦除其余背景后的图像效果

7.7.3 魔术橡皮擦工具

“魔术橡皮擦工具”可以用来擦除图像中的颜色。但该工具有其独特之处，使用它可以擦除一定容差值内的相邻颜色。擦除颜色后不会以背景色来取代擦除颜色，而是变成透明图层。“魔术橡皮擦工具”的作用相当于“魔棒工具”再加上“背景橡皮擦工具”的功能。“魔术橡皮擦工具”选项栏如图7-115所示。

容差：32 消除锯齿 连续 对所有图层取样 不透明度：100%

图7-115 “魔术橡皮擦工具”选项栏

- 容差：用来设置可擦除的颜色范围。低容差值会擦除颜色值范围内与单击点像素非常相似的像素，高容差值可擦除范围更广的像素。
- 消除锯齿：选择该复选框，可以使擦除区域的边缘变得平滑。
- 连续：选择该复选框，只擦除与单击点像素邻近的像素；取消选择该复选框时，可擦除图像中所有相似的像素。
- 对所有图层取样：可对所有可见图层中的组合数据采集抹除色样。
- 不透明度：用来设置擦除强度，100%的不透明度将完全擦除像素，较低的不透明度可部分擦除像素。

应用案例

使用“魔术橡皮擦工具”擦除图像背景

源文件：源文件\第7章\7-7-3. psd

视 频：视频\第7章\使用“魔术橡皮擦工具”擦除图像背景.mp4

STEP 01 打开素材图像“素材\第7章\76301.jpg”，如图7-116所示。单击工具箱中的“魔术橡皮擦工具”按钮，将光标放置在花朵的背景上方，如图7-117所示。

图7-116 打开素材图像

图7-117 鼠标放置位置

STEP 02 单击即可将与单击位置相似的图像擦除，如图7-118所示。在选项栏中设置不同的“容差”值，使用相同的方法，在图像的不同位置单击，擦除效果如图7-119所示。

图7-118 擦除相似图像

图7-119 擦除图像效果

7.8 “渐隐”命令

使用“渐隐”命令可更改任何滤镜、绘画工具、橡皮擦工具或颜色调整的不透明度和混合模式。选择“编辑”→“渐隐”命令，弹出“渐隐”对话框，如图7-120所示。

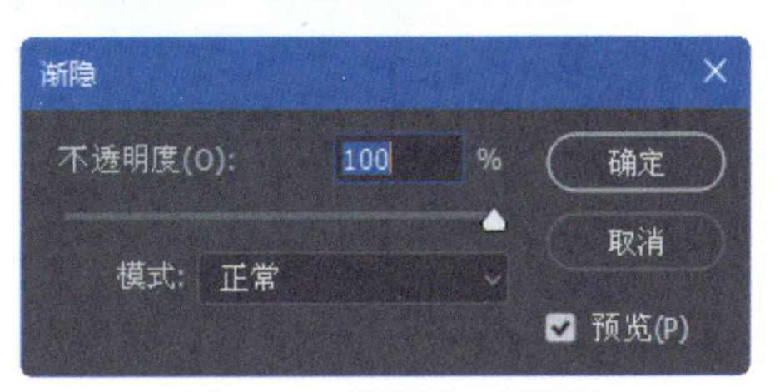

图7-120 “渐隐”对话框

应用“渐隐”命令类似于在一个单独的图层上应用滤镜效果，然后再使用图层“不透明度”和混合“模式”设置图像效果。

应用案例 使用“渐隐”命令实现逼真皮肤修图

源文件：源文件\第7章\7-8.psd

视　频：视频\第7章\使用“渐隐”命令实现逼真皮肤修图.mp4

STEP 01 打开素材图像“素材\第7章\7701.jpg”，效果如图7-121所示。使用“污点修复画笔工具”分别在人物面部明显的瑕疵位置单击，修复效果如图7-122所示。

图7-121 打开素材图像

图7-122 修复污点

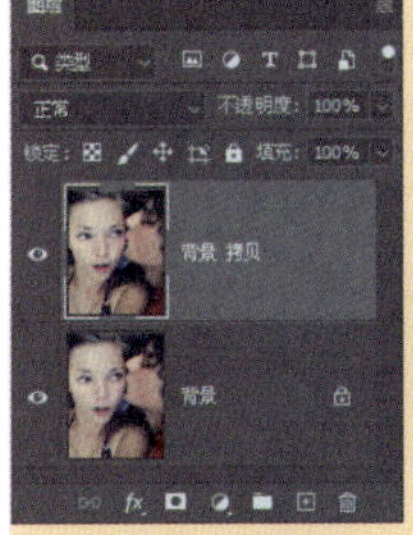

图7-123 复制图层

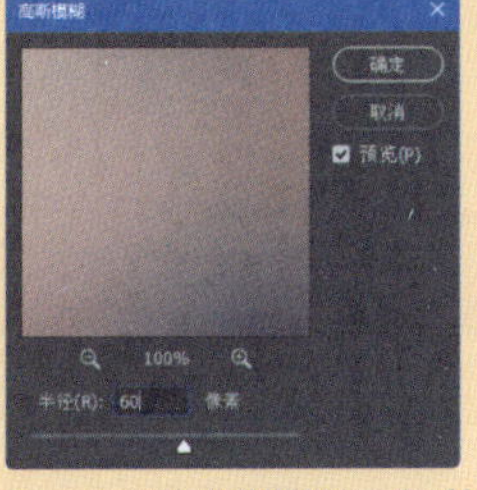

图7-124 “高斯模糊”对话框

STEP 02 将“背景”图层拖动到“创建新图层”按钮上，新建一个“背景 拷贝”图层，如图7-123所示。选择“滤镜”→“模糊”→“高斯模糊”命令，在弹出的对话框中设置“半径”值为60像素，如图7-124所示。然后单击“确定”按钮。

STEP 03 选择“编辑”→“渐隐高斯模糊”命令，在弹出的对话框中设置“不透明度”为70%，“模式”为“滤色”，如图7-125所示。单击“确定”按钮，效果如图7-126所示。

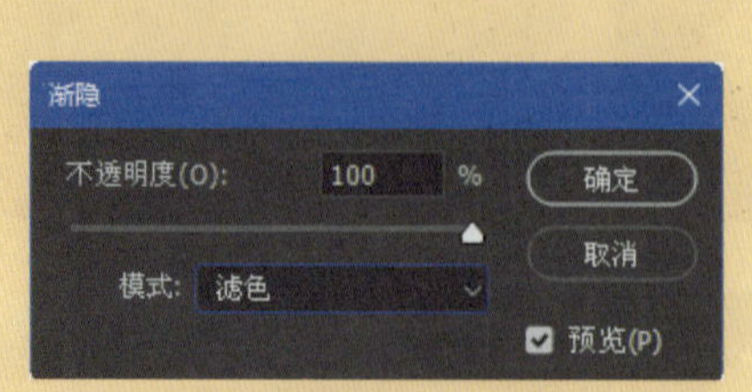

图7-125 设置渐隐参数

图7-126 渐隐效果

STEP 04 单击“图层”面板底部的“添加图层蒙版”按钮，为“背景 拷贝”图层添加图层蒙版，如图7-127所示。设置“前景色”为黑色，使用画笔工具，设置选项栏中的“不透明度”为40%，“流量”为50%，在蒙版上人物皮肤以外位置涂抹，完成效果如图7-128所示。

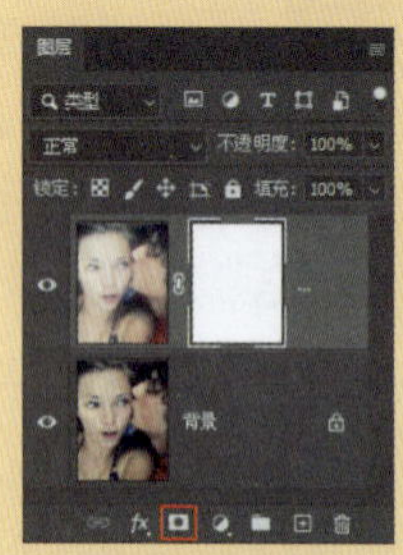

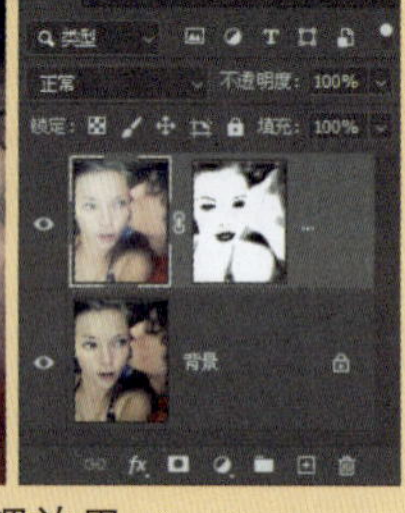

图7-127 添加图层蒙版　　图7-128 处理效果

7.9 专家支招

在使用Photoshop处理图像时，多数情况下都是结合使用多种工具来处理图像的，这样可以充分发挥每个工具的优势，也可以使处理完成的图像效果更加完美。

7.9.1 结合创建选区工具使用“修补工具”

“修补工具”不仅可以修补图像，其自身还可以创建选区，只是需要用户手动创建。当要对图像的特定部分或是规则区域进行修补时，可以使用“选框工具”“魔棒工具”或“套索工具”创建选区，然后使用“修补工具”拖动选区内的图像进行修补。

7.9.2 如何对装修效果图进行润色

“减淡工具”和“加深工具”经常被应用在装修效果图的后期制作中。使用“减淡工具”在灯筒的位置多次单击，可制作灯光的光晕效果；使用“加深工具”在房间的角落反复单击，可以增加室内效果图的空间感。

7.10 总结扩展

修饰与润色工具大多应用于图像的后期处理中，用户可以使用Photoshop提供的修饰与润色工具对图像的局部区域进行完善。

7.10.1 本章小结

本章主要讲述了修饰与润色图像工具的使用方法，通过本章的学习，读者要掌握修饰工具的使用方法及技巧，并能在实际的图像处理中灵活运用。

7.10.2 举一反三——使用“修补工具”复制图像

案例文件：	源文件\第7章\7-10-2.psd
视频文件：	视频\第7章\使用“修补工具”复制图像.mp4
难易程度：	★★☆☆☆
学习时间：	15分钟

（1） （2） （3） （4）

1. 打开一张素材图像，按【Ctrl+J】组合键复制“背景”图层。
2. 使用“修补工具”在花朵右侧绘制选区。
3. 将修补方式设置为“内容识别”，将选区拖动到左侧的花朵上。
4. 取消选区，使用“仿制图章工具”修补图像，融合不自然的部位。

第8章 路径与矢量工具

Photoshop提供了一些专门用于创建和编辑矢量图形的工具，在Photoshop中绘制的矢量图形可以在不同分辨率的文件中交换使用，不会受分辨率影响而出现锯齿。使用矢量工具不仅可以绘制复杂的图形，还可以实现路径与选区之间的转换，在对图像进行类似抠图等复杂操作时，虽然会比较麻烦，但却可以提高图像处理的精确度。

本章学习重点

第 173 页
输出路径

第 176 页
使用“钢笔工具”抠出图像

第177页
描边路径绘制浪漫心形

第183页
将外部形状库载入

8.1 认识路径

在Photoshop中，路径功能是其矢量设计功能的充分体现。路径是指用户勾制出来的由一系列点连接起来的线段或曲线，可以沿着这些线段或曲线进行颜色填充或描边，从而绘制出图像。

路径是可以转换为选区或者使用颜色填充和描边的轮廓，它的种类为：有起点和终点的开放式路径，如图8-1所示；没有起点和终点的闭合式路径，如图8-2所示；由多个相对独立的路径组成，每个独立的路径称为子路径，如图8-3所示。

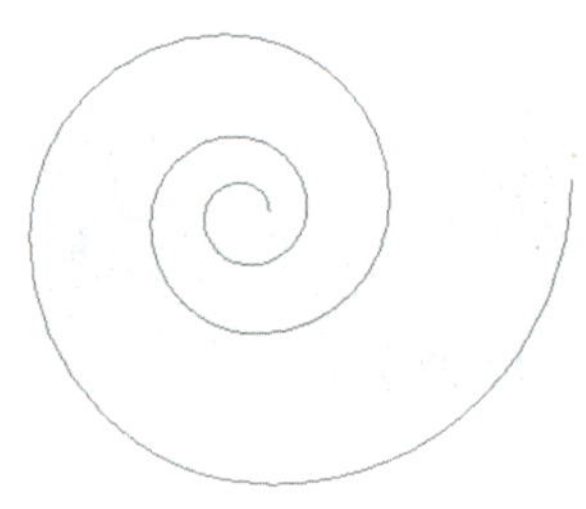

图8-1 开放路径

图8-2 闭合路径

图8-3 多条路径

Tips

路径是矢量对象，它不包含像素，因此，没有进行填充或者描边的路径是不会被打印出来的。

路径是由直线路径段或曲线路径段组成的，它们通过锚点连接。锚点分为两种，一种是平滑点，另一种是角点。连接平滑点可以形成平滑的曲线，如图8-4所示；连接角点可以形成直线或者转角曲线，如图8-5和图8-6所示。曲线路径段上的锚点有方向线，方向线的端点为方向点，主要用来调整曲线的形状。

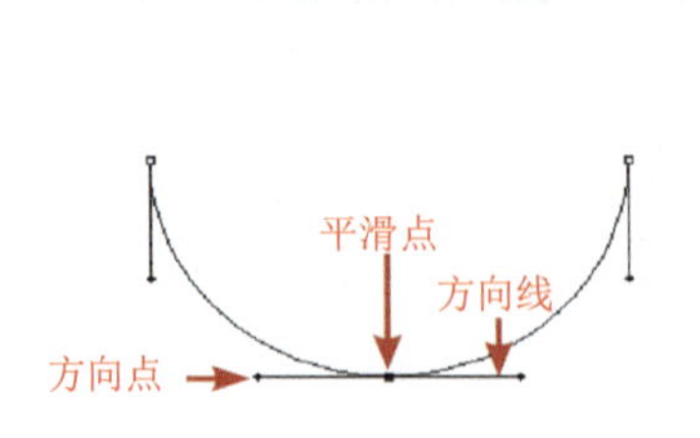

图8-4 平滑的曲线

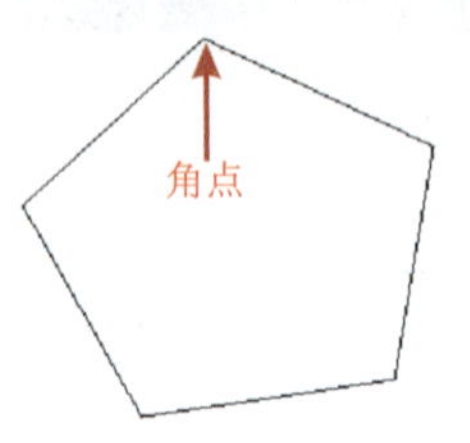

图8-5 角点连接的直线

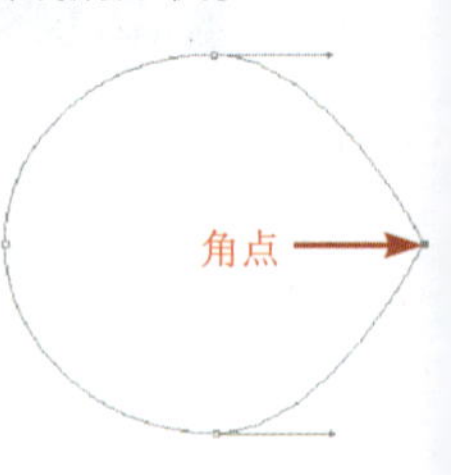

图8-6 转角曲线

Tips

路径事实上是一些矢量式的线条，因此无论缩小或放大图像，都不会影响它的分辨率及平滑度。编辑好的路径可以同时保存在图像中，也可以将它单独输出为文件，然后在其他软件中进行编辑或使用。

8.2 认识钢笔工具

“钢笔工具”是Photoshop中最为强大的矢量绘图工具，使用“该工具”可以绘制任意开放或封闭的路径或形状。

8.2.1 使用“钢笔工具”绘制路径

单击工具箱中的“钢笔工具”按钮，其选项栏如图8-7所示。

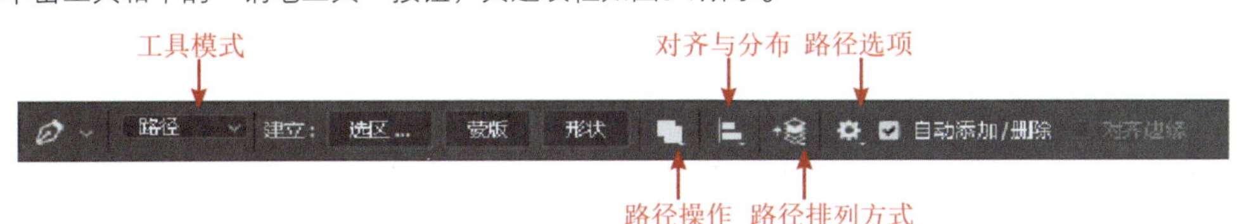

图8-7 “钢笔工具”选项栏

- 工具模式：在该下拉列表框中包括“形状”“路径”和“像素”3个选项。“像素”选项只有在使用矢量形状工具时才可以使用，将在本章8.7节为读者讲解。
- 建立类型：单击不同的按钮，可以将绘制的路径转换为不同的对象类型。
- 单击“选区”按钮，将弹出“建立选区”对话框，如图8-8所示。在其中可以设置选区的羽化范围及创建方式，选择“新建选区”单选按钮，单击“确定”按钮，可将当前路径完全转换为选区，如图8-9所示。

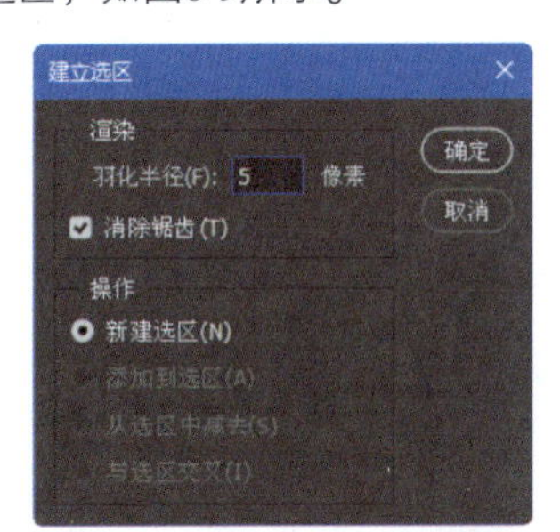

图8-8 “建立选区”对话框

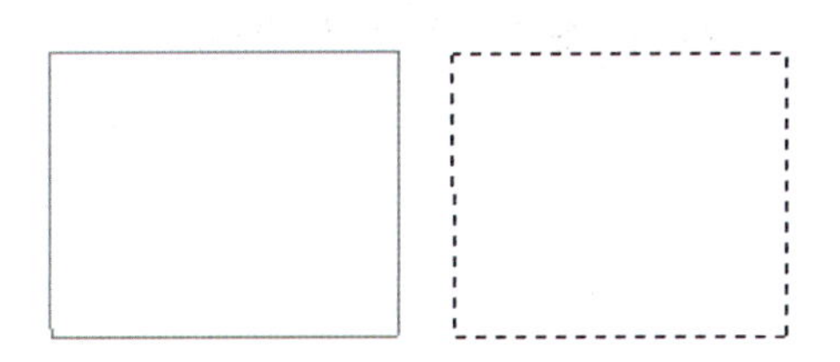

图8-9 路径转换为选区效果

- 单击“蒙版”按钮，可以沿当前路径边缘创建矢量蒙版。
- 单击“形状”按钮，可以沿当前路径创建形状图层并为该图层填充前景色。
- 路径操作：用户可以在该下拉列表框中选择不同的路径操作方式，以实现更丰富的路径效果。在“路径”工作模式下可以选择“合并形状”“减去顶层形状”“与形状区域相交”和“排除重叠形状”4种操作方式，如图8-10所示。完成路径操作后，可以通过选择“合并形状组件”选项将形状合并为一个路径。
- 对齐与分布：用来设置路径的对齐与分布方式。单击该按钮，可打开对齐与分布面板，如图8-11所示。使用“路径选择工具”选择两个或两个以上的路径，在该面板中选择不同的选项，路径可按不同的方式进行排列分布。

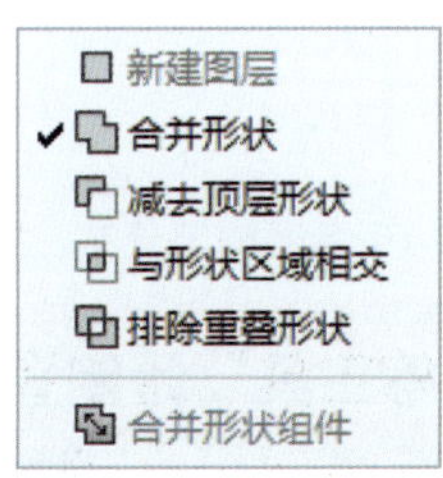

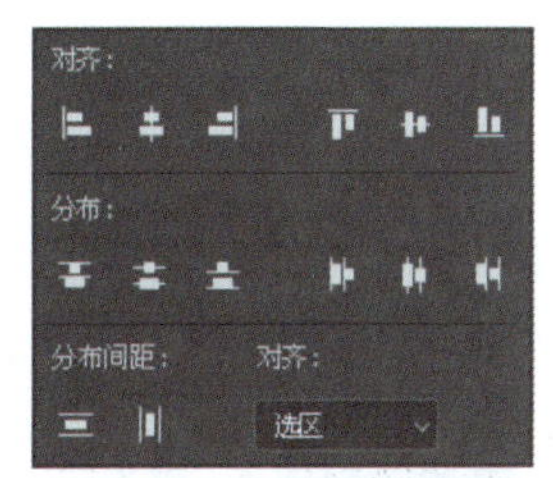

图8-10 路径操作下拉选项　图8-11 对齐与分布面板

- 选择“左边”选项，选择的路径将以最左边的路径为基准左对齐，如图8-12所示。
- 选择“水平居中”选项，选择的路径将以所选路径的水平中间点为基准水平居中对齐，如图8-13所示。
- 选择“右边”选项，选择的路径将以最右边的路径为基准右对齐，如图8-14所示。

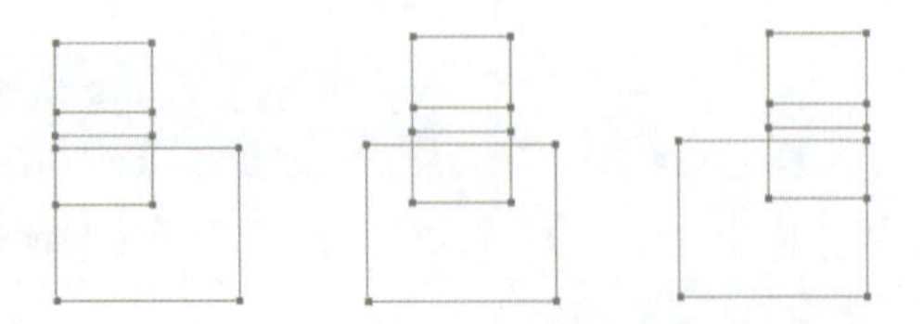

图8-12 左对齐　图8-13 水平居中　图8-14 右对齐

- 选择“顶边”选项，选择的路径将以最上方的路径为基准顶对齐，如图8-15所示。
- 选择“垂直居中”选项，选择的路径将以所选路径的垂直中间点为基准垂直居中对齐，如图8-16所示。

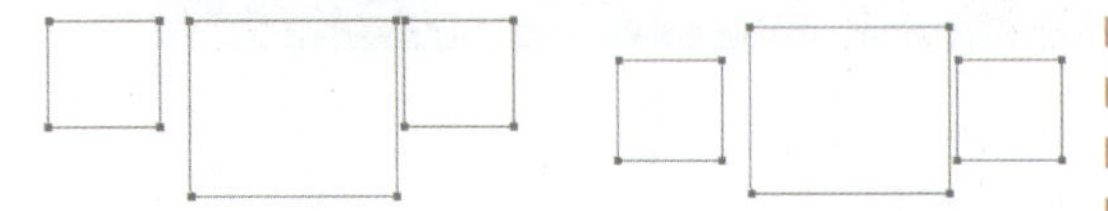

图8-15 顶对齐　图8-16 垂直居中对齐

- 选择“底边”选项，选择的路径将以最下方的路径为基准底对齐，如图8-17所示。

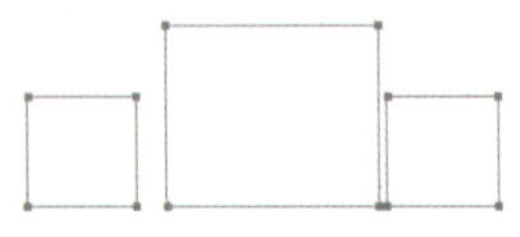

图8-17 底对齐

- 选择“宽度均匀分布”选项，选择的路径将按照宽度均匀分布，如图8-18所示（要使用该选项，必须选择3个以上的路径）。
- 选择“高度均匀分布”选项，选择的路径将按照高度均匀分布，如图8-19所示（要使用该选项，必须选择3个以上的路径）。

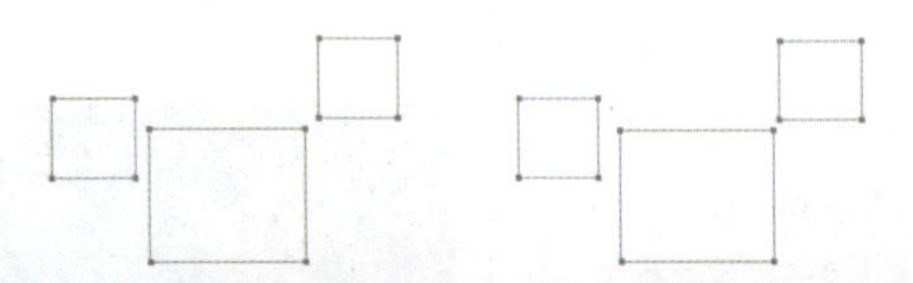

图8-18 宽度均匀分布　图8-19 高度均匀分布

- 选择“对齐到选区”选项，选择的路径将相对于自身进行排列分布。
- 选择“对齐到画布”选项，选择的路径将相对于画布进行排列分布。

路径排列方式：同时绘制多个路径时，可以通过选择不同的选项调整路径的排列顺序，如图8-20所示。

路径选项：单击该按钮，将打开“路径选项”面板，如图8-21所示。用户可以在其中设置路径的“粗细”和“颜色”。选择“橡皮带”复选框，在绘制路径时移动光标会显示出一个路径状的虚拟线，它显示了该段路径的大致形状，如图8-22所示。

将形状置为顶层
将形状前移一层
将形状后移一层
将形状置为底层

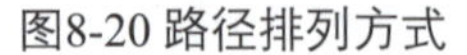

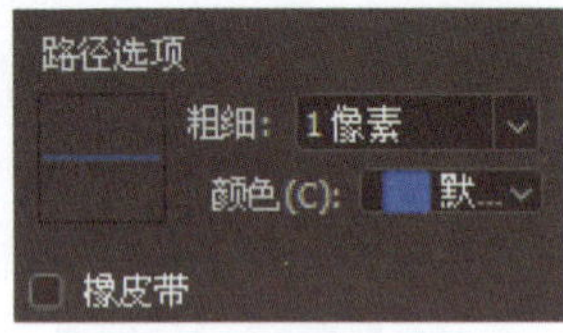

图8-20 路径排列方式　图8-21 路径选项

图8-22 橡皮带

自动添加/删除：选择该复选框，“钢笔工具”将具有添加/删除锚点的功能。当路径处于选中状态时，将“钢笔工具”移至路径锚点的上方，光标将变成形状，单击可删除锚点；将鼠标移至路径的上方，光标变成形状，单击可添加锚点。

应用案例　使用“钢笔工具”绘制直线

源文件：无　视频：视频\第8章\使用“钢笔工具”绘制直线.mp4

STEP 01 单击工具箱中的“钢笔工具”按钮，在选项栏中设置工具模式为“路径”。将光标移至画布中，光标变为形状，单击即可创建一个锚点，如图8-23所示。

STEP 02 将光标移至下一处位置并单击，创建第二个锚点，两个锚点会连接成一条由角点定义的直线路径，如图8-24所示。

STEP 03 使用相同的方法，在其他位置单击创建第二条直线，如图8-25所示。将光标移至第一个锚点的上方，当光标变为形状时，单击即可闭合路径，如图8-26所示。

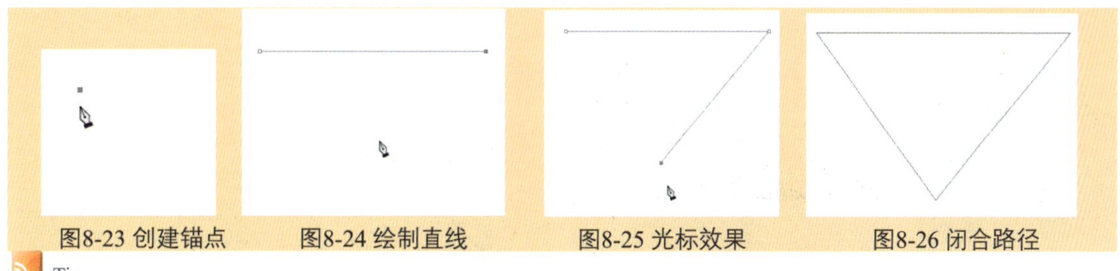

图8-23 创建锚点　　图8-24 绘制直线　　图8-25 光标效果　　图8-26 闭合路径

Tips

使用“钢笔工具”绘制直线的方法比较简单，在操作时中只需单击，不要拖动鼠标，否则将绘制出曲线路径。如果按住【Shift】键的同时使用“钢笔工具”绘制直线路径，可以绘制出水平、垂直或以45°角为增量的直线。

Tips 如何创建开放式路径?

如果要结束一段开放式路径的绘制，可以按住【Ctrl】键并单击画布的空白处，也可以单击工具箱中的其他工具，或按【Esc】键，均可以结束当前路径的绘制。

使用“钢笔工具”绘制曲线

源文件：无　　视频：视频\第8章\使用“钢笔工具”绘制曲线.mp4

STEP 01 单击工具箱中的“钢笔工具”按钮，在选项栏中设置工具模式为“路径”。将鼠标移至画布中单击并向右拖动鼠标创建一个平滑点，如图8-27所示。

STEP 02 将光标移至下一个位置单击并向左拖动鼠标，创建第二个平滑点，如图8-28所示。使用相同的方法继续创建平滑点，绘制一段平滑的曲线，如图8-29所示。

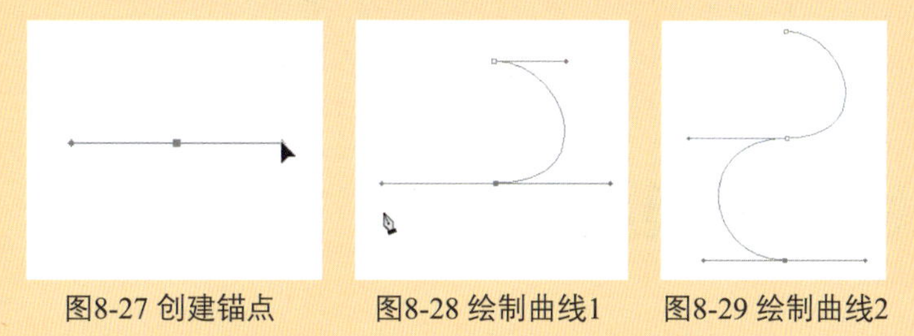

图8-27 创建锚点　　图8-28 绘制曲线1　　图8-29 绘制曲线2

Tips

在使用“钢笔工具”绘制曲线的过程中，拖动方向线可控制其方向和长度，进而影响下一个锚点生成路径的走向，绘制出不同效果的曲线。

8.2.2 使用“钢笔工具”绘制形状

选择不同的“工具模式”，选项栏中的选项也会发生相应的变化。图8-30所示为“形状”模式选项栏。

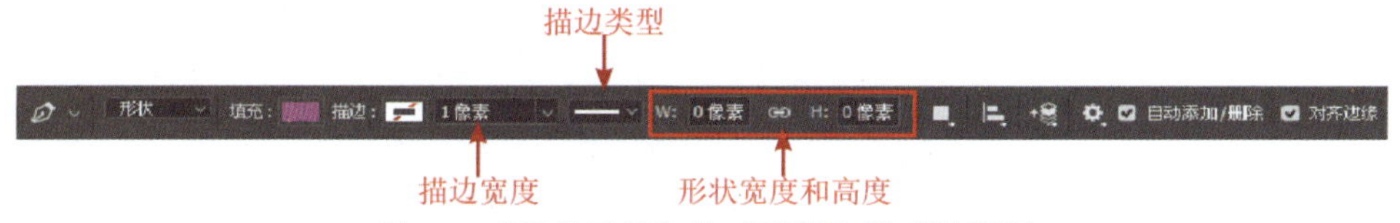

图8-30 “钢笔工具”的“形状”模式选项栏

- 填充：用来设置形状的填充类型。单击填充色块，打开“填充类型”面板，如图8-31所示。单击“拾色器”按钮，弹出“拾色器（填充颜色）”对话框，在其中可以选择更多的颜色，如图8-32所示。

图8-31 “填充类型”面板

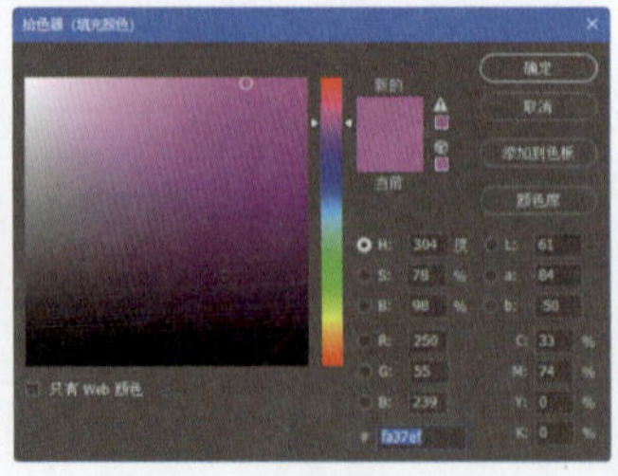

图8-32 “拾色器”对话框

- 描边：用来设置形状的描边类型。该选项与“填充”设置方法一致，既可以是纯色描边，也可以是渐变、图案描边。
- 描边宽度：用来设置形状描边的宽度，数值范围为0～288。
- 描边类型：用来设置形状描边的类型。单击下拉按钮打开“描边选项”面板，如图8-33所示。在其中可以设置描边线型，以及对齐方式、端点和角点的形状等。单击“更多选项”按钮，弹出“描边”对话框，在其中还可以设置虚线的长度及间隔等选项，如图8-34所示。

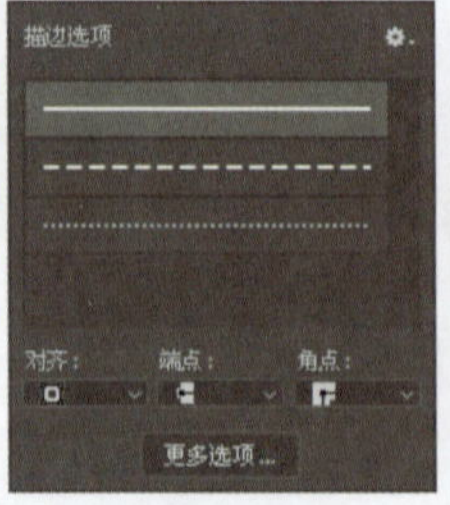

图8-33 “描边选项”面板

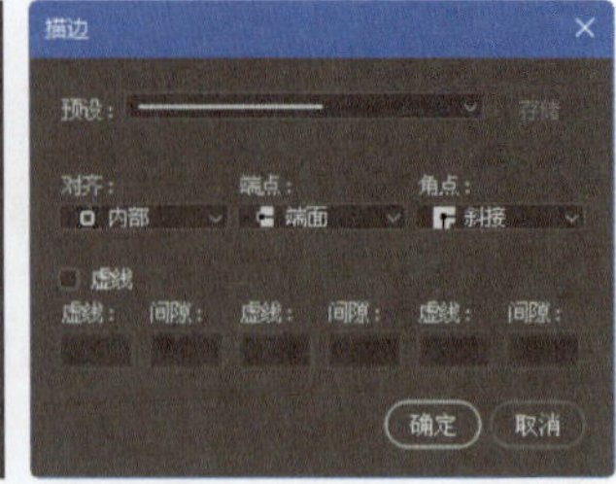

图8-34 “描边”对话框

- 形状宽度/高度：显示第一条直线的宽度及当前锚点距离上一个锚点的高度。
- 对齐边缘：选择该复选框，可将矢量形状边缘与像素网格对齐。

应用案例 使用“钢笔工具”绘制心形

源文件：源文件\第8章\8-2-2. psd

视　频：视频\第8章\使用“钢笔工具”绘制心形.mp4

STEP 01 新建一个空白文档，选择“视图”→“显示”→“网格”命令，显示网格。单击工具箱中的“钢笔工具”按钮，在选项栏中设置工具模式为“形状”，“填充”颜色为RGB（250、55、240），“描边”颜色为“无”，如图8-35所示。

图8-35 设置“形状”工具模式

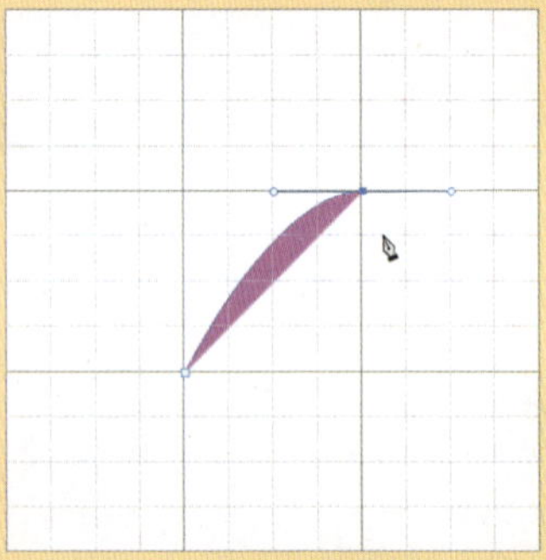

STEP 02 在画布中单击创建一个锚点，将光标移至下一个位置，按住鼠标左键并拖动绘制曲线，如图8-36所示。

图8-36 设置形状曲线

STEP 03 将光标移至下一个锚点的位置，单击并拖动鼠标绘制形状曲线，如图8-37所示。将光标移至下一个锚点的位置，单击但不要拖动鼠标，创建一个角点，如图8-38所示。

STEP 04 使用相同的方法，完成左侧形状的绘制，如图8-39所示。单击工具箱中的“直接选择工具”按钮，拖动锚点调整形状，如图8-40所示。

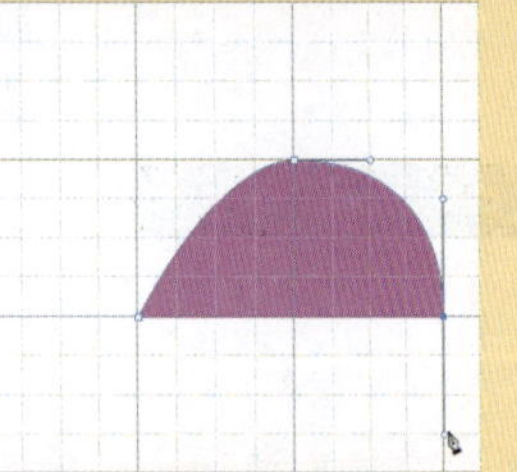

图8-37 创建平滑曲线

图8-38 创建角点

图8-39 完成形状绘制

图8-40 调整形状

STEP 05 选择“图层”面板中的“形状 1”图层，单击“钢笔工具”按钮，在选项栏中设置“路径操作”为“减去顶层形状”模式，如图8-41所示。在画布中绘制心形，得到如图8-42所示的图形效果。

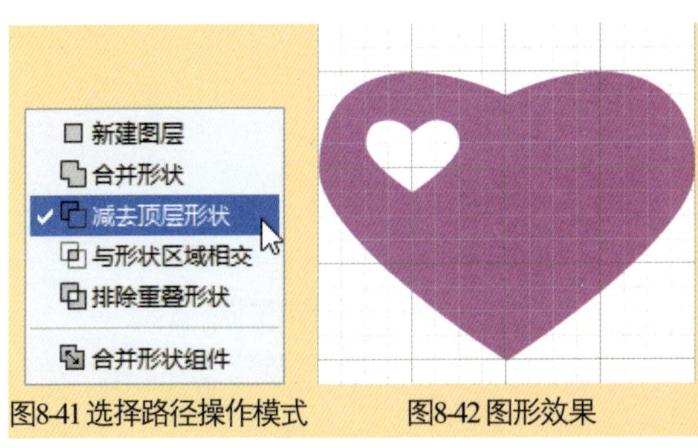

图8-41 选择路径操作模式　　图8-42 图形效果

Tips

通过网格辅助绘图很容易绘制对称的图形。默认情况下，网格的颜色为黑色，用户可以选择“编辑”→“首选项”→“参考线、网格和切片”命令，将网格的颜色更改为其他的颜色以便于区别。

Tips

在绘制曲线路径时，按住【Shift】键拖动鼠标可以将方向线的方向控制为水平、垂直或以45°角为增量的角度。

8.3 自由钢笔工具

“自由钢笔工具”用来绘制比较随意的图形，它的使用方法与“套索工具”非常相似。在画布中单击并拖动鼠标即可绘制路径，路径的形状为光标运行的轨迹，如图8-43所示。Photoshop会自动为路径添加锚点，如图8-44所示。

图8-43 使用“自由钢笔工具”绘制路径　　图8-44 自动添加的锚点

单击工具箱中的“自由钢笔工具”按钮，其选项栏如图8-45所示。该工具的大多数选项都与“钢笔工具”选项栏中相应选项的设置方法和作用相同。

路径选项

图8-45 “自由钢笔工具”选项栏

单击“路径选项”按钮，打开“路径选项”面板，在其中可以设置“自由钢笔工具”的相关选项，如图8-46所示。

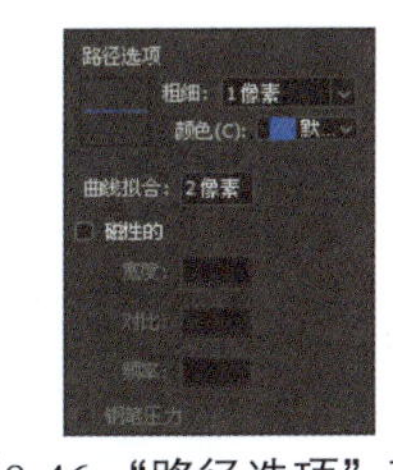

图8-46 “路径选项”面板

- 曲线拟合：该选项用来设置所绘制的路径对鼠标指针在画布中移动的灵敏度，范围在0.5~10像素之间。该值越大，生成的锚点越少，路径也就越平滑；该值越小，生成的锚点就越多。
- 磁性的：选择该复选框，可以将“自由钢笔工具”转换为“磁性钢笔工具”，并可以设置“磁性钢笔工具”的选项。
    - “宽度”选项：用来设置“磁性钢笔工具”的检测范围，以像素为单位，只有在设置的范围内的图像边缘才会被检测到。该值越大，工具的检测范围也就越大。
    - “对比”选项：用来设置工具对于图像边缘像素的敏感度。
    - “频率”选项：用来设置绘制路径时产生锚点的频率，该值越大，产生的锚点就越多。
- 钢笔压力：如果计算机配置有手写板，选择该复选框后，系统会根据压感笔的压力自动更改工具的检测范围。

在“自由钢笔工具”的选项栏中“磁性的”复选框，可以将“自由钢笔工具”转换为“磁性钢笔工具”。“磁性钢笔工具”与“磁性套索工具”的使用方法非常相似，只需在图像边缘单击，沿边缘拖动鼠标即可创建路径，如图8-47所示。

图8-47 “磁性钢笔工具”创建路径

Tips

“磁性钢笔工具”与“磁性套索工具”的不同之处在于，“磁性钢笔工具”创建的不是选区而是路径或形状图层。在绘制路径的过程中，可以按【Delete】键删除锚点，双击可以闭合开放的路径。

8.4 弯度钢笔工具

使用“弯度钢笔工具”可以轻松地绘制平滑曲线和直线段。使用该工具，用户可以在设计中创建自定义形状或定义精确的路径，并优化图像。在执行该操作时，无须切换工具就能创建、切换、编辑、添加或删除平滑点或角点。

“弯度钢笔工具”选项栏如图8-48所示。该选项栏中的参数与“钢笔工具”选项栏中相应选项的参数一致。

图8-48 “弯度钢笔工具”选项栏

路径的第一段最初始终显示为画布上的一条直线，如图8-49所示。跟据接下来绘制的是曲线段还是直线段，Photoshop稍后会对它进行相应的调整。如果绘制的下一段是曲线段，Photoshop将使第一段曲线与下一段平滑地关联，如图8-50所示。

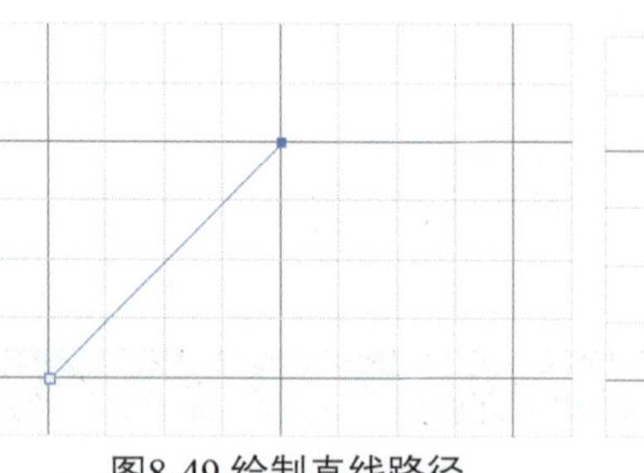

图8-49 绘制直线路径

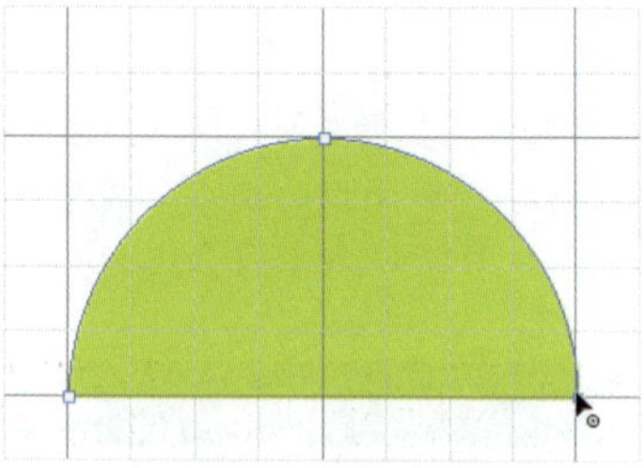

图8-50 关联曲线路径

在放置锚点时单击，路径的下一段将变弯曲；双击则会绘制直线段。Photoshop会相应地创建平滑点或角点。在锚点上双击，可以完成平滑锚点与角点间的转换。

要移动锚点，直接拖动该锚点即可。可以通过拖动锚点实现调整曲线操作。以此方式调整路径段时，会自动修改相邻的路径段。

在需要添加锚点的路径段上单击，即可添加锚点；单击锚点，按【Delete】键，即可删除当前锚点。删除锚点后，曲线将被保留下来并根据剩余的锚点进行适当调整。

8.5 选择与编辑路径

初步绘制的路径往往不符合要求，如路径的位置或形状不合适等。这就需要对路径进行调整和编辑。在Photoshop中，用于编辑路径的工具有“添加锚点工具”、“删除锚点工具”、“转换点工具”、“路径选择工具”和“直接选择工具”。

8.5.1 选择与移动锚点、路径

在Photoshop中，经常使用“路径选择工具”和“直接选择工具”选择路径或锚点。“路径选择工具”主要用来选择和移动整个路径，使用该工具选择路径后，路径的所有锚点均为选中状态，为实心方点，可直接对路径进行移动操作，如图8-51所示。

使用“直接选择工具”选择路径不会自动选中路径中的锚点，锚点为空心状态，如图8-52所示。选中相应的锚点，即可移动它们的位置。

Tips
使用“路径选择工具”单击路径或路径内任意部位都可以选取路径；而使用“直接选择工具”只能在路径上单击，才可以选中路径。

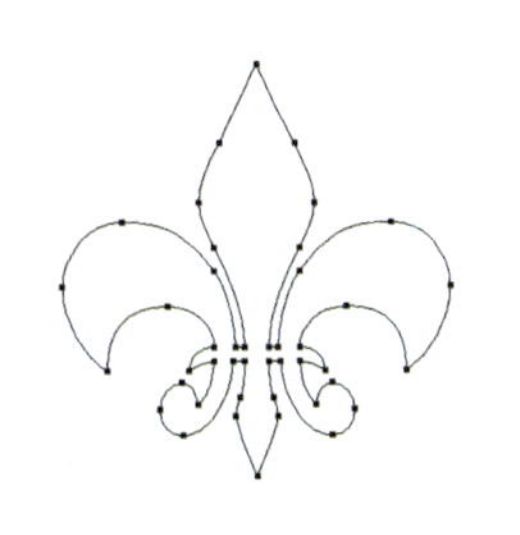

图8-51 使用“路径选择工具”选中路径

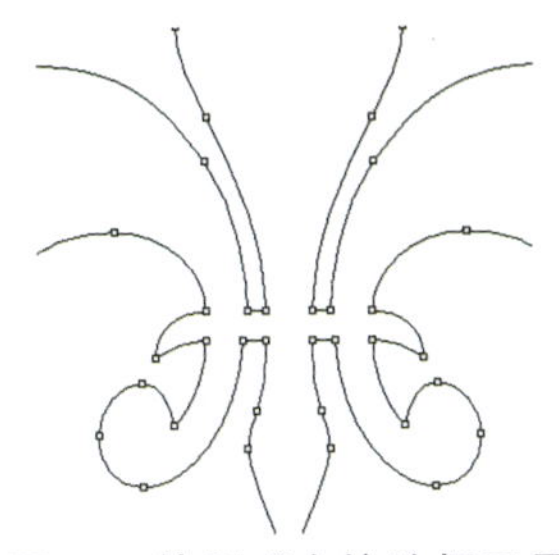

图8-52 使用“直接选择工具”选中路径

按住【Alt】键，使用“直接选择工具”单击路径，可以选中路径和路径中的所有锚点；也可以拖动鼠标，在要选取的路径周围拖出一个选择框，如图8-53所示，松开鼠标，该路径就被选中了，如图8-54所示。框选的方法更适合于选择多个路径。

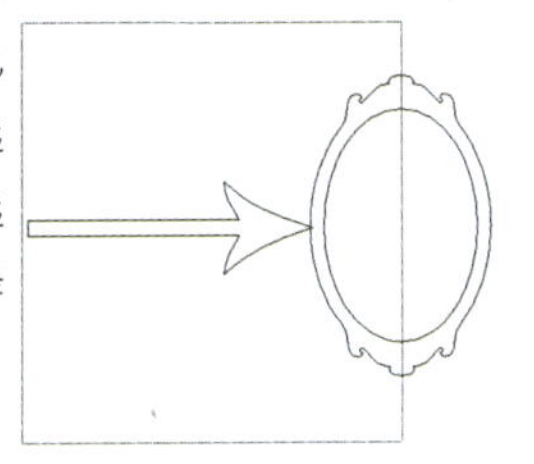

图8-53 拖出选择框

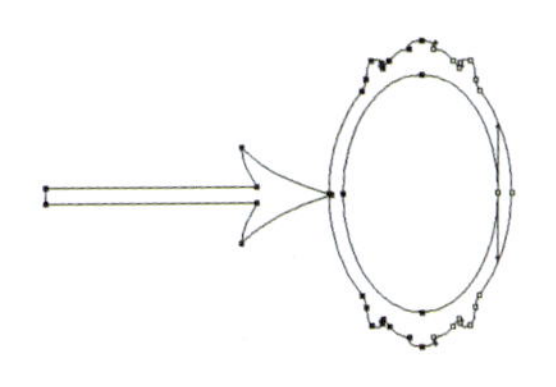

图8-54 选中部分路径和锚点

Tips 如何使用“直接选择工具”选择多个锚点?
在使用“直接选择工具”时，按住【Shift】键的同时单击锚点，可选中多个锚点；再次单击已选中的锚点，可取消选择。

使用“路径选择工具”移动路径，把光标移动到路径上或者路径内部拖动即可，路径将跟随光标的拖动而移动；使用“直接选择工具”移动路径，需要先框选要移动的路径，再把光标移动到路径上拖动，路径将跟随光标的拖动而移动；若要移动某个锚点，则使用“直接选择工具”单击该锚点并拖动即可。

Tips 如何规则移动锚点和路径?
不论是使用“路径选择工具”还是“直接选择工具”，在移动路径的过程中按住【Shift】键，就可以使路径在水平、垂直或45° 角倍数的方向上移动。若只对路径或锚点进行微小的移动，则可以直接按方向键。

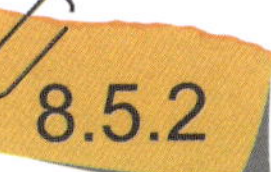

8.5.2 添加与删除锚点

Photoshop提供了3种添加或删除锚点的工具：“钢笔工具”“添加锚点工具”和“删除锚点工具”。默认情况下，当“钢笔工具”定位到所选路径上方时，将变成“添加锚点工具”；当“钢笔工具”定位到锚点上方时，将变成“删除锚点工具”。

单击工具箱中的“添加锚点工具”按钮，将光标移动到需要添加锚点的路径上并单击，即可添加锚点，如果单击并拖动鼠标可直接拖出需要的弧度，如图8-55所示。单击工具箱中的“删除锚点工具”按钮，将光标移至需要删除的锚点上并单击，即可删除当前锚点，如图8-56所示。

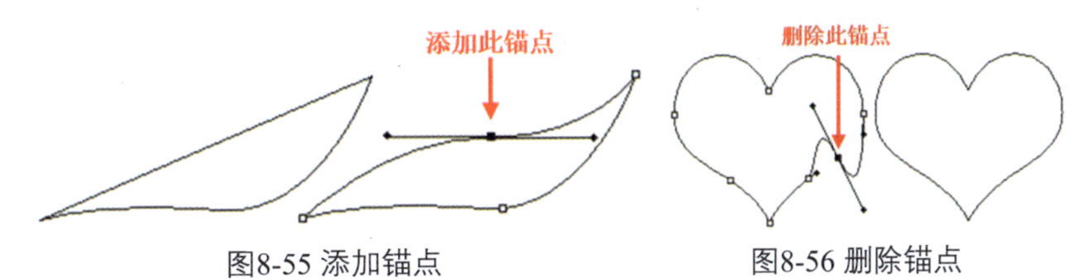

图8-55 添加锚点

图8-56 删除锚点

8.5.3 转换锚点类型

用户可以使用“转换点工具”对角点和平滑点进行转换。若要将平滑点转换为角点，直接用“转换点工具”单击该锚点即可；若要将角点转换为平滑点，则使用“转换点工具”单击并拖动锚点，将路径调整为需要的形状，如图8-57所示。

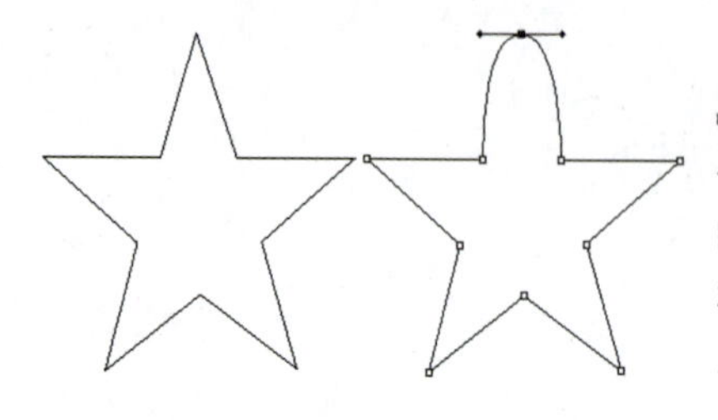

图8-57 将角点转化为平滑点

Tips 其他工具与“转换点工具”的相互转换。

使用“钢笔工具”时，将鼠标移至锚点的上方，按住【Alt】键可暂时将“钢笔工具”更改为“转换点工具”；使用“直接选择工具”时，将鼠标移至锚点的上方，按住【Ctrl+Alt】键，可暂时将“直接选择工具”更改为“转换点工具”。

8.5.4 调整路径形状

对于由角点组成的路径，调整路径形状时，只需使用“直接选择工具”移动每个锚点的位置即可。但是对于由平滑点组成的路径，调整路径形状时，不仅可以使用“直接选择工具”移动锚点的位置，也可以使用“直接选择工具”和“转换点工具”调整平滑点上的方向线和方向点。

在曲线路径段上，每个锚点都有一个或两个方向线，移动方向点可以调整方向线的长度和方向，从而改变曲线的形状；移动平滑点上的方向线，可以调整该点两侧的曲线路径；移动角点上的方向线，可以调整与方向线同侧的曲线路径段。

使用“直接选择工具”拖动平滑点上的方向线时，方向线始终保持为直线状态，锚点两侧的路径段都会发生改变；使用“转换点工具”拖动方向线时，则可以单独调整平滑点任意一侧的方向线，而不会影响到另外一侧的方向线和同侧的路径段，如图8-58所示。

a) 原路径

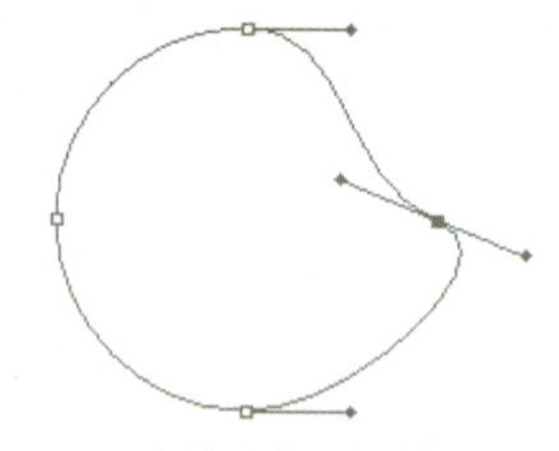

b) 直接选择工具调整

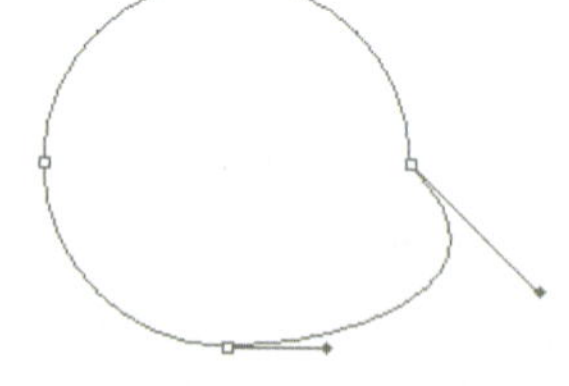

c) 转换点工具调整

图8-58 调整路径形状

8.5.5 路径的变换操作

用户可以像变换图像一样对选定的路径进行变换。使用“路径选择工具”选择路径，选择“编辑→变换路径”命令，即可对路径进行变换。路径的变换方法与变换图像相同，这里就不再赘述。

8.5.6 输出路径

在实际工作中，Photoshop和Illustrator在很多情况下都会结合应用。在Photoshop中可以将路径输出，并在Illustrator中使用，而且导出到Illustrator中的路径仍然可以在Illustrator中编辑。

选中绘制好的路径，选择“文件”→“导出”→“路径到Illustrator”命令，在弹出的对话框中单击“确定”按钮，弹出“导出路径到文件”对话框，如图8-59所示。单击“确定”按钮，弹出“选择存储路径的文件名”对话框，如图8-60所示，对文件进行命名，单击“保存”按钮，保存路径。

如果需要将Photoshop中的图像输出到专业的矢量绘图或页面排版软件中，如Illustrator、InDesign和PageMaker等，可以通过输出剪贴路径来定义图像的显示区域。

图8-59 “导出路径到文件”对话框

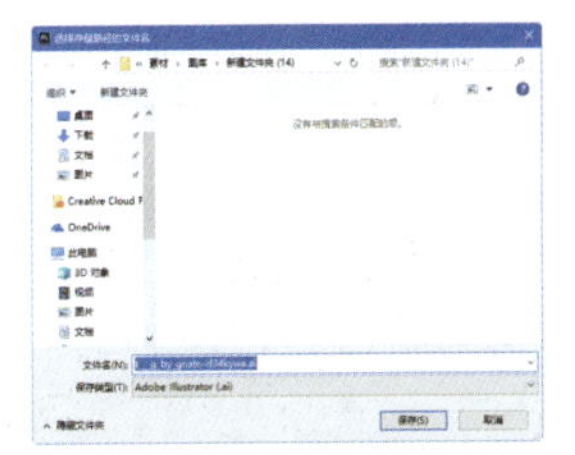

图8-60 “选择存储路径的文件名”对话框

应用案例 输出路径

源文件：源文件\第8章\8-5-6.tif 视频：视频\第8章\输出路径.mp4

STEP 01 打开素材图像“素材\第7章\83601.jpg”，如图8-61所示。单击工具箱中的“钢笔工具”按钮，在画布上创建需要显示的工作路径，如图8-62所示。

图8-61 打开素材图像

图8-62 创建工作路径

STEP 02 选择“窗口”→“路径”命令，打开“路径”面板，如图8-63所示。双击工作路径，弹出“存储路径”对话框，设置参数如图8-64所示，单击“确定”按钮，将工作路径保存为路径，如图8-65所示。

Tips

工作路径为临时路径，不可以对其进行“剪贴路径”的操作，必须先将剪贴路径转换为路径。

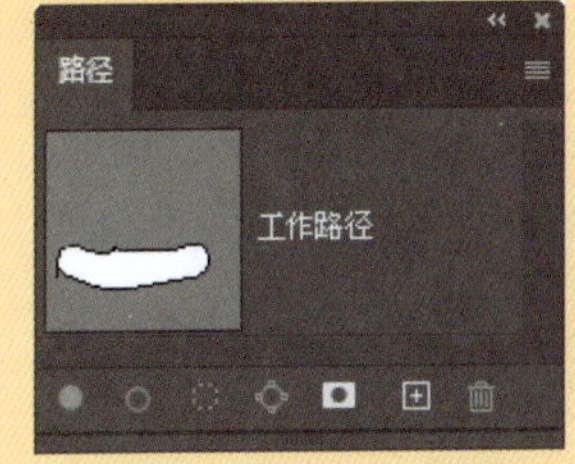

图8-63 “路径”面板

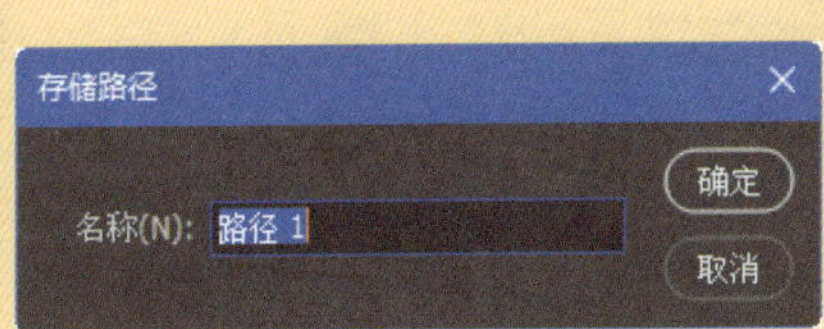

图8-64 “存储路径”对话框

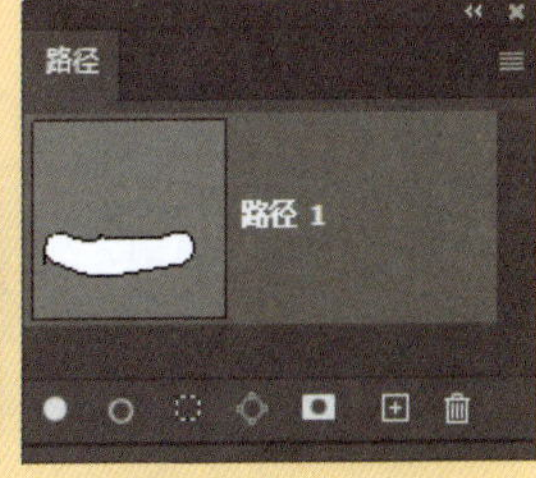

图8-65 保存路径

STEP 03 选中“路径1”，单击“路径”面板右上角的按钮，在打开的面板菜单中选择“剪贴路径”命令，如图8-66所示，弹出“剪贴路径”对话框，参数设置如图8-67所示。

STEP 04 单击“确定”按钮，完成“剪贴路径”对话框的设置。选择“文件”→“存储为”命令，弹出“另存为”对话框，将图像存储为“8-5-6.tif”，如图8-68所示。

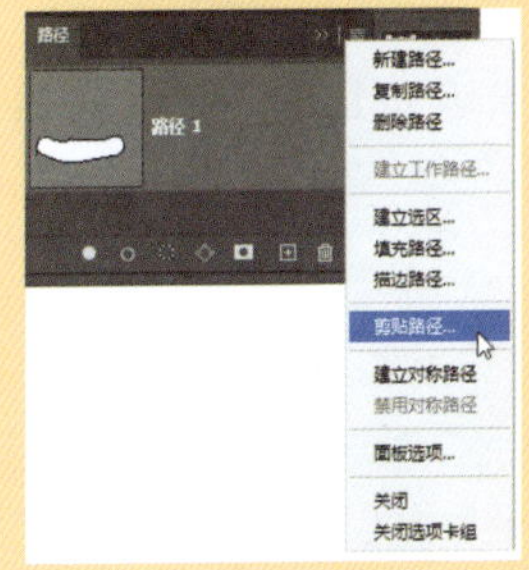

图8-66 选择“剪贴路径”命令

图8-67 “剪贴路径”对话框

图8-68 “另存为”对话框

STEP 05 单击“保存”按钮，弹出“TIFF选项”对话框，如图8-69所示。单击“确定”按钮，完成剪贴路径的输出，该文件在其他排版软件中将只显示路径内的图像。

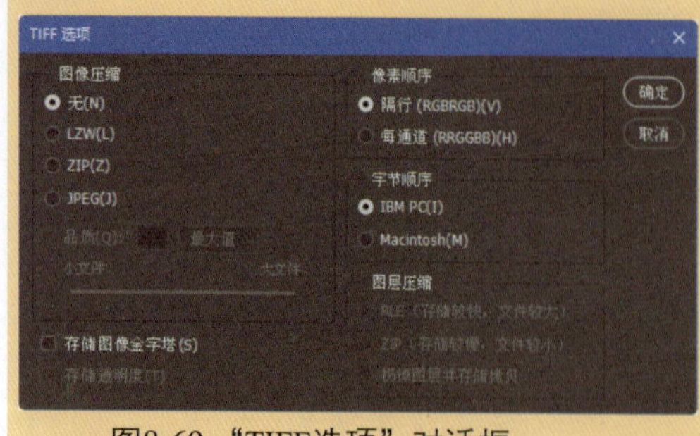

图8-69 “TIFF选项”对话框

Tips

在“剪贴路径”对话框的“路径”下拉列表框中可以选择需要执行“剪贴路径”操作的路径。“展平度”选项可以保留空白，以便使用打印机的默认值打印图像。如果遇到打印错误，可以输入一个展平度值以确定 PostScript 解释程序如何模拟曲线。该值越小，用于绘制曲线的直线数量就越多，曲线也就越精确。通常，该值的范围为 0.2~100，对于高分辨率打印（1200~2400dpi），建议使用 8~10 的展平度值；对于低分辨率打印（300~600dpi），建议使用 1~3 的展平度值。

8.6 “路径”面板

“路径”面板的主要功能是保存和管理路径。日常工作中绘制的路径都保存在“路径”面板中，包括工作路径、路径和当前的矢量蒙版等。

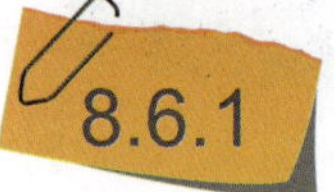

8.6.1 认识“路径”面板

选择“窗口”→“路径”命令，打开“路径”面板，如图8-70所示。单击“路径”面板右上方的面板菜单按钮，打开“路径”面板菜单，如图8-71所示。

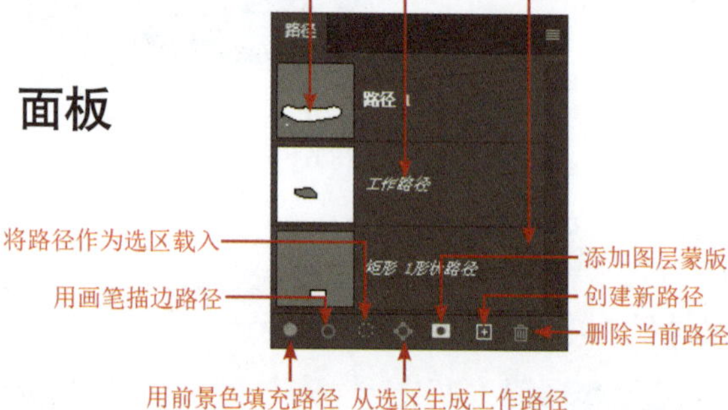

图8-70 “路径”面板

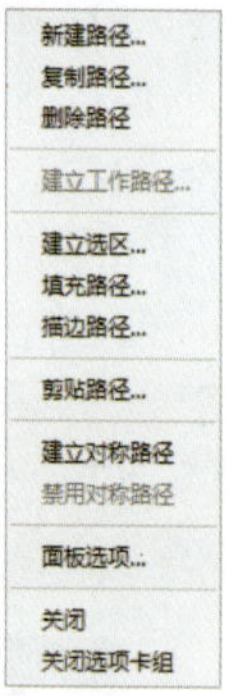

新建路径...
复制路径...
删除路径
建立工作路径...
建立选区...
填充路径...
描边路径...
剪贴路径...
建立对称路径
禁用对称路径
面板选项...
关闭
关闭选项卡组

图8-71 “路径”面板菜单

- 路径：单击“路径”面板上的“创建新路径”按钮可直接创建新路径。双击新建的路径，可以更改路径名称，路径名称默认情况为“路径1”“路径2”……依次递增。
- 工作路径：如果不单击“创建新路径”按钮而是直接在画布中绘制路径，创建的路径就是工作路径。
- 形状路径：在选项栏中设置工具模式为“形状”绘制图形，在“路径”面板中就会自动生成一个形状路径。
- 用前景色填充路径：单击该按钮，Photoshop会以前景色填充路径内的区域。
- 用画笔描边路径：单击该按钮，可以按设置的“画笔工具”和前景色沿着路径进行描边。
- 将路径作为选区载入：单击该按钮，可以将当前路径转换为选区范围。
- 从选区生成工作路径：单击该按钮，可以将当前选区范围转换为工作路径。
- 添加图层蒙版：单击该按钮，可以为当前图层添加图层蒙版。
- 创建新路径：单击该按钮，可以创建一个新路径。
- 删除当前路径：单击该按钮，可以在“路径”面板中删除当前选定的路径。

8.6.2 工作路径和路径

在使用“矢量工具”绘制路径前，如果单击“路径”面板中的“创建新路径”按钮，新建一个路径图层，然后再绘制路径，创建的是路径，这种形式的路径会被永久地保存在“路径”面板中，直至删除。

如果没有单击“创建新路径”按钮，而是直接在绘图区域创建路径，那么创建的则是工作路径。工作路径是一种临时路径，一旦使用形状工具绘制新的路径，之前的工作路径就会被替换。用户可以通过存储路径来解决这个问题。

如果要保存工作路径，而不需要重新命名，可以将工作路径拖至“创建新路径”按钮上，工作路径将以路径默认的名称命名，如图8-72所示。如果需要在存储时重命名路径，可以双击工作路径的缩览图，在弹出的“存储路径”对话框中输入新名称，单击“确定”按钮即可，如图8-73所示。

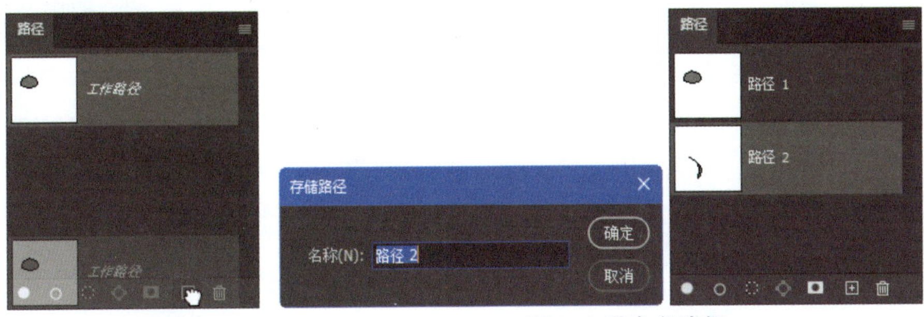

图8-72 创建路径　　图8-73 重命名路径

除了用上述方法保存工作路径外，用户还可以通过“路径”面板右上角的面板菜单中的“存储路径”选项保存工作路径。此存储方法与双击工作路径名称一样，既可以保存路径又可以为工作路径重新命名。

创建新路径

在“路径”面板中创建路径，共有两种方法：第一种是直接单击“路径”面板上的“创建新路径”按钮创建新路径，第二种方法是按住【Alt】键并单击“创建新路径”按钮，在弹出的“新建路径”对话框中为其命名，单击“确定”按钮，即可创建新路径，如图8-74所示。

图8-74 “新建路径”对话框

除了使用上述两种方法创建新路径外，还可以通过“路径”面板菜单中的“新建路径”命令。此方法与按住【Alt】键并单击“创建新路径”方法一样，可以为新路径命名。

选择和隐藏路径

单击“路径”面板上的某个路径即可将其选中，该路径会在画布中显示出来。在“路径”面板的空白处单击即可取消路径的选择，画布中的路径也会随之隐藏。

如果要保持路径的选择状态，但不希望路径对工作视图造成干扰，可以按【Ctrl+Shift+H】组合键将画布中的路径隐藏，再次按下该组合键将重新显示路径。

复制和删除路径

在“路径”面板中，工作路径与矢量蒙版无法进行复制操作，因为这两种路径都未保存在“路径”面板中。但是不管是工作路径还是非工作路径，都可以进行删除操作。

- 复制路径。

若要复制路径，先在“路径”面板中选择相应的路径，单击面板右上方的面板按钮，在打开的面板菜单中选择“复制路径”命令，如图8-75所示，弹出“复制路径”对话框，在其中可以为复制的路径命名，如图8-76所示。单击“确定”按钮，复制路径效果如图8-77所示。

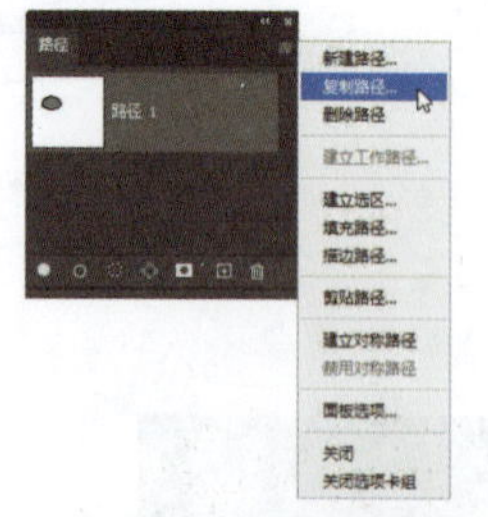

图8-75 选择“复制路径”命令

图8-76 “复制路径”对话框

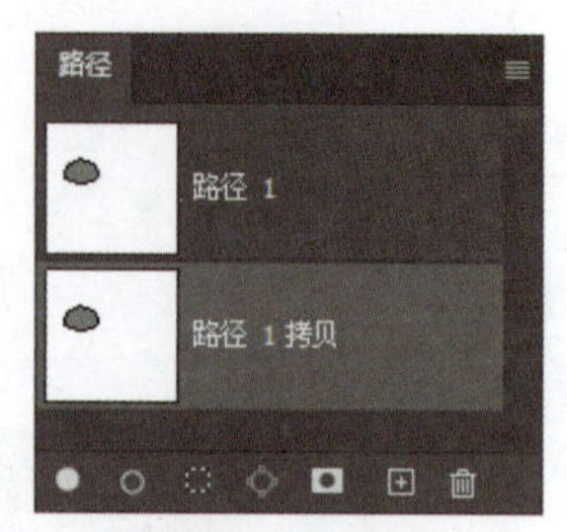

图8-77 复制路径

用户也可以将需要复制的路径拖至“创建新路径”按钮上，同样可以复制路径。选择要复制的路径，选择“编辑”→“拷贝”命令，再选择“编辑”→“粘贴”命令，复制的路径会和原路径在同一个路径图层上。

- 删除路径。

若要删除路径，只有将需要删除的路径直接拖至“删除当前路径”按钮即可；还可以选中需要删除的路径，直接按【Delete】键将其删除。

8.6.6 路径与选区的相互转换

路径和选区可以相互转换，将路径转换为选区，是路径的一个重要用途。在选区范围比较复杂的情况下，通常先绘制出路径，再将路径转换为选区。

- 将路径转换为选区。

单击“路径”面板下方的“将路径作为选区载入”按钮，即可将路径转换为选区。此外，用户也可以单击面板右上方的按钮，在打开的面板菜单中选择“建立选区”命令，如图8-78所示。在弹出的“建立选区”对话框中设置参数，如图8-79所示。单击“确定”按钮，即可完成转换操作。

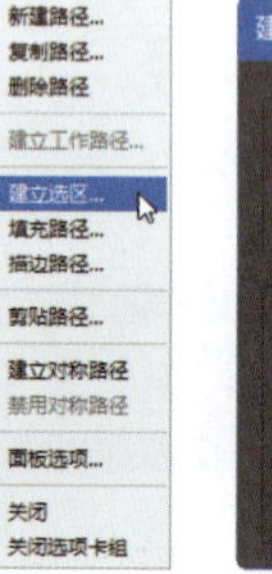

图8-78 面板菜单

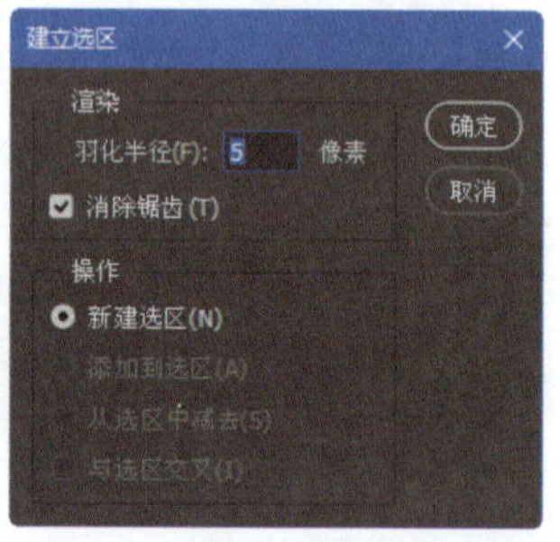

图8-79 “建立选区”对话框

- 将选区转换为路径。

当画布中已经有一个选区，单击“路径”面板中的“从选区生成工作路径”按钮，即可将其转换为工作路径；也可以单击“路径”面板右上角的按钮，在打开的面板菜单中选择“建立工作路径”命令，如图8-80所示。弹出“建立工作路径”对话框，如图8-81所示。单击“确定”按钮，即可完成转换操作。

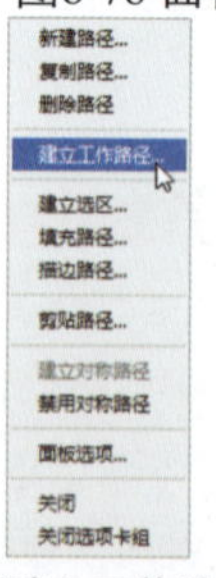

图8-80选择“建立工作选区”命令

图8-81 “建立工作路径”对话框

Tips

在“建立工作路径”对话框中，“容差”的取值范围为 0.5~10 像素。容差值越小，转换后路径上的锚点越多，路径越精准；反之，路径上的锚点越少，路径越不精准。但如果容差值过小，如设置为 0.5 像素，虽然可以保留选区中的所有细节，但可能导致路径上的锚点过多，转换成的路径过于复杂，建议一般情况下采用 2.0 像素。

应用案例

使用“钢笔工具”抠出图像

源文件：源文件\第8章\8-6-6.psd　　视频：视频\第8章\使用“钢笔工具”抠出图像.mp4

STEP 01 打开素材图像“素材\第8章\84601.jpg”，如图8-82所示。单击工具箱中的“钢笔工具”按钮，在画布中沿图像的周围创建工作路径，如图8-83所示。

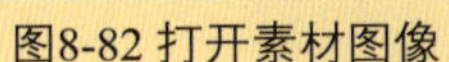
图8-82 打开素材图像

图8-83 绘制工作路径

STEP 02 按【Ctrl+Enter】组合键将路径转换为选区，如图8-84所示。按【Ctrl+J】组合键将选区中的内容复制为新图层，隐藏“背景”图层，图像效果如图8-85所示。

图8-84 路径转换为选区

图8-85 图像效果

8.6.7 填充路径

使用“路径选择工具”在画布中选择绘制的路径，单击鼠标右键，在弹出的快捷菜单中选择“填充路径”命令，弹出“填充路径”对话框，如图8-86所示。在其中可以设置填充内容和混合模式等选项。

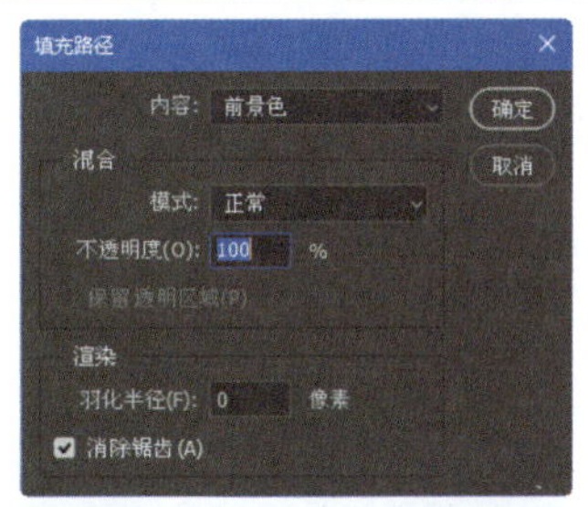

图8-86 “填充路径”对话框

- 内容：用来设置路径填充内容。在该下拉列表框中包括“前景色”“背景色”“黑色”“白色”及其他的颜色选项，如图8-87所示。如果选择“图案”选项，则可以在下面的“自定图案”下拉面板中选择一种图案来填充路径；如果选择“颜色”选项，则可以弹出“拾色器”对话框，选择更多的其他颜色。
- 模式：用来设置填充效果的混合模式。
- 不透明度：用来设置填充效果的不透明度。
- 保留透明区域：仅限于填充包含像素的图层区域。
- 羽化半径：用来定义羽化边缘在选区边框内外的伸展距离。

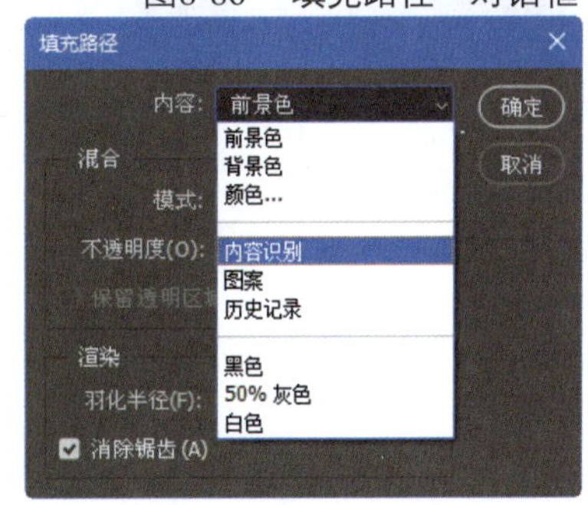

图8-87 “内容”下拉列表框

- 消除锯齿：选择该复选框，通过部分填充选区的边缘像素，在选区的像素和周围像素之间创建精细的过渡效果。

应用案例 描边路径绘制浪漫心形

源文件：源文件\第8章\8-6-7.psd　　视频：视频\第8章\描边路径绘制浪漫心形.mp4

STEP 01 打开素材图像“素材\第8章\84801.jpg”，效果如图8-88所示。单击“图层”面板底部的“创建新图层”按钮，新建“图层1”图层，如图8-89所示。

STEP 02 单击工具箱中的“自定义形状工具”按钮，在选项栏的“自定形状”拾色器中选择“红心形卡”形状，如图8-90所示。将光标移至图像中，按住【Shift】键单击并拖动鼠标创建心形路径，如图8-91所示。

图8-88 打开素材图像

图8-89 “图层”面板

Tips

用户如果在“自定形状”拾色器中没有找到“红心形卡”形状，可以选择“窗口”→“形状”命令，单击“形状”面板右上角的按钮，在打开的面板菜单中选择“旧版形状及其他”命令，将旧版形状导入，即可找到。

STEP 03 设置“前景色”为白色，单击工具箱中的“画笔工具”按钮，打开“画笔设置”面板，参数设置如图8-92所示。

图8-90 “自定形状”拾色器

图8-91 创建心形路径

STEP 04 在“路径”面板中选择绘制的工作路径，按住【Alt】键并单击“用画笔描边路径”按钮，弹出“描边路径”对话框，参数设置如图8-93所示，单击“确定”按钮，描边路径效果如图8-94所示。

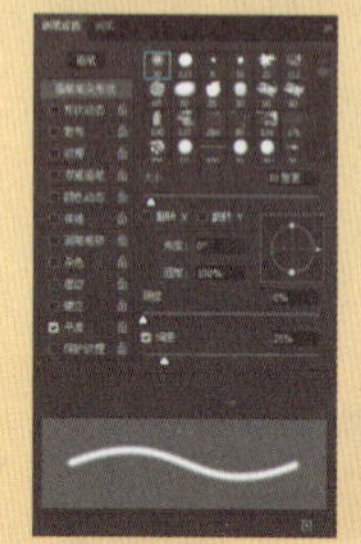

图8-92 “画笔设置”面板

图8-93 “描边路径”对话框

图8-94 描边路径效果

Tips

在“描边路径”对话框中可以选择不同的工具，如画笔、铅笔、橡皮擦、仿制图章等。如果选择“模拟压力”复选框，则可以使描边的线条产生粗细变化。如果直接单击“用画笔描边路径”按钮，系统将采用默认的设置对所选路径进行描边操作。

STEP 05 保持“图层1”图层为选中状态，选择“滤镜”→“模糊”→“高斯模糊”命令，弹出“高斯模糊”对话框，参数设置如图8-95所示。单击“确定”按钮，图像效果如图8-96所示。

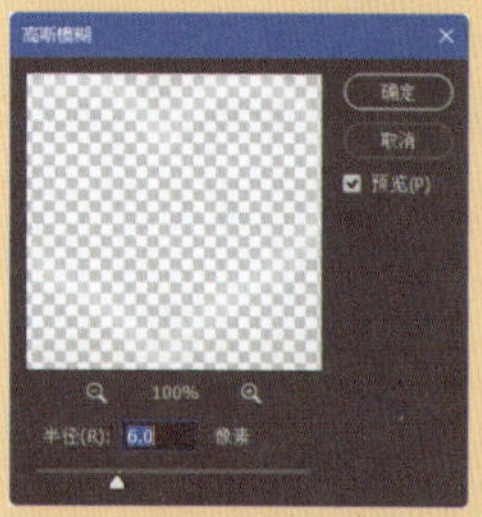

图8-95 “高斯模糊”对话框

图8-96 图像效果

STEP 06 新建“图层2”图层，在“画笔设置”面板中对“画笔笔尖形状”进行设置，如图8-97所示。选择“散布”复选框，参数设置如图8-98所示。

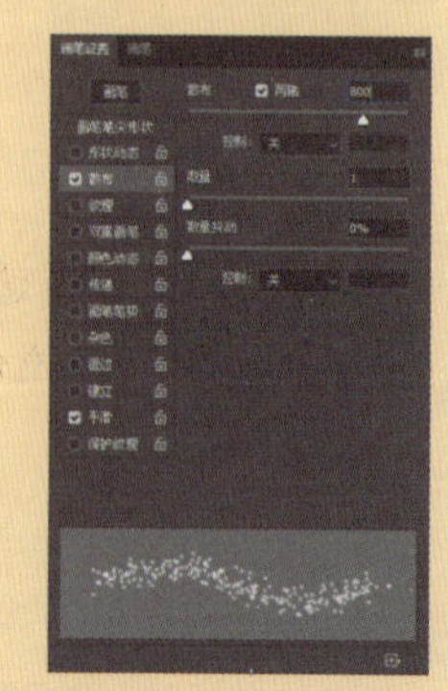

图8-97 “画笔笔尖形状”选项 图8-98 选择“散布”复选框

STEP 07 在“路径”面板中选择所绘制的心形路径，单击“用画笔描边路径”按钮，效果如图8-99所示。新建“图层3”图层，在“画笔设置”面板中对“画笔工具”的画笔笔尖形状进行设置，如图8-100所示。选择“散布”复选框，参数设置如图8-101所示。

图8-99 描边路径效果

图8-100 “画笔笔尖形状”选项

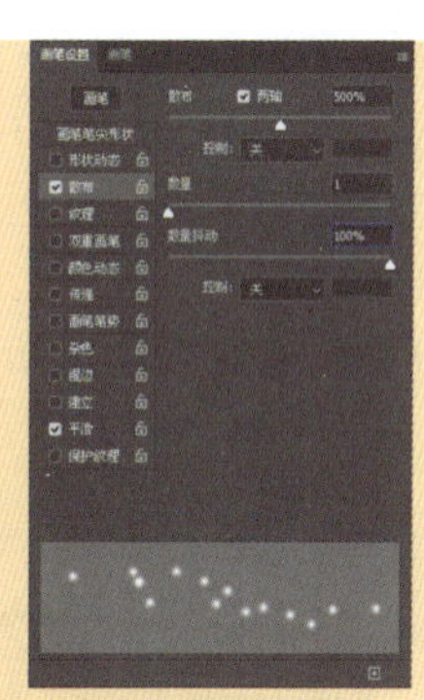

图8-101 选择“散布”复选框

STEP 08 在“路径”面板中选择所绘制的心形路径，单击“用画笔描边路径”按钮，效果如图8-102所示。单击“路径”面板中的空白区域，将画布中的工作路径隐藏，如图8-103所示。

图8-102 描边路径效果

图8-103 隐藏路径效果

STEP 09 在“图层”面板中按住【Ctrl】键的同时将“图层1”“图层2”与“图层3”3个图层选中，如图8-104所示。选择“编辑”→“自由变换”命令，将所选图层中的内容进行旋转，并移动位置，按【Enter】键确认变换，图像效果如图8-105所示。

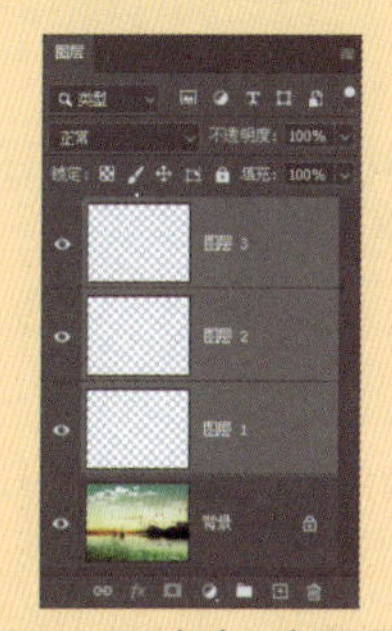

图8-104 选中3个图层

图8-105 图像效果

8.6.8 建立对称路径

在使用“画笔工具”“混合器画笔工具”“铅笔工具”及“橡皮擦工具”绘制对称图形时，除了使用Photoshop提供的10种对称类型外，还可以使用自定义的对称路径。

用户可以将任意路径设置为对称路径。使用“钢笔工具”绘制如图8-106所示的工作路径。单击鼠标右键，在弹出的快捷菜单中选择“建立对称路径”命令，如图8-107所示。

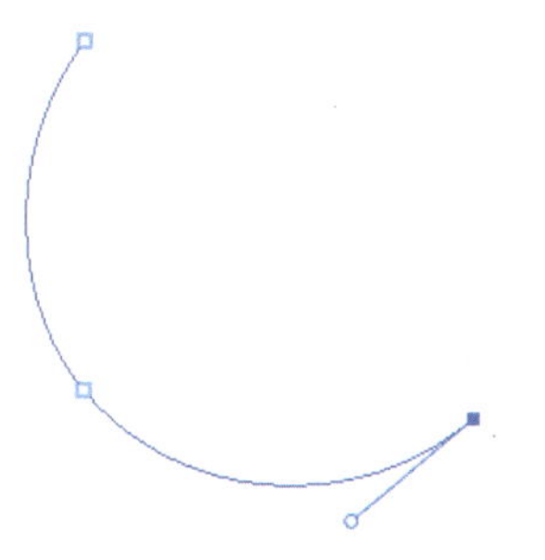

图8-106 绘制工作路径

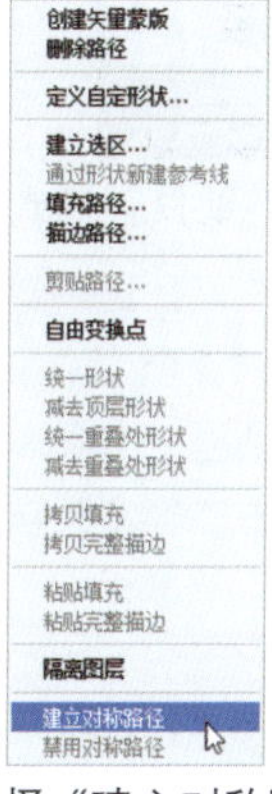

图8-107 选择“建立对称路径”命令

即可将当前路径定义为对称路径，“路径”面板中的工作路径缩览图右下角将出现蝴蝶图标，如图8-108所示。使用“画笔工具”绘制对称图形的效果如图8-109所示。

图8-108 “路径”面板

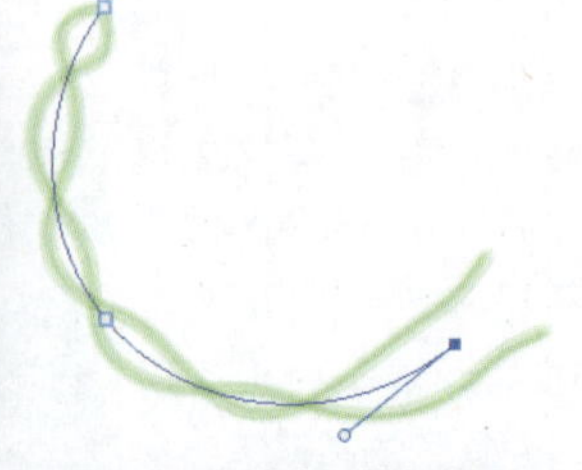
图8-109 绘制对称图形

8.7 形状工具

Photoshop中的形状工具包括“矩形工具”、“圆角矩形工具”、“椭圆工具”、“多边形工具”、“直线工具”和“自定义形状工具”。使用形状工具可以快速绘制出不同的形状图形。

8.7.1 矩形工具

使用“矩形工具”可以绘制矩形或正方形，在画布中单击并拖动鼠标即可创建矩形。单击工具箱中的“矩形工具”按钮，其选项栏如图8-110所示。

工具模式　　路径选项

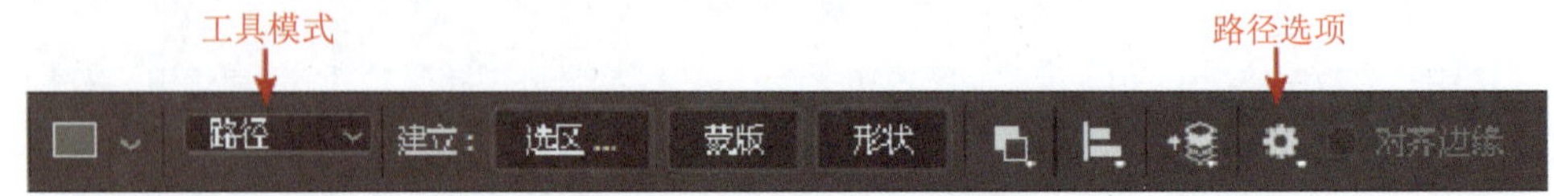

图8-110 “矩形工具”选项栏

- 工具模式：与“钢笔工具”不同的是，形状工具可以使用该下拉列表框中的“像素”模式，如图8-111所示。在该模式下创建的图像将是像素图，并且自动填充前景色，不会产生路径。
- 路径选项：单击该按钮，将打开“路径选项”面板，用户可以在该面板中设置绘制矩形形状的方式，如图8-112所示。

像素
形状
路径
像素

图8-111 “项目”模式

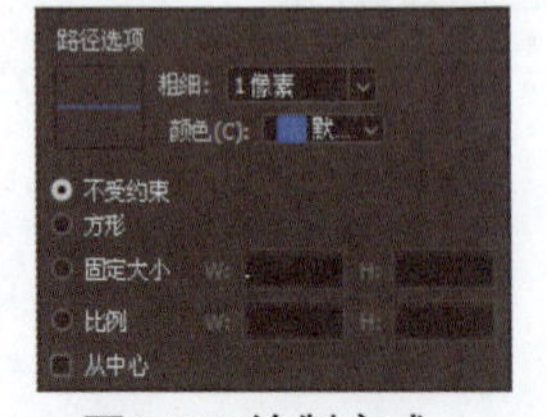

图8-112 绘制方式

- 不受约束：选中该单选按钮，可以在画布中绘制任意大小的矩形。
- 方形：选中该单选按钮，只能绘制任意大小的正方形。
- 固定大小：选中该单选按钮，可以在它右侧的W文本框中输入所绘制矩形的宽度，在H文本框中输入所绘制矩形的高度，然后在画布中单击，即可绘制出固定尺寸大小的矩形。
- 比例：选中该单选按钮，在它右侧的W和H文本框中分别输入所绘制矩形的宽度和高度的比例，可以绘制出任意大小但宽度和高度保持一定比例的矩形。
- 从中心：选中该单选按钮，鼠标在画布中的单击点即为所绘制矩形的中心点，绘制时矩形由中心向外扩展。

单击“工具箱”中的“矩形工具”按钮，在画布中单击，弹出“创建矩形”对话框，如图8-113所示。在其中可以设置矩形的宽度、高度及创建方式。单击“确定”按钮，即可自动创建规定大小的矩形。

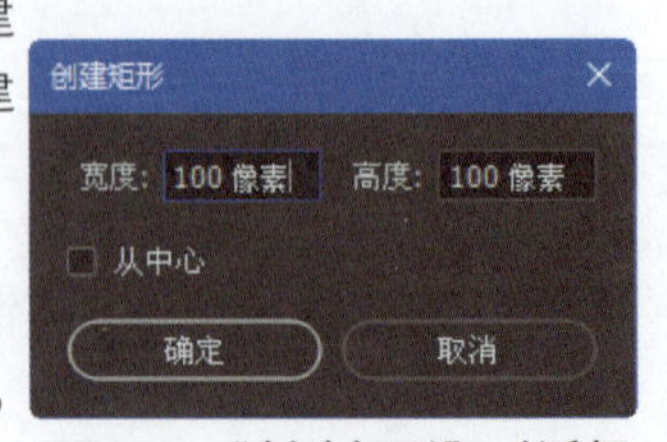

图8-113 “创建矩形”对话框

Tips

使用“矩形工具”在画布中绘制矩形时，按住【Shift】键，可以直接绘制出正方形；按住【Alt】键，将以鼠标单击点为中心向四周扩散绘制矩形；按住【Shift+Alt】组合键，将以鼠标单击点为中心，向四周扩散绘制正方形。

8.7.2 圆角矩形工具

使用“圆角矩形工具”可以绘制圆角矩形，在画布中单击并拖动鼠标即可绘制圆角矩形。单击工具箱中的“圆角矩形工具”按钮，其选项栏如图8-114所示。它的选项设置与“矩形工具”的选项设置基本相同。

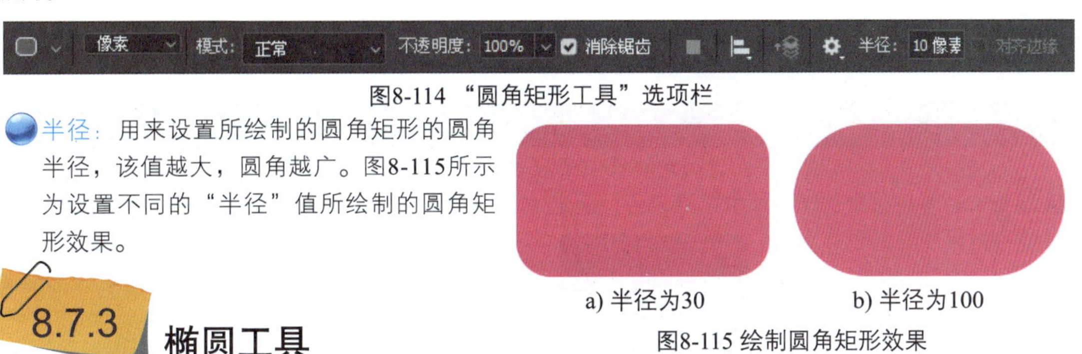

图8-114 “圆角矩形工具”选项栏

- 半径：用来设置所绘制的圆角矩形的圆角半径，该值越大，圆角越广。图8-115所示为设置不同的“半径”值所绘制的圆角矩形效果。

a) 半径为30　　b) 半径为100

图8-115 绘制圆角矩形效果

8.7.3 椭圆工具

使用“椭圆工具”可以绘制椭圆和正圆形，在画布中单击并拖动鼠标即可绘制椭圆。单击工具箱中的“椭圆工具”按钮，其选项栏如图8-116所示。它的选项设置与“矩形工具”的选项设置基本相同。椭圆的创建方法与矩形基本相同，用户可以创建不受约束的椭圆，或者创建固定大小和固定比例的图形。

图8-116 “椭圆工具”选项栏

8.7.4 多边形工具

使用“多边形工具”可以绘制多边形和星形，在画布中单击并拖动鼠标即可按照预设的选项绘制多边形和星形。单击工具箱中的“多边形工具”按钮，其选项栏如图8-117所示。

图8-117 “多边形工具”选项栏

- 边：用来设置所绘制的多边形或星形的边数，它的范围为3~100。
- 路径选项：单击该按钮，打开“路径选项”面板，如图8-118所示。
- 半径：用来设置所绘制的多边形或星形的半径，即图形中心到顶点的距离。
- 平滑拐角：选择该复选框，绘制的多边形和星形将具有平滑的拐角，如图8-119所示。
- 星形：选择该复选框，可以绘制出星形。
- 缩进边依据：用来设置星形边缩进的百分比。该值越大，边缩进越明显，如图8-120所示。
- 平滑缩进：选择该复选框，可以使绘制的星形的边平滑地向中心缩进。

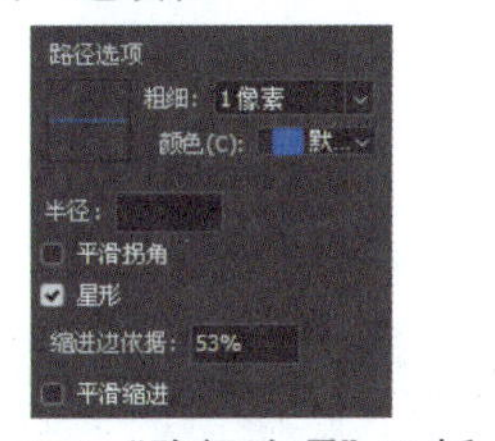

图8-118 “路径选项”面板

图8-119 平滑的拐角

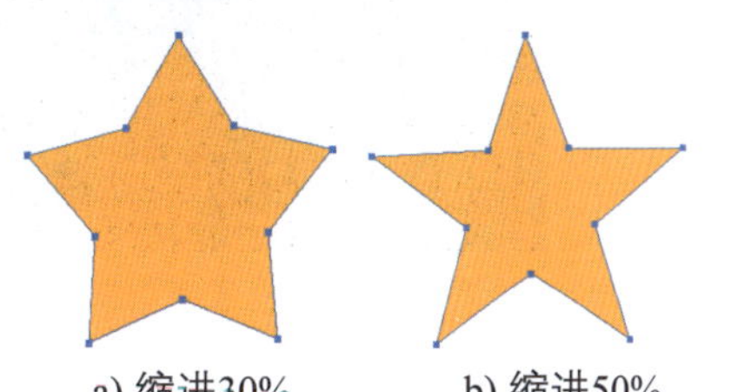

a) 缩进30%　　b) 缩进50%

图8-120 缩进边依据

Tips

使用“多边形工具”绘制多边形或星形时，只有在“路径选项”面板中选择“星形”复选框后，才可以对“缩进边依据”和“平滑缩进”选项进行设置。默认情况下“星形”复选框是未选中的。

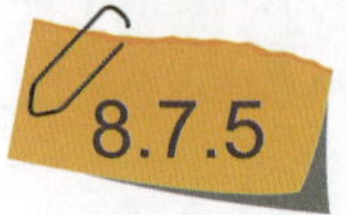

8.7.5 直线工具

使用“直线工具”可以绘制粗细不同的直线和带有箭头的线段，在画布中单击并拖动鼠标即可绘制直线或线段。单击工具箱中的“直线工具”按钮，其选项栏如图8-121所示。

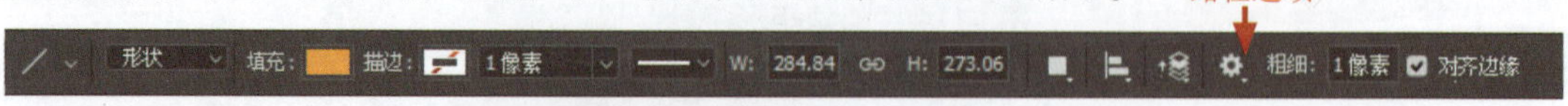

路径选项

图8-121 “直线工具”选项栏

- 粗细：以系统设置的厘米或像素为单位，确定直线或线段的宽度。
- 路径选项：单击选项栏上的“路径选项”按钮，打开“路径选项”面板，如图8-122所示。如果需要绘制带有箭头的线段，可以在“箭头”选项组中对相关选项进行设置。

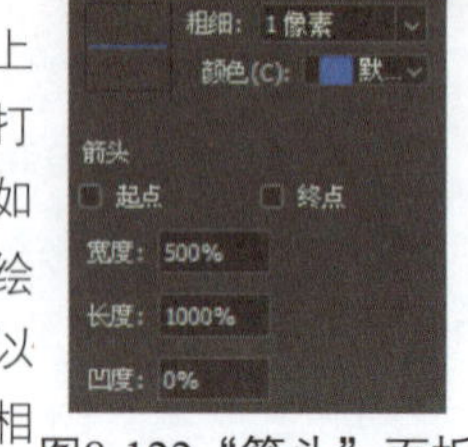

图8-122 “箭头”面板

- 起点/终点：选择“起点”或“终点”复选框后，可以在所绘制直线的起点或终点添加箭头。
- 宽度：用来设置箭头宽度与直线宽度的百分比，范围为10%~1000%。
- 长度：用来设置箭头长度与直线宽度的百分比，范围为10%~5000%。
- 凹度：用来设置箭头的凹陷程度，范围为－50%~50%。当该值为0%时，箭头尾部平齐，当该值大于0%时，向内凹陷；当该值小于0%时，向外凸出。

Tips

使用“直线工具”绘制直线时，如果按住【Shift】键的同时拖动鼠标，则可以绘制水平、垂直或以45°角为增量的直线。

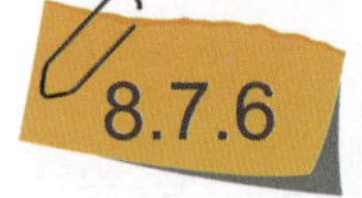

8.7.6 自定形状工具

Photoshop中提供了大量的自定义形状，包括树、小船和花卉等，使用“自定形状工具”在画布上拖动鼠标即可绘制该形状的图形。单击“工具箱”中的“自定形状工具”按钮，其选项栏如图8-123所示。

图8-123 “自定形状工具”选项栏

单击“选项栏”上的“路径选项”按钮，打开“路径选项”面板，如图8-124所示，在该面板中可以设置自定形状工具的选项，它的设置方法与“矩形工具”的设置方法基本相同。单击“形状”右侧的下拉按钮，打开“形状”面板，可以从该面板中选择更多其他形状，如图8-125所示。

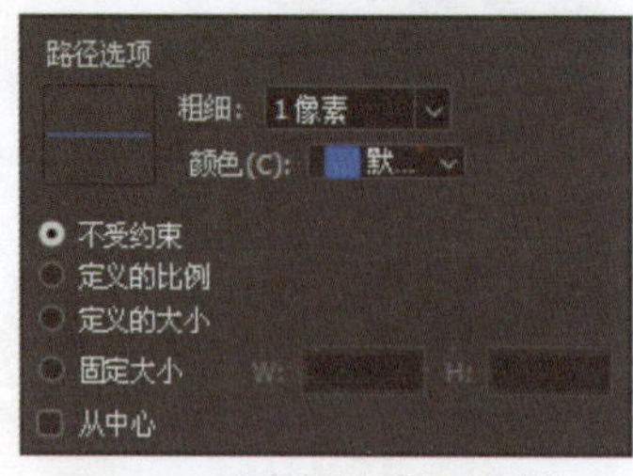

图8-124 “路径选项”面板

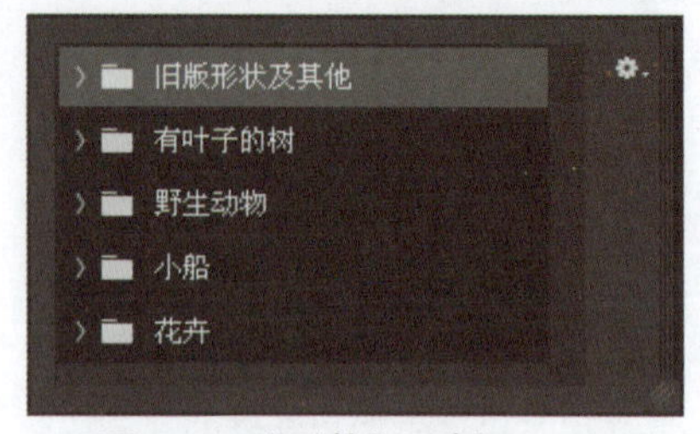

图8-125 “形状”面板

- 定义的比例：选中该单选按钮，可以使绘制的形状保持原图形的比例关系。
- 定义的大小：选中该单选按钮，可以使绘制的形状为原图形的大小。

选择“窗口”→“形状”命令，打开“形状”面板，如图8-126所示。用户也可以在“形状”面板中完成“创建新组”和“删除形状”等操作。

Tips
在使用各种形状工具绘制矩形、椭圆、多边形、直线和自定形状时，按住键盘上的空格键并拖动鼠标可以移动形状的位置。

图8-126 “形状”面板

应用
案例

定义自定形状

源文件：无　　视频：视频\第8章\定义自定形状.mp4

STEP 01 选择“文件”→“新建”命令，弹出“新建文档”对话框，参数设置如图8-127所示，单击“确定”按钮，新建一个空白文档。使用“钢笔工具”在画布中绘制形状，如图8-128所示。

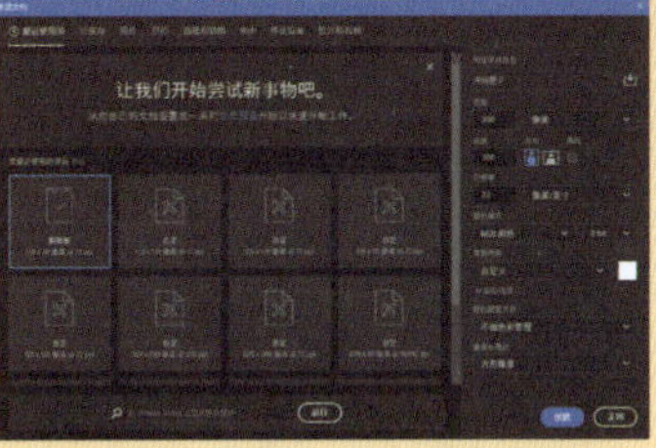

图8-127 “新建文档”对话框

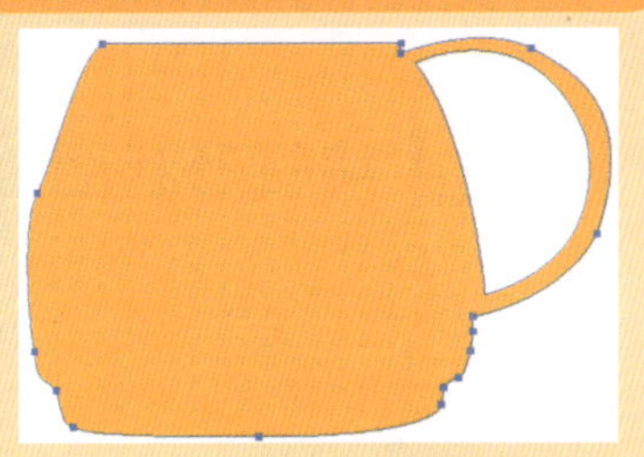
图8-128 绘制形状

STEP 02 选择“编辑”→“定义自定形状”命令，弹出“形状名称”对话框，如图8-129所示。单击“确定”按钮，创建的自定形状将添加到“形状”面板中，如图8-130所示。

图8-129 “形状名称”对话框

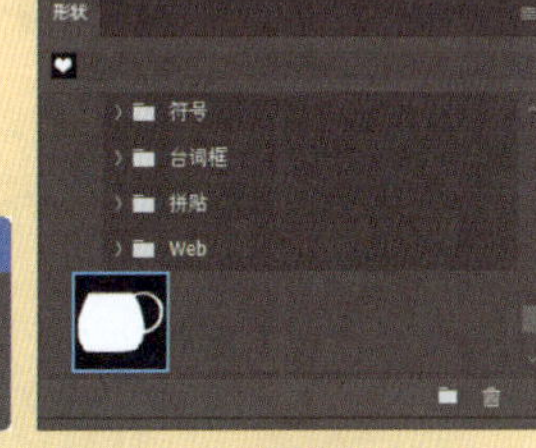

图8-130 “形状”面板

STEP 03 单击工具箱中的“自定形状工具”按钮，在选项栏中设置“工具模式”为“形状”。在“形状”面板中选择刚才创建的自定义形状，如图8-131所示。设置“填充”颜色为RGB（0，255，255），在画布中按住鼠标左键并拖动绘制图形，如图8-132所示。

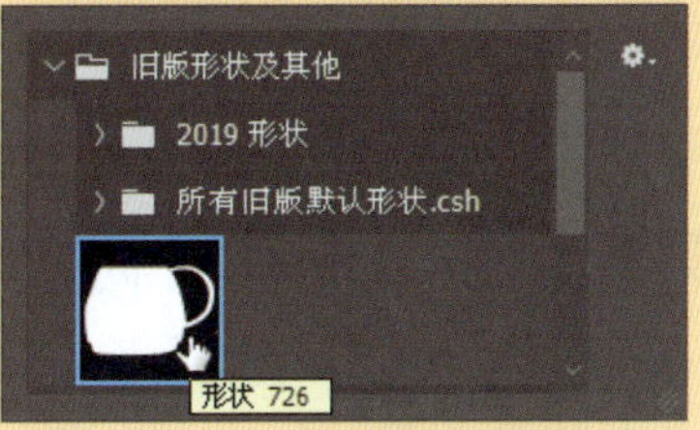

图8-131 “形状”面板

图8-132 绘制图形

8.7.7 载入外部形状库

在Photoshop中，用户还可以通过载入外部形状库来丰富自定形状，选择更多的形状绘制不同的图形，从而创建更加丰富多彩的图像效果。

将外部形状库载入

源文件：无　　视频：视频\第8章\将外部形状库载入.mp4

STEP 01 单击工具箱中的“自定形状工具”按钮，在选项栏中打开“形状”面板，单击该面板右上角的菜单按钮，如图8-133所示。在打开的菜单中选择“导入形状”命令，如图8-134所示。

STEP 02 在弹出的“载入”对话框中选择要.csh格式的形状库文件，如图8-135所示，单击“载入”按钮，外部形状库将添加到“形状”面板中，效果如图8-136所示。

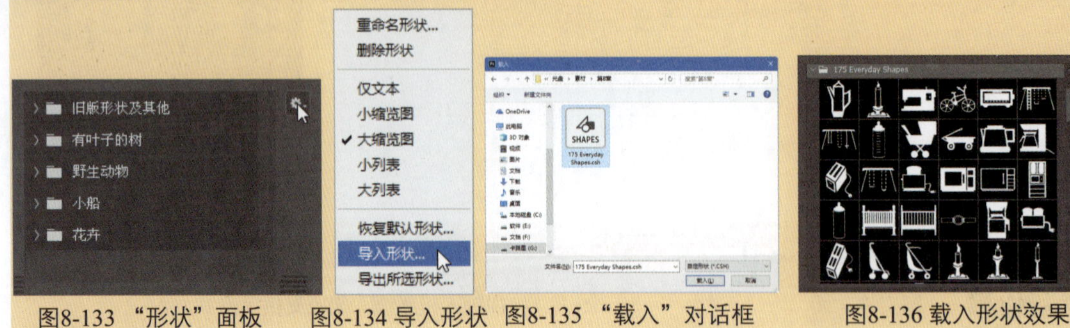

图8-133 “形状”面板　图8-134 导入形状　图8-135 “载入”对话框　图8-136 载入形状效果

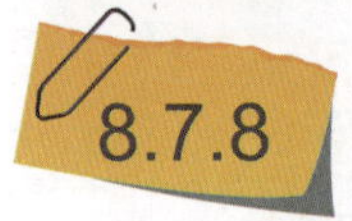

编辑形状图层

在Photoshop中，用户可以使用两种方法修改已经绘制好的形状颜色。第一种是选择任意形状创建工具，在其选项栏中对选定形状的“填充”颜色和“描边”颜色进行修改；第二种是在“图层”面板中双击相应形状图层的缩览图，在弹出的“拾色器（纯色）”对话框或“渐变填充”对话框中修改颜色。

8.8 专家支招

“钢笔工具”在不同的情况下会出现不同的变化，根据这些小变化可以进行不同的操作。按不同的快捷键，可以将“钢笔工具”临时转换为其他工具，掌握这些小技巧可快速绘制出理想的图形。

“钢笔工具”与路径编辑工具的转换

在使用“钢笔工具”绘制路径的过程中，按住【Alt】键可暂时转换为“转换点工具”，按住【Ctrl】键可暂时转换为“直接选择工具”。

如何使用“钢笔工具”绘制出满意的图形效果

使用“钢笔工具”绘制图形时，尽量先绘制出图形的大致轮廓，然后再通过调整工具调整路径，逐步绘制出满意效果。

8.9 总结扩展

路径是Photoshop中重要的功能之一，主要用于平滑图像选择区域、辅助抠图、绘制光滑线条，以及定义画笔等工具的绘制轨迹、输出路径等。可以使用矢量工具绘制路径，绘制的路径将保存在“路径”面板中，通过“路径”面板中的相关设置可以实现路径与选区之间的转换，以及其他一些特殊效果。

本章小结

本章系统地介绍了Photoshop中各种矢量工具与路径的使用方法和基本操作。通过本章的学习，读者应能够掌握如何使用各种矢量工具绘制图形，以及使用钢笔工具绘制路径和使用路径功能完成一些较精密的选取操作。

8.9.2 举一反三——设计制作店庆宣传页

案例文件:	源文件\第8章\8-9-2.psd
视频文件:	视频\第8章\设计制作店庆宣传页.mp4
难易程度:	★★★★☆
学习时间:	40分钟

（1）

① 新建文档，使用“矩形选框工具”和“椭圆选框工具”绘制选区，对选区进行羽化并填充颜色，删除部分图像，拖入相应素材，使用“钢笔工具”绘制图形。

（2）

② 输入文字，对文字进行栅格化操作，复制文本图层，并分别对文本图层进行删除、绘制图像、填充颜色、自由变换和填充渐变等操作。

（3）

③ 使用“钢笔工具”和“自定形状工具”绘制图形，并对图像进行填充颜色和渐变操作。

（4）

④ 使用相同的方法输入其他文字，并绘制相应的图形，完成制作。

第9章 图层的基本操作

图层是Photoshop中非常重要的功能之一，几乎所有的图像编辑操作都以图层为依托。如果没有图层，所有的图像都将处在同一平面上，很难对图像的某一部分进行编辑。本章将详细讲解创建和编辑图层的方法，以及图层其他的基本操作。

本章学习重点

第 191 页
为图像填充图案制作抽丝效果

第 192 页
建立曲线调整图层提亮图像

第195页
通过拷贝图层突出主题

第208页
使用图层复合在同一文件中展示多种效果

9.1 图层概述

“图层”就像在一张画上面铺设一张透明的玻璃纸，透过这张玻璃纸不但能够看到画的内容，而且在玻璃纸上进行任何涂抹都不会影响画的内容，通过调整上下两面的位置合成最终效果。

9.1.1 图层的概念

“图层”是许多图像创建工作流程的构建块。若只是对图像做一些简单的调整，不一定要使用图层，但是图层能够帮助用户提高工作效率，而且对于大多数非破坏性图像编辑是必需的。图像及其所对应的图层如图9-1所示。

图9-1 图像及其所对应的图层

在编辑图层前，首先要在“图层”面板中选中该图层，所选图层称为“当前图层”。每一个图层中的对象都可以单独处理，而不会影响其他图层中的内容。

可以移动图层，也可以调整堆叠顺序，还可以通过调整图层的不透明度使图像内容变得透明，如图9-2所示。绘画及颜色和色调调整都只能在一个图层中进行，而移动、对齐、变换或应用“样式”面板中的样式时可以一次处理多个图层。

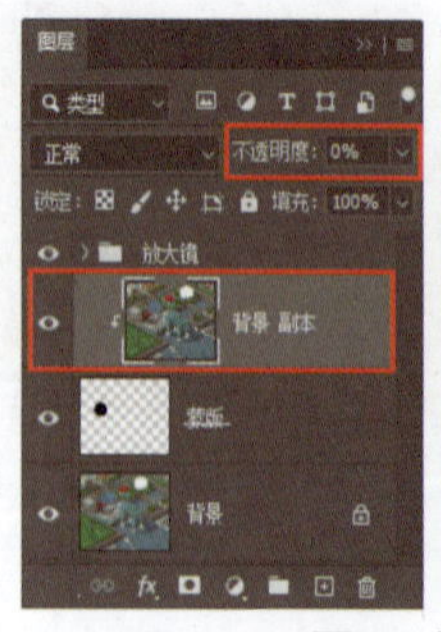

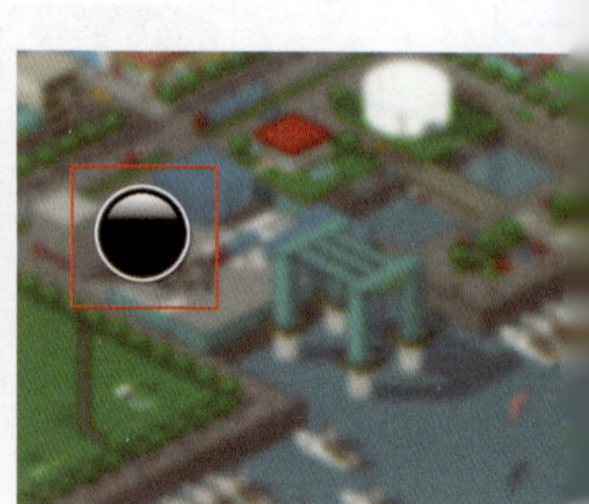

图9-2 调整图层的不透明度

Tips

在“图层”面板中，图层名称的左侧是该图层的缩览图，它显示了图层中包含的图像内容，缩览图中的棋盘格代表了图像的透明区域。如果隐藏所有图层，则整个文档窗口都将变为棋盘格。

9.1.2 “图层”面板

图层可以理解为用于Photoshop操作的一张张透明胶卷，用户可以在一个文件中修复、编辑、合成、合并和分离多张图像。一幅图像是由多个不同类型的图层通过一定的组合方式自下而上叠放在一起组成的，它们的叠放顺序及混合方式直接影响图像的显示效果。

用户还可以应用图层样式来添加特殊效果，如投影、发光等。本节将针对图层的基本使用和高级操作进行讲解，包括认识“图层”面板、图层的基本操作、图层的混合模式和图层样式等。

“图层”面板中列出了图像中的所有图层、图层组和添加的图层效果。可以使用“图层”面板来显示和隐藏图层、创建新图层，以及处理图层组，还可以在“图层”面板菜单中选择其他命令。“图层”面板如图9-3所示。

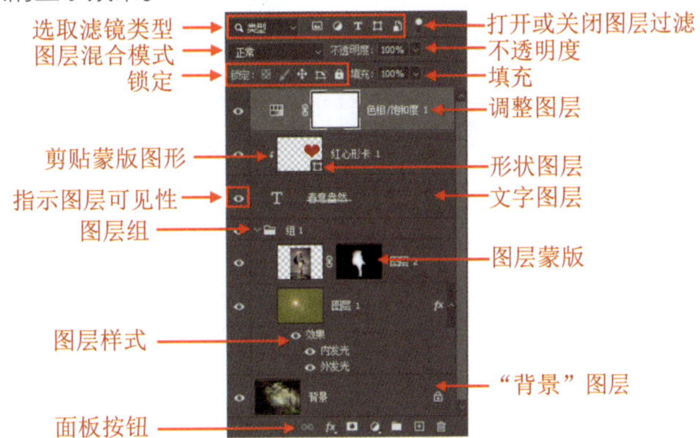

图9-3 “图层”面板

- 选取滤镜类型：选择查看不同图层类型，在“图层”面板中快速选择同类的图层。
- 图层混合模式：在下拉列表框中可以选择相应的图层混合模式。
- 打开或关闭图层过滤：选择打开或关闭图层过滤的相关选项。
- 不透明度：用于设置图层的整体不透明度，可在文本框中输入数值，也可单击右侧的下拉按钮，在打开的面板中拖动滑块调节数值。
- 锁定：用于保护图层中全部或部分的图像内容。包括“锁定透明像素”按钮、“锁定图像像素”按钮、“锁定位置”按钮、“防止在画板和画框内外自动嵌套”按钮和“锁定全部”按钮。
  - 锁定透明像素：单击该按钮，将编辑范围限制在图层的不透明部分，透明部分则不可编辑。
  - 锁定图像像素：单击该按钮，可防止使用绘画工具等改变图层的像素。
  - 锁定位置：单击该按钮，可将图层中对象的位置固定。
  - 防止在画板和画框内外自动嵌套：单击该按钮，当前图层或组的显示效果将受画板和画框的影响，并且图层或组在“图层”面板中的堆叠顺序将被锁定。
  - 锁定全部：单击该按钮，可将图层全部锁定，该图层将不可编辑。
- 填充：用于设置图层的内部填充不透明度。
- 指示图层可见性：用于显示或隐藏图层。默认情况下，图层为可见图层，单击该按钮可将图层隐藏。
- 形状图层：在单独的图层中创建形状，可为画面创建不同形状的图像。
- 调整图层：基于指令的图层，它在图像中充当改变其下方图层色调和影调的角色。
- 剪贴蒙版图层：使用下方图层对象的范围显示该图层中的内容。
- 文字图层：存储可编辑的文字内容，在Photoshop中使用“文字工具”输入文字后，系统将在“图层”面板中自动生成文字图层。
- 图层组：可以对图层进行组织管理，使操作更加方便快捷。
- 图层蒙版：用于显示或隐藏图像中的某部分特定区域。当灰度填充为白色时，蒙版是透明的；当灰度填充为黑色时，蒙版变成不透明状态，遮盖下方图像。
- 图层样式：用于为图层添加投影、发光、叠加和描边等特殊效果，展开样式列表可以看到添加的样式效果。
- “背景”图层：该图层默认被锁定，为不带透明度调整也未应用图层样式的基于像素的图层，所以该图层不能被移动、缩放和旋转。“背景”图层位于“图层”面板的最底端，并且一个文件中只有一个“背景”图层。

- 面板按钮：用于快速设置图层，单击不同的按钮，可执行不同的命令。包括“链接图层”按钮、“添加图层样式”按钮、“添加图层蒙版”按钮、“创建新的填充或调整图层”按钮、“创建新组”按钮、“创建新图层”按钮和“删除图层”按钮。
- 链接图层：将选中的多个图层进行链接。
- 添加图层样式：单击此按钮，可在打开的下拉列表框中为图层添加不同的图层样式。
- 添加图层蒙版：为当前图层添加图层蒙版。
- 创建新的填充或调整图层：单击此按钮，可在打开的下拉列表框中创建新的填充或调整图层。
- 创建新组：在当前图层的上方创建一个新的图层组。
- 创建新图层：在当前图层上方创建一个新的图层。
- 删除图层：将当前图层删除。

9.2 图层的类型

图层可以分成多种类型，如“背景”图层、文字图层、形状图层、填充图层、调整图层、3D图层、视频图层和中性色图层等。不同的图层，其应用场合和实现的功能有所差别，操作和使用方法也各不相同。下面依次介绍各种类型图层的创建及应用方法。

9.2.1 “背景”图层

选择“文件”→“新建”命令，弹出“新建文档”对话框，单击“背景内容”下拉按钮，在打开的下拉列表框中选择除“透明”选项外的任意选项，如图9-4所示。进入Photoshop工作区域，此时的“图层”面板如图9-5所示。打开任意一幅素材图像，“图层”面板如图9-6所示。

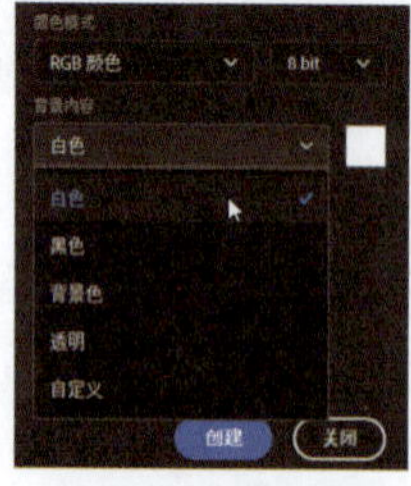

图9-4 新建文件

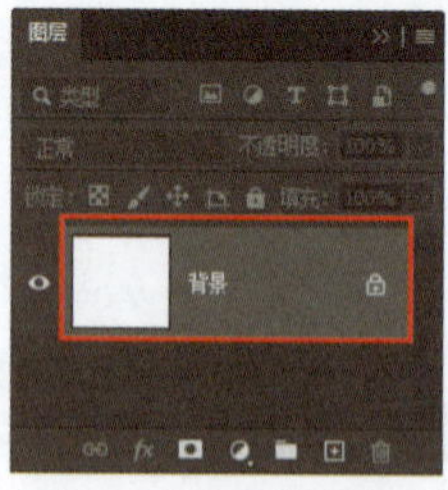

图9-5 “背景”图层

图9-6 打开素材图像

Tips

当用户新建了一个背景内容为透明的文件时，当前文件是没有“背景”图层的，选择“图层”→“新建”→“背景图层”命令，可将当前图层转换为“背景”图层。

“背景”图层具有以下几个特点。

- 名称为“背景”，且图层名称始终以“背景”为名。
- 默认情况下被锁定，位于“图层”面板的最底层。
- “背景”图层是一个不透明的图层，有一种以背景色为底色的颜色。
- “背景”图层不能进行图层不透明度、图层混合模式和图层填充颜色的控制。

如果一定要更改“背景”图层的“不透明度”和“图层混合模式”，应先将它转换成普通图层。双击“背景”图层，或者选择“图层”→“新建”→“背景图层”命令，或者直接双击“背景”图层缩览图，弹出“新建图层”对话框，如图9-7所示。

在对话框中设置图层名称、不透明度和模式后，单击“确定”按钮，“背景”图层就会转变为普通图层，“背景”图层变成了“图层0”图层，如图9-8所示。用户也可以单击“背景”图层上的“锁定”

图标，如图9-9所示，直接将“背景”图层转换为“图层 0”图层。此时的“背景”图层已经变为普通图层，用户可以对其设置不透明度和色彩混合参数。

图9-7 “新建图层”对话框

图9-8 转换图层属性

图9-9 单击“锁定”图标

9.2.2 文字图层

文字图层就是用“文字工具”建立的图层。在图像中输入文字，就会自动生成一个文字图层，如图9-10所示。

图9-10 创建文字图层

文字图层有以下几个特点。

- 文字图层含有文字内容和文字格式，可以单独保存在文件中，并且可以反复修改和编辑。文字图层中的图层缩览图中有一个T符号。
- 文字图层的名称默认以当前输入的文字作为图层名称，以便于辨别。
- 在文字图层上不能使用众多工具来着色和绘图，如画笔、历史记录画笔、艺术历史记录画笔、铅笔、直线、图章、渐变、橡皮擦、模糊、锐利、涂抹、加深、减淡和海绵工具等。
- Photoshop中的许多命令都不能直接在文字图层上应用，如“填充”命令及所有的“滤镜”命令等。

Tips

如果要对文字图层使用这些工具和命令，必须先将文字图层转换成普通图层。选择“图层”→“栅格化”→“图层”命令或选择“图层”→“栅格化”→“文字”命令，就可以将文字图层转换为普通图层。

文字图层转换为普通图层后，将无法还原为文字图层，此时将失去文字图层的反复编辑和修改功能，所以在转换时要慎重考虑。必要时先复制一份，然后再将文字图层转换为普通图层。

即使文字图层不能使用众多的工具和命令，但它可以使用“编辑”→“变换”子菜单中的命令，利用它们可以对文字进行旋转、翻转、倾斜和扭曲等操作。

9.2.3 形状图层

当使用“矩形工具”“圆角矩形工具”“椭圆工具”“多边形工具”“直线工具”或“自定形状工具”等形状工具在选项栏上选择“形状”[形状]选项后，在图像中绘制图形时就会在“图层”面板中自动产生一个形状图层，如图9-11所示。

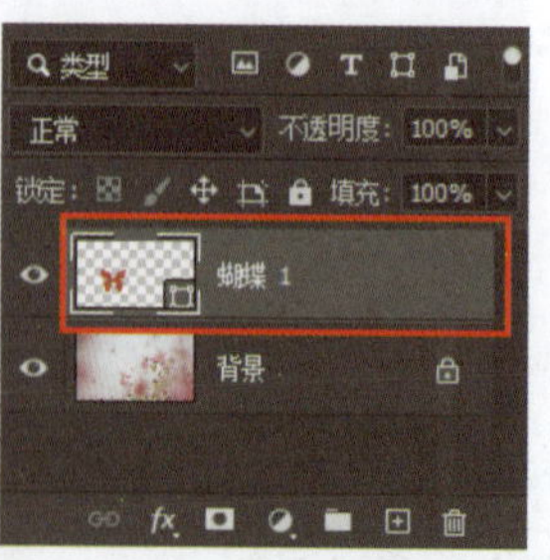

图9-11 创建“形状”图层

形状图层的名称与使用的绘制工具息息相关，若使用“直线工具”“钢笔工具”和“多边形工具”绘制形状时，形状图层以“形状1”命名；若使用“矩形工具”“圆角矩形工具”和“椭圆工具”绘制形状时，形状图层将以形状工具名称命名；若使用“自定义形状工具”绘制形状时，形状图层将以形状名命名。

形状图层可以引入Illustrator和CorelDraw中的矢量绘图概念。

在“路径”面板中可以看到当前所选形状图层中的路径内容，如图9-12所示。这个路径是临时存在的，一旦切换到其他图层，这个路径就会消失，如图9-13所示。

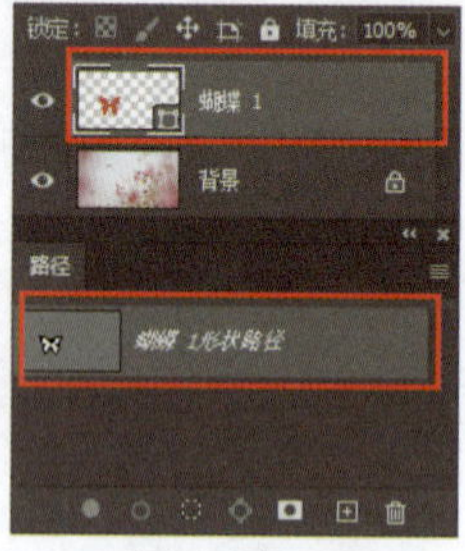

图9-12 选择路径所在图层

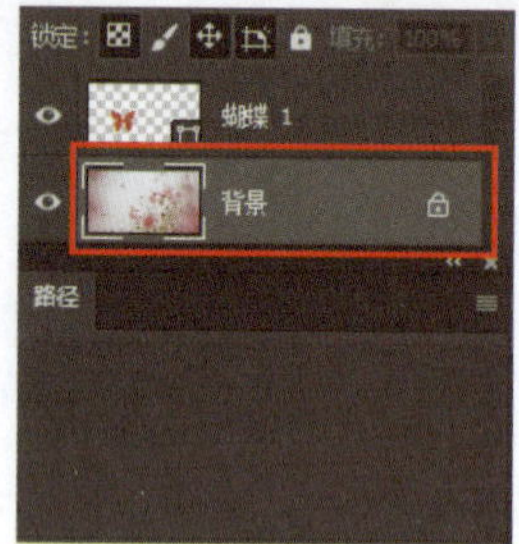

图9-13 未选择路径所在图层

形状图层具有可以反复修改和编辑的特性。在“图层”面板中单击矢量蒙版缩览图，Photoshop就会在“路径”面板中自动选中当前路径，用户即可利用各种路径编辑工具进行编辑。

与此同时，也可以更改形状图层中的填充颜色。双击图层缩览图，弹出“拾色器（纯色）”对话框，可重新设置填充颜色。用户还可以删除形状图层中的路径，或者隐藏和关闭路径等。

Tips

形状图层不能直接使用众多的Photoshop功能，如色调和色彩调整，以及滤镜功能等，所以必须先将其转换成普通图层之后才可使用。方法是，选择要转换成普通图层的形状图层，然后选择“图层”→“栅格化”→“形状”命令即可。如果选择“图层”→“栅格化”→“矢量蒙版”命令，则可将形状图层中的剪贴路径变成一个图层蒙版，从而使形状图层变成填充图层。

9.2.4 填充图层

填充图层可以在当前图层中填入一种颜色（纯色或渐变色）或图案，并结合图层蒙版的功能，产生一种遮盖特效。在图层中，图层蒙版起到了隐藏或显示图像区域的作用。通俗地讲，它可以用来遮盖图像中部分不要的图像。

选择“图层”→“新建填充图层”命令，在子菜单选择要填充的类型，如图9-14所示，弹出“新建图层”对话框。用户可以在其中设置图层名称、模式和不透明度等，如图9-15所示。

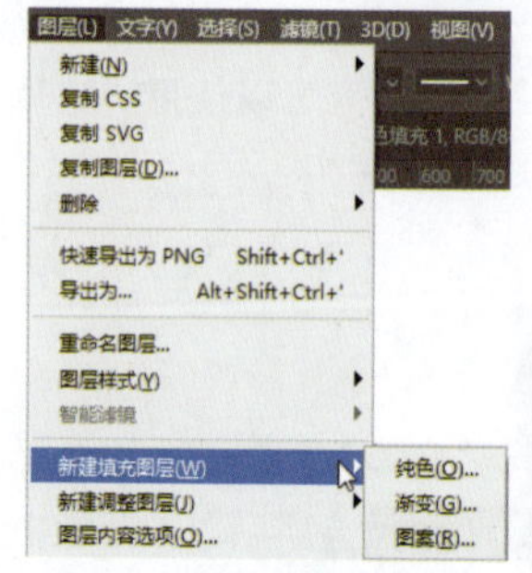

图9-14 新建填充图层

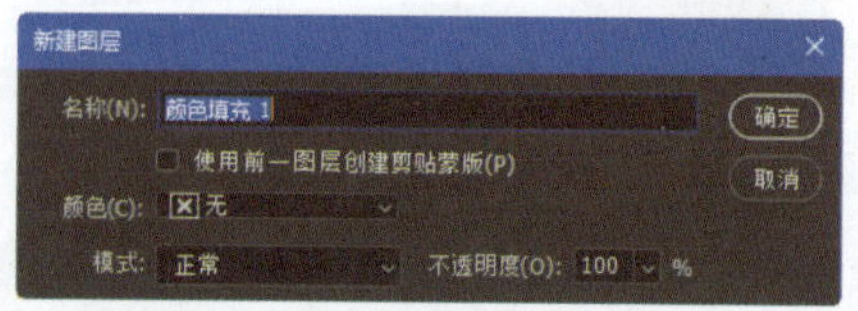

图9-15 “新建图层”对话框

- 纯色：用前景色填充调整图层。使用打开“图层”面板，单击面板底部的“创建新的填充或调整图层”按钮，在打开的下拉列表框中选择“纯色”选项，弹出“拾色器（纯色）”对话框，如图9-16所示。选择需要的颜色，单击“确定”按钮，“图层”面板如图9-17所示。

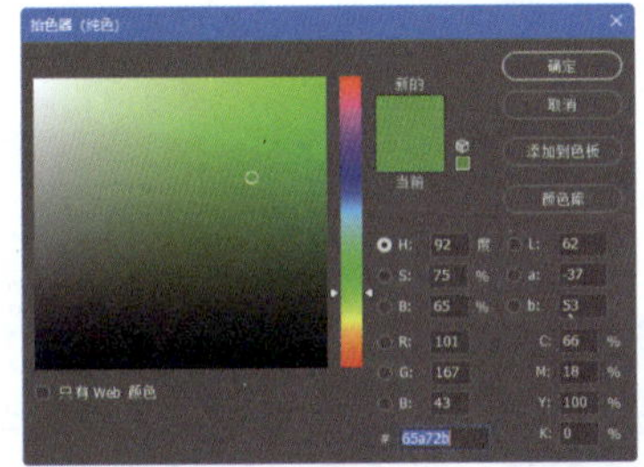

图9-16 “拾色器（纯色）”对话框

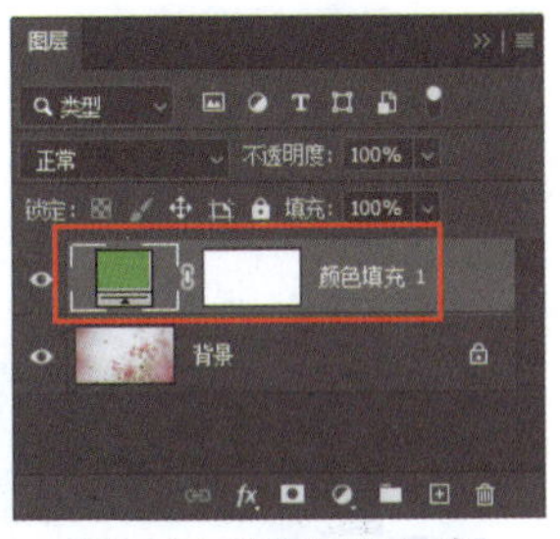

图9-17 “图层”面板

- 渐变：选择“渐变”命令，弹出“渐变编辑器”对话框，选取一种渐变效果，如图9-18所示。如果需要，可设置其他选项。“样式”选项用于指定渐变的形状；“角度”选项用于指定应用渐变时使用的角度；“缩放”选项用于更改渐变的大小；“反向”复选框用于翻转渐变的方向；“仿色”复选框用于通过对渐变应用仿色减少带宽；“与图层对齐”复选框用于使用图层的定界框来计算渐变填充。可以在图像窗口中拖动以移动渐变中心。渐变填充图层如图9-19所示。

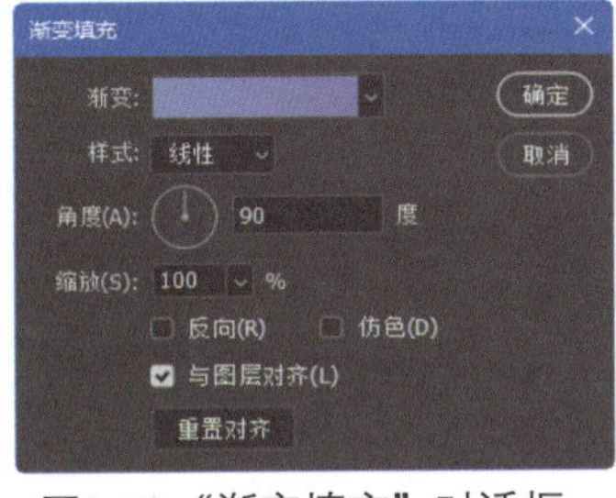

图9-18 “渐变填充”对话框

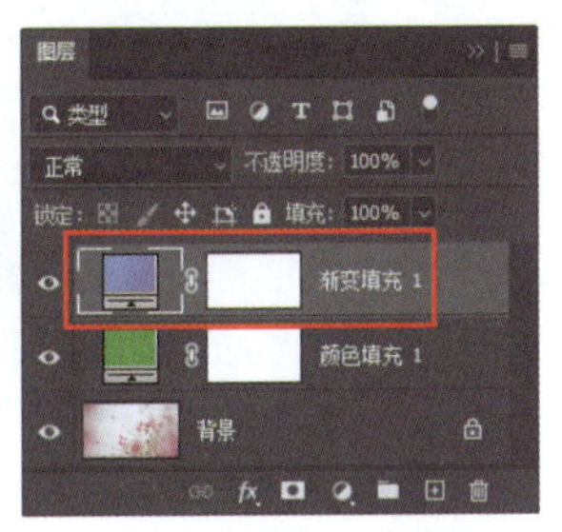

图9-19 “图层”面板

- 图案：选择“图案”命令，弹出“图案填充”对话框，选取一种图案，如图9-20所示。在“缩放”文本框中，可输入值或拖动滑块改变数值。单击“贴紧原点”按钮可使图案的原点与文档的原点相同。如果希望图案在图层移动时随图层一起移动，则选择“与图层链接”复选框。选择该复选框后，当“图案填充”对话框打开时可以在图像中拖移以定位图案。“图案填充图层”如图9-21所示。

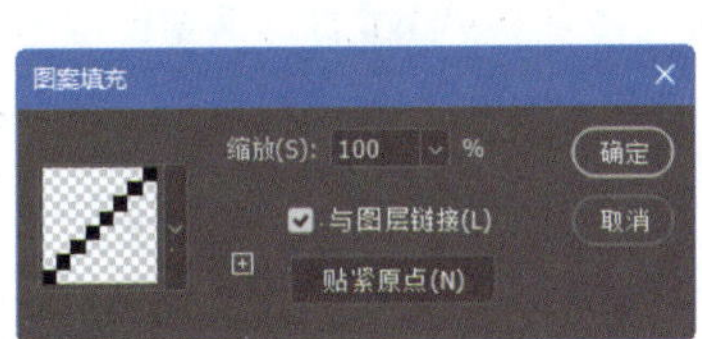

图9-20 “图案填充”对话框

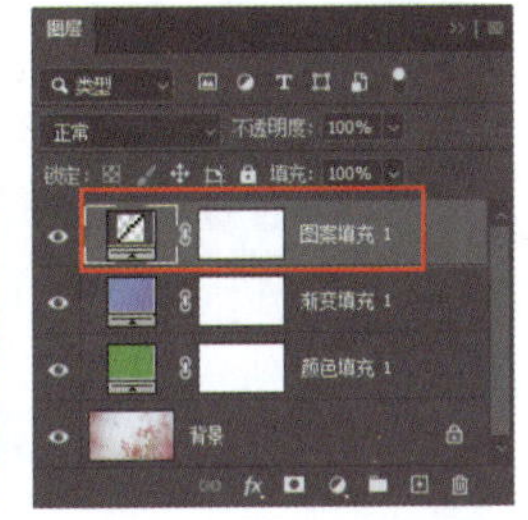

图9-21 “图层”面板

应用案例

为图像填充图案制作抽丝效果

源文件：源文件\第9章\9-2-4. psd

视　频：视频\第9章\为图像填充图案制作抽丝效果.mp4

STEP 01 选择“文件”→“打开”命令，打开素材图像“素材\第9章\92501.jpg”，如图9-22所示，复制“92501.jpg”得到“背景拷贝”图层。打开素材“92501.jpg”，选择“编辑”→“定义图案”命令，在弹出的对话框中将图像定义为图案，如图9-23所示。

图9-22 打开素材图像　　图9-23 定义图案

STEP 02 选择“图层”→“新建填充图层”→“图案”命令，弹出“新建图层”对话框，如图9-24所示。单击“确定”按钮，在弹出的对话框中设定图案填充参数，如图9-25所示。

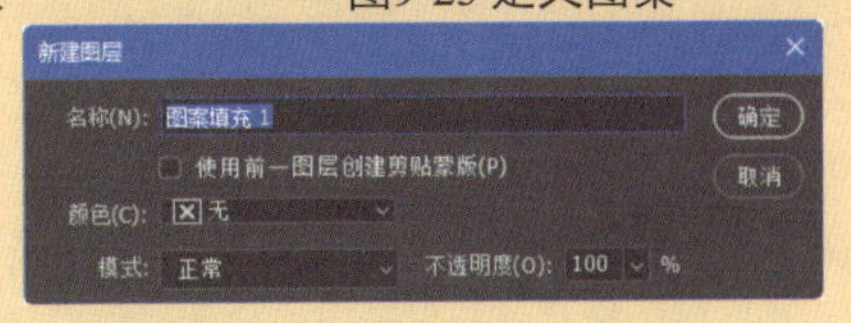

图9-24 “新建图层”对话框

STEP 03 设置图层混合模式为“颜色加深”，“不透明度”为85%，“填充”为95%，如图9-26所示。设置完成后，使用画笔工具，将前景色调成黑色，在图层蒙版中人物脸部处涂抹，完成最终制作，效果如图9-27所示。

Tips

图层蒙版不能应用于“背景”图层，并且只对单一图层起作用。

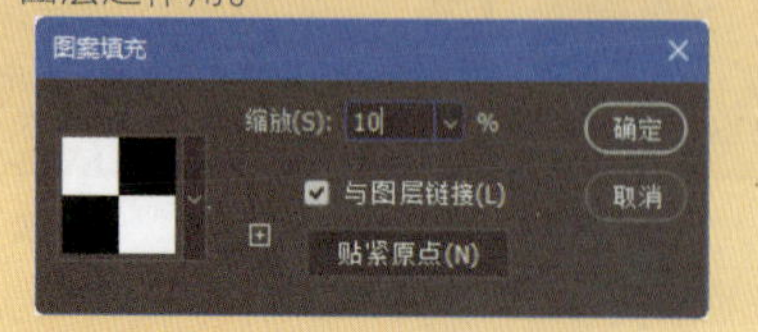

图9-25 图案填充对话框

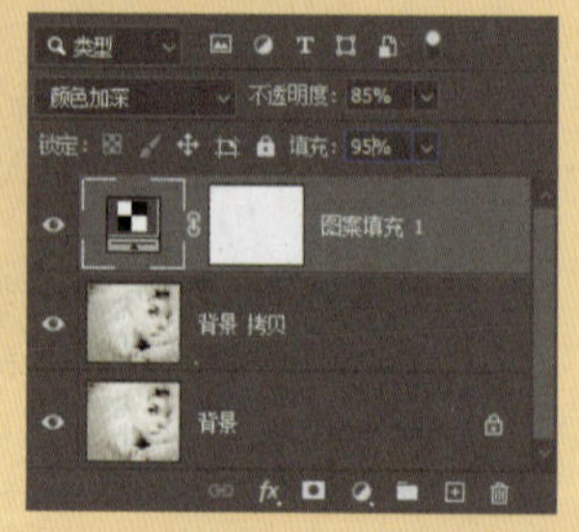

图9-26 “图案填充”图层属性设置

图9-27 最终效果

9.2.5 调整图层

调整图层是一种比较特殊的图层，主要用来控制色调和色彩的调整。也就是说，Photoshop会将色调和色彩的设置，如色阶和曲线调整等应用功能变成“调整图层”单独存放到文件中，可以修改其设置，但不会永久性地改变原始图像，从而保留了图像修改的弹性。

选择“图层”→“新建调整图层”命令，在子菜单选择相应命令，或在打开的“图层”面板中单击底部的“创建新的填充或调整图层”按钮，在打开的下拉列表框中选择相关选项，即可创建调整图层。

应用案例 建立曲线调整图层提亮图像

源文件：源文件\第9章\9-2-5. psd

视　频：视频\第9章\建立曲线调整图层提亮图像.mp4

STEP 01 打开素材图像“素材\第9章\92201.jpg”，效果如图9-28所示。选择“窗口”→“图层”命令，打开“图层”面板，如图9-29所示。

STEP 02 单击“图层”面板上的“创建新的填充或调整图层”按钮，在打开的下拉列表框中选择“曲线”选项，打开“属性”面板，拖动曲线到合适位置或在输入框中输入数值，如图9-30所示。设置完成后的“图层”面板如图9-31所示，图像效果如图9-32所示。

图9-28 打开素材图像

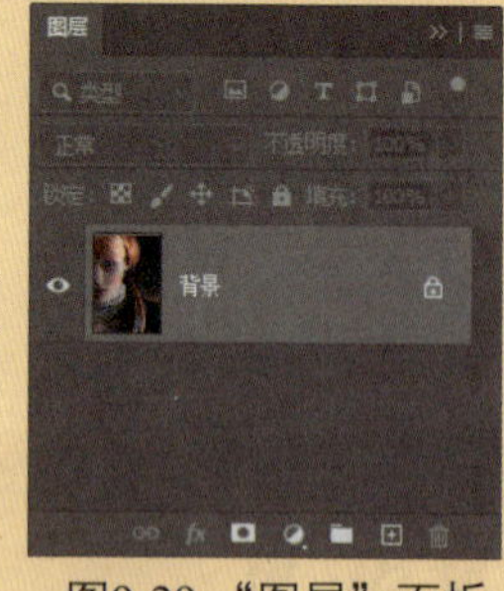

图9-29 “图层”面板

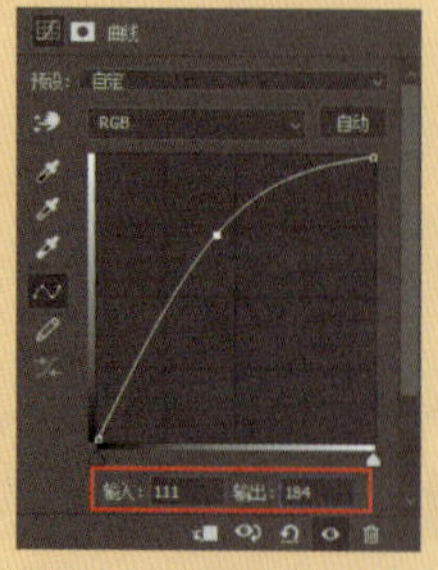

图9-30 “属性”面板

图9-31 “图层”面板

图9-32 图像效果

调整图层会以当前色彩或色调调整命令来命名并出现在原图层之上。此外，调整图层还有以下两个特点。

 在调整图层左侧将显示与色调或色彩命令相关的图层缩览图，在其右侧显示图层蒙版缩览图，中间显示关于图层内容与蒙版是否有链接的链接符号。当出现链接符号时，表示色调/色彩调整将只对蒙版中所指定的

图像区域起作用。反之，如果没有链接符号，则表示这个调整图层将对整个图像起作用。

- 当对调整图层中的设置不满意时，可以重新设置。只需在“图层”面板中双击调整图层的图层缩览图，重新打开“属性”面板，即可重新修改参数设置。

Tips

调整图层对其下方的所有图层都起作用，而对其上方的图层不起作用。在使用调整图层进行色彩或色调调整时，如果不想对其下方的所有图层都起作用，可以将其与其上方的图层编组，这样该调整图层就只对编组的图层起作用，而不会影响其他没有编组的图层了。

9.2.6 3D图层

3D图层是指包含置入3D文件的图层。可以打开3D文件或将其作为3D图层添加到打开的 Photoshop 文件中。将文件作为3D图层添加时，该图层会使用现有文件的尺寸。3D图层包含3D模型和透明背景，如图9-33所示。

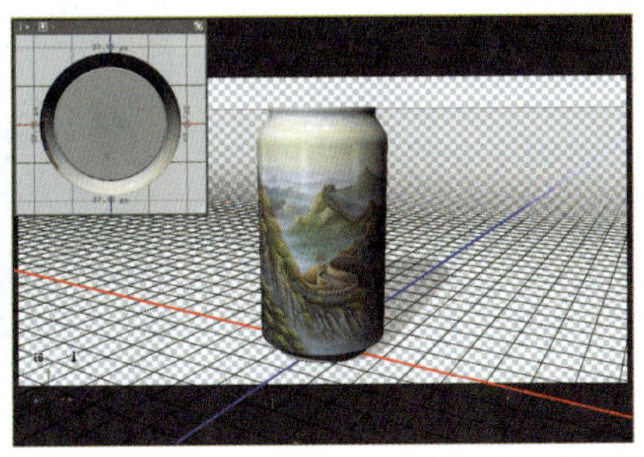

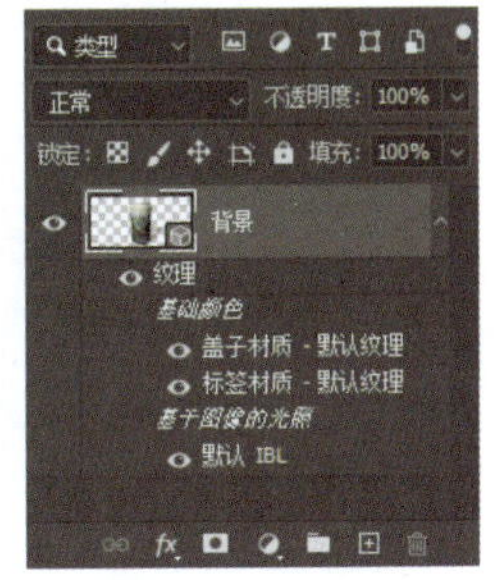

图9-33 3D模型与“图层”面板

Tips

3D 图层可以是由 Adobe dimension、3D Studio Max、Alias、Maya 和 Google Earth 等程序创建的文件。

9.2.7 视频图层

视频图层是指包含视频文件帧的图层。可以使用视频图层向图像中添加视频。将视频剪辑作为视频图层导入到图像中，可以遮盖和变换该图层、应用图层效果、在各个帧上绘画或栅格化单个帧并将其转换为标准图层。可使用“时间轴”面板播放图像中的视频或访问各个帧。

图9-34 “图层”面板

在使用“时间轴”面板制作帧动画时，“图层”面板会发生改变，如图9-34所示，增加了许多与动画有关的属性按钮。具体内容请参看本书第17章中的相关章节。

Tips

关于“视频图层”的内容将在本书第 17 章中进行详细介绍。

9.2.8 中性色图层

选择“图层”→“新建”→“图层”命令，弹出“新建图层”对话框，在其中为图层设置不同的模式，并选择“填充（模式）中性色”复选框，系统会自动为图层填充不同程度的中性色，如图9-35所示。中性色图层在“图层”面板中的显示效果如图9-36所示。

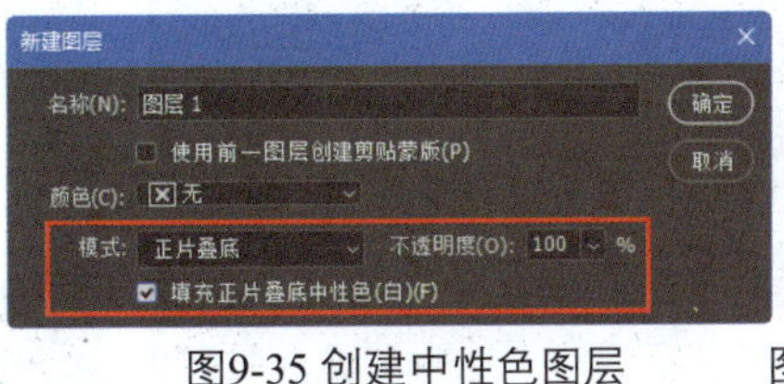
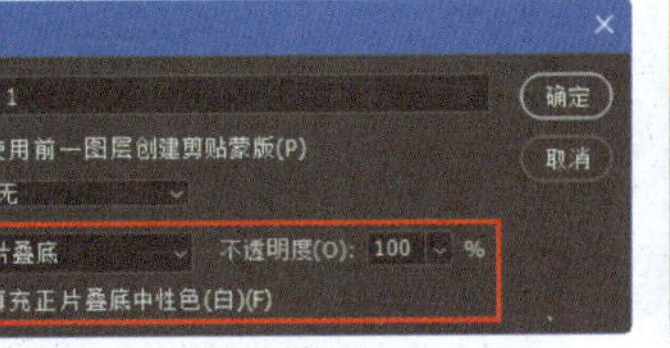

图9-35 创建中性色图层

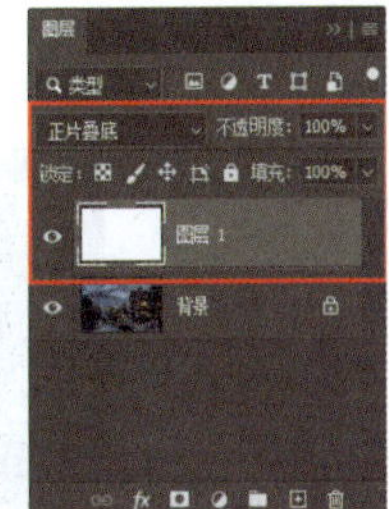

图9-36 “图层”面板

9.3 创建图层

Photoshop提供了多种创建图层的方法，包括在“图层”面板中创建、在编辑图像的过程中创建和使用命令创建等。

9.3.1 在“图层”面板中创建新图层

打开“图层”面板，单击“图层”面板底部的“创建新图层”按钮，即可在当前图层上面新建一个图层，新建的图层会自动成为当前图层，如图9-37所示。

Tips 如何在当前图层下方新建图层？

如果要在当前图层的下方新建图层，可以按住【Ctrl】键并单击“创建新图层”按钮。需要注意的是，“背景”图层下方不能创建图层。

图9-37 新建图层

9.3.2 使用命令创建新图层

用户可以通过不同的命令来创建新图层，下面讲解3种使用命令创建新图层的方法。

使用“新建”命令新建图层。

如果要在创建图层的同时设置图层的属性，如图层名称、颜色和混合模式，可选择“图层”→“新建”→“图层”命令，弹出“新建图层”对话框，在其中可以对新创建的图层进行设置，如图9-38所示。单击“确定”按钮，“图层”面板如图9-39所示。

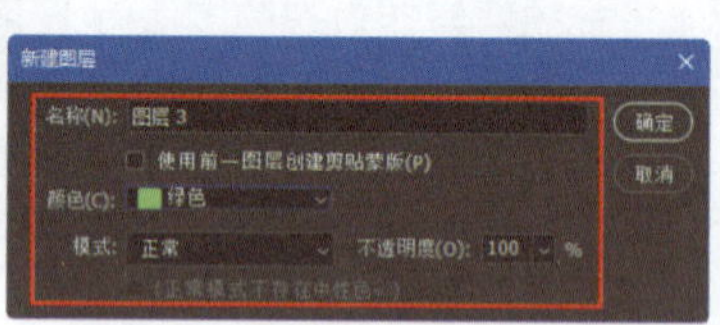

图9-38 “新建图层”对话框

图9-39 “图层”面板

Tips

在“颜色”下拉列表框中选择一种颜色，可以用来标记图层。用颜色标记图层在Photoshop中被称为“颜色编码”。为某些图层或图层组设置一个可以区别于其他图层或图层组的颜色，可以有效区分不同用途的图层。

Tips 创建新图层的其他方法吗。

单击“图层”面板右上角的面板菜单按钮，在打开的菜单中选择“新建图层”命令，或者按住【Alt】键并单击“创建新图层”按钮，也可以弹出“新建图层”对话框。

使用“通过拷贝的图层”命令新建图层。

打开素材图像，如图9-40所示。使用“快速选择工具”选中图像中的花朵，选区效果如图9-41所示。

图9-40 打开素材图像

图9-41 选区效果

选择“图层”→“新建”→“通过拷贝的图层”命令，可以将选区内的图像复制到一个新的图层中，原图层内容保持不变，如图9-42所示。如果没有创建选区，执行该命令则可以快速复制当前图层，如图9-43所示。

图9-42 复制选区

图9-43 复制图层

应用案例

通过拷贝图层突出主题

源文件：源文件\第9章\9-3-2. psd

视　频：视频\第9章\通过拷贝图层突出主题.mp4

STEP 01 打开素材图像“素材\第9章\93201.jpg”，如图9-44所示。使用“快速选择工具”将图像中的人物选中，如图9-45所示。

图9-44 打开素材图像

图9-45 创建选区

STEP 02 选择“选择”→“修改”→“羽化”命令，在弹出的对话框中设置“羽化半径”为5像素，效果如图9-46所示。选择“图层”→“新建”→“通过拷贝的图层”命令，效果如图9-47所示。

图9-46 羽化选区

图9-47 通过拷贝的图层

STEP 03 选择“背景”图层，选择“图像”→“调整”→“去色”命令，图像效果如图9-48所示。选择“编辑”→“渐隐去色”命令，在弹出的对话框中修改渐隐不透明度为50%，效果如图9-49所示。

图9-48 图像效果

图9-49 完成效果

使用“通过剪切的图层”命令新建图层

在图像中创建选区，如图9-50所示，选择“图层”→“新建”→“通过剪切的图层”命令，将选区内的图像剪切到一个新的图层中，如图9-51所示。在“图层”面板中可以看到，“背景”图层的选区部分已被剪掉移至新的图层中。

图9-50 选区效果

图9-51 “图层”面板

9.3.3 创建“背景”图层

选择“文件”→“新建”命令，弹出“新建文档”对话框，在其中可以选择除“透明”以外的4种方式作为背景内容，如图9-52所示。

如果删除了“背景”图层或者文档中没有“背景”图层，用户可以单击选择一个图层，然后选择“图层”→“新建”→“背景图层”命令，将所选的图层创建为“背景”图层，如图9-53所示。

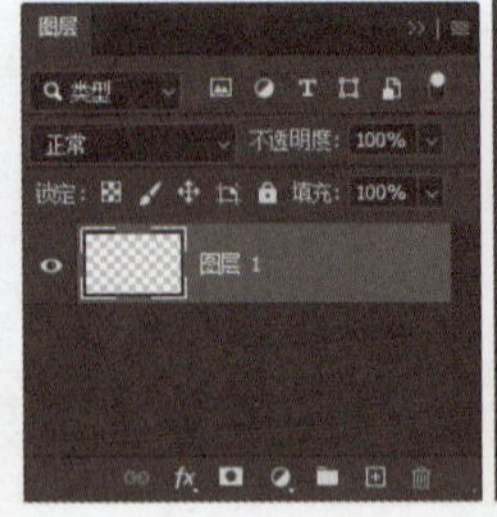

图9-52 “新建文档”对话框

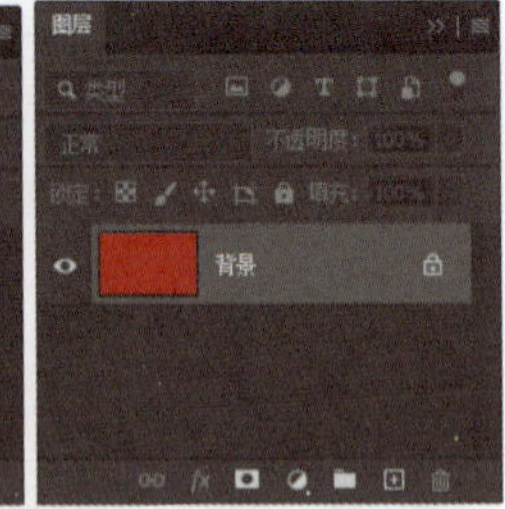

图9-53 创建“背景”图层

Tips

如果使用“透明”作为背景内容时，新创建的文档将没有“背景”图层，只包含一个“图层 1”图层。将此图层创建为“背景”图层后，Photoshop 会自动为“背景”图层填充“背景色”。

9.3.4 将“背景”图层转换为普通图层

“背景”图层是比较特殊的图层，无法调整它的堆叠顺序、混合模式和不透明度。要进行这些操作，需要先将“背景”图层转换为普通图层。

打开“图层”面板，双击“背景”图层，弹出“新建图层”对话框，在其中输入一个名称，选择图层颜色，如图9-54所示。单击“确定”按钮，即可将其转换为普通图层，“图层”面板如图9-55所示。

图9-54 “新建图层”对话框

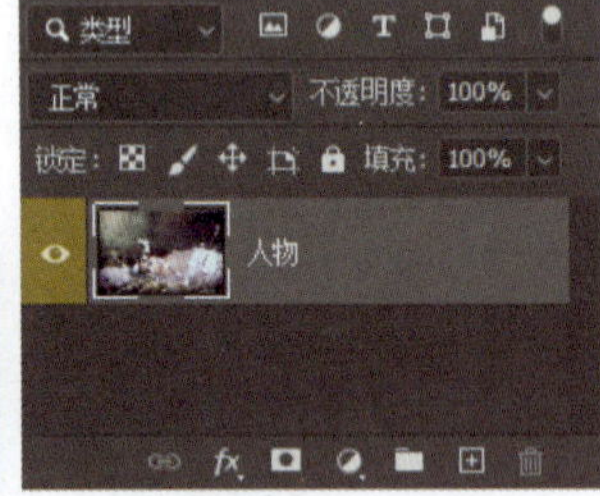

图9-55 “图层”面板

Tips

按住【Alt】键并双击“背景”图层，或者单击“背景”图层上的“锁定”按钮，可以不必打开对话框直接将其转换为普通图层。一个图像中可以没有“背景”图层，但最多只能有一个“背景”图层。

9.4 选择图层

要想对图层进行编辑操作，首先要选择图层。Photoshop中的图层种类有很多，选择方法也不尽相同，下面介绍几种选择图层的方法。

- 选择一个图层：在“图层”面板上单击任意一个图层即可选择该图层，并且所选图层将会成为当前图层。
- 选择多个图层：如果要选择多个连续的图层，可以单击第一个图层，然后按住【Shift】键再单击最后一个图层，即可选择多个连续的图层，如图9-56所示；如果要选择多个不连续的图层，可以按住【Ctrl】键并分别单击这些图层，如图9-57所示。

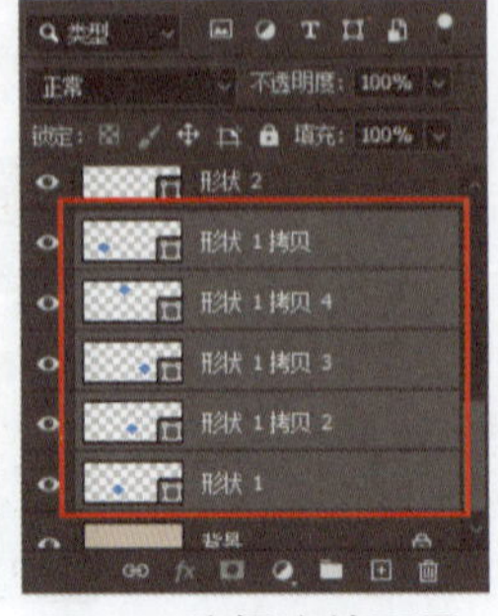
图9-56 选择连续图层

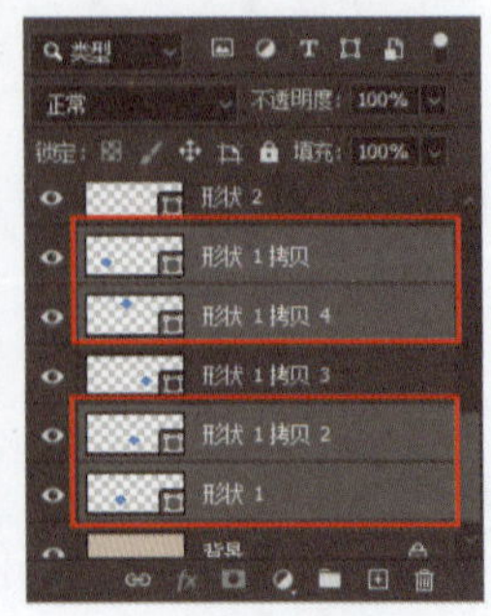
图9-57 选择不连续图层

除了配合按键选择图层外，在Photoshop中还可以通过“选择”菜单下的命令实现对图层的选择操作，如图9-58所示。

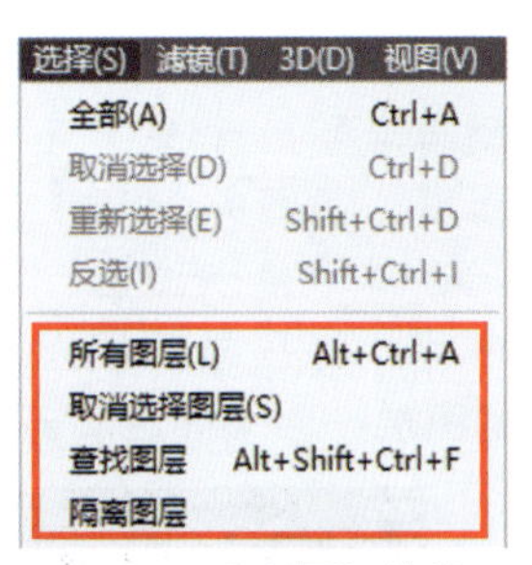

图9-58 “选择”菜单

9.4.1 选择所有图层

如果用户需要选择除“背景”图层以外的其他所有图层，可以选择“选择”→“所有图层”命令，选择效果如图9-59所示。

如果想要取消选择图层，可以选择“选择”→“取消选择图层”命令，即可取消所选择的图层，如图9-60所示。

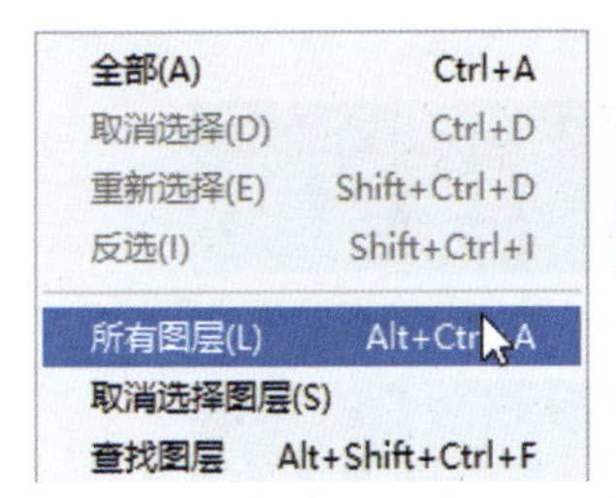

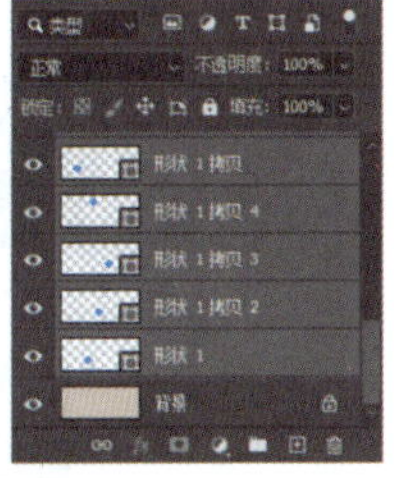
图9-59 选择所有图层

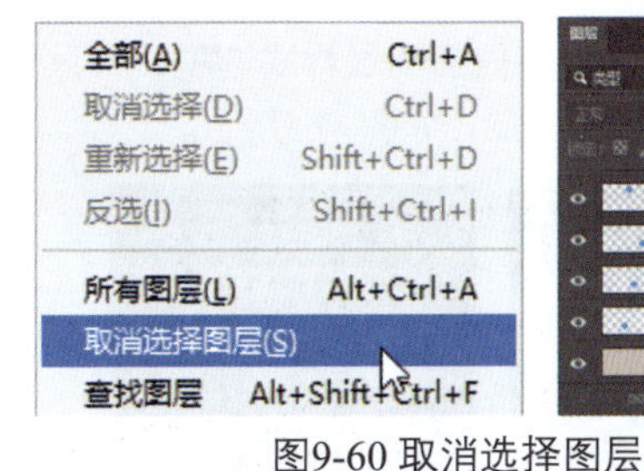

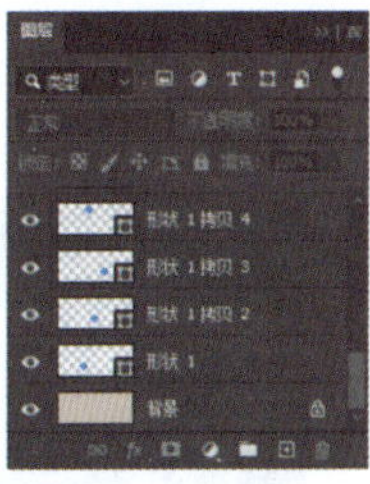
图9-60 取消选择图层

9.4.2 选择链接图层

Photoshop可以将多个相关图层使用链接命令链接在一起，以便执行移动、缩放等操作。要想选择所有链接图层，首先要选择一个链接图层，然后选择“图层”→“选择链接图层”命令，即可选择所有与之链接的图层，如图9-61所示。

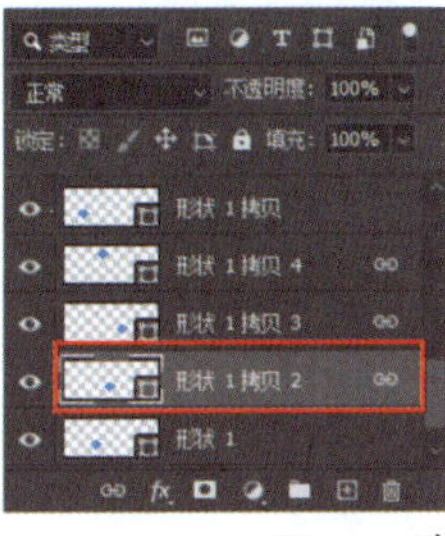
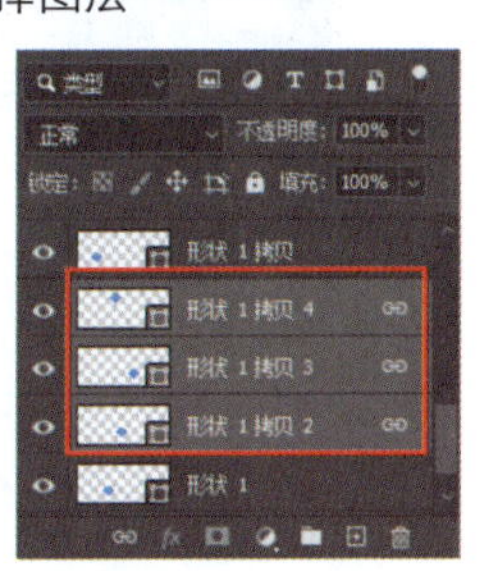
图9-61 选择链接图层

Tips

如果选中的图层没有其他链接图层，那么“图层”菜单中的“选择链接图层”命令为不可用状态。

9.4.3 使用图层滤镜选择图层

“图层滤镜”功能主要是针对图层进行管理。选择“窗口”→“图层”命令，打开“图层”面板，图9-62所示的位置显示了图层滤镜功能。

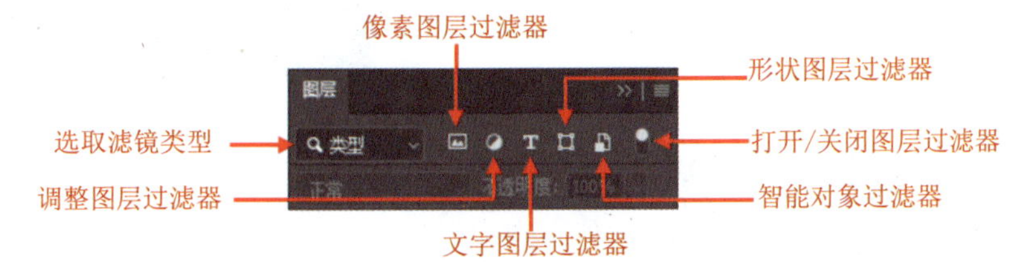

图9-62 图层滤镜功能

- 选取滤镜类型：单击该按钮，打开下拉列表框，其中包括8个滤镜类型，如图9-63所示。选择任意选项，右侧将显示该滤镜类型的相关按钮。

● 名称：选择该选项时，右侧将显示一个文字输入框，如图9-64所示。在其中输入图层的名称，将只显示搜索的图层。

图9-63 选取过滤类型的快捷菜单

图9-64 名称选取滤镜类型

● 效果：选择该选项时，右侧将显示图层样式下拉列表框。选择不同的图层样式选项，将只显示带有该样式的图层，如图9-65所示。

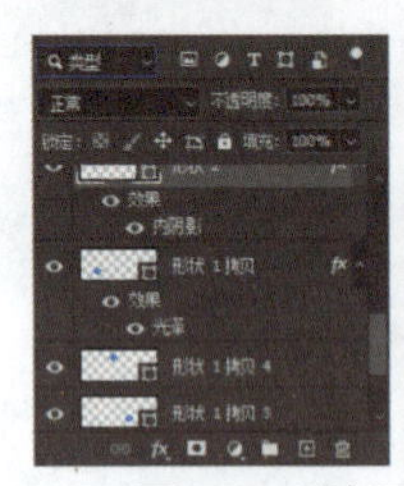
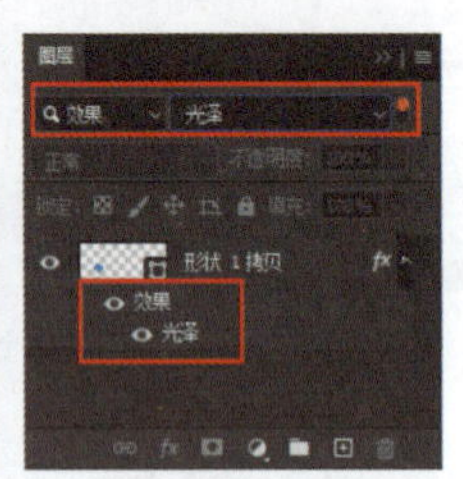
图9-65 “效果”选取滤镜类型

● 模式：选择该选项时，右侧将显示图层混合模式下拉列表框，如图9-66所示。选择不同的图层混合模式选项，将只显示该混合模式的图层。

● 属性：选择该选项时，右侧将显示图层属性下拉列表框，如图9-67所示。选择不同的图层属性选项，将只显示该属性的图层。

图9-66 “模式”选取滤镜类型 图9-67 “属性”选取滤镜类型

● 颜色：选择该选项时，右侧将显示图层颜色下拉列表框，如图9-68所示。选择不同的图层颜色选项，将只显示该颜色标记的图层。

● 智能对象：选择该选项时，右侧将显示智能对象的相关按钮，如图9-69所示。单击不同的按钮，将只显示相关图层。

图9-68 “颜色”选取滤镜类型

图9-69 “智能对象”选取滤镜 类型

“选定”选取滤镜和“画板”选取滤镜的使用方法同上，同时“选定”选取滤镜还可以通过执行菜单命令来完成操作。

● 打开/关闭图层过滤器：默认情况下，图层的“选取滤镜类型”为打开状态，单击该按钮可将其关闭。

Tips 有没有什么更快速的方法来选择图层?

选择“移动工具”，在选项栏中选择“自动选择”复选框，在画布上单击，即可自动选择该图层。也可以在画布中需要选择的对象上单击鼠标右键，在弹出的快捷菜单中选择对象图层来完成快速选择图层的操作。

9.4.4 查找图层

在编辑图像的过程中，使用“选择”→“查找图层”命令可以快速地在“图层”面板中找到想要的图层。

执行该命令后，“图层”面板中会显示“搜索”文本框，在文本框中输入图层名称的任意字符即可找到相应的图层，如图9-70所示。

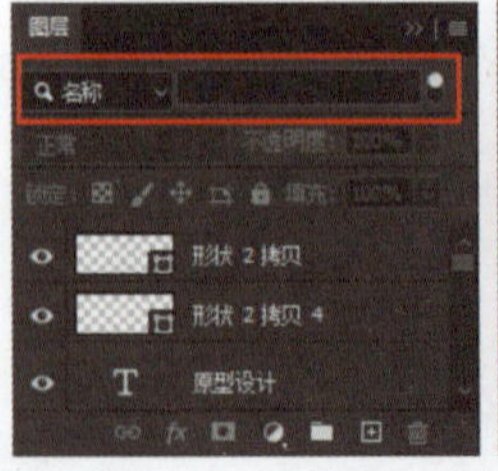
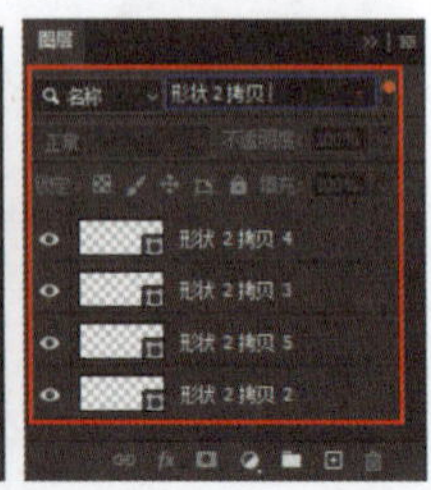
图9-70 查找图层

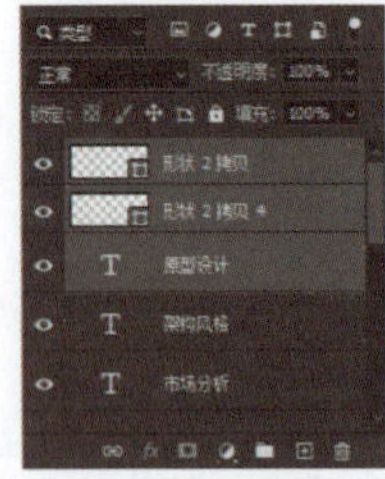
图9-71 选中图层

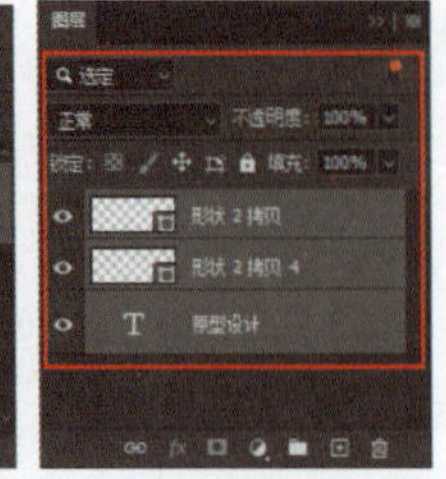
图9-72 “选定”状态

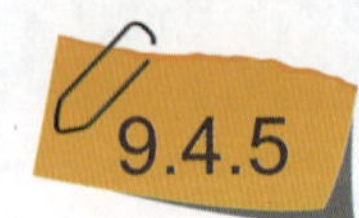

9.4.5 隔离图层

打开“图层”面板，选中任意一个或多个图层，如图9-71所示。选择“选择”→“隔离图层”命令，即可看到被选中的图层单独显示在“图层”面板中，同时“图层”面板中的“选取滤镜类型”选项显示为“选定”，如图9-72所示。

9.5 编辑图层

在设计一幅好的作品时，需要经过许多操作步骤才能完成，特别是图层的相关操作尤为重要。这是因为一个综合性的设计往往由多个图层组成，并且对这些图层进行多次编辑后，才能得到理想的设计效果。下面将对图层的各种编辑方法和应用技巧进行讲解。

9.5.1 移动、复制和删除图层

移动、复制和删除图层是用户在编辑图像时最常用的图层操作，同时也是最基本的图层操作。

- 移动图层：如果想要移动整个图层内容，先将要移动的图层设置为当前图层，然后使用“移动工具”，或按住【Ctrl】键并拖动鼠标就可移动图像。如果想要移动的是图层中的某一块区域，必须先创建选区，然后再使用“移动工具”进行移动。
- 复制图层：用户可以将某一图层复制到同一图像或是另一幅图像中。如果在同一图像中复制图层，将需要复制的图层拖至“图层”面板底部的“创建新图层”按钮上，即可复制该图层，如图9-73所示，复制后的图层将出现在被复制的图层上方，如图9-74所示。

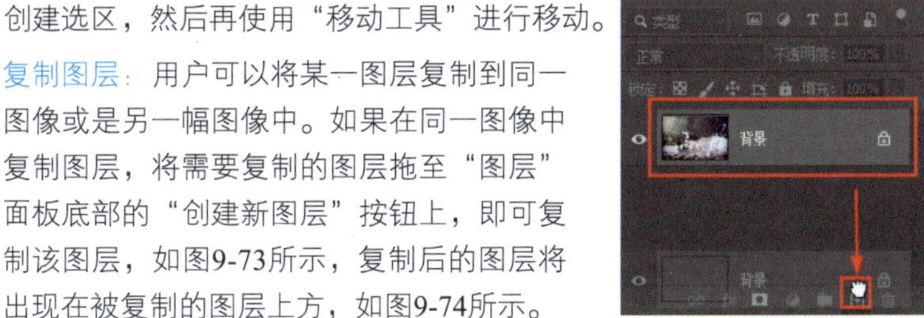

图9-73 拖曳图层　　图9-74 “图层”面板

用户还可以选中需要复制的图层，选择“图层”→“复制图层”命令，或是单击“图层”面板右上角的面板菜单按钮，在打开的菜单中选择“复制图层”命令，弹出“复制图层”对话框，如图9-75所示。设置好参数后，单击“确定”按钮，即可复制图层到指定的图像中。

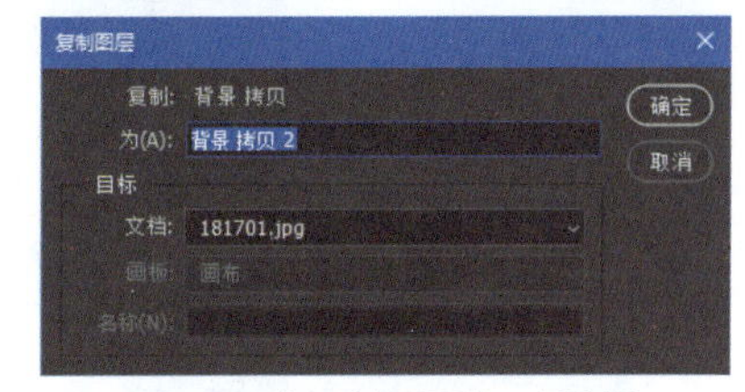

图9-75 “复制图层”对话框

- 为：可输入图层的名称。
- 文档：在下拉列表框中列出了当前已经打开的所有图像文件，从中选中一个文件以便在复制后的图层上存放。如果选择“新建”选项，则表示复制图层到一个新建的图像文件中。此时，“名称”文本框将被激活，用户可在其中为新文件指定一个文件名。
- 画板：如果目标文档没有画板，则此选项为不可用状态。反之，单击此选项右侧的下拉按钮，可在打开的下拉列表框中选择“画布”或“画板”选项。
- 名称：如果将“文档”设置为“新建”，用户可在“名称”文本框中输入新建文档的名称。

Tips 快速复制图像。

若要将一幅图像中的某一图层复制至另一图像中，还有一个快速和直接的方法，首先同时显示这两个图像文件，然后在被复制的“图层”面板中拖动图层至另一图像窗口中即可。

- 删除图层或组：删除不必要的图层，可以减小图像文件所占内存空间的大小。

打开“图层”面板，选中要删除的图层，单击“图层”面板底部的“删除图层”按钮，如图9-76所示，弹出Adobe Photoshop提示框，用户可以在提示框中看到确认消息，如图9-77所示，单击“是”按钮，即可删除图层。

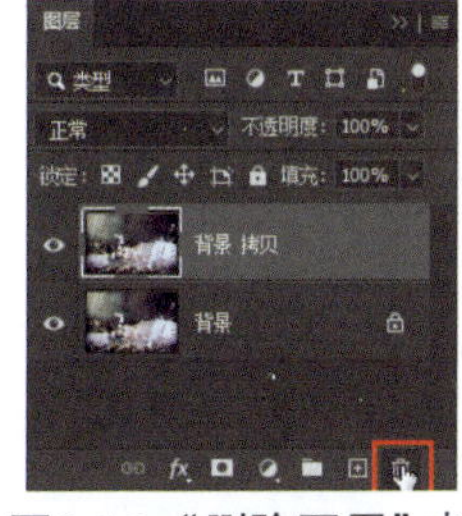

图9-76 “删除图层”按钮

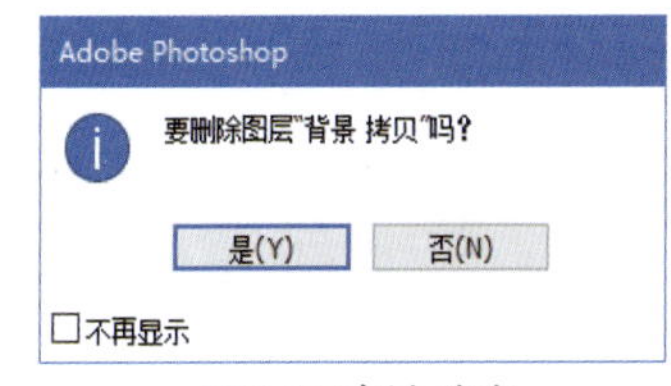

图9-77确认消息

还可以选择“图层”→“删除”→“图层”命令，或从“图层”面板的面板菜单中选择“删除图层”命令，完成图层的删除操作。

在删除图层组时，用户可以根据需求在Adobe Photoshop提示框中选择删除“组和内容”或“仅组”，如图9-78所示。

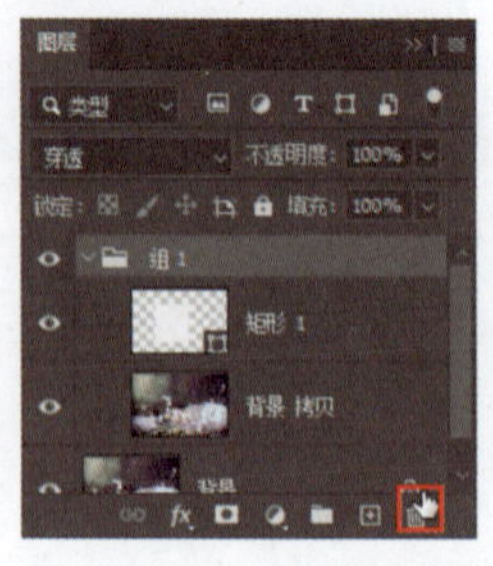

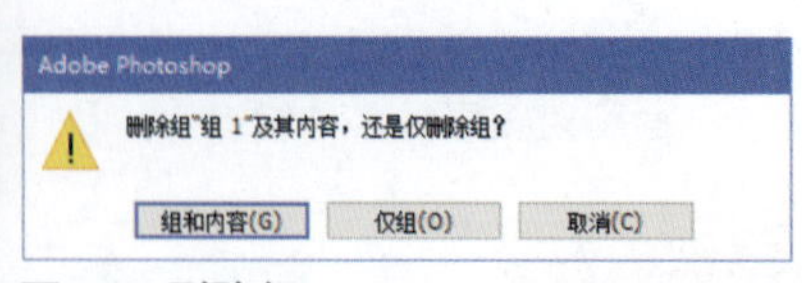

图9-78 删除组

要删除图层或组而不进行确认，用户可以选择图层或组，按住鼠标左键将其拖动到“删除图层”按钮，松开鼠标即可；按住【Alt】键（Windows）或【Option】键（Mac OS）的同时单击“删除图层”按钮；按【Delete】键也可以直接删除图层或组。如果所选图层被隐藏，则可以通过选择“图层”→“删除”→“隐藏图层”命令来删除。

Tips

用户如果想要删除链接图层，先选择一个链接图层，然后选择“图层”→“选择链接图层”命令，使所有链接图层全被选中后，再进行删除图层的操作。

9.5.2 调整图层的叠放顺序

“图层”面板中图层的叠放顺序直接关系到图像的显示效果，因此为图层排序也是一个非常基本的操作。Photoshop提供了两种调整叠放顺序的方法。

- 鼠标直接拖动：在“图层”面板中，使用鼠标可以很轻松地将图层移至所需的位置。选择需要调整叠放顺序的图层，将其拖动到相应的位置，如图9-79所示。

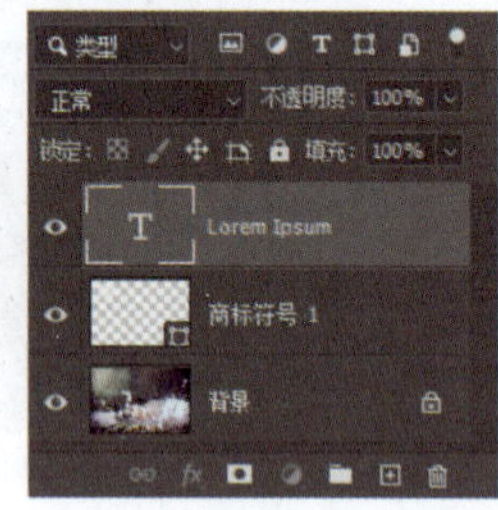

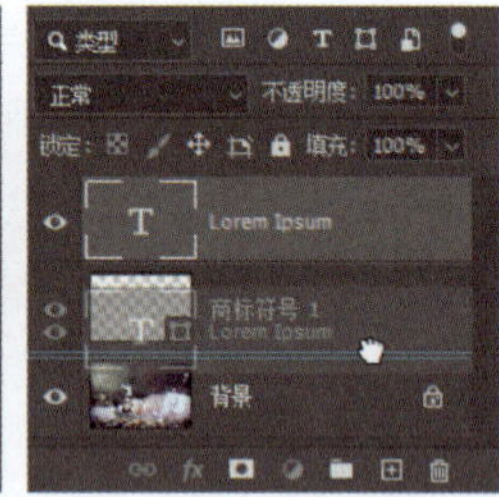

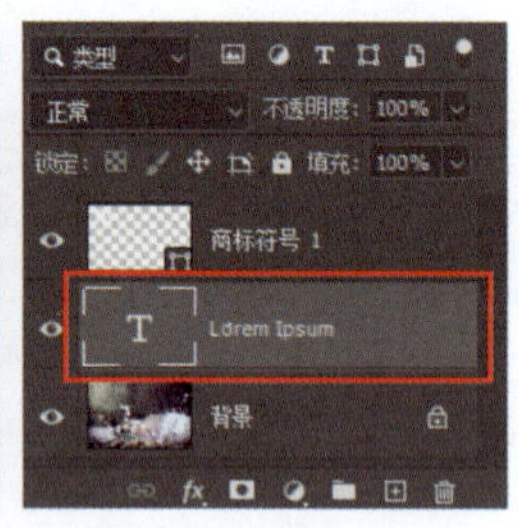

图9-79 调整叠放顺序

- “排列”命令调整：可以对当前图层执行“图层”→“排列”命令，在打开的子菜单中选择相应命令调整叠放顺序，如图9-80所示。

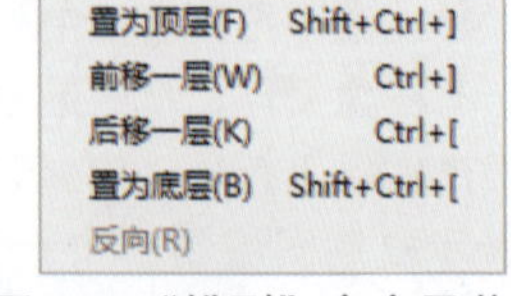

图9-80 “排列”命令子菜单

- 置为顶层：将所选图层调整到最顶层。
- 前移一层/后移一层：将所选图层向上或向下移动一个叠放顺序。
- 置为底层：将所选图层调整到最底层。
- 反向：在“图层”面板中选择多个图层，执行该命令后可以反转所选图层的叠放顺序。

Tips

如果图像中含有“背景”图层，则即使选择了“置为底层”命令，该图层仍然只能在“背景”图层上面，这是因为“背景”图层始终位于最底部的缘故。如果选择的图层位于图层组中，执行“置为顶层”或“置为底层”命令时，可以将图层调整到该图层组的最顶层或最底层。

9.5.3 锁定图层

在“图层”面板中可将图层的某些编辑功能锁住，从而避免对图像的错误编辑。单击相应的锁定图标，即可开启该功能。

Tips

即使用户单击“锁定透明像素”按钮、“锁定图像像素”按钮或“锁定位置”按钮，仍然可以调整当前图层的不透明度和图层混合模式。图层被锁定后，图层名称右侧会出现一个锁状图标，当图层完全锁定时，锁定图标是实心的；当图层被部分锁定时，锁定图标是空心的。

9.5.4 链接图层

当需要同时对多个图层进行操作时，可以将它们作为一个整体处理，即把这些图层设置为链接图层。

在“图层”面板中选中相应图层后，单击面板底部的“链接图层”按钮，在“图层”面板中图层名称的后面就会出现“链接图层”图标，表示这些图层处于链接状态，如图9-81所示。在对这些图层进行同样的变换操作时，只需选择其中一个图层即可。

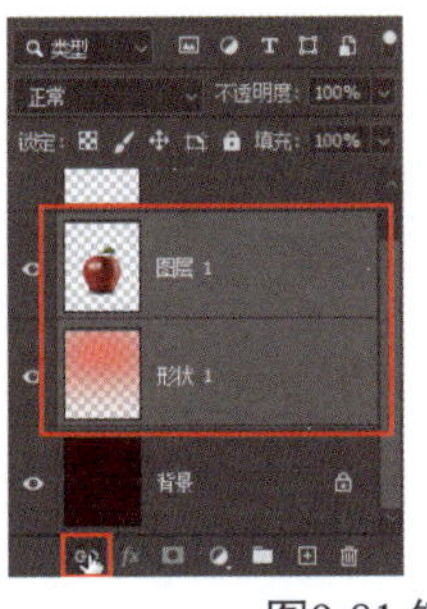

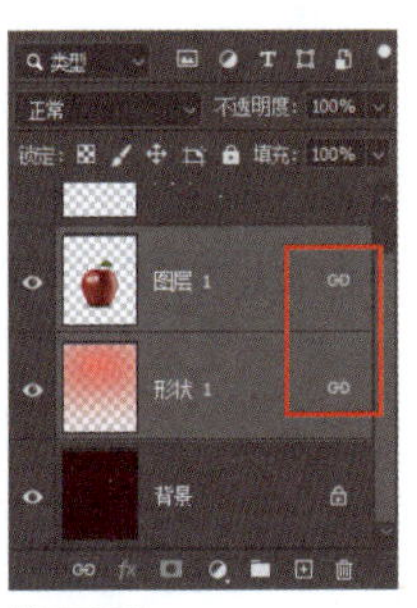

图9-81 链接图层

Tips

链接的图层只能进行变换操作，而不能进行绘图、滤镜和混合模式等操作。

9.5.5 栅格化图层

对于一些包含矢量数据的图层，如文字图层、形状图层和矢量图层等，不能使用绘画工具或滤镜。但是将这些图层栅格化，转换为普通图层后，就可以使用绘画工具和滤镜了。

选择“图层”→“栅格化”→“图层”命令，可栅格化图层，或在“图层”面板中用鼠标右键单击当前图层，在弹出的快捷菜单中选择“栅格化图层”命令，将图层栅格化，如图9-82所示。

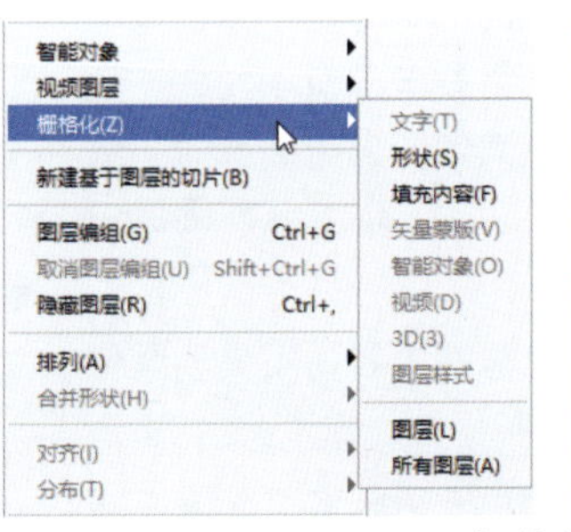

图9-82 栅格化图层

- “文字”栅格化：选择该命令，可将文字图层栅格化，即将文字图层转换为普通图层。
- “形状”栅格化：选择该命令，可栅格化形状图层，将其转换为普通图层。
- “填充内容”栅格化：选择该命令，可将填充图层栅格化为普通图层，但保留链接的图层蒙版。
- “矢量蒙版”栅格化：选择该命令，可栅格化图层中的矢量蒙版，同时将其转换为图层蒙版。
- “智能对象”栅格化：选择该命令，可栅格化智能对象图层，使其转换为普通图层。
- “视频”栅格化：当栅格化视频图层时，选定的图层将被拼合到“动画”面板中选定的当前帧中。尽管可以一次栅格化多个视频图层，但只能为顶部视频图层指定当前帧。
- “3D”栅格化：选择该命令，可栅格化3D图层，将其转换为普通图层。
- “图层样式”栅格化：选择该命令，可栅格化图层样式，如果图层样式附带蒙版，则蒙版将与图层合并。
- 图层：选择该命令，可栅格化选定图层上的所有矢量数据。
- 所有图层：选择该命令，可栅格化包含矢量数据和生成的数据的所有图层。

9.5.6 自动对齐图层

使用“自动对齐图层”命令可以根据不同图层中的相似内容（如角和边）自动对齐图层。可以指定一个图层作为参考图层，也可以让Photoshop自动选择参考图层。其他图层将与参考图层对齐，以便匹配的内容能够自行叠加。

通过使用“自动对齐图层”命令，可以用下面几种方式组合图像。

- 替换或删除具有相同背景的图像部分。对齐图像之后，可使用蒙版或混合效果将每个图像的部分内容组合到一个图像中。
- 将共享重叠内容的图像缝合在一起。
- 对于针对静态背景拍摄的视频帧，可以将帧转换为图层，然后添加或删除跨越多个帧的内容。

选择“编辑”→“自动对齐图层”命令，如图9-83所示，弹出“自动对齐图层”对话框，如图9-84所示。

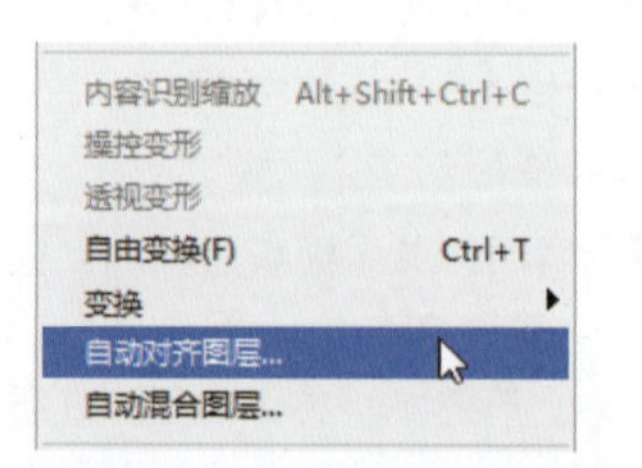

图9-83 选择“自动对齐图层”命令

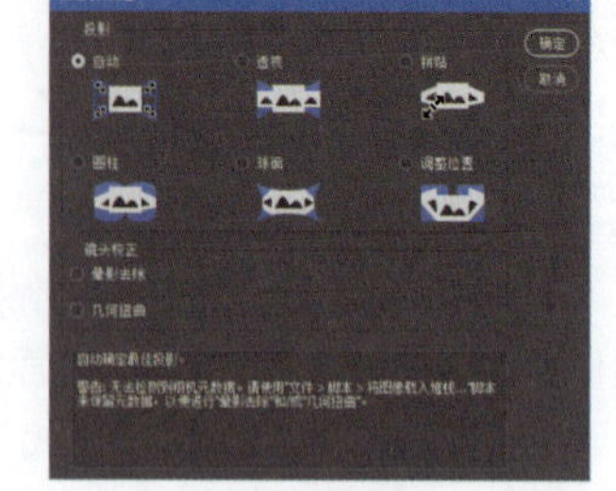

图9-84 “自动对齐图层”对话框

- 投影：系统为用户提供了6种不同形式的投影方法。
- 自动：Photoshop将分析源图像并应用“透视”或“圆柱”版面（取决于哪一种版面能够生成更好的复合图像）。
- 透视：通过将源图像中的一个图像（默认情况下为中间的图像）指定为参考图像来创建一致的复合图像，然后变换其他图像（必要时，进行位置调整、伸展或斜切），以便匹配图层中的重叠内容。
- 拼贴：对齐图层并匹配重叠内容，不更改图像中对象的形状（如圆形将保持为圆形）。
- 圆柱：通过在展开的圆柱上显示各个图像来减少在“透视”版面中会出现的“领结”扭曲，图层的重叠内容仍匹配。将参考图像居中放置，最适合于创建宽全景图。
- 球面：将图像与宽视角对齐（垂直和水平）。指定某个源图像（默认情况下是中间图像）作为参考图像，并对其他图像执行球面变换，以便匹配重叠的内容。
- 调整位置：对齐图层并匹配重叠内容，但不会变换（伸展或斜切）任何源图层。
- 镜头校正：自动校正以下镜头缺陷。
- 晕影去除：对导致图像边缘（尤其是角落）比图像中心暗的镜头缺陷进行补偿。
- 几何扭曲：补偿桶形、枕形或鱼眼失真。

应用案例 使用“自动对齐图层”命令对齐图像

源文件：源文件\第9章\9-5-6.psd

视　频：视频\第9章\使用“自动对齐图层”命令对齐图像.mp4

STEP 01 打开素材图像“素材\第9章\95601.jpg、95602.jpg、95603.jpg”，将“95602.jpg、95603.jpg”拖动到“95601.jpg”中。选中所有图层，如图9-85所示。选择“编辑”→“自动对齐图层”命令，在弹出的“自动对齐图层”对话框中进行设置，如图9-86所示。

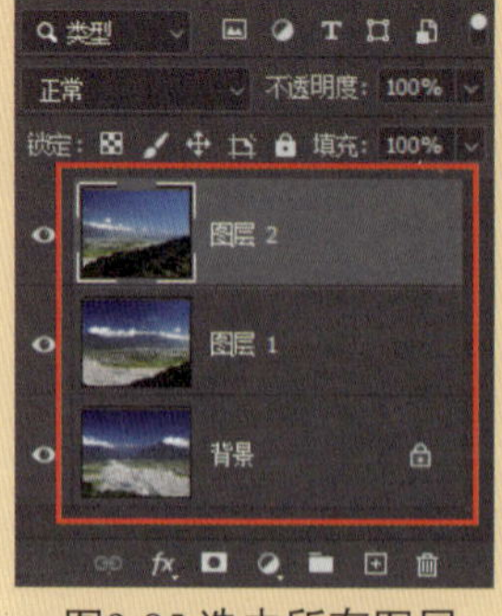

图9-85 选中所有图层

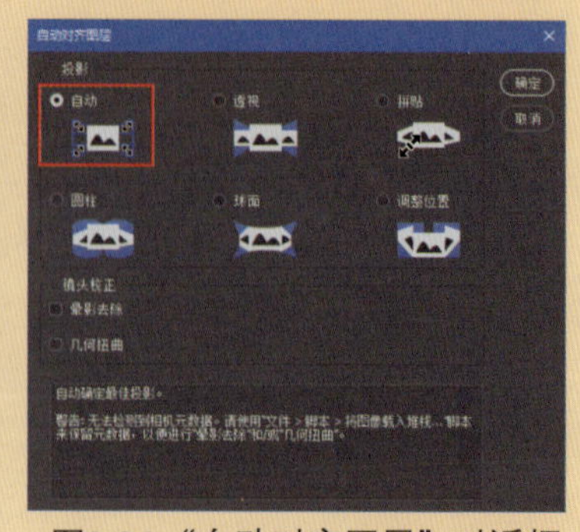

图9-86 “自动对齐图层”对话框

STEP 02 单击“确定”按钮，系统将基于内容对齐所选图层，图层也将发生改变，如图9-87所示。最终效果如图9-88所示。

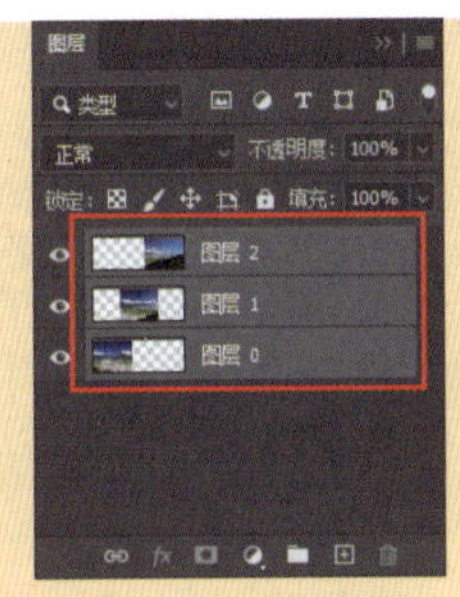

图9-87 图层效果

图9-88 最终效果

自动混合图层

使用“自动混合图层”命令可缝合或组合图像，从而在最终复合图像中获得平滑的过渡效果。

“自动混合图层”命令将根据需要对每个图层应用图层蒙版，以遮盖过度曝光或曝光不足的区域或内容差异，并创建无缝混合。

“自动混合图层”命令仅适用于RGB或灰度图像，不适用于智能对象、视频图层、3D图层或“背景”图层。

可以使用“自动混合图层”命令混合同一场景中具有不同焦点区域的多幅图像，以获取具有扩展景深的复合图像。还可以采用类似方法，通过混合同一场景中具有不同照明条件的多幅图像来创建复合图像。除了组合同一场景中的图像外，还可以将图像缝合成一个全景图。

选择“编辑”→“自动混合图层”命令，如图9-89所示。弹出“自动混合图层”对话框，如图9-90所示。

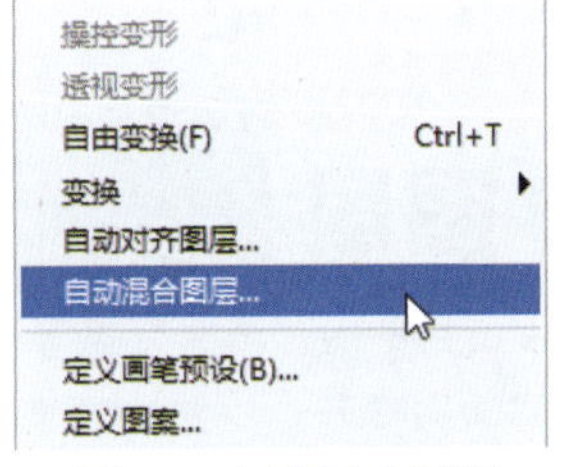

图9-89 自动混合图层

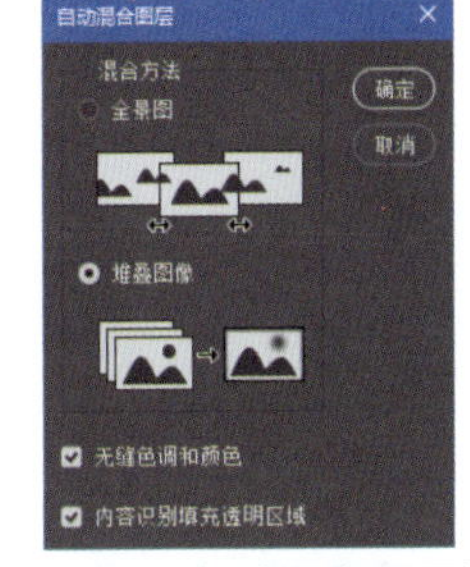

图9-90 “自动混合图层”对话框

- 全景图：将重叠的图层混合为一个全景图。
- 堆叠图像：混合每个区域中的最佳细节，适用于对齐的图像。
- 无缝色调和颜色：调整颜色和色调以便进行无缝混合。
- 内容识别填充透明区域：使用内容识别填充透明区域，以便于图层混合。

应用案例

使用“自动混合图层”命令合成图像

源文件：源文件\第9章\9-5-7. psd

视　频：视频\第9章\使用“自动混合图层”命令合成图像.mp4

STEP 01 打开素材图像“素材\第9章\95701.jpg”文件，如图9-91所示。使用“快速选择工具”将图像中的人物选中，单击“选择并遮住”按钮，在弹出的对话框中修改边缘，效果如图9-92所示。

图9-91 打开素材图像

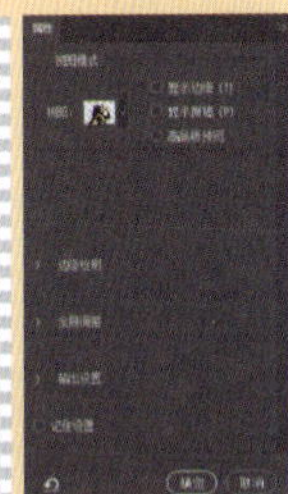

图9-92 调整边缘

STEP 02 单击“确定”按钮。选择“编辑”→“拷贝”命令。打开素材图像“素材\第9章\95702.jpg”文件，选择“编辑”→“粘贴”命令，并选择“编辑”→“自由变换”命令，调整图像效果如图9-93所示。

图9-93 粘贴对象

图9-94 选择图层

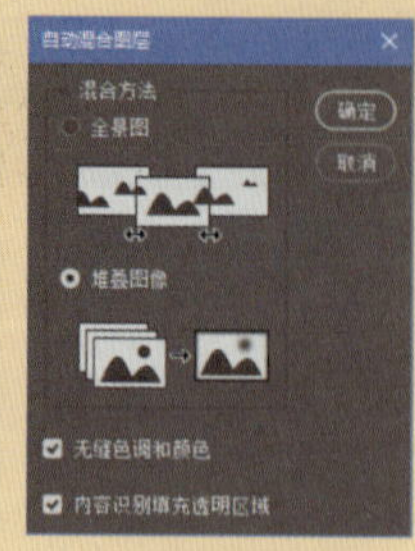

图9-95 自动混合图层

STEP 03 在“图层”面板上选择这两个图层，如图9-94所示。选择“编辑”→“自动混合图层”命令，弹出“自动混合图层”对话框，设置参数并单击“确定”按钮，如图9-95所示。

STEP 04 在弹出的提示框中单击“确定”按钮，如图9-96所示。完成后的图像效果和“图层”面板如图9-97所示。

图9-96 确认操作

图9-97 处理后的图像效果

9.6 合并图层

一个图像中图层越多，占用的内存与暂存盘等系统资源就越大，这会导致计算机的运行速度变慢。用户可以将具有相同属性的图层合并，以减小文件的占用内存。Photoshop中提供了多种合并图层的方法，接下来将逐一讲解。

9.6.1 合并多个图层或组

当需要合并两个或多个图层时，首先在“图层”面板中选中多个图层，然后选择“图层”→“合并图层”命令，或者单击“图层”面板右上角的面板菜单按钮，在打开的菜单中选择“合并图层”命令，即可完成图层的合并，如图9-98所示。

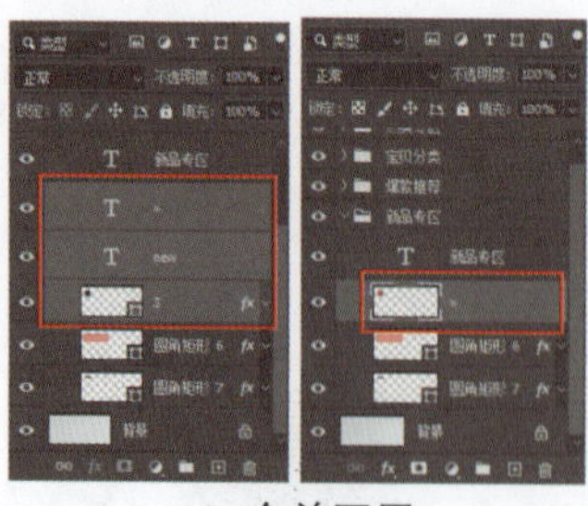

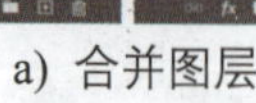

a) 合并图层

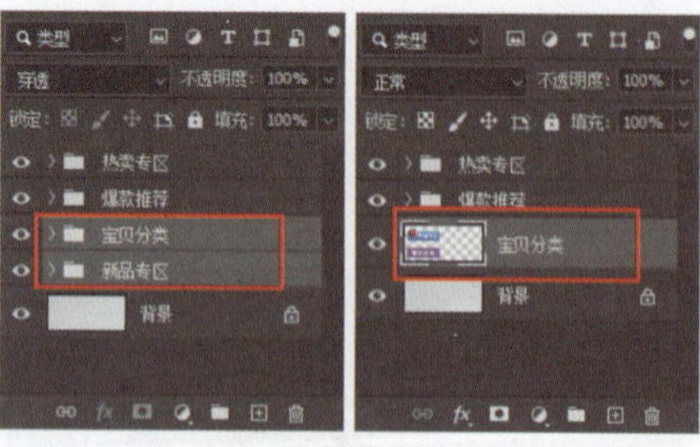

b) 合并组

图9-98 合并图层或组

9.6.2 向下合并图层

要将一个图层与它下面的图层合并，可以选择该图层，然后选择“图层”→“向下合并”命令，合并后的图层将以下方图层的名称命名，如图9-99所示。

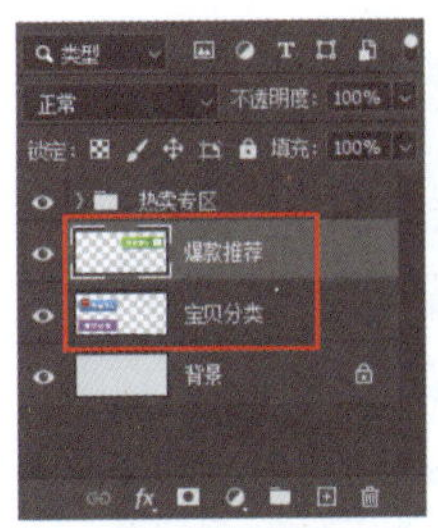
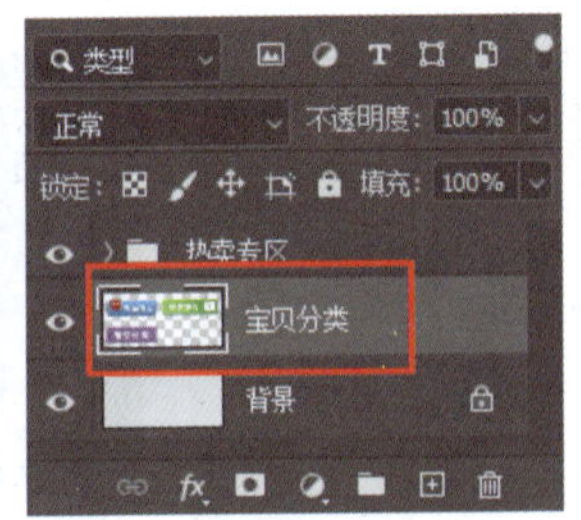

图9-99 向下合并图层

9.6.3 合并可见图层

要将所有可见图层合并为一个图层，可以选择“图层”→“合并可见图层”命令，合并后的图层将以合并前选择的图层的名称命名。

9.6.4 拼合图像

选择“图层”→“拼合图像”命令，Photoshop会将所有可见图层合并到“背景”图层中，如图9-100所示。如果有隐藏的图层，则会弹出一个提示对话框，询问是否删除隐藏的图层，如图9-101所示。

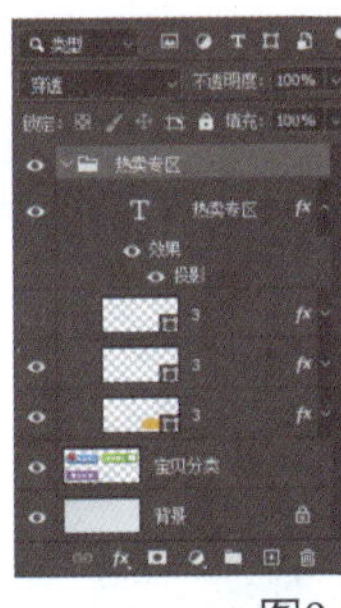
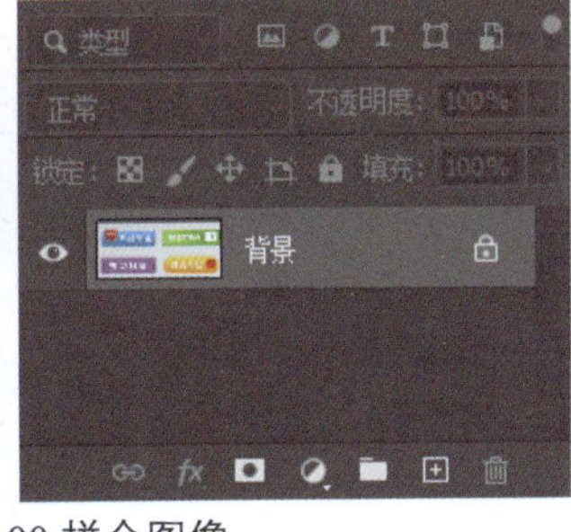

图9-100 拼合图像

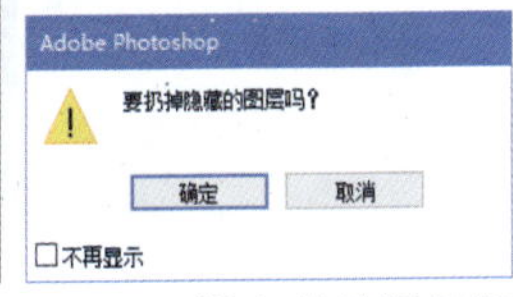

图9-101 拼合前的提示框

9.6.5 3D图层与2D图层的拼合

可以将 3D 图层与一个或多个 2D 图层合并，以创建复合效果。例如，可以对照背景图像置入模型，并更改其位置或查看角度使其与背景搭配得更加协调，如图9-102所示。图层拼合效果如图9-103所示。

图9-102 拼合图层

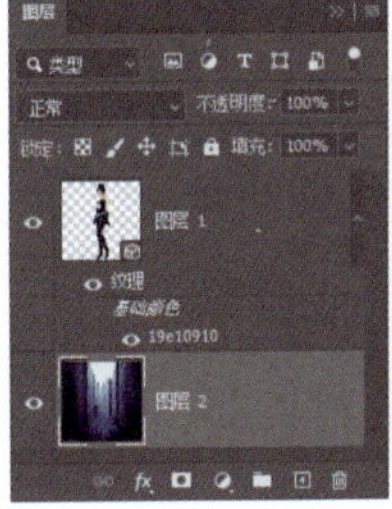
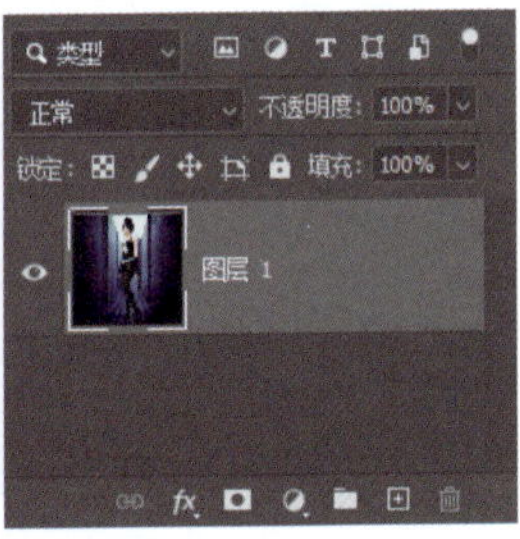

图9-103 图层拼合效果

Tips

关于 3D 功能将在本书第 16 章中详细讲解。

9.7 盖印图层

盖印图层是一种类似于合并图层的操作，它可以将多个图层的内容合并为一个目标图层，同时保持其他图层完好。如果想要得到某些图层的合并效果，而又要保持原图层完整，盖印图层是最佳的解决办法。

9.7.1 盖印单个图层

选择一个图层，按【Ctrl+Alt+E】组合键，可以将该图层中的图像盖印到下面图层中，原图像内容保持不变，如图9-104所示。

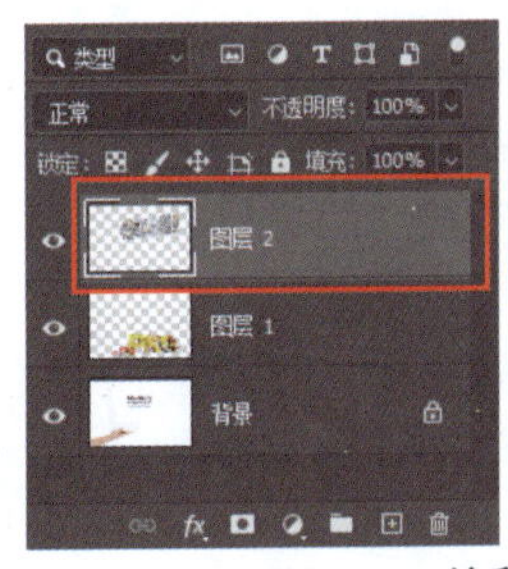
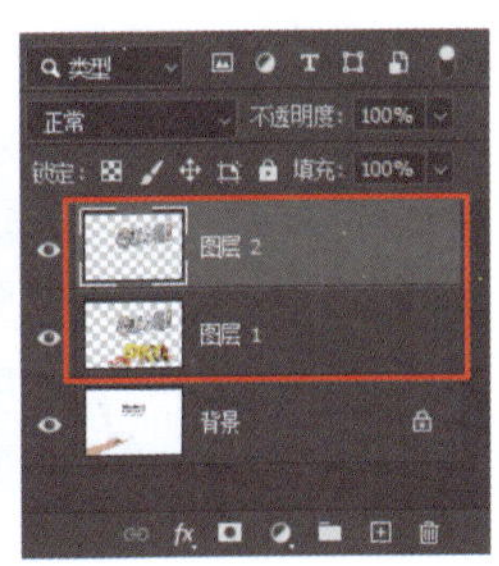

图9-104 盖印图层

在Photoshop中盖印多个图层有两种情况：一是不包括“背景”图层的盖印；二是包括“背景”图层的盖印。

9.7.2 盖印多个图层

选中多个图层，按【Ctrl+Alt+E】组合键，可以创建一个包含所有盖印图层内容的新图层，原图层内容保持不变，如图9-105所示。进行盖印的图层可以是连续的，也可以是不连续的。

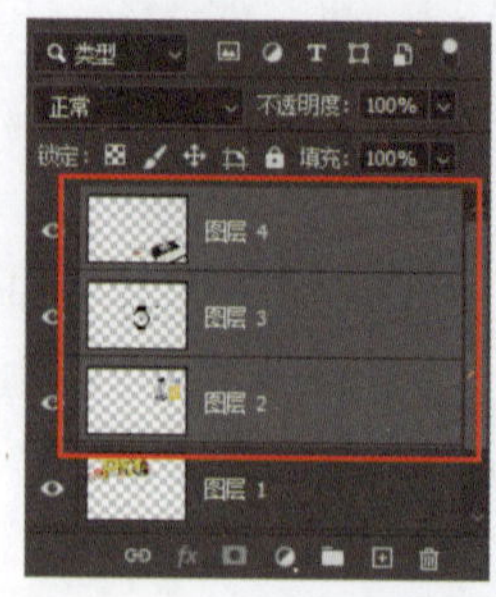
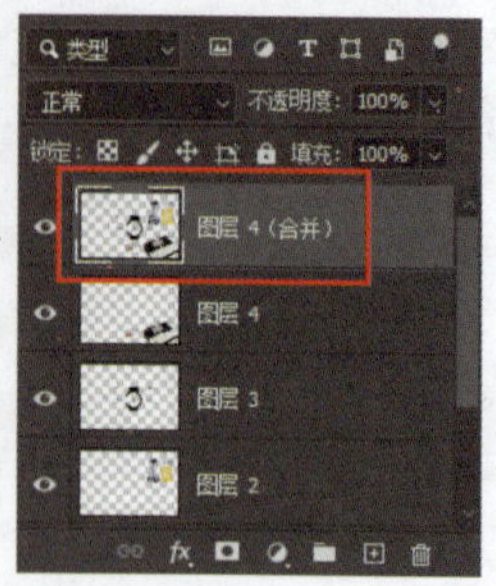

图9-105 盖印多个图层

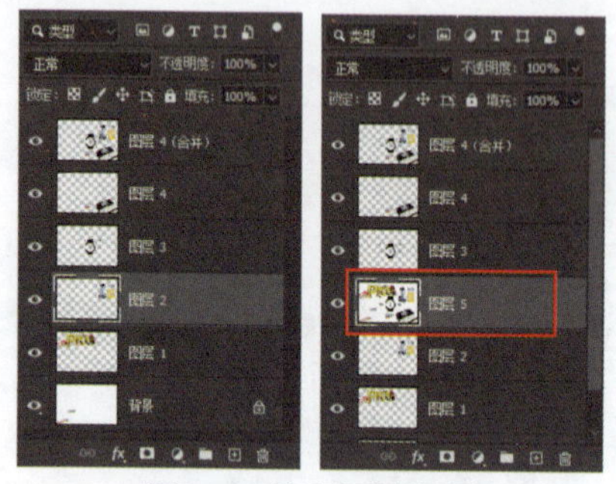

图9-106 盖印可见图层

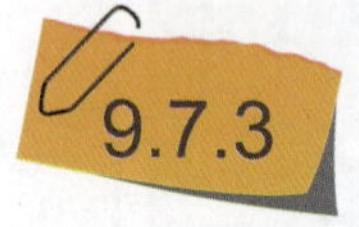

9.7.3 盖印可见图层

选择任意图层，按【Shift+Ctrl+Alt+E】组合键，可以将当前所有可见图层（包括“背景”图层）盖印至一个新的图层中，原图层内容保持不变，新盖印的图层出现在被选中图层的上面，如图9-106所示。

9.7.4 盖印图层组

在“图层”面板中选择图层组，按【Ctrl+Alt+E】组合键，可以将组中的所有图层盖印到一个新的图层中，原图层组和组中的图层内容保持不变，如图9-107所示。

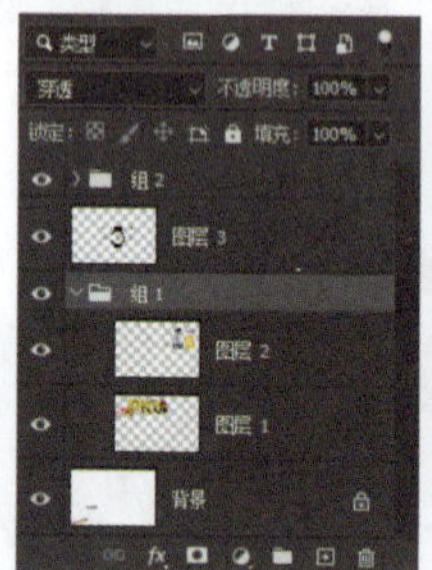
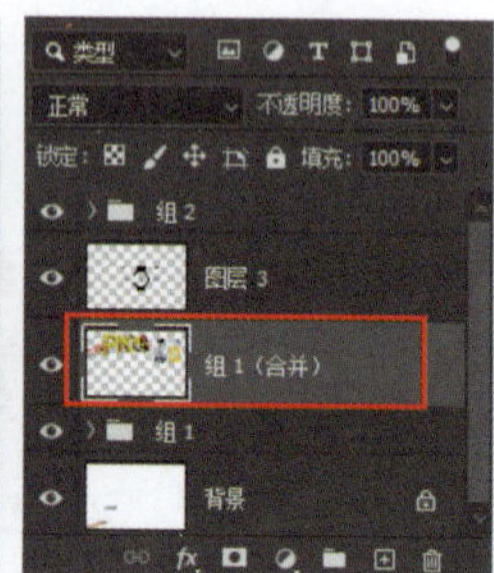

图9-107 盖印图层组

9.8 图层组

随着图像编辑的深入，图层的数量会逐渐增加，要在众多图层中找到需要的图层会很麻烦。如果使用图层组来组织和管理图层，就可以使“图层”面板中的图层结构更加清晰，也便于查找需要的图层。图层组类似于文件夹，可以将图层按照类别放在不同的图层组内。当关闭图层组后，在“图层”面板中将只显示图层组的名称。

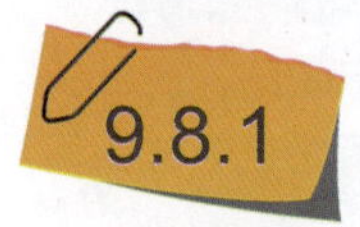

9.8.1 创建图层组

创建图层组有两种方法：一是直接单击“图层”面板中的“创建新组”按钮，就可以在当前图层上方创建图层组，如图9-108所示；二是选择“图层”→“新建”→“组”命令，弹出“新建组”对话框，输入图层组名称并设置其他选项，单击“确定”按钮，即可创建图层组，如图9-109所示。

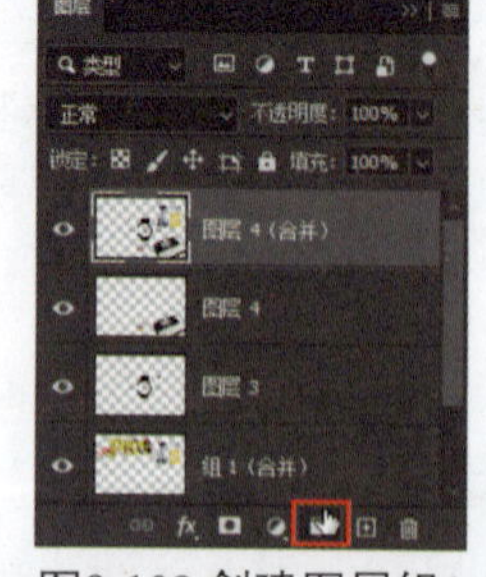

图9-108 创建图层组1

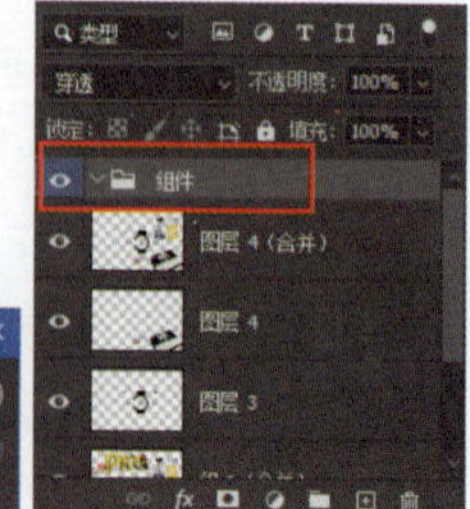

图9-109 创建图层组2

- 名称：设置图层组的名称。如果不进行设置，将默认命名为“组1”“组2”……以此类推。
- 颜色：设置图层组的颜色，与图层颜色一样用来标记图层，对图像不产生影响。
- 模式：用来设置图层组的混合模式。默认为“穿透”，表示图层组不产生混合效果。如果选择其他模式，则图层组中的图层将以该组的混合模式与下面的图层混合。
- 不透明度：用来设置图层组的不透明度，对其下面的图层无任何影响。

Tips

按住【Alt】键的同时在“图层”面板上单击“创建新组”按钮，可以打开“新建组”对话框。

如果要将多个图层创建在一个图层组内，可以先选择这些图层，然后选择“图层”→“图层编组”命令，即可将它们创建在一个图层组内，如图9-110所示。

Tips

选择“图层”→“新建”→“从图层建立组”命令，弹出“从图层新建组”对话框，设置图层组的名称、颜色和模式等属性，可以将所选图层创建在设置了特定属性的图层组内。

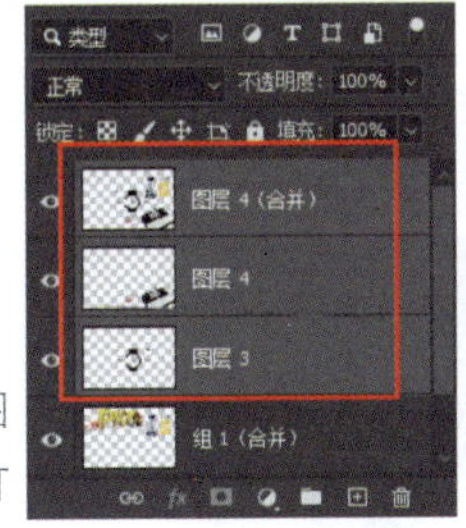
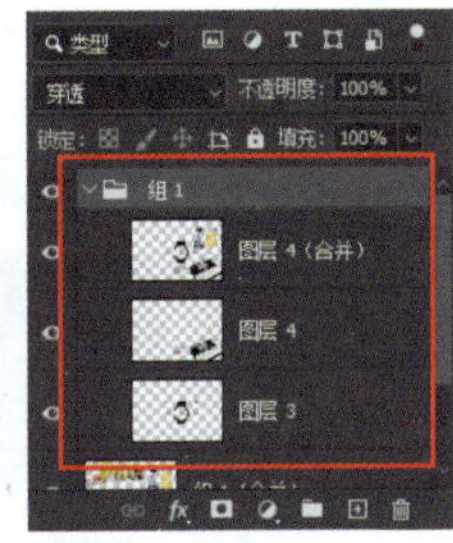

图9-110 图层编组

9.8.2 将图层移入或移出图层组

如果要移动图层到指定图层组，只需拖动该图层到图层组的名称上或图层组内任何一个位置即可。将图层组中的图层拖出图层组外，即可将其从图层组中移出。

9.8.3 取消图层组

若要取消图层编组，先选择该图层组，再选择“图层”→“取消图层编组”命令，或按【Shift+Ctrl+G】组合键，即可取消图层组。

9.9 “图层复合”面板

“图层复合”是“图层”面板状态的快照，它记录了当前文件中图层的可见性、位置和外观（包括图层的不透明度、混合模式及图层样式等），通过图层复合可以快速地在文档中切换不同版面的显示。“图层复合”面板用于创建、编辑、显示和删除图层复合，如图9-111所示。

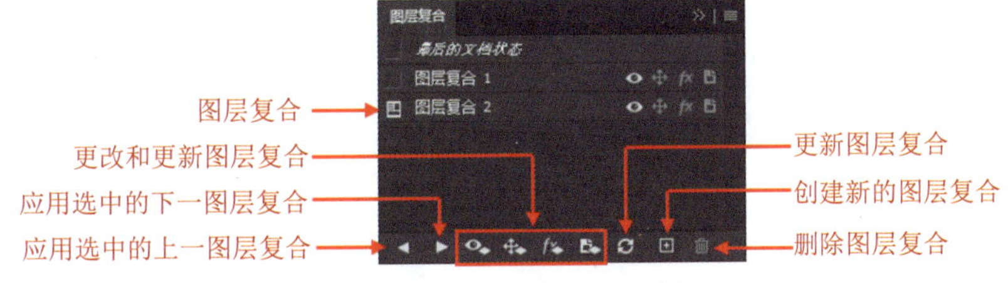

图9-111 “图层复合”面板

- 图层复合：显示该图标的图层复合为当前使用的图层复合。
- 更新图层复合：如果更改了图层复合的配置，可单击该按钮进行更新。
- 更改和更新图层复合：更改了图层的可见性、位置、样式或智能对象后，单击相应的按钮，可以单独更新图层复合的可见性、位置、样式和智能对象来记录这些更改。

- 应用选中的上一图层复合：切换到上一个图层复合。
- 应用选中的下一图层复合：切换到下一个图层复合。
- 创建新的图层复合：用来创建一个新的图层复合。
- 删除图层复合：用来删除当前创建的图层复合。
- 无法完全恢复图层复合：如果在“图层”面板中进行了删除图层、合并图层、将图层转换为背景，或者转换颜色模式等操作，有可能会影响到其他图层复合所涉及的图层，甚至不能够完全恢复图层复合，在这种情况下，图层复合名称右侧会出现警告标志，如图9-112所示。

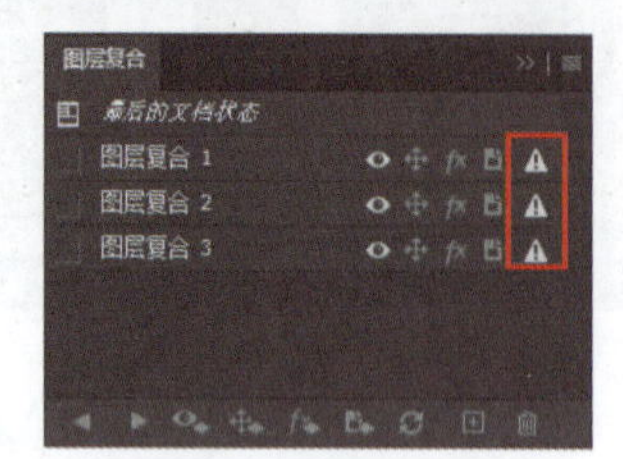

图9-112 警告标志

当出现无法完全恢复图层复合警告标志时，可以通过以下方法进行处理。

- 忽略警告：如果不对警告进行任何处理，可能会导致丢失一个或多个图层，而已存储的参数可能会保留下来。
- 更新复合：单击“更新图层复合”按钮，对图层复合进行更新，这可能导致以前记录的参数丢失，但可以使图层复合保持最新状态。
- 单击警告标志：单击警告标志，弹出一个提示对话框，说明图层复合无法正常恢复。单击“清除”按钮可清除警告，并使其余的图层保持不变，如图9-113所示。

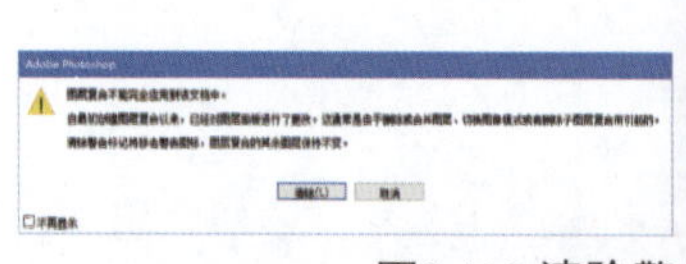
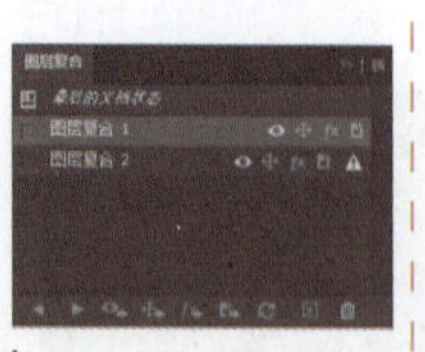

图9-113 清除警告

- 右键单击警告标志：用鼠标右键单击警告标志，在弹出的快捷键菜单中可以选择是清除当前图层复合的警告，还是清除所有图层复合的警告，如图9-114所示。

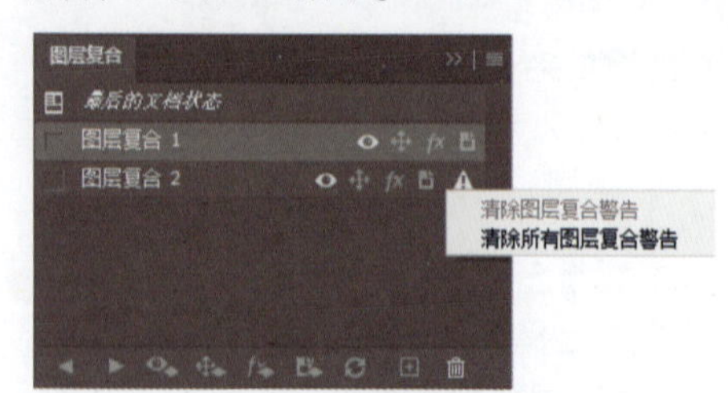

图9-114 清除警告

单击“创建新的图层复合”按钮，弹出“新建图层复合”对话框，用户可以在对其中设置图层复合的各项参数，如图9-115所示。

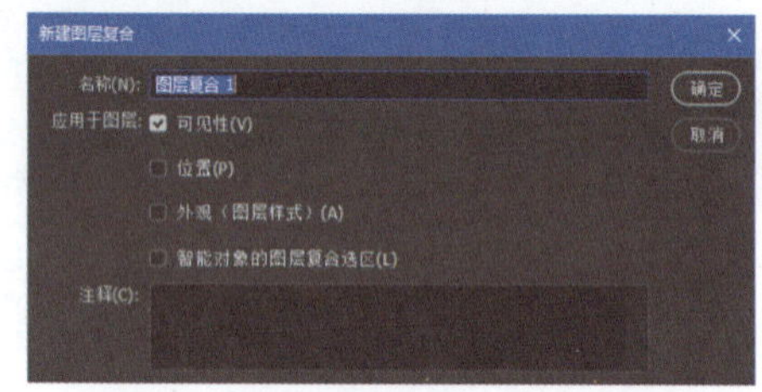

图9-115 “新建图层复合”对话框

- 名称：用来设置图层复合的名称。
- 可见性：用来记录图层是显示或是隐藏。
- 位置：用来记录图层在文档中的位置。
- 外观：用来记录是否将图层样式应用于图层和图层的混合模式。
- 智能对象的图层复合选区：如果将一个带有图层复合的文档作为智能对象存储在另外一个文档中，当用户选择所属文档中的智能对象时，用户可以在“属性”面板中查看源文件里的图层复合。此功能允许用户按照图层等级更改智能对象的状态，而无须编辑该智能对象。
- 注释：可以添加说明性注释。

通常情况下，设计师在向客户展示设计方案时，每一个方案都需要制作一个单独的文件。通过创建图层复合，就可以将页面版式的变化图稿创建为多个图层复合向客户展示。下面通过一个实例来进一步讲解“图层复合”的用途。

应用案例

使用“图层复合”在同一文件中展示多种效果

源文件：源文件\第9章\9-9. psd

视 频：视频\第9章\使用“图层复合”在同一文件中展示多种效果.mp4

STEP 01 打开素材图像“素材\第9章\99101.jpg”，如图9-116所示。单击工具箱中的“横排文字工具”按钮，在画布中单击，打开“字符”面板，参数设置如图9-117所示。

STEP 02 设置完成后，在画布中输入文字，单击“移动工具”按钮，调整文字位置，如图9-118所示。打开素材图像“素材\第9章\99102.tif”，使用“移动工具”将其拖动到99101.jpg文件中，如图9-119所示。

图9-116 打开素材图像

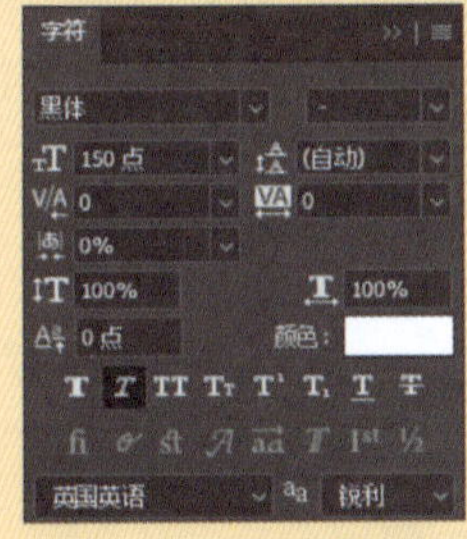
图9-117 “字符”面板

图9-118 文字效果

图9-119 导入图像

STEP 03 选择“窗口”→“图层复合”命令，打开“图层复合”面板。单击“图层复合”面板中的“创建新的图层复合”按钮，弹出“新建图层复合”对话框，设置参数如图9-120所示。单击“确定”按钮，创建一个新的图层复合案例，如图9-121所示。

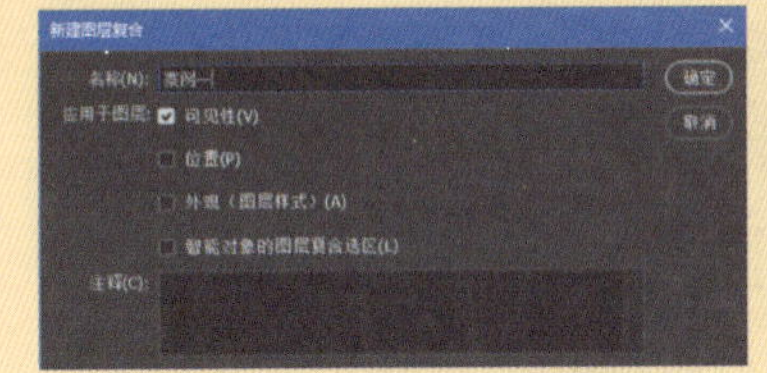
图9-120 设置图层复合参数

图9-121 “图层复合”面板

STEP 04 切换到“图层”面板中，将“图层1”图层隐藏，如图9-122所示。选择“文件”→“打开”命令，打开素材图像“素材\第9章\99103.tif”，使用“移动工具”将其拖动到99101.jpg文件中，如图9-123所示。

STEP 05 切换到“图层复合”面板，单击“图层复合”面板中的“创建新的图层复合”按钮，弹出“新建图层复合”对话框，设置参数如图9-124所示。单击“确定”按钮，创建一个新的图层复合案例，如图9-125所示。

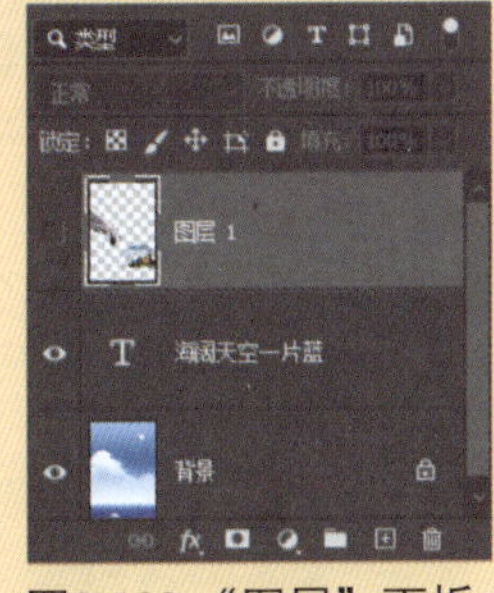
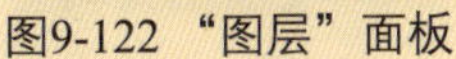
图9-122 “图层”面板

图9-123 导入图像

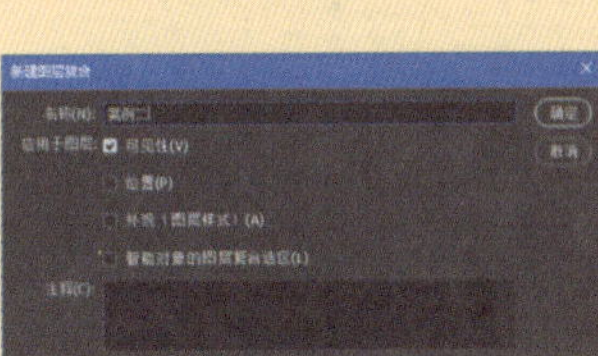
图9-124 设置图层复合参数

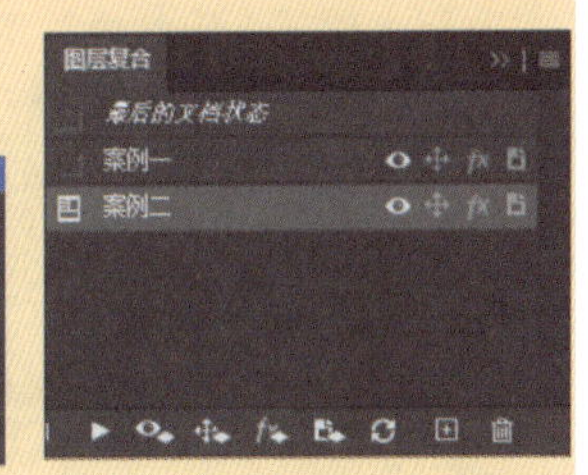
图9-125 “图层复合”面板

STEP 06 通过图层复合记录了两套设计方案，在“图层复合”面板中的“案例一”和“案例二”的名称前单击，显示出应用图层复合图标，图像窗口中将会显示此图层复合记录的快照，如图9-126所示。可以在“图层复合”面板中单击◀和▶按钮循环切换。

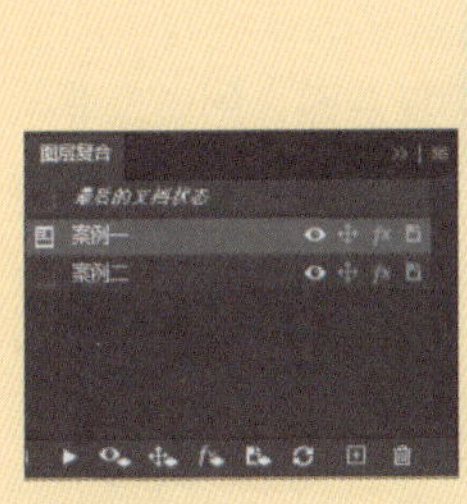

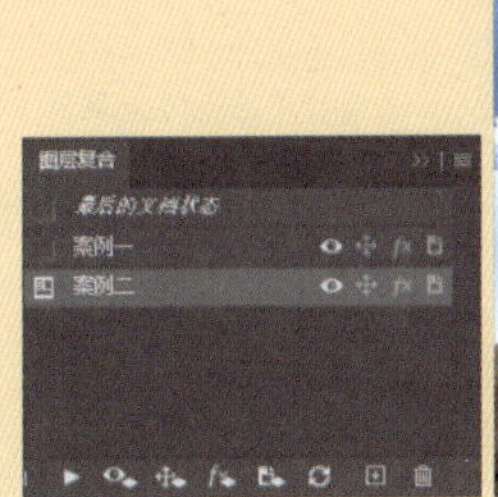

图9-126 图层复合快照效果

9.10 专家支招

图层是Photoshop中非常重要的一个知识点，通过对图层的深入学习可以帮助用户制作出更丰富的图像效果。

9.10.1 生成图像资源

JPEG、PNG或GIF图像资源可以从PSD文件图层或图层组中的内容生成。从 PSD 文件生成图像资源对于多设备Web设计来说尤其有用。

打开PSD文件后，选择“文件”→“生成”→“图像资源”命令，可将适当的文件格式扩展（JPG、PNG或GIF）添加到要从中生成图像资源的图层或图层组的名称中。图像资源生成功能针对当前文档启用，要禁用当前文档的图像资源生成功能，可重新选择“文件”→“生成”→“图像资源”命令。

9.10.2 合理管理图层

在编辑图像时，大部分用户习惯建立大量的图层。过量的图层不但不利于查找，也不便于修改。合理使用图层，不但可以使图像内容丰富，也方便修改。当使用Photoshop手绘图像时，有时需要大量的图层，这时可以将图像的各个部分编组，使用图层组可以方便、快捷地查找和修改图层内容。

9.10.3 使用中性色填充图层

不能将某些滤镜（如“光照效果”滤镜）应用于没有像素的图层。在“新建图层”对话框中选择“填充（模式）中性色”选项可以解决这个问题，因为这样会首先使用预设的中性色来填充图层，将依据图层的混合模式来分配这种不可见的中性色。

如果不应用效果，用中性色填充对其余图层没有任何影响。“填充中性色”选项不可用于使用了“正常”“溶解”“实色混合”“色相”“饱和度”“颜色”或“明度”模式的图层。

9.11 总结扩展

图层是Photoshop中的一项重要功能，也是图像创建工作流程的构建块。简单地调整图像时，不一定需要使用图层，但是使用图层能够提高工作效率，而且对于大多数非破坏性图像的编辑而言是必需的。

9.11.1 本章小结

本章讲解了图层的创建、编辑及如何使用图层组等应用技巧。本章对图层基础知识的讲解比较细致，读者需要认真领会，因为图层直接关系到图像处理的基础操作，对于复杂图像的处理非常重要，如图像合成、特效制作等都离不开图层。图层并非简单地罗列，而是一种艺术，这一点相信读者在学习完本章后会深有体会。

9.11.2 举一反三——三折页的设计

案例文件：	源文件\第9章\9-11-2.psd
视频文件：	视频\第9章\三折页的设计.mp4
难易程度：	★★☆☆☆
学习时间：	15分钟

（1）

（2）

（3）

（4）

1. 新建文档，拖出参考线。
2. 使用“矩形工具”绘制图形，并将相应的素材拖入到新建文档中。
3. 使用“横排文字工具”输入文本，并对文字进行相应的调整。使用“直线工具”和“钢笔工具”在画布中绘制图像。
4. 使用相同的方法完成其他内容的制作。

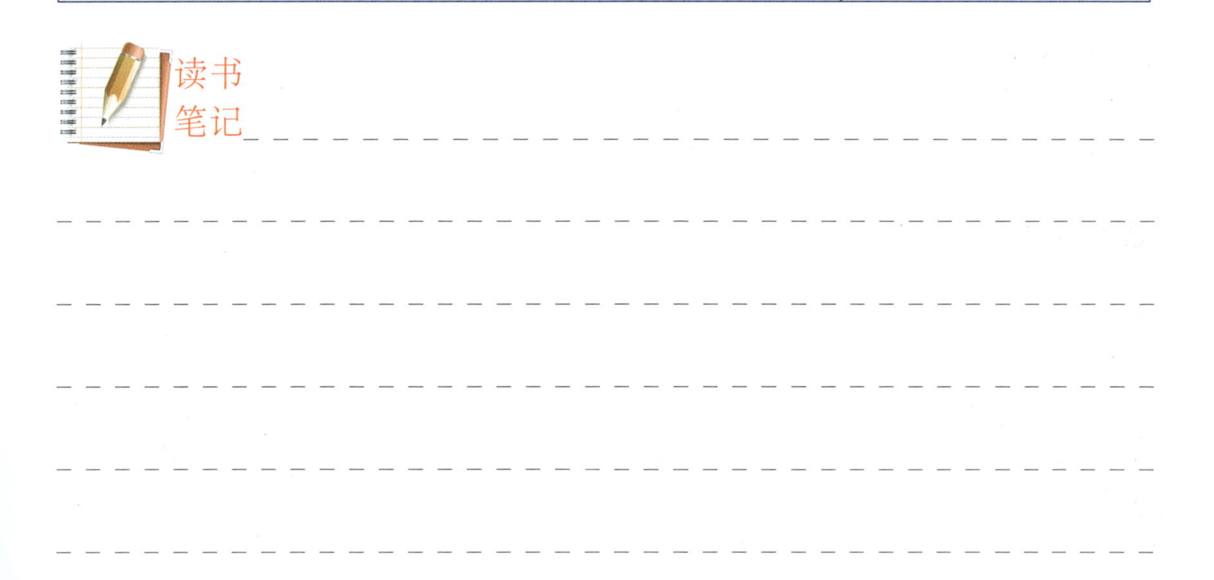

读书笔记

第10章 图层的高级操作

Photoshop提供了多种图层混合模式和透明度的功能，可以将两个图层的像素通过各种形式很好地融合在一起。除此之外，还可以通过为图层中的图像添加不同的图层样式创建奇特的效果，如阴影、发光、斜面和浮雕等。灵活使用图层样式，可以创作出更有创意和质感的作品。

本章学习重点

第214页
使用混合模式辅助照片上色

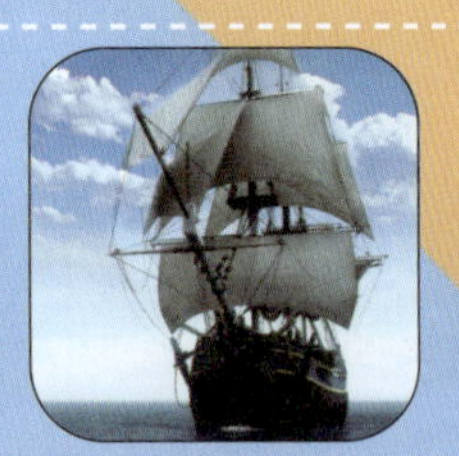

第215页
使用“混合颜色带”添加云朵

第227页
为图像填充纯色

第238页
使用“去边”命令提高抠图合成效果

10.1 设置图层的混合效果

图层的混合效果是Photoshop中一项非常重要的功能，其原理和使用也比较难以理解和掌握，利用图层的混合效果可以创作出很多意想不到的图像效果。

10.1.1 图层的“不透明度”

在“图层”面板中有两个控制图层不透明度的选项：“不透明度”和“填充”。

- 不透明度：用于控制图层、图层组中绘制的像素和形状的不透明度，如果对图层应用了图层样式，则图层样式的不透明度也会受到该值的影响。
- 填充：只影响图层中绘制的像素和形状的不透明度，不会影响图层样式的不透明度。

图10-1所示为分别调整图层“填充”和“不透明度”的效果。

a) 原图　b) “填充”为0%　c) “不透明度”为50%

图10-1 调整填充不透明度

快速改变图层的不透明度。

除了使用画笔工具、图章工具、橡皮擦工具等绘画和修饰工具外，按键盘中的数字键也可快速修改图层的不透明度。例如，按【5】键，不透明度会变为50%；按【0】键，不透明度会恢复为100%。

Tips

“背景”图层或锁定图层的不透明度是无法被更改的。只有将“背景”图层转换为支持透明度的普通图层，才能更改其不透明度。

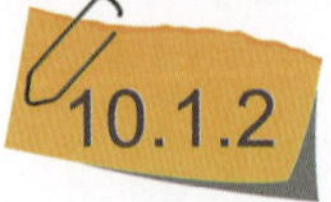

10.1.2 图层和图层组的“混合模式”

图层的“混合模式”是Photoshop中非常重要的功能，通过使用不同的混合模式可以实现不同的图像效果。使用混合模式可减少图像的细节，提高或降低图像的对比度，制作出单色的图像效果等。在“混合模式”下拉列表框中包括27种混合模式，如图10-2所示。

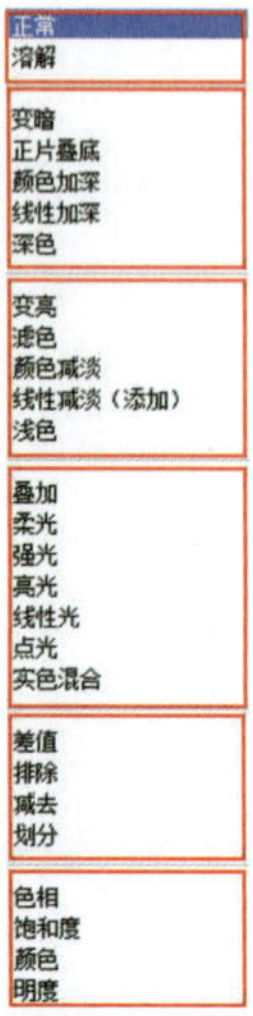

正常
溶解

变暗
正片叠底
颜色加深
线性加深
深色

变亮
滤色
颜色减淡
线性减淡（添加）
浅色

叠加
柔光
强光
亮光
线性光
点光
实色混合

差值
排除
减去
划分

色相
饱和度
颜色
明度

图10-2 “混合模式”下拉列表框

下面通过不同的图层混合模式的效果对比来了解图层的“混合模式”。打开一副背景图像，并拖入另一副素材图像，如图10-3所示，设置不同的混合模式的效果如图10-4所示。

图10-3 图像及“图层”面板

图10-4 混合模式效果

当文档中包含图层组时，图层组的默认混合模式为“穿透”，表示图层组没有混合属性。为图层组选取其他混合模式时，可以有效地更改图像各个组成部分的合成顺序。首先会将图层组中的所有图层放在一起，然后这个复合的图层组会被视为一幅单独的图像，并利用所选混合模式与图像的其余部分混合。

图10-4 混合模式效果（续）

应用案例

使用混合模式辅助照片上色

源文件：源文件\第10章\10-1-2. psd

视 频：视频\第10章\使用混合模式辅助照片上色.mp4

STEP 01 选择“文件”→“打开”命令，打开素材图像“素材\第10章\101201.jpg”，如图10-5所示。复制“背景”图层，得到“背景 拷贝”图层，如图10-6所示。

STEP 02 将“背景 拷贝”图层的混合模式设置为“柔光”，将照片整体提亮。新建一个“纯色”调整图层，设置RGB值为（255、243、236），“不透明度”为80%，如图10-7所示。

图10-5 打开素材图像

图10-6 复制“背景”图层

STEP 03 将“前景色”设置为黑色，使用画笔工具在蒙版中涂抹，设置图层混合模式为“颜色”，最终效果如图10-8所示。

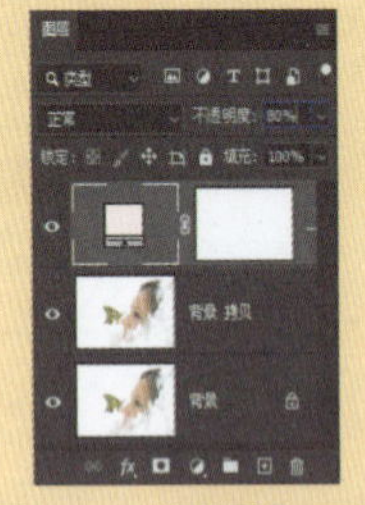

图10-7 “图层”面板

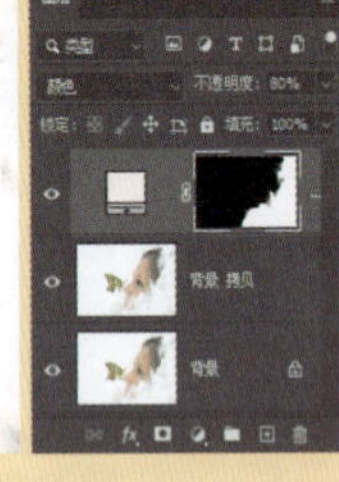

图10-8 最终效果

10.1.3 设置混合选项

除了可以使用图层的“混合模式”和“不透明度”混合图层外，Photoshop还提供了一种高级混合图层的方法，即使用“混合选项”功能进行混合。

选择一个图层，选择“图层”→“图层样式”→“混合选项”命令，或双击该图层缩览图，打开“图层样式”对话框，选择“混合选项”选项。

“常规混合”选项组中的“不透明度”和“混合模式”与“图层”面板中对应选项的作用相同。“高级混合”选项组中的“填充不透明度”与“图层”面板中的“填充”作用相同，如图10-9所示。

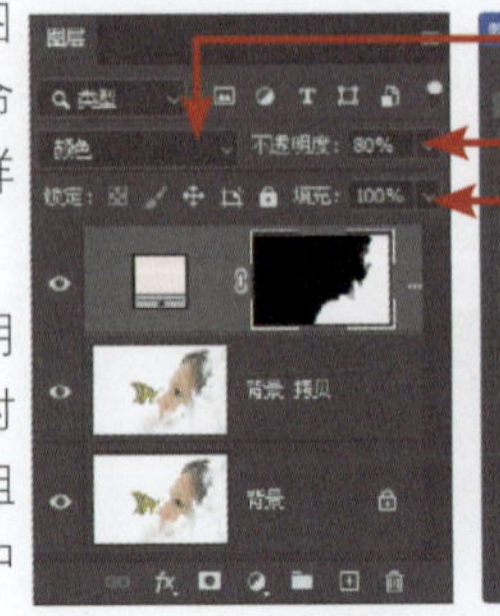
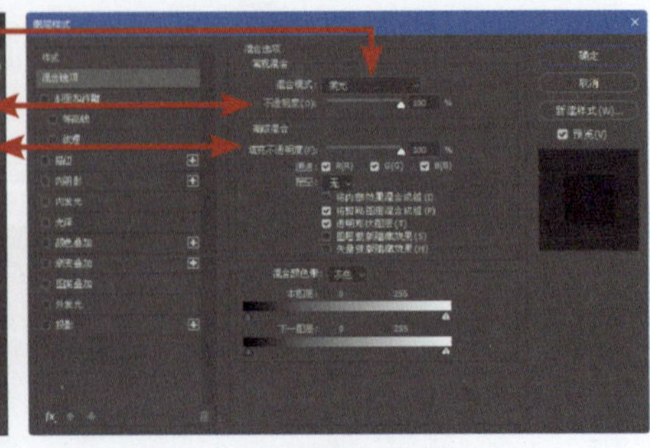

图10-9 “混合选项”与“图层”面板

- 常规混合：此选项组中提供了一般图层混合的方式，可以设置混合模式和不透明度。
- 高级混合：此选项组中提供了高级混合选项，各选项的功能如下：
- 填充不透明度：用于设置不透明度。其填充内容由“通道”选项中选中的R、G、B复选框来控制（R、G、B为RGB模式的三原色通道），默认为全部通道。如果取消选择R、G复选框，那么在图像中就只显示B（蓝色）通道的内容，而隐藏R（红色）和G（绿色）通道的内容。
- 挖空：透过当前图层显示出下面图层的内容。在创建挖空时，首先应将挖空图层放在被穿透的图层之上，然后将需要显示出来的图层设置为背景，再降低“填充不透明度”的数值，最后在“挖空”下拉列表框中选择一个选项，选择“无”选项表示没有创建挖空，选择“浅”选项或“深”选项，可以挖空到“背景”图层。如果文档中没有“背景”图层，则无论选择“浅”还是“深”选项，都会挖空到透明区域。

Tips 图层组对挖空的影响。

如果当前图层位于一个图层组中，并且该图层组使用的是默认混合模式（“穿透”模式），那么选择“浅”选项时，挖空效果只限于该图层组；选择“深”选项可挖空到背景。如果没有背景，则挖空到透明。如果图层组使用了其他混合模式，则“浅”和“深”挖空都将被限制在该图层组。

- 将内部效果混合成组：在对添加了“内发光”“颜色叠加”“渐变叠加”和“图案叠加”效果的图层设置挖空时，如果选择“将内部效果混合成组”复选框，则添加的样式不会显示，它们将作为整个图层的一个部分参与到混合中。
- 将剪贴图层混合成组：选择此复选框，可挖空同一剪贴组图层中的每一个成员。
- 透明形状图层：用来限制样式或挖空效果的范围。选择该复选框时，将图层样式或挖空效果限定在图层的不透明区域；取消选择该复选框，将在整个图层范围内应用这些效果。
- 图层蒙版隐藏效果：用来定义图层效果在图层蒙版中的应用范围。如果在添加了图层蒙版的图层上应用图层样式，选择该复选框时，图层蒙版中的效果不会显示。
- 矢量蒙版隐藏效果：用来定义图层效果在矢量蒙版中的应用范围。如果在添加了矢量蒙版的图层上应用图层样式，选择该复选框，矢量蒙版中的效果不会显示。
- 混合颜色带：用来控制当前图层与下方图层混合时显示哪些像素。若选择“灰色”选项，表示作用于所有通道；若选择“灰色”之外的选项，则表示作用于图像中的某一原色通道。在“混合颜色带”选项下方有两个滑动条，拖动“本图层”滑动条上的滑块，可以设置图层中的哪些像素与下一图层进行色彩混合。用户可以按住【Alt】键并拖动合在一起的滑块将其分开。

Tips

“本图层”与“下一图层”滑动条的取值范围是0～255，它们所控制的是像素色彩的色调。例如选择R复选框时，即表示控制的是红颜色0～255的色调。

应用案例 使用“混合颜色带”添加云朵

源文件：源文件\第10章\10-1-3. psd

视　频：视频\第10章\使用“混合颜色带”添加云朵.mp4

STEP 01 打开素材图像“素材\第10章\101301.jpg”，如图10-10所示。继续打开素材图像“素材\第10章\101302.jpg”，将其拖入之前的图像中并调整位置和大小，“图层”面板如图10-11所示。

STEP 02 选择“图层”→“图层样式”→“混合选项”命令，弹出“图层样式”对话框，设置参数如图10-12所示。设置完成后单击“确定”按钮，得到的图像效果如图10-13所示。

图10-10 打开素材图像

图10-11 “图层”面板

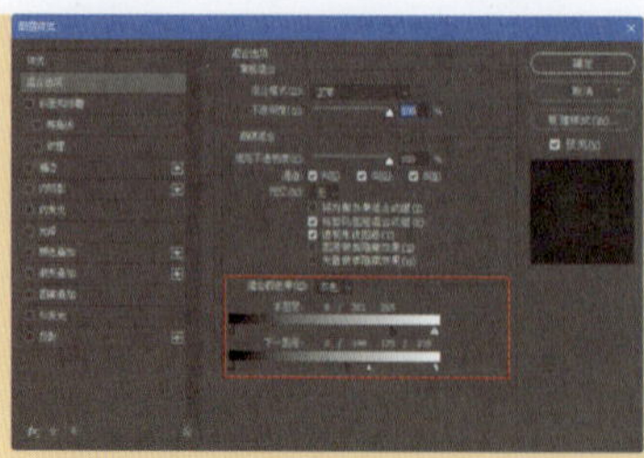

图10-12 “图层样式”对话框

图10-13 图像混合效果

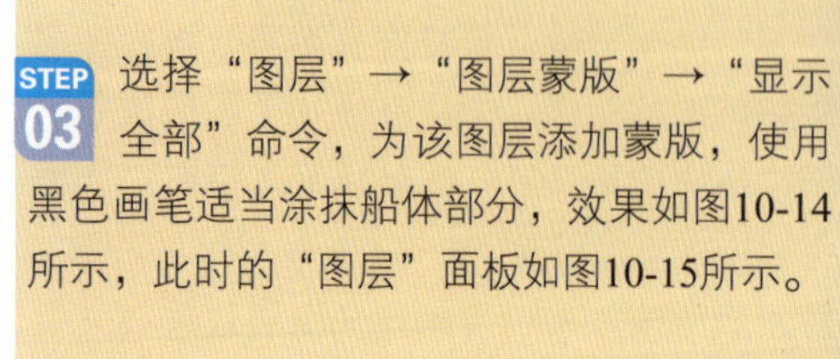

STEP 03 选择“图层”→“图层蒙版”→“显示全部”命令，为该图层添加蒙版，使用黑色画笔适当涂抹船体部分，效果如图10-14所示，此时的“图层”面板如图10-15所示。

图10-14 图像效果

图10-15 “图层”面板

Tips 如何避免色调变化过于激烈导致效果不自然。

如果按住【Alt】键并拖动“本图层”或“下一图层”滑动条上的三角形滑块，可以将它分割为左右两个半三角。此时，可制作出一个渐变的效果，即在左右两个半三角形区域间的像素会有部分混合而产生一种渐变效果。这样可以避免混合时色调变化过于激烈，进而导致图像效果不自然。

10.2 应用图层样式

图层样式是Photoshop最具吸引力的功能之一，使用它可以为图像添加阴影、发光、斜面、叠加和描边等效果，从而创建具有真实质感的金属、塑料、玻璃和岩石效果。

下面将介绍几种打开“图层样式”对话框的方法。

- 选择“图层”→“图层样式”子菜单中的样式命令，可打开“图层样式”对话框，并进入到相应效果的设置面板。
- 在“图层”面板中单击“添加图层样式”按钮，在打开的下拉列表框中选择任意一种样式，可以打开“图层样式”对话框，并进入到相应效果的设置面板。
- 双击相应图层缩览图的空白区域，也可以打开“图层样式”对话框。在对话框左侧选择要添加的图层样式，即可切换到该样式的设置面板。

在Photoshop中可以在“图层样式”对话框中完成10种图层样式的添加，如图10-16所示，如果在图层中添加了样式，则该样式名称前面的复选框将显示✔标记。

单击一个样式的名称，可以选中该样式，对话框的右侧显示与之对应的选项。如果选择效果名称前的复选框，则可以应用该效果，但不会显示效果选项。

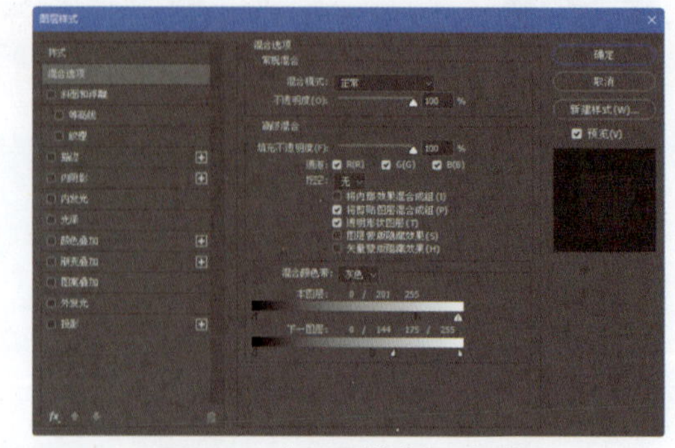

图10-16 “图层样式”对话框

Tips

“背景”图层不能添加图层样式。如果要为其添加样式，需要先将“背景”图层转换为普通图层。对于像素图层而言，可以直接双击图层缩览图弹出“图层样式”对话框；对于形状图层而言，则需要双击缩览图的空白区域，若双击缩览图部分会弹出设置填充颜色的对话框。

完成图层样式的设置以后，单击“确定”按钮即可生效，该图层右侧会出现一个图层样式标志，如图10-17所示。单击该标志右侧的按钮可折叠或展开样式列表，如图10-18所示。

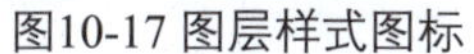

图10-17 图层样式图标

图10-18 折叠样式列表

10.2.1 斜面和浮雕

“斜面和浮雕”样式是最复杂的一种图层样式，可以对图层添加高光与阴影的各种组合，模拟现实生活中的各种浮雕效果。“斜面和浮雕”样式各选项的含义如下：

- 样式：在该下拉列表框中可选择斜面和浮雕的样式，共有“外斜面”“内斜面”“浮雕效果”“枕状浮雕”和“描边浮雕”5种样式可供选择。图10-19所示为常用的3种样式的应用效果。

a) 外斜面　b) 浮雕效果　c) 枕状浮雕

图10-19 “斜面和浮雕”样式

- 方法：用来选择创建浮雕的方法，该下拉列表框中提供了“平滑”“雕刻清晰”和“雕刻柔和”3种方法，效果如图10-20所示。

a) 平滑　b)雕刻清晰　c) 雕刻柔和

图10-20 “斜面和浮雕”方法

- 深度：用来设置浮雕斜面的应用深度。该值越大，浮雕的立体感越强。
- 方向：定位源角度后，可通过该选项设置高光和阴影的位置。选中“上”单选按钮，高光位于上面；选中“下”单选按钮，高光位于下面。
- 大小：用来设置斜面和浮雕中阴影面积的大小。
- 软化：用来设置斜面和浮雕的柔和程度。该值越大，效果越柔和。
- 角度/高度：“角度”选项用来设置光源的照射角度；“高度”选项用于设置光源的高度。要调整这两个参数，可以在相应的文本框中输入数值，也可以拖动圆形图标内的指针来进行操作，效果如图10-21所示。如果选择“使用全局光”复选框，所有浮雕样式的光照角度可保持一致。

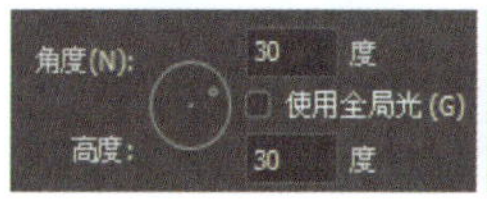

图10-21 不同的光照角度

- 光泽等高线：可以选择一个等高线样式，为斜面和浮雕表面添加光泽，创建具有光泽的金属外观浮雕效果。
- 消除锯齿：可以消除由于设置了“光泽等高线”而产生的锯齿。
- 高光模式：用来设置高光的混合模式、颜色和不透明度。
- 阴影模式：用来设置阴影的混合模式、颜色和不透明度。

应用案例

为图像添加浮雕效果

源文件：源文件\第10章\10-2-1. psd

视　频：视频\第10章\位图像添加浮雕效果.mp4

STEP 01 打开素材图像“素材\第10章\102201.psd”，如图10-22所示，选中需要添加“斜面和浮雕”效果的图层，如图10-23所示。

STEP 02 单击“图层”面板底部的“添加图层样式”按钮fx，在打开的下拉列表框中选择“斜面和浮雕”选项，弹出“图层样式”对话框，设置参数如图10-24所示，单击“确定”按钮，为图像添加“斜面和浮雕”样式效果，如图10-25所示。

图10-22 打开素材图像

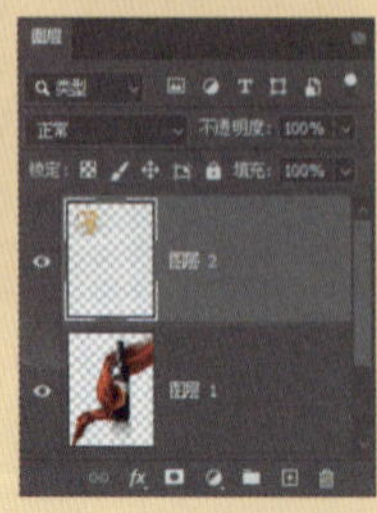
图10-23 选中图层

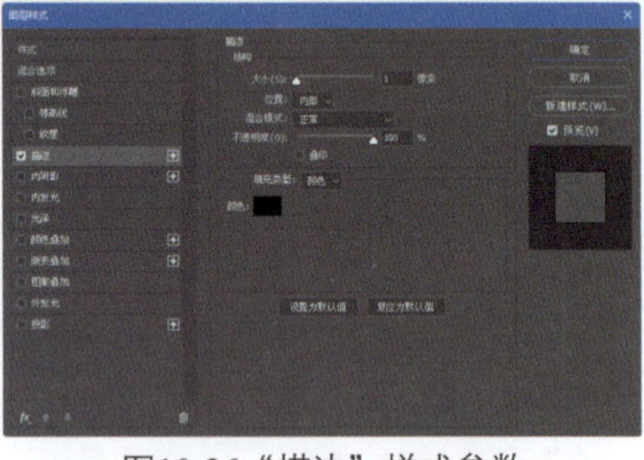
图10-24 “图层样式”对话框

图10-25 图像效果

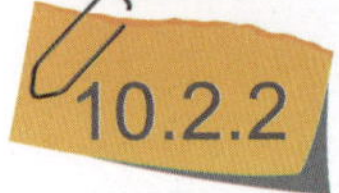

10.2.2 描边

使用“描边”样式可以为图像边缘绘制不同样式的轮廓，如颜色、渐变或图案等。此功能类似于“描边”命令，但它可以修改，因此使用起来更加方便。使用该样式对于硬边形状，如文字等特别有用。

打开“图层样式”对话框，选择“描边”复选框，如图10-26所示。用户可在此设置描边的“颜色”“大小”和“不透明度”等属性。

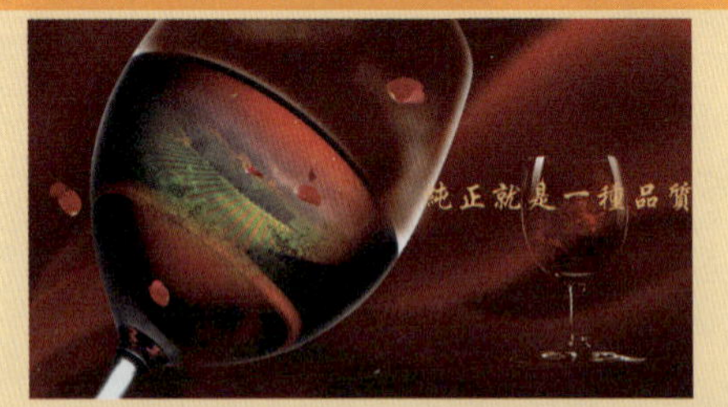
图10-26 “描边”样式参数

- 大小：设置描边宽度。
- 位置：设置描边的对齐位置，该下拉列表框中包括“内部”“外部”和“居中”3个选项。
- 混合模式：设置描边的混合模式。
- 不透明度：设置描边的不透明度。
- 填充类型：设置描边的内容，包括“颜色”“渐变”和“图案”3种填充类型。

应用案例

为文字添加描边效果

源文件：源文件\第10章\10-2-2. psd
视　频：视频\第10章\为文字添加描边效果.mp4

STEP 01 打开素材图像“素材\第10章\102301.psd”，如图10-27所示，选中需要添加“描边”效果的图层，如图10-28所示。

图10-27 打开素材图像

图10-28 “图层”面板

STEP 02 单击“图层”面板底部的“添加图层样式”按钮，在打开的下拉列表框中选择“描边”选项，弹出“图层样式”对话框，设置“填充颜色”为RGB（167、84、38），如图10-29所示。单击“确定”，完成“描边”样式效果的添加，如图10-30所示。

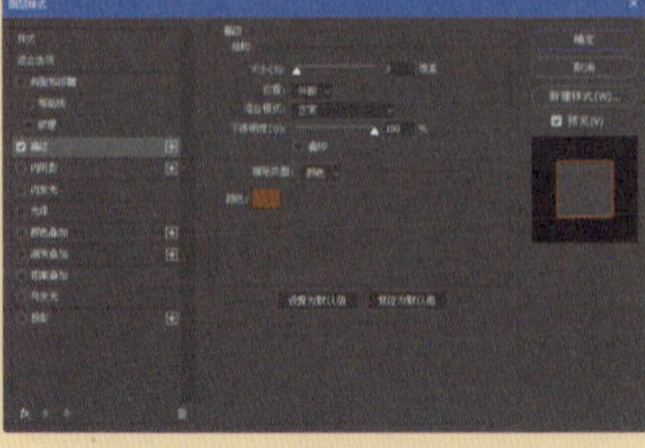
图10-29 “图层样式”对话框

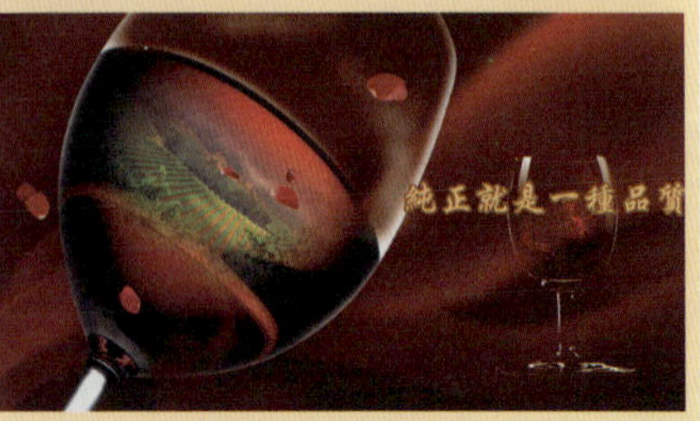

图10-30 图像效果

10.2.3 内阴影

Photoshop中提供的“内阴影”效果可以在紧靠图层内容的边缘内添加阴影，使图层产生凹陷效果。可以说阴影效果的制作非常频繁，无论是图书封面，还是报刊杂志、海报，都能看到拥有阴影效果的文字。

“内阴影”与“投影”的选项设置方式基本相同。它们的不同之处在于“投影”是图层对象背后产生的阴影，通过“扩展”选项来控制投影边缘的渐变程度，从而产生投影的视觉效果；而“内阴影”则是通过“阻塞”选项来控制的。“阻塞”可以在模糊之前收缩内阴影的边界，与“大小”选项相关联，“大小”值越大，设置的“阻塞”范围就越大。“内阴影”样式参数如图10-31所示。

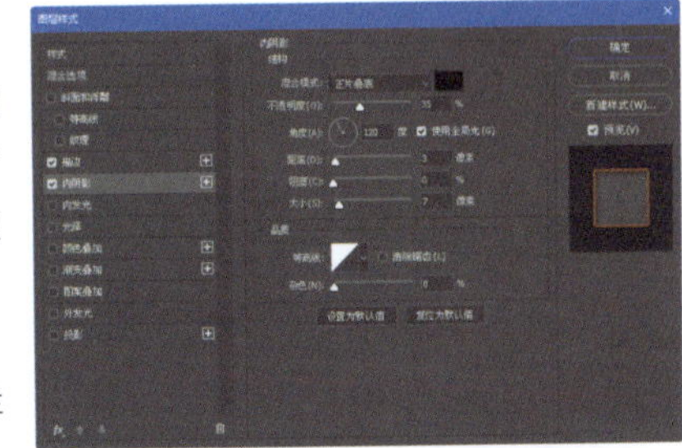

图10-31 “内阴影”样式参数

- 距离：设置阴影的位移。
- 阻塞：进行模糊处理前缩小图层蒙版。
- 大小：确定阴影大小。
- 等高线：内阴影模式下的等高线可增加不透明度的变化。

应用案例　为文字添加内阴影效果

源文件：源文件\第10章\10-2-3. psd

视　频：视频\第10章\为文字添加内阴影效果.mp4

STEP 01 打开素材图像“素材\第10章\102401.psd”，如图10-32所示，选中需要添加“内阴影”效果的图层，如图10-33所示。

图10-32 打开素材图像

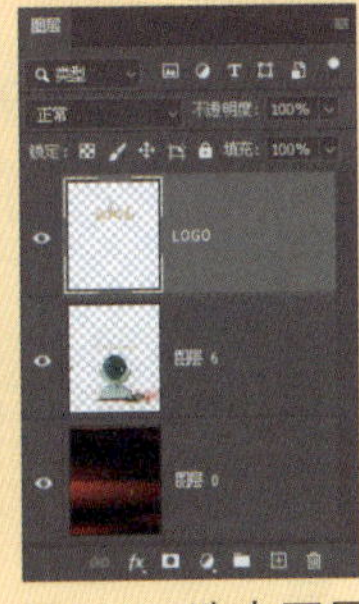

图10-33 选中图层

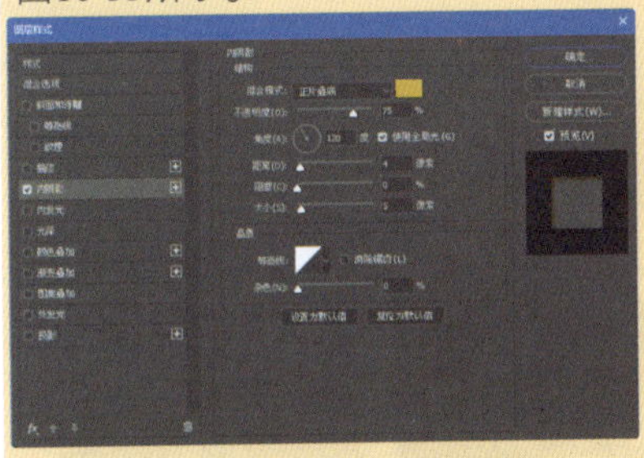

图10-34 “图层样式”对话框

图10-35 内阴影效果

STEP 02 单击“图层”面板底部的“添加图层样式”按钮，在打开的下拉列表框中选择“内阴影”选项，弹出“图层样式”对话框，设置参数如图10-34所示，设置阴影颜色为RGB（232、179、17），单击“确定”按钮，内阴影效果如图10-35所示。

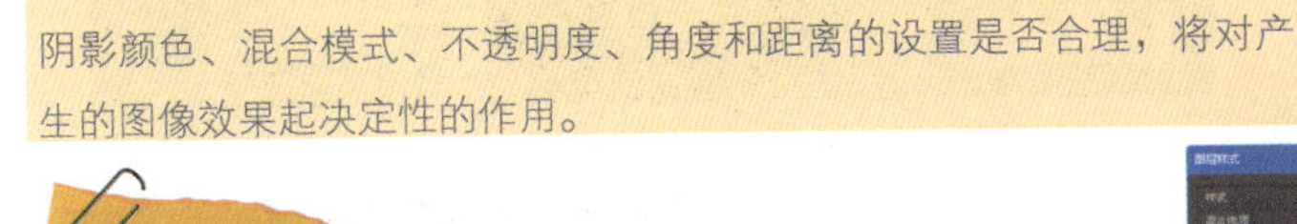

Tips

在为图层添加“投影”和“内阴影”样式时，“图层样式”对话框中的阴影颜色、混合模式、不透明度、角度和距离的设置是否合理，将对产生的图像效果起决定性的作用。

10.2.4 内发光

“内发光”效果可以沿图层内容的边缘向内部射光。“内发光”样式参数如图10-36所示。

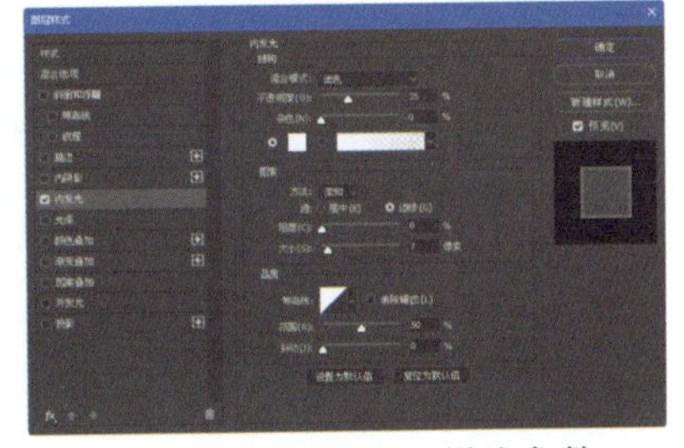

图10-36 “内发光”样式参数

- 混合模式：用来设置发光效果与下面图层的混合方式，默认为“滤色”。
- 不透明度：用来设置发光效果的不透明度。
- 杂色：可以在发光效果中添加随机的杂色，使光晕呈现颗粒感。
- 发光颜色：“杂色”选项下面的颜色块和颜色条用来设置发光颜色。单击色块，在弹出的“拾色器”对话框中选择发光颜色；或者单击渐变条，在弹出的“渐变编辑器”对话框中编辑发光渐变色。
- 方法：用来控制轮廓发光的准确程度。选择“柔和”选项，会得到模糊的发光效果，以保证发光与背景柔和过渡；选择“精确”选项，可以得到精确的边缘。
- 源：用于控制发光光源的位置，包括“居中”和“边缘”两种位置，如图10-37所示。

图10-37 “居中”和“边缘”效果

- 阻塞：用来在模糊之前收缩内发光的杂色边界。图10-38所示为设置阻塞为80%和设置阻塞为0%的对比效果。

图10-38 阻塞为80%和阻塞为0%的对比效果

- 大小：用来设置光晕范围的大小。

Tips

在制作发光效果时，如果发光物体或文字的颜色较深，发光颜色应选择明亮的颜色；反之，如果发光物体或文字的颜色较浅，则发光颜色必须选择偏暗的颜色。总之，发光物体的颜色与发光颜色需要有一个较强的反差，才能突出发光的效果。

10.2.5 外发光

“外发光”样式与“内发光”样式基本相同，“外发光”可以使图像沿着边缘向图像外部产生发光效果。下面通过一个应用案例来加深对“外发光”的理解。

应用案例 为文字添加外发光效果

源文件：源文件\第10章\10-2-5. psd

视　频：视频\第10章\为文字添加外发光效果.mp4

STEP 01 打开素材图像“素材\第10章\102501.psd”，如图10-39所示，在“图层”面板中选中需要添加“外发光”效果的图层，如图10-40所示。

图10-39 打开素材图像

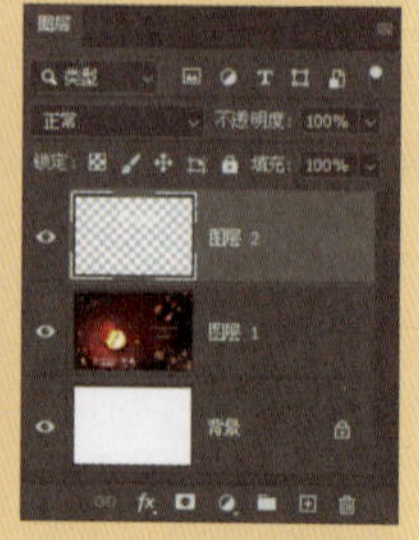

图10-40 选中图层

STEP 02 双击该图层，弹出“图层样式”对话框，选择“外发光”样式，设置各项参数如图10-41所示。单击“确定”按钮，为图像添加“外发光”效果，如图10-42所示。

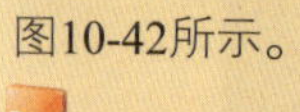

Tips

“外发光”样式中的“等高线”“清除锯齿”“范围”及“抖动”等选项与“投影”样式相应选项的作用相同，这里不再赘述。

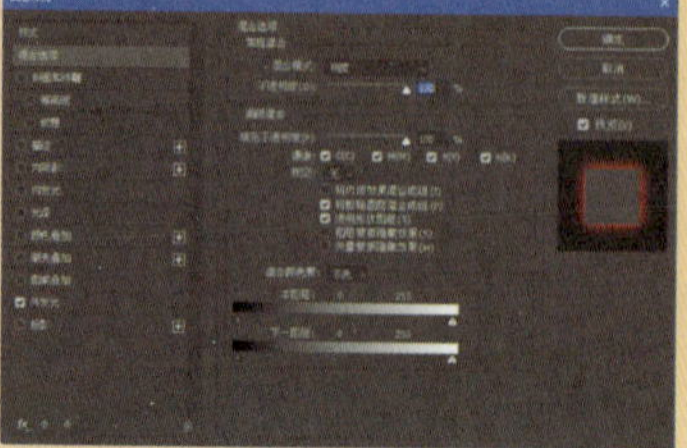

图10-41 “图层样式”对话框

图10-42 图像效果

10.2.6 光泽

应用“光泽”图层样式可以创造常规的彩色波纹，在图层内部根据图层的形状应用阴影，创建出金属表面的光泽效果。该样式可通过选择不同的“等高线”来改变光泽的样式。下面通过一个应用案例来加深对“光泽”样式的理解。

应用案例　为背景添加光泽效果

源文件：源文件\第10章\10-2-6. psd

视　频：视频\第10章\为背景添加光泽效果.mp4

STEP 01 打开素材图像“素材\第10章\102601.psd”，如图10-43所示，在“图层”面板中选中需要添加“光泽”效果的图层，如图10-44所示。

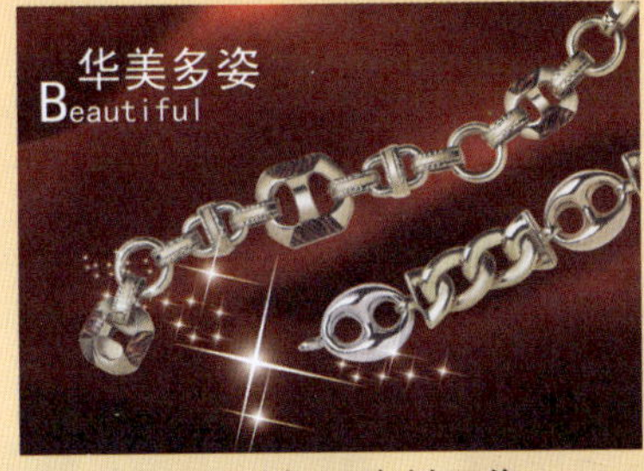

图10-43 打开素材图像

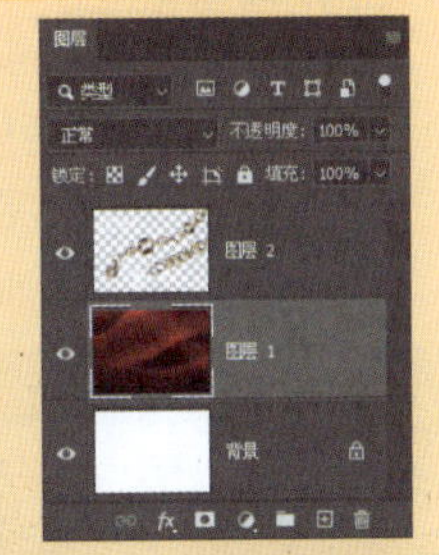

图10-44 “图层”面板

STEP 02 单击“图层”面板底部的“添加图层样式”按钮，在打开的下拉列表框中选择“光泽”选项，弹出“图层样式”对话框，设置各项参数如图10-45所示。单击“确定”按钮，完成“光泽”样式效果的添加，如图10-46所示。

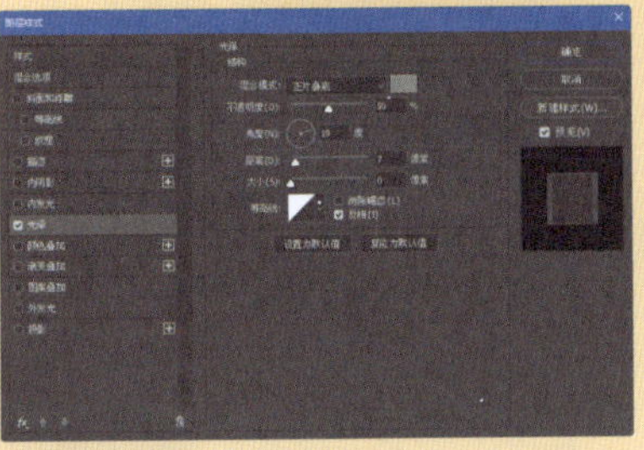

图10-45 “图层样式”对话框

图10-46 图像效果

10.2.7 颜色叠加

使用“颜色叠加”图层样式可以根据用户的需求在图层上叠加指定的颜色，如图10-47所示。通过设置“混合模式”和“不透明度”等选项，可以控制叠加的效果。“颜色叠加”样式效果如图10-48所示。

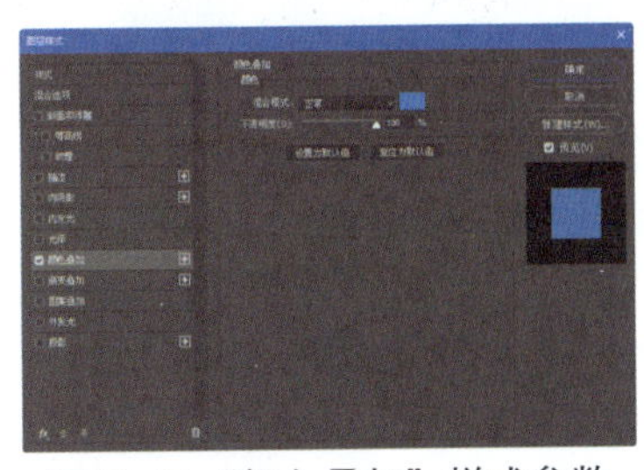

图10-47 “颜色叠加”样式参数

图10-48 “颜色叠加”效果

10.2.8 渐变叠加

“渐变叠加”样式可以在图层内容上填充一种渐变颜色，如图10-49所示。此图层样式与在图层中填充渐变颜色的功能相同，与创建渐变填充图层的功能相似。渐变叠加效果如图10-50所示。

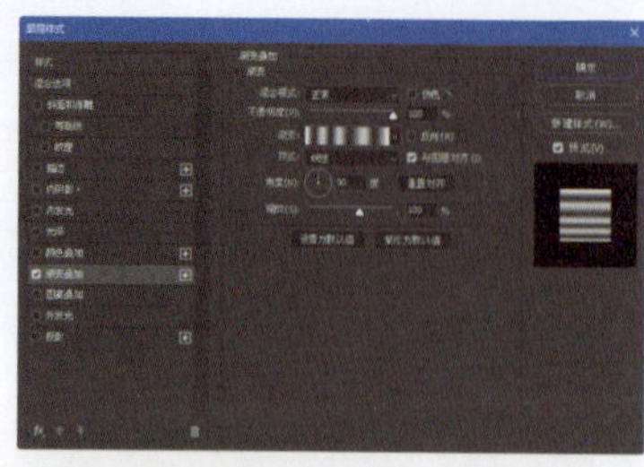

图10-49 “渐变叠加”样式参数

图10-50 “渐变叠加”效果

10.2.9 图案叠加

“图案叠加”图层样式采用了自定义图案来覆盖图像，如图10-51所示。可以缩放图案并设置图案的“不透明度”和“混合模式”。此图层样式与用“填充”命令填充图案的功能相同，与创建图案填充图层功能相似。图案叠加效果如图10-52所示。

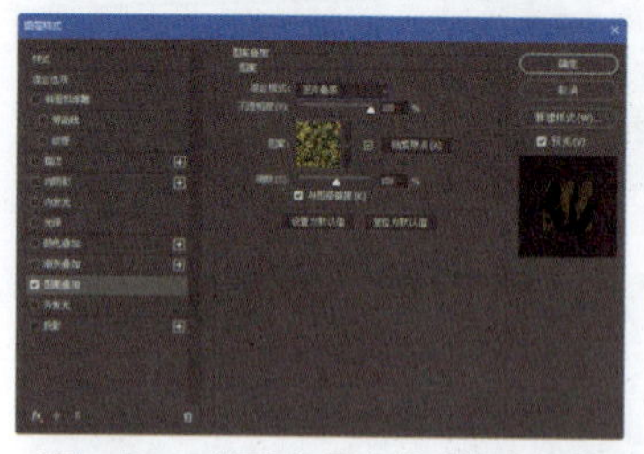

图10-51 “图案叠加”样式参数

图10-52 “图案叠加”效果

Tips

“颜色叠加”“渐变叠加”和“图案叠加”样式效果类似于“纯色”“渐变”和“图案”填充图层，只不过它们是通过图层样式的形式进行内容叠加的。综合使用 3 种叠加方式可以制作出更好的图像效果。

10.2.10 投影

“投影”样式是最简单的图层样式，它可以创造出日常生活中物体投影的逼真效果，使其产生立体感。选择“图层”→“图层样式”→“投影”命令，为图像添加“投影”效果，如图10-53所示。

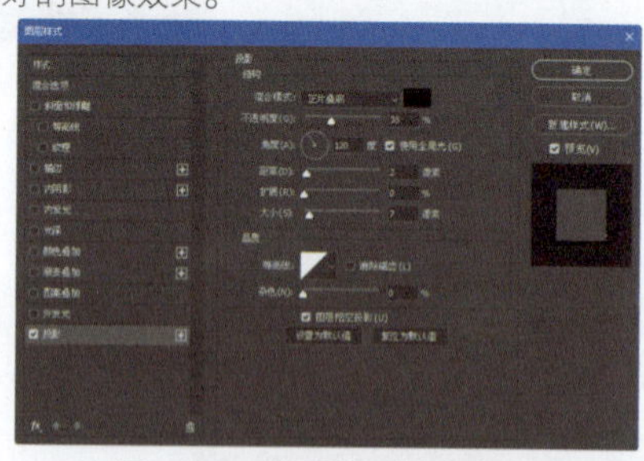

图10-53 “投影”样式参数

“投影”样式的各项参数含义如下：

- 混合模式：用于设置投影颜色与原图进行混合的模式，“投影”样式默认为“正片叠底”。
- 投影颜色：单击颜色块，可以在打开的拾色器中设置投影颜色。
- 不透明度：用于调整投影的不透明度。
- 角度：用来设置投影应用图层时的光照角度，可以在文本框中输入数值或者拖动圆形内的指针进行调整。指针指向的方向为光源的方向，相反方向为投影的方向。
- 使用全局光：选择该复选框，可以保持所有光照的角度一致；选择该复选框时可以为不同的图层分别设置光照角度。
- 距离：用来设置投影偏移图层内容的距离。值越大，投影越远。也可以将鼠标放在文档窗口的投影上，直接调整投影的距离和角度。
- 大小：用来设置投影的模糊范围。值越大，模糊的范围就越广；值越小，投影越清晰。
- 扩展：用来设置投影的扩展范围，该值会受到“大小”选项的影响。例如，将“大小”设置为0像素时，无论怎样调整“扩展”值，生成的投影都将与原图像大小一样，如图10-54所示。

图10-54 投影效果

- 等高线：使用“等高线”可以控制投影的形状。
- 消除锯齿：选择该复选框可以混合等高线边缘的像素，使投影更加平滑。该选项对于尺寸小且具有复杂等高线的投影最有用。
- 杂色：拖动滑块或输入数值可以在投影中添加杂色。值很大时，投影会变为点状。
- 图层挖空投影：选择该复选框可以控制半透明图层中投影的可见性。如果当前图层的填充不透明度小于100%，则半透明图层中的投影不可见。选择与取消选择该复选框的效果对比如图10-55所示。

图10-55 选择与取消选择“图层挖空投影”效果对比

应用案例

为文字添加投影效果

源文件：源文件\第10章\10-2-10. psd

视　频：视频\第10章\为文字添加投影效果.mp4

STEP 01 打开素材图像“素材\第10章\102201.psd”，如图10-56所示。在“图层”面板中选中需要添加“投影”效果的图层，如图10-57所示。

图10-56 打开素材图像

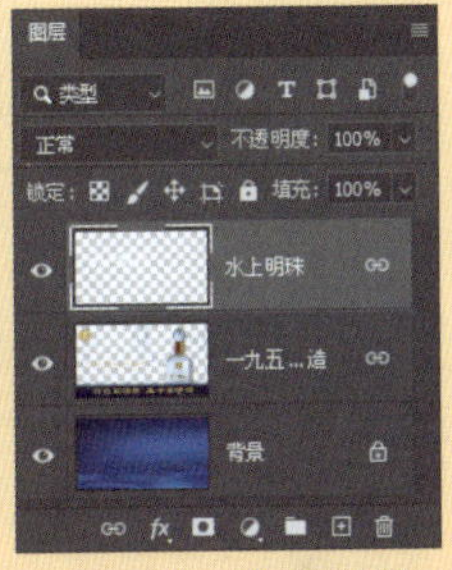

图10-57 选中图层

STEP 02 选择“图层”→“图层样式”→“投影”命令，在弹出的“图层样式”对话框中设置投影参数，如图10-58所示，单击“确定”按钮，添加的“投影”效果如图10-59所示。

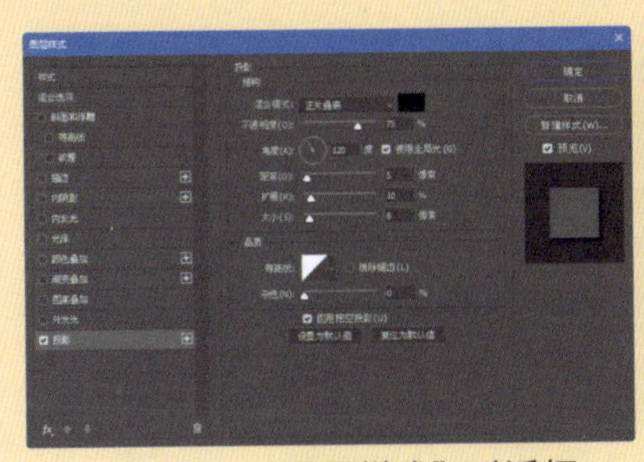

图10-58 “图层样式”对话框

图10-59 图像效果

10.3 编辑图层样式

图层样式为用户提供了灵活方便的修改方式，用户可以随时修改参数，显示或隐藏效果等，这些操作都不会对图层中的图像造成任何破坏。

10.3.1 显示与隐藏图层样式

在“图层”面板中，每个样式前面的眼睛图标用来控制该图层样式的可见性。单击样式名称前的眼睛图标，即可隐藏该样式，单击“效果”前的眼睛图标，将隐藏该图层的所有样式，如图10-60所示。

如果要隐藏文档中的所有图层样式，可以选择“图层”→“图层样式”→“隐藏所有样式”命令。再次选择“图层”→“图层样式”→“显示所有样式”命令，即可重新显示效果。

用户也可以在图层样式上单击鼠标右键，在弹出的快捷菜单中取消或选择样式，完成隐藏或显示图层样式的操作，如图10-61所示。

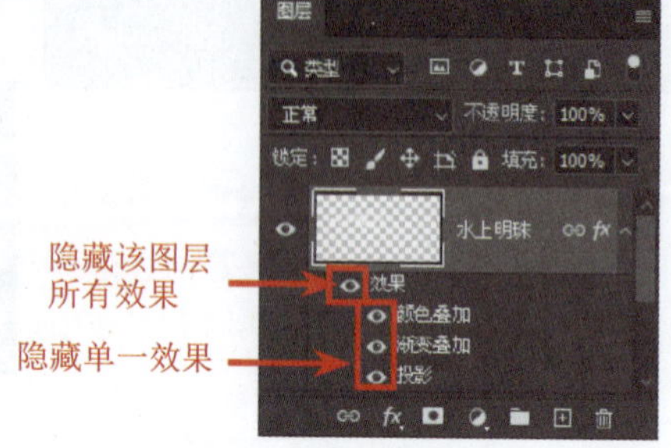

图10-60 隐藏图层样式

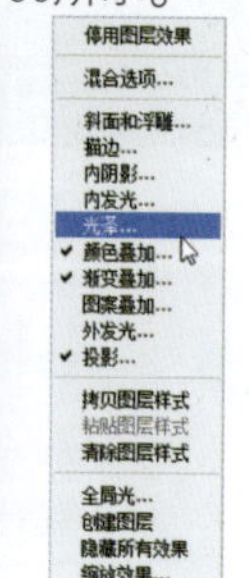

图10-61 快捷菜单

10.3.2 修改图层样式

用户如果要修改已完成的图层样式，可以在“图层”面板中双击一个效果的名称，弹出“图层样式”对话框，既可以修改参数，也可以在左侧列表框中选择新效果。设置完成后，单击“确定”按钮，即可将修改后的效果应用于图像。

10.3.3 复制与粘贴图层样式

如果要将一个图层的样式复制到其他图层，首先选择需要复制样式的图层，选择“图层”→“图层样式”→“拷贝图层样式”命令。然后选择需要添加图层样式的图层，选择“图层”→“图层样式”→“粘贴图层样式”命令，即可将效果复制到该图层中。

另外，用户也可以按住【Alt】键将效果图标直接从一个图层拖动到另一个图层中，以将图层样式快速复制到另一个图层中。如果需要复制单个效果，则拖动效果名称即可。如果在拖动过程中没有按住【Alt】键，则是将该图层的效果移动到了其他图层中。

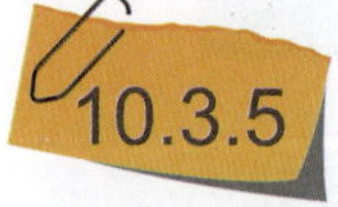

10.3.4 清除图层样式

如果要删除单个图层样式，可以直接用鼠标拖动该效果名称至“图层”面板底部的“删除图层”按钮上。如果要删除该图层的所有图层样式，可以将效果图标拖动至“图层”面板底部的“删除图层”按钮上；或者选择“图层”→“图层样式”→“清除图层样式”命令。

Tips

用鼠标右键单击图层缩览图空白部分，在弹出的快捷菜单中选择“清除图层样式”命令，同样可将该图层的所有图层样式删除。

10.3.5 全局光

在“图层样式”对话框中，“投影”“内阴影”和“斜面和浮雕”效果都包含一个“全局光”选项。选择该复选框，以上效果就会使用相同角度的光源。

如果要调整整个全局光的角度和高度，可选择“图层”→“图层样式”→“全局光”命令，如图10-62所示。在弹出的“全局光”对话框中设置参数，如图10-63所示。

10.3.6 等高线

在“图层样式”对话框中，“投影”“内阴影”“内发光”“外发光”“斜面和浮雕”和“光泽”效果都包含“等高线”设置选项。

单击“等高线”选项缩览图，弹出“等高线编辑器”对话框，如图10-64所示。可以通过添加、移动和删除控制点来修改等高线的形状，从而改变“投影”“内发光”等样式的效果。用户也可以选择系统提供的等高线样式，如图10-65所示。

图10-62 执行命令

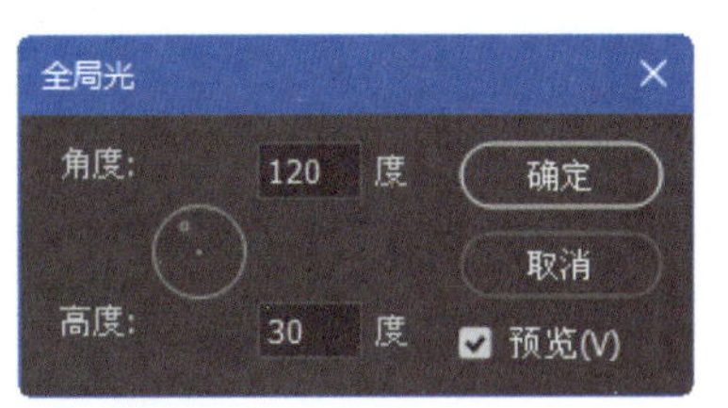

图10-63 “全局光”对话框

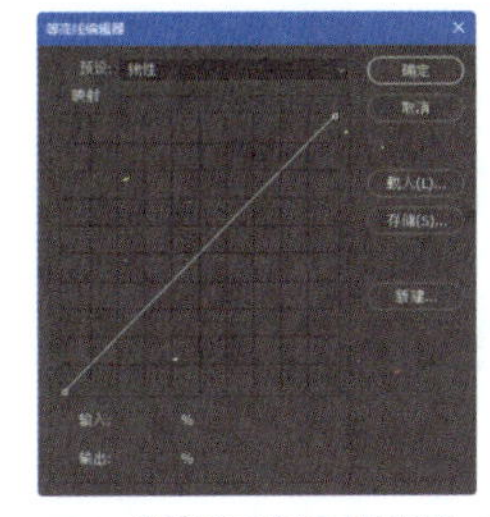

图10-64 “等高线编辑器”对话框

图10-65 系统提供的等高线样式

10.4 “样式”面板

“样式”面板可用于保存、管理和应用图层样式，用户可以根据自己的需要将Photoshop提供的预设样式或者外部样式载入到该面板中，还可以将常用的样式存储起来，方便随时调用。

10.4.1 认识“样式”面板

Photoshop中的“样式”面板提供了预设样式，选择一个图层，然后单击“样式”面板中的一个样式，即可为所选图层添加该样式，如图10-66所示。单击面板右上角的▤按钮，打开面板菜单，如图10-67所示。

选择要应用样式的图层，单击“样式”面板中需要应用的样式按钮，即可将其快速将样式应用到指定图层。最近使用的样式将被显示在“样式”面板的顶部，方便用户再次使用。

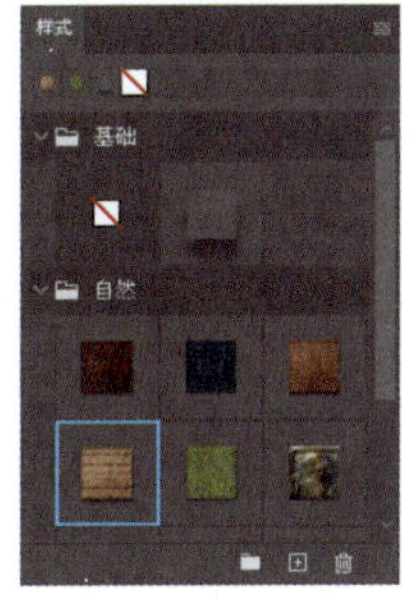

图10-66 “样式”面板

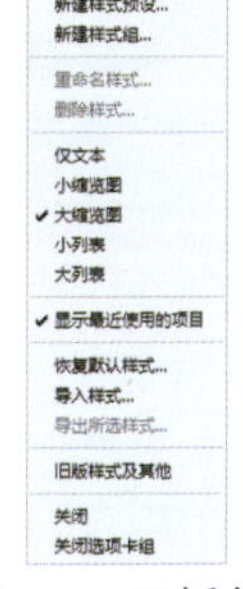

图10-67 面板菜单

10.4.2 创建样式和样式组

将“图层”面板中需要创建为新样式的图层选中，如图10-68所示。单击“样式”面板底部的“创建新样式”按钮，或者选择“样式”面板菜单中的“新建样式”命令，弹出“新建样式”对话框，如图10-69所示。设置完成后，单击“确定”按钮，即可创建新样式，用户可以在“样式”面板中找到它。

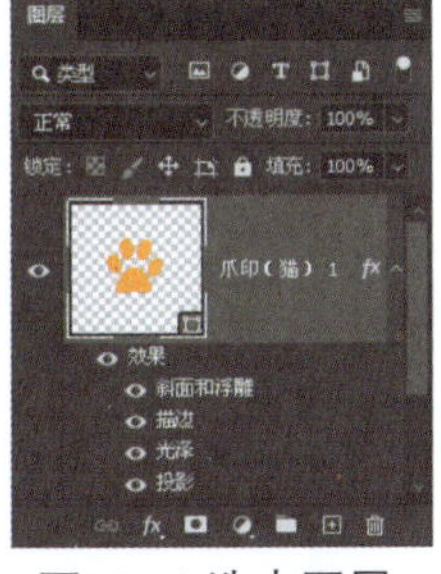

图10-68 选中图层

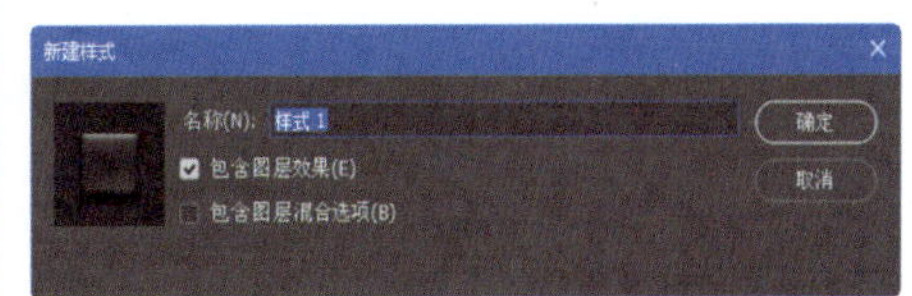

图10-69 “新建样式”对话框

为了方便用户管理和使用样式，Photoshop CC 2020将样式分类放置在不同的组中。单击“样式”面板底部的“创建新组”按钮，在弹出的“组名称”对话框中为新组指定名称，如图10-70所示。单击“确定”按钮，即可新建一个组，如图10-71所示。用户可以将新建的样式保存在该组中。

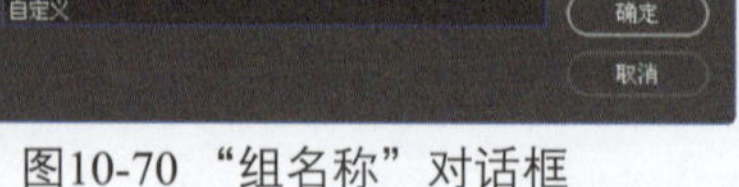

图10-70 “组名称”对话框

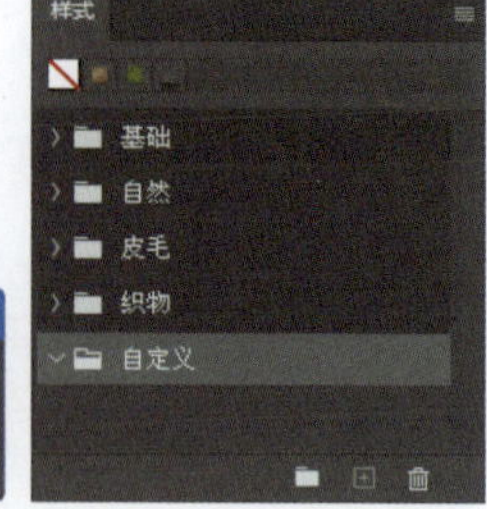

图10-71 “样式”面板

Tips

在“样式”面板中的样式图标上双击，或者单击鼠标右键，在弹出的快捷菜单中选择“重命名样式”命令，即可修改样式名称。

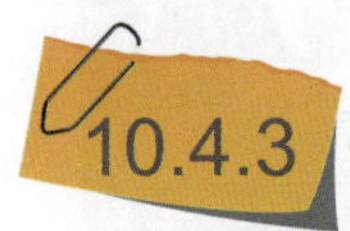

10.4.3 删除、清除和恢复样式

如果要删除“样式”面板中的样式，只需将相应的样式按钮向下拖动到“删除样式”按钮上即可。也可以在想要删除的样式上单击鼠标右键，在弹出的快捷菜单中选择“删除样式”命令，或者在面板菜单中选择“删除样式”命令，即可完成删除样式的操作。

单击“样式”面板顶部的“默认样式（无）”按钮，即可清除已应用于图层中的样式。

在修改后的样式上单击鼠标右键，在弹出的快捷菜单中选择“恢复默认样式”命令，或者在“样式”面板菜单中选择“恢复默认样式”命令，可将当前样式恢复到默认状态。

10.4.4 导出样式

为了能够在其他设备中使用自定义的样式，可以将一个自定义样式或包含多个样式的样式组导出为格式为.asl的样式库文件。

在要导出的样式或样式组上单击鼠标右键，在弹出的快捷菜单中选择“导出所选样式”命令，或者在面板菜单中选择“导出所选样式”命令，在弹出的“另存为”对话框中设置样式库的名称和保存位置，如图10-72所示。单击“保存”按钮，即可将所选样式导出。

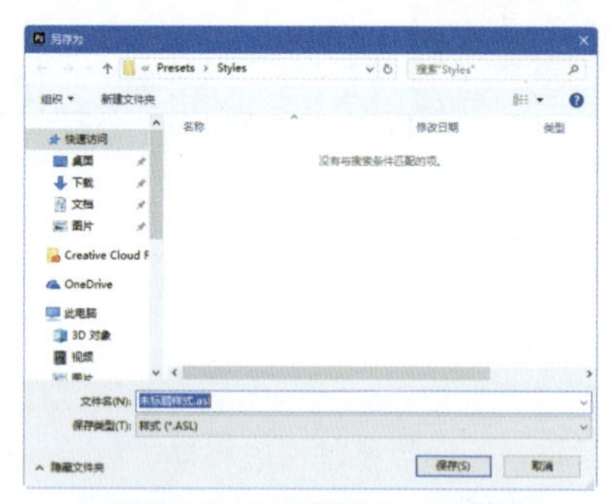

图10-72 “另存为”对话框

Tips

Photoshop 默认将自定义的样式保存在 Photoshop 安装目录下的“Presets\Styles”文件夹中，重新启动 Photoshop 后，该样式或样式组的名称将出现在“样式”面板菜单的底部。

10.4.5 导入样式库

在“样式”面板的面板菜单中选择“旧版样式及其他”命令，可将Photoshop CC 2020版本以前的样式导入，如图10-73所示。

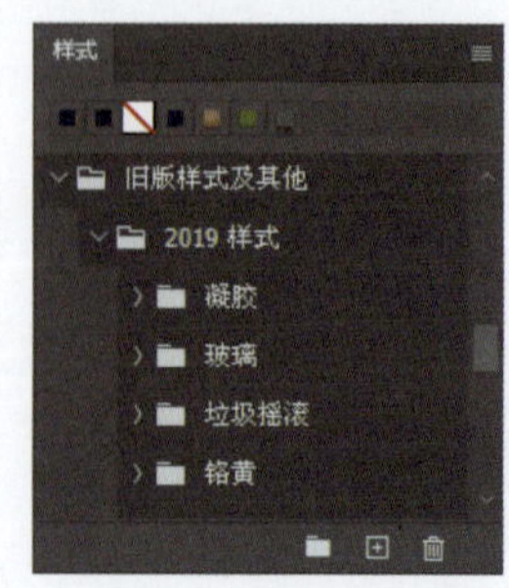

图10-73 导入“旧版样式及其他”

在“样式”面板的面板菜单中选择“导入样式”命令，或者在样式组上单击鼠标右键，在弹出的快捷菜单中选择“导入样式”命令，弹出“载入”对话框，如图10-74所示。找到并选择.asl格式的文件，单击“载入”按钮，即可完成样式的载入，如图10-75所示。

图10-74 “载入”对话框

10-75 载入样式效果

10.5 填充和调整图层

填充和调整图层可以对整个图层的颜色和色调进行调整，它们都是非常特殊的图层，其本身并不包含任何图像像素，但包含一个填充颜色和图像色调命令，并通过更改颜色或参数来调整图像的颜色和色调。

10.5.1 纯色填充图层

填充图层是指向图层中填充纯色、渐变和图案而创建的特殊图层，通过设置混合模式或调整不透明度，可以生成各种图像效果。

应用案例 为图像填充纯色

源文件：源文件\第10章\10-5-1.psd

视　频：视频\第10章\为图像填充纯色.mp4

STEP 01 打开素材图像“素材\第10章\105101.jpg”，如图10-76所示。单击“图层”面板底部的“创建新的填充或调整图层”按钮，在打开的下拉列表框中选择“纯色”选项，如图10-77所示。

图10-76 打开素材图像

图10-77 选择“纯色”选项

STEP 02 在弹出的“拾色器”对话框中设置颜色值为RGB（0、0、0），创建指定颜色的填充图层，“图层”面板如图10-78所示。选中填充图层上的蒙版，使用“矩形选框工具”在画布中绘制矩形选区，并填充黑色，取消选区，效果如图10-79所示。

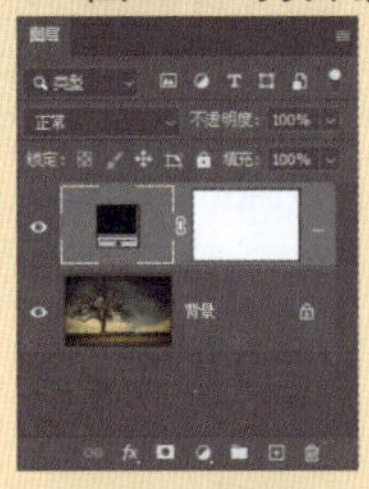
图10-78 “图层”面板

图10-79 图像效果

STEP 03 单击工具箱中的“横排文字工具”按钮，在图像上单击并输入文字，效果如图10-80所示。“图层”面板如图10-81所示。

Tips
填充图层的功能就等于“填充”命令再加上图层蒙版的功能。填充图层是作为一个图层保存在图像中的，对其进行修改和编辑都不会影响其他图层和整个图像的品质，并且还可以反复修改和编辑。

图10-80 图像效果

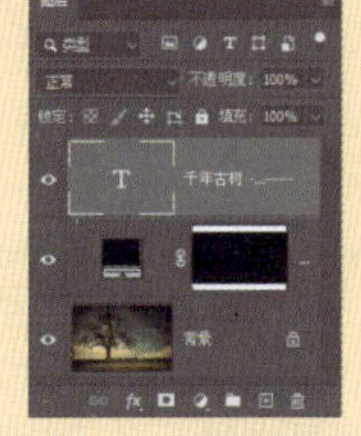
图10-81 “图层”面板

10.5.2 渐变填充图层

渐变填充图层可以将渐变应用于图像上，与渐变的填充设置类似，唯一不同的是它可以不改变原图像的像素。

应用案例

为图层填充渐变加深效果

源文件：源文件\第10章\10-5-2. psd

视　频：视频\第10章\为图层填充渐变加深效果.mp4

STEP 01 打开素材图像“素材\第10章\105201.jpg”，如图10-82所示。单击“图层”面板底部的“创建新的填充或调整图层”按钮，在打开的下拉列表框中选择“渐变”选项，如图10-83所示。

图10-82 打开素材图像

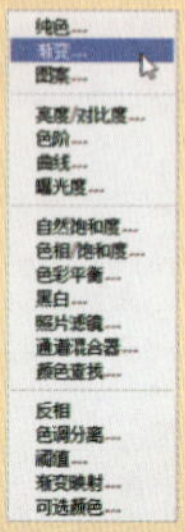

图10-83 选择“渐变”选项

STEP 02 弹出“渐变填充”对话框，如图10-84所示。单击“渐变”选项右侧的渐变预览条，弹出“渐变编辑器”对话框，从左向右分别设置渐变色标值为RGB（255、109、0）、RGB（255、255、0）和RGB（255、255、255），如图10-85所示。

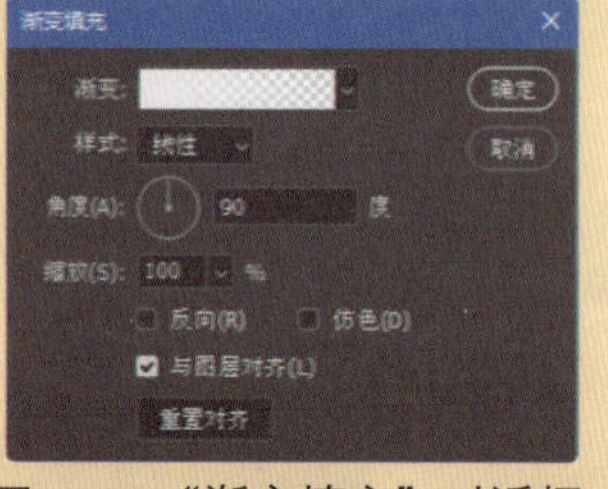

图10-84 “渐变填充”对话框

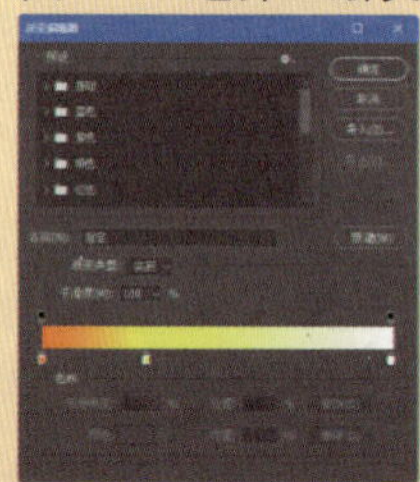

图10-85 “渐变编辑器”对话框

STEP 03 单击“确定”按钮，创建渐变填充图层。设置图层“混合模式”为“正片叠底”，“不透明度”为80%，“填充”为50%，如图10-86所示，图像效果如图10-87所示。

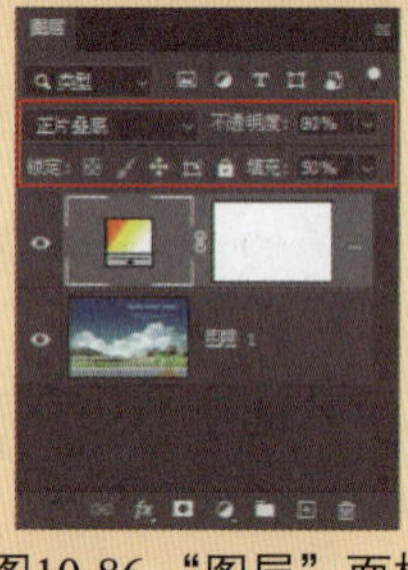

图10-86 “图层”面板

图10-87 图像效果

Tips

在“渐变填充”对话框的“样式”下拉列表框中，还可以选择其他渐变样式，如“径向”“对称的”“角度”和“菱形”等，可以创建不同的渐变效果。

Tips

如果想重新设置填充图层中的内容，可在填充图层中双击图层缩览图，或者选择“图层”→“图层内容选项”命令。如果要更改填充图层类型，可在选择填充图层后，选择“图层”→“更改图层内容”命令，在打开的子菜单中选择一种类型即可。

10.5.3 图案填充图层

图案填充图层也是填充图层的一种，与填充命令的使用基本相同，都是填充图案。但是它又具备填充图层特性，不会对图像产生实质性的破坏。

应用案例

使用图案填充图层为人物添加文身

源文件：源文件\第10章\10-5-3. psd

视　频：视频\第10章\使用图案填充图层为人物添加文身.mp4

STEP 01 打开素材图像“素材\第10章\105301.png”，如图10-88所示。选择“编辑”→“定义图案”命令，弹出“图案名称”对话框，如图10-89所示，单击“确定”按钮，将所选花纹图像定义为图案。

图10-88 打开素材图像

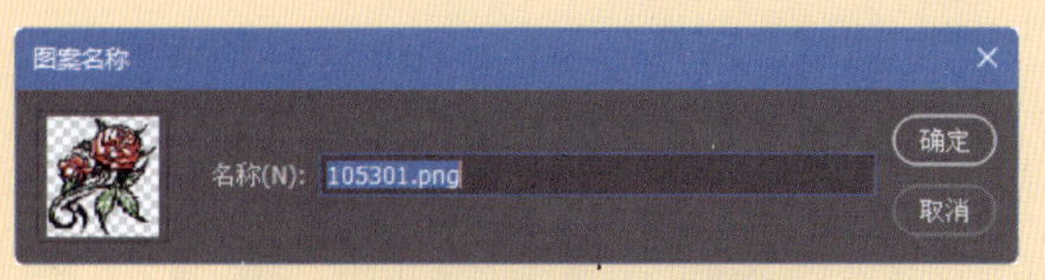

图10-89 “图案名称”对话框

STEP 02 打开图像“素材\第10章\104302.jpg”，如图10-90所示。使用“矩形选框工具”在画布中绘制矩形选区，如图10-91所示。

STEP 03 单击“图层”面板底部的“创建新的填充或调整图层”按钮，在打开的下拉列表框中选择“图案”选项，在弹出的“图案填充”对话框中设置各项参数，如图10-92所示。单击“贴紧原点”按钮，单击“确定”按钮，图像效果如图10-93所示。

图10-90 打开图像

图10-91 绘制矩形选区

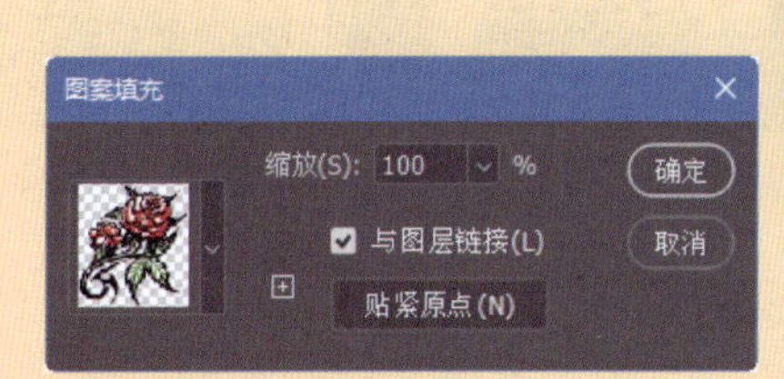

图10-92 “图案填充”对话框

图10-93 图像效果

STEP 04 设置图层的混合模式为“叠加”，“不透明度”为80%，如图10-94所示。图像最终效果如图10-95所示。

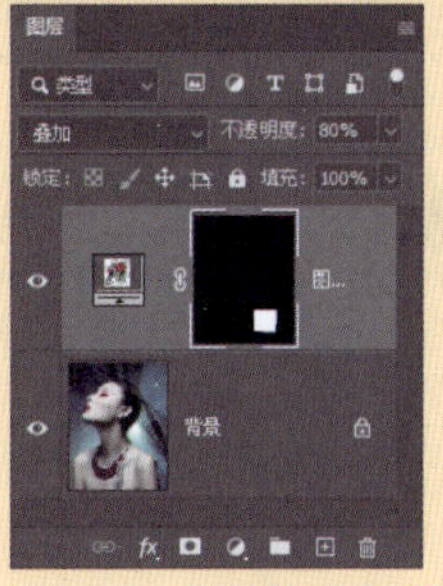

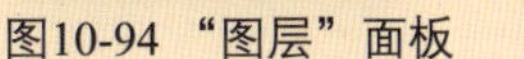

图10-94 “图层”面板

图10-95 最终效果

10.5.4 “调整”图层

调整图层允许用户以图层的形式在图像上添加各种调色命令，是非常实用的功能。这种调整方式既不会对素材图像造成任何破坏，又能随时调整参数。

选择“图层”→“新建调整图层”子菜单中的命令，或选择“窗口”→“调整”命令，打开“调整”面板，都可以创建调整图层。“调整”面板中包含用于调整颜色和色调的工具，如图10-96所示。

单击任一调整图层按钮，可以在“属性”面板中显示相应的参数设置选项，并创建调整图层，如图10-97所示。

图10-96 “调整”面板

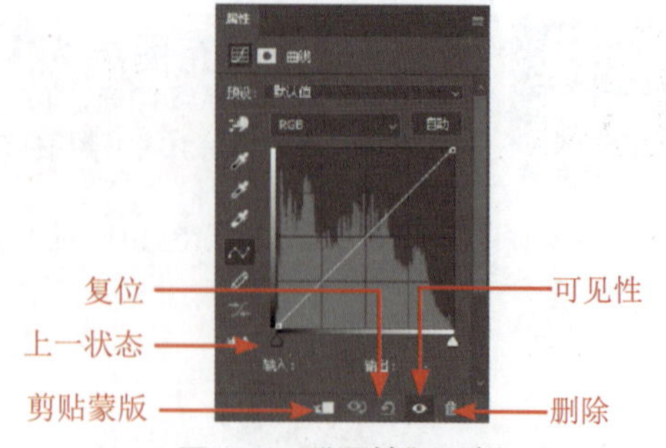

图10-97 “属性”面板

- 剪切蒙版：单击该按钮，可以创建剪贴蒙版，此时调整图层仅影响它下面的一个图层；再次单击该按钮，可以将调整应用于调整图层下面的所有图层。
- 上一状态：当调整参数后，可单击该按钮或按【\】键，在窗口中查看图像的上一个调整状态，以便比较两种调整结果。
- 复位：将调整参数恢复到默认值。
- 可见性：单击该按钮，可以隐藏或显示调整图层。
- 删除：单击该按钮，可删除当前调整图层。

应用案例

创建调整图层调整图像亮度/对比度

源文件：源文件\第10章\10-5-4. psd

视　频：视频\第10章\创建调整图层调整图像亮度/对比度.mp4

STEP 01 打开素材图像“素材\第10章\105401.jpg”，如图10-98所示。单击“调整”面板中的“亮度/对比度”按钮，在“属性”面板中设置参数，如图10-99所示。

图10-98 打开素材图像

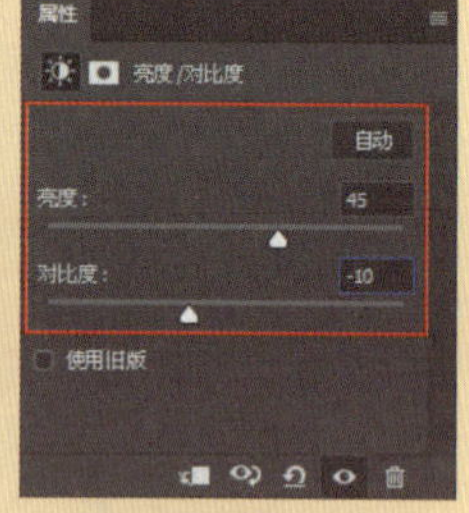

图10-99 设置参数

STEP 02 打开“图层”面板，可以看到刚刚创建的“亮度/对比度”调整图层，如图10-100所示，图像效果如图10-101所示。

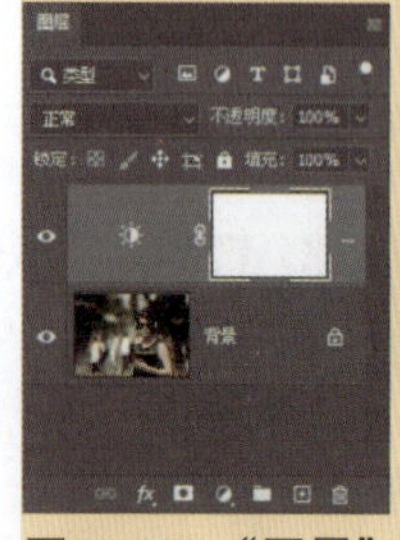
图10-100 “图层”面板

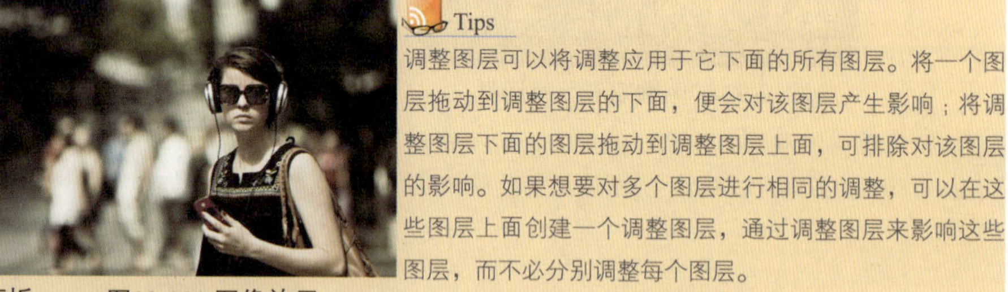
图10-101 图像效果

Tips

调整图层可以将调整应用于它下面的所有图层。将一个图层拖动到调整图层的下面，便会对该图层产生影响；将调整图层下面的图层拖动到调整图层上面，可排除对该图层的影响。如果想要对多个图层进行相同的调整，可以在这些图层上面创建一个调整图层，通过调整图层来影响这些图层，而不必分别调整每个图层。

Tips

如果对调整图层中的设置不满意，可以重新设置。只需要在“图层”面板中双击调整图层的图层缩览图，重新打开“属性”面板，重新修改参数设置即可。

10.6 智能对象

智能对象允许来自图像或者图层的内容在Photoshop程序之外被编辑，最常见的是用Illustrator软件编辑矢量图。如果在其他程序中编辑智能对象，当编辑完成返回Photoshop中后，编辑的结果会应用到该图像中。

10.6.1 创建智能对象

智能对象是一个嵌入在当前文件中的文件，它可以是位图，也可以是在Illustrator中创建的矢量图像。在Photoshop中对智能对象进行处理时，不会直接应用到对象的源数据，因此，不会给源数据造成任何实质性的破坏。

如果要创建智能对象，只需在Photoshop文件中选择所需要的图层（或多个图层和图层组），然后选择“图层”→“智能对象”→“转换为智能对象”命令，即可将图层转换为智能对象。

应用案例　将对象转换为智能对象

源文件：源文件\第10章\10-6-1. psd

视　频：视频\第10章\将对象转换为智能对象.mp4

STEP 01 打开素材图像“素材\第10章\106201.psd”，如图10-102所示。选择“图层1”图层，选择“图层”→“智能对象”→“转换为智能对象”命令，将该图层转换为智能对象，图层缩览图右下方出现一个智能对象标志，如图10-103所示。

图10-102 打开素材图像

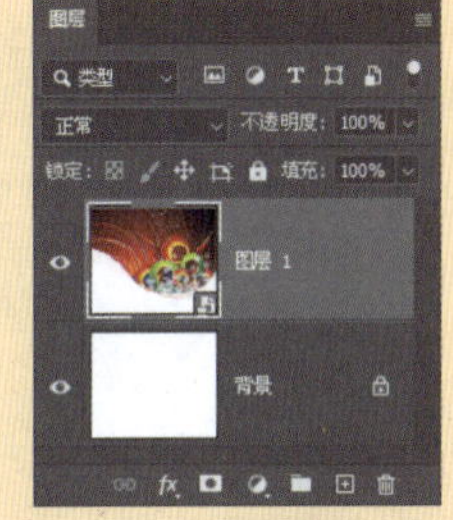

图10-103 “图层”面板

STEP 02 选择“文件”→“置入嵌入对象”命令，弹出“置入”对话框，选择素材图像“素材\第10章\106202.ai”，单击“确定”按钮，弹出“打开为智能对象”对话框，如图10-104所示，单击“确定”按钮，置入效果如图10-105所示。

图10-104 “打开为智能对象”对话框

图10-105 置入文档

STEP 03 按住【Shift】键并拖动控制点调整对象大小，移动到如图10-106所示的位置。按【Enter】键或单击“提交变换”按钮，即可将置入的对象创建为智能对象，“图层”面板如图10-107所示。

图10-106 图像效果

图10-107 “图层”面板

10.6.2 编辑智能对象

创建智能对象后，可以根据需要修改它的内容。在“图层”面板中选中相应的智能对象，选择“图层”→“智能对象”→“编辑内容”命令，或者直接双击智能对象的缩览图，即可将智能对象内容在新窗口或新软件中打开，如图10-108所示。

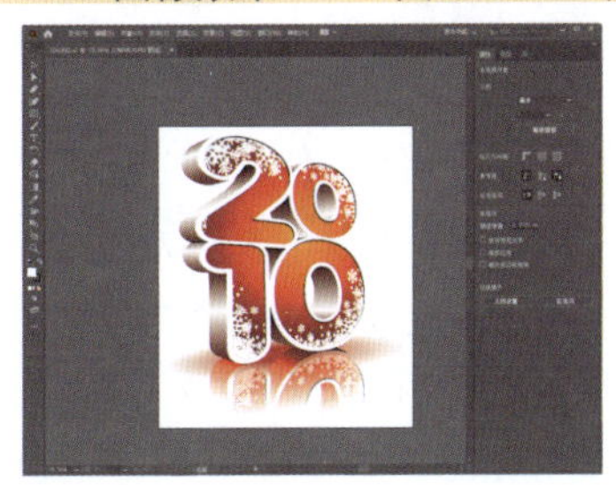

图10-108 在新软件中打开智能对象

Tips

如果源文件为位图，则可以在 Photoshop 中打开；如果源文件为矢量的 EPS 或 PDF 文件，则可以在 Illustrator 中打开。存储修改后的智能对象时，文档中所有与之链接的智能对象实例都会显示所做的修改。

应用案例

在Illustrator中编辑智能对象

源文件：源文件\第10章\10-6-2. psd

视　频：视频\第10章\创在Illustrator中编辑智能对象.mp4

STEP 01 选择一个智能对象图层，如图10-109所示，选择“图层”→“新建”→“通过拷贝的图层”命令，拷贝智能对象图层，如图10-110所示。

STEP 02 按【Ctlr+T】组合键，显示定界框，拖动控制点将复制的智能对象缩小并移至如图10-111所示的位置。双击复制智能对象图层的缩览图，如图10-112所示。

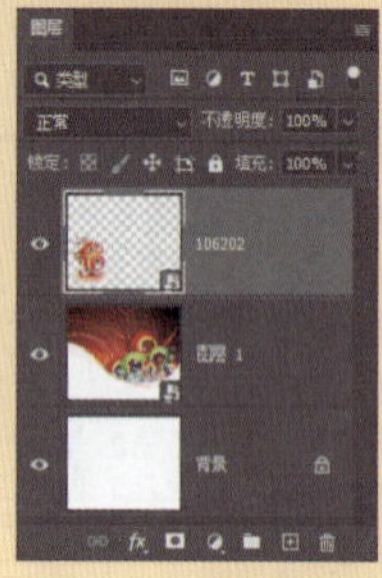

图10-109 选择图层

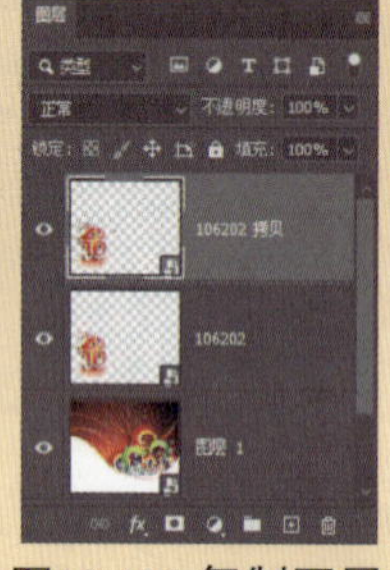

图10-110 复制图层

图10-111 移动位置

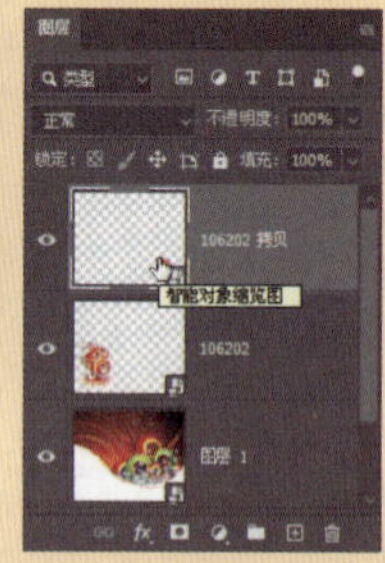

图10-112 双击缩览图

STEP 03 在弹出的对话框中单击“确定”按钮，即可在Illustrator中打开AI文件，将文字上的雪花纹理删除，如图10-113所示。保存文件，所以Photoshop中的图像上的雪花纹理也被删除了，如图10-114所示。

图10-113 AI源文件

图10-114 图像效果

Tips

此时，新建的智能对象与原智能对象保持链接关系，编辑其中任意一个智能对象的原始文件，与之链接的智能对象也会显示所做的修改。

10.6.3 创建非链接的智能对象

非链接的智能对象与链接的智能对象表现效果相反。如果要复制非链接的智能对象，可以选择滤镜智能图层，选择“图层”→“智能对象”→“通过拷贝新建智能对象”命令。新智能对象与原智能对象各自独立，编辑其中任何一个将对其他智能对象无影响。

10.6.4 替换智能对象内容

用户可以替换一个智能对象或多个链接实例中的图像数据。此功能可帮助用户快速更新可视设计，或将分辨率较低的占位符图像替换为最终版本。

选择将要被替换的智能对象，选择“图层”→“智能对象”→“替换内容”命令，在弹出的对话框中找到要替换的文件，单击“置入”按钮，新内容就会被置入到智能对象中，链接的智能对象也会被更新。

Tips

当替换智能对象时，将保留对第一个智能对象应用的任何缩放、变形或效果。

10.6.5 导出智能对象内容

Photoshop允许对智能对象进行导出和替换操作。

在“图层”面板中选择要导出的智能图层，然后选择“图层”→“智能对象”→“导出内容”命令，弹出“存储”对话框，选择存储的位置和文件名，即可将其导出。

如果未进行选择，Photoshop将以原始置入格式（JPEG、AI、TIF、PDF或其他格式）导出智能对象。如果智能对象是利用图层创建的，则以PSB格式将其导出。

10.6.6 图层堆栈模式

图像堆栈可以将一组参考帧相似但品质或内容不同的图像组合在一起。将多个图像组合到堆栈中后，就可以对它们进行处理，生成一个复合视图，消除不需要的内容或杂色。

用户可以选择“图层”→“智能对象”→“堆栈模式”命令，在子菜单中选择相应的混合模式编辑图像，如图10-115所示。

图10-115 堆栈模式

- 无：从图像堆栈中删除任何渲染，并将其转换为常规智能对象。
- 标准偏差：*n*个图像堆栈中，每张都有的重叠的影像接近全黑，亮度为15%左右；只有变动的影像的暗调反相呈现，亮度大增。
- 范围：*n*个图像堆栈中，每张都有的重叠的影像很接近全黑，亮度在5%以下；只有变动的影像的暗调反相呈现，亮度大增。
- 方差：*n*个图像堆栈中，每张都有的重叠的影像为全黑，亮度几乎为0%；有变动的影像的高光和暗调全部均化，向中灰调严重并级，其颜色、亮度全部反相。
- 峰度：*n*个图像堆栈中，不重叠的区域为纯黑；区域重叠次数少的为中灰且带彩色的杂色；每张都有的重叠的影像为全白。
- 偏度：效果类似于图层模式中的“实色混合”。*n*个图像堆栈中，区域重叠次数少的或者完全不重叠的区域为纯黑。
- 平均值：*n*个图像堆栈中，每张都有的重叠的影像保持不变；同时还保留“有变动的影像”，只是高光和暗调全部均化，向中灰调严重并级。所以，对高光和暗调的降噪明显。
- 熵：*n*个图像堆栈中，不重叠的区域为纯黑；区域重叠次数少的为纯白且带彩色的杂色；每张都有的重叠的影像为全白。
- 中间值：*n*个图像堆栈中，每张都有的重叠的影像保持不变；消除所有“有变动的影像”。所以，对所有色阶的降噪明显。
- 总和：*n*个图像堆栈中，各张影像的亮度累积相加。
- 最大值：*n*个图像堆栈中，每张都有的重叠的影像保持不变；同时还保留“有变动的影像的高光部分”，其亮度值范围为40%～100%。
- 最小值：*n*个图像堆栈中，每张都有的重叠的影像保持不变；同时还保留“有变动的影像的暗调部分”，其亮度值范围为0%～40%。

Tips

图像堆栈将存储为智能对象。可以对堆栈应用的处理选项称为堆栈模式。将堆栈模式应用于图像堆栈属于非破坏性编辑。可以更改堆栈模式以产生不同的效果，堆栈中的原始图像信息保持不变。要在应用堆栈模式之后保留所做的更改，请将结果存储为新图像或栅格化为智能对象。可以手动或使用脚本来创建图像堆栈。

应用案例 使用图像堆栈调亮人物肤色

源文件：源文件\第10章\10-6-6. psd

视　频：视频\第10章\使用图像堆栈调亮人物肤色.mp4

STEP 01 打开素材图像“素材\第10章\106801.jpg”，如图10-116所示，选择“图层”→“新建”→“通过拷贝的图层”命令，复制“背景”图层为“图层 1”图层，如图10-117所示。

STEP 02 选择“图层1”图层，选择“图层”→“转换为智能对象”命令，将“图层 1”转换为智能对象图层，如图10-118所示。按【Ctrl+J】组合键，复制得到“图层1 拷贝”图层，如图10-119所示。

图10-116 打开素材图像

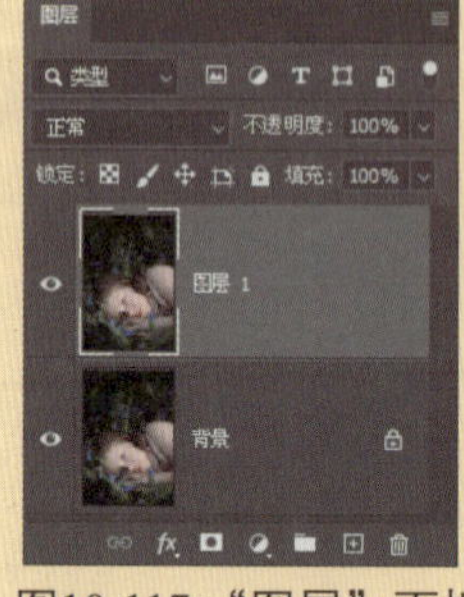

图10-117 “图层”面板

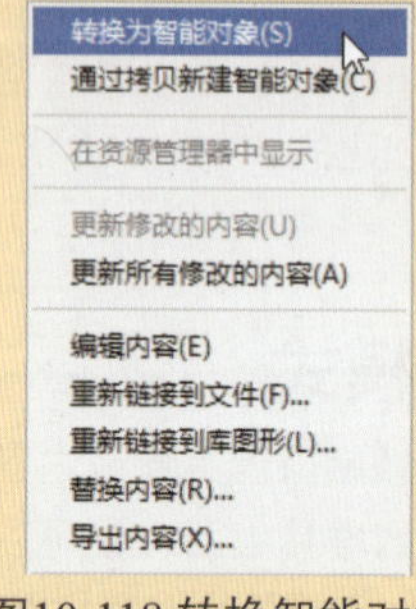

图10-118 转换智能对象

图10-119 复制图层

STEP 03 选择“图层1拷贝”图层，选择“图层”→“智能对象”→“堆栈模式”→“最大值”命令，并修改该图层混合模式为“滤色”，效果如图10-120所示。选择“图层 1”图层，将其“堆栈模式”设置为“最小值”，并设置图层混合模式为“叠加”，最终效果如图10-121所示。

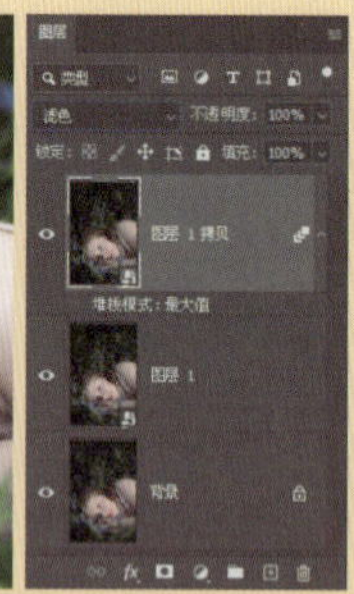
图10-120 设置堆栈模式

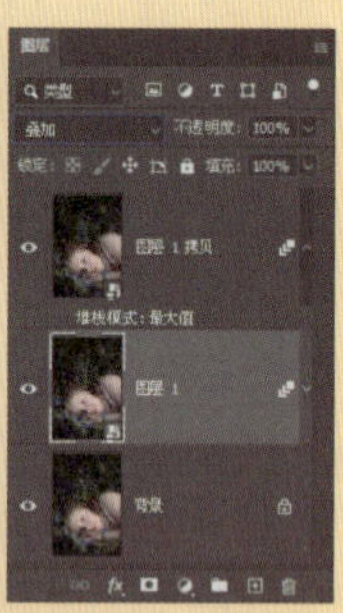
图10-121 最终效果

应用案例 合并相同背景图像

源文件：源文件\第10章\10-6-6-1. psd

视　频：视频\第10章\合并相同背景图像.mp4

STEP 01 选择“文件”→“脚本”→“将文件载入堆栈”命令，弹出“载入图层”对话框，如图10-122所示，选择素材“106802.jpg”和“106803.jpg”，选择“载入图层后创建智能对象”复选框，如图10-123所示。

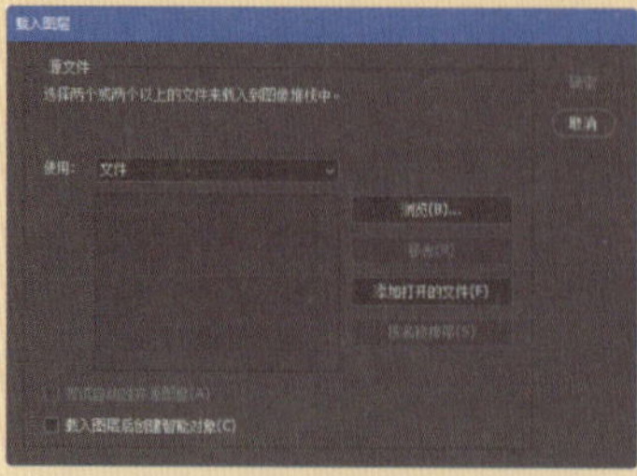
图10-122 “载入图层”对话框

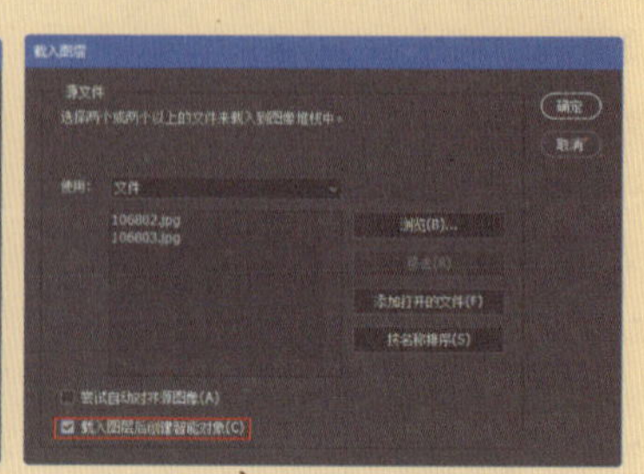
图10-123 载入图像

STEP 02 单击“确定”按钮，图层效果如图10-124所示。如果没有选择“载入图层后创建智能对象”复选框，可以在载入图像后，同时选择两个图层，然后选择“图层”→“智能对象”→“转换为智能对象”命令，将两个图像转换为一个智能对象，如图10-125所示。

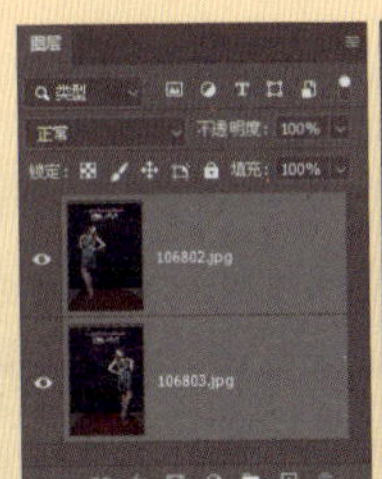

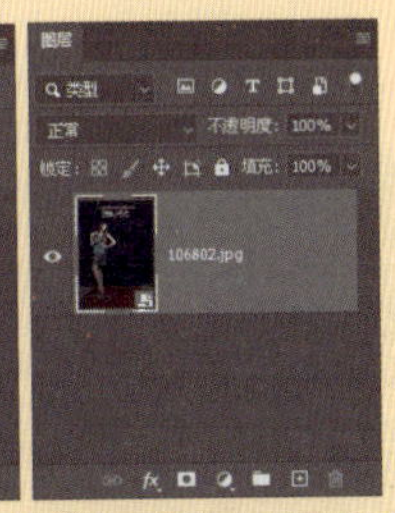

图10-124 直接转换为智能对象图层　图10-125 选中两个图层转换智能对象

STEP 03 选择“图层”→“新建”→“通过拷贝的图层”命令，创建一个副本图层，然后选择“图像”→“智能对象”→“堆栈模式”→“最小值”命令，修改其图层混合模式为“变亮”，效果如图10-126所示。

STEP 04 选择“106802.jpg”图层，将“堆栈模式”设置为“最大值”，完成效果如图10-127所示。

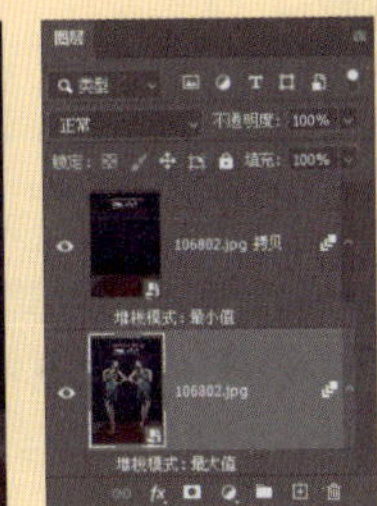

图10-126 设置最小值　图10-127 设置最大值

10.7 智能滤镜

在Photoshop中，可使用滤镜处理图像并为其创建各种特殊效果。智能滤镜是一种非破坏性的滤镜，它作为图层效果保存在“图层”面板中，通过使用智能对象中包含的原始图像数据，可以随时重新调整这些滤镜。

10.7.1 智能滤镜的概念

智能滤镜兼具滤镜和智能对象两种功能，既能生成滤镜效果，又具备智能对象可恢复原始数据的优势，并且不会对图像的原始数据造成任何破坏。

智能滤镜通常以类似于“图层样式”的形式出现在图层下面。用户还可以像调整图层样式一样双击智能滤镜的指示文字，在弹出的对话框中重新修改滤镜的参数。

Tips

在 Photoshop 中，除了“液化”“自适应广角”“镜头校正”和“消失点”之外的任何滤镜都可以作为智能滤镜使用，也包括支持智能滤镜的外挂滤镜。此外，“图像”→“调整”命令中的“阴影/高光”和“变化”命令也可以作为智能滤镜应用。

应用案例　使用智能滤镜制作蜡笔画

源文件：源文件\第10章\10-7-1.psd

视　频：视频\第10章\使用智能滤镜制作蜡笔画.mp4

STEP 01 打开素材图像“素材\第10章\107201.jpg”，如图10-128所示。选择“滤镜”→“转换为智能滤镜”命令，将“背景”图层转换为“图层 0”图层，如图10-129所示。

STEP 02 选择“滤镜”→“滤镜库”→“艺术效果”→“粗糙蜡笔”命令，弹出“粗糙蜡笔”对话框，设置参数如图10-130所示。单击“确定”按钮，对图像应用智能滤镜，效果如图10-131所示。

图10-128 打开素材图像

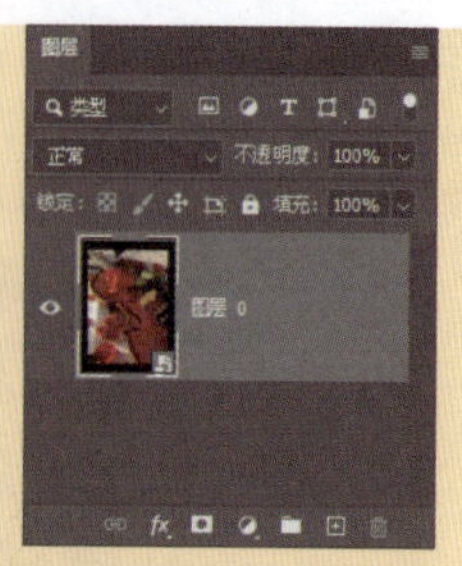

图10-129 转换为智能对象

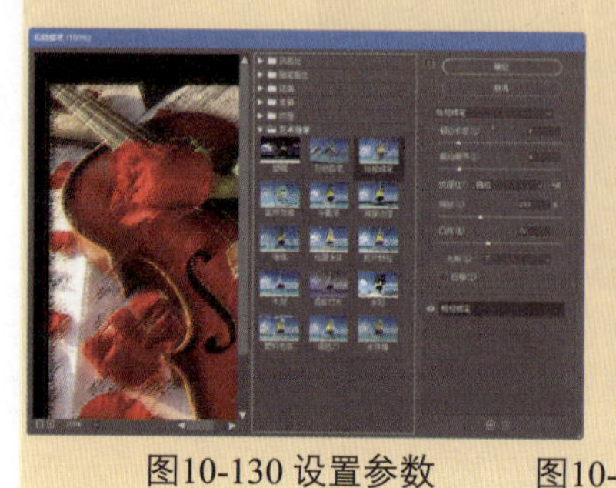

图10-130 设置参数

图10-131 应用智能滤镜

Tips

为智能对象应用的任何滤镜都是智能滤镜。因此，如果当前图层为智能对象，可直接对其应用滤镜。如果在“图层”面板中的某个智能滤镜旁出现警告图标，则表示该滤镜不支持图像的颜色模式或深度。

10.7.2 编辑智能滤镜

如果智能滤镜包含可编辑的设置，则可以随时对其进行编辑，还可以编辑智能滤镜的混合选项。

应用案例

修改智能滤镜

源文件：源文件\第10章\10-7-2. psd

视　频：视频\第10章\修改智能滤镜.mp4

STEP 01 在“图层”面板中双击“滤镜库”智能滤镜，如图10-132所示，重新弹出滤镜的设置对话框，对滤镜的参数进行修改，如图10-133所示。单击“确定”按钮，滤镜效果如图10-134所示。

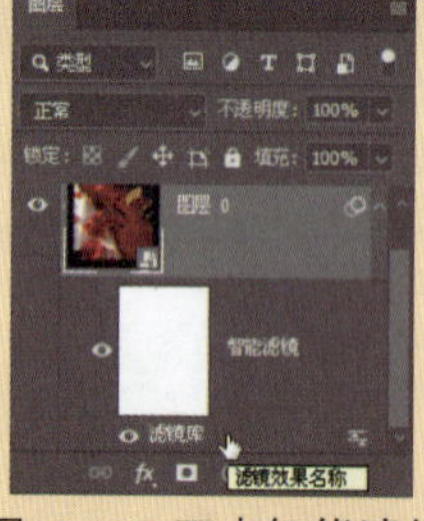

图10-132 双击智能滤镜

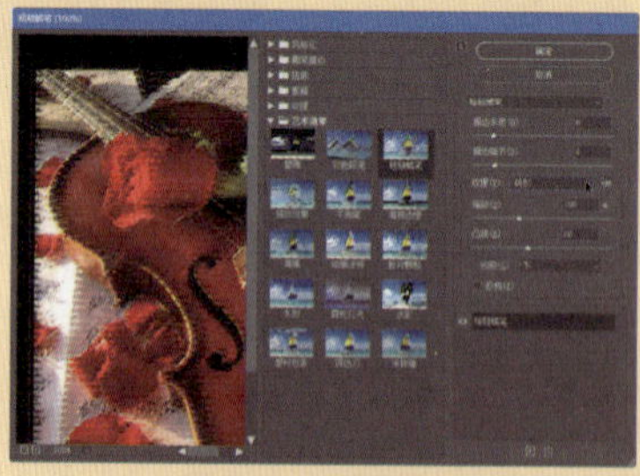

图10-133 修改参数

图10-134 更新滤镜效果

STEP 02 双击智能滤镜旁边的编辑混合选项图标，如图10-135所示，弹出“混合选项”对话框，在其中可以设置滤镜的“不透明度”和“模式”，如图10-136所示。编辑智能滤镜混合选项类似于在对传统图层应用滤镜时使用的“渐隐”命令，效果如图10-137所示。

图10-135 双击图标

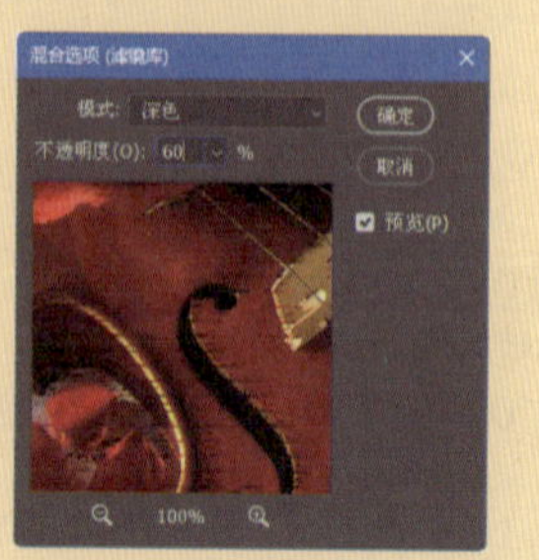

图10-136 “混合选项”对话框

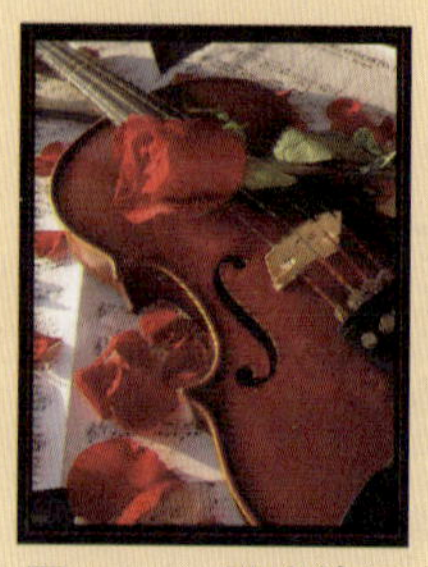

图10-137 最终效果

10.7.3 智能滤镜的其他操作

选择“图层”→“智能滤镜”→“停用滤镜蒙版”命令，可以暂时停用智能滤镜的蒙版，蒙版上会出现一个红色的叉；选择“图层”→“智能滤镜”→“删除滤镜蒙版”命令，可以删除蒙版。

在“图层”面板的智能滤镜列表框中，上下拖动相应滤镜的字样，可以重新排列智能滤镜，Photoshop将按照由下而上的顺序重新为图层应用智能滤镜。

复制智能滤镜的方法与复制图层样式相同，按住【Alt】键并将智能滤镜图标拖动到其他图层即可。

应用案例 遮盖智能滤镜

源文件：源文件\第10章\10-7-3. psd

视　频：视频\第10章\遮盖智能滤镜.mp4

STEP 01 打开素材图像“素材\第10章\107401.psd”，如图10-138所示。从“图层”面板中可以看出“图层0”应用了智能滤镜，智能对象中包含一个蒙版，默认情况下，该蒙版显示完整的效果，如图10-139所示。

图10-138 打开素材图像

图10-139 “图层”面板

STEP 02 选择蒙版，使用“渐变工具”在蒙版中创建黑白线性渐变效果，如图10-140所示，遮盖滤镜效果如图10-141所示。

Tips

编辑滤镜蒙版可以有选择地遮盖智能滤镜。滤镜蒙版的工作方式与图层蒙版相同，用黑色绘制的区域将隐藏滤镜效果；用白色绘制的区域的滤镜是可见的；用灰度绘制的区域的滤镜将以不同级别的透明度出现。

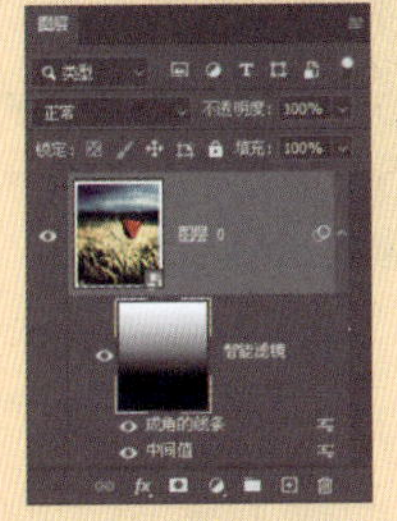

图10-140 创建渐变效果

图10-141 图像效果

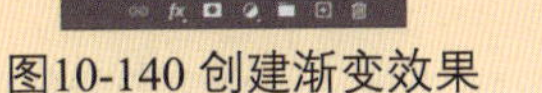

10.8 修边

当移动或粘贴消除锯齿选区时，选区边框周围的一些像素也包含在选区内，这会在粘贴选区周围产生边缘或晕圈。选择“图层”→“修边”子菜单中的命令可以去除或优化图像边缘像素，如图10-142所示。

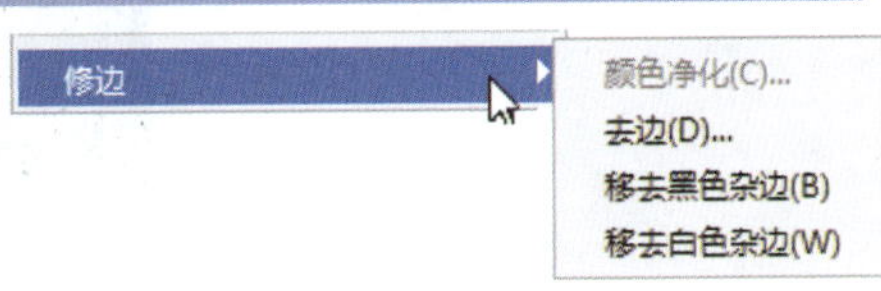

图10-142 修边命令

- 颜色净化：将边像素中的背景色替换为附近完全选中的像素的颜色。
- 去边：将边像素的颜色替换为距离不包含背景色的选区边缘较远的像素的颜色。
- 移去黑色杂边：如果以黑色背景上创建的消除锯齿的选区粘贴到其他颜色的背景上，可以选择该命令消除黑色杂边。
- 移去白色杂边：如果以白色背景上创建的消除锯齿的选区粘贴到其他颜色的背景上，可以选择该命令消除白色杂边。

Tips

选择普通图层时，“颜色净化”命令是灰色的，不能使用。要想使用该功能，需对图层添加图层蒙版，然后选择图层，即可执行颜色净化操作。

应用案例 使用“去边”命令提高抠图合成效果

源文件：源文件\第10章\10-8. psd

视 频：视频\第10章\使用“去边”命令提高抠图合成效果.mp4

STEP 01 打开素材图像“素材\第10章\108101.jpg”，如图10-143所示。使用“快速选择工具”选择人物，如图10-144所示。

图10-143 打开素材图像

图10-144 选择人物

STEP 02 单击选项栏中的“选择并遮住”按钮，切换到调整边缘工作区，如图10-145所示。使用“调整边缘画笔工具”对人物头发边缘进行绘制，并设置输出到“图层蒙版”，单击“确定”按钮，效果如图10-146所示。

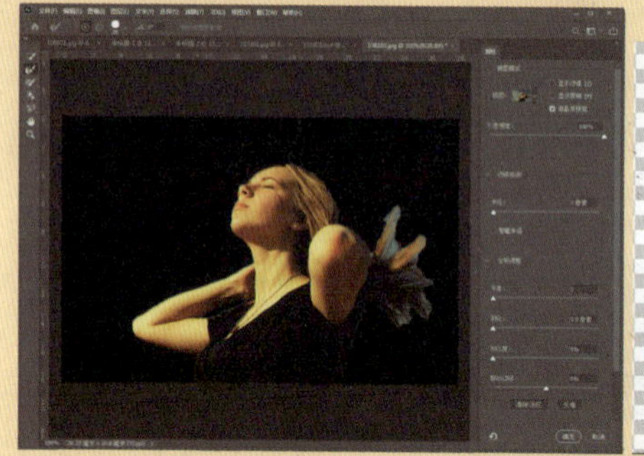
图10-145 调整边缘工作区

图10-146 输出到图层蒙版

STEP 03 打开素材图像“素材\第10章\108102.jpg”，如图10-147所示。将人物拖曳到图像中，“图层”面板如图10-148所示。

图10-147 素材图像

图10-148 “图层”面板

STEP 04 选择“编辑”→“变换”→“水平翻转”命令，效果如图10-149所示。选择“图层”→“修边”→“颜色净化”命令，在弹出的对话框中设置“数量”为100%，单击“确定”按钮，效果如图10-150所示。

图10-149 水平翻转图像

图10-150 颜色净化效果

STEP 05 分别选择“图层”→“修边”→“移去黑色杂边”和“移去白色杂边”命令，效果如图10-151所示。选择“图层”→“修边”→“去边”命令，在弹出的对话框中设置去边“宽度”为3像素，单击“确定”按钮，图像效果如图10-152所示。

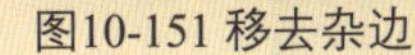
图10-151 移去杂边

图10-152 去边效果

10.9 专家支招

图层是Photoshop中最重要的概念之一。熟练掌握图层的操作，有助于读者深刻理解Photoshop的制作原理和技巧。

10.9.1 使用图层样式的误区

Photoshop的图层样式功能非常强大，很多初学者在制作时会使用大量的图层样式，这就很容易造成图像效果的杂乱，同时也大大影响了Photoshop的运行速度。最好的方法就是在保证效果的同时尽量少使用图层样式，并且设置参数时要适可而止，不要设置得过于夸张，以免影响效果且占用过多资源。

10.9.2 为“背景”图层添加蒙版

在Photoshop CS5以前的版本中，不能直接为“背景”图层添加蒙版。需要首先将“背景”图层转换为普通图层，然后才可以为其添加蒙版。在Photoshop CC 2020中可以直接为“背景”图层添加蒙版，但是添加了蒙版的“背景”图层也将自动转换为普通图层“图层0”。

10.10 总结扩展

通过使用图层的一些高级操作可以达到很多意想不到的效果，如“混合模式”“图层样式”等。灵活使用“图层样式”可以创建出更多的特效；使用“混合模式”可以更好地将前后两个图层融合在一起；“智能对象”允许来自图像或者图层的内容在Photoshop程序之外被编辑；“智能滤镜”能够将图层效果保存在“图层”面板中；利用“智能对象”中包含的原始图像数据可随时重新调整滤镜效果。

10.10.1 本章小结

本章主要讲解如何设置图层的混合效果，系统地对多种“图层样式”“填充和调整图层”、图层的“混合模式”及“智能对象”进行了全面介绍。通过本章的学习，相信读者已经对图层的使用有了更加深入的了解。

10.10.2 举一反三——利用图层样式制作水滴效果

案例文件：	源文件\第10章\10-10-2.psd
视频文件：	视频\第10章\利用图层样式制作水滴效果.mp4
难易程度：	★★★☆☆
学习时间：	30分钟

（1） （2） （3） （4）

1. 打开素材图像。
2. 拖入素材图像，利用“混合模式”制作出投影效果。
3. 利用“图层样式”制作相应的效果。
4. 使用“画笔工具”进行修饰。

第11章 蒙版的应用

在Photoshop中，使用蒙版的目的是能够自由控制选区，这样就产生了通道。蒙版可以随时读取和更改事先存入的通道，还可对不同的通道进行合并、相减等操作。

本章学习重点

第 242 页
使用画笔工具和渐变填充创建图层蒙版

第 245 页
使用选区创建图层蒙版

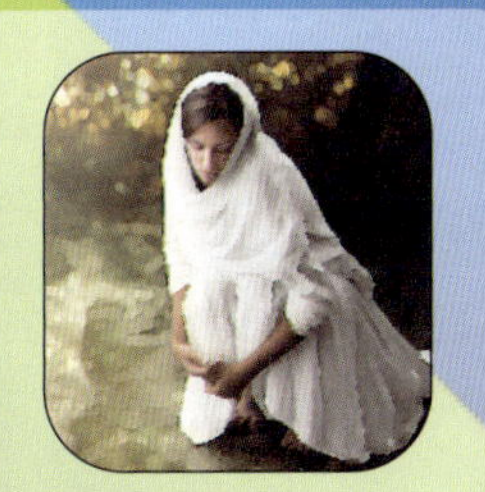

第 247 页
创建滤镜蒙版

第 257 页
调整图像影调

11.1 认识蒙版

蒙版是模仿传统印刷中的一种工艺，印刷时会用一种红色的胶状物来保护印版，所以在Photoshop中蒙版默认的颜色是红色。蒙版是将不同的灰度色值转化为不同的透明度，黑色为完全透明，白色为完全不透明。

11.1.1 蒙版简介及分类

蒙版用于保护被遮蔽的区域，使该区域不受任何操作的影响，它是作为8位灰度通道存放的，可以使用所有绘画和编辑工具进行调整和编辑。在“通道”面板中选择蒙版通道后，前景色和背景色都以灰度显示，蒙版可以将需要重复使用的选区存储为Alpha通道，如图11-1所示。

图11-1 存储为Alpha通道

对蒙版和图像进行预览时，蒙版的颜色是半透明的红色。被遮盖的区域是非选择部分，其余为选择部分，对图像所做的任何改变都不会对蒙版区域产生影响。

Photoshop提供了3种蒙版，分别是图层蒙版、剪贴蒙版和矢量蒙版。图层蒙版通过蒙版中的灰度信息来控制图像的显示区域；剪贴蒙版通过一个对象的轮廓来控制其他图层的显示区域；矢量蒙版通过路径和矢量形状控制图像的显示区域。

11.1.2 蒙版“属性”面板

蒙版“属性”面板用于调整选定的滤镜蒙版、图层蒙版或矢量蒙版的不透明度和羽化范围。创建一个滤镜蒙版，选择“窗口”→“属性”命令或双击蒙版，打开“属性”面板，如图11-2所示。

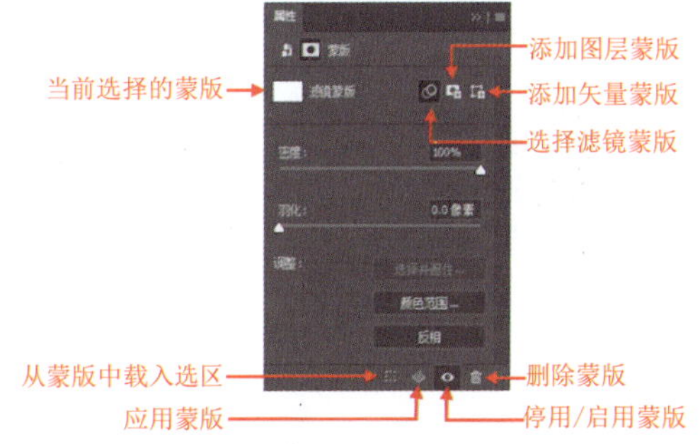

图11-2 蒙版“属性”面板

- 当前选择的蒙版：显示“图层”面板中选择的蒙版类型，此时可以在“蒙版”面板中对其进行编辑。
- 选择滤镜蒙版：表示当前所选择的是滤镜蒙版。如果当前选择的不是滤镜蒙版，单击该按钮可为智能滤镜添加滤镜蒙版。
- 添加图层蒙版：单击该按钮，可以为当前图层添加图层蒙版。
- 添加矢量蒙版：单击该按钮，可以为当前图层添加矢量蒙版。
- 密度：拖动该滑块可以控制蒙版的不透明度。
- 羽化：拖动该滑块可以柔化蒙版的边缘。
- 选择并遮住：单击该按钮，打开“选择并遮住”工作区，使用工具箱中的“调整边缘画笔”“快速选择工具”或“画笔工具”等工具，配合“属性”面板中的选项设置，可以修改蒙版的边缘，并针对不同的背景查看蒙版。这些操作与使用“选择并遮住”命令调整选区边缘的方法基本相同。该选项只有在图层蒙版下才可以使用。
- 颜色范围：单击该按钮，弹出“色彩范围”对话框，通过在图像中取样并调整颜色容差可以修改蒙版范围。该选项在矢量蒙版下不可用。
- 反相：单击该按钮，可以反转蒙版的遮盖区域。该选项在矢量蒙版下不可用。
- 从蒙版中载入选区：单击该按钮，可以载入蒙版中所包含的选区。
- 应用蒙版：单击该按钮，可以将蒙版应用到图像中，同时删除蒙版遮盖的图像。该选项在滤镜蒙版下不可用。
- 停用/启用蒙版：单击该按钮，或按住【Shift】键并单击蒙版缩览图，可以停用或重新启用蒙版。停用蒙版时，蒙版缩览图上会出现一个红色的“X”符号。
- 删除蒙版：单击该按钮，可以删除当前选择的蒙版。在“图层”面板中，将蒙版缩览图拖至“删除图层”按钮上，也可以将其删除。

11.2 图层蒙版

在Photoshop中可以向图层添加蒙版，然后使用此蒙版隐藏部分图层并显示下面的图层。图层蒙版是一项重要的复合技术，利用它可以将多张照片组合成单个图像，也可以对局部的颜色和色调进行校正。

11.2.1 认识图层蒙版

图层蒙版是与分辨率相关的位图图像，可使用绘画或选择工具进行编辑。图层蒙版是非破坏性的，可以返回并重新编辑蒙版，而不会丢失蒙版隐藏的像素。

在“图层”面板中，图层蒙版显示为图层缩览图右边的附加缩览图，此缩览图代表添加图层蒙版时创建的灰度通道。

蒙版中的纯白色区域可以遮盖下面图层中的内容，只显示当前图层中的图像；蒙版中的纯黑色区域可以遮盖当前图层中的图像，显示出下面图层中的内容；蒙版中的灰色区域会根据其灰度值使当前图层中的图像呈现出不同层次的透明效果。

了解了图层蒙版的工作原理后，可以根据需要创建不同的图层蒙版。如果要完全隐藏上面图层的内容，可以为整个蒙版填充黑色；如果要完全显示上面图层的内容，可以为整个蒙版填充白色。

如果要使上面图层的内容呈现半透明效果，可以为蒙版填充灰色；如果要使上面图层的内容呈现渐隐效果，可以为蒙版填充渐变。

图层蒙版包括多种类型，如普通图层蒙版、调整图层蒙版和滤镜蒙版等，下面将对不同的图层蒙版一一进行讲解。

应用案例

使用画笔工具和渐变填充创建图层蒙版

源文件：源文件\第11章\11-2-1.psd

视　频：视频\第11章\使用画笔工具和渐变填充创建图层蒙版.mp4

STEP 01 打开素材图像“素材\第11章\112201.jpg”，如图11-3所示。继续打开另一幅素材图像“素材\第11章\112202.tif”，如图11-4所示。

STEP 02 使用“移动工具”将“112202.tif”中的内容移动到“112201.jpg”文件中，图像效果如图11-5所示，“图层”面板如图11-6所示。

图11-3 打开素材图像

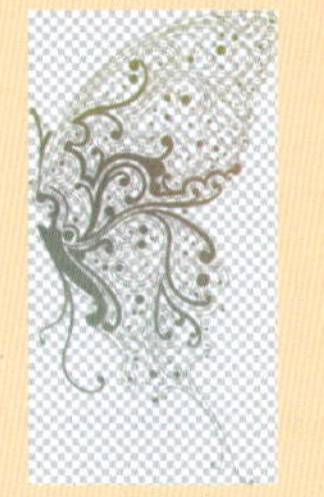
图11-4 打开素材图像2

图11-5 图像效果

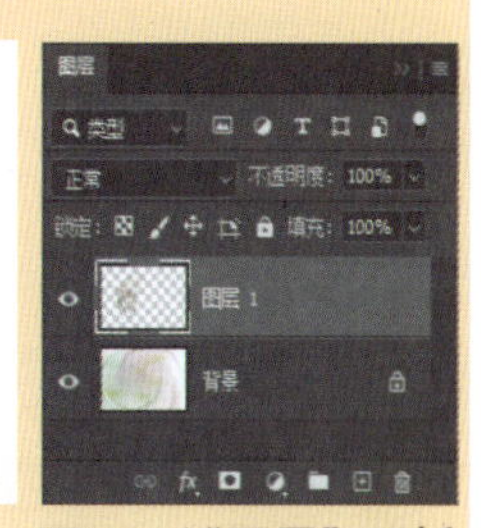

图11-6 “图层”面板

STEP 03 保持“图层1”图层的选择状态，单击“图层”面板底部的“添加图层蒙版”按钮，为“图层1”图层添加图层蒙版，如图11-7所示。

STEP 04 单击工具箱中的“渐变工具”按钮，单击选项栏上的渐变预览条，在弹出的“渐变编辑器”对话框中设置从黑色到白色的渐变颜色，如图11-8所示。

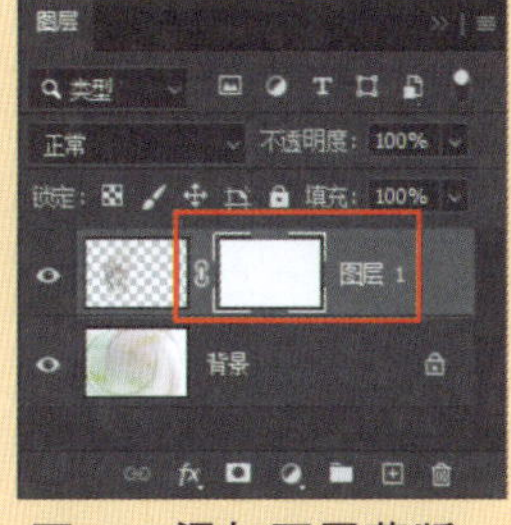

图11-7 添加图层蒙版

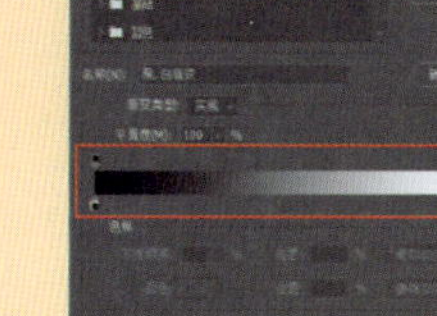
图11-8 “渐变编辑器”对话框

Tips

默认情况下，添加的是完全显示的白色蒙版，按住【Alt】键并单击“添加图层蒙版”按钮，可添加完全遮盖的黑色蒙版。此外，还可以选择“图层”→“图层蒙版”→“显示全部/隐藏全部”命令，为其添加完全显示或遮盖的蒙版。

STEP 05 单击“确定”按钮，按住【Shift】键在画布中拖动鼠标填充渐变颜色，图像效果如图11-9所示，“图层”面板如图11-10所示。

Tips

在对图层蒙版进行操作时需要注意，必须单击图层蒙版缩览图。只有选中需要操作的图层蒙版，才能针对图层蒙版进行操作。

图11-9 图像效果

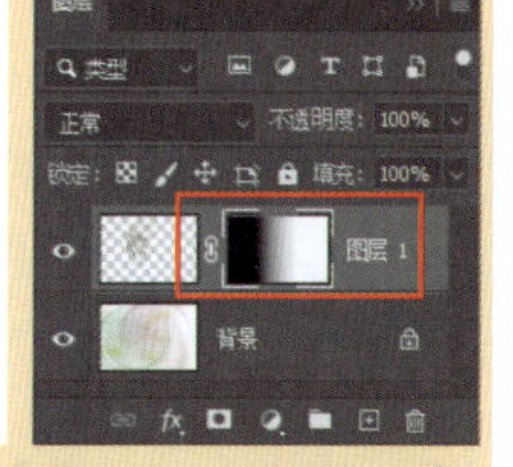

图11-10 “图层”面板

STEP 06 双击“图层1”图层缩览图，在弹出的“图层样式”对话框中选择“投影”复选框并设置参数值，如图11-11所示。继续选择“外发光”复选框并设置参数值，如图11-12所示。

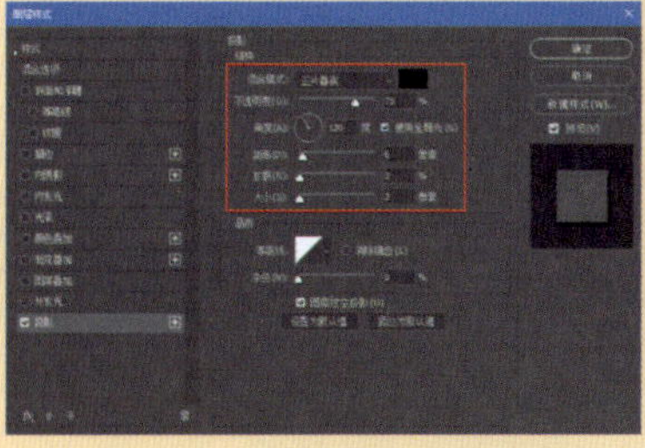
图11-11 “投影”图层样式

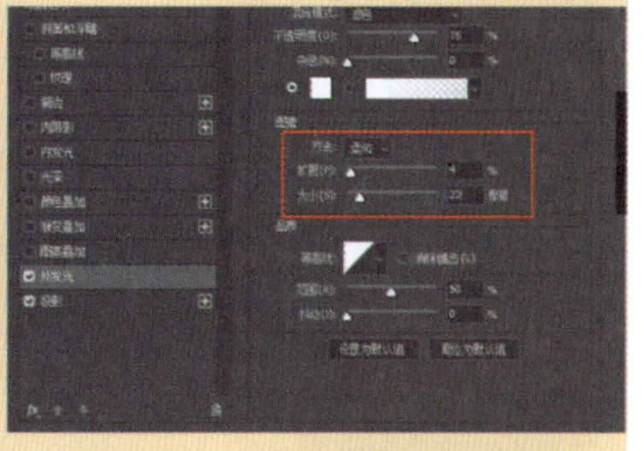
图11-12 “外发光”图层样式

STEP 07 设置完成后单击“确定”按钮，图像效果如图11-13所示。按【Ctrl+J】组合键复制图层，得到“图层1拷贝”图层，如图11-14所示。

图11-13 图像效果

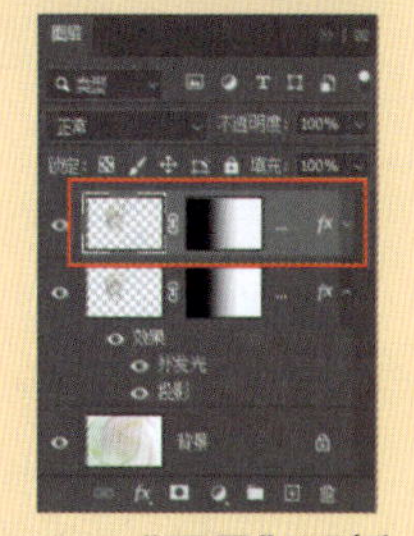
图11-14 “图层”面板

STEP 08 选择“编辑”→“变换”→“水平翻转”命令，并将其移动到合适的位置，如图11-15所示，图层蒙版也会发生相应的变化，如图11-16所示。

STEP 09 打开素材图像“素材\第11章\112203.jpg”，并将其移动到“112201.jpg”文件中，如图11-17所示。按住【Alt】键并单击“添加图层蒙版”按钮，为其添加图层蒙版，如图11-18所示。

图11-15 图像效果

图11-16 “图层”面板

图11-17 打开图像并移动

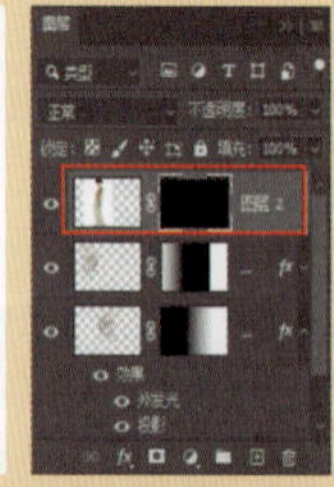

图11-18 添加图层蒙版

STEP 10 单击“画笔工具”按钮，设置“前景色”为白色，选择合适的软笔刷在图像中涂抹，效果如图11-19所示，“图层”面板如图11-20所示。

Tips

蒙版是一种与常规的选区不同的选区。它可以对所选区域进行保护，让其免于操作，只对非掩盖的区域应用操作。

图11-19 图像效果

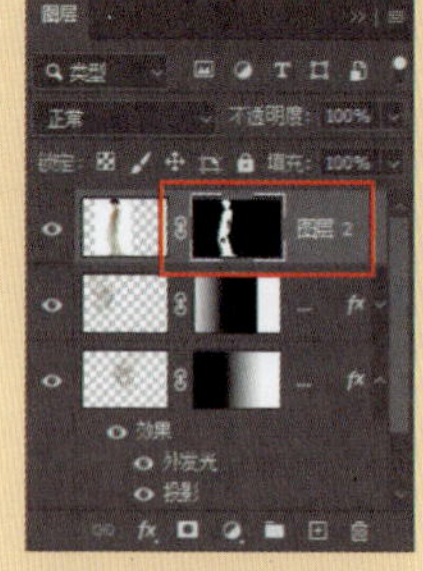

图11-20 “图层”面板

STEP 11 设置“图层2”图层的“混合模式”为“正片叠底”，按【Ctrl+J】组合键复制图层，得到“图层2拷贝”图层，设置该图层的“混合模式”为“正常”，并对该图层蒙版进行修改，图像效果如图11-21所示，“图层”面板如图11-22所示。

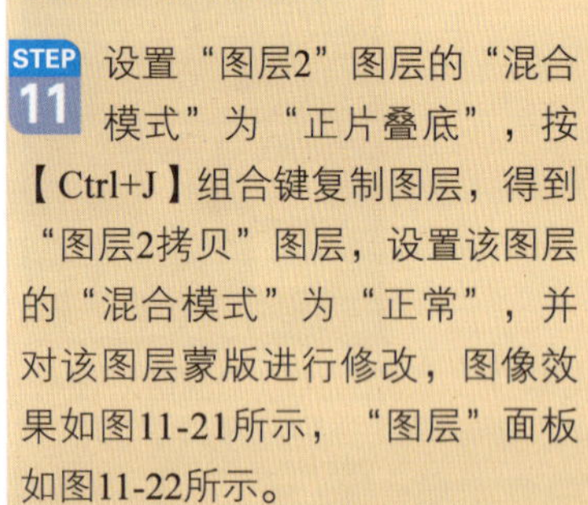

图11-21 图像效果

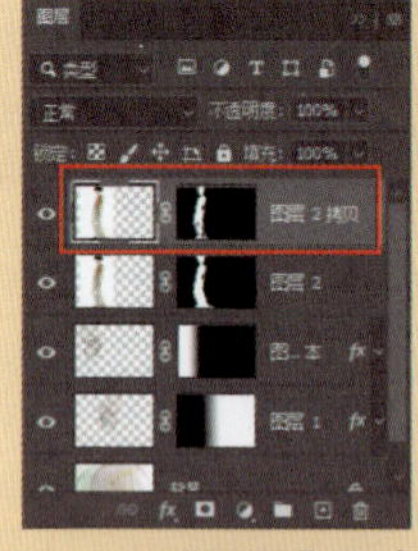

图11-22 “图层”面板

STEP 12 使用相同的方法完成其他图像效果的制作，如图11-23所示，“图层”面板如图11-24所示。

图11-23 图像效果

图11-24 “图层”面板

11.2.2 快速蒙版

快速蒙版也称临时蒙版，它并不是一个选区，当退出快速蒙版模式时，不被保护的区域则变为一个选区，将选区作为蒙版编辑时几乎可以使用所有的Photoshop工具或滤镜来修改蒙版。

被蒙版区域是指非选择部分。在快速蒙版状态下，单击工具箱中的“画笔工具”按钮，在图像上进行涂抹，涂抹的区域即为被蒙版区域。退出快速蒙版编辑状态后，涂抹区域将被选区包围。

 Tips

"文字蒙版工具"的功能与快速蒙版的功能相同，使用"横排文字蒙版工具"或"竖排文字蒙版工具"在画布上单击，即进入快速蒙版的编辑状态，输入文字并确认操作，即可得到文字的选区范围。

应用案例

使用选区创建图层蒙版

源文件：源文件\第11章\11-2-2-1.psd　视频：视频\第11章\使用选区创建图层蒙版.mp4

STEP 01 打开素材图像"素材\第11章\112401.jpg"，如图11-25所示。在"图层"面板中按住【Alt】键并双击"背景"图层，将其转换为普通图层，如图11-26所示。

STEP 02 单击"以快速蒙版模式编辑"按钮，选择"滤镜"→"滤镜库"命令，在弹出的"滤镜库"对话框中选择要添加的滤镜并设置各项参数，如图11-27所示。单击"确定"按钮，图像效果如图11-28所示。

STEP 03 单击"以标准模式编辑"按钮创建选区，选区效果如图11-29所示。按住【Alt】键的同时单击"图层"面板底部的"添加图层蒙版"按钮，图像效果如图11-30所示。

STEP 04 单击"图层"面板中的"创建新图层"按钮，新建"图层1"，为该图层填充白色，将其移动到"图层"面板底部，"图层"面板如图11-31所示，图像效果如图11-32所示。

Tips

"背景"图层必须转换为普通图层后才可为其添加图层蒙版。此处简单提到了滤镜，更多的滤镜知识将在本书第 18 章中详细讲解。

Tips

创建选区后，也可以选择"图层"→"图层蒙版"→"显示选区"命令，选区外的图像将被遮盖；如果选择"图层"→"图层蒙版"→"隐藏选区"命令，则选区内的图像将被蒙版遮盖。

图11-25 打开素材图像

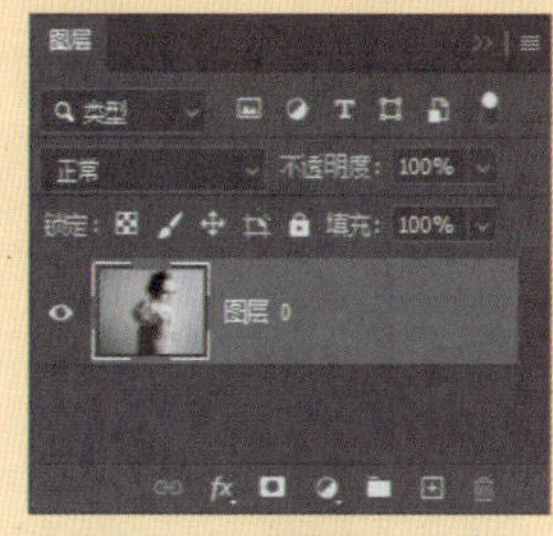

图11-26 "图层"面板

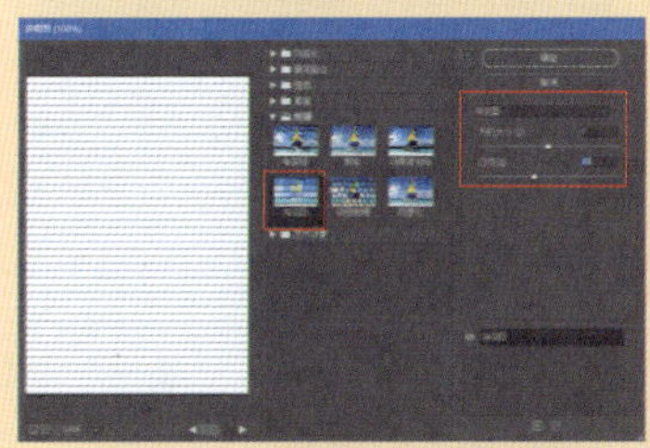

图11-27 "滤镜库"对话框

图11-28 图像效果

图11-29 选区效果

图11-30 图像效果

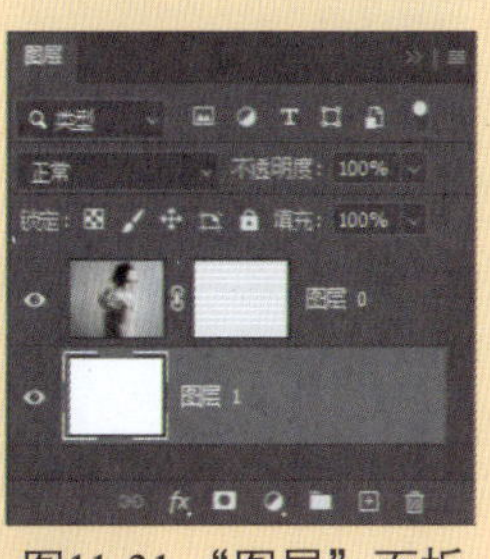

图11-31 "图层"面板

图11-32 图像效果

创建调整图层蒙版

源文件：源文件\第11章\11-2-2-2.psd　视频：视频\第11章\创建调整图层蒙版.mp4

STEP 01 打开素材图像"素材\第11章\112501.jpg"，如图11-33所示。单击"图层"面板底部的"创建新的填充或调整图层"按钮，在打开的下拉列表框中选择"亮度/对比度"选项，在打开的"属性"面板中对各参数进行设置，如图11-34所示。

STEP 02 完成“亮度/对比度”的设置后，在“图层”面板中会自动添加一个“亮度/对比度”调整图层，并且自动为其添加图层蒙版，如图11-35所示，图像效果如图11-36所示。

图11-33 打开素材图像

图11-34 “属性”面板

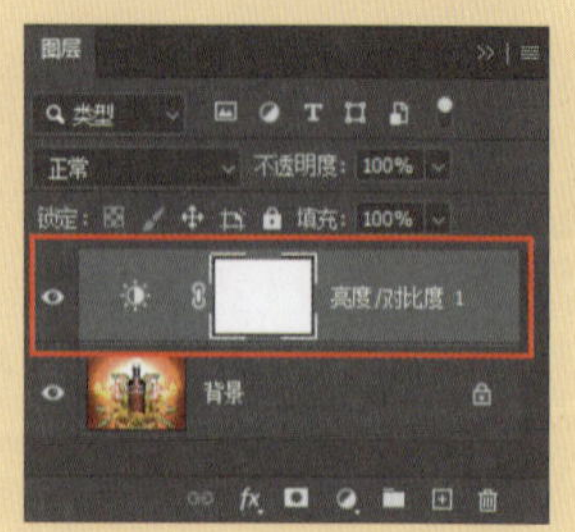
图11-35 “图层”面板

STEP 03 使用相同的方法添加“色相/饱和度”调整图层，“属性”面板如图11-37所示，图像效果如图11-38所示。

图11-36 图像效果

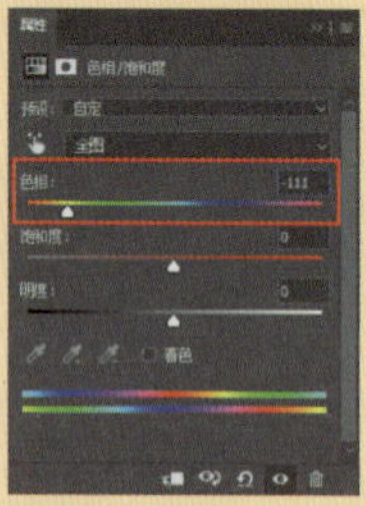
图11-37 “属性”面板

图11-38 图像效果

STEP 04 单击“色相/饱和度”调整图层的蒙版，设置“前景色”为黑色，使用“画笔工具”在画布中涂抹，图像效果如图11-39所示，“图层”面板如图11-40所示。

图11-39 图像效果

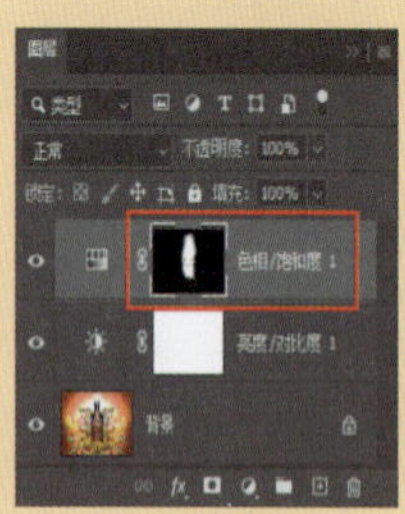
图11-40 “图层”面板

图11-41 图像效果

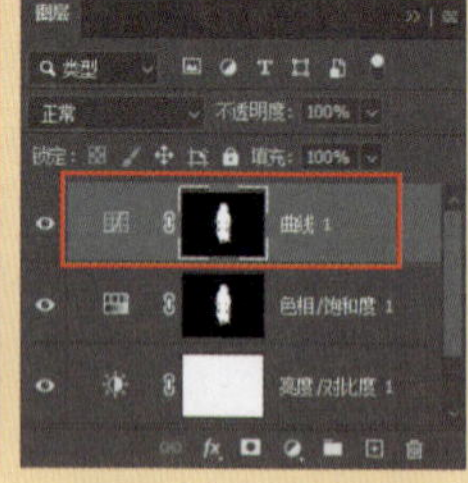
图11-42 “图层”面板

Tips

调整图层蒙版与普通图层蒙版相同，在该图层蒙版上可以执行所有普通图层蒙版上的操作。

STEP 05 按住【Ctrl】键并单击“色相/饱和度”调整图层蒙版载入选区，图像效果如图11-41所示。单击“添加新的填充或调整图层”按钮，在打开的下拉列表框中添加“曲线”调整图层，如图11-42所示。

STEP 06 在打开的“属性”面板中调整曲线，如图11-43所示，图像效果如图11-44所示。

图11-43 “属性”面板　图11-44 图像效果

Tips

使用图层蒙版的好处在于操作过程中只是用黑色和白色来显示或隐藏图像，而不是删除图像。当误隐藏了图像或需要显示原来已经隐藏的图像时，可以在蒙版中将与图像对应的位置涂抹为白色，如果要继续隐藏图像，可以在其对应的位置涂抹黑色。

11.2.3 滤镜蒙版

将智能滤镜应用于某个智能对象时，“图层”面板中该智能对象下方的智能滤镜行上将显示一个白色蒙版缩览图。默认情况下，此蒙版显示完整的滤镜效果，如果在应用智能滤镜前已建立选区，在“图层”面板中的智能滤镜行上将显示适当的蒙版而非一个空白蒙版。

使用滤镜蒙版可有选择地遮盖智能滤镜，当遮盖智能滤镜时，蒙版将应用于所有智能滤镜，无法遮盖单个智能滤镜。

滤镜蒙版的工作方式与图层蒙版非常类似，可以对它们使用许多相同的技巧。既可以将其边界作为选区载入，也可以在滤镜蒙版上进行绘画。

应用案例

创建滤镜蒙版

源文件：源文件\第11章\11-2-3-1.psd　　视频：视频\第11章\创建滤镜蒙版.mp4

STEP 01 选择“文件”→“打开为智能对象”命令，打开素材图像“素材\第11章\112601.jpg”，如图11-45所示，“图层”面板如图11-46所示。

图11-45 打开素材图像

图11-46 “图层”面板

STEP 02 选择“滤镜”→“滤镜库”命令，在弹出的“滤镜库”对话框中设置各项参数，如图11-47所示。设置完成后单击“确定”按钮，图像效果如图11-48所示。

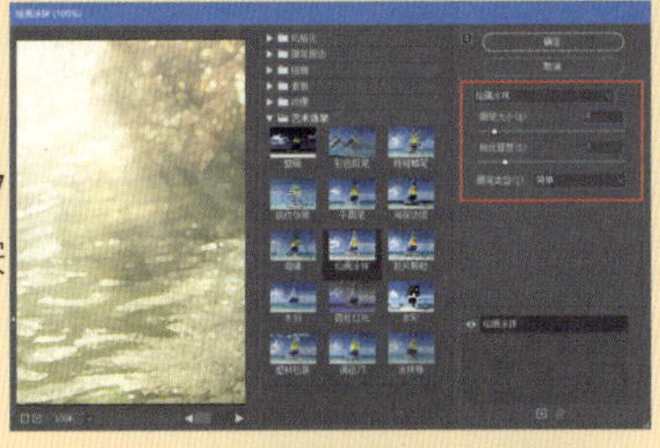

图11-47 “滤镜库”对话框

图11-48 图像效果

STEP 03 单击智能滤镜蒙版，使用黑色柔边画笔在人物的胳膊、脚和脸部进行涂抹，如图11-49所示，图像效果如图11-50所示。

Tips

添加图层蒙版后，如果蒙版缩览图外侧有一个白色边框，表示蒙版处于编辑状态，此时进行的所有操作将应用于蒙版。如果要编辑图像，可以单击图像缩览图，白色边框将出现在图像外侧。

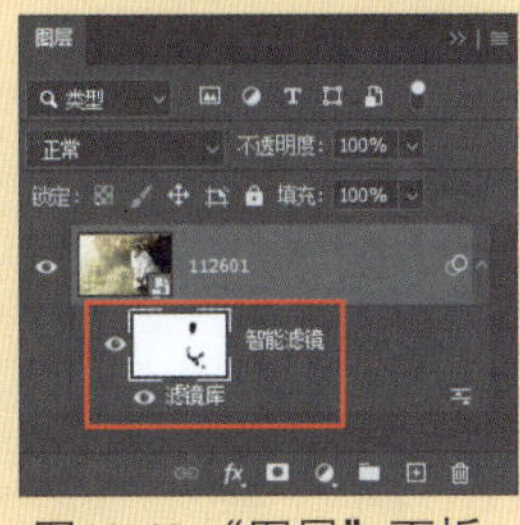

图11-49 “图层”面板

图11-50 图像效果

应用案例

运用图像创建图层蒙版

源文件：源文件\第11章\11-2-3-2.psd　视频：视频\第11章\运用图像创建图层蒙版.mp4

STEP 01 打开素材图像“素材\第11章\112701.jpg”，如图11-51所示。按住【Alt】键的同时双击“背景”图层，将其转换为普通图层，如图11-52所示。

STEP 02 新建“图层1”图层，设置“前景色”为RGB（239、216、164），按【Alt+Delete】组合键为“图层1”图层填充前景色，“图层”面板如图11-53所示。将“图层1”图层移动到底层，并为“图层0”添加图层蒙版，如图11-54所示。

图11-51 打开素材图像

图11-52 “图层”面板

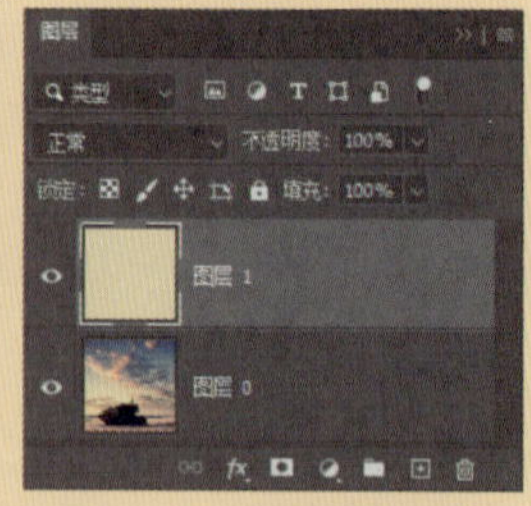
图11-53 “图层”面板

图11-54 添加图层蒙版

STEP 03 按住【Alt】键并单击图层蒙版。打开素材图像“素材\第11章\112702.jpg”，如图11-55所示。按【Ctrl+A】组合键全选图像，再按【Ctrl+C】组合键复制图像。返回到“112702.jpg”文件中，按【Ctrl+V】组合键粘贴图像，画布图像效果如图11-56所示。

图11-55 打开素材图像

图11-56 画布图像效果

STEP 04 按【Ctrl+D】组合键取消选区，再按【Ctrl+I】组合键反相，按住【Alt】键并单击图层蒙版，图像效果如图11-57所示，“图层”面板如图11-58所示。

STEP 05 设置“前景色”为RGB（180、180、180），保持图层蒙版的选中状态，使用“画笔工具”在图像中进行涂抹，图像效果如图11-59所示。

图11-57 图像效果

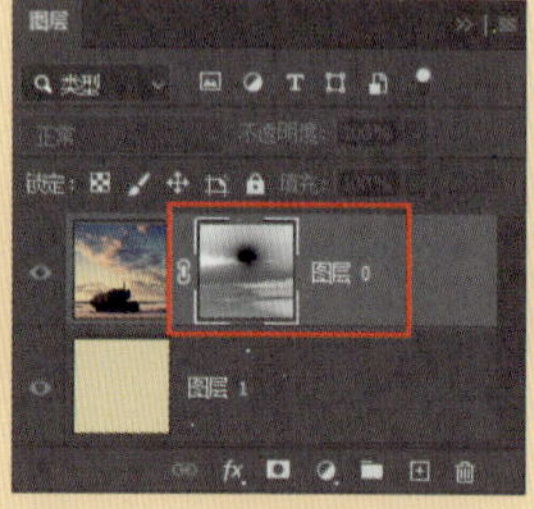
图11-58 “图层”面板

STEP 06 按【Ctrl+Alt+Shift+E】组合键盖印图层，得到“图层2”图层，如图11-60所示。选择“图像”→“自动对比度”命令，图像效果如图11-61所示。

图11-59 图像效果

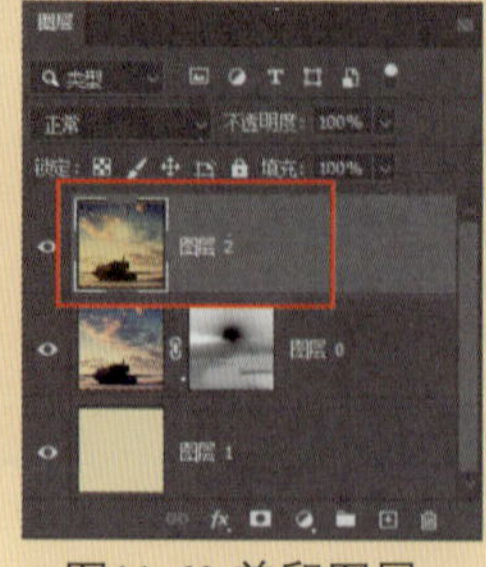
图11-60 盖印图层

图11-61 图像效果

11.3 矢量蒙版

矢量蒙版与分辨率无关，可使用钢笔或形状工具创建。矢量蒙版可以返回并重新编辑，而不会丢失蒙版隐藏的像素。在“图层”面板中，矢量蒙版显示为图层缩览图右边的附加缩览图，矢量蒙版缩览图代表从图层内容中剪切下来的路径。

11.3.1 创建矢量蒙版

矢量蒙版可以在图层上创建锐边形状，当想要添加边缘清晰分明的图像时可以使用矢量蒙版。创建矢量蒙版后，可以向该图层应用一个或多个图层样式。在需要重新修改的图像的形状上添加矢量蒙版后，可以随时修改蒙版的路径，从而达到修改图像形状的目的。

应用案例

创建矢量蒙版

源文件：源文件\第11章\11-3-1.psd　　视频：视频\第11章\创建矢量蒙版.mp4

STEP 01 打开素材图像“素材\第11章\113101.jpg”和“113102.jpg”，如图11-62和图11-63所示。

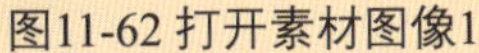

图11-62 打开素材图像1　　图11-63 打开素材图像2　　图11-64 图像效果

STEP 02 将“113102.jpg”图像拖入“113101.jpg”图像中，选择“编辑”→“自由变换”命令，适当调整大小、位置和角度，图像效果如图11-64所示，“图层”面板如图11-65所示。

STEP 03 单击“自定形状工具”按钮，设置“工具模式”为“路径”，打开“自定形状”拾色器选择合适的形状，如图11-66所示。按住【Shift】键在画布中拖动鼠标绘制一个等比例的心形，如图11-67所示。

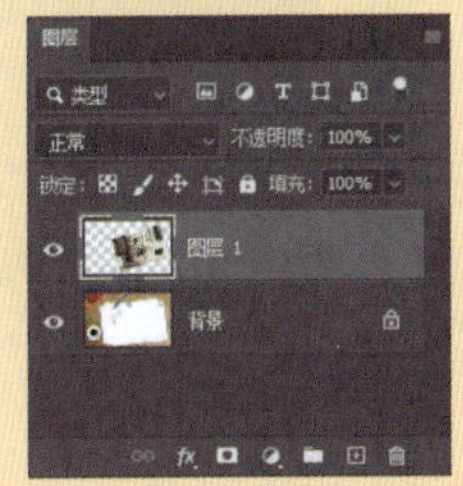

图11-65 “图层”面板

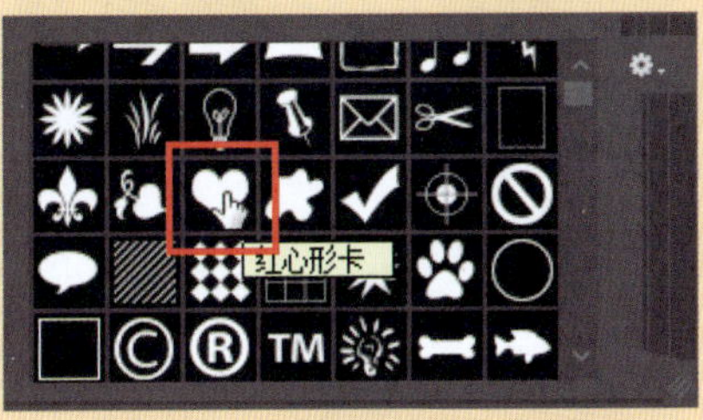

图11-66 “自定形状”拾色器

图11-67 绘制路径

STEP 04 选择“图层”→“矢量蒙版”→“当前路径”命令，创建矢量蒙版，图像效果如图11-68所示，“图层”面板如图11-69所示。

Tips

绘制路径后按住【Ctrl】键并单击“添加图层蒙版”按钮，可为该图层添加矢量蒙版。选择“图层”“矢量蒙版”→“显示全部”命令，可创建显示全部图像内容的矢量蒙版；选择“图层”→“矢量蒙版”→“隐藏全部”命令，可创建隐藏全部图像内容的矢量蒙版。

图11-68 图像效果

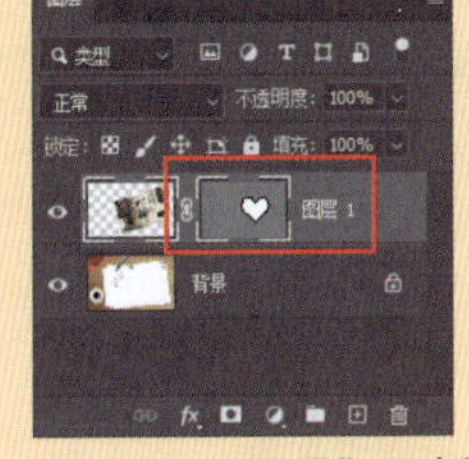

图11-69 “图层”面板

11.3.2 编辑和变换矢量蒙版

创建矢量蒙版后，可以使用路径编辑工具移动或修改路径，从而改变蒙版的遮盖区域，它与编辑一般路径的方法完全相同。

应用案例 编辑和变换矢量蒙版

源文件：源文件\第11章\11-3-2-1.psd　视频：视频\第11章\编辑和变换矢量蒙版.mp4

STEP 01 打开素材图像“素材\第11章\113201.psd”，单击“图层”面板中的矢量蒙版，画布中会显示矢量图形，如图11-70所示，“图层”面板如图11-71所示。

图11-70 打开素材图像

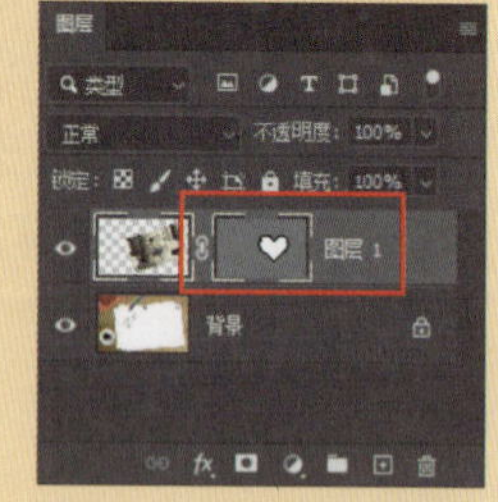

图11-71 “图层”面板

STEP 02 选择“编辑”→“自由变换路径”命令，路径周围将显示控制边框，如图11-72所示。将路径调整到合适的大小和位置并旋转路径，效果如图11-73所示。

Tips

选择矢量蒙版，选择“编辑”→“变换路径”子菜单中的命令，即可对矢量蒙版进行各种变换操作。由于矢量蒙版与分辨率无关，因此，在进行变换和变形操作时不会产生锯齿。另外，矢量蒙版的变换方法与图像的变换方法完全相同，此处不再赘述。

图11-72 路径控制边框

图11-73 缩放并旋转路径

STEP 03 按【Enter】键确认，使用“直接选择工具”选择路径，调整锚点的位置。单击“图层”面板的空白处，图像效果如图11-74所示，“图层”面板如图11-75所示。

图11-74 图像效果

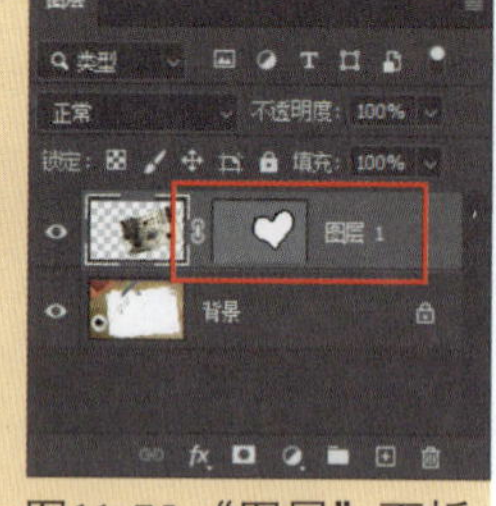

图11-75 “图层”面板

应用案例 向矢量蒙版中添加形状

源文件：源文件\第11章\11-3-2-2.psd　视频：视频\第11章\向矢量蒙版中添加形状.mp4

STEP 01 打开素材图像“素材\第11章\113301.psd”，如图11-76所示。单击“自定形状工具”按钮，设置“工具模式”为“路径”，在“自定形状”拾色器中选择图形，按住【Shift】键在画布中绘制图形，如图11-77所示。

图11-76 打开素材图像

图11-77 添加形状

STEP 02 使用相同的方法绘制其他形状，如图11-78所示。使用“路径选择工具”选择不同的路径，并进行旋转变换操作，图像效果如图11-79所示。

Tips

使用“路径选择工具”，按住【Shift】键并单击可以同时选中多个矢量图形，以方便对不同路径同时进行相同的操作。

图11-78 添加其他形状

图11-79 图像效果

应用案例

为矢量蒙版添加样式

源文件：源文件\第11章\11-3-2-3.psd　　视频：视频\第11章\为矢量蒙版添加样式.mp4

STEP 01 打开素材图像“素材\第11章\113401.psd”，如图11-80所示，“图层”面板如图11-81所示。

图11-80 打开素材图像

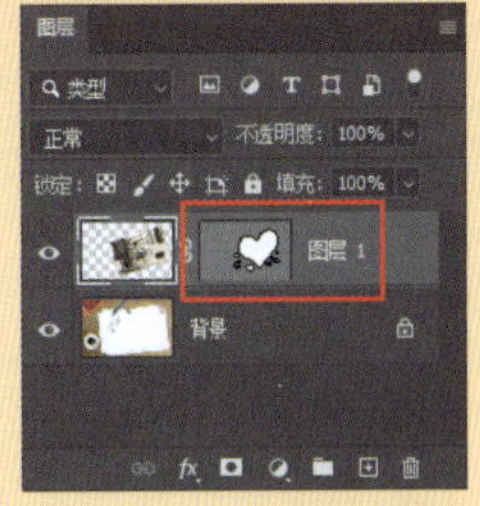

图11-81 “图层”面板

STEP 02 双击“图层1”图层缩览图，在弹出的“图层样式”对话框中选择“描边”复选框并设置参数，如图11-82所示。在左侧选择“外发光”复选框并设置参数，如图11-83所示。

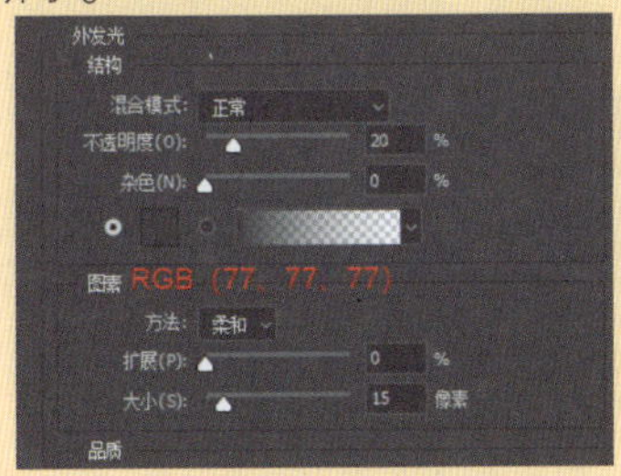

图11-82 “描边”样式

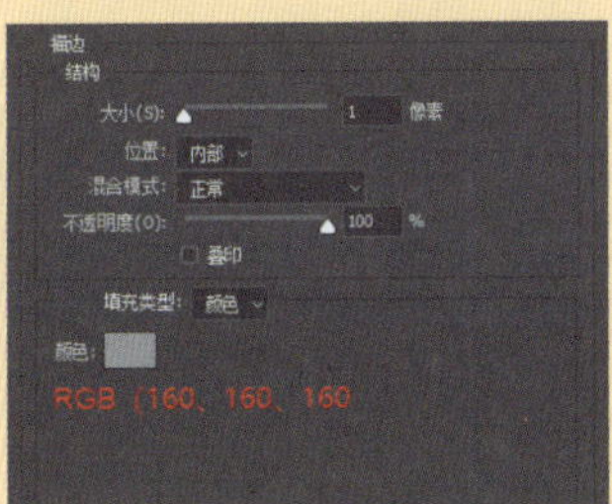

图11-83 “外发光”样式

图11-84 图像效果

STEP 03 设置完成后单击“确定”按钮，按【Ctrl+H】组合键隐藏路径，图像效果如图11-84所示，“图层”面板如图11-85所示。

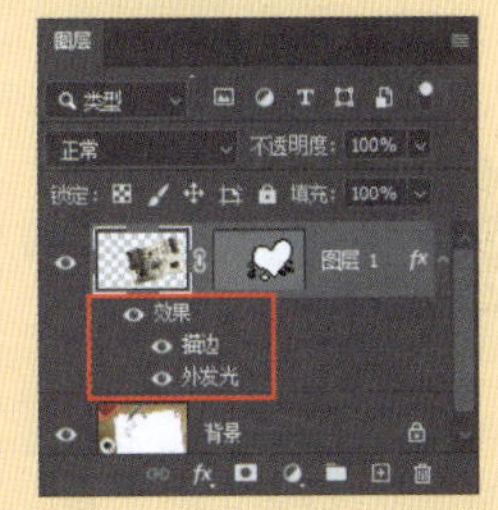

图11-85 “图层”面板

11.3.3 将矢量蒙版转换为图层蒙版

如果用户在设计制作图像时，想将某个图层中的矢量蒙版转换为图层蒙版，可以对其进行栅格化操作。因为栅格化矢量蒙版后，将无法再将其更改回矢量对象，所以用户在转换时需要谨慎对待。

将矢量蒙版转换为图层蒙版

源文件：源文件\第11章\11-3-3.psd　　视频：视频\第11章\将矢量蒙版转换为图层蒙版.mp4

STEP 01 打开素材图像“素材\第11章\113501.psd”，如图11-86所示。

STEP 02 选择“图层1”图层，选择“图层”→“栅格化”→“矢量蒙版”命令，可将矢量蒙版转换为图层蒙版，“图层”面板如图11-87所示。

图11-86 打开素材图像

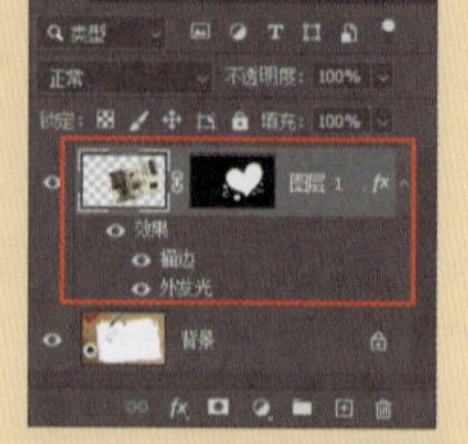

图11-87 “图层”面板

11.4 剪贴蒙版

剪贴蒙版是一种非常灵活的蒙版，它可以使用一个图像的形状限制另一个图像的显示范围，而矢量蒙版和图层蒙版都只能控制一个图层的显示区域。

11.4.1 认识剪贴蒙版

剪贴蒙版可以使用某个图层的轮廓来遮盖其上方的图层，遮盖效果由底部图层或基底图层的范围决定。基底图层的非透明内容将在剪贴蒙版中显示它上方图层的内容，剪贴图层中的所有其他内容将被遮盖掉。

在剪贴蒙版组中，下面图层为基底图层，其图层名称带有下画线，上面的图层为内容图层，内容图层的缩览图是缩进的，并显示图标，如图11-88所示。

还可以在剪贴蒙版中使用多个内容图层，但它们必须是连续的图层。由于基底图层控制内容图层的显示范围，因此，移动基底图层就可以改变内容图层中的显示区域。

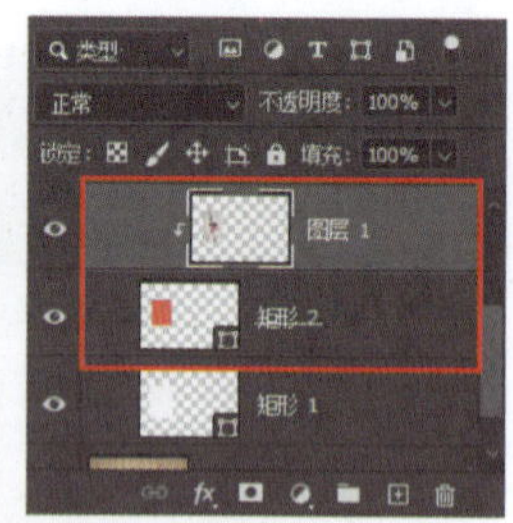

图11-88 剪贴蒙版效果及“图层”面板

应用案例 使用剪贴蒙版制作镜中人

源文件：源文件\第11章\11-4-1.psd　视频：视频\第11章\使用剪贴蒙版制作镜中人.mp4

STEP 01 打开素材图像“素材\第11章\114201.jpg”，如图11-89所示。新建“图层1”图层，设置“前景色”为白色，单击工具箱中的“椭圆工具”按钮，在选项栏中设置“工具模式”为“像素”，在画布中绘制圆形，如图11-90所示。

图11-89 打开素材图像

图11-90 绘制圆形

STEP 02 打开素材图像“素材\第11章\114202.jpg”，如图11-91所示。选择并将其拖入到“114201.jpg”文件中，选择“图层”→“创建剪贴蒙版”命令，或按【Ctrl+Alt+G】组合键创建剪贴蒙版，如图11-92所示。

图11-91 打开素材图像

图11-92 图像效果

快速创建剪贴蒙版。

将光标放置于“图层”面板中需要创建剪贴蒙版的两个图层分隔线上，按住【Alt】键，光标会变为形状，单击即可创建剪贴蒙版。

选择“编辑”→“自由变换”命令，调整图像到合适大小和位置，如图11-93所示。“图层”面板如图11-94所示。

图11-93 调整图像

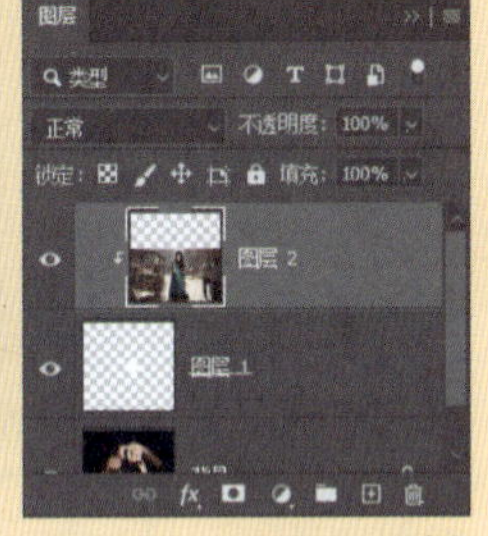
图11-94 “图层”面板

11.4.2 设置剪贴蒙版的不透明度

剪贴蒙版组中的所有图层都使用基底图层的不透明度属性，调整基底图层的不透明度，则整个剪贴蒙版组图层的不透明度都会改变，如图11-95所示。

当调整内容图层的不透明度时，只会更改当前内容图层的不透明度，而剪贴蒙版组中的其他图层不会受到影响，如图11-96所示。

图11-95 更改基底图层不透明度效果对比

图11-96 更改内容图层不透明度效果对比

11.4.3 设置剪贴蒙版的混合模式

剪贴蒙版组中的所有图层都使用基底图层的混合属性。当调整基底图层的混合模式时，整个剪贴蒙版组中的图层都会使用基底图层模式与下面的图层混合。

当调整内容图层的混合模式时，只会更改当前内容图层的混合属性，而剪贴蒙版组中的其他图层不会受到影响。

Tips

在“图层样式”对话框中选择“将剪贴图层混合成组”复选框，可确定基底图层的混合模式是影响整个组还是只影响基底图层。默认情况下，基底图层的混合模式影响整个剪贴蒙版组；取消选择该复选框，则基底图层的混合模式仅影响本身，不会对内容图层产生作用。

11.4.4 将图层加入或移出剪贴蒙版组

单击并拖动剪贴蒙版组中的图层到基底图层的下方，释放鼠标即可将其移出剪贴蒙版组，如图11-97

所示。单击并拖动图层到基底图层的上方，释放鼠标即可将其加入剪贴蒙版组，如图11-98所示。

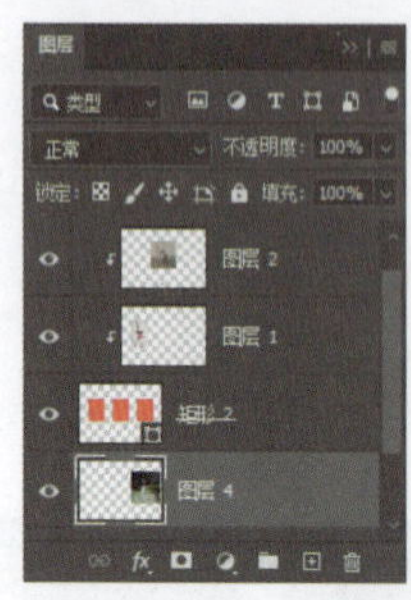

图11-97 从剪贴蒙版组移出图层

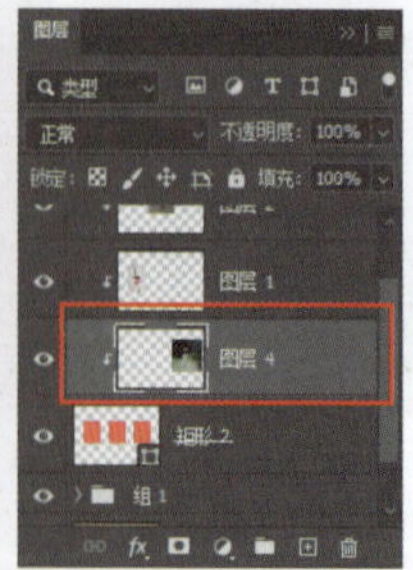

图11-98 向剪贴蒙版组中添加图层

11.4.5 释放剪贴蒙版

选择剪贴蒙版组中最上方的内容图层，选择“图层”→“释放剪贴蒙版”命令，或按【Ctrl+Alt+G】组合键，即可释放该内容图层。

选择剪贴蒙版组中基底图层上方的内容图层，选择“图层”→“释放剪贴蒙版”命令，或按【Ctrl+Alt+G】组合键，即可释放剪贴蒙版中的所有图层。

快速释放剪贴蒙版。

将光标放置于“图层”面板剪贴蒙版组中的两个图层分隔线上，按住【Alt】键，当光标会变为↖□形状时单击，即可释放分隔线上方的所有内容图层。将光标放置于基底图层与内容图层的分隔线上，按住【Alt】键，当光标变为↖□形状时单击，即可释放所有图层。

11.5 蒙版在设计中的应用

由于蒙版自身的功能优势，常被用来进行多张照片的无缝拼接、替换局部图像和保留图像的局部色彩等。

11.5.1 拼接图像

蒙版是一种遮挡，通过蒙版的遮挡可以将两个毫不相干的图像天衣无缝地融合在一起。运用“渐变工具”来制作无痕拼接图像是最常见的，也是最简单的方法之一。拼接图像主要通过对图层蒙版应用从黑色到白色的渐变，产生图像无痕拼接的效果。

应用案例

拼接图像

源文件：源文件\第11章\11-5-1.psd　　视频：视频\第11章\拼接图像.mp4

STEP 01 打开素材图像“素材\第11章\115101.jpg”和“素材\第11章\115102.jpg”，如图11-99所示。

图11-99 打开素材图像

STEP 02 将“115102.jpg”拖入到“115101.jpg”文件中，选择“编辑”→“变换”→“水平翻转”命令，将图像水平翻转，效果如图11-100所示，“图层”面板如图11-101所示。

图11-100 图像效果

图11-101 “图层”面板

STEP 03 单击“图层”面板底部的“添加图层蒙版”按钮，单击工具箱中的“渐变工具”按钮，在选项栏中设置渐变颜色从黑色到白色，在画布上单击并拖动鼠标填充渐变，图像效果如图11-102所示，“图层”面板如图11-103所示。

图11-102 图像效果

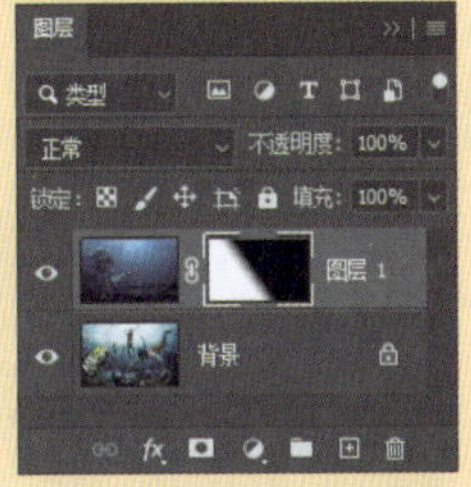

图11-103 “图层”面板

STEP 04 单击“图层”面板底部的“添加新的填充或调整图层”按钮，在打开的下拉列表框中选择“曲线”选项，打开“属性”面板，参数设置如图11-104所示，图像效果如图11-105所示。

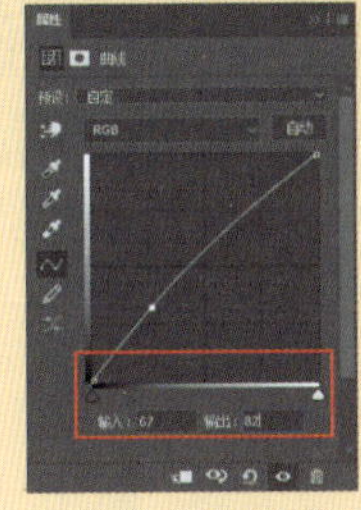

图11-104 “属性”面板

图 11-105 图像效果

11.5.2 替换局部图像

替换局部图像的方法有很多，利用快速蒙版和剪贴蒙版都可以实现替换局部图像操作，本节将通过实例介绍如何使用剪贴蒙版的方法替换局部图像。

应用案例

替换局部图像

源文件：源文件\第11章\11-5-2.psd　　视频：视频\第11章\替换局部图像.mp4

STEP 01 打开素材图像“素材\第11章\115201.jpg”，如图11-106所示。按【Ctrl+J】组合键复制图层，得到“图层1”图层，如图11-107所示。

图11-106 打开素材图像

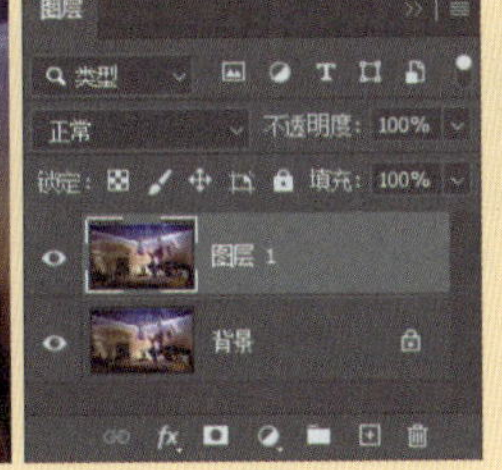

图11-107 “图层”面板 图11-108 “高斯模糊”对话框

STEP 02 隐藏“图层1”图层，选择“背景”图层，选择“滤镜”→“模糊”→“高斯模糊”命令，弹出“高斯模糊”对话框，参数设置如图11-108所示，单击“确定”按钮，图像效果如图11-109所示。

STEP 03 新建“图层2”图层，如图11-110所示。单击工具箱中的“椭圆工具”按钮，在选项栏中设置“工具模式”为“像素”，按住【Shift】键在画布上绘制填充任意颜色的正圆形，如图11-111所示。

图11-109 图像效果

图11-110 “图层”面板

图11-111 绘制正圆

STEP 04 显示“图层 1”图层并将其选中，选择“图层”→“创建剪贴蒙版”命令，创建剪贴蒙版，“图层”面板如图11-112所示，图像效果如图11-113所示。

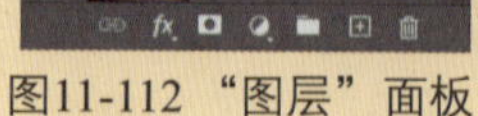

图11-112 “图层”面板

图11-113 图像效果

图11-114 打开素材图像

STEP 05 打开素材图像“素材\第11章\115202.png”，如图11-114所示。将该图像拖入到“15201.jpg”文件中，并调整到合适的大小和位置，如图11-115所示。

Tips

无论当前图层是剪贴蒙版组中的基底图层还是内容图层，拖入的图像都将成为内容图层。为了保证拖入图像的独立性，此处需要单击“背景”图层。

STEP 06 按住【Ctrl】键，在“图层”面板中同时选择“图层2”和“图层3”图层，单击“图层”面板底部的“链接图层”按钮，如图11-116所示。使用“移动工具”拖动放大镜，可以实现图像的放大效果，如图11-117所示。

图11-115 图像效果

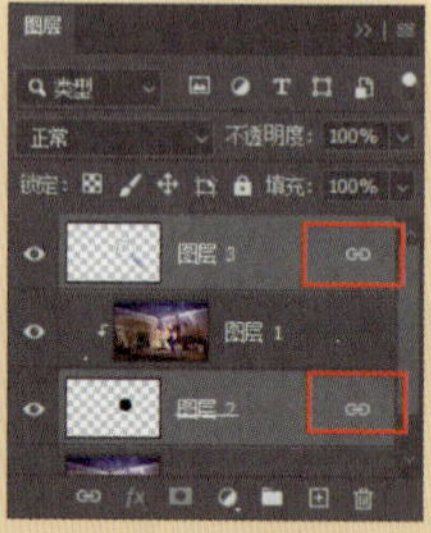

图11-116 链接图层

图11-117 图像效果

Tips

将放大镜素材图像置于所有图层之上能够保证实现完美图像效果。

11.5.3 调整图像影调

通过对图层蒙版进行操作，还可以调整图像影调，使图像更加富有层次感，同时也可以凸显主题。

应用案例

调整图像影调

源文件：源文件\第11章\11-5-3.psd　　视频：视频\第11章\调整图像影调.mp4

STEP 01 打开素材图像“素材\第11章\115301.jpg”，如图11-118所示。按【Ctrl+J】组合键复制图层，得到“图层1”图层，如图11-119所示。

图11-118 打开素材图像

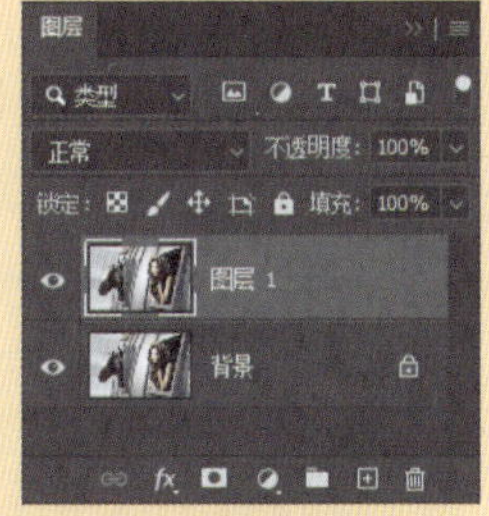

图11-119 “图层”面板

STEP 02 打开“通道”面板，按住【Ctrl】键并单击“蓝”通道载入选区，如图11-120所示。选择RGB复合通道，单击“图层”面板底部的“添加图层蒙版”按钮，为“图层1”添加图层蒙版，如图11-121所示。

图11-120 载入选区

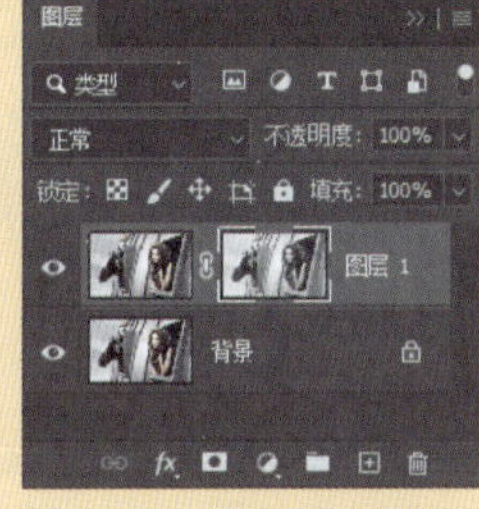

图11-121 添加图层蒙版

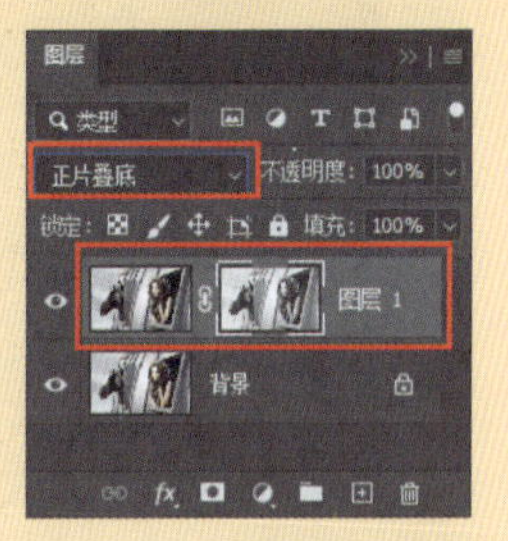

图11-122 “图层”面板

STEP 03 设置“图层1”图层的“混合模式”为“正片叠底”，如图11-122所示，此时图像更有层次感，如图11-123所示。

STEP 04 按【Ctrl+J】组合键复制图层，得到“图层1拷贝”图层，如图11-124所示，图像效果如图11-125所示。

图11-123 图像效果

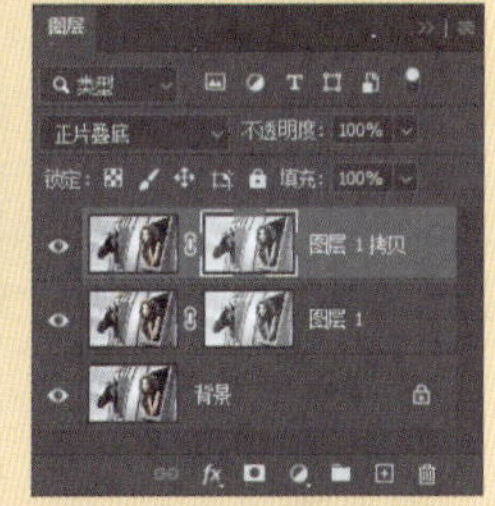

图11-124 “图层”面板

图11-125 图像效果

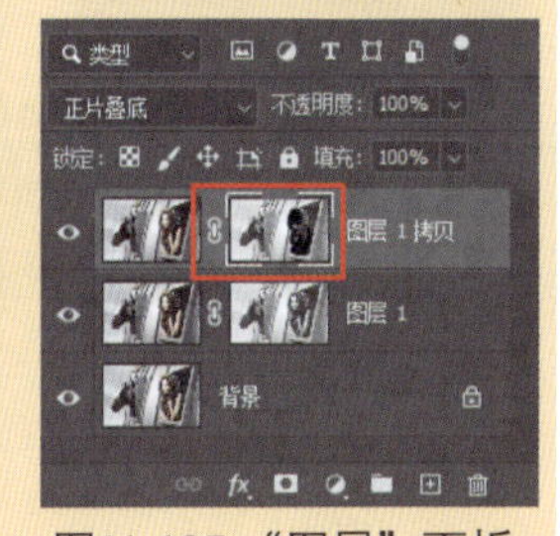

图11-126 图像效果

图11-127 “图层”面板

STEP 05 选择“图层1拷贝”图层的图层蒙版，设置“前景色”为黑色，单击工具箱中的“画笔工具”按钮，选择合适的软笔刷在人物皮肤部分进行涂抹，图像效果如图11-126所示，“图层”面板如图11-127所示。

Tips

选择什么颜色通道制作灰度蒙版是非常关键的，应该按照原则分析通道中哪一个通道颜色的反差最明显。颜色反差越大，越容易制作灰度蒙版，对比红、绿、蓝3个通道，发现“蓝”通道的反差最明显。

11.6 专家支招

蒙版技术被广泛应用于图像设计的各个方面中，灵活运用蒙版功能可以快速创建出理想的图像效果。为多个图层使用同一个图层蒙版时，可以移动或转移图层蒙版；单独移动图像或蒙版时，可以暂时取消图像与蒙版之间的链接。

移动和复制图层蒙版

如果要将蒙版移到另一个图层中，将该蒙版拖动到其他图层即可，如图11-128所示。如果要复制蒙版，可按住【Alt】键并将蒙版拖动到另一个图层。

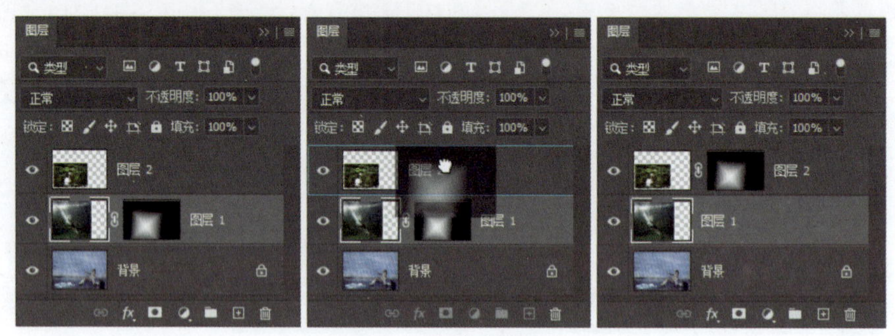

图11-128 移动蒙版

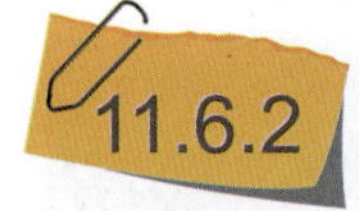

链接和取消链接蒙版

默认情况下，图层或组将链接到其图层蒙版或矢量蒙版，即蒙版缩览图和图像缩览图之间有一个链接图标。当用户使用“移动工具”移动图层或其蒙版时，它们将作为一个单元在图像中一起移动。通过取消图层和蒙版的链接，能够单独移动它们，并可独立于图层改变蒙版的边界。

选择“图层”→“图层蒙版”→“取消链接”命令，或者单击链接图标，都可以取消链接。链接取消后，即可单独变换图像或蒙版。

11.7 总结扩展

Photoshop的功能之所以强大，其中重要的一点体现在蒙版技术的成熟与专业上，而且Photoshop中几乎所有的高级应用都体现出蒙版技术的精髓。要完全掌握Photoshop的蒙版技术，需要日积月累地学习和体验。

从本质上说，蒙版是保护部分图像而留下其他部分图像以供修改，将图像中不想被修改的图像部分隐藏起来，这就是蒙版的作用。

本章小结

本章主要介绍了蒙版的基本概念、蒙版的分类及创建方法，以及蒙版在设计中的应用。首先从介绍蒙版的基本概念着手，再介绍蒙版的详细使用方法，循序渐进地带领读者领会蒙版的强大功能。通过本章的学习，读者需要能够理解蒙版的相关概念，并能够掌握各种蒙版在设计中的应用方法和技巧。

11.7.2 举一反三——创意合成童话公主

案例文件:	源文件\第11章\11-7-2.psd
视频文件:	视频\第11章\创意合成童话公主.mp4
难易程度:	★★★☆☆
学习时间:	35分钟

(1)

1 新建空白文档，拖入相应的背景素材，通过图层蒙版和设置图层样式，制作出背景效果。将人物图像拖入并应用图层蒙版进行处理。

(2)

2 使用“画笔工具”对边缘进行涂抹操作，拖入人物素材图像，设置图层混合模式并添加图层蒙版。

(3)

3 使用画笔描边路径，绘制出线条效果，导入相应的素材图像，并分别调整合适的不透明度和位置。

(4)

4 使用“画笔工具”绘制出合适的点点星光，输入相应的文字内容并为文字应用合适的图层样式。

第12章 调整图像色彩

对于一个图像设计爱好者来说，颜色是一个强有力的、刺激性极强的设计元素，它可以带给人视觉上的震撼，因此，创建完美的色彩至关重要。图像色调和色彩的控制更是编辑图像的关键，只有有效地控制图像的色调和色彩，才能制作出高质量的图像。Photoshop中提供了完善的色调和色彩调整功能。这些功能都存放在“图像”→“调整”子菜单中，使用这些功能可以让画面更加漂亮、主题更加突出。

本章学习重点

第266页
使用“颜色查找”命令实现月光效果

第267页
调整照片清晰度

第277页
夏季转化为冬天雪景效果

第280页
使用“阴影/高光”命令修正逆光照片

12.1 查看图像色彩

在Photoshop中可以使用“直方图”面板查看图像色调等相关信息，通过对图像信息的分析可以判断图像的色调分布是否正常，然后再对图像进行调整。

12.1.1 “直方图”面板

在Photoshop CC 2020中，直方图用图形来表示图像的每个亮度级别的像素数量，显示像素在图像中的分布情况。通过查看直方图，就可以判断出图像的阴影、中间调和高光中包含的细节是否充足，以便对其进行适当的调整。

选择“窗口”→“直方图”命令，打开“直方图”面板，单击右上角的▤按钮，在打开的面板菜单中可以选择某个命令，以切换直方图的显示方式，如图12-1所示。

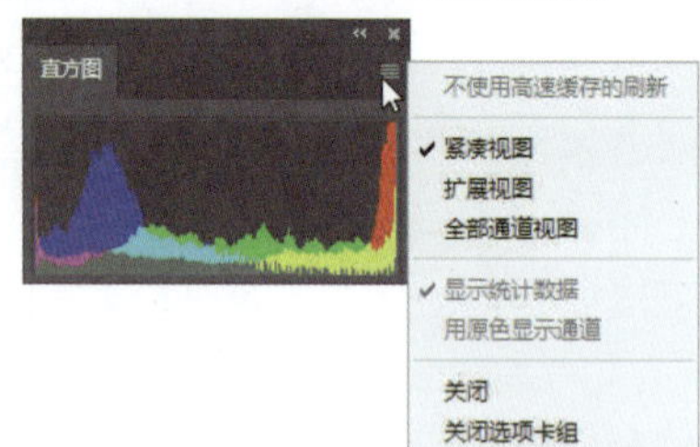

图12-1 “直方图”面板菜单

- 紧凑视图：默认的显示方式，它显示的是不带统计数据或控件的直方图。
- 扩展视图：显示的是带有统计数据和控件的直方图。
- 全部通道视图：显示的是带有统计数据和控件的直方图，同时还显示每一个通道的单个直方图（不包括Alpha通道、专色通道和蒙版）。
- 用原色显示通道：选择此命令，还可以用彩色方式查看通道直方图。

打开一幅素材图像，如图12-2所示，选择“窗口”→“直方图”命令，打开“直方图”面板，如图12-3所示。

图12-2 打开素材图像

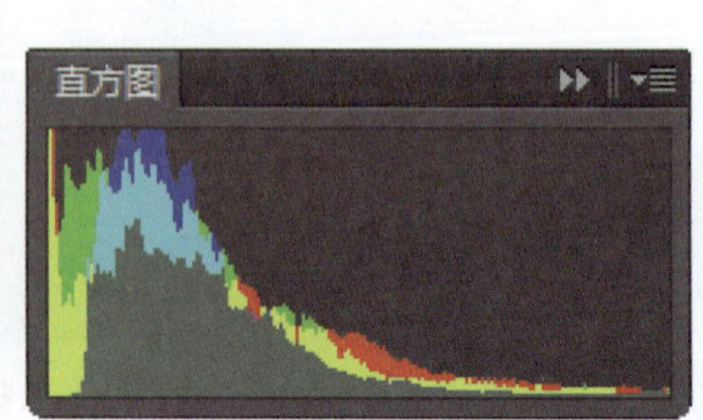

图12-3 “直方图”面板

在“直方图”面板的面板菜单中选择“扩展视图”命令，并在面板的“通道”下拉列表框中选择“明度”选项，如图12-4所示。

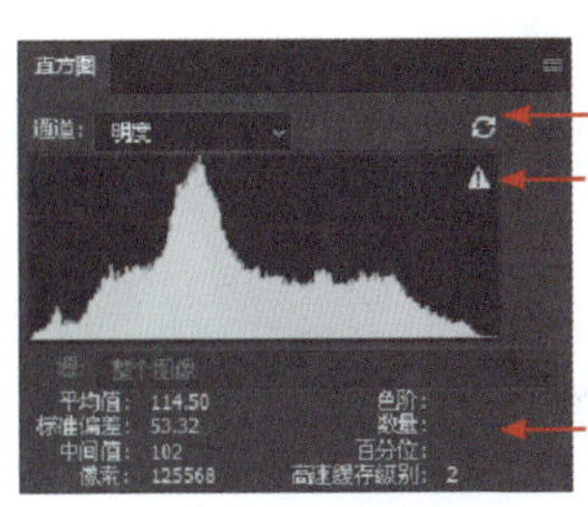

图12-4 “直方图”面板

- 通道：在下拉列表框中选择一个通道（包括单色通道、颜色通道和明度通道），面板中就可以单独显示该通道的直方图，如图12-5所示。

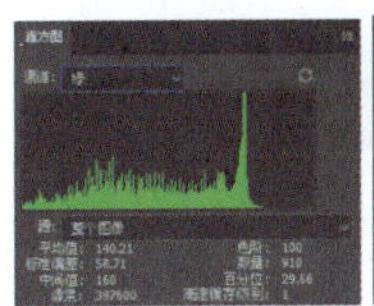
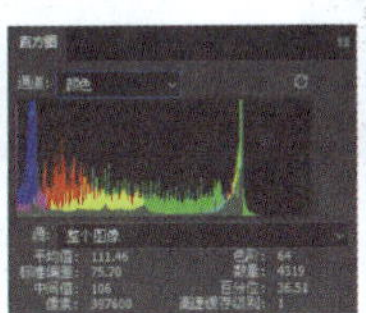
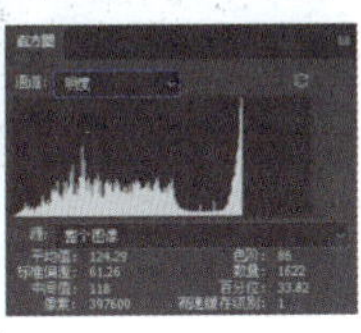

图12-5 显示通道直方图

- 不使用高速缓存的刷新：单击该按钮可以刷新直方图，显示当前状态下的最新统计结果。
- 高速缓存数据警告标志：使用“直方图”面板时，Photoshop会在内存中高速缓存直方图。也就是说，最新的直方图是被Photoshop存储在内存中的，而并非实时显示在“直方图”面板中。此时直方图的显示速度较快，但并不能及时显示统计结果，面板中就会出现“高速缓存数据警告”标志，单击该标志，可刷新直方图。
- 统计数据：显示了直方图中的平均值、色阶、标准偏差、数量、中间值、百分位、像素和高速缓存级别等数据。
- 平均值：对于256级灰度的图像，显示的是像素的平均亮度值（0~255之间的平均亮度）。通过观察该值，可以判断出图像的色调类型。打开一幅图像，若图像的“平均值”为62.54，山峰位于直方图的偏左处，则说明该图像的色调较暗，如图12-6所示。

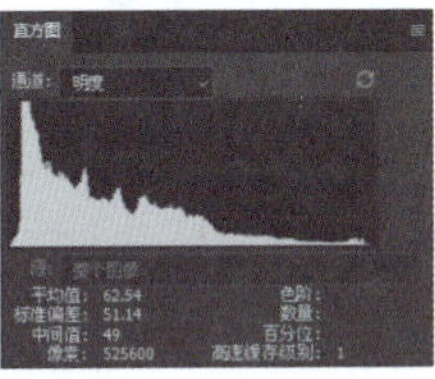

图12-6 图像效果

- 标准偏差：显示了亮度值的变化范围，该值越高，图像的亮度变化越强烈。对图像增加亮度后，此时的“标准偏差”由调整前的51.14变为86.57，说明该图像中的亮度变化在增加，如图12-7所示。

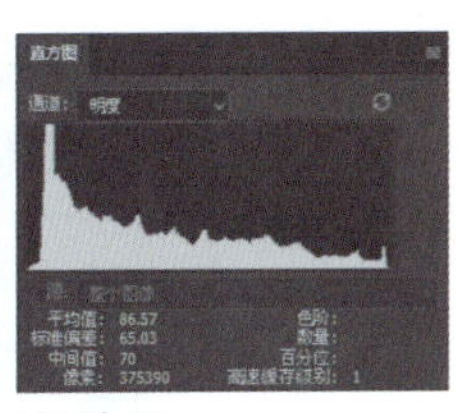

图12-7 图像效果

- 中间值：显示了亮度值范围内的中间值，图像的色调越亮，它的中间值越高。
- 像素：表示用于计算机直方图的像素的总数。
- 色阶/数量：“色阶”显示了光标所在区域的亮度级别。“数量”显示了光标所在区域亮度级别的像素总数。
- 百分位：显示了光标所指的级别或该级别以下的像素累计数，如果对全部色阶范围进行取样，该值为100。对部分色阶取样时，显示的是取样部分占总数量的百分比。
- 高速缓存级别：显示当前用于创建直方图的图像高速缓存的级别。

12.1.2 识别“直方图”面板信息

在“直方图”面板中，直方图的左侧代表图像的阴影区域，中间代表中间调，右侧代表高光区域。直方图中的山脉代表图像的数据，山峰则代表数据的分布方式。较高的山峰表示该色调区域包含的像素较多，较低的山峰则表示该色调区域包含的像素较少。

直方图在图像领域中的应用非常广泛。以数码相机为例，多数中高档数码相机的LCD显示屏上都可以显示直方图。有了这项功能，可以方便用户随时查看照片的曝光情况。

图12-8 曝光准确的照片

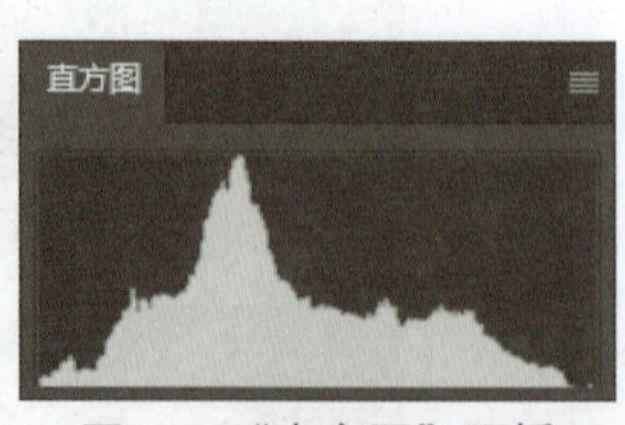

图12-9 “直方图”面板

打开一幅曝光准确的照片，如图12-8所示。曝光准确的照片色调均匀，明暗层次清晰。从直方图中可以看到山峰分布在直方图中间，说明图像的细节集中在中间色调处。一般情况下，这表示该图像的调整较好，如图12-9所示。但有时色彩的对比可能不够强烈。

曝光不足将导致照片非常暗，如图12-10所示。在“直方图”面板中可以看到，山峰分布在直方图左侧，说明图像的细节集中在暗调区域，中间调和高光区域缺乏像素。通常情况下，这表示该图像的色调较暗，如图12-11所示。

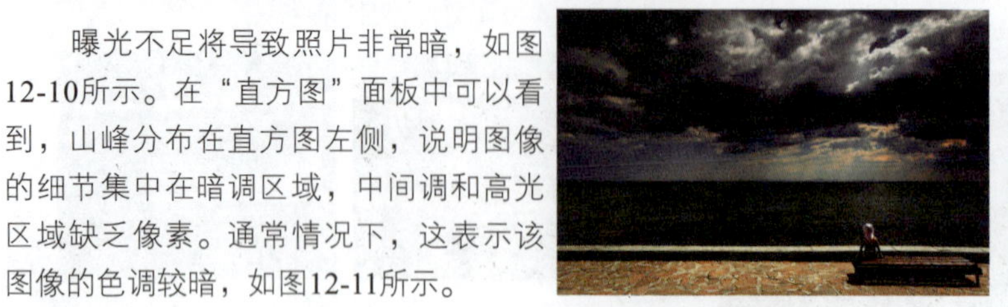

图12-10 曝光不足的照片

图12-11 “直方图”面板

图12-12 曝光过度的照片

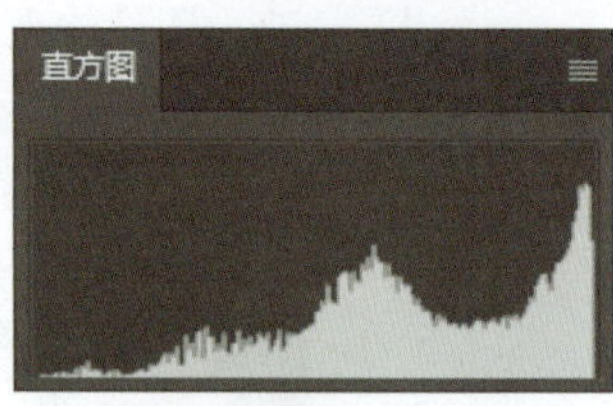

12-13 “直方图”面板

曝光过度的照片，图像色调明显过亮，如图12-12所示。在“直方图”面板中可以看到，山峰分布在直方图右侧，说明图像的细节集中在高光区域，中间调和阴影缺乏细节。通常情况下，这表示该图像为亮色调图像，如图12-13所示。

反差过小的照片，图片发灰看不清楚，如图12-14所示。在“直方图”面板中可以看到，山峰分布在直方图的中央，图像的细节集中在中间调区域，两侧出现空缺，如图12-15所示。

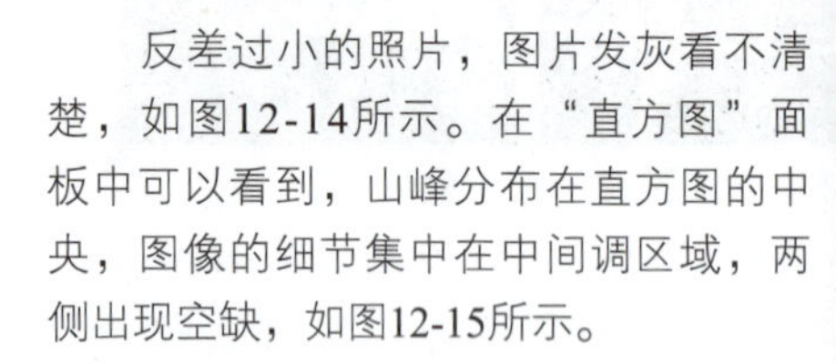

图12-14 反差过小的照片

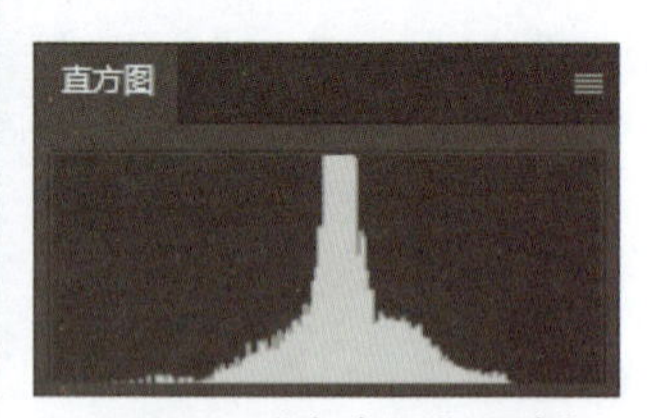

12-15 “直方图”面板

图12-16 阴影缺失的照片

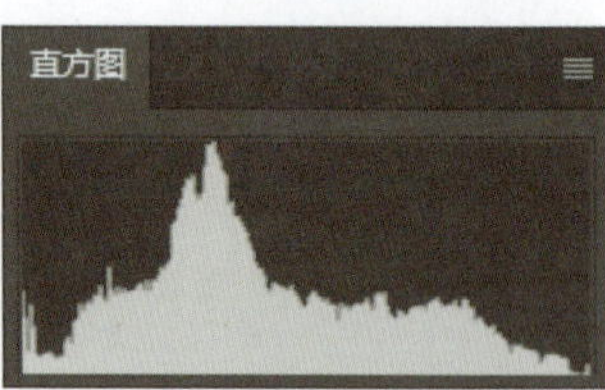

12-17 “直方图”面板

阴影缺失的照片，云彩暗色调部分漆黑一片，缺少层次感，如图12-16所示。在“直方图”中一部分山峰紧贴直方图左侧，说明这部分色彩细节全部为黑色，如图12-17所示。

高光溢出的照片，地面部分基本都为白色，如图12-18所示。在“直方图”面板中，一部分山峰紧贴在直方图右端，说明这部分色彩细节全部为白色，如图12-19所示。

图12-18 高光溢出的照片

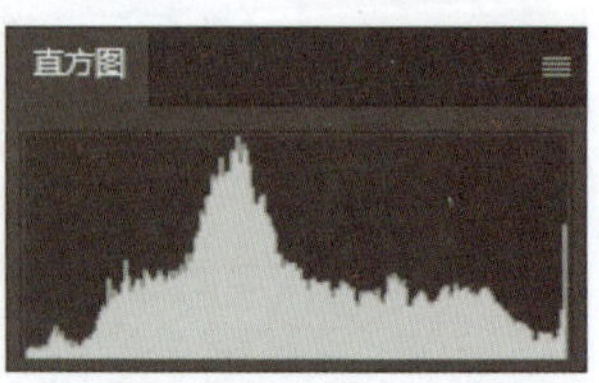

12-19 “直方图”面板

12.2 自动调整图像色彩

调整图像色彩主要是对图像的明暗度进行调整，如果想要快速调整图像的色彩和色调，可以使用“图像”菜单中的“自动色调”“自动对比度”和“自动颜色”命令。

使用“自动色调”命令调整图像，可以增强图像的对比度。在像素值平均分布且需要以简单方式增加对比度的特定图像中，该命令可以提供较好的结果。

“自动对比度”命令可以让系统自动调整图像亮部和暗部的对比度。其原理是该命令可以将图像中最暗的像素变成黑色，最亮的像素变成白色，而使看上去较暗的部分变得更暗，较亮部分变得更亮。

“自动颜色”命令可以让系统自动对图像进行颜色校正。如果图像有色偏或者饱和度过高，均可以使用该命令进行自动调整。

应用案例

自动调整图像的色调、对比度和颜色

源文件：源文件\第12章\12-2.psd

视　频：视频\第12章\自动调整图像的清晰度、对比度和颜色. mp4

STEP 01 打开素材图像“素材\第12章\120201.jpg”，选择“图像”→“自动色调”命令或按【Shift+Ctrl+L】组合键，图像调整效果如图12-20所示，“直方图”面板如图12-21所示。

图12-20 自动色调调整效果

图12-21 “直方图”面板

STEP 02 选择“图像”→“自动对比度”命令或按【Alt+Shift+Ctrl+L】组合键，图像调整效果如图12-22所示。“直方图”面板如图12-23所示。

图12-22 自动对比度调整效果

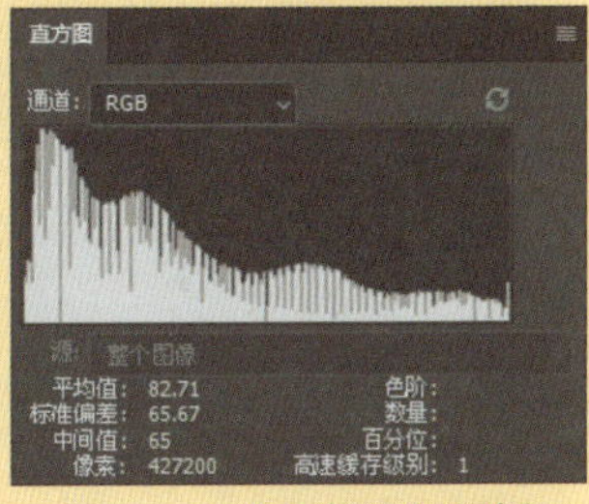

图12-23 “直方图”面板

STEP 03 选择“图像”→“自动颜色”命令或按【Shift+Ctrl+B】组合键，图像调整效果如图12-24所示。“直方图”面板如图12-25所示。

图12-24 自动颜色调整效果

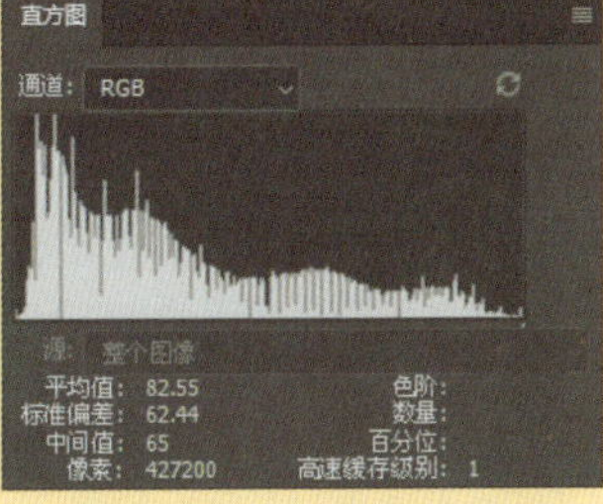

图12-25 “直方图”面板

12.3 图像色彩的特殊调整

Photoshop中提供了几个特殊的图像调整命令，如“反相”“阈值”和“色调分离”等，这些命令简化了“曲线”命令的功能，并且为独立的单一功能，可以便捷地进行操作。

12.3.1 “反相”命令

使用“反相”命令，可以将像素的颜色更改为它们的互补色，如黑变白、白变黑等。该命令是唯一一个不损失图像色彩信息的变换命令。

在使用“反相”命令前，可先选定反相的内容，如图层、通道、选区范围或整个图像，然后选择“图像”→“调整”→“反相”命令。图12-26所示为执行“反相”命令前后的效果对比图，可以看出反相后的图像呈现出一种底片效果。

图12-26 图像反相效果对比

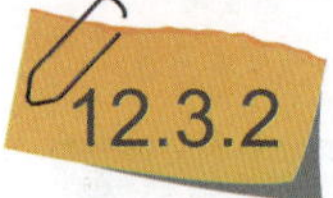

12.3.2 “色调均化”命令

“色调均化”命令可重新分配图像像素的亮度值，以便更平均地分布整个图像的亮度色调。

用户可以选择“图像”→“调整”→“色调均化”命令来进行操作。在使用此命令时，Photoshop会先查找图像中的最亮值和最暗值，将最亮的像素变成白色，最暗的像素变为黑色，其余的像素映射在相应的灰度值上，然后合成图像。这样做的目的是让色彩分布更平均，从而提高图像的对比度和亮度。图12-27所示为执行“色调均化”命令前后的效果对比图。

图12-27 图像色调均化效果对比

当图像中有选区时，执行“色调均化”命令后，将弹出“色调均化”对话框，如图12-28所示。

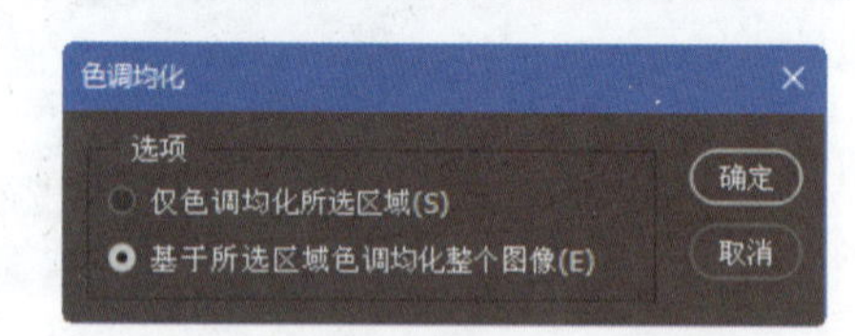

图12-28 “色调均化”对话框

- 仅色调均化所选区域：选中该单选按钮时，色调均化仅对选区范围中的图像起作用。
- 基于所选区域色调均化整个图像：选中该单选按钮时，色调均化将以选区范围中图像最亮和最暗的像素为基准，使整幅图像的色调平均化。

12.3.3 “阈值”命令

“阈值”命令会根据图像像素的亮度值把它一分为二，一部分用黑色表示，另一部分用白色表示。其黑白像素的分配由“阈值”对话框中的“阈值色阶”文本框来指定，其范围为1~255。阈值色阶的值越大，黑色像素分布就越广；反之，阈值色阶值越小，白色像素分布越广。

选择“图像”→“调整→“阈值”命令，弹出“阈值”对话框，如图12-29所示。图12-30所示为设置“阈值色阶”为120时的图像效果。

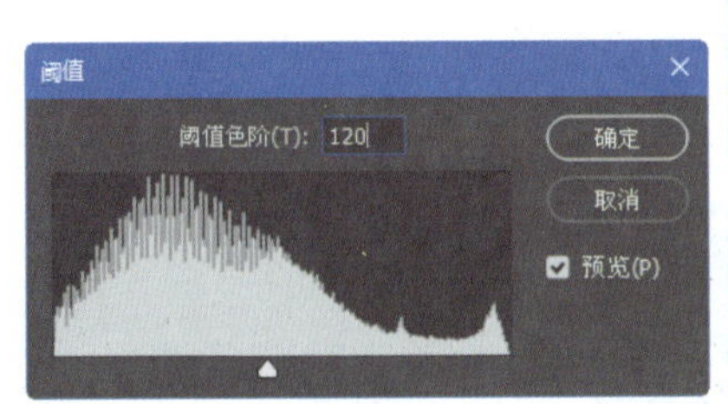

图12-29 “阈值”对话框

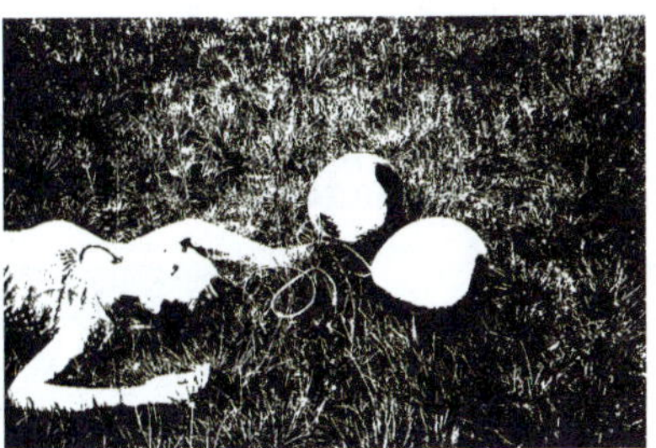

图12-30 阈值色阶为120时的效果

12.3.4 “色调分离”命令

“色调分离”命令可以让用户指定图像中每个通道的色调级（或亮度值）的数目，将这些像素映射为最接近的匹配色调。“色调分离”命令与“阈值”命令相似，“阈值”命令在任何情况下都只考虑两种色调，而“色调分离”命令可以指定2~255之间的一个值。

选择“图像”→“调整”→“色调分离”命令，弹出“色调分离”对话框，如图12-31所示。“色阶”值越小，图像色彩变化越大；“色阶”值越大，色彩变化越小。图12-32所示为使用“色调分离”命令前后的效果对比图。

图12-31 “色调分离”对话框

图12-32 使用“色调分离”命令后的图像效果对比

12.3.5 “颜色查找”命令

使用“颜色查找”命令，可以通过选择3DLUT文件、摘要和设备链接配置文件，实现对图像的快速调整。选择“图像”→“调整”→“颜色查找”命令，弹出“颜色查找”对话框，如图12-33所示。

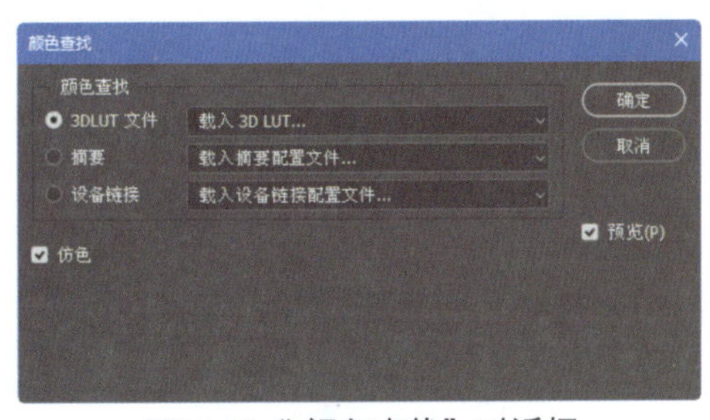

图12-33 “颜色查找”对话框

- 3DLUT文件：可以选择3D光源文件。选择不同的光域网可以实现不同的图像效果。用户可以选择默认的文件，也可以单击选择外部的文件。
- 摘要：可以选择摘要配置文件。选择不同的配置文件可以实现不同的图像效果，用户可以单击选择外部的配置文件。
- 设备链接：可以选取或载入显示器或打印机设备连接ICC配置文件，用来实现对图像的调整。打印机 ICC 配置文件根据特定打印环境而定。用户的打印机可能支持不同的基材类型、多种分辨率和其他打印设置。用户可以单击选择设备连接配置文件。
- 仿色：仿色就是仿造颜色，是用较少的颜色来表达较丰富的色彩过渡。选择该复选框，将启用仿色。

应用案例　使用“颜色查找”命令实现月光效果

源文件：源文件\第12章\12-3.psd
视　频：视频\第12章\使用“颜色查找”命令实现月光效果.mp4

STEP 01 打开素材图像“素材\第12章\123501.jpg”，如图12-34所示。选择“图像”→“调整”→“颜色查找”命令，弹出“颜色查找”对话框，如图12-35所示。

图12-34 打开素材图像

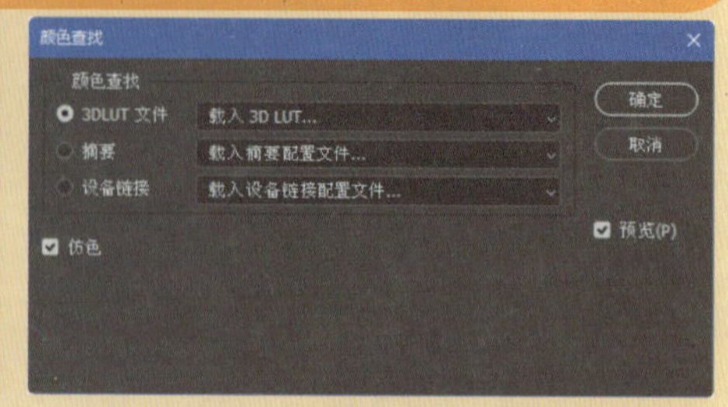

图12-35 “颜色查找”对话框

STEP 02 在“3DLUT文件”下拉列表框中选择Moonlight.3DL选项，如图12-36所示。单击“确定”按钮，图像效果如图12-37所示。

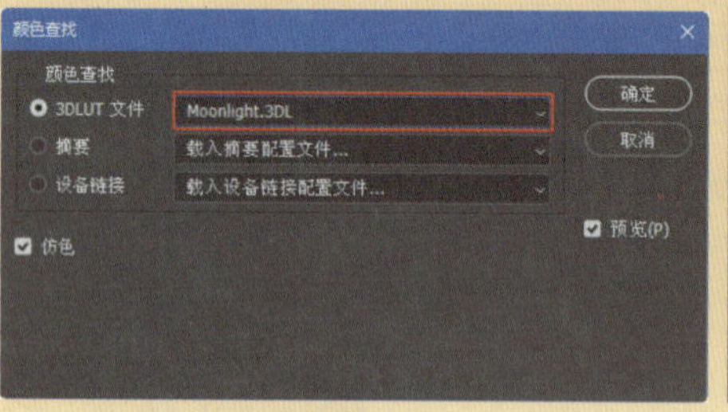

图12-36 选择3D LUT文件

图12-37 图像效果

12.4 自定义调整图像色彩

“图像”→“调整”子菜单中除了包含一些自动调整命令和特殊调整命令外，还提供了许多针对性更强、功能更强大的调整命令。通过这些命令可以调整图像的指定颜色，改变图像的色相、饱和度、亮度和对比度等，创建出多种色彩效果的图像。

12.4.1 “色阶”命令

使用“色阶”命令可以调整图像的阴影、中间调和高光的强度级别，从而校正图像的色调范围和色彩平衡。“色阶”对话框中包含一个直方图，可以作为调整图像基本色调时的直观参考依据。

下面将针对“色阶”对话框中的各选项进行详细讲解。选择“图像”→“调整”→“色阶”命令，弹出“色阶”对话框，如图12-38所示。

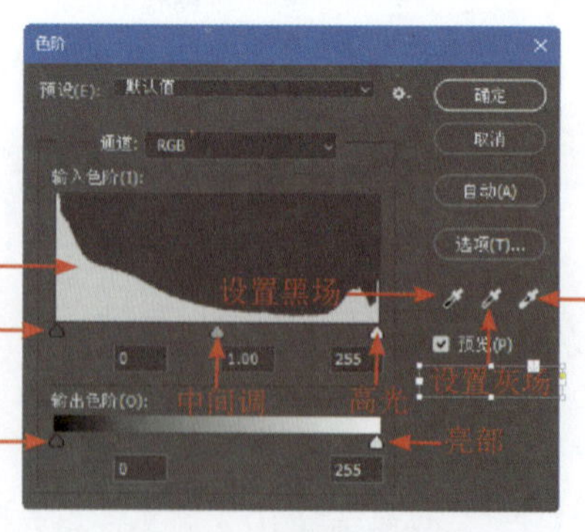

图12-38 “色阶”对话框

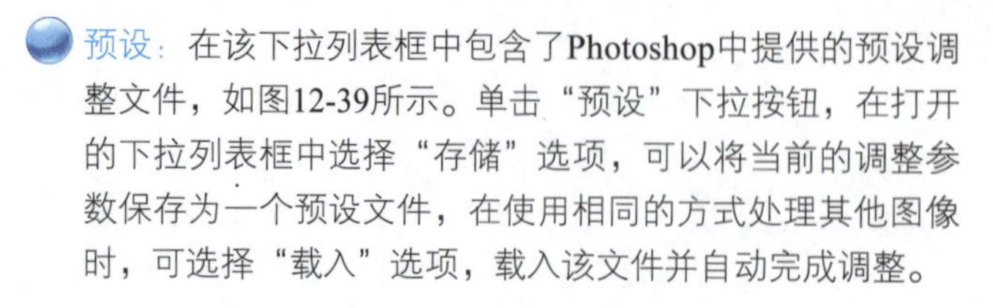

- **预设**：在该下拉列表框中包含了Photoshop中提供的预设调整文件，如图12-39所示。单击“预设”下拉按钮，在打开的下拉列表框中选择“存储”选项，可以将当前的调整参数保存为一个预设文件，在使用相同的方式处理其他图像时，可选择“载入”选项，载入该文件并自动完成调整。

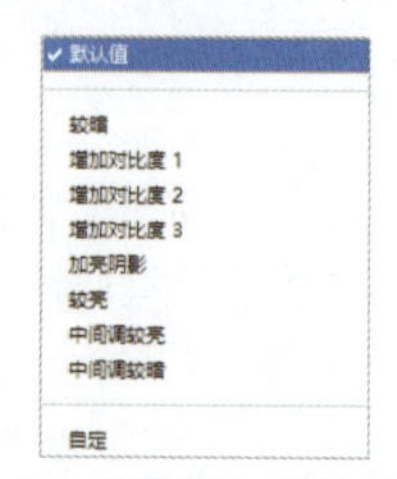

图12-39 “预设”下拉列表框

- 通道：在该下拉列表框中可以选择要调整的通道。如果要同时编辑多个颜色通道，可在选择“色阶”命令之前，按住【Shift】键在“通道”面板中选择这些通道。在“色阶”对话框的“通道”下拉列表框中会显示目标通道的缩写，如GB表示绿色和蓝色通道，如图12-40所示。

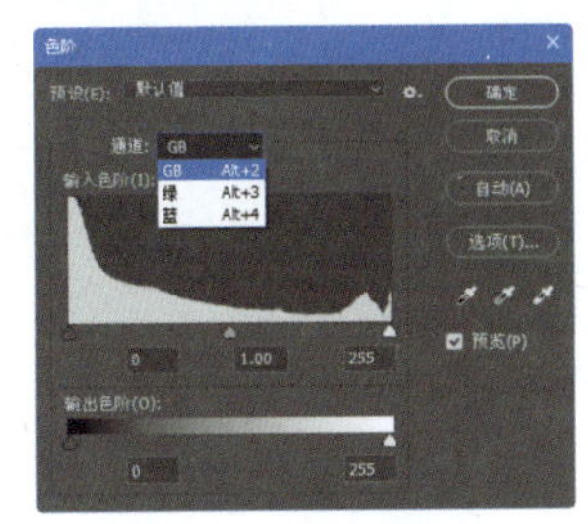

图12-40 选择通道

- 输入色阶：用来调整图像的阴影、中间调和高光区域。可拖动滑块调整，也可以在滑块下面的文本框中输入数值来进行调整。
- 输出色阶：用来限定图像的亮度范围。拖动滑块调整或者在滑块下面的文本框中输入数值，可以降低图像的对比度。
- 自动：单击该按钮，可应用自动颜色校正。以0.5%的比例自动调整图像色阶，使图像的亮度分布得更加均匀。
- 选项：单击该按钮，弹出“自动颜色校正选项”对话框，在其中可设置黑色像素和白色像素的比例。
- 设置黑场：使用该工具在图像中单击，如图12-41所示，可将单击点的像素变为黑色，原图像中比该点暗的像素也变为黑色。“色阶”对话框如图12-42所示。

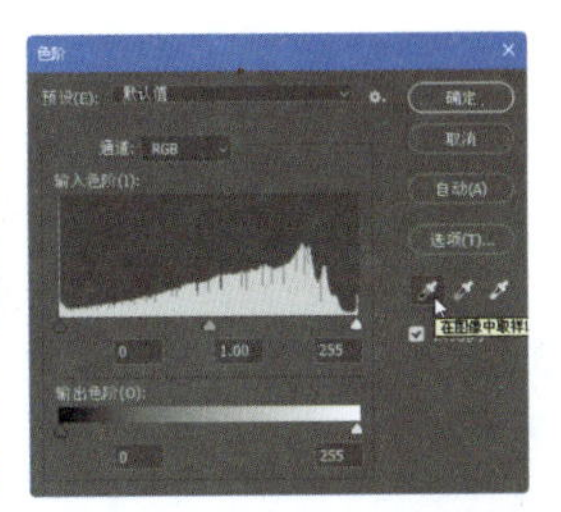

图12-41 设置黑场 图12-42 “色阶”对话框

- 设置灰场：使用该工具在图像中单击，如图12-43所示，可根据单击点的像素的亮度来调整其他中间色调的平均亮度。“色阶”对话框如图12-44所示。

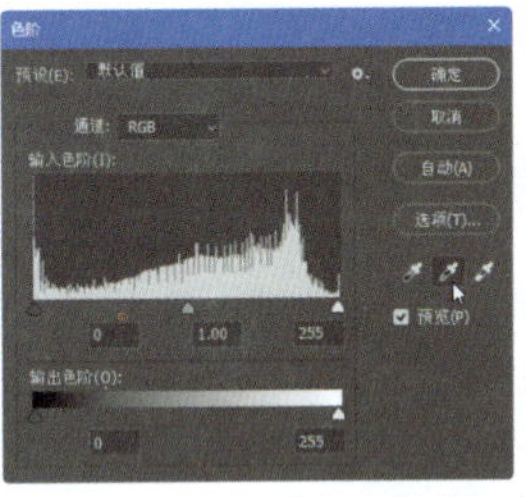

图12-43 设置灰场 图12-44 “色阶”对话框

- 设置白场：使用该工具在图像中单击，如图12-45所示，可将单击点的像素变为白色，比该点亮度值大的像素也都会变为白色。“色阶”对话框如图12-46所示。

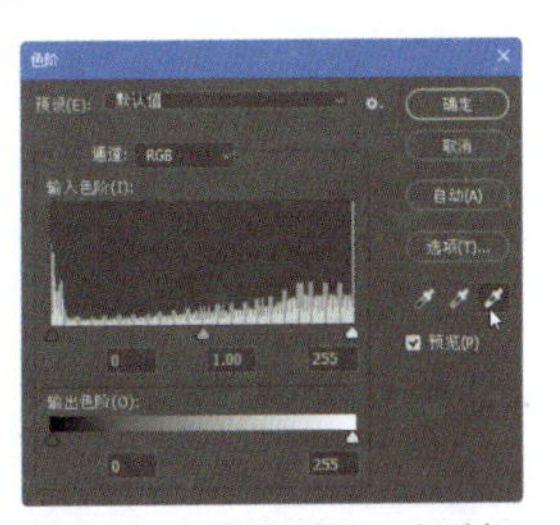

图12-45 设置白场 图12-46 “色阶”对话框

应用案例 调整照片清晰度

源文件：源文件\第12章\12-4-1.psd
视　频：视频\第12章\调整照片清晰度.mp4

STEP 01 打开素材图像“素材\第12章\124101.jpg”，如图12-47所示。复制“背景”图层，得到“背景 拷贝”图层，如图12-48所示。

图12-47 打开素材图像

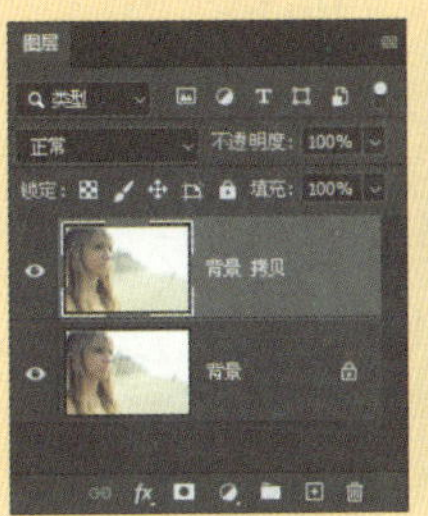

图12-48 复制图层

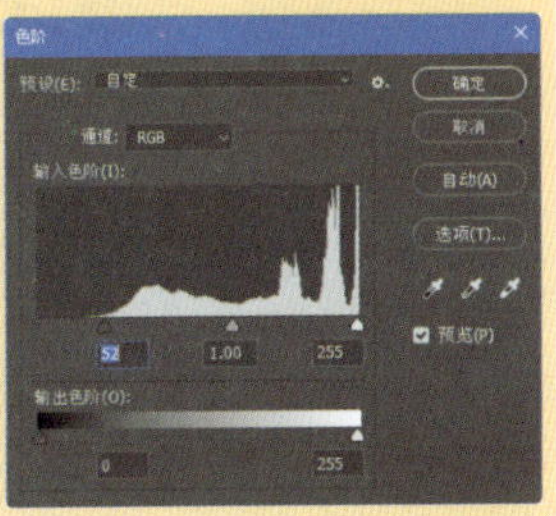

图12-49 “色阶”对话框

STEP 02 选择“图像”→“调整”→“色阶”命令，弹出“色阶”对话框，在其中将左侧的三角滑块分别向山峰的边缘处拖动，如图12-49所示。单击“确定”按钮，效果如图12-50所示。

STEP 03 选择“图像”→“调整”→“色彩平衡”命令，弹出“色彩平衡”对话框，设置“阴影”色阶，如图12-51所示，设置“高光”色阶，如图12-52所示。

图12-50 图像效果

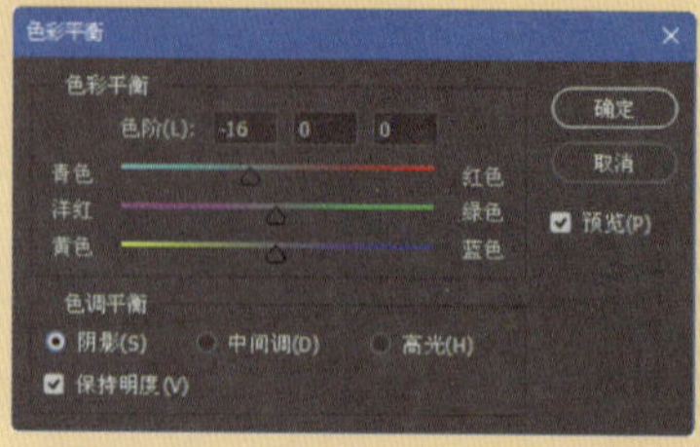

图12-51 “色彩平衡”对话框1

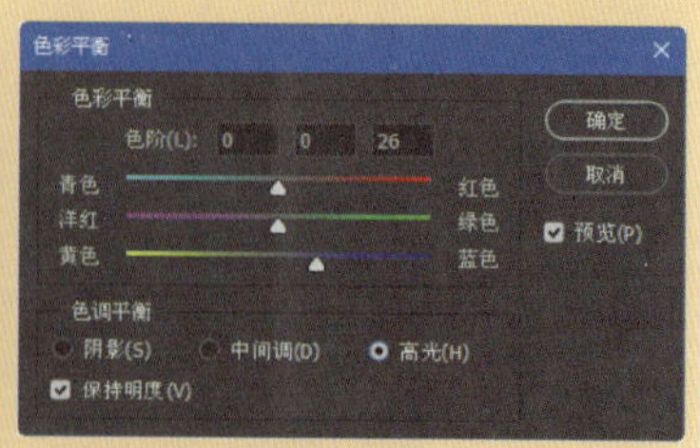

图12-52 “色彩平衡”对话框2

STEP 04 单击“确定”按钮，完成“色彩平衡”对话框的设置，效果如图12-53所示。选择“图像”→“调整”→“曲线”命令，弹出“曲线”对话框，参数设置如图12-54所示。

图12-53 图像效果

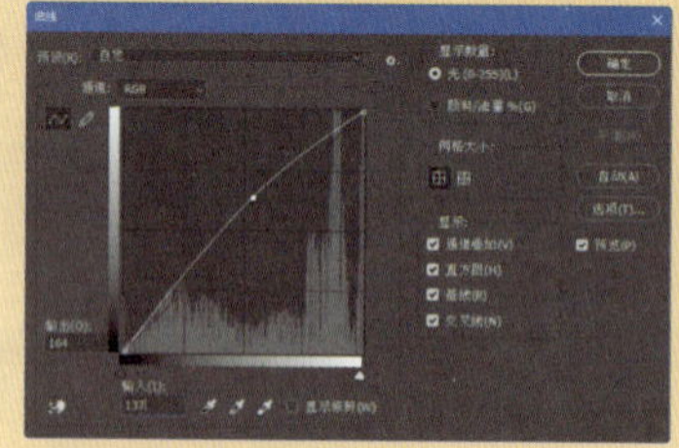

图12-54 “曲线”对话框

图12-55 图像效果

STEP 05 单击“确定”按钮，完成“曲线”对话框的设置，效果如图12-55所示。选择“图像”→“调整”→“色相/饱和度”命令，弹出“色相/饱和度”对话框，参数设置如图12-56所示。

STEP 06 单击“确定”按钮，完成“色相/饱和度”对话框的设置，处理前后的效果对比如图12-57所示。

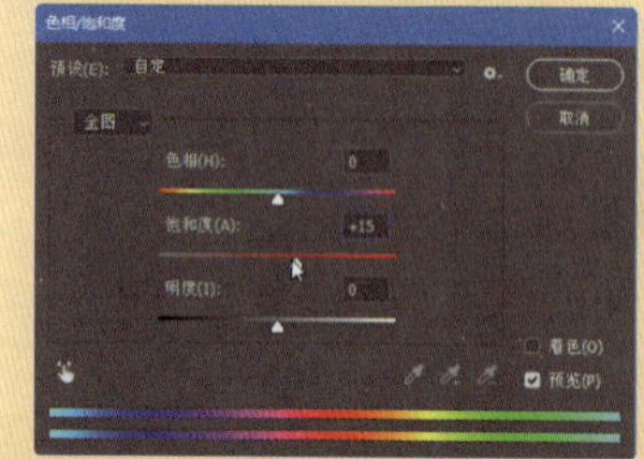

图12-56 “色相/饱和度”对话框

图12-57 处理前后的效果对比

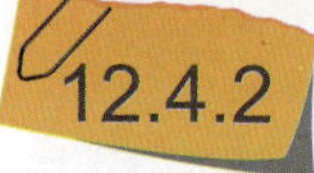

12.4.2 “曲线”命令

曲线也是用于调整图像色彩与色调的工具，它比色阶的功能更加强大。色阶只有3个调整功能：白场、黑场和灰度系数，而曲线允许在图像的整个色调范围内（从阴影到高光）最多调整14个点。在所有的调整工具中，曲线可以提供最为精确的调整结果。

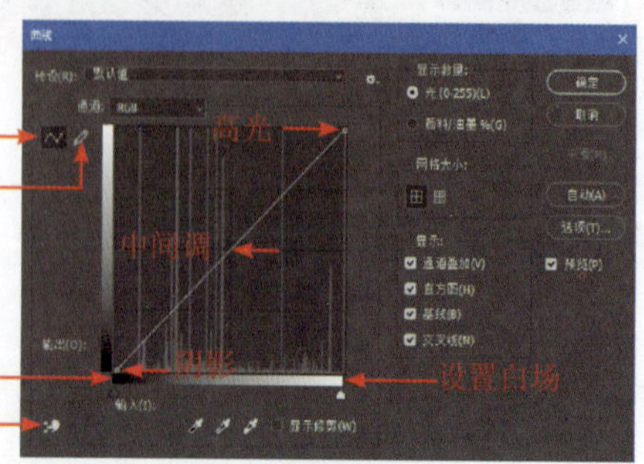

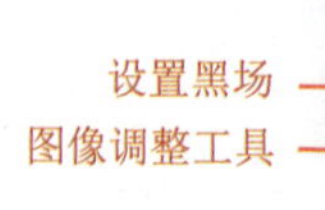

图12-58 “曲线”对话框

在Photoshop中，选择“图像”→“调整”→“曲线”命令，弹出“曲线”对话框，如图12-58所示。

- 预设：该下拉列表框中包含了Photoshop提供的预设调整文件，如图12-59所示。当选择“默认值”选项时，可通过拖动曲线来调整图像；选择其他选项时，可以用预设文件调整图像。

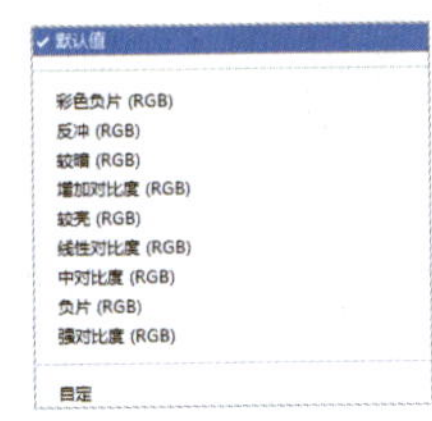

图12-59 “预设”下拉列表框

- 通道：在该下拉列表框中可以选择需要调整的通道。RGB模式的图像可以调整RGB复合道和红、绿、蓝通道；CMYK模式的图像可调整CMYK复合通道和青色、洋红、黄色、黑色通道。
- 编辑点以修改曲线：按下该按钮后，在曲线中单击可添加新的控制点，拖动控制点改变曲线形状，即可调整图像。
- 通过绘制来修改曲线：按下该按钮后，可在对话框内绘制手绘效果的自由曲线，如图12-60所示。绘制自由曲线后，可单击“编辑点以修改曲线”按钮，在曲线上显示控制点，如图12-61所示。

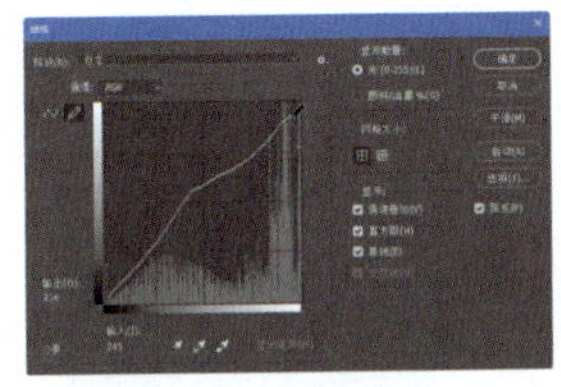

图12-60 手绘曲线

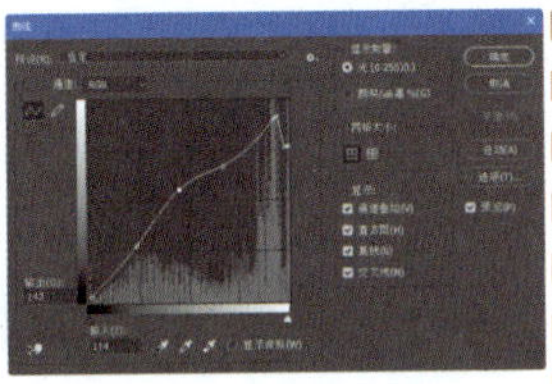

图12-61 编辑曲线点

- 输入/输出：“输入”显示调整前的像素值，“输出”显示调整后的像素值。
- 高光/中间调/阴影：移动曲线顶部的点可调整图像的高光区域；移动中间的点可以调整图像的中间调；移动底部的点可以调整图像的阴影区域。
- 图像调整工具：按下该按钮后，可以在画面中单击并拖动鼠标调整曲线。
- 平滑：使用“通过绘制来修改曲线”按钮绘制自由形状的曲线后，单击该按钮，可对曲线进行平滑处理。
- 自动：单击该按钮，可对图像应用“自动颜色”“自动对比度”或“自动色调”校正。具体的校正内容取决于“自动颜色校正选项”对话框中的设置。
- 选项：单击该按钮，弹出“自动颜色校正选项”对话框，如图12-62所示。该对话框用来控制由“色阶”和“曲线”中的“自动颜色”“自动色调”“自动对比度”和“自动”选项应用的色调和颜色校正。它允许指定阴影和高光剪切百分比，并为阴影、中间调和高光指定颜色值。

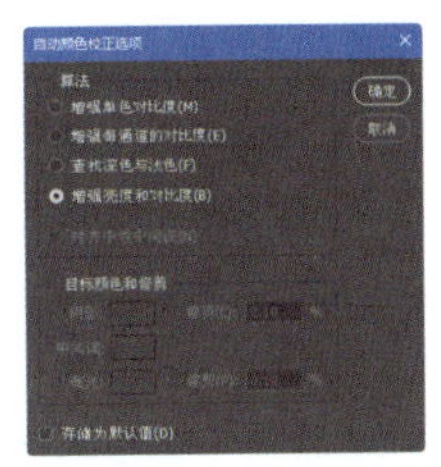

图12-62 “自动颜色校正选项”对话框

- 曲线显示选项：单击“曲线显示选项”前的按钮，可以显示“曲线显示选项”。
- 显示数量：选中“光（0-255）”单选按钮，将显示RGB图像的强度值（范围为0~255），黑色（0）位于左下角。选中“颜料/油墨%”单选按钮，将显示CMYK图像的百分比（范围为0~100），高光（0%）位于左下角。
- 网格大小：单击“简单网格”按钮，会以25%的增量显示网格，如图12-63所示；单击“详细网格”按钮，则以10%的增量显示网格，如图12-64所示。也可以按住【Alt】键并单击网格，在这两种网格间切换。

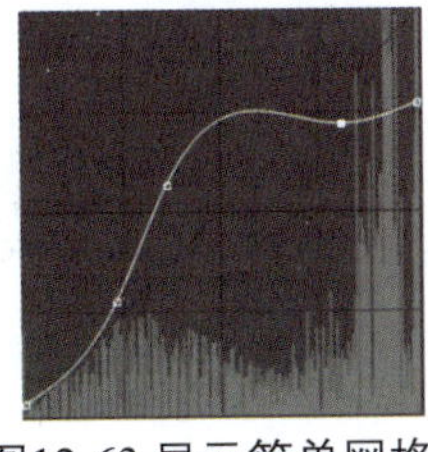

图12-63 显示简单网格

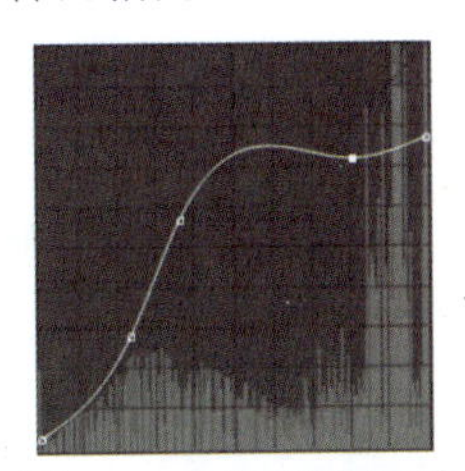

图12-64 显示详细网格

- 通道叠加：可在复合曲线上方叠加颜色通道曲线。
- 直方图：可在曲线上叠加直方图。
- 基线：可在网格上显示以45°角绘制的基线。
- 交叉线：调整曲线时，可显示水平线和垂直线，以帮助用户在相对于直方图或网格进行拖动时将点对齐。

应用案例 使用“曲线”命令调整图像

源文件：源文件\第12章\12-4-2.psd
视 频：视频\第12章\使用“曲线”命令调整图像.mp4

STEP 01 打开素材图像“素材\第12章\124201.jpg”，如图12-65所示。复制“背景”图层，得到“背景 拷贝”图层，设置“混合模式”为“柔光”，如图12-66所示。

图12-65 打开素材图像

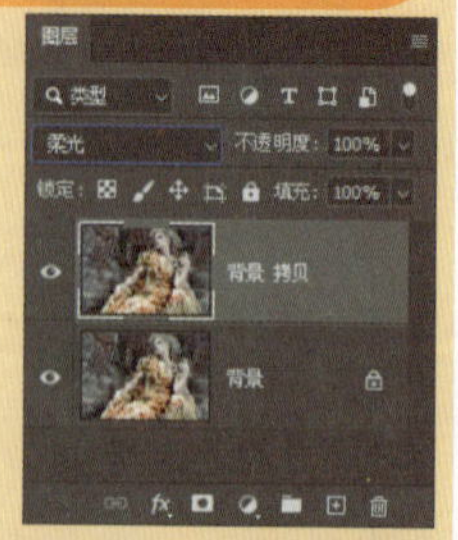

图12-66 “图层”面板

STEP 02 按【Shift+Ctrl+Alt+E】组合键盖印图层，得到“图层1”图层，“图层”面板如图12-67所示，效果如图12-68所示。

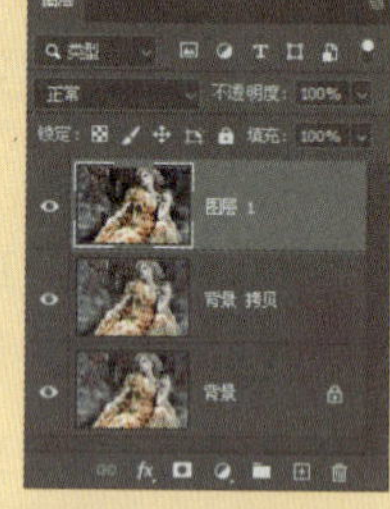

图12-67 “图层”面板

图12-68 图像效果

STEP 03 选择“图像”→“调整”→“曲线”命令，弹出“曲线”对话框。首先在“通道”下拉列表框中选择“红”通道进行调整，在“曲线”面板中单击添加相应的编辑点，参数设置如图12-69所示，完成对“红”颜色通道曲线的调整。在“通道”下拉列表框中选择“绿”通道，参数设置如图12-70所示。

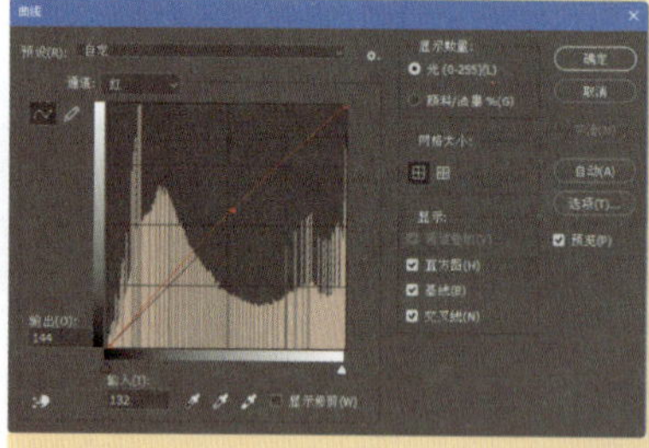

图12-69 调整“红”通道

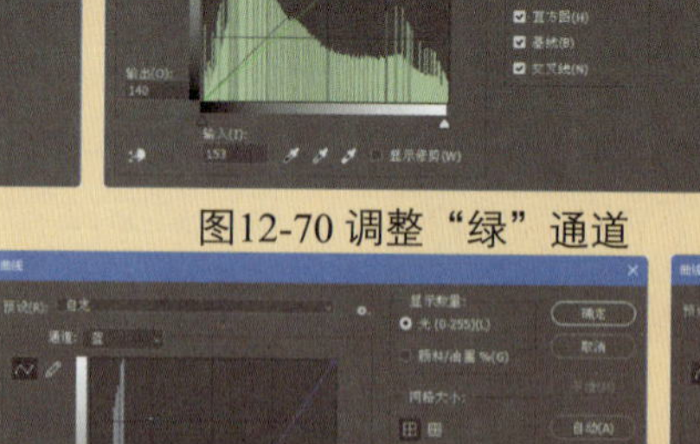

图12-70 调整“绿”通道

Tips
在对各个通道进行调整时，没有固定的参数，只要调整到想要的图像效果即可。

STEP 04 完成对“绿”通道曲线的调整后，在“通道”下拉列表框中选择“蓝”通道，参数设置如图12-71所示。最后选择RGB通道，参数设置如图12-72所示。

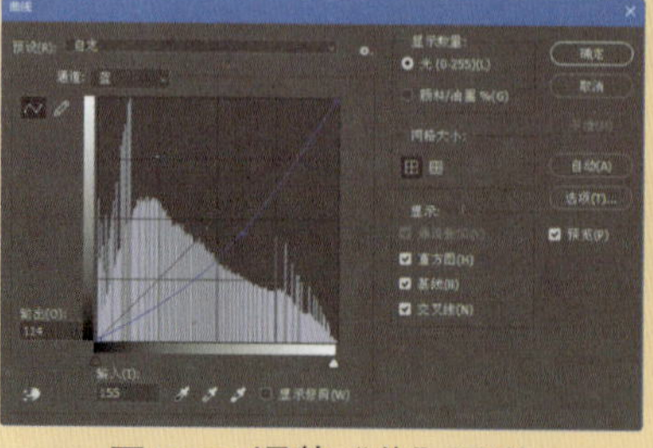

图12-71 调整“蓝”通道

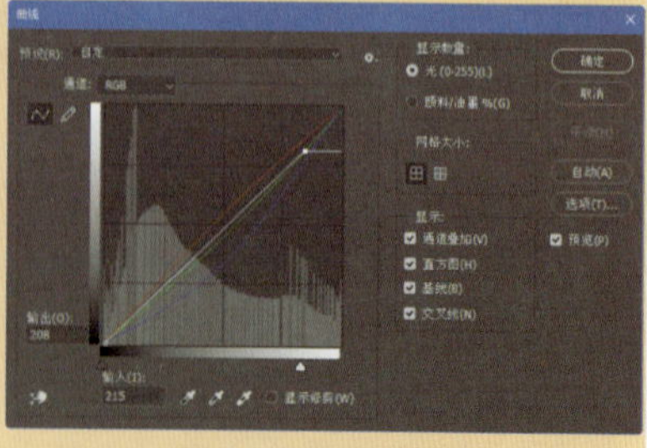

图12-72 图像效果

STEP 05 单击“确定”按钮，完成“曲线”对话框的设置，处理前后的对比效果如图12-73所示。

图12-73 处理前后的效果对比

12.4.3 “色彩平衡”命令

“色彩平衡”命令可以更改图像的总体颜色混合。选择“图像”→“调整”→“色彩平衡”命令，弹出“色彩平衡”对话框，如图12-74所示。

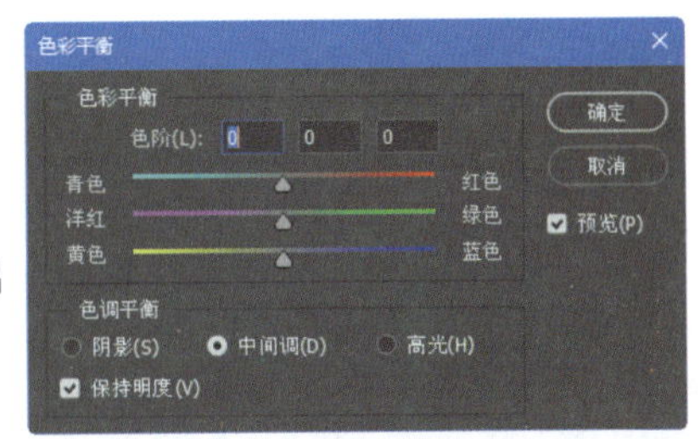

图12-74 “色彩平衡”对话框

- 色彩平衡：在“色阶”文本框中输入数值，或者拖动各个颜色滑块可向图像中增加或减少颜色。例如，如果将最上面的滑块移向“青色”，可在图像中增加青色，同时还会减少红色；如果将滑块移向“红色”，则减少青色，增加红色。
- 色调平衡：可以选择一个色调范围来进行调整，包括“阴影”“中间调”和“高光”。如果选择“保持明度”复选框，则可以防止图像的亮度值随颜色的改变而改变，从而保持图像的色调平衡。

应用案例　使用“色彩平衡”命令丰富图像颜色

源文件：源文件\第12章\12-4-3.psd

视　频：视频\第12章\使用“色彩平衡”命令丰富图像颜色.mp4

STEP 01 打开素材图像“素材\第12章\124302.jpg”，如图12-75所示。复制“背景”图层，得到“背景 拷贝”图层，如图12-76所示。

STEP 02 选择“图像”→“调整”→“色彩平衡”命令，在弹出的对话框中分别调节阴影、中间调、高光的参数，如图12-77所示。

图12-75 打开素材图像

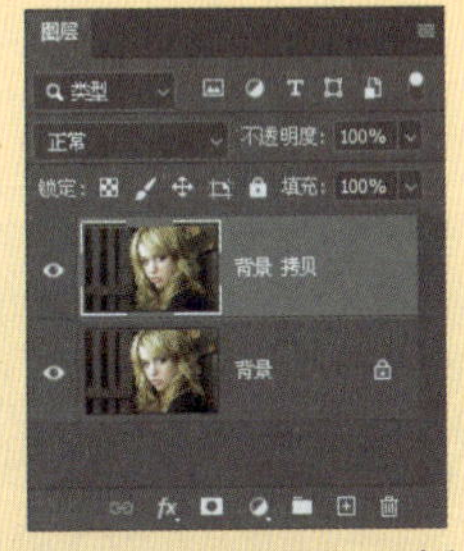

图12-76 “图层”面板

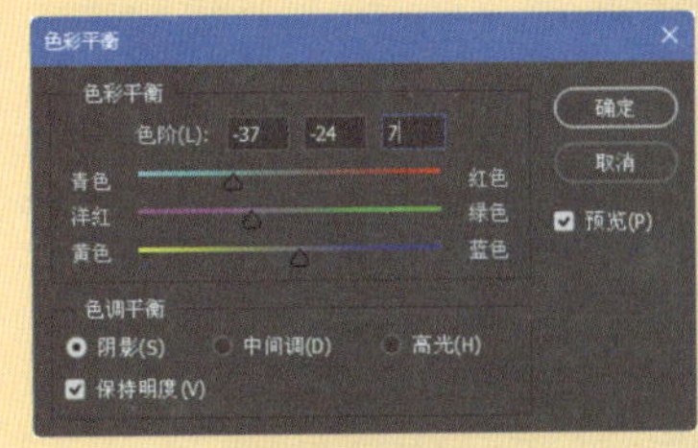

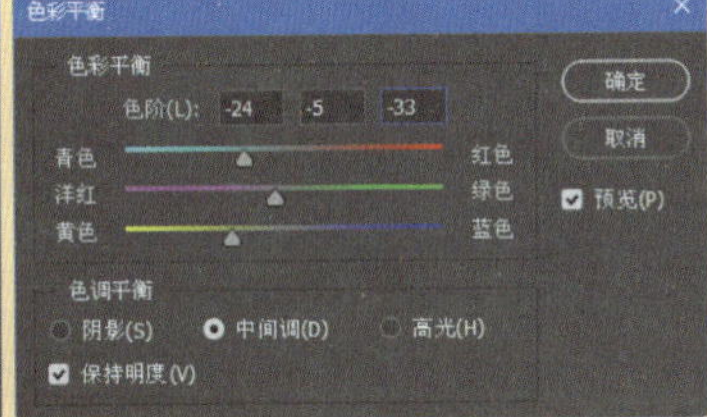

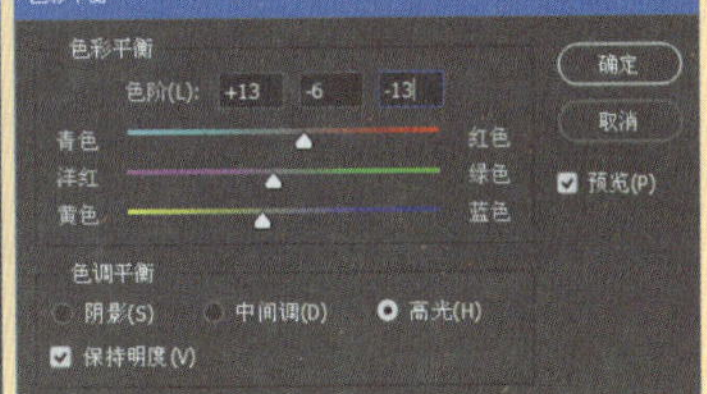

图12-77 调整色彩平衡

STEP 03 单击“确定”按钮，完成“色彩平衡”对话框的设置，效果如图12-78所示。

图12-78 处理前后的效果对比

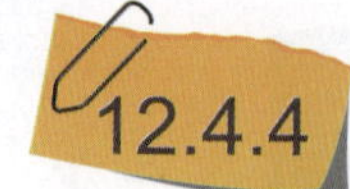

12.4.4 “亮度/对比度”命令

“亮度/对比度”命令主要用来调节图像的亮度和对比度。虽然使用“色阶”和“曲线”命令都能实现此功能，但是这两个命令使用起来比较复杂，而使用“亮度/对比度”命令可以更加简便、直观地完成亮度和对比度的调整。

应用案例 使用“亮度/对比度”命令增强图像细节

源文件：源文件\第12章\12-4-4.psd
视　频：视频\第12章\使用“亮度/对比度”命令增强图像细节.mp4

STEP 01 打开素材图像“素材\第12章\124401.jpg”，如图12-79所示。复制“背景”图层，得到“背景 拷贝”图层，如图12-80所示。

STEP 02 选择“图像”→“调整”→“亮度/对比度”命令，弹出“亮度/对比度”对话框，如图12-81所示。在其中设置好参数后，单击“确定”按钮，效果如图12-82所示。

图12-79 打开素材图像

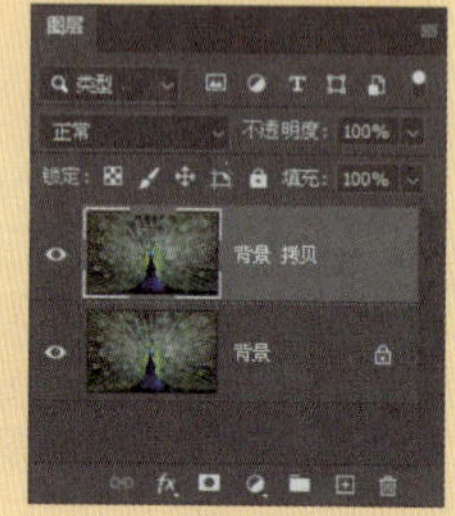

图12-80 “图层”面板

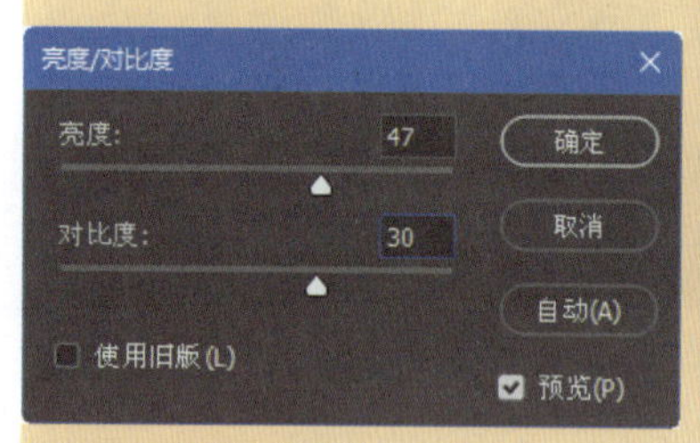

图12-81 设置“亮度/对比度”对话框

图12-82 处理后的图像效果

Tips

如果亮度和对比度的值为负值，图像亮度和对比度下降；如果为正值，则图像亮度和对比度增加；当值为0时，图像不发生任何变化。

12.4.5 “色相/饱和度”命令

“色相/饱和度”命令可以调整图像中特定颜色范围的色相、饱和度和亮度，或者同时调整图像中的所有颜色。该命令尤其适用于微调CMYK图像中的颜色，以便使它们处于输出设备色域内。

选择“图像”→“调整”→“色相/饱和度”命令，弹出“色相/饱和度”对话框，如图12-83所示。

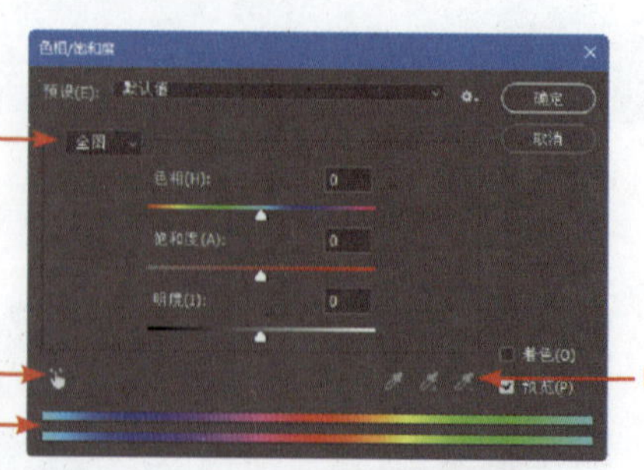

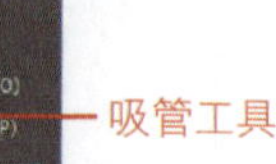

图12-83 “色相/饱和度”对话框

- 预设：单击“预设”选项后面的下拉按钮，可以打开下拉列表框。其中的选项全部都是系统默认的“色相/饱和度”预设选项，可以给图像带来不同的效果，在制作过程中读者可以根据需要直接选择。
- 编辑范围：在下拉列表框中可以选择要调整的颜色。选择“全图”选项，可调整图像中所有的颜色；选择其他选项，则只可以对图像中对应的颜色进行调整。

- 色相：拖动该滑块可以改变图像的色相。
- 饱和度：向右侧拖动滑块可以增加饱和度，向左侧拖动滑块则减少饱和度。
- 明度：向右侧拖动滑块可以增加亮度，向左侧拖动滑块则降低亮度。
- 图像调整工具：按下该按钮后，在图像中单击设置取样点。向左拖动鼠标可以减少包含单击点像素颜色范围的饱和度；向右拖动鼠标可以增加包含单击点像素颜色范围的饱和度。
- 颜色条：对话框底部有两个颜色条，上面的颜色条代表调整前的颜色，下面的颜色条代表调整后的颜色。
- 着色：选择该复选框，可以将图像转换为只有一种颜色的单色图像。变为单色图像后，可拖动“色相”“饱和度”和“明度”滑块调整图像颜色。
- 吸管工具：如果在“编辑范围”下拉列表框中选择了一种颜色，可以使用“吸管工具”在图像中单击定义颜色范围；使用“添加到取样工具”在图像中单击可以增加颜色范围；使用“从取样中减去工具”在图像中单击可以减少颜色范围。设置了颜色范围后，可以拖动滑块来调整颜色的色相、饱和度或明度。

Tips
衰减区域是指对调整进行羽化或锥化，而不是精确定义是否应用调整。

12.4.6 “自然饱和度”命令

如果要调整图像的饱和度，而又要在颜色接近最大饱和度时最大限度地减少修剪，可以使用“自然饱和度”命令调整。

在Photoshop中，选择“图像”→“调整”→“自然饱和度”命令，弹出“自然饱和度”对话框，如图12-84所示。该对话框中有两个滑块，向左移动滑块时，可以减少饱和度；向右移动滑块时，可以增加饱和度。

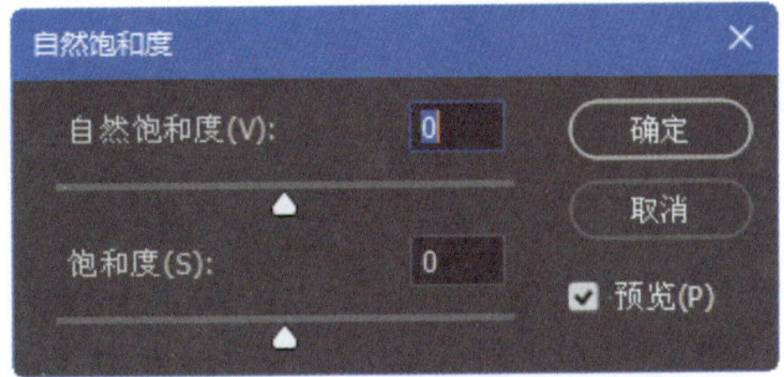

图12-84 “自然饱和度”对话框

- 自然饱和度：拖动该滑块调整饱和度时，可以将更多调整应用于不饱和的颜色并在颜色接近完全饱和时避免颜色修剪，如图12-85所示。在使用“自然饱和度”滑块调整人物图像时，可以防止肤色过度饱和。

图12-85 图像对比效果

- 饱和度：拖动该滑块调整饱和度时，可以将相同的饱和度调整量应用于所有的颜色。

12.4.7 “匹配颜色”命令

“匹配颜色”命令可以将一幅图像（原图像）的颜色与另一幅图像（目标图像）中的颜色相匹配，它比较适合使多个图片的颜色保持一致。此外，该命令还可以匹配多个图层和选区之间的颜色。

选择“图像”→“调整”→“匹配颜色”命令，弹出“匹配颜色”对话框，如图12-86所示。

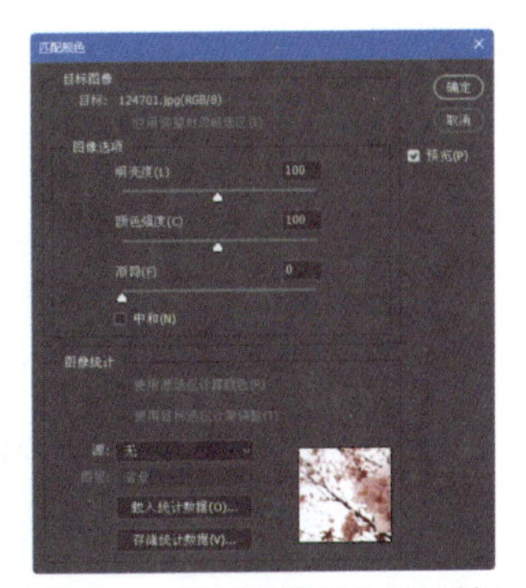
图12-86 “匹配颜色”对话框

- 目标：显示被修改的图像名称和颜色模式等信息。

- 应用调整时忽略选区：如果当前图像中包含选区，选择该复选框，可以忽略选区，将调整应用于整个图像；取消选择该复选框，则仅影响选区内的图像，如图12-87所示。

图12-87 图像效果

- 明亮度：可增加或减少图像的明度。
- 颜色强度：用来调整色彩的饱和度。该值为1时，生成灰度图像。
- 渐隐：用来控制应用于图像的调整量。该值越大，调整强度越弱，如图12-88所示。

a) 渐隐为0

b) 渐隐为50

c) 渐隐为100

图12-88 为图像应用不同"渐隐"值的效果对比

- 中和：选择该复选框可消除图像中的色彩偏差。
- 使用源选区计算颜色：如果在源图像中创建了选区，选择该复选框，可使用选区中的图像匹配当前图像颜色；取消选择该复选框，则会使用整幅图像进行匹配。
- 使用目标选区计算调整：若在目标图像中创建选区，选择该复选框，可使用选区内的图像来计算调整；取消选择该复选框，则使用整个图像颜色来计算调整。
- 源：可选择与目标图像中的颜色相匹配的源图像。
- 图层：用来选择需要匹配颜色的图层。如果将"匹配颜色"命令应用于目标图像中的特定图层，应确保在执行"匹配颜色"命令时该图层处于当前选择状态。
- 存储统计数据/载入统计数据：单击"存储统计数据"按钮，可以将当前的设置保存；单击"载入统计数据"按钮，可载入已存储的设置。使用载入的统计数据时，无须在Photoshop中打开源图像，就可以完成匹配目标图像的操作。

Tips

"匹配颜色"命令仅适用于RGB模式的图像，不支持CMYK模式下的图像操作。

应用案例 使用"匹配颜色"命令制作暖调图像

源文件：源文件\第12章\12-4-7.psd
视　频：视频\第12章\使用"匹配颜色"命令制作暖调图像.mp4

STEP 01 打开素材图像"素材\第12章\124701.jpg和124702.jpg"，如图12-89所示。单击人物图像，将其设置为当前文档。

图12-89 打开素材图像

STEP 02 选择"图像"→"调整"→"匹配颜色"命令，弹出"匹配颜色"对话框，在"源"下拉列表框中选择"124701.jpg"，调整"明亮度"和"颜色强度"值，如图12-90所示。单击"确定"按钮，效果如图12-91所示。

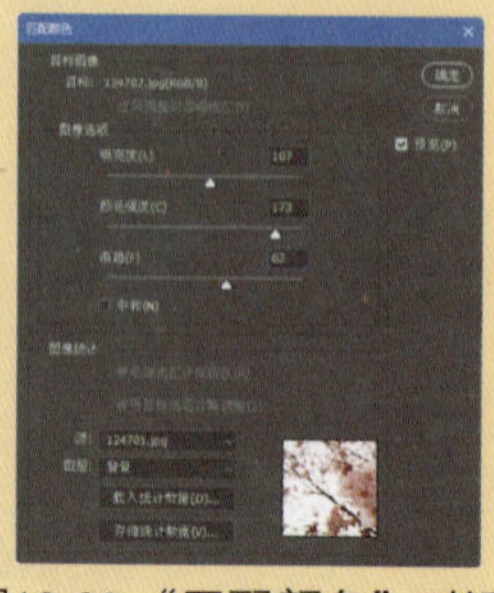

图12-90 "匹配颜色"对话框

图12-91 图像效果

12.4.8 “替换颜色”命令

“替换颜色”命令可以选择图像中的特定颜色，然后将其替换。该命令的对话框中包含了颜色选择选项和颜色调整选项。其中，颜色的选择方式与“色彩范围”命令基本相同，而颜色的调整方式又与“色相/饱和度”命令十分相似。

图12-92 “替换颜色”对话框

在Photoshop中，选择“图像”→“调整”→“替换颜色”命令，弹出“替换颜色”对话框，如图12-92所示。

- 本地化颜色簇：如果在图像中选择了多个颜色范围，可选择该复选框，创建更加精确的蒙版。
- 吸管工具：用“吸管工具”在图像上单击，可以选择有蒙版显示的区域；用“添加到取样工具”在图像中单击，可添加颜色；用“从取样中减去工具”在图像中单击，可减少颜色。
- 颜色容差：可调整蒙版的容差，控制颜色的选择精度。该值越大，包括的颜色范围就越广。
- 选区/图像：选中“选区”单选按钮，可在预览区域中显示蒙版。其中，黑色代表未选择的区域，白色代表所选区域，灰色代表被部分选择的区域。如果选中“图像”单选按钮，则预览区中会显示图像。
- 替换：用来设置替换颜色的色相、饱和度和明度。

应用案例　使用“替换颜色”命令更改照片色调

源文件：源文件\第12章\12-4-8.psd
视　频：视频\第12章\使用“替换颜色”命令更改照片色调.mp4

STEP 01 打开素材图像“素材\第12章\124802.jpg”，如图12-93所示。复制“背景”图层，得到“背景 拷贝”图层，如图12-94所示。

图12-93 打开素材图像

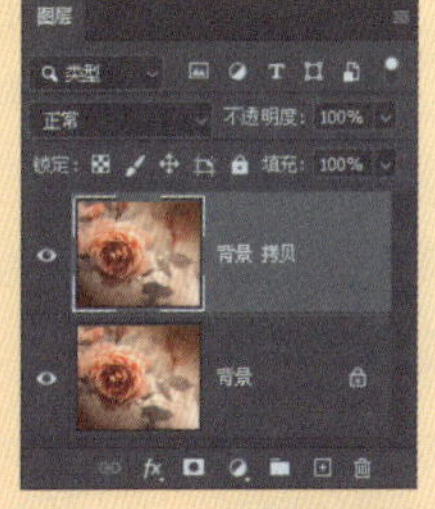

图12-94 “图层”面板

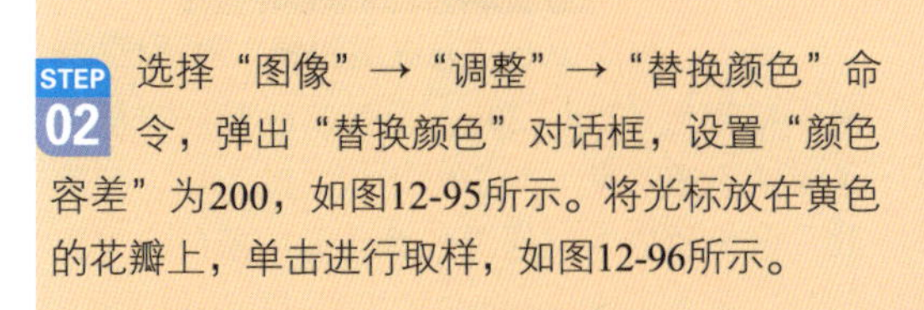

STEP 02 选择“图像”→“调整”→“替换颜色”命令，弹出“替换颜色”对话框，设置“颜色容差”为200，如图12-95所示。将光标放在黄色的花瓣上，单击进行取样，如图12-96所示。

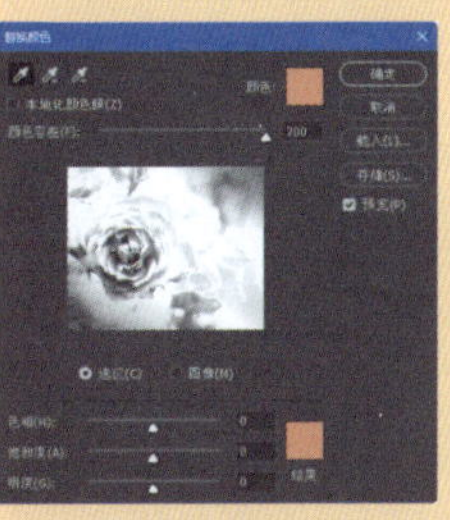

图12-95 “替换颜色”对话框

图12-96 进行取样

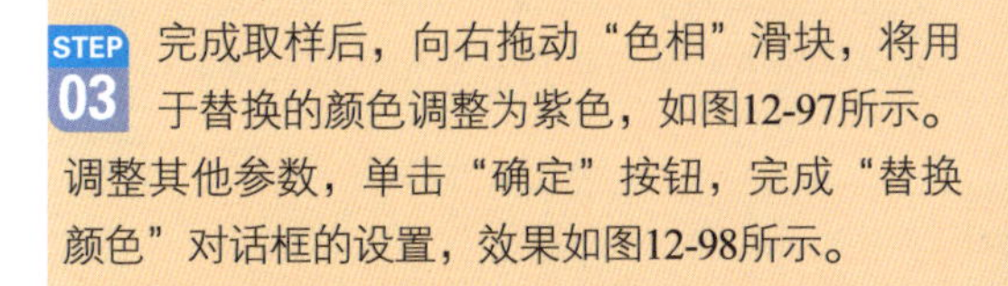

STEP 03 完成取样后，向右拖动“色相”滑块，将用于替换的颜色调整为紫色，如图12-97所示。调整其他参数，单击“确定”按钮，完成“替换颜色”对话框的设置，效果如图12-98所示。

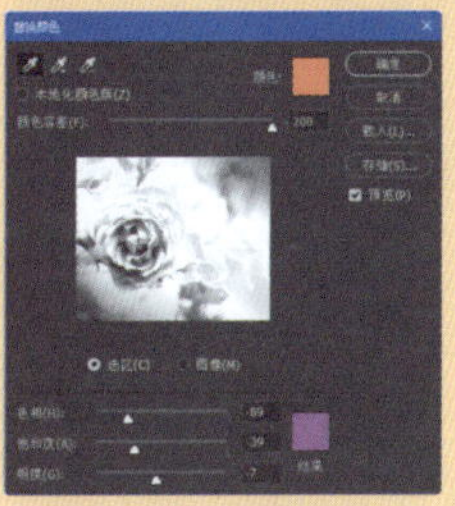

图12-97 调整颜色

图12-98 图像效果

12.4.9 “可选颜色”命令

可选颜色校正是高端扫描仪和分色程序使用的一种技术，用于在图像中的每个主要原色成分中更改印刷色的数量。使用“可选颜色”命令可以有选择地修改主要颜色中印刷色的数量，但不会影响其他主要颜色。例如，可以减少图像绿色图素中的青色，同时保留蓝色图素中的青色。

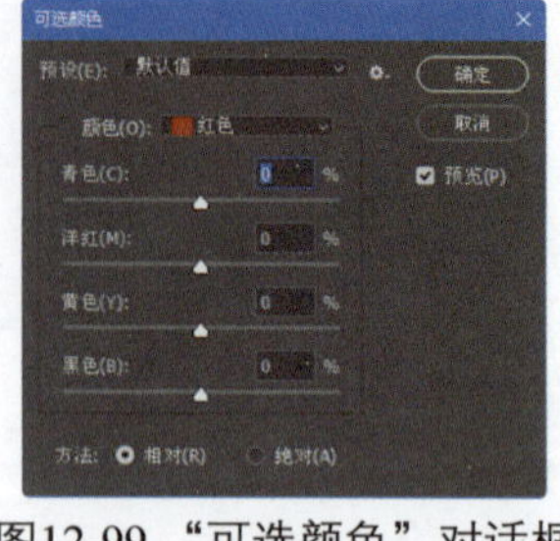

图12-99 “可选颜色”对话框

选择“图像”→“调整”→“可选颜色”命令，弹出“可选颜色”对话框，如图12-99所示。

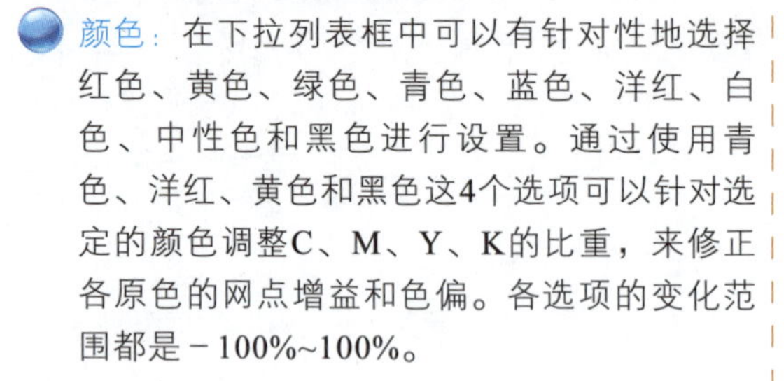

- 颜色：在下拉列表框中可以有针对性地选择红色、黄色、绿色、青色、蓝色、洋红、白色、中性色和黑色进行设置。通过使用青色、洋红、黄色和黑色这4个选项可以针对选定的颜色调整C、M、Y、K的比重，来修正各原色的网点增益和色偏。各选项的变化范围都是－100%~100%。

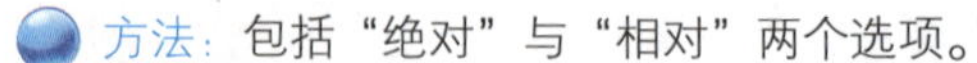

- 方法：包括“绝对”与“相对”两个选项。
- 相对：调整的数额以CMYK这4个颜色总数量的百分比来计算。例如，一个像素占有青色的百分比为50%，再加上10%后，其总数就等于原有数额50%再加上10%×50%，即50%+10%×50%=55%。
- 绝对：以绝对值调整颜色。例如，一个像素占有青色的百分比为50%，再加上10%后，其总数就等于原有数额50%再加上10%，即50%+10%=60%。

12.4.10 “通道混合器”命令

“通道混合器”命令可以使用当前颜色通道的混合来修改颜色通道，使用该命令可以实现以下4种功能。

- 进行改造性的颜色调整，这是其他颜色调整工具不易做到的。
- 创建高质量的深棕色调或其他色调的图像。
- 将图像转换到一些备选色彩空间。
- 能够交换或复制通道。

选择“图像”→“调整”→“通道混合器”命令，弹出“通道混和器”对话框，如图12-100所示。

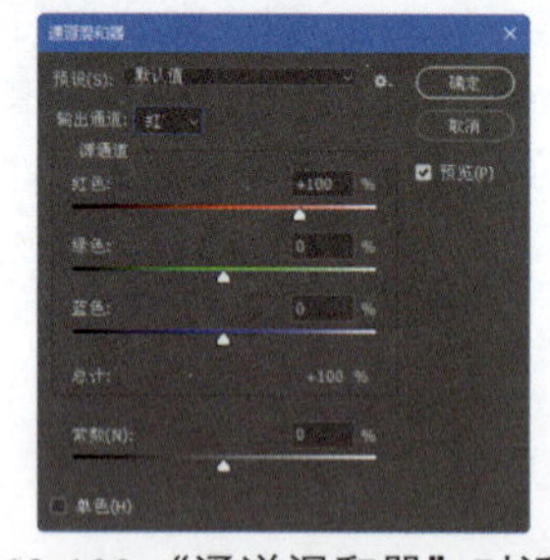

图12-100 “通道混和器”对话框

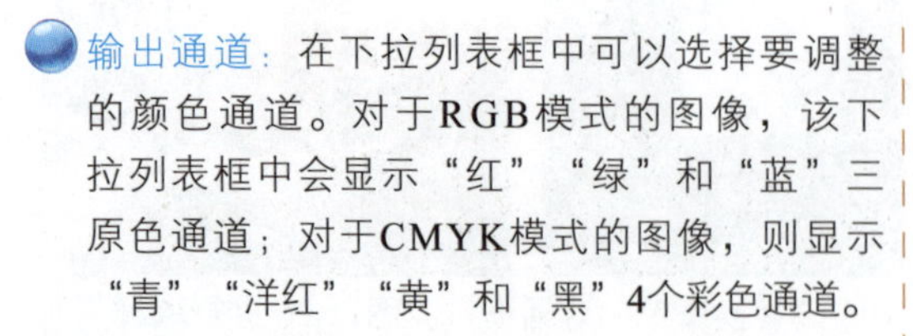

- 输出通道：在下拉列表框中可以选择要调整的颜色通道。对于RGB模式的图像，该下拉列表框中会显示“红”“绿”和“蓝”三原色通道；对于CMYK模式的图像，则显示“青”“洋红”“黄”和“黑”4个彩色通道。
- 源通道：在该选项组中可以调整各原色的值。对于RGB模式的图像，可调整“红色”“绿色”和“蓝色”3个滑块，或在文本框中输入数值；对于CMYK模式的图像，则可以调整“青色”“洋红”“黄色”和“黑色”4个滑块，或在文本框中输入数值。
- 常数：拖动该选项的滑块或在文本框中输入数值（范围为－200~200），可以改变当前指定通道的不透明度。对于RGB模式的图像，“常数”值为负值时，通道的颜色偏向黑色；为正值时，通道的颜色偏向白色。
- 单色：选择“单色”复选框，可以将彩色图像变成灰度图像，即图像只包含灰度值。此时，对所有的色彩通道都将使用相同的设置。

Tips

“通道混合器”命令只能作用于RGB和CMYK色彩模式的图像，在执行此命令之前必须先选中主通道，不能先选中RGB或CMYK中的单一原色通道。

应用案例 夏季转换为冬天雪景效果

源文件：源文件\第12章\12-4-10.psd
视　频：视频\第12章\夏季转换为冬天雪景效果.mp4

STEP 01 打开素材图像“素材\第12章\ 1241001.jpg”，如图12-101所示。复制“背景”图层，得到“背景 拷贝”图层，如图12-102所示。

STEP 02 选择“图像”→“调整”→“通道混合器”命令，弹出“通道混和器”对话框，选择“单色”复选框，参数设置如图12-103所示。单击“确定”按钮，完成“通道混和器”对话框的设置，效果如图12-104所示。

图12-101 打开素材图像

图12-102 “图层”面板

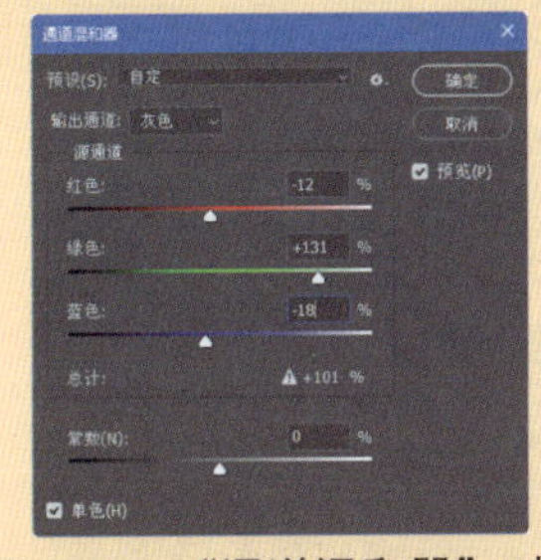

图12-103 “通道混和器”对话框

图12-104 图像效果

图12-105 图像效果

STEP 03 在“图层”面板中设置“背景 拷贝”图层的“混合模式”为“变亮”，为图层添加图层蒙版，单击工具箱中的“画笔工具”按钮，在蒙版中将人物涂抹出来，效果如图12-105所示，“图层”面板如图12-106所示。

STEP 04 按【Alt+Shift+Ctrl+E】组合键盖印图层，得到“图层1”图层，单击工具箱中的“套索工具”，将人物上方树叶部分选中，按【Shift+F6】组合键羽化选区，设置羽化值为100，选区效果如图12-107所示。选择“图像”→“调整”→“曲线”命令，弹出“曲线”对话框，参数设置如图12-108所示。

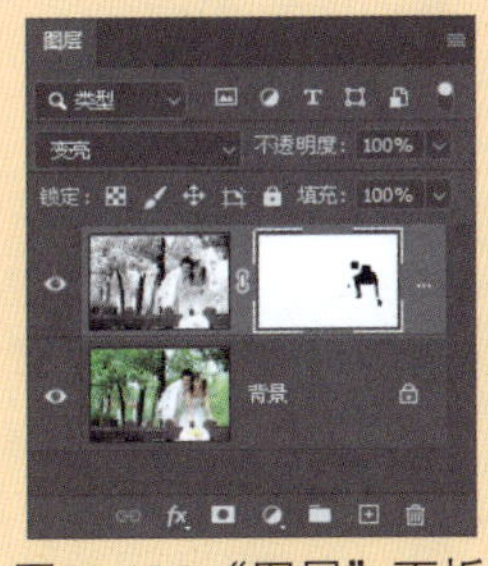

图12-106 “图层”面板

图12-107 选区效果

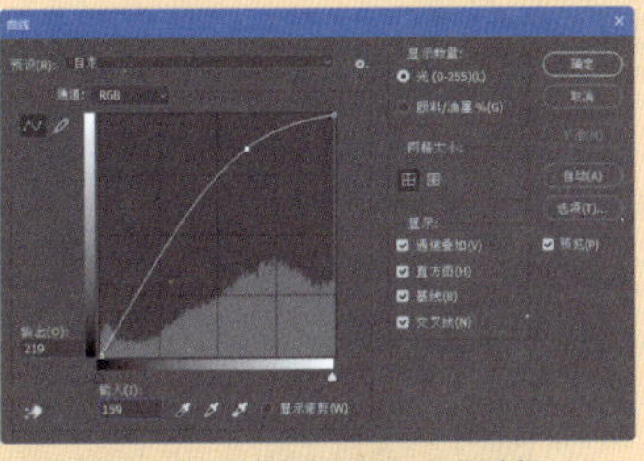

图12-108 “曲线”对话框

STEP 05 单击“确定”按钮，按【Ctrl+D】组合键取消选区，效果如图12-109所示。单击工具箱中的“椭圆选框工具”按钮，在画布中绘制选区，按【Shift+F6】组合键羽化选区，羽化值为100，选区效果如图12-110所示。

图12-109 图像效果

图12-110 选区效果

STEP 06 选择“选择”→“反向”命令，将选区反选。选择“图像”→“调整”→“色相/饱和度”命令，弹出“色相/饱和度”对话框，设置参数如图12-111所示。按【Ctrl+D】组合键取消选区，用相同的方法，为图层添加蒙版，使用“画笔工具”将人物涂抹出来，效果如图12-112所示。

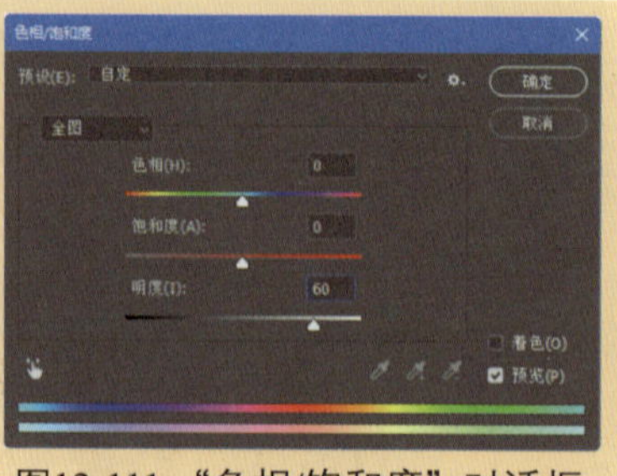

图12-111 “色相/饱和度”对话框

图12-112 图像效果

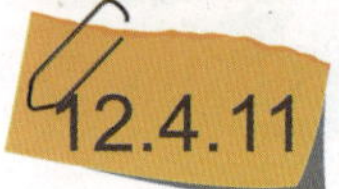

12.4.11 “渐变映射”命令

“渐变映射”命令的主要功能是将预设的几种渐变模式作用于图像。使用该命令前，需先将要处理的图像作为当前图像。

“渐变映射”提供的渐变模式与“渐变工具”的渐变模式一样，但两者所产生的效果却不一样，主要有两点区别：一是“渐变映射”功能不能应用于完全透明的图像；二是“渐变映射”功能先对所处理的图像进行分析，根据图像中各个像素的亮度，用所选渐变模式中的颜色替换。这样，从结果图像中往往仍然能够看出源图像的轮廓。

图12-113 “渐变映射”对话框

选择“图像”→“调整→“渐变映射”命令，弹出“渐变映射”对话框，如图12-113所示。

- 灰度映射所用的渐变：单击其右侧的按钮，打开“渐变编辑器”面板。该面板中提供了多种渐变预设供用户选择使用。
- 仿色：用于控制效果图像中的像素是否仿色（这主要体现在反差较大的像素边缘）。
- 反向：它的作用类似于“图像”→“调整”→“反相”命令。选择该复选框后，将产生原渐变图的反转图像。

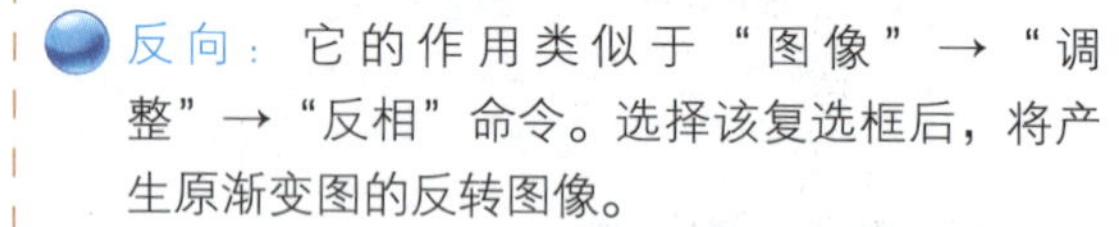

12.4.12 “照片滤镜”命令

“照片滤镜”命令可以模拟通过彩色校正滤镜拍摄照片的效果，该命令允许用户选择预设的颜色或者自定义的颜色向图像应用色相调整。

执行“图像”→“调整”→“照片滤镜”命令，弹出“照片滤镜”对话框，如图12-114所示。

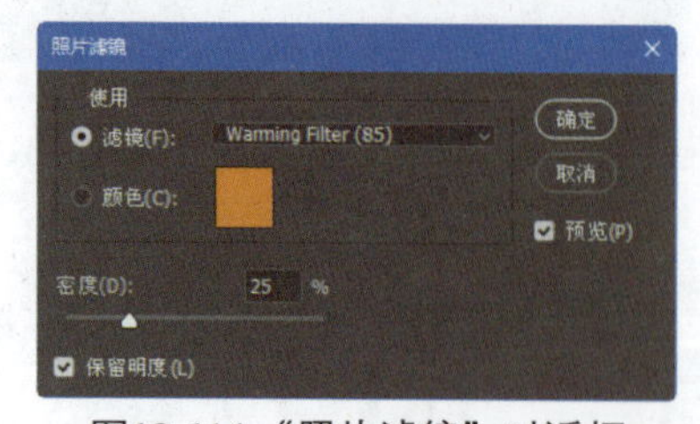

图12-114 “照片滤镜”对话框

- 滤镜：在下拉列表框中可以选择要使用的滤镜，Photoshop可以模拟在相机镜头前面添加彩色滤镜，以调整通过镜头传输的光的色彩平衡和色温。

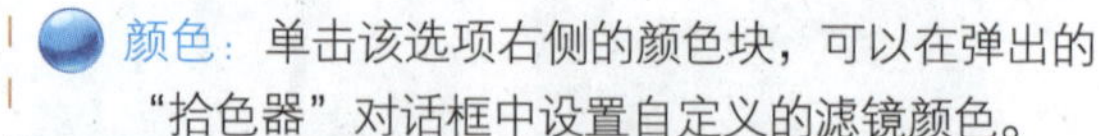

- 颜色：单击该选项右侧的颜色块，可以在弹出的“拾色器”对话框中设置自定义的滤镜颜色。

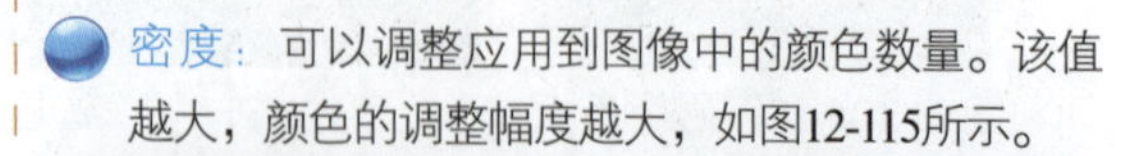

- 密度：可以调整应用到图像中的颜色数量。该值越大，颜色的调整幅度越大，如图12-115所示。

a) 密度为50%

b) 密度为100%

图12-115 图像效果

- 保留明度：选择该复选框后，不会因为添加滤镜而使图像变暗。图12-116所示为选择及取消选择该复选框时的图像效果对比。

a)选择“保留明度”复选框

b)取消选择“保留明度”复选框

图12-116 图像效果对比

12.4.13 “阴影/高光”命令

“阴影/高光”是非常有用的命令，它能够基于阴影或高光中的局部相邻像素来校正每个像素。在调整阴影区域时，对高光区域的影响很小，而调整高光区域时又对阴影区域的影响很小。

图12-117所示图像的色调较暗，如果使用“色阶”或“亮度/对比度”命令将它调亮，整个图像都会变亮，如图12-118所示；如果使用“阴影/高光”命令调整，就可以获得比较满意的结果，如图12-119所示。

图12-117 原图像效果

图12-118“亮度/对比度”调整

图12-119 “阴影/高光”调整

“阴影/高光”命令适合校正由强逆光而形成剪影的照片，也可以校正由于太接近相机闪光灯而有些发白的焦点，在用其他方式采光的图像中，这种调整也可以使阴影区域变亮。选择“图像”→“调整→“阴影/高光”命令，弹出“阴影/高光”对话框，如图12-120所示。在该对话框中选择“显示更多选项”复选框，可以显示更多选项，如图12-121所示。

图12-120 “阴影/高光”对话框

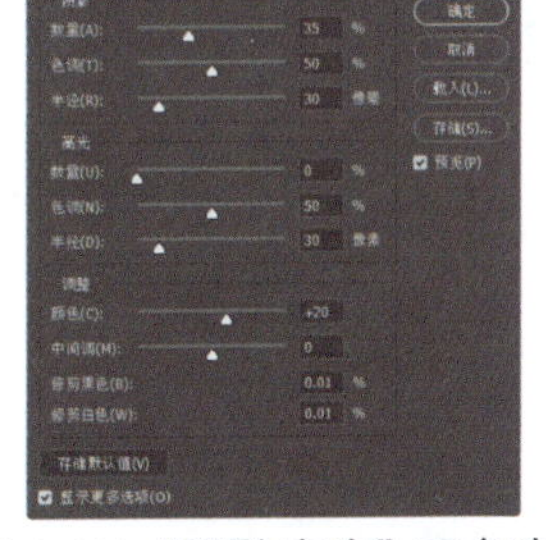

图12-121“阴影/高光”更多选项

- “阴影”选项组中的数量：拖动“数量”滑块可以控制调整强度。该值越大，图像的阴影区域越亮。
- “阴影”选项组中的色调：可以控制色调的修改范围，较小的值只针对较暗的区域进行校正，较大的值会影响更多的色调。
- “阴影”选项组中的半径：可以控制每个像素周围的局部相邻像素的大小，相邻像素用于确定像素是在阴影中还是在高光中。
- “高光”选项组中的数量：可以控制调整强度。该值越大，图像的高光区域越暗。
- “高光”选项组中的半径：可以控制每个像素周围的局部相邻像素的大小。
- “调整”选项组：可调整图像颜色和对比度。
- 颜色：可以调整已更改区域的颜色。例如，增加“阴影”选项组中的“数量”值，使图像中较暗的颜色显示出来，再增加“颜色”值，就可以使这些颜色更加鲜艳。
- 中间调：用来调整中间调的对比度。向左侧拖动滑块会降低对比度，向右侧拖动滑块则增加对比度。
- 修剪黑色/修剪白色：可以指定在图像中将多少阴影和高光剪切到新的极端阴影（色阶为0）和高光（色阶为255）中。该值越大，图像的对比度越强。

- 存储默认值：单击该按钮，可以将当前的参数设置存储为预设，再次打开“阴影/高光”对话框时，会显示该参数。如果要恢复为默认的数值，可按住【Shift】键，该按钮会变为“复位默认值”按钮，单击即可进行恢复。
- 显示更多选项：选择该复选框，将显示全部的选项。

Tips

在对“阴影/高光”对话框中的各选项进行设置时，读者可根据需要配合各个选项一起进行设置。

应用案例

使用“阴影/高光”命令修正逆光照片

源文件：源文件\第12章\12-4-13.psd

视　频：视频\第12章\使用“阴影/高光”命令修正逆光照片.mp4

STEP 01 打开素材图像“素材\第12章\1241302.jpg”，如图12-122所示。复制“背景”图层，得到“背景 拷贝”图层，如图12-123所示。

图12-122 打开素材图像

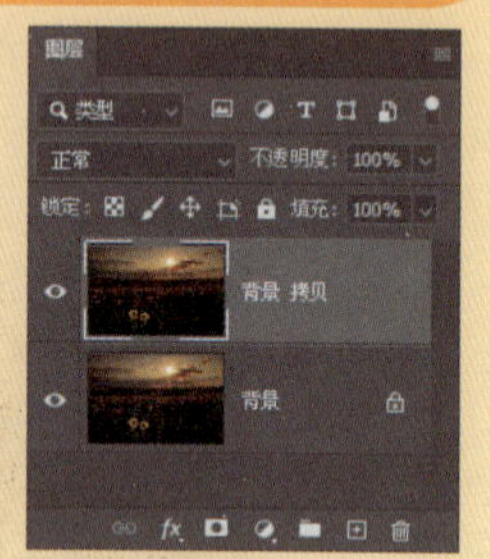

图12-121 “图层”面板

STEP 02 选择“图像”→“调整”→“阴影/高光”命令，弹出“阴影/高光”对话框，设置相关参数，如图12-124所示。将逆光照片修正，效果如图12-125所示。

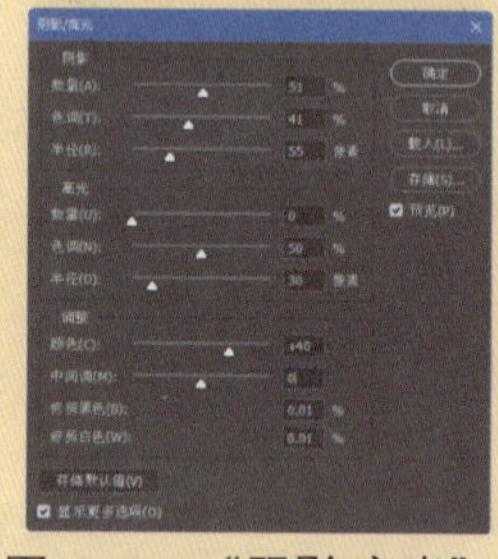

图12-124 “阴影/高光”对话框

图12-125 最终效果

12.4.14 “曝光度”命令

“曝光度”是专门用于调整HDR图像色调的命令，但它也可以用于8位和16位图像。

调整HDR图像曝光度的方式与在真实环境中拍摄场景时调整曝光度的方式类似。这是因为在HDR图像中可以按比例显示和存储真实场景中的所有明亮度值。

选择“图像”→“调整”→“曝光度”命令，弹出“曝光度”对话框，如图12-126所示。

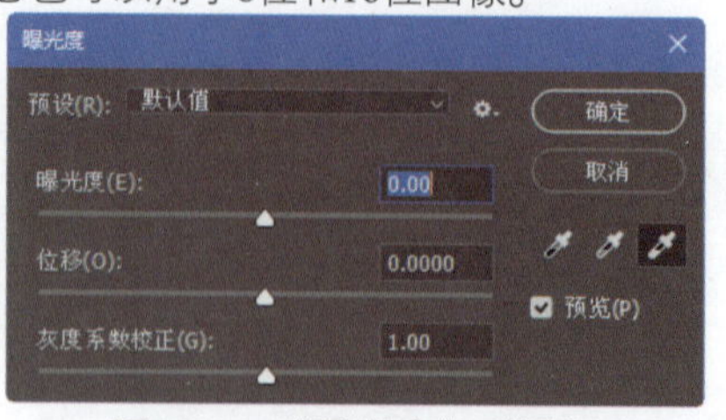

图12-126 “曝光度”对话框

- 预设：在下拉列表框中，系统默认提供了几个不同的默认值，以方便读者在使用时调整。
- 曝光度：该选项对图像或选区范围进行曝光调节。正值越大，曝光度越充足；负值越大，曝光度就越弱。
- 位移：该选项可细微调节图像的暗部和亮部。
- 灰度系数校正：该选项用来调节图像灰度系数的大小，即曝光颗粒度。值越大，曝光效果就越差；值越小，则对光的反应越灵敏。
- 吸管工具：共有3个吸管，分别用来细微设置“曝光度”“位移”和“灰度系数校正”的值。

12.4.15 HDR色调

HDR有足够的能力保存光照信息，使用“HDR色调”命令可以使曝光的图像获得更加逼真和超现实的HDR图像外观。降低曝光度，白色部分将呈现更多细节。除此之外，它还可以将高动态光照渲染的美感注入8位图像中。

选择“图像”→“调整”→“HDR色调”命令，弹出“HDR色调”对话框，如图12-127所示。

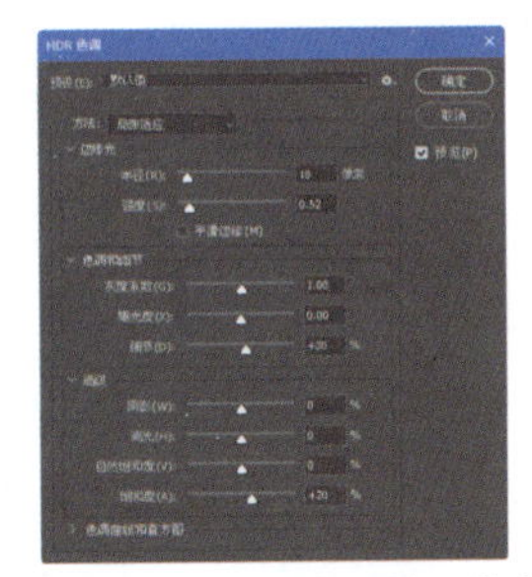

图12-127 “HDR色调”对话框

- 预设：该下拉列表框中的选项全部都是系统默认的“HDR色调”预设选项，利用这些选项会给图像带来不同的效果。
- 方法：在Photoshop中提供了4种调整HDR色调的方法，包括“曝光度和灰度系数”“高光压缩”“色调均化直方图”及“局部适应”。其中“曝光度和灰度系数”只包含两个选项，而“高光压缩”和“色调均化直方图”这两种方法没有选项，选项最全的则是“局部适应”方法。
- 半径：控制发光效果的大小。
- 强度：控制发光效果的对比度。
- 平滑边缘：提升细节时选择该复选框，保持边缘的平滑。
- 灰度系数：用来调节图像灰度系数的大小，即曝光颗粒度。值越大，曝光效果就越差；值越小，则对光的反应越灵敏。
- 曝光度：该选项可以调整图像或选区范围的曝光情况。正值越大，曝光越充足；负值越大，曝光就越弱。
- 细节：调整图像的细节保留程度。
- 阴影/高光：通过调整阴影和高光选项可以调整图像的阴影和高光。
- 自然饱和度：拖动该滑块调整饱和度时，可以将更多调整应用于不饱和的颜色，并在颜色接近完全饱和时避免颜色修剪。
- 饱和度：拖动该滑块调整饱和度时，可以将相同的饱和度调整量用于所有的颜色。
- 色调曲线和直方图：单击该选项前面的三角形按钮，可以在打开的曲线和直方图中对色调进行调整。

12.5 调整图像的灰度

在Photoshop中，除了可以将图像调成多种色彩外，还可以通过使用“去色”和“黑白”命令将彩色图像转换为灰度图像。

12.5.1 “去色”命令

“去色”命令的主要作用是去除图像中的饱和色彩，从而将图像转换为灰度图像。与直接选择“图像”→“模式”→“灰度”命令不同，用该命令处理后的图像不会改变色彩模式，只是失去了彩色的颜色。“去色”命令可以只对图像的某一选区进行转换，“灰度”命令则是对整个图像起作用。图12-128所示为原图和去色后的图像效果对比。

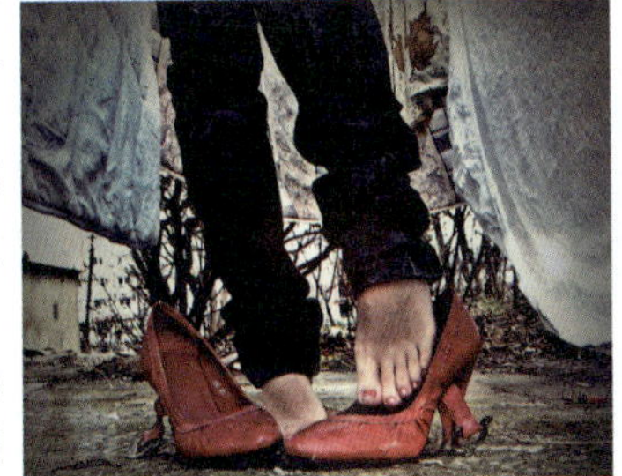

图12-128 去色前后的图像效果对比

按【Shift+Ctrl+U】组合键也能对图像执行“去色”命令，需要注意的是，“去色”命令不能直接处理灰度模式的图像。

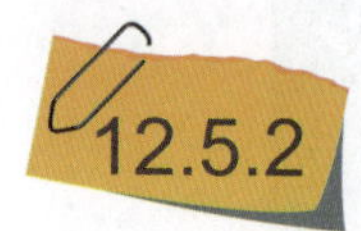

12.5.2 “黑白”命令

“黑白”命令也可以将彩色图像转换为灰度图像，但该命令提供了选项，可以同时保持对各颜色转换方式的完全控制。此外，也可以为灰度着色，将彩色图像转换为单色图像。

选择“图像”→“调整”→“黑白”命令，弹出“黑白”对话框，如图12-129所示。

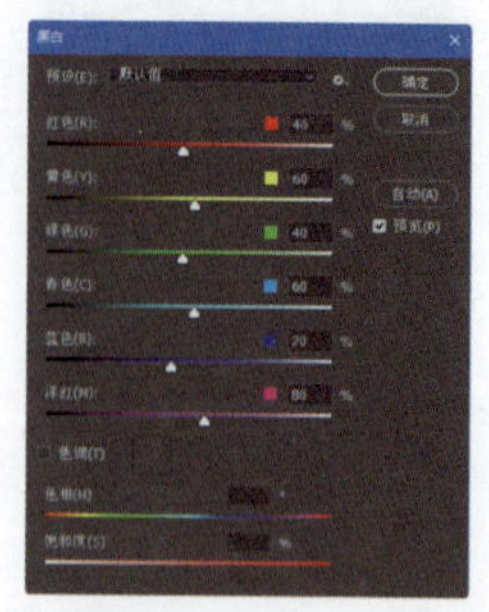

图12-129 “黑白”对话框

- 预设：在下拉列表框中可以选择一种预设的调整设置。如果要存储当前的调整设置结果，可单击选项右侧的下拉按钮，在下拉列表框中选择“存储预设”选项即可。
- 颜色滑块：拖动各个颜色滑块可调整图像中特定颜色的灰色调。例如，向左拖动黄色滑块时，可以使图像中由黄色转换而来的灰色调变暗；向右拖动，则使其灰色调变亮。如果要对某个颜色进行更加细致的调整，可以将光标定位在该颜色区域的上方。单击并拖动鼠标，此时可移动该颜色的滑块，从而使颜色在图像中变暗或变亮。单击并释放鼠标，则可以高亮显示选定滑块的文本框。
- 色调：如果要对灰度图像应用色调，可选择“色调”复选框，并调整“色相”和“饱和度”滑块。“色相”可更改色调颜色，“饱和度”可提高或降低颜色的集中度。单击颜色块可以打开“拾色器”对话框进一步微调色调颜色。
- 自动：单击该按钮，可设置基于图像的颜色值的灰度混合，并使灰度值的分布最大化。“自动”混合通常会产生极佳的效果，并可以用作使用颜色滑块调整灰度值的起点。

12.6 专家支招

通过选择“图像”→“调整”子菜单中的命令（如“亮度/对比度”“色彩平衡”“黑白”“曲线”和“色阶”等）处理后的图像，在需要进行修改时只能使用“还原”命令，很不方便。

12.6.1 合理使用“调整”面板

用户可以通过“调整”面板和“图层”面板来创建调整图层。通过这种方式创建的“曲线”和“色阶”等调整会以图层的形式显示，不会对素材造成任何破坏，同时自带蒙版效果更方便进行操作。用户只需双击相应的调整图层缩览图，即可打开相应的面板或对话框，可以对参数进行反复调整。

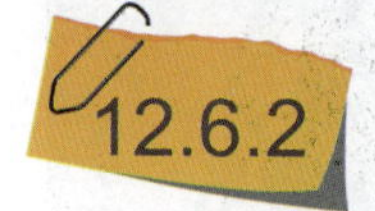

12.6.2 关于“变化”命令

在Photoshop CC 2014以后的版本中，删除了“调整”子菜单中的“变化”命令。用户可以通过“色彩平衡”命令实现相同的效果。

12.7 总结扩展

通过使用调整命令，可以创建出许多不同色彩效果的图像。需要注意的是，这些命令的使用或多或少都会丢失一些颜色数据。因为所有色彩调整的操作都是在原图像的基础上进行的，因而不可能产生比原图更多的色彩，尽管在屏幕上不会直接反映出来，但在转换调整的过程中就已经丢失了数据。

12.7.1 本章小结

本章系统地对Photoshop中的各种基本调色命令进行了介绍，从如何查看图像的色彩开始，逐一讲解了“调整”子菜单中各命令的功能。通过本章的学习，读者需要了解各种调整命令的功能，并能够灵活掌握其使用方法，以便日后加以深入学习和研究。

12.7.2 举一反三——打造照片怀旧效果

案例文件:	源文件\第12章\12-7-2.psd
视频文件:	视　频\第12章\打造照片怀旧效果.mp4
难易程度:	★★★★☆
学习时间:	20分钟

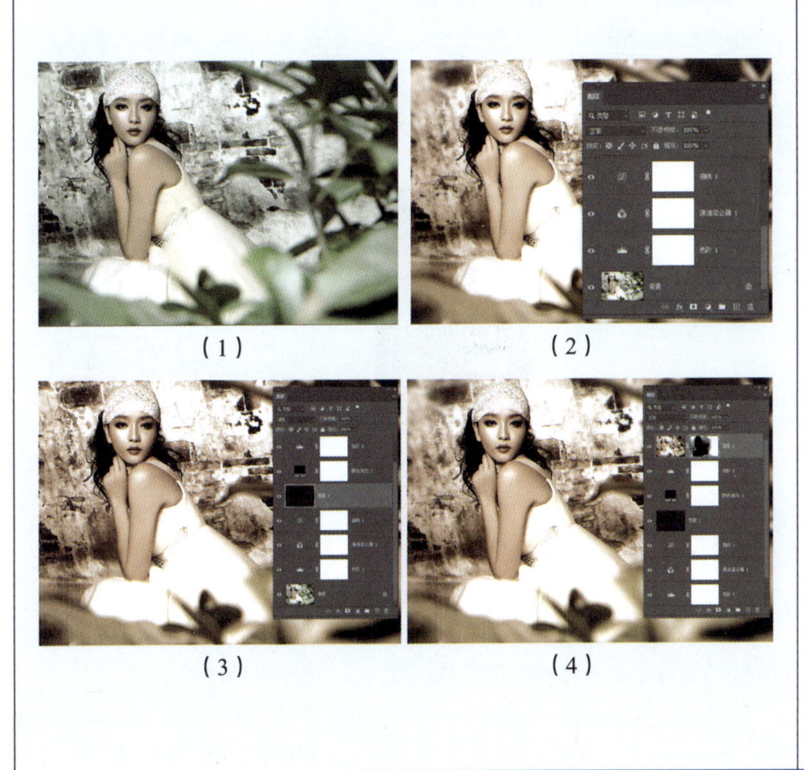

（1）　（2）　（3）　（4）

1. 打开素材图像“127201.jpg”。
2. 使用“色阶”“通道混和器”及“曲线”命令对图像进行调整。
3. 拖入素材图像“127202.jpg”，设置“混合模式”为“滤色”，添加填充和调整图层。
4. 盖印图层，选择“滤镜”→“模糊”→“高斯模糊”命令，添加图层蒙版，使用黑色画笔进行涂抹。

第13章 通道的应用

通道除了用于保存选区外，在颜色通道中还记录了图像的颜色信息。通道是Photoshop中最为强大的选择工具，可以使用各种绘画工具、选择工具和滤镜对通道进行处理和编辑，从而可以方便、快捷地实现各种处理操作。本章将对通道的相关基础知识进行介绍，并通过实例向读者介绍通道在设计中的应用。读者在学习本章知识时，需要重点掌握通道中的各种操作方法，并能够灵活运用。

本章学习重点

第 288 页
使用“贴入”命令创建通道

第 289 页
创建专色通道

第293页
使用“应用图像”命令增加图像细节

第298页
消除红眼

13.1 认识通道

通道是Photoshop中非常重要的概念，它记录了图像大部分的信息。通过通道可以创建复杂的选区、进行高级图像合成，以及调整图像颜色等。

13.1.1 “通道”面板

在Photoshop中可以通过“通道”面板来创建、保存和管理通道。在Photoshop中打开图像时，会在“通道”面板中自动创建该图像的颜色信息通道，如图13-1所示。单击“通道”面板右上角的面板菜单按钮，打开“通道”面板菜单，如图13-2所示。

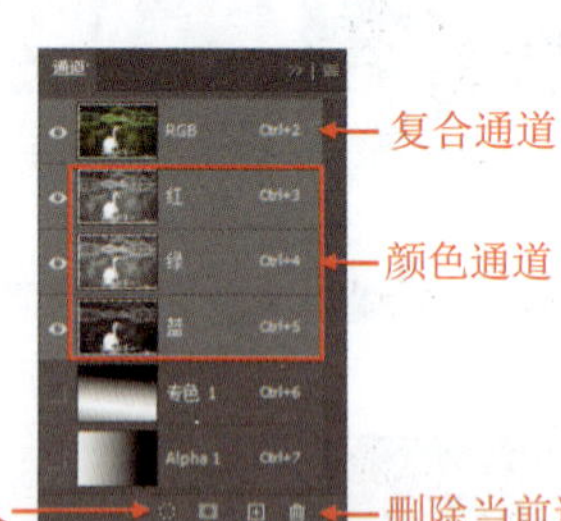

图13-1 “通道”面板

新建通道...
复制通道...
删除通道
新建专色通道...
合并专色通道(G)
通道选项...
分离通道
合并通道...
面板选项...
关闭
关闭选项卡组

图13-2 面板菜单

- **复合通道：**“通道”面板中最上层的就是复合通道，在复合通道下可以同时预览和编辑所有颜色通道。
- **颜色通道：**用于记录图像颜色信息的通道。
- **专色通道：**用于保存专色油墨的通道。
- **Alpha通道：**用来保存选区的通道。
- **将通道作为选区载入：**单击该按钮，可以载入所选通道的选区。
- **将选区存储为通道：**单击该按钮，可以将图像中的选区保存在通道中。
- **创建新通道：**单击该按钮，可以创建Alpha通道。
- **删除当前通道：**单击该按钮，可以将当前选中的通道删除，但是不能删除复合通道。
- **复制通道：**选择该命令将弹出“复制通道”对话框，复制指定通道，如图13-3所示。
- **分离/合并通道：**分离通道是将原素材图像关闭，将通道中的图像以个灰度图像窗口显示。合并通道与前者相反，将多个灰色图像合并为一个图像通道。

- 面板选项：用于设置“通道”面板中每个通道的显示状态。选择该命令将弹出“通道面板选项”对话框，在其中可设置通道缩览图的大小，如图13-4所示。

图13-3 “复制通道”对话框

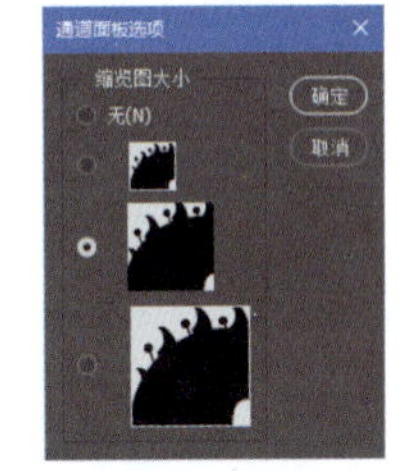

图13-4 “通道面板选项”对话框

13.1.2 通道的功能

通道的概念与图层类似，图层表示的是不同图层像素的信息，显示一幅图像的各种合成成分；而通道表示的是不同通道中的颜色信息或选区。通道是Photoshop中非常重要的一项功能，概括起来有以下几点。

- 通道可以代表图像中的某一种颜色信息。例如在RGB模式中，G通道代表图像的绿色信息。
- 通道可以用来制作选区。使用分离通道来选择一些比较精确的选区，在通道中，白色代表的就是选区。
- 通道可以表示色彩的对比度。虽然每个原色通道都是以灰色显示，但各个通道的对比度是不同的，这一功能在分离通道时可以比较清楚地看出来。
- 通道可以用于修复扫描失真的图像。对于扫描失真的图像，不要在整幅图像上进行修改，对图像的每个通道进行比较，对有缺点的通道进行单个修改，这样会达到事半功倍的效果。
- 使用通道制作特殊效果。通道不仅限于图像的混合通道和原色通道，还可以使用通道创建出倒影文字、3D图像和若隐若现等效果。

13.2 通道的分类

Photoshop中包含多种通道类型，主要可以分为颜色通道、专色通道和Alpha通道。通道是Photoshop的高级功能，它与图像的内容、色彩和选区有着密切联系。

13.2.1 颜色通道

颜色通道记录了图像颜色的信息。图像的颜色模式不同，颜色通道的数量也不相同。RGB图像包含红、绿、蓝3个颜色通道和1个复合通道，如图13-5所示；CMYK图像包含青色、洋红、黄色、黑色和1个复合通道，如图13-6所示；Lab图像包含明度、a、b和1个复合通道，如图13-7所示；位图、灰度、双色调和索引颜色模式的图像都只有一个通道。

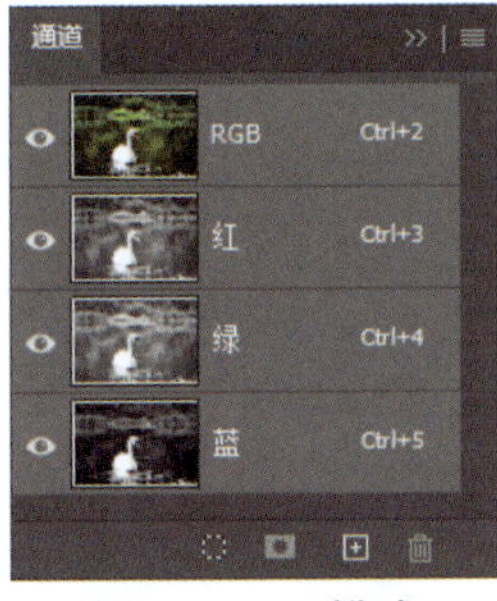

图13-5 RGB模式

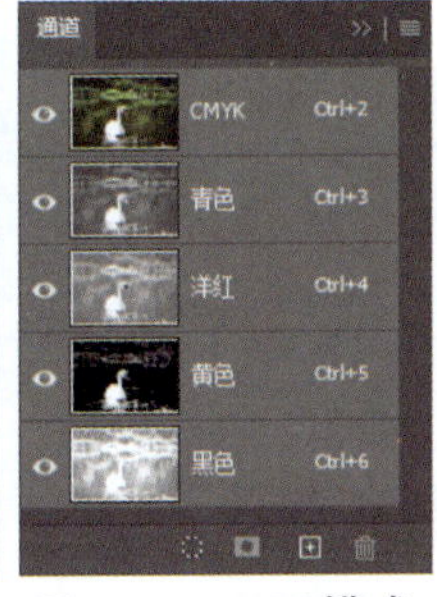

图13-6 CMYK模式

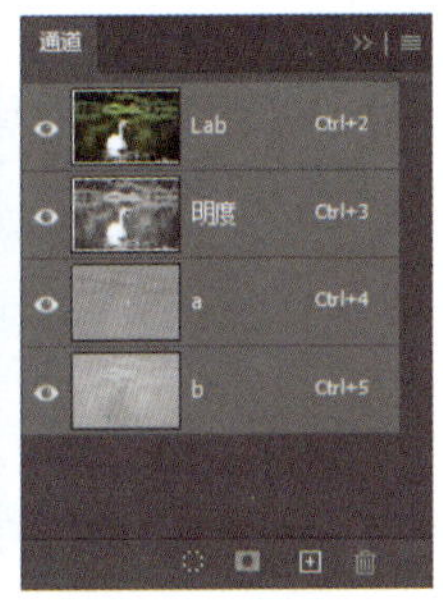

图13-7 Lab模式

13.2.2 Alpha通道

Alpha通道与颜色通道不同，它不会直接影响图像的颜色。Alpha通道有3种用途：一是用于保存选区；二是将选区存储为灰度图像，存储为灰度图像后用户就可以使用画笔等工具及各种滤镜编辑Alpha通道，从而修改选区；三是从Alpha通道中载入选区。

Alpha通道在Photoshop中的应用比较广泛，具有以下几个特点。

- 所有通道都是8位灰度图像，能够显示256级灰阶。
- 可以使用绘图工具在Alpha通道中编辑蒙版。
- 将选区存放在Alpha通道中，以方便在同一图像或不同的图像中重复使用。

在Alpha通道中，白色代表了被选择的区域；黑色代表了未被选择的区域；灰色代表了被部分选择的区域，即羽化的区域。用白色涂抹Alpha通道可以扩大选区范围；用黑色涂抹收缩选区范围；用灰色涂抹则可以增加羽化的范围。图13-8所示为不同灰度色阶值的图像选择范围对比。

a) 实心选择范围

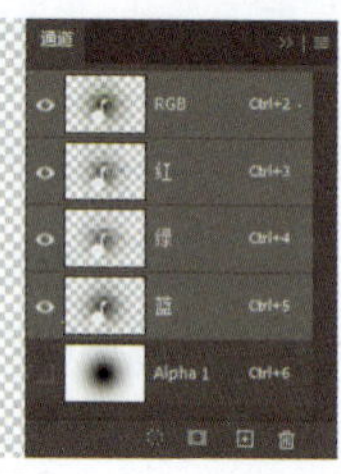

b) 羽化选择范围

图13-8 图像选择范围效果对比

Tips

Alpha 通道是计算机图形学中的术语，是指特别的通道，有时它特指透明信息，但通常是指“非彩色”通道。在 Photoshop 中，使用 Alpha 通道可以制作出许多特殊的效果，它最基本的用途是存储选区范围，并且不会影响图像的显示和印刷效果。当将图像输出到视频时，Alpha 通道也可以用来决定显示区域。

13.2.3 专色通道和复合通道

专色通道是一种特殊的通道，用来存储印刷用的专色。专色是用于替代或补充印刷色（CMYK）的特殊预混油墨，如金属质感的油墨、荧光油墨等。通常情况下，专色通道由专色的名称来命名。

复合通道不包含任何信息，实际上只是同时预览并编辑所有颜色通道的一个快捷方式，通常用来在单独编辑完一个或多个颜色通道后使“通道”面板返回到它的默认状态。

13.3 创建通道

通过“通道”面板和面板菜单中的各种命令，可以创建不同的通道及选区，并且还可以实现复制、删除、分离与合并通道等操作。

13.3.1 选择并查看通道内容

打开一幅素材图像，选择“窗口”→“通道”命令，打开“通道”面板。在“通道”面板中单击即可选择通道，文档窗口中会显示所选通道的灰度图像，如图13-9所示。

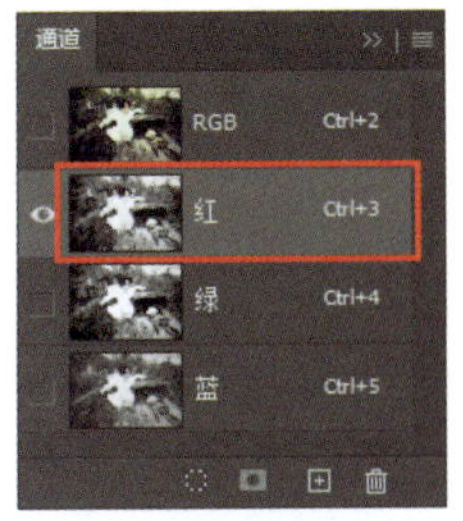

图13-9 选择通道并显示相应的灰度图像

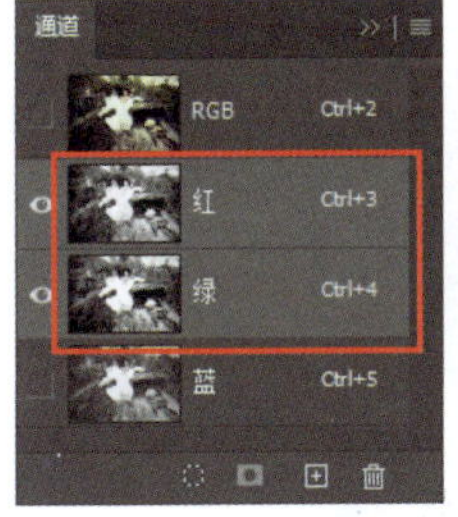

图13-10 所选通道的复合信息

按住【Shift】键单击可以选择多个不同的通道，文档窗口中会相应地显示所选颜色通道的复合信息，如图13-10所示。通道名称的左侧显示了通道内容的灰度图像缩览图，在编辑通道时缩览图会随时自动更新。

快速选择不同的通道。

在“通道”面板中，每个通道的右侧都显示了组合键，按【Ctrl+ 数字】组合键可以快速选择对应的通道。例如，在RGB模式下按【Ctrl+3】组合键，可以快速选择“红”通道。

用相应的颜色显示颜色通道。

默认情况下，“通道”面板中的颜色通道都显示为灰色，通过选择“编辑”→“首选项”→“界面”命令，弹出“首选项”对话框，选择“用彩色显示通道”复选框，则可以使用原色显示各通道。

13.3.2 创建Alpha通道

创建通道的方法主要有：在“通道”面板中创建通道、使用选区创建通道和使用“贴入”命令创建通道3种。

在“通道”面板中创建通道的操作方法十分简单，就像在“图层”面板中创建新图层一样。单击“通道”面板中的“创建新通道”按钮，即可创建一个Alpha通道，如图13-11所示。按住【Alt】键并单击“创建新通道”按钮，可弹出“新建通道”对话框，如图13-12所示，在其中可以设置新通道的名称、色彩指示及蒙版颜色。

图13-11 “通道”面板

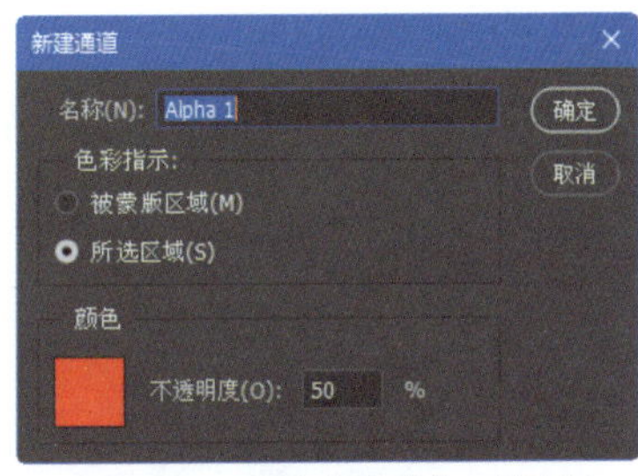

图13-12 “新建通道”对话框

如果在文档窗口中已创建了选区，单击“通道”面板中的“将选区存储为通道”按钮，即可创建Alpha通道，如图13-13所示。

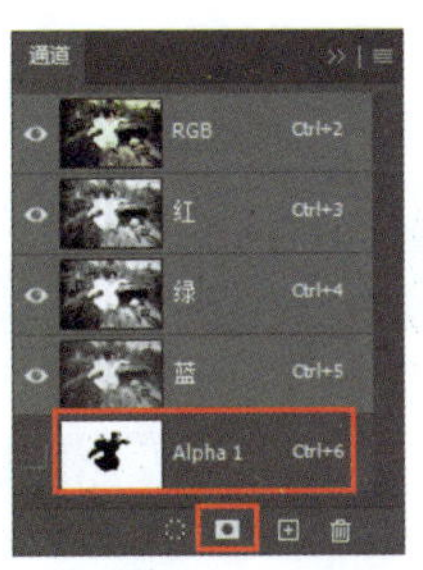

图13-13 将选区存储为通道

除上述方法外，如果文档窗口中已有选区，还可以选择“选择”→“存储选区”命令，在弹出的“存储选区”对话框中设置通道的名称，如图13-14所示。单击“确定”按钮，即可创建一个已命名的Alpha通道，如图13-15所示。

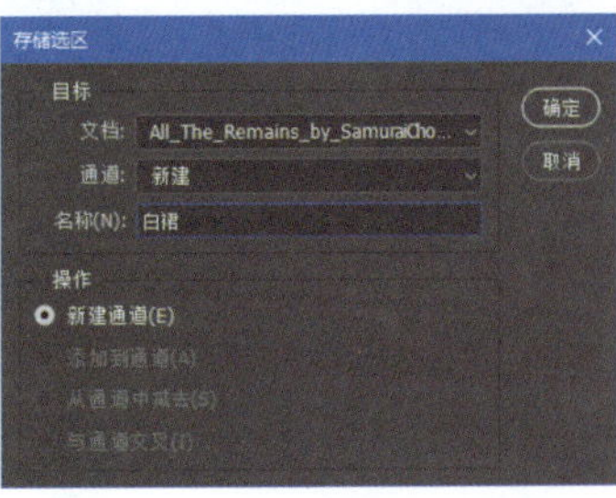

图13-14 “存储选区”对话框

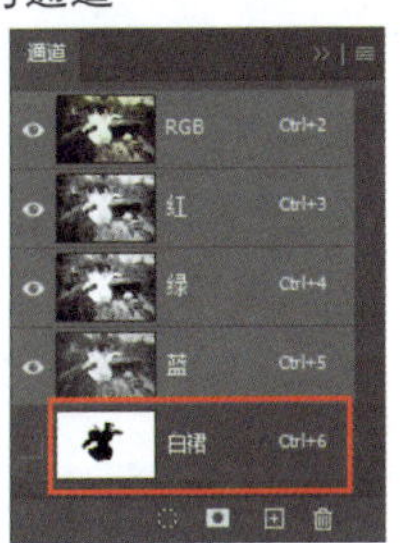

图13-15 “通道”面板

Tips

一个图像最多可以包含 56 个通道。只要以支持图像颜色模式的格式存储文件，便会保存颜色通道。但只有以 PSD、PDF、PICT、Pixar、TIFF 或 RAW 格式存储文件时，才会保存 Alpha 通道。DCS 2.0 格式只保留专色通道。以其他格式存储文件可能会导致通道信息丢失。

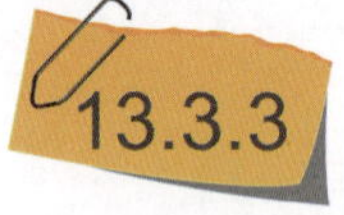

13.3.3 使用“贴入”命令创建通道

使用“贴入”命令可以将两张图像合并成一张图像，并自动创建通道。

应用案例

使用“贴入”命令创建通道

源文件：源文件\第13章\13-3-3.psd

视　频：视频\第13章\使用“贴入”命令创建通道.mp4

STEP 01 打开素材图像“素材\第13章\133301.jpg”，如图13-16所示。使用“魔棒工具”在图像中创建背景内容的选区，如图13-17所示。

图13-16 打开素材图像

图13-17 创建选区

STEP 02 打开素材图像“素材\第13章\133302.jpg”，如图13-18所示。按【Ctrl+A】组合键全选图像，再按【Ctrl+C】组合键复制图像，返回到“133301.jpg”文件中，选择“编辑”→“选择性粘贴”→“贴入”命令，将图像粘贴到选定的区域中，如图13-19所示。

图13-18 打开素材图像

图13-19 图像效果

STEP 03 打开“图层”面板，可以看到粘贴的背景图像自动创建了图层蒙版，如图13-20所示。在“通道”面板中也将自动添加一个“图层 1 蒙版”通道，如图13-21所示。

图13-20 “图层”面板

图13-21 “通道”面板

13.3.4 同时显示Alpha通道和图像

创建Alpha通道之后，选择该通道，在文档窗口中将只显示通道中的图像。在这种情况下，描绘图像边缘时因看不到彩色图像而使制作效果不够精确。此时，可单击复合通道中的指示通道可见性图标，文档窗口中就会同时显示彩色图像和通道蒙版。

13.3.5 创建专色通道

专色通道是指用专色油墨印刷的附加印版，它是指采用青、品红、黄、黑4种色墨以外的其他油墨来复制原稿颜色的印刷工艺。如果要印刷带有专色的图像，则需要使用专色通道来存储专色。

应用案例

创建专色通道

源文件：源文件\第13章\13-3-5.psd

视　频：视频\第13章\创建专色通道.mp4

STEP 01 打开素材图像“素材\第13章\133501.jpg”，如图13-22所示。使用“魔棒工具”在需要使用专色的青色区域单击创建选区，如图13-23所示。

STEP 02 按住【Ctrl】键并单击“通道”面板中的“创建新通道”按钮，弹出“新建专色通道”对话框，参数设置如图13-24所示。单击“颜色”色块，在弹出的“拾色器”对话框中单击“颜色库”按钮，在弹出的“颜色库”对话框中选择一种专色，如图13-25所示。

STEP 03 单击“确定”按钮，返回“新建专色通道”对话框，如图13-26所示。单击“确定”按钮，即完成专色通道的创建，如图13-27所示，图像效果如图13-28所示。

图13-22 打开素材图像

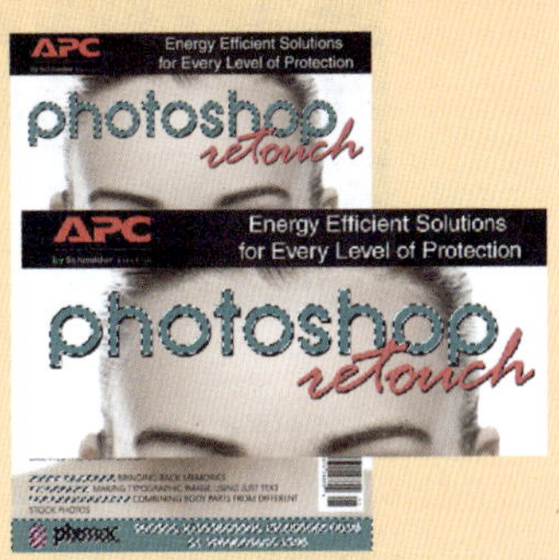

图13-23 创建选区

图13-24 “新建专色通道”对话框

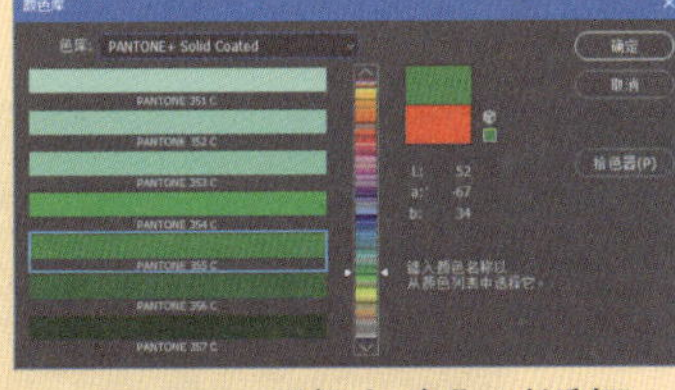

图13-25 “颜色库”对话框

图13-26 “新建专色通道”对话框

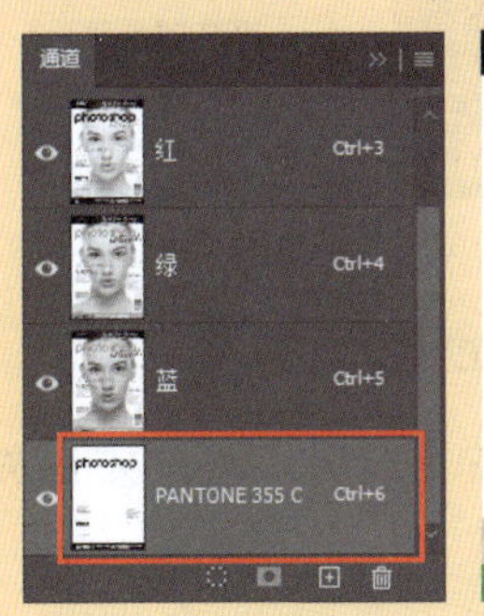

图13-27 “通道”面板　图13-28 图像效果

Tips

“新建专色通道”对话框中的“密度”选项用于在屏幕上模拟印刷时专色的密度。该值为100%时可以模拟完全遮盖下层油墨的油墨，为0%时可以模拟完全不遮盖下层油墨的透明油墨。

Tips

双击任何一个Alpha通道，弹出“通道选项”对话框，选中“专色”单选按钮，单击“确定”按钮，即可将Alpha通道转换为专色通道。双击专色通道，同样可以弹出“专色通道选项”对话框，可以对相关选项进行修改。

13.3.6 复制、删除与重命名通道

若要重命名通道，双击相应的通道名称，在显示的文本框中即可输入通道的新名称。但是复合通道和颜色通道不能进行重命名操作。

若要复制通道，将相应的通道拖动到“创建新通道”按钮上，释放鼠标即可复制通道，如图13-29所示。也可以选择面板菜单中的“复制通道”命令，在弹出的“复制通道”对话框。可以进行命名等操作，如图13-30所示。

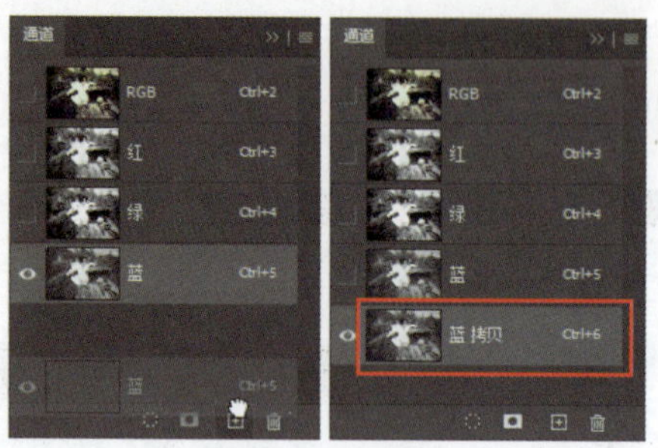

图13-29 复制通道

图13-30 “复制通道”对话框

若要删除通道，将相应的通道拖曳到“删除当前通道”按钮上，释放鼠标即可将通道删除。也可以选择要删除的通道，单击“删除当前通道”按钮将其删除，如图13-31所示，在弹出的提示框中单击“是”按钮，即可删除通道。

删除颜色通道后，图像会自动转换为多通道模式，如图13-32所示。复合通道不能被复制，也不能被删除。

图13-31 Adobe Photoshop提示框

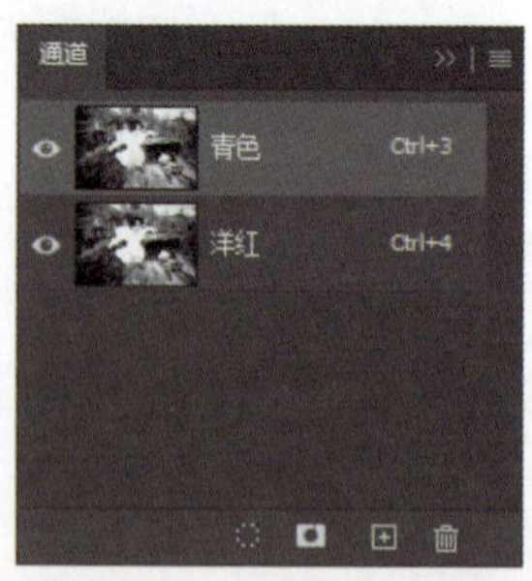

图13-32 “通道”面板

应用案例

分离通道创建灰度图像

源文件：无

视　频：视频\第13章\分离通道创建灰度图像.mp4

STEP 01 打开素材图像“素材\第13章\133701.jpg”，如图13-33所示，“通道”面板如图13-34所示。单击“通道”面板右上角的面板菜单按钮，在打开的面板菜单中选择“分离通道”命令，如图13-35所示。

图13-33 打开素材图像

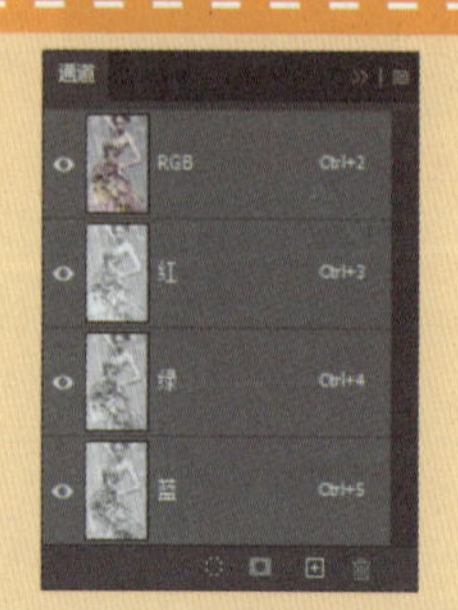

图13-34 “通道”面板

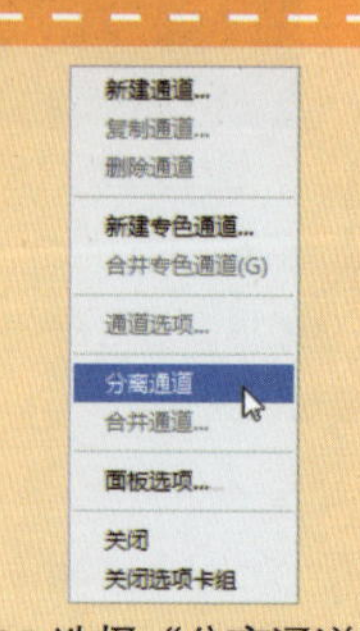

图13-35 选择“分离通道”命令

STEP 02 原图像将被分离成单独的灰度图像文件，如图13-36所示，图像标题栏的名称为原文件名称加上该通道名称的缩写，原文件则被关闭。

Tips
当需要在不能保留通道的文件格式中保留单个通道信息时，分离通道非常有用。但是，PSD格式的分层图像不能进行分离通道操作。

图13-36 分离通道图像效果

应用案例 合并通道创建彩色图像

源文件：无
视　频：视频\第13章\合并通道创建彩色图像.mp4

STEP 01 打开素材图像“素材\第13章\133801.jpg、133802.jpg、133803.jpg”，如图13-37所示。

STEP 02 选择任意一个图像，选择“通道”面板菜单中的“合并通道”命令，弹出“合并通道”对话框，参数设置如图13-38所示。单击“确定”按钮，弹出“合并RGB通道”对话框，参数设置如图13-39所示。

图13-37 打开素材图像

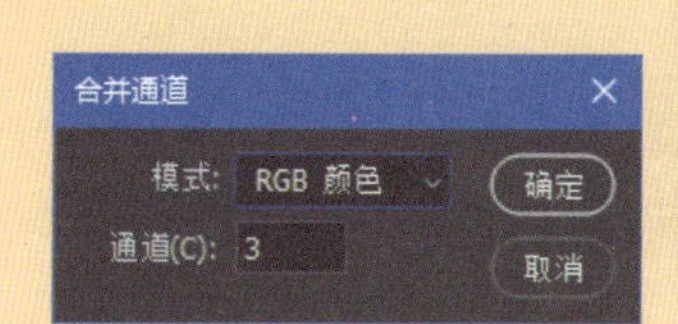

图13-38 “合并通道”对话框

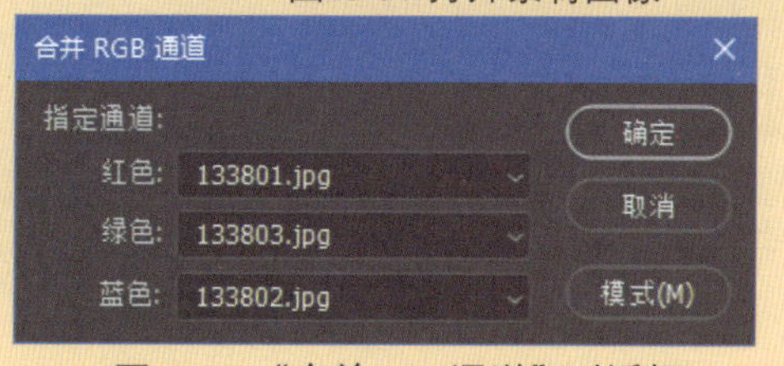

图13-39 “合并RGB通道”对话框

STEP 03 单击“确定”按钮，即可合并通道，图像效果如图13-40所示。在“合并RGB通道”对话框中更改各通道对应的图像，得到的图像效果也不相同，如图13-41所示。

图13-40 图像效果

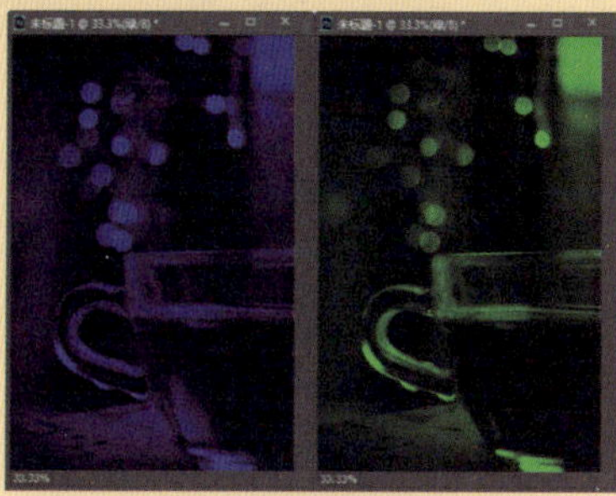
图13-41 更改后的图像效果

Tips
在执行“合并通道”命令前，图像必须是打开状态，并且必须是灰度模式且具有相同的像素尺寸。

13.3.7 将通道应用到图层

在对图像进行后期处理时，经常会将某一个通道中的信息与原图像进行混合操作，这就需要将通道中的信息提取出来。打开一幅素材图像，如图13-42所示。在“通道”面板中选择某一通道，按【Ctrl+A】组合键全选，再按【Ctrl+C】组合键复制通道，如图13-43所示。

图13-42 打开素材图像

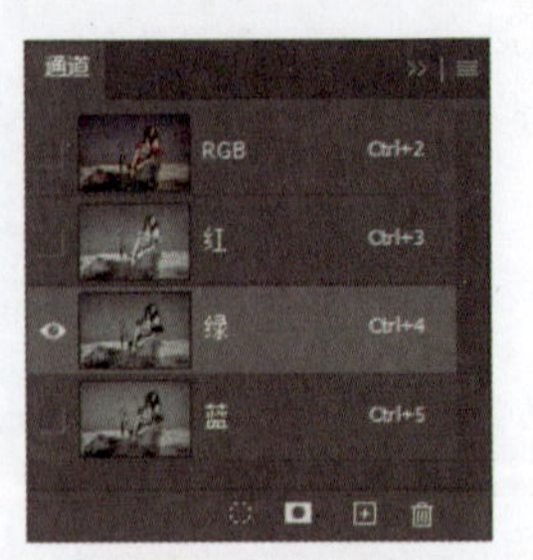

图13-43 复制通道

选择复合通道，按【Ctrl+V】组合键粘贴通道，可以将复制的通道粘贴到一个新的图层中，图像效果如图13-44所示，“图层”面板如图13-45所示。

图13-44 图像效果

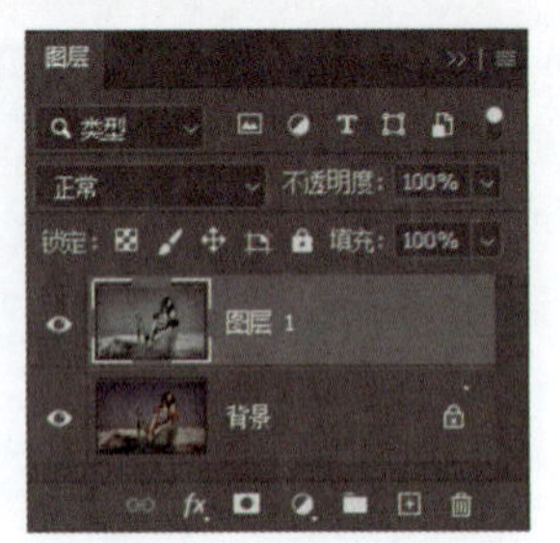

图13-45 “图层”面板

13.3.8 将图层内容粘贴到通道

与将通道中的图像粘贴到图层的方法一样，打开一幅素材图像，按【Ctrl+A】组合键全选，再按【Ctrl+C】组合键复制图像，在“通道”面板中新建一个Alpha通道，按【Ctrl+V】组合键，即可将复制的图像粘贴到通道中。

13.4 “应用图像”命令

“应用图像”命令可以使用与图层关联的混合效果，将图像内部和图像之间的通道组合成新图像。它可以应用于全彩图像，或者图像的一个或多个通道。

使用“应用图像”命令时，当前图像总是目标图像，而且只能选择一幅源图像。Photoshop将获取源和目标，将它们混合在一起，并将结果输出至目标图像中。打开素材图像，选择“图像”→“应用图像”命令，弹出“应用图像”对话框，如图13-46所示。

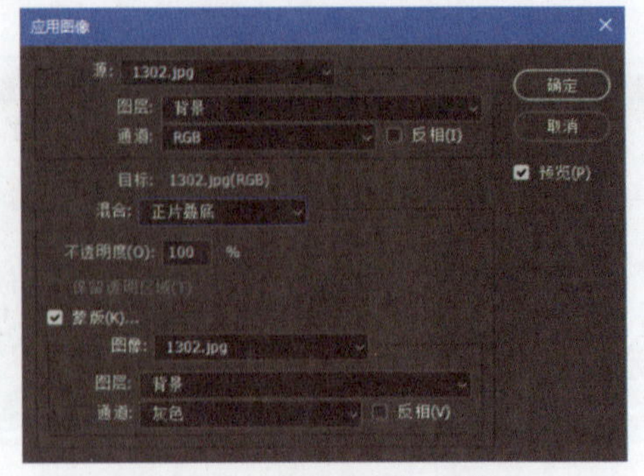

图13-46 “应用图像”对话框

- 源：用来设置参与混合的对象。在该下拉列表框中可以选择Photoshop中打开的所有与当前图像的像素尺寸相同的图像文件。
- 图层：用来设置参与混合对象的图层。如果源文件为JPG等不包括图层信息的格式，则只可选择“背景”图层；如果源文件是PSD文档，则可选择该文档中的所有图层。

- 通道：用来设置参与混合对象的通道。该下拉列表框中包含了文件中的所有通道。
- 目标：被混合的对象。它可以是图层，也可以是通道，当前所选的图层或通道就是目标对象。
- 混合：设置用于应用的源图像的混合模式，作用与图层的“混合模式”相同。
- 相加：增加两个通道中的像素值。这是在两个通道中组合非重叠图像的好方法。
- 减去：从目标通道中相应的像素上减去源通道中的像素值。
- 不透明度：用来设置通道或图层的混合强度。
- 保留透明区域：选择“保留透明图像”复选框，混合效果将限定在图层的不透明区域范围内。
- 蒙版：选择该复选框，将显示隐藏的选项，如可以选择包含蒙版的图像和图层，也可以选择任何颜色通道或Alpha通道以用作蒙版。

应用案例 使用“应用图像”命令增加图像细节

源文件：源文件\第13章\13-4.psd

视　频：视频\第13章\使用“应用图像”命令增加图像细节.mp4

STEP 01 打开素材图像“素材\第13章\134201.jpg”，如图13-47所示。打开“通道”面板，选择“红”通道，可以看到图像颜色过浅、细节较少，如图13-48所示。

图13-47 打开素材图像

图13-48 “红”通道效果

STEP 02 选择“蓝”通道，可以看到图像颜色过暗，对比不明显，如图13-49所示；选择“绿”通道，可以看到图像细节保存最多，对比度最明显，如图13-50所示。

图13-49 “蓝”通道效果

图13-50 “绿”通道效果

STEP 03 按【Ctrl+J】组合键复制图层，得到“图层1”图层，如图13-51所示。选择“图像”→“应用图像”命令，弹出“应用图像”对话框，参数设置如图13-52所示。

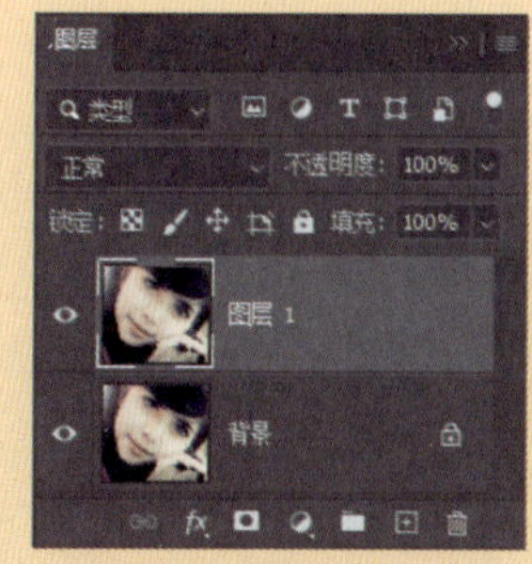

图13-51 “图层”面板

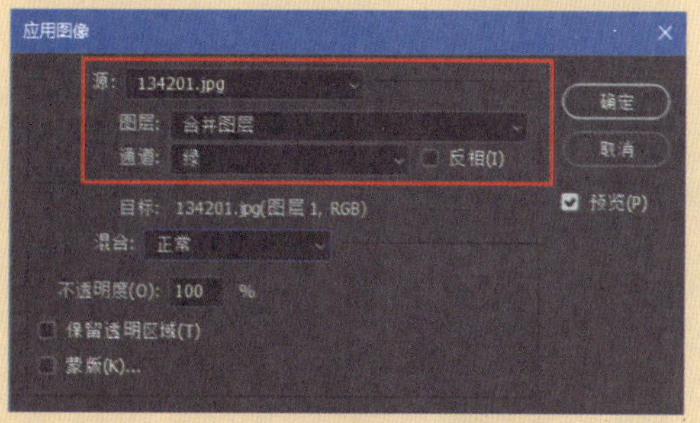

图13-52 “应用图像”对话框

Tips

在对图像进行处理时，要观察每个通道的信息，找出图像细节保存最多、对比度最好的通道。一般情况下，处理人物皮肤多采用“绿”通道。

STEP 04 单击“确定”按钮，图像效果如图13-53所示。设置“图层1”图层的混合模式为“明度”，图像效果如图13-54所示。

图13-53 图像效果

图13-54 最终效果

Tips

在“应用图像”对话框中将“混合”设置为“正常”时，相当于将“绿”通道复制到“图层 1”图层中。尽管通过将通道复制到“图层”面板的图层中可以创建通道的新组合，但采用“应用图像”命令来混合通道信息更加迅速。

13.5 “计算”命令

“计算”命令用于混合两个来自一个或多个源图像的单个通道，将计算结果应用到新图像的新通道或现有图像的选区。但是，不能对复合通道应用此命令。打开素材图像，选择“图像”→“计算”命令，弹出“计算”对话框，如图13-55所示。

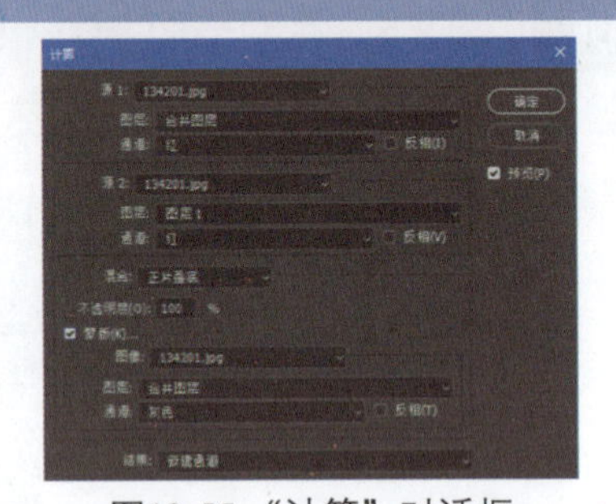

图13-55 “计算”对话框

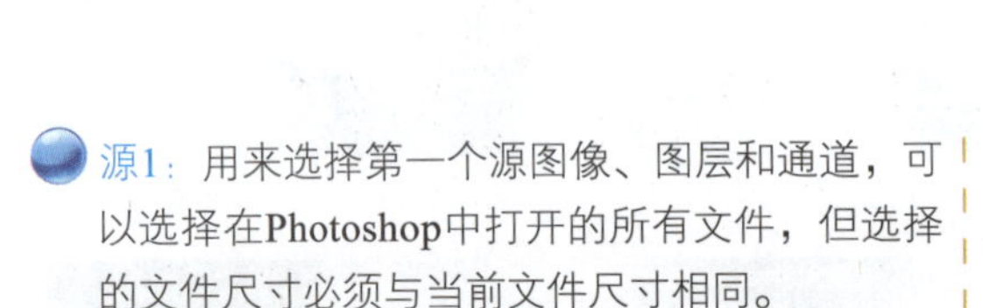

- 源1：用来选择第一个源图像、图层和通道，可以选择在Photoshop中打开的所有文件，但选择的文件尺寸必须与当前文件尺寸相同。

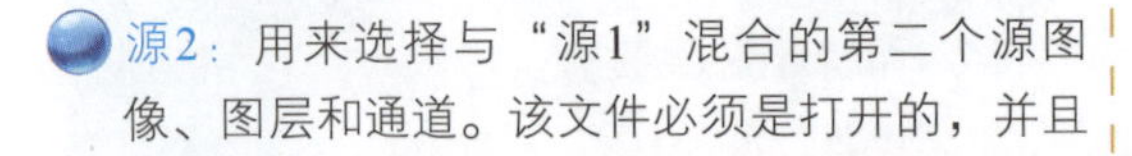

- 源2：用来选择与“源1”混合的第二个源图像、图层和通道。该文件必须是打开的，并且与“源1”的图像具有相同的尺寸和分辨率。
- 结果：可以选择一种计算结果的生成方式。该下拉列表框中包括“新建通道”“新建文档”和“选区”3个选项。

应用案例 使用“计算”命令更改人物肤色

源文件：源文件\第13章\13-5.psd
视　频：视频\第13章\使用“计算”命令更改人物肤色.mp4

STEP 01 打开素材图像“素材\第13章\135101.jpg”，如图13-56所示。选择“图像”→“计算”命令，弹出“计算”对话框，参数设置如图13-57所示。

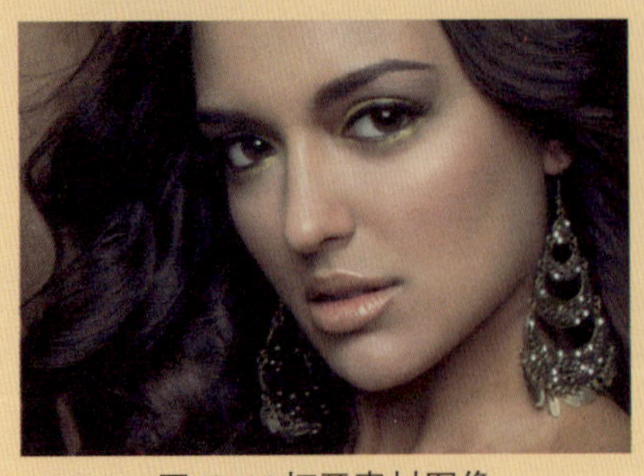

图13-56 打开素材图像

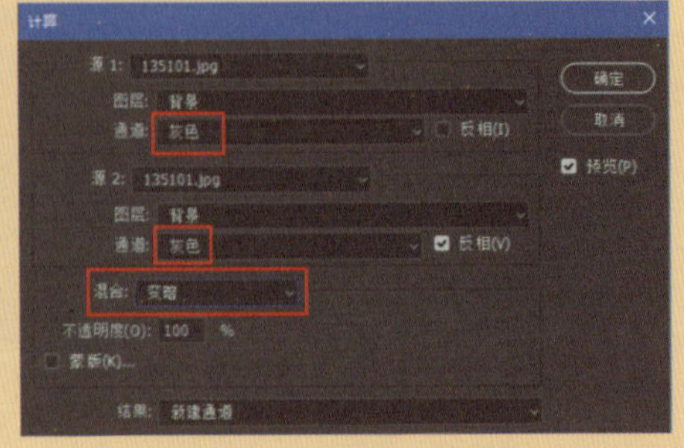

图13-57 “计算”对话框

Tips

使用“灰色”通道并选择“反相”复选框进行计算得到的结果中，高光部分为接近中性色的区域，而暗调部分为远离中性色的区域。由于在人物图像中，人物的皮肤颜色一般为中性色调，所以创建的Alpha1通道即为人物皮肤区域的选区。

STEP 02 单击"确定"按钮，"通道"面板中将添加一个新的通道"Alpha 1"，如图13-58所示。再次选择"图像"→"计算"命令，弹出"计算"对话框，参数设置如图13-59所示。

STEP 03 单击"确定"按钮，"通道"面板中将添加一个新的通道"Alpha 2"，如图13-60所示。按住【Ctrl】键并单击"Alpha 2"通道缩览图载入选区。

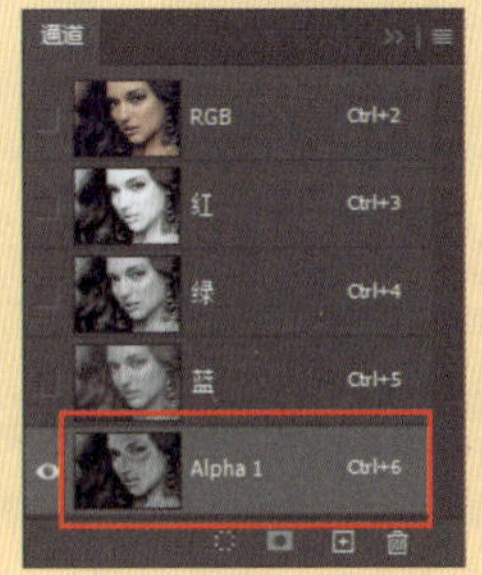

图13-58 "通道"面板

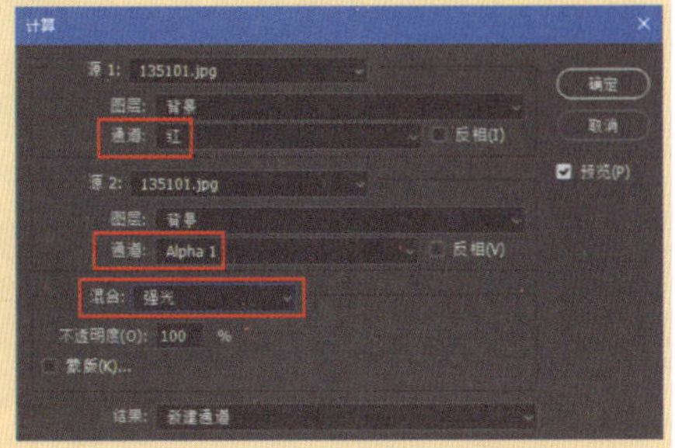

图13-59 "计算"对话框

STEP 04 选择"选择"→"反选"命令，选择RGB复合通道，为"背景"图层添加"色相/饱和度"调整图层，参数设置如图13-61所示，图像效果如图13-62所示。

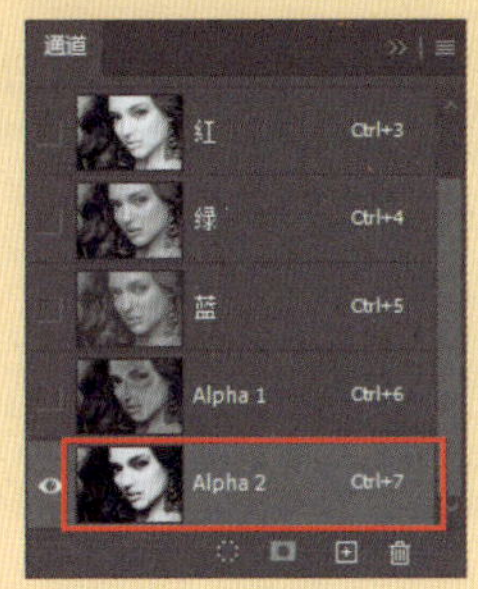

图13-60 "通道"面板

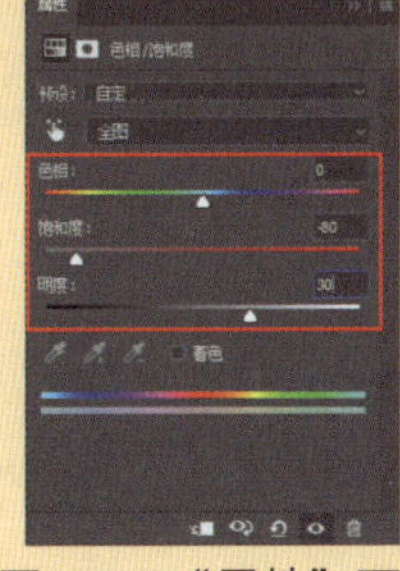

图13-61 "属性"面板

图13-62 图像效果

13.6 通道的应用

前面已经对通道的相关基础知识和创建通道的方法进行了详细介绍，本节将介绍通道在设计中的应用，通过学习这些案例，能够帮助读者拓宽应用通道的思路和方法。

13.6.1 使用Lab通道为图像创建明快颜色

Lab颜色模式下的图像由3个通道组成：明度通道、a通道和b通道。明度通道存储了图像的大多数细节，a通道存储绿色和洋红色信息，b通道存储蓝色和黄色信息。因此，调整a、b通道会使图像颜色更加明快，而不会影响图像的细节。

应用案例

使用Lab通道为图像创建明快颜色

源文件：源文件\第13章\13-6-1.psd

视　频：视频\第13章\使用Lab通道为图像创建明快颜色.mp4

STEP 01 打开素材图像"素材\第13章\136101.jpg"，如图13-63所示。选择"图像"→"模式"→"Lab颜色"命令，将图像模式转换为Lab模式。打开"通道"面板，可以看到Lab模式下的通道信息，如图13-64所示。

图13-63 打开素材图像

图13-64 "通道"面板

STEP 02 按【Ctrl+J】组合键复制图层，得到“图层1”图层，如图13-65所示。选择“图像”→“应用图像”命令，弹出“应用图像”对话框，参数设置如图13-66所示。

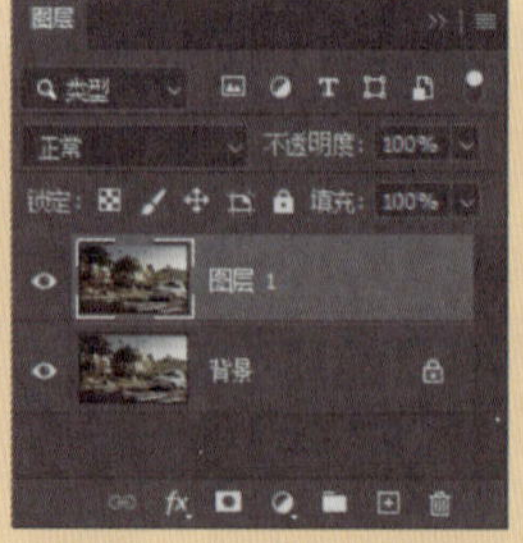

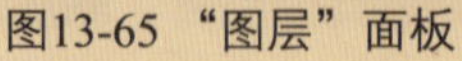

图13-65 “图层”面板

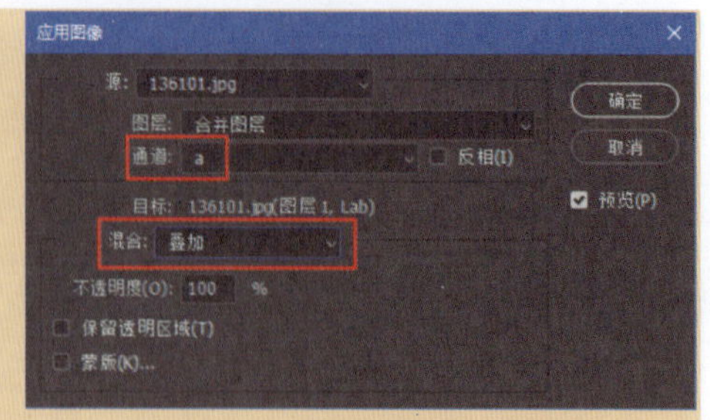

图13-66 “应用图像”对话框

STEP 03 单击“确定”按钮，图像效果如图13-67所示。再次选择“图像”→“应用图像”命令，弹出“应用图像”对话框，参数设置如图13-68所示。

图13-67 图像效果

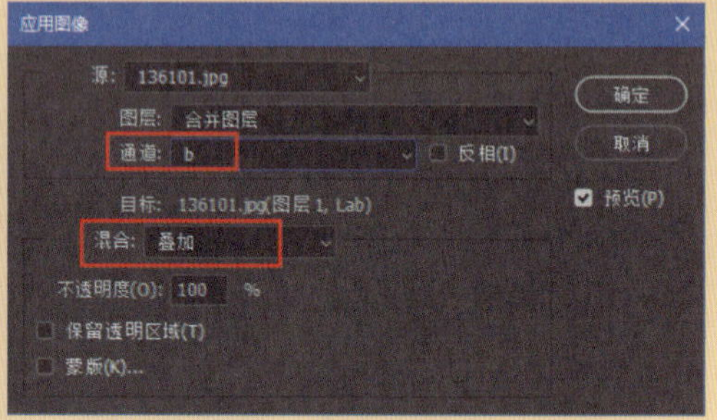

图13-68 “应用图像”对话框

STEP 04 单击“确定”按钮，图像效果如图13-69所示。将“图层1”图层的“不透明度”设置为“60%”，图像效果如图13-70所示。

图13-69 图像效果

图13-70 最终效果

Tips
对a、b通道执行“应用图像”操作后，如果颜色过艳，可以降低图层不透明度，还可以使用“曲线”命令适当调整图像效果。

13.6.2 使用通道降低图像高光

降低图像的高光有很多方法，可以使用“仿制图章工具”“修复画笔工具”及一些混合模式来实现，但是使用这些工具修复高光需要很大的耐性，并且很容易留下修改的痕迹。下面介绍如何通过通道来降低图像的高光，并且不会产生任何痕迹。

降低高光

源文件：源文件\第13章\13-6-2.psd
视　频：视频\第13章\降低高光.mp4

STEP 01 打开素材图像“素材\第13章\136201.jpg”，如图13-71所示。按【Ctrl+J】组合键复制图层，得到“图层1”图层，如图13-72所示。

STEP 02 打开“通道”面板，通过对“红”“绿”和“蓝”通道进行观察，可以发现选择“蓝”通道时图像的反差最强，如图13-73所示。

图13-71 打开素材图像

图13-72 “图层”面板

a) “红”通道 b) “绿”通道 c) “蓝”通道

图13-73 观察各通道中的图像

STEP 03 按住【Ctrl】键并单击“蓝”通道缩览图，载入“蓝”通道选区，按【Shift+Ctrl+I】组合键反选选区，单击“通道”面板中的“将选区存储为通道”按钮，新建一个Alpha通道，如图13-74所示。

STEP 04 按【Ctrl+D】组合键取消选区，选择Alpha1通道，选择“滤镜”→“模糊”→“高斯模糊”命令，弹出“高斯模糊”对话框，参数设置如图13-75所示，单击“确定”按钮，图像效果如图13-76所示。

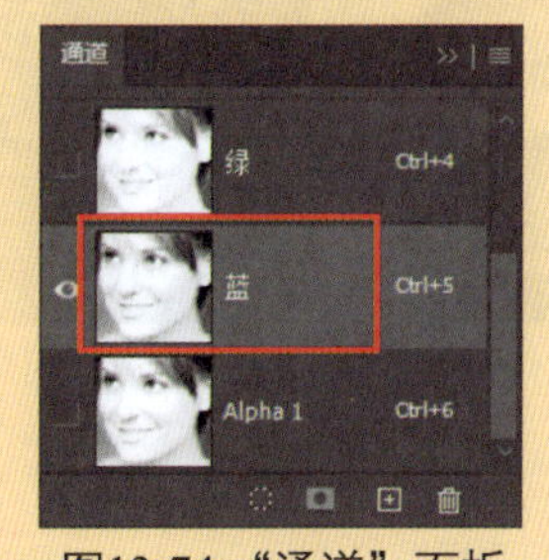

图13-74 “通道”面板

图13-75 “高斯模糊”对话框

图13-76 图像效果

STEP 05 按【Ctrl+I】组合键使图像反相，图像效果如图13-77所示。选择RGB复合通道，选择“图像”→“应用图像”命令，弹出“应用图像”对话框，参数设置如图13-78所示。

图13-77 图像效果

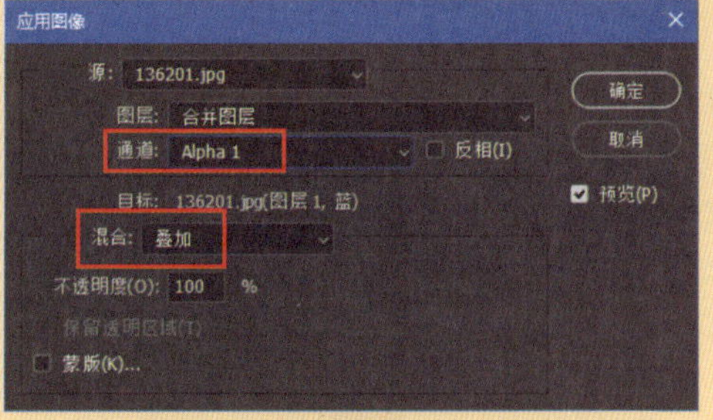

图13-78 “应用图像”对话框

STEP 06 单击“确定”按钮，图像效果如图13-79所示。设置“图层1”图层的“混合模式”为“变暗”，图像效果如图13-80所示。

图13-79 图像效果

图13-80 最终效果

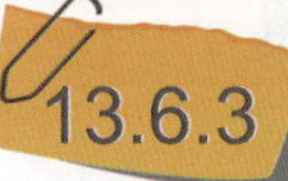

使用通道消除红眼

使用Photoshop中自带的“红眼工具”可以很方便地消除红眼，但修改之后需要做一些手动修饰。如果图像锐化效果明显，使用“红眼工具”消除红眼处理起来就比较麻烦，这时使用通道就可以很方便地消除红眼，并且能够获得比较自然的效果。

应用案例

消除红眼

源文件：源文件\第13章\13-6-3.psd
视　频：视频\第13章\消除红眼.mp4

STEP 01 打开素材图像“素材\第13章\136301.jpg”，如图13-81所示。按【Ctrl+J】组合键复制图层，得到“图层1”图层，如图13-82所示。

STEP 02 单击工具箱中的“磁性套索工具”，在眼睛红色区域周围绘制选区，如图13-83所示。打开“通道”面板，查看“红”通道，效果如图13-84所示。

图13-81 打开素材图像

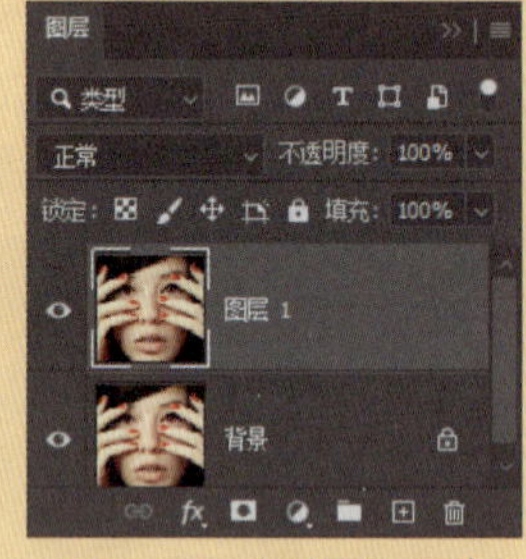

图13-82 “图层”面板

图13-83 创建选区

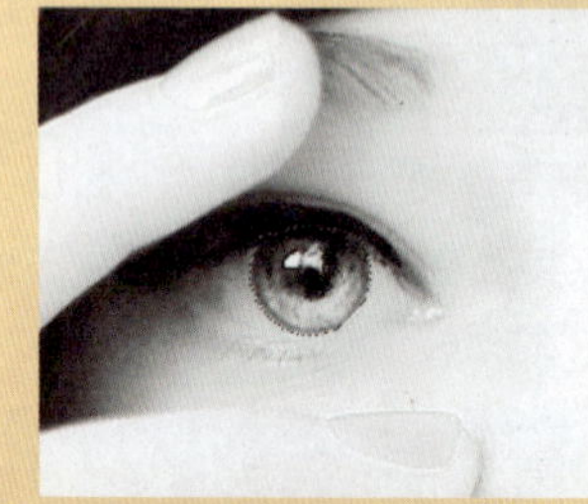

图13-84 “红”通道图像

Tips

在使用通道执行消除红眼操作时，实际上根本不需要查看“红”通道，因为“红”通道本身就是损坏的通道。这里查看“红”通道，只是为了让读者看到损坏的区域。在实际操作过程中，可以忽略查看“红”通道而直接查看其他通道。

STEP 03 选择“绿”通道，查看“绿”通道中的图像效果，在“绿”通道中眼睛细节看起来更丰富，如图13-85所示，因此可以使用该通道来校正损坏的红通道。

STEP 04 选择RGB复合通道，选择“图像”→“应用图像”命令，弹出“应用图像”对话框，参数设置如图13-86所示。

图13-85 图像效果

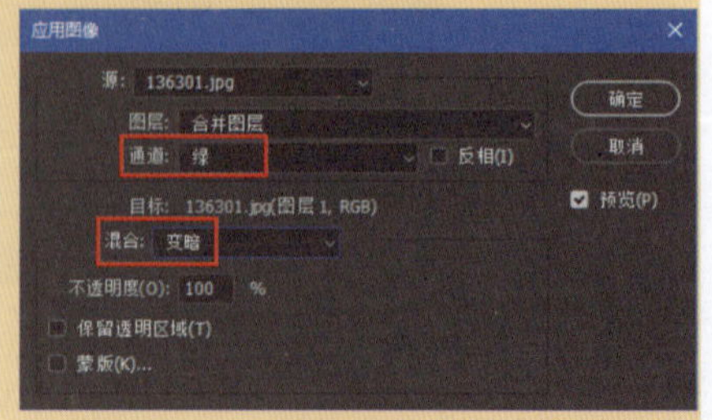

图13-86 “应用图像”对话框

STEP 05 单击“确定”按钮，按【Ctrl+D】组合键取消选区，图像效果如图13-87所示。使用相同的方法，对另外一只眼睛进行去除红眼操作，图像效果如图13-88所示。

Tips
如果需要对图像的颜色进行调整和处理，最好的方法就是使用“应用通道”命令。在“通道”面板中找到需要处理的颜色通道，对该通道进行处理，这样处理出来的图像颜色会非常真实。

图13-87 图像效果

图13-88 最终效果

13.6.4 使用通道抠出人物毛发细节

许多重要功能都可用于编辑通道，在通道中制作选区时，需要操作者具备全面的技术和融会贯通的能力。对于像毛发类细节较多且复杂的对象，通道是制作此类选区的最佳工具。下面将通过实例向读者介绍如何通过通道抠出人物的毛发细节。

应用案例　抠出人物毛发

源文件：源文件\第13章\13-6-4.psd
视　频：视频\第13章\抠出人物毛发.mp4

STEP 01 打开素材图像“素材\第13章\136401.jpg”，如图13-89所示。打开“通道”面板，复制“蓝”通道得到“蓝 拷贝”通道，如图13-90所示。

图13-89 打开素材图像

图13-90 “通道”面板

STEP 02 选择“图像”→“调整”→“亮度/对比度”命令，弹出“亮度/对比度”对话框，参数设置如图13-91所示。单击“确定”按钮，通道图像效果如图13-92所示。

STEP 03 选择“图像”→“调整”→“色阶”命令，弹出“色阶”对话框，参数设置如图13-93所示。单击“确定”按钮，通道图像效果如图13-94所示。

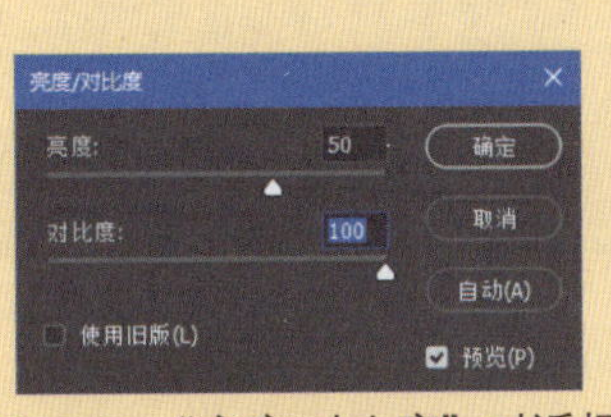

图13-91 “亮度/对比度”对话框

图13-92 通道图像效果

STEP 04 再次选择“图像”→“调整”→“亮度/对比度”命令，弹出“亮度/对比度”对话框，参数设置如图13-95所示，单击“确定”按钮，通道图像效果如图13-96所示。

Tips
在通道中运用“亮度/对比度”和“色阶”命令，调整图像的对比度，使黑色部分更黑，白色部分更白，这样就可以很方便地创建出所需要的选区，从而得到想要的图像效果。

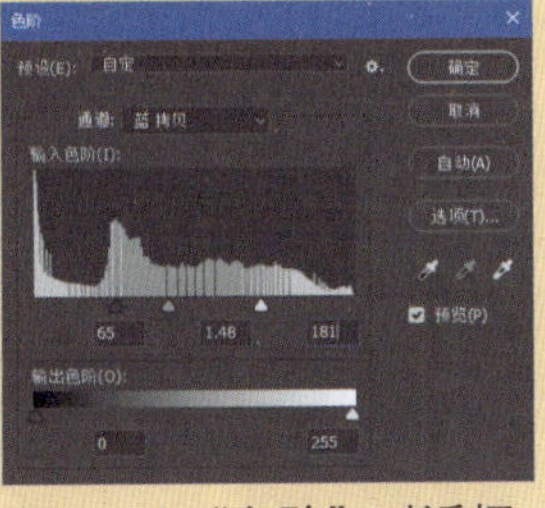

图13-93 “色阶”对话框

图13-94 通道图像效果

图13-95 “亮度/对比度”对话框

图13-96 通道图像效果

STEP 05 设置“前景色”为黑色，使用“画笔工具”选择合适的笔触大小在“蓝 拷贝”通道中需要创建选区的部分涂抹，如图13-97所示。设置“前景色”为白色，在不需要的部分涂抹，如图13-98所示。

图13-97 涂抹图像效果

图13-98 再次涂抹图像

STEP 06 按住【Ctrl】键并单击“蓝 拷贝”通道缩览图，调出“蓝 拷贝”通道的选区，如图13-99所示。选择RGB复合通道，图像效果如图13-100所示。

图13-99 载入选区

图13-100 图像效果

STEP 07 选择“选择”→“修改”→“羽化”命令，弹出“羽化选区”对话框，参数设置如图13-101所示。单击“确定”按钮，按【Ctrl+J】组合键复制图层，隐藏“背景”图层，图像效果如图13-102所示。

图13-101 “羽化选区”对话框

图13-102 图像效果

STEP 08 打开素材图像“素材\第13章\136402.jpg”，如图13-103所示。将刚刚抠出的人物图像复制到该文件中，调整到合适的大小和位置，效果如图13-104所示。

图13-103 打开素材图像

图13-104 图像效果

13.6.5 使用通道抠出半透明图像

下面通过实例讲解如何使用快速蒙版和画笔工具抠出半透明图像。抠图时通道的作用就是存储选区和存储颜色。

应用案例 抠出半透明图像

源文件：源文件\第13章\13-6-5.psd
视　频：视频\第13章\抠出半透明图像.mp4

STEP 01 打开素材图像"素材\第13章\136501.jpg"，如图13-105所示。打开"通道"面板，拖动"蓝"通道至"创建新通道"按钮上，复制"蓝"通道得到"蓝拷贝"通道，如图13-106所示。

图13-105 打开素材图像

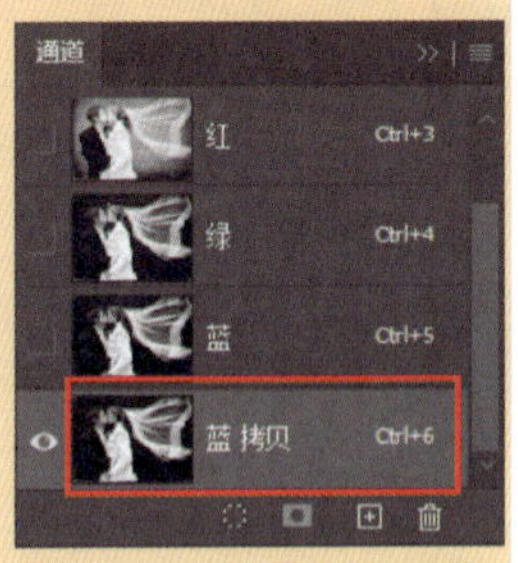

图13-106 "通道"面板

Tips

选择哪个通道关键是要看哪一个通道中的颜色反差大，颜色反差越大，提取选区就越方便。通过对比"红""绿"和"蓝"通道，发现"蓝"通道的反差最明显。

STEP 02 选择"图像"→"调整"→"色阶"命令，弹出"色阶"对话框，参数设置如图13-107所示。单击"确定"按钮，通道图像效果如图13-108所示。

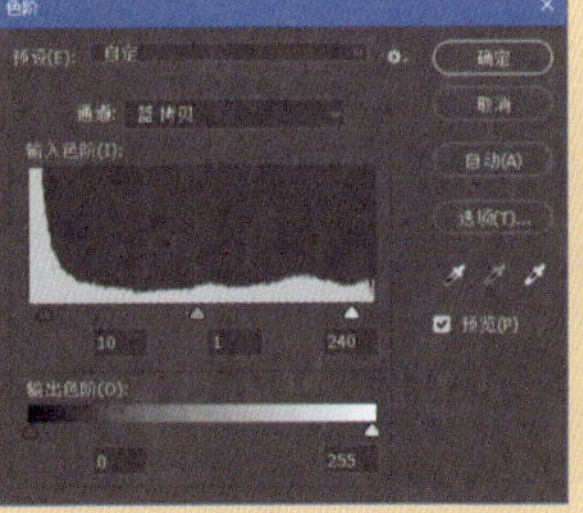

图13-107 "色阶"对话框

图13-108 通道图像效果

STEP 03 选择RGB复合通道，使用"快速选择工具"在画布中的人物部分添加选区，如图13-109所示。选择"蓝 拷贝"通道，设置"前景色"为白色，使用"画笔工具"在人物不透明的地方进行涂抹并填充白色，如图13-110所示。

图13-109 创建选区

图13-110 通道图像效果

STEP 04 按【Ctrl+Shift+I】组合键反向选区，设置"前景色"为黑色，按【Alt+Delete】组合键填充黑色，如图13-111所示。按住【Ctrl】键并单击"蓝 拷贝"通道，载入"蓝 拷贝"通道选区，如图13-112所示。

图13-111 通道图像效果

图13-112 载入选区

STEP 05 按【Ctrl+Shift+I】组合键反向选区，如图13-113所示。选择RGB复合通道，按【Ctrl+J】组合键复制图层，隐藏"背景"图层，图像效果如图13-114所示。

图13-113 反向选区

图13-114 图像效果

STEP 06 打开素材图像“素材\第13章\136502.jpg”，如图13-115所示，将刚刚抠出的人物图像复制到该文件中，如图13-116所示。

图13-115 打开素材图像

图13-116 复制图像

STEP 07 保持“图层1”图层的选择状态，选择“图像”→“调整”→“亮度/对比度”命令，弹出“亮度/对比度”对话框，参数设置如图13-117所示。单击“确定”按钮，图像效果如图13-118所示。

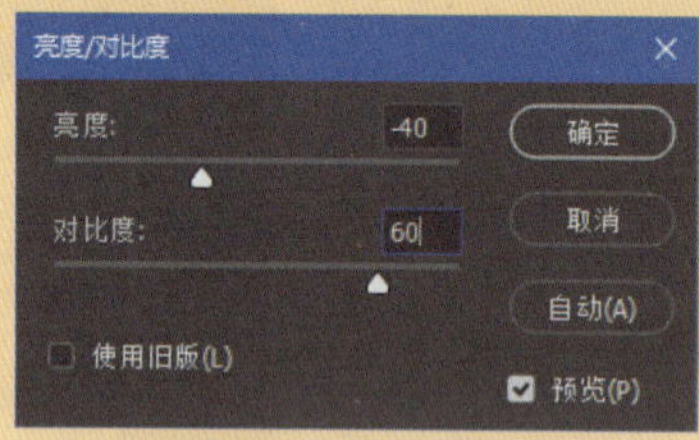

图13-117 “亮度/对比度”对话框

图13-118 图像效果

13.6.6 使用“应用图像”命令改变图像色调

使用一种通道的灰度图像替换另外一个通道，会产生不同的色调效果。除本节所介绍的方法外，用户还可以尝试多种不同的组合。

应用案例 改变图像色调

源文件：源文件\第13章\13-6-6.psd

视　频：视频\第13章\改变图像色调.mp4

STEP 01 打开素材图像“素材\第13章\136701.jpg”，如图13-119所示。打开“通道”面板，选择“蓝”通道，如图13-120所示。

图13-119 打开素材图像

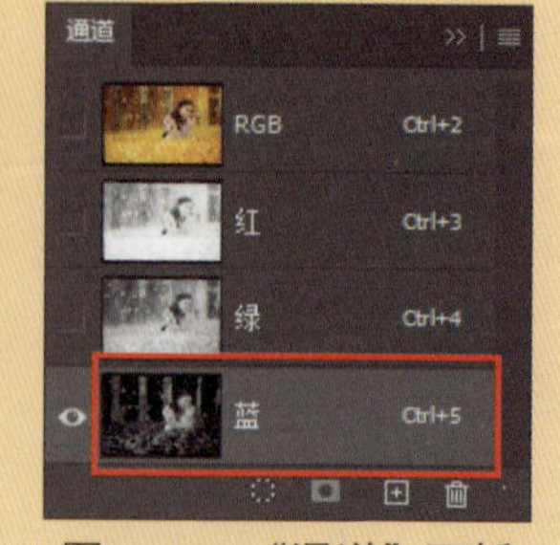

图13-120 “通道”面板

STEP 02 选择“图像”→“应用图像”命令，弹出“应用图像”对话框，参数设置如图13-121所示。单击“确定”按钮，选择RGB复合通道，图像效果如图13-122所示。

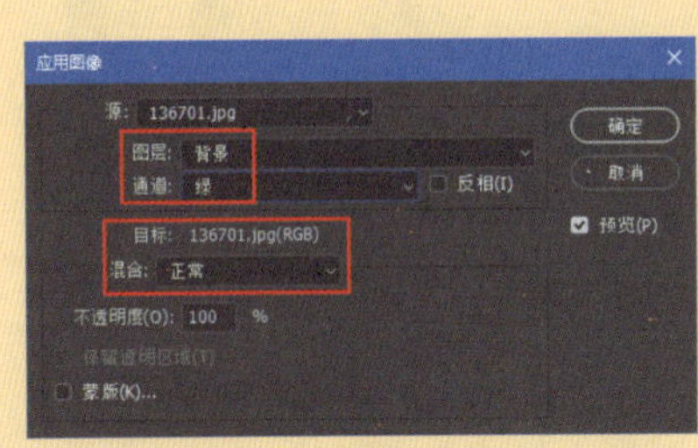

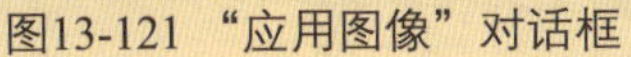

图13-121 “应用图像”对话框

图13-122 图像效果

Tips
除本案例介绍的方法外，用户还可以直接将“绿”通道复制再粘贴到“蓝”通道中，得到的图像效果与案例中一致。

13.6.7 使用Lab模式锐化图像

由于“明度”通道内不包含图像的颜色信息，所以对“明度”通道进行锐化不但不会增加图像的杂色，而且还会避免产生色晕。

应用案例

使用Lab模式锐化图像

源文件：源文件\第13章\13-6-7.psd
视　频：视频\第13章\使用Lab模式锐化图像.MP4

STEP 01 打开素材图像“光盘\第13章\素材\136801.jpg”，如图13-123所示。选择“图像”→“模式”→“Lab颜色”命令，将图像转换为Lab颜色模式，“通道”面板如图13-124所示。

STEP 02 按住【Ctrl】键并单击“明度”通道的缩览图载入选区，如图13-125所示，按【Ctrl+Shift+I】组合键反向选区，效果如图13-126所示。

图13-123 打开素材图像

图13-124 “通道”面板

图13-125 载入选区

图13-126 反向选区

STEP 03 选择“明度”通道，选择“滤镜”→“锐化”→“USM锐化”命令，弹出“USM锐化”对话框，参数设置如图13-127所示。单击“确定”按钮，按【Ctrl+D】组合键取消选区，图像效果如图13-128所示。

Tips
此处只是简单提到“滤镜”中的“锐化”功能，关于“滤镜”和“锐化”功能的更多知识将在本书第18章中为读者详细讲解。

图13-127 “USM锐化”对话框

图13-128 图像效果

13.7 选区、蒙版和通道的关系

在Photoshop中，通道、蒙版和选区具有很重要的地位，它们三者之间也存在很大关联，而且选区、图层蒙版、快速蒙版及Alpha通道四者之间具有5种转换关系，如图13-129所示。

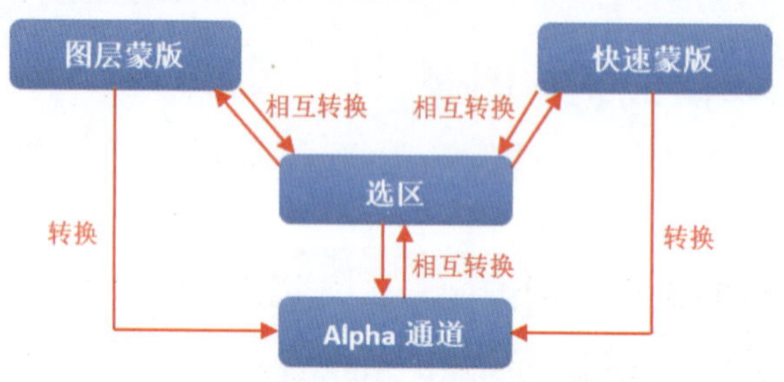

图13-129 选区、蒙版和通道之间的关系

13.7.1 选区与快速蒙版的关系

选区和快速蒙版之间具有相互转换的关系。对图像的某个部分进行色彩调整，就必须有一个制定过程，这个制定过程称为选取，选取后便会形成选区。选区主要包含以下两个概念。

- 选区是封闭的区域，可以是任何形状，但一定是封闭的，不存在开放的选区。
- 选区一旦被建立，大部分操作就只针对选区范围有效，如果要针对全图操作，必须先取消选区。

在具体操作时，可以通过创建并编辑快速蒙版得到选区，也可以通过将选区转换成快速蒙版，再对其进行编辑得到更为精确的选区。

选择“套索工具”，在图像上创建图像的基本轮廓选区，如图13-130所示。此时可以使用快速蒙版进行编辑，单击工具箱中的“以快速蒙版模式编辑”按钮，图像中没有被选取的部分会自动用半透明的红色填充，如图13-131所示。

使用黑色画笔在非选区部分进行涂抹，如图13-132所示，半透明红色区域是被蒙版区域，退出快速蒙版状态后，半透明红色区域之外的区域就是所创建的选区，使用快速蒙版编辑后将得到更为精确的选区，如图13-133所示。

图13-130 创建选区

图13-131 进入快速蒙版

图13-132 在非选区部分涂抹

图13-133 得到精确选区

13.7.2 选区与图层蒙版的关系

选区与图层蒙版之间同样具有相互转换的关系。通过在“图层”面板中单击“添加图层蒙版”按钮，可以为当前图层添加一个图层蒙版。按住【Ctrl】键并在“图层”面板上单击图层蒙版缩览图，则可以载入其存储的选区。

13.7.3 选区与Alpha通道的关系

选区与Alpha通道之间具有相互依存的关系。Alpha通道具有存储选区的功能，以便用到时可以载入选区。在图像上创建需要处理的选区，如图13-134所示。

选择“选择”→“存储选区”命令，或单击“通道”面板中的“将选区存储为通道”按钮，都可以将选区转换为Alpha通道，如图13-135所示。

图13-134 创建选区

图13-135 “通道”面板

13.7.4 通道与快速蒙版的关系

快速蒙版可以转换为Alpha通道。在快速蒙版编辑状态下，“通道”面板中将会自动生成一个名称为“快速蒙版”的暂存通道，如图13-136所示。将该通道拖动至“创建新通道”按钮上，释放鼠标可以复制通道并将其存储为Alpha通道，如图13-137所示。

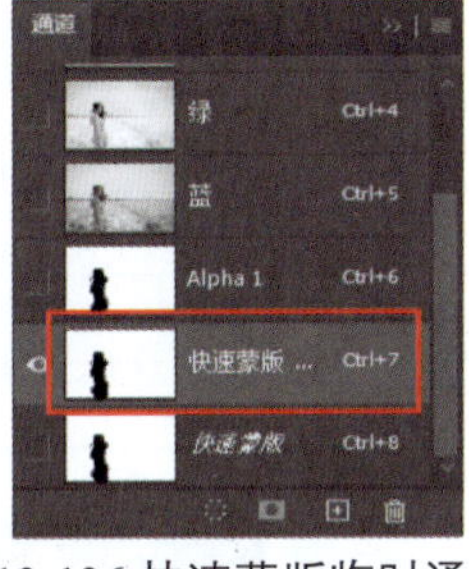

图13-136 快速蒙版临时通道

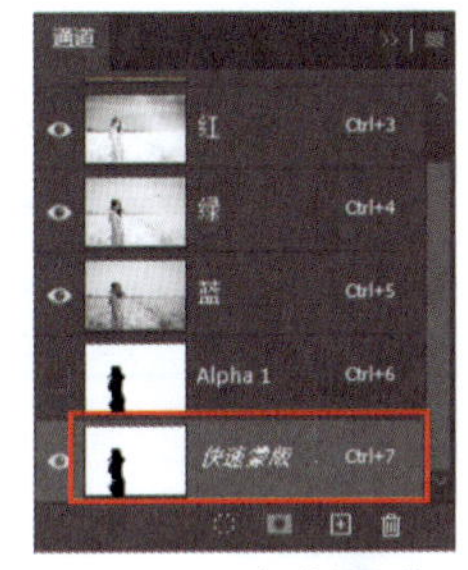

图13-137 复制通道

13.7.5 通道与图层蒙版的关系

图层蒙版可以转换为Alpha通道。在“图层”面板中单击“添加图层蒙版”按钮，为当前图层添加一个图层蒙版。打开“通道”面板，可以看到“通道”面板中暂存有一个名称为“图层*蒙版”的通道。将该通道拖动至“创建新通道”按钮上，释放鼠标可以复制通道并将其存储为Alpha通道。

13.8 专家支招

按住【Ctrl】键并单击不同的通道，可快速载入该通道的选区。但是很多情况下，复杂的选区是由多个选区计算而成的，如果画布中已有选区，按住【Ctrl】键载入其他选区，则已有选区将被替代。

13.8.1 总结通道功能

很多初学者对通道的运用都是一知半解，甚至使用Photoshop软件已经很长时间了，还没有使用过通道功能。其实只要理解了通道的功能，就能很容易地学习并使用通道。通道的主要作用就是存储颜色信息，以及创建并保存选区，了解了这两点，相信对于读者的学习会有帮助。

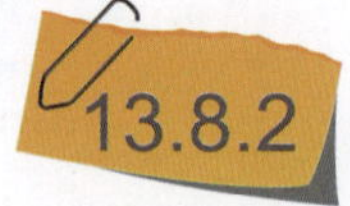

13.8.2 快速创建复杂选区

不仅仅是对于通道，蒙版也是同样的道理。如果当前图像中包含选区，单击“通道”面板中的缩览图时，可以按不同的组合键计算选区。

按【Ctrl+Shift】组合键可将载入的选区添加到已有选区中；按【Ctrl+Alt】组合键可将载入的选区从已有选区中减去；按【Ctrl+Alt+Shift】组合键可得到载入选区与当前选区相交的选区范围。

13.9 总结扩展

通道中存储了大量的图像信息，包括颜色、选区等。通过对通道进行操作，可以方便地改变图像的色调、创建出特殊的选区，以及制作一些使用其他方法实现不了的图像处理效果。

13.9.1 本章小结

本章主要向读者介绍了通道的相关基础知识，以及创建通道的几种方法，并且通过多个实例向读者讲解了通道在图像处理和设计方面的应用和技巧。通过本章的学习，读者应该对通道有更加深入的了解，并能够将本章中学习到的通道处理方法灵活运用到设计当中。

13.9.2 举一反三——使用通道制作折痕效果

案例文件：	源文件\第13章\13-9-2.psd
视频文件：	视频\第13章\使用通道制作折痕效果.mp4
难易程度：	★★★☆☆
学习时间：	15分钟

（1）

（2）

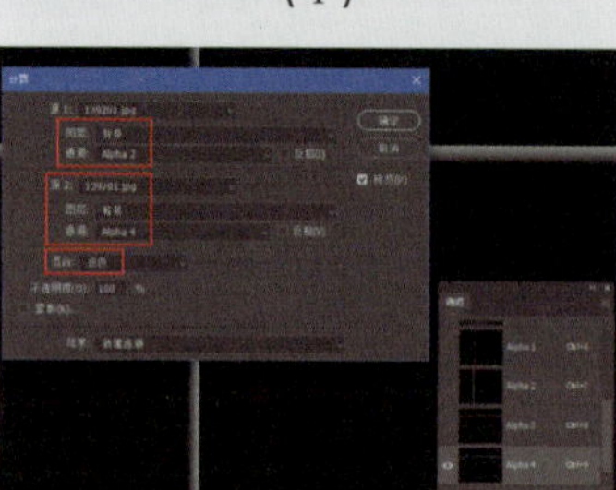

（3）

（4）

1. 通过参考线定位出照片折痕位置，新建Alpha通道。
2. 在Alpha1~Alpha4通道中沿参考线创建矩形选区并填充黑白渐变。
3. 使用通道计算方法得到Alpha5和Alpha6通道。
4. 分别载入Alpha5和Alpha6通道选区，并应用“曲线”命令调整。

第14章 文字的创建与编辑

本章主要讲解Photoshop中文字的处理方法。Photoshop提供了多个文字创建工具，文字的编辑方法也非常灵活，用户可以对文字的各种属性进行精确设置，还可以对字体进行变形、查找与替换等操作。本章将详细介绍在Photoshop中创建文字和编辑文字的各种方法。

本章学习重点

第 307 页
制作美丽的绿草字

第 313 页
打造青春活泼的照片

第 316 页
制作广告宣传页

第 329 页
制作几何文字

14.1 输入文字

Photoshop中的文字输入方式有横排文字输入法与直排文字输入法两种，文本的内容形式也分为两种，即“点文字”形式和“段落文字”形式。

14.1.1 认识文字工具

单击工具箱中的“横排文字工具”按扭 T 或者按键盘上的【T】键，再用鼠标右键单击该按钮，即可展开文字工具组，共包括4种工具，如图14-1所示。

- 横排文字工具 T
- 直排文字工具 T
- 直排文字蒙版工具 T
- 横排文字蒙版工具 T

图14-1 文字工具

其中“横排文字工具”和“直排文字工具”用来创建点文字，“横排文字蒙版工具”和“直排文字蒙版工具”用来创建文字选区。

文本的不同分类方式。

文本从排列方式上划分，可分为横排文字和直排文字；从文字的类型上划分，可分为文字和文字蒙版；从创建的内容上划分，可分为点文字、段落文字和路径文字。

14.1.2 输入横排文字

单击工具箱中的“横排文字工具”按钮，在画布中单击插入输入点后，即可输入横排文字，具体步骤如下：

使用“横排文字工具”在文档中单击插入输入点，如图14-2所示，然后输入相应的字符。输入完成后单击选项栏中的“提交”按钮，提交文字，如图14-3所示。

图14-2 确定文字输入点

春暖花开

图14-3 输入文字

Tips

当文字处于编辑状态时，可以输入并编辑文本。但要执行其他操作，需先提交当前文字。

应用案例　制作美丽的绿草字

源文件：源文件\第14章\14-1-2.psd
视　频：视频\第14章\制作美丽的绿草字.mp4

STEP 01 选择“文件”→“新建”命令，在弹出的“新建文档”对话框中设置参数，如图14-4所示。单击“创建”按钮，新建文档。在“渐变编辑器”对话框中创建从RGB（173、191、65）到RGB（50、138、38）的径向渐变效果，如图14-5所示。

STEP 02 使用“渐变工具”在画布中拖动鼠标填充，效果如图14-6所示。打开素材图像“素材\第14章\141201.jpg”，选择“图像”→“调整”→“去色”命令，将图像去色，效果如图14-7所示。

STEP 03 将黑白图像拖动到新建的文档中，调整大小和位置，如图14-8所示。设置图层的“混合模式”为“叠加”，“不透明度”为70%，效果如图14-9所示。

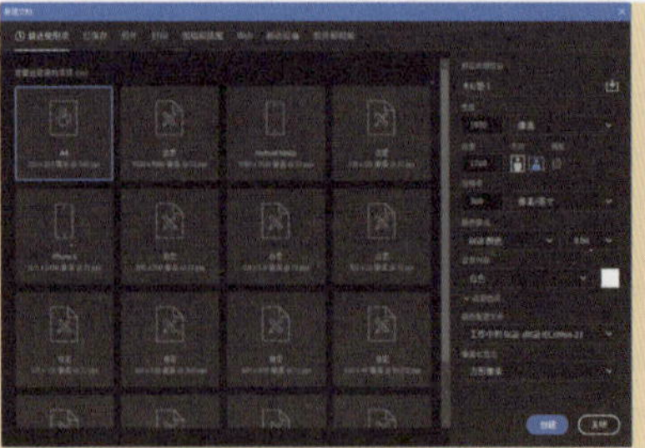

图14-4 新建文档

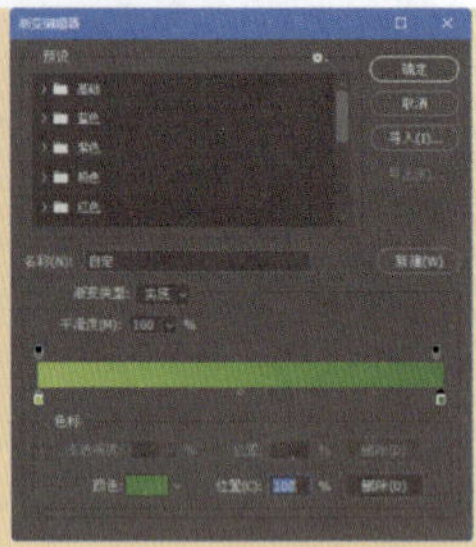

图14-5 设置渐变色

图14-6 填充渐变色

图14-7 去色

图14-8 变换图像

图14-9 图层叠加效果

STEP 04 按【Ctrl+J】组合键复制该图层，设置图层“不透明度”为20%，如图14-10所示。继续拖入其他素材并进行相同的操作，效果如图14-11所示。

图14-10 复制图层

图14-11 拖入素材

STEP 05 新建“图层4”图层，设置“前景色”为黑色，使用黑色的柔边画笔在图像四周涂抹出暗角效果，如图14-12所示。使用“横排文字工具”在画布中输入如图14-13所示的文字。

Tips

步骤 06 中将文字图层的“不透明度”设置为 50%，是为了后期绘制文字路径时能更清楚地看到草地，方便把握路径形状。

STEP 06 设置该文字图层的“不透明度”为50%，将素材图像“素材\第14章\141204.jpg”打开并拖入文档中，如图14-14所示。使用“钢笔工具”沿着字母G的边缘绘制工作路径，如图14-15所示。

图14-12 涂抹暗角

图14-13 输入文字

图14-14 拖入素材

图14-15 绘制路径

STEP 07 按【Ctrl+Enter】组合键将路径转为选区，如图14-16所示。选择“图层5”图层，按【Ctrl+J】组合键复制选区内的图像到新图层，如图14-17所示。

图14-16 将路径转换为选区

图14-17 复制图像“图层”面板

STEP 08 为该图层添加“斜面和浮雕”图层样式，“图层样式”对话框如图14-18所示。继续为图层添加“光泽”图层样式，如图14-19所示。

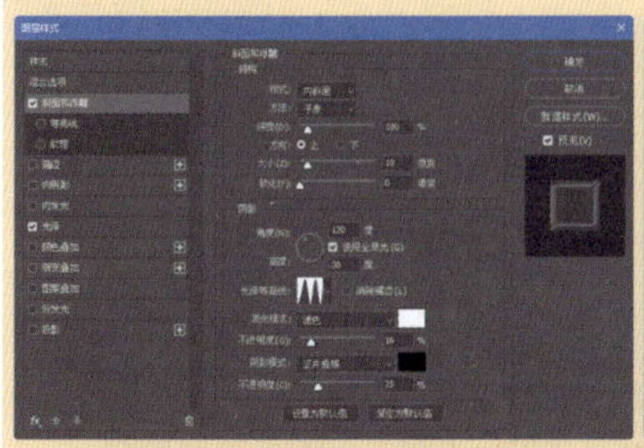
图14-18 “斜面和浮雕”样式

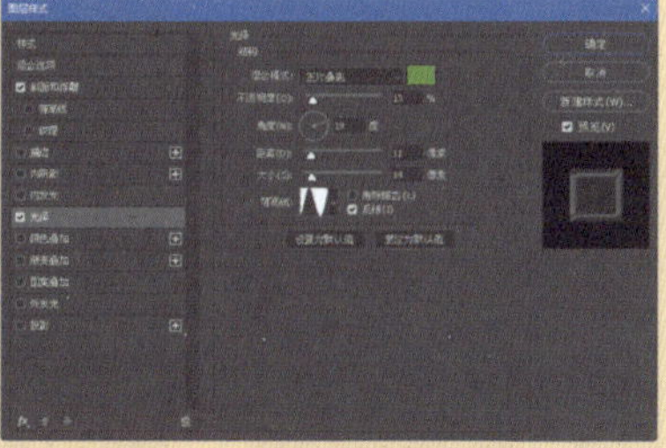
图14-19 “光泽”样式

图14-20 文字效果

STEP 09 单击“确定”按钮，文字效果如图14-20所示。复制该图层，并设置其“不透明度”为50%，如图14-21所示。

STEP 10 双击“图层6 拷贝”图层的缩览图，在弹出的“图层样式”对话框中分别设置“斜面和浮雕”和“投影”样式参数，如图14-22和图14-23所示。

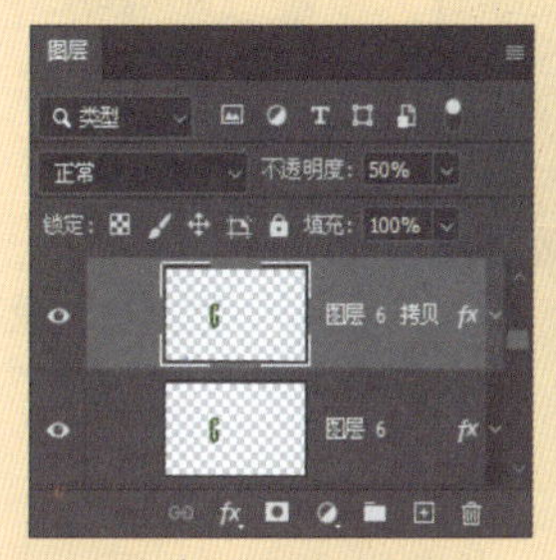

图14-21 复制图层

图14-22 “斜面和浮雕”样式

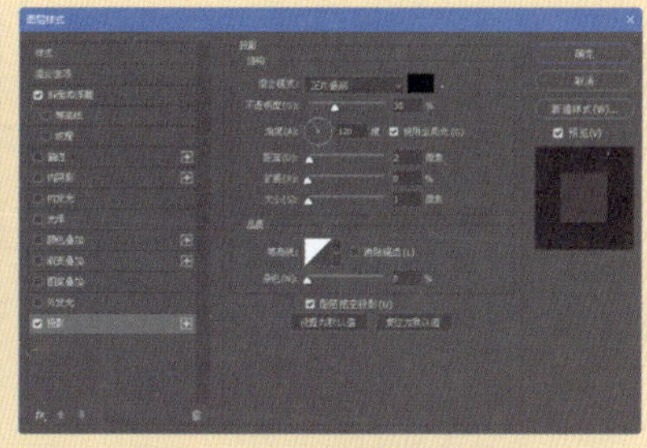
图14-23 “投影”样式

STEP 11 单击“确定”按钮，图像效果如图14-24所示。按住【Ctrl】键并单击图层缩览图，载入该图层的选区，使用键盘上的方向键将选区分别向下、向右微移，如图14-25所示。

STEP 12 在“图层6”下方新建“图层7”图层，设置“前景色”为黑色，按【Alt+Delete】组合键为选区填充颜色，如图14-26所示。选择“滤镜”→“模糊”→“动感模糊”命令，在弹出的“动感模糊”对话框中设置参数，如图14-27所示。单击“确定”按钮，图像效果如图14-28所示。

图14-24 图像修改

图14-25 载入并移动选区

STEP 13 复制“图层6”图层，将其移动到“图层7”图层下方，删除图层样式，并将其适当向右下方移动，以模拟文字的厚度，如图14-29所示。选择有关的图层，按【Ctrl+G】组合键编组并重命名，如图14-30所示。

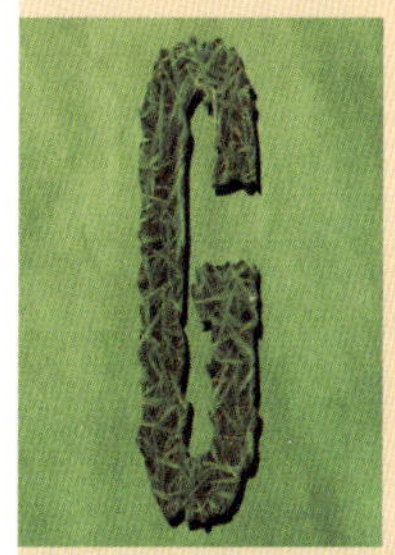
图14-26 填充颜色

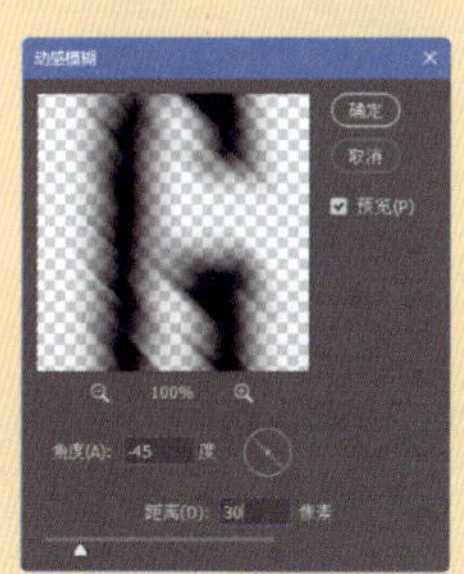

图14-27 “动感模糊”对话框

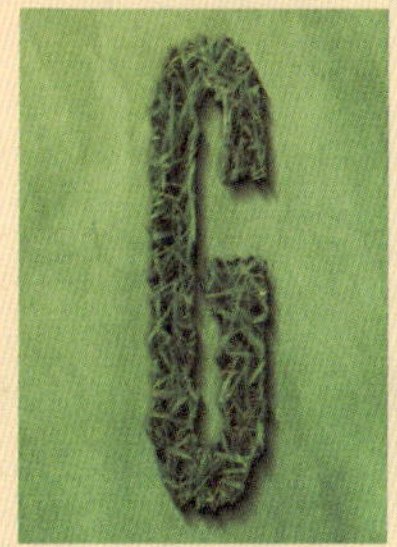
图14-28 图像效果

图14-29 复制并移动图层

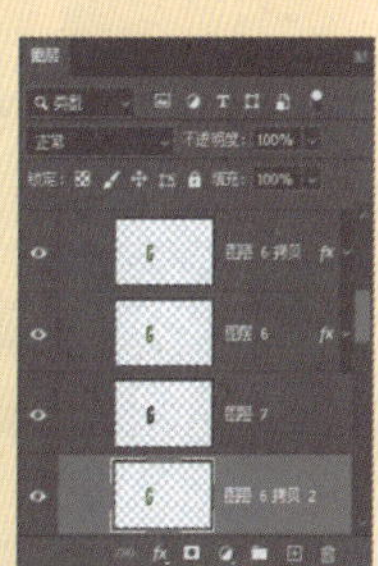

STEP 14 用相同的方法制作其他文字效果，如图14-31所示。新建“图层16”图层，使用白色的柔边画笔，在图像中适当进行涂抹，并设置其“混合模式”为“叠加”，“不透明度”为50%，如图14-32所示。

图14-30 将图层编组

图14-31 制作其他文字

图14-32 涂抹图像

Tips

在制作其他字母时，为了提高工作效率可以直接拷贝字母G的图层样式。按住【Alt】键的同时将样式图标拖动到需要添加图层样式的图层上，即可快速拷贝图层样式。

STEP 15 拖入其他素材文件进行相应的操作，并输入辅助文字，效果如图14-33所示，“图层”面板如图14-34所示。

图14-33 拖入素材并输入文字

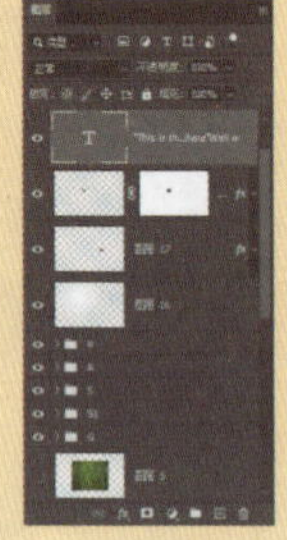
图14-34 “图层”面板

14.1.3 输入直排文字

若要输入直排文字，可以使用“直排文字工具”在文档中单击设置插入点，如图14-35所示，在画布中输入文字，然后单击选项栏中的“提交”按钮，即可完成直排文字的输入，效果如图14-36所示。

图14-35 确定文字插入点

图14-36 输入并提交文字

14.1.4 输入段落文字

段落文字就是在文本框中输入的字符串。在输入段落文字时，文字会基于文本框的大小自动换行。在处理大量文本时，可使用段落文字来完成。

应用案例 输入段落文字

源文件：源文件\第14章\14-1-4.psd　　视频：视频\第14章\输入段落文字.mp4

STEP 01 打开素材图像“素材\第14章\141401.jpg”，按【Ctrl+J】组合键复制“背景”图层，如图14-37所示。选择“滤镜”→“锐化”→“USM锐化”命令，在弹出的“USM锐化”对话框中设置参数，如图14-38所示。

STEP 02 单击“确定”按钮，在“图层”面板中新建一个图层组，选择14-39所示。选择“窗口”→“字符”命令，在“字符”面板中设置各项参数，如图14-40所示，使用“横排文字工具”在图像中拖动创建一个文本定界框，如图14-41所示。

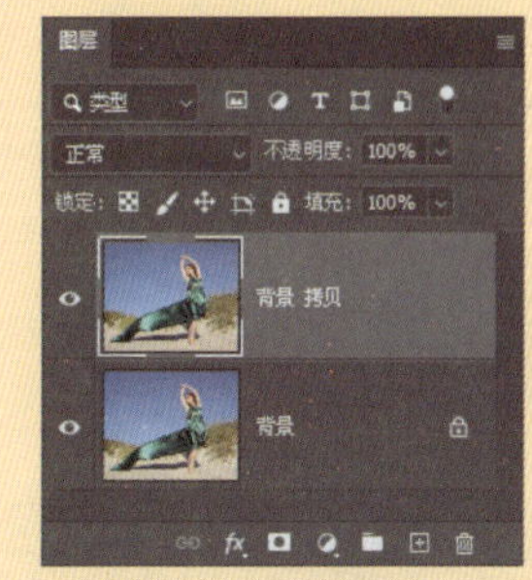

图14-37 复制图像

图14-38 “USM锐化”对话框

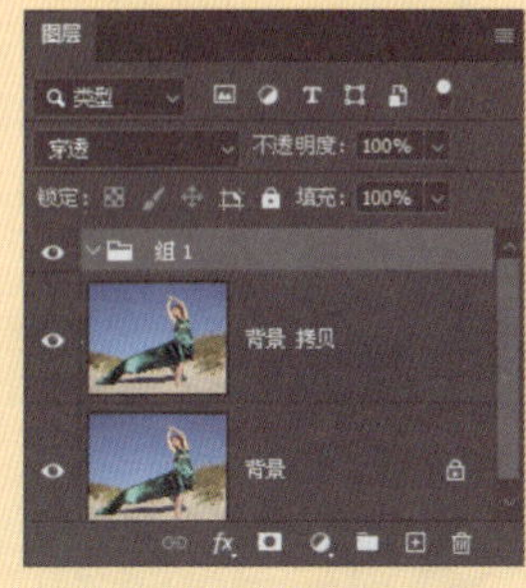

图14-39 新建图层组

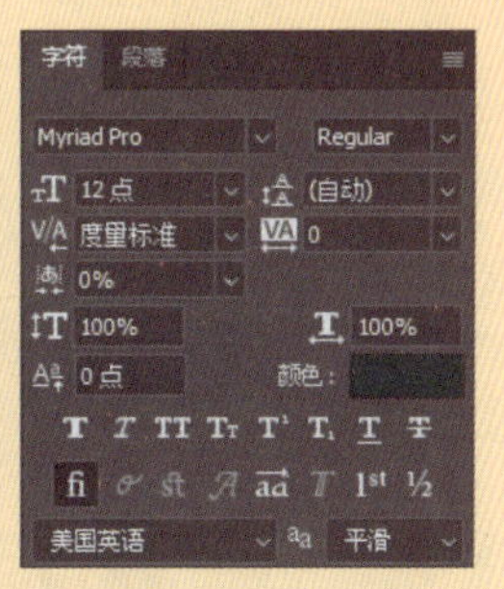

图14-40 “字符”面板

STEP 03 输入文字，效果如图14-42所示。输入完成后，将光标移动到定界框的控制点上并拖动，效果如图14-43所示。

图14-41 创建文本框

图14-42 输入文字

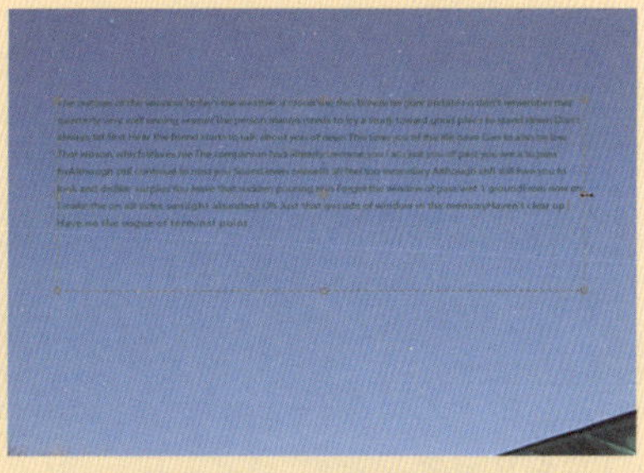

图14-43 缩放文本框

STEP 04 将光标移至定界框外，当指针变为↰状时拖动鼠标，即可旋转文本框，效果如图14-44所示。重新将文本框调整到合适位置和大小，单击选项栏中的“提交所有当前编辑”按扭，完成段落文字的输入，效果如图14-45所示。

图14-44 旋转文本框

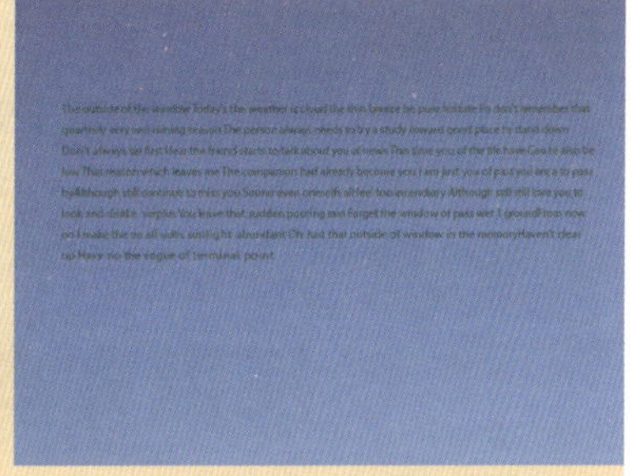

图14-45 确认文本内容

STEP 05 使用相同的方法输入其他文字，效果如图14-46所示，“图层”面板如图14-47所示。

图14-46 输入其他段落文字

图14-47 “图层”面板

Tips

在定界框内输入好文本内容后，按【Ctrl+Enter】组合键即可创建段落文本。在定界框内，如果按住【Ctrl】键不放，然后将光标移至文本框内，拖动鼠标即可移动该定界框；按住【Ctrl】键并拖动控制点，可以等比例缩放文本框。在旋转文本框时，同时按住【Shift】键，可以以15° 角为增量进行旋转。

14.1.5 点文字与段落文字的相互转换

点文本和段落文本可以相互转换。如果当前文本为点文本，用鼠标右键单击，在弹出的快捷菜单中选择“转换为段落文本”命令，即可将其转换为段落文本。如果当前文本为段落文本，用鼠标右键单击，在弹出的快捷菜单中选择“转换为点文本”命令，即可转换为点文本。

Tips

将段落文本转换为点文本时，所有溢出定界框的字符都会被删除。因此，为避免丢失文字，应首先调整定界框，使所有文字在转换前都显示出来。

14.2 选择文本

在对文本进行编辑之前，首先要选中相应的文字。在Photoshop中，用户既可以通过执行命令来选择文本，也可以通过快捷键选择文本。

选择全部文本

若要选择全部文本，先用“横排文字工具”单击需要选择的文字，使文字进入编辑状态，然后选择“编辑”→“全部”命令即可。在“图层”面板中双击文字图层缩览图，也可以将该图层的全部文字选中。

Tips

在文字编辑状态下，按【Ctrl+A】组合键可选择全部文本内容。在双击文字图层缩览图选中全部文字时，一定要双击该文字图层前面的缩览图，如果双击后面的名称部分会激活图层重命名操作。

选择部分文本

若要选择部分文本，可以使用“横排文字工具”单击相应的文字内容，向右拖动鼠标，即可选中部分文字。在文本中当前光标所在位置双击，可选中光标所在位置的一句话。

14.3 使用文本工具选项栏

选择一种文本工具之后，在选项栏中会出现文字工具的相关设置，如字体、大小、文字颜色等选项。图14-48所示为“横排文字工具”选项栏。

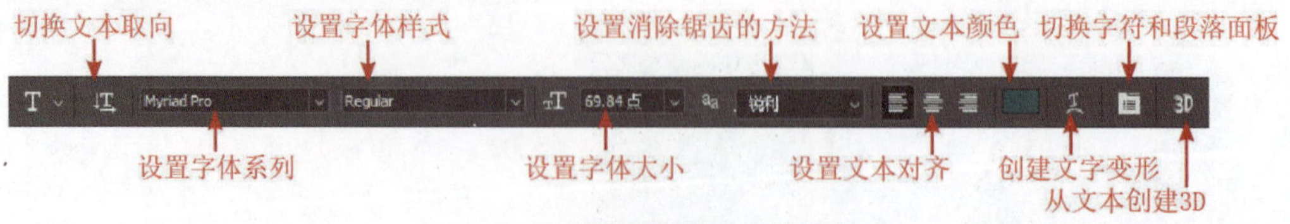

图14-48 “横排文字工具”选项栏

- 切换文本取向：单击该按钮可切换文本的输入方向。
- 设置字体系列：用于设置文本的字体。在该下拉列表框中可选择安装在计算机中的字体。
- 设置字体样式：用来为字符设置样式。下拉列表框中的选项会随着所选字体的不同而变化，一般包括Regular（常规）、Italic（斜体）、Bold（粗体）和Bold Italic（粗斜体）等。
- 设置字体大小：用于设置字体的大小。

- 设置消除锯齿的方法：为文字消除锯齿选择一种方法。
- 设置文本对齐：用于设置文本的对齐方式，包括“左对齐文本”“居中对齐文本”和“右对齐文本”。
- 设置文本颜色：用于设置文字的颜色。
- 创建文字变形：单击该按钮，可在弹出的“变形文字”对话框中为文本添加变形样式，创建变形文字。
- 切换字符和段落面板：单击该按钮，可以显示或隐藏“字符”和“段落”面板。
- 从文本创建3D：单击该按钮，可将当前图层中的文本转换为3D对象，同时进入3D工作区。

14.3.1 设置字体和样式

在Photoshop的默认设置下，文本工具选项栏中的“字体”下拉列表框中所显示的字体是英文名称，如图14-49所示。这为字体格式的设置带来了诸多不便，用户可以在“首选项”对话框中设置字体显示为中文名称，如图14-50所示。

图14-49 默认字体显示

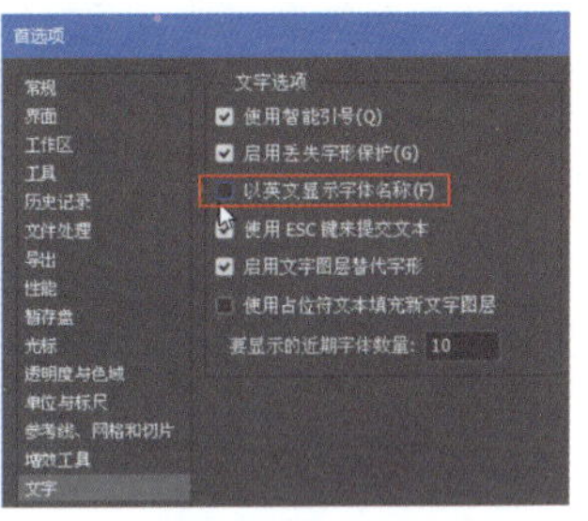

图14-50 设置“首选项”对话框

部分字体还允许对字体的样式进行设置，用户可以通过选项栏或“字符”面板中的“字体样式”选项对其进行更改。

单击文本工具选项栏中的“字体样式”下拉按钮，可以看到下拉列表框中有以下几种样式，如图14-51所示。

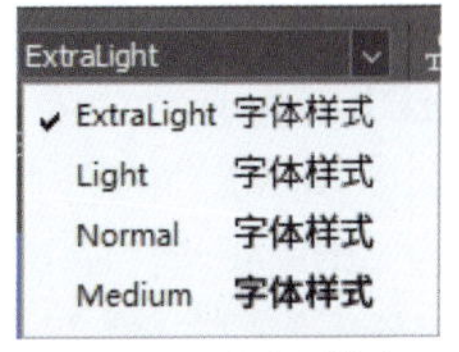

图14-51 字体样式

应用案例

打造青春活泼的照片

源文件：源文件\第14章\14-3-1.psd　　视频：视频\第14章\打造青春活泼的照片.mp4

STEP 01 打开素材图像“素材\第14章\143401.jpg”，如图14-52所示。在“字符”面板中设置各项参数，如图14-53所示。

STEP 02 使用“横排文字工具”在图像中单击并输入文字，效果如图14-54所示。继续使用相同的方法输入其他文字，如图14-55所示。

图14-52 打开素材图像

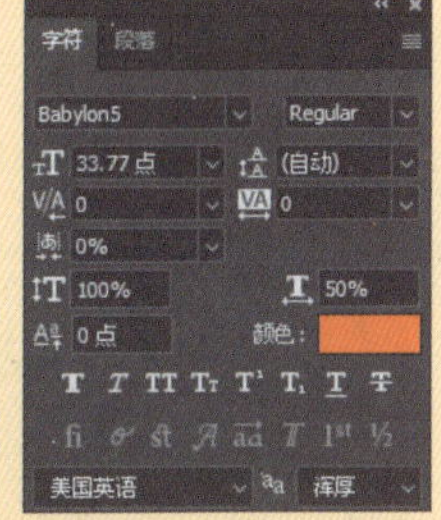

图14-53 “字符”面板

图14-54 输入文字

图14-55 输入其他文字

STEP 03 继续使用相同的方法在图像中输入文字，效果如图14-56所示。使用“圆角矩形工具”绘制如图14-57所示的圆角矩形。

图14-56 文字效果　　图14-57 绘制圆角矩形

STEP 04 最终完成的图像效果如图14-58所示。“图层”面板如图14-59所示。

Tips

在输入或编辑完文本后，除了单击选项栏中的“提交所有当前编辑”按钮确认操作之外，在工具箱中选择其他的工具，或在“图层”面板中选择其他图层后，系统同样会自动提交当前文字输入或修改。

图14-58 图像效果

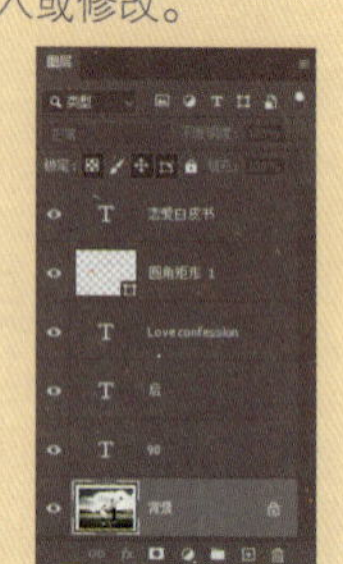

图14-59 “图层”面板

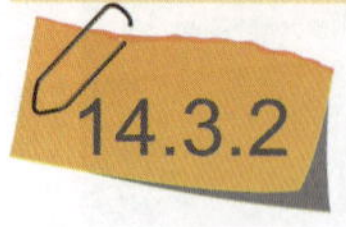

14.3.2 消除锯齿

消除锯齿后的文字会产生平滑的边缘，使文字的边缘混合到背景中而看不出锯齿。在文本工具选项栏中有7种消除锯齿的方法，如图14-60所示。用户也可以选择“文字”→“消除锯齿”命令，在子菜单中选择一种消除锯齿的方法，如图14-61所示。

图14-60 选项栏中消除锯齿

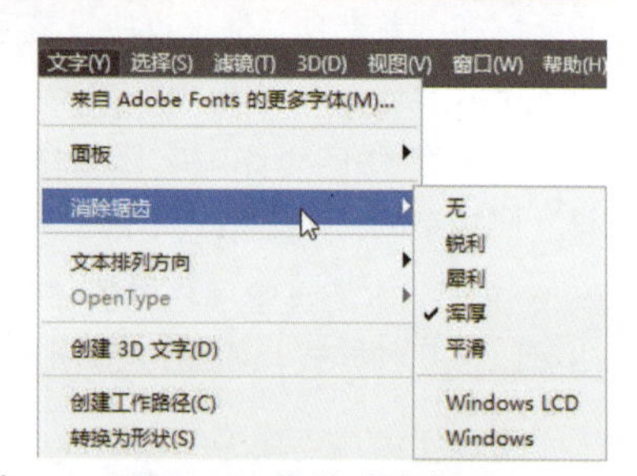

图14-61 菜单消除锯齿

- 无：不应用消除锯齿。
- 锐利：文字以最锐利的效果显示。
- 犀利：文字以稍微锐利的效果显示。
- 浑厚：文字以厚重的效果显示。
- 平滑：文字以平滑的效果显示。
- Windows LCD：优化字体效果，接近LCD设备网页中字体的显示效果。
- Windows：优化字体效果，接近网页中字体的显示效果。

14.3.3 文本对齐方式

在Photoshop中处理大量文本时，可以使用文本对齐方式来约束文本内容，这样可以减少操作时间，提高工作效率。文本工具选项栏中提供了3种文本对齐方式：居中对齐文本、左对齐文本和右对齐文本。图14-62所示为不同对齐方式的效果。

左对齐　　居中对齐　　右对齐
文本　　文本　　文本

图14-62 文本对齐方式

14.4 设置字符和段落属性

对文本进行编辑时，除了使用文本工具选项栏外，通过设置“字符”和“段落”面板控制文字显示也是比较常用的方式。

“字符”面板

“字符”面板可以修改字符属性，如改变字体、字符大小、字距、对齐方式、颜色和行距等。

选择“窗口”→“字符”命令，打开“字符”面板，该面板提供了比选项栏更多的选项，如图14-63所示。单击面板右上角的▤按钮，打开面板菜单，如图14-64所示。

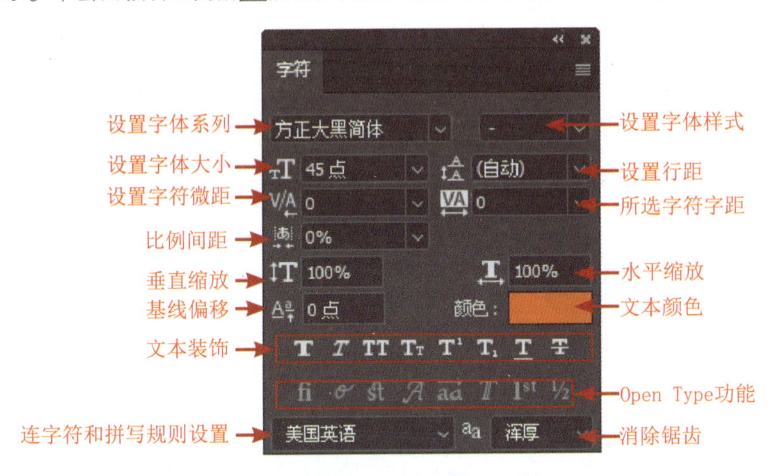

图14-63 “字符”面板

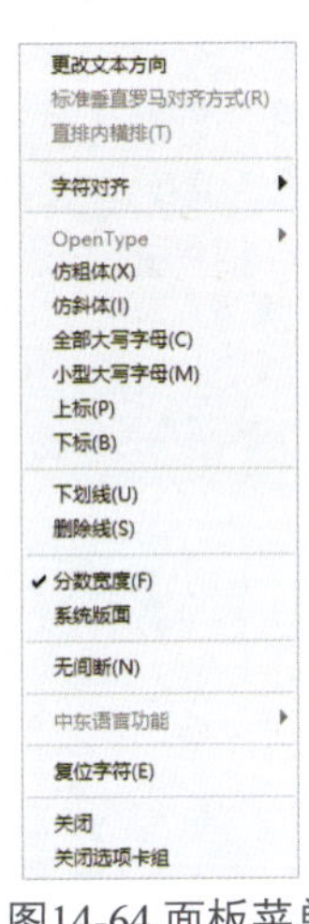

图14-64 面板菜单

- **设置字符微距：** 用于设置两个字符之间的字距微调，取值范围为－1000~1000。在该选项的下拉列表框中可以选择预设的字距微调值。
- **设置行距：** 用于设置所选字符串之间的行距。值越大，字符行距越大，如图14-65和图14-66所示。

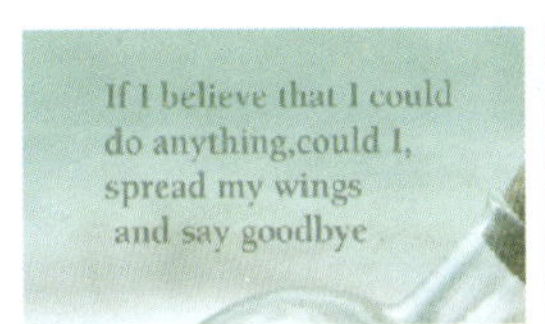

图14-65 行距为自动

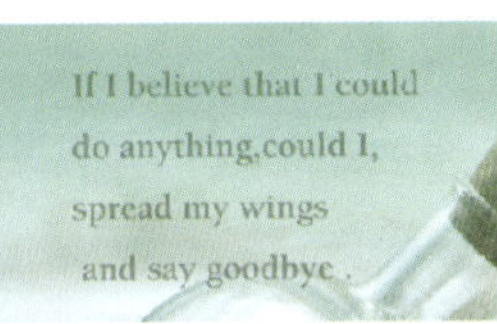

图14-66 行距为60

- **所选字符字距：** 用于设置所选字符的比例间距，取值范围为0%~100%。数值越大，字符之间的间距越小。
- **所选字符比例间距：** 用于设置字符间的间距。数值越大，则字符间距越大。
- **垂直缩放/水平缩放：** 用于对所选字符进行垂直或水平缩放，如图14-67所示。

Photo Photo

图14-67 水平缩放100%和水平缩放70%对比

- **基线偏移：** 用于使字符根据设置的参数上下移动位置。用户可在该文本框中输入数值，正值使文字向上移，负值使文字向下移。
- **文本装饰：** 用于对文本设置装饰效果，共包括8个按钮，分别是仿粗体、仿斜体、全部大写字母、小型大写字母。可以将选中的文本中的英文字符设置为上标、下标、下画线和删除线。
- **Open Type功能：** 主要用于设置文字的各种特殊效果，共包括8个按钮，分别是标准连字、上下文替代字、自由连字、花饰字、替代样式、标题替代字、序数和分数字。
- **连字符和拼写规则设置：** 用于对所选字符进行有关连字符和拼写规则的语言设置，主要针对英文起作用。

如何复位“字符”面板中的参数设置？

单击“字符”面板右上角的▤按扭，在打开的菜单中选择“复位字符”命令，可以将面板中的字符恢复到原始的设置状态。同样，在画布中的文本也将恢复到原始的输入状态。

应用案例 制作广告宣传页

源文件：源文件\第14章\14-4-1.psd　　视频：视频\第14章\制作广告宣传页.mp4

STEP 01 打开素材图像“素材\第14章\144101.jpg”，如图14-68所示。设置“字符”面板中的各项参数，如图14-69所示。

STEP 02 使用“横排文字工具”在图像中单击输入文字，效果如图14-70所示。继续使用相同的方法在图像中输入文字，效果如图14-71所示。

图14-68 打开素材图像

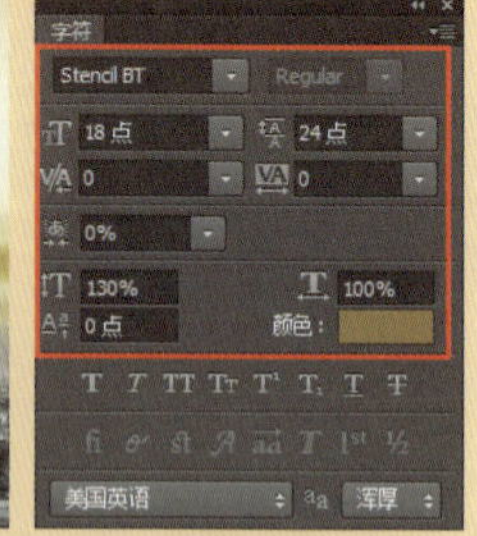

图14-69 “字符”面板

图14-70 输入文字

图14-71 输入其他文字

STEP 03 使用“横排文字工具”在图像中拖动鼠标，创建一个文本框，如图14-72所示。在文本框中输入文字，并在“字符”面板中更改各项参数值，如图14-73所示。

STEP 04 打开“段落”面板，设置各项参数，如图14-74所示。设置完成后的文字效果如图14-75所示。

图14-72 创建文本框

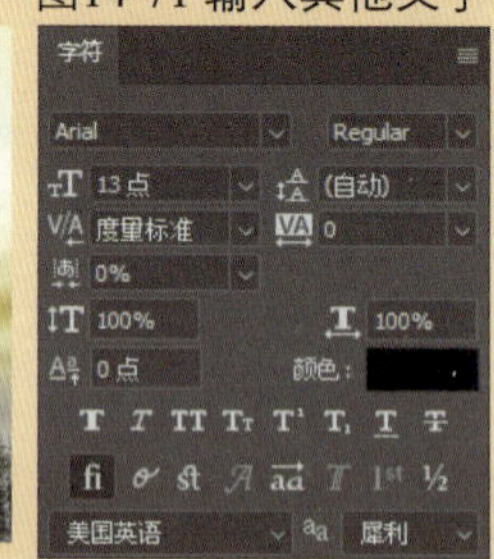

图14-73 输入文字

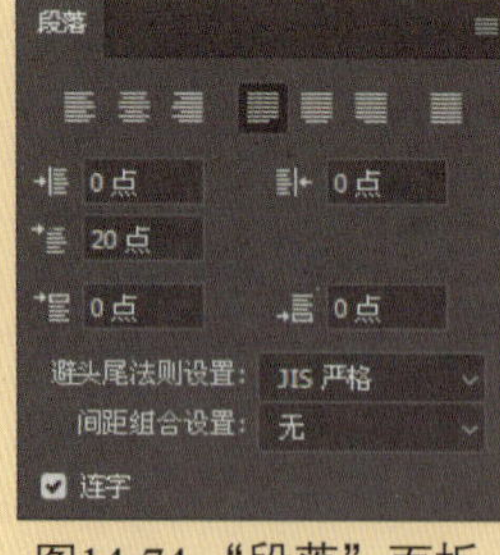

图14-74 “段落”面板

图14-75 图像效果

14.4.2 “段落”面板

段落是指在输入文本时，末尾带有回车符的任何范围的文字。对于点文字来说，也许一行就是一个单独的段落；而对于段落文字来说，一段可能有多行。通过“段落”面板可以设置段落对齐、段前或段后间距等选项。段落格式的设置主要通过“段落”面板来实现。

选择“窗口”→“段落”命令，打开“段落”面板，如图14-76所示。单击面板右上角的▤按钮，打开面板菜单，如图14-77所示。

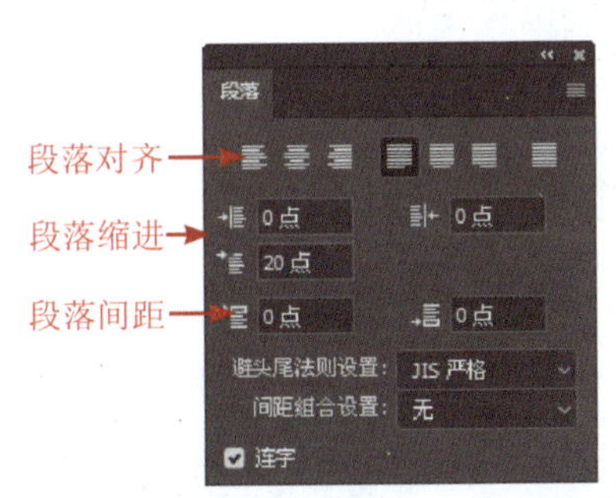

图14-76 “段落”面板

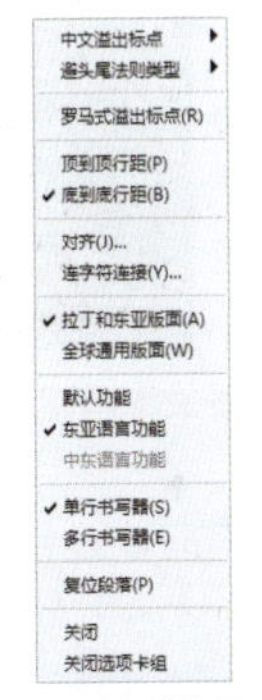

图14-77 面板扩展菜单

- 段落对齐：用于设置段落的对齐方式，包括左对齐文本、居中对齐文本、右对齐文本、最后一行左对齐、最后一行居中对齐、最后一行右对齐和全部对齐 。
- 段落缩进：用于设置段落文字与文本框之间的距离，或者是段落首行缩进的文字距离。进行段落缩进处理时，只会影响选中的段落区域。
  - 左缩进：用于设置段落文字的左缩进。横排文字从左边缩进，直排文字从顶端缩进。
  - 右缩进：用于设置段落文字的右缩进。横排文字从右边缩进，直排文字从底部缩进。
  - 首行缩进：用于设置首行文字的缩进。
- 段落间距：用于指定当前段落与上一段落或下一段落之间的距离。
- 连字：将文本强制对齐时，会将某一行末端的单词断开至下一行。选择该复选框，即可在断开的单词间显示连字标记。
- 对齐：选择面板菜单中的“对齐”命令，弹出“对齐”对话框，如图14-78所示，可以在其中设置字间距、字符间距和字形缩放对齐方式。

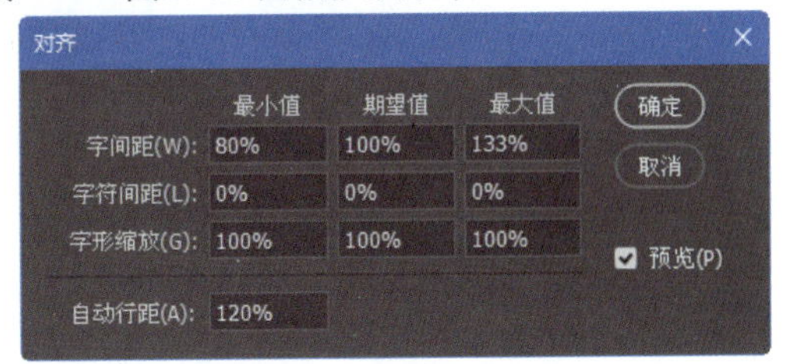

图14-78 “对齐”对话框

- 连字符连接：用于对“连字”方式进行设置。选择“连字”复选框后，选择面板菜单中的“连字符连接”命令，弹出“连字符连接”对话框，如图14-79所示。

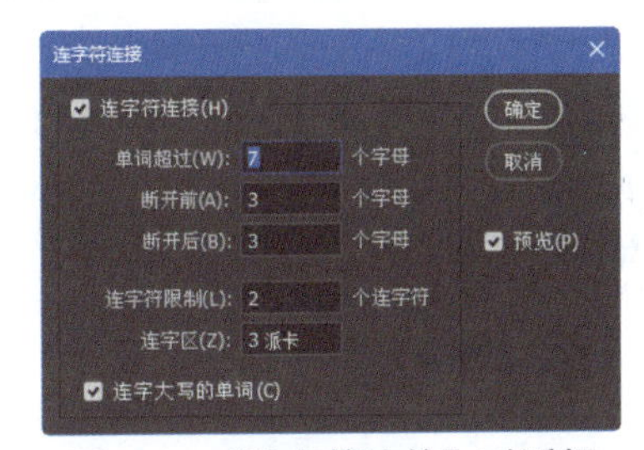

图14-79 “连字符连接”对话框

- 复位段落：可以快速将指定文本的格式复位为默认参数设置。

Tips

如果选择单个段落文本，使用文字工具在段落中单击，即可设置该段落的格式；如果使用文字工具选择包含多个段落的选区，将设置多个段落的格式。在“图层”面板中选择文字图层，可设置该图层中所有段落的格式。

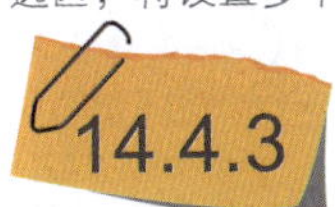

14.4.3 “字符样式”面板和“段落样式”面板

选择“窗口”→“字符样式”命令，打开“字符样式”面板，如图14-80所示。单击该面板右上角的▤按钮，打开面板菜单，如图14-81所示。

“段落样式”与“字符样式”面板的操作方法并无太大区别，本节将以“字符样式”面板为例，对其进行着重讲解。

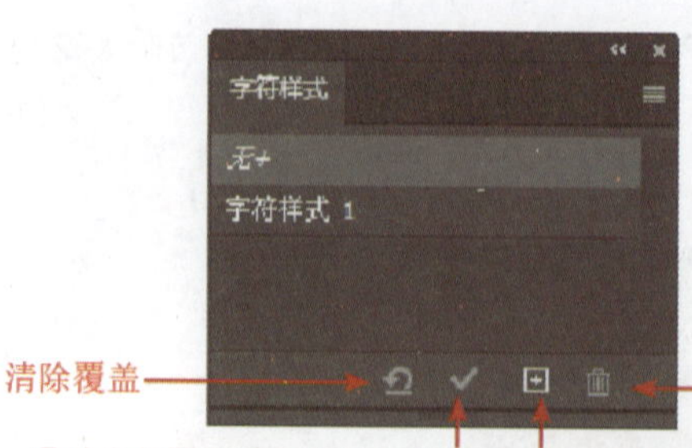

图14-80 “字符样式”面板

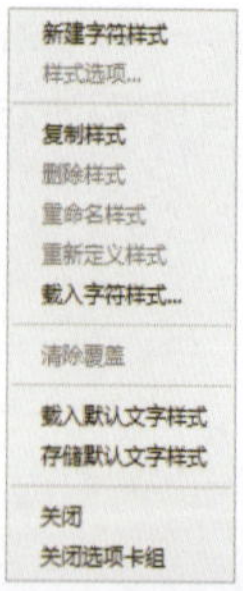

新建字符样式
样式选项...
复制样式
删除样式
重命名样式
重新定义样式
载入字符样式...
清除覆盖
载入默认文字样式
存储默认文字样式
关闭
关闭选项卡组

图14-81 面板菜单

- 创建新的字符样式：单击该按钮，可创建新的字符样式。
- 删除当前字符样式：单击该按钮，可将当前选中的字符样式删除。
- 清除覆盖：如果对使用了某种字符样式的文字进行了更改，可使用该按钮恢复原有样式。
- 通过合并覆盖重新定义字符样式：如果对使用了某种字符样式的文字进行了更改，可使用该按钮更新相应的字符样式。
- 样式选项：选择该命令，将弹出“字符样式选项”对话框，在其中可对当前字符样式进行修改，如图14-82所示。

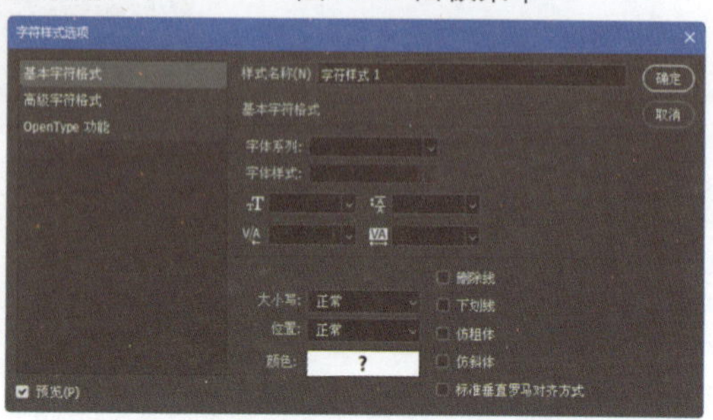

图14-82 “字符样式选项”对话框

- 复制样式：用于复制当前字符样式。
- 载入字符样式：选择该命令，将弹出“载入”对话框，可载入外部文件的字符样式。

使用“字符样式”和“段落样式”的优势。

当字符或段落使用了“字符样式”或“段落样式”后，如果需要对文字的样式进行更改，只需在“字符样式”面板或“段落样式”面板中更改某个样式，即可将使用该样式的所有文字样式统一更新，避免了大量重复操作，节省了工作时间。

应用案例 新建并应用段落样式和字符样式

源文件：源文件\第14章\14-4-3.psd　视频：视频\第14章\新建并应用段落样式和字符样式.mp4

STEP 01 打开素材图像“素材\第14章\144301.jpg”，如图14-83所示。按【Alt+Ctrl+C】组合键，在弹出的“画布大小”对话框中设置参数值，如图14-84所示。

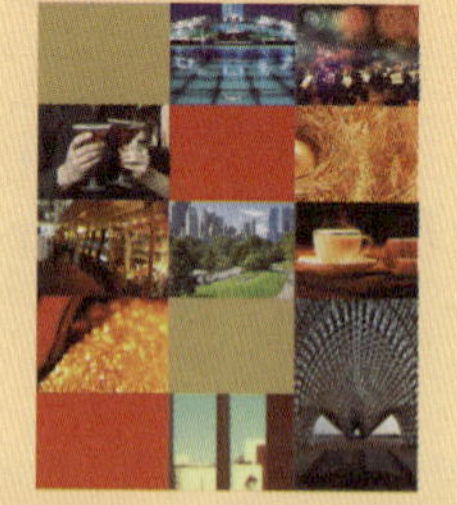

图14-83 打开素材图像

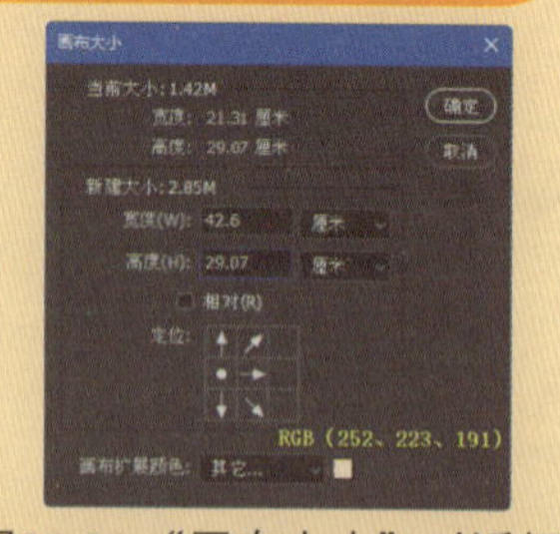

图14-84 “画布大小”对话框

STEP 02 单击“确定”按钮，画布效果如图14-85所示。打开“段落样式”面板，单击“创建新的段落样式”按钮，新建“段落样式1”，如图14-86所示。

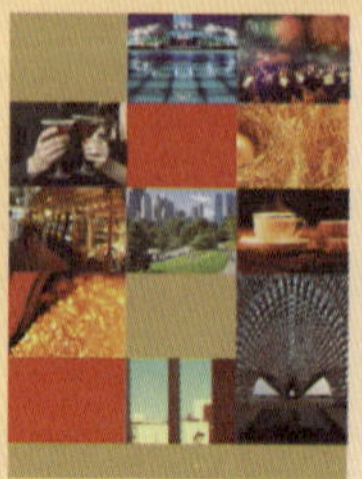

图14-85 画布效果

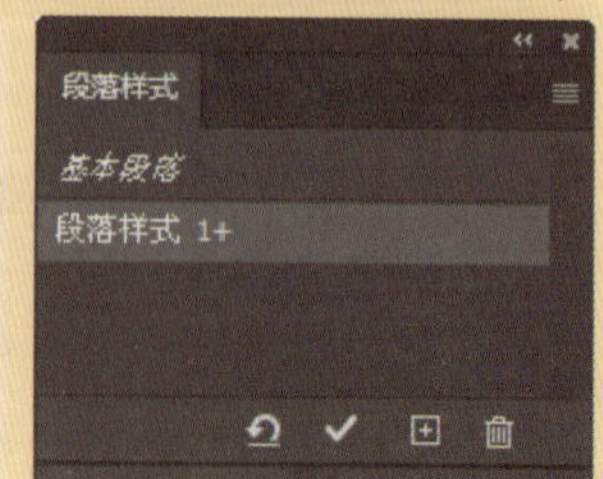

图14-86 新建段落样式

STEP 03 双击“段落样式1”选项，在弹出的“段落样式选项”对话框中设置参数值，如图14-87所示。单击“确定”按钮，“段落样式”面板如图14-88所示。

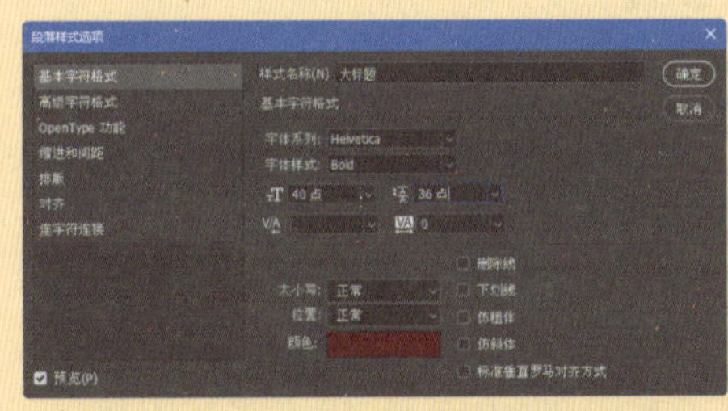
图14-87 “段落样式”选项对话框

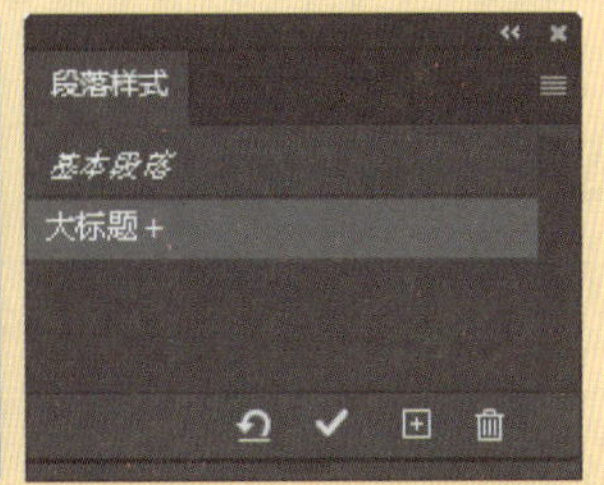

图14-88 “段落样式”面板

STEP 04 使用相同的方法新建一个名为“段落”的段落样式，“段落样式选项”对话框中的参数设置如图14-89所示。设置完成后单击“确定”按钮，“段落样式”面板如图14-90所示。

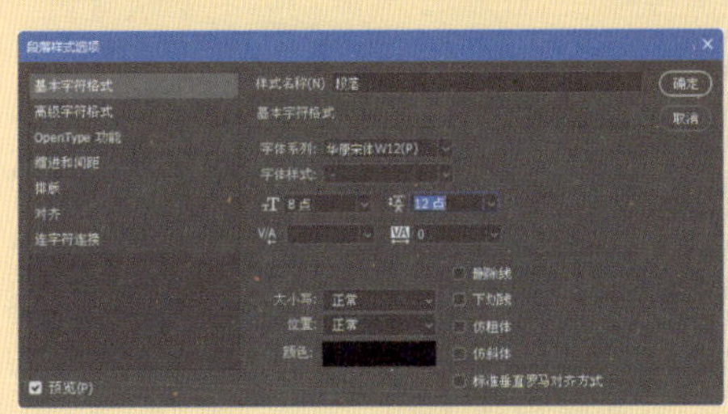
图14-89 “段落样式选项”对话框

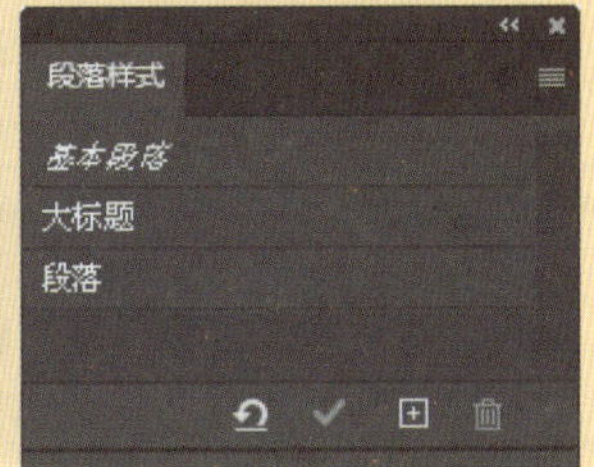

图 114-90 “段落样式”面板

STEP 05 单击“字符样式”面板底部的“创建新的字符样式”按钮，新建“字符样式 1”。双击“字符样式 1”选项，在弹出的“字符样式选项”对话框中设置参数，如图14-91所示。使用相同的方法创建一个名为“一级标题”的字符样式，如图14-92所示。

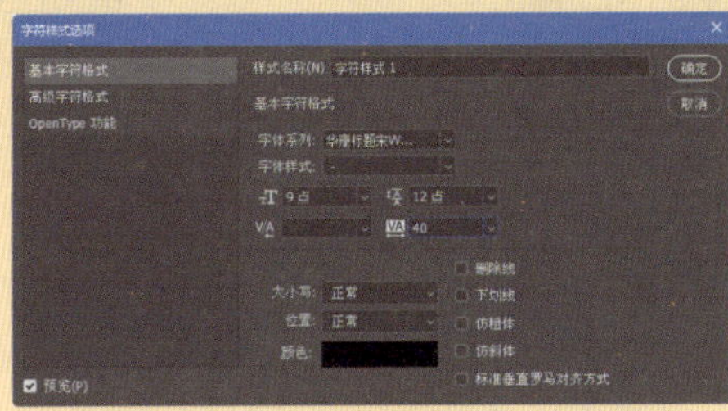
图14-91 “字符样式选项”对话框

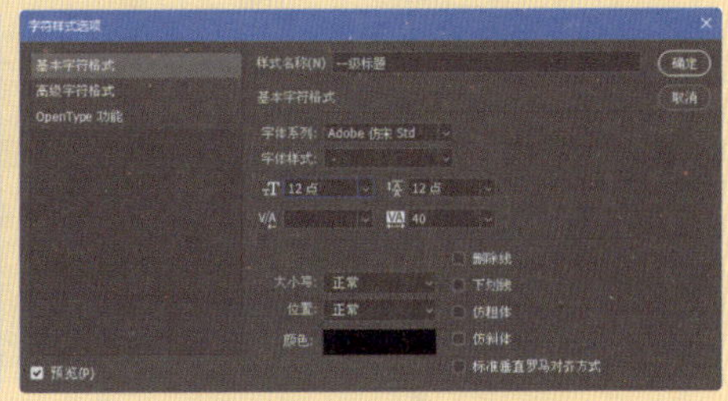
图14-92 设置字符样式

STEP 06 单击“确定”按钮，“字符样式”面板如图14-93所示。使用“横排文字工具”在图像中拖出文本框并输入文字，在“段落样式”面板中选中“大标题”样式，如图14-94所示。

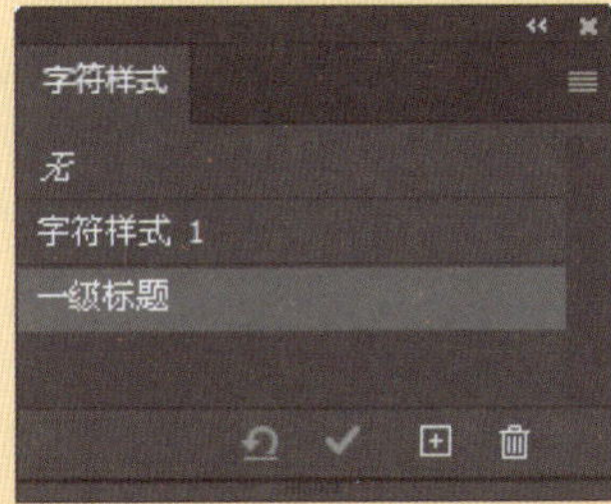

图14-93 “字符样式”面板

图14-94 输入文字并应用样式

STEP 07 使用“横排文字工具”在图像中拖出文本框并输入文字，在“段落样式”面板中选中“段落”样式，效果如图14-95所示。选中第2行文字，在“字符样式”面板中选择“字符样式 1”样式，效果如图14-96所示。

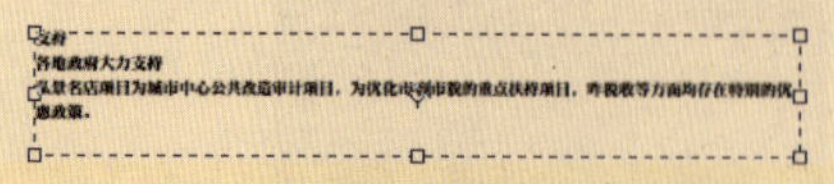

图14-95 输入文字

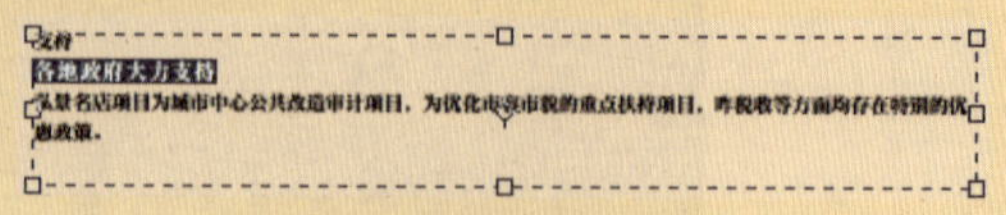

图14-96 编辑文字

STEP 08 选中“支持”二字，并在“字符样式”面板中选择“一级标题”样式为所选文字应用，效果如图14-97所示。使用相同的方法输入文字并应用样式，效果如图14-98所示。

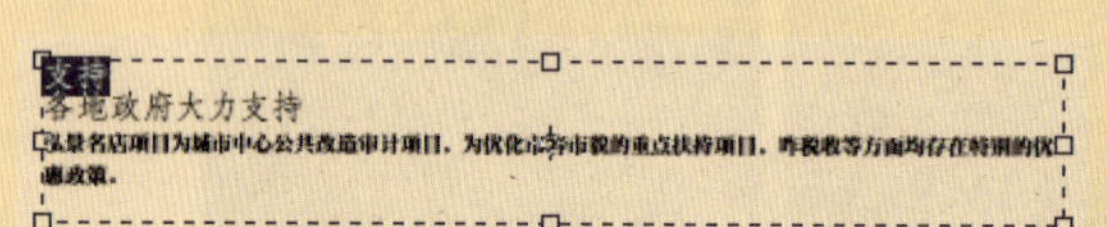

图14-97 应用“一级标题”样式

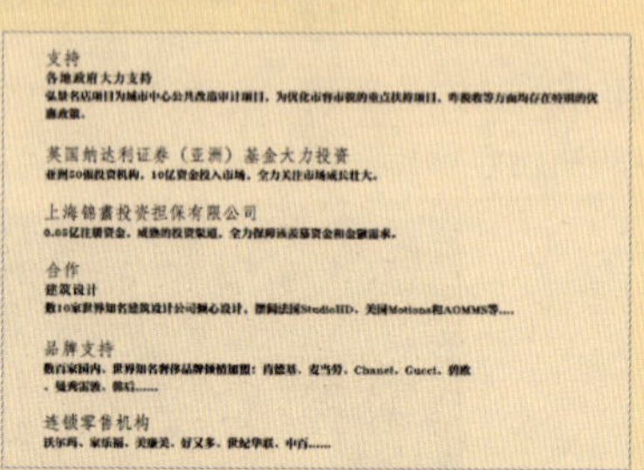

图14-98 输入其他文字

STEP 09 使用相同的方法输入文字并应用不同的样式，效果如图14-99所示，“图层”面板如图14-100所示。

Tips

如果对使用了某种字符样式的文字进行了大小或字体等属性的更改，单击“字符样式”面板下方的“清除覆盖”按钮，可将选择的文字恢复到原有的字符样式。在全部文字输入完成后，可以在画布中拖出参考线，以精确对齐文本左边缘。

图14-99 输入文字并应用样式

图14-100 “图层”面板

14.5 路径文字

路径文字是指创建在路径上的文字，这种文字会沿着路径排列，而且当改变路径形状时，文字的排列方式也会随之变化，这种文字形式使得文字的处理方式变得更加灵活。

14.5.1 创建路径文字

使用“钢笔工具”在图像中绘制一条路径，选择“横排文字工具”，将光标放在路径上，当光标指针变成形状时，单击设置文字插入点，输入文字即可沿着路径排列，如图14-101所示。提交文字后，在“路径”面板的空白处单击将路径隐藏，效果如图14-102所示。

图14-101 输入路径文字　　图14-102 隐藏路径

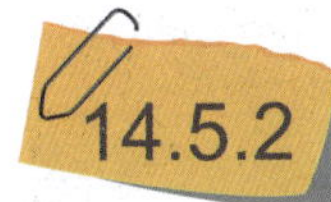

移动与翻转路径文字

路径文字创建完成后，用户还可以随时对其进行修改和编辑。由于路径文字的排列方式受路径的形状控制，所以移动或编辑路径就会影响文字的排列。

在“图层”面板中选择文字图层，图像上会显示出路径。单击工具箱中的“直接选择工具”按钮或“路径选择工具”按钮，将光标定位到文字上，光标指针会变为 形状，单击并沿着路径拖动可以移动文字，如图14-103所示。单击并向路径的另一侧拖动文字，可以将文字翻转，如图14-104所示。

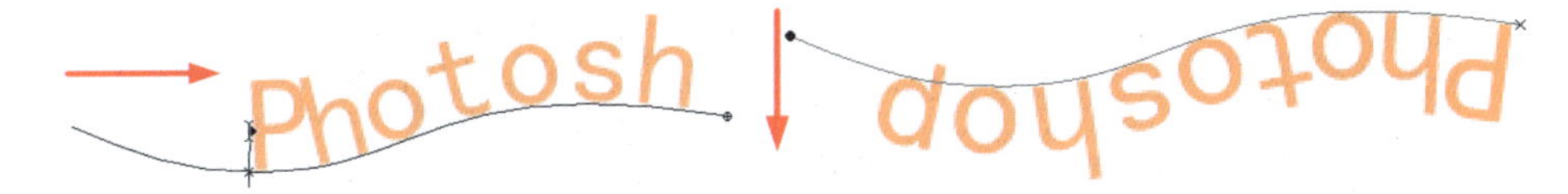

图14-103 移动文字　　图14-104 翻转文字

14.5.3 编辑路径文字

创建路径文字后，用户还可以直接修改路径的形状来影响路径的排列。使用“直接选择工具” 单击路径，可以显示锚点，移动锚点或者调整路径的形状，如图14-105所示，文字会沿修改后的路径重新排列，如图14-106所示。

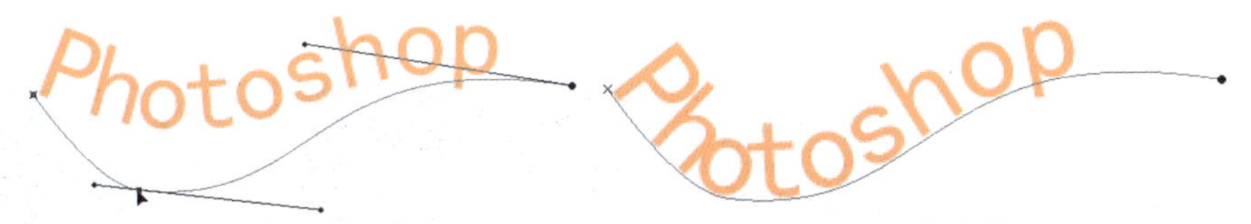

图14-105 调整路径形状　　图14-106 文字效果

制作有趣的光影文字

源文件：源文件\第14章\14-5-3.psd　　视频：视频\第14章\制作有趣的光影文字.mp4

STEP 01 打开素材图像“素材\第14章\145301.jpg”，并复制“背景”图层，如图14-107所示。使用“横排文字工具”，在“字符”面板中设置参数值，如图14-108所示。

STEP 02 设置完成后，在图像中输入如图14-109所示的文字，单击选项栏中的“右对齐文本”按钮。选中文字的最后一行，在“字符”面板中设置“基线偏移”为－58，文字效果如图14-110所示。

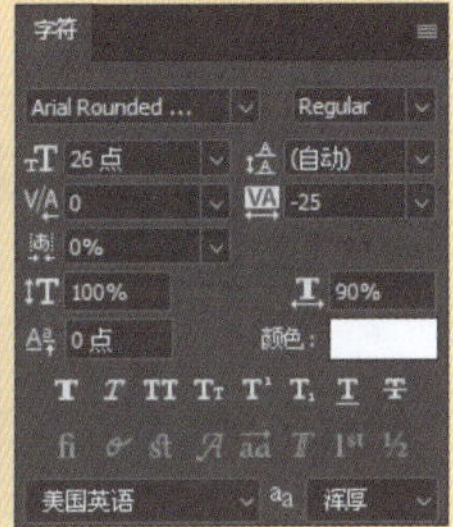

图14-107 打开素材图像　图14-108 “字符”面板

图14-109 输入文字

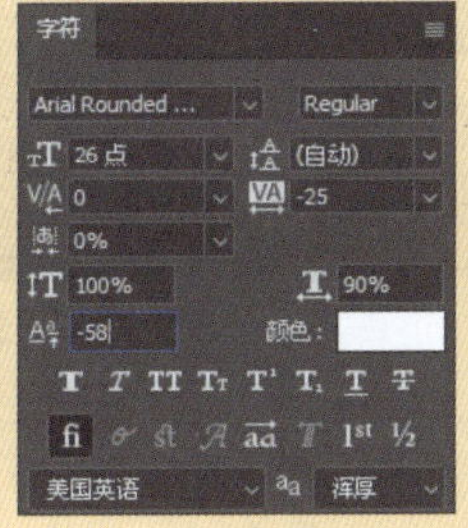

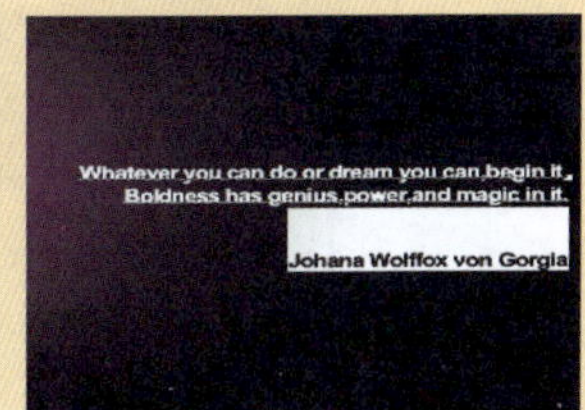

图14-110 文字效果

STEP 03 选中第一行文字，在“段落”面板中设置“首行缩进”为－55，如图14-111所示，文字效果如图14-112所示。

STEP 04 为该文字图层添加图层样式，在“图层样式”对话框中分别设置“外发光”和“投影”参数值，如图14-113和如图14-114所示。

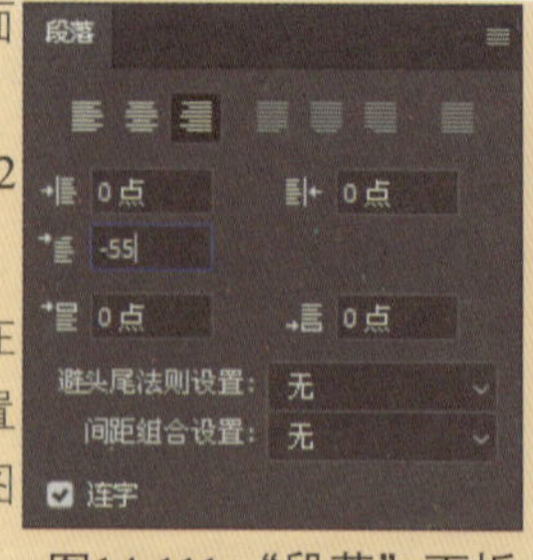

图14-111 “段落”面板

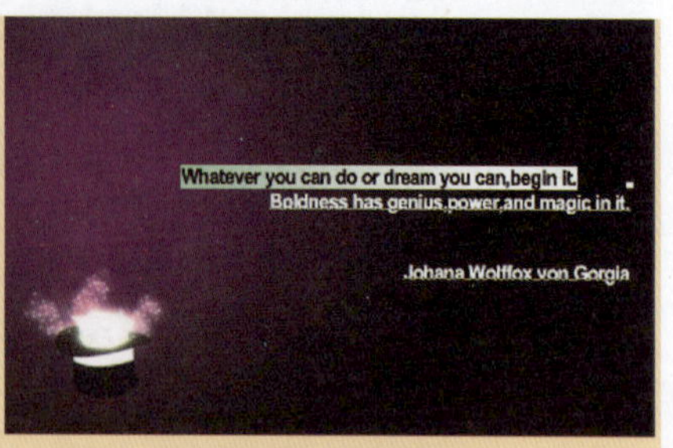

图14-112 文字效果

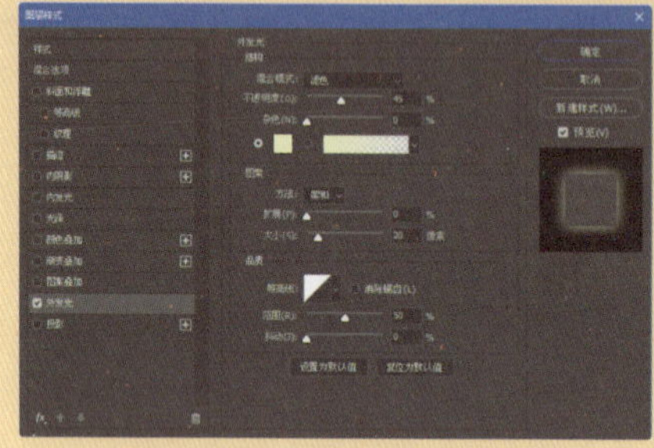
图14-113 “外发光”样式

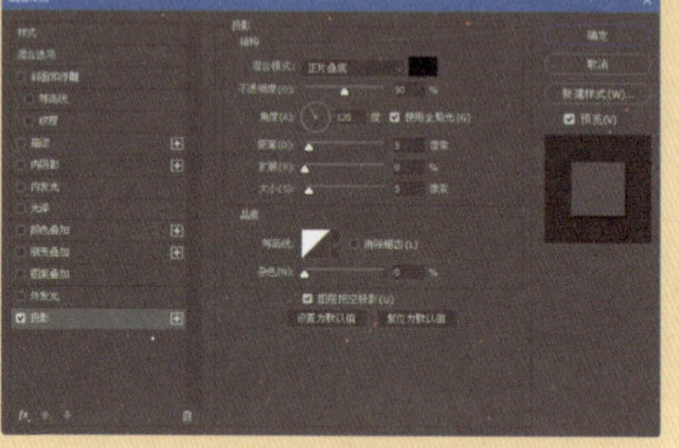
图14-114 “投影”样式

关于为文字图层添加图层样式的方法。

为普通图层添加图层样式时，用户只需双击该图层缩览图即可打开“图层样式”对话框进行设置。然而文字图层却不能使用这种方式，因为双击文字图层缩览图将选中该图层中的全部文字，读者在操作时需要注意。

STEP 05 单击“确定”按钮，文字效果如图14-115所示。在选项栏中设置工具模式为“路径”，使用“钢笔工具”在图像中绘制一条路径，如图14-116所示。

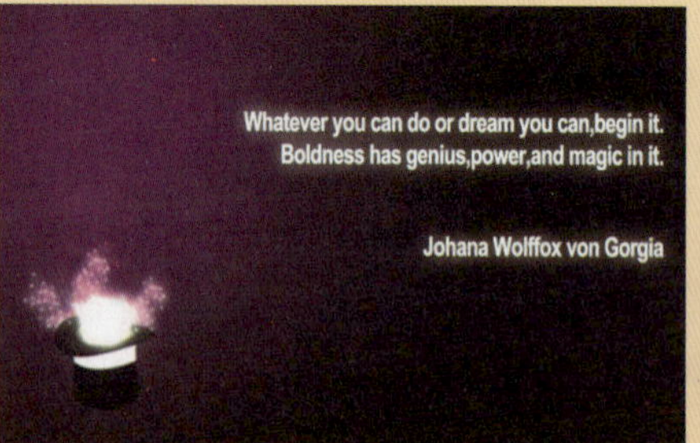

图14-115 文字效果

图14-116 绘制路径

STEP 06 单击“横排文字工具”按钮，在“字符”面板中设置文字参数，如图14-117所示。将光标移质路径下端，待光标形状变为![]形状时单击并输入文字，设置该文字图层的“不透明度”为90%，效果如图14-118所示。

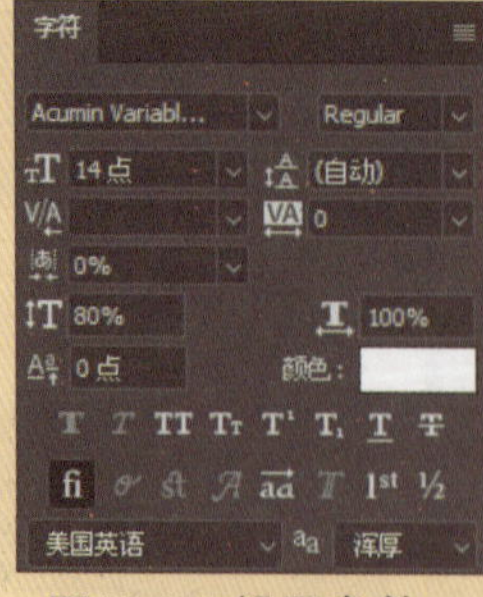

图14-117 设置参数

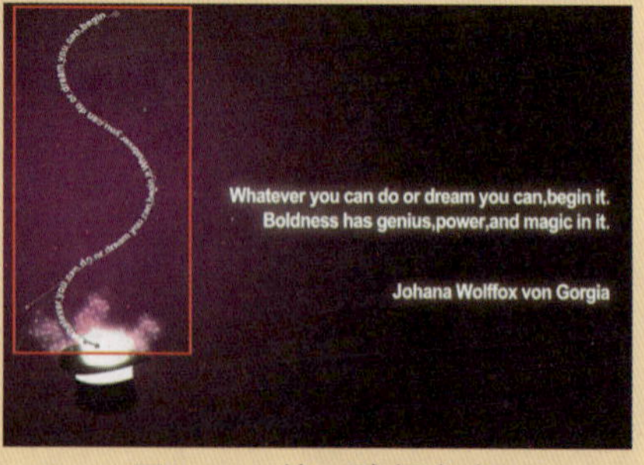

图14-118 输入路径文字

STEP 07 为该文字图层添加图层样式，在弹出的“图层样式”对话框中设置“外发光”参数，如图14-119所示。单击“确定”按钮，文字效果如图14-120所示。

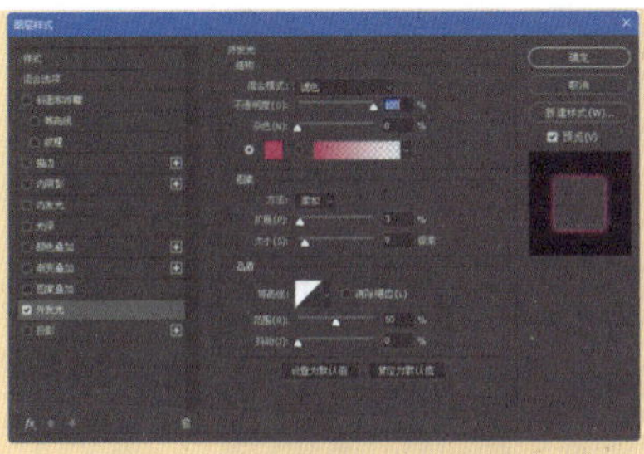

图14-119 “外发光”样式

图14-120 文字效果

STEP 08 按【Ctrl+J】组合键复制该图层，选择“编辑”→“变换”→“水平翻转”命令，将其水平翻转。使用“直接选择工具”对锚点进行编辑，以改变路径文字的排列方式，如图14-121所示。新建“图层2”图层，将“画笔工具”模式改为“线性减淡（添加）”，分别在图像中涂抹白色和RGB（244、29、145）颜色，如图14-122所示。

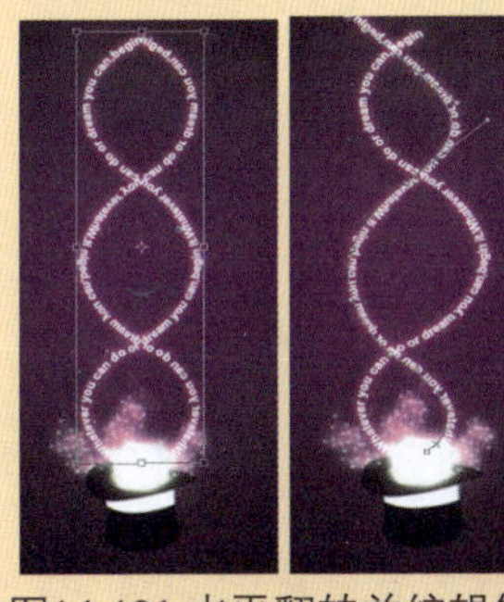

图14-121 水平翻转并编辑锚点

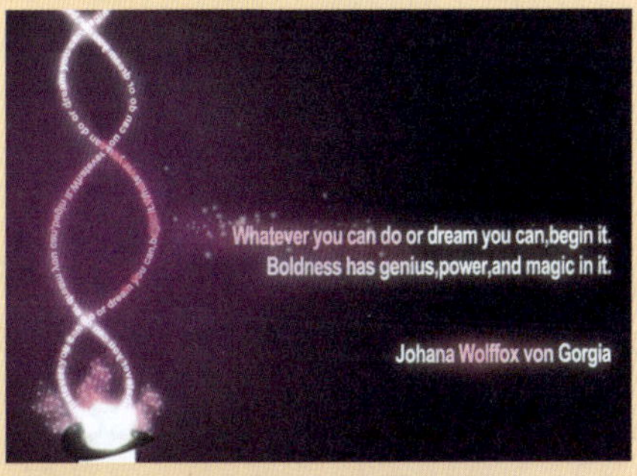

图14-122 涂抹图像

STEP 09 设置“图层2”图层的“混合模式”为“线性减淡（添加）”，“不透明度”为70%，效果如图14-123所示，“图层”面板如图14-124所示。

STEP 10 使用“画笔工具”，在“画笔设置”面板中分别选择“画笔笔尖形状”“形状动态”和“散布”选项设置参数值，如图14-125~图14-127所示。

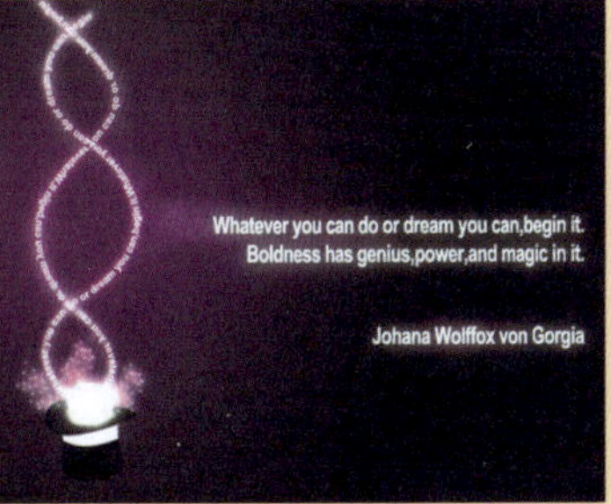

图14-123 图像效果

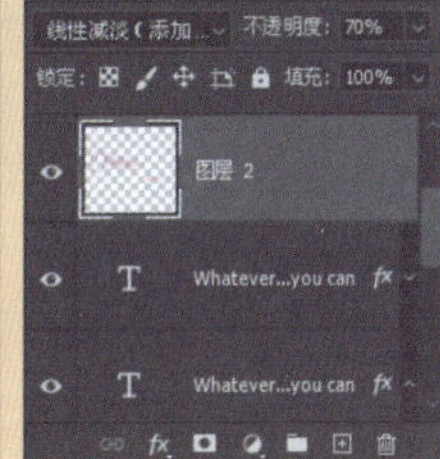

图14-124 “图层”面板

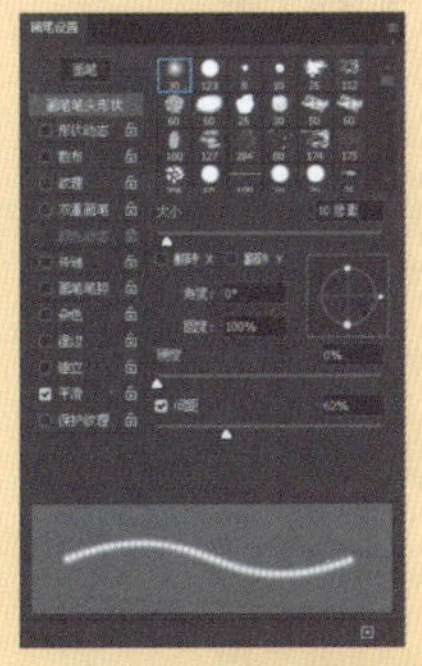

图14-125 设置“画笔笔尖形状”

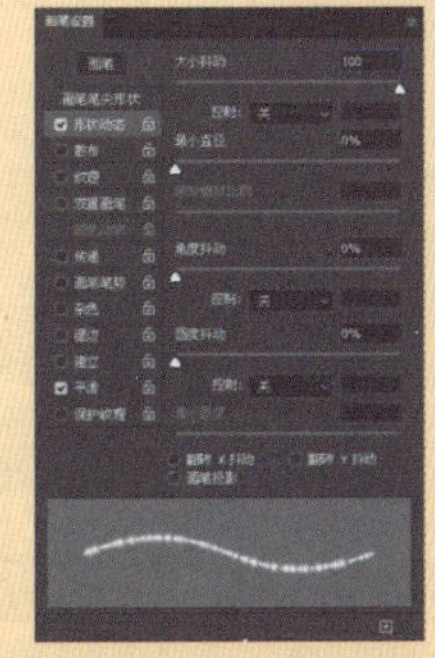

图14-126 设置“形状动态”

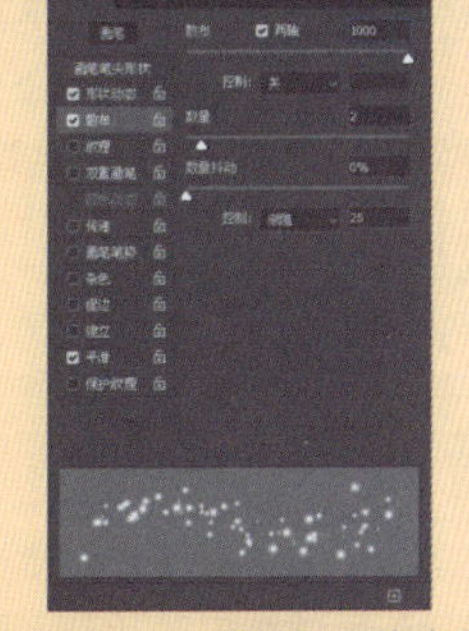

图14-127 设置“散布”

STEP 11 新建“图层3”图层，设置“前景色”为白色，使用“画笔工具”在图像中涂抹出光点，如图14-128所示。使用“加深工具”在“图层1”图层中加深出路径文字的阴影，并盖印图层，如图14-129所示。至此，本案件操作完成。

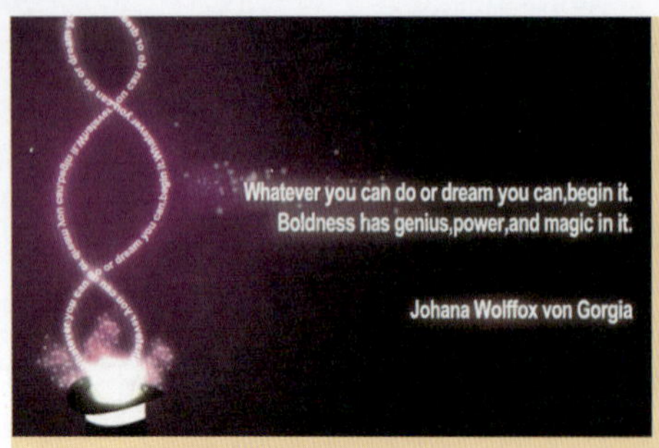

图14-128 涂抹光点

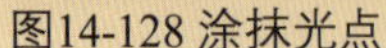

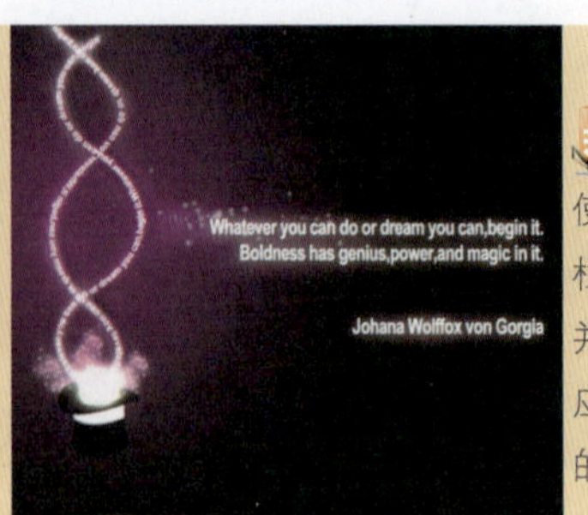

图14-129 加深背景

> **Tips**
> 使用“加深工具”时，请在选项栏中选择“保护色调”复选框，并设置较小的“曝光度”，涂抹时应尽量沿着文字走向涂抹出光滑的阴影。

14.6 变形文字

变形文字是指对创建的文字进行变形处理后得到不同的文字效果，如将文字变形为拱形或扇形等。本节将对变形文字操作进行详细讲解。

14.6.1 创建变形文字

使用“横排文字工具”或“直排文字工具”在文档中输入文字，选择“文字”→“文字变形”命令，在弹出的“变形文字”对话框中适当设置参数值，即可创建变形文字。

14.6.2 变形选项设置

单击选项栏中的“变形文字”按扭，弹出“变形文字”对话框，其中包括文字的多种变形选项，如文字的变形样式和变形程度，如图14-130所示。在“样式”下拉列表框中有多种系统预设的变形样式，如图14-131所示，用户可以直接选用这些样式应用。

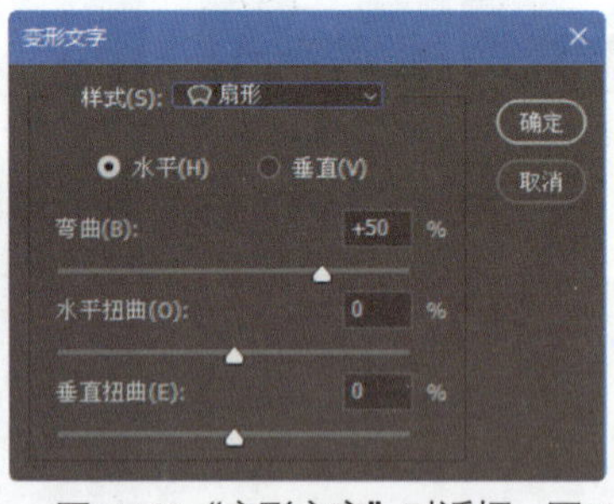

图14-130 “变形文字”对话框

图14-131 “样式”下拉列表框

- 样式：在该下拉列表框中共有15种系统预设变形样式。图14-132所示为不同样式的文字变形效果。

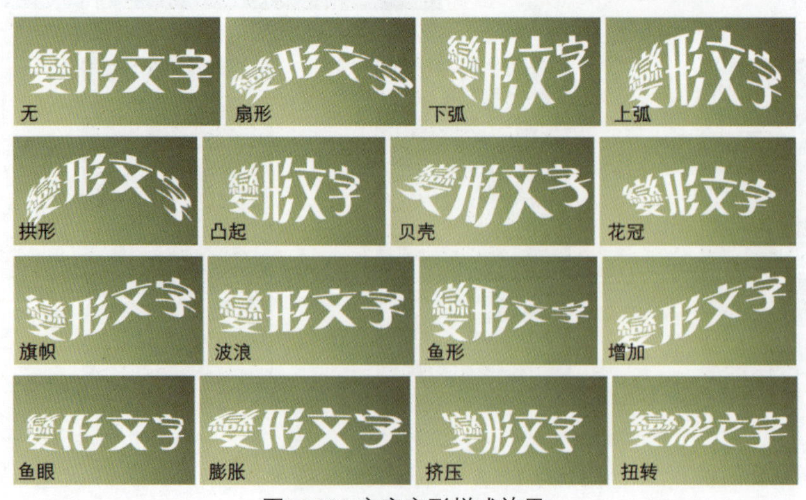

图14-132 文字变形样式效果

- 水平/垂直：用于指定文本应用扭曲的方向。选中"水平"单选按钮，文本扭曲的方向为水平；选中"垂直"单选按钮，文本扭曲的方向为垂直。
- 弯曲：用于设置文本变形的弯曲程度。正值为向上弯曲，负值为向下弯曲。
- 水平扭曲/垂直扭曲：分别用于指定文本在水平和垂直方向的扭曲程度。

Tips

用户在"变形文字"对话框中设置参数时可以在画布中移动文字的位置，但是并不改变参数值。请注意它与"图层样式"对话框的不同，在"图层样式"对话框中，在画布中拖动不改变图像或图形的位置，而是改变对话框中的参数。

14.6.3 重置变形与取消变形

使用"横排文字工具"和"直排文字工具"创建的文本，在没有将其栅格化或转换为形状前，可以随时重置与取消变形。

- 重置变形：选择一种文字工具，单击工具选项栏中的"创建文字变形"按钮，或选择"文字"→"文字变形"命令，可以弹出"变形文字"对话框，修改变形参数，或者在"样式"下拉列表框中选择另外一种样式，即可重置文字变形。
- 取消变形：在"变形文字"对话框的"样式"下拉列表框中选择"无"选项，然后单击"确定"按钮关闭对话框，即可取消文字变形。

14.7 编辑文字

在Photoshop中，除了使用"字符"面板和"段落"面板编辑文本外，还可以通过执行一些命令进一步编辑文字，如将文本转换为形状，通过"拼写检查""查找和替换文本"命令等对文本进行检查等操作。

14.7.1 载入文字选区

载入文字选区的方法与载入图层选区相同。选择文字图层，按住【Ctrl】键并单击文字图层缩览图，即可将文字图层的文字载入选区。

14.7.2 将文字转换为路径和形状

若要将文字转换为路径，请选择文字图层，选择"文字"→"创建工作路径"命令，可基于文字创建工作路径，原文字属性保持不变。

若要将文字转换为形状，请选择文字图层，选择"文字"→"转换为形状"命令，即可将其转换为一个形状图层。

14.7.3 拼写检查

在Photoshop中提供了"拼写检查"功能，使用"拼写检查"可以对当前文本中的英文单词拼写进行检查，以确保单词拼写正确。

若要对字符串进行拼写检查，先选中相应的文字图层，选择"编辑"→"拼写检查"命令，弹出"拼写检查"对话框，如图14-133所示。如果检测到错误的单词，Photoshop会提供修改建议，单击"更改"或"更改全部"按钮即可自动更正拼写错误。

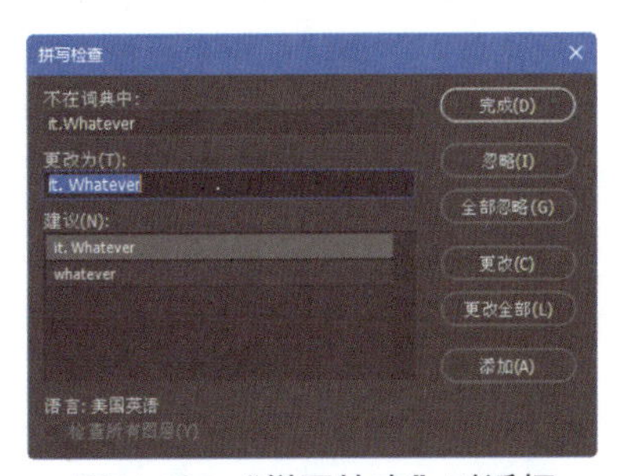

图14-133 "拼写检查"对话框

- 不在词典中：Photoshop会将查出的错误单词显示在“不在词典中”列表框内。
- 更改为：此处显示用来替换错误文本的正确单词，用户可在“建议”列表框中选择需要替换的文本，或直接输入正确单词。
- 建议：显示修改建议。
- 更改：单击“更改”按钮可使用正确的单词替换文本中错误的单词。
- 更改全部：如果要使用正确的单词替换文本中所有错误的单词，可单击“更改全部”按钮。
- 语言：可选择的语言，可在“字符”面板中进行调整。
- 检查所有图层：选择该复选框可自动检测所有图层中的文本，取消选择该复选框将只检查所选图层中的文本。
- 完成：单击该按钮，将结束检查并关闭对话框。
- 忽略/全部忽略：单击“忽略”按钮，表示忽略当前的检查结果；单击“全部忽略”按钮，则忽略所有检查结果。
- 添加：用于将检测到的词条添加到词典中。如果被查找到的单词拼写正确，可单击该按钮，将其添加到Photoshop词典中。以后再查找到该单词时，Photoshop会自动视其为正确的拼写格式。

Tips

拼写检查功能只对选中的文本图层起作用，所以在使用之前首先选中文本图层，然后再使用拼写检查功能。

14.7.4 查找与替换

在Photoshop中处理文字时，如果文本内容较多，且包含大量的同类拼写错误，可使用“查找和替换文本”功能进行替换。已经栅格化的文字不能进行查找和替换。

选择“编辑”→“查找和替换文本”命令，弹出“查找和替换文本”对话框，如图14-134所示。

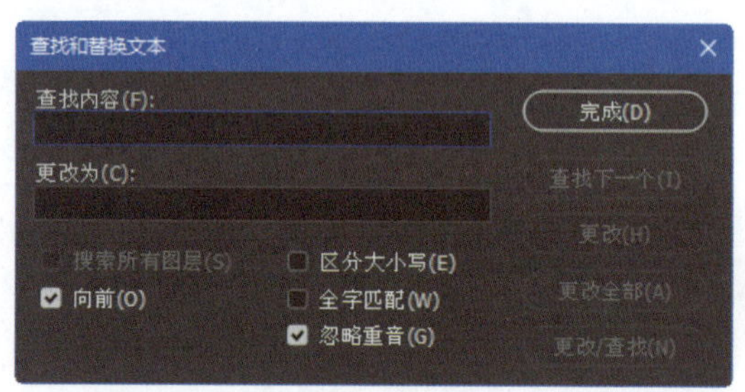

图14-134 “查找和替换文本”对话框

在“查找内容”文本框中输入要替换的内容，在“更改为”文本框中输入用来替换的内容，单击“更改”按钮，即可替换查找到的文本内容。

14.8 文字菜单

Photoshop将与文本输入和编辑有关的命令统一放置在了“文字”菜单中，便于用户检索并使用，“文字”菜单如图14-135所示。

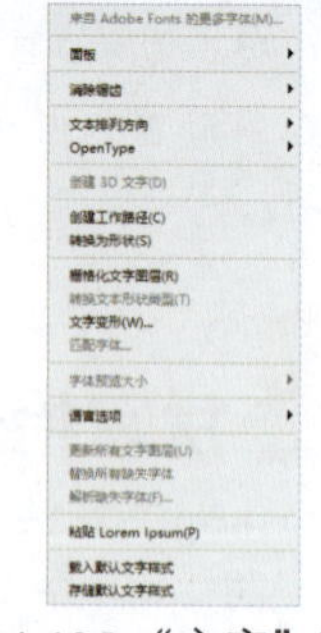

图14-135 “文字”菜单

14.8.1 Open Type

选择“文字”→“Open Type”命令，可以为当前文本图层或选中的文字选择Open Type功能。执行该命令的效果与“字符”面板下方的8个Open Type功能按钮相同，详细讲解请参看本章第14.4.1节。

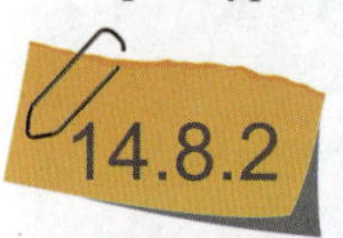

14.8.2 创建3D文字

选中文字图层，选择“文字”→“创建3D文字”命令，即可将文字自动生成为3D模型。关于创建3D文字的详细内容，请参看本书第16章。

14.8.3 栅格化文字图层

选择“文字”→“栅格化文字图层”命令，可将当前文字图层转换为普通的位图图层。文字属于矢量图形，可以随意放大或缩小而不会产生模糊。将文字图层栅格化为普通图层后，该图层将不再具有矢量图形的特征，将可以使用任何普通图层可用的工具和命令。

14.8.4 字体预览大小

选择“文字”→“字体预览大小”命令，在打开的子菜单中共有“无”“小”“中”“大”“特大”和“超大”6个命令供用户选择，如图14-136所示。

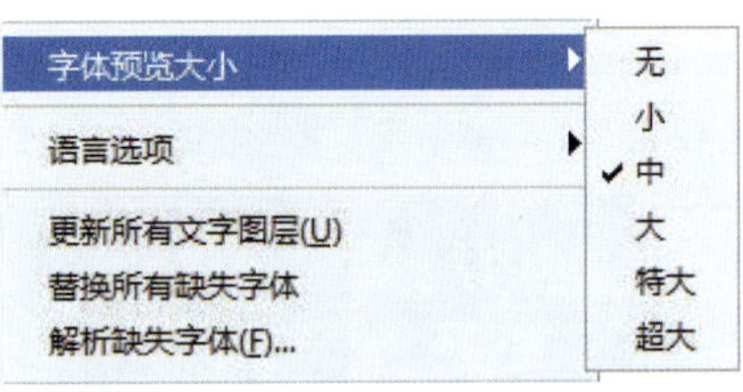

图14-136 “字体预览大小”子菜单

Tips

字体预览设置得越大，在设置字体系列时的预览字体越直观清晰，这将给用户操作带来便利。但相应的，如果该值设置得过大，字体预览速度会明显受到影响。

14.8.5 语言选项

选择“文字”→“语言选项”命令，打开如图14-137所示的子菜单，该子菜单中的命令主要用来对文本引擎和文字的行内对齐方式等属性进行相关设置。

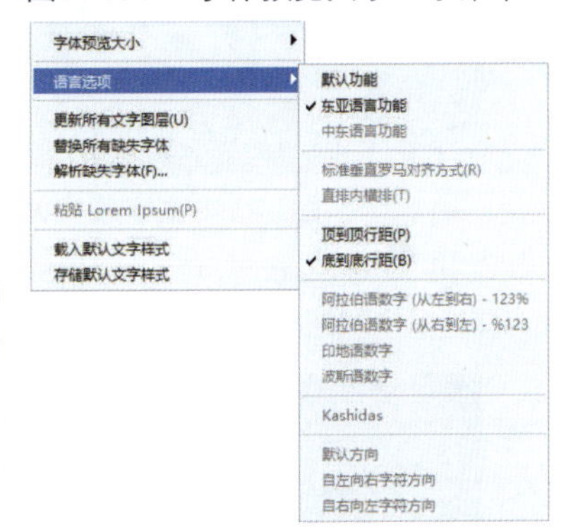

图14-137 “语言选项”子菜单

14.8.6 更新所有文字图层

选择“文字”→“更新所有文字图层”命令，文档内丢失的字体或字形将会被全部更新为可用数据。

14.8.7 替换所有欠缺字体

选择“文字”→“替换所有欠缺字体”命令，文档内缺失的字体将会全部被更新为其他可用字体。

14.8.8 粘贴Lorem Ipsum

在文字处于编辑状态下时，选择“文字”→“粘贴Lorem Ipsum”命令，会在当前输入点粘贴入一段名为Lorem Ipsum的文章。Lorem Ipsum是一篇常用于排版设计领域的拉丁文文章。执行该命令的主要的目的是为了测试文章或文字在不同字形、版型下的效果，用户可以将它视为一种文本排版预览功能。

14.9 专家支招

用户不但可以对文字设置各种格式和样式，还可以对文字进行变形操作，轻松地将文字与图像完美地结合在一起。将文字转换为形状或栅格化后，可以结合其他工具或命令对文字进行变形装饰。

14.9.1 如何获得并安装文字字体

在重新安装系统后，计算机中通常只有黑体、宋体等常用字体。用户可以通过购买获得更多漂亮的字体文件。将字体文件安装到Windows\Font目录下。启动Photoshop后，新字体就会出现在选项列表中。

14.9.2 如何制作花式文字

选择“文字”→“创建工作路径”命令，文字图层的属性不会发生变化，只是在此基础上创建了临时的工作路径；而选择“文字”→“转换为形状”命令，文字图层将转换为形状图层，对形状路径进行编辑，图层中的对象将发生相应的变化。

使用“横排文字工具”在图像中输入文字，选择“文字”→“转换为形状”命令，将文字转换为形状，如图14-138所示。将形状路径中不需要的锚点删除，效果如图14-139所示。

图14-138 文字转换为形状

图14-139 删除锚点

使用“自定形状工具”或“钢笔工具”配合“直接选择工具”调整路径的形状，如图14-140所示。加入其他文字和图案点缀图像，如图14-141所示。

图14-140 调整路径

图14-141 加入素材

14.10 总结扩展

Photoshop CC 2020在文本处理方面的功能较之前的版本有了大幅增强，用户不但可以对文字进行变形操作，将文字转换成矢量路径，轻松地将矢量文字与图像完美结合在一起，还可以通过新建字符样式和段落样式来高效处理大量的段落文字，从而大幅提高工作效率。通过本章的学习，读者应该不断探索合理运用文本使图像处理变得更加完美的方法和技巧，使文字在画布中起到画龙点睛的作用。

14.10.1 本章小结

本章主要学习了Photoshop中文本处理方面的知识，包括文字的输入方法和编辑文字的方法。通过本章的学习，读者需要掌握文本处理的各种方法及文本编辑的技巧，希望读者认真学习本章内容，并能将其运用到实际的工作和学习中。

14.10.2 举一反三——制作几何文字

案例文件：	源文件\第14章\14-10.psd
视频文件：	视频\第14章\制作几何文字.mp4
难易程度：	★★★★☆
学习时间：	20分钟

（1）

（2）

（3）

（4）

1. 新建文档，使用“画笔工具”绘制图像并对图像进行调整。
2. 使用“横排文字工具”在图像中输入文字，复制多层并移动其位置。
3. 将文字载入选区，对选区的边缘进行调整。新建图层，对选区执行“滤镜”→“渲染”→“云彩”命令，复制多层，并调整图层的叠放顺序和混合模式。
4. 使用相同的方法绘制其他图像，对绘制的图像使用蒙版并调整图层的混合模式。

读书笔记

第15章 动作与自动化操作

本章主要讲解动作与自动化操作。在Photoshop中，动作是一种能够完成多个命令的功能，它可以将编辑图像的多个步骤制作成一个动作，使用时只需执行这个动作即可一次完成所有图像操作，可帮助用户提高工作效率。另外，本章还介绍了如何使用自动命令处理图像，这样可以提高处理图像的技巧并节省工作时间，使用户更方便快捷地处理图像。

本章学习重点

第 332 页
创建温暖色调动作

第 335 页
动作的修改

第337页
再次记录动作

第345页
使用“合并到HDR Pro”命令渲染图像

15.1 认识“动作”面板

动作功能类似于Word中的宏功能，可以将Photoshop中的某几个操作像录制宏一样记录下来，这样可以使烦琐的工作变得简单易行。

使用动作之前首先了解一下“动作”面板，通过它可以进行记录、播放、编辑和删除等操作，此外还可以存储、载入和替换动作文件。选择“窗口”→“动作”命令或按【Alt+F9】组合键，打开“动作”面板，如图15-1所示。

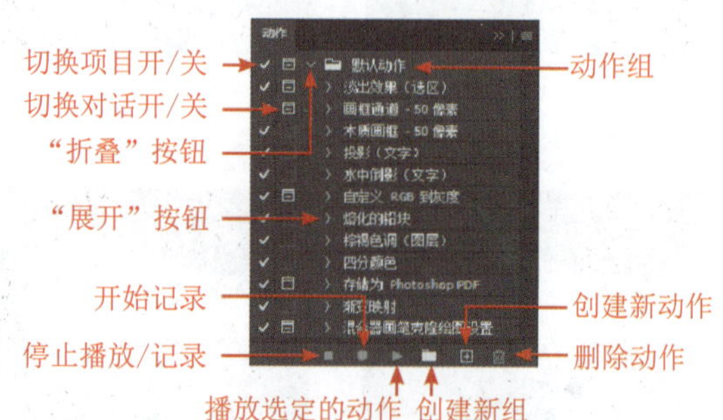

图15-1 “动作”面板

- 动作组：默认情况下，只有一个默认动作组。动作组是一系列动作的集合，动作是一系列操作命令的集合。
- 切换项目开/关：如果动作组、动作和记录命令前显示此按钮并以白色☑显示时，说明该动作组、动作和记录命令都可以被执行；如果标志以红色☑显示，则该动作组中的部分动作或记录命令不能被执行；如果动作组、动作和记录命令前不显示该按钮，则该动作组中的所有动作都不能被执行。
- 切换对话开/关：如果记录命令前显示该按钮，说明在执行动作过程中会暂停，并弹出相应的对话框。这时可修改记录命令的参数，单击“确定”按钮后才能继续执行后面的动作。
- “折叠”按钮：单击记录命令中的“折叠”按钮，可以折叠命令，只显示记录命令。单击动作中的“折叠”按钮，可以折叠记录命令，只显示动作。单击动作组中的“折叠”按钮，可以折叠动作，只显示动作组。
- “展开”按钮：单击动作组中的“展开”按钮，可以展开动作组中的所有动作。单击动作中的“展开”按钮，可以展开动作中的所有记录命令。
- 开始记录：用于创建一个新的动作。处于记录状态时，该按钮呈现红色。

- 停止播放/记录■：单击该按钮，可以停止播放或记录操作。
- 播放选定的动作▶：选择一个动作后，单击该按钮可播放选定的动作。
- 创建新组：可创建一个新的动作组，并保存新建的动作。
- 创建新动作：单击该按钮，可创建新的动作。
- 删除动作：选择动作组、动作或记录命令后，单击该按钮，即可将其删除。

15.1.1 应用预设动作

在“动作”面板中有一组默认的动作预设，用户可以利用动作预设快速制作出一些图像效果。下面通过实例向读者讲解如何应用预设动作。

应用案例

应用预设动作制作四分颜色

源文件：源文件\第15章\15-1-1.psd　视频：视频\第15章\应用预设动作制作四分颜色.mp4

STEP 01 打开素材图像“素材\第15章\151101.jpg”，如图15-2所示。选择“窗口”→“动作”命令，打开“动作”面板，如图15-3所示。

STEP 02 在“动作”面板中选择“四分颜色”动作，如图15-4所示。单击“播放选定的动作”按钮，即可播放该动作，图像效果如图15-5所示。

图15-2 打开素材图像

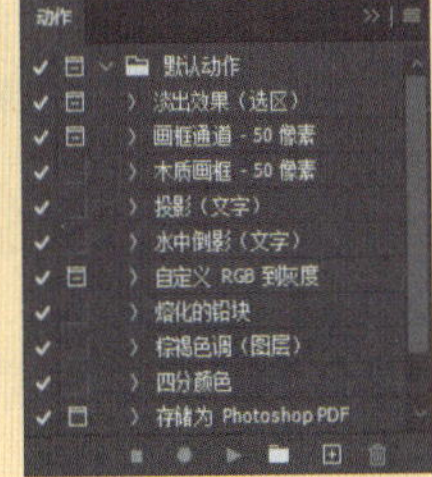

图15-3 “动作”面板

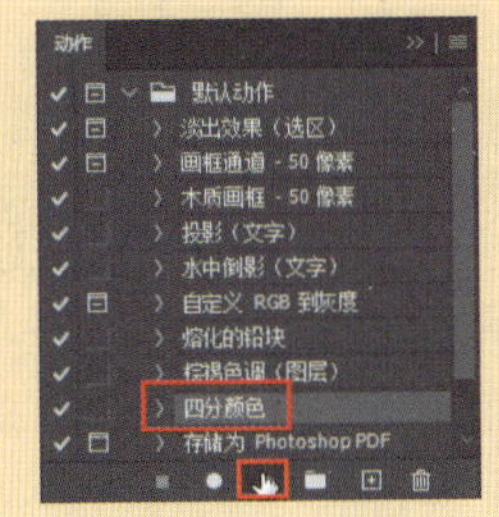

图15-4 选择“四分颜色”动作

图15-5 图像效果

15.1.2 创建与播放动作

“动作”面板可以创建和播放动作，在记录动作前首先要新建一个动作组，以便将动作保存在该组中。如果没有创建新的动作组，则录制的动作会保存在当前选择的动作组中。单击“动作”面板中的“创建新组”按钮，弹出“新建组”对话框，如图15-6所示。在“名称”文本框中输入动作组名称，单击“确定”按钮，即可新建一个动作组，如图15-7所示。

图15-6 “新建组”对话框

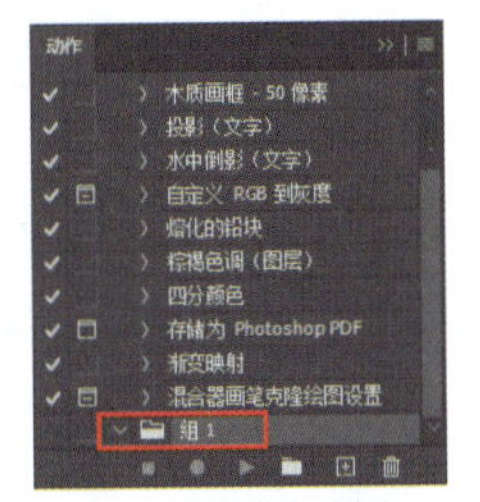

图15-7 新建动作组

新建动作组后，可以将新记录的动作放置在这个动作组中，下面将通过实例向读者讲解如何创建与播放动作。

应用案例 创建温暖色调动作

源文件：源文件\第15章\15-1-2.psd　视频：视频\第15章\创建温暖色调动作.mp4

STEP 01 打开素材图像“素材\第15章\151201.jpg”，如图15-8所示。打开“动作”面板，单击“创建新动作”按钮，弹出“新建动作”对话框，输入动作名称，如图15-9所示。

图15-8 打开素材图像

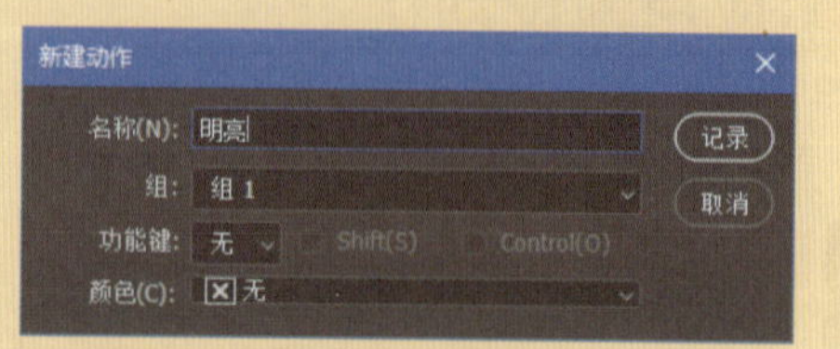

图15-9 设置“新建动作”对话框

STEP 02 此时“开始记录”按钮呈按下状态，并显示红色，如图15-10所示。选择“图像”→“调整”→“阴影/高光”命令，弹出“阴影/高光”对话框，参数设置如图15-11所示。

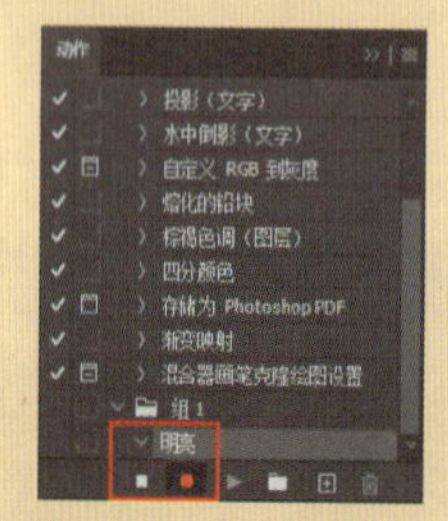

图15-10 新建动作

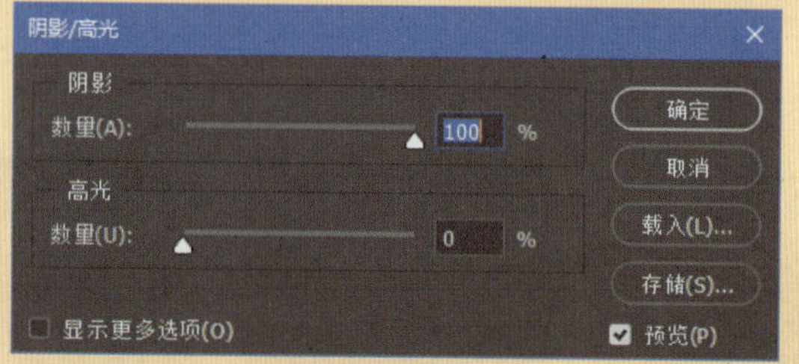

图15-11 设置“阴影/高光”对话框

STEP 03 单击“确定”按扭，图像效果如图15-12所示，选择“图像”→“调整”→“色彩平衡”命令，弹出“色彩平衡”对话框，参数设置如图15-13所示。

图15-12 图像效果

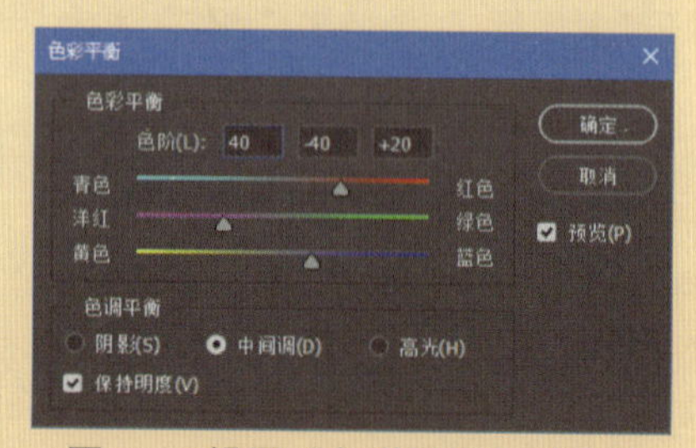

图15-13 设置“色彩平衡”对话框

STEP 04 单击“动作”面板中的“停止播放/记录”按钮，完成动作的录制，图像效果如图15-14所示，此时的“动作”面板如图15-15所示。

图15-14 图像效果

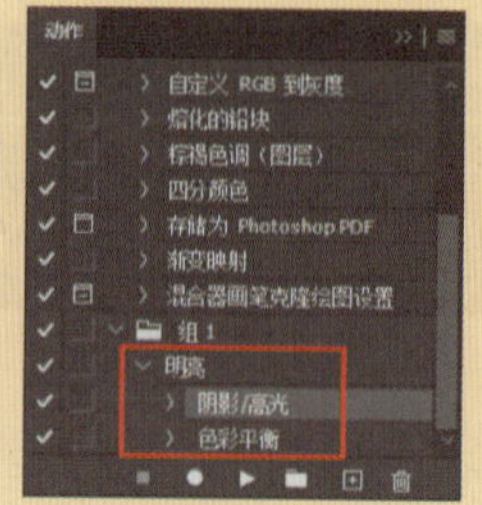

图15-15 记录后的“动作”面板

STEP 05 打开素材图像“素材\第15章\152102.jpg”，选中刚刚录制的动作，单击“播放选定的动作”按钮，图像效果如图15-16所示。

图15-16 图像效果

可以记录动作的工具由哪些?

Photoshop 中的大多数命令和工具操作都可以记录在动作中，可记录的动作大致包括用“选框”“移动”“多边形”“套索”“魔棒”“裁剪”“切片”“魔术橡皮擦”“渐变”“油漆桶”“文字”“形状”“注释”和“吸管”等工具执行的操作。另外，也可记录在“颜色”“图层”“色板”“样式”“路径”“通道”“历史记录”和“动作”面板中执行的操作。

Tips

在记录动作之前，应先打开一幅图像，否则 Photoshop 会将打开图像的操作也一并记录下来。一般情况下，在录制动作前应首先新建一个动作组，以便将动作保存在该组中。

15.1.3 编辑动作

在“动作”面板中，可以对动作进行复制、删除、移动或重命名操作。如果要更改动作的名称，首先在“动作”面板中双击该动作的名称，这时所选名称的底纹会变成蓝色，如图15-17所示，接着删除原有的文字并输入新的名称即可。单击“动作”面板右上角的面板菜单按钮，打开面板菜单，如图15-18所示。

图15-17 “动作”面板　图15-18 面板菜单

- **复制**：选中动作，在“动作”面板菜单中选择“复制”命令即可复制动作；也可直接拖曳该动作至“创建新动作”按钮上，或按住【Alt】键并拖曳该动作至“创建新动作”按钮上。
- 如果要复制多个连续的动作，按住【Shift】键选中动作，如图15-19所示。直接拖曳该动作至“创建新动作”按钮上，即可复制多个连续的动作，如图15-20所示。

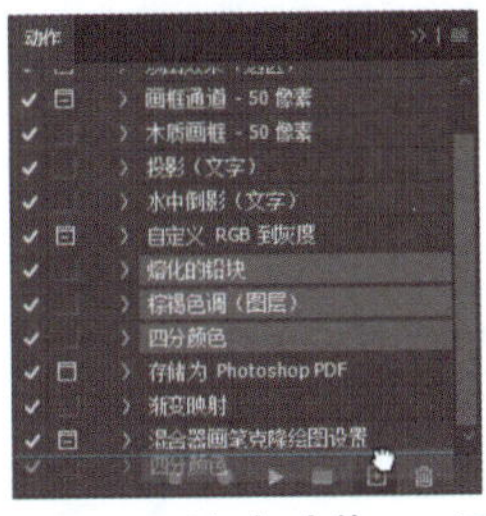

图15-19 选中动作

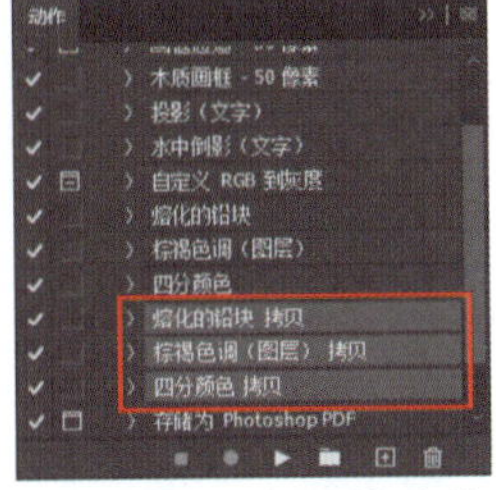

图15-20 复制多个连续动作

- 如果按住【Ctrl】键，选中多个不连续的动作，直接拖曳该动作至“创建新动作”按钮上，即可复制多个不连续的动作。
- **删除**：在“动作”面板菜单中选择“删除”命令即可删除该动作。选中“淡出效果（选区）副本”动作，选择“删除”命令将其删除，也可直接拖曳该动作至“删除动作”按钮上，或按住【Alt】键并拖曳至“删除动作”按钮上删除动作。
- 如果要删除多个连续的动作，按住【Shift】键选中多个连续的动作，直接拖曳该动作至“删除动作”按钮上，即可删除动作。如果按住【Ctrl】键选中多个不连续的动作，直接拖曳该动作至“删除动作”按钮上，即可删除动作。
- **清除全部动作**：如果要删除“动作”面板中的所有动作，在“动作”面板菜单中选择“清除全部动作”命令，可删除所有动作。
- **复位动作**：选择该命令可将面板恢复为默认的动作。

动作选项： 如果要修改动作组或动作的名称，将其选中，在“动作”面板菜单中选择“动作选项”命令，弹出“动作选项”对话框，在其中即可修改动作的名称，如图15-21所示。此外，双击“动作”面板中的动作名称也可弹出“动作选项”对话框。

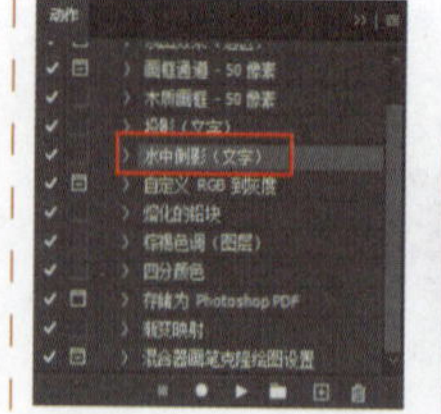

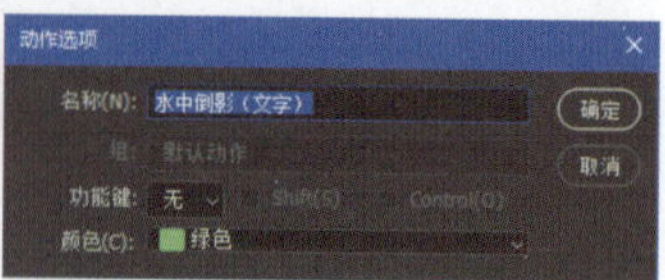

图 15-21 设置动作选项

Tips

如果需要移动动作，只需选中需要移动的动作，拖动其至适当的位置后松开鼠标即可，与移动图像的操作相同。

15.1.4 存储与载入动作

记录动作之后，为了使用方便，可以将其保存起来。在“动作”面板中选择要保存的动作组，在“动作”面板菜单中选择“存储动作”命令，如图15-22所示。在弹出的“另存为”对话框中设置文件名和保存位置，单击“保存”按钮，保存后的文件扩展名为.atn，如图15-23所示。

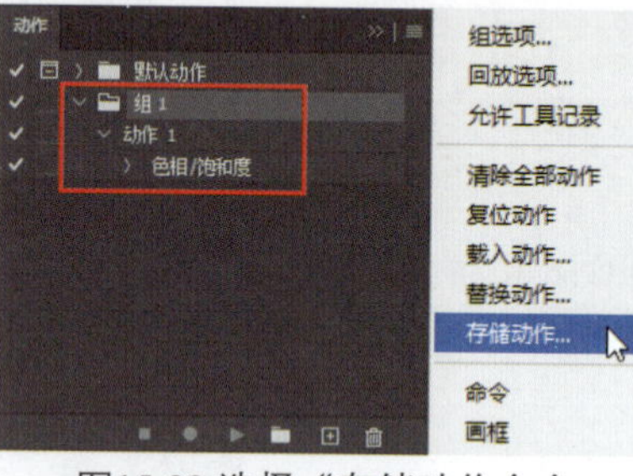

图15-22 选择“存储动作命令

图15-23 存储动作

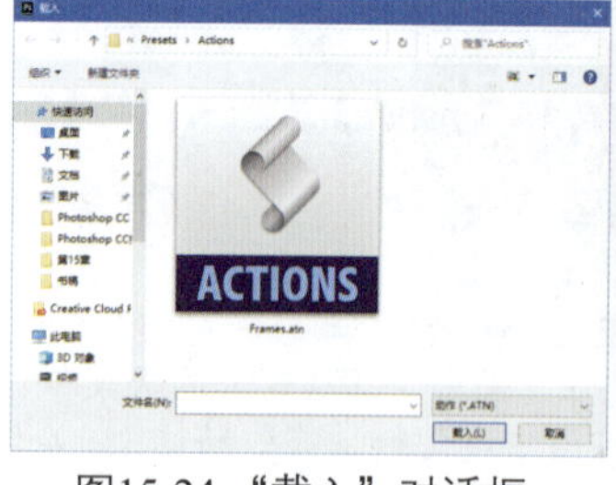

图15-24 “载入”对话框

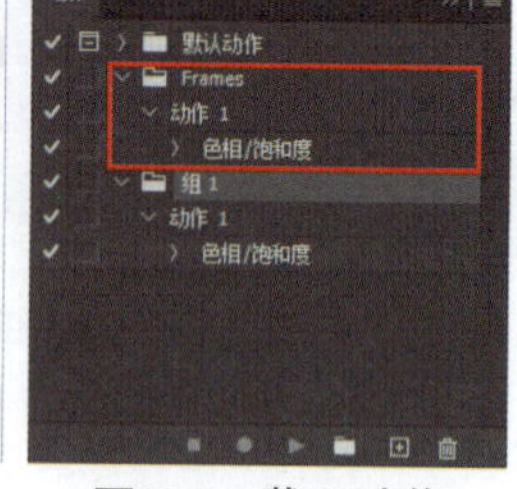

图15-25 载入动作

在“动作”面板菜单中选择“载入动作”命令，弹出“载入”对话框，如图15-24所示。在其中选择一个动作，如Frames.atn，单击“载入”按钮，载入后的效果如图15-25所示。

Photoshop中共提供了9类动作供用户使用，单击“动作”面板右上角的面板菜单，在菜单的底部可以看到这些动作，如图15-26所示。选择一个命令，即可将该动作载入到“动作”面板中，如图15-27所示。

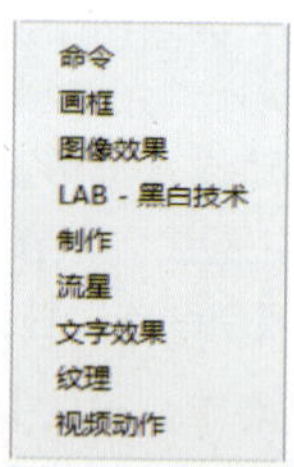

图15-26 面板菜单

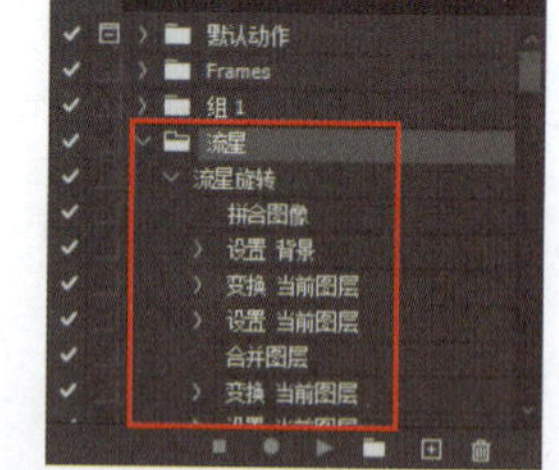

图15-27 动作效果

Tips

Photoshop 附带的动作目录位于安装目录的“Adobe Photoshop\Presets\Actions”文件夹下。

15.2 动作的编辑与修改

Photoshop中不仅提供了自带的动作，还允许用户自定义动作。这些动作都是固定的操作，可以通过对已有动作的再次编辑修改来满足不同的操作需求。本节将向读者讲解使用“插入菜单项目”和“插入停止”语句编辑动作的方法。

15.2.1 插入一个菜单项目

在“动作”面板菜单中选择“插入菜单项目”命令，可以在动作中插入菜单中的命令，将许多不能记录的命令插入到动作中，如工具选项、“视图”菜单、“窗口”菜单、绘画和色调工具中的命令等。

应用案例

动作的修改

源文件：源文件\第15章\15-2-1.psd　　视频：视频\第15章\动作的修改.mp4

STEP 01 打开素材图像“素材\第15章\152101.jpg”，如图15-28所示。单击“动作”面板右上角的面板菜单，在打开的下拉菜单中选择“图像效果”命令，“动作”面板如图15-29所示。

图15-28 打开素材图像

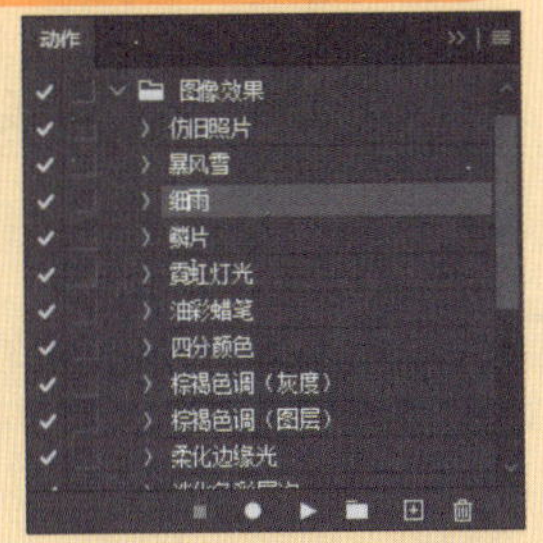

图15-29 “动作”面板

STEP 02 单击“历史记录”面板底部的“创建新快照”按钮，在“动作”面板菜单中选择“插入菜单项目”命令，如图15-30所示，弹出“插入菜单项目”对话框，如图15-31所示。

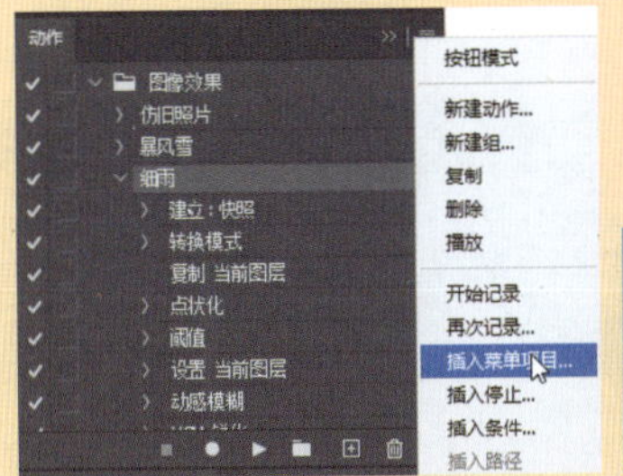

图15-30 选择“插入菜单项目”命令

图15-31 “插入菜单项目”对话框

STEP 03 选择“窗口”→“颜色”命令，此时“插入菜单项目”对话框中的“菜单项”为“窗口：颜色”，如图15-32所示。

图15-32 插入“颜色”命令

STEP 04 单击“确定”按钮，“切换颜色面板菜单项目”命令便可以插入到动作中，如图15-33所示。选择“细雨”动作，单击“播放选定的动作”按钮，图像效果如图15-34所示。

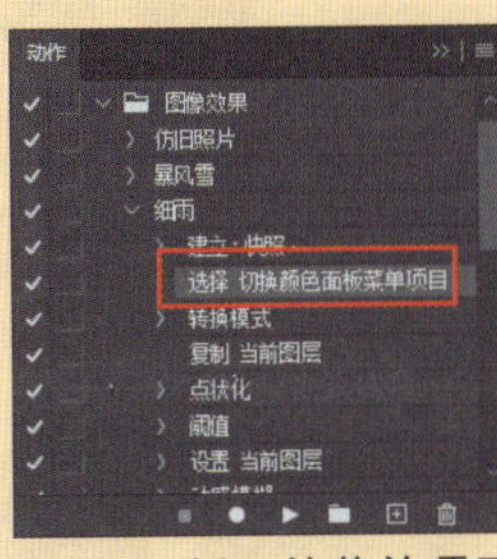

图15-33 插入的菜单项目

图15-34 图像效果

15.2.2 插入停止语句

“插入停止”命令可以使动作在播放时停止在某一步，此时便可以手动执行无法记录的任务。单击“动作”面板中的“播放选定的动作”按钮，可继续播放后面的命令。

信息：在“信息”文本框中可以输入文本内容作为显示暂停对话框时的提示信息。

- 允许继续：在设置“记录停止”对话框的过程中，如果选择该复选框，则在执行命令时，弹出的“信息”对话框中会显示“继续”按钮，允许继续执行该动作后面的命令；如果没有选择该复选框，那么在弹出的“信息”对话框中将不会显示“继续”按钮，只有“停止”按钮，如果想继续执行后面的命令，可以单击“停止”按钮，再单击“播放选定的动作”按钮，即可继续执行命令。

应用案例

插入停止语句

源文件：源文件\第15章\15-2-2.psd　　视频：视频\第15章\插入停止语句.mp4

STEP 01 打开素材图像“素材\第15章\152201.jpg”，如图15-35所示。选择“自定义RGB到灰度”动作组中的“建立：快照”命令，如图15-36所示。

STEP 02 在“动作”面板菜单中选择“插入停止”命令，弹出“记录停止”对话框，在其中输入文字，如图15-37所示。单击“确定”按钮，“停止”命令将被插入到动作中，如图15-38所示。

图15-35 打开素材图像

图15-36 选中动作

图15-37 “记录停止”对话框

STEP 03 选择“自定义RGB到灰度”命令，单击“播放选定的动作”按钮，执行“建立：快照”命令，动作就会停止，并弹出提示对话框，如图15-39所示。

STEP 04 单击“继续”按钮，执行命令后，弹出“通道混合器”对话框。这里使用动作命令中的默认设置，单击“确定”按钮，图像效果如图15-40所示。

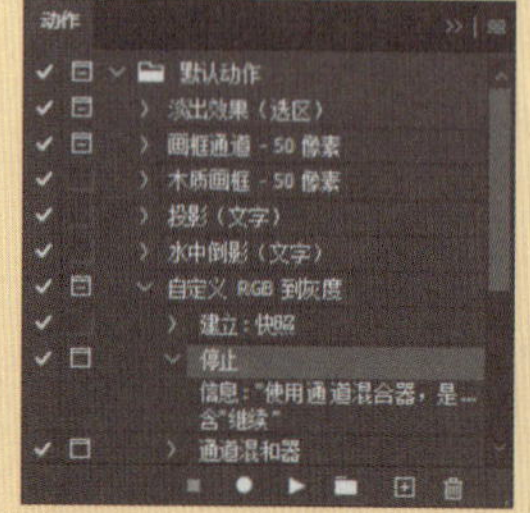

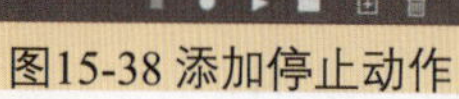

图15-38 添加停止动作

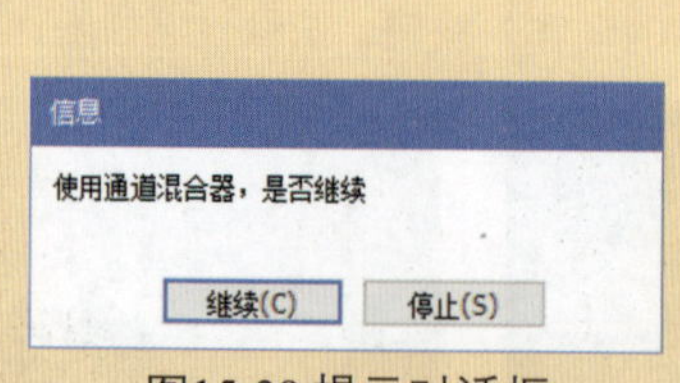

图15-39 提示对话框

图15-40 图像效果

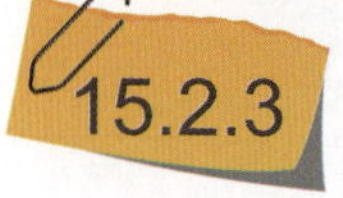

15.2.3 设置播放动作的方式

播放选定的动作是执行动作中记录的一系列命令。执行动作时，首先选择要执行的动作，然后单击“动作”面板中的“播放选定的动作”按钮，如图15-41所示。也可在“按钮模式”下执行，只要单击动作按钮即可执行动作，如图15-42所示。

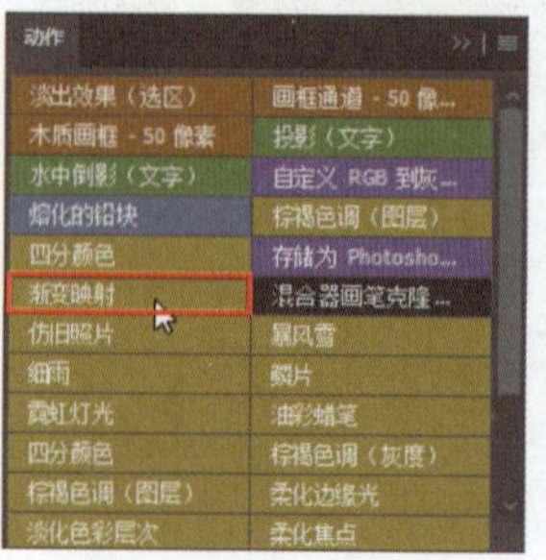

图15-41 执行动作

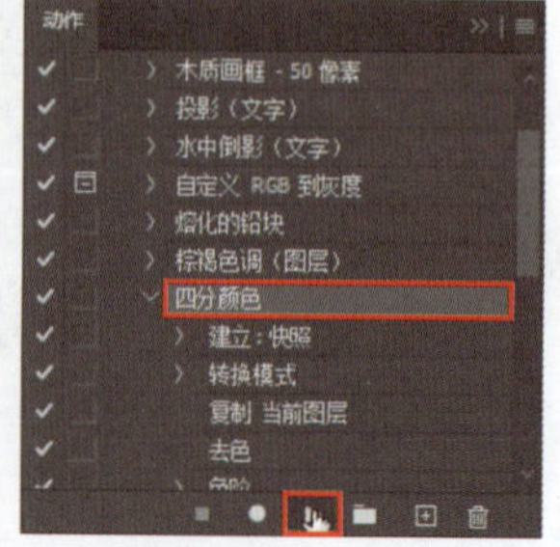

图15-42 “按钮模式”下执行动作

Tips

在“按钮模式”下执行动作时，Photoshop会执行动作中的所有记录命令，甚至该动作中有些命令被关闭后也仍然会被执行。

动作的播放形式有以下几种情况。

- **按顺序播放全部动作：**选中要播放的动作，单击“播放选定的动作”按钮，即可按顺序播放该动作中的所有命令。
- **从指定命令开始播放动作：**选中要播放的记录命令，单击“播放选定的动作”按钮，即可播放指定命令及后面的命令。
- **播放部分命令：**当动作组、动作和记录命令前显示有切换项目开关并显示黑色时，则可以执行该命令，否则不可执行。若取消选择动作组，则该组中所有的动作和记录命令都不能被执行。若取消选择某一动作，则该动作中的所有命令都不能被执行。
- **播放单个命令：**按住【Ctrl】键，双击“动作”面板中的一个记录命令，即可播放单个命令。

怎样才能选择多个连续动作和不连续动作?

按住【Shift】键并单击“动作”面板中的动作名称，可以在同一动作组中选择多个连续的动作；按住【Ctrl】键并单击“动作”面板中的动作名称，可以在同一动作组中选择多个不连续的动作。单击“播放选定的动作”按钮，Photoshop会依次执行“动作”面板中选中的动作。

Tips

在菜单中的“按钮模式”下按住【Shift】或【Ctrl】键不能选择多个连续动作或不连续动作。

当执行的动作中含有多个记录命令时，由于执行动作的速度较快，无法看清每步的效果，可以通过选择“回放选项”命令改变执行动作时的速度。

在“动作”面板菜单中选择“回放选项”命令，如图15-43所示，弹出“回放选项”对话框，如图15-44所示。这样在“动作”面板中记录的编辑操作就可以应用到图像中了。

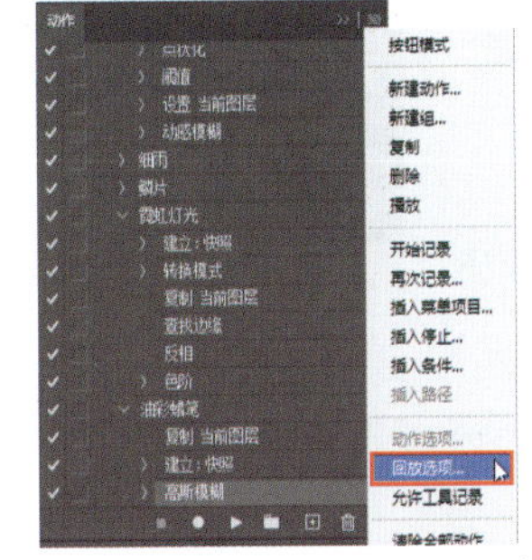

图15-43 选择“回放选项”命令

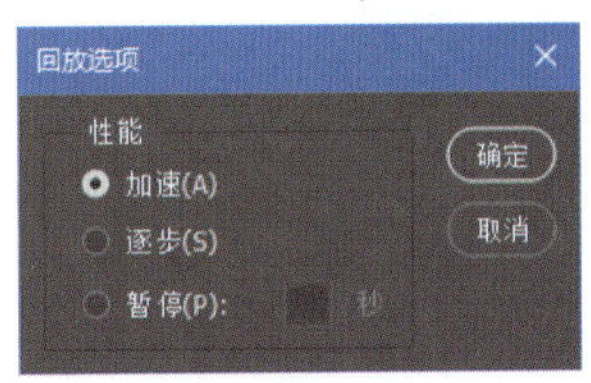

图15-44 “回放选项”对话框

15.2.4 再次记录动作

Photoshop中提供了很多系统默认的动作，有些用户的需求在默认动作中不能实现，用户可以对动作记录进行添加和修改，可以使它达到预设的标准。下面将通过案例对其进行详细介绍。

应用案例

再次记录动作

源文件：源文件\第15章\15-2-4.psd　　**视频：视频\第15章\再次记录动作.mp4**

STEP 01 打开素材图像“素材\第15章\152401.jpg”，如图15-45所示。在“动作”面板菜单中选择“图像效果”动作。在“动作”面板中选择“仿旧照片”命令，如图15-46所示。

图15-45 打开素材图像

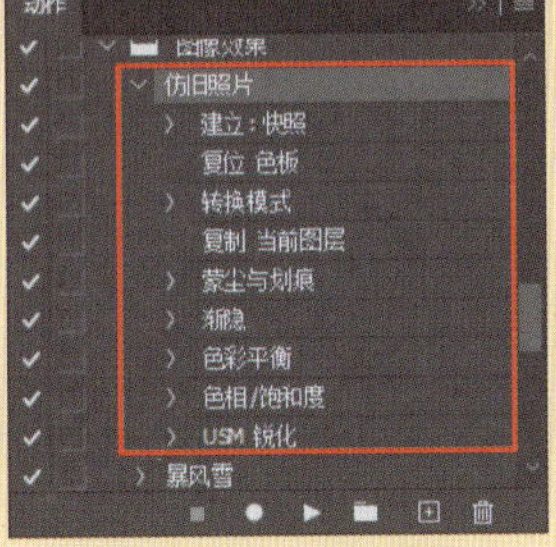

图15-46 选中动作

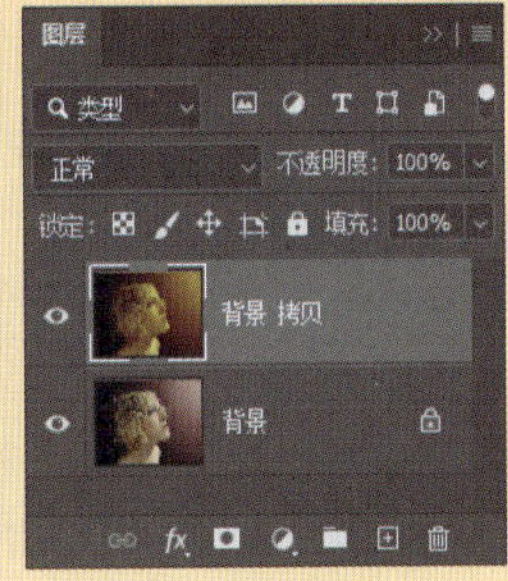

图15-47 使用动作

STEP 02 单击“播放选定的动作”按钮，图像效果如图15-47所示。单击“开始录制”按钮，按【Ctrl+E】组合键将图层向下合并，效果如图15-48所示。

STEP 03 此时的“动作”面板如图15-49所示。单击“停止播放/记录”按钮，打开素材图像“素材\第15章\152402.jpg”，如图15-50所示。

图15-48 合并图层

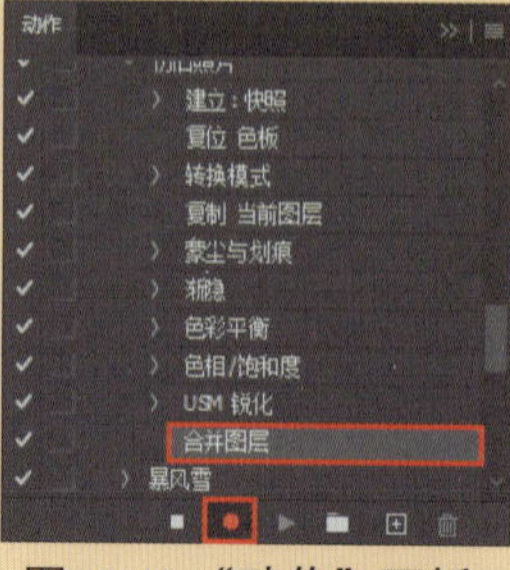

图15-49 “动作”面板

图15-50 打开素材素材

STEP 04 选择“仿旧照片”动作，单击“播放选定的动作”按钮，最终效果如图15-51所示。执行完该动作后会将图层合并。

图15-51 最终效果

15.2.5 插入路径/条件

“插入路径”命令可以将复杂的路径（用“钢笔工具”创建的或从 Adobe Illustrator 粘贴过来的路径）作为动作的一部分包含在内。播放动作时，工作路径被设置为所记录的路径。在记录动作时或动作记录完毕后可以插入路径。

Tips

插入并播放复杂路径的动作可能需要大量的内存，如果遇到问题，用户可以增加 Photoshop 的可用内存。

单击“动作”面板右上角的面板菜单按钮，在打开的下拉菜单中选择“插入条件”命令，弹出“条件动作”对话框，如图15-52所示。用户可以在其中设置当前文档或图层的模式和播放动作，如图15-53所示。

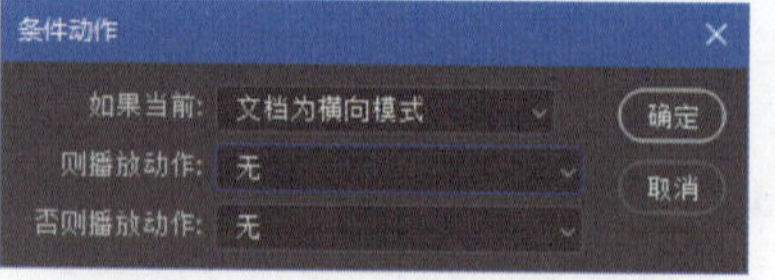

图15-52 “条件动作”对话框

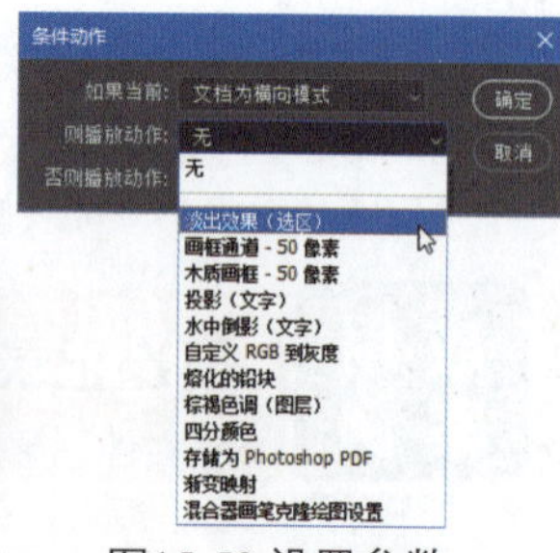

图15-53 设置参数

15.2.6 在动作中排除

若要排除单个命令，单击“动作”面板中的动作名称左侧的三角形按钮，展开动作组的命令列表。单击要清除的命令名称左边的“切换项目开/关”标记，可以排除单个命令，再次单击可包括该命令。

单击动作名称或动作组名称左侧的选中标记，可以排除或包括一个动作或动作组中的所有命令或动作。

若要排除或包括除所选命令之外的所有命令，请按住【Alt】键并单击该命令的选中标记。为了表示动作中的一些命令已被排除，在Photoshop中，父动作的选中标记将变为红色。

15.3 自动批处理图像

使用动作可以处理相同的、重复性的操作，这一过程被称为批处理。使用动作功能批处理图像，既省时又省力。

批处理

“批处理”命令是将指定的动作应用于所选的目标文件，从而实现图像处理的批量化。选择“文件”→“自动”→“批处理”命令，弹出“批处理”对话框，如图15-54所示。

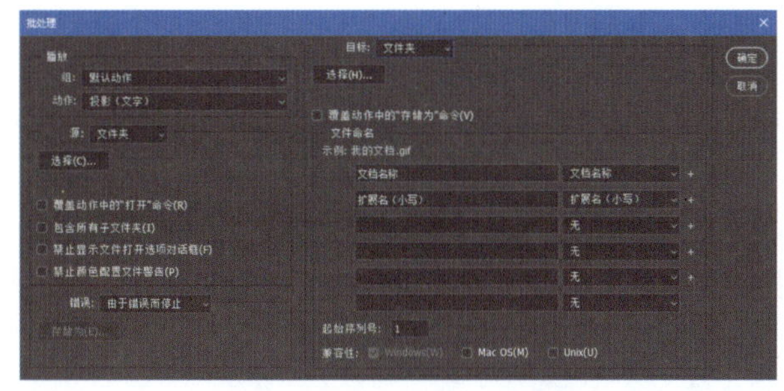

图15-54 “批处理”对话框

- 播放：用来设置播放的组和动作组。
- 组：在该下拉列表框中显示“动作”面板中的所有动作组，从中可选择要播放的动作组。
- 动作：在该下拉列表框中显示“动作”面板中的所有动作，从中可选择要执行的动作，如图15-55所示。
- 源：用来设置要处理的文件。在该选项下拉列表框中可以选择需要进行批处理的文件来源，分别是“文件夹”“导入”“打开的文件”和“Bridge”。
- 选择：单击该按钮，在弹出的对话框中选择要处理的文件夹，如图15-56所示。若要执行此命令，必须先将“源”选项设置为“文件夹”。

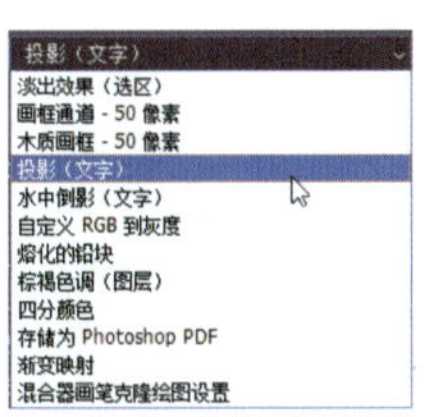

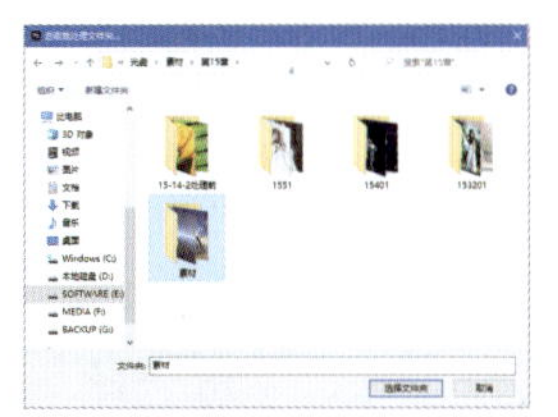

图15-55 显示所有动作 图15-56 “选取批处理文件夹”对话框

- 覆盖动作中的“打开”命令：选择该复选框后，将弹出提示对话框，如图15-57所示。在进行批处理时将忽略动作中记录的“打开”命令，但动作中必须包含一个“打开”命令，否则将不会打开任何文件。

图15-57 提示对话框

- 包含所有子文件夹：选择该复选框后，批处理操作将应用到指定的文件夹及该文件夹所包含的所有子文件夹中。
- 禁止显示文件打开选项对话框：选择该复选框，在进行批处理时将隐藏文件“打开”选项对话框。
- 禁止颜色配置文件警告：选择该复选框，在进行批处理时将不显示颜色信息。
- 错误：指定出现错误时的处理方法。在该下拉列表框中可以选择“由于错误而停止”或“将错误记录到文件”来设置出现错误时的处理方法。
- 存储为：将“错误”选项设置为“将错误记录到文件”后，可以单击该按钮，弹出“另存为”对话框，指定一个保存的文件名和位置。
- 目标：用来指定文件要存储的位置。在该下拉列表框中可以选择“无”“存储并关闭”或“文件夹”来设置文件的存储方式。选择“无”选项：则不保存文件，保持文件打开；选择“存储并关闭”选项，则保存该文件后关闭。
- 选择：单击“选择”按钮，弹出“浏览文件夹”对话框，为处理过的文件指定一个保存的位置，也就是选取一个目标文件夹。
- 覆盖动作中的“存储为”命令：选择该复选框后，将弹出提示对话框，在进行批处理时将忽略动作中记录的“存储”命令，但动作中必须包含一个“存储”命令，否则将不会打开任何文件，如图15-58所示。

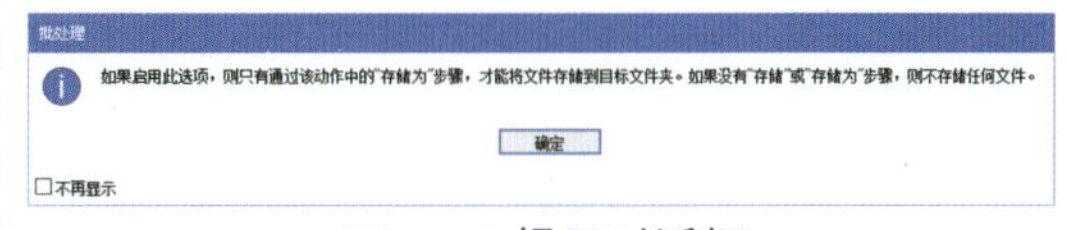

图15-58 提示对话框

- 文件命名：将“目标”选项设置为“文件夹”，可以在该选项组的6个选项中设置文件名各部分的顺序和格式。每个文件必须至少有一个唯一字段防止文件相互覆盖。

  起始序列号：为所有序列号字段指定起始序列号。第一个文件的连续字母总是从字母A开始。

  兼容性：用于使文件名与Windows、Mac OS 和UNIX操作系统兼容。

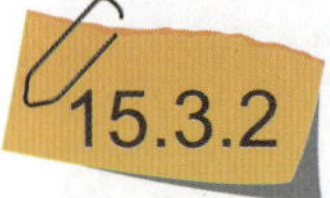

15.3.2 快捷批处理

快捷批处理程序可以快速完成批处理操作，它简化了批处理操作的过程。将图像或文件夹拖曳到快捷批处理图标上，即可完成批处理操作。

应用案例

使用快捷批处理

源文件：无　　　视频：视频\第15章\使用快捷批处理.mp4

STEP 01 选择“文件”→“自动”→“创建快捷批处理”命令，弹出“创建快捷批处理”对话框，如图15-59所示。单击“选择”按钮，在弹出的“另存为”对话框中设置创建批处理名称并指定保存的位置，如图15-60所示。

STEP 02 单击“保存”按钮，然后单击“确定”按钮，打开创建快捷批处理程序保存的位置，如图15-61所示。

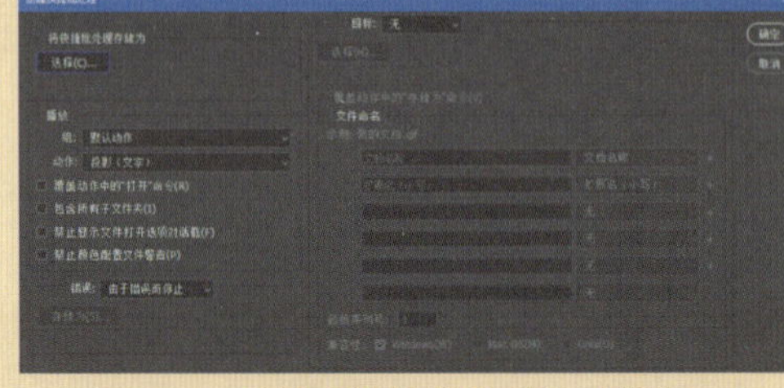

图15-59 “创建快捷批处理”对话框

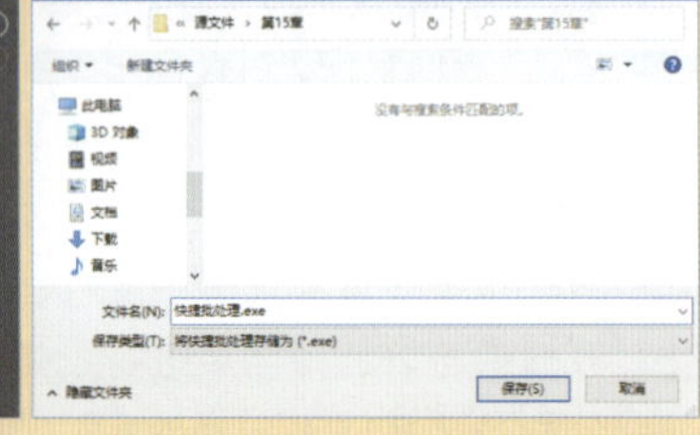

图15-60 设置“另存为”对话框

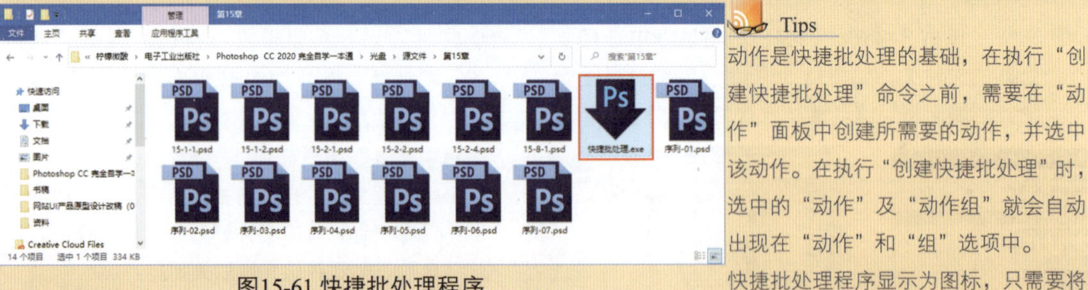

图15-61 快捷批处理程序

Tips

动作是快捷批处理的基础，在执行“创建快捷批处理”命令之前，需要在“动作”面板中创建所需要的动作，并选中该动作。在执行“创建快捷批处理”时，选中的“动作”及“动作组”就会自动出现在“动作”和“组”选项中。

快捷批处理程序显示为图标，只需要将图像或文件夹拖动到该图标上，便可以直接对图像进行批处理，即使没有运行Photoshop，也可以完成批处理操作。

15.3.3 批处理图像

使用批处理图像操作，可以快速地对大量图像进行相同的操作，如调整图像的亮度、对比度和大小等，能够提高工作效率，减少重复的操作。下面通过实例讲解如何使用“批处理”命令对图像进行批量处理操作。

应用案例

批处理图像

源文件：无　　　视频：视频\第15章\批处理图像.mp4

STEP 01 在进行批处理前，先将需要批处理的文件保存到一个文件夹中，如图15-62所示。选择“窗口”→“动作”命令，打开“动作”面板，首先将“图像效果”动作组载入到“动作”面板中，如15-63所示。

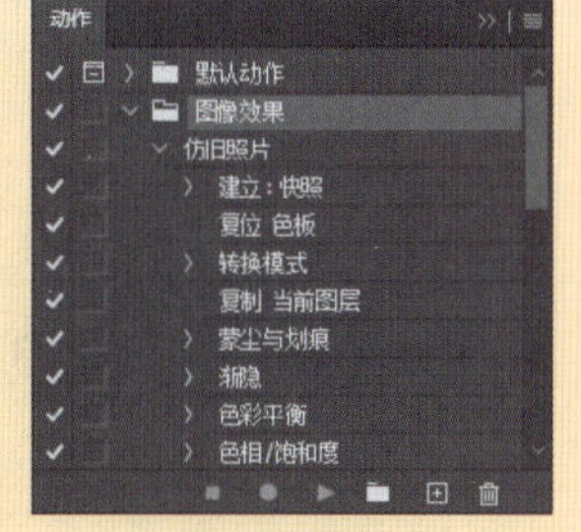

图15-62 预览图片　　　　图15-63 “动作”面板

STEP 02 选择“文件”→“自动”→“批处理”命令，在弹出的“批处理”对话框中设置参数，如图15-64所示。单击“源”选项下的“选择”按钮，弹出“选取批处理文件夹”对话框，选择图像所在文件夹，如图15-65所示。单击“选择文件夹”按钮，关闭该对话框。

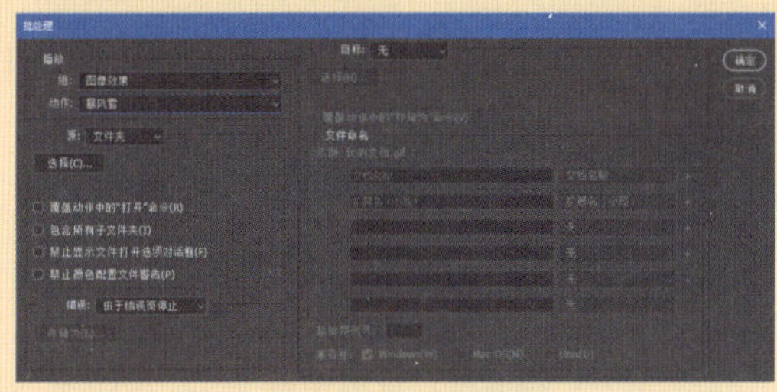

图15-64 设置参数　　　　图15-65 “选取批处理文件夹”对话框

STEP 03 在“目标”下拉列表框中选择“文件夹”选项，单击“选择”按钮，弹出“选取目标文件夹”对话框，如图15-66所示。单击“选择文件夹”按钮，弹出“另存为”对话框，设置图像格式如图15-67所示。

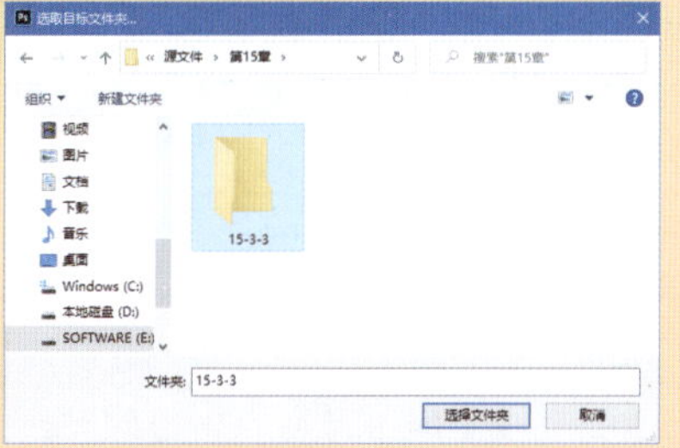

图5-66 设置目标文件夹　　　　图15-67 存储图像

STEP 04 单击“保存”按钮，即可对指定的文件进行批处理操作。处理后的文件会保存在指定的目标文件夹中，最终效果如图15-68所示。

Tips

执行“批处理”命令进行批处理时，如果需要中止它，可以按【Esc】键。用户可以将“批处理”命令记录到动作中，这样能将多个序列合并到一个动作中，从而一次性执行多个动作。

图15-68 最终效果

15.4 PDF演示文稿

PDF格式是一种通用的文件格式，具有良好的跨媒体性。在不同类型的计算机和操作系统上都能够正常访问，而且具有较好的电子文档搜索和导航功能。

选择“文件”→“自动”→“PDF演示文稿”命令，在弹出的对话框中可以将图片文档自动转换成PDF格式，如图15-69所示。也可以将用Photoshop制作的PDF文件和图片合并生成PDF文件。

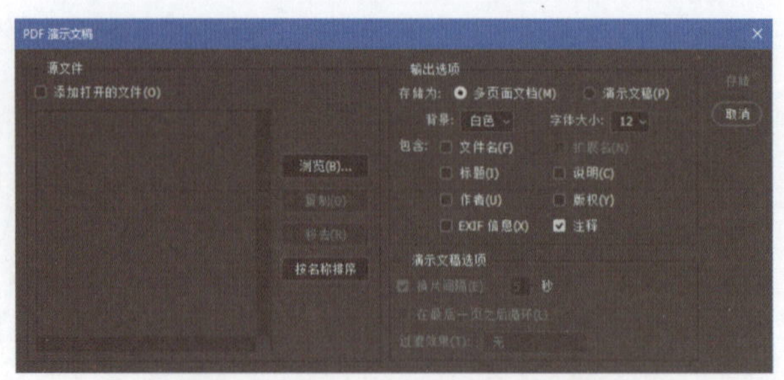

图15-69 “PDF演示文稿”对话框

- 源文件：用于打开制作PDF演示文稿的素材。
- 添加打开的文件：如果用户在Photoshop中打开了文件，则可以选择该复选框将打开的全部图片文件添加到列表中。
- 浏览：如果没有在Photoshop中打开文件，则需要执行浏览操作打开所需要的素材。
- 复制：用于复制所打开的文件，执行该命令时需要选中要编辑的图片。
- 移去：同“复制”一样，操作用于编辑打开的文件。
- 输出选项：输出文件形式、包含内容等设置。
- 存储为：提供了“多页面文档”与“演示文稿”两个选项，区别在于默认情况下前者是手动播放，后者则用于全屏自动播放。

  背景：设置PDF演示文稿背景颜色。Photoshop为用户提供了3种PDF演示文稿背景颜色，分别是“白色”“灰色”和“黑色”。

  字体大小：设置元数据文本的字体大小。
- 包含：设置输出的PDF演示文稿中所包含的文件名、扩展名等标注。

  文件名：在页面底部显示文件名。

  扩展名：包含文件扩展名。

  标题：在正文页面底部显示文件标题。

  说明：在页面底部显示文件说明。

  作者：在页面底部显示作者姓名。

  版权：在页面底部显示版权文字。

  EXIF信息：在页面底部显示EXIF基本信息。

  注释：包含源文档的文本和声音注解。
- 演示文稿选项：用于设置演示文稿播放效果。
- 换片间隔：自动换片间隔秒数。
- 在最后一页之后循环：在最后一页结束后自动循环播放。
- 过渡效果：选择幻灯片播放时前后图片的过渡效果。

应用案例 制作PDF演示文稿

源文件：源文件\第15章\15-4.psd　　视频：视频\第15章\制作PDF演示文稿.mp4

STEP 01 打开素材图像“素材\第15章\15401\15402.jpg、154012.jpg、15403.jpg”，如图15-70所示。

图15-70 打开素材图像

STEP 02 选择“文件”→“自动”→“PDF演示文稿”命令，在弹出的“PDF演示文稿”对话框中设置参数，如图15-71所示。单击“存储”按钮，弹出“另存为”对话框，如图15-72所示。选择路径后单击“保存”按钮，弹出“存储Adobe PDF”对话框。

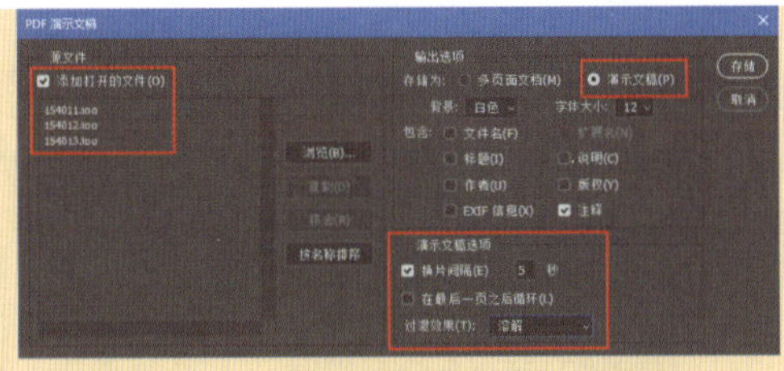

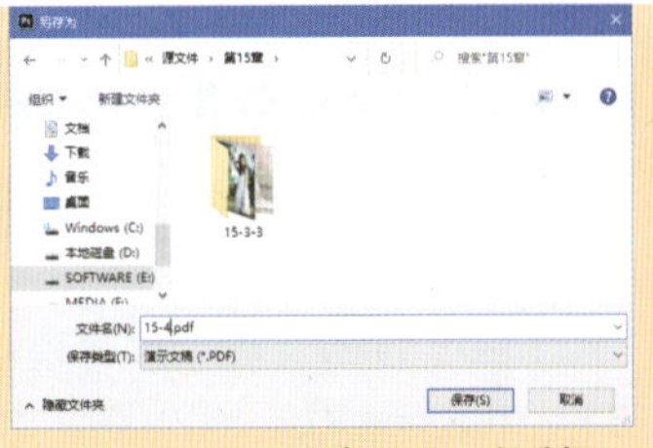

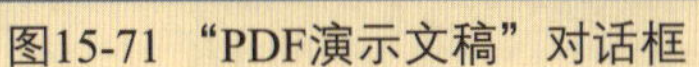

图15-71 “PDF演示文稿”对话框　　图15-72 “另存为”对话框

STEP 03 单击“存储PDF”按钮，即可存储文件。双击预览存储好的文件，会弹出“全屏”提示框，如图15-73所示。单击“是”按钮，进入全屏模式，如图15-74所示。

图15-73 提示框

图15-74 PDF全屏预览效果

15.5 联系表II

联系表功能可以轻松地将批量图片制作成联系表。选择“文件”→“自动”→“联系表II”命令，弹出“联系表II”对话框，如图15-75所示。

- 源图像：用于设置制作联系表图像的来源。
- 使用：选择使用“文件”“文件夹”或“打开文档”。如果选择“文件”选项，如图15-76所示。

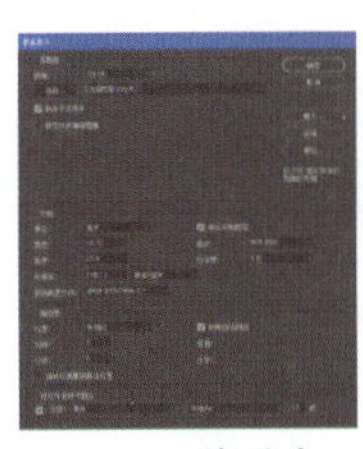

图15-75 联系表II

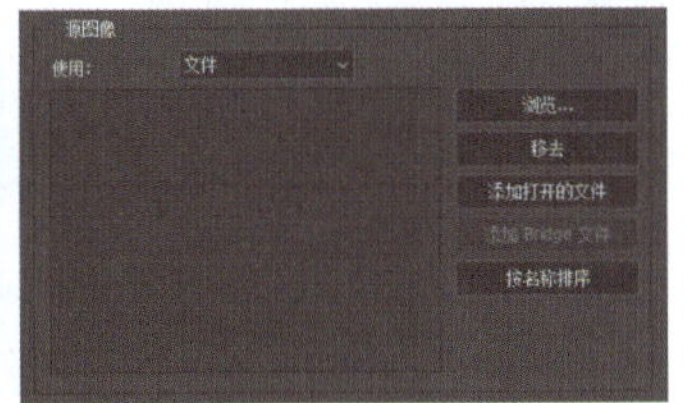

图15-76 选择“文件”选项

- 选取：选择要使用的图像文件夹。
- 包含子文件夹：包含关于文件夹中的所有图像。
- 按文件夹编组图像：文件夹中的图像将从新的联系表开始。
- 文档：设置联系表文档的具体参数。
- 单位：选择单位，在该下拉列表框中包括“英寸”“像素”和“厘米”3个选项。
- 宽度：设置文档宽度。
- 高度：设置文档高度。
- 分辨率：设置文档分辨率。
- 模式：选择颜色模式。
- 位深度：设置文档位深度。
- 颜色配置文件：用于选择颜色配置文件。
- 拼合所有图层：选择该复选框，拼合的图像将只有“背景”图层。
- 缩览图：用于对联系表中的图片进行设置。
- 位置：选择图像在联系表上的显示方向。
- 列数：设置图像排列的列数。
- 行数：设置图像排列的行数。
- 使用自动间距：设置图像之间的间距。取消选择该复选框，则可以手动设置。
- 垂直：输入图像之间的垂直间距。
- 水平：输入图像之间的水平间距。
- 旋转以调整到最佳位置：在需要时旋转图像以适合页面。
- 将文件名用作题注：设置是否使用文件名用于图片的题注。
- 字体：设置题注的字体，包括字重和大小。

应用案例

使用"联系表II"命令制作婚纱展示

源文件：无　　视频：视频\第15章\使用"联系表II"命令制作婚纱展示.mp4

STEP 01 选择"文件"→"自动"→"联系表II"命令，弹出"联系表II"对话框。单击"选取"按钮，选取素材文件夹"素材\第15章\1551"，设置具体参数，如图15-77所示。

STEP 02 单击"确定"按钮，即可完成联系表制作，效果如图15-78所示。

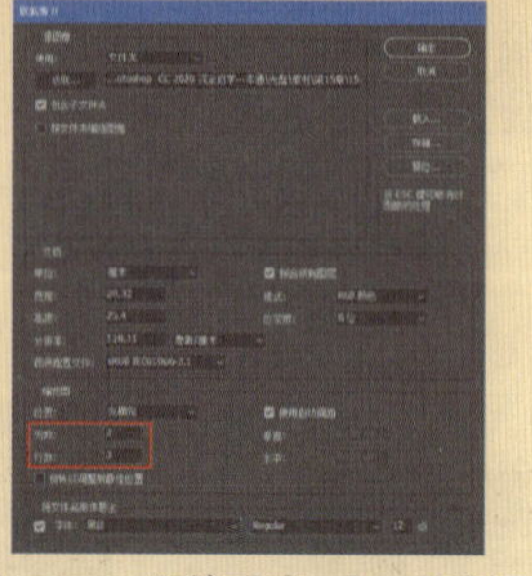

图15-77 "联系表II"对话框

图15-78 最终效果

15.6 合并到HDR Pro

"合并到HDR Pro"命令可以将同一场景中具有不同曝光度的多个图像合并起来，从而捕获单个HDR图像中的全部动态范围。可以将合并后的图像输出为32位/通道、16位/通道或8位/通道的文件。但是，只有32位/通道的文件可以存储全部HDR图像数据。

选择"文件"→"自动"→"合并到HDR Pro"命令，弹出"合并到HDR Pro"对话框，在其中可以设置各项参数，如图15-79所示。

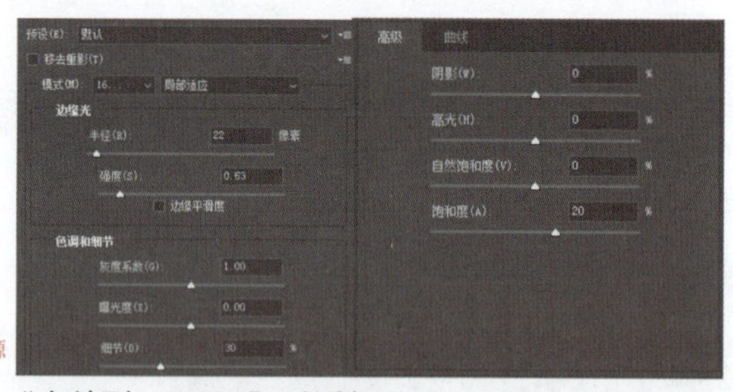

图15-79 "合并到HDRpro"对话框

- 预设：在下拉列表框中包括15种预设的HDR合成形式，即城市暮光、平滑、单色艺术效果、单色高对比度、单色、更加饱和、逼真照片高对比度、逼真照片低对比度、逼真照片、RC5、饱和、Scott5、超现实高对比度、超现实低对比度和超现实。
- 移去重影：选择该复选框，可以移去由移动对象产生的重影。
- 模式：用来选择合并后的图像深度，包括8位/通道、16位/通道和32位/通道。如果选择将合并图像存储为8位/通道或16位/通道的图像，可以对各种选项进行设置；如果选择存储为32位/通道的图像，仅可设置图像的白场预览。
- 边缘光："半径"用于指定局部亮度区域的大小。"强度"用于指定两个像素的色调值相差多大时，它们属于相同的亮度区域。
- 色调和细节：将"灰度系数"设置为1.0时动态范围最大，较低的值会加重中间调，而较高的值会加重高光和阴影。"曝光度"值反映光圈大小。拖动"细节"滑块可以调整锐化程度，拖动"阴影"和"高光"滑块可以使这些区域变亮或变暗。
- 高级：在此选项卡下可以对图像的"阴影""高光""饱和度"和"自然保护度"进行调整。
- 曲线：在直方图上显示一条可调整的曲线，从而显示原始的32位HDR图像中的明亮度值。横轴的红色刻度线以一个EV为增量。

源：显示了合并结果中使用的源图像，源图像的名称处于选中状态时，表示合并结果使用了该图像，取消选择复选框则不会使用该图像。

应用案例 使用“合并到HDR Pro”命令渲染图像

源文件：源文件\第15章\15-6.psd 视频：视频\第15章\使用“合并到HDR Pro”命令渲染图像.mp4

STEP 01 选择“文件”→“自动”→“合并到HDR Pro”命令，弹出“合并到HDR Pro”对话框，如图15-80所示。单击“浏览”按钮，在弹出的对话框中选择图像，单击“确定”按钮，返回“合并到HDR Pro”对话框，如图15-81所示。

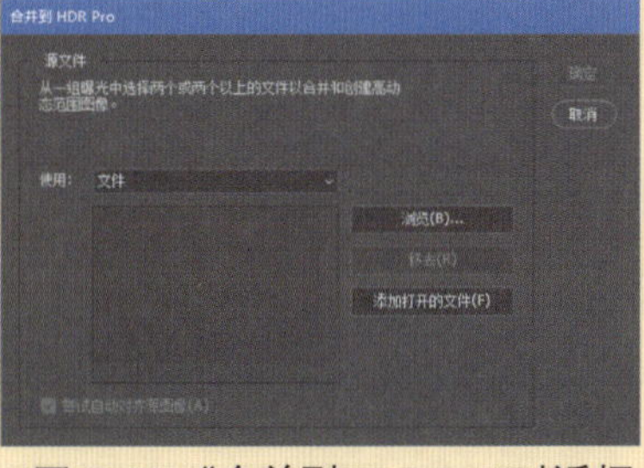

图15-80 “合并到HDR Pro"对话框

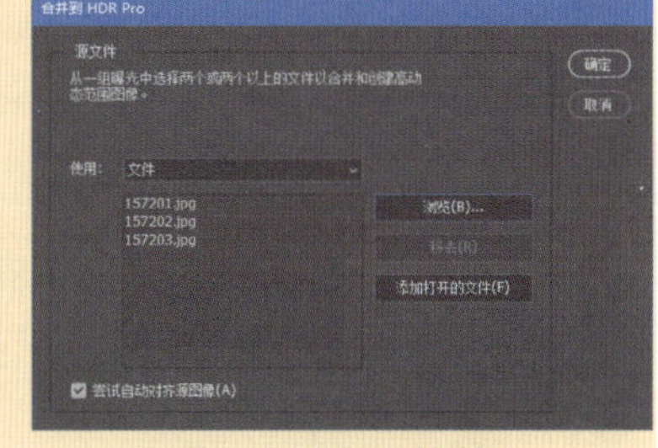

图15-81 返回对话框

STEP 02 单击“确定”按钮，弹出“手动设置曝光值”对话框，如图15-82所示。选中第2张图像，如图15-83所示。

图15-82 “手动设置曝光值”对话框

图15-83 选中图片

STEP 03 单击“确定”按钮，完成“手动设置曝光值”对话框的设置，同时弹出“合并到HDR Pro”对话框，如图15-84所示。在“预设”下拉列表框中选择“逼真照片”选项，单击“确定”按钮，完成图像的处理，如图15-85所示。

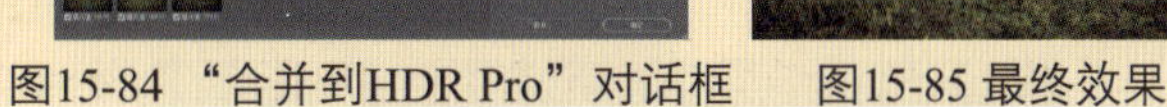

图15-84 “合并到HDR Pro”对话框 图15-85 最终效果

15.7 Photomerge

对于专业的摄影师来说，拍摄一张全景照片靠的是功能全面的相机。然而对于一般的摄影爱好者来说，所拥有的相机可能不具备拍摄全景的功能，不能一次性完成拍摄。

使用Photomerge命令可以将一系列数码照片自动拼成一幅全景图，并可对照片进行叠加和对齐操作。选择“文件”→“自动”→Photomerge命令，弹出Photomerge对话框，在其中可进行相应设置，如图15-86所示。

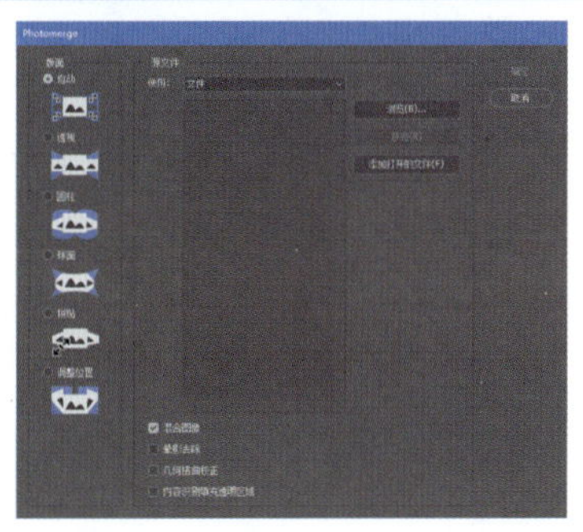

图15-86 Photomerge对话框

- 版面：用于设置拼接照片后的版面效果。Photoshop提供了6种版面，选择不同的选项，将会得到不同的版面效果。
- 源文件：用于选择存放照片的文件和文件夹。在“使用”下拉列表框中可选择“文件”或“文件夹”选项，然后单击“浏览”按钮，在弹出的“打开”对话框中选择照片。如果照片在Photoshop中已经打开，可直接单击“添加打开的文件”按钮，即可添加照片。
- 混合图像：选择该复选框，可定义拼接照片边缘的最佳边界并根据这些边界创建接缝，以使照片的颜色相匹配。
- 晕影去除：选择该复选框，可将由于镜头瑕疵或镜头遮光处理不当而导致边缘较暗的图像去除晕影，并执行曝光度补偿。
- 几何扭曲校正：选择该复选框，可补偿桶形、枕形或鱼眼扭曲后导致的数码照片失真。

应用案例　自动拼接全景照片

源文件：源文件\第15章\15-7.psd　　视频：视频\第15章\自动拼接全景.mp4

STEP 01 打开素材图像“素材\第15章\15701.jpg、15702.jpg、15703.jpg”，如图15-87所示。

图15-87 打开素材图像

STEP 02 选择“文件”→“自动”→“Photomerge”命令，弹出Photomerge对话框，如图15-88所示，单击“添加打开的文件”按钮，将打开的3张图像载入源文件中，如图15-89所示。

STEP 03 单击“确定”按钮，进行图像拼接处理，完成后将自动生成一个文件。按【Ctrl+D】组合键取消选区，“图层”面板如图15-90所示。合成之后的图像效果如图15-91所示，可以看到有透底的地方。

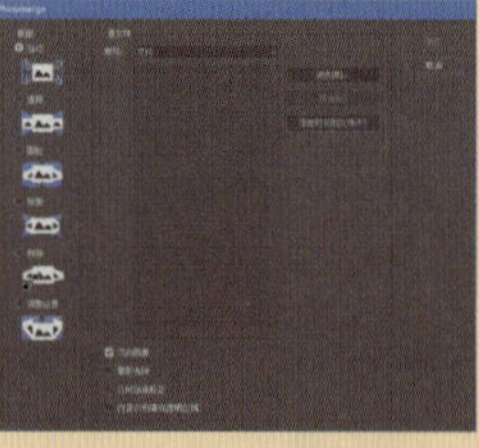

图15-88 Photomerge对话框

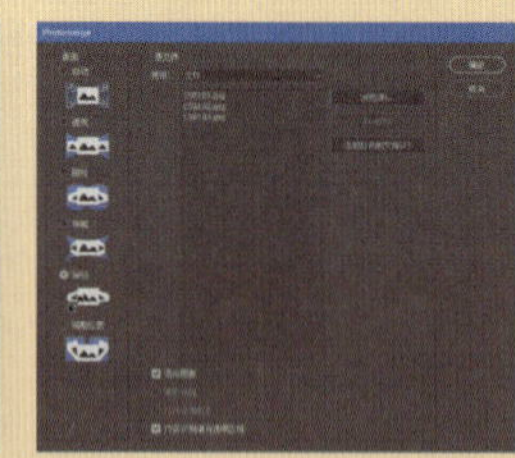

图15-89 添加相应的图像

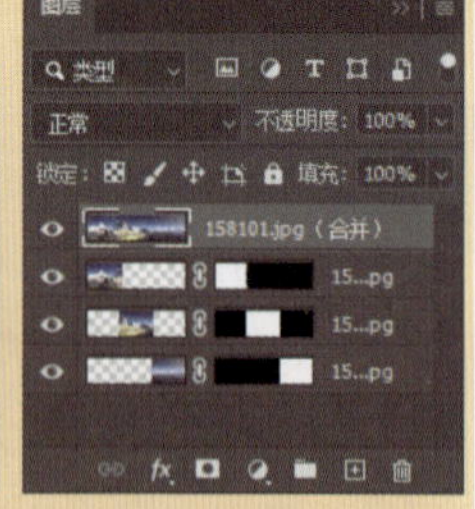

图15-90 “图层”面板

图15-91 合成的图像效果

15.8 条件模式更改

在记录动作时，可以使用“条件模式更改”命令为源模式指定一个或多个模式，并为目标模式指定一个模式。

“条件模式更改”命令可以为模式更改指定条件，以便在动作执行过程中进行转换。当模式更改属于某个动作时，如果打开的文件未处于该动作所指定的源模式下，则会出现错误。例如，假定在某个动作中，有一个步骤是将源模式为RGB的图像转换为目标模式CMYK，如果在灰度模式或者包括RGB在内的任何其他源模式下向图像应用该动作，将会出现错误。

- 源模式：用来选择源文件的颜色模式，只有与选择的颜色模式相同的文件才可以被更改。单击“全部”按钮，可选择所有可能的模式；单击“无”按钮，则不选择任何模式。
- 目标模式：用来设置图像转换后的颜色模式。

应用案例

使用“条件模式更改”命令修改图像模式

源文件：源文件\第15章\15-8.psd　视频：视频\第15章\使用“条件模式更改”命令修改图像模式.mp4

STEP 01 打开素材图像“素材\第15章\15801.jpg”，如图15-92所示。选择“文件”→“自动”→“条件模式更改”命令，在弹出的“条件模式更改”对话框中对“目标模式”进行设置，如图15-93所示。

图15-92 打开素材图像

图15-93 “条件模式更改”对话框

STEP 02 设置完成后单击“确定”按钮，弹出“信息”对话框，如图15-94所示。单击“扔掉”按钮，应用条件模式更改，更改后的图像效果如图15-95所示；如果单击“取消”按钮，则不会应用“条件模式更改”。

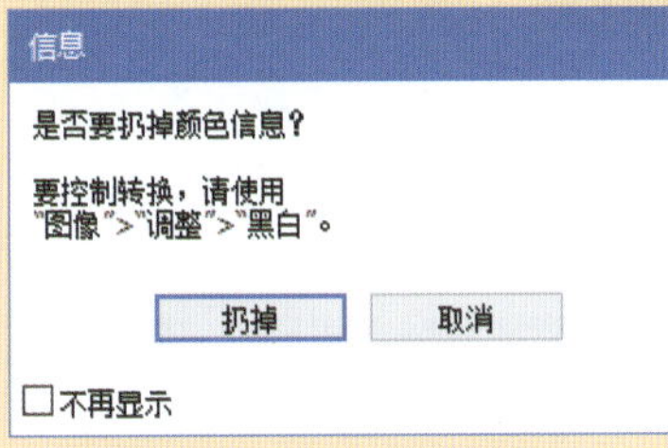

图15-94 “信息”对话框

图15-95 图像效果

15.9 限制图像

“限制图像”命令可以将当前图像限制为用户指定的宽度和高度，但不会改变图像的分辨率。此命令的功能与“图像大小”命令的功能是不同的。

- 宽度：在文本框中输入宽度值可以改变图像的宽度大小。
- 高度：在文本框中输入高度值可以改变图像的高度大小。
- 不放大：选择该复选框，在画布中的图像将不放大。

应用案例

限制图像尺寸

源文件：源文件\第15章\15-9.psd　视频：视频\第15章\限制图像尺寸.mp4

STEP 01 打开素材图像“素材\第15章\15901.jpg”，如图15-96所示。选择“文件”→“自动”→“限制图像”命令，弹出“限制图像”对话框，如图15-97所示。

图15-96 打开素材图像

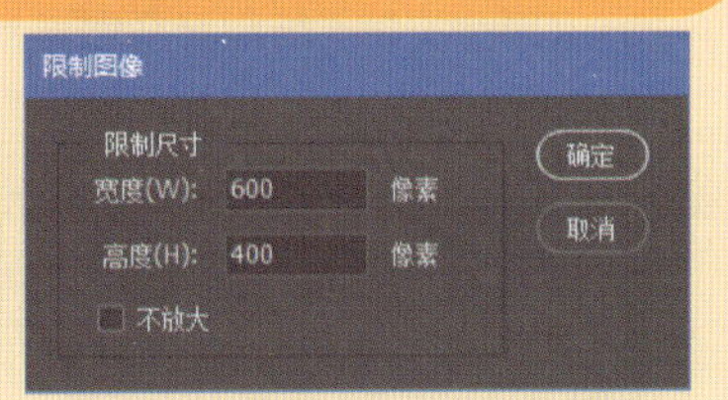

图15-97 “限制图像”对话框

STEP 02 设置“宽度”和“高度”值，如图15-98所示。单击“确定”按钮，图像效果如图15-99所示。

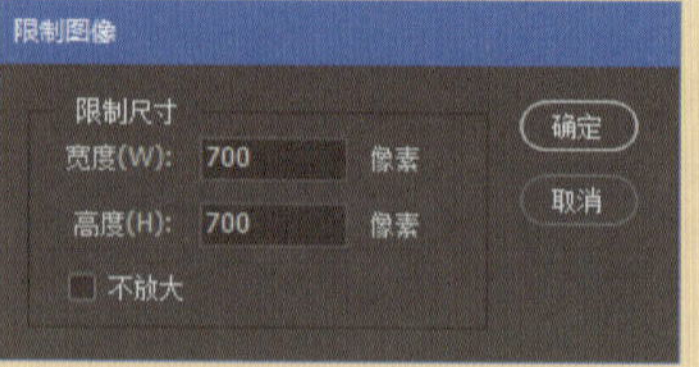

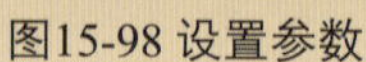
图15-98 设置参数

图15-99 图像效果

15.10 使用脚本

Photoshop 通过脚本支持外部自动化。可以使用支持COM自动化的脚本语言，这些语言可以控制多个应用程序，如Adobe Photoshop、Adobe Illustrator 和 Microsoft Office。选择“文件”→“脚本”命令，在子菜单中可以看到各种脚本命令，如图15-100所示。

Photoshop支持使用JavaScript编写能够在Windows中运行的Photoshop脚本。使用事件（如在Photoshop中打开、存储或导出文件）来触发JavaScript或Photoshop动作。Photoshop提供了很多默认事件，也可以使用任何可编写脚本的Photoshop事件来触发脚本或动作。

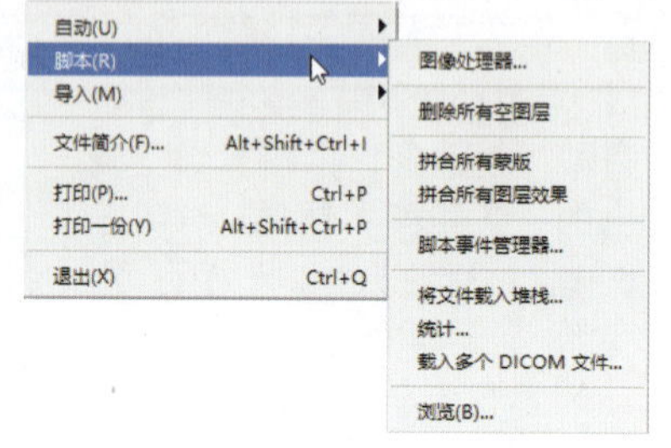

图15-100 “脚本”子菜单

15.10.1 图像处理器

使用“图像处理器”命令可以转换和处理多个文件。与“批处理”命令不同，它不必先创建动作，就可以处理文件。用户可以在“图像处理器”中可执行下列任何操作。

- 将一组文件转换为 JPEG、PSD 或 TIFF 格式中的一种，或者将文件同时转换为这3种格式。
- 嵌入颜色配置文件或将一组文件转换为sRGB，然后将它们存储为用于 Web 的 JPEG 图像。
- 使用相同选项来处理一组相机原始数据文件。
- 调整图像大小，使其适应指定的像素大小。
- 转换后的图像中包括版权元数据，可以处理PSD、JPEG 和相机原始数据文件。

选择“文件”→“脚本”→“图像处理器”命令，弹出“图像处理器”对话框，如图15-101所示。

图15-101 “图像处理器”对话框

- 存储为JPEG：将图像以JPEG格式存储在目标文件夹中名为JPEG的文件夹中。
- 品质：设置JPEG图像品质，可输入0~12的数值。
- 将配置文件转换为sRGB：将颜色配置文件转换为sRGB。如果要将配置文件与图像一起存储，需选择下面的“包含ICC配置文件”复选框。
- 最大兼容：在目标文件内存储分层图像的复合版本，以兼容无法读取分层图像的应用程序。
- LZW压缩：使用LZW压缩方案存储TIFF文件。
- 运行动作：运行Photoshop动作。从第一个下拉列表框中选取动作组，从第二个下拉列表框中选取动作。必须在“动作”面板中载入动作组后，它们才会出现在这些菜单中。
- 调整大小以适合：调整图像大小，使之适应“W”和“H文本框”中输入的尺寸。图像将保持其原始比例。
- 存储为PSD：将图像以Photoshop格式存储在目标文件夹中名为PSD的文件夹中。
- 存储为TIFF：将图像以TIFF格式存储在目标文件夹中名为TIFF的文件夹中。

- 版权信息：包括在文件的IPTC版权元数据中输入的任何文本，此处所包含的文本将覆盖原始文件中的版权元数据。
- 包含ICC配置文件：在存储的文件中嵌入颜色配置文件。

15.10.2 拼合所有蒙版和图层效果

选择“文件”→“脚本”→“拼合所有蒙版”命令，可以快速将文档中的蒙版全部拼合为普通图层；选择“文件”→“脚本”→“拼合所有图层效果”命令，可以将应用图层样式的图层拼合成普通图层。

15.10.3 脚本事件管理器

Photoshop 中提供了很多默认事件，也可以使用任何可编写脚本的Photoshop事件来触发脚本或动作。可以使用“脚本事件管理器”对各种脚本进行管理。选择“文件”→“脚本”→“脚本事件管理器”命令，弹出“脚本事件管理器”对话框，如图15-102所示。

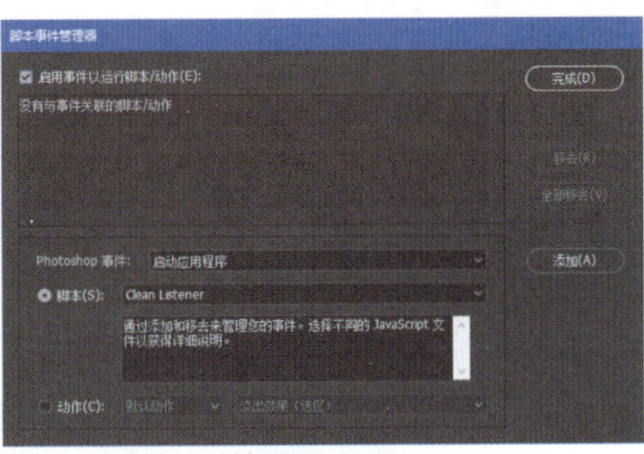

图15-102 “脚本事件管理器”对话框

15.10.4 将文件载入图层

选择“文件”→“脚本”→“将文件载入堆栈”命令，可以快速将图片素材载入到同一个文件中的不同图层，如图15-103所示，甚至可以为载入的图像创建智能对象图层，以便进行进一步的编辑。

15.10.5 使用脚本创建图像堆栈

可以使用统计脚本自动创建和渲染图形堆栈。选择“文件”→“脚本”→“统计”命令，弹出“图像统计”对话框，如图15-104所示。

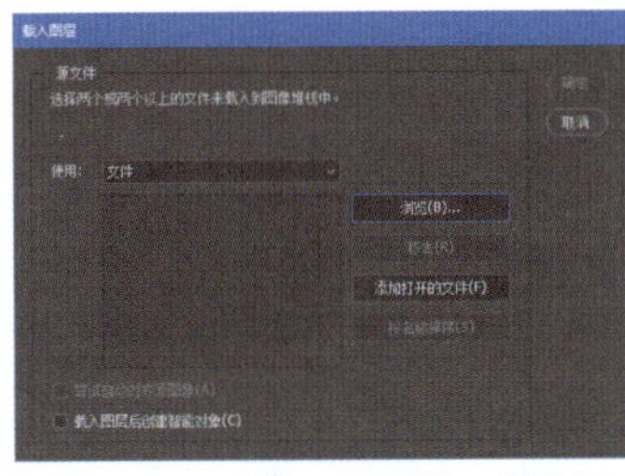

图15-103 “载入图层”对话框　图15-104 “图像统计”对话框

从“选择堆栈模式”下拉列表框中选择堆栈模式，将堆栈模式应用于当前打开的文件，或通过单击“浏览”按钮以选择文件夹或单个文件。用户选择的文件将在对话框中列出。

如果需要，可以选择“尝试自动对齐源图像”复选框，然后单击“确定”按钮，Photoshop 将多个图像组合到单个多图层的图像中，并将图层转换为智能对象，然后应用选定的堆栈模式。

15.10.6 载入多个DICOM文件

选择“文件”→“脚本”→“载入多个DICOM文件”命令，在弹出的“选择文件夹”对话框中选择保存DICOM文件的文件夹，单击“确定”按钮，即可完成多个DICOM文件的载入操作。

浏览 Adobe JavaScript 文件?

选择“文件”→“脚本”→“浏览”命令，可以浏览并打开 *.JSX 文件。

15.11 数据驱动图形

利用数据驱动图形，可根据应用目的快速、准确地生成图形的多个版本，如印刷项目、Web项目和视频项目。可以以模板设计为基础，使用不同的文本和图像制作100种不同的Web横幅。

15.11.1 定义变量

变量用来定义模板中将发生变化的元素。可以定义3种类型的变量：“可见性”“像素替换”和“文本替换”。要定义变量，首先需要创建模板图像，然后选择“图像”→“变量”→“定义”命令，弹出“变量”对话框，如图15-105所示。在“图层”选项下可以选择一个包含要定义为变量的内容的图层。

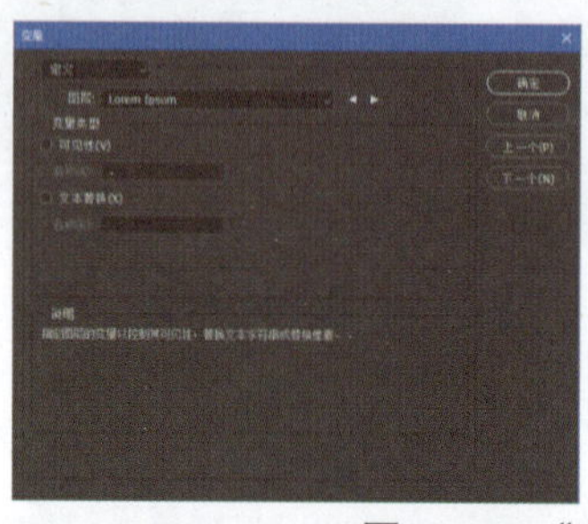

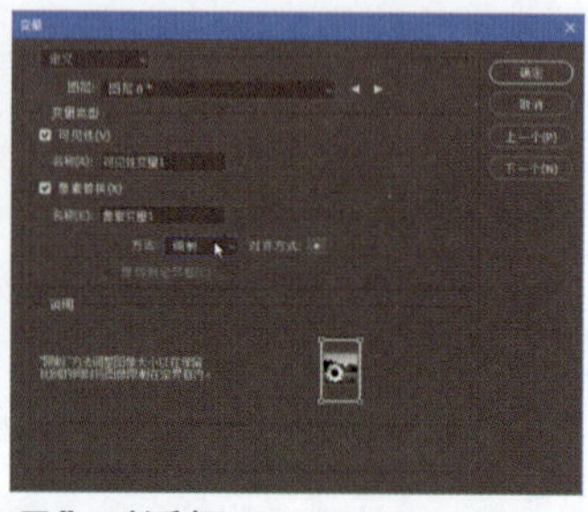

图15-105 “变量”对话框

- 可见性：用来显示或隐藏图层的内容。
- 像素替换：可以使用其他图像文件中的像素替换图层中的像素。选择“像素替换”复选框，可在下面的“名称”文本框中输入变量的名称，然后在“方法”选项中选择缩放替换图像的方法。
  - 限制：可缩放图像以将其限制在定界框内。
  - 填充：可缩放图像以使其完全填充定界框。
  - 保持原样：不会缩放图像。
  - 一致：将不成比例地缩放图像以将其限制在定界框内。
- 文本替换：可以替换文字图层中的文本字符串。单击对齐图标上的手柄，可以选取在定界框内放置图像的对齐方式。选择“剪切到定界框”复选框，则可以剪切未在定界框内的图像区域。

15.11.2 定义数据组

数据组是变量及其相关数据的集合，选择“图像”→“变量”→“数据组”命令，弹出“变量”对话框，如图15-106所示。

- 数据组：单击按钮可以创建数据组，如图15-107所示。如果创建了多个数据组，通过单击◀和▶按钮可以随意切换数据组。选择一个数据组后，单击按钮可将其删除。
- 变量：在该选项组内可以编辑变量数据。对于“可见性”变量，选中“可见”单选按钮，可以显示图层的内容；选中“不可见”单选按钮，则隐藏该图层内容。对于“像素替换”变量，选择该对象，设置替换图像的文件；如果选择“不替换”，则该图层保持当前状态。对于“文本替换”变量，可以在文本框中输入一个文本字符串。

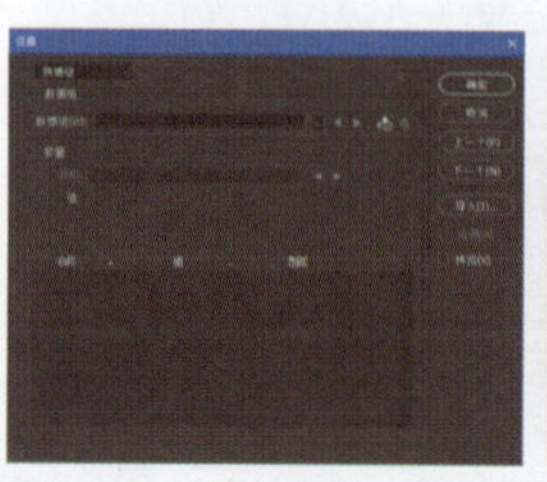

图15-106 “变量”对话框

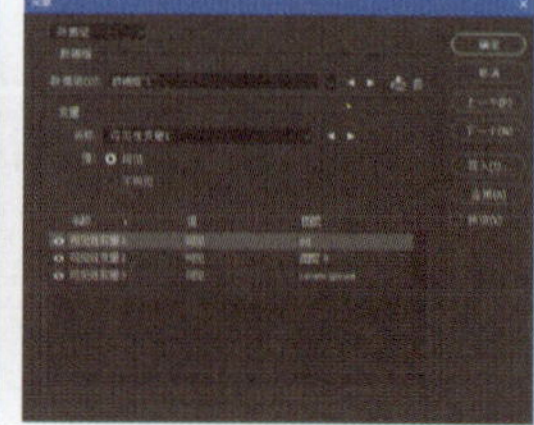

图15-107 创建数据组

Tips
必须至少定义一个变量，才能编辑默认数据组。

15.11.3 预览并应用数据组

创建模板图像和数据组后，选择“图像”→“应用数据组”命令，弹出“应用数据组”对话框，如图15-108所示。选择“预览”复选框，可在文档窗口中预览图像。单击“应用”按钮，可将数据组的内容应用到图像中，同时所有变量和数据组保持不变。

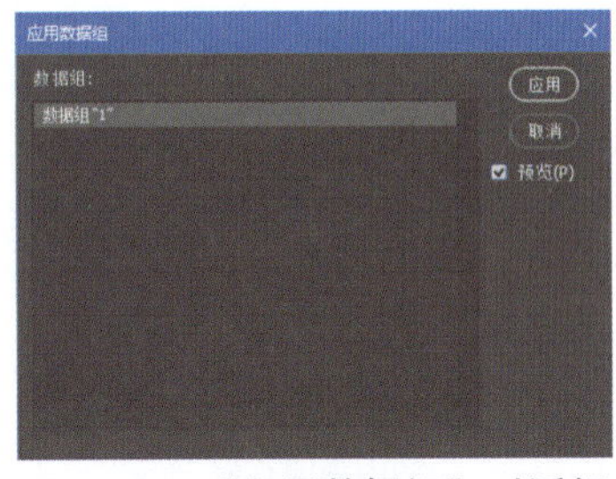

图15-108 “应用数据组”对话框

15.11.4 导入与导出数据组

除了可以在Photoshop中创建数据组外，如果在其他程序中创建了数据组，可以选择“文件”→“导入”→“变量数据组”命令，将其导入到Photoshop中，如使用文本编辑器或电子表格程序创建的数据组。

定义变量及一个或多个数据组后，可选择“文件”→“导出”→“数据组作为文件”命令，按批处理模式使用数据组值将图像输出为PSD文件。

应用案例　使用数据驱动图形创建不同图像

源文件：源文件\第15章\15-11-4-1. psd ~15-11-4-7.psd

视　频：视频\第15章\使用数据驱动图形创建不同图像.mp4

STEP 01 新建一个文件名为“变量”的.txt文件，输入文字内容，如图15-109所示。选择“文件”→“保存”命令，将文件保存。在Photoshop中新建一个500像素×500像素的文档，使用“圆角矩形工具”绘制一个圆角矩形，如图15-110所示。

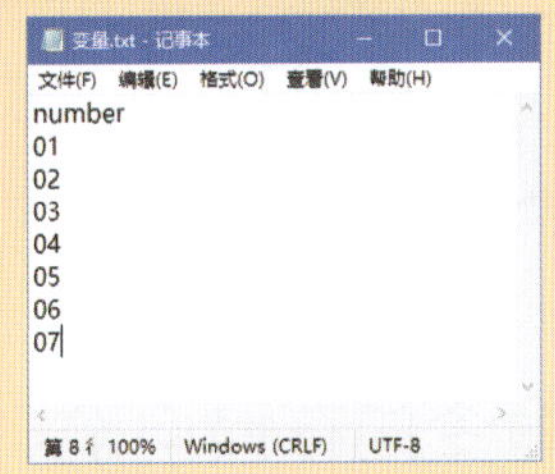

图15-109 新建.txt文件

图15-110 绘制圆角矩形

STEP 02 使用“横排文字工具”在画布中单击并输入文字，如图15-111所示。选择“图像”→“变量”→“定义”命令，弹出“变量”对话框，参数设置如图15-112所示。

图15-111 输入文字

图15-112 “变量”对话框

Tips
用户需要注意，定义变量时变量名称不能为中文，否则将无法使用该变量。

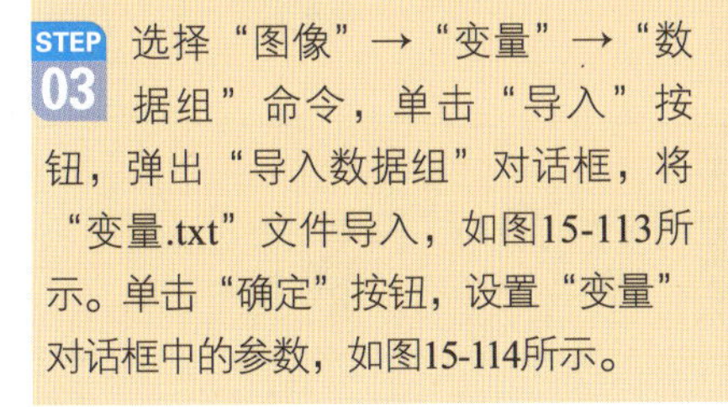

STEP 03 选择“图像”→“变量”→“数据组”命令，单击“导入”按钮，弹出“导入数据组”对话框，将“变量.txt”文件导入，如图15-113所示。单击“确定”按钮，设置“变量”对话框中的参数，如图15-114所示。

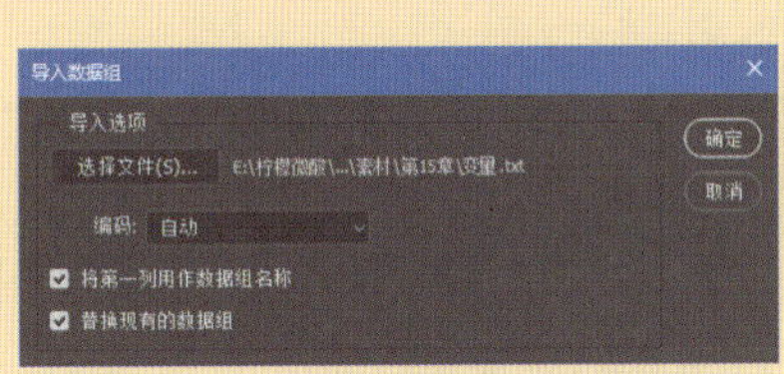

图15-113 “导入数据组”对话框

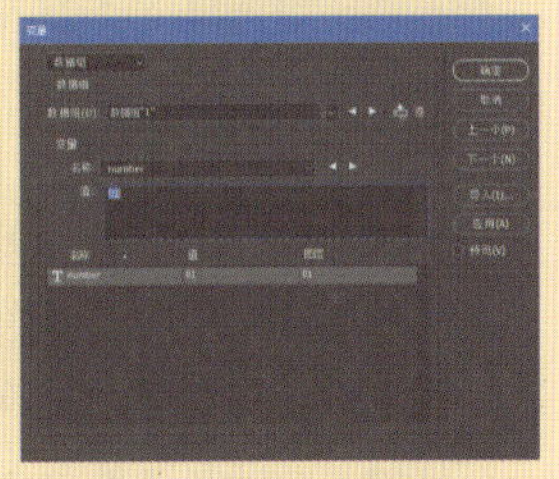
图15-114 设置参数

STEP 04 选择“图像”→“变量”→“应用数据组”命令，弹出“应用数据组”对话框如图15-115所示。单击“应用”按钮，选择“文件”→“存储”命令，将文件命名为“15-11-4”。

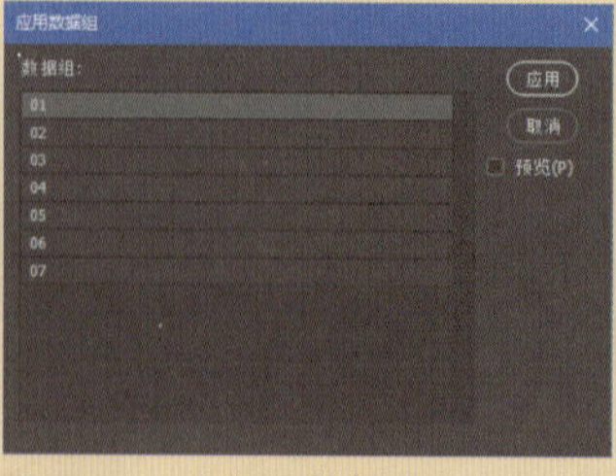

图15-115 “应用数据组”对话框

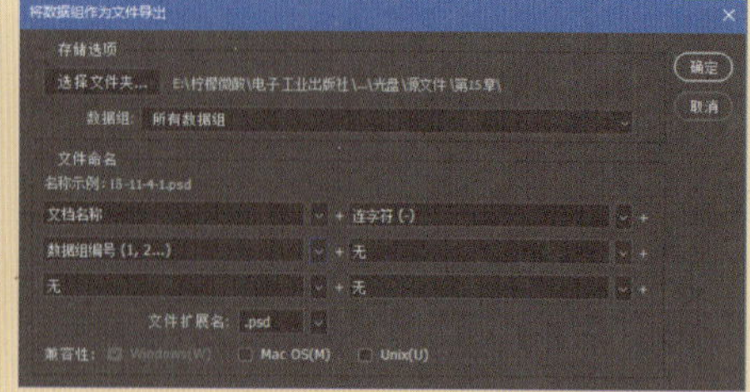

图15-116 “将数据组作为文件导出”对话框

STEP 05 选择“文件”→“导出”→“数据组作为文件”命令，在弹出的“将数据组作为文件导出”对话框中设置参数，如图15-116所示。

STEP 06 单击“确定”按钮，数据组将作为文件导出到指定位置，文件的导出效果如图15-117所示。

图15-117 导出效果

15.12 专家支招

合理使用动作和自动功能可以在帮助用户提高工作效率的同时，减少工作中出现的一些错误。

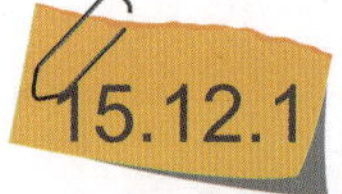

15.12.1 如何提高批处理的性能

为了提高批处理性能，应减少所存储的历史记录状态的数量，并在“历史记录”面板中取消选择“自动创建第一幅快照”选项。

15.12.2 批处理命令的存储问题

使用“批处理”命令存储文件时，通常会使用与原文件相同的格式存储文件。要创建以新格式存储文件的批处理，请记录其后面跟有“关闭”命令作为部分原动作的“存储为”命令。然后，在设置批处理时选取“目标”菜单中覆盖动作的“存储为”命令。

15.13 总结扩展

通过学习本章知识，用户能够利用动作功能简化操作步骤。使用批处理命令，可以实现编辑图像的自动化。此外，通过“自动”命令可以对图像进行自动处理操作。学习完本章知识，希望用户能够举一反三，创作出更好的作品。

15.13.1 本章小结

本章主要讲解了动作的基本功能、动作的建立和使用、批处理命令和“自动”菜单功能。通过学习本章内容，读者应学会记录动作的方法并能利用动作处理图像，对“动作”面板有一个全面的认识，并学会使用“自动”子菜单命令，对图像进行自动化操作。

15.13.2 举一反三——录制动作批处理修改照片大小

案例文件:	源文件\第15章\15-13-2.psd
视频文件:	视频\第15章\录制动作批处理修改照片大小.mp4
难易程度:	★★☆☆☆
学习时间:	5分钟

(1)　(2)

(3)　(4)

1. 打开一幅素材图像，在“动作”面板中创建动作组并创建新的动作。
2. 录制动作，修改图像大小和颜色模式。
3. 完成动作录制后，执行“批处理”操作，对“批处理”对话框进行设置。
4. 批处理操作完成后，可以在目标文件夹中看到处理后的图像。

第16章 使用3D功能

Photoshop CC 2020中对3D功能进行了很多重大改进，不仅在渲染技术上有了很大提高，而且丰富了3D素材，使用户在操作时更加方便快捷，使创意空间更为宽广。本章将学习3D功能的相关知识，使读者掌握制作3D模型的方法，以及2D和3D功能结合使用的技巧。

本章学习重点

第 360 页
创建 3D 明信片

第 366 页
创建自定义视图

第370页
为立方体添加纹理映射

第372页
设置重复纹理

16.1 3D功能简介

Photoshop不但可以打开和处理由Adobe Acrobat 3D Version 8、3D Studio Max、Alias、Maya 及Google Earth等程序创建的3D文件，而且可以直接为这些3D文件绘制贴图、制作动画等。

打开一个3D文件时，可以保留该文件的纹理、渲染及光照等信息，并且将模型放在3D面板上，在该图层中将显示各种详细信息，如图16-1所示。

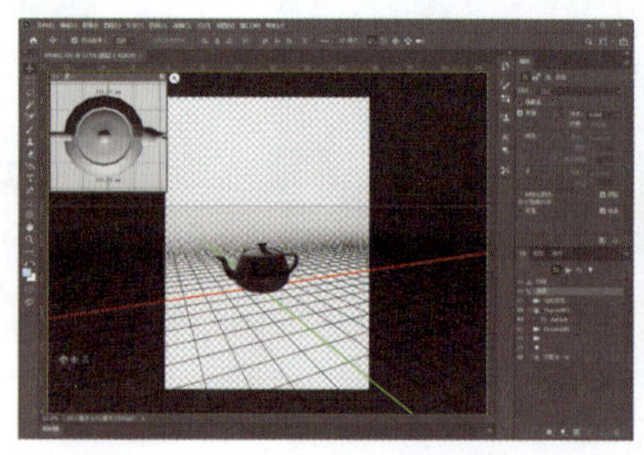

图16-1 3D文件和3D面板

什么是 OpenGL？ 有什么作用?

OpenGL 是一种软件和硬件标准，可在处理大型或复杂图像(如 3D 文件)时加速视频处理过程 OpenGL 需要支持 OpenGL 标准的视频适配器。在安装了 OpenGL 的系统中，打开、移动和编辑 3D 模型时的性能将大大提高。

16.2 新建3D图层

创建3D图层后，通过3D工具可以对3D模型进行调整，实现对模型的移动、缩放，以及视图缩放等操作，还可以分别对3D模型的网格、材质和光源进行设置。

16.2.1 从文件新建3D图层

创建一个3D图层非常简单，只需选择“3D”→“从3D文件新建图层”命令，弹出“打开”对话框，选择一个Photoshop支持的3D文件格式（包括3DS DAE、FL3、KMZ、U3D和OBJ），单击“打开”按钮，即可新建3D图层。

Tips

若无法使用“从 3D 文件新建图层”命令，则选择“编辑”→“首选项”→“性能”命令，选择“用 OpenGL 绘图”。如果该选项为灰色，表示用户的计算机显卡不支持 3D 加速。3D 功能能应用于 RGB 模式，在 CMYK 和 Lab 模式中不能使用 3D 功能。

16.2.2 合并3D图层

选择3D→“合并3D图层”命令，可以合并一个Photoshop文档中的多个3D模型。合并后，可以单独处理每个3D模型，或者同时在所有模型上使用调整对象和视图的工具。

Tips

根据每个 3D 模型的大小，在合并 3D 图层之后，一个模型可能会部分或完全嵌入到其他模型中。

合并两个3D模型后，每个3D文件的所有网格和材质都包含在目标文件中，并显示在“3D”面板中。可以使用其中的3D模式工具选择并重新调整各个网格的位置。

16.2.3 将3D图层转换为2D图层

将3D图层转换为2D图层，可使3D内容在当前状态下进行栅格化。只有不想再编辑3D模型位置、渲染模式、纹理或光源时，才可将3D图层转换为常规图层。栅格化的图像会保留3D场景的外观，但格式为平面化的2D格式。

选择“图层”→“栅格化”→3D命令或在3D图层上单击鼠标右键，在弹出的快捷菜单中选择“栅格化3D”命令，即可将3D图层转换为2D图层。

16.2.4 将3D图层转换为智能图层

将3D图层转换为智能对象，可保留包含在3D图层中的3D信息。转换后，可以将变换或智能滤镜等其他调整应用于智能对象。可以重新打开“智能对象”图层以编辑原始3D场景。应用于智能对象的任何变换或调整都将随之应用于更新的3D内容。

选择“图层”→“智能对象”→“转换为智能对象”命令或在3D图层上单击鼠标右键，在弹出的快捷菜单中选择“转换为智能对象”命令，即可将3D图层转换为智能图层。

16.3 创建3D图层

在Photoshop中可以使用“新建3D模型”命令，将图层、路径、选区和文字等2D对象创建为3D图层，如图16-2所示，然后可以继续对其完成类似指定材质的一系列操作。

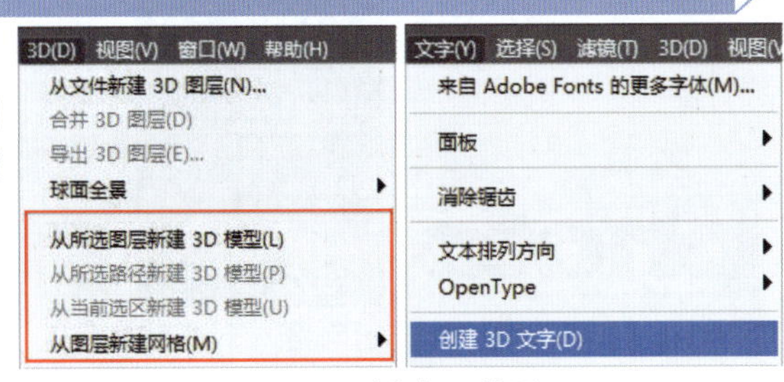

图16-2 新建3D模型

16.3.1 从所选图层新建3D模型

选择Photoshop文档中的任一图层，选择3D→“从所选图层新建3D模型”命令，即可将该图层的对象凸出为3D网格，如图16-3所示。

图16-3 从所选图层新建3D模型

16.3.2 从所选路径新建3D模型

使用“钢笔工具”或“形状工具”在文档中创建路径或形状，选择3D→“从所选路径新建3D模型”命令，即可将该路径凸出为3D网格，如图16-4所示。

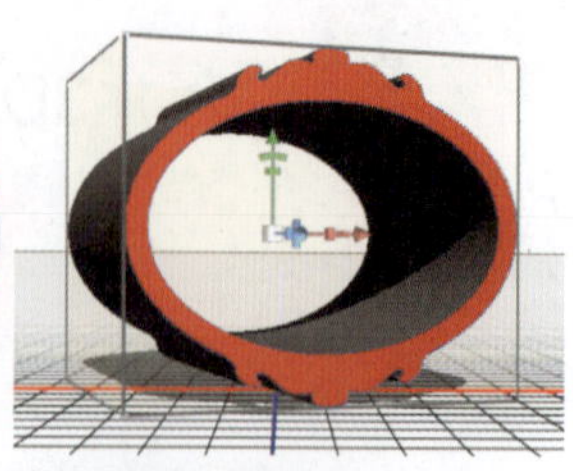

图16-4 从所选路径新建3D模型

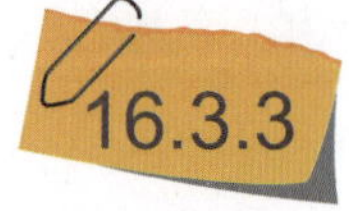

16.3.3 从当前选区新建3D模型

确定文档上创建了选区后，选择3D→“从当前选区新建3D模型”命令，即可将选区范围凸出为3D网格，如图16-5所示。

图16-5 从当前选区新建3D模型

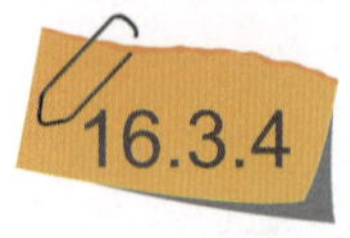

16.3.4 创建3D文字

确定选中文字图层后，选择“文字”→“创建3D文字”命令，即可将文字图层凸出为3D网格，如图16-6所示。

图16-6 创建3D文字

16.3.5 拆分凸出

选择3D→“拆分凸出”命令，可以将模型创建为单个网格。图16-7所示为使用文本创建的3D网格，所有字母作为一个对象存在。拆分凸出后的效果如图16-8所示。每个字母单独成为一个网格对象。

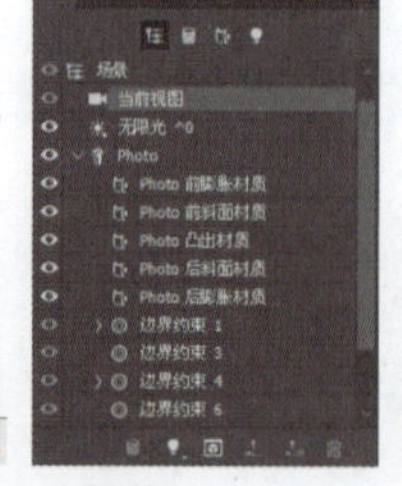

图16-7 文本凸出网格

图16-8 拆分凸出的网格

> **Tips**
> 当对一个网格执行了“拆分凸出”命令后，则使用该网格制作的动画效果将随着拆分操作而被删除。

16.4 3D模型的编辑

在Photoshop中创建的3D模型，可以在“属性”面板中对其进行编辑修改，并可以执行变形等操作设置。

16.4.1 编辑3D模型

创建3D模型后，可以通过在“属性”面板中设置不同的参数而获得更好的3D效果。“属性”面板中“网格”选项下的参数如图16-9所示。

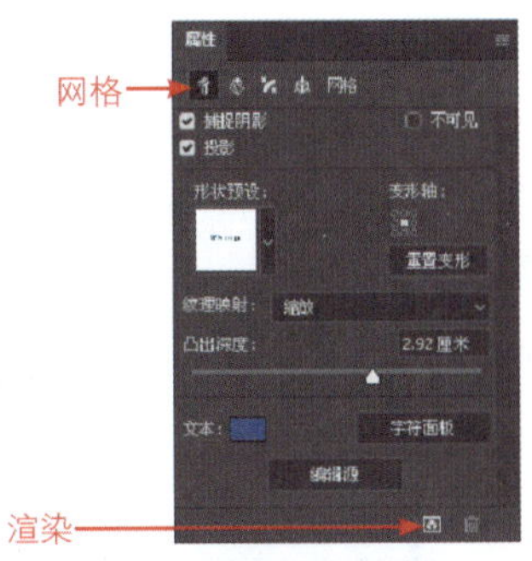

图16-9 “属性”面板

- 网格：单击该按钮，进入凸出网格编辑界面。
- 捕捉阴影：选择该复选框，显示3D网格上的阴影效果；取消选择该复选框，则不显示阴影。
- 投影：选择该复选框，显示3D网格的投影；取消选择该复选框，则不显示投影，同时也不显示阴影效果。
- 形状预设：该选项提供了18种形状预设供用户选择，可以实现不同的凸出效果。
- 纹理映射：通过在下拉列表框中选择相应的选项，可以为凸出3D网格指定不同的纹理映射的类型，包括缩放、平铺和填充3个选项。
  - 缩放：根据凸出网格的大小自动缩放纹理映射大小。
  - 平铺：使用纹理映射固有的尺寸以平铺的方式显示。
  - 填充：以原有纹理映射的尺寸显示。
- 凸出深度：可以设置凸出的深度，正负值决定凸出方向的不同。
- 不可见：选择该复选框，凸出的3D网格将不可见。
- 变形轴：设置3D网格变形轴。
- 重置变形：单击该按钮将恢复到最初的变形轴。
- 编辑源：编辑凸出的原始对象，如选区、路径、文字或者图层。
- 渲染：单击该按钮，Photoshop将开始渲染3D网格。

应用案例 创建3D罗马柱网格

源文件：源文件\第16章\16-4-1.psd　　视频：视频\第16章\创建3D罗马柱网格.mp4

STEP 01 新建一个500像素×500像素的Photoshop文档，如图16-10所示。使用“椭圆工具”在画布中绘制一个如图16-11所示的形状。

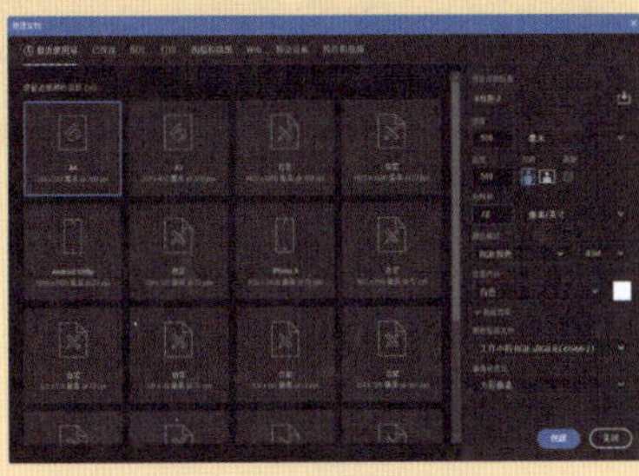
图16-10 新建文档

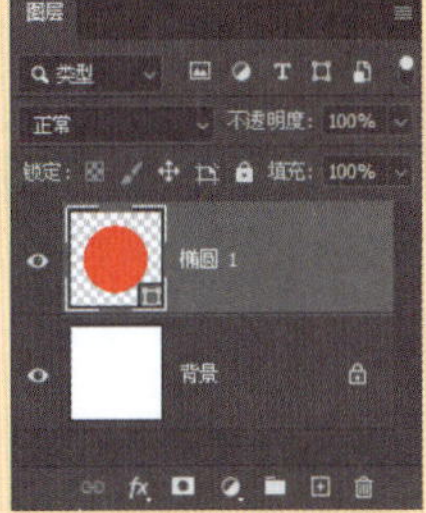
图16-11 绘制形状

STEP 02 在选项栏的“路径操作”选取器中选择“减去顶层形状”选项，如图16-12所示。在文档中绘制一个圆形，并使用“路径选择工具”调整位置到如图16-13所示的位置。

STEP 03 选择“编辑”→“自由变换路径”命令，拖动中心点位置到如图16-14所示的位置。在选项栏中的“设置旋转”文本框中输入30度，单击“提交变换”按钮，完成效果如图16-15所示。

新建图层
合并形状
减去顶层形状
与形状区域相交
排除重叠形状
合并形状组件

图16-12 选择路径操作

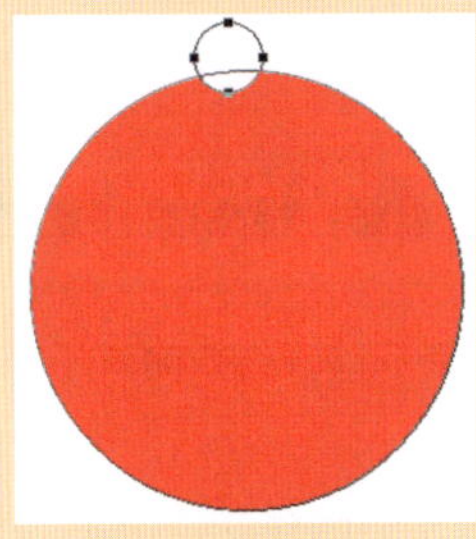
图16-13 绘制形状

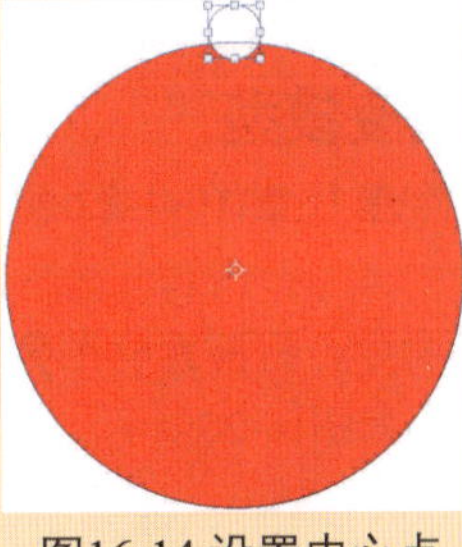
图16-14 设置中心点

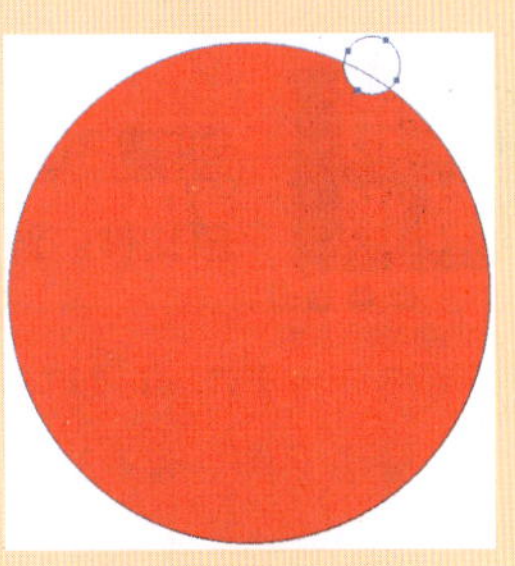
图16-15 旋转形状

STEP 04 按住【Alt】键的同时，选择“编辑”→“变换路径”→“再次”命令，效果如图16-16所示。多次执行该命令，完成效果如图16-17所示。

图16-16 再次复制

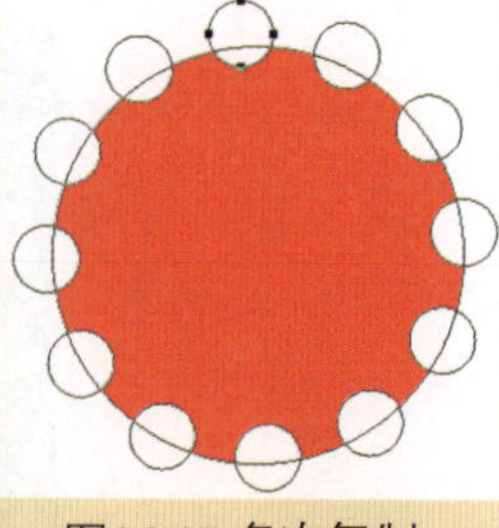

图16-17 多次复制

STEP 05 选择3D→“从所选路径新建3D模型”命令，如图16-18所示，效果如图16-19所示。单击工具箱中的“移动工具”按钮，在选项栏中按下“旋转3D对象”按钮，旋转视图效果如图16-20所示。

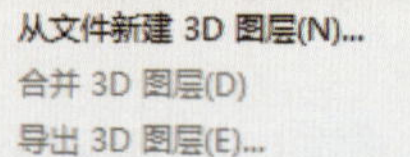

图16-18 执行命令

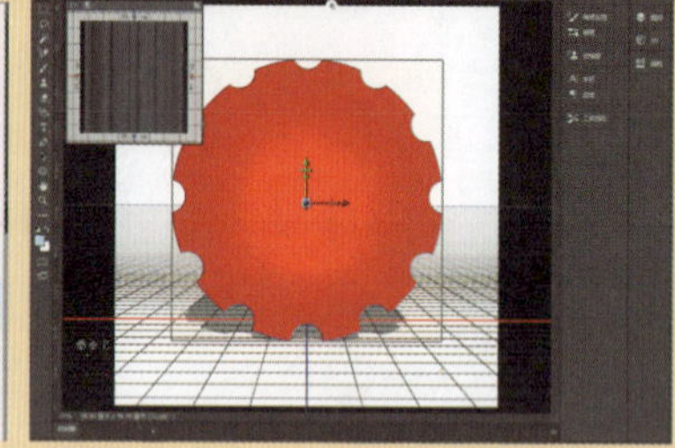

图16-19 3D模型效果

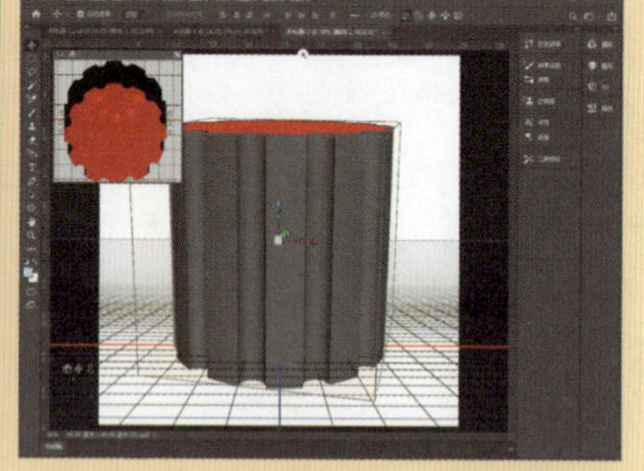

图16-20 旋转3D对象

STEP 06 在3D模型上选中网格，设置“属性”面板中的“凸出深度”为80厘米，如图16-21所示，效果如图16-22所示。

图16-21 修改凸出深度

图16-22 修改效果

16.4.2 变形3D模型

选中凸出的3D模型，单击“属性”面板中的“变形”按钮，可以对3D模型进行变形操作，“属性”面板如图16-23所示。

- 凸出深度：用户可以在文本框中输入数值或拖动滑块设置沿局部Z轴的凸出长度。
- 扭转：将凸出3D模型沿Z轴旋转。
- 锥度：将凸出的3D模型沿Z轴锥化。
- 弯曲：选择变形方式为弯曲方式，可以分别设置水平角度和垂直角度。
- 切变：选择变形方式为切变方式，可以分别设置水平角度和垂直角度。

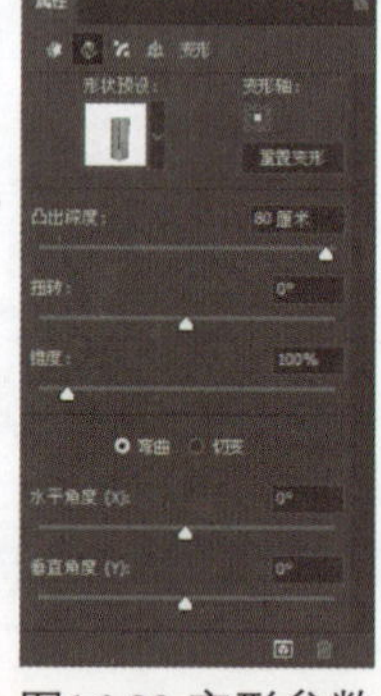

图16-23 变形参数

应用案例

创建3D冰激凌模型

源文件：源文件\第16章\16-4-2.psd　　视频：视频\第16章\创建3D冰激凌模型.mp4

STEP 01 选择“文件”→“打开”命令，打开素材图像“素材\第16章\16-4-1.psd”，如图16-24所示。使用“移动工具”选中3D模型，如图16-25所示。

STEP 02 单击“属性”面板中的“变形”按钮，修改各项参数如图16-26所示，变形效果如图16-27所示。

图16-24 打开文件

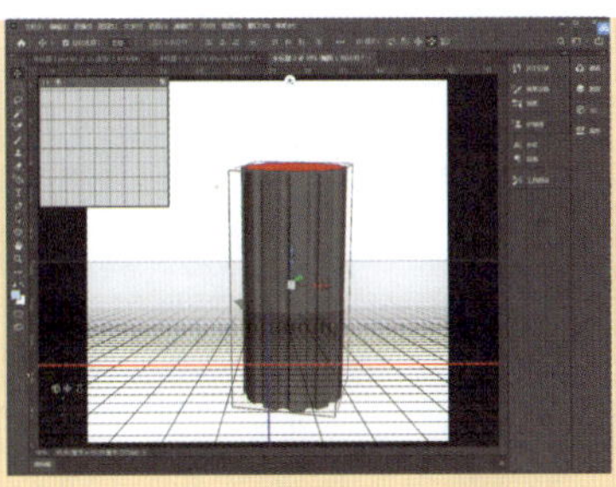

图16-25 选择3D模型

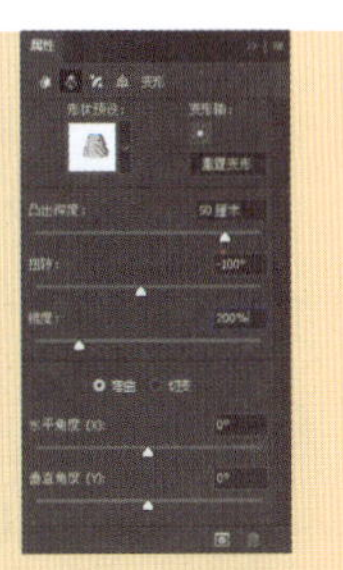

图16-26 设置参数

STEP 03 单击“属性”面板中的“网格”按钮，单击“编辑源”按钮，进入源编辑模式。选择“编辑”→“自由变换”命令，调整形状图形的大小，如图16-28所示。提交变换并保存文件后，3D模型效果如图16-29所示。

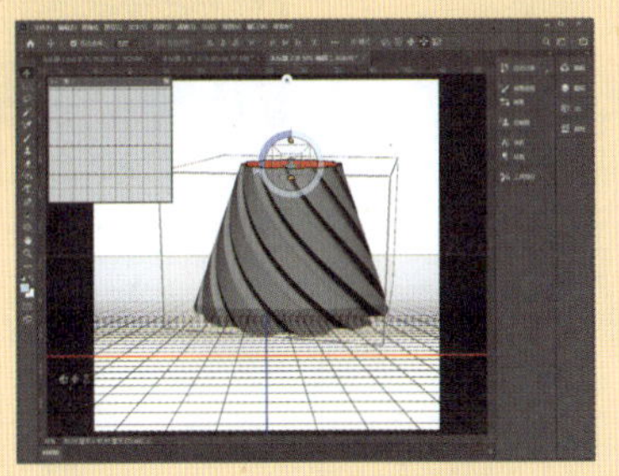

图16-27 变形效果

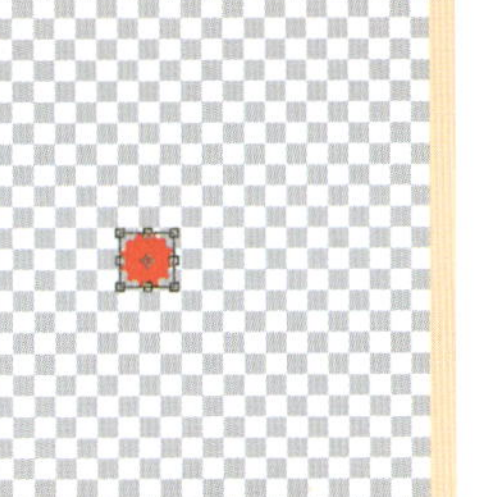

图16-28 编辑源

图16-29 编辑后的3D模型效果

STEP 04 单击“属性”面板中的“变形”按钮，修改“锥度”数值为800，3D模型效果如图16-30所示。

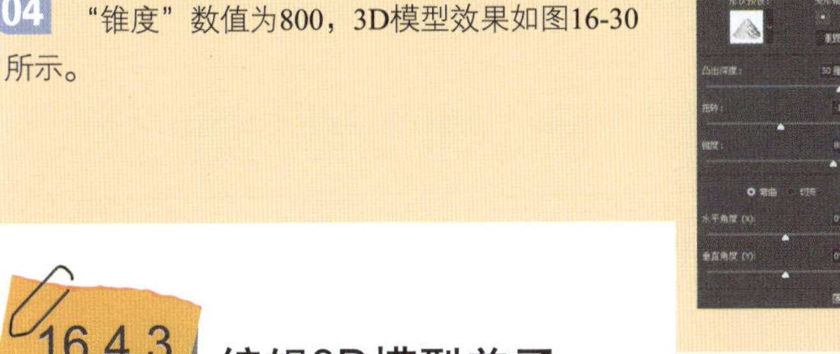

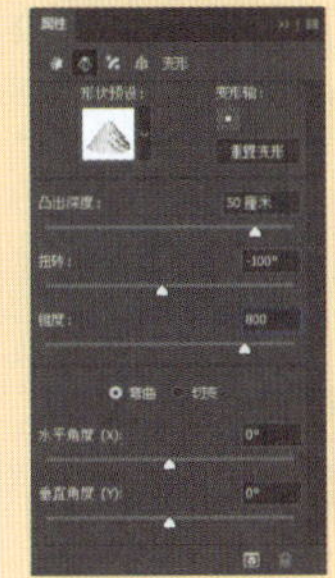

图16-30 锥化效果

16.4.3 编辑3D模型盖子

“盖子”是指3D模型的前部或背部部分。通过“属性”面板可以对盖子的宽度和角度等参数进行设置，如图16-31所示。

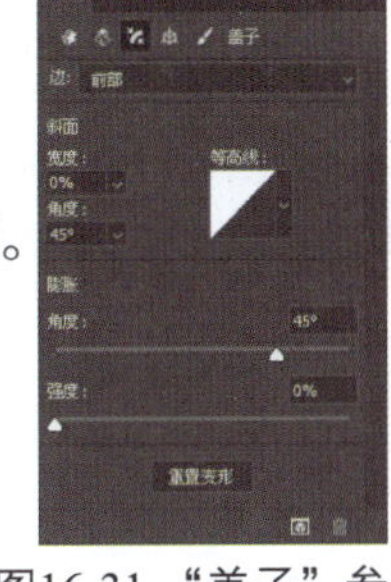

图16-31 “盖子”参数

- 边：选择要倾斜/膨胀的侧面，可以选择“前部”“背部”和“前部和背部”选项。
- 斜面：在文本框中输入数值或拖动滑块设置斜面的宽度和角度。
- 膨胀：在文本框中输入数值或拖动滑块设置膨胀的角度和强度。
- 等高线：可以在下拉面板中选择不同的等高线，实现不同的斜面效果。

16.4.4 坐标

为了能够在Photoshop中准确地完成移动、旋转和缩放操作。Photoshop在“属性”面板中提供了“坐标”选项。任意选择3D网格，在“属性”面板中单击“坐标”按钮，“属性”面板如图16-32所示。

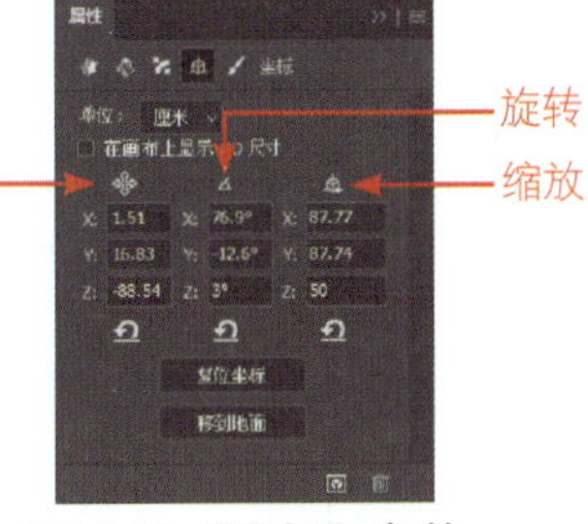

图16-32 “坐标”参数

- 位置：通过设置不同轴的位置，实现准确移动3D模型操作。
- 旋转：通过设置在不同轴上的旋转角度，实现准确旋转3D模型的操作。
- 缩放：通过设置在不同轴上的缩放百分比，实现准确缩放3D模型的操作。
- 复位坐标：单击该按钮可恢复设置前的坐标。
- 移到地面：单击该按钮将选中对象移到网格表面。

16.4.5 3D绘画

可以使用任何Photoshop绘画工具直接在3D模型上绘画，就像在2D图层上绘画一样。单击3D绘画按钮，“属性”面板中的各项参数如图16-33所示。

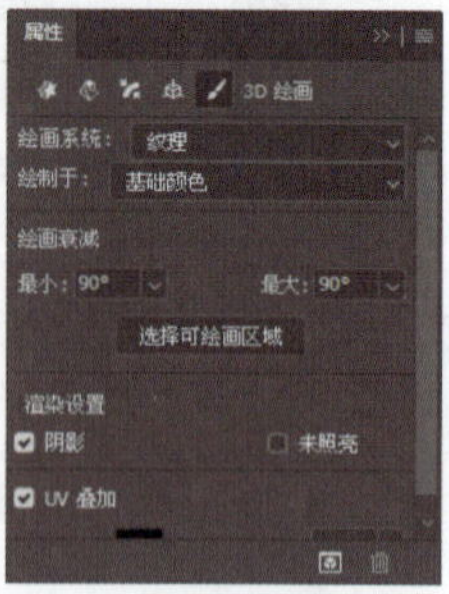

图16-33 “3D绘画”参数

- 绘画系统：选择将绘画投影到纹理还是阴影。
- 绘制于：选择将在其中结束绘画的纹理类型。共有8种纹理类型供用户选择。
- 绘画衰减：用来设置绘画开始渐隐和结束渐隐时的角度。
- 选择可绘画区域：单击该按钮，将在当前视图下，为模型中最适合绘画的部分创建选区。
- 渲染设置：用户可以选择是否渲染阴影，打开光照和在打开的纹理文档中是否显示纹理叠加。

16.5 从图层新建网格

Photoshop可以将2D图层作为起始点，生成各种基本的3D对象。创建3D对象后，可以执行在3D空间移动、更改渲染设置、添加光源或将其与其他3D图层合并等操作。

16.5.1 创建3D明信片

一般的2D平面图像给人的视觉感受比较单一，不具备空间感。通过创建3D明信片，可以对2D平面图像随意执行旋转、滚动等操作，使其具有立体效果。

Tips

可以将 3D 明信片添加到现有的 3D 场景中，从而创建显示阴影和反射（来自场景中的其他对象）的表面。

应用案例 创建3D明信片

源文件：源文件\第16章\16-5-1.psd　　视频：视频\第16章\创建3D明信片.mp4

STEP 01 打开素材图像“素材\第16章\160501.jpg文件，如图16-34所示。选择3D →“从图层新建网格”→“明信片”命令，如图16-35所示。

STEP 02 明信片效果如图16-36所示。选择“移动工具”，单击选项栏中的“旋转3D对象”按钮，在视图中单击并拖动鼠标，效果如图16-37所示。

图16-34 打开素材图像

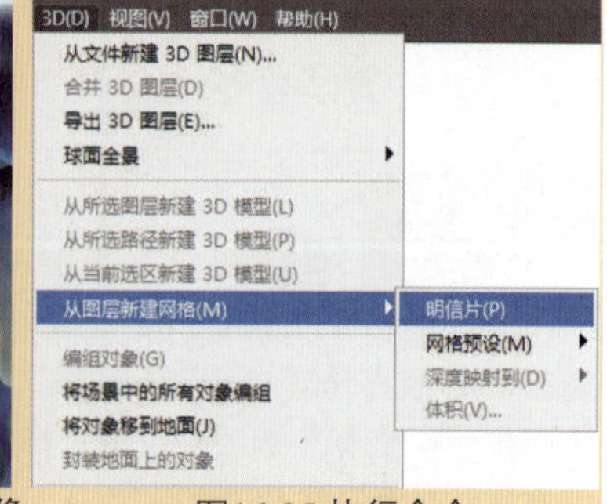

图16-35 执行命令

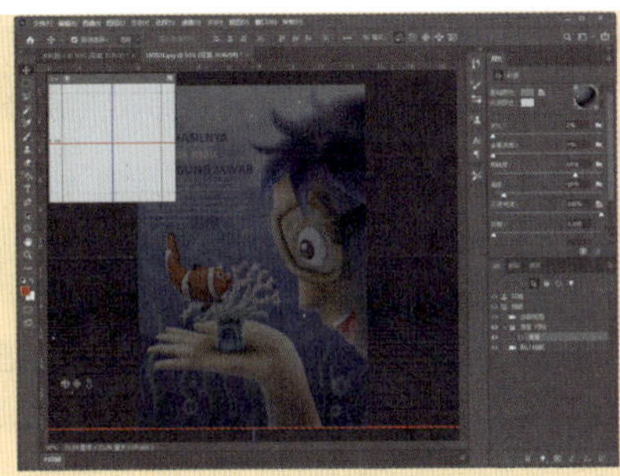
图16-36 明信片效果

图16-37 旋转明信片

创建3D网格预设

Photoshop CC 2020自带11种网格预设，如图16-38所示，分别为“锥形”“立体环绕”“立方体”“圆柱体”“圆环”“帽子”“金字塔”“环形”“汽水”“球体”和“酒瓶”等网格对象。

执行任一命令即可从图层新建形状，如图16-39所示。根据所选取的形状类型，最终得到的3D模型包含一个或多个网格。

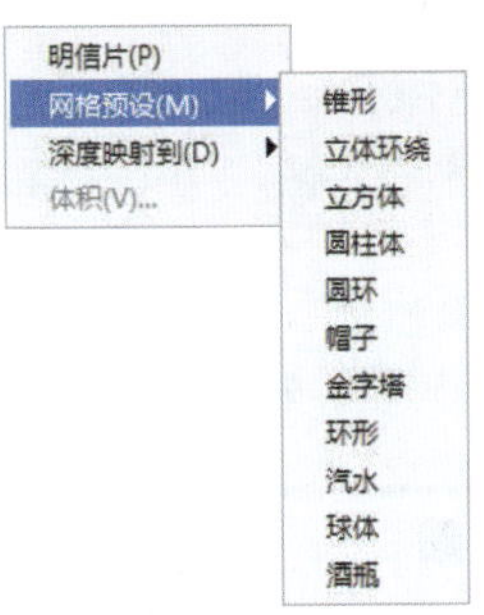

图16-38 执行命令

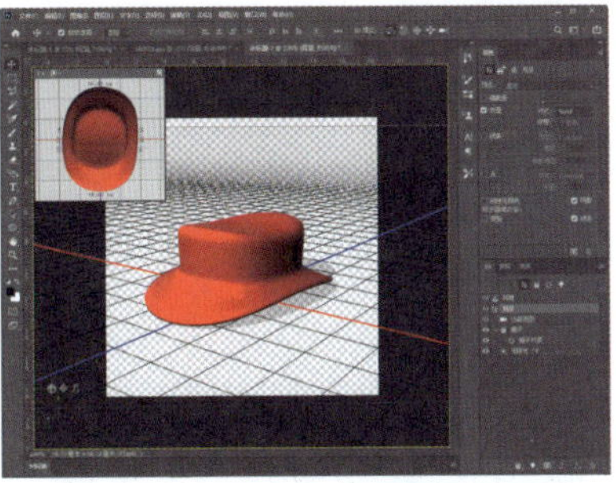
图16-39 创建帽子和酒瓶3D网格

应用案例

创建网格制作逼真地球

源文件：源文件\第16章\16-5-2.psd　　视频：视频\第16章\创建网格逼真地球.mp4

STEP 01 打开素材图像“素材\第16章\160502.jpg，如图16-40所示。选择3D→“从图层新建网格”→“网格预设”→“汽水”命令，效果如图16-41所示。

STEP 02 使用“移动工具”选择汽水网格，单击鼠标右键，在打开的“汽水”面板中单击“材质”按钮，如图16-42所示。在打开的“标签材质”面板中设置各项参数，“汽水”模型效果如图16-43所示。

图16-40 打开素材图像

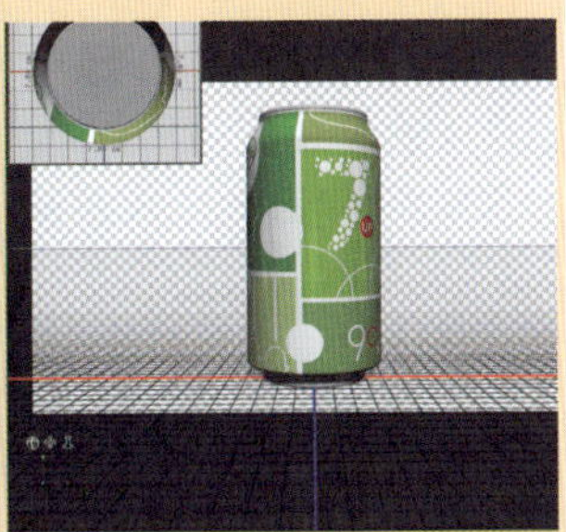
图16-41 创建汽水网格

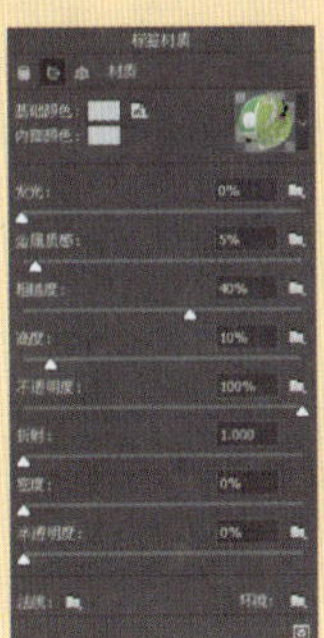

图16-42 单击“材质”按钮

图16-43 汽水模型效果

16.5.3 创建深度映射

选择3D →“从图层新建网格”→“深度映射到”命令，可以将灰度图像转换为深度映射，从而将明度值转换为深度不一的表面。较亮的值生成表面上凸起的区域，较暗的值生成凹下的区域，如图16-44所示。

图16-44 创建深度映射

通过执行“深度映射到”命令可以创建6种3D模型，分别是“平面”“双面平面”“纯色凸出”“双面纯色凸出”“圆柱体”和“球体”。

应用案例 制作三维网格球体模型

源文件：源文件\第16章\16-5-3.psd　　视频：视频\第16章\制作三维网络球体模型.mp4

STEP 01 新建一个Photoshop文档，设置“颜色模式”为“灰度”，如图16-45所示。设置“前景色”为黑色，使用“矩形工具”在场景中绘制矩形形状，效果如图16-46所示。

图16-45 新建文件

图16-46 绘制矩形

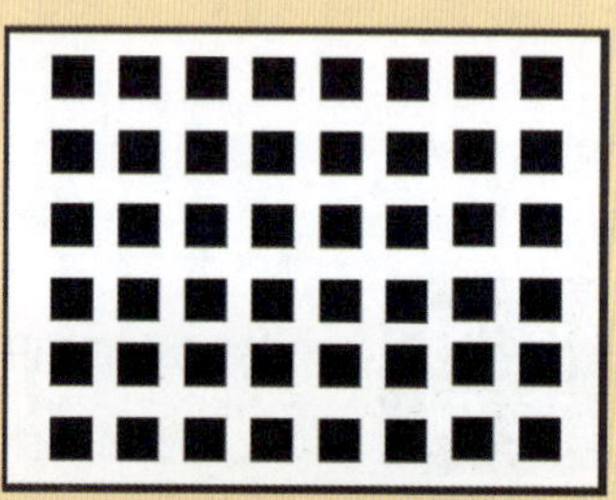

图16-47 绘制图形

STEP 02 用同样的方式创建多个矩形，效果如图16-47所示。选中所有图层，按【Ctrl+E】组合键合并图层。选择“3D”→“从图层新建网格”→“深度映射到”→“球体”命令，如图16-48所示。深度映射的效果如图16-49所示。黑色部分收缩向下凹，得到3D网格球体效果。

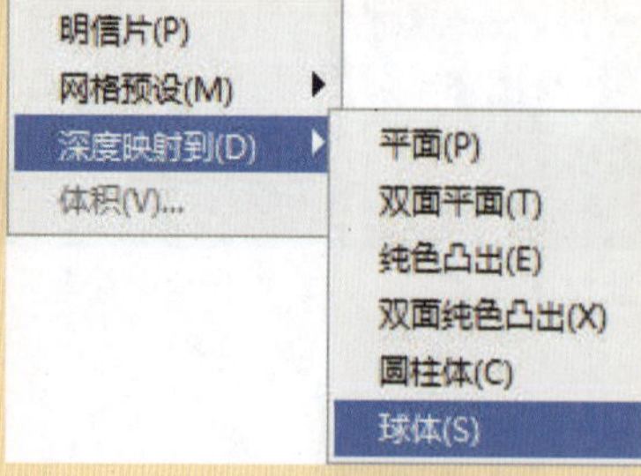

图16-48 执行命令

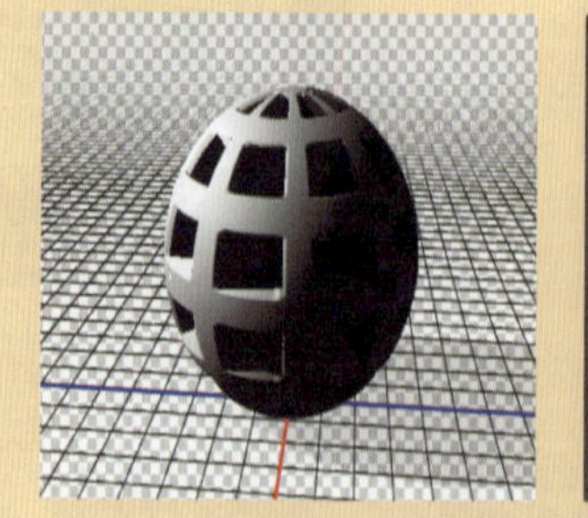

图16-49 深度映射到球体

16.5.4 创建3D体积

使用Photoshop可以打开和处理医学上的DICOM（医学数字成像和通信的首字母缩写）图像文件（扩展名为.dc3、.dcm、.dic或无扩展名），并根据文件中的帧生成三维模型。

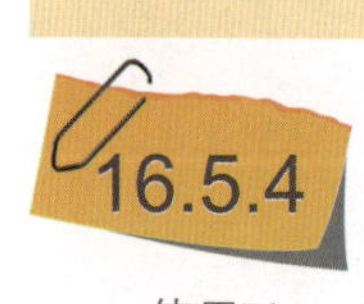

Tips

DICOM 是接收医学扫描的最常用标准，它是国际医疗影像设备的图像通信与交流的唯一规范。

Photoshop可读取DICOM文件中的所有帧，并将它们转换为Photoshop图层。Photoshop 还可以将所有DICOM帧放置在某个图层上的一个网格中，或将帧作为可以在3D空间中旋转的3D体积来打开。Photoshop可以读取8位、10位、12位或16位DICOM 文件（Photoshop 可以将10位和12位文件转换为16位文件）。

在Photoshop中打开DICOM文件后，可以使用任何Photoshop工具对文件进行调整、标记或批注。例如，使用“注释工具”向文件添加注释，使用“铅笔工具”标记扫描的特定区域，使用“蒙尘与划痕”滤镜从扫描中移去蒙尘或划痕，使用“标尺工具”或选择工具测量图像内容。

选择“文件”→“打开”命令，打开一个DICOM文件，Photoshop会读取文件中所有的帧，并将它们转换为图层。选择要转换为3D体积的图层，选择3D →“从图层新建网格”→“体积”命令，即可创建DICOM帧的3D体积。可以使用Photoshop的3D位置工具从任意角度查看3D体积或更改渲染设置，以便更直观地查看数据。

16.6 3D模式和视图的操作

在Photopshop CC 2020中，可以直接使用“移动工具”完成对3D对象和摄像机的旋转、滚动、拖动、滑动和缩放的操作。

单击“移动工具”按钮，其选项栏右侧将显示3D模式操作按钮。如果当前图层为3D图层，则操作按钮处于可选状态。选中3D模型，操作按钮为3D对象操作工具；未选中3D模型则为3D视图操作工具，如图16-50所示。使用“移动工具”选中要操作的3D对象，即可选中不同的操作按钮完成各种操作。

图16-50 3D对象操作工具和3D视图操作工具

16.6.1 3D轴

当用户使用“移动工具”选中3D对象时，3D轴就会出现在3D网格对象上。使用3D 轴可以显示3D空间中3D网格当前*X*、*Y*和*Z*轴的方向。

绿色箭头代表*Y*轴，蓝色箭头代表*Z*轴，红色箭头代表*X*轴。每个箭头坐标都由3部分组成，分别实现对3D对象的移动、旋转和缩放操作，如图16-51所示。

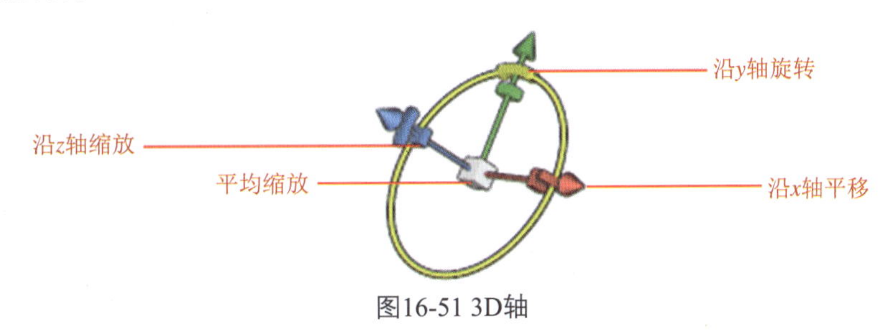

图16-51 3D轴

应用案例

对新建3D图层执行操作

源文件：源文件\第16章\16-6-1.psd　视频：视频\第16章\对新建3D图层执行操作.mp4

STEP 01 新建一个500像素×500像素的Photoshop文档，如图16-52所示。选择3D →“从文件新建3D图层”命令，在弹出的对话框中选择“素材\第16章\160602.3DS”文件，单击“确定”按钮，新建一个3D图层，如图16-53所示。

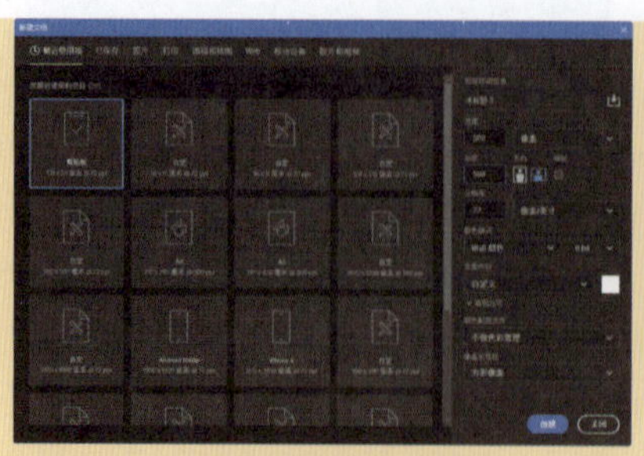

图16-52 新建文档

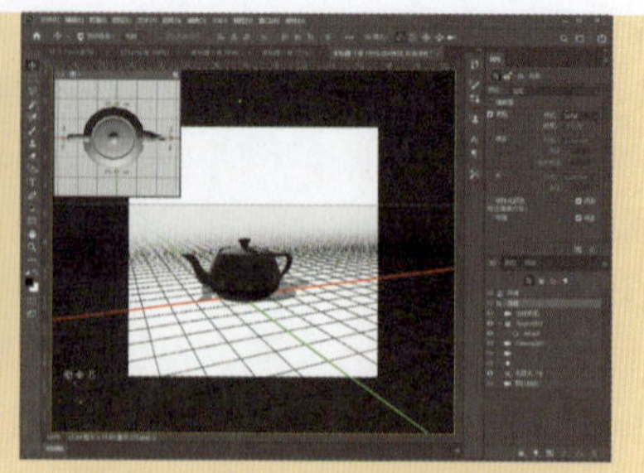

图16-53 从文件新建3D图层

STEP 02 使用“移动工具”选中3D模型，单击选项栏中的“旋转3D对象”按钮，移动光标到如图16-54所示的位置。按住鼠标左键并拖动，可以实现对3D模型的旋转操作，如图16-55所示。

图16-54 旋转3D对象

图16-55 旋转对象

STEP 03 移动光标到模型外并单击，按下鼠标左键拖动调整摄像机视图，如图16-56所示。使用“滚动3D相机”按钮在视图中拖动，可以实现对视图的滚动效果，如图16-57所示。

STEP 04 单击“变焦3D相机”按钮，在视图中单击并拖动鼠标，视图缩放效果如图16-58所示。选中3D模型，单击选项栏中的“缩放3D对象”按钮，在视图中拖动鼠标缩放3D模型，效果如图16-59所示。

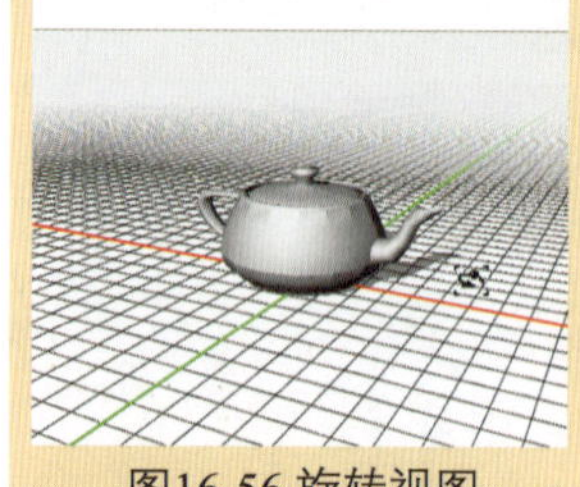

图16-56 旋转视图

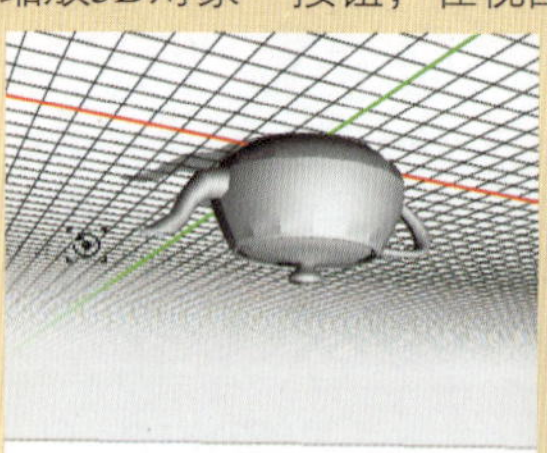

图16-57 滚动视图

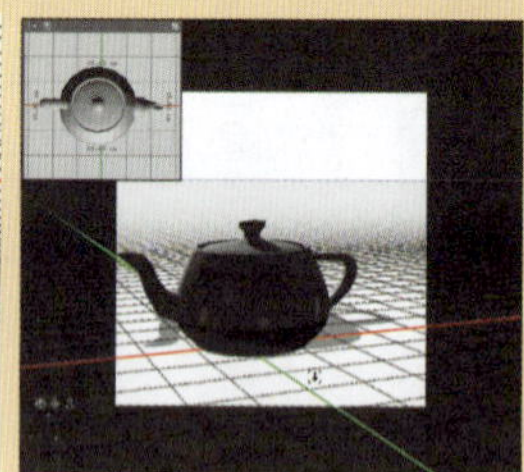

图16-58 缩放视图

图16-59 缩放3D模型

16.6.2 显示与隐藏3D辅助对象

新建一个3D图层，Photoshop的文档窗口显示如图16-60所示。在窗口中将显示光源、地面、副视图、选区和自定视图5种辅助对象。

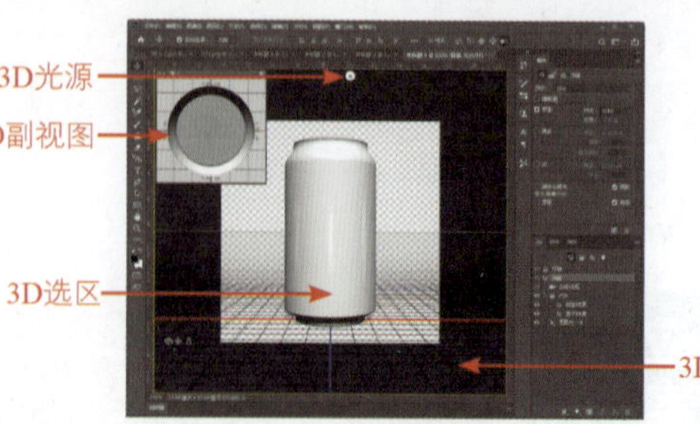

图16-60 3D文档窗口

- 3D副视图：在副视图中可以显示与文档中3D模型不同角度的视图，以便观察和绘制。
- 3D地面：地面是反映相对于3D模型的地面位置的网格。
- 3D选区：选择文档中的网格时，网格四周会出现一个外框，帮助识别当前项目，同时显示3D控制轴。

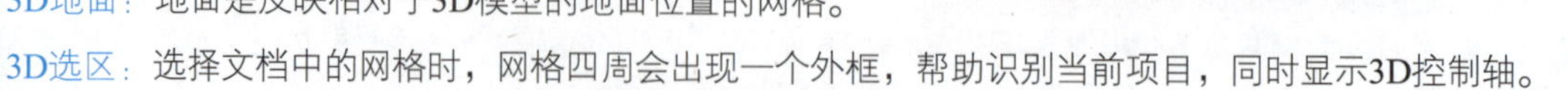

- 3D光源：在3D文件中模拟灯光，可以实现逼真的深度和阴影。

不同的工作环境有不同的界面要求，可通过选择“视图”→“显示”子菜单中的命令来选择需要显示的内容，如图16-61所示。全部取消显示3D选项的文档窗口如图16-62所示。

✔ 3D 副视图(3)
✔ 3D 地面
✔ 3D 光源
✔ 3D 选区
✔ UV 叠加
✔ 3D 网格外框

图16-61 显示命令

图16-62 取消显示内容

16.6.3 3D副视图

通过在3D副视图中设置3D模型显示不同的视图，可以更好地观察3D模型在Photoshop中的操作过程和效果。激活3D图层，单击“移动工具”按钮，即可在文档窗口中显示3D副视图。默认情况下，3D副视图显示在视图的左上角，如图16-63所示。

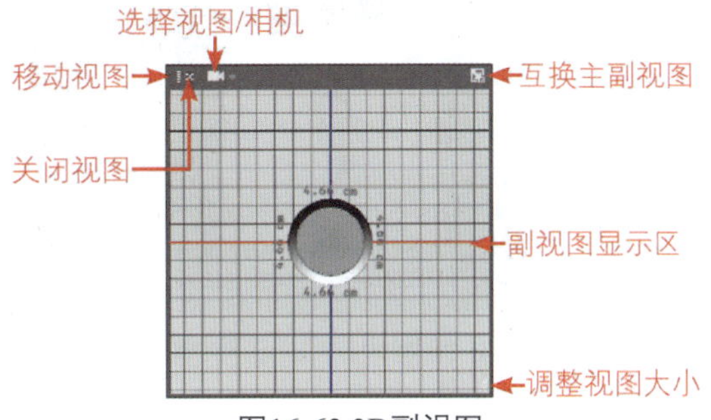

图16-63 3D副视图

- 移动视图：在该位置单击并拖动鼠标可以将3D副视图移动到文档窗口的任何位置。
- 关闭视图：单击该按钮，将关闭3D副视图。如果想要再次使用，则需要选择“视图”→“显示”→“3D副视图”命令。
- 选择视图/相机：单击该按钮，会打开供用户选择的下拉列表框，共有10个默认视图/相机供用户选择。如果用户存储了自定义视图，也会显示在该下拉列表框中。
- 互换主副视图：单击该按钮，将互换主视图和副视图的显示视图。
- 副视图显示区：此处显示副视图显示的视图。
- 调整视图大小：单击并拖动鼠标可以调整副视图的显示大小。

16.6.4 3D轴副视图

激活3D图层时，在文档窗口左下角会出现一个3D轴的副视图，如图16-64所示。通过这个窗口可以快速更改文档3D视图中显示的视图，并且还可以直接在该窗口中拖动鼠标对文档窗口中的3D视图进行调整。

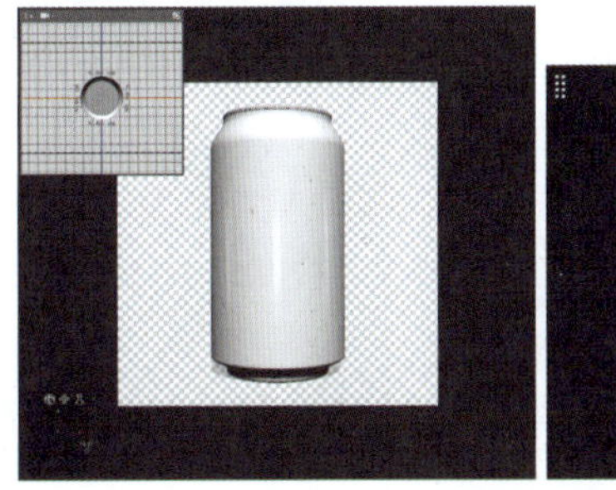

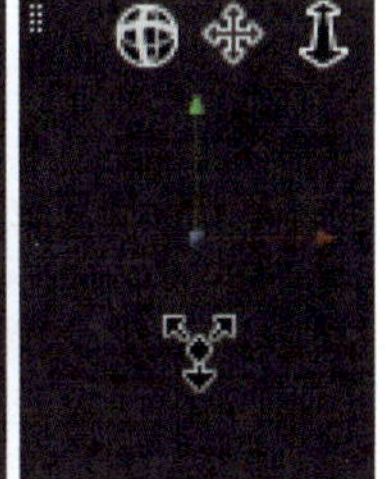

图16-64 3D轴副视图

在3D轴副视图上单击鼠标右键，弹出如图16-65所示的快捷菜单，任意选择一个视图，可以看到Photoshop以动画的方式展示了转换视图的过程，如图16-66所示。

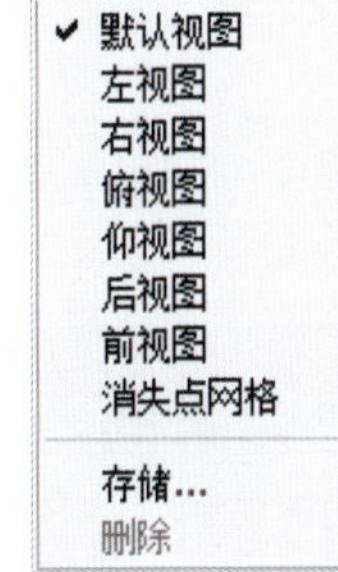

图16-65 快捷菜单

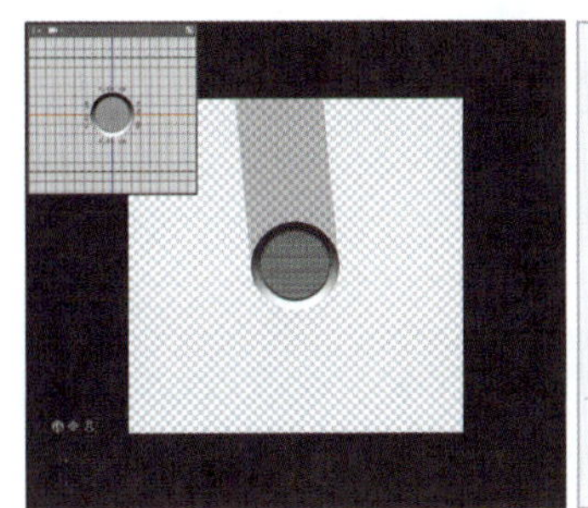

默认视图
左视图
右视图
✔ 俯视图
仰视图
后视图
前视图
消失点网格
存储...
删除

图16-66 转换视图动画

应用案例

创建自定义视图

源文件：源文件\第16章\16-6-4.psd　　视频：视频\第16章\创建自定义视图. mp4

STEP 01 打开素材图像“素材\第16章\160605.psd”，效果如图16-67所示。单击“移动工具”按钮，使用视图工具调整3D模型，效果如图16-68所示。

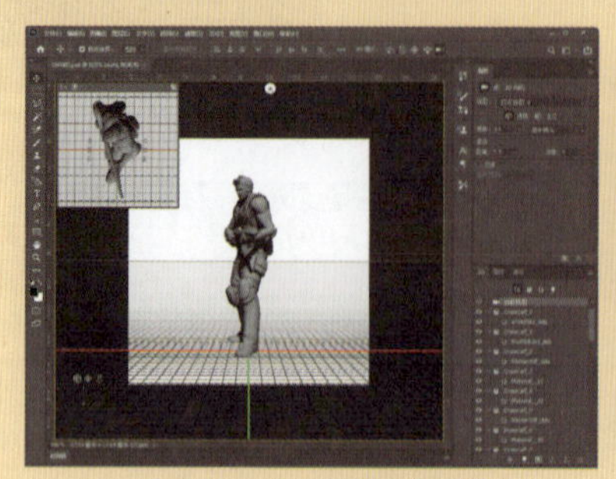

图16-67 打开素材图像

图16-68 调整视图

STEP 02 在3D轴副视图上单击鼠标右键，在弹出的快捷菜单中选择“存储”命令，如图16-69所示。在弹出的“新建3D视图”对话框中设置“视图名称”为“面部”，如图16-70所示，单击“确定”按钮。

STEP 03 在3D副视图的“选择视图/相机”下拉列表框选择“面部”视图，效果如图16-71所示。使用同样的方法，完成其他视图的创建，效果如图16-72所示。

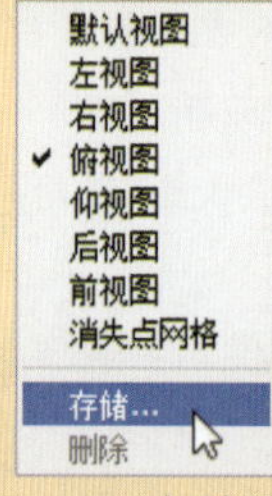

图16-69 存储视图

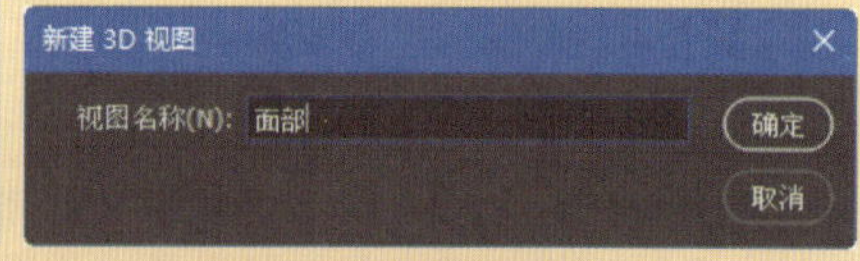

图16-70 命名视图名

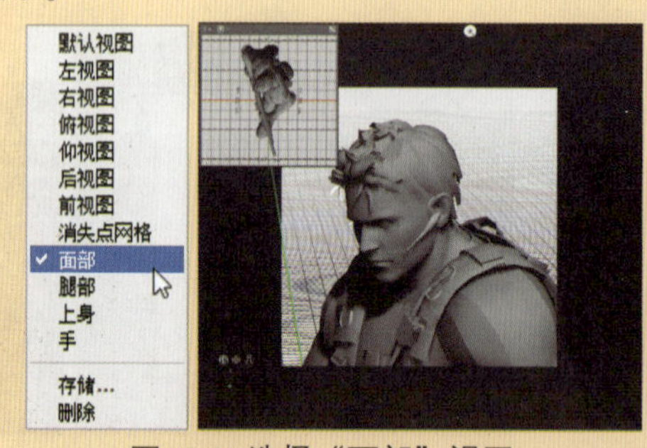

图16-71 选择“面部”视图

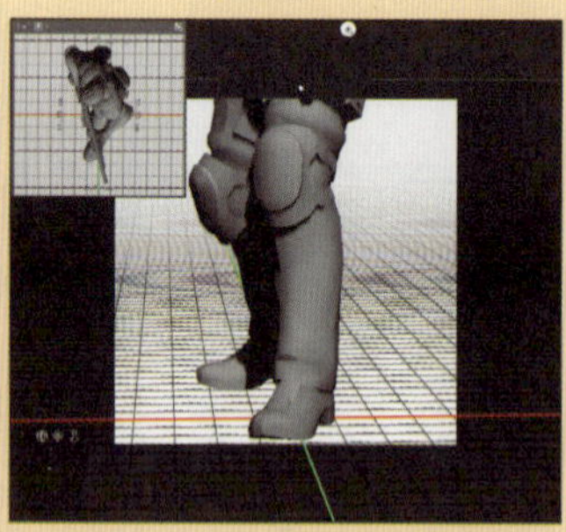

图16-72 使用自定义视图

16.6.5 将对象贴紧地面

如果在操作过程中移动了3D网格，或者网格没有正确显示网格阴影，可以选择3D →“将对象移到地面”命令。这样网格对象会自动贴紧地面，也可以正确显示阴影。

16.7 使用3D面板

在Photoshop CC 2020中，3D面板可帮助用户轻松处理3D对象。3D面板与“图层”面板类似，被构建为具有根对象和子对象的场景图/树。

16.7.1 使用3D面板创建3D对象

新建一个Photoshop文档，选择“视图”→3D命令，即可打开3D面板，如图16-73所示。在“源”下拉列表框中选择新建3D对象的源后，选择制作3D对象的方法。最后单击“创建”按钮，即可完成3D对象的创建，如图16-74所示。

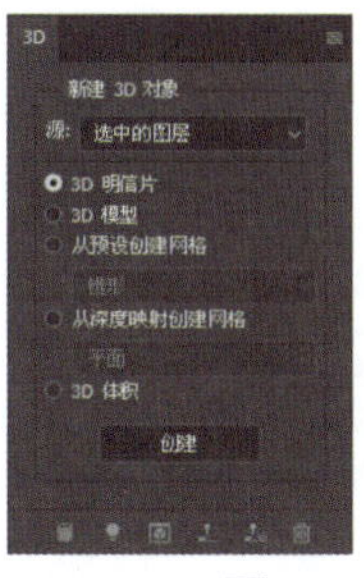

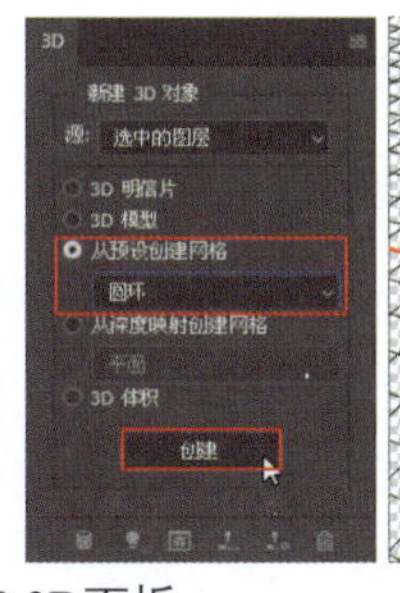

图16-73 3D面板

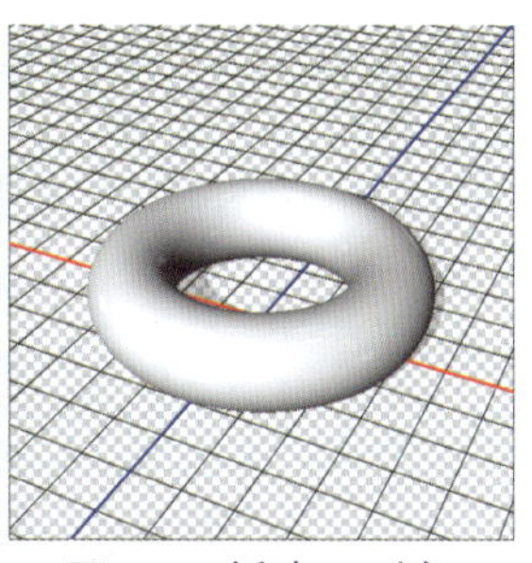

图16-74 新建3D对象

16.7.2 3D面板和“属性”面板

使用3D面板创建3D对象或直接在“图层”面板中选择3D图层，3D面板将显示整个3D环境的内容，如图16-75所示。此时选择3D面板中的任一内容，该内容的参数将显示在“属性”面板中，如图16-76所示。

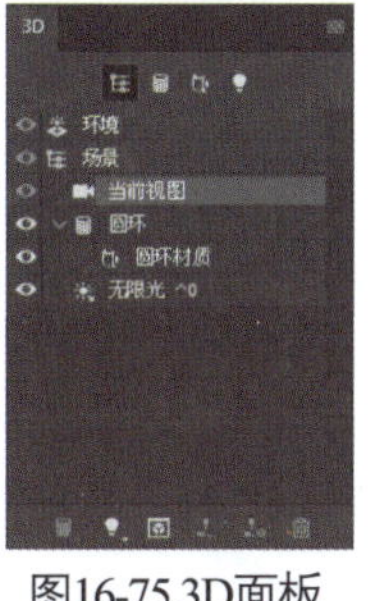

图16-75 3D面板　图16-76 对应的“属性”面板

16.7.3 设置3D环境

在3D面板中选择“环境”选项，“属性”面板将显示环境参数，如图16-77所示。

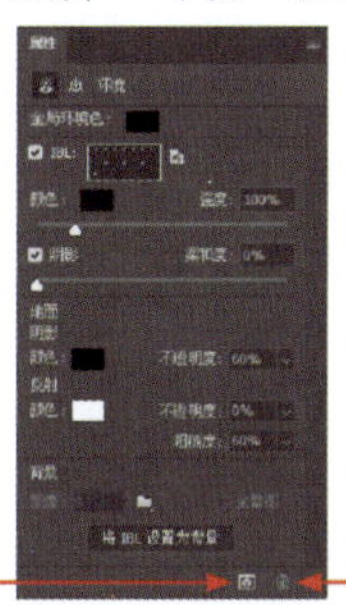

图16-77 设置3D环境参数

- 全局环境色：设置在反射表面上可见的全局环境光的颜色。该颜色与用于特定材质的环境色相互作用。
- IBL：为场景启用基于图像的光照。
- 颜色：设置基于图像的光照的颜色和强度。
- 阴影：设置地面光照的阴影和柔和度。
- 反射：设置地面阴影的颜色、不透明度和粗糙度。
- 背景：将图像作为背景使用。
- 全景图：将背景图像设置为全景图。
- 将IBL设置为背景：将背景图像设置为基于图像的光照图。
- 渲染：单击该按钮，Photoshop开始对3D模型进行渲染，根据模型的复杂度，渲染的时间也不尽相同。
- 删除所选：选择想要删除的对象，单击该按钮，可以删除对象。

16.7.4 设置3D相机

在3D面板中选择“当前视图”选项，“属性”面板将显示相关参数，如图16-78所示。

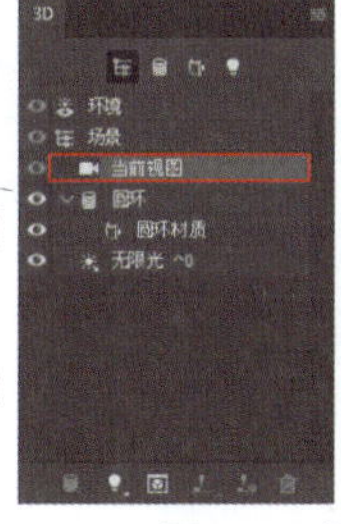

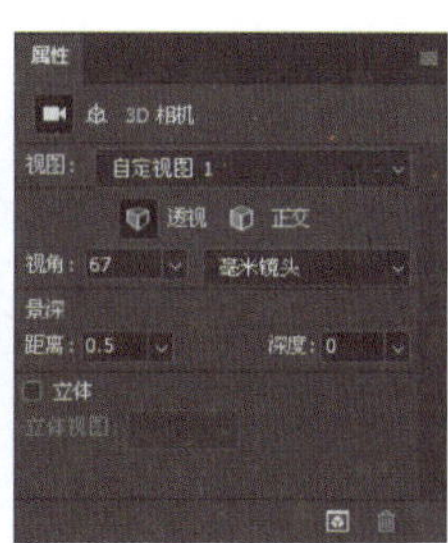

图16-78 设置3D相机参数

- 视图：选择要显示的相机或视图。在此下拉列表框中提供了8种默认视图预设供用户选择。

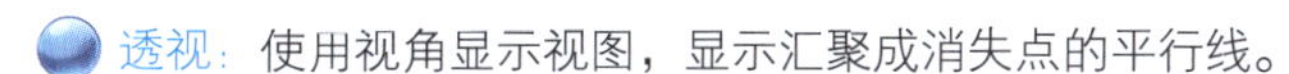

- 透视：使用视角显示视图，显示汇聚成消失点的平行线。

- 正交：使用缩放显示视图，保持平行线不相交。在精确的缩放视图中显示模型，而不会出现任何透视扭曲。
- 视角：设置相机的镜头大小，并且可以选择镜头的类型。有3种镜头可供用户选择：“毫米镜头”“垂直”和“水平”。
- 景深：设置景深。“距离”决定聚焦位置到相机的距离；“深度”参数可以使图像的其余部分模糊化。
- 立体：选择该复选框后将启用“立体视图”选项。共有“浮雕装饰”“透镜”和“并排”3种类型供用户选择。

16.7.5 设置3D材质

单击3D面板中的“网格”按钮，“属性”面板将显示相关参数，如图16-79所示。

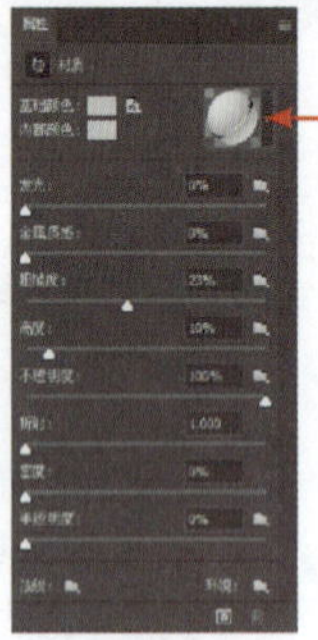

材质拾色器

图16-79 设置3D材质参数

- 基础颜色：设置材质的颜色。漫射映射可以是实色或任意2D内容。如果选择移去漫射纹理映射，则“漫射”色板值会设置漫射颜色。还可以通过直接在模型上绘画来创建漫射映射。
- 内部颜色：为镜面属性设置显示颜色。
- 材质拾色器：在材质拾色器中可以快速运用材质预设纹理，共提供了18种默认材质纹理。
- 发光：定义不依赖于光照即可显示的颜色。创建从内部照亮3D对象的效果。
- 金属质感：增加3D场景、环境映射和材质表面上其他对象的反射。
- 粗糙度：增加材质表面的粗糙度。
- 高度：在材质表面创建凹凸效果，无须改变底层网格。可以创建或载入凹凸映射文件，还可以在模型上绘画以自动创建凹凸映射文件。
- 不透明度：增加或减少材质的不透明度，范围为0%~100%。
- 折射：设置折射率。两种折射率不同的介质（如空气和水）相交时，光线方向发生改变，即产生折射。新材质的默认值是1.0（空气的近似值）。
- 密度：设置材质的正常材质映射。
- 半透明度：设置材质的半透明值。
- 法线/环境：选择添加材质的法线映射和环境映射。

应用案例 制作金属质感立体字

源文件：源文件\第16章\16-7-5.psd　　视频：视频\第16章\制作金属质感立体字.mp4

STEP 01 新建一个500像素×200像素的Photoshop文档，如图16-80所示。使用“横排文字工具”在画布中输入如图16-81所示的文本。

图16-80 新建文档

图16-81 输入文字

STEP 02 选择“文字”→“创建3D文字”命令，效果如图16-82所示。在3D面板中选择文本网格，在“属性”面板中设置“形状预设”为“膨胀”，效果如图16-83所示。

图16-82 创建3D文字

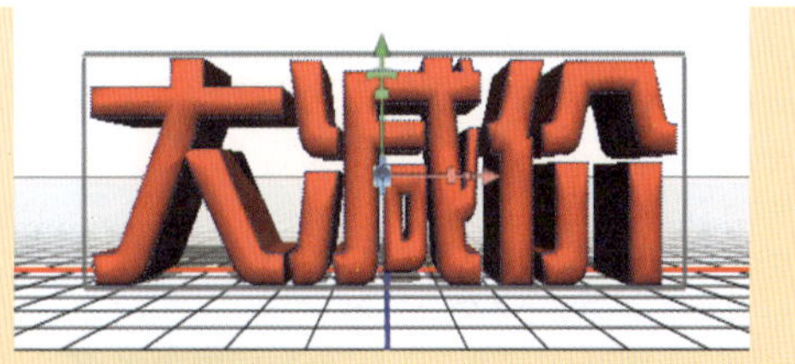

图16-83 预设形状为“膨胀”的效果

STEP 03 在3D面板中选择“前膨胀材质”选项，如图16-84所示。在“属性”面板中设置“基础颜色”为RGB（255、150、0），其他参数如图16-85所示。

STEP 04 单击“金属质感”选项后面的“文件夹”图标，选择“载入纹理”命令，将图片“素材\第16章\16070501.jpg”载入，效果如图16-86所示。

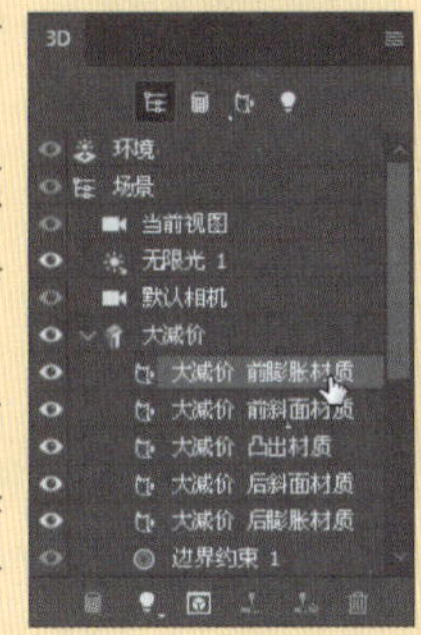

图16-84 选择网格

图16-85 设置参数 图16-86 载入纹理

STEP 05 用同样的方法为“属性”面板中的其他几个网格指定“漫射颜色”，并设置各项参数。单击“属性”面板下部的“渲染”图标，开始渲染，如图16-87所示。稍等片刻，渲染效果如图16-88所示。

图16-87 渲染过程

图16-88 完成效果

16.7.6 UV叠加

3D模型上多种材质所使用的漫射纹理文件可将应用于模型上不同表面的多个内容区域编组，这个过程称为UV映射，它将2D纹理映射中的坐标与3D模型上的特定坐标相匹配。UV映射使2D纹理可正确地绘制在3D模型上。

对于在Photoshop外创建的3D内容，UV映射发生在创建内容的程序中。然而，Photoshop 可以将UV叠加创建为参考线，帮助用户直观地了解2D纹理映射如何与3D模型表面匹配。在编辑纹理时，这些叠加可作为参考线。

双击“图层”面板中的纹理，如图16-89所示，纹理将被打开，如图16-90所示。选择3D →“创建绘图叠加”→“线框”命令，即可在“图层”面板中得到UV叠加图层，如图16-91所示。

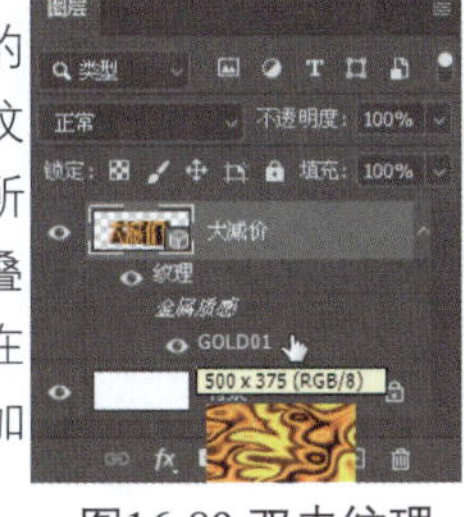

图16-89 双击纹理

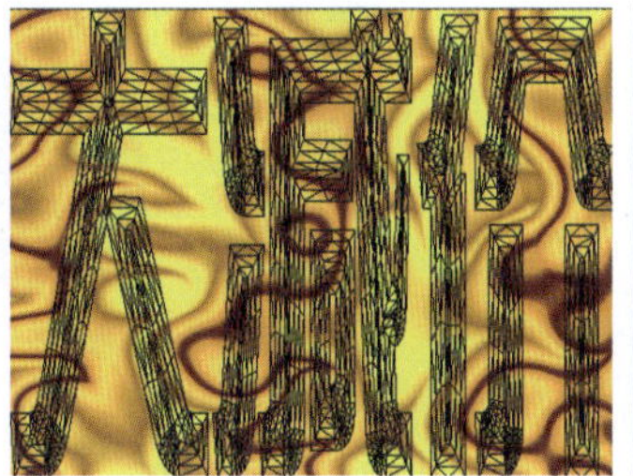

图16-90 编辑纹理

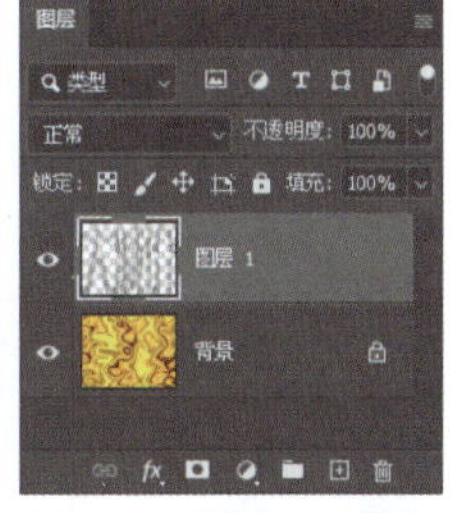

图16-91 创建UV叠加

绘图叠加的方式有“线框”“着色”和“顶点颜色”3种。“线框”显示UV映射的边缘数据；“着色”显示使用实色渲染模式的模型区域；正常映射显示转换为RGB值的几何常值，R=X、G=Y、B=Z。

16.7.7 设置纹理映射

纹理映射是制作逼真3D图像的一个重要部分，运用它可以方便地制作出极具真实感的图形，而不必花过多时间来考虑物体的表面细节。

纹理加载的过程会影响Photoshop编辑渲染图像的速度，当纹理图像非常大时，这种情况尤为明显。如何妥善管理纹理，提高制作效率，是使用纹理映射时必须考虑的一个问题。

图16-92 单击图标

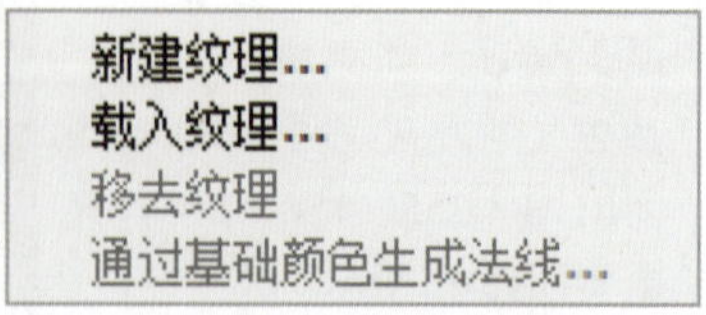

新建纹理...
载入纹理...
移去纹理
通过基础颜色生成法线...

图16-93 载入纹理

在3D面板中选择需要添加纹理映射的3D网格，单击“属性”面板中各选项后的文件夹按钮，如图16-92所示。

在打开的菜单中选择“载入纹理”命令，如图16-93所示。选择需要添加的纹理，即可完成纹理的添加。

应用案例 为立方体添加纹理映射

源文件：源文件\第16章\16-7-7.psd　视频：视频\第16章\为立方体添加纹理映射.mp4

STEP 01 新建一个500像素×500像素的Photoshop文档，如图16-94所示。选择3D→“从图层新建网格”→“网格预设”→“立方体”命令，效果如图16-95所示。

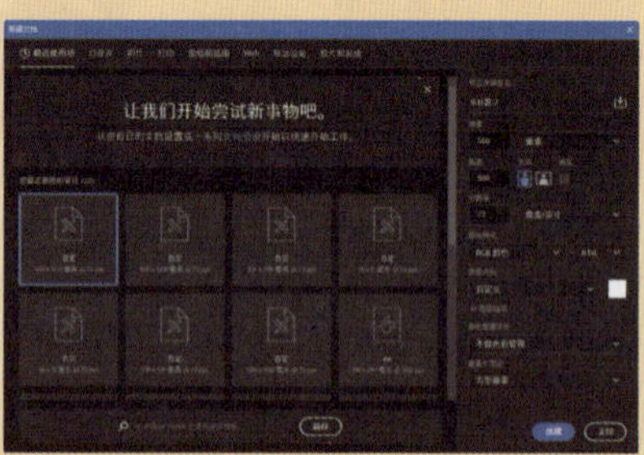

图16-94 新建文档

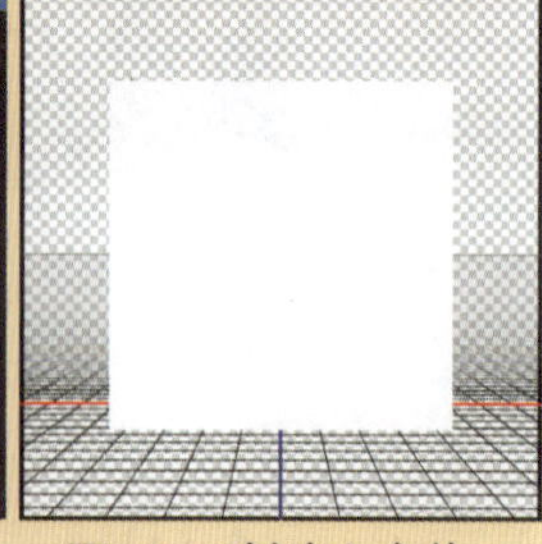

图16-95 创建立方体

STEP 02 使用“环绕移动3D相机”工具调整视图如图16-96所示。在“属性”面板中选中“前部材质”，单击“属性”面板中“基础颜色”选项后面的文件夹图标，选择“移去纹理”命令，如图16-97所示。

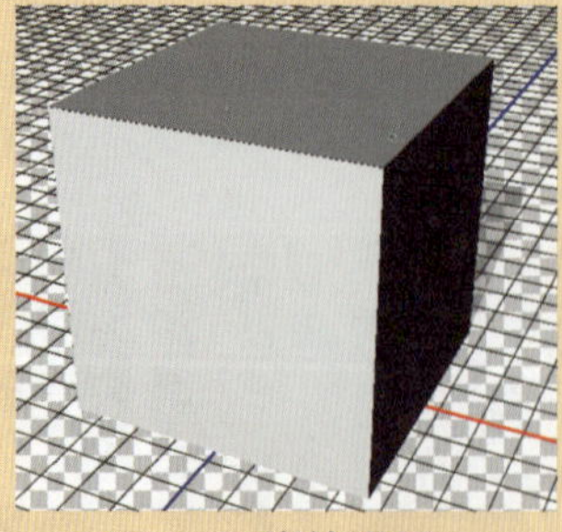

图16-96 旋转视图

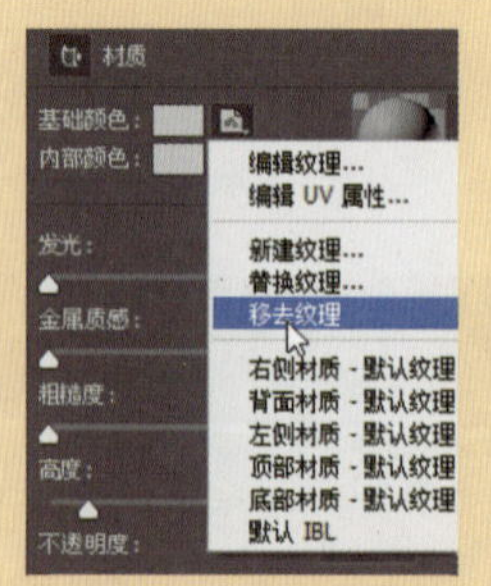

图16-97 移去纹理

图16-98 载入纹理

STEP 03 再次单击文件夹图标，选择“载入纹理”命令，将“素材\第16章\167601.jpg”载入，效果如图16-98所示。

STEP 04 在3D面板中选择“右侧材质”，在“属性”面板的“基础颜色”选项后的菜单中选择“替换纹理”命令，将“素材\第16章\167602.jpg”载入，如图16-99所示。采用同样的方法，依次为其他几个面指定纹理图像，完成效果如图16-100所示。

图16-99 替换纹理

图16-100 最终效果

16.7.8 材质拖放工具

“材质拖放工具”是Photoshop中针对3D材质的使用而设计的，在工具箱中单击该按钮，其选项栏如图16-101所示。可以将选择的材质直接指定给特定的3D模型，也可以将模型的材质载入到材质油漆桶中，供其他3D模型使用。

图16-101 “材质拖放工具”选项栏

- 材质拾色器：单击该按钮，将显示材质拾色器。
- 载入所选材质：单击该按钮，将当前所选3D模型的材料载入到材质油漆桶中。
- 载入的材质：此处显示载入的材质名称。

16.7.9 编辑纹理

为3D网格添加纹理后，再次单击选项后的文件夹按钮，打开如图16-102所示的菜单。选择不同的命令，可以实现对纹理的编辑。

编辑纹理...
编辑 UV 属性...
新建纹理...
替换纹理...
移去纹理

图16-102 快捷菜单

- 编辑纹理：执行该命令，将以打开文件的方式打开纹理文件，用户可以在新文件中对纹理进行编辑。保存后，新纹理将应用到3D网格上。
- 编辑UV属性：执行该命令，弹出“纹理属性”对话框，如图16-103所示。

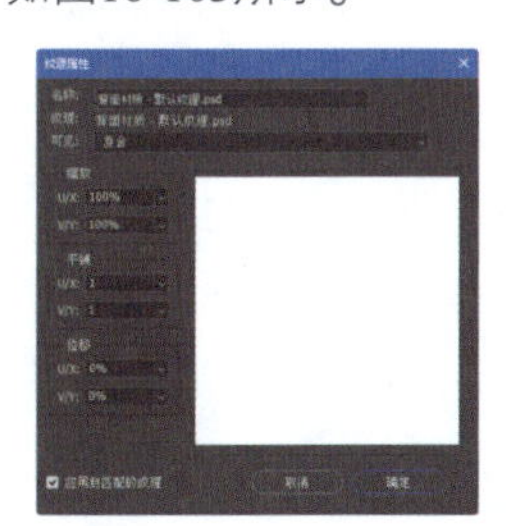

图16-103 “纹理属性”对话框

- 名称：显示纹理的文件名。
- 可见：确定设置应用于特定图层还是复合图像。
- 缩放：调整纹理映射的大小。降低该值可创建重复图案。
- 平铺：调整纹理在水平和垂直方向上的重复次数。
- 位移：调整映射纹理的位置。
- 新建纹理：执行该命令，将新建一个文件。用户可以在新文件中创建一个全新的纹理。
- 替换纹理：执行该命令，可以选择一个新的纹理文件替换现有纹理。
- 移去纹理：执行该命令，将删除当前纹理。

应用案例

设置重复纹理

源文件：源文件\第16章\16-7-9.psd　　视频：视频\第16章\设置重复纹理.mp4

STEP 01 新建一个500像素×500像素的Photoshop文档，如图16-104所示。选择3D →“从图层新建网格”→“网格预设”→“球体”命令，效果如图16-105所示。

STEP 02 在3D面板中选择“球体材质”，如图16-106所示。单击“属性”面板中“基础颜色”后面的文件夹按钮，选择“替换纹理”命令，如图16-107所示。

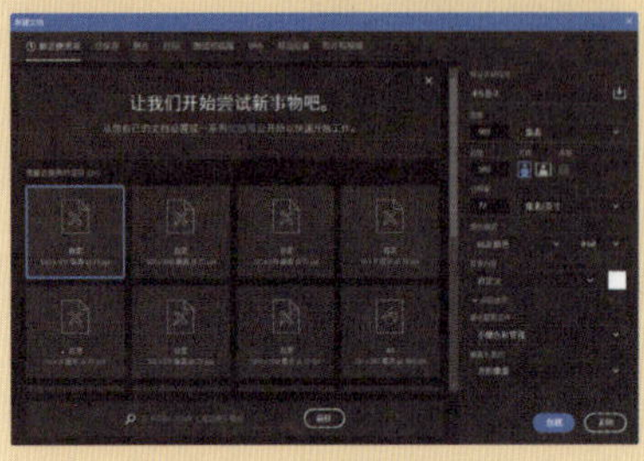

图16-104 新建文件

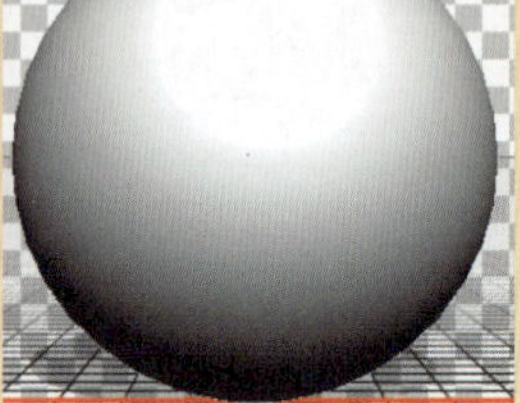

图16-105 创建球体

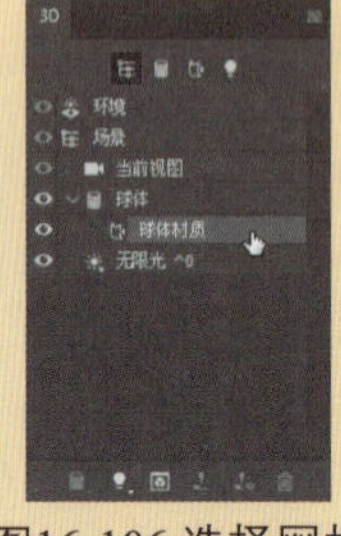

图16-106 选择网格

编辑纹理...
编辑 UV 属性...
新建纹理...
替换纹理...
移去纹理
默认 IBL

图16-107 替换纹理

STEP 03 选择“素材\第16章\166607.jpg”文件，替换效果如图16-108所示。单击文件夹按钮，选择“编辑UV属性”命令，在弹出的对话框中设置参数，如图16-109所示，效果如图16-110所示。

图16-108 替换效果

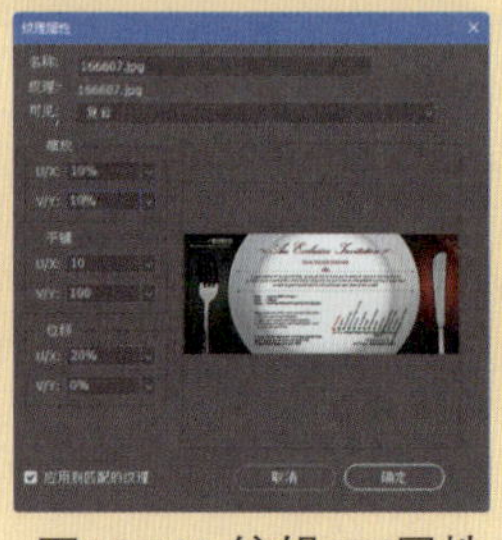

图16-109 编辑UV属性

图16-110 设置效果

16.7.10 创建拼贴绘画

3D网格一般使用一个纹理文件重复覆盖的方式创建纹理映射。重复纹理可以提供更逼真的模型表面覆盖，使用更少的存储空间，并且可以改善渲染性能。可将任意2D文件转换成拼贴绘画，在预览多个拼贴如何在绘画中相互作用之后，可存储一个拼贴以作为重复纹理。

应用案例

创建拼贴纹理

源文件：源文件\第16章\16-7-10.psd　　视频：视频\第16章\创建拼贴纹理.mp4

STEP 01 打开素材图像“素材\第16章\167901.jpg”，纹理效果如图16-111所示。选择3D →“从图层新建拼贴绘画”命令，拼贴效果如图16-112所示。

图16-111 打开文件

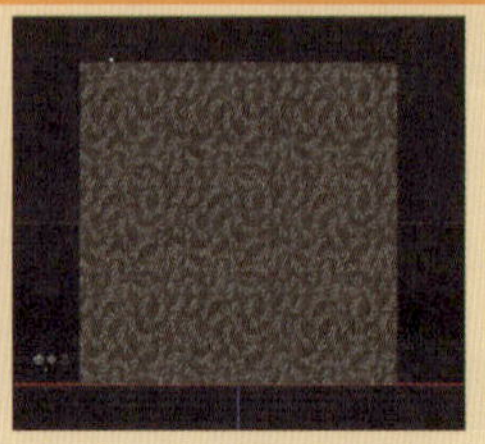

图16-112 创建拼贴绘画

图16-113 修改单个拼贴

STEP 02 此时显示的拼贴效果将和应用到3D网格上的效果一致。使用“画笔工具”，设置“前景色”为RGB（4、0、150），设置选项栏中的“模式”为“颜色”，在左下角拼贴绘制，观察效果如图16-113所示。

STEP 03 继续绘制，观察整个拼贴的效果如图16-114所示。选择“文件”→“另存为”命令，将文件保存为“16-7-9.jpg”文件，作为纹理映射使用。

STEP 04 也可以选择3D面板中“背景”对象，如图16-115所示。在“属性”面板中单击“基础颜色”后面的文件夹图标，选择“编辑纹理”命令，将打开的纹理文件保存为“16-7-9-1.jpg”文件，作为纹理映射备用，如图16-116所示。

图16-114 修改拼贴效果

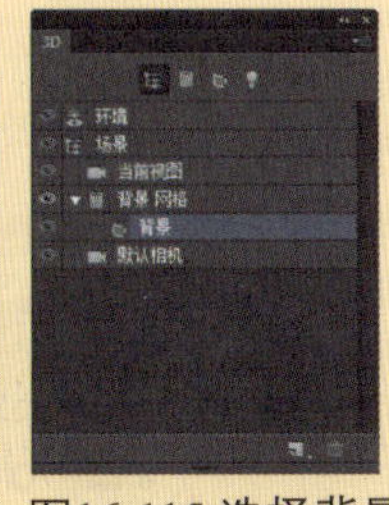

图16-115 选择背景

图16-116 单个拼贴文件

设置3D光源

3D光源可以从不同类型、不同角度照亮模型，从而使模型更具逼真的深度和阴影效果。Photoshop提供了3种类型的光源：点光、聚光灯和无限光，每种光源都有独特的选项。单击3D面板中的光源按钮，“属性”面板如图16-117所示。

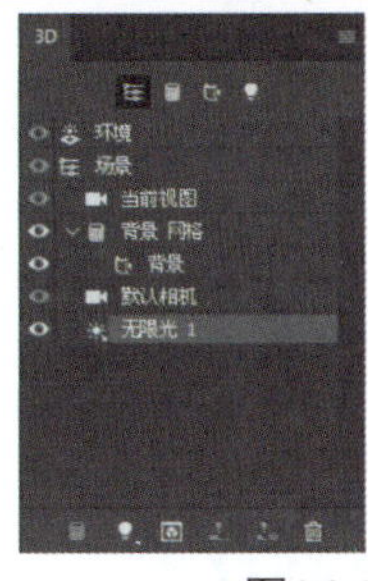

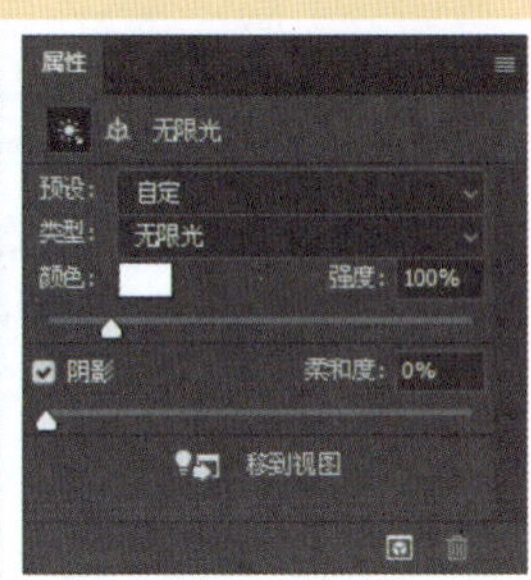

图16-117 设置3D光源

- 预设：应用存储的光源组和设置组，共有15个预设光源组供用户选择。用户也可以通过“存储”命令自定义光源预设。
- 类型：共有3种光源类型，分别是“点光”“聚光灯”和“无限光”。
- 颜色：定义光源的颜色。单击色块以访问拾色器。
- 强度：调整光源的亮度。
- 阴影：从前景表面到背景表面、从单一网格到其自身或从一个网格到另一个网格的投影。禁用此复选框可稍微改善软件运行性能。
- 柔和度：模糊阴影边缘，产生逐渐衰减效果。
- 移到视图：将光源移动到当前视图。

  如果选择的光源“类型”为“点光”或“聚光灯”，面板参数会发生变化，如图16-118所示。

- 光照衰减：“内径”和“外径”选项决定衰减锥形，以及光源强度随对象距离的增加而减弱的速度。对象接近“内径”限制时，光源强度最大；对象接近“外径”限制时，光源强度为零；处于中间距离时，光源从最大强度线性衰减为零。
- 聚光：设置光源中心的宽度（仅限使用聚光灯）。
- 锥形：设置光源的外部宽度（仅限使用聚光灯）。
- 原点处的点：单击该按钮，将聚光灯的目标点移动到原点的位置。

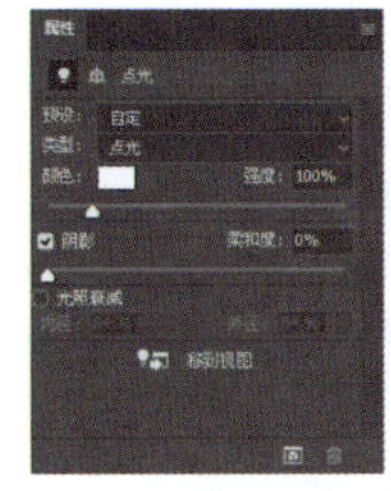

图16-118 点光和聚光灯

添加/删除3D光源

新建3D图层时，Photoshop会自动添加光源。如果想为场景新建光源，单击3D面板底部的“将新光照添加到场景”按钮，在打开的下拉列表框中可以选择需要添加的光源，如图16-119所示。添加完成后，可以在“属性”面板中对其各项参数进行设置。

如果要删除场景中的光源，只需在3D面板中选择该光源，单击面板底部的“删除所选内容”按钮，即可将该光源删除，如图16-120所示。

新建点光
新建聚光灯
新建无限光

图16-119 新建光源

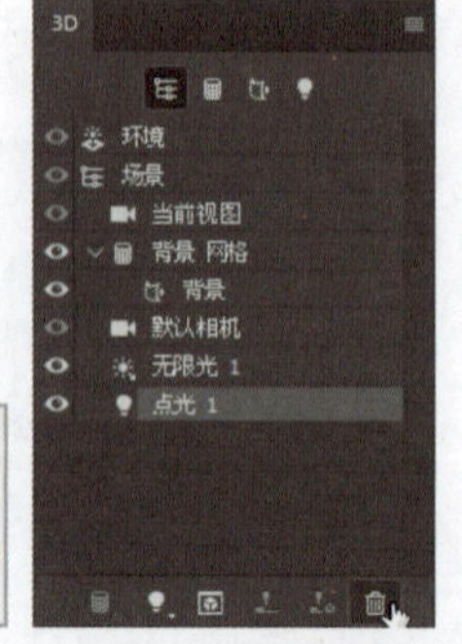

图16-120 删除光源

16.8 3D绘画

在Photoshop中，可以使用任何绘画工具直接在3D模型上绘画。使用选择工具将特定的模型区域设为目标，或让Photoshop识别并高亮显示可绘画的区域；使用3D菜单命令可清除模型区域，从而访问内部或隐藏的部分，以便进行绘画。

16.8.1 选择可绘画区域

由于模型视图不能提供与2D纹理之间一一对应的关系，所以直接在模型上绘图与直接在2D纹理映射上绘图是不同的。因此，只观看3D模型，无法明确判断是否可以成功地在某些区域绘画。

选择3D→“选择可绘画区域”命令，可以选择模型上可以绘图的最佳区域。

16.8.2 设置绘画衰减角度

在模型上绘画时，绘画衰减角度控制表面在偏离正面视图弯曲时的油彩使用量。选择3D →“绘画衰减”命令，弹出如图16-121所示的对话框。

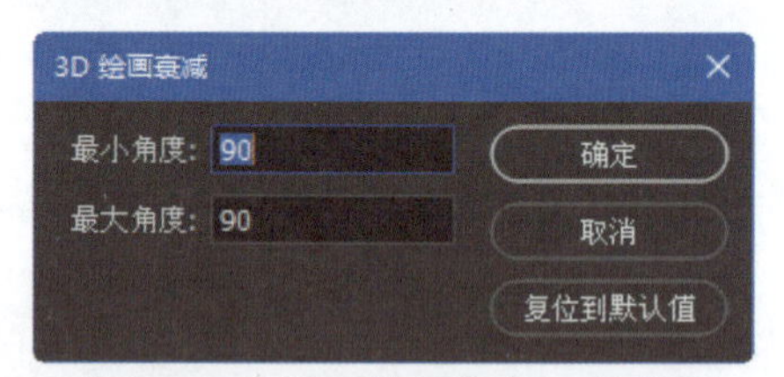

图16-121 “3D 绘画衰减”对话框

- 最大角度：最大绘图衰减角度的范围为0°~90°。为0°时，绘图仅应用于正对前方的表面，没有减弱角度；为90°时，绘图可沿弯曲的表面延伸至其可见边缘。
- 最小角度：用于设置绘画随着接近最大衰减角度而渐隐的范围。例如，如果最大衰减角度是45°，最小衰减角度是30°，那么在30°~45°的衰减角度之间，绘画不透明度将会从10减少到0。
- 复位到默认值：单击该按钮，返回默认角度。

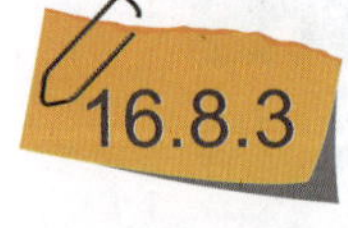

16.8.3 在目标纹理上绘画

使用绘画工具直接在3D模型上绘画时，不同的纹理需要使用不同的绘制效果。例如，如果需要为绘制的纹理设置发光参数，则绘制时也要具有发光的属性。

绘画前可以通过选择3D →“在目标纹理上绘画”子菜单中的7种绘制效果，来实现不同的绘制效果。

16.8.4 重新参数化

打开3D模型，可能偶尔会发现纹理未正确映射到底层模型网格。效果较差的纹理映射会在模型表面产生明显的扭曲，如多余的接缝、纹理图案中的拉伸或挤压区域。当用户直接在模型上绘画时，效果较差的纹理映射还会造成不可预料的结果。

打开要编辑的纹理，然后应用UV叠加查看纹理是如何与模型表面对齐的。

16.8.5 创建绘图叠加

在“属性”面板中单击“文件夹”按钮，选择“编辑纹理”命令，切换到纹理文件，选择3D →“创建纹理叠加”子菜单中的命令，可以显示不同的绘图叠加效果。

Tips

为了保证渲染的质量和速度，请在执行最终渲染之前，在映射文件的“图层”面板中删除或隐藏绘图叠加。

绘图叠加会作为附加图层添加到纹理文件的“图层”面板中。可以显示、隐藏、移动或删除绘图叠加。关闭并存储纹理文件时，或从纹理文件切换到关联的3D图层（纹理文件自动存储）时，叠加会出现在模型表面。

应用案例

使用绘图叠加为帽子上色

源文件：源文件\第16章\16-8-5.psd　视频：视频\第16章\使用绘图叠加为帽子上色.mp4

STEP 01 新建一个500像素×500像素的Photoshop文档，如图16-122所示。选择3D →“从图层新建网格”→“网格预设”→“帽子”命令，新建一个帽子网格，如图16-123所示。

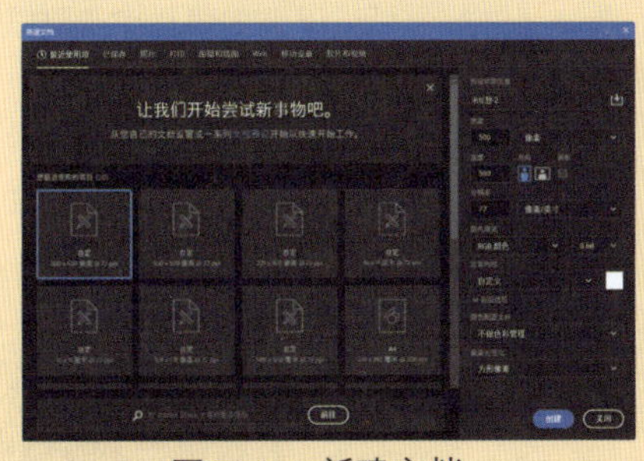

图16-122 新建文档

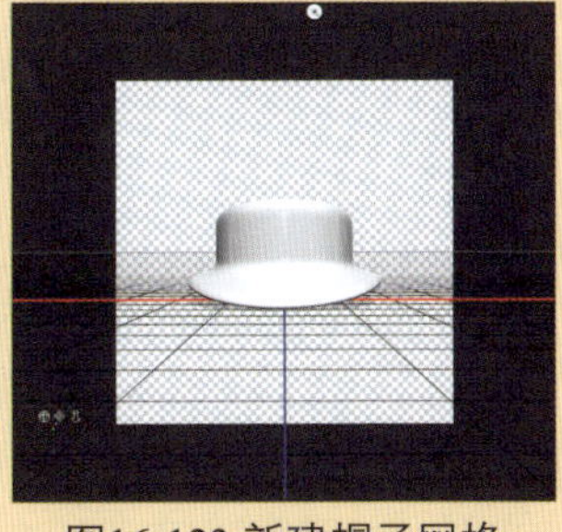

图16-123 新建帽子网格

STEP 02 使用3D模式工具调整视图，在3D面板中选择“帽子材质”选项。单击“属性”面板中“基础颜色”选项后面的文件夹按钮，选择“编辑纹理”命令，如图16-124所示。

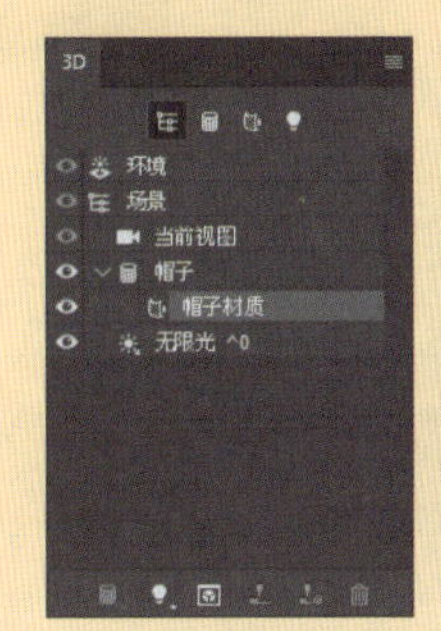

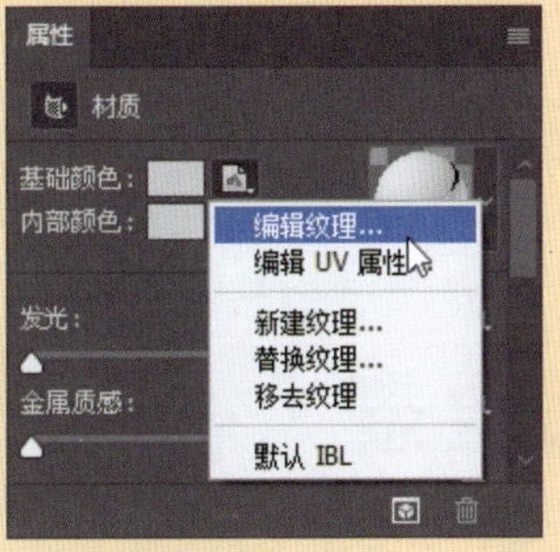

图16-124 选择“编辑纹理”命令

STEP 03 切换到纹理文件视图中，选择3D →“创建绘图叠加”→“线框”命令，效果如图16-125所示。使用“画笔工具”按照线框的提示，绘制如图16-126所示的效果。

STEP 04 保存纹理文件，返回3D文件，效果如图16-127所示。

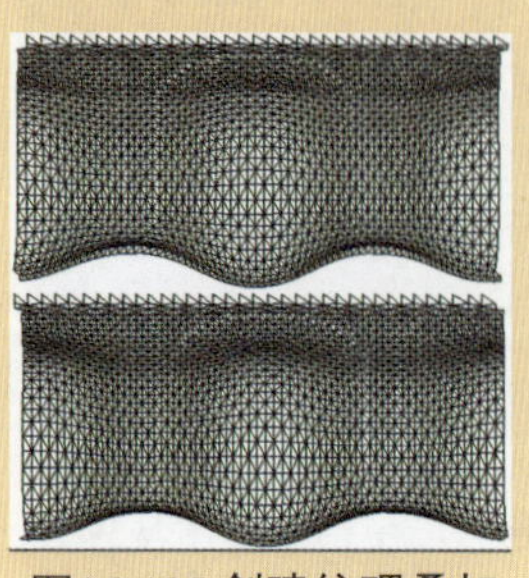

图16-125 创建纹理叠加

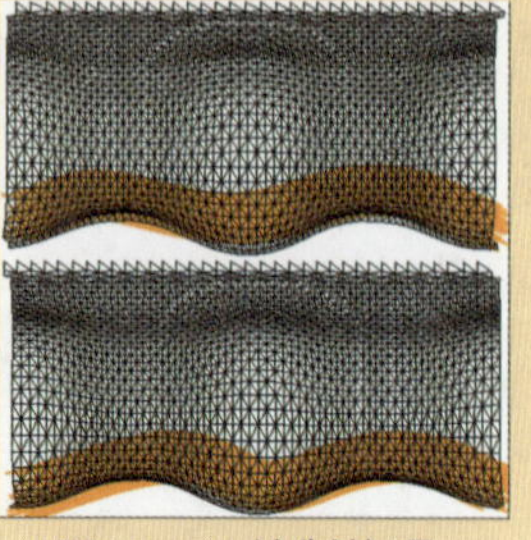

图16-126 绘制纹理

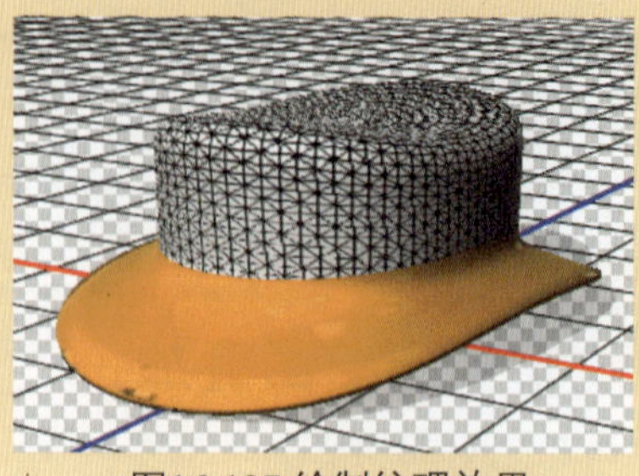

图16-127 绘制纹理效果

16.8.6 从3D图层生成路径

选择3D →“从3D图层生成工作路径”命令，可以将当前视图中的3D对象轮廓生成工作路径，如图16-128所示。

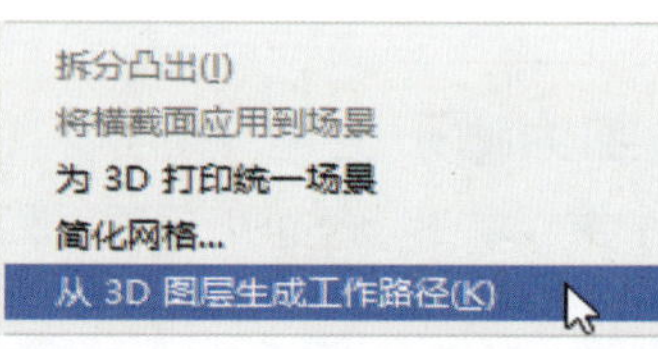

图16-128 从3D图层生成工作路径

16.8.7 使用当前画笔素描

首先要在3D面板中选择“场景”选项，然后在“属性”面板中设置“表面渲染样式”为“素描”，设置前景色，选择3D →“使用当前画笔素描”命令。

Tips

影响使用当前画笔素描效果的一个决定因素是前景色。当设置“表面渲染样式”为“素描”时，前景色就只能选择黑色、白色和灰色。

16.8.8 简化网格

选择3D →“简化网格”命令，弹出“简化3D网格”对话框，如图16-129所示。通过设置网格和材质，以获得更准确的法线图。

图16-129 “简化3D网格”对话框

16.8.9 获取更多内容

选择3D →“获得更多内容”命令，可以链接到Adobe网站，在该网址中列出了Photoshop CC 2020的各种3D插件和3D材质供用户下载，可以选择一款插件，进入该插件的下载页面并下载该插件。

16.9 球面全景

用户可以在Photoshop中编辑球面形全景图。在导入全景图资源并选择其图层后，通过选择3D →“球面全景”→“通过选中的图层新建全景图图层”命令，完成球面全景的制作。

应用案例

制作房间球面全景图

源文件：源文件\第16章\16-9.psd　　视频：视频\第16章\制作房间球面全景图.mp4

STEP 01 启动Photoshop软件，选择3D →“球面全景”→“导入全景图”命令，如图16-130所示。选择“素材\第16章\160301.jpg”图片素材，弹出“新建”对话框，如图16-131所示。

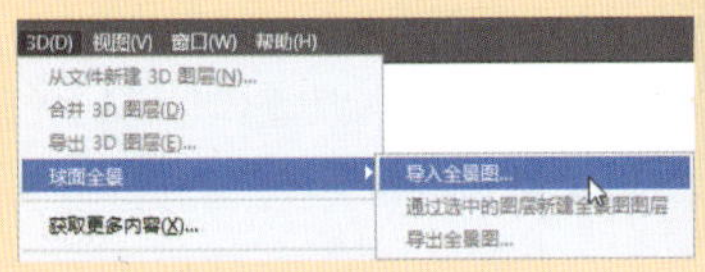

图16-130 执行命令

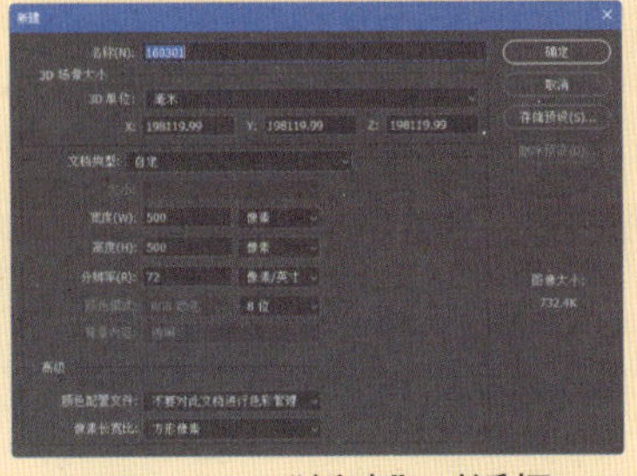

图16-131 “新建”对话框

STEP 02 单击“确定”按钮，即可完成球面全景的制作，如图16-132所示。按住鼠标左键并拖曳，可查看全景效果如图16-133所示。

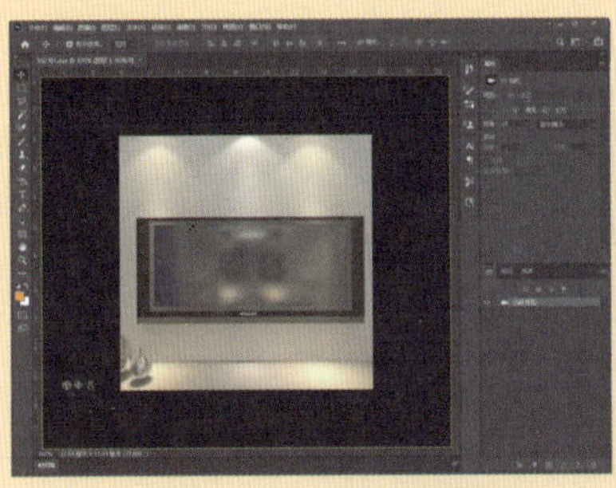

图16-132 球面全景效果

图16-133 查看全景效果

16.10 渲染

完成了3D网格的创建后，通过设置渲染样式，可对3D对象进行渲染操作。单击3D面板上的“场景”按钮，“属性”面板如图16-134所示。

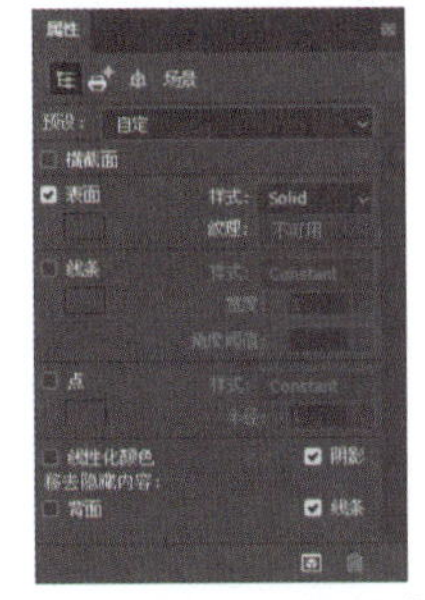

图16-134 设置3D场景参数

- 预设：渲染设置预设。在该下拉列表框中共有20种渲染预设供用户选择。
- 横截面：选择该复选框，将启用横截面。可以选择添加切片的轴，设定切片的位移和倾斜角度。
- 表面：选择该复选框，将启用表面渲染。共有11种样式供用户选择。
- 线条：选择该复选框，将启用线渲染。可以选择4种线条样式进行渲染，还可以设置线条的颜色、宽度和角度阈值。
- 点：选择该复选框，将启用点渲染。共有4种点样式供选择。可以设置点的颜色和半径值。
- 线性化颜色：选择该复选框，将以线性化显示场景中的颜色。
- 背面：选择该复选框，将移去隐藏的背面。
- 线条：选择该复选框，将移去隐藏的线条。

 Tips

除了单击“属性”面板中的“渲染”按钮可以完成渲染外，也可以通过选择 3D →“渲染”命令或者用鼠标右键单击 3D 图层，在弹出的快捷菜单中选择“渲染”命令来实现对 3D 对象的渲染。

16.11 存储和导出3D文件

要保留文件中的3D内容，需要以Photoshop格式或其他支持的图像格式存储文件。还可以用受支持的3D文件格式将3D图层导出为文件。

16.11.1 导出3D图层

为了保存文档中的3D对象，可以将文档保存为PSD格式。也可以通过选择3D →“导出3D图层”命令，将3D图层导出为受支持的3D文件格式。设置文件名后单击“保存”按钮，弹出“3D导出选项”对话框，可在其中选择纹理的格式。

- U3D和KMZ支持JPEG或PNG作为纹理格式。
- DAE和OBJ支持所有Photoshop支持的用于纹理的图像格式。
- 如果导出为U3D格式，请选择编码选项。ECMA 1与Acrobat 7.0 兼容；ECMA 3与Acrobat 8.0及更高版本兼容，并提供一些网格压缩。

 Tips

选取导出格式时，需考虑以下两个因素。

“纹理”图层可以以所有 3D 文件格式存储；但是 U3D 只保留“漫射”“环境”和“不透明度”纹理映射。

Wavefront/OBJ 格式不存储相机设置、光源和动画。只有 Collada DAE 会存储渲染设置。

16.11.2 存储3D文件

要保留3D模型的位置、光源、渲染模式和横截面，可以将包含3D图层的文件保存为 PSD、PSB、TIFF或PDF格式。

16.11.3 3D打印

使用Photoshop可以打印任何兼容的3D模型，无须担心3D打印机的限制。在准备打印时，Photoshop会自动使3D模型防水。Photoshop还会生成必要的支撑结构（支架和底座），以确保3D打印能够成功完成。

在Photoshop中打开3D模型，根据需要，在打开模型时自定义其大小。选择3D →“3D打印设置”命令，“属性”面板如图16-135所示。

图16-135 “属性”面板

- 打印到：选择打印机的位置，是通过USB端口与计算机连接的打印机（本地打印机），还是使用在线3D打印服务，如Shapeways.com或Sculpteo。

- 打印机：选择打印机。
- 打印机单位：选择打印机体积的单位，如英寸、厘米、毫米或像素。单位会反映在“打印机体积”尺寸及打印板量度上。
- 细节级别：选择3D打印的“细节级别”包括低、中或高3个选项。打印3D模型所需时间取决于所选择的细节级别。

- 显示：在打印机预览时显示打印机体积的边界。
- 场景体积：调整"场景体积"尺寸以指定打印的3D模型的所需大小。当更改某个值时，其他两个值也会成比例地缩放。当更改"场景体积"尺寸时，3D模型下的打印板也会成比例地缩放。
- 缩放至打印体积：单击该按钮，Photoshop将自动缩放3D模型，占满所选打印机的可用打印体积。
- 表面细节：如果3D模型具有法线图、凹凸图或不透明度贴图，则在打印模型时，可以选择忽略其中一种或多种类型的图。
- 支撑结构：可以选择不打印3D对象所需的支撑结构（支架或底座）。请谨慎使用此复选框，因为如果不打印必要的支撑结构，3D模型的打印可能失败。

完成3D打印设置的指定之后，选择3D→"3D打印"命令或单击"属性"面板底部的"开始打印"按钮，弹出"进程"对话框，Photoshop统一并准备3D场景以便用于打印流，如图16-136所示。稍等片刻，弹出"Photoshop 3D打印设置"对话框，如图16-137所示。

图16-136 "进程"对话框

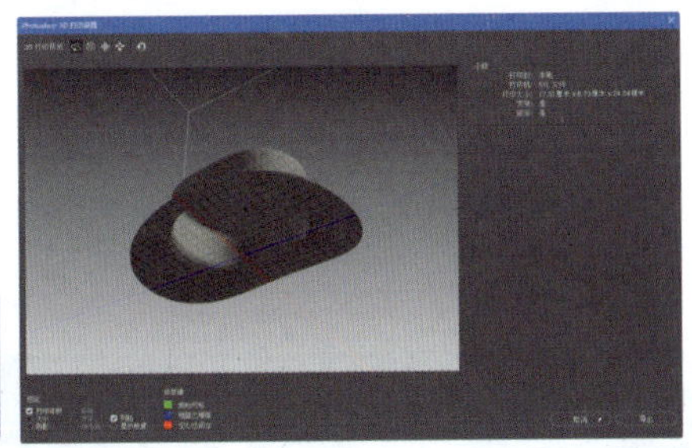
图16-137 "Photoshop 3D打印设置"对话框

如果要将3D打印设置导出为STL文件，单击"导出"按钮，即可将STL文件保存到计算机上的适当位置。可以将STL文件上载到在线服务，或将其存入SD卡中，以供本地打印使用。

16.12 专家支招

虽然Photoshop中加入了强大的3D功能，但是大部分工作还是需要与2D图层配合完成。如何处理好两者的关系呢?

16.12.1 关于2D图层和3D图层的操作

在2D图层位于3D图层上方的多图层文档中，可以暂时将3D图层移动到图层堆栈顶部，以便快速进行屏幕渲染。

选择3D图层后，使用任意一种3D模式工具时，3D图层将自动以半透明的方式显示。取消3D工具选择后，将正常显示图层。

16.12.2 关于3D动画的制作

使用Photoshop动画时间轴，可以创建3D动画，在空间中移动3D模型并实时改变其显示方式，并且可以制作出丰富的3D动画效果。关于3D动画的制作将在本书第17章中进行讲解。

16.13 总结扩展

Photoshop的早期版本中有过3D变换滤镜，而在后面几个版本中逐渐去掉了。在Photoshop CS4版本中真正开始了3D功能的革命，在Photoshop CS5版本中得到了更大的提高与应用，在Photoshop CS6版本中针对3D功能进行了全新的定位和功能组合，Photoshop CC 2020则对其进行了功能的增强。

16.13.1 本章小结

本章针对Photoshop CC 2020中的3D功能进行了详细介绍。针对如何创建3D图层，如何综合应用2D图层和3D图层，以及在3D面板中设置模型的网格、材质和光源的方法和要点进行了讲解，通过学习本章知识，读者应该能够熟练将该功能应用到实际的设计工作中。

16.13.2 举一反三——制作炫彩光环效果

案例文件:	源文件\第16章\16-13-2.psd
视频文件:	视频\第16章\制作炫彩光环效果.mp4
难易程度:	★★★☆☆
学习时间:	30分钟

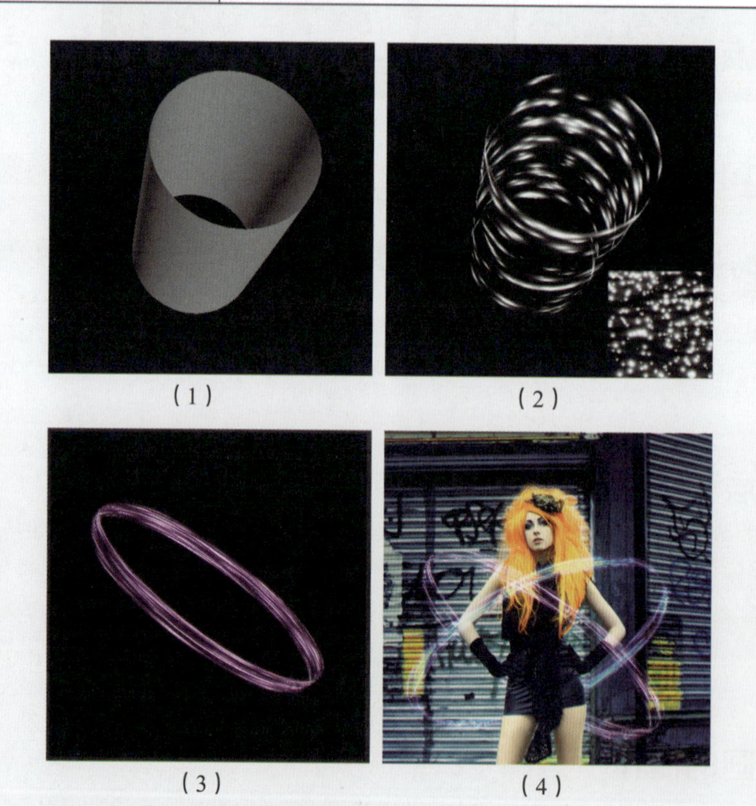

(1) (2) (3) (4)

1. 创建圆柱体形状，隐藏圆柱体的顶部和底部。
2. 新建“不透明度”材质，编辑纹理图案，设置“发光”为“白色”。
3. 使用3D轴调整圆柱体的外观和角度并添加“外发光”图层样式。
4. 打开一幅素材图像，将制作好的炫光效果拖动到素材图像中的相应位置，并添加图层蒙版选取出不需要的部分，得到最终效果。

第17章 Web图形、动画和视频

随着科学技术的发展，人们对图像处理的要求也越来越高，Photoshop已不再是单一的图像处理软件，而且具备了制作简单动画和编辑视频的功能。在本章中将向读者讲解如何制作Web图形、创建动画，以及视频的应用。

本章学习重点

第 382 页
使用“切片工具”创建切片

第 393 页
制作下雪场景

第 399 页
将视频帧导入图层

第 401 页
导入图像序列制作光影效果

17.1 创建切片

在制作网页时，通常要将设计稿切割，然后作为网页文件导出。在Photoshop中使用“切片工具”可以很容易地完成切割操作，这个过程也称为制作切片。通过优化切片可以对分割的图像进行不同程度的压缩，以便减少图像的下载时间。另外，还可以为切片制作动画，链接到URL地址，或者使用切片制作翻转按钮。

17.1.1 切片的类型

Photoshop中的切片类型根据其创建方法的不同而不同，常见的切片有3种：“用户切片”“自动切片”和“基于图层的切片”。

- 用户切片：使用“切片工具”创建的切片称为用户切片。
- 基于图层的切片：通过图层创建的切片称为基于图层的切片。
- 自动切片：创建新的用户切片或基于图层的切片时，会生成附加的自动切片来占据图像其余区域的切片，称为自动切片。

自动切片可填充图像中用户切片或基于图层的切片未定义的空间，每次添加或编辑用户切片或基于图层的切片时，都会重新生成自动切片。

用户切片和基于图层的切片由实线定义，而自动切片则由虚线定义。基于图层的切片包括图层中的所有像素数据。如果移动图层或编辑图层内容，切片区域将自动调整，切片也随着像素的大小而变化。创建的切片效果如图17-1所示。

图17-1 创建的切片效果

Tips

简单来说，自动切片是自动生成的；用户切片是用“切片工具”创建的；基于图层的切片是用“图层”面板创建的。

17.1.2 使用“切片工具”创建切片

了解了切片的类型后，用户还要进一步学习如何创建切片。使用“切片工具”可以创建简单的切片，单击工具箱中的“切片工具”按钮，其选项栏如图17-2所示。

样式：正常 宽度： 高度： 基于参考线的切片

图17-2 “切片工具”选项栏

应用案例 使用“切片工具”创建切片

源文件：源文件\第17章\17-1-2.psd 视频：视频\第17章\使用“切片工具”创建切片.mp4

STEP 01 打开素材图像“素材\第17章\17103.jpg”，如图17-3所示。单击工具箱中的“切片工具”按钮，在画布中要创建切片的位置单击并拖动鼠标创建矩形切片，如图17-4所示。

图17-3 打开素材图像

图17-4 创建切片

STEP 02 将鼠标光标放置在切片的任意边缘线上，当光标变为↔状态时，拖动鼠标可调整切片的大小，如图17-5所示。如果按住【Shift】键并拖曳，可以创建正方形切片，如图17-6所示。如果按住【Alt】键并拖曳，可以从中心向外创建切片。

图17-5 调整切片大小

图17-6 创建正方形切片

17.1.3 基于参考线创建切片

通过“基于参考线的切片”功能，可以为所创建的参考线创建切片，这种方法可以方便快捷地定位到指定参考线的边缘，从而提高工作效率。

应用案例 基于参考线创建切片

源文件：源文件\第17章\17-1-3.psd 视频：视频\第17章\基于参考线创建切片.mp4

STEP 01 应用上例图像，选择“视图”→“标尺”命令，在画布的左侧和上边将显示标尺，如图17-7所示。拖出相应的参考线，如图17-8所示。

图17-7 显示标尺

图17-8 拖出参考线

STEP 02 单击工具箱中的“切片工具”按钮，在选项栏中单击“基于参考线的切片”按钮，如图17-9所示，即可以参考线划分方式创建切片，如图17-10所示。

Tips
选择“视图”→“标尺”命令，或按【Ctrl+R】组合键可以显示标尺。

图17-9 单击“基于参考线的切片”按钮

图17-10 完成切片的创建

17.1.4 基于图层创建切片

在实际的网页设计工作中，不同的网页元素通常要单独放置在一个独立的图层中。选择“图层”→“新建基于图层的切片”命令，可以轻松地为单独的图层创建切片。

应用案例

基于图层创建切片

源文件：源文件\第17章\17-1-4.psd　　视频：视频\第17章\基于图层创建切片.mp4

STEP 01 打开素材图像“素材\第17章\17501.psd”，选择“图层”→“新建基于图层的切片”命令，创建的切片如图17-11所示。移动图层内容时，切片区域会随之自动调整，如图17-12所示。

图17-11 创建切片

图17-12 移动图层内容

STEP 02 编辑图层内容，如缩放时，切片也会随之自动调整，如图17-13所示。使用相同的方法为其他图层创建贴片，效果如图17-14所示。

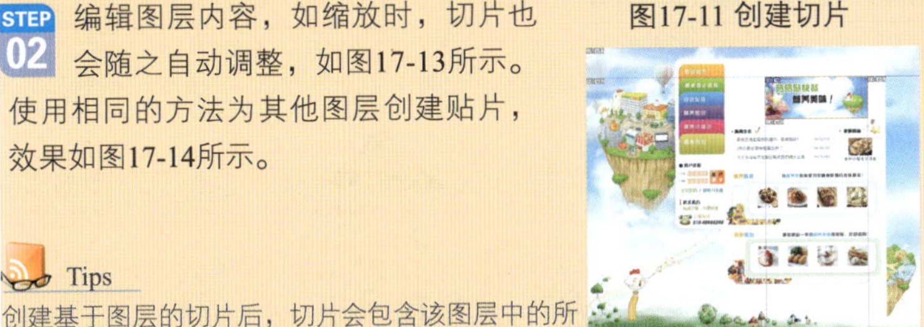

图17-13 缩放切片效果

图17-14 切片效果

Tips
创建基于图层的切片后，切片会包含该图层中的所有像素。

17.2 编辑切片

在Photoshop中，创建切片后可以根据要求对其进行修改。在“切片选择工具”选项栏中共提供了“调整切片堆叠顺序”“提升”“划分”“对齐与分布切片”“隐藏自动切片”和“设置切片选项”6种修改工具，使用这些工具可以对切片进行选择、移动与调整等多种操作。

17.2.1 选择、移动与调整切片

创建切片后，有时会有误差，此时就要对切片进行操作，如选择、移动或调整切片大小等。在工具箱中单击“切片选择工具”按钮，在选项栏中可以设置该工具的选项，如图17-15所示。

调整切片堆叠顺序　对齐与分布　切片选项

提升　划分…　隐藏自动切片

图17-15 “切片选择工具”选项栏

- 调整切片堆叠顺序：当切片重叠时，可以使用这些按钮改变堆叠顺序，以便能选择底层的切片。它们包括“置为顶层”、“前移一层”、“后移一层”和“置为底层”。
- 提升：单击该按钮，可以将所选择的自动切片或图层切片转换为用户切片。
- 划分：单击该按钮，将会弹出“划分切片”对话框，可在其中对所选择的切片进行划分。
- 对齐与分布：选择多个切片后，可使用这些按钮来对齐或分布切片。这些按钮的使用方法与对齐和分布图层的按钮相同。
- 隐藏自动切片：单击该按钮，可隐藏自动切片。再次单击此按钮，可显示自动切片。
- 切片选项：单击该按钮，可在弹出的“切片选项”对话框中设置切片名称、目标、信息文本和类型等属性。

应用案例　选择单个和多个切片

源文件：源文件\第17章\17-2-1.psd　视频：视频\第17章\选择单个和多个切片.mp4

STEP 01 打开素材图像“素材\第17章\17201.jpg”，如图17-16所示，单击工具箱中的“切片工具”按钮，在图像中创建切片，如图17-17所示。

图17-16 打开素材图像

图17-17 创建切片

STEP 02 单击工具箱中的“切片选择工具”按钮，单击要选择的切片即可选择该切片，被选中的切片边线会以橘黄色显示，如图17-18和图17-19所示。

图17-18 选择切片

图17-19 选择切片效果

STEP 03 如果要同时选择多个切片，可以按住【Shift】键，再单击需要选择的切片，即可选择多个切片，如图17-20所示。

图17-20 选择多个切片效果

STEP 04 选择切片后，如果要调整切片的位置，用鼠标拖动所选择的切片即可移动该切片，拖曳时切片会以虚线框显示，松开鼠标左键即可将切片移动到虚线框所在的位置，如图17-21所示。

图17-21 移动切片效果

STEP 05 如果需要修改，使用“切片选择工具”选择切片后，将光标移动到定界框的控制点上，当鼠标指针变成↔或↕时，拖动鼠标即可调整切片的宽度或高度，如图17-22所示。

图17-22 调整切片的宽度和高度

STEP 06 按住【Shift】键将光标放到切片定界框的任意一角，当鼠标指针变成↗时，拖动鼠标可等比例放大切片，如图17-23所示。

图17-23 等比例放大切片

17.2.2 划分切片

创建切片后，使用“划分切片”功能，可以将切片沿水平方向、垂直方向或同时沿这两个方向进行均匀分割。并且不论原切片是用户切片还是自动切片，划分后的切片均为用户切片。

应用案例 划分切片

源文件：源文件\第17章\17-2-2.psd　　视频：视频\第17章\划分切片.mp4

STEP 01 打开素材图像“素材\第17章\17202.jpg”，如图17-24所示。单击工具栏中的“切片工具”按钮，在图像中创建一个矩形切片，如图17-25所示。

图17-24 打开素材图像

图17-25 创建切片

STEP 02 单击工具箱中的“切片选择工具”按钮，在选项栏中单击“划分”按钮，弹出“划分切片”对话框，在其中进行相应的设置，如图17-26所示。单击“确定”按钮，将切片拖到合适的位置，效果如图17-27所示。

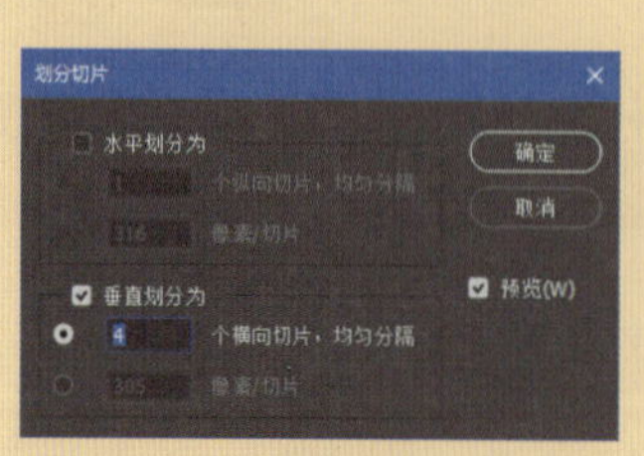

图17-26 “划分切片”对话框

图17-27 创建划分切片

STEP 03 使用“切片工具”创建切片，继续在“切片选择工具”的选项栏中单击“划分”按钮，在弹出的对话框中进行相应的设置，如图17-28所示。单击“确定”按钮，效果如图17-29所示。

图17-28 创建并划分切片

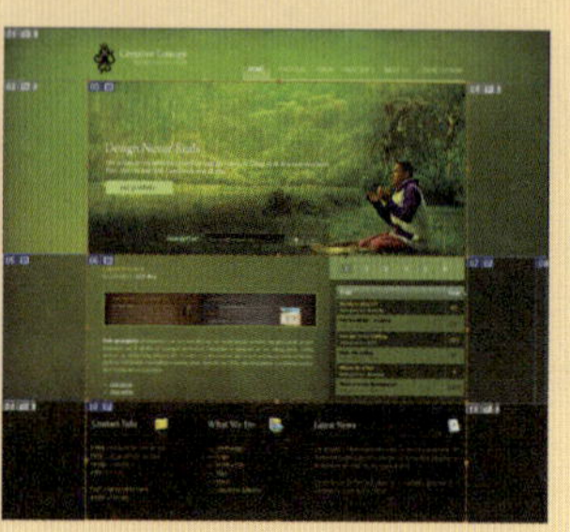

图17-29 完成效果

Tips

创建切片后，为防止使用“切片工具”和“切片选择工具”误操作而修改切片，可以选择“视图”→“锁定切片”命令，将所有切片进行锁定。再次执行该命令可取消锁定。

17.2.3 组合与删除切片

用户可以通过组合命令将多个同类切片组合在一起，也可以通过删除操作将切片删除。

若要组合切片，按住【Shift】键，并使用“切片选择工具”选择多个切片，如图17-30所示。单击鼠标右键，在弹出的快捷菜单中选择“组合切片”命令，即可将所选切片组合成一个切片，如图17-31所示。

图17-30 选择两个切片

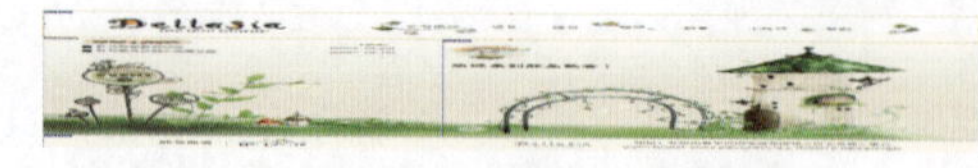

图17-31 组合切片效果

创建切片后，如果觉得不满意可以对切片进行修改，也可以将切片进行删除。删除切片的方法很简单，首先选择要删除的切片，按【Delete】键即可将其删除。选择“视图”→“清除切片”命令，可以将所有用户切片和基于图层的切片删除。

17.2.4 转换为用户切片

基于图层的切片与图层的像素内容相关联，因此，移动切片、组合切片、划分切片、调整切片大小和对齐切片的唯一方法是编辑相应的图层，除非将该切片转换为用户切片。

图像中的所有自动切片都链接在一起并共享相同的优化设置。如果要为自动切片进行不同的优化设置，则必须将其提升为用户切片。

单击“切片选择工具”按钮，选择要转换的切片，如图17-32所示。单击选项栏中的“提升”按钮，即可将其转换为用户切片，如图17-33所示。

图17-32 选择基于图层的切片

图17-33 提升切片

设置切片选项

使用“切片选择工具”双击切片，或者选择切片，然后单击选项栏中的“切片选项”按钮，弹出“切片选项”对话框，如图17-34所示。

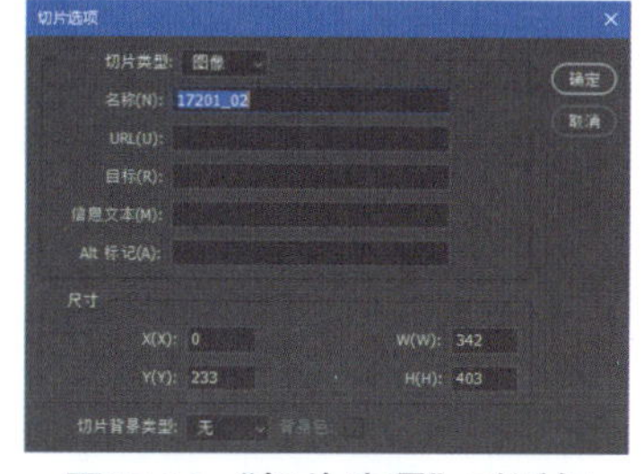

图17-34 “切片选项”对话框

- 切片类型：可以选择要输出的切片的类型。选择“图像”选项，将输出包含图像的数据；选择“无图像”选项，可以在切片中输入HTML文本，但不能导出为图像；选择“表”选项，切片导出时将作为嵌套表写入到HTML文本文件中。
- 名称：用来输入切片的名称。
- URL：输入切片链接的Web地址，在浏览器中单击切片图像，即可链接到此选项设置的网址和目标框架。该选项只能用于“图像”切片。
- 目标：指定载入URL的帧。
- 信息文本：指定哪些信息出现在浏览器状态栏中，这些选项只能用于“图像”切片。
- Alt标记：指定选定切片的Alt标记。Alt文本在图像下载过程中取代图像，并在一些浏览器中作为工具提示出现。
- 尺寸：X和Y文本框用于设置切片的位置，W和H文本框用于设置切片的大小。
- 切片背景类型：可以选择一种背景色来填充透明区域或整个区域。其下拉列表框中包括“杂边”“黑色”和“白色”等选项，也可指定其他类型。

为切片添加超链接

源文件：源文件\第17章\17-2-5.psd　　视频：视频\第17章\为切片添加超链接.mp4

STEP 01 打开素材图像“素材\第17章\17204.psd”，如图17-35所示。选择“视图”→“对齐到”→“切片”命令，使用“切片工具”在图像中创建一个矩形切片，如图17-36所示。

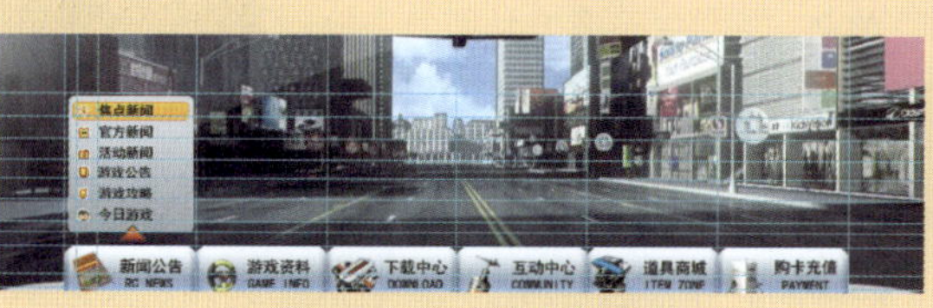

图17-35 打开素材图像

图17-36 创建切片

STEP 02 使用“切片选择工具”双击切片，弹出“切片选项”对话框，为切片命名并设置其URL链接地址，如图17-37所示。单击“确定”按钮。使用同样的方法，分别为其他项目图片添加切片并设置链接地址，完成效果如图17-38所示。

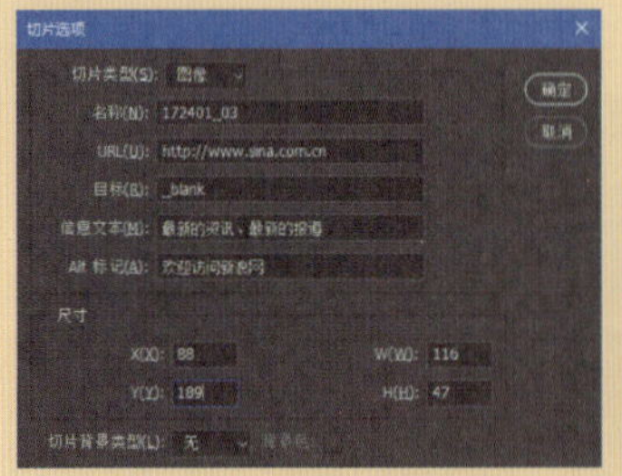
图17-37 设置“切片选项”对话框

图17-38 完成效果

STEP 03 选择“文件”→“导出”→“存储为Web所有格式（旧版）”命令，弹出“存储为Web所用格式”对话框，如图17-39所示。单击“存储”按钮，将文件保存为Index.html文件，如图17-40所示。

STEP 04 稍等片刻，即可看到存储的网页文件，如图17-41所示。双击文件，浏览效果如图17-42所示。

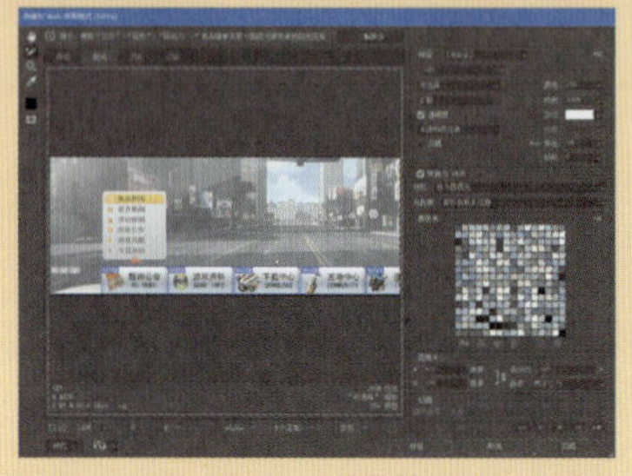
图17-39 “存储Web所用格式”对话框

图17-40 选择格式

图17-41 存储的网页文件

图17-42 浏览效果

17.3 优化Web图像

互联网行业对图像的大小要求非常严格，一些效果很好但体积过大的图不能被使用。所以，在输出图前，要对其进行优化处理。优化的目的是，在尽可能保持较好效果的前提下，减小文件的体积大小。

17.3.1 Web安全色

颜色是网页设计的重要信息，然而在计算机屏幕上看到的颜色却不一定都能够在其他系统的Web浏览器中以同样的效果显示。为了使Web图形的颜色能够在所有的显示器上都相同显示，在制作网页时，可以使用网页安全色设计制作。

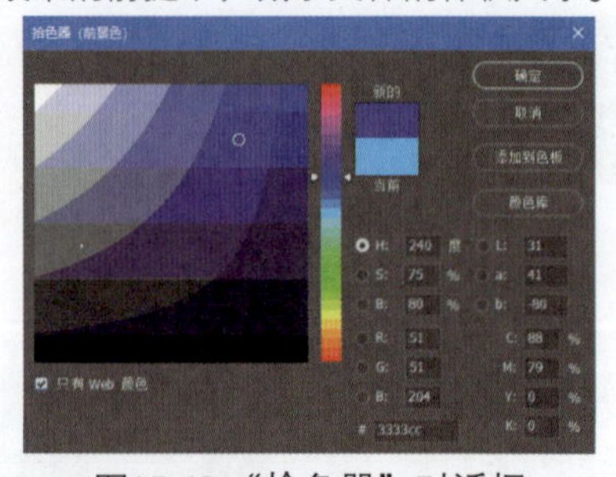
图17-43 “拾色器”对话框

在“颜色”面板或“拾色器”对话框中调整颜色时，如果出现警告图标，则表示该颜色已经超出了CMYK颜色范围，不能被正确印刷。在“拾色器”对话框底部选择“只有Web颜色”复选框，如图17-43所示，则此时选择的颜色即为网页安全色，几乎能够被所有浏览器正确显示。

17.3.2 优化Web图像

创建切片后，需要对图像进行优化处理，以减小文件的大小。在Web上发布图像时，较小的文件可以使Web服务器更加高效地存储和传输图像，用户也能够更快地下载图像。

选择"文件"→"导出"→"存储为Web所用格式（旧版）"命令，弹出"存储为Web所用格式"对话框，如图17-44所示，使用该对话框中的优化功能可以对图像进行优化和输出操作。

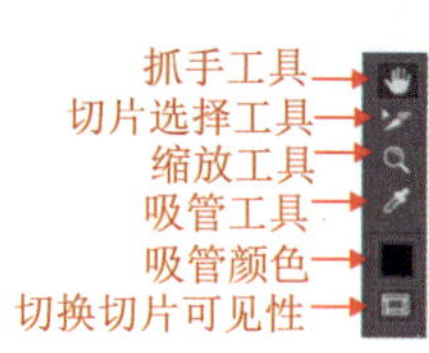

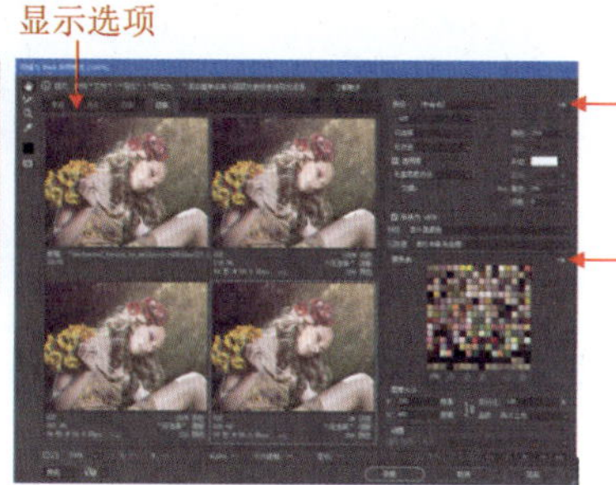

图17-44 "存储为Web所用格式"对话框

- 显示选项：选择"原稿"选项卡，窗口中显示原始图像；选择"优化"选项卡，窗口中显示当前优化的图像；选择"双联"选项卡，窗口中显示优化前和优化后的图像；选择"四联"选项卡，窗口中并排显示图像的4个版本。
- 抓手工具：用于移动查看图像。
- 缩放工具：单击该按钮可以放大图像显示比例，按住【Alt】键并单击可缩小显示比例。
- 切片选择工具：当图像包含多个切片时，可使用该工具选择窗口中的切片。
- 吸管工具、吸管颜色：使用"吸管工具"在图像中单击，可以拾取单击的颜色，并显示吸管颜色图标。
- 切换切片可见性：单击该按钮，可以显示或隐藏切片定界框。
- "优化"弹出菜单：在打开的菜单中包含"存储设置""链接切片""编辑输出设置"等命令。
- "颜色表"弹出菜单：可用来执行新建颜色、删除颜色，以及对颜色进行排序等操作。
- 颜色表：将图像优化为GIF、PNG-8和WBMP格式时，可在"颜色表"对话框中对图像颜色进行优化设置。
- 图像大小：将图像大小调整为指定的像素尺寸或原稿大小的百分比。
- 状态栏：显示光标所在位置的图像的颜色值等信息。
- 预览：单击按钮，可在系统默认的Web浏览器中预览优化后的图像。

应用案例

优化Web图像

源文件：源文件\第17章\17-3-2.psd　　视频：视频\第17章\优化Web图像.mp4

STEP 01 打开素材图像"素材\第17章\173201.jpg"，如图17-45所示。使用"切片工具"创建切片，如图17-46所示。

图17-45 打开素材图像

图17-46 创建切片

STEP 02 选择“文件”→“存储为Web所用格式（旧版）”命令，弹出“存储为Web所用格式”对话框，使用“切片选择工具”选择一个切片，可以看到其图片格式为GIF，文件大小为514K，如图17-47所示。

STEP 03 优化图片格式为JPEG，可以看到文件大小更改为5.765K，如图17-48所示。相比较GIF格式，JPEG文件体积更小。

STEP 04 选择“双联”选项卡，分别为图像选择不同的优化格式，同时比较两种图像格式，如图17-49所示。选择“四联”选项卡，可以同时比较4种图像优化的结果，如图17-50所示。

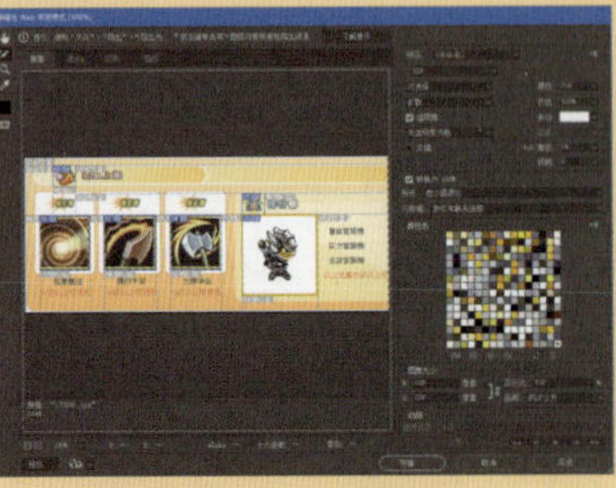

图17-47 原稿格式

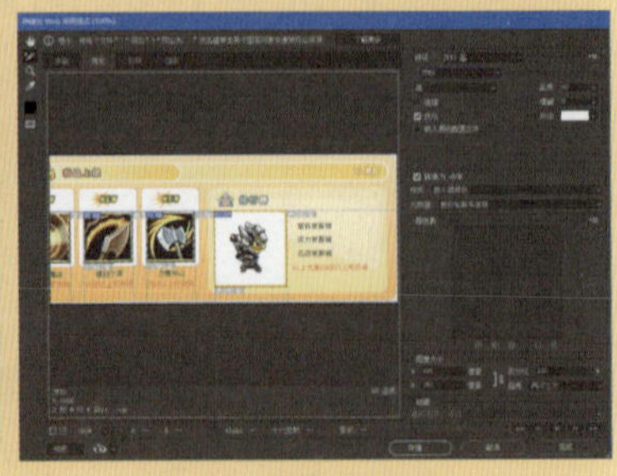

图17-48 优化图像

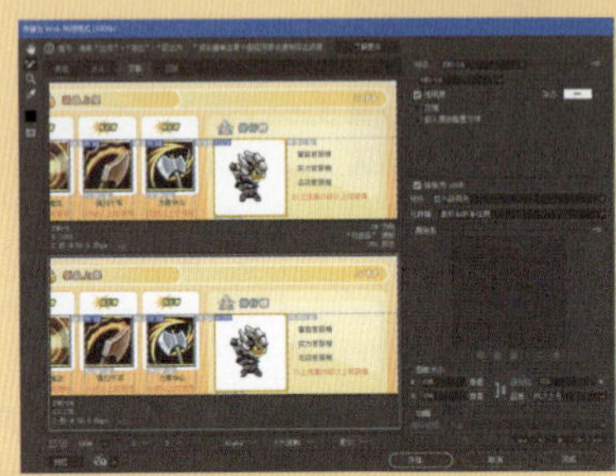

图17-49 双联比较

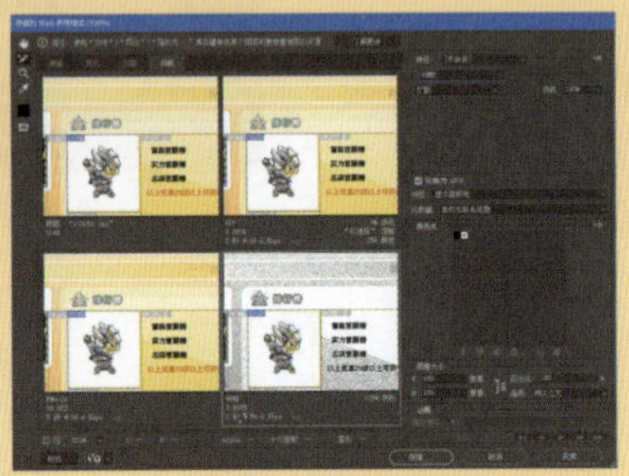

图17-50 四联比较

STEP 05 使用同样的方法依次优化其他切片图片，单击“存储”按钮，弹出“将优化结果存储为”对话框，将所有切片保存为透底的PNG图片，如图17-51所示。

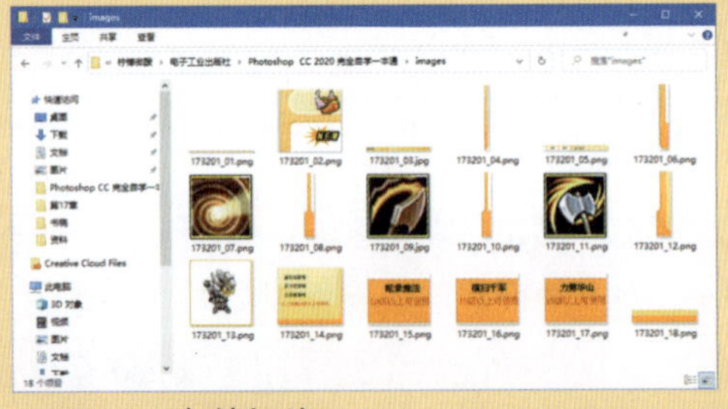

图17-51 存储切片

17.3.3 输出Web图像

优化Web图像后，可以在“存储为Web所用格式”对话框的“优化”菜单中选择“编辑输出设置”命令，如图17-52所示，弹出“输出设置”对话框，如图17-53所示。

在该对话框中可以控制如何设置HTML文件的格式、如何命名文件和切片，以及在存储优化图像时如何处理背景图像等。

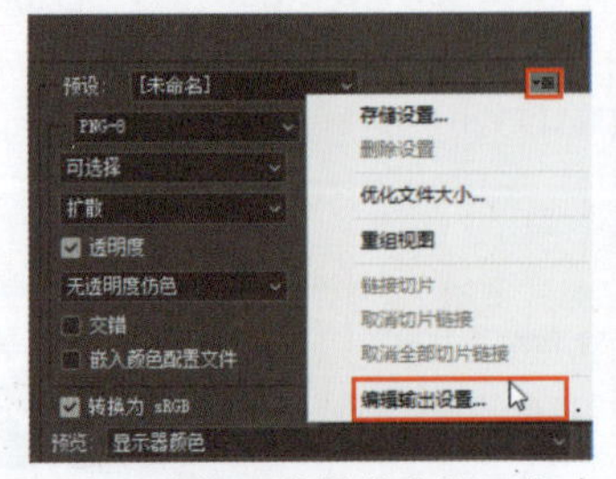

图17-52 选择“编辑输出设置”命令

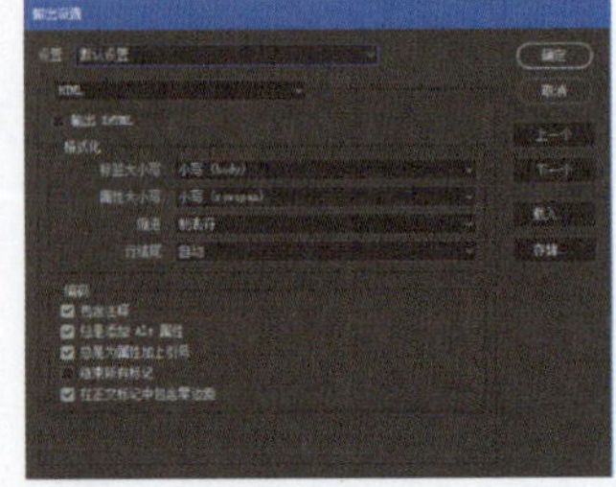

图17-53 “输出设置”对话框

17.3.4 导出命令

使用Photoshop，用户可以将画板、图层、图层组或文件导出为PNG、JPEG、GIF或SVG格式的图像资源。选择“文件”→“导出”命令，如图17-54所示，在打开的子菜单中选择一项合适的导出命令，用户就可以对导出图像进行相关设置了。

选择“文件”→“导出”→“快速导出为PNG”命令，可以导出一个文件或文件中的所有画板。执行该命令后弹出“存储为”对话框，如图17-55所示。用户可以在其中选择目标文件夹。

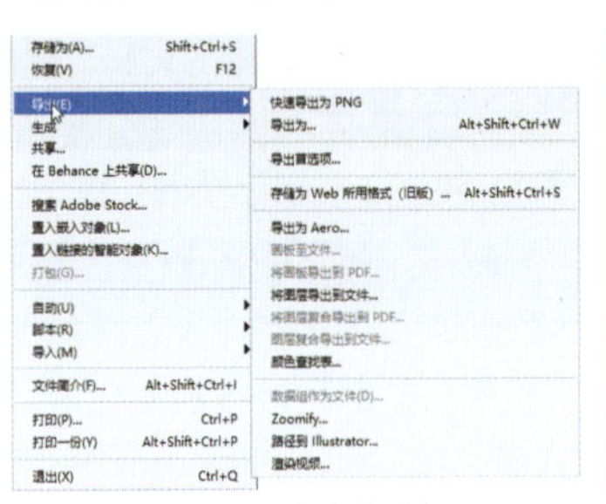

图17-54 导出切片

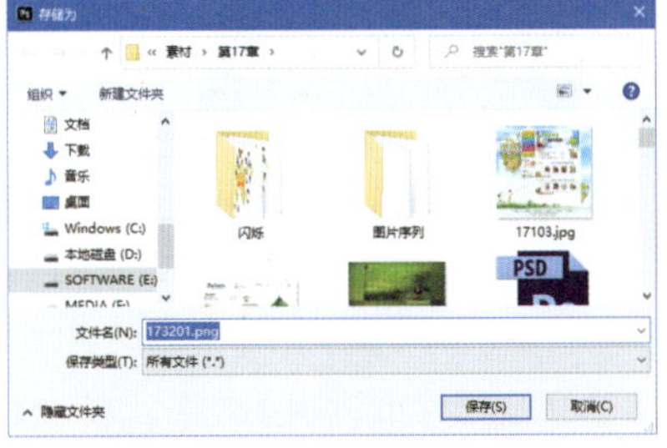

图17-55 “存储为”对话框

Tips

使用“快速导出为 [图像格式]”命令，可将当前文档以快速导出设置中指定的格式导出为图像资源。如果用户的文档中包含画板，则选择此命令会单独导出其中的所有画板。

默认情况下，快速导出会将资源生成为透明的PNG文件，并且每次都会提醒用户选择导出位置。如果用户想要更改这些设置，可以选择“文件”→“导出”→“导出首选项”命令，在弹出的“首选项”对话框中进行设置，如图17-56所示。

选择“文件”→“导出”→“导出为”命令，在弹出的“导出为”对话框中可以对图层、图层组、画板或文件的每一次导出进行微调设置，如图17-57所示。

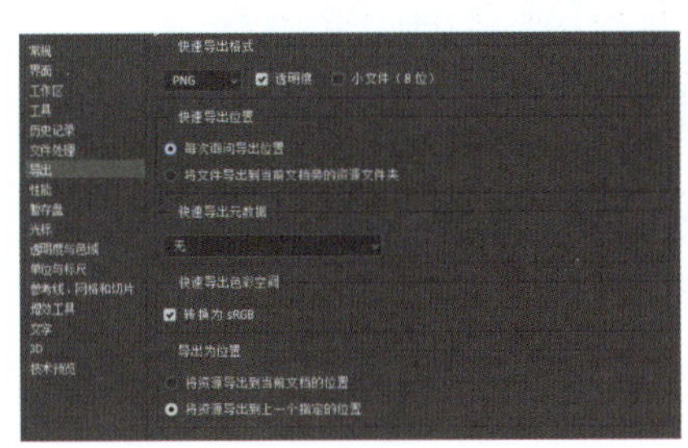

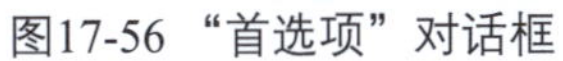

图17-56 “首选项”对话框

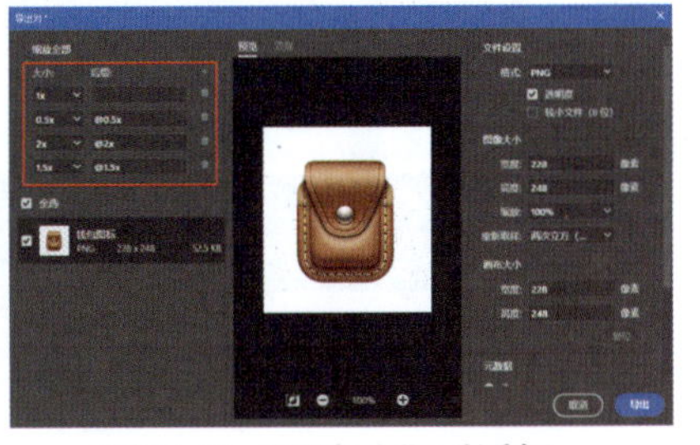

图17-57 “导出为”对话框

在对话框左侧窗格中，“大小”选项下的输入框可以选择相对资源的大小；“后缀”选项下的输入框显示与相对资源对应的扩展名名称，扩展名可帮助用户轻松管理导出的相对资源；单击“+”按钮，可以为导出的资源指定更多大小和后缀。

Tips 为什么要以不同大小导出资源?

在网络发展日益完善的当下，计算机因为不能随身携带而不再受大众青睐，而手机因其小巧、便携的特点，几乎已经完全占据人们的生活。由于手机种类繁多，设计界面时不能一概而论，所以为了适配不同型号的手机屏幕，需要导出大小不同的资源。

选择“文件”→“导出”→“将图层导出到文件”命令，用户可以将图层作为单个文件导出和存储。选择想要导出的图层，弹出“将图层导出到文件”对话框，如图17-58所示。用户可以在其中设置导出图层的目标地址、文件名称和文件类型等内容。

可以将高分辨率的图像发布到网络上，以便在平移和缩放该图像时可以查看更多的细节。选择“文件”→“导出”→Zoomify命令，弹出“Zoomify导出”对话框，如图17-59所示。设置完成后，单击“确定”按钮，可以完成导出。

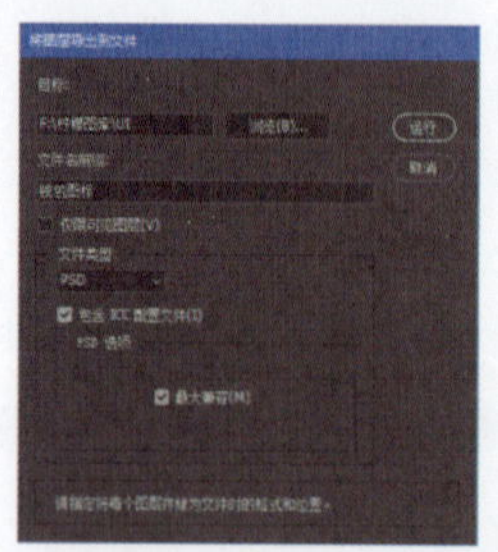

图17-58 “将图层导出到文件”对话框

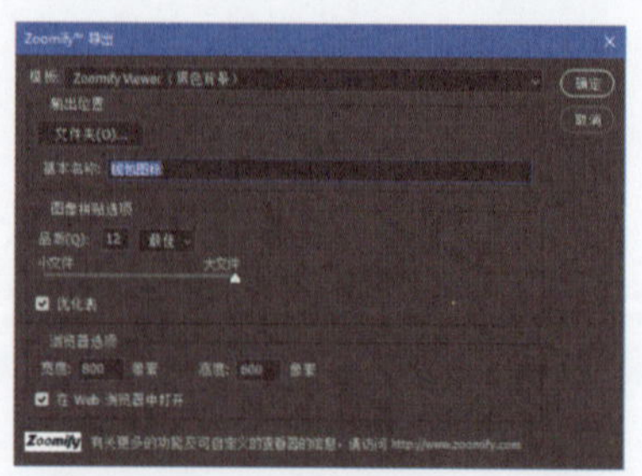

图17-59 “Zoomify导出”对话框

17.4 创建动画

动画是在一段时间内显示一系列图像或帧，当每一帧较前一帧都有轻微的变化时，连续、快速地显示这些帧就会产生运动或其他变化的视频效果。本节将向读者介绍如何在Photoshop中创建动画。

17.4.1 帧模式“时间轴”面板

在Photoshop中制作动画，主要通过“时间轴”面板来实现。选择“窗口”→“时间轴”命令，打开“时间轴”面板，在其下拉列表框中选择“创建帧动画”选项，如图17-60所示。“时间轴”面板会显示动画中帧的缩览图，使用面板底部的工具可浏览各个帧、设置循环选项、添加和删除帧，以及预览动画等。

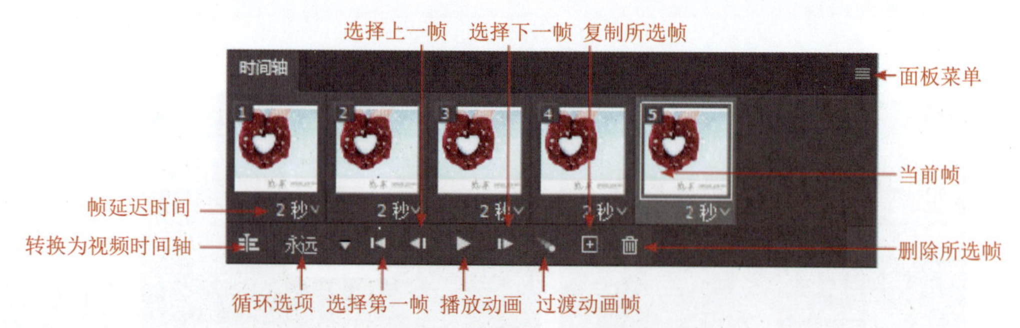

图17-60 帧模式“时间轴”面板

- 当前帧：当前选择的帧。
- 帧延迟时间：设置帧在播放过程中的持续时间。
- 循环选项：设置动画导出后的播放次数，可以选择一次、三次和永远，也可以自定义。
- 选择第一帧：单击该按钮，可选择第一帧。
- 选择上一帧：单击该按钮，可选择当前帧的前一帧。
- 播放动画：单击该按钮，可在窗口中播放动画，再次单击则停止播放。
- 选择下一帧：单击该按钮，可选择当前帧的下一帧。
- 过渡动画帧：如果要在两个现有帧之间添加一系列过渡帧，可单击该按钮，弹出“过渡”对话框，在其中指定要添加的帧数。
- 复制所选帧：单击该按钮，可向面板中添加帧。
- 删除所选帧：单击该按钮，可删除指定帧。
- 转换为视频时间轴：单击此按钮即可转换为视频“时间轴”面板。

应用案例 制作下雪场景

源文件：源文件\第17章\17-4-1.psd　　视频：视频\第17章\制作下雪场景.mp4

STEP 01 选择“文件”→“脚本”→“将文件载入堆栈”命令，在弹出的对话框中单击“浏览”按钮，选择素材图像，如图17-61所示。单击“确定”按钮，图像效果和“图层”面板如图17-62所示。

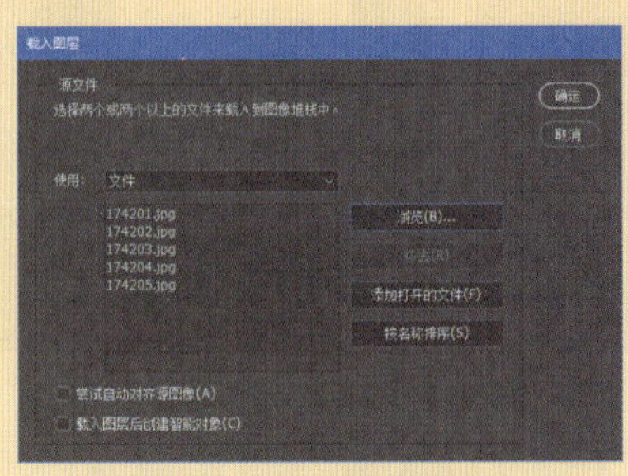

图17-61 载入堆栈图像

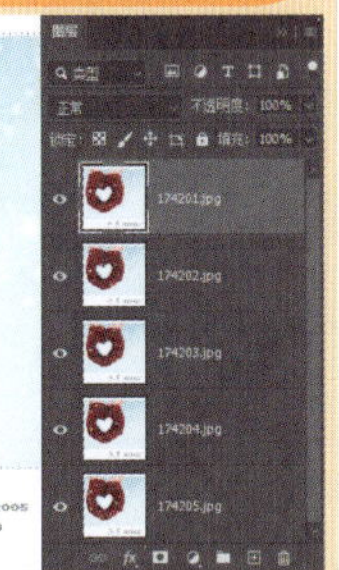

图17-62 载入效果

STEP 02 打开“时间轴”面板，选择“创建帧动画”选项，“时间轴”面板如图17-63所示。单击“帧延迟时间”按钮，在打开的下拉列表框中选择“0.2”，设置“帧延迟时间”为0.2秒，如图17-64所示。

图17-63 “时间轴”面板

图17-64 选择帧延迟时间

STEP 03 单击“复制所选帧”按钮，如图17-65所示。单击关闭其他图层前面的“眼睛”图标，将除“174202”图层外的其他图层隐藏，如图17-66所示。

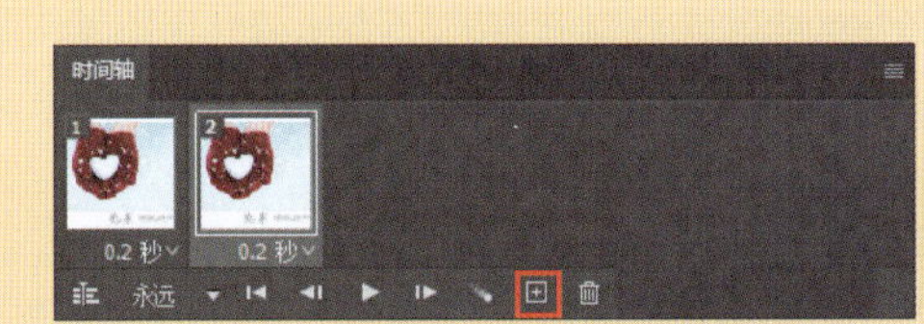

图17-65 单击“复制所有帧”按钮

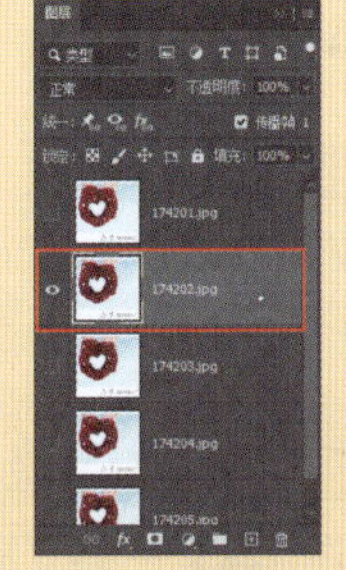

图17-66 “图层”面板

STEP 04 单击“复制所选帧”按钮，将“1740202”图层隐藏，显示“1740203”图层，如图17-67所示。使用同样的方法复制帧并隐藏/显示图层，“时间轴”和“图层”面板效果如图17-68所示。

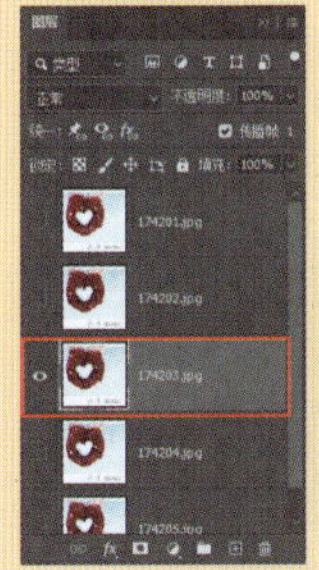
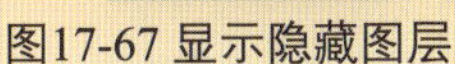

图17-67 显示隐藏图层

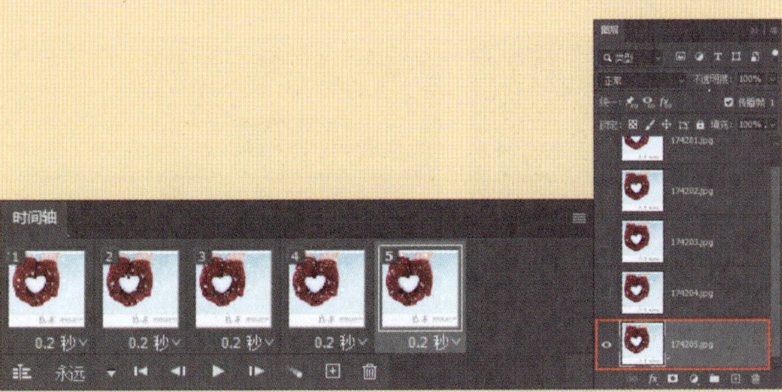

图17-68 完成时间轴效果

STEP 05 完成动画的制作后，选择“文件”→“导出”→“存储为Web所用格式（旧版）”命令，弹出“存储为Web所用格式”对话框，选择优化格式为“GIF”，如图17-69所示。单击“播放动画”按钮，测试动画效果。

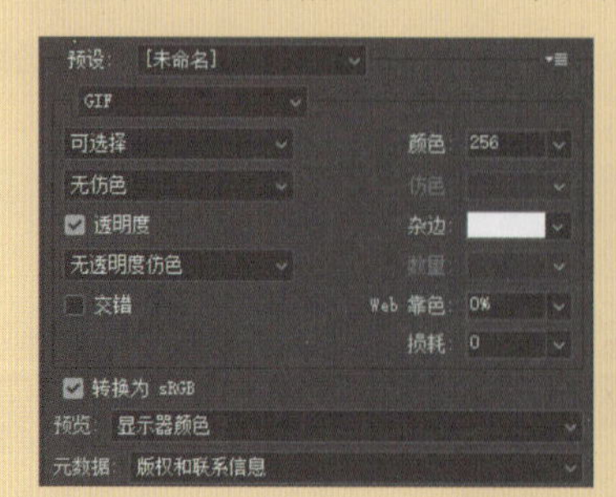

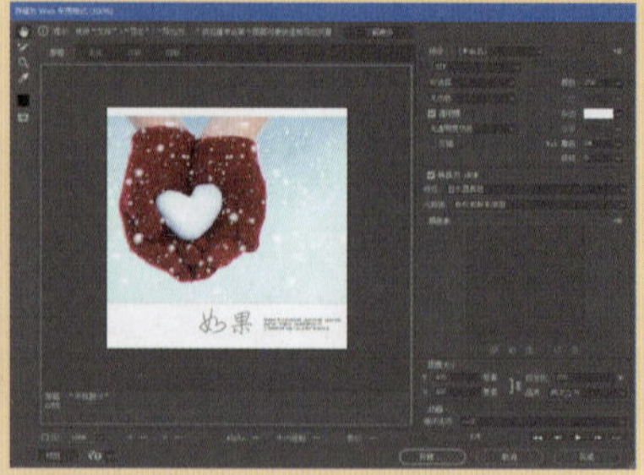

图17-69 存储GIF图像

STEP 06 单击“存储”按钮，弹出“将优化结果存储为”对话框，参数设置如图17-70所示。单击“保存”按钮，弹出提示框，单击“确定”按钮，将动画保存为“源文件\第17章\17-4-1.gif”，动画效果如图17-71所示。

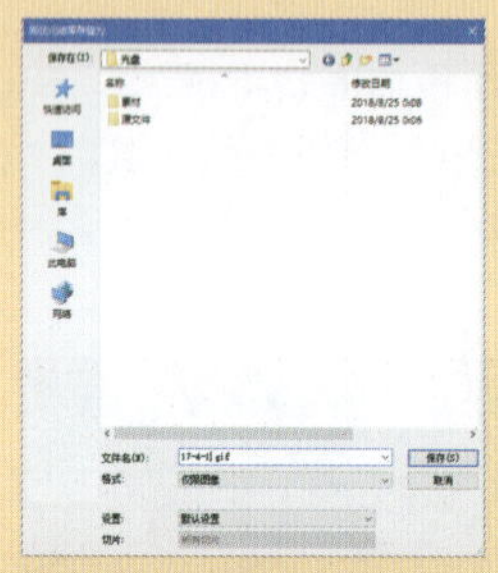

图17-70 保存动画文件

图17-71 动画效果

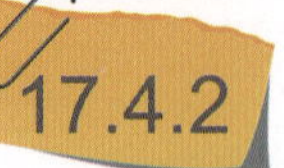

Tips

设置帧延迟的目的是让动画更流畅地播放，如果不设置帧延迟，播放动画时动画的播放速度比较快，就看不清动画的效果了。

17.4.2 过渡动画和反向帧

除了制作简单的逐帧动画外，使用Photoshop还可以制作类似Flash动画中的补间动画，可以实现对象位置、大小、颜色及透明度的动画效果。

应用案例 制作文字淡入淡出动画

源文件：源文件\第17章\17-4-2.psd　　视频：视频\第17章\制作文字淡入淡出动画.mp4

STEP 01 选择“文件”→“新建”命令，弹出“新建文档”对话框，适当设置参数值，如图17-72所示。使用“渐变工具”在画布中创建径向渐变效果，如图17-73所示。

图17-72 新建文档

图17-73 填充渐变

STEP 02 设置“字符”面板中的各项参数，如图17-74所示。使用“横排文字工具”在画布中输入如图17-75所示的文字。选中文字中并设置不同的大小值，效果如图17-76所示。

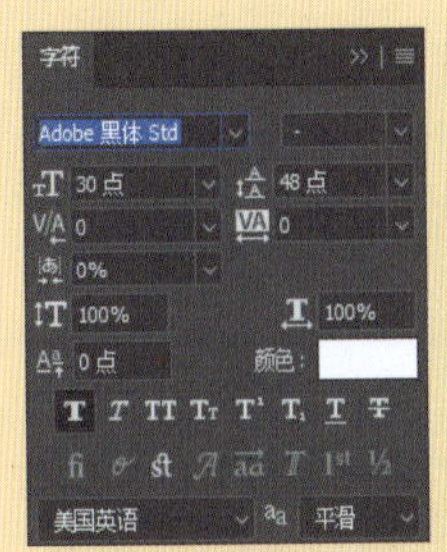

图17-74 “字符”面板　图17-75 输入文字　图17-76 调整文字大小

STEP 03 单击“时间轴”面板中的“创建帧动画”按钮，创建帧动画，如图17-77所示。单击“复制所选帧”按钮，复制一个帧，如图17-78所示。

图17-77 创建帧动画　图17-78 复制所选帧

STEP 04 选择第1帧，将“图层”面板中的文字图层隐藏，如图17-79所示。选择第2帧，将“图层”面板中的文字图层显示，效果如图17-80所示。

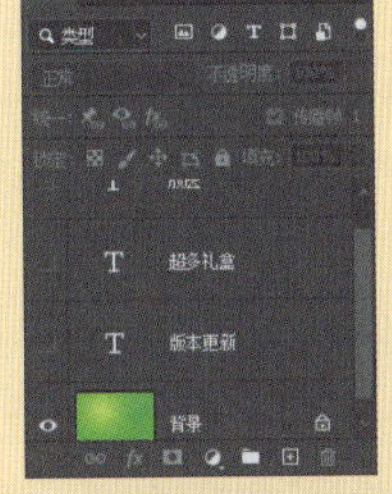

图17-79 隐藏文字图层　图17-80 显示图层

STEP 05 按住【Shift】键并选中2帧，单击“过渡动画帧”按钮，弹出“过渡”对话框，设置“要添加的帧数”为“30”，如图17-81所示。单击“确定”按钮，效果如图17-82所示。

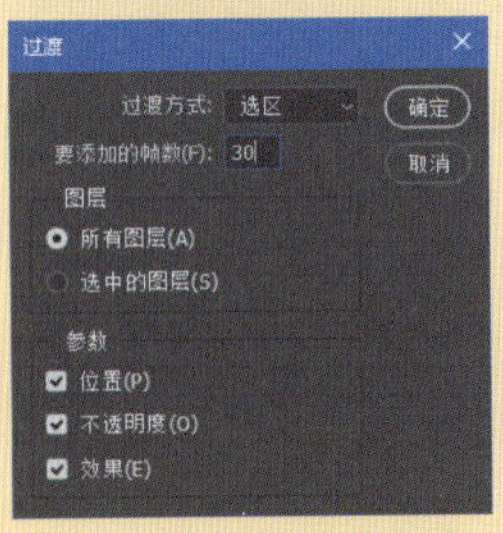

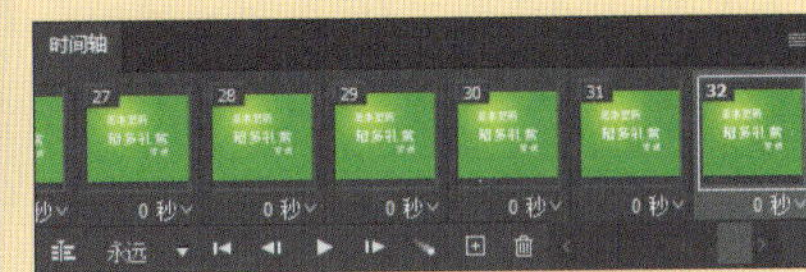

图17-81 设置过渡参数　图17-82 添加30帧

STEP 06 按住【Shift】键并选择全部32帧，单击“复制所选帧”按钮，“时间轴”面板如图17-83所示。在面板菜单中选择“反向帧”命令，如图17-84所示。

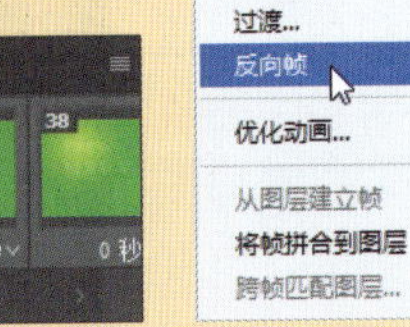

图17-83 “时间轴”面板　图17-84 选择“反向帧”命令

STEP 07 返回第1帧，单击“播放动画”按钮，观察文字的淡入淡出效果。选择“文件”→“导出”→“存储为Web所用格式”，弹出“存储为Web所用格式”对话框，如图17-85所示。

STEP 08 设置“循环选项”为“永远”，单击“播放动画”按钮，测试动画，如图17-86所示。单击“存储”按钮，将动画保存为“17-4-2.gif”。

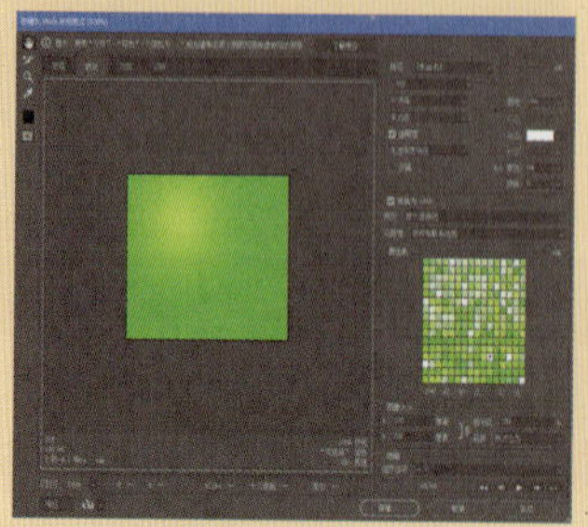

图17-85 “存储为Web所用格式”对话框

图17-86 设置循环

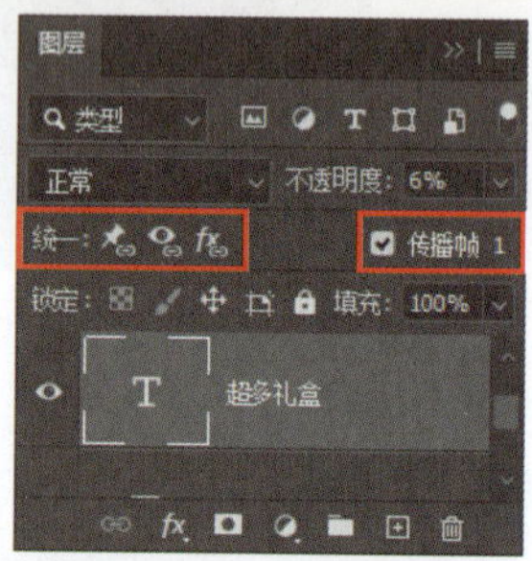

图17-87 “图层”面板

17.4.3 更改动画中的图层属性

在制作“帧动画”时，“图层”面板上会增加几个与帧动画有关的按钮，分别是“统一”按钮和“传播帧1”选项，如图17-87所示。

- 统一：包括“统一图层位置”“统一图层可见性”和“统一图层样式”3个按钮。用于决定如何将对现用帧的属性更改应用于同一图层的其他帧。当选择某个按钮时，将在现用图层的所有帧中更改该属性；当取消选择该按钮时，更改将仅应用于现用帧。
- 传播帧1：决定是否将对第一帧的属性所做的更改应用于同一图层的其他帧。若选择该复选框，那么可以更改第一帧的属性，则正在使用的图层的所有后续帧都会发生与第一帧相关的更改。

17.5 视频功能

Photoshop可以编辑视频的各个帧和图像序列文件，包括使用任意Photoshop工具在视频上进行编辑和绘制，应用滤镜、蒙版、变换、图层样式和混合模式。进行编辑之后，既可以将文档存储为PSD文件，也可以将文档作为QuickTime影片或图像序列进行渲染。

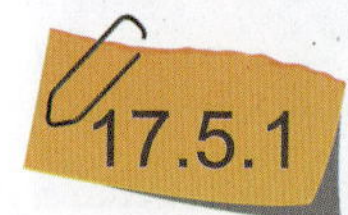

17.5.1 视频图层

在Photoshop中打开视频文件或图像序列时，会自动创建视频图层组，该图层组的视频图层带有图标，帧包含在视频图层中，如图17-88所示。用户可以使用“画笔工具”和“图章工具”在视频文件的各个帧上进行绘制和仿制，或者创建选区或应用蒙版以限定对帧的特定区域进行编辑。也可以像编辑常规图层一样调整混合模式、不透明度、位置和图层样式等。

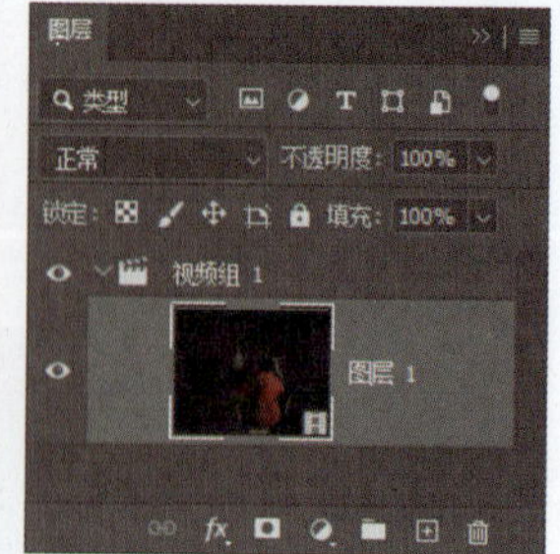

图17-88 打开的视频

Tips 为什么在 Photoshop 中不能打开视频?

如果想在 Photoshop 中打开视频并播放，需要在计算机系统中安装 Quicktime 软件，并且软件的版本需要在 7.1 以上，否则将不能打开或导入视频。

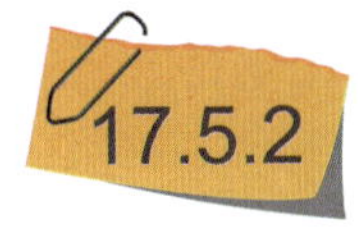

视频模式“时间轴”面板

在Photoshop中不仅可以制作帧动画，还可以利用“时间轴”面板制作复杂的视频动画，如图17-89所示。

“时间轴”面板中显示了文档图层的帧持续时间和动画属性。使用面板底部的工具可浏览各个帧、放大或缩小时间显示、切换洋葱皮模式、删除关键帧和预览视频。可以使用“时间轴”面板中的控件调整图层的帧持续时间，设置图层属性的关键帧并将视频的某一部分指定为工作区域。

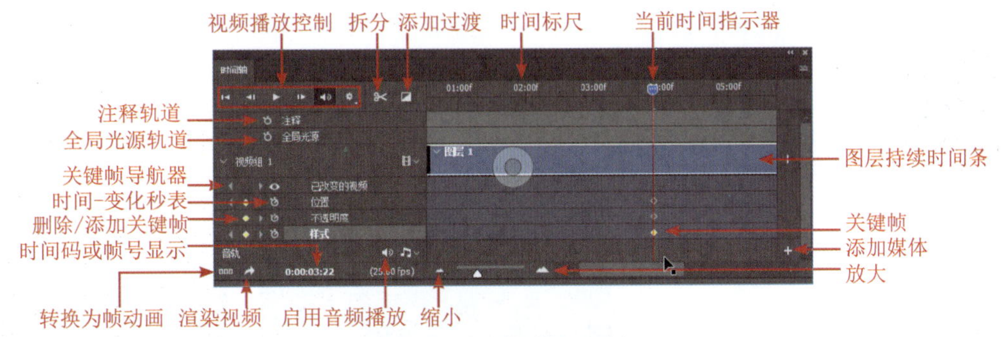

图17-89 “时间轴”面板

- 注释轨道：从面板菜单中选择“显示”→“注释轨道”命令，可以显示注释轨道。单击“注释轨道”前面的“启用注释”按钮，即可在弹出的对话框中输入注释内容。
- 时间码或帧号显示：显示当前帧的时间码或帧号，该数值取决于面板选项。
- 全局光源轨道：显示在其中设置和更改图层的效果，如投影、内阴影及斜面和浮雕的主光照角度的关键帧。
- 关键帧导航器：轨道标签左侧的箭头按钮用于将当前时间指示器从当前位置移动到上一个或下一个关键帧。单击中间的按钮可添加或删除当前时间的关键帧。
- 图层持续时间条：指定图层在视频或动画中的时间位置。要调整图层的持续时间，可拖动该条的任一端。
- 时间标尺：根据文档的持续时间和帧速率，水平测量持续时间或帧计数。可使用面板菜单中的“设置时间轴帧速率”命令更改帧速率，可使用“面板选项”命令设置显示方法。
- 时间-变化秒表：启用或停用图层属性的关键帧设置。选择此选项可插入关键帧并启用图层属性的关键帧设置。
- 转换为帧动画：单击该按钮，可以切换为帧模式“时间轴”面板。
- 启用音频播放：单击该按钮可以实现视频中音频的播放或静音。
- 当前时间指示器：指示当前动画时间点。拖动滑块可以调整指示器的位置。
- 添加/删除关键帧：单击该按钮，即可在时间轴上添加一个关键帧，再次单击则会删除该关键帧。
- 关键帧：用来控制当前时间下的视频动画效果，如大小、位置和透明度等。
- 缩小/放大：单击该按钮，可以实现对“时间轴”面板的缩小和放大，以方便准确控制。
- 视频播放控制：此处提供了控制视频播放的操作按钮。
- 拆分：单击该按钮，将视频或图像序列从播放点处拆分为两段，并放置到不同的图层中。
- 添加过渡：单击该按钮，可以选择为视频添加过渡效果，并且可以设置过渡持续的时间。Photoshop中提供了5种过渡效果。

Tips

“时间轴”面板中显示了文档中的每个图层，即除“背景”图层外，只要在“图层”面板中添加、删除、重命名、分组、复制图层或为图层分配颜色，就会在“时间轴”面板中更新。

17.6 视频图层

在Photoshop中，用户可以自己创建视频图层，还可以将视频文件打开，Photoshop会自动创建视频图层。通过在“时间轴”面板中设置不同的视频图层样式选项，可以制作出效果丰富的动画。

17.6.1 创建视频图层

在Photoshop中有多种创建视频图层的方法，下面通过案例分别向读者进行讲解。

应用案例　新建空白视频图层

源文件：源文件\第17章\17-6-1.psd　　视频：视频\第17章\新建空白视频图层.mp4

STEP 01 选择“文件”→“新建”命令，弹出“新建文档”对话框，在左侧的“预设”菜单中选择“胶片和视频”选项卡，如图17-90所示。在右侧设置分辨率、颜色模式和背景内容选项等，如图17-91所示。单击“创建”按钮，即可创建一个空白的视频图像文件。

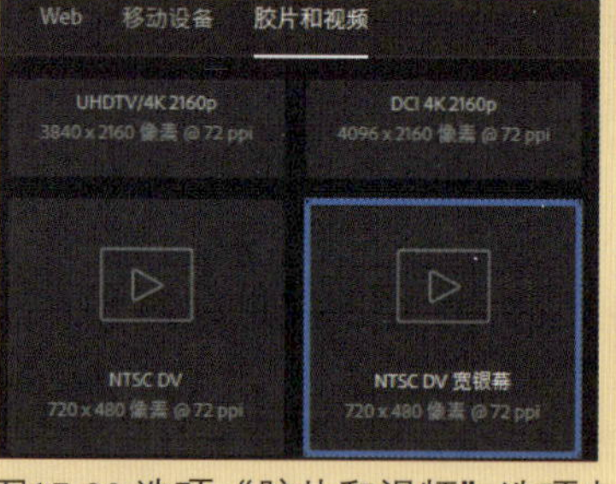

图17-90 选项“胶片和视频”选项卡

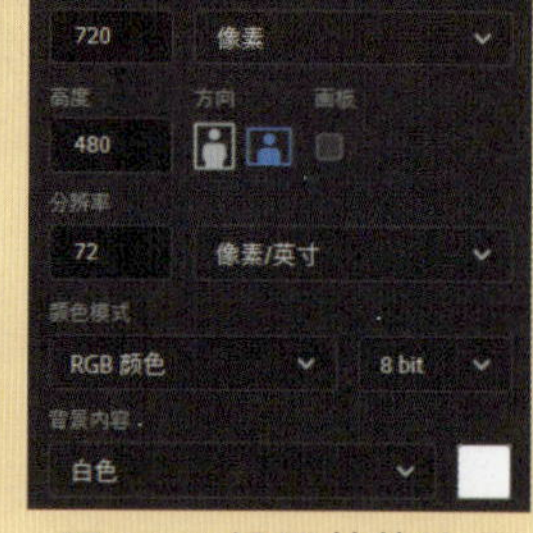

图17-91 设置其他选项

STEP 02 选择“图层”→“视频图层”→“新建空白视频图层”命令，即可新建一个空白的视频图层，“图层”面板如图17-92所示，“时间轴”面板如图17-93所示。

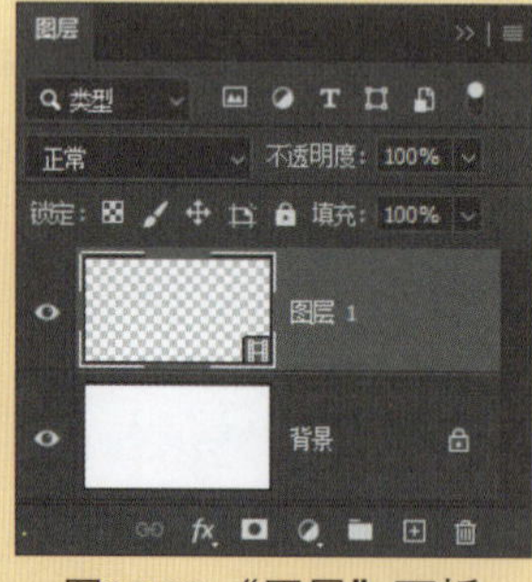

图17-92 “图层”面板

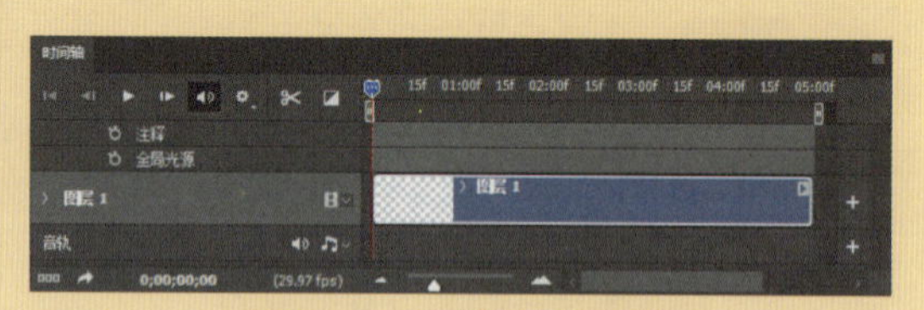

图17-93 “时间轴”面板

Tips

Photoshop 可以打开多种 QuickTime 视频格式的文件，包括 3GP、3G2、AVI、DV、FLV 和 F4V、MPEG-1、MPEG-4、QuickTime MOV（在 Windows 中，全部支持这些文件格式需要单独安装 QuickTime）。

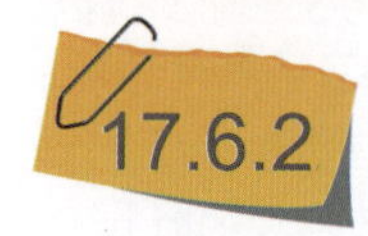

17.6.2 将视频帧导入图层

用户可以将指定的视频文件以帧的形式导入到“图层”面板中，并自动进行分层处理。

应用案例

将视频帧导入图层

源文件：源文件\第17章\17-6-2.psd　　视频：视频\第17章\将视频帧导入图层.mp4

STEP 01 选择“文件”→“导入”→“视频帧到图层”命令，弹出“打开”对话框，载入视频“素材\第17章\176201.avi”，如图17-94所示。单击“打开”按钮，弹出“将视频导入图层”对话框，如图17-95所示。

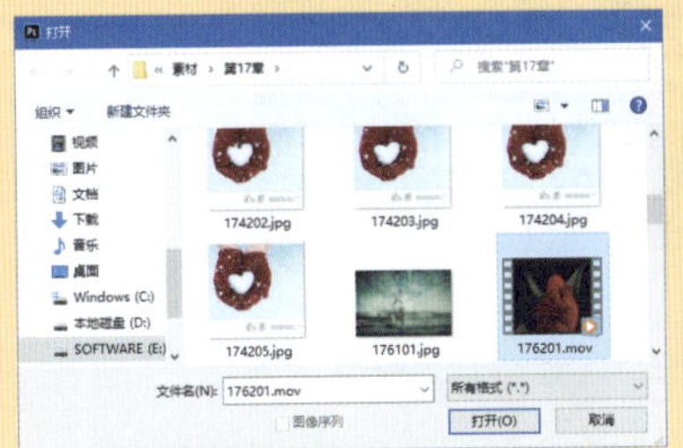

图17-94 打开视频

图17-95 “将视频导入图层”对话框

STEP 02 选中“从开始到结束”单选按钮，可以将视频完全导入；选中“仅限所选范围”单选按钮，可以只导入视频的片段。可以通过使用下面的裁切控件控制导入范围，如图17-96所示。

STEP 03 选择“制作帧动画”复选框，导入视频后会生成帧动画时间轴，如图17-97所示。取消选择该复选框，则将视频文件的各帧导入到单独的图层上，但在“时间轴”面板上只有1帧。

图17-96 限制范围

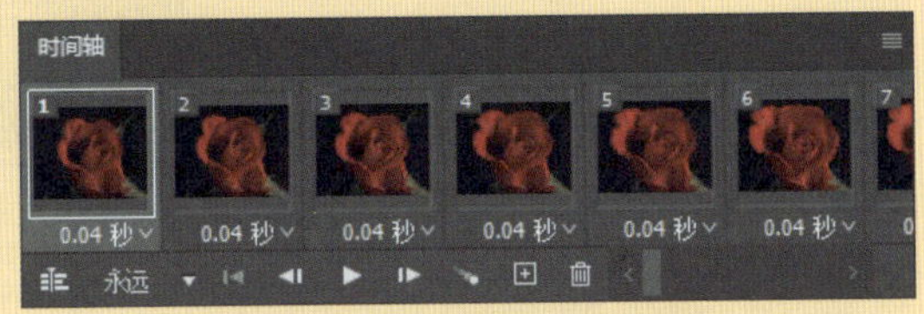

图17-97 “时间轴”效果

STEP 04 单击“时间轴”面板“视频组”层右侧的小三角按钮，在打开的下拉菜单选择“添加媒体”命令，弹出“打开”对话框，选择要导入的视频，单击“打开”按钮，可以快速打开视频文件。

17.6.3 设置视频图层制作片头

通过前面的讲解，已经带领读者学习了“时间轴”面板的功能，并且通过简单案例介绍了创建视频图层的方法。本节将通过一个简单的实例向读者讲解如何利用视频图层的不透明度制作动画。

应用案例

设置视频图层制作片头

源文件：源文件\第17章\17-6-3.psd　　视频：视频\第17章\设置视频图层制作片头.mp4

STEP 01 打开视频“素材\第17章\176301.avi”，如图17-98所示。在“图层”面板中会自动创建视频图层，如图17-99所示。

图17-98 打开视频

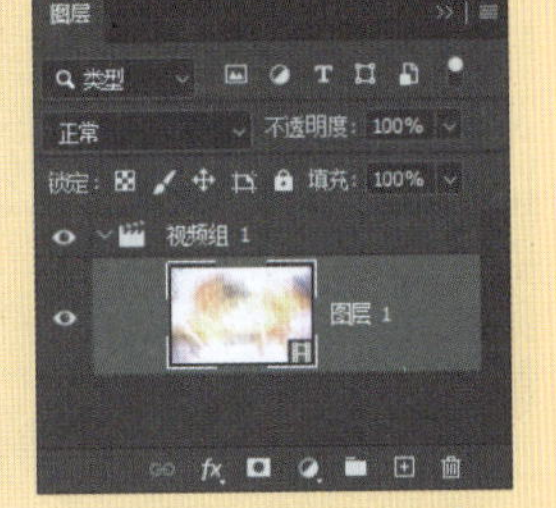

图17-99 “图层”面板

STEP 02 打开素材图像“素材\第17章\176302.jpg”，如图17-100所示。使用“移动工具”将该图像拖入到“176301.mov”文件中，“图层”面板如图17-101所示。

图17-100 打开素材图像

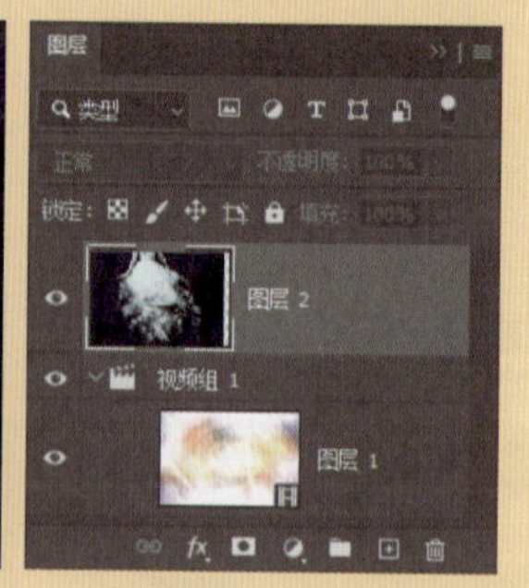
图17-101 拖入素材

STEP 03 修改图像图层的“混合模式”为“滤色”，效果如图17-102所示。选择“图层1”图层，打开“时间轴”面板，拖动鼠标调整图像图层的持续时间，与视频时间保持一致，如图17-103所示。

图17-102 设置混合模式

图17-103 调整视频长度

STEP 04 选择“视频组1”，拖动播放头到时间轴的第3秒位置，如图17-104所示，在“图层”面板中设置该图层的“不透明度”为80%，效果如图17-105所示。

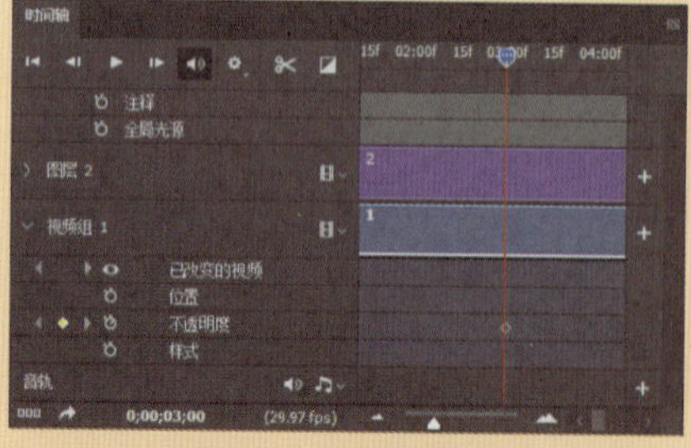
图17-104 移动播放头

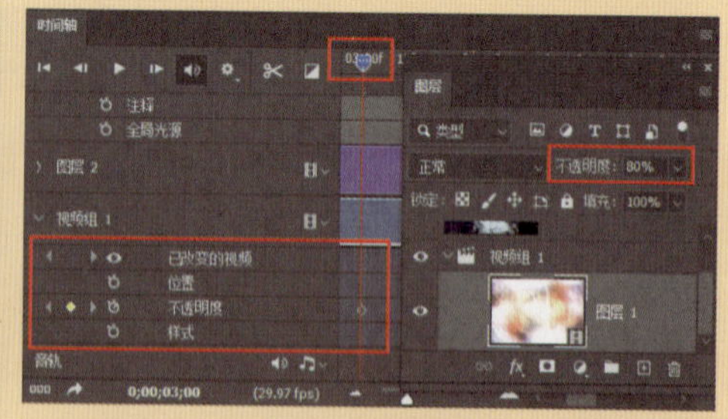
图17-105 设置“不透明度”参数

STEP 05 继续移动播放头，并逐步降低“视频组1”的不透明度，“时间轴”面板如图17-106所示。制作完成后，单击“转到第一帧”按钮，单击“播放动画”按钮，视频播放效果如图17-107所示。

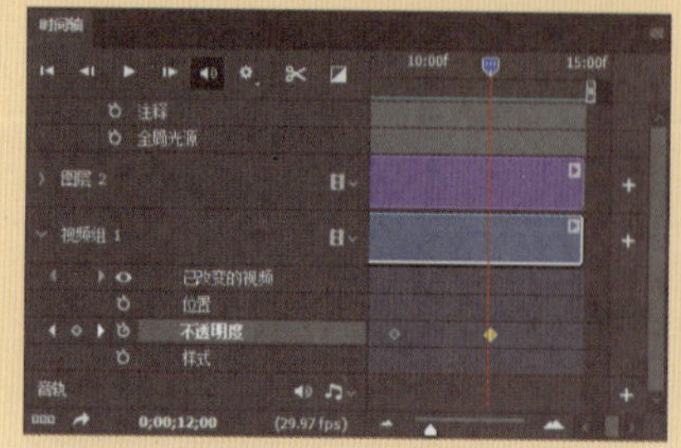
图17-106 设置“不透明度”参数

图17-107 视频效果

17.6.4 导入图像序列

如果想要对导入的视频或图像序列进行变换，可以使用“打开”命令。一旦拖入序列图像，视频帧就会包含在智能对象中，可以使用“时间轴”面板浏览各个帧，也可以使用智能滤镜。

应用案例 导入图像序列制作光影效果

源文件：源文件\第17章\17-6-4.psd　视频：视频\第17章\导入图像序列制作光影效果.mp4

STEP 01 打开素材图像“素材\第17章\176501.jpg”，如图17-108所示。选择“文件”→“打开”命令，选择“素材\第17章\图片序列\流光飞舞0001.png”文件，在弹出的对话框的底部选择“图片序列”复选框，单击“打开”按钮，效果如图17-109所示。

图17-108 打开素材图像

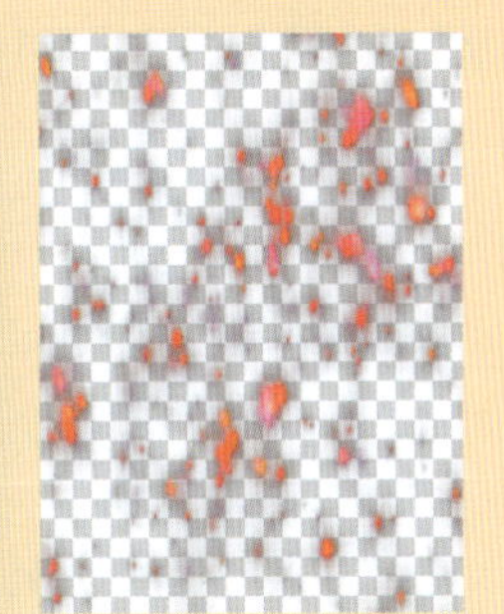

图17-109 打开图像序列

STEP 02 将其拖入到素材图像“176501.jpg”中，按【Ctrl+T】组合键，拖动控制点调整视频大小，如图17-110所示，单击“提交变换”按钮。单击“时间轴”面板中的“创建视频时间轴”按钮，效果如图17-111所示。

图17-110 调整大小

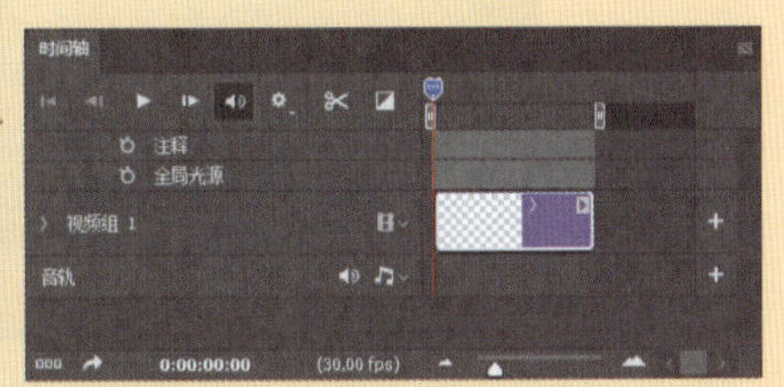

图17-111 创建视频图层

STEP 03 用鼠标拖动视频图层调整其视频长度，效果如图17-112所示。单击“播放动画”按钮，效果如图17-113所示。

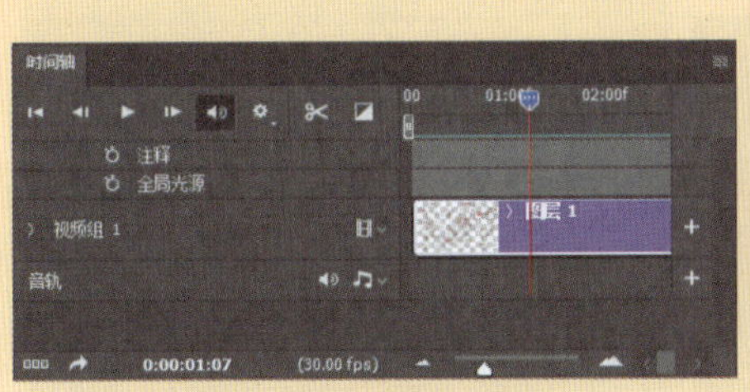

图17-112 调整视频长度

图17-113 播放效果

17.7 编辑视频图层

创建视频图层后，Photoshop提供了多种方法可以对视频图层或图层中的视频进行各种编辑操作，如为视频图层添加样式、为视频添加过渡效果等。

17.7.1 添加样式增强视频光效

通过为视频图层添加样式可以制作出不同的动画效果，利用这种制作方法既增强了动画的视觉效果，又减少了工作量。

应用案例 添加样式增强视频光效

源文件：源文件\第17章\17-7-1.psd　　视频：视频\第17章\添加样式增强视频光效.mp4

STEP 01 打开视频文件“素材\第17章\176401.avi”，如图17-114所示。“图层”面板如图17-115所示。

STEP 02 打开素材图像“素材\第17章\176101.jpg”，将该素材图像拖入刚刚打开的视频文件中，并将其拖移至“图层1”图层下方。修改图层“混合模式”为“滤色”，效果如图17-116所示，“图层”面板如图17-117所示。

图17-114 视频效果

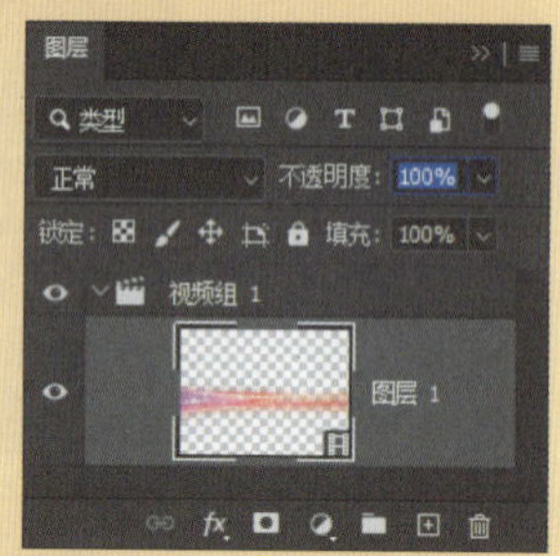

图17-115 “图层”面板

图17-116 画布效果

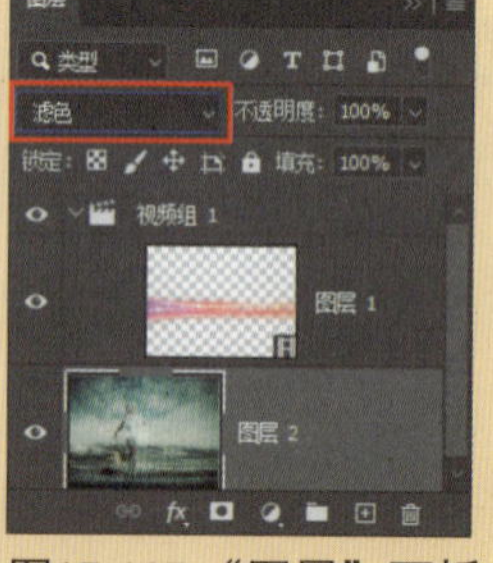

图17-117 “图层”面板

STEP 03 拖动调整“时间轴”面板上的滑块，使图片和视频图层的长度一致，如图17-118所示。选择视频图层，移动播放头到第1秒位置，在“样式”层单击添加关键帧，并为其添加“内发光”样式，如图17-119所示。

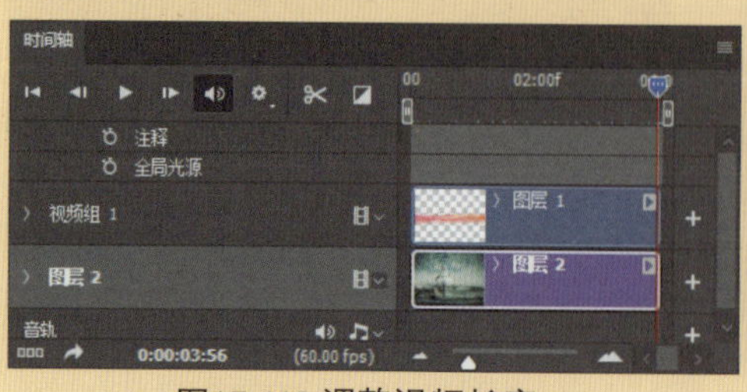

图17-118 调整视频长度

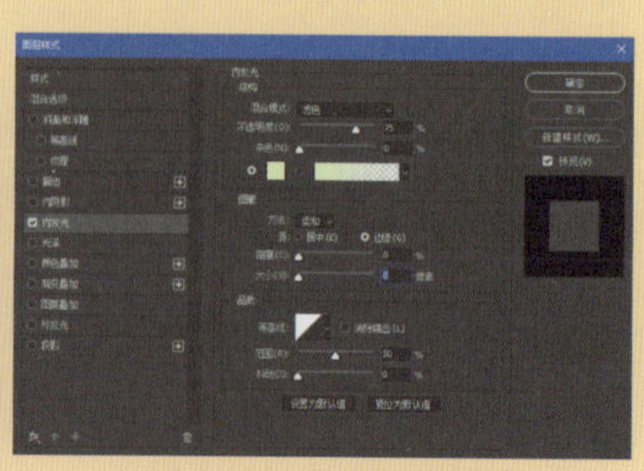

图17-119 添加图层样式

STEP 04 移动播放头到第3秒位置，为视频图层添加“外发光”图层样式，效果如图17-120所示。单击“播放动画”按钮，视频播放效果如图17-121所示。

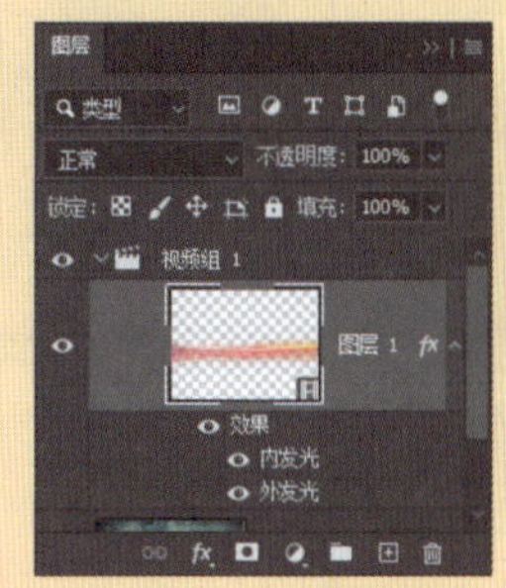

图17-120 添加“外发光”样式

图17-121 完成效果

Tips

添加关键帧以后，如果要想调整关键帧的位置，单击并拖动鼠标即可调整。

17.7.2 视频持续时间和速度

将视频导入到“时间轴”面板后，在“时间轴”面板中单击视频图层尾部图标或者用鼠标右键单击视频图层的任意位置，打开“视频”面板，如图17-122所示。在“视频”面板中可以设置视频持续时间和播放速度，实现对视频播放部分截取和加减速效果。

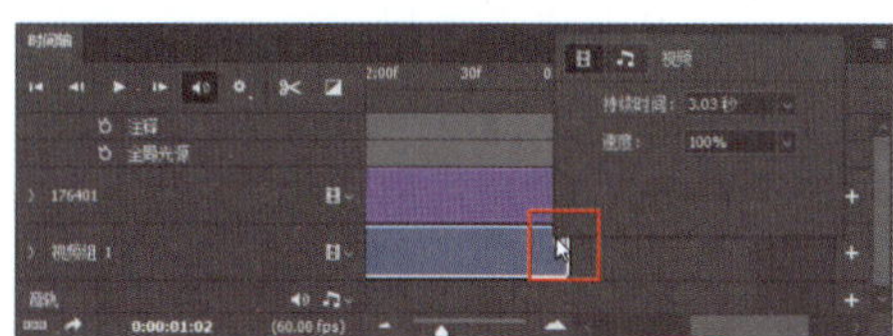

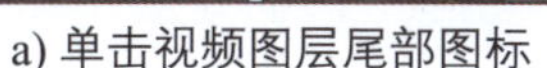

a) 单击视频图层尾部图标

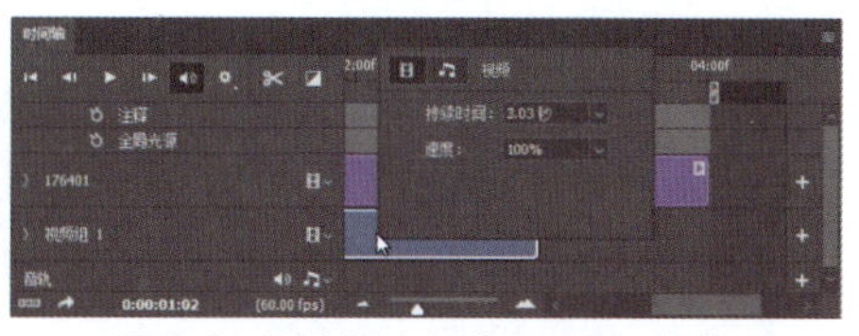

b) 用鼠标右键单击视频图层任意位置

图17-122 “视频”面板

17.7.3 设置视频动感

选择“文件”→“置入嵌入对象”命令，可以将外部视频或图像序列置入到“时间轴”面板中。在“时间轴”面板中单击置入对象图层的尾部图标，如图17-123所示，打开“动感”面板，如图17-124所示，可以在此设置视频动感效果。

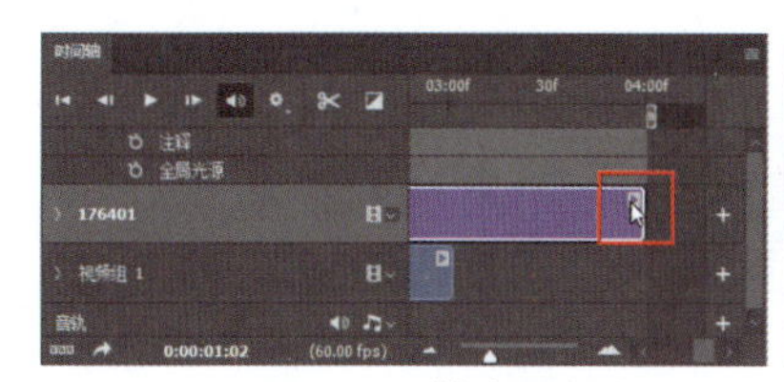

图17-123 单击图标

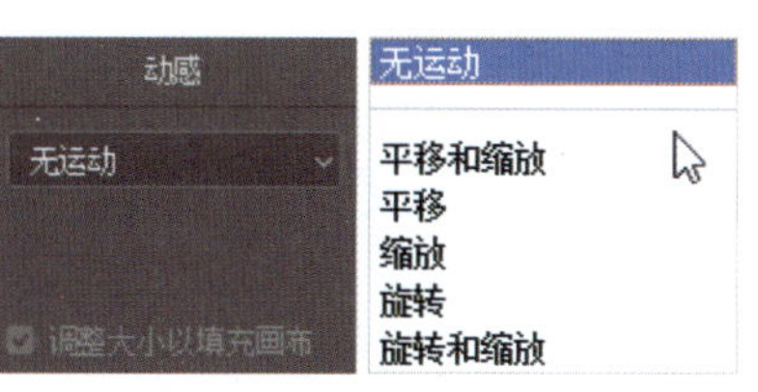

图17-124 动感面板

17.7.4 使用和编辑洋葱皮

在“视频时间轴”面板中可以选择使用洋葱皮辅助定位。在面板菜单中选择“启用洋葱皮”命令，洋葱皮模式将显示在当前帧及周围帧上绘制的内容中。此模式可提供描边位置和其他操作的参考点。

在面板菜单中选择“洋葱皮设置”命令，弹出“洋葱皮选项”对话框，如图17-125所示。设置各项参数可以获得适合自己的洋葱皮效果。

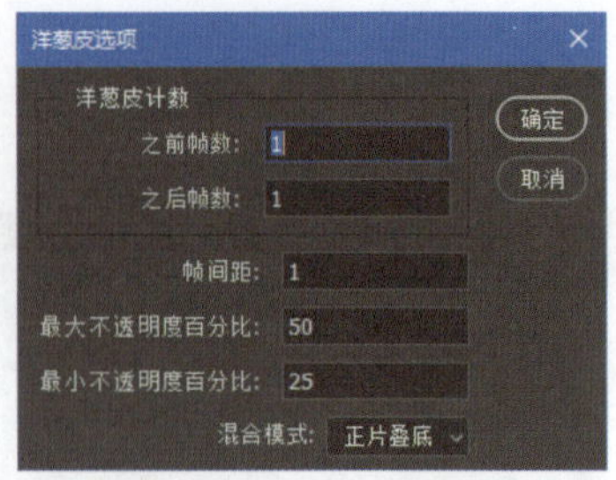

图17-125 “洋葱皮选项”对话框

- 洋葱皮计数：指定前后显示的帧的数目。可分别在“之前帧数”（前面的帧）和“之后帧数”（后面的帧）文本框中设置数值。
- 帧间距：指定显示的帧之间的帧数。例如，值为1时将显示连续的帧，值为2时将显示相距两个帧的描边。
- 最大不透明度百分比：设置当前时间最前面和最后面的帧的不透明度百分比。
- 最小不透明度百分比：设置在洋葱皮帧的前一组和后一组中最后帧的不透明度百分比。
- 混合模式：设置帧叠加区域的外观。

17.7.5 拆分视频

在Photoshop中，针对视频和图像序列提供了拆分工具。使用这个工具可以轻松地将一段视频或图像序列拆分成多段，并自动放置在不同的图层中，以供编辑使用。

17.7.6 添加转场效果

在“时间轴”面板中单击“添加过渡”按钮，如图17-126所示，可以看到5种过渡效果，如图17-127所示。直接将效果拖曳到视频图层上，松开鼠标即可完成过渡效果的添加。

通过拖曳转场效果可以调整过渡的时间。也可以在过渡效果上单击鼠标右键，在打开的“过渡效果”面板中修改过渡效果和过渡持续时间。

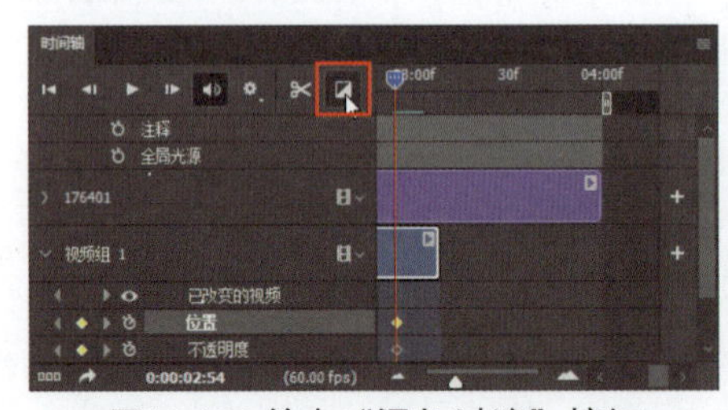

图17-126 单击“添加过渡”按钮

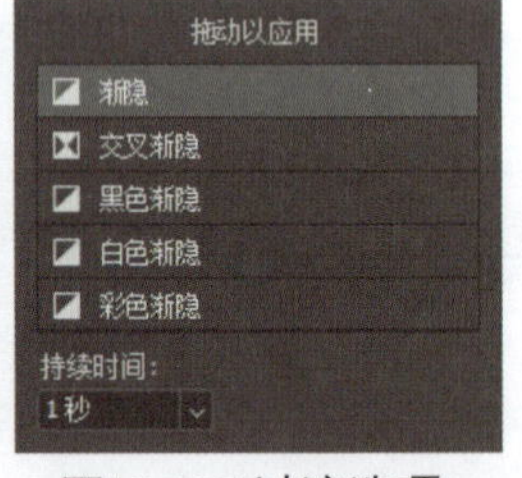

图17-127 过渡选项

17.7.7 在视频图层中恢复帧

如果要放弃对帧视频图层和空白视频图层所做的编辑，首先选择视频图层，将当前时间指示器移动到特定视频帧，选择“图层”→“视频图层”→“恢复帧”命令。如果要恢复视频图层或空白视频图层中的所有帧，可以选择“图层”→“视频图层”→“恢复所有帧”命令。

17.7.8 在视频图层中重新载入素材

如果在不同的应用程序中修改视频图层源文件，当打开包含引用更改的源文件的视频图层文档时，通常会重新载入并更新素材。

如果已打开文档且已修改源文件，可以选择“图层”→“视频图层”→“重新载入帧”命令，在“时间轴”面板中重新载入和更新当前帧。

17.7.9 在视频图层中替换素材

如果由于某些原因导致视频图层和引用的源文件之间的链接损坏（如移动、重命名或删除视频源文件），再次打开文件时，会弹出警告对话框，提示找不到缺少的媒体。单击“重新链接”按钮，可以实现对视频的重新链接和替换。

也可以在“时间轴”面板中选择需要替换的视频图层，选择“图层”→“视频图层”→“替换素材”命令，弹出Adobe Photoshop对话框，单击“重新链接”按钮，在弹出的“打开”对话框中选择视频或图像序列文件，单击“打开”按钮将其替换。

Tips

利用“替换素材”命令还可以将视频图层中的视频或图像序列帧替换为不同的视频或图像序列源中的帧。

17.7.10 像素长度比校正

计算机显示器上的图像是由方形像素组成的，而视频编码设备则是由非方形像素组成的。这就导致在两者之间交换的图像是由非方形像素组成的，从而造成图像显示的扭曲。

选择“视图”→“像素长宽比校正”命令可以校正图像。在打开文档的状态下，可以在“视图”→“像素长度比”子菜单中选择与将用于Photoshop文件的视频格式兼容的像素长宽比，然后选择“视图”→“像素长宽比校正”命令进行校正。

17.7.11 解释素材

在“时间轴”面板或“图层”面板中选择视频图层，选择“图层”→“视频图层”→“解释素材”命令，弹出“解释素材”对话框，如图17-128所示。在其中可以指定Photoshop如何解释已打开或导入视频的Alpha通道和帧速率。

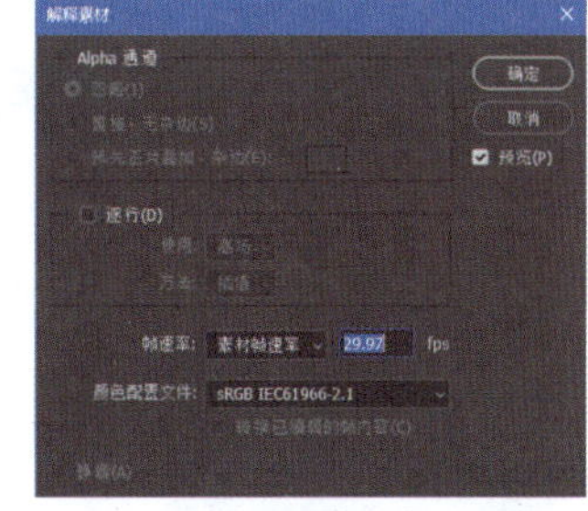

图17-128 “解释素材”对话框

- Alpha通道：当视频素材包含Alpha通道时，可通过该选项指定视频图层中Alpha通道的解释方式。选中“忽略”单选按钮，表示忽略Alpha通道；选中“直接-无杂边”单选按钮，表示将Alpha通道解释为直接Alpha透明度；选中“预先正片叠加-杂边”单选按钮，表示将Alpha通道解释为用黑色、白色或彩色预先进行正片叠底。
- 逐行：通过移去视频图像中的奇数或偶数隔行线，使在视频上捕捉的运动图像变得平滑。可以选择通过复制或插值来替换扔掉的线条。
- 帧速率：用于指定每秒播放的视频帧数。
- 颜色配置文件：可以选择一个配置文件，对视频图层中的帧或图像进行色彩管理。

17.7.12 保存和渲染视频文件

编辑视频图层后，可以将文档存储为PSD文件。在开始渲染输出视频文件前，首先要确认计算机系统中安装了QuickTime 7.1以上版本。选择“文件”→“导出”→“渲染视频”命令，弹出“渲染视频”对话框，如图17-129所示。Photoshop允许输出MP4、MOV和DPX视频格式，用户还可以将时间轴动画与普通图层一起导出生成视频文件。

图17-129 “渲染视频”对话框

17.8 添加音频

在Photoshop中除了可以导入视频外，还可以轻松地将音频素材添加到“时间轴”面板中与视频完美结合，然后通过渲染生成效果丰富的视频效果。

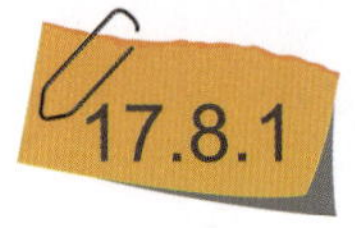

17.8.1 添加音频文件

单击“时间轴”面板“音轨”层上的“添加音频”按钮，在打开的下拉列表框中选择“添加音频”选项，在弹出的对话框中选择要添加的音频文件，单击“确定”按钮，即可将音频文件插入到“时间轴”面板中，如图17-130所示。

单击“时间轴”面板“音轨”层尾部的图标，同样也会弹出“添加音频”对话框，允许用户添加音频文件。Photoshop允许添加AAC、M2A、M4A、MP2、MP3、WMA和WM 共7种格式的音频文件。

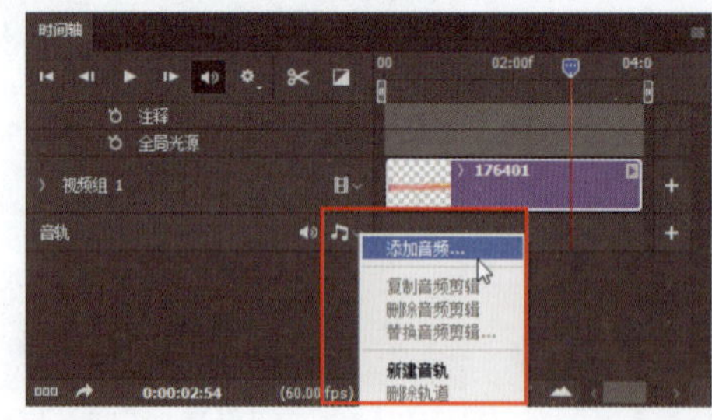

图17-130 添加音频

17.8.2 编辑音频

单击“时间轴”面板“音轨”层上的“添加音频”按钮，在打开的下拉列表框中可以选择“复制音频剪辑”“删除音频剪辑”和“替换音频剪辑”命令，对音频执行复制、删除和替换操作。

当一段视频中需要多段音频时，可以通过执行“新建音轨”命令创建多个音轨，并添加不同的音频，以丰富视频效果，如图17-131所示。执行“删除轨道”命令，可以将不需要的音轨图层删除。

图17-131 添加多个音轨

单击“音轨”层尾部图标，或在音轨上单击鼠标右键，打开“音频”面板，如图17-132所示。在其中可以完成调整音频的音量、为音频设置淡入淡出效果、设置音频静音等操作。

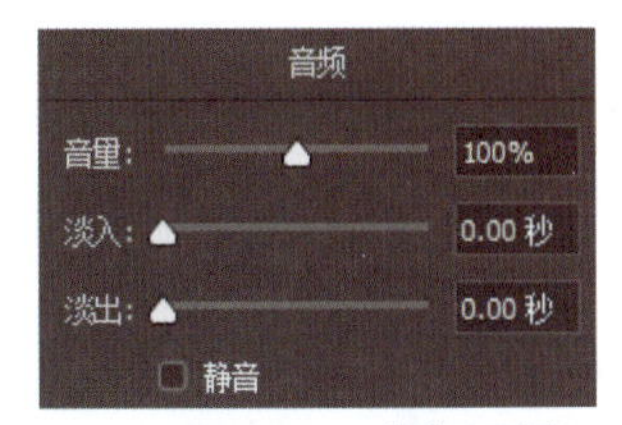

图17-132 音频面板

17.9 专家支招

Photoshop CC 2020中的视频和动画功能有了进一步的完善，功能更加强大。音轨的加入使对视频的编辑操作变得更加得心应手。用户要想熟练使用这些功能，需要了解以下几个知识点。

17.9.1 什么是视频安全区

选择“文件”→“新建”命令，在“新建文档”对话框中选择“胶片和视频”选项卡，可以创建带有非打印参考线的文档，参考线可画出图像的动作安全区域和标题安全区域的轮廓，如图17-133所示。

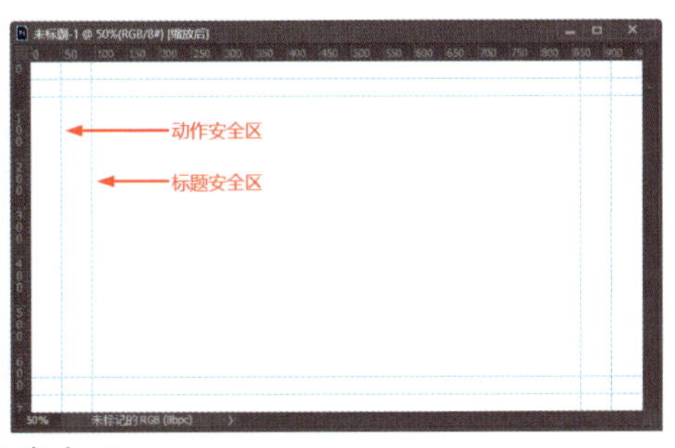

图17-133 安全区

当对动画和录像进行编辑时，安全区域十分重要。大多数视频播放设备在播放视频时会切掉图片的外部边缘部分，并允许扩大图片的中心。虽然一些设备没有这个问题，但要确保所有内容都适合于大多数设备显示的区域，就需要将文本保留在标题安全边距内，并将所有其他重要元素保留在动作安全边距内。

17.9.2 什么是视频和图像序列中的Alpha通道

视频和图像序列中的Alpha通道可以实现图像和视频的透底效果，也就是常说的透明背景效果。使用Alpha通道时要注意，带有Alpha通道的视频和图像序列可以是直接的或预先正片叠底的。

如果要使用包含Alpha通道的视频或图像序列，则一定要指定Photoshop如何解释Alpha通道以获得所需结果。当预先正片叠底的视频或图像位于带有某些背景色的文档中时，可能会产生不需要的重影或光晕。可以指定杂边颜色，以便半透明像素与背景混合（正片叠底），而不会产生光晕。

17.10 总结扩展

创建及编辑切片、优化Web图像、创建GIF动画、创建与编辑视频图层等功能，都是Photoshop中的强大功能，通过这些功能可以轻松地将网页原稿进行裁切及优化，并对视频进行简单的编辑。

17.10.1 本章小结

本章主要讲解了如何利用“切片工具”创建切片，如何利用“存储为Web所用格式”命令设置输出Web图像，以及如何在Photoshop中制作GIF动画、简单编辑视频等。通过本章的学习，读者需要了解并掌握这些功能的操作方法与技巧，并应用到实际工作中。

17.10.2 举一反三——制作美容类网站页面

案例文件：	源文件\第17章\17-10-2.psd
视频文件：	视频\第17章\制作美容类网站页面.mp4
难易程度：	★★★☆☆
学习时间：	50分钟

（1）

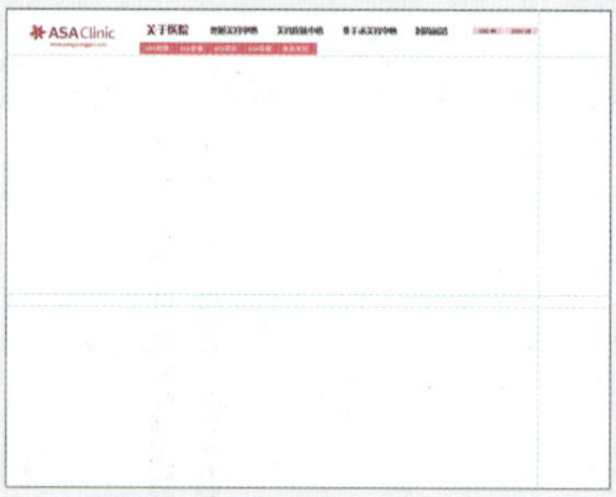

（2）

（3）

（4）

1. 首先显示标尺，拖出相应的参考线。
2. 制作出网页的导航部分。
3. 制作出页面的主体部分。
4. 制作出页面的版底部分。

第18章 使用神奇的滤镜

在图像处理过程中，通过使用Photoshop中的滤镜，不需要太多复杂的操作就能在很短的时间内创造出变幻万千的图像效果。通过不同种类滤镜的相互组合，能够制作出许多特殊的图像效果。

本章学习重点

第 414 页
使用 Camera Raw 滤镜调色

第 415 页
使用“液化”滤镜制作可爱娃娃

第 417 页
使用“消失点”滤镜制作桥面

第 420 页
使用“场景模糊”滤镜制作景深摄影效果

18.1 认识滤镜

滤镜是一种用于调节聚集效果和光照效果的特殊镜头。在Photoshop中，滤镜是指通过分析图像中的每一个像素，用数学算法将其转换生成特定的形状、颜色、亮度等效果。通过滤镜强大的图像编辑功能，可以制作出让人耳目一新的作品。

18.1.1 滤镜的种类

滤镜是Photoshop中的重要组成部分，恰当地使用滤镜能够为作品增添色彩。通过使用滤镜无须耗费大量时间和精力，就可以快速制作出各种有趣的视觉效果，使设计作品产生意想不到的效果。

当需要对图层或选区进行特定变化，实现如马赛克、云彩、扭曲、球形化、浮雕化或波动等效果时，都可以使用特定的滤镜。在Photoshop中，滤镜包括特殊滤镜、内置滤镜和外挂滤镜。

- 特殊滤镜：特殊滤镜包括滤镜库、液化滤镜和消失点滤镜，其功能强大且使用频繁，在“滤镜”菜单中的位置也有别于其他滤镜。
- 内置滤镜：内置滤镜包括多种多样的滤镜，分为9种滤镜组，广泛应用于纹理制作、图像效果修整、文字效果制作和图像处理等各个方面。
- 外挂滤镜：外挂滤镜并非是Photoshop自带的滤镜，而是需要用户单独安装的。其种类繁多，效果奇妙，如KPT、Eye和Candy等都是著名的外挂滤镜。

Tips 为什么有些滤镜在“滤镜”菜单中找不到?

如果要显示所有的滤镜命令，可以选择“编辑”→“首选项”→“增效工具”命令，在弹出的对话框中选择“显示滤镜库所有组的名称”复选框即可。

18.1.2 滤镜的应用范围

Photoshop中的滤镜可以应用到选区、图层蒙版、快速蒙版和通道等对象上。通过使用滤镜可以获得更加丰富的选区或图像效果。

- 应用到选区：使用滤镜处理图层中的图像时，该图层必须是可见的，如果创建了选区，滤镜只应用于选区。
- 选区内的图像：如图没有创建选区，则应用于当前图层。
- 应用到图层蒙版：滤镜可以应用于图层蒙版中。为图层蒙版添加“云彩”滤镜的效果如图18-1所示。

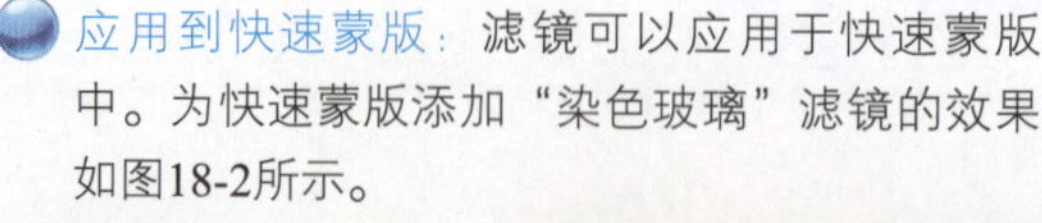

- **应用到快速蒙版：** 滤镜可以应用于快速蒙版中。为快速蒙版添加“染色玻璃”滤镜的效果如图18-2所示。

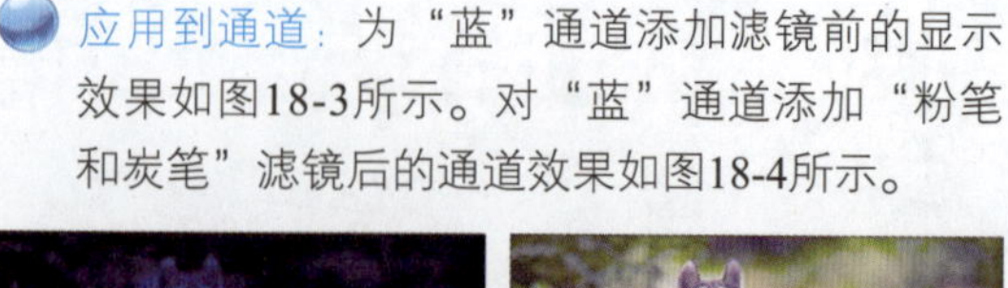

- **应用到通道：** 为“蓝”通道添加滤镜前的显示效果如图18-3所示。对“蓝”通道添加“粉笔和炭笔”滤镜后的通道效果如图18-4所示。

图18-1 “云彩”滤镜效果

图18-2 “染色玻璃”滤镜效果

图18-3 “蓝”通道

图18-4 “粉笔和炭笔”滤镜效果

Tips

RGB 模式的图像可以使用全部的滤镜效果，部分滤镜不能用于 CMYK 模式的图像，索引模式和位图图像不能使用滤镜。

18.1.3 重复使用滤镜

在未执行滤镜命令前，“滤镜”菜单第一个命令显示“上次滤镜操作”。当执行一次滤镜命令后，在“滤镜”菜单的第一行会出现刚才使用过的滤镜。选择该命令或按【Ctrl+F】组合键可快速重复执行相同设置的滤镜命令。

按【Ctrl+Shift+F】组合键，可以打开上一次执行的滤镜命令对话框，在其中对相关属性进行调整，单击“确定”按钮，即可完成调整。

18.2 滤镜库

选择“滤镜”→“滤镜库”命令，弹出“滤镜库”对话框，对话框左侧为预览区，中间为6组可供选择的滤镜，右侧为滤镜参数设置区。滤镜组包括“风格化”“画笔描边”“扭曲”“素描”“纹理”和“艺术效果”6组命令，如图18-5所示。

图18-5 “滤镜库”对话框

- **预览区：** 用来预览滤镜的效果。
- **滤镜组：** “滤镜库”中包含6组滤镜，单击滤镜组名称左侧的三角形按钮，即可展开该滤镜组。
- **参数设置：** 用来设置滤镜组中滤镜的相关参数。
- **新建效果图层：** 单击该按钮，可创建一个滤镜效果图层，一个滤镜图层可以使用一种滤镜。
- **删除效果图层：** 单击该按钮，可将指定的滤镜图层删除。
- **预览缩放：** 可放大或缩小预览图像的显示比例。
- **滤镜图层：** 在“滤镜库”对话框中选择任意一个滤镜后，该滤镜就会出现在对话框右下角的图层列表中。单击“新建效果图层”按钮，可以创建一个效果图层。创建效果图层后，可以选择另一个图层进行叠加。

应用案例

制作水彩画效果

源文件：源文件\第18章\18-2.psd　　视频：视频\第18章\制作水彩画效果.mp4

STEP 01 打开素材图像“素材\第18章\18-2-1.jpg”，如图18-6所示。选择“图像”→“调整”→“阴影/高光”命令，在弹出的“阴影/高光”对话框中设置各项参数，如图18-7所示。

STEP 02 连续按3次【Ctrl+J】组合键，复制“背景”图层，如图18-8所示。选择“图层1”图层，将另外两个复制图层隐藏。选择“滤镜”→“滤镜库”命令，在弹出的对话框中选择“素描”选项下的“水彩画纸”滤镜，设置各项参数，如图18-9所示。

图18-6 打开素材图像

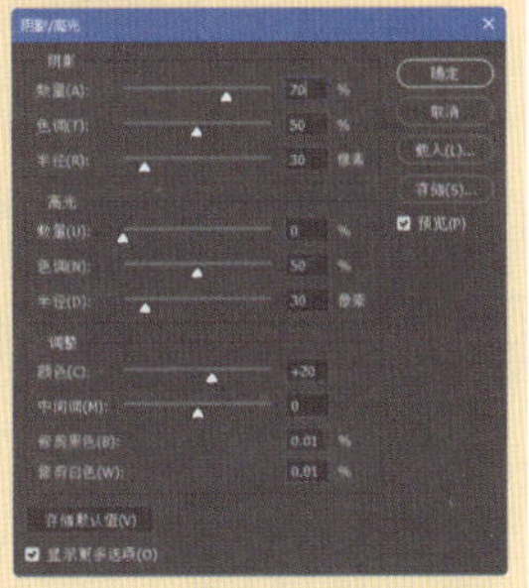
图18-7 “阴影/高光”对话框

图18-8 复制图层

图18-9 设置“水彩画纸”滤镜

STEP 03 单击“确定”按钮，设置该图层的“不透明度”为“80%”，如图18-10所示。图像效果如图18-11所示。

STEP 04 选择并显示“图层1 拷贝”图层，设置混合模式为“柔光”，如图18-12所示。选择“滤镜”→“滤镜库”命令，在弹出的对话框中选择“艺术效果”选项下的“调色刀”滤镜，设置参数如图18-13所示，单击“确定”按钮。

图18-10 设置“不透明度”

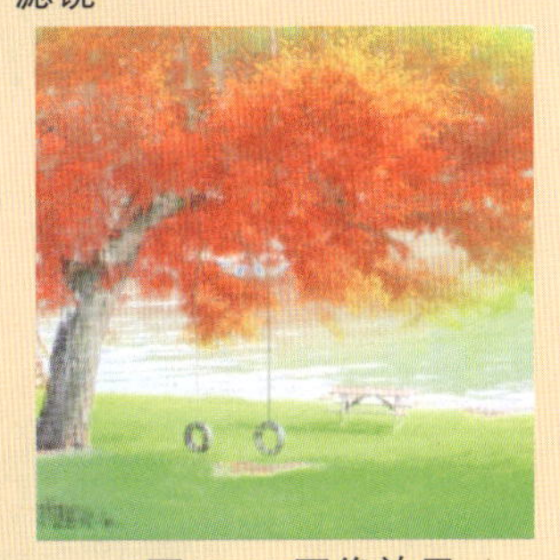
图18-11 图像效果

图18-12 设置图层混合模式

图18-13 设置滤镜参数

STEP 05 选择并显示“图层1 拷贝2”图层，选择“滤镜”→“风格化”→“查找边缘”命令，效果如图18-14所示。设置该图层的“混合模式”为“正片叠底”，“不透明度”为“20%”，效果如图18-15所示。

图18-14 “查找边缘”效果

图18-15 图像效果

STEP 06 新建“图层2”图层，单击“渐变工具”按钮，在“渐变编辑器”中设置为白黑白渐变，如图18-16所示。按住【Shift】键，从“图层2”画面的顶部到底部创建线性渐变，并设置该图层的“混合模式”为“滤色”，最终效果如图18-17所示。

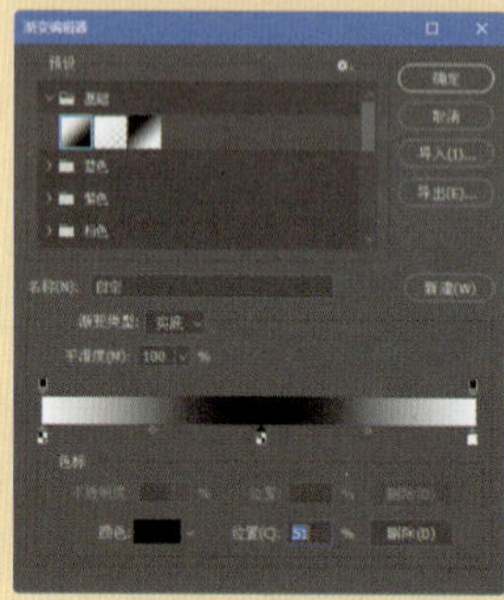

图18-16 设置渐变

图18-17 完成效果

18.3 镜头校正

“镜头校正”滤镜用于修复常见的镜头缺陷，如桶形失真、枕形失真、色差及晕影等，也可以用来旋转图像，或修改由于相机垂直或水平倾斜而导致的图像透视现象。选择“滤镜”→“镜头校正”命令，弹出“镜头校正”对话框，如图18-18所示。在右侧选择“自定”选项卡，如图18-19所示。

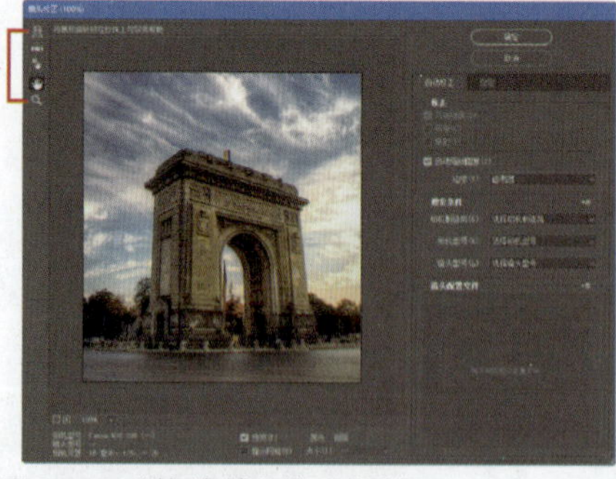

图18-18 “镜头校正”对话框

图18-19 “自定”选项卡

- 镜头校正工具：可以使用下列工具手动调整图像。
- 移去扭曲工具：用于校正图像拍摄产生的桶形失真和枕形失真。
- 拉直工具：用于校正倾斜的图像，其作用等同于“裁剪工具”选项栏中的“拉直”。
- 移动网格工具：用来移动网格，以便使它与图像对齐。

- 抓手工具和缩放工具：用于移动画面和缩放窗口的显示比例。
- 预览：在对话框中预览校正效果。
- 显示网格：选择该复选框，可以在窗口中显示网格。
- 移去扭曲：该选项与“移去扭曲工具”的作用相同，可以手动校正图像拍摄产生的桶形失真和枕形失真。
- 色差：通过对具体数值的设置来校正由于镜头对不同平面颜色的光进行对焦而产生的色边。
- 晕影：用于校正由于相机镜头缺陷或镜头遮光处理不正确而导致边缘较暗的图像。
- 变换：通过对具体数值的设置来校正倾斜的图像，使图像达到最佳的效果。
- 垂直透视：用来校正由于相机垂直倾斜而导致的图像透视效果。
- 水平透视：用来校正由于相机水平倾斜而导致的图像透视效果。
- 角度：可以旋转图像以校正由于相机歪斜而产生的图像倾斜，与“拉直工具”的作用相同。
- 比例：可以向内侧或外侧调整图像缩放比例，图像的像素尺寸不会改变。该选项的主要用途是移去由于枕形失真、旋转或透视校正而产生的图像空白区域。

如果需要对大量图像执行“镜头校正”操作，可以通过选择“文件”→“自动”→“镜头校正”命令来完成，如图18-20所示。

在弹出的“镜头校正”对话框中，选择需要进行批量镜头校正的图片，选择合适的镜头校正配置文件，选择需要的“校正选项”，单击“确定”按钮，Photoshop会快速而准确地完成所有图像的镜头校正工作。

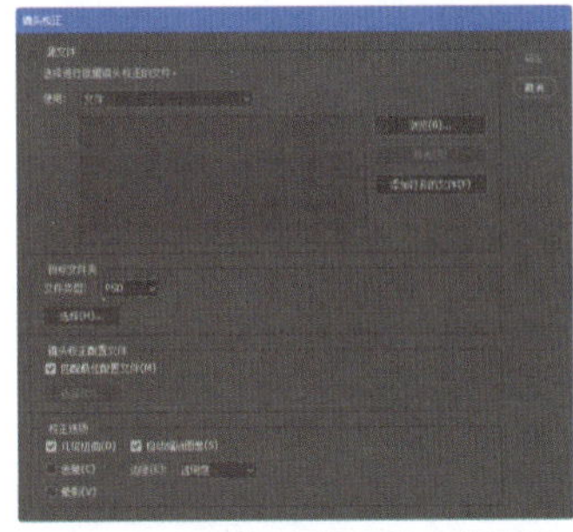
图18-20 “镜头校正”对话框

应用案例 校正鱼眼镜头图像

源文件：源文件\第18章\18-3.psd　　视频：视频\第18章\校正鱼眼镜头图像.mp4

STEP 01 打开素材图像“素材\第18章\18-3-1.jpg”，如图18-21所示。选择“滤镜”→“镜头校正”命令，弹出“镜头校正”对话框，观察图片底部的镜头信息，如图18-22所示。

图18-21 打开素材图像

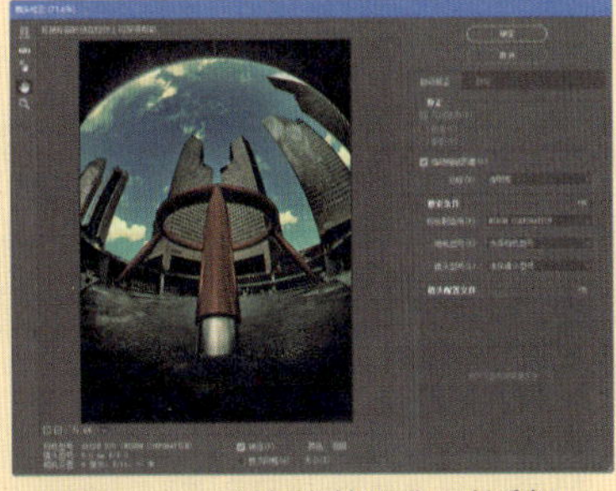
图18-22 “镜头校正”对话框

STEP 02 设置“自动校正”选项卡中的“相机制造商”为“NIKON CORPORATION”，“相机型号”为“NIKON CORPORATION”，“镜头型号”为“8.0mm f/3.5”，如图18-23所示。设置完成后，单击“确定”按钮，图像效果如图18-24所示。

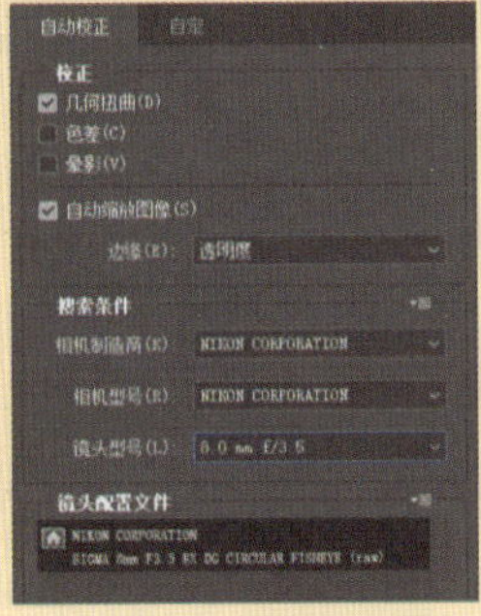

图18-23 设置选项

图18-24 图像效果

18.4 Camera Raw滤镜

Camera Raw是与Photoshop捆绑安装的一款专业调色软件。在之前版本的Photoshop中，用户需要打开Adobe Bridge，然后再从Adobe Bridge中启动Camera Raw。在Photoshop CC 2020中，用户可以直接将Camera Raw作为滤镜来使用。

应用案例 使用Camera Raw滤镜调色

源文件：源文件\第18章\18-4.psd　　视频：视频\第18章\使用Camera Raw滤镜调色.mp4

STEP 01 打开素材图像"素材\第18章\180401.jpg"，如图18-25所示。按【Ctrl+J】组合键复制背景图层，选择"图层"→"智能对象"→"转换为智能对象"命令，将该图层转换为智能对象，如图18-26所示。

图18-25 打开素材图像

图18-26 "图层"面板

STEP 02 选择"滤镜"→"Camera Raw滤镜"命令，弹出Camera Raw对话框，适当设置"曝光""色温"和"色调"选项，如图18-27所示。继续设置其他选项，图像效果如图18-28所示。单击"确定"按钮，完成图像调整。

图18-27 设置参数值

图18-28 调整参数值

18.5 液化

"液化"滤镜是一个修饰图像和创建艺术效果的强大工具，该滤镜能够非常灵活地创建推拉、扭曲、旋转和收缩等变形效果，可以用来修改图像的任意区域。

选择"滤镜"→"液化"命令，弹出"液化"对话框，通过使用液化工具并设置液化参数，可实现图像的调整操作，如图18-29所示。

图18-29 "液化"对话框

“液化”对话框中包含各种变形工具，选择这些工具后，在对话框中的图像上拖动鼠标即可进行变形操作。变形效果集中在画笔区域中心，并且会随着鼠标在某个区域中的重复拖动而得到增强。

- 向前变形工具：在拖动时向前推动像素。
- 重建工具：用来恢复图像。在变形的区域单击或拖曳涂抹，可以使变形区域的图像恢复为原来的效果。
- 平滑工具：使用该工具在变形的位置拖曳，可以优化图像变形效果。
- 顺时针旋转扭曲工具：在图像中单击或拖动鼠标可以顺时针旋转像素，按住【Alt】键的同时进行操作可逆时针旋转扭曲像素。
- 褶皱工具：可以使像素向画笔区域的中心移动，使图像产生向内收缩效果。
- 膨胀工具：可以使像素向画笔区域中心以外的方向移动，使图像产生向外膨胀效果。
- 左推工具：垂直向上拖动鼠标时，像素向左移动；垂直向下拖动鼠标时，像素向右移动。水平向右拖动鼠标时，像素向上移动；水平向左拖动鼠标时，像素向下移动。
- 冻结蒙版工具：如果要对一些区域进行处理，而又不希望影响其他区域，可以使用该工具在图像上绘制出冻结区域，即要保护的区域。
- 解冻蒙版工具：涂抹冻结区域可以解除冻结。
- 脸部工具：单击该按钮，将光标悬停在图像人物脸部时，人物脸部周围显示直观的屏幕控件，调整控件可对脸部进行调整。
- 抓手工具：用于移动画面。
- 缩放工具：用于缩放窗口。

“液化”对话框中的“属性”面板用来设置当前液化的各种属性，通过设置这些选项可以更好地处理图像的点击区域。

- 画笔工具选项：主要用来设置“向前变形工具”“重建工具”和“平滑工具”的大小、密度、压力和速率。
- 人脸识别液化：用来设置人脸的液化效果。可以分别实现对眼睛、鼻子、嘴唇和脸部形状等选项的调整。
- 载入网格选项：利用网格可以更好地进行液化处理。用户可以通过“存储网格”功能将调整后的网格保存为.msh格式文件，通过“载入网格”功能将.msh格式文件载入，供其他图像参考使用。
- 蒙版选项：如果图像中包含选区或蒙版，可通过“蒙版选项”设置蒙版的保留方式。实现对不同区域的冻结效果。
- 视图选项：用来设置液化视图显示效果，可以分别针对参考线、网格、面部叠加、图像、蒙版和背景进行设置。
- 画笔重建选项：单击“重建”按钮，可以通过数值实现液化的渐隐效果。单击“恢复全部”按钮，可以将图像恢复到最初状态。

应用案例 使用“液化”滤镜制作可爱娃娃

源文件：源文件\第18章\18-5.psd　视频：视频\第18章\使用“液化”滤镜制作可爱娃娃.mp4

STEP 01 打开素材图像“素材\第18章\18-4-1.jpg”，如图18-30所示。选择“滤镜”→“液化”命令，弹出“液化”对话框，如图18-31所示。

图18-30 打开素材图像

图18-31 “液化”对话框

STEP 02 单击左侧工具箱中的“向前变形工具”按钮，并设置参数，如图18-32所示，对人物的脸部进行变形操作，完成效果如图18-33所示。

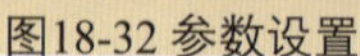
图18-32 参数设置

图18-33 完成的液化效果

18.6 消失点

“消失点”滤镜可以在包含透视平面的图像中进行透视校正，如建筑物侧面或任何矩形对象等。通过使用“消失点”滤镜，可以在图像中指定透视平面，然后应用如绘画、仿制、复制或粘贴及变换等编辑操作，所有的操作都采用该透视平面来处理。

使用“消失点”滤镜修饰图像时，Photoshop可以正确确定这些编辑操作的方向，并将复制的图像缩放到透视平面，使效果更逼真。

选择“滤镜”→“消失点”命令，弹出“消失点”对话框，如图18-34所示，对话框中包含用于定义透视平面的工具、用于编辑图像的工具，以及图像预览区域。

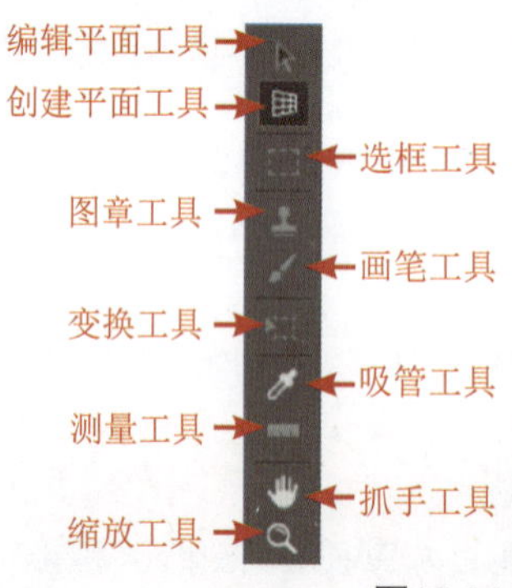

图18-34 “消失点”对话框

- 编辑平面工具：用来选择、编辑或移动平面的节点，以及调整平面的大小。
- 创建平面工具：创建透视平面时，定界框和网格会改变颜色，以指明平面的当前情况。
- 选框工具：在平面上单击并拖动鼠标可以选择平面上的图像。选择图像后，将光标放在选区内按住【Alt】键并拖动鼠标可以复制图像；按住【Ctrl】键拖动选区可以用源图像填充该区域。
- 图章工具：使用该工具时，按住【Alt】键并在图像中单击可以为仿制设置取样点，在其他区域拖动鼠标可以复制图像；按住【Shift】键并单击可以将描边扩展到上一次单击处。
- 画笔工具：可在图像上绘制选定的颜色。
- 变换工具：通过移动定界框的控制点来缩放、旋转和移动浮动选区。
- 吸管工具：可拾取图像中的颜色作为绘画颜色。
- 测量工具：可在平面中测量项目的距离和角度。
- 抓手工具和缩放工具：用于移动画面和缩放窗口的显示比例。

应用案例

使用“消失点”滤镜制作桥面

源文件：源文件\第18章\18-6.psd　视频：视频\第18章\使用“消失点”滤镜制作桥面.mp4

STEP 01 打开素材图像“素材\第18章\18-5-1.jpg”，如图18-35所示。选择“滤镜”→“消失点”命令，弹出“消失点”对话框，如图18-36所示。

图18-35 打开素材图像

图18-36 “消失点”对话框

STEP 02 单击“创建平面工具”按钮，在图像中沿透视角度绘制如图18-37所示的平面。

STEP 03 单击工具栏中的“图章工具”按钮，按【Alt】键在图像左侧单击进行取样，如图18-38所示。

图18-37 绘制平面

图18-38 图章仿制

STEP 04 在刚刚创建的平面区域的右侧单击仿制，并进行多次仿制，效果如图18-39所示。单击“确定”按钮，最终效果如图18-40所示。

图18-39 进行多次仿制

图18-40 完成效果

18.7 自适应广角

“自适应广角”滤镜主要用来修复枕形失真图像。选择“滤镜”→“自适应广角”命令，弹出“自适应广角”对话框，如图18-41所示。对话框中包含用于定义透视的选项卡、用于编辑图像的工具，以及一个可预览图像的工作区和一个细节查看的预览区。

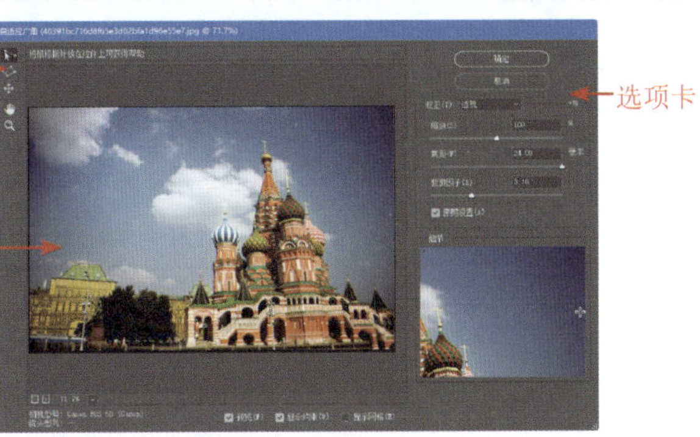

图18-41 “自适应广角”对话框

- 自适应广角工具：包括各种对图像进行放大和移动的工具。
- 约束工具：单击图像或拖动端点可添加或编辑约束，按住【Alt】键可删除约束。
- 多边形约束工具：单击图像或拖动端点可添加或编辑多边形约束。
- 校正：可以对图像进行鱼眼、透视校正的操作。
- 鱼眼：可在对话框中设置各项参数实现效果。
- 透视：可以把图像调整到合适方位。
- 自动：可以自动调整图像，但是必须配置“镜头型号”和“相机型号”才能使用。
- 完整球面：可以使图像球面化，也可以消除球面化，仅当图像长宽比为1:2时才可用。
- 缩放：可以设置画面的比例，使画面可以放大或缩小到指定的比例。
- 焦距：可以设置画面的焦距，使图像的焦距调整到合适的位置。
- 裁剪因子：指定画面的裁剪因子。
- 细节：可以更清楚地预览图像局部。
- 显示网格：选择该复选框，可在预览区中显示网格，通过网格可以更好地查看和跟踪图像效果。
- 显示约束：可以显示和隐藏制作的约束。
- 预览：可以显示和隐藏制作的图像效果。

应用案例 使用“自适应广角”滤镜校正图像

源文件：源文件\第18章\18-7.psd 视频：视频\第18章\使用“自适应广角”滤镜校正图像.mp4

STEP 01 打开素材图像“素材\第18章\18-6-1.jpg”，如图18-42所示。选择“滤镜”→“自适应广角”命令，弹出“自适应广角”对话框，如图18-43所示。

图18-42 打开素材图像

图18-43 “自适应广角”对话框

STEP 02 单击左侧工具箱中的“约束工具”按钮，在图像上创建如图18-44所示的约束。使用同样的方法为图像添加多条约束线条，如图18-45所示。

图18-44 创建约束

图18-45 完成效果

STEP 03 单击“确定”按钮，可以看到校正后的照片效果如图18-46所示。使用“裁剪工具”裁剪图像，效果如图18-47所示。

图18-46 校正效果

图18-47 裁剪图像

18.8 风格化

“风格化”滤镜组中包含9种滤镜，通过使用它们可以置换像素、查找并增加图像的对比度，产生绘图和印象派风格的效果，滤镜使用效果如图18-48所示。

图18-48 “风格化”滤镜效果

- 查找边缘：自动搜索图像像素对比变化剧烈的边界，将高反差区变亮，低反差区变暗，其他区域则介于两者之间，硬边变为线头，而柔边变粗，形成一个清晰的轮廓。
- 等高线：查找图像中主要亮度区域的转换，在每个颜色通道中勾勒主要亮度区域的转换，使图像获得与等高线图中的线条类似的效果。
- 风：通过在图像中增加一些细小的水平线来模拟风吹的效果。
- 油画：可以快速地将一幅普通图像制作成油画效果。
- 浮雕效果：通过勾画图像或选区轮廓并降低周围色值来生成浮雕效果。
- 扩散：将图像中相邻像素按规定的方式有机移动，使图像扩散，形成一种透过磨砂玻璃观察图像的模糊效果。
- 拼贴：根据指定数值将图像分为块状，产生不规则的瓷砖拼凑效果。
- 曝光过度：可以产生图像正片和负片混合的效果，模拟过度曝光效果。
- 凸出：可以将图像分成一系列大小相同且有机重叠放置的立方体或锥体，产生特殊的三维效果。

18.9 模糊画廊

使用“模糊画廊”滤镜，可以通过直观的图像控件快速创建截然不同的照片模糊效果。“模糊画廊”滤镜组中包含“场景模糊”“光圈模糊”“移轴偏移”“路径模糊”和“旋转模糊”5种滤镜。

18.9.1 场景模糊

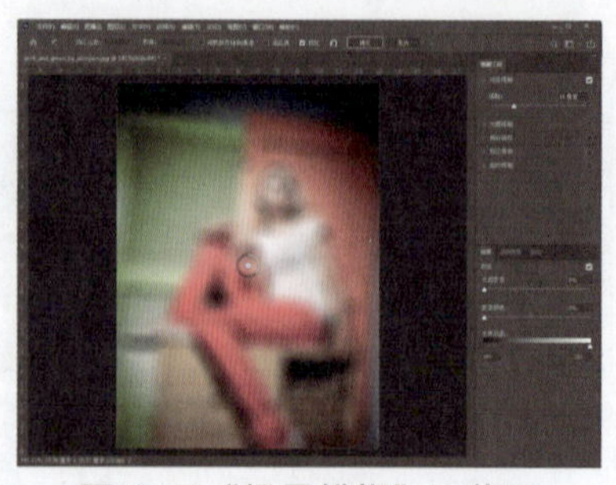
图18-49 “场景模糊”工作区

“场景模糊”滤镜可以在图像中应用一致模糊或渐变模糊，从而使画面产生一定的景深效果。选择“滤镜”→“模糊画廊”→“场景模糊”命令，打开“场景模糊”工作区，如图18-49所示。

与其他命令不同，执行“场景模糊”“光圈模糊”“移轴模糊”“路径模糊”和“旋转模糊”命令后不会弹出对话框，而是在界面右侧弹出“模糊工具”“效果”“动感效果”和“杂色”4个面板，并在界面上方给出一个选项栏。

执行“场景模糊”命令后，将在图像上放置场景模糊图钉。单击图像可以添加其他模糊图钉。单击图钉可以选中图钉，可以将图钉拖动到新位置；拖动模糊句柄可以增加或减少模糊。

应用案例 使用“场景模糊”滤镜制作景深摄影效果

源文件：源文件\第18章\18-9-1.psd 视频：视频\第18章\使用“场景模糊”滤镜制作景深摄影效果.mp4

STEP 01 打开素材图像“素材\第18章\18-9-1.jpg”，将“背景”图层拖动到“创建新图层”按钮上，创建“背景 拷贝”图层，如图18-50所示。

STEP 02 单击“快速选取工具”按钮，创建选区，如图18-51所示。

图18-50 打开图像并新建图层

图18-51 创建选区

STEP 03 按【Shift+Ctrl+I】组合键将选区反选，选择“选择”→“修改”→“羽化”命令，在弹出的“羽化选区”对话框中设置参数，如图18-52所示。

STEP 04 单击“确定”按钮，选择“滤镜”→“模糊画廊”→“场景模糊”命令，在打开的“模糊工具”面板中设置各项参数，如图18-53所示。按【Ctrl+D】组合键取消选区。

STEP 05 选择“背景 拷贝”图层，单击“添加图层蒙版”按钮，如图18-54所示。设置“前景色”为黑色，使用“画笔工具”在图层蒙版中涂抹，效果如图18-55所示。

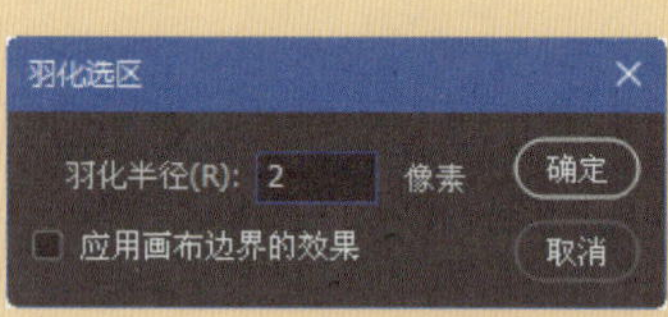

图18-52 “羽化选区”对话框

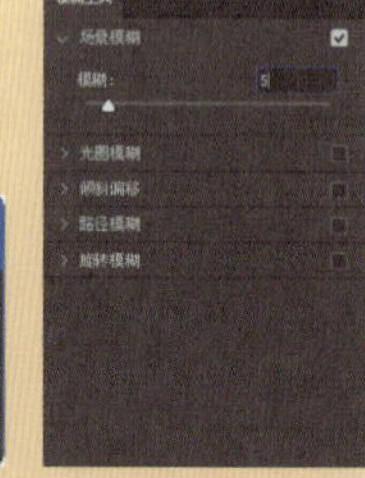
图18-53 设置效果

图18-54 添加图层蒙版

图18-55 图像效果

光圈模糊

图18-56 “光圈模糊”工作区

“光圈模糊”与“场景模糊”的不同之处在于，“场景模糊”定义了图像中多个点之间的平滑模糊，而“光圈模糊”定义了一个椭圆形区域内的模糊效果从一个聚焦点向四周递增的规则。打开一幅素材图像，选择“滤镜”→“模糊画廊”→“光圈模糊”命令，工作区效果如图18-56所示。

执行“光圈模糊”命令后，将在图像上放置默认的光圈模糊图钉。单击图像可以添加其他模糊图钉。拖动句柄移动它们以重新定义各个区域。拖动模糊句柄可以增加或减少模糊。也可以使用“模糊工具”面板指定模糊值。

移轴模糊

图18-57 “移轴模糊”工作区

“移轴模糊”命令可以在图像中创建焦点带，以获得带状的模糊效果。选择“滤镜”→“模糊画廊”→“移轴模糊”命令，工作区效果如图18-57所示。

执行“移轴模糊”命令后，将在图像上放置默认的倾斜偏移模糊图钉。单击图像可以添加其他模糊图钉。拖动模糊句柄可以增加或减少模糊。也可以使用“模糊工具”面板指定模糊值。拖动线条可以移动模糊，拖动句柄可以旋转模糊。

路径模糊

图18-58 “路径模糊”工作区

使用“路径模糊”效果，可以沿路径创建运动模糊，还可以控制形状和模糊量。Photoshop可自动合成应用于图像的多路径模糊效果。选择“滤镜”→“模糊画廊”→“路径模糊”命令，工作区效果如图18-58所示。

执行“路径模糊”命令后，可在“模糊工具”面板中指定要应用的基本模糊。可在“动感效果”面板中指定闪光灯强度和闪光灯闪光。

- 速度：调整速度滑块，以指定要应用于图像的路径模糊量。“速度”设置将应用于图像中的所有路径模糊。
- 锥度：调整滑块以指定锥度值。较高的值会使模糊逐渐减弱。
- 终点速度：控制所选终点的模糊量。
- 闪光灯闪光：设置虚拟闪光灯闪光曝光次数。
- 闪光灯强度：确定闪光灯闪光曝光之间的模糊量。

旋转模糊

图18-59 “旋转模糊”工作区

使用“旋转模糊”效果，可以在一个或更多点旋转和模糊图像。旋转模糊是等级测量的径向模糊。允许用户在设置中心点、模糊大小和形状及其他设置时，查看更改的实时预览。选择“滤镜”→“模糊画廊”→“旋转模糊”命令，工作区效果如图18-59所示。

- 模糊角度：控制实现模糊量变化。
- 闪光灯强度：确定闪光灯闪光曝光之间的模糊量。
- 闪光灯闪光：设置虚拟闪光灯闪光曝光次数。
- 闪光灯闪光持续时间：可以指定闪光灯闪光曝光的度数和时长。可根据圆周的角距对每次闪光曝光模糊的长度进行控制。

18.10 模糊

“模糊”滤镜组中包含11种滤镜，它们可以削弱图像中相邻像素的对比度并柔化图像，使图像产生模糊的效果。

18.10.1 表面模糊

“表面模糊”滤镜能够在保留硬边缘的同时模糊图像，可以用来创建特殊效果并消除杂色。图18-60所示为“表面模糊”对话框。

- 半径：用来指定模糊取样区域的大小。数值越大，模糊的范围就越大。
- 阈值：用来控制相邻像素色调值与中心像素值相差多大时才能成为模糊的一部分，色调值差小于该值的像素将被排除在模糊之外。

图18-60 “表面模糊”对话框

18.10.2 动感模糊

“动感模糊”滤镜可以沿指定方向、指定强度模糊图像，形成残影效果。图18-61所示为“动感模糊”对话框。

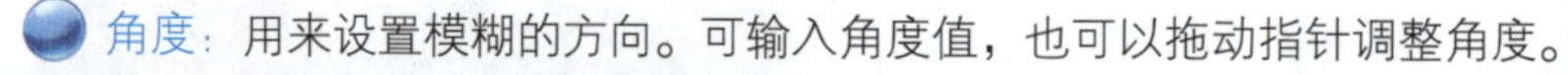

- 角度：用来设置模糊的方向。可输入角度值，也可以拖动指针调整角度。

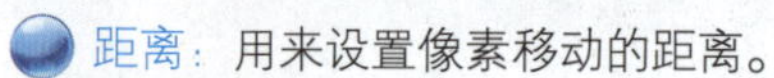

- 距离：用来设置像素移动的距离。

图18-61 “动感模糊”对话框

18.10.3 方框模糊和高斯模糊

“方框模糊”滤镜基于相邻像素的平均颜色来模糊图像。图18-62所示为“方框模糊”对话框，通过设置“半径”数值可获得不同的方框模糊效果。

“高斯模糊”滤镜可以添加低频细节，使图像产生一种朦胧效果。图18-63所示为“高斯模糊”对话框，通过设置“半径”数值可以获得不同强度的模糊效果。

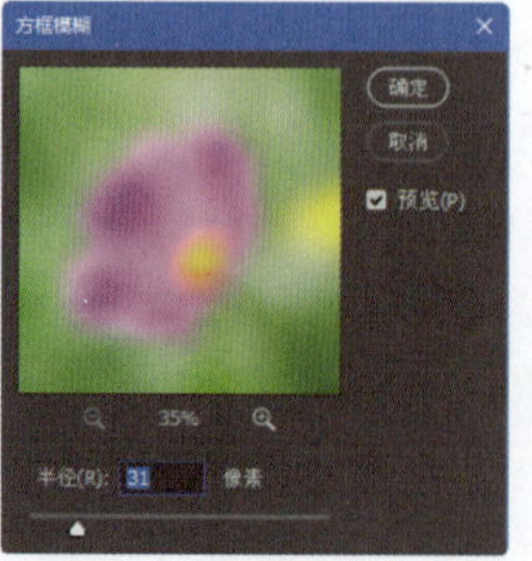

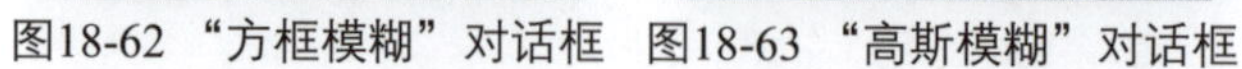
图18-62 “方框模糊”对话框 图18-63 “高斯模糊”对话框

18.10.4 模糊/进一步模糊

“模糊”和“进一步模糊”滤镜可以对图像边缘过于清晰、对比度过于强烈的区域进行模糊处理。“进一步模糊”滤镜所产生的模糊效果是“模糊”滤镜的3~4倍。

18.10.5 径向模糊

“径向模糊”滤镜可以模拟缩放或旋转相机所产生的模糊效果。图18-64所示为“径向模糊”对话框。

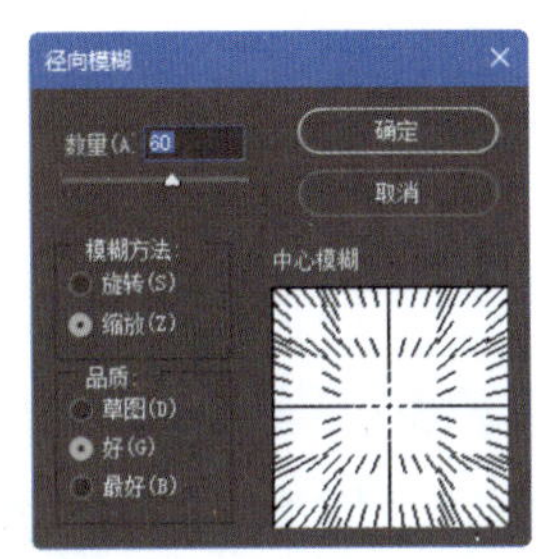

图18-64 “径向模糊”对话框

- 数量：用来设置模糊的强度。
- 模糊方法：选中“旋转”单选按钮时，图像会沿同心圆环线产生选择的模糊效果；选中“缩放”单选按钮时，图像会产生放射状的模糊效果。
- 品质：用于设置应用模糊后图像的显示品质。
- 中心模糊：在预览窗口中拖动鼠标可指定模糊的中心点。

18.10.6 镜头模糊

“镜头模糊”滤镜可用于产生更窄的景深效果，以便使图像中的一些对象在焦点内，而使另一些区域对象变模糊。变模糊的图像部分和留在焦点上的部分取决于图层蒙版、保存的选择或应用的透明区域设置。图18-65所示为“镜头模糊”对话框。

图18-65 “镜头模糊”对话框

- 深度映射：“源”选项用于选择使用透明图层还是图层蒙版来创建深度映射。“模糊焦距”选项用来设置位于焦点内的像素的深度。
- 光圈：用来设置模糊的显示方式。
- 镜面高光：用来设置镜面高光的范围。
- 杂色：用于在图像中添加或减少杂色。
- 分布：用来设置杂色的分布方式，包括“平均”和“高斯分布”两个单选按钮。
- 单色：在不影响颜色的情况下向图像添加杂色。

18.10.7 平均

“平均”滤镜能够找出图像或选区的平均颜色，然后使用该颜色填充图像或选区以创建平滑的外观。例如，选择草坪区域，使用“平均”滤镜会将该区域更改为一块均匀的绿色部分。该滤镜没有对话框。

18.10.8 特殊模糊

“特殊模糊”滤镜可以精确模糊图像。可以指定半径、阈值和模糊品质，“半径”选项用于确定滤镜搜索不同像素进行模糊的程度，“阈值”选项用于确定在消除之前不同的像素值的不同程度。也可以为整个选区设置模式（正常），或为颜色转变的边缘设置模式（“仅限边缘”和“叠加边缘”）。图18-66所示为“特殊模糊”对话框。

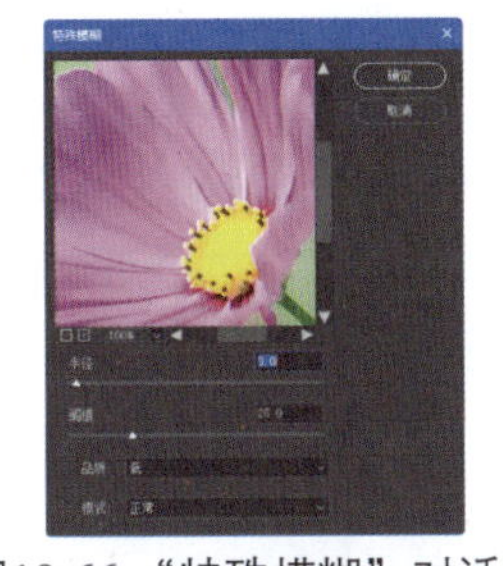

图18-66 “特殊模糊”对话框

18.10.9 形状模糊

“形状模糊”滤镜可以使用指定的形状创建特殊的模糊效果。图18-67所示为“形状模糊”对话框。

- 半径：用来指定模糊取样区域的大小。数值越大，模糊的范围就越大。

- 形状列表：选择列表框中的一个形状，即可使用该形状模糊图像。

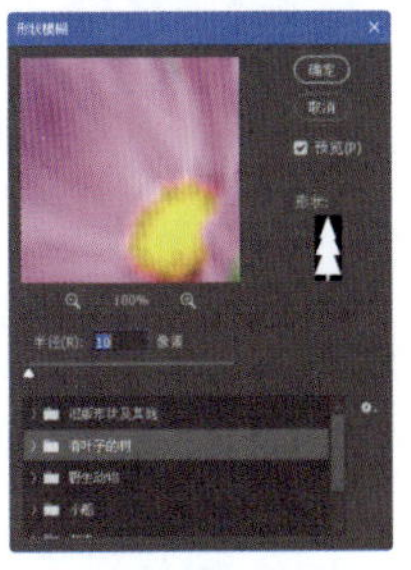

图18-67 “形状模糊”对话框

18.11 扭曲

“扭曲”滤镜库中包含9种滤镜，利用它们可以创建各种样式的扭曲变形效果，还可以改变图像的分布（如非正常拉伸、扭曲等），产生模拟水波和镜面反射等自然效果。

18.11.1 波浪

“波浪”滤镜可以创建波状起伏的图案，生成波浪效果。选择“滤镜”→“扭曲”→“波浪”命令，弹出“波浪”对话框，如图18-68所示。

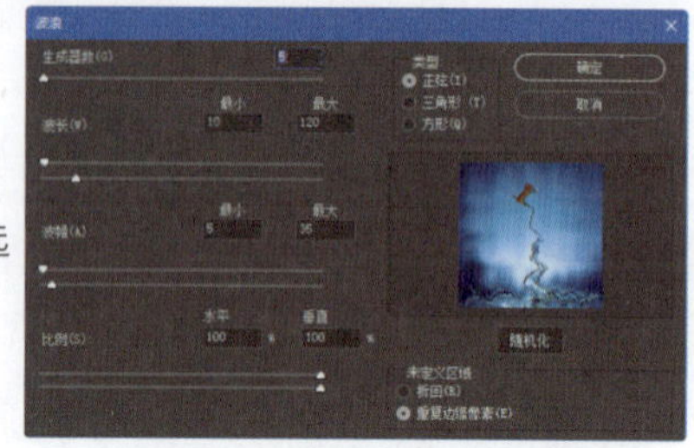

图18-68 “波浪”对话框

- 生成器数：用来设置产生波纹效果的震源总数。
- 波长：用来设置相邻两个波峰的水平距离。
- 波幅：用来设置最大和最小的波幅。
- 比例：用来控制水平和垂直方向的波动幅度。
- 类型：用来设置波浪的形状，有“正弦”“三角形”和“方形”3个选项。
- 随机化：单击该按钮可随机改变波浪的效果。
- 未定义区域：选中“折回”单选按钮，可在空白区域填入溢出的内容；选中“重复边缘像素”单选按钮，可填入扭曲边缘像素的颜色。

18.11.2 波纹

“波纹”滤镜可以在图像上创建波状起伏的图案，产生波纹效果。选择“滤镜”→“扭曲”→“波纹”命令，弹出“波纹”对话框，如图18-69所示。

- 数量：用来控制波纹的幅度。
- 大小：用来设置波纹大小，有“小”“中”和“大”3个选项。

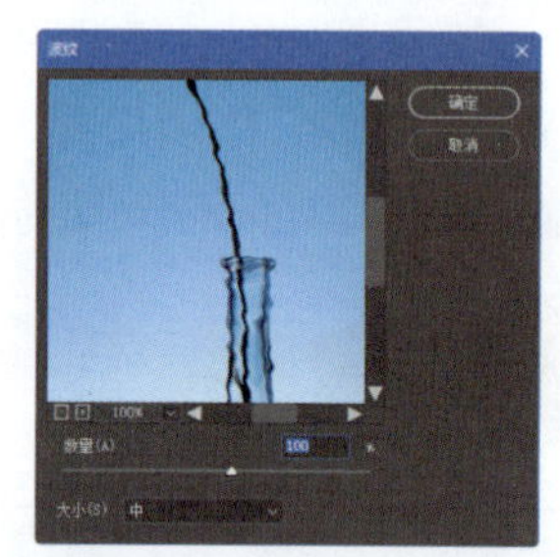

图18-69 “波纹”对话框

18.11.3 极坐标

“极坐标”滤镜可以将图像从平面坐标转换为极坐标，或者从极坐标转换为平面坐标。选择“滤镜”→“扭曲”→“极坐标”命令，弹出“极坐标”对话框，如图18-70所示。

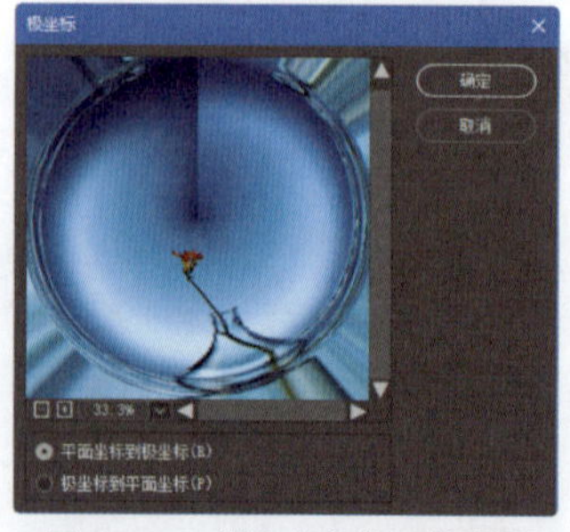

图18-70 “极坐标”对话框

18.11.4 挤压

“挤压”滤镜可以将整个图像或选区内的图像向内或向外挤压。选择“滤镜”→“扭曲”→“挤压”命令，弹出“挤压”对话框，如图18-71所示。

18.11.5 切变

“切变”滤镜允许用户按照自己设定的曲线来扭曲图像。选择

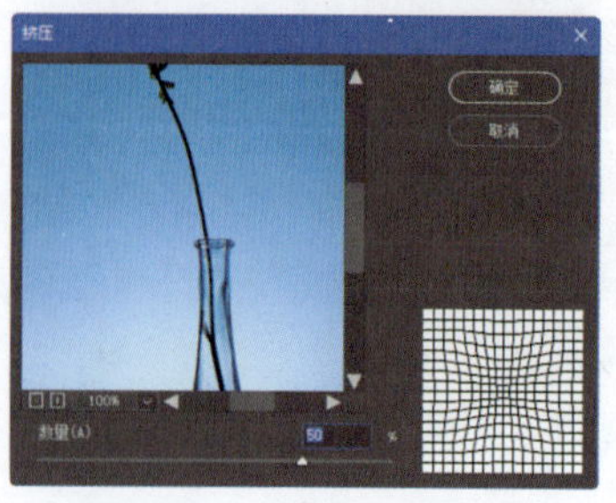

图18-71 “挤压”对话框

“滤镜”→“扭曲”→“切变”命令，弹出“切变”对话框，如图18-72所示。用户可以在曲线上添加控制点，通过拖动控制点改变曲线的开关即可扭曲图像。

- 折回：在空白区域中填入溢出图像之外的内容。
- 重复边缘像素：在图像边界不完整的空白区域填入扭曲边缘的像素颜色。

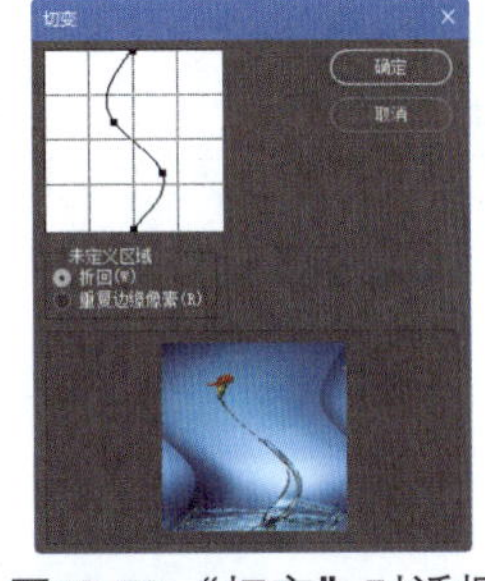

图18-72 “切变”对话框

18.11.6 球面化

“球面化”滤镜可以产生将图像包裹在球面上的效果。选择“滤镜”→“扭曲”→“球面化”命令，弹出“球面化”对话框，如图18-73所示。

- 数量：用来设置挤压程度。该值为正值时，图像向外凸起；为负值时，图像向内收缩。
- 模式：在下拉列表框中可以选择挤压方式，包括“正常”“水平优先”和“垂直优先”3个选项。

图18-73 “球面化”对话框

18.11.7 水波

“水波”滤镜可以模拟水池中的波纹，类似水池中的涟漪效果。选择“滤镜”→“扭曲”→“水波”命令，弹出“水波”对话框，如图18-74所示。

- 数量：用来设置波纹的大小。值为负值时，产生下凹的波纹；为正值时，产生上凸的波纹。
- 起伏：用来设置波纹数量。
- 样式：用来设置波纹产生的方式，包括“围绕中心”“从中心向外”和“水池波纹”3个选项。

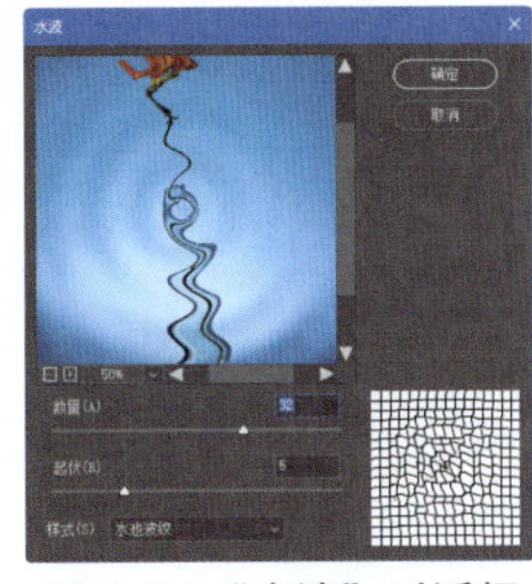
图18-74 “水波”对话框

18.11.8 旋转扭曲

“旋转扭曲”滤镜可以使图像产生旋转的风轮效果，旋转会围绕图像中心进行。选择“滤镜”→“扭曲”→“旋转扭曲”命令，弹出“旋转扭曲”对话框，如图18-75所示。

- 角度：该值为正值时，沿顺时针方向扭曲；为负值时，沿逆时针方向扭曲。

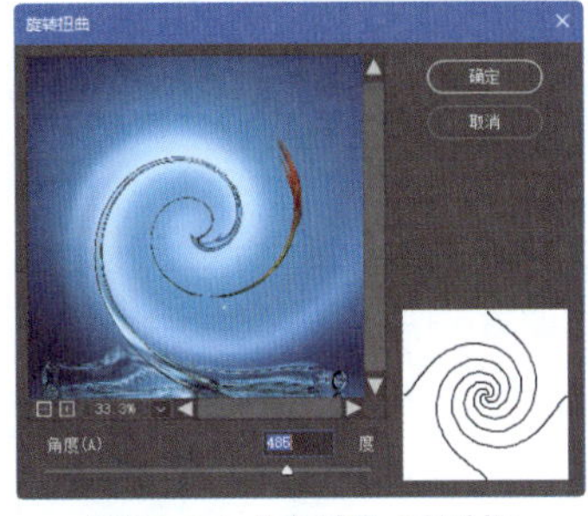

图18-75 “水波”对话框

18.11.9 置换

“置换”滤镜可以根据另一幅图像的亮度值使现有图像的像素重新排列并产生位移。下面通过一个实例向读者介绍“置换”滤镜的使用方法。

应用案例　使用“置换”滤镜制作褶皱图像

源文件：源文件\第18章\18-11-9.psd　视频：视频\第18章\使用“置换”滤镜制作褶皱图像.mp4

STEP 01 选择“文件”→“新建”命令，弹出“新建文档”对话框，参数设置如图18-76所示。单击“确定”按钮，新建空白文档。按键盘上的【D】键恢复默认的前景色与背景色，选择“滤镜”→“渲染”→“云彩”命令，效果如图18-77所示。

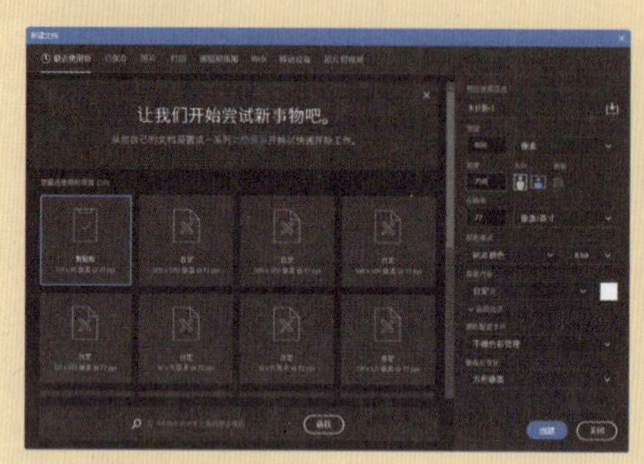

图18-76 “新建文档”对话框

图18-77 应用“云彩”滤镜效果

STEP 02 选择“滤镜”→“渲染”→“分层云彩”命令，效果如图18-78所示。选择“滤镜”→“风格化”→“浮雕效果”，弹出“浮雕效果”对话框，参数设置如图18-79所示。

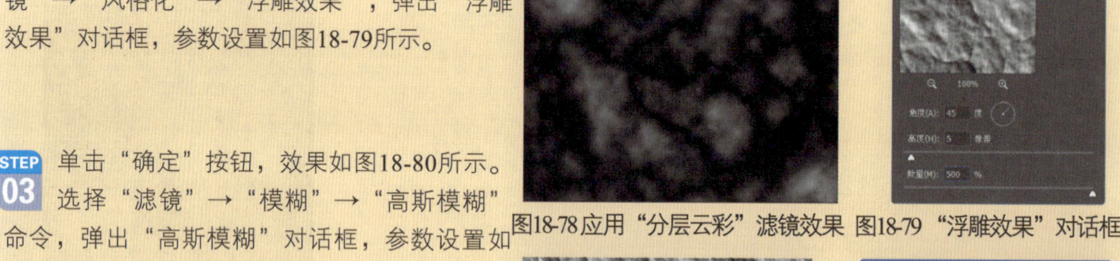

图18-78 应用“分层云彩”滤镜效果　图18-79 “浮雕效果”对话框

STEP 03 单击“确定”按钮，效果如图18-80所示。选择“滤镜”→“模糊”→“高斯模糊”命令，弹出“高斯模糊”对话框，参数设置如图18-81所示。

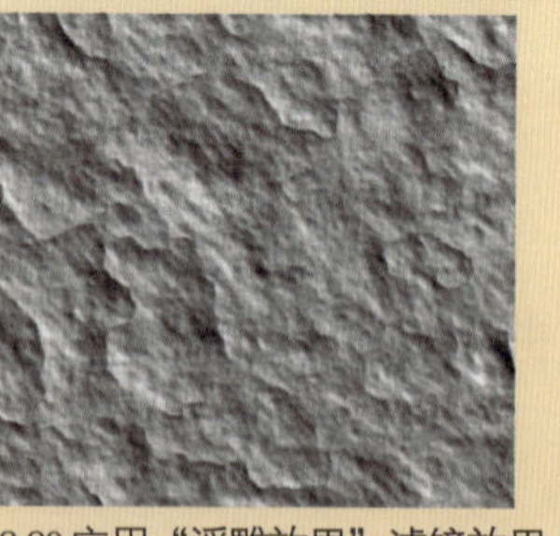

图18-80 应用“浮雕效果”滤镜效果

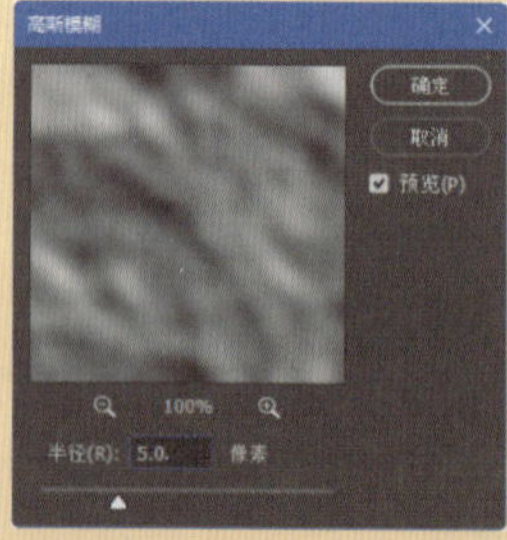

图18-81 “高斯模糊”对话框

STEP 04 单击“确定”按钮，效果如图18-82所示。选择“文件”→“存储为”命令，将文件保存为“源文件\第18章\1811901.psd”。打开素材图像“素材\第18章\1811902.jpg”，效果如图18-83所示。

图18-82 应用“高斯模糊”滤镜效果

图18-83 打开素材图像

STEP 05 将素材图像拖入“1811901.psd”文件中，如图18-84所示，自动生成“图层 1”图层。选择“滤镜”→“扭曲”→“置换”命令，弹出“置换”对话框，参数设置如图18-85所示。

图18-84 拖入素材

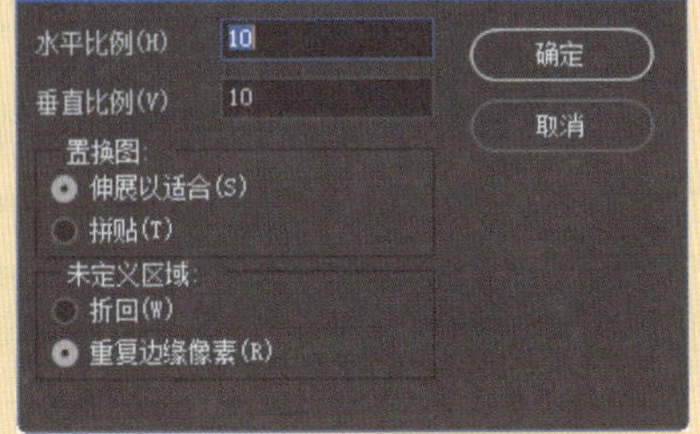

图18-85 “置换”对话框

STEP 06 设置完成后，单击“确定”按钮，弹出“选取一个置换图”对话框，选择刚刚保存的PSD文件，如图18-86所示。单击“打开”按钮，效果如图18-87所示。

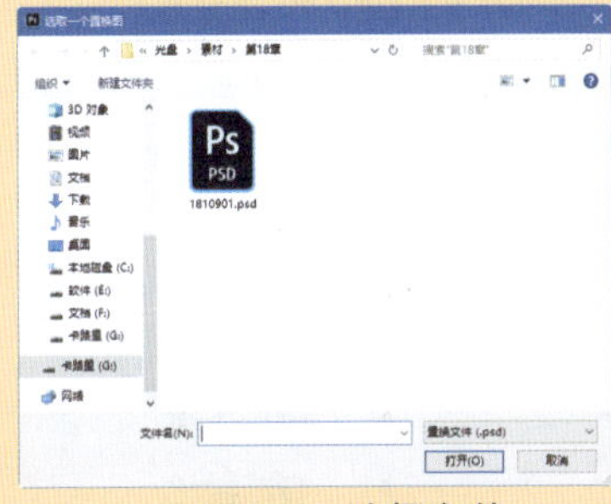

图18-86 选择文件

图18-87 图像效果

STEP 07 设置“图层1”图层的混合模式为“强光”，图像效果如图18-88所示。按住【Ctrl】键并单击“图层1”前的“图层缩览图”，调出当前图层的选区，如图18-89所示。

STEP 08 选择“背景”图层，按【Ctrl+Shift+I】组合键反向选区，按【Ctrl+Delete】组合键为选区填充白色背景色，效果如图18-90所示。按【Ctrt+D】组合键取消图层选区，双击“图层1”图层，弹出“图层样式”对话框，设置“投影”选项，如图18-91所示。

图18-88 图像效果

图18-89 调出图层选区

图18-90 为选区填充颜色

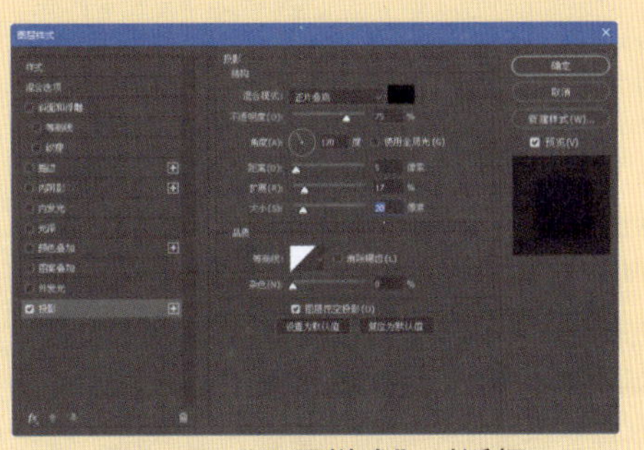

图18-91 “图层样式”对话框

STEP 09 单击“确定”按钮，图像效果如图18-92所示。此时的“图层”面板如图18-93所示。

图18-92 图像效果

图18-93 “图层”面板

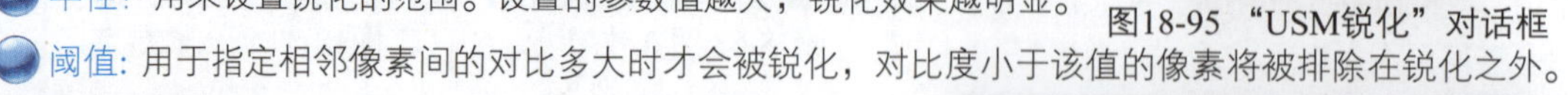

18.12 锐化

“锐化”滤镜组中包含了6种滤镜，通过增加相邻像素间的对比度来聚焦模糊的图像，使图像变得清晰。图18-94所示为“锐化”子菜单。

图18-94 “锐化”子菜单

18.12.1 USM锐化

“USM锐化”滤镜可以查找图像中颜色变化明显的区域，然后将其锐化，特别适合锐化毛发。选择“滤镜”→“锐化”→“USM锐化”命令，弹出“USM锐化”对话框，如图18-95所示。

- 数量：用来设置锐化的强度。
- 半径：用来设置锐化的范围。设置的参数值越大，锐化效果越明显。
- 阈值：用于指定相邻像素间的对比多大时才会被锐化，对比度小于该值的像素将被排除在锐化之外。该选项很重要。

图18-95 “USM锐化”对话框

18.12.2 防抖

Photoshop会自动分析图像中最适合使用防抖功能的区域，确定模糊的性质，并推算出整个图像最适合的修正建议。选择“滤镜”→“锐化”→“防抖”命令，弹出“防抖”对话框。经过修正的图像会在“防抖”对话框中显示，如图18-96所示。

图18-96 “防抖”对话框

- 模糊描摹边界：用来指定模糊描摹的边界大小。参数值设置得越小，描摹细节越微弱。

- 源杂色：用来设置图像中的杂色量，可根据需求选择“自动”“低”“中”和“高”选项。
- 平滑：该选项可减少高频锐化杂色，建议设置较低的数值。
- 伪像抑制：用于减少图像中明显的杂色伪像（类似于）。该值设置为100%时产生原始图像，设置为0%时则不会抑制任何杂色伪像。
- 添加建议的模糊描摹：单击该按钮，可在图像中添加一个Photoshop建议的适合模糊评估区域，该区域将被重点锐化。
- 细节放大镜：使用细节放大镜，将焦点聚焦在适合于相机防抖的新图像区域。单击该按钮，可重新增强细节。
- 模糊评估工具：用于在图像中手动添加模糊评估区域。
- 模糊方向工具：用于在图像中手动绘制图像模糊方向和长度。

锐化/进一步锐化/锐化边缘

“锐化”滤镜通过增加像素间的对比度使图像变得清晰，锐化效果不是很明显。“进一步锐化”滤镜用来设置图像的聚焦选区并提高其清晰度达到锐化效果。

“进一步锐化”滤镜比“锐化”滤镜的效果更强烈，相当于用了2~3次“锐化”滤镜。这两种锐化命令都没有对话框。

“锐化边缘”滤镜与“USM锐化”滤镜一样，都可以查找图像中颜色发生明显变化的区域，然后将其锐化。“锐化边缘”滤镜只锐化图像的边缘。

智能锐化

“智能锐化”滤镜具有“USM锐化”滤镜不具备的锐化控制功能，通过该功能可设置锐化算法，或控制在阴影和高光区域中的锐化量。选择“滤镜”→“锐化”→“智能锐化”命令，弹出“智能锐化”对话框，如图18-97所示。

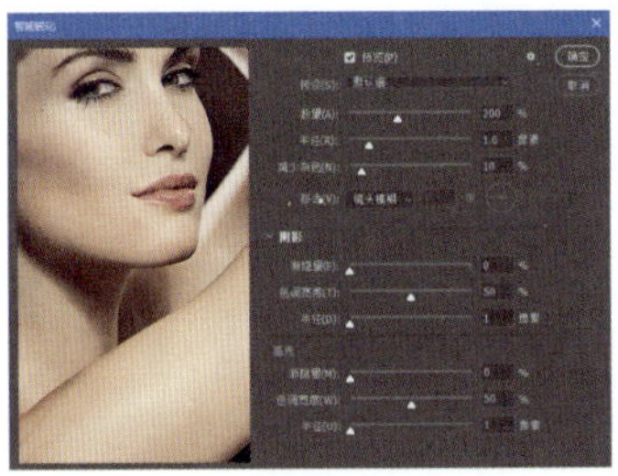

图18-97 “智能锐化”对话框

- 数量：用来设置锐化的数量。该值越大，边缘像素之间的对比度也就越强，图像也更加锐利。
- 半径：用来确定受锐化影响的边缘像素的数量。该值越大，锐化的效果就越明显。
- 移去：可以选择移去图像中的“高斯模糊”“镜头模糊”或“动感模糊”滤镜。
- 阴影/高光：用于设置阴影和高光区域的锐化。
- 渐隐量：用来设置阴影或高光中的锐化量。
- 色调宽度：用来设置阴影或高光中色调的修改范围。
- 半径：用来控制每个像素周围的区域大小，从而确定像素是在阴影中还是在高光中。

18.13 视频

“视频”滤镜组中的滤镜用来解决视频图像交换时系统差异的问题，使用它们可以处理从隔行扫描方式的设备中提取的图像。

18.13.1 NTSC颜色

“NTSC颜色”滤镜匹配图像色域适合NTSC视频标准色域，以使图像可以被电视接收，它的实际色彩范围比RGB图像小。当一个RGB图像能够用于视频或多媒体时，可以使用该滤镜将由于饱和度过高而无法正确显示的色彩转换为NTSC系统可以显示的色彩。

18.13.2 逐行

“逐行”滤镜可以消除图像中的差异交错线，使在视频上捕捉的运动图像变得平滑。应用该命令时会弹出“逐行”对话框，如图18-98所示。

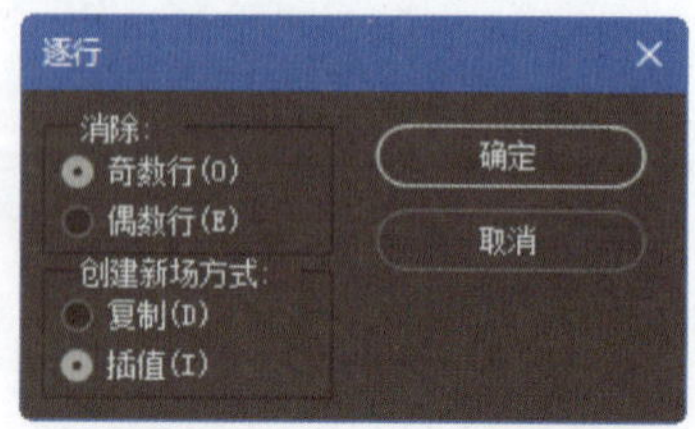

图18-98 “逐行”对话框

- 消除：用来设置需要消除的扫描线区域。选中“奇数行”单选按钮，可删除奇数扫描线；选中“偶数行”单选按钮，可删除偶数扫描线。
- 创建新场方式：用来设置消除后以何种方式来填充空白区域。选中“复制”单选按钮，可复制被删除部分周围的像素来填充空白区域；选中“插值”单选按钮，则利用被删除部分周围的像素，通过插值的方法进行填充。

18.14 像素化

“像素化”滤镜组中包含7种滤镜，它们可以将图像分块或平面化，然后重新组合，创造出彩块、点状、晶块和马赛克等特殊效果。图18-99所示分别为各种像素化滤镜的应用效果。

图18-99 “像素化”滤镜效果

- 彩块化：该滤镜在保持原有图像轮廓的前提下，使纯色或相近颜色的像素结成像素块，产生手绘或类似抽象派的效果。
- 彩色半调：该滤镜可以使图像变为网点状效果。高光部分生成的网点较小，阴影部分生成的网点较大。
- 点状化：该滤镜可将图像中的颜色分散为随机分布的网点，产生点状化效果。
- 晶格化：该滤镜可以使图像中相近的像素集中到多边形色块中，产生类似结晶的颗粒效果。
- 马赛克：该滤镜将具有相似色彩的像素合成规则的方块，产生马赛克效果。
- 碎片：该滤镜可以把图像像素重复复制4次，再将其平均且相互偏移，使图像产生一种没有对准焦距的模糊效果。
- 铜版雕刻：该滤镜可以在图像中随机生成各种不规则的直线、曲线和斑点，使图像产生年代久远的金属板效果。

应用案例 使用“点状化”滤镜制作大雪图像效果

源文件：源文件\第18章\18-14.psd　视频：视频\第18章\使用“点状化”滤镜制作大雪图像效果.mp4

STEP 01 打开素材图像“素材\第18章\1913301.jpg”，效果如图18-100所示。拖动“背景图层”到“创建新图层”按钮上，创建“背景 拷贝”图层，如图18-101所示。

图18-100 打开素材图像

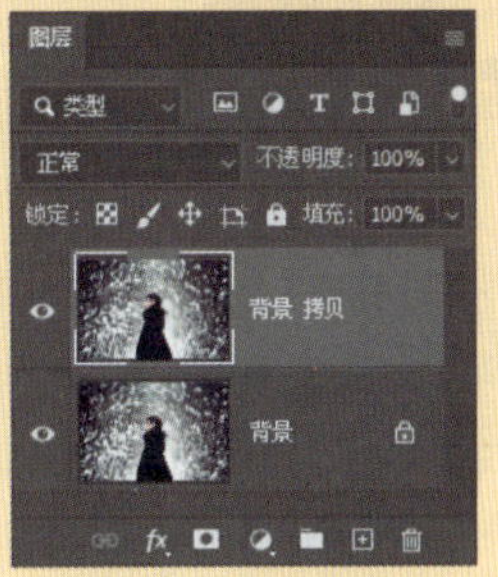

图18-101 创建图层

STEP 02 选择“滤镜”→“像素化”→“点状化”命令，弹出“点状化”对话框，参数设置如图18-102所示，然后单击“确定”按钮。选择“图像”→“调整”→“阈值”命令，在弹出的对话框中设置阈值色阶值为255，效果如图18-103所示。

图18-102 应用“点状化”滤镜

图18-103 设置“阈值”色阶

STEP 03 设置“背景 拷贝”图层的混合模式为“滤色”，如图18-104所示。选择“滤镜”→“模糊”→“动感模糊”命令，在弹出的对话框中设置相应参数，如图18-105所示。

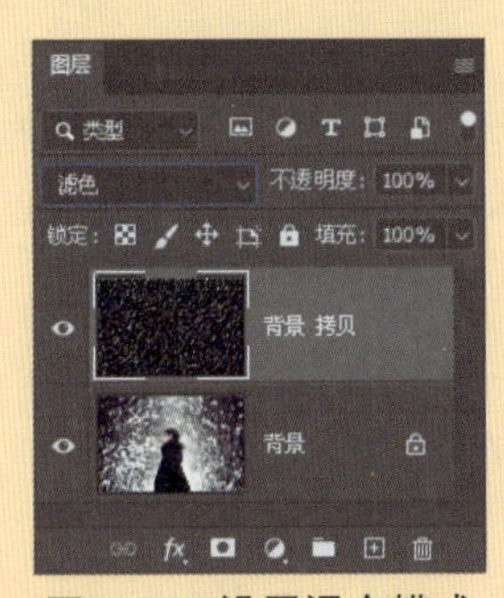

图18-104 设置混合模式

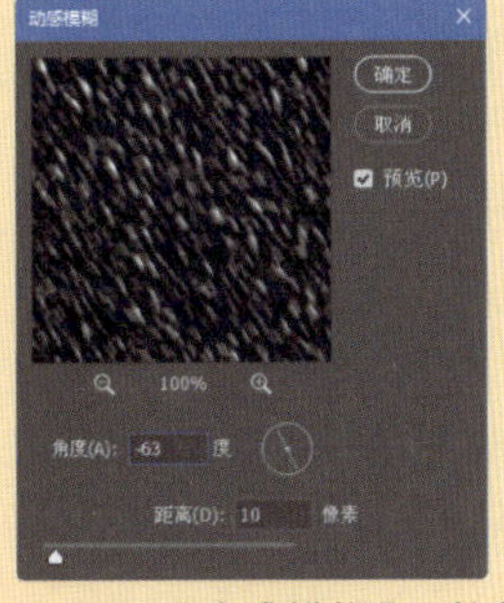

图18-105 “动感模糊”对话框

STEP 04 为“背景 拷贝”图层添加图层蒙版。设置“前景色”为黑色，使用“画笔工具”在蒙版中人物身体位置涂抹，如图18-106所示。

STEP 05 按【Shift+Alt+Ctrl+E】组合键盖印图层，选择“滤镜”→“锐化”→“USM锐化”命令，在弹出的对话框中设置参数，然后单击“确定”按钮，效果如图18-107所示。

图18-106 添加蒙版

图18-107 锐化图像效果

18.15 渲染

“渲染”滤镜组能够在图像上创建3D形状贴图、云彩图案、折射图案和模拟的光反射效果。“渲染”滤镜组中包含8种滤镜，图18-108所示为各种渲染滤镜的应用效果。

图18-108 “渲染”滤镜应用效果

- 火焰：该滤镜能快速制作不同风格的火焰效果。
- 图片框：该滤镜能快速制作图片框效果。
- 树：该滤镜能快速制作树效果。
- 云彩：该滤镜使用前景色和背景色之间的随机像素值将图像生成柔和的云彩图案。它是唯一能在透明图层上产生效果的滤镜。
- 分层云彩：该滤镜可以将“云彩”滤镜的数据和前景色颜色值混合，其方式与“插值”模式混合颜色的方式相同。
- 光照效果：该滤镜通过光源、光色选择、聚焦和定义物体反射特性等在图像上产生光照效果，还可以使用灰度文件的纹理产生类似3D的效果。
- 镜头光晕：该滤镜可模拟亮光照射到相机镜头所产生的折射效果，用来表现玻璃、金属等反射的光芒，或用来增强日光和灯光的效果。
- 纤维：该滤镜可使用前景色和背景色随机产生编织纤维的外观效果。

Tips

Photoshop 中的光照效果需要设置图形处理器，如果想要它显示在菜单中，可以选择“编辑”→“首选项”→“性能”命令，在弹出的对话框中选择“使用图形处理器”复选框，便会添加到“滤镜”菜单中。

应用案例

使用“云彩”滤镜制作烟雾效果

源文件：源文件\第18章\18-15-1.psd　视频：视频\第18章\使用“云彩”滤镜制作烟雾效果.mp4

STEP 01 打开素材图像“素材\第18章\1914501.jpg”，如图18-109所示。打开“图层”面板，单击“图层”面板底部的“创建新图层”按钮，新建“图层 1”图层，如图18-110所示。

STEP 02 选择“滤镜”→“渲染”→“云彩”命令，效果如图18-111所示。将该图层混合模式设置为“滤色”，效果如图18-112所示。

图18-109 打开素材图像

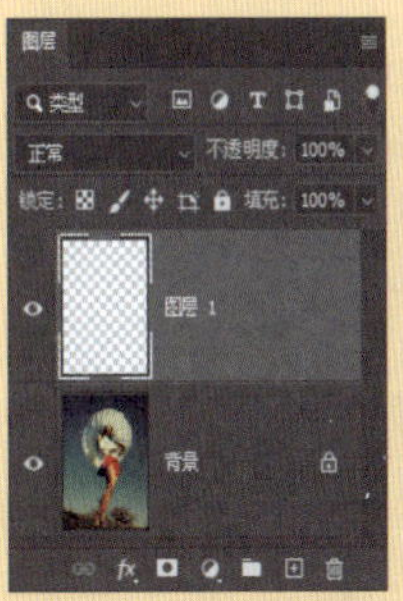

图18-110 新建图层

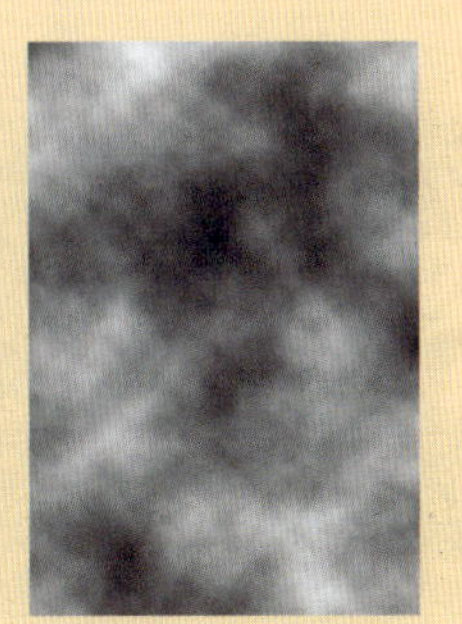

图18-111 云彩滤镜

STEP 03 选择“图层 1”图层，单击“图层”面板底部的“添加图层蒙版”按钮，如图18-113所示。设置“前景色”为黑色，使用“画笔工具”在图层蒙版中进行涂抹，完成效果如图18-114所示。

图18-112 混合效果

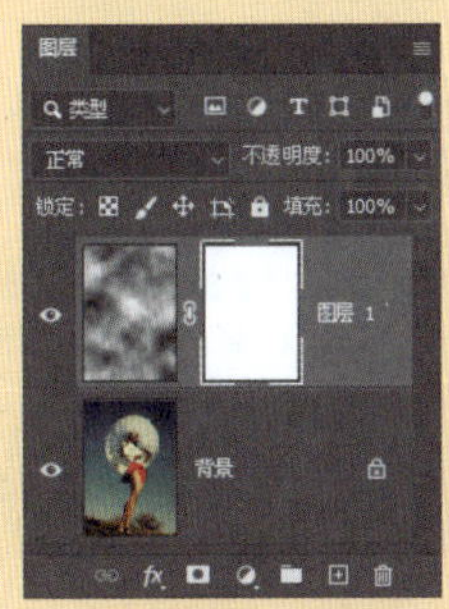

图18-113 添加图层蒙版

图18-114 图像效果

应用案例 使用“火焰”滤镜制作火焰文字效果

源文件：源文件\第18章\18-15-2.psd 视频：视频\第18章\使用“火焰”滤镜制作火焰文字效果.mp4

STEP 01 新建一个500像素×500像素文档，如图18-115所示。设置“字符”面板各项参数，如图18-116所示。

STEP 02 使用“横排文字工具”在画布中单击输入文本，效果如图18-117所示。在“图层”面板的文字图层上单击鼠标右键，在弹出的快捷菜单中选择“创建工作路径”命令，再选择“栅格化图层”命令，如图18-118所示。

图18-115 新建文档

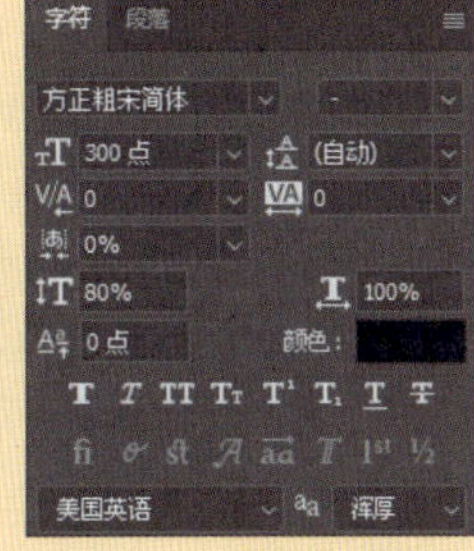

图18-116 “字符”面板

图18-117 输入文本

图18-118 创建工作路径并栅格化图层

STEP 03 新建一个图层，选择“滤镜”→“渲染”→“火焰”命令，在弹出的“火焰”对话框中设置参数，如图18-119所示。单击“确定”按钮，隐藏文字图层，效果如图18-120所示。

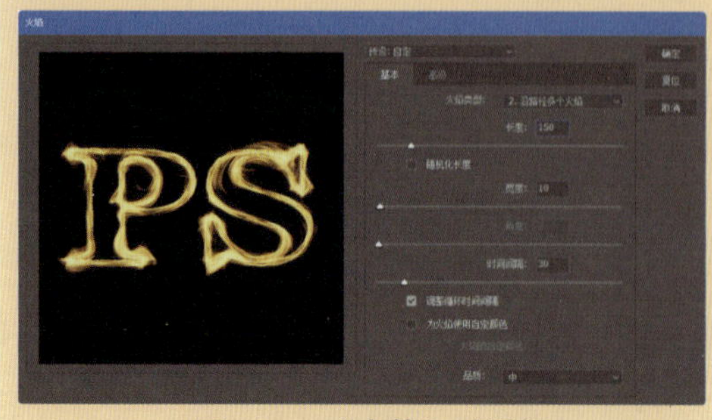

图18-119 “火焰”对话框

图18-120 火焰文字效果

18.16 杂色

“杂色”滤镜组用来添加或去除图像中的杂色及带有随机分布色阶的像素。选择“滤镜”→“杂色”命令，可以展开子菜单，该滤镜组中共有5种滤镜。图18-121所示为各种杂色滤镜的应用效果。

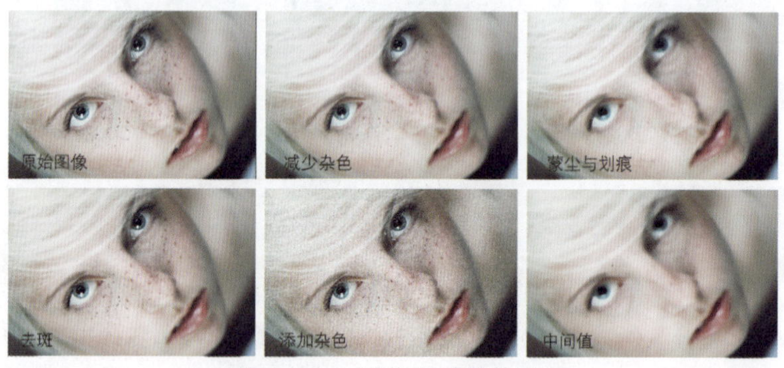

图18-121 “杂色”滤镜效果

- 减少杂色：该滤镜可基于影响整个图像或单个通道的用户设置，保留边缘的同时减少杂色。
- 蒙尘与划痕：该滤镜通过更改相异的像素来减少杂色。主要用来搜索图片中的缺陷，再进行局部模糊并将其融入周围的像素中。对于去除扫描图像中的杂点和折痕效果非常显著。
- 去斑：该滤镜的主要作用是消除图像中的斑点，一般对于扫描的图像可以使用此滤镜对图像进行去斑。该滤镜能够在不影响整体轮廓的情况下，对细小、轻微的杂点进行柔化，从而达到去除杂点的效果。
- 添加杂色：该滤镜可将随机的杂点混合到图像中，模拟在高速胶片上拍照的效果。
- 中间值：该滤镜利用平均化手段重新计算分布像素，即用斑点和周围像素的中间颜色作为两者之间的像素颜色来消除干扰，从而减少图像的杂色。

Tips

造成图像杂色的可能性主要有以下两种情况：一是明亮度杂色，这些杂色使图像看起来斑斑点点；二是颜色杂色，这些杂色通常看起来像是图像中的彩色伪像。如果在数码相机上采用很高的ISO设置、曝光不足或者用较慢的快门速度在黑暗区域中拍照，就可能导致出现杂色。扫描图像时，扫描传感器也可能导致图像出现杂色。通常，扫描的图像上会出现胶片的微粒图案。

18.17 其他

使用“其他”滤镜组可以自定义滤镜效果，还可以使用滤镜修改蒙版、在图像中使选区发生位移和快速调整颜色的命令。选择“滤镜”→“其他”命令，即可展开“其他”子菜单，该滤镜组中包含6种滤镜，图18-122所示为各种其他滤镜的应用效果。

图18-122 “其他”滤镜效果

- HSB/HSL：选择该滤镜生成饱和度映射通道，将其转换为图层蒙版，以此为基础进行后续调整。
- 高反差保留：该滤镜可以删除图像中色调变化平缓的部分，保留色彩变化最大的部分，可用于从扫描图像中提取线画稿和大块黑色区域。
- 位移：该滤镜可以为图像中的选区指定水平或垂直移动量，而选区的原位置变成空白区域。
- 自定：该滤镜提供自定义滤镜效果的功能，它可以根据预定义的数学运算更改图像中每个像素的亮度值，这种操作与通道的加、减计算类似。读者可以存储创建的自定滤镜，并将其应用于其他图像。
- 最大值：该滤镜可以在指定的半径内，用周围像素的最高亮度值替换当前像素的亮度值。该滤镜具有应用阻塞的效果，可以扩展白色区域，阻塞黑色区域。
- 最小值：该滤镜可以在指定的半径内，用周围像素的最低亮度值替换当前像素的亮度值。该滤镜具有伸展效果，可以扩展黑色区域，收缩白色区域，阻塞黑色区域。

Tips

自定义滤镜存储的扩展名为.acf。单击“载入”按钮，弹出“载入”对话框，选中自定滤镜，可将自定的滤镜载入到图像中。“最大值”和“最小值”滤镜通常用来修改蒙版。“最大值”滤镜用于收缩蒙版，“最小值”滤镜用于扩展蒙版。

18.18 第三方滤镜

Photoshop除了可以使用它本身自带的滤镜外，还允许安装使用其他厂商提供的滤镜，这些从外部装入的滤镜称为“第三方滤镜”。用户通常可以使用以下两种方法安装第三方滤镜。

如果第三方滤镜本身带有安装程序，可以双击安装程序文件，根据提示一步步进行安装。如果第三方滤镜本身不带有安装程序，只是一些滤镜文件，需要手动将其复制到Photoshop安装目录下的Plug-ins文件夹中。或者也可选择“编辑”→“首选项”→“增效工具”命令，在弹出的“首选项”对话框中选择“附加的增效工具文件夹”复选框，然后在弹出的对话框中选择安装外挂滤镜的文件夹即可。

应用案例 安装第三方磨皮滤镜

源文件：无

视频：视频\第18章\安装第三方磨皮滤镜.mp4

STEP 01 打开Portraiture滤镜所在的文件夹，选择“Portraiture.8bf”文件，按【Ctrl+C】组合键，复制滤镜文件，如图18-123所示。将Photoshop安装目录\Plug-ins文件夹打开，按【Ctrl+V】组合键进行粘贴，如图18-124所示。

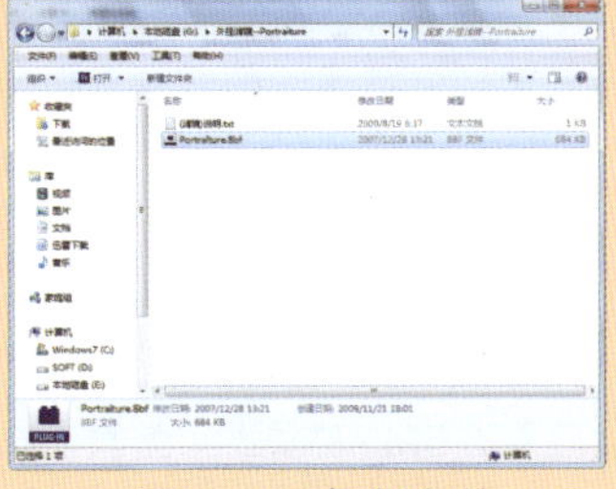

图18-123 复制文件

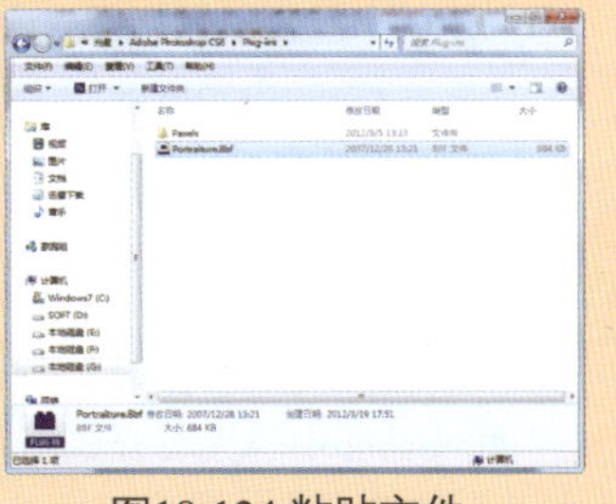

图18-124 粘贴文件

STEP 02 打开一幅素材图像，选择滤镜→Imagenomic→Portraiture 3命令，可以看到在菜单栏中就会显示该滤镜，如图18-125所示。

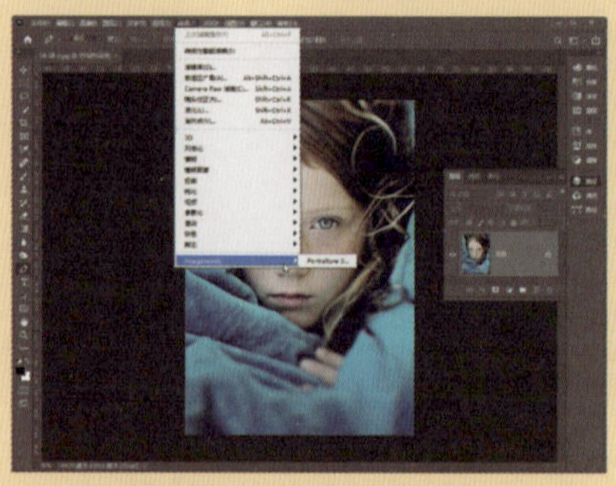
图18-125 滤镜安装成功

应用案例

使用磨皮滤镜去除面部雀斑

源文件：源文件\第18章\18-18-2.psd 视频：视频\第18章\使用磨皮滤镜去除面部雀斑.mp4

STEP 01 打开素材图像“素材\第18章\18-18-1.jpg”，效果如图18-126所示。单击“污点修复画笔工具”按钮，对人物的脸部进行修复，选择“滤镜”→Imagenomic→Portraiture 3命令，如图18-127所示。

STEP 02 在弹出的对话框中设置各项参数，效果如图18-128所示。单击“确定”按钮，效果如图18-129所示。

图18-126 打开素材图像

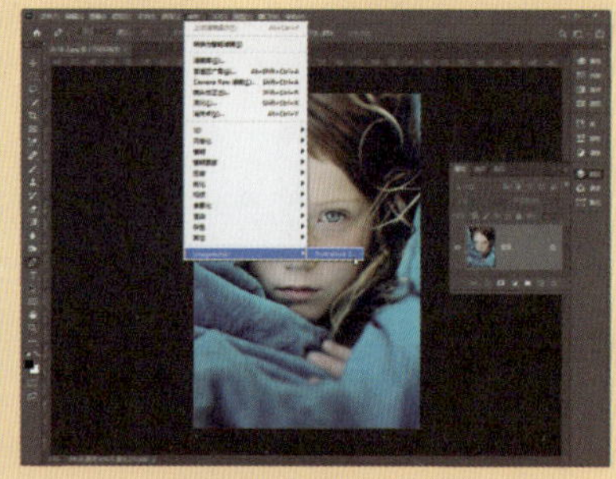
图18-127 执行命令

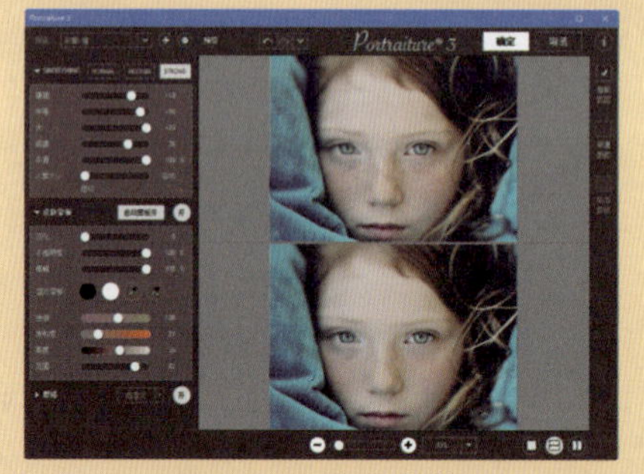
图18-128 设置参数

图18-129 处理完成的效果图

18.19 专家支招

无论是Photoshop自带的滤镜还是第三方滤镜，都可以轻松地制作出精彩的图像效果。综合使用多种滤镜，充分发挥自己的想象力，会使图像处理工作变得更加丰富多彩。

18.19.1 如何对CMYK图像使用滤镜

Photoshop中的大部分滤镜不能应用在CMYK模式的图像上。在制作时，可以首先在RGB图像中使用滤镜进行图像处理，然后再将RGB图像转换成CMYK模式，以便印刷使用。

18.19.2 关于智能滤镜的使用

对图像使用滤镜后，通常会对原图造成破坏。如果想避免这种情况，可以选择使用智能滤镜。智能滤镜作为图层效果存储在“图层”面板中，并且可以利用智能对象中包含的原始图像数据随时重新调整这些滤镜。用户可以选择“图层”→“智能对象”→“转换为智能对象”命令，将图层转换为智能对象。

18.20 总结扩展

Photoshop中的滤镜功能十分强大，在对图像处理的过程中具有神奇的作用。但要想使用滤镜制作出最佳的艺术效果，不仅需要用户能够熟练地使用滤镜功能，还需要具有丰富的想象力，这样才能充分发挥滤镜的强大功能，制作出具有艺术特效的作品。

18.20.1 本章小结

本章主要介绍了滤镜的种类和使用方法。通过学习滤镜的相关知识，读者需要掌握不同种类滤镜之间的区别和联系，从而可以使用滤镜实现丰富的图像效果，起到画龙点睛的作用。

18.20.2 举一反三——使用滤镜制作DM宣传单

案例文件:	源文件\第18章\18-20-2.psd
视频文件:	视频\第18章\使用滤镜制作DM宣传单.mp4
难易程度:	★★★☆☆
学习时间:	35分钟

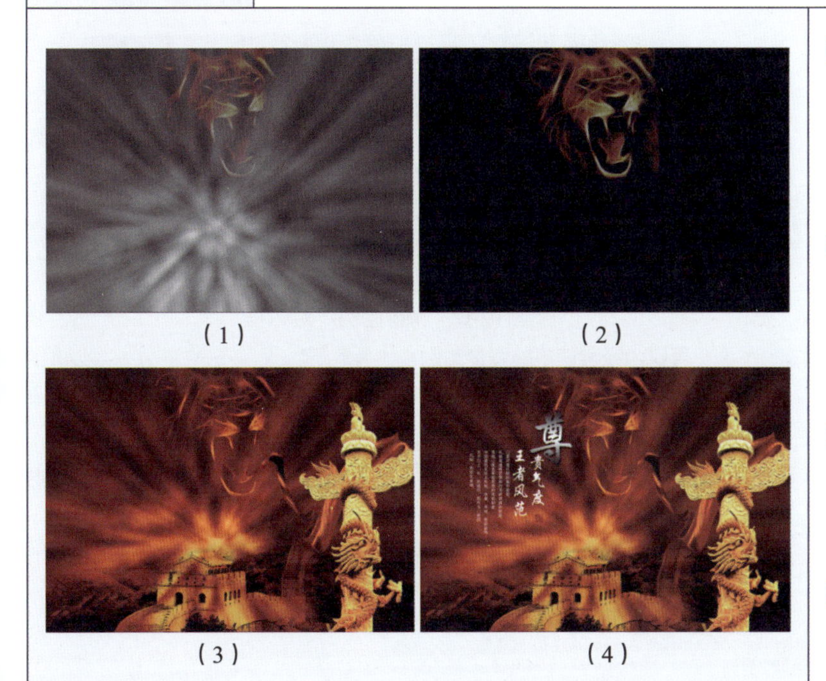

（1） （2） （3） （4）

1. 新建文档，填充黑色，拖入狮头素材，设置“混合模式”和“不透明度”，并添加图层蒙版。
2. 新建图层，分别对图层应用“云彩”“径向模糊”和“光照”滤镜，并设置“混合模式”。
3. 新建“照片滤镜”和“渐变映射”调整图层，拖入相应的素材图像。
4. 使用“文字工具”在图像中输入相应的文字内容。

第19章 分析、打印与输出

本章主要讲解图像的打印与输出。当制作或编辑完图像后，就可以将其保存、打印与输出了。目前可以输出的方式比较多，如用打印机打印输出、用网络进行快速传送和用图像合成软件输出发布等。本章主要对打印输出方式进行详细讲解，即如何在Photoshop中打印与输出图像。

本章学习重点

第 441 页
使用“标尺工具”测量地平线角度

第 442 页
对图像中的项目手动计数

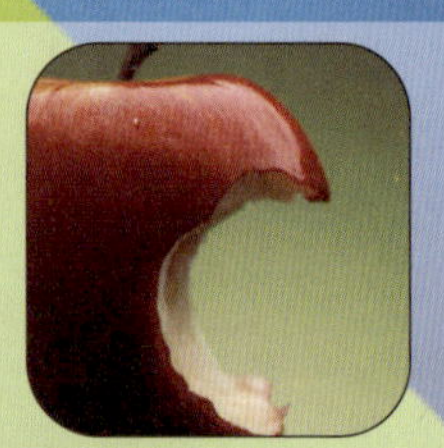

第443页
使用选区自动计数

第448页
制作楼盘海报

19.1 “分析”命令

“分析”命令中包括多个测量工具。通过使用测量功能，可以测量用“标尺工具”或“选择工具”定义的任何区域，包括用“套索工具”“快速选择工具”或“魔棒工具”选定的不规则区域。

19.1.1 设置测量比例

设置测量比例是指在图像中设置一个与比例单位（如英寸、毫米或微米）相等的指定像素数。在创建比例之后，用户就可以用选定的比例单位测量区域并接收计算和记录结果。读者可以创建多个测量比例预设，但在文档中一次只使用一个比例。

选择“图像”→“分析”→“设置测量比例”→“自定”命令，系统会自选定“标尺工具”，弹出“测量比例”对话框，如图19-1所示。

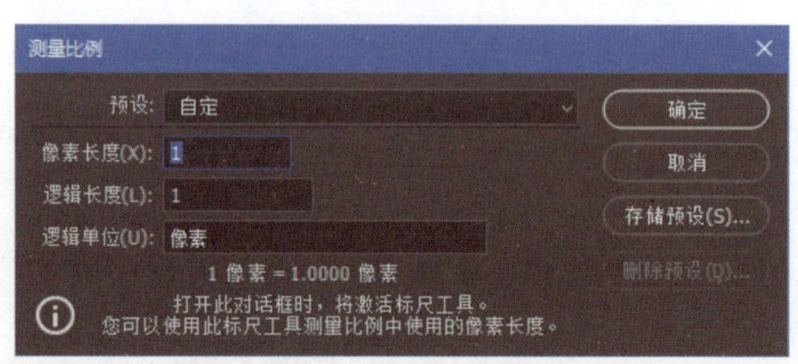

图19-1 “测量比例”对话框

- 预设：可以为经常使用的测量比例创建预设，并添加到“分析”→“设置测量比例”子菜单中。
- 像素长度：单击并拖动“标尺工具”以测量图像中的像素距离或在该文本框中输入一个值。当关闭“测量比例”对话框时，将恢复当前工具设置。
- 逻辑长度/逻辑单位：可以输入要置为与像素长度相等的逻辑长度逻辑单位。
- 存储预设：单击该按钮，可以存当前设置的测量比例。
- 删除预设：单击该按钮，可以将前自定义的预设删除。

Tips

选择“图像”→“分析”→“设置测量比例”→“默认值”命令，可以返回默认的测量即 1 像素 =1 像素。

19.1.2 选择数据点

使用测量工具时每次都会测量一个或多个数据点，选择的数据点将决定在测量记录中记录的信息。数据点对应于测量时使用工具的类型，面积、周长、高度和宽度是测量选区时可用的数据点；长度和角度是“标尺工具”可用的数据点。还可以为特殊类型的测量创建和存储数据点组以加快工作流程。

选择“图像”→“分析”→“选择数据点”→“自定”命令，弹出“选择数据点”对话框，如图19-2所示。在该对话框中，数据点根据可以测量它们的测量工具进行分组。

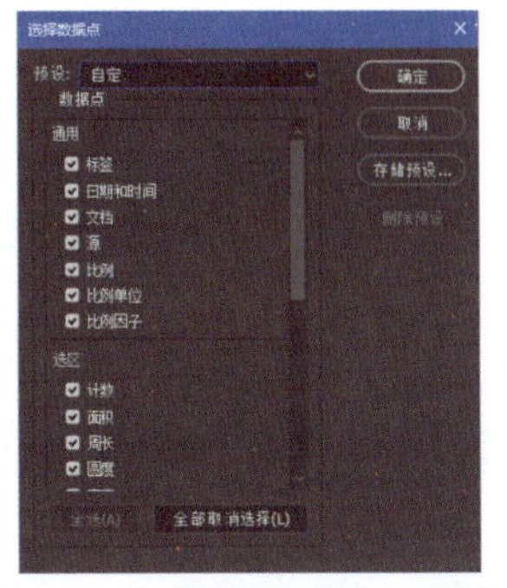

图19-2 “选择数据点”对话框

“通用”数据点适用于所有工具，这些数据点会向测量记录添加有用信息，如要测量的文件的名称、测量比例和测量的日期/时间。默认情况下，将选择所有数据点，可以为特定测量类型选择数据点子集，并将此组合存储为数据点预设。

- 标签：标识每个测量并自动将每个测量编号为“测量1”“测量2”……对于同时测量的多个选区，将为每个选区分配一个附加的“特征”标签和编号。
- 日期和时间：标识测量发生时的日期/时间戳。
- 文档：标识测量的文档（文件）。
- 源：测量的源，包括“标尺工具”“计数工具”或“选择工具”。
- 比例：源文档的测量比例（如100像素 = 3英里）。
- 比例单位：测量比例的逻辑单位。
- 比例因子：分配给比例单位的像素数。
- 计数：根据使用的测量工具的不同而发生变化。选择工具：图像上不相邻的选区的数目；计数工具：图像上已计数项目的数目；标尺工具：可见的标尺线的数目（1或2）。
- 面积：用方形像素或根据当前测量比例校准的单位（如平方毫米）表示的选区的面积。
- 周长：选区的周长。对于一次测量的多个选区，将为所有选区的总周长生成一个测量，并为每个选区生成附加测量。
- 圆度：面积/周长2。若值为1.0，则表示一个完全的圆形；当值接近0.0时，表示一个逐渐拉长的多边形；对于非常小的选区可能无效。
- 高度：选区的高度（Ymax-Ymin），其单位取决于当前的测量比例。
- 宽度：选区的宽度（Xmax-Xmin），其单位取决于当前的测量比例。
- 灰度值：这是对亮度的测量，范围为0~255（对于8位图像）、0~32768（对于16位图像）或0~10（对于32位图像）。对于所有与灰度值相关的测量，在内部将图像转换为灰度，然后为每个特征和摘要执行请求的计算（平均值、中间值、最小值、最大值）。
- 累计密度：选区中像素值的总和。此值等于面积（以像素为单位）与平均灰度值的乘积。
- 直方图：为图像中的每个通道生成直方图数据，并记录0~255之间的每个值所表示的像素的数目。从“测量记录”中导出数据时，数字直方图数据将导出到一个CSV文件中。该文件会放在它自己的文件夹中，其位置与以制表符分隔的测量记录文本文件的导出位置相同。将为这些直方图文件分配一个唯一编号，编号从0开始并且每次增加1。对于一次测量的多个选区，将为整个选定区域生成一个直方图文件，并为每个选区生成附加的直方图文件。
- 长度：“标尺工具”在图像上定义的直线距离，其单位取决于当前的测量比例。
- 角度：“标尺工具”的方向角度。

Tips

当使用特定工具进行测量时，只有与该工具关联的数据点才会显示在记录中，即便已选择其他数据点。

19.1.3 创建比例标记

“测量比例标记”将显示文档中使用的测量比例。在创建比例标记之前，要先设置文档的测量比例。可以用逻辑单位设置标记长度，包含指明长度的文本题注，并将标记和题注颜色设置为黑色或白色。选择“图像”→“分析”→“置入比例标记”命令，弹出“测量比例标记”对话框，如图19-3所示。

创建的比例标记将被放置到图像的左下角，并向文档中添加一个图层组，其中包含文本图层（如果已选择“显示文本”复选框）和图形图层，如图19-4所示。

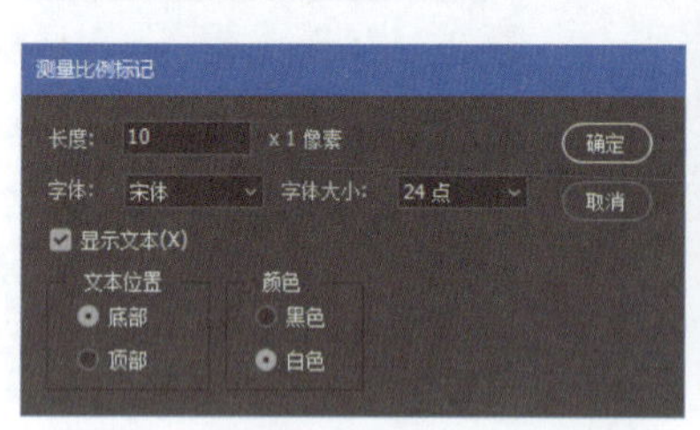

图19-3 “测量比例标记”对话框

图19-4 图像效果和“图层”面板

- 长度：输入一个值以设置比例标记的长度。标记的长度（以像素为单位）将取决于当前为文档选定的测量比例。
- 字体/字体大小：选择文本的字体和大小。
- 显示文本：选择该复选框，可以显示比例标记的逻辑长度和单位。
- 文本位置：在标记的上方或下方显示题注。
- 颜色：选择标记和题注颜色，可设置为黑色或白色。

19.1.4 编辑比例标记

创建比例标记后，可以使用“移动工具”移动比例标记，或使用“文本工具”编辑题注或更改文本的大小、字体或颜色。

在Photoshop文档中可以放置多个比例标记或替换现有标记。选择“图像”→“分析”→“置入比例标记”命令，弹出“测量比例标记”对话框，如图19-5所示。单击“移去”按钮，可替换现在的标记；单击“保留”按钮，可新建比例标记并保留原有的比例标记。

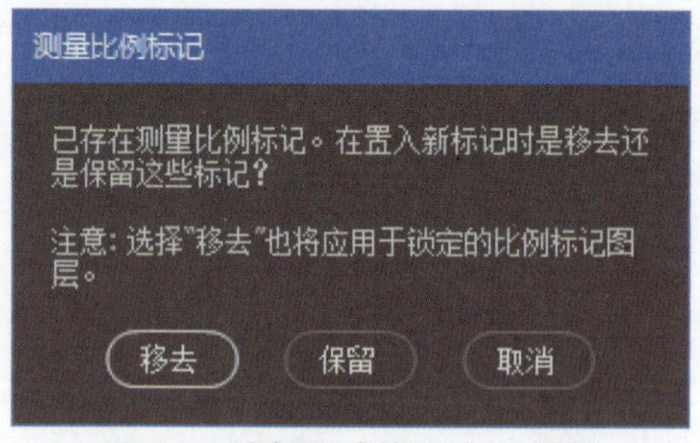

图19-5 “测量比例标记”对话框

如果要删除测量比例标记，可以在“图层”面板中选择“测量比例标记”组并将其拖动到“删除图层”按钮上，释放鼠标即可将其删除。

Tips

创建多个比例标记时，其他比例标记会放置到图像上的同一位置并且可能会彼此遮盖，具体取决于它们的长度。要想查看下方的标记，需要关闭比例标记图层组。

19.1.5 标尺工具

在Photoshop中经常使用“标尺工具”绘制线条以测量直线距离和角度。单击工具箱中的“标尺工具”按钮或选择“图像”→“分析”→“标尺工具”命令，在画布中单击并拖动鼠标绘制直线。“标尺工具”的选项栏如图19-6所示。

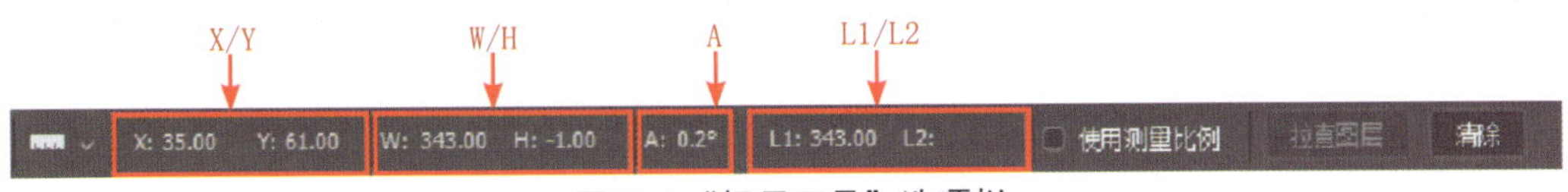

图19-6 “标尺工具”选项栏

- X/Y：起始位置坐标。
- W/H：在X轴和Y轴移动的水平（W）和垂直（H）距离。
- A：相对于轴测量的角度。
- L1/L2：使用量角器时移动的两条直线的长度。
- 使用测量比例：选择该复选框，使用测量比例计算标尺工具数据。
- 拉直图层：在倾斜的图像中绘制一条直线，单击该按钮，可调整图像的水平方向。
- 清除：单击该按钮，可清除画布中使用“标尺工具”绘制的所有直线，并且选项栏中的数值也将被清除。

应用案例　使用“标尺工具”测量地平线角度

源文件：无　　视频：视频\第19章\使用“标尺工具”测量地平线角度.mp4

STEP 01 打开素材图像“素材\第19章\191501.jpg”，如图19-7所示。单击工具箱中的“标尺工具”按钮，鼠标光标变成形状，将光标放在需要测量的起点处，单击并拖动鼠标绘制直线，如图19-8所示。

图19-7 打开素材图像

图19-8 绘制直线

STEP 02 按住【Alt】键，光标会变成形状，如图19-9所示。单击并拖动鼠标沿水平线绘制直线，选项栏中会显示出测量角度，如图19-10所示。

Tips

如果要创建水平、垂直或以45°角为增量的测量线，可按住【Shift】键并拖曳鼠标。创建测量线后，将光标放在测量线的一个端点上，拖动鼠标可以移动测量线的端点，更改测量线的方向。

图19-9 光标效果

图19-10 测量角度

19.1.6 对图像中的对象计数

在Photoshop中可以使用“计数工具”对图像中的对象计数。要对对象手动计数，可以使用“计数工具”单击图像，Photoshop将跟踪单击次数。计数数目会显示在项目上和“计数工具”选项栏中。另外，计数数目会在存储文件时存储。

单击工具箱中的“计数工具”按钮或选择“图像”→“分析”→“计数工具”命令，在画布中单击，其选项栏如图19-11所示。

图19-11 “计数工具”选项栏

- 计数：显示计数数目的总数。
- 计数组：默认情况下，在将计数数目添加到图像时会自动创建计数组。可以创建多个计数组，每个计数组都有自己的名称、标记和标签大小及颜色。
- 切换计数组的可见性：单击该按钮，可以显示或隐藏计数组。
- 创建新的计数组：单击该按钮可创建新计数组。
- 删除当前所选计数组：单击该按钮，可以将当前选择的计数组删除。
- 清除：单击该按钮，可将计数复位到0。
- 计数组颜色：单击该色块，可在弹出的“拾色器（计数颜色）”对话框中更改计数组的颜色。
- 标记大小：输入1～10之间的值，定义计数标记的大小。
- 标签大小：输入8～72之间的值，定义计数标签的大小。

应用案例 对图像中的项目手动计数

源文件：无　　视频：视频\第19章\对图像中的项目手动计数.MP4

STEP 01 打开素材图像“素材\第19章\191601.jpg”，如图19-12所示。单击工具箱中的“计数工具”按钮，在图像中单击以添加计数标记和标签，如图19-13所示。

图19-12 打开素材图像

图19-13 添加计数标记和标签

STEP 02 创建标记和标签后，标记总数还将被记录在“测量记录”面板中，选择“窗口”→“测量记录”命令，在打开的面板中单击“记录测量”按钮，显示记录测量数据，如图19-14所示。

> **Tips**
> 将鼠标指针移到标记或数字上方，当光标变成方向箭头时，单击并拖动鼠标可以移动计数标记。按住【Shift】键可限制为沿水平或垂直方向拖动；按住【Alt】键单击标记可将其删除，总计数会随之更新。

STEP 03 单击选项栏中的“清除”按钮，图像中的标记和标签将被全部清除，但不会更改已记录在“测量记录”面板中的计数。

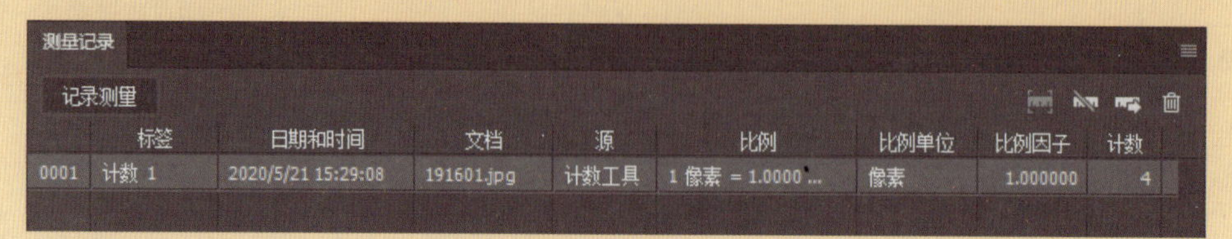

测量记录

记录测量

	标签	日期和时间	文档	源	比例	比例单位	比例因子	计数
0001	计数 1	2020/5/21 15:29:08	191601.jpg	计数工具	1 像素 = 1.0000 ...	像素	1.000000	4

图19-14 “测量记录”面板

应用案例

使用选区自动计数

源文件：无　　　　视频：视频\第19章\使用选区自动计数. mp4

STEP 01 打开素材图像“素材\第19章\191701.jpg”，如图19-15所示。使用“对象选择工具”框选苹果创建选区，如图19-16所示。

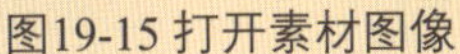

图19-15 打开素材图像

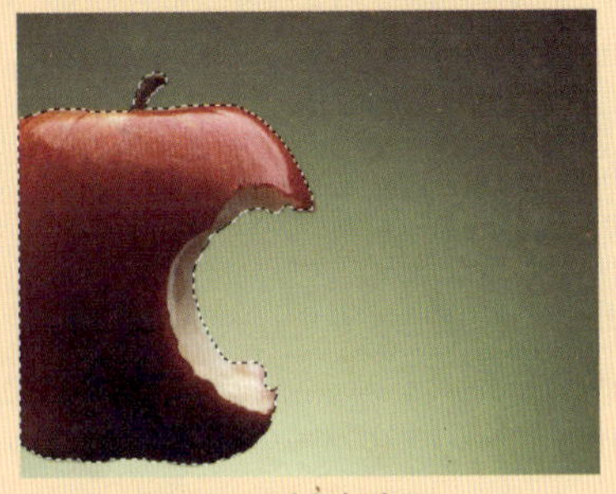

图19-16 创建选区

STEP 02 选择“图像”→“分析”→“选择数据点”→“自定”命令，在弹出的“选择数据点”对话框中设置参数，如图19-17所示。在此采用系统默认设置，直接单击“确定”按钮。

STEP 03 选择“图像”→“分析”→“测量记录”命令，打开“测量记录”面板，可以看到选区的总数已记录在该面板中，如图19-18所示。

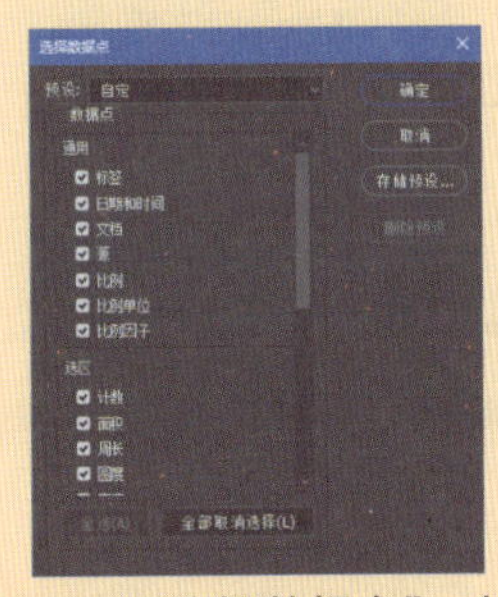

图19-17 “选择数据点”对话框

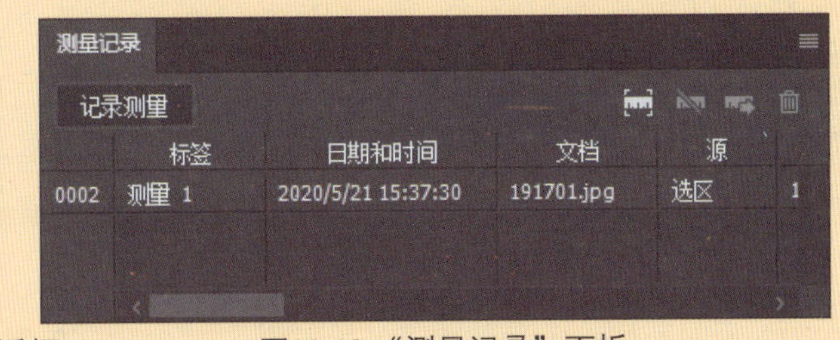

图19-18 “测量记录”面板

19.1.7 “测量记录”面板

当测量对象时，“测量记录”面板会记录测量数据。记录中的每一行表示一个测量组；列表示测量组中的数据点。当测量对象时，“测量记录”面板中就会出现新行。

可以为记录中的列重新排序，为列中的数据排序，删除行或列，或者将记录中的数据导出到逗号分隔的文本文件中。选择“图像”→“分析”→“测量记录”命令，打开“测量记录”面板，如图19-19所示。

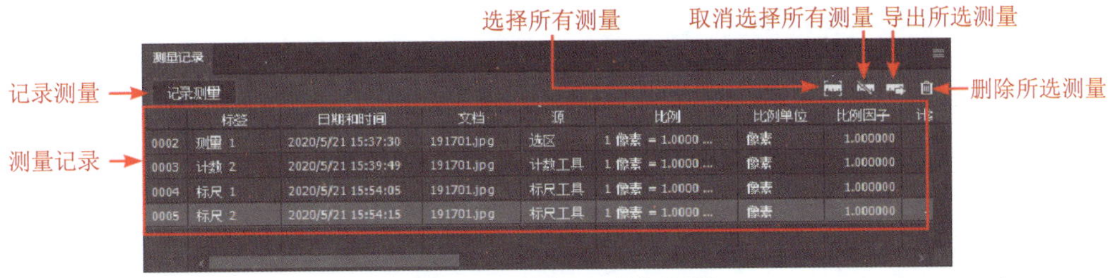

图19-19 “测量记录”面板

- 记录测量：单击该按钮，可在测量记录中输入一个新的测量数据行。
- 测量记录：在图像中的所有测量数据都将收录到该区域中。
- 选择所有测量：单击该按钮，可选中所有测量记录。
- 取消选择所有测量：单击该按钮，可取消测量记录的选择状态。
- 导出所选测量：单击该按钮，可将选择的测量记录导出到逗号分隔的UTF-8文本文件中，并且可以在弹出的“存储”对话框中选择存储位置。
- 删除所选测量：单击该按钮，可将选择的测量记录删除。

Tips

测量记录包含多个列，这些列与在“选择数据点”对话框中选定的每个数据点相对应。每一次测量都会在“测量记录”面板中输入一个新的数据行。

Tips

如果测量图像上的多个选定区域，则会在记录中创建一行数据以包含所有选定区域的摘要或累计数据，并在该行后面为每个选区创建一行数据。每个选区在记录的“标签”列中被作为单独的“特征”列出，并分配一个唯一的编号。

19.2 图像打印

当完成图像的编辑与制作，或是完成其他设计作品的制作之后，为了方便查看作品的最终效果或查看作品中是否有误，可以直接在Photoshop中完成最终结果的打印与输出。此时，用户需要将打印机与计算机连接，并安装打印机驱动程序，使打印机能够正常运行。

19.2.1 打印设置

为了能够精确地在打印机上输出图像，除了要确认打印机正常工作外，用户还要根据需要在Photoshop中进行相应的页面设置。

选择“文件”→“打印”命令，在弹出的“Photoshop打印设置”对话框中单击“打印设置”按钮，弹出“打印机文档属性”对话框，选择“布局”选项卡，如图19-20所示，在其中可以设置打印方向、页面格式和打印质量等选项。

图19-20 设置文档属性

Tips

单击该对话框中的“高级”按钮，在弹出的对话框中可以设定纸张规格。

19.2.2 设置打印选项

完成页面设置以后，用户还可以根据需要对打印的内容进行设置，如是否打印出裁切线、图像标题和套准标记等内容。

选择“文件”→“打印”命令，或按【Ctrl+P】组合键，弹出“Photoshop打印设置”对话框，如图19-21所示。在其中可以预览打印作业，并可以对打印机、打印份数、输出选项和色彩管理等选项进行相应的设置。

图19-21 “Photoshop打印设置”对话框

- 打印机设置：用来对打印机进行基本设置。
- 打印机：可以在下拉列表框中选择打印机。
- 份数：用来设置要打印的份数。
- 打印设置：单击该按钮，在弹出的对话框中选择“页设置”，对页面进行设置。
- 版面：用来设置在打印预览中的显示方式，选中“横向”按钮，图像将以横向的方式显示，选中“纵向”按钮，图像将以纵向的方式显示。
- 位置：用来设置图像在打印纸张中的位置。
- 居中：选择该复选框，图像将位于打印区域的中心，该选项为系统默认选中状态。当拖动图像时，将自动取消选择“居中”复选框。
- 顶/左：当取消选择“居中”复选框时，可以在“顶”和“左”文本框中输入数值定位图像。
- 缩放后的打印尺寸：用来设置图像缩放打印尺寸。
- 缩放：用来设置图像的缩放比例。如果在“页面设置”对话框中设置了缩放百分比，则“打印设置”对话框可能无法反映“缩放”“高度”和“宽度”的准确值。
- 高度/宽度：可以自行设置图像的尺寸。
- 缩放以适合介质：选择该复选框，可自动缩放图像至适合的打印尺寸显示在可打印区域。
- 打印分辨率：用来显示打印分辨率。
- 打印选定区域：选择该复选框，在预览框中的图像将显示定界框，调整定界框可控制打印范围。
- 打印标记：可在图像周围添加各种打印标记。只有当纸张大小比打印图像尺寸大时，才可以打印出对齐标志、裁切标志和标签等内容。
- 角裁剪标志：选择该选复选框，可以在图像的4个角上打印裁剪标记。
- 中心裁剪标志：选择该复选框，可以在图像四周中心位置打印出中心裁剪线，以便对准图像中心。
- 套准标记：选择该复选框，可在图像四周打印出对准标记，这些标记主要用于对齐分色。
- 说明：选择该复选框，可将文件题注打印出来。单击“编辑”按钮，在弹出的“编辑说明”对话框中，可以设置说明文字。
- 标签：选择该复选框，可打印图像的文件名称和通道名称。
- 函数：用来控制打印图像外观的其他选项。
- 药膜朝下：选择该复选框，可以使感光层位于胶片或相纸的背面，即背对着感光层时文字可读。通常情况下，采用药膜朝下的方式打印。
- 负片：选择该复选框，可以输出图像的反相。
- 背景：用于选择要在页面上的图像区域外打印的背景色。单击该按钮，可在弹出的“拾色器”对话框中选择其他颜色。
- 边界：用于在图像周围打印一个黑色边框。
- 出血：用于在图像内而不是在图像外打印裁切标记。当为图像设置出血后，打印标记将显示在出血值以外的地方。

在“Photoshop打印设置”对话框中展开“色彩管理”选项，如图19-22所示，在其中可以设置如何调整色彩管理以获得最好的打印效果。

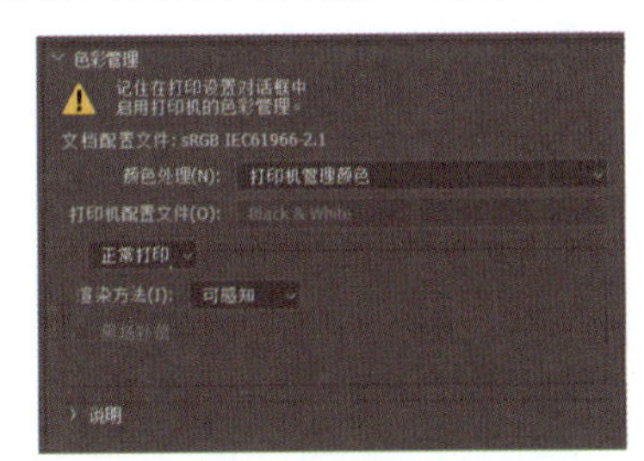

图19-22 “色彩管理”选项

- 颜色处理：确定是否使用色彩管理。若使用，需要确定将其用在应用程序中还是打印设备中。
- 打印机配置文件：可选择适用于打印机和将要使用的纸张类型的配置文件。
- 打印方式：包括两个选项，用户可以根据需要选择不同的打印方式。
- 正常打印：在“渲染方法”下拉列表框中，选择一种用于将颜色转换为打印颜色空间的渲染方法。
- 印刷校样：选择该选项时，可选择以本地方式存在于硬盘驱动器上的自定校样，以及模拟颜色在模拟设备的纸张上的显示效果，模拟设备的深色亮度。

19.3 输出图像

输出图像一般有3种输出方式，即印刷输出、网络输出和多媒体输出。在输出图像时注意以下几个问题，即图像分辨率、图像文件尺寸、图像格式和色彩模式。本节将详细介绍在不同形式下输出图像时对图像的基本要求。

19.3.1 印刷输出

在印刷输出一些设计作品时，有较高的专业需求，即要保证文件的尺寸、颜色模式和分辨率等符合印刷的标准。一般来说，在印刷输出图像前要注意以下几个问题。

- 分辨率：分辨率对保证输出文件的质量而言非常重要。但是要注意的是图像分辨率越大，图像文件则越大，所需要的内存和磁盘空间也就越多，所以工作速度也越慢。下面将列出一些标准输出格式的分辨率。
  - 封面的分辨率最少要有300dpi（像素/英寸）。
  - 报纸采用扫描分辨率为125dpi~170dpi。针对印刷品图像，设置分辨率为网线的1.5~2倍，报纸印刷用85lpi。
  - 网页的分辨率一般为72dpi。
  - 杂志/宣传品采用扫描分辨率为300dpi，因为杂志印刷用133lpi或150lpi。
  - 高品质书籍采用扫描分辨率为350dpi~400dpi，因为大多数印刷精美的书籍在印刷时采用175lpi~190lpi。
  - 宽幅面打印采用的扫描分辨率为75dpi~150dpi，对于大的海报来说，可使用低分辨率，尺寸主要取决于观看的距离。
- 文件尺寸：印刷前的作品尺寸和印刷后作品的实际尺寸是不一样的。因为印刷后的作品在四周都会被裁去大约3mm的宽度，这个宽度就是所谓的“出血”。
- 颜色模式：印刷输出的过程通常为：将制作好的图像输出成胶片，然后用胶片印刷出产品。为了能够使印刷的作品有一个好的效果，在出胶片之前需要先设定图像格式和颜色模式。CMYK模式是针对印刷而设计的模式，所以不管是什么模式的图像都需要先转换成CMYK模式。
- 文件格式：在印刷输出时，还要考虑文件的格式。一般使用最多的就是TIFF格式，这种格式在保存时，可以选择保存成苹果机格式的图像，并且带压缩保存。如果将其转换为JPEG格式，印刷出的作品将暗淡无光，因为JPEG格式的图像会丢失许多肉眼看不到的数据，在屏幕上的效果与印刷出来的效果是截然不同的。

Tips

印刷中的 lpi 是指印刷品在每一英寸内印刷线条的数量。印刷中的 dpi 是指图像中每英寸长度内有多少个像素点。

19.3.2 网络输出

网络输出相对于打印输出来说，主要是受带宽和网速的影响，一般来说要求不是很高。下面列举几个网络输出时需要注意的问题。

- 分辨率：采用屏幕分辨率即可（一般为72像素/英寸）。
- 图像格式：主要采用GIF、JPEG和PNG格式。目前使用最多的是JPEG格式，GIF格式文件最小，PNG格式稍大些，而JPEG格式介于两者之间。
- 颜色模式：一般建议图像模式为RGB，由于网络图像是在屏幕上显示的，本质上没有太大要求。
- 颜色数目：选择一种网络图像格式后，可以根据需要对图像的颜色数目进行限制。

如果想要进行网络输出，只需选择“文件”→“导出”→“存储为Web所用格式（旧版）”命令，弹出“存储为Web所用格式”对话框。在其中可以根据需要对图像进行相应的优化设置。设置完成后，单击“完成”按钮，即可完成网络输出。

19.3.3 多媒体输出

多媒体输出与印刷输出和网络输出相比，它的输出要求主要受显示终端和制作软件的影响。多媒体输出多指将图像用于制作短视频、动态Logo或图片广告。

如果用户选择使用专业的视频编辑软件输出多媒体，如会声会影或After Effects等，表示用户对多媒体的展示效果具有较高要求，这时输出的多媒体文件应使用TGA格式。

Tips 什么是 TGA 格式？

TGA 是由美国 Truevision 公司为其显卡开发的一种图像文件格式，它拥有 BMP 图片格式的图像质量，同时还兼顾了 JPEG 图片格式的体积优势。因为兼具体积小和效果清晰的特点，现在常被用作影视动画和广告图像或视频的输出格式。

当用户选择使用移动端的App或图像制作软件（如Photoshop和Illustrator等）输出多媒体文件时，可以选择JPEG、PNG或GIF等输出格式。

19.4 陷印

陷印是指一个色块与另一色块的衔接处要有一定的交错叠加，以避免印刷时露出白边，因此也称补露白。

在设置陷印时，图像的模式必须是CMYK模式的图像。所以在执行“陷印”命令之前必然要把图像模式转换为CMYK模式。如果当前图像是CMYK模式，则直接选择“图像”→“陷印”命令即可。

选择“图像”→“模式”→CMYK命令，弹出提示对话框，如图19-23所示，单击“确定”按钮，选择“图像”→“陷印”命令，弹出“陷印”对话框，如图19-24所示，在其中可以设置陷印的宽度等选项。

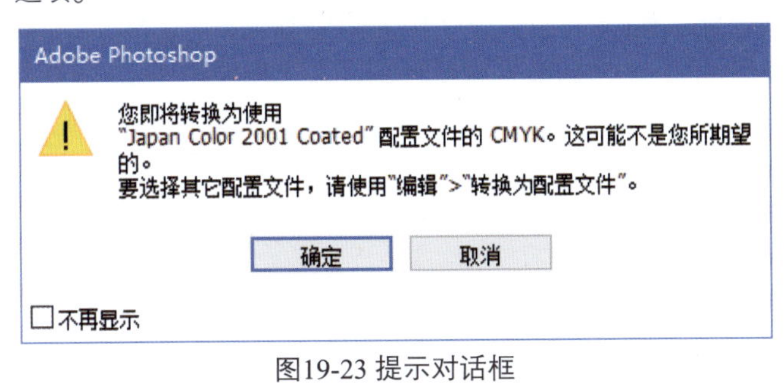

图19-23 提示对话框

图19-24 “陷印”对话框

- 宽度：设置印刷时颜色向外扩张的距离。
- 陷印单位：在下拉列表框中可以选择“像素”“点”或“毫米”作为陷印单位。

陷印是一种叠印技术，它能够避免在印刷时由于没有对齐而使图像出现小的缝隙。图像是否需要陷印一般由印刷商确定，如需陷印，印刷商可告知用户要在“陷印”对话框中输入的数值。

19.5 专家支招

在打印输出图像前，用户要根据不同的需要进行不同的设置，对于不同的印刷用途，需要设置不同的分辨率和打印纸张。

19.5.1 如何设置打印分辨率

Photoshop被广泛应用于数码照片、广告制作和页面制作等不同的行业。根据不同的需要，要设置不同的分辨率。对于婚纱影楼行业，分辨率要设置为300dpi~600dpi；对于广告制作行业，用于印刷的作品的分辨率要大于300dpi，而且格式要转换为CMYK；用于喷绘的作品，分辨率大于40dpi即可；对于网站行业，分辨率只需72dpi即可。

19.5.2 如何根据应用选择纸张

选择输出打印时与输出打印介质有直接关系，不同的输出目的，打印纸张类型也不同。对于婚纱影楼行业，一般选择照片纸，即相纸；对于印刷行业，使用较多的是胶版纸和铜版纸；对于网页输出，采用普通的复印纸即可。

19.6 总结扩展

在制作或编辑完图像之后，图像的打印与输出便是Photoshop编辑图像的最后一道工序。学习完本章知识后，用户需要掌握打印与输出的要领。如果用户将本章的知识结合到实际工作中，将会制作出更多精美的图像。

19.6.1 本章小结

本章主要讲解了图像的打印与输出操作。通过本章的学习，用户需要掌握设置“页面设置”和“打印”选项的方法，了解在输出图像时要注意的问题。用户在输出图像时要结合本章所学的知识，正确地对图像进行打印与输出操作。

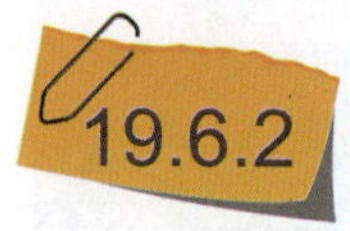

19.6.2 举一反三——制作楼盘海报

案例文件：	源文件\第19章\19-6-2.psd
视频文件：	视频\第19章\制作楼盘海报.mp4
难易程度：	★★★☆☆
学习时间：	30分钟

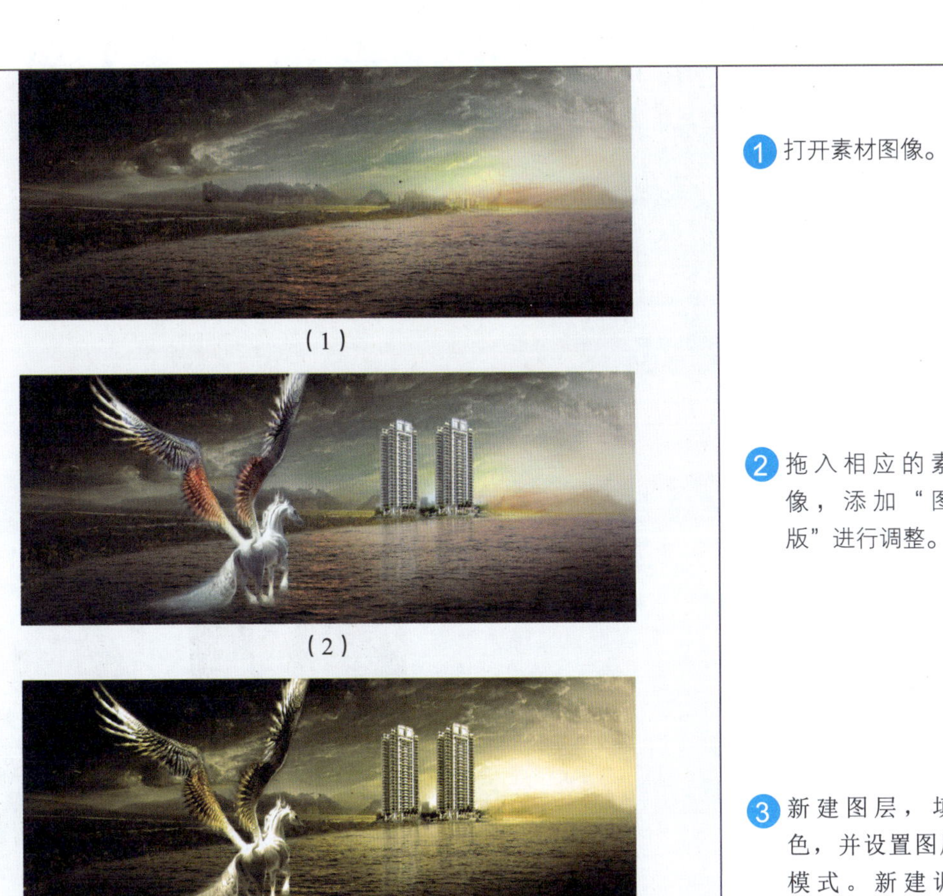

(1)

(2)

(3)

(4)

1 打开素材图像。

2 拖入相应的素材图像，添加“图层蒙版”进行调整。

3 新建图层，填充纯色，并设置图层混合模式。新建调整图层，进行调整。

4 最后输入文字内容，完成本实例的制作。

读书笔记

第20章 设计制作数码照片

本章通过为人物面部细致磨皮、打造梦幻蓝色婚纱照和合成空灵的森林女巫综合案例，使用户在熟练掌握Photoshop操作技巧的同时，了解设计制作数码照片的设计技巧和流程。通过本章的学习，用户需要将软件操作与照片美学相结合，提升个人的鉴赏能力。

本章学习重点

20.1 人物面部细致磨皮

在日常生活照片中，人物写真照占据了大部分，因此，照片的美观性就显得尤为重要。很多人都希望通过对照片的处理，使照片中的人物更加清晰靓丽。图20-1所示为人物图像处理前后的对比效果。

图20-1 原图与处理后的对比效果

源 文 件：源文件\第 20 章\20-1.psd　**教学视频**：视频\第 20 章\人物面部细致磨皮 .mp4

20.1.1 设计分析

本实例将对人物面部进行细致磨皮，首先使用修饰工具在人物脸部进行修饰将人物面部的细纹去除，再对脸部进行模糊处理，使肤色中色块分布不均匀的区域变得平滑，最后通过“应用图像”命令对人物面部的细节进行处理。

20.1.2 制作步骤

STEP 01 打开素材图像“素材\第20章\211201.jpg”，如图20-2所示。打开“图层”板，复制“背景”图层，得到“背景 拷贝”图层，如图20-3所示。

图20-2 打开素材图像

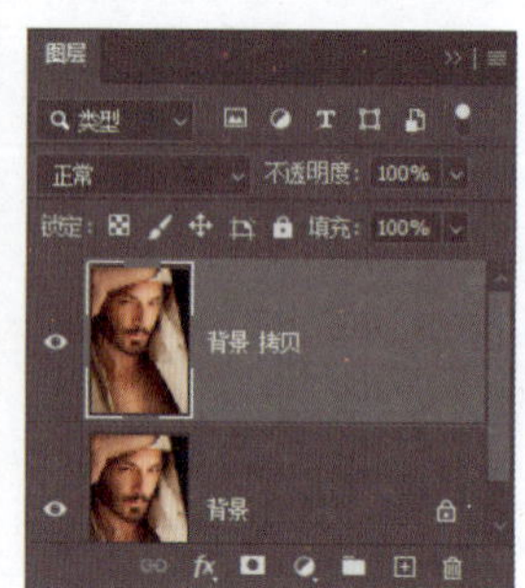

图20-3 复制图层

STEP 02 使用“污点修复画笔工具”在人物眼角处涂抹，将鱼尾纹去除，效果如图20-4所示。使用相同的方法在人物面部其他位置涂抹，完成效果如图20-5所示。

图20-4 修复污点

图20-5 修复其他污点

STEP 03 选择“滤镜”→“模糊”→“高斯模糊”命令，弹出“高斯模糊”对话框，参数设置如图20-6所示。单击“确定”按钮，效果如图20-7所示。

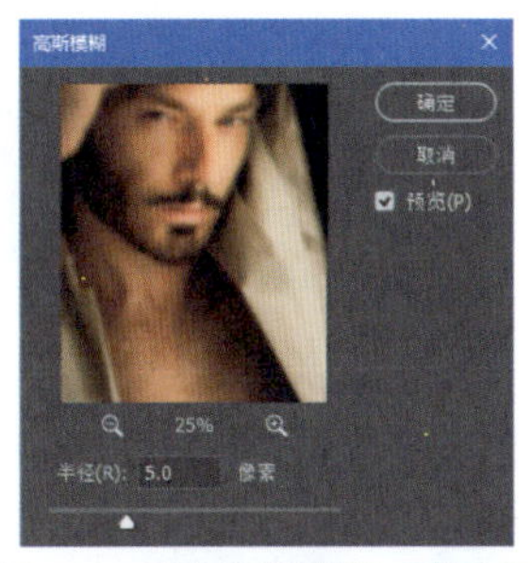

图20-6 “高斯模糊”对话框

图20-7 模糊效果

STEP 04 为该图层添加图层蒙版，单击工具箱中的“画笔工具”按钮，在选项栏中设置合适的笔触，在蒙版中涂抹，如图20-8所示，修改画笔“不透明度”为20%，继续在蒙版中涂抹，如图20-9所示。

图20-8 涂抹蒙版效果

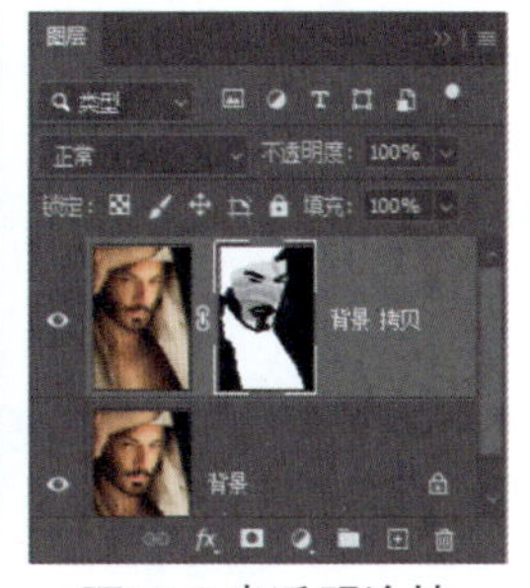

图20-9 半透明涂抹

STEP 05 按【Ctrl+Shift+Alt+E】组合键盖印图层，得到“图层1”图层，设置该图层的“混合模式”为“滤色”，如图20-10所示，图像效果如图20-11所示。

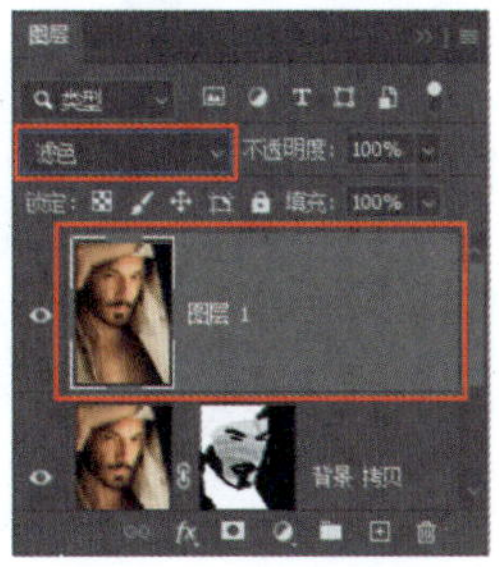

图20-10 盖印图层

图20-11 图像效果

STEP 06 单击“添加图层蒙版”按钮，选择“图像”→“应用图像”命令，弹出“应用图像”对话框，参数设置如图20-12所示。单击“确定”按钮，图像效果和“图层”面板如图20-13所示。

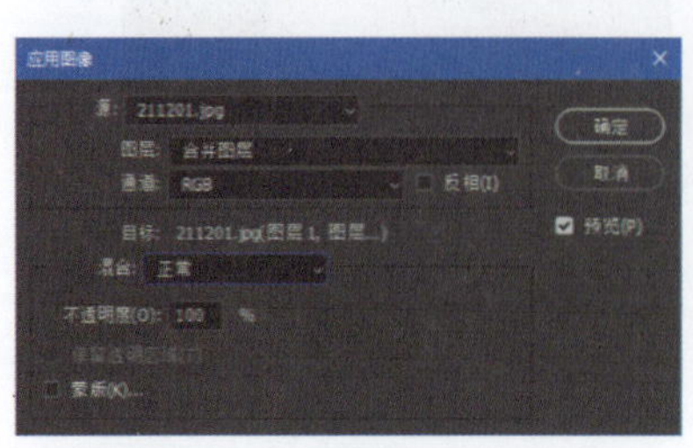

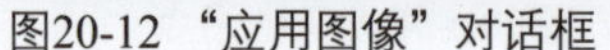

图20-12 “应用图像”对话框　　图20-13 增加图像层次

STEP 07 按【Ctrl+Shift+Alt+E】组合键盖印图层，得到“图层 2”图层。选择“滤镜”→“其他”→“高反差保留”命令，弹出“高反差保留”对话框，参数设置如图20-14所示。将该图层的“混合模式”设置为“柔光”，图像效果如图20-15所示。

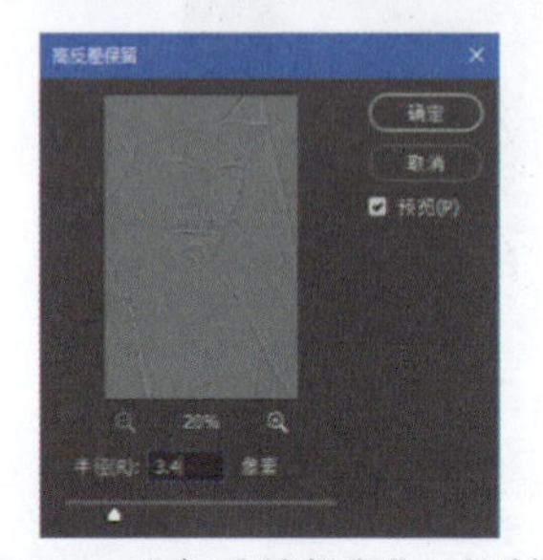

图20-14 “高反差保留”对话框　　图20-15 提高图像清晰度

STEP 08 单击“图层”面板底部的“创建新的填充或调整图层”按钮，在打开的下拉列表框中选择“色相/饱和度”选项，如图20-16所示。添加“色相/饱和度”调整图层，设置“属性”面板中的“饱和度”为−30，如图20-17所示。

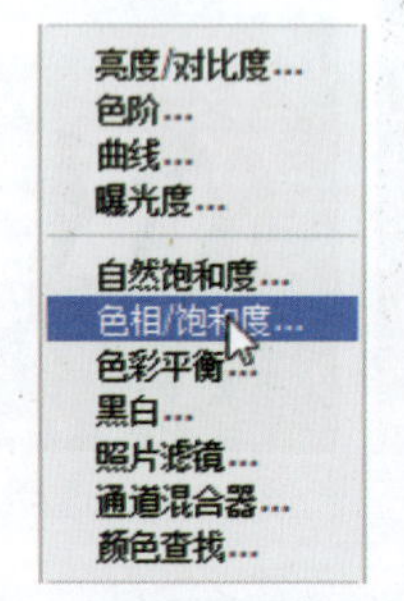

图20-16 添加调整图层　　图20-17 降低图像饱和度

STEP 09 至此，完成人物的面部磨皮效果，观察图像调整前后的对比效果如图20-18所示。

图20-18 磨皮处理前后效果对比

20.2 打造梦幻蓝色婚纱照

一张照片是否足够吸引人，除了图像的构图外，整体的色调也是非常重要的。一张普通的照片，将它调成不同的色调，给人的视觉感受也完全不一样，特别是婚纱照，对照片的品质要求更是严格。

本案例通过打造蓝色梦幻风格的婚纱照效果，带领读者学习如何通过不同的调整命令调整图像色调。图20-19所示为图像处理前后的对比效果。

图20-19 原图与处理后的对比效果

源 文 件：源文件 \ 第 20 章 \20-2.psd　　**教学视频**：视频 \ 第 20 章 \ 打造梦幻蓝色婚纱照 .mp4

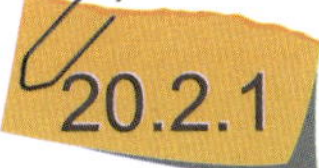

20.2.1 设计分析

本实例中主要通过使用“可选颜色”“照片滤镜”“色相饱和度”及“色阶”等命令，将一张普通的照片打造成蓝色梦幻的婚纱照。由于使用调整命令或多或少都要丢失一些颜色数据，所以在对图像处理之前，需要将“背景”图层复制一份，以避免源数据丢失。

20.2.2 制作步骤

STEP 01 打开素材图像“素材\第20章\212201.jpg”，如图20-20所示，复制“背景”图层，得到“背景 拷贝”图层，如图20-21所示。选择“滤镜”→“模糊”→“高斯模糊”命令，弹出“高斯模糊”对话框，参数设置如图20-22所示。

图20-20 打开素材图像

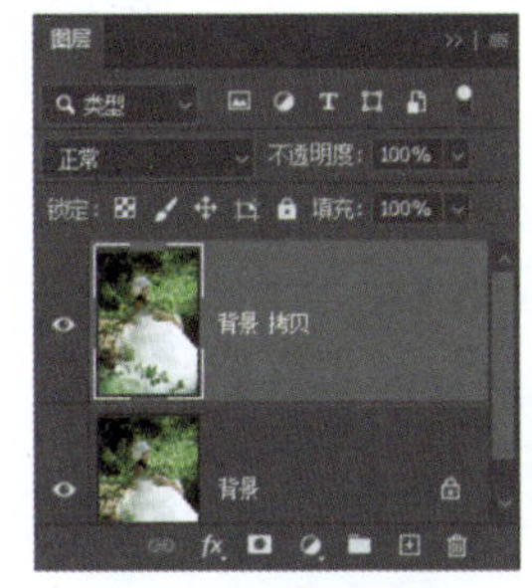

图20-21 复制图层

图20-22 “高斯模糊”对话框

STEP 02 单击“确定”按钮，完成“高斯模糊”对话框的设置。在“图层”面板中设置该图层的“混合模式”为“柔光”，“不透明度”为“60%”，如图20-23所示。

STEP 03 完成“图层”面板的设置，效果如图20-24所示。按【Ctrl+Shift+Alt+E】组合键盖印图层，得到“图层1”图层，如图20-25所示。

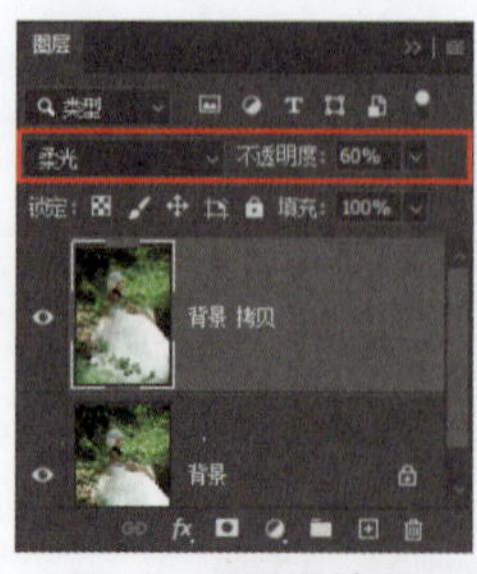

图20-23 柔光效果

图20-24 图像效果

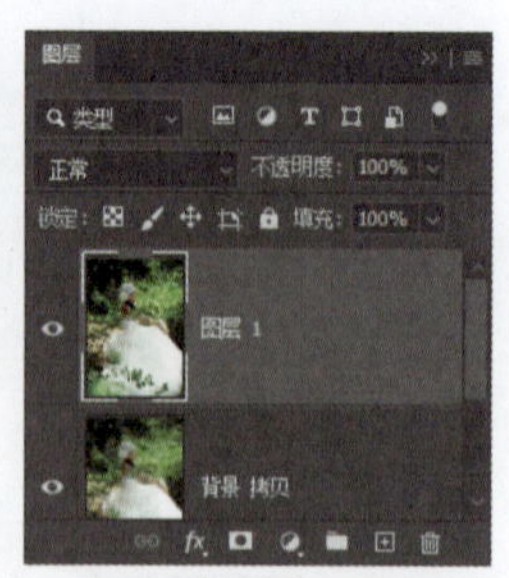

图20-25 盖印图层

STEP 04 打开“通道”面板，选择“绿”通道，按【Ctrl+A】组合键全选，再按【Ctrl+C】组合键复制“绿”通道，如图20-26所示。

STEP 05 选择“蓝”通道，按【Ctrl+V】组合键将“绿”通道粘贴到“蓝”通道中，如图20-27所示。返回RGB通道，按【Ctrl+D】组合键取消选区，效果如图20-28所示。

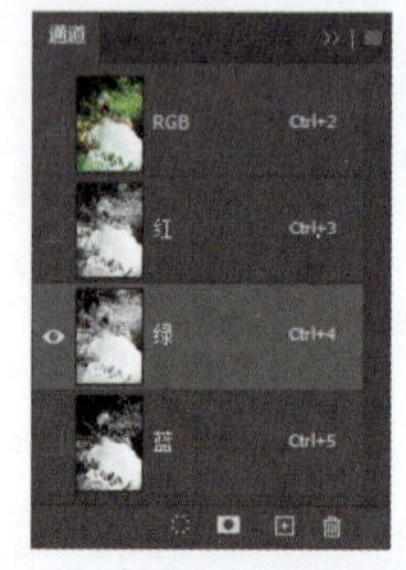

图20-26 复制“绿”通道

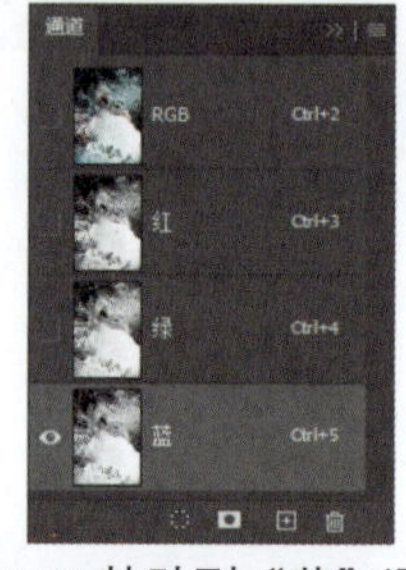

图20-27 粘贴到“蓝”通道中

图20-28 图像效果

STEP 06 选择“图像”→“调整”→“可选颜色”命令，弹出“可选颜色”对话框，在“颜色”下拉列表框中选择“青色”选项，参数设置如图20-29所示，单击“确定”按钮，效果如图20-30所示。选择“图像”→“调整”→“照片滤镜”命令，弹出“照片滤镜”对话框，参数设置如图20-31所示。

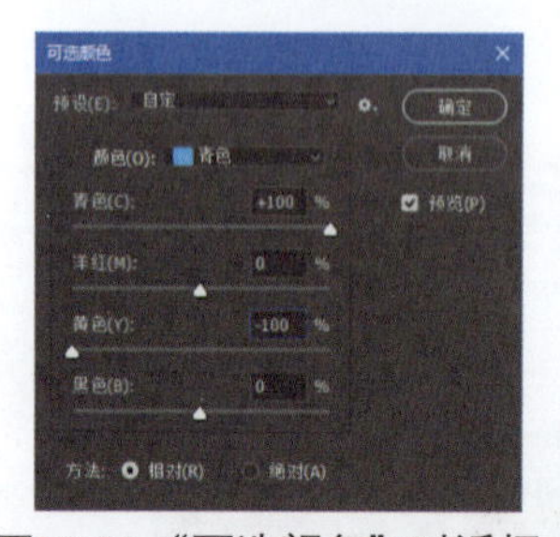

图20-29 “可选颜色”对话框

图20-30 图像效果

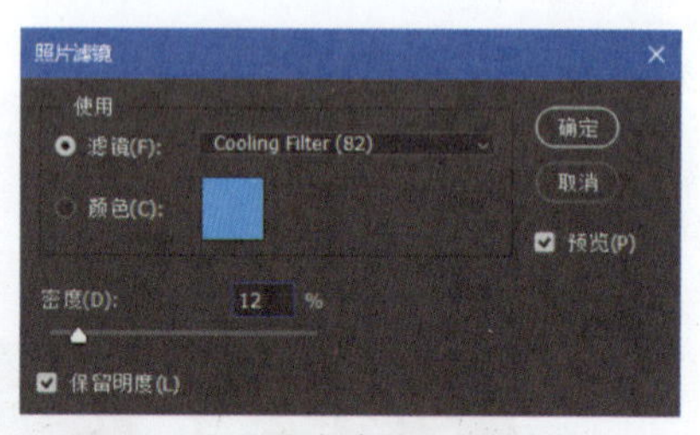

图20-31 “照片滤镜”对话框

STEP 07 单击“确定”按钮，效果如图20-32所示。选择“图像”→“调整”→“色相/饱和度”命令，弹出“色相/饱和度”对话框，参数设置如图20-33所示，单击“确定”按钮，效果如图20-34所示。

图20-32 图像效果

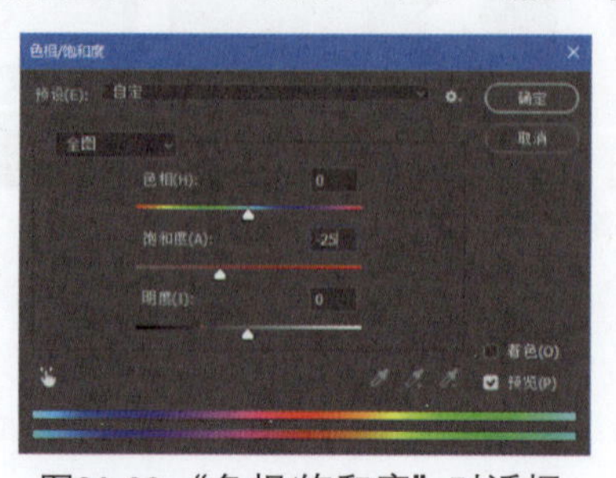

图20-33 “色相/饱和度”对话框

图20-34 图像效果

STEP 08 选择“图像”→“调整”→“色阶”命令，弹出“色阶”对话框，选择RGB通道，参数设置如图20-35所示。再选择“绿”通道并设置参数值，如图20-36所示。单击“确定”按钮，完成“色阶”对话框的调整，效果如图20-37所示。

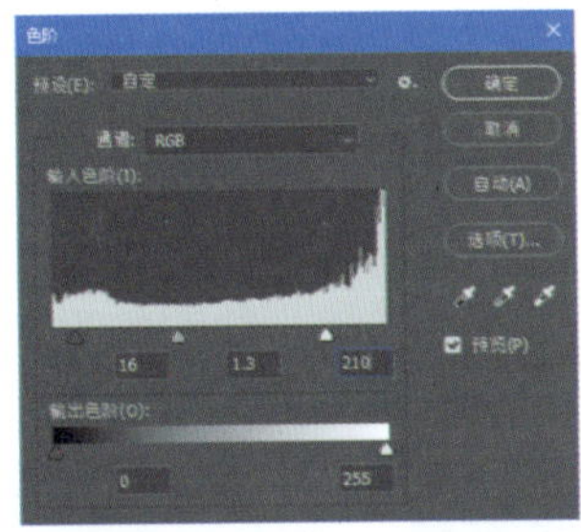

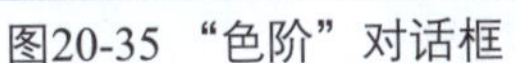
图20-35 “色阶”对话框

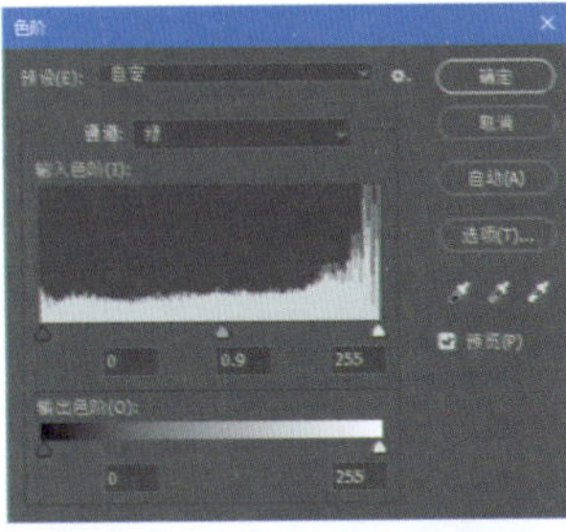

图20-36 设置“绿”通道

图20-37 图像效果

STEP 09 为“图层1”图层添加图层蒙版，单击工具箱中的“画笔工具”按钮，设置合适的画笔大小，并设置前景色为黑色，在图像中将人物涂抹出来，此时的“图层”面板如图20-38所示。至此，完成梦幻蓝色婚纱照的制作，图像处理前后的对比效果如图20-39所示。

图20-38 “图层”面板

图20-39 处理前后效果对比图

20.3 合成空灵的森林女巫

科技飞速发展的今天，拍照对于社会大众来说越来越普遍。使用Photoshop 可以将普通的数码照片与其他素材相结合，创作出令人惊叹的艺术品。本案例就来介绍如何将照片处理出自然空灵的感觉。图20-40所示为图像处理前后的对比效果。

图20-40 原图与处理后的对比效果

源 文 件：源文件\第 20 章\20-3.psd　　**教学视频**：视频\第 20 章\合成空灵的森林女巫.mp4

20.3.1 设计分析

图像合成的制作步骤比较复杂，首先需要将人物图像进行调色，使人物与周围环境光很好地融合在一起。本实例的重点在于绘制人物的头发，绘制时需要注意每缕头发的形状，还要通过调整图层不断调整头发的颜色以强调明暗对比。

20.3.2 制作步骤

STEP 01 打开素材图像“素材\第20章\213201.jpg”，如图20-41所示。新建“曲线”调整图层，在打开的“属性”面板中进行相应的设置，如图20-42所示。

STEP 02 新建“色相/饱和度”调整图层，在打开的“属性”面板中进行相应的设置，如图20-43所示。

图20-41 打开图像

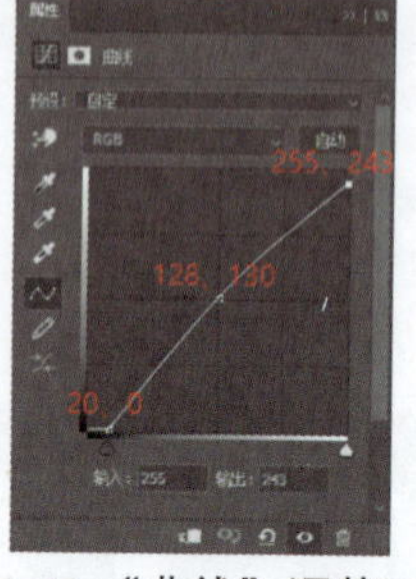

图20-42 “曲线”调整图层　图20-43 “属性”面板

STEP 03 设置前景色为黑色，使用“画笔工具”，选择“色相/饱和度1”调整图层的蒙版并适当涂抹图像，如图20-44所示。新建“选取颜色”调整图层，在打开的“属性”面板中选择“黑色”选项并进行相应的设置，如图20-45所示。

图20-44 涂抹蒙版

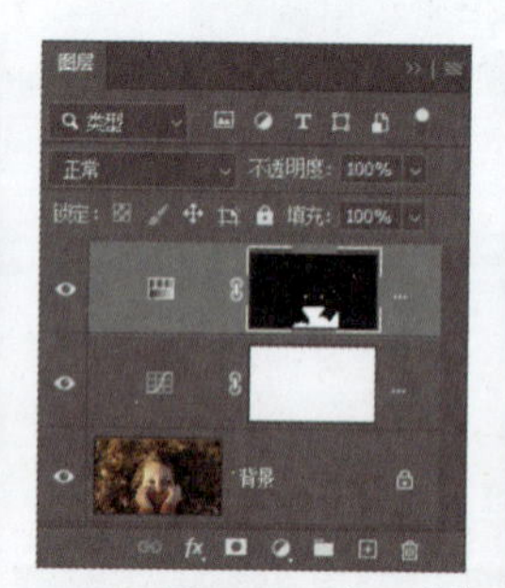

图20-45 “可选颜色”调整图层

Tips

在涂抹蒙版时，也可以设置前景色为黑色，按【Alt+Enter】组合键为图层蒙版填充黑色，再设置前景色为白色，使用“画笔工具”在蒙版中涂抹；或直接为其添加黑色蒙版，再使用白色画笔涂抹图像。

STEP 04 继续在“属性”面板中选择“黄色”和“绿色”选项进行相应的设置，参数如图20-46所示。图像效果如图20-47所示。

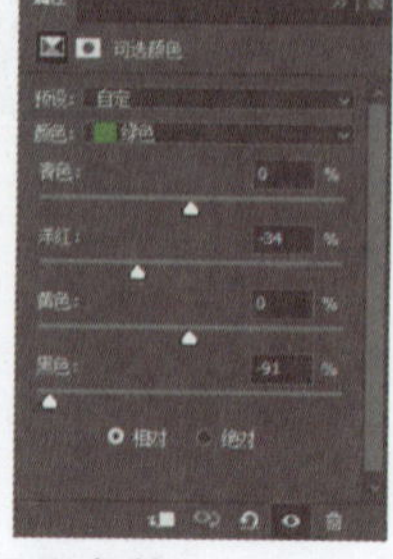

图20-46 设置参数

图20-47 图像效果

STEP 05 打开素材图像“素材\第20章\213202.jpg”，将其拖入设计文档，并按【Ctrl+T】组合键将其调整到合适位置和大小，如图20-48所示。为该图层添加蒙版，设置前景色为黑色，使用“画笔工具”在图像中适当涂抹，如图20-49所示。

图20-48 打开素材图像

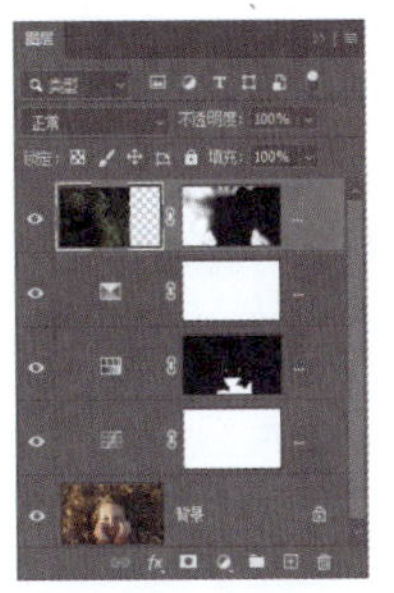
图20-49 涂抹蒙版

STEP 06 按【Ctrl+J】组合键将“图层2”图层进行复制，并按【Ctrl+T】组合键将其调整到合适大小和位置，如图20-50所示。分别设置“前景色”为白色和黑色，使用“画笔工具”，选择“图层2 拷贝”图层的蒙版并适当涂抹图像，如图20-51所示。

图20-50 复制并调整大小和位置

图20-51 涂抹蒙版

STEP 07 使用“加深工具”在选项栏中进行相应的设置，分别对“图层2”和“图层 2 拷贝”图层进行涂抹，如图20-52所示。打开素材图像“素材\第20章\213203.tif”，拖动到设计文档中，按【Ctrl+T】组合键将其调整到合适位置和大小，如图20-53所示。

图20-52 加深图像

图20-53 打开素材图像并调整位置和大小

STEP 08 按【Ctrl+J】组合键复制“图层3”图层，并按【Ctrl+T】组合键将其调整到合适位置和大小，如图20-54所示。使用相同的方法完成相似内容的制作，如图20-55所示。

图20-54 复制并调整位置和大小

图20-55 多次复制并调整位置和大小

STEP 09 打开“图层”面板，按住【Shift】键并分别单击“图层3”和“图层3 副本9”图层，按【Ctrl+G】组合键将所选图层编组，将其重命名为“小花”，如图20-56所示。使用“画笔工具”，导入外部画笔“头发.abr”和“头发1.abr”，并选择相应的笔刷，如图20-57所示。

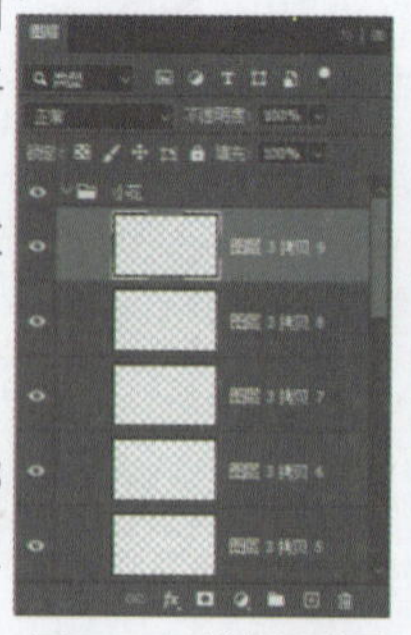
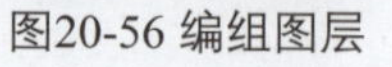
图20-56 编组图层

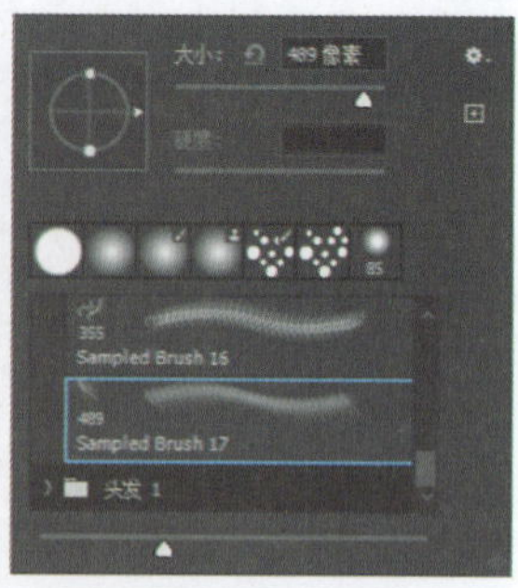

图20-57 导入画笔

STEP 10 新建“图层4”图层，设置“前景色”为RGB（97、50、1），使用“画笔工具”在图像中绘制头发，如图20-58所示。按【Ctrl+T】组合键将绘制的头发调整到合适位置和大小，并为该图层添加蒙版。设置“前景色”为黑色，使用“画笔工具”适当涂抹图像，如图20-59所示。

图20-58 绘制头发

图20-59 涂抹蒙版

STEP 11 使用相同的方法完成相似内容的制作，如图20-60所示。新建“图层12”图层，使用“自由钢笔工具”在画布中绘制路径，如图20-61所示。

图20-60 绘制头发

图20-61 使用“自由钢笔工具”绘制路径

STEP 12 使用“画笔工具”在选项栏中进行相应的设置，打开“路径”面板，单击下方的“用画笔描边路径”按钮，图像效果如图20-62所示。为“图层12”图层添加蒙版，设置“前景色”为黑色，使用“画笔工具”在图像中适当涂抹，如图20-63所示。

图20-62 用画笔描边路径

图20-63 涂抹蒙版

STEP 13 使用相同的方法继续制作其他头发，并新建“可选颜色”调整图层，在打开的“属性”面板中分别选择“红色”“黄色”和“中性色”选项设置参数值，如图20-64所示。

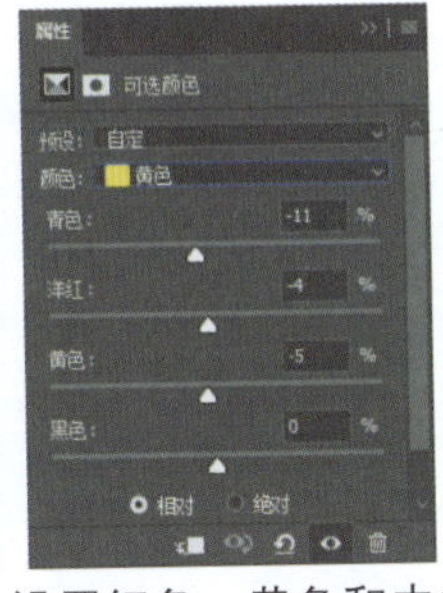

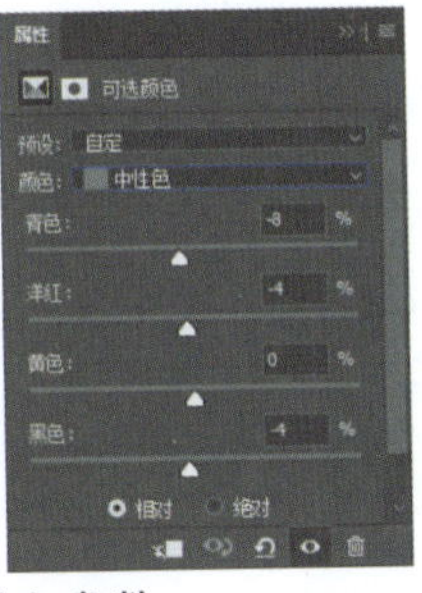

图20-64 设置红色、黄色和中性色参数

STEP 14 设置完成后，关闭“属性”面板，图像效果如图20-65所示。

图20-65 图像效果

第21章 设计制作按钮与图标

本章通过制作网页UI按钮、金属质感图标和皮革牛仔帽图标综合案例，使用户在熟练掌握Photoshop操作技巧的同时，了解按钮与图标的设计规范和流程。通过本章的学习，用户需要将软件应用与行业规范相结合，提升个人的设计能力。

本章学习重点

第 460 页
制作网页 UI 按钮

第 462 页
制作金属质感图标

第466页
制作皮革牛仔帽图标

21.1 制作网页UI按钮

作为UI界面设计的关键部分，图标在UI交互界面的设计中无所不在。随着人们对审美、时尚、趣味的不断追求，图标的样式也不断花样翻新，越来越多精美、新颖、富有创造力和想象力的图标充斥着人们的生活。但是，图标设计不仅要美观、时尚，更重要的是具有良好的实用性。图21-1所示为制作完成后的按钮效果。

图21-1 图像效果

源 文 件：源文件 \ 第 21 章 \21-1.psd　**教学视频**：视频 \ 第 21 章 \ 制作网页 UI 按钮 .mp4

21.1.1 设计分析

本案例将制作一个具有水晶玻璃质感的圆形按钮，在制作时使用了大量的渐变色来表现图像晶莹剔透的质感，操作过程中需要注意圆形阴影及高光的变化和位置。

21.1.2 制作步骤

STEP 01 选择“文件”→“新建”命令，弹出“新建文档”对话框，参数设置如图21-2所示。新建“图层1”图层，使用“渐变工具”，在“渐变编辑器”对话框中设置渐变颜色，并在画布中拖动鼠标填充径向渐变，如图21-3所示。

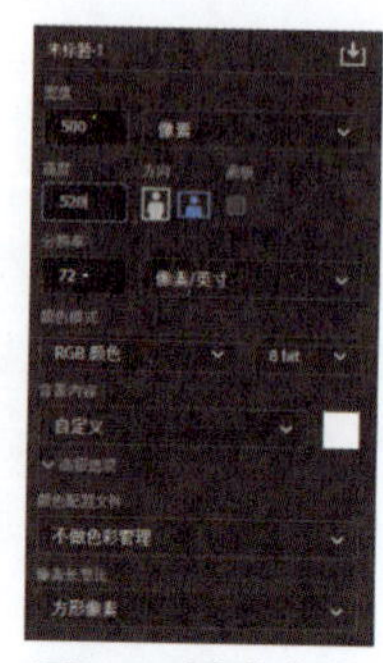

图21-2 新建文件

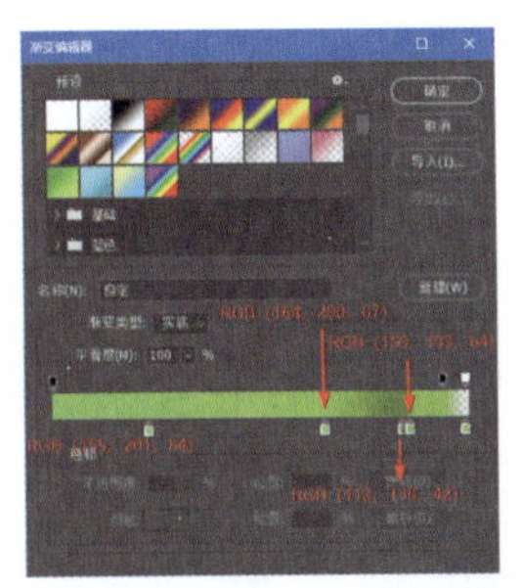

图21-3 设置渐变色和填充径向渐变

STEP 02 新建“图层2”图层，使用“椭圆选框工具”在刚刚绘制的圆形中创建选区，如图21-4所示，并使用“渐变工具”为选区填充相应的线性渐变，如图21-5所示。

图21-4 创建选区

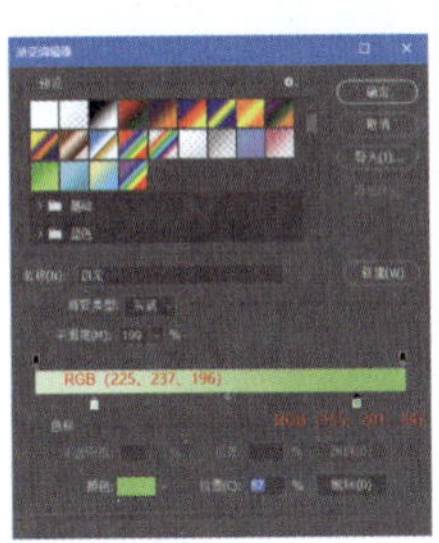

图21-5 填充线性渐变

STEP 03 按住【Ctrl】键并单击“图层1”缩览图，载入该图层选区。选择“选择”→“变换选区”命令，按住【Shift+Alt】组合键对选区进行等比例放大，如图21-6所示。新建“图层3”图层，为选区填充黑色，如图21-7所示。

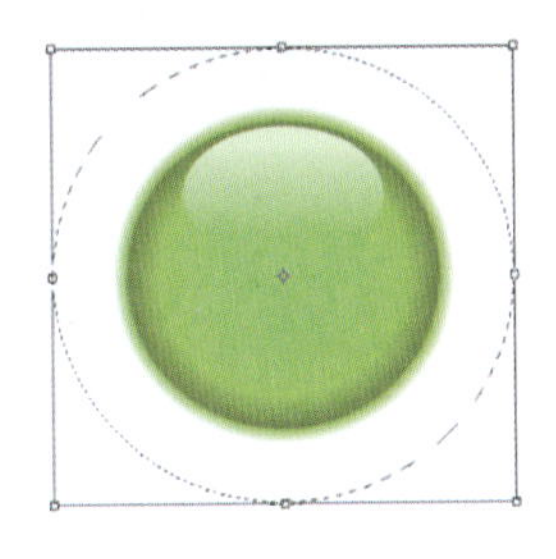

图21-6 变换选区

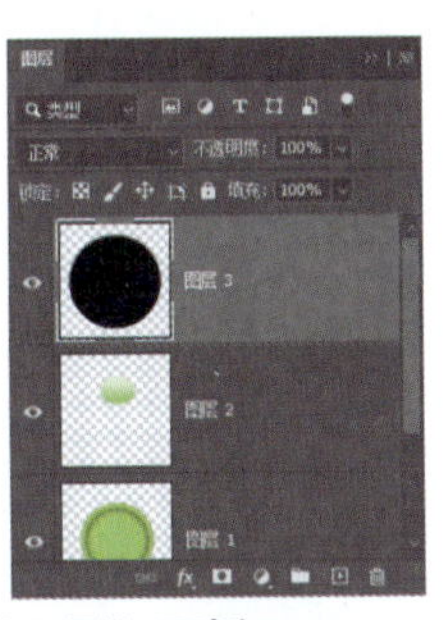

图21-7 填充黑色和“图层”面板

STEP 04 载入“图层1”的选区，对选区进行适当缩放，按【Delete】键将选区内的图像删除，如图21-8所示，再配合“多边形套索工具”将部分内容删除，如图21-9所示。新建“图层4”图层，使用“多边形工具”在画布中绘制三角形，如图21-10所示。

图21-8 删除图像

图21-9 删除部分图像

图21-10 绘制三角形

STEP 05 按【Ctrl+E】组合键将“图层4”向下合并，得到“图层3”图层。双击该图层缩览图，在弹出的“图层样式”对话框中选择“渐变叠加”选项并进行设置，如图21-11所示。设置完成后，单击“确定”按钮，图像效果如图21-12所示。

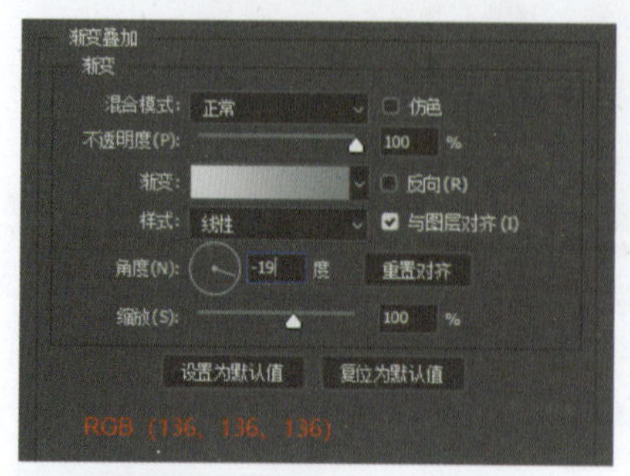

图21-11 “渐变叠加”选项

图21-12 图像效果

STEP 06 使用相同的方法完成其他内容的制作，如图21-13所示，“图层”面板如图21-14所示。选择“图层6”图层，选择“滤镜”→“模糊”→“高斯模糊”命令，在弹出的“高斯模糊”对话框中设置参数值，如图21-15所示。

图21-13 绘制图形

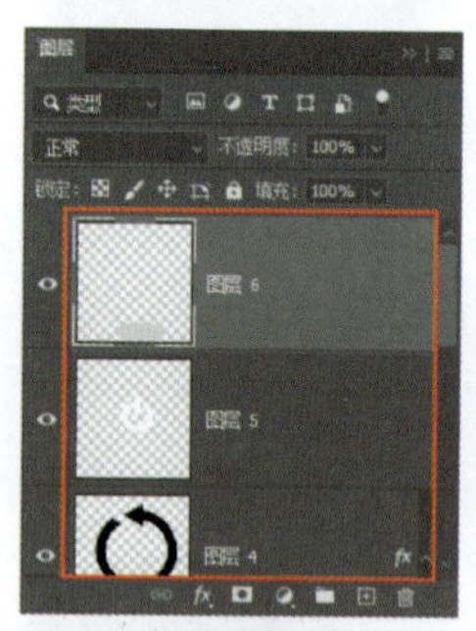

图21-14 “图层”面板

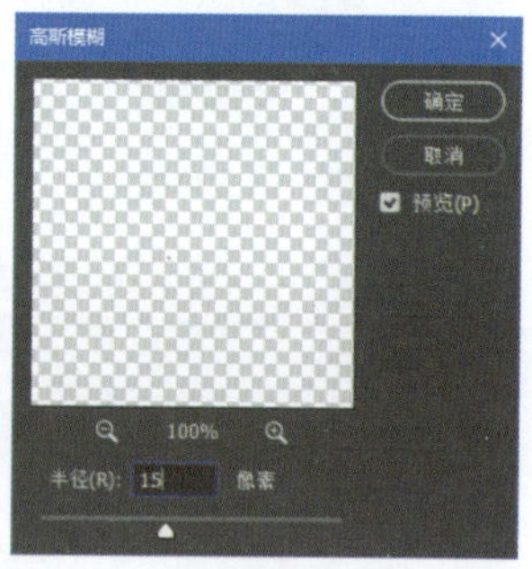

图21-15 “高斯模糊”对话框

STEP 07 设置完成后，单击“确定”按钮，完成按钮的制作。使用相同的方法可以完成其他颜色按钮的制作，如图21-16所示。

图21-16 图像效果

21.2 制作金属质感图标

图标在UI界面中的地位至关重要，一款质感逼真、细节精美的图标往往更容易让用户产生强烈的点击欲望。本案例将制作一枚做工精湛的金属质感雷达图标，矢量形状的绘制和图层样式的应用是本例的关键技能所在。图21-17所示为绘制完成的图标效果。

源　文　件：源文件 \ 第 21 章 \21-2.psd

教学视频：视频 \ 第 21 章 \ 制作金属质感图标 .mp4

21.2.1 设计分析

本案例将制作一个具有逼真金属质感的雷达图标，在制作时大量使用图层样式来表现不同的质感，此外还使用选框工具配合刻画局部光影，强化图标的光泽感和立体感。

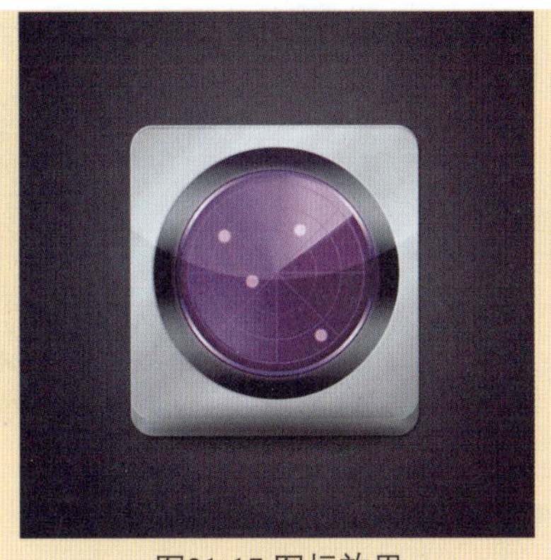

图21-17 图标效果

21.2.2 制作步骤

STEP 01 选择“文件”→“新建”命令，新建一个空白文档，如图21-18所示。打开一幅素材图像，将其移入到设计文档中，如图21-19所示。使用“圆角矩形工具”创建一个“半径”为35像素的任意颜色形状，如图21-20所示。

图21-18 新建文件

图21-19 打开素材图像

图21-20 绘制形状

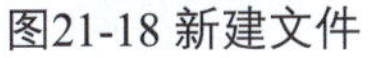

STEP 02 双击该图层缩览图空白区域，弹出“图层样式”对话框，分别选择“内阴影”“渐变叠加”和“投影”选项设置参数值，如图21-21所示。

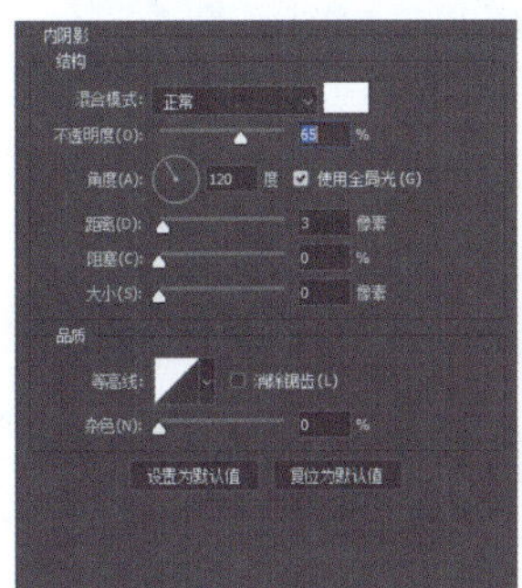

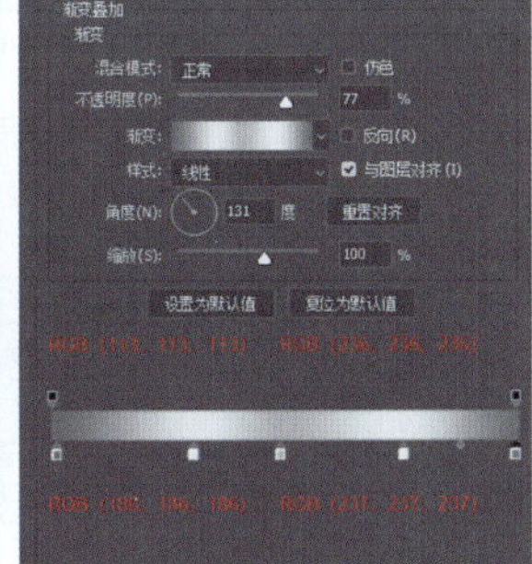

图21-21 设置图层样式参数

STEP 03 设置完成后单击“确定”按钮，效果如图21-22所示。按【Ctrl+J】组合键复制该形状，使用“移动工具”将复制得到的形状向上偏移，如图21-23所示。

STEP 04 在“图层”面板中选择“圆角矩形 1”的“投影”图层样式，将其拖曳到“删除图层”按钮上，如图21-24所示。

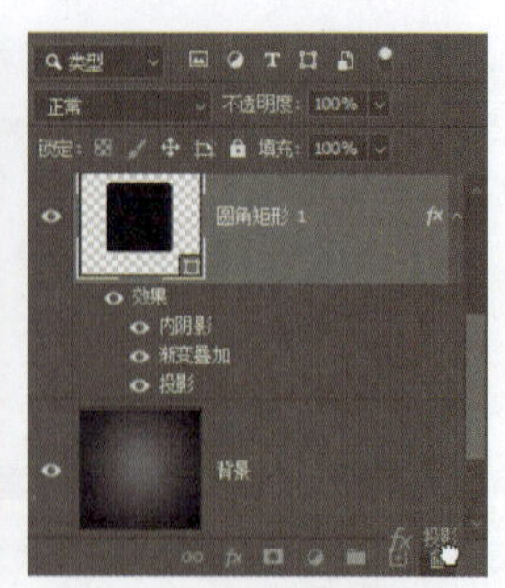

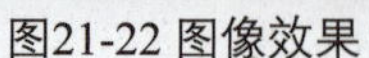

图21-22 图像效果　　图21-23 复制形状　　图21-24 删除图层样式

STEP 05 双击该图层缩览图空白区域，弹出“图层样式”对话框，选择“描边”选项并设置参数值，继续在“图层样式”对话框中选择“图案叠加”选项并设置参数值，如图21-25所示。设置完成后单击“确定”按钮，效果如图21-26所示。

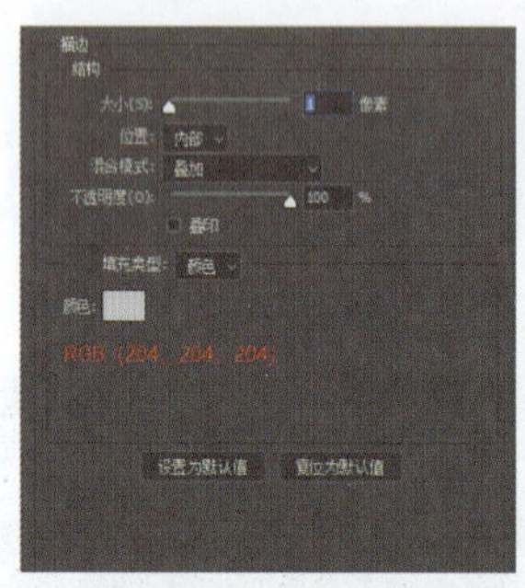

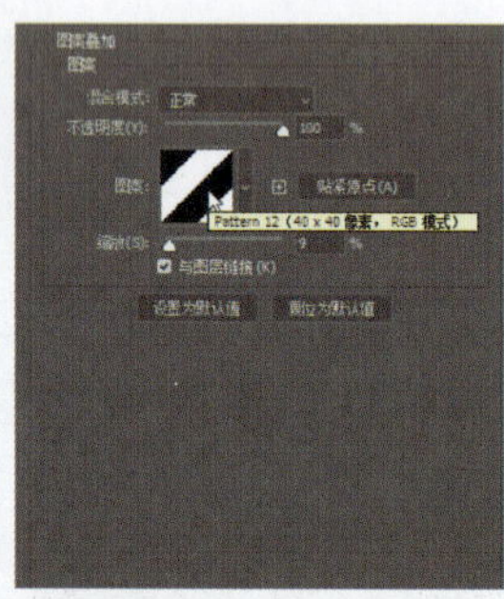

图21-25 设置图层样式参数　　图21-26 图像效果

STEP 06 新建图层，使用“椭圆选框工具”创建“羽化”为4像素的选区，并为选区填充白色，如图21-27所示。使用相同的方法完成“图层2”图层的制作，如图21-28所示。

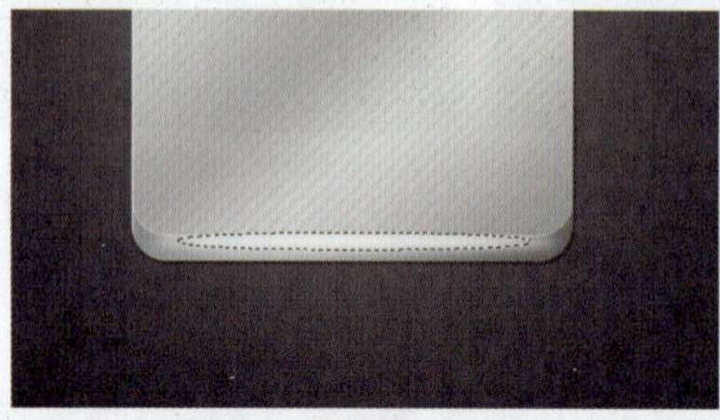

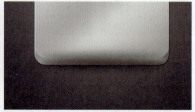

图21-27 绘制高光　　图21-28 绘制阴影

STEP 07 使用“椭圆工具”创建“填充”为RGB（14、15、28）的正圆形，如图21-29所示。双击该图层缩览图空白区域，弹出“图层样式”对话框，选择“描边”和“内阴影”选项并设置参数值，如图21-30所示。

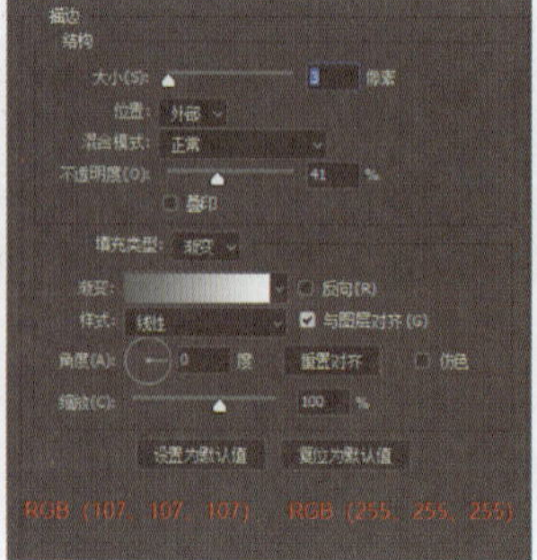

图21-29 绘制正圆形　　图21-30 设置“描边”和“内阴影”参数

STEP 08 继续选择“渐变叠加”和“投影”选项并设置参数值，如图21-31所示，得到如图21-32所示的图形效果。

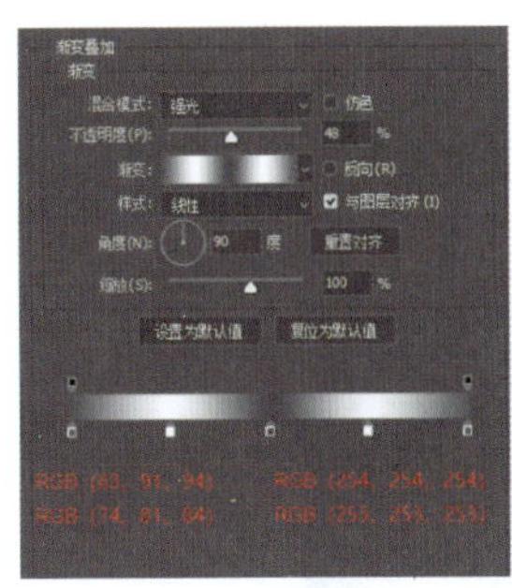
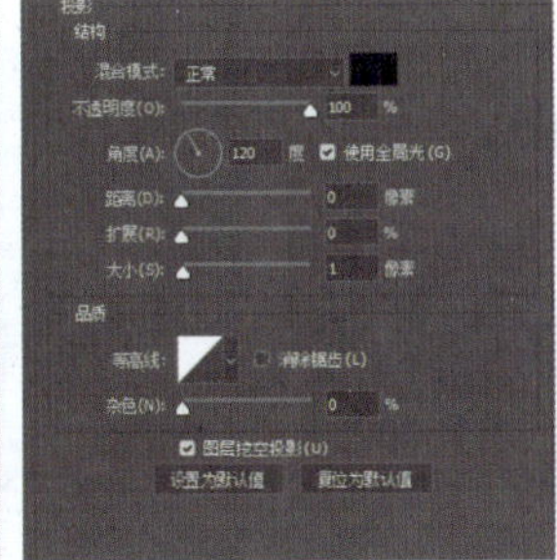

图21-31 设置“渐变叠加”和“投影”参数

图21-32 形状效果

STEP 09 使用“椭圆工具”创建一个白色的正圆形，如图21-33所示。设置“路径操作”为“减去顶层形状”，绘制圆环形状，如图21-34所示。双击该图层缩览图空白区域，弹出“图层样式”对话框，选择“描边”选项并设置参数值，如图21-35所示。

图21-33 绘制正圆形

图21-34 绘制圆环

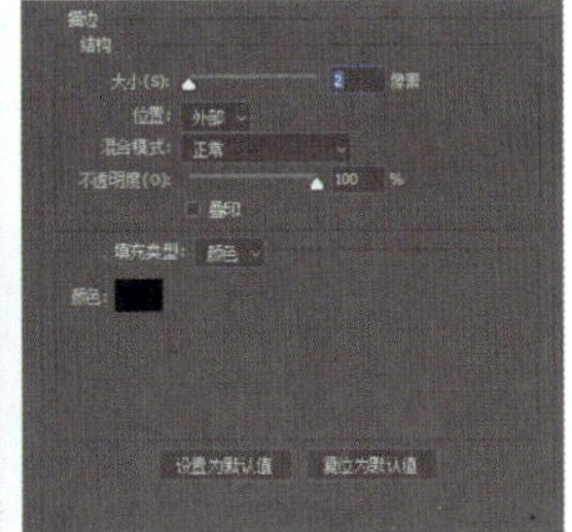

图21-35 设置“描边”参数

STEP 10 单击“确定”按钮，设置该图层的“混合模式”为“叠加”，效果如图21-36所示。使用相同的方法完成相似内容的制作，如图21-37和图21-38所示。

图21-36 图像效果

图21-37 制作其他内容

图21-38 “图层”面板

STEP 11 使用“直线工具”绘制“填充”为RGB（200、57、250）的直线，如图21-39所示。使用相同的方法绘制其他的线条和圆环（可绘制只有“描边”的正圆形来表示圆环），如图21-40所示。

图21-39 绘制直线

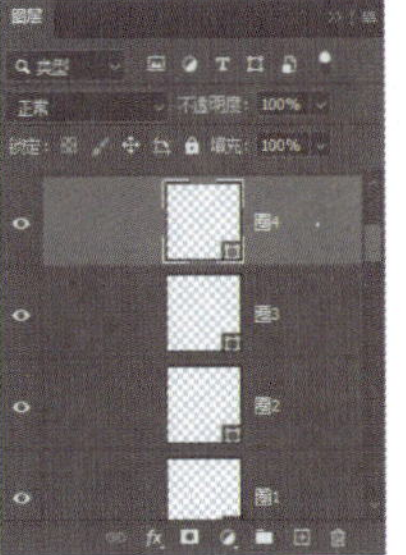

图21-40 绘制其他直线和圆环

STEP 12 使用相同的方法完成其他内容的制作，效果如图21-41所示。分别选择不同的图层，选择“图层”→“编组”命令将其编组，并进行重命名，如图21-42所示。

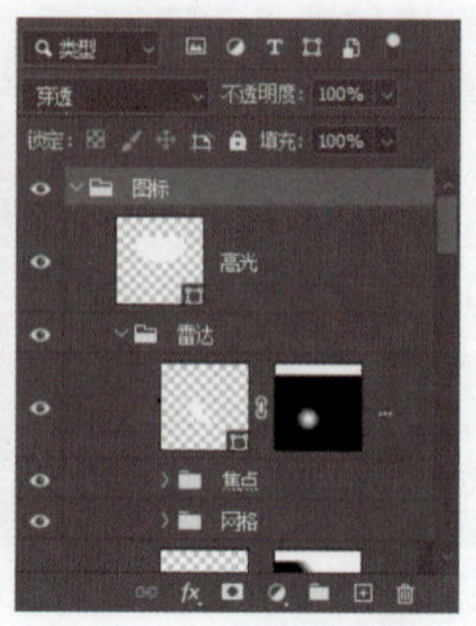

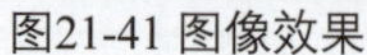

图21-41 图像效果　　图21-42 “图层”面板

21.3 制作皮革牛仔帽图标

Photoshop的绘图功能非常强大，利用Photoshop的绘图功能不仅能够绘制简单的线条，还可以制作出许多令人震惊的画面装饰效果。本案例将利用Photoshop中简单的绘图工具制作逼真牛仔帽，图21-43所示为绘制完成的皮革牛仔帽图标效果。

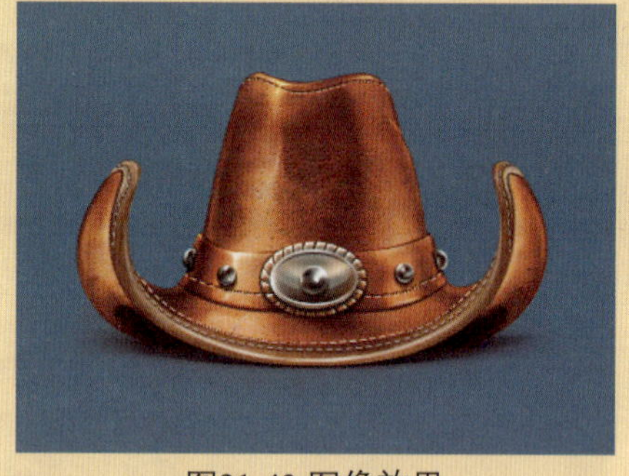

图21-43 图像效果

源 文 件：源文件\第 21 章\21-3.psd　　**教学视频**：视频\第 21 章\制作皮革牛仔帽图标 .mp4

21.3.1 设计分析

本案例制作的是一个具有逼真皮革质感的牛仔帽图标，在制作时主要通过绘制简单的形状配合图层样式，使用“画笔工具”配合图层“混合模式”来刻画局部光影，强化图标的光泽感和立体感。

21.3.2 制作步骤

STEP 01 打开一幅素材图像，如图21-44所示。选择“钢笔工具”，在选项栏中设置“工具模式”为“形状”，在画布中绘制任意颜色的形状，如图21-45所示。

图21-44 打开素材图像

图21-45 绘制形状

STEP 02 打开素材图像“素材\第21章\242201.jpg”，并将其拖入到设计文档中，如图21-46所示。用鼠标右键单击该图层缩览图，在用弹出的快捷菜单中选择“创建剪贴蒙版”命令，图像效果如图21-47所示。

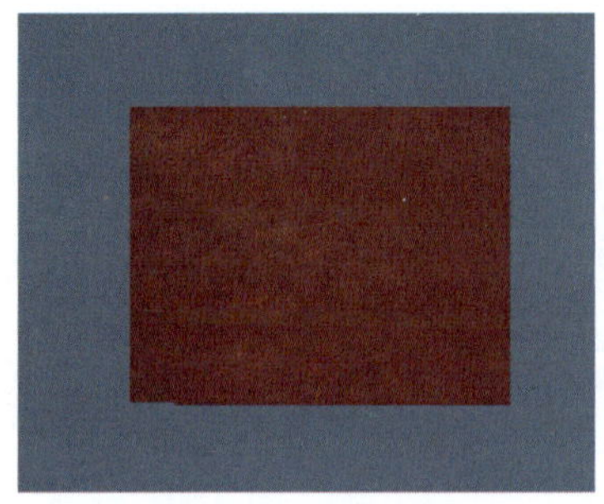

图21-46 打开素材图像

图21-47 创建剪贴蒙版

STEP 03 新建图层，设置“前景色”为白色，单击“画笔工具”按钮，选择一个边缘模糊的画笔笔触在画布中适当涂抹，如图21-48所示。修改该图层的“混合模式”为“柔光”，并为其创建剪贴蒙版，图像效果如图21-49所示。

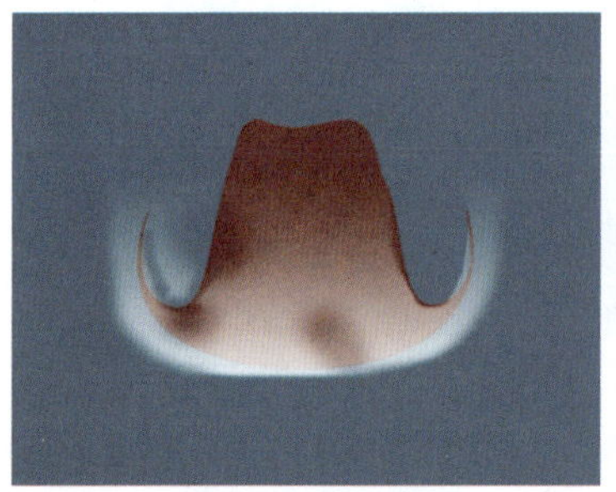

图21-48 涂抹高光

图21-49 图像效果

STEP 04 使用相同的方法新建图层并绘制白色高光，修改混合模式并创建剪贴蒙版，“图层”面板如图21-50所示，图像效果如图21-51所示。

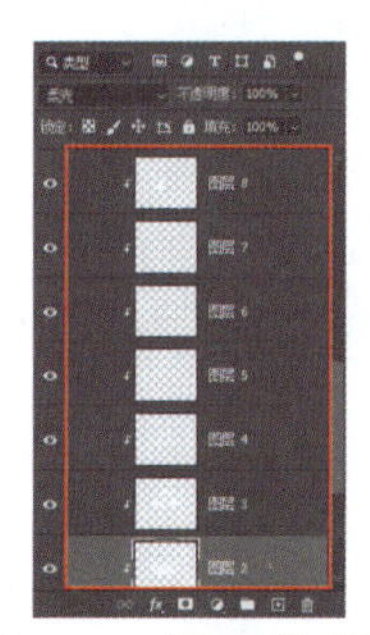

图21-50 “图层”面板

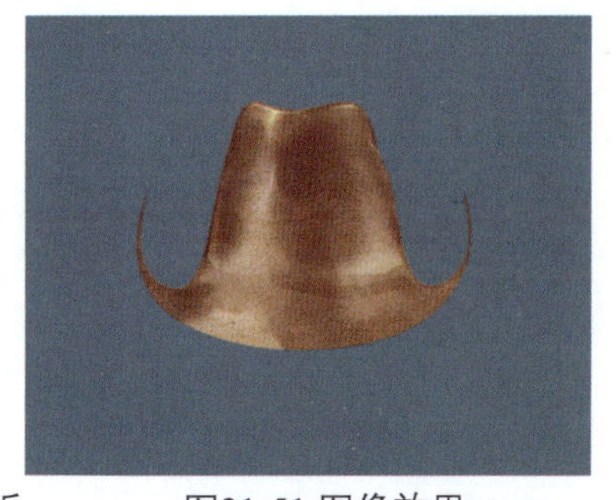

图21-51 图像效果

STEP 05 新建图层，选择“画笔工具”，设置“前景色”为RGB（167、75、24），选择一个边缘模糊的画笔笔触在图像中涂抹，如图21-52所示。修改该图层的“混合模式”为“正片叠底”，并为其创建剪贴蒙版，“图层”面板如图21-53所示。

图21-52 涂抹颜色

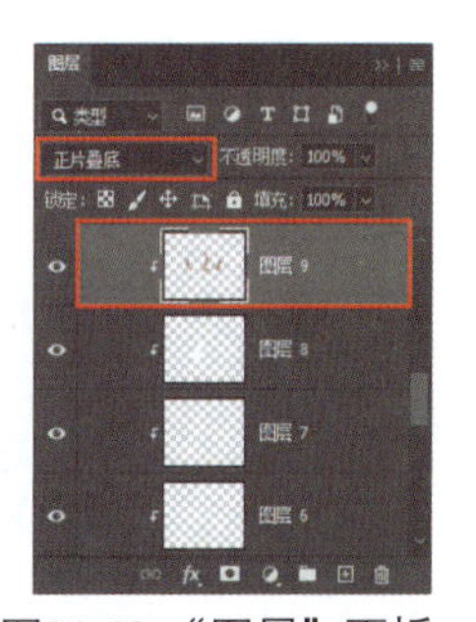

图21-53 “图层”面板

STEP 06 此时的图像效果如图21-54所示。使用相同的方法完成相似内容的制作，效果如图21-55所示。选择“钢笔工具”，设置“填充”为“无”，“描边”为RGB（229、194、168），在帽子顶部绘制虚线，如图21-56所示。

图21-54 图像效果

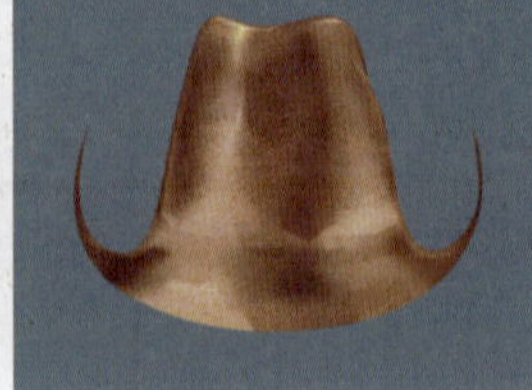
图21-55 图像效果

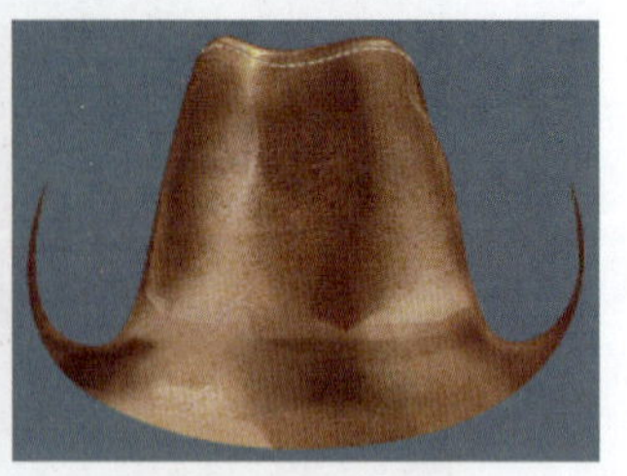
图21-56 绘制虚线

STEP 07 双击该图层缩览图，在弹出的“图层样式”对话框中选择“投影”选项并设置参数，如图21-57所示。设置完成后单击“确定”按钮，并为该图层创建剪贴蒙版，图像效果如图21-58所示。

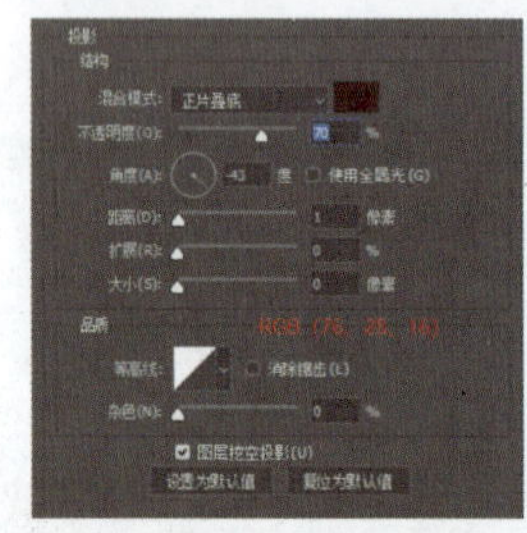
图21-57 设置“投影”参数

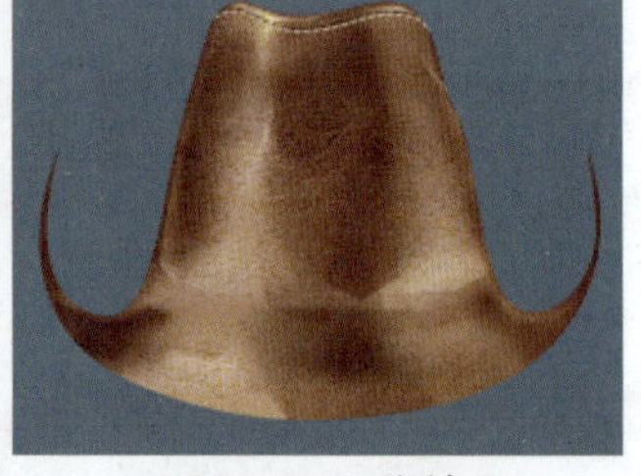
图21-58 图像效果

STEP 08 使用相同的方法完成相似内容的制作，图像效果如图21-59所示。单击“图层”面板底部的“创建新的填充或调整图层”按钮，在打开的下拉列表框中选择“色相/饱和度”选项，打开“属性”面板，设置参数，如图21-60所示。使用相同的方法创建“曲线”调整图层，“属性”面板设置如图21-61所示。

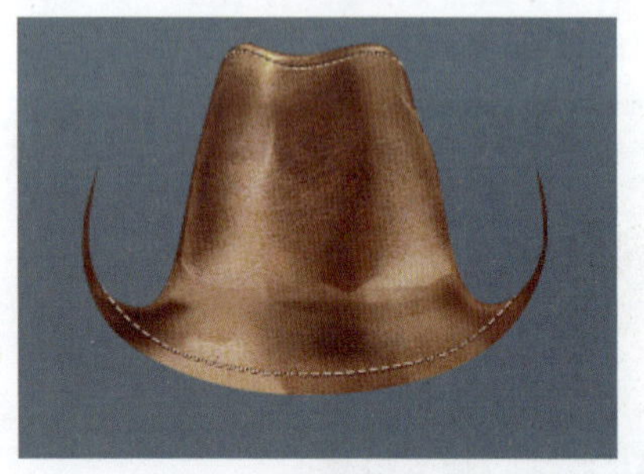
图21-59 图像效果

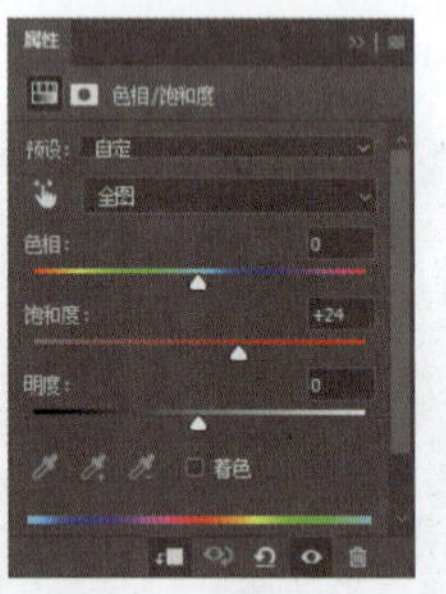
图21-60 “色相/饱和度”调整图层

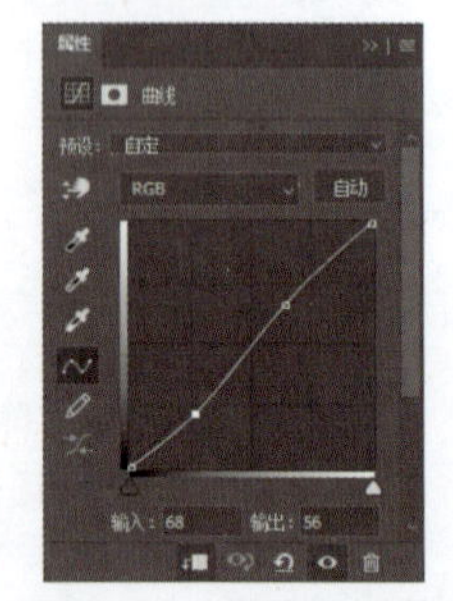
图21-61 “曲线”调整图层

STEP 09 使用“钢笔工具”在画布中绘制“填充”为RGB（161、71、49）的形状，如图21-62所示。打开“图层样式”对话框，选择“内阴影”选项并设置参数，如图21-63所示。

图21-62 绘制形状

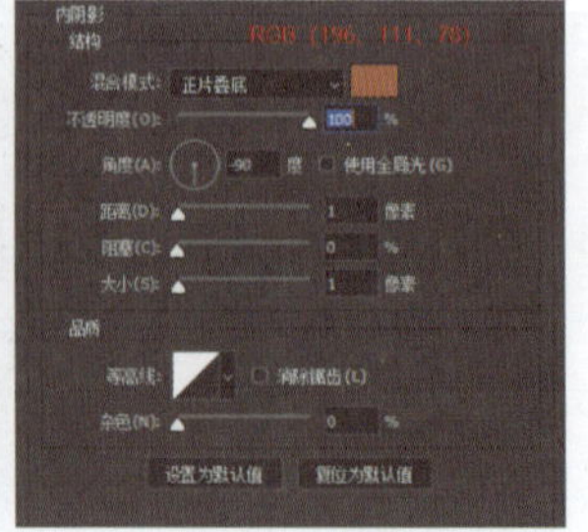
图21-63 设置“内阴影”参数

STEP 10 设置完成后单击“确定”按钮，复制“图层1”图层至“图层”面板最上方，适当调整图像位置，并为其创建剪贴蒙版，图像效果如图21-64所示，“图层”面板如图21-65所示。使用前面介绍的方法完成相似内容的制作，图像效果如图21-66所示。

图21-64 图像效果

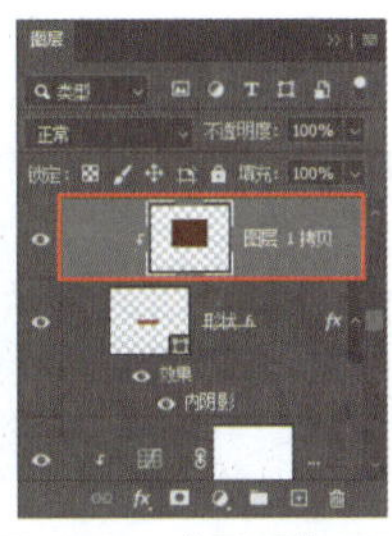
图21-65 “图层”面板

图21-66 绘制虚线

STEP 11 使用“椭圆工具”在画布中创建一个黑色的椭圆，如图21-67所示。双击该图层缩览图，在弹出的“图层样式”对话框中选择“内阴影”选项并设置参数，如图21-68所示。

STEP 12 设置完成后单击“确定”按钮。使用“钢笔形状”在画布中绘制“填充”为RGB（88、77、65）的形状，如图21-69所示。

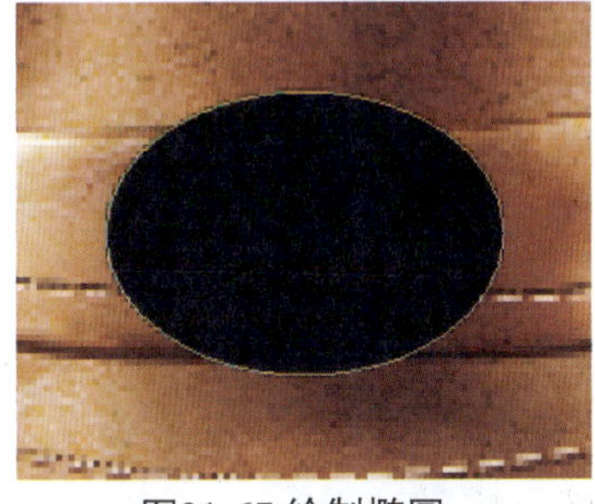
图21-67 绘制椭圆

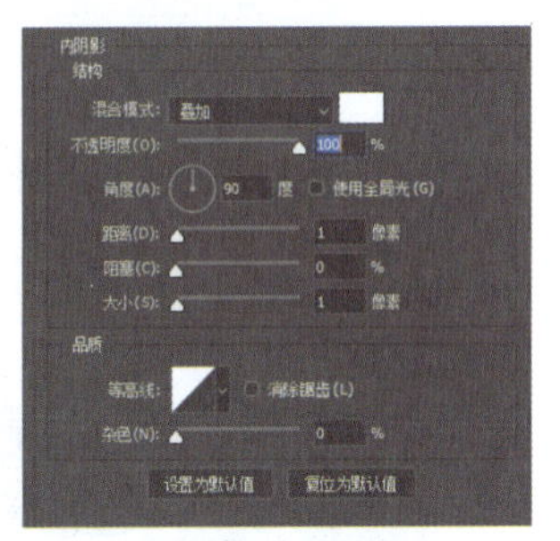
图21-68 设置“内阴影”参数

STEP 13 双击该图层缩览图，在弹出的“图层样式”对话框中选择“描边”选项并设置参数值，如图21-70所示。选择“内阴影”选项并设置参数值，如图21-71所示。

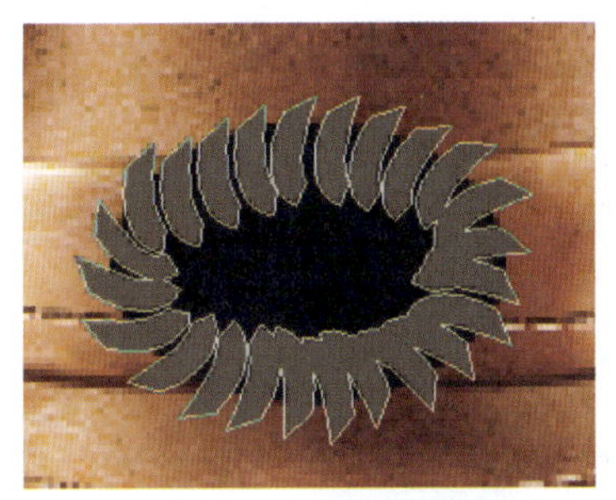
图21-69 绘制形状

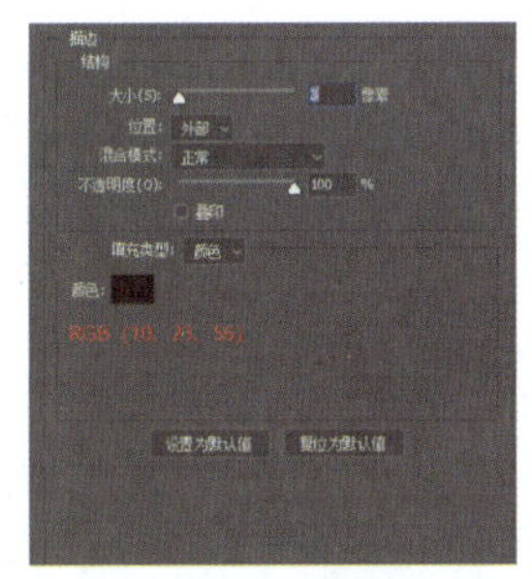
图21-70 设置“描边”参数

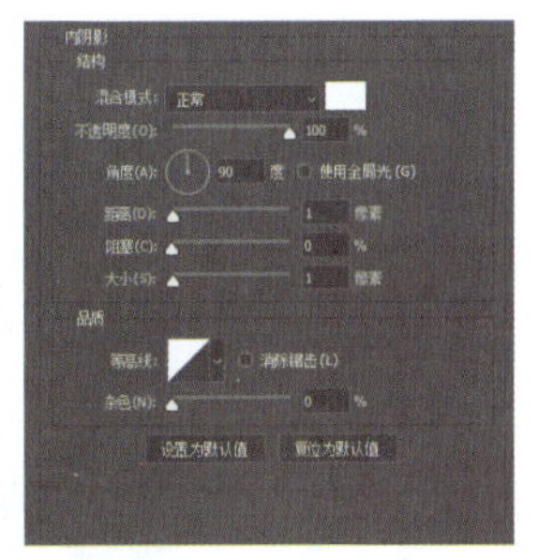
图21-71 设置“内阴影”参数

STEP 14 设置完成后单击“确定”按钮，并为该图层创建剪贴蒙版，图像效果如图21-72所示。使用相同的方法完成相似内容的制作，如图21-73所示。

STEP 15 按住【Ctrl】键的同时单击“椭圆2”缩览图，将其载入选区，如图21-74所示。选择“选择”→“变换选区”命令，适当缩放选区，如图21-75所示。

图21-72 图像效果

图21-73 图像效果

图21-74 载入选区

STEP 16 按【Enter】键确定变换。新建图层，设置“前景色”为RGB（79、71、58），使用柔边画笔在选区中涂抹，效果如图21-76所示。按【Ctrl+D】组合键取消选区，并为该图层创建剪贴蒙版，修改“混合模式”为“正片叠底”，图像效果如图21-77所示。

图21-75 变换选区

图21-76 涂抹选区

图21-77 图像效果

STEP 17 使用相同的方法完成相似内容的制作，得到装饰纽扣效果，如图21-78所示。将相关图层编组，并重命名为“大纽扣”，“图层”面板如图21-79所示。使用相同的方法制作其他小纽扣，图像效果如图21-80所示。

图21-78 图像效果

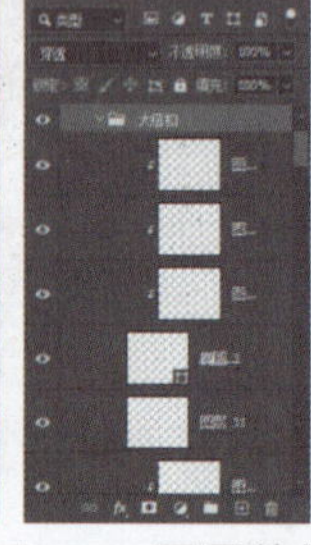
图21-79 图层编组

图21-80 图像效果

STEP 18 使用相同的方法完成相似内容的制作，得到的最终图像效果如图21-81所示。对图层进行整理编组，“图层”面板如图21-82所示。

图21-81 最终的图像效果

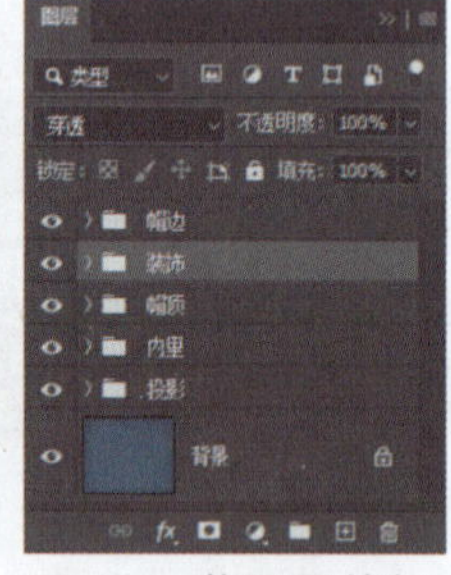

图21-82 将图层编组

读书笔记

第22章 移动端App界面设计

本章通过制作Android音乐播放器界面和iOS社交App综合案例，使用户在熟练掌握Photoshop操作技巧的同时，了解移动端App界面设计的设计规范和流程。通过本章的学习，用户需要将软件操作与界面设计规范相结合，提升个人的移动端界面设计能力。

本章学习重点

第 471 页
绘制 Android 音乐播放器界面

第 475 页
绘制 iOS 社交 App 主界面

22.1 绘制Android音乐播放器界面

音乐是大众日常生活中不可或缺的娱乐元素，手机又是大众娱乐的主要媒介之一，各类音乐App层出不穷，不同App的界面设计也有所不同。

Android和iOS操作系统因为其设计结构和功能的不同，其界面设计同样有所不同。本节将根据Android界面设计规范来完成一款音乐App的播放界面，App界面的最终效果如图22-1所示。

源 文 件：源文件\第 22 章\22-1.psd

教学视频：视频\第 22 章\绘制 Android 音乐播放器界面 .mp4

图22-1 图像效果

22.1.1 设计分析

本案例为Android音乐播放器界面的设计制作，运用清新自然的图片、简单的形状排列组合，为用户勾勒出App的播放界面。通过本案例的制作，可以使用户了解Android界面设计的特点和规范。

Android操作系统的App界面由状态栏（60像素）、导航栏（144像素）、内容区域和标签栏（150像素）组成。设计制作界面时，根据设计规范划分参考线，使用户的每个设计都规范而严谨。

22.1.2 制作步骤

STEP 01 选择“文件”→“新建”命令，在弹出的“新建文档”对话框中设置参数，如图22-2所示。进入设计文档后，打开素材图像，将其拖曳到设计文档中，调整位置和大小，如图22-3所示。

STEP 02 选择“滤镜”→“模糊”→“高斯模糊”命令，在弹出的“高斯模糊”对话框中设置参数，如图22-4所示。

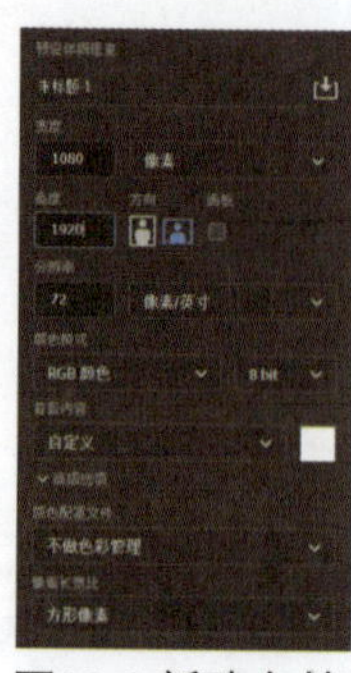

图22-2 新建文档　图22-3 打开素材图像　图22-4 “高斯模糊”对话框

STEP 03 设置完成后单击“确定”按钮，使用“矩形工具”在画布中绘制颜色为RGB（165、202、182）的矩形，并修改矩形的“不透明度”为40%，图像效果如图22-5所示。

STEP 04 选择“视图”→“新建参考线”命令，在弹出的“新建参考线”对话框中设置参数，如图22-6所示。使用相同的方法完成其余参考线的添加，效果如图22-7所示。

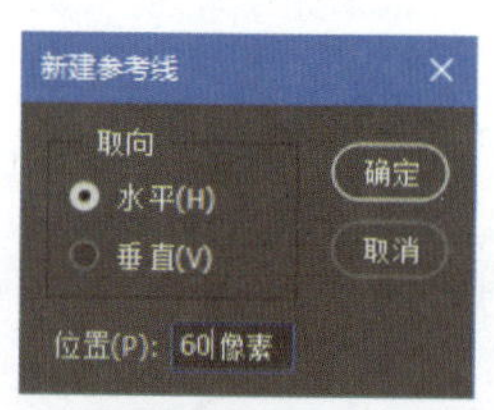

图22-5 创建矩形　图22-6 “新建参考线”对话框　图22-7 添加参考线

STEP 05 打开一幅素材图像，将其移入到设计文档中，如图22-8所示。打开“字符”面板，设置各项参数，如图22-9所示。单击工具箱中的“横排文字工具”按钮，在画布中添加文字内容，效果如图22-10所示。

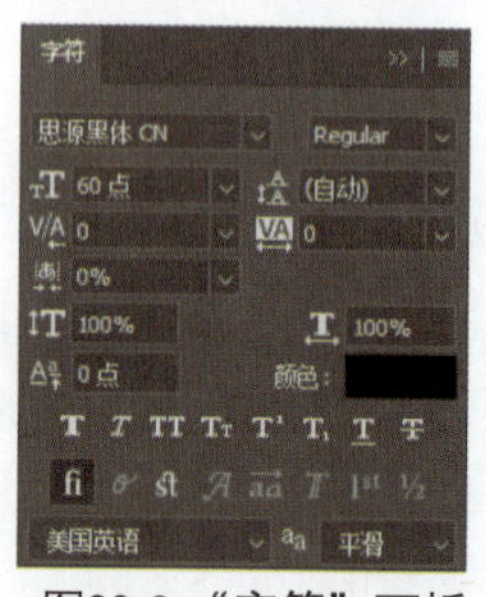

图22-8 打开素材图像　图22-9 “字符”面板　图22-10 输入文字

STEP 06 单击工具箱中的“自定形状工具”按钮，在选项栏的“形状”面板中选择如图22-11所示的形状。在画布中绘制填充颜色为RGB（99、99、99）的形状，使用“直接选择工具”调整形状的个别锚点，如图22-12所示。

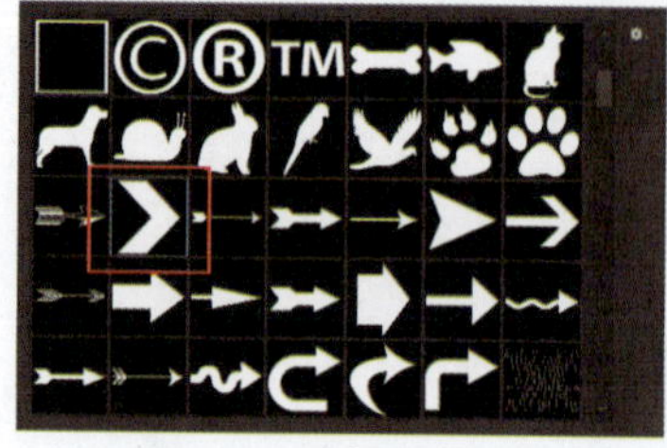

图22-11 选择形状　图22-12 绘制形状

STEP 07 使用“圆角矩形工具”在画布中绘制填充颜色为RGB（152、200、174）的形状，如图22-13所示。继续使用“圆角矩形工具”在画布中绘制填充颜色为RGB（162、212、188）和任意颜色的形状，如图22-14所示。

图22-13 绘制形状

图22-14 绘制其他圆角矩形

STEP 08 打开一幅素材图像，将其拖曳到设计文档中，调整大小和位置，如图22-15所示。打开“图层”面板，在当前图层缩览图的空白处单击鼠标右键，在弹出的快捷菜单中选择“创建剪贴蒙版”命令，效果如图22-16所示。

图22-15 打开素材图像

图22-16 创建剪贴蒙版

STEP 09 使用相同的方法完成歌曲名和歌手名的制作，如图22-17所示。使用“矩形工具”在画布中绘制6像素×90像素的黑色形状，如图22-18所示。

图22-17 绘制矩形

图22-18 绘制形状

STEP 10 使用相同的方法完成黑色形状和从RGB（235、105、144）到RGB（245、153、100）的渐变颜色形状的制作，如图22-19所示。使用“圆角矩形工具”在画布中连续绘制两个圆角矩形，如图22-20所示。

图22-19 绘制其余形状

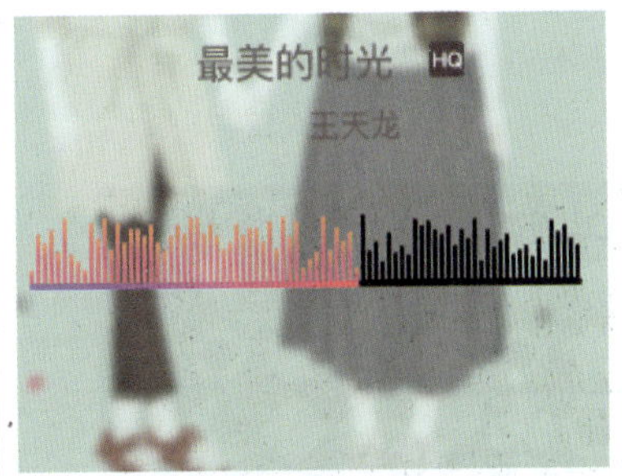

图22-20 绘制圆角矩形

STEP 11 使用“椭圆工具”在画布中绘制填充颜色为RGB（250、75、112）的正圆形，如图22-21所示。选择“滤镜”→“模糊”→“高斯模糊”命令，弹出Adobe Photoshop提示框，如图22-22所示。

图22-21 绘制正圆形

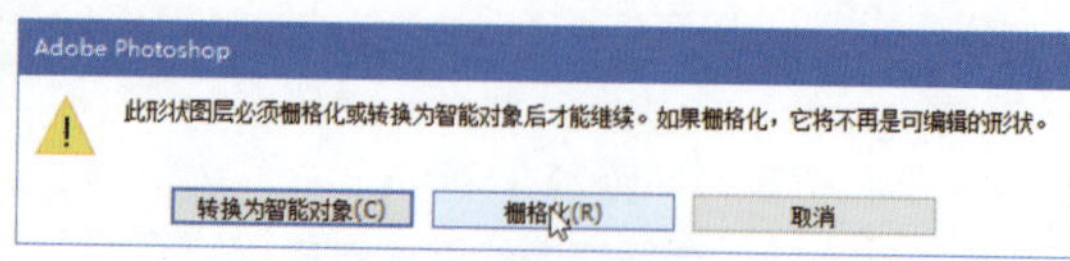

图22-22 提示框

STEP 12 单击“栅格化”按钮，在弹出的“高斯模糊”对话框中设置参数，如图22-23所示。设置完成后单击“确定”按钮，图像效果如图22-24所示。使用相同的方法完成相似内容的制作，如图22-25所示。

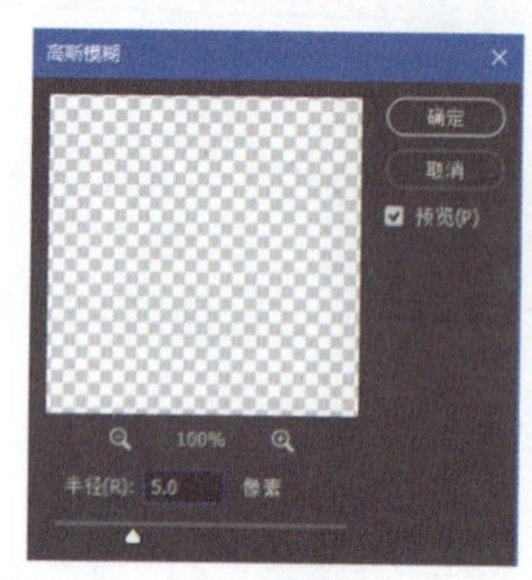

图22-23 “高斯模糊”对话框

图22-24 图像效果

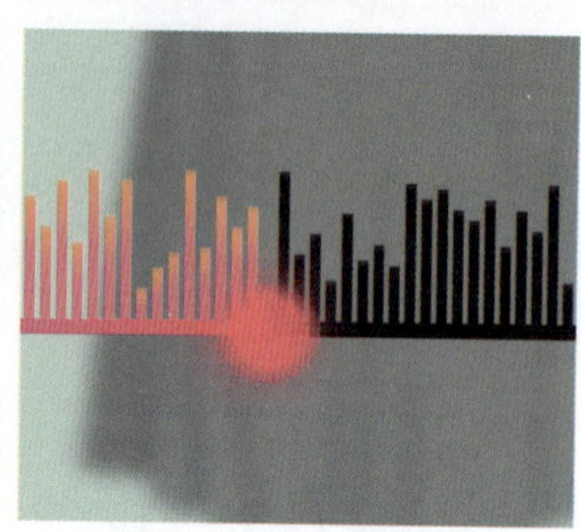
图22-25 制其余内容

STEP 13 使用“横排文字工具”在画布中添加文字内容，设置文字字号为12像素，字符颜色为RGB（99、99、99），如图22-26所示。打开“图层”面板，根据位置和功能的不同为相应图层编组并重命名，如图22-27所示。

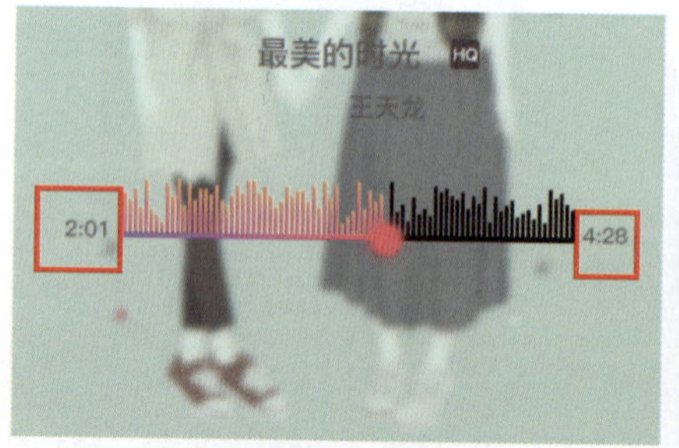

图22-26 输入文字

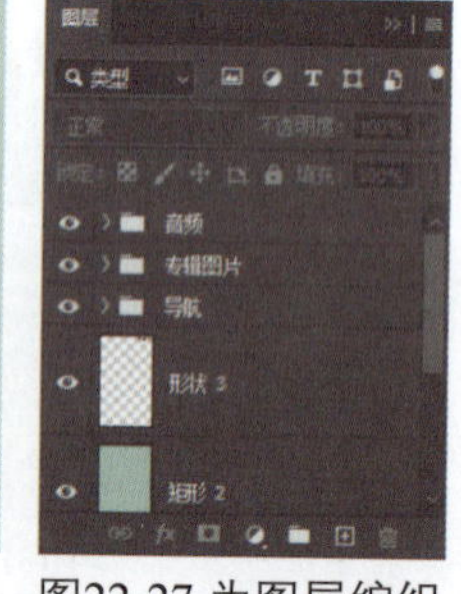

图22-27 为图层编组

STEP 14 单击工具箱中的“自定形状工具”按钮，在工具栏的“形状”面板中选择相应的形状，如图22-28所示。在画布中绘制描边颜色为RGB（250、75、112）的形状，如图22-29所示。使用“钢笔工具”在画布中连续单击绘制形状，如图22-30所示。

图22-28 选择形状

图22-29 绘制心形

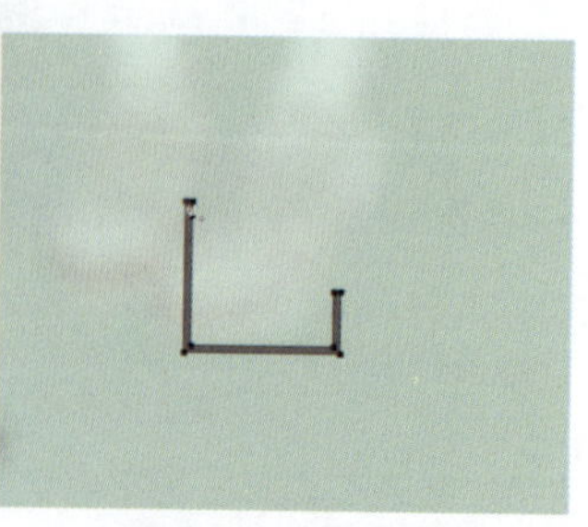
图22-30 绘制形状

STEP 15 继续使用“钢笔工具”在画布中绘制形状，如图22-31所示。单击工具箱中的“添加锚点工具”按钮，在形状上单击添加锚点，如图22-32所示。使用“直接选择工具”更改形状锚点的位置，使用“转换点工具”调整方向线的角度，如图22-33所示。

图22-31 绘制形状

图22-32 添加锚点

图22-33 调整形状

STEP 16 使用相同的方法完成相似内容的制作，图像效果如图22-34所示。打开“图层”面板，将相关图层编组，最终图像效果如图22-35所示。

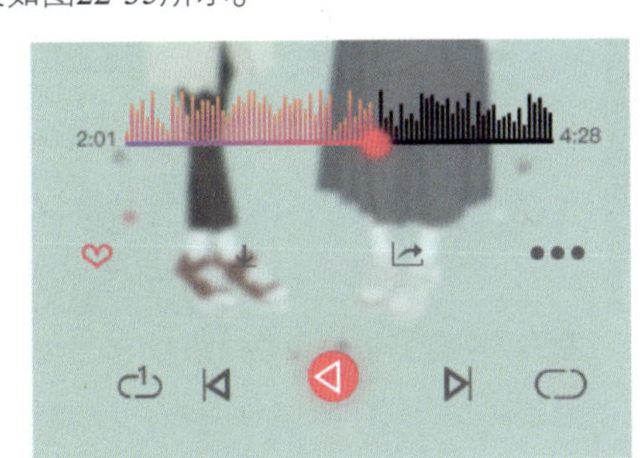

图22-34 绘制其余按钮

图22-35 图像最终效果

22.2 绘制iOS社交App主界面

相较于iPhone 系列的其他产品，iPhone X的界面尺寸发生了很多变化。本案例将带领用户绘制iPhone X 的一款App主界面，让用户在案例操作过程中了解iOS系统下的界面设计规范和软件操作技巧。图22-36所示为制作完成后的界面最终效果。

图22-36 图像效果

源 文 件：源文件\第 22 章\22-2.psd　　**教学视频：**视频\第 22 章\绘制 iOS 社交 App 主界面 .mp4

22.2.1 设计分析

本案例为iPhone X App主界面的设计制作，该App应用界面紧跟设计潮流，采用时下最流行的扁平化设计风格。这使得App界面既保持了清新感，同时也带给用户一种时尚感，更容易吸引年轻人的目光。

在设计制作iPhone X界面时，设计师可以采用750像素×1624像素（@2x）或1125像素×2436像素（@3x）的设计尺寸。

22.2.2 制作步骤

STEP 01 选择“文件”→“新建”命令，在弹出的“新建文档”对话框中设置参数，如图22-37所示。打开一幅素材图像，将其移入到设计文档中，调整图像大小和位置，如图22-38所示。使用“矩形工具”在画布中绘制形状，填充颜色为从RGB（58、85、255）到RGB（105、70、244）的渐变颜色，设置形状图层的“不透明度”为70%，如图22-39所示。

图22-37 新建文件

图22-38 打开素材图像

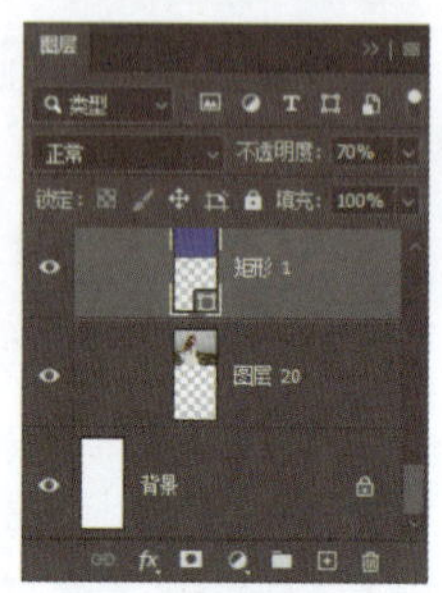

图22-39 创建矩形

STEP 02 设置完成后，图像效果如图22-40所示。使用“矩形工具”在画布中绘制形状，设置填充“不透明度”为50%，效果如图22-41所示。打开一幅素材图像。将其移入到设计文档中，如图22-42所示。

图22-40 图像效果

图22-41 绘制圆角矩形

图22-42 打开图像

STEP 03 使用前面案例中讲解过的方法，完成返回按钮和文字的制作，如图22-43所示。使用“椭圆工具”在画布中绘制白色正圆形，单击工具箱中的“路径选择工具”按钮，按住【Alt】键的同时向下拖动白色正圆，连续拖曳两次完成按钮的制作，如图22-44所示。

图22-43 绘制按钮并输入文字

图22-44 绘制按钮

STEP 04 使用“椭圆工具”在画布中绘制形状，并打开素材图像，将其移入到设计文档中，调整大小和位置，如图22-45所示。使用前面案例中讲解过的方法为其创建剪贴蒙版，如图22-46所示。

图22-45 绘制形状并打开图像

图22-46 创建剪贴蒙版

STEP 05 打开“字符”面板，设置参数如图22-47所示。使用“横排文字工具”在画布中添加文字内容，如图22-48所示。使用“圆角矩形工具”和“横排文字工具”在画布中绘制形状并添加文字内容，图像效果如图22-49所示。

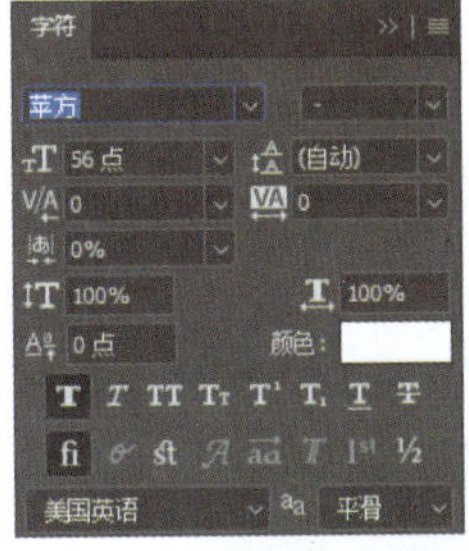

图22-47 “字符”面板

图22-48 添加文字内容

图22-49 添加其余内容

STEP 06 使用“圆角矩形工具”在画布中绘制“半径”为5像素的圆角矩形，如图22-50所示。打开素材图像，将其移入到设计文档中，调整图像的大小与位置，如图22-51所示。为素材图像创建剪贴蒙版，如图22-52所示。

图22-50 绘制圆角矩形　图22-51 打开素材图像　图22-52 创建剪贴蒙版

STEP 07 使用相同的方法制作完成如图22-53所示的内容效果。使用“矩形工具”在画布中绘制白色形状，设置矩形的填充“不透明度”为90%，如图22-54所示。单击工具箱中的“自定形状工具”按钮，在选项栏的“形状”面板中选择形状，如图22-55所示。

图22-53 图像效果

图22-54 绘制矩形

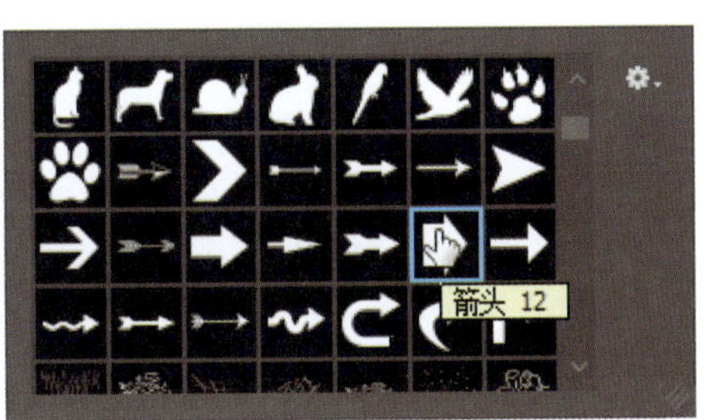

图22-55 选择形状

STEP 08 使用“自定形状工具”在画布中绘制形状，按【Ctrl+T】组合键将形状逆时针旋转90°，如图22-56所示。

STEP 09 按【Enter】键确认操作，单击工具箱中的“椭圆工具”按钮，在选项栏中单击“减去顶层形状”按钮，在画布中单击并拖动鼠标绘制形状，如图22-57所示。

STEP 10 保持选项栏中“减去顶层形状”按钮的按下状态，使用“圆角矩形工具”在画布中绘制形状，设置“半径”分别为3像素、3像素、0像素、0像素，如图22-58所示。

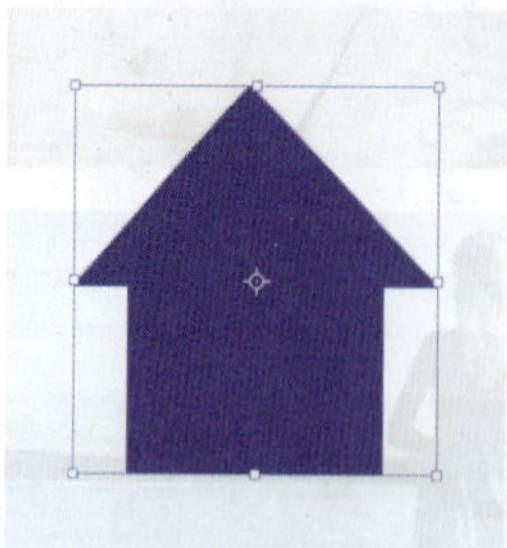
图22-56 绘制形状

图22-57 绘制椭圆

图22-58 绘制圆角矩形

STEP 11 使用相同的方法完成相似内容的制作，如图22-59所示。使用“圆角矩形工具”在画布中绘制形状，打开“图层”面板，整理相关图层，如图22-60所示。至此，主界面绘制完成，图像效果如图22-61所示。

图22-59 制作其余内容

图22-60 整理图层

图22-61 图像效果

读书笔记